Lecture Notes in Mathematics

Edited by A. Dold and B. Eckmann

Series: Institut de Mathématique, Université de Strasbourg

Adviser: P. A. Meyer

714

J. Jacod

Calcul Stochastique et Problèmes de Martingales

Springer-Verlag

Berlin Heidelberg New York 1979

Author

Jean Jacod
Département de Mathématiques
et Informatique
Université de Rennes
Avenue du Général Leclerc
F-35042 Rennes Cédex

AMS Subject Classifications: (1970): 60G45

ISBN 3-540-09253-6 Springer-Verlag Berlin Heidelberg New York
ISBN 0-387-09253-6 Springer-Verlag New York Heidelberg Berlin

CIP-Kurztitelaufnahme der Deutschen Bibliothek. *Jacod, Jean:* Calcul stochastique et problèmes de martingales / J. Jacod. – Berlin, Heidelberg, New York: Springer, 1979. (Lecture notes in mathematics; Vol. 714: Ser. Inst. de Math., Univ. de Strasbourg)

Printing and binding: Beltz Offsetdruck, Hemsbach/Bergstr.
2141/3140-543210

INTRODUCTION

Ce qu'on appelle communément calcul stochastique est constitué de la théorie des intégrales stochastiques et des règles de calcul qui président à l'usage de ces intégrales.

Introduites par K. Ito, les intégrales stochastiques étaient d'abord prises par rapport au mouvement brownien, tandis que la classique "formule d'Ito" constituait l'essentiel des règles de calcul. Mais depuis une quinzaine d'années l'ensemble de la théorie a pris un essor considérable, d'abord à cause de son utilité pour la théorie des processus de Markov, ensuite et surtout sous la pression des applications, notamment de la théorie du filtrage.

En fait, à l'exception de A.N. Skorokhod dont le travail [1] est resté longtemps un peu méconnu, la plupart des auteurs ont d'abord traité de la partie de la théorie concernant le mouvement brownien et les processus continus, et il existe plusieurs ouvrages de synthèse dans ce cadre. Par contre pour le cas général où les processus peuvent être discontinus, on trouve des ouvrages et des articles présentant de manière synthétique la construction des intégrales stochastiques, mais aucun jusqu'à présent ne fournit une vue d'ensemble sur le "calcul" stochastique. C'est qu'en effet les règles de ce calcul ne se limitent plus à la formule d'Ito, mais couvrent la plupart des transformations auxquelles on peut soumettre un processus.

Tel est donc l'objectif de ces notes: présenter une synthèse des résultats récents sur les règles du calcul stochastique, règles qui semblent maintenant avoir atteint une forme à peu près stable et s'être débarassées d'une quantité d'hypothèses restrictives.

Plus précisément, ces notes sont divisées en trois parties (avec une certaine dose d'interpénétration):

1) La première partie (ch. I-V) jette les bases de la théorie. On y présente d'abord un résumé de la "théorie générale des processus" au sens de l'Ecole strasbourgeoise. Puis on y rappelle la construction de l'intégrale stochastique par rapport à une martingale et à une semimartingale (ch. II). Nous insistons sur la classe des semimartingales, dont on découvrira les belles propriétés tout au long de ce travail.

Ensuite on expose la théorie des mesures aléatoires (ch. III), avec beaucoup de détails puisqu'il s'agit du premier exposé systématique sur ce sujet. D'ailleurs, le lecteur remarquera sans doute que les mesures aléatoires, outre leur intérêt intrinsèque et leur aspect naturel (spécialement pour les applications), contribuent notablement à simplifier l'ensemble de la théorie. Les chapitres IV et V sont d'importance moindre.

2) Dans la seconde partie (ch. VI-X) on étudie les règles de transformation des processus, lorsqu'on change la probabilité, la filtration, l'échelle des temps, l'espace lui-même, etc... Les motivations d'une telle étude sont essentiellement d'ordre pratique. Par exemple dans la théorie du filtrage on utilise fréquemment les changements absolument continus de probabilité, tandis que le problème du changement de filtration constitue l'essence même du filtrage.

3) La troisième partie (ch. XI-XV) traite d'une application du calcul stochastique, aux problèmes de martingales. L'intérêt de ces problèmes s'est dégagé au fur et à mesure des progrès de l'application des intégrales et équations différentielles stochastiques à la théorie des processus de Markov, jusqu'à acquérir un statut autonome qui nous semble autoriser un traitement "abstrait". Cependant cette partie contient deux longs chapitres d'applications aux processus à accroissements indépendants, processus de Markov, processus de diffusion, équations différentielles stochastiques.

4) La quatrième partie est absente de ces notes, mais elle devrait être présente à l'esprit du lecteur, au moins à titre de motivation: il s'agit des applications au filtrage et au contrôle stochastique. Indépendamment de la fatigue de l'auteur, nous pouvons justifier cette absence par l'existence d'un grand nombre d'ouvrages traitant souvent des cas particuliers, mais couvrant cependant la plupart des applications "à la réalité", et aussi par le fait que la "théorie générale" du filtrage et du contrôle stochastique dans un cadre aussi général que celui où nous nous plaçons reste encore à faire (bien entendu, on peut aussi se poser la question de l'utilité pratique d'une telle théorie générale).

A la lecture de ce qui précède le lecteur aura compris (ou sinon, il le verra dès les premières lignes du texte) que ces notes ne constituent en aucune manière un cours de base sur l'intégrale stochastique: d'une part en effet les connaissances supposées sont assez nombreuses et incluent notamment l'essentiel de la "théorie générale des processus" et les bases de la théorie des martingales. D'autre part notre point de vue est systématique, dans le sens où partout où cela nous a été possible nous avons donné des résultats complets, des conditions nécessaires et suffisantes, avec le moins d'hypothèses possible, etc..., au détriment parfois des impératifs pédagogiques. Un tel point de vue conduit nécessairement à un texte long, parfois fastidieux, en tous cas d'aspect assez technique.

Pour éviter d'allonger encore l'ensemble, nous avons admis certains résultats "classiques", ce qui veut dire à la fois qu'on peut les trouver facilement dans la littérature, et qu'on peut les admettre sans dommages pour la compréhension du texte: nous nous sommes efforcé de rappeler ces résultats sous la forme d'énoncés précis, et pas seulement sous la forme de référence à tel ou tel livre.

Chaque chapitre est suivi de commentaires, parfois assez longs, où sont indiquées les références bibliographiques et où sont données également quelques appréciations sur le contenu du chapitre et l'intérêt de telle notion, parfois sur des méthodes différentes d'approche des problèmes. Nous avons également ajouté à la fin de la plupart des parties quelques exercices. Certains sont extrêmement simples; la plupart sont des compléments au texte lui-même, et à ce titre méritent d'être lus et résolus.

En ce qui concerne la bibliographie, nous avons essayé dans la mesure de nos connaissances de rendre compte de l'apport de chaque auteur à la théorie "générale" telle qu'elle est exposée ici. Par contre nous n'avons pas tenté de rendre justice aux très nombreux auteurs qui ont construit la théorie "dans le cas continu" et nous nous sommes contenté de citer certains articles marquants: pour une bibliographie complète sur ce sujet, nous préférons renvoyer au livre [2] de Liptzer et Shiryaev. De même la bibliographie relative aux applications (processus de Markov, diffusions, équations différentielles stochastiques) est tout-à-fait squelettique, dans la mesure où nous n'avons cité que les travaux ayant un rapport étroit avec notre texte: que les auteurs ayant contribué à ces théories veuillent bien nous en excuser.

Je remercie ici chaleureusement Marc Yor et Jean Mémin: d'abord parce qu'une part importante de l'aspect original de ces notes résulte de travaux que j'ai effectués en collaboration avec eux. Ensuite parce que Marc Yor a beaucoup contribué à me convaincre d'écrire ce texte et a activement collaboré à une rédaction primitive des premiers chapitres, tandis que Jean Mémin a largement aidé à la préparation du manuscrit en le lisant, en le corrigeant et en faisant nombre de remarques.

TABLE DES MATIERES

QUELQUES NOTATIONS ET DEFINITIONS

Dans ce chapitre préliminaire sont rassemblées les notations et conventions les plus usuellement adoptées, et les principales définitions de la "théorie générale des processus", dont un résumé sera fait dans le chapitre I. De la sorte, le lecteur connaissant cette théorie pourra, après avoir pris connaissance des définitions utilisées ci-après, passer directement au chapitre II sans lire le chapitre I.

Quelques notations.

(0.1) $\mathbb{R}_+ = [0,\infty[$, $\overline{\mathbb{R}}_+ = [0,\infty]$, $\overline{\mathbb{R}} = [-\infty,+\infty]$, $\mathbb{N} = \{0,1,2,\dots\}$, $\mathbb{Q}$ = ensemble des rationnels, $\mathbb{Q}_+ = \mathbb{Q} \cap \mathbb{R}_+$.

(0.2) Si $a,b \in \overline{\mathbb{R}}$ on note $a \vee b$ et $a \wedge b$, respectivement, le maximum et le minimum du couple (a,b). On note $a^+ = a \vee 0$ et $a^- = -(a \wedge 0)$ les parties positive et négative de a ; ainsi, $a = a^+ - a^-$ et $|a| = a^+ + a^-$.

(0.3) $\underline{\underline{B}}(E)$ désigne la tribu borélienne de l'espace topologique E, c'est-à-dire la tribu engendrée par les ouverts (ou les fermés) de E.

(0.4) Si E est un ensemble quelconque et si $A \subset E$, on note I_A l'indicatrice de A, i.e. la fonction sur E qui vaut 1 sur A et 0 sur son complémentaire A^c.

(0.5) Si E est un ensemble quelconque et si $a \in E$, on note ε_a la mesure de Dirac sur E concentrée au point a.

(0.6) $(E,\underline{\underline{E}})$ étant un espace mesurable, on écrit $f \in \underline{\underline{E}}$ (resp. $\underline{\underline{E}}^+$, resp. $b\underline{\underline{E}}$) pour signifier que f est une fonction réelle $\underline{\underline{E}}$-mesurable (resp. positive, resp. bornée).

(0.7) Soit E et F deux ensembles quelconques et f une fonction: $E \longrightarrow \mathbb{R}$; s'il n'y a pas de risque d'ambiguité possible, on note encore f la fonction $f \otimes 1$ définie sur $E \times F$ par: $(x,y) \in E \times F \leadsto f(x)$.

(0.8) Si E est un espace muni d'une famille $(\underline{\underline{E}}_i)_{i \in I}$ de tribus, on note $\bigvee_{i \in I} \underline{\underline{E}}_i$ la plus petite tribu contenant toutes les $\underline{\underline{E}}_i$. Si $(f_i)_{i \in I}$ est une famille de fonctions sur E, on note $\sigma(f_i : i \in I)$ la plus petite tribu $\underline{\underline{F}}$ de E telle que, pour tout $i \in I$, f_i soit $\underline{\underline{F}}$-mesurable.

(0.9) Si μ et ν sont deux mesures sur (E,E), on écrit $\mu \ll \nu$ (resp.

$\mu \sim \nu$) lorsque μ est absolument continue par rapport à (resp. équivalente à) ν ; la dérivée de Radon-Nikodym est notée $X = \frac{d\mu}{d\nu}$ et on écrit aussi $\mu = X.\nu$.

(0.10) Etant donnés deux espaces mesurables $(E,\underline{\underline{E}})$ et $(F,\underline{\underline{F}})$, une <u>mesure de transition</u> de $(E,\underline{\underline{E}})$ sur $(F,\underline{\underline{F}})$ est une application $a: E\times\underline{\underline{F}} \longrightarrow \mathbb{R}$ telle que $a(.,A)$ soit $\underline{\underline{E}}$-mesurable si $A\in\underline{\underline{F}}$, et que $a(x,.)$ soit une mesure sur $(F,\underline{\underline{F}})$ si $x\in E$. Une telle mesure de transition est souvent notée $a(x,dy)$.

(0.11) $\underline{\underline{E}}\otimes\underline{\underline{F}}$ désigne la tribu sur $E\times F$ engendrée par les ensembles $A\times B$ $(A\in\underline{\underline{E}},\ B\in\underline{\underline{F}})$. Si μ et ν sont des mesures sur $(E,\underline{\underline{E}})$ et $(F,\underline{\underline{F}})$ respectivement, on note $\mu\otimes\nu$ la mesure sur $(E\times F,\underline{\underline{E}}\otimes\underline{\underline{F}})$ caractérisée par $\mu\otimes\nu(A\times B) = \mu(A)\nu(B)$.

(0.12) $(\Omega,\underline{\underline{F}},P)$ étant un espace probabilisé, on note $\|.\|_p$ la norme de l'espace $L^p(\Omega,\underline{\underline{F}},P)$. <u>Convention</u>: on confond habituellement un élément de cet espace, qui est une classe d'équivalence de variables aléatoires (pour la relation d'équivalence: égalité P-p.s.), avec une variable aléatoire de puissance $p^{\text{ième}}$ intégrable appartenant à cette classe.

(0.13) On note habituellement $E(.)$ l'espérance mathématique par rapport à P ; s'il y a risque de confusion sur la probabilité P on écrit $E_P(.)$. On rappelle que $E(X)$ est définie pour toute variable aléatoire X telle qu'on n'ait pas simultanément $E(X^+) = E(X^-) = +\infty$, et que quand on écrit $E(X)\in\mathbb{R}$ cela signifie notamment que X est intégrable.

(0.14) On note $E(.|\underline{\underline{G}})$ l'espérance conditionnelle par rapport à la tribu $\underline{\underline{G}}$ $(E_P(.|\underline{\underline{G}})$ s'il y a risque de confusion sur P). $E(X|\underline{\underline{G}})$ est définie pour toute variable aléatoire X positive, ou intégrable, et pour X quelconque on pose $E(X|\underline{\underline{G}}) = E(X^+|\underline{\underline{G}}) - E(X^-|\underline{\underline{G}})$ sur le complémentaire de l'ensemble où $E(X^+|\underline{\underline{G}}) = E(X^-|\underline{\underline{G}}) = +\infty$.

<u>Processus et ensembles aléatoires</u>. On note Ω l'espace des épreuves.

(0.15) Si E est un ensemble quelconque, on appelle <u>processus</u> à valeurs dans E toute application $X: \Omega\times\mathbb{R}_+ \longrightarrow E$; les applications: $t \rightsquigarrow X(\omega,t)$ s'appellent les <u>trajectoires</u> de X ; on adopte souvent pour $X(\omega,t)$ l'écriture $X_t(\omega)$, ou simplement X_t . Lorsque $E = \overline{\mathbb{R}}$ on dit simplement "processus"; si on veut spécifier que X prend ses valeurs dans $\mathbb{R}$, on dit que X est un processus à valeurs réelles, ou un processus réel.

(0.16) Lorsque E est un espace topologique on note $X_{t-}(\omega)$ la limite à gauche en $t>0$, quand elle existe, de la trajectoire $X_.(\omega)$.

Dans le cas où E est un groupe additif (en général $\mathbb{R}^n$) on pose

$$\Delta X_t(\omega) = X_t(\omega) - X_{t-}(\omega)$$

si $X_{t-}(\omega)$ existe, et <u>on convient que</u> $X_{0-}(\omega)=0$, donc $\Delta X_0(\omega)=X_0(\omega)$.

(0.17) Si T est une application: $\Omega \longrightarrow \overline{\mathbb{R}}_+$ on note X^T le processus X "arrêté en T", défini par $X^T(\omega,t)=X(\omega,t\wedge T(\omega))$.

(0.18) Un <u>ensemble aléatoire</u> est une partie A de $\Omega\times\mathbb{R}_+$ (donc I_A est un processus). La projection de A est l'ensemble $\pi(A)=\{\omega: \exists t\in\mathbb{R}_+$ tel que $(\omega,t)\in A\}$. La <u>coupe</u> en ω de A est l'ensemble $A_\omega=\{t\in\mathbb{R}_+: (\omega,t)\in A\}$. A est dit <u>mince</u> si chaque coupe A_ω est au plus dénombrable.

(0.19) Soit S et T deux applications: $\Omega \longrightarrow \overline{\mathbb{R}}_+$. L'<u>intervalle stochastique</u> $[\![S,T]\!]$ est l'ensemble aléatoire $\{(\omega,t): S(\omega)\leq t\leq T(\omega), t\in\mathbb{R}_+\}$; on définit de façon analogue les intervalles stochastiques $[\![S,T[\![$, $]\!]S,T]\!]$, et $]\!]S,T[\![$. On écrit $[\![T]\!]$ au lieu de $[\![T,T]\!]$.

<u>Filtrations</u>. On suppose maintenant l'espace Ω muni d'une tribu $\underline{\underline{F}}$.

(0.20) Une <u>filtration</u> de $(\Omega,\underline{\underline{F}})$ est une famille $\underline{F}=(\underline{\underline{F}}_t)_{t\geq 0}$ de sous-tribus de $\underline{\underline{F}}$, indexée par $\mathbb{R}_+$, qui est croissante ($\underline{\underline{F}}_t\subset\underline{\underline{F}}_s$ si $t\leq s$) et <u>continue à droite</u> ($\underline{\underline{F}}_t=\bigcap_{s>t}\underline{\underline{F}}_s$). On pose $\underline{\underline{F}}_\infty=\bigvee_{t\geq 0}\underline{\underline{F}}_t$.

(0.21) Soit P une probabilité sur $(\Omega,\underline{\underline{F}})$. On note $\underline{\underline{F}}^P$ la complétée de $\underline{\underline{F}}$ pour P. On note $\underline{\underline{F}}_t^P$ la tribu engendrée par $\underline{\underline{F}}_t$ et les parties P-négligeables de $\underline{\underline{F}}^P$. Par abus de langage on dit que la famille $\underline{F}^P=(\underline{\underline{F}}_t^P)_{t\geq 0}$, qui est clairement une filtration de $(\Omega,\underline{\underline{F}}^P)$, est la <u>filtration complétée</u> de $\underline{F}$ par rapport à P.

(0.22) Un ensemble aléatoire A est dit P-évanescent si $\pi(A)$ est P-négligeable, i.e. $\pi(A)\in\underline{\underline{F}}^P$ et $P(\pi(A))=0$. Deux processus X et Y sont dits P-<u>indistinguables</u> si l'ensemble aléatoire $\{X\neq Y\}$ est P-évanescent.

(0.23) Lorsqu'il n'y a pas de confusion possible quant à la probabilité P, on écrit parfois $\dot{=}$, $\dot{<}$, $\dot{\subset}$, ... pour signifier que les relations $=$, $<$, $\subset$, ... entre variables aléatoires ou parties de Ω (resp. entre processus ou ensembles aléatoires) sont vérifiées à un ensemble P-négligeable (resp. à un ensemble P-évanescent) près.

<u>Tribus optionnelle et prévisible, temps d'arrêt</u>. On suppose l'espace mesurable $(\Omega,\underline{\underline{F}})$ muni d'une filtration $\underline{F}=(\underline{\underline{F}}_t)_{t\geq 0}$.

(0.24) Un processus X est dit $\underline{F}$-<u>mesurable</u> si c'est une fonction mesurable sur $(\Omega\times\mathbb{R}_+, \underline{\underline{F}}\otimes\underline{\underline{B}}(\mathbb{R}_+))$.

(0.25) Un processus X est dit $\underline{F}$-adapté si pour chaque $t \geq 0$ la variable aléatoire X_t est $\underline{\underline{F}}_t$-mesurable.

(0.26) On appelle tribu $\underline{F}$-optionnelle (resp. $\underline{F}$-prévisible) et on note $\underline{\underline{O}}(\underline{\underline{F}})$ (resp. $\underline{\underline{P}}(\underline{\underline{F}})$) la tribu sur $\Omega \times \mathbb{R}_+$ engendrée par les processus $\underline{F}$-adaptés dont toutes les trajectoires sont continues à droite et limitées à gauche (resp. continues). On a bien-sûr $\underline{\underline{P}}(\underline{\underline{F}}) \subset \underline{\underline{O}}(\underline{\underline{F}})$.

(0.27) Un $\underline{F}$-temps d'arrêt (resp. un $\underline{F}$-temps d'arrêt prévisible, ou temps prévisible) est une application $T : \Omega \longrightarrow \overline{\mathbb{R}}_+$ telle que l'intervalle stochastique $[\![0,T[\![$ soit $\underline{F}$-optionnel (resp. $\underline{F}$-prévisible). Il est immédiat que T est un temps d'arrêt si et seulement si $\{T \leq t\} \in \underline{\underline{F}}_t$ pour tout $t \geq 0$. On note $\underline{\underline{T}}(\underline{\underline{F}})$ et $\underline{\underline{T}}_p(\underline{\underline{F}})$, respectivement, la classe des $\underline{F}$-temps d'arrêt et la classe des $\underline{F}$-temps prévisibles.

(0.28) Si $T \in \underline{\underline{T}}(\underline{\underline{F}})$ et $A \subset \Omega$, on note T_A l'application définie par

$$T_A(\omega) = \begin{cases} T(\omega) & \text{si } \omega \in A \\ +\infty & \text{sinon.} \end{cases}$$

(0.29) Soit $T \in \underline{\underline{T}}(\underline{\underline{F}})$. On note $\underline{\underline{F}}_T$ la tribu constituée des $A \in \underline{\underline{F}}$ tels que $A \cap \{T \leq t\} \in \underline{\underline{F}}_t$ pour tout $t \geq 0$. On remarque que, si $t \in \overline{\mathbb{R}}_+$, l'application $T = t$ est un temps d'arrêt et $\underline{\underline{F}}_T = \underline{\underline{F}}_t$, ce qui justifie la notation $\underline{\underline{F}}_T$.

(0.30) Soit $T \in \underline{\underline{T}}(\underline{\underline{F}})$. On note $\underline{\underline{F}}_{T-}$ la tribu engendrée par $\underline{\underline{F}}_0$ et par les ensembles de la forme $A \cap \{t < T\}$ où $t > 0$ et $A \in \underline{\underline{F}}_t$. On a toujours $\underline{\underline{F}}_{T-} \subset \underline{\underline{F}}_T$. On a aussi $\underline{\underline{F}}_{T-} = \bigvee_{s<t} \underline{\underline{F}}_s$ si $T = t$, et la notation $\underline{\underline{F}}_{T-}$ prolonge bien la notation naturelle $\underline{\underline{F}}_{t-}$ pour $t \in \overline{\mathbb{R}}_+$. Remarquons que, avec ces conventions, on a $\underline{\underline{F}}_{0-} = \underline{\underline{F}}_0$.

Quelques classes usuelles de processus. On suppose l'espace $(\Omega, \underline{\underline{F}})$ muni d'une filtration $\underline{F}$ et d'une probabilité P.

(0.31) Un processus croissant est un processus à valeurs dans $\overline{\mathbb{R}}_+$ dont toutes les trajectoires sont croissantes et continues à droite. Si A est un processus croissant on pose $A_\infty = \lim_{t \uparrow \infty} \uparrow A_t$. Attention: un processus croissant n'est pas nécessairement nul à l'origine (contrairement à la convention admise par la plupart des auteurs).

(0.32) $\underline{\underline{V}}^+(\underline{F}, P)$ désigne l'ensemble des classes d'équivalence de processus, pour la relation de P-indistinguabilité, admettant un représentant A qui est un processus croissant $\underline{F}$-adapté vérifiant $A_t < \infty$ P-p.s. pour tout $t \in \mathbb{R}_+$. Habituellement on confond un élément B de cet espace, et les processus qui sont dans la classe d'équivalence B (parfois, un tel processus est appelé une "version" de B).

(0.33) Soit $\underline{\underline{V}}(\underline{\underline{F}},P) = \underline{\underline{V}}^+(\underline{\underline{F}},P) - \underline{\underline{V}}^+(\underline{\underline{F}},P)$ l'ensemble des différences de deux éléments de $\underline{\underline{V}}^+(\underline{\underline{F}},P)$. $\underline{\underline{V}}(\underline{\underline{F}},P)$ est exactement l'ensemble des (classes d'équivalence de) processus $\underline{\underline{F}}$-adaptés, dont P-presque toutes les trajectoires sont continues à droite et à variation finie sur tout compact. Si $A \in \underline{\underline{V}}(\underline{\underline{F}},P)$ on note $\int^{\cdot} |dA_s|$ le processus "variation de A", c'est-à-dire l'unique $B \in \underline{\underline{V}}^+(\underline{\underline{F}},P)$ tel que la mesure $dB_t(\omega)$ sur $\mathbb{R}_+$ soit la valeur absolue de la mesure signée $dA_t(\omega)$; on a en particulier $B_0 = |A_0|$.

(0.34) $\underline{\underline{A}}^+(\underline{\underline{F}},P)$ désigne l'ensemble des $A \in \underline{\underline{V}}^+(\underline{\underline{F}},P)$ qui sont intégrables, i.e. qui vérifient $E(A_\infty) < \infty$. Soit $\underline{\underline{A}}(\underline{\underline{F}},P) = \underline{\underline{A}}^+(\underline{\underline{F}},P) - \underline{\underline{A}}^+(\underline{\underline{F}},P)$.

(0.35) La définition des surmartingales varie selon les auteurs. Quant à nous, nous prendrons la définition suivante: une surmartingale (resp. sousmartingale) sur $(\Omega,\underline{\underline{F}},\underline{\underline{F}},P)$ est un processus X, $\underline{\underline{F}}$-adapté, continu à droite et limité à gauche, tel que chaque variable X_t soit intégrable et que $E(X_s|\underline{\underline{F}}_t) \leq X_t$ (resp. $\geq X_t$) pour tous $0 \leq t \leq s$. Une martingale est un processus qui est à la fois une surmartingale et une sousmartingale.

(0.36) $\underline{\underline{M}}(\underline{\underline{F}},P)$ désigne l'ensemble des classes d'équivalence, pour la relation de P-indistinguabilité, de martingales uniformément intégrables (i.e., de processus X qui sont des martingales sur $(\Omega,\underline{\underline{F}},\underline{\underline{F}},P)$ et tels que la famille de variables aléatoires $(X_t : t \in \mathbb{R}_+)$ soit uniformément intégrable). Là encore, on confond un élément de cet espace, et une martingale qui représente cet élément.

(0.37) Une écriture du type $\underline{\underline{P}}(\underline{\underline{F}}) \cap \underline{\underline{M}}(\underline{\underline{F}},P)$, $\underline{\underline{P}}(\underline{\underline{F}}) \cap \underline{\underline{V}}(\underline{\underline{F}},P)$, ... désigne l'ensemble des classes de processus appartenant à $\underline{\underline{M}}(\underline{\underline{F}},P)$, $\underline{\underline{V}}(\underline{\underline{F}},P)$, ... et dont un représentant au moins est $\underline{\underline{P}}(\underline{\underline{F}})$-mesurable. Il est bon de remarquer que si une classe d'équivalence admet un représentant $\underline{\underline{F}}$- ou $\underline{\underline{F}}^P$-prévisible, elle en admet également (en général) d'autres qui ne le sont pas; en effet il existe en général des ensembles aléatoires P-évanescents qui ne sont pas $\underline{\underline{F}}^P$-prévisibles. Remarquons également que $\underline{\underline{V}}(\underline{\underline{F}},P) = \underline{\underline{V}}(\underline{\underline{F}}^P,P)$; par contre l'inclusion $\underline{\underline{M}}(\underline{\underline{F}},P) \subset \underline{\underline{M}}(\underline{\underline{F}}^P,P)$ est en général stricte: en effet un processus non croissant, $\underline{\underline{F}}^P$-adapté, continu à droite et limité à gauche, n'est pas nécessairement P-indistinguable d'un processus $\underline{\underline{F}}$-adapté, continu à droite et limité à gauche.

(0.38) Convention importante: les notations précédentes sont plutôt lourdes ! or dans la suite, $\underline{\underline{F}}$ et P, donc $\underline{\underline{F}}^P$, sont souvent fixés une fois pour toutes. On notera donc souvent $\underline{\underline{M}}(P)$, $\underline{\underline{V}}(P)$, ..., voire $\underline{\underline{M}}$, $\underline{\underline{V}}$, ..., les espaces $\underline{\underline{M}}(\underline{\underline{F}}^P,P)$, $\underline{\underline{V}}(\underline{\underline{F}}^P,P)$, ... On allègera l'écriture de façon analogue pour les classes de processus qui seront définies dans la suite du texte.

Localisation d'une classe de processus. Outre l'espace probabilisé filtré $(\Omega,\underline{\underline{F}},\underline{F},P)$, on considère une famille de processus (ou de classes d'équivalence de processus pour la P-indistinguabilité) $\underline{\underline{C}}$.

(0.39) On note $\underline{\underline{C}}_{loc}(\underline{F},P)$ la classe localisée, c'est-à-dire constituée des processus X pour lesquels il existe une suite (T_n) d'éléments de $\underline{\underline{T}}(\underline{F})$ croissant P-p.s. vers $+\infty$ et telle que chaque processus arrêté X^{T_n} appartienne à $\underline{\underline{C}}$. Une suite (T_n) satisfaisant ces conditions s'appelle une suite localisante pour X, relativement à $\underline{\underline{C}}$. Là encore, s'il n'y a pas de risque de confusion, on applique la convention (0.38) en écrivant $\underline{\underline{C}}_{loc}(P)$ ou $\underline{\underline{C}}_{loc}$.

(0.40) Une classe $\underline{\underline{C}}$ est dite stable par arrêt si $X^T \in \underline{\underline{C}}$ pour tous $X \in \underline{\underline{C}}$ et $T \in \underline{\underline{T}}(\underline{F})$ (ou $\underline{\underline{T}}(\underline{F}^P)$, c'est la même chose).

(0.41) On emplois très souvent l'expression: par localisation, il suffit de montrer telle propriété... Cela signifie que si cette propriété est satisfaite par tous les éléments d'une classe $\underline{\underline{C}}$ de processus, elle est aussi satisfaite par tous les éléments de $\underline{\underline{C}}_{loc}$.

(0.42) On note $\underline{\underline{C}}_o$ l'ensemble des $X \in C$ vérifiant $X_0 = 0$. On note $\underline{\underline{C}}_{o,loc}$ la classe $(\underline{\underline{C}}_o)_{loc} = (\underline{\underline{C}}_{loc})_o$.

(0.43) L'espace $\underline{\underline{M}}_{loc}$ (à nouveau, (0.38) !) est appelé espace des martingales locales. Etant donnée son importance, on note d'une manière particulière, soit $\underline{\underline{L}}$ (ou $\underline{\underline{L}}(P)$, ou $\underline{\underline{L}}(\underline{F}^P,P)$) l'espace $\underline{\underline{M}}_{o,loc}$.

(0.44) Si X est un processus admettant une variable terminale $X_\infty = \lim_{t\uparrow\infty} X_t$, pour toute application $T:\Omega \longrightarrow \overline{\mathbb{R}}_+$ on peut définir la variable X_T par $X_T(\omega) = X_{T(\omega)}(\omega)$. Les éléments de $\underline{\underline{M}}$, de $\underline{\underline{V}}^+$, de $\underline{\underline{A}}$, admettent une telle variable terminale.

(0.45) Si X est un processus quelconque, on définit le processus X^* par

$$X^*_t = \sup_{s\leq t} |X_s|.$$

Le processus X^* admet la variable terminale $X^*_\infty = \sup_{(t)} |X_t|$. On dit que X est localement borné s'il existe une suite (T_n) de temps d'arrêt croissant P-p.s. vers $+\infty$, telle que $X^*_{T_n} \leq n$ pour chaque n.

(0.46) Si X est un processus quelconque, on définit le processus $S(X)$ par

$$S(X)_t = \begin{cases} \sum_{0\leq s\leq t} X_s & \text{si } \sum_{0\leq s\leq t} |X_s| < \infty \\ +\infty & \text{sinon.} \end{cases}$$

Une condition nécessaire pour que $S(X)$ soit à valeurs finies (donc $S(X) \in \underline{\underline{V}}$) est que l'ensemble aléatoire $\{X \neq 0\}$ soit mince.

Terminons enfin par un lemme sur la localisation.

(0.47) LEMME: (a) Soit $\underline{\underline{C}}$ et $\underline{\underline{C}}'$ deux classes de processus stables par arrêt. On a $(\underline{\underline{C}} \cap \underline{\underline{C}}')_{loc} = \underline{\underline{C}}_{loc} \cap \underline{\underline{C}}'_{loc}$.

(b) Soit $\underline{\underline{C}}$ un espace vectoriel de processus, stable par arrêt. $\underline{\underline{C}}_{loc}$ est constitué des processus X pour lesquels il existe une suite (T_n) avec $\sup_{(n)} T_n \overset{\bullet}{=} \infty$ et $X^{T_n} \in \underline{\underline{C}}$ pour chaque n. On a $(\underline{\underline{C}}_{loc})_{loc} = \underline{\underline{C}}_{loc}$.

Démonstration. (a) L'inclusion $(\underline{\underline{C}} \cap \underline{\underline{C}}')_{loc} \subset \underline{\underline{C}}_{loc} \cap \underline{\underline{C}}'_{loc}$ est évidente. Soit $X \in \underline{\underline{C}}_{loc} \cap \underline{\underline{C}}'_{loc}$ et (T_n) (resp. (T'_n)) une suite localisante pour X, relativement à $\underline{\underline{C}}$ (resp. $\underline{\underline{C}}'$). Alors $S_n = T_n \wedge T'_n$ est un temps d'arrêt (on anticipe un peu sur les rappels du chapitre I: voir l'assertion (1.3)) et la suite (S_n) croît vers $+\infty$ P-p.s., tandis que d'après l'hypothèse on a

$$X^{S_n} = (X^{T'_n})^{T_n} = (X^{T_n})^{T'_n} \in \underline{\underline{C}} \cap \underline{\underline{C}}'.$$

(b) Soit S et T deux temps d'arrêt. Si $X^S, X^T \in \underline{\underline{C}}$, alors $X^{S \vee T} = X^S + X^T - (X^S)^T$ appartient encore à $\underline{\underline{C}}$ d'après les propriétés de cette classe de processus. Par suite si on considère un processus X qui vérifie la condition énoncée en (b) avec la suite (T_n) et si $S_n = \sup_{m \leq n} T_m$, on en déduit que $X^{S_n} \in \underline{\underline{C}}$, tandis que (S_n) est une suite de temps d'arrêt (on anticipe à nouveau !) croissant P-p.s. vers $+\infty$: donc $X \in \underline{\underline{C}}_{loc}$. Inversement il est clair que tout $X \in \underline{\underline{C}}_{loc}$ vérifie la condition de l'énoncé (prendre pour (T_n) une suite localisante).

Enfin, si $X \in (\underline{\underline{C}}_{loc})_{loc}$ on peut choisir une suite localisante (T_n) pour X, relativement à $\underline{\underline{C}}_{loc}$; puis pour chaque n on considère une suite localisante $(S(n,m))_{m \in \mathbb{N}}$ pour X^{T_n}, relativement à $\underline{\underline{C}}$. Si $R(n,m) = T_n \wedge S(n,m)$ on a d'une part $X^{R(n,m)} = (X^{T_n})^{S(n,m)} \in \underline{\underline{C}}$, et d'autre part $\sup_{(m,n)} R(n,m) \overset{\bullet}{=} \infty$, d'où $X \in \underline{\underline{C}}_{loc}$ d'après ce qui précède. ∎

CHAPITRE I

RESUME DE LA THEORIE GENERALE DES PROCESSUS

Nous proposons ci-dessous un résumé des principaux résultats de la "théorie générale des processus", telle qu'elle est exposée par exemple dans les livres de Dellacherie [2] et Dellacherie-Meyer [1]: cette théorie est en effet à la base de tout ce travail.

Dans le but de rendre notre exposé aussi indépendant que possible des livres cités plus haut, nous nous sommes efforcés d'énoncer de manière explicite tous les résultats qui seront utilisés plus loin; mais il est bien évident que la connaissance préalable de, par exemple, la partie II du livre [2] de Dellacherie ne saurait nuire à la compréhension de ce qui suit. Il était hors de question, par contre, de démontrer tous les résultats cités; nous nous contentons de démontrer ceux qui ont un rapport direct avec la théorie des martingales, ceci conformément au sujet principal de ce travail; quant aux résultats énoncés sans démonstration, ils se trouvent, sauf mention contraire, dans Dellacherie [2].

Soit donc, fixé une fois pour toutes dans ce chapitre, un espace probabilisé filtré $(\Omega,\underline{\underline{F}},\underline{F}=(\underline{\underline{F}}_t)_{t\geq 0},P)$.

Commençons d'abord par un avertissement sur la présentation de ce résumé. La plupart des textes sur la "théorie générale des processus", et en particulier Dellacherie [2], supposent que la filtration $\underline{F}$ satisfait ce qui est appelé les "conditions habituelles", c'est-à-dire que $\underline{F}=\underline{F}^P$. Cette hypothèse est trop forte pour nous, car nous serons amenés parfois à considérer simultanément plusieurs probabilités sur $(\Omega,\underline{\underline{F}})$. Mais, on passe facilement de la filtration $\underline{F}$ à la filtration $\underline{F}^P$ (qui, elle, vérifie les conditions habituelles) par l'intermédiaire de la proposition suivante (Dellacherie et Meyer [1], IV-59 et IV-78):

(1.1) PROPOSITION: (a) <u>Pour que</u> T <u>soit un</u> $\underline{F}^P$<u>-temps d'arrêt (resp. temps prévisible) il faut et il suffit qu'il soit</u> P<u>-p.s. égal à un</u> $\underline{F}$<u>-temps d'arrêt (resp. temps prévisible)</u> S, <u>et on a alors</u> $\underline{\underline{F}}^P_T=\underline{\underline{F}}_S\vee\underline{\underline{F}}^P_0$ (<u>resp.</u> $\underline{\underline{F}}^P_{T-}=\underline{\underline{F}}_{S-}\vee\underline{\underline{F}}^P_0$).

(b) <u>Tout processus</u> $\underline{F}^P$<u>-optionnel (resp.</u> $\underline{F}^P$<u>-prévisible) est</u> P<u>-indistinguable d'un processus</u> $\underline{F}$<u>-optionnel (resp.</u> $\underline{F}$<u>-prévisible)</u>. Inversement, on a bien-sûr $\underline{\underline{O}}(\underline{F})\subset\underline{\underline{O}}(\underline{F}^P)$ et $\underline{\underline{P}}(\underline{F})\subset\underline{\underline{P}}(\underline{F}^P)$.

Cette proposition montre pourquoi, dans la plupart des cas, on peut se référer à Dellacherie [2] même quand les conditions habituelles ne sont pas satisfaites, c'est-à-dire quand la filtration n'est pas complète. Quant à nous, nous écrirons simplement: optionnel, prévisible, temps d'arrêt,..., $\underline{\underline{O}}$, $\underline{\underline{P}}$, $\underline{\underline{T}}$,... dans chaque énoncé qui est vrai indifféremment pour les filtrations $\underline{F}$ et $\underline{F}^P$.

§a - Les temps d'arrêt. Commençons par une série de propriétés élémentaires, mais d'un usage constant; la probabilité P n'y joue aucun rôle.

(1.2) Si $S,T\in\underline{\underline{T}}$ et $A\in\underline{\underline{F}}_S$, on a $A\cap\{S\leq T\}\in\underline{\underline{F}}_T$ et $A\cap\{S<T\}\in\underline{\underline{F}}_{T-}$. Si de plus $S\in\underline{\underline{T}}_p$ et $A\in\underline{\underline{F}}_{S-}$, on a $A\cap\{S\leq T\}\in\underline{\underline{F}}_{T-}$.

(1.3) $\underline{\underline{T}}$ est stable par $(\bigvee d)$ et $(\bigwedge d)$; $\underline{\underline{T}}_p$ est stable par $(\bigvee d)$ et $(\bigwedge f)$.

(1.4) Si $T\in\underline{\underline{T}}$ on a $\underline{\underline{F}}_T=\{A\in\underline{\underline{F}}_\infty: T_A\in\underline{\underline{T}}\}$; si $T\in\underline{\underline{T}}_p$ on a $\underline{\underline{F}}_{T-}=\{A\in\underline{\underline{F}}_\infty: T_A\in\underline{\underline{T}}_p\}$.

(1.5) Soit $T\in\underline{\underline{T}}$ et Y une variable aléatoire. Pour que $Y I_{\{T<\infty\}}$ soit $\underline{\underline{F}}_T$ (resp. $\underline{\underline{F}}_{T-}$) mesurable, il faut et il suffit qu'il existe un processus optionnel (resp. prévisible) X tel que $Y=X_T$ sur $\{T<\infty\}$.

(1.6) Tous les intervalles stochastiques dont les extrémités sont des temps d'arrêt (resp. des temps prévisibles) sont optionnels (resp. prévisibles).

(1.7) La tribu optionnelle est engendrée par les intervalles stochastiques $[\![0,T[\![$ $(T\in\underline{\underline{T}})$.

(1.8) La tribu prévisible est engendrée par chacune des trois familles suivantes: (i) les processus adaptés, continus à gauche sur $]0,\infty[$;
(ii) les intervalles stochastiques $[\![0,T]\!]$ $(T\in\underline{\underline{T}})$ et $[\![0_A]\!]$ $(A\in\underline{\underline{F}}_0)$;
(iii) les ensembles $A\times]s,t]$ $(s,t\geq 0,\ A\in\underline{\underline{F}}_{s-})$ et $[\![0_A]\!]$ $(A\in\underline{\underline{F}}_0)$.

Remarquons que l'analogue de (iii) pour la tribu optionnelle n'est pas vrai: cette tribu n'est pas, en général, engendrée par les ensembles $A\times[s,t[$ $(s,t\geq 0,\ A\in\underline{\underline{F}}_s)$. A titre d'excercice (facile), le lecteur peut s'excercer à démontrer les assertions (1.5) et (1.6).

Les temps prévisibles ont une structure décrite par la proposition suivante (Dellacherie et Meyer [1], IV-71 et IV-77):

(1.9) PROPOSITION: (a) <u>Si</u> (T_n) <u>est une suite d'éléments de</u> $\underline{\underline{T}}(\underline{F})$ <u>croissant vers</u> T <u>et si</u> $T_n<T$ <u>sur</u> $\{T>0\}$, <u>alors</u> $T\in\underline{\underline{T}}_p(\underline{F})$ <u>et</u> $\underline{\underline{F}}_{T-}=\bigvee_{(n)}\underline{\underline{F}}_{T_n}$.

(b) Pour que $T \in \underline{\underline{T}}_p(\underline{F}^P)$ il faut et il suffit qu'il existe une suite (T_n) d'éléments de $\underline{\underline{T}}(\underline{F}^P)$ croissant vers T et vérifiant $T_n < T$ sur $\{T>0\}$. De plus, on a $\underline{\underline{F}}^P_{T-} = \bigvee_{(n)} \underline{\underline{F}}^P_{T_n}$.

Si une suite de temps d'arrêt vérifie la condition (b) ci-dessus, on dit qu'elle annonce T. Attention, l'assertion (1.9,b) est fausse en général si on remplace la filtration $\underline{F}^P$ par la filtration $\underline{F}$. Par contre, si $T \in \underline{\underline{T}}_p(\underline{F}^P)$ il existe une suite (T_n) d'éléments de $\underline{\underline{T}}(\underline{F})$ croissant P-p.s. vers T et vérifiant $T_n \overset{\bullet}{<} T$ sur $\{T>0\}$. Remarquons que les temps d'arrêt constants $T=t$ sont prévisibles ($T=0$ est prévisible car $[\![0,0[\![= \emptyset \in \underline{\underline{P}}$, et $T=t>0$ est annoncé par la suite $T_n = (t-1/n)^+$).

On dit qu'un $\underline{F}^P$-temps d'arrêt T est totalement inaccessible si pour tout $S \in \underline{\underline{T}}_p$ on a $P(T=S<\infty)=0$. Attention, contrairement aux notions de temps d'arrêt et de temps prévisibles, cette notion n'a de sens que relativement à la probabilité P. On note $\underline{\underline{T}}_i(\underline{F}^P)$ l'ensemble des temps d'arrêt totalement inaccessibles.

On sait qu'on peut associer à chaque $T \in \underline{\underline{T}}(\underline{F}^P)$ un $A \in \underline{\underline{F}}^P_T$ tel que $T_A \in \underline{\underline{T}}_i(\underline{F}^P)$ et que $[\![T_{A^c}]\!]$ soit contenu dans une réunion dénombrable de graphes d'éléments de $\underline{\underline{T}}_p(\underline{F}^P)$; de plus on peut choisir A contenu dans $\{T<\infty\}$, et un tel choix est alors unique à un ensemble P-négligeable près (Dellacherie [2], III T 41). T_A et T_{A^c} sont appelés respectivement les parties "totalement inaccessible" et "accessible" de T. Plus généralement d'ailleurs, on a la

(1.10) PROPOSITION: Soit A un ensemble aléatoire mince optionnel.

(a) Il existe une suite (T_n) d'éléments de $\underline{\underline{T}}(\underline{F}^P)$ (de $\underline{\underline{T}}_p(\underline{F}^P)$ si $A \in \underline{\underline{P}}(\underline{F}^P)$) dont les graphes sont deux-à-deux disjoints, et telle que $A = \bigcup_{(n)} [\![T_n]\!]$ (Dellacherie [2], VI T 33).

(b) Il existe deux suites (S_n) et (T_n) d'éléments de $\underline{\underline{T}}_i(\underline{F}^P)$ et $\underline{\underline{T}}_p(\underline{F}^P)$ respectivement, de graphes deux-à-deux disjoints, telles que

$$A \subset (\bigcup_{(n)} [\![S_n]\!]) \cup (\bigcup_{(m)} [\![T_m]\!])$$

(la partie (b) découle immédiatement de la partie (a) et de la décomposition des temps d'arrêt en parties accessible et totalement inaccessible).

Cette proposition a des conséquences importantes: soit X un processus optionnel (resp. prévisible), continu à droite et limité à gauche. Le processus X_- étant adapté, il est prévisible d'après (1.8) et l'ensemble aléatoire $A = \{X \neq X_-\}$ est mince et optionnel (resp. prévisible). Une suite (T_n) vérifiant les conditions de (1.10,a) relativement à A est dite épuiser les sauts de X. En particulier on a:

(1.11) Si X est continu à droite, limité à gauche, et prévisible, on a $\Delta X_T \doteq 0$ sur $\{T<\infty\}$ pour tout $T \in \underline{\underline{T}}_i(F^P)$.

(1.12) Remarque: Avec notre convention $X_{0-}=0$ (cf. (0.16)) on voit que les coupes A_ω de $A=\{X\neq X_-\}$ peuvent contenir l'origine, même si le processus X est continu! on garde l'acception habituelle pour le terme "continu" sur $\mathbb{R}_+$ (qui signifie continu sur $]0,\infty[$ et simplement continu à droite en 0); si on veut en plus que $\Delta X_0=0$ on précisera: continu et nul à l'origine, ou parfois: continu y-compris en 0. ∎

Voici une autre conséquence de (1.10).

(1.13) COROLLAIRE: Soit A un ensemble aléatoire mince optionnel. Il existe un ensemble aléatoire (mince) $\underline{F}^P$-prévisible B, et un seul à un ensemble P-évanescent près, tel que:
(i) tout $T\in \underline{\underline{T}}(\underline{F}^P)$ tel que $[\![T]\!] \overset{\cdot}{\subset} A\setminus B$ appartient à $\underline{\underline{T}}_i(\underline{F}^P)$;
(ii) tout $T\in \underline{\underline{T}}_p(\underline{F}^P)$ tel que $[\![T]\!]\cap A \doteq \emptyset$ vérifie $[\![T]\!]\cap B\doteq\emptyset$.

Démonstration. Soit (S_n) et (T_n) les suites introduites en (1.10,b). Pour chaque n on note $C(n)$ une version de la borne inférieure P-essentielle de tous les éléments de $\underline{\underline{F}}^P_{T_n-}$ qui contiennent l'ensemble $\{T_n\in A\}$. On a $C(n)\in \underline{\underline{F}}^P_{T_n-}$, donc l'ensemble $B=\bigcup_{(n)}[\![(T_n)_{C(n)}]\!]$ appartient à $\underline{\underline{P}}(\underline{F}^P)$ d'après (1.4) et (1.6). Comme par construction de B on a $A\setminus B=\bigcup_{(n)}[\![S_n]\!]$, on obtient (i). Si $T\in \underline{\underline{T}}_p(\underline{F}^P)$ vérifie $[\![T]\!]\cap A\doteq\emptyset$ on a $\{T=T_n\}\in \underline{\underline{F}}^P_{T_n-}$ et $\{T=T_n\}\cap\{T_n\in A\}\doteq\emptyset$, donc $\{T=T_n\}\cap C(n)\doteq\emptyset$, d'où (ii). Enfin, l'unicité est évidente. ∎

On dira que B est le support prévisible de l'ensemble mince A, et $A\setminus B$ sa partie totalement inaccessible, tandis que $A\cap B$ en est la partie accessible. Lorsque $A=[\![T]\!]$ on retrouve la décomposition des temps d'arrêt introduite avant (1.10).

On rencontre souvent les temps d'arrêt dans la situation suivante (selon l'usage, on convient que $\inf(\emptyset)=+\infty$):

(1.14) THEOREME: Si $A\in \underline{\underline{O}}(\underline{F}^P)$ son début $T(\omega)=\inf(t:\ (\omega,t)\in A)$ appartient à $\underline{\underline{T}}(\underline{F}^P)$. Si de plus $A\in \underline{\underline{P}}(\underline{F}^P)$ et $[\![T]\!]\overset{\cdot}{\subset} A$ on a $T\in \underline{\underline{T}}_p(\underline{F}^P)$ (Dellacherie [2], IV T10).

(1.15) COROLLAIRE: Soit X un processus optionnel et B un borélien de $\mathbb{R}$. Alors $T=\inf(t:\ X_t\in B)$ appartient à $\underline{\underline{T}}(\underline{F}^P)$.

Voici maintenant le théorème de section (prévisible ou optionnel, selon que l'ensemble aléatoire A ci-dessous est prévisible ou optionnel), qui joue un rôle fondamental dans toute la "théorie générale des processus" et ses applications; il permet en particulier de prouver des résultats d'unicité dans de nombreuses questions.

(1.16) THEOREME: Soit $A\in \underline{\underline{O}}(\underline{\underline{F}}^P)$ (resp. $\underline{\underline{O}}(\underline{\underline{F}})$, $\underline{\underline{P}}(\underline{\underline{F}}^P)$, $\underline{\underline{P}}(\underline{\underline{F}})$). Pour tout $\varepsilon>0$ il existe $T\in \underline{\underline{T}}(\underline{\underline{F}}^P)$ (resp. $\underline{\underline{T}}(\underline{\underline{F}})$, $\underline{\underline{T}}_p(\underline{\underline{F}}^P)$, $\underline{\underline{T}}_p(\underline{\underline{F}})$) tel que $[\![T]\!]\subset A$ et que $P(\pi(A))\geq P(T<\infty)+\varepsilon$ (Dellacherie [2], IV T 10).

§b - Les martingales. La théorie des martingales est en étroits rapports avec la "théorie générale des processus". Pour le voir, il nous faut disposer de quelques propriétés très simples des martingales, et c'est pourquoi nous interrompons momentanément notre résumé, pour énoncer ces propriétés sous la forme de plusieurs lemmes. Auparavant, nous allons rappeles les théorèmes de convergence et d'arrêt pour les surmatingales (voir la définition (0.35)).

(1.17) THEOREME: Soit X une surmartingale. Si $\sup_{(t)} E(X_t^-)<\infty$, X_t converge P-p.s. quand $t\uparrow\infty$ vers une variable terminale X_∞ (Meyer [1], VI T 6).

En particulier, les éléments de $\underline{\underline{M}}$ vérifient cette condition. On sait d'ailleurs que si $X\in\underline{\underline{M}}$ la convergence $X_t\longrightarrow X_\infty$ a lieu aussi dans L^1 et que $X_t=E(X_\infty|\underline{\underline{F}}_t)$; inversement si $Z\in L^1(\Omega,\underline{\underline{F}},P)$ il existe $X\in\underline{\underline{M}}$ unique telle que $X_t=E(Z|\underline{\underline{F}}_t)$ et $X_\infty=E(Z|\underline{\underline{F}}_\infty)$. Il y a donc correspondance bi-univoque entre $\underline{\underline{M}}(\underline{\underline{F}},P)$ et $L^1(\Omega,\underline{\underline{F}}_\infty,P)$.

(1.18) THEOREME: Soit X une surmartingale. Supposons qu'il existe une variable intégrable Y telle que $X_t\geq E(Y|\underline{\underline{F}}_t)$ pour tout $t\in\mathbb{R}_+$. Si $S,T\in\underline{\underline{T}}$ les variables X_S et X_T sont intégrables et $X_S\geq E(X_T|\underline{\underline{F}}_S)$ sur $\{S\leq T\}$ (Meyer [1], VI T 13). Une surmartingale vérifiant cette condition vérifie a-fortiori $\sup_{(t)} E(X_t^-)<\infty$, si bien que les variables X_S et X_T sont bien définies d'après (1.17).

Là encore, ce théorème s'applique aux éléments de $\underline{\underline{M}}$, qui est donc en particulier une classe stable par arrêt.

Rappelons qu'un processus X est dit de classe (D) si la famille de variables (X_T), où T parcourt l'ensemble des temps d'arrêt finis, est uniformément intégrable. Le lemme suivant entraine notamment que tout élément de $\underline{\underline{M}}$ est de classe (D).

(1.19) LEMME: (a) Toute martingale est une martingale locale.

(b) Soit $X\in \underline{\underline{M}}_{loc}$. Pour que $X\in \underline{\underline{M}}$ il faut et il suffit que X soit de classe (D).

Démonstration. (a) Soit X une martingale. Si $n\in \mathbb{N}$ on a $X^n_s = E(X_n|\underline{\underline{F}}_s)$, donc X^n est un élément de $\underline{\underline{M}}$ et $X\in \underline{\underline{M}}_{loc}$.

(b) Si $X\in \underline{\underline{M}}$ on a $X_T = E(X_\infty|\underline{\underline{F}}_T)$ pour tout $T\in \underline{\underline{T}}$ d'après (1.18), et comme $X_\infty \in L^1$ on en déduit que la famille $(X_T)_{T\in \underline{\underline{T}}}$ est uniformément intégrable, donc X est de classe (D).

Inversement, soit $X\in \underline{\underline{M}}_{loc}$ de classe (D). X est alors continu à droite et limité à gauche, et la famille $(X_t)_{t\geq 0}$ est uniformément intégrable. Pour obtenir $X\in \underline{\underline{M}}$ il nous suffit de montrer que $X_t = E(X_s|\underline{\underline{F}}_t)$ si $t\leq s<\infty$. Soit (T_n) une suite localisante pour X. Les suites $(X_{T_n\wedge s})_{n\in \mathbb{N}}$ et $(X_{T_n\wedge t})_{n\in \mathbb{N}}$ sont uniformément intégrables (car X est de classe (D)) et convergent P-p.s., donc dans L^1, respectivement vers X_s et X_t. Comme $X^{T_n}_t = E(X^{T_n}_s|\underline{\underline{F}}_t)$ on en déduit le résultat. ∎

(1.20) LEMME: Soit X un processus adapté, continu à droite et limité à gauche, admettant une variable terminale X_∞. Pour que $X\in \underline{\underline{M}}$ il faut et il suffit que $X_0\in L^1$ et que $E(X_T) = E(X_0)$ pour tout $T\in \underline{\underline{T}}$.

Démonstration: La condition nécessaire provient encore une fois du théorème d'arrêt (1.18). Inversement si $t\in \mathbb{R}_+$ et $A\in \underline{\underline{F}}_t$ on applique l'égalité de l'énoncé aux temps d'arrêt t_A et $+\infty$, ce qui conduit à

$$E(X_\infty) = E(X_0) = E(X_{t_A}) = E(X_t I_A) + E(X_\infty I_{A^c}).$$

Donc $E(X_t I_A) = E(X_\infty I_A)$, tandis que X_t et X_∞ sont intégrables par hypothèse: par suite $X_t = E(X_\infty|\underline{\underline{F}}_t)$ et on en déduit que $X\in \underline{\underline{M}}$. ∎

(1.21) LEMME: Si $X\in \underline{\underline{M}}$ et $T\in \underline{\underline{T}}_p$ on a $\Delta X_T I_{\{T<\infty\}}\in L^1$ et

$$E(\Delta X_T|\underline{\underline{F}}^P_{T-}) = 0 \quad \text{sur} \quad \{0<T<\infty\}.$$

Démonstration. Soit, d'après (1.9), (T_n) une suite annonçant T. Le théorème d'arrêt entraine que $E(X_T - X_{T_n}|\underline{\underline{F}}^P_{T_n}) = 0$. Comme $\underline{\underline{F}}^P_{T-} = \bigvee_{(n)}\underline{\underline{F}}^P_{T_n}$ et comme $(X_T - X_{T_n})I_{\{0<T<\infty\}}$ converge P-p.s. et dans L^1 vers $\Delta X_T I_{\{0<T<\infty\}}$, le résultat découle du théorème de convergence des martingales discrètes (version "en temps discret" de (1.17): cf. Doob [1] ou Meyer [1]). ∎

Les tribus $\underline{\underline{O}}$ et $\underline{\underline{P}}$ peuvent être décrites diversement à l'aide des martingales, et nous étudierons ces problèmes en détail par la suite. Pour en donner un avant-goût, voici un résultat élémentaire qui montre qu'une filtration complète est "caractérisée" par ses martingales.

(1.22) PROPOSITION: Soit $\underline{\underline{F}}$ et $\underline{\underline{G}}$ deux filtrations. Si toute classe de $\underline{\underline{M}}(\underline{\underline{F}},P)$ admet un représentant appartenant à $\underline{\underline{M}}(\underline{\underline{G}},P)$, alors $\underline{\underline{F}}^P \subset \underline{\underline{G}}^P$ (i.e.: $\underline{\underline{F}}_t^P \subset \underline{\underline{G}}_t^P$ pour tout t).

Démonstration. Soit $A \in \underline{\underline{F}}_t$. On peut choisir une version X de la martingale $E(I_A|\underline{\underline{F}}_t)$ qui est aussi une martingale relativement à $\underline{\underline{G}}^P$. Mais alors X_t est $\underline{\underline{G}}_t^P$-mesurable, et comme $X_t \doteq I_A$ on obtient $A \in \underline{\underline{G}}_t^P$. ∎

§c - Le théorème de projection.

(1.23) THEOREME: Soit X un processus mesurable, positif ou borné. Il existe un processus optionnel (resp. prévisible) Y, et un seul à une P-indistinguabilité près, tel que $Y_T = E(X_T|\underline{\underline{F}}_T)$ (resp. $Y_T = E(X_T|\underline{\underline{F}}_{T-})$) sur $\{T<\infty\}$ pour tout $T \in \underline{\underline{T}}$ (resp. $T \in \underline{\underline{T}}_p$).

Le processus Y ainsi caractérisé s'appelle la projection optionnelle (resp. prévisible) de X, et on le note ${}^oX$ (resp. ${}^pX$). Il serait d'ailleurs plus juste de parler de classes d'équivalence de processus, pour la P-indistinguabilité. On a les propriétés suivantes, où les processus X et Y sont tous deux positifs, ou tous deux bornés:

(1.24) Si $X \leq Y$ on a ${}^oX \leq {}^oY$ et ${}^pX \leq {}^pY$.

(1.25) Si X est optionnel (resp. prévisible), on a ${}^oX = X$ (resp. ${}^pX = X$), l'ensemble aléatoire $\{X \neq {}^pX\}$ est mince, et $({}^pX)_0 = X_0$.

(1.26) Si Y est optionnel (resp. prévisible) on a ${}^o(XY) = ({}^oX)Y$ (resp. ${}^p(XY) = ({}^pX)Y$). On a ${}^p({}^oX) = {}^pX$.

(1.27) Si X est borné et P-p.s. continu à droite (resp.,et limité à gauche), ${}^oX$ est également P-p.s. continu à droite (resp., et limité à gauche).

Remarquons également que si A est un ensemble mince optionnel admettant B pour support prévisible, on a $I_B = {}^p(I_A)$.

Plus généralement, soit X un processus mesurable quelconque. D'après (1.23) les processus ${}^p(X^+)$ et ${}^p(X^-)$ sont bien définis, et on pose

$$(1.28) \qquad {}^pX = \begin{cases} +\infty & \text{si } {}^p(X^+) = {}^p(X^-) = \infty \\ {}^p(X^+) - {}^p(X^-) & \text{sinon.} \end{cases}$$

On dit encore que ${}^pX$ est la projection prévisible de X, et on a encore ${}^pX_T = E(X_T|\underline{\underline{F}}_{T-})$ sur $\{T<\infty\}$ lorsque $T \in \underline{\underline{T}}_p$, dès que l'espérance conditionnelle a un sens. Cette définition étendue de ${}^pX$ est à comparer à la définition étendue de l'espérance conditionnelle, donnée en (0.14). On définit de manière analogue la projection optionnelle ${}^oX$ de tout processus mesurable X. Remarquons que, si (1.24) et (1.25) restent évidemment valides avec cette définition étendue, il n'en est pas de même en général de (1.26).

Voici enfin un résultat qu'on obtient immédiatement, par localisation, à partir de (1.21) (utiliser aussi (1.25) et la convention $X_{0-}=0$):

(1.29) COROLLAIRE: Si $X\in \underline{\underline{M}}_{loc}$ on a ${}^pX = X_- + X_0 I_{[\![0]\!]}$ et ${}^p(\Delta X) = X_0 I_{[\![0]\!]}$.

(on fausse un peu les choses en présentant ce résultat comme un corollaire de (1.23), car c'est en réalité la propriété (1.21) qui permet de montrer l'existence de la projection prévisible d'un processus dans (1.23)).

§d - Les processus croissants. Si $A\in \underline{\underline{V}}$ et si X est un processus mesurable, on posé

(1.30) $$X\bullet A_t(\omega) = \int_{[0,t]} X_s(\omega)dA_s(\omega)$$

dès que cette expression a un sens (ce qui n'exclut pas qu'elle vaille $+\infty$ ou $-\infty$). Lorsque pour presque tout ω le terme $X\bullet A_t(\omega)$ existe pour tout $t\in \mathbb{R}_+$, on obtient ainsi un processus $X\bullet A$, ou plutôt une classe de processus pour la P-indistinguabilité (ce qui est cohérent avec nos conventions puisque A représente déjà une classe de processus). Le processus $X\bullet A$ prend la valeur $X\bullet A_0 = X_0A_0$ à l'origine. On a

(1.31) Si X est optionnel, $X\bullet A$ admet une version optionnelle. Si X et A sont prévisibles (ce qui signifie: A admet une version prévisible), $X\bullet A$ admet aussi une version prévisible.

Si $A\in \underline{\underline{V}}^+$ on pose

(1.32) $$M_A^P(X) = E(X\bullet A_\infty) = E(\int_{[0,\infty[} X_s dA_s)$$

pour tout processus mesurable positif X, ce qui définit une mesure positive M_A^P sur $(\Omega\times \mathbb{R}_+, \underline{\underline{F}}^P\otimes \underline{\underline{B}}(\mathbb{R}_+))$, appelée mesure de Doléans du processus croissant A (cette mesure a été introduite par Doléans-Dade dans [2]).

On a le théorème fondamental suivant:

(1.33) THEOREME: Soit m une mesure positive sur $(\Omega\times \mathbb{R}_+, \underline{\underline{F}}^P\otimes \underline{\underline{B}}(\mathbb{R}_+))$. Pour qu'il existe $A\in \underline{\underline{A}}^+$ (resp. $A\in \underline{\underline{P}}\cap \underline{\underline{A}}^+$) tel que $M_A^P = m$, il faut et il suffit que

(i) m soit de masse finie;

(ii) m ne charge pas les ensembles P-évanescents;

(iii) <u>pour tout processus mesurable positif</u> X <u>on ait</u> $m(X) = m({}^oX)$ (<u>resp.</u> $m(X) = m({}^pX)$).
<u>Dans ce cas</u>, A <u>est unique</u>.

Ce théorème est prouvé dans Dellacherie [2] (IV T 41), à la restriction suivante près: d'un coté on impose la condition supplémentaire que $A_0 = 0$, de l'autre on impose à m de ne pas charger $[\![0]\!]$. Nous allons compléter la démonstration ci-dessous, ce qui est très facile.

<u>Démonstration</u>. (a) <u>La condition nécessaire</u>: Soit $A \in \underline{\underline{A}}^+$ (resp. $\underline{\underline{P}} \cap \underline{\underline{A}}^+$) et $m = M_A^P$. Il est évident que m satisfait (i) et (ii). Si $A' = A - A_0$ on a $A' \in \underline{\underline{A}}_0^+$ (resp. $\underline{\underline{P}} \cap \underline{\underline{A}}_0^+$) et sa mesure de Doléans $m' = M_{A'}^P$ n'est autre que $m' = I_{]\!]0,\infty[\![} \cdot m$. On sait d'après Dellacherie [2] que m' satisfait (iii), et il reste à montrer que $m'' = m - m' = I_{[\![0]\!]} \cdot m$ satisfait également (iii). Pour tout processus mesurable positif X on a

$$m''(X) \;=\; E(A_0X_0) \;=\; E(A_0E(X_0|\underline{\underline{F}}_0)) \;=\; E(A_0({}^oX)_0) \;=\; m''({}^oX) .$$

Comme $({}^pX)_0 = ({}^oX)_0$ on a aussi $m''(X) = m''({}^pX)$, d'où le résultat.

(b) <u>La condition suffisante</u>: La mesure $m' = I_{]\!]0,\infty[\![} \cdot m$ satisfait les trois conditions (i), (ii) et (iii), et ne charge pas $[\![0]\!]$; c'est donc, d'après Dellacherie [2], la mesure de Doléans d'un élément A' de $\underline{\underline{A}}_0^+$ (resp. $\underline{\underline{P}} \cap \underline{\underline{A}}_0^+$). Par ailleurs on définit une mesure Q sur $(\Omega, \underline{\underline{F}}_0)$ en posant $Q(B) = m(B \times \{0\})$ et d'après (ii), Q est absolument continue par rapport à la restriction P_0 de P à $\underline{\underline{F}}_0$. Soit $A_0 = \frac{dQ}{dP_0}$: on a $A_0 \in \underline{\underline{F}}_0^+$ et $E(A_0) = m([\![0]\!]) < \infty$. Posons $A = A_0 + A'$, ce qui définit un élément de $\underline{\underline{A}}^+$ (resp. $\underline{\underline{P}} \cap \underline{\underline{A}}^+$) qui vérifie par construction:

$$M_A^P(X) \;=\; M_{A'}^P(X) + E(A_0X_0) \;=\; m'(X) + Q(X_0) \;=\; m(X)$$

pour tout $X \in \underline{\underline{O}}^+$ (et même tout X tel que $X_0 \in \underline{\underline{F}}_0$). D'après (a) on a $M_A^P(X) = M_A^P({}^oX)$ pour tout X mesurable positif, si bien que (iii) entraine l'égalité des mesures M_A^P et m.

(c) <u>L'unicité</u> découle immédiatement de ce que, pour tous $t \in \mathbb{R}_+$ et $B \in \underline{\underline{F}}_\infty$ on a $E(A_tI_B) = M_A^P(B \times [0,t])$: en effet si $A, A' \in \underline{\underline{A}}^+$ vérifient $M_A^P = M_{A'}^P$, on en déduit que $A_t \stackrel{\cdot}{=} A'_t$ pour tout t et comme les processus A et A' sont continus à droite, ils doivent être P-indistinguables. ∎

On voit bien qu'on peut définir la mesure de Doléans M_A^P pour des processus A qui ne sont pas nécessairement croissants: soit $A \in \underline{\underline{A}}_{loc}$ et (T_n) une suite localisante pour A. Pour tout processus mesurable borné X on pose

(1.34) $$M_A^P(XI_{[\![0,T_n]\!]}) \;=\; E(X \cdot A_{T_n}) ,$$

ce qui définit une mesure (signée) M_A^P sur $(\Omega\times\mathbb{R}_+, \underline{\underline{F}}^P \otimes \underline{\underline{B}}(\mathbb{R}_+))$ qui est finie sur chaque intervalle stochastique $[\![0,T_n]\!]$, et qui ne dépend pas de la suite (T_n) choisie. Si $A\in\underline{\underline{A}}^+_{loc}$ on retrouve bien la mesure définie par (1.32). Nous laissons au lecteur le soin de donner une version de (1.33) adaptée au cas où $A\in\underline{\underline{A}}_{loc}$.

Terminons ce paragraphe par quelques lemmes simples.

(1.35) LEMME: <u>Soit</u> $A\in\underline{\underline{V}}$. <u>Il existe une décomposition unique</u> $A=B-C$ <u>où</u> $B, C\in\underline{\underline{V}}^+$ <u>et</u> $B+C=\int|dA_s|$. <u>Si</u> A <u>est prévisible, il en est de même de</u> B <u>et</u> C.

<u>Démonstration</u>. Soit les processus $D=\int|dA_s|$, $B=(D+A)/2$ et $C=(D-A)/2$. Il est clair que B et C sont les seuls processus vérifiant $A=B-C$ et $D=B+C$, et que ce sont des processus croissants. Pour chaque ω on a

$$D_t(\omega) = |A_0(\omega)| + \lim_{(n)} \sum_{1\le k\le n} |A_{tk/n} - A_{t(k-1)/n}|,$$

donc D est adapté, donc D, B et C appartiennent à $\underline{\underline{V}}^+$.

Supposons enfin A prévisible. Le processus D_- est adapté et continu à gauche, donc prévisible; de même le processus $\Delta D=|\Delta A|$ est prévisible et par suite $D=D_-+\Delta D$, ainsi que B et C, sont prévisibles.∎

Bien entendu la décomposition $dA_t=dB_t-dC_t$ de la mesure dA_t est sa décomposition de Jordan-Hahn; de même si $A\in\underline{\underline{A}}_{loc}$, la décomposition de Jordan-Hahn de la mesure M_A^P est $M_A^P=M_B^P-M_C^P$.

(1.36) LEMME: <u>Soit</u> $A, B\in\underline{\underline{A}}_{loc}$. <u>Si</u> $dA_t(\omega)\ll dB_t(\omega)$ <u>pour</u> P-<u>presque tout</u> ω, <u>il existe un processus optionnel</u> X <u>tel que</u> $A=X\bullet B$. <u>Lorsque</u> A <u>et</u> B <u>sont prévisibles, on peut choisir</u> X <u>prévisible</u>.

<u>Démonstration</u>. En localisant et en utilisant (1.35) on peut se ramener au cas où $A, B\in\underline{\underline{A}}^+$. Il est facile de voir que $M_A^P\ll M_B^P$ si et seulement si $dA_t(\omega)\ll dB_t(\omega)$ P-p.s. en ω. Si cette condition est réalisée (resp. et si de plus A et B sont prévisibles) on prend pour X une version de la dérivée de Radon-Nikodym de la restriction de M_A^P à $\underline{\underline{O}}$ (resp. $\underline{\underline{P}}$) par rapport à la restriction de M_B^P à $\underline{\underline{O}}$ (resp. $\underline{\underline{P}}$). Alors $X\in\underline{\underline{O}}^+$ (resp. $\underline{\underline{P}}^+$) et $M_{X\bullet B}^P(Y)=M_B^P(XY)=M_A^P(Y)$ pour tout $Y\in\underline{\underline{O}}^+$ (resp. $\underline{\underline{P}}^+$). On déduit alors de (1.33) que $M_A^P=M_{X\bullet B}^P$ et que $A=X\bullet B$.∎

(1.37) LEMME: (a) <u>Soit</u> A <u>un processus croissant prévisible avec</u> $A_0=0$ <u>et</u> $T=\inf(t: A_t=\infty)$. <u>Il existe une suite</u> (T_n) <u>d'éléments de</u> $\underline{\underline{T}}(\underline{\underline{F}}^P)$ <u>croissant</u> P-<u>p.s. vers</u> T, <u>telle que</u> $A_{T_n}\le n$ <u>pour tout</u> n.

(b) <u>On a</u> $\underline{\underline{P}} \cap \underline{\underline{V}}_o = \underline{\underline{P}} \cap \underline{\underline{A}}_{o,loc}$ <u>et</u> $\underline{\underline{P}} \cap \underline{\underline{A}}_{loc} = \{A \in \underline{\underline{P}} \cap \underline{\underline{V}},\ A_0$ intégrable $\}$ (et, bien-sûr, $\underline{\underline{A}}_{loc} \subset \underline{\underline{V}} = \underline{\underline{V}}_{loc}$).

<u>Démonstration</u>. (a) L'ensemble aléatoire $\{A \geq n\}$ est prévisible et contient son début $S_n = \inf(t: A_t \geq n)$, donc $S_n \in \underline{\underline{T}}_p(\underline{\underline{F}}^P)$ d'après (1.14), tandis que $S_n > 0$ puisque $A_0 = 0$. (1.9) entraine l'existence de $R_n \in \underline{\underline{T}}(\underline{\underline{F}}^P)$ vérifiant $R_n < S_n$ et $P(R_n \leq S_n - 1/n) \leq 1/2^n$. Soit $T_n = \sup_{m \leq n} R_m$: comme $T = \lim_{(n)} \uparrow S_n$ il est facile de voir que la suite (T_n) croît P-p.s. vers T. Comme $T_n < S_n$ on a bien $A_{T_n} \leq n$.

(b) On remarque d'abord que, pour toute variable $\underline{\underline{F}}_0$-mesurable X, le processus $XI_{[\![0,\infty[\![}$ est dans $\underline{\underline{A}}_{loc}$ si et seulement si X est intégrable. Ensuite, si $B \in \underline{\underline{P}} \cap \underline{\underline{V}}_o$ on applique (a) au processus croissant $A = \int_0^{\cdot} |dB_s|$ pour en déduire que A, donc B, appartiennent à $\underline{\underline{A}}_{loc}$. ∎

§e - <u>Projection prévisible duale d'un processus croissant</u>. Le théorème suivant est recopié sur Dellacherie [2] (V T 28,37,38), à une légère extension près: au lieu de supposer $A \in \underline{\underline{A}}_o^+$ on suppose simplement $A \in \underline{\underline{A}}_{loc}$. Toutefois, étant donnée son importance pour la théorie des martingales, nous le démontrons ici.

(1.38) THEOREME: <u>Soit</u> $A \in \underline{\underline{A}}_{loc}$. <u>Il existe un élément et un seul de</u> $\underline{\underline{P}} \cap \underline{\underline{A}}_{loc}$, <u>noté</u> A^p, <u>qui vérifie les trois propriétés équivalentes suivantes</u>:

(i) <u>les mesures</u> M_A^P <u>et</u> $M_{A^p}^P$ <u>coïncident sur</u> $\underline{\underline{P}}$;

(ii) $A - A^p \in \underline{\underline{L}}$;

(iii) <u>pour tout</u> $T \in \underline{\underline{T}}$ <u>tel que</u> $E(\int_0^T |dA_s|) < \infty$ <u>on a</u> $E(A_T^p) = E(A_T)$, <u>et</u> $A_0^p = A_0$.

<u>Démonstration</u>. (a) Montrons d'abord l'existence de $A^p \in \underline{\underline{P}} \cap \underline{\underline{A}}_{loc}$ vérifiant (i). On va d'abord supposer que $A \in \underline{\underline{A}}_{loc}^+$, et on note (T_n) une suite localisante pour A. Pour tout processus mesurable positif X on pose $m_n(X) = M_A^P({}^pXI_{[\![0,T_n]\!]})$, ce qui définit une mesure positive m_n sur $(\Omega \times \mathbb{R}_+, \underline{\underline{F}}^P \otimes \underline{\underline{B}}(\mathbb{R}_+))$. Il est évident que cette mesure vérifie les trois conditions de (1.33), avec $m_n(X) = m_n({}^pX)$, donc elle est la mesure de Doléans d'un élément et un seul $B(n)$ de $\underline{\underline{P}} \cap \underline{\underline{A}}^+$. Comme la mesure de Doléans de $B(n+1)^{T_n}$, qui est $I_{[\![0,T_n]\!]} \cdot m_{n+1}$ (immédiat d'après (1.32) et (1.33)), coïncide avec m_n par construction, on a $B(n) = B(n+1)^{T_n}$. Par "recollement" on définit un processus A^p par: $(A^p)^{T_n} = B(n)$ pour tout n. On a $A^p \in \underline{\underline{P}} \cap \underline{\underline{A}}_{loc}^+$, et comme m_n coïncide avec M_A^P sur $[\![0,T_n]\!] \cap \underline{\underline{P}}$, A^p vérifie (i).

Dans le cas général où $A \in \underline{\underline{A}}_{loc}$, on considère la décomposition $A =$

$B-C$ donnée en (1.35). On a $B, C \in \underline{\underline{A}}^+_{loc}$, on définit B^p et C^p comme ci-dessus, et le processus $A^p = B^p - C^p$ vérifie (i).

(b) Soit $A \in \underline{\underline{P}} \cap \underline{\underline{A}}_{loc}$ tel que la mesure M^P_A soit nulle en restriction à $\underline{\underline{P}}$; considérons sa décomposition (1.35): $A = B - C$, où $B, C \in \underline{\underline{P}} \cap \underline{\underline{A}}^+_{loc}$. Soit (T_n) une suite localisante pour A (donc pour B et C). Les mesures de Doléans de B^{T_n} et C^{T_n} coïncident sur $\underline{\underline{P}}$ par hypothèse, donc elles coïncident partout d'après (1.33,iii), d'où $B^{T_n} = C^{T_n}$. On en déduit que $A = 0$, et ceci montre l'unicité du processus $A^p \in \underline{\underline{P}} \cap \underline{\underline{A}}_{loc}$ vérifiant (i).

(c) Etant donné $A^p \in \underline{\underline{P}} \cap \underline{\underline{A}}_{loc}$ il nous reste maintenant à montrer l'équivalence des trois propriétés (i), (ii) et (iii). Soit (T_n) une suite localisante commune à A et à A^p. (i) revient à dire que les mesures de Doléans de A^{T_n} et de $(A^p)^{T_n}$ coïncident sur $\underline{\underline{P}}$; les processus $(A - A^p)^{T_n}$ étant de classe (D), (ii) revient à dire d'après (1.19) que $(A - A^p)^{T_n} \in \underline{\underline{M}}_0$ pour chaque n ; enfin, modulo une application du théorème de convergence dominée, (iii) revient à dire que $E(A^{T_n}_T) = E((A^p)^{T_n}_T)$ pour tout $T \in \underline{\underline{T}}$ et tout n, et que $A^p_0 = A_0$.

On peut donc supposer que $A, A^p \in \underline{\underline{A}}$. Le processus $X = A - A^p$ est adapté, continu à droite et limité à gauche, et admet une variable terminale X_∞ ; l'équivalence (ii)$\Longleftrightarrow$(iii) découle alors du lemme (1.20). D'autre part on a $M^P_A([\![0,T]\!]) = E(A_T)$ et $M^P_A([\![0_B]\!]) = E(A_0 I_B)$, et des relations analogues pour A^p ; comme deux variables $\underline{\underline{F}}_0$-mesurables intégrables Y et Z sont égales si et seulement si $E(YI_B) = E(ZI_B)$ pour tout $B \in \underline{\underline{F}}_0$, l'équivalence (i)$\Longleftrightarrow$(iii) découle de (1.8,ii).∎

Le processus A^p s'appelle la <u>projection prévisible duale</u> de A. Cette opération est, en effet, l'opération duale de la projection prévisible, définie en (1.23), car

(1.39) On a $M^P_A({}^pX) = M^P_{A^p}(X)$ dès que $M^P_A(|{}^pX|) < \infty$ ou que $M^P_{A^p}(|X|) < \infty$.

(1.40) Si $X \bullet A \in \underline{\underline{A}}_{loc}$ et si X (resp. A) est prévisible, on a $(X \bullet A)^p = X \bullet A^p$ (resp. $= ({}^pX) \bullet A$). En particulier, si $A \in \underline{\underline{P}} \cap \underline{\underline{A}}_{loc}$ on a $A^p = A$.

L'assertion (1.40) entraine aussi que $(A^T)^p = (A^p)^T$ pour tout $A \in \underline{\underline{A}}_{loc}$ et tout $T \in \underline{\underline{T}}$. De (1.29) et (1.38,ii), il découle que

(1.41) COROLLAIRE: <u>Si</u> $A \in \underline{\underline{A}}_{loc}$ <u>on a</u> ${}^p(\Delta A) = \Delta(A^p)$.

Attention, on n'a pas en général $A^p = {}^pA$! Une autre manière d'énoncer ce corollaire consiste à dire que pour tout $T \in \underline{\underline{T}}_p$ tel que ΔA_T soit intégrable, on a

(1.42) $$\Delta A^p_T = E(\Delta A_T|\underline{\underline{F}}^P_{T-}) \quad \text{sur } \{T<\infty\}$$

(ce qui peut se démontrer directement à l'aide de (1.21); on rappelle que $\Delta A^p_0 = \Delta A_0 = A^p_0 = A_0$). Le lecteur pourra s'excercer à montrer (1.41) et (1.42) sans passer par les martingales, à partir des caractérisations (1.38,i) ou (1.38,iii) de A^p .

Terminons ce paragraphe par quelques applications simples à la théorie des martingales.

(1.43) PROPOSITION: (a) <u>On a</u> $\underline{\underline{M}}_{loc}\cap\underline{\underline{V}} = \underline{\underline{M}}_{loc}\cap\underline{\underline{A}}_{loc}$.

(b) <u>Tout élément de</u> $\underline{\underline{P}}\cap\underline{\underline{V}}\cap\underline{\underline{L}}$ <u>est nul</u>.

(c) <u>Soit</u> $X\in\underline{\underline{A}}_{loc}$. <u>Pour que</u> $X\in\underline{\underline{L}}$ <u>il faut et il suffit que la restriction de la mesure</u> M^P_X <u>à</u> $\underline{\underline{P}}$ <u>soit nulle</u>.

<u>Démonstration</u>. (a) Soit $X\in\underline{\underline{M}}_{loc}\cap\underline{\underline{V}}$. Soit (T_n) une suite localisante pour X (en tant qu'élément de $\underline{\underline{M}}_{loc}$), et $S_n = \inf(t: \int^t |dX_s| \geq n)$. On a $\lim_{(n)}\uparrow S_n\wedge T_n \doteq \infty$ et

$$\int^{S_n\wedge T_n} |dX_s| \leq n + |\Delta X^{T_n}_{S_n}| \leq 2n + |X^{T_n}_{S_n}|$$

est intégrable. Donc $X\in\underline{\underline{A}}_{loc}$.

(b) découle de (a), de (1.38,ii) et de (1.40).

(c) Comme $X - X^p\in\underline{\underline{L}}$, on aura $X\in\underline{\underline{L}}$ si et seulement si $X^p\in\underline{\underline{L}}$, soit d'après (b) si et seulement si $X^p = 0$. D'après (1.38,i), $X^p = 0$ si et seulement si la restriction de M^P_X à $\underline{\underline{P}}$ est nulle.∎

(1.44) COROLLAIRE: <u>Soit</u> $X\in\underline{\underline{M}}_{loc}\cap\underline{\underline{V}}$ <u>et</u> H <u>un processus prévisible tel que</u> $H\bullet X\in\underline{\underline{A}}_{loc}$. <u>Alors</u> $H\bullet X\in\underline{\underline{M}}_{loc}$.

<u>Démonstration</u>. En effet la mesure de Doléans associée à H•X est $H.M^P_X$; la restriction de M^P_X à $\underline{\underline{P}}$ est nulle, donc, H étant prévisible, la restriction de $M^P_{H\bullet X}$ à $\underline{\underline{P}}$ est également nulle.∎

(1.45) COROLLAIRE: <u>Soit</u> $T\in\underline{\underline{T}}$ <u>et</u> $Z\in L^1(\Omega,\underline{\underline{F}}^P_T,P)$. <u>Pour que le processus</u> $X = ZI_{[\![T,\infty[\![}$ <u>appartienne à</u> $\underline{\underline{M}}$ <u>il faut et il suffit que</u> $E(Z|\underline{\underline{F}}^P_{T-}) = 0$ <u>sur</u> $\{0<T<\infty\}$.

<u>Démonstration</u>. Il est clair que $X\in\underline{\underline{A}}$. Pour tout processus prévisible borné Y on a, si $X' = X - X_0$:

$$M^P_{X'}(Y) = E(Z\,Y_T\,I_{\{0<T<\infty\}}) = E(Y_T I_{\{0<T<\infty\}}E(Z|\underline{\underline{F}}^P_{T-})) ,$$

et $X\in\underline{\underline{M}}$ si et seulement si $M^P_{X'}(Y) = 0$ pour tout $Y\in b\underline{\underline{P}}$. Le résultat découle alors de (1.5).∎

(1.46) PROPOSITION: Soit $A \in \underline{\underline{A}}^+_{loc}$, M un élément positif de $\underline{\underline{M}}$, et $T \in \underline{\underline{T}}$. Alors $E(M_T A_T) = E(M \bullet A_T)$.

Démonstration. Quitte à remplacer M et A par M^T et A^T, on peut supposer que $T = \infty$. Si (T_n) est une suite localisante pour A on a d'une part $\lim_{(n)} \uparrow E(M \bullet A_{T_n}) = E(M \bullet A_\infty)$, d'autre part $E(M_{T_n} A_{T_n}) = E(M_\infty A_{T_n})$ d'après la propriété de martingale de M, donc $\lim_{(n)} \uparrow E(M_{T_n} A_{T_n}) = E(M_\infty A_\infty)$. Il suffit donc de montrer le résultat quand $A \in \underline{\underline{A}}^+$.

Mais, si Y est le processus $Y_t(\omega) = M_\infty(\omega)$ on a ${}^oY = M$ d'après (1.23); comme $M^P_A(Y) = E(M_\infty A_\infty)$ le résultat découle de (1.33).∎

(1.47) PROPOSITION: Soit $A \in \underline{\underline{A}}^+_{loc}$. Pour que A soit prévisible, il faut et il suffit que pour tout élément positif M de $\underline{\underline{M}}$ et tout $T \in \underline{\underline{T}}$ on ait $E(M_T A_T) = E(M_0 A_0) + E(M_- \bullet A_T)$.

Cette propriété est celle qui caractérise les processus croissants "naturels" au sens de Meyer [1]. L'identité entre processus croissants naturels et prévisibles a été démontrée par Doléans-Dade [2]. Il s'agit d'une caractérisation (partielle) de $\underline{\underline{P}}$ à partir de $\underline{\underline{O}}$ et des martingales.

Démonstration. En localisant de la même manière qu'en (1.46) on voit qu'on peut se ramener au cas où $A \in \underline{\underline{A}}^+$.

Supposons d'abord $A \in \underline{\underline{P}} \cap \underline{\underline{A}}^+$ et soit M un élément positif de $\underline{\underline{M}}$. Comme ${}^pM = M_- + M_0 I_{[\![0]\!]}$ on a $E(M \bullet A_T) = E(M_0 A_0) + E(M_- \bullet A_T)$ d'après (1.33,iii), et (1.46) entraine que cette quantité égale $E(M_T A_T)$.

Réciproquement, on aura $A \in \underline{\underline{P}}$ si $M^P_A(Y) = M^P_A({}^pY)$ pour tout $Y_t(\omega) = Z(\omega) I_{\{t \leq u\}}$ où $u \in \mathbb{R}_+$ et $Z \in b\underline{\underline{F}}^+_\infty$ (appliquer (1.33,iii) et un argument de classe monotone). Mais si M est la martingale $M_t = E(Z|\underline{\underline{F}}_t)$ il est immédiat de vérifier que ${}^oY = M I_{[\![0,u]\!]}$ et ${}^pY = M_- I_{[\![0,u]\!]} + M_0 I_{[\![0]\!]}$; donc $M^P_A(Y) = E(ZA_u) = E(M_u A_u)$, tandis que $M^P_A({}^pY) = E(M_- \bullet A_u) + E(M_0 A_0)$. Le résultat s'ensuit immédiatement.∎

§f - Quasi-continuité à gauche. Par définition, on dit qu'un processus X est quasi-continu à gauche si pour toute suite croissante (T_n) de temps d'arrêt, de limite T, on a $\lim_{(n)} X_{T_n} \doteq X_T$ sur $\{T < \infty\}$. Cette notion est relative à la filtration $\underline{\underline{F}}$ et à la probabilité P.

(1.48) Soit X un processus continu à droite et limité à gauche. Pour qu'il soit quasi-continu à gauche, il faut et il suffit que $\Delta X_T \doteq 0$ sur $\{0 < T < \infty\}$ pour tout $T \in \underline{\underline{T}}_p$, ou, ce qui est équivalent, que le support prévisible de l'ensemble $]\!]0,\infty[\![\cap \{\Delta X \neq 0\}$ soit vide. En particulier si X

est prévisible, il est quasi-continu à gauche si et seulement si P-presque toutes ses trajectoires sont continues.

(1.49) PROPOSITION: Tout $A \in \underline{\underline{A}}_{loc}$ admet une décomposition unique $A = A'+A''$ avec $A' \in \underline{\underline{A}}_{loc}$ quasi-continu à gauche, et $A'' \in \underline{\underline{A}}_{o,loc}$ de la forme

(1.50) $$A'' = \sum_{(n)} Z_n I_{[\![T_n,\infty[\![}$$

où (T_n) est une suite d'éléments de $\underline{\underline{T}}_p(\underline{\underline{F}}^P)$ de graphes deux-à-deux disjoints, et où chaque Z_n est une variable intégrable $\underline{\underline{F}}^P_{T_n}$-mesurable. De plus, A'^p est continu et

(1.51) $$A''^p = \sum_{(n)} E(Z_n|\underline{\underline{F}}^P_{T_n-}) I_{[\![T_n,\infty[\![}.$$

En particulier, si A est quasi-continu à gauche, A^p est continu (rappelons que ceci n'exclut pas que $\Delta A^p_0 \neq 0$). Dans les formules (1.50) et (1.51) définissant A''_t et $(A''^p)_t$, les séries intervenant au second membre sont P-p.s. absolument convergentes pour tout $t \in \mathbb{R}_+$.

Démonstration. Par localisation, il suffit de prouver le résultat quand $A \in \underline{\underline{A}}$. Soit B le support prévisible de l'ensemble mince $]\!]0,\infty[\![\cap \{\Delta A \neq 0\}$. D'après (1.10,b) il existe une suite (T_n) vérifiant les conditions de l'énoncé, et $B = \bigcup_{(n)} [\![T_n]\!]$. On définit A'' par (1.50), avec $Z_n = \Delta A_{T_n}$, et $A' = A - A''$. D'après (1.13,i) et (1.48), A' est quasi-continu à gauche, et l'unicité d'une telle décomposition $A = A' + A''$ (avec $A''_0 = 0$) découle de l'unicité du support prévisible B.

On a $\Delta(A'^p) = {}^p(\Delta A')$, qui est nul sur $]\!]0,\infty[\![$ car $\Delta A'_T \doteq 0$ sur $\{0<T<\infty\}$ pour tout $T \in \underline{\underline{T}}_p$: donc A'^p est continu. Il nous reste à montrer (1.51). A cause de l'unicité de la projection prévisible duale, il suffit même d'envisager le cas où $A'' = Z I_{[\![T,\infty[\![}$ où $T \in \underline{\underline{T}}_p$ et $Z \in \underline{\underline{F}}_T$ est intégrable. Mais alors le processus $X = (Z - E(Z|\underline{\underline{F}}^P_{T-}))I_{[\![T,\infty[\![}$ est une martingale d'après (1.45), et la caractérisation (1.38,ii) montre que $A''^p = E(Z|\underline{\underline{F}}^P_{T-})I_{[\![T,\infty[\![}$. ∎

Par définition, on dit que la filtration $\underline{\underline{F}}^P$ est quasi-continue à gauche si $\underline{\underline{F}}^P_T = \underline{\underline{F}}^P_{T-}$ pour tout $T \in \underline{\underline{T}}_p$.

Voici une caractérisation des filtrations quasi-continues à gauche:

(1.52) PROPOSITION: Pour que la filtration $\underline{\underline{F}}^P$ soit quasi-continue à gauche il faut et il suffit que tout élément de $\underline{\underline{M}}$ (ou même, toute martingale bornée) soit quasi-continue à gauche.

Démonstration. C'est un corollaire immédiat, pour la condition nécessaire de (1.21) et (1.48), pour la condition suffisante de (1.45) et (1.48). ∎

Terminons enfin ce chapitre en rappelant le <u>théorème de Doob-Meyer</u>, sur la décomposition des surmartingales (voir Meyer [1]).

(1.53) THEOREME: <u>Soit</u> X <u>une surmartingale de classe (D). Il existe un élément et un seul</u> A <u>de</u> $\underline{\underline{P}} \cap \underline{\underline{A}}^+$ <u>tel que</u> $X + A \in \underline{\underline{M}}_o$. <u>Pour que</u> A <u>soit continu, il faut et il suffit que</u> X <u>soit quasi-continu à gauche</u>.

Le théorème (1.38), au moins dans le cas où $A \in \underline{\underline{A}}^+$, est un cas particulier de ce résultat: en effet, $-A$ est alors une surmartingale de classe (D).

EXERCICES

1.1- On suppose que $\underline{\underline{F}}_t = \{\emptyset, \Omega\}$ si $t<1$, et que $\underline{\underline{F}}_t = \underline{\underline{F}}$ si $t \geq 1$. Montrer que: a) tout processus optionnel X est "déterministe" sur $[0,1[$ (i.e. $X_t(\omega) = f(t)$ $\forall t<1$, où f est une fonction mesurable);

b) tout processus prévisible est déterministe sur $[0,1]$;

c) on a $\underline{\underline{M}} = \underline{\underline{M}}_{loc}$ et tout $M \in \underline{\underline{M}}$ s'écrit $M = a + ZI_{[\![1,\infty[\![}$ où $Z \in L^1(\Omega, \underline{\underline{F}}, P)$ et $a \in \mathbb{R}$.

1.2- Etablir que l'assertion (1.36) reste valide si on suppose simplement que $A, B \in \underline{\underline{V}}$.

1.3- Montrer que toute martingale continue, nulle à l'origine, à variation finie sur tout compact, est nulle.

1.4- Montrer que si M est une martingale continue, à variation finie sur l'intervalle stochastique $[\![S,T]\!]$ (où $S, T \in \underline{\underline{T}}$), alors $M_t = M_S$ si $S \leq t \leq T$.

1.5- Etablir le théorème suivant: pour que tout élément de $\underline{\underline{M}}$ soit continu, il faut et il suffit que la filtration $\underline{\underline{F}}^P$ soit quasi-continue à gauche, et que tout élément de $\underline{\underline{T}}_i(\underline{\underline{F}}^P)$ soit P-p.s. infini.

1.6- Si $T \in \underline{\underline{T}}$, montrer que T est prévisible si et seulement si pour tout $M \in \underline{\underline{M}}$ on a $E(M_T I_{\{0<T<\infty\}}) = E(M_{T-} I_{\{0<T<\infty\}})$.

1.7- Si $T \in \underline{\underline{T}}_i(\underline{\underline{F}}^P)$, construire une martingale M telle que $\Delta M = I_{[\![T]\!]}$.

1.8- Supposons la filtration $\underline{\underline{F}}^P$ quasi-continue à gauche. Si A est un ensemble optionnel mince, montrer que son support prévisible B est contenu dans A.

1.9 - Martingale de Poisson. Un processus de Poisson sur l'espace filtré $(\Omega,\underline{\underline{F}},\underline{F},P)$ est un processus croissant N qui s'écrit $N=\sum_{n\geq 1} I_{[\![T_n,\infty[\![}$ où (T_n) est une suite strictement croissante de temps d'arrêt (avec $T_1>0$), et tel que $P(N_{t+s}-N_t=n|\underline{\underline{F}}_t)=e^{-s}\frac{s^n}{n!}$ pour $s,t\geq 0, n\in\mathbb{N}$.

a) Montrer que $M_t=N_t-t$ est une martingale.

b) En déduire que chaque T_n est totalement inaccessible.

c) Montrer que $M\notin\underline{\underline{M}}$.

1.10 - Rappels sur l'uniforme intégrabilité. Une famille $(X_i)_{i\in I}$ de variables aléatoires est dite uniformément intégrable si

$$\lim_{a\uparrow\infty}\ \sup_{i\in I}\ E(|X_i|I_{\{|X_i|>a\}}) = 0.$$

Si $(X_i)_{i\in I}$ est une famille uniformément intégrable, montrer que la famille $\{E(X_i|\underline{\underline{G}}): i\in I,\ \underline{\underline{G}}$ sous-tribu quelconque de $\underline{\underline{F}}\}$ est aussi uniformément intégrable.

1.11 - (suite) Soit $(X_n)_{n\in\mathbb{N}}$ une suite de variables aléatoires.

a) Si (X_n) converge dans L^1, montrer que la famille $(X_n)_{n\in\mathbb{N}}$ est uniformément intégrable.

b) Si (X_n) converge P-p.s. vers X et si la famille $(X_n)_{n\in\mathbb{N}}$ est uniformément intégrable, montrer que (X_n) converge vers X dans L^1.

1.12 - (suite) Soit $(X_i)_{i\in I}$ une famille de variables aléatoires. Montrer que si $q>1$ et si $\sup_{i\in I} E(|X_i|^q)<\infty$, la famille $(X_i)_{i\in I}$ est uniformément intégrable.

1.13 - Soit $T\in\underline{\underline{T}}_p$. On note $\underline{\underline{M}}_T$ l'ensemble des $M\in\underline{\underline{M}}\cap\underline{\underline{V}}$ vérifiant $\{\Delta M\neq 0\}\subset[\![T]\!]$.

a) Montrer que tout $M\in\underline{\underline{M}}_T$ est de la forme $M=ZI_{[\![T,\infty[\![}$ où $Z\in L^1(\Omega,\underline{\underline{F}}^P_T,P)$.

b) Soit $M=ZI_{[\![T,\infty[\![}$ un élément de $\underline{\underline{M}}_T$. Montrer que tout autre élément de $\underline{\underline{M}}_T$ s'écrit $H\cdot M$, où H est un processus prévisible, si et seulement si les deux conditions suivantes sont remplies: (i) Z s'écrit $Z=Y'I_A+Y''I_{A^c}$ où $Y',Y''\in\underline{\underline{F}}_{T-}$ et $A\in\underline{\underline{F}}_T$; (ii) on a $\underline{\underline{F}}^P_T=\underline{\underline{F}}^P_{T-}\vee\sigma(A)$.

1.14 - Soit $M\in\underline{\underline{L}}\cap\underline{\underline{A}}_{loc}$; montrer que $M=A-A^p$, où $A=S(\Delta M)$ (on dit que M est la "somme compensée de ses sauts").

COMMENTAIRES

Les développements de la théorie générale des processus sont principalement le fait de "l'école strasbourgeoise" et nous ne pouvons faire mieux que renvoyer au contenu et aux indications bibliographiques des livres de Meyer [1] (pour un état un peu archaïque de la théorie), Dellacherie [2] et Dellacherie-Meyer [1]. Disons seulement que cette théorie s'est affinée au fur et à mesure de nombreuses publications dans les "Séminaires de probabilités de Strasbourg".

La définition (1.28) n'est pas tout-à-fait classique, mais elle permet de simplifier notablement certains énoncés ultérieurs. Le lemme (1.37) se trouve dans Meyer [5] et Jacod [1]. L'extension (1.38) de la définition de la projection prévisible duale d'un processus de $\underline{\underline{A}}_{loc}$ est classique. La notion de projection optionnelle duale ne sera utilisée que dans le chapitre IX, et sera rappelée à ce moment.

La quasi-continuité à gauche a joué un rôle fort important dans le développement de la théorie, la plupart des résultats sur les intégrales stochastiques ayant été prouvés d'abord dans le cas où la filtration est quasi-continue à gauche. Cette notion semble avoir perdu beaucoup de son intérêt actuellement. Il en est de même de la tribu "accessible" qui est une tribu comprise entre $\underline{\underline{P}}$ et $\underline{\underline{O}}$: voir Dellacherie [2]; nous n'avons même pas introduit cette notion ici!

Enfin, nous avons fait une omission importante, celle des "processus progressivement mesurables", notion un peu plus générale que "processus optionnels". En effet, si cette catégorie de processus joue un grand rôle dans l'intégration stochastique par rapport à une martingale continue, elle ne présente pas d'intérêt pour l'intégration par rapport à une martingale discontinue.

CHAPITRE II

MARTINGALES, SEMIMARTINGALES ET INTEGRALES STOCHASTIQUES

De même que dans le chapitre I, on présente ici une série d'outils, dont la plupart sont bien classiques. Mais cette fois, on en donne une présentation complète, en démontrant presque tous les résultats énoncés: c'est qu'en effet, ce chapitre, au moins dans sa seconde partie, est au coeur de notre sujet.

Toutefois, notre ambition n'est pas d'écrire un "cours sur les intégrales stochastiques", mais sur les applications de ces intégrales. Voulant éviter d'allonger démesurément le texte, nous allons donc admettre certains théorèmes difficiles, mais "bien délimités" et aisés à trouver dans la littérature: notamment diverses inégalités, la dualité entre $\underline{\underline{H}}^1$ et $\underline{\underline{BMO}}$, et la formule de changement de variable (formule d'Ito). Nous renvoyons aux "commentaires" pour des indications sur la bibliographie, considérable, sur ce sujet.

En ce qui concerne l'objet de ce chapitre, remarquons que sont apparues dans le chapitre I des intégrales de Stieltjes-Lebesgue de processus (bornés ou localement bornés) par rapport à des processus à variation finie; un autre pan (complémentaire) de la "théorie générale des processus" consiste à définir et à utiliser des intégrales, dites "stochastiques", par rapport aux martingales.

1 - MARTINGALES ET SEMIMARTINGALES

§a - Quelques espaces de martingales. Dans ce chapitre on se donne, une fois pour toutes, un espace probabilisé filtré $(\Omega,\underline{\underline{F}},\underline{F},P)$. On utilise donc systématiquement la convention (0.38).

Si $M\in\underline{\underline{M}}_{loc}$ et $q\in[1,\infty]$ on pose

(2.1) $$\|M\|_{H^q} = \|M^*_\infty\|_q$$

(M^* est défini dans (0.45), $\|\cdot\|_q$ est la norme de L^q). On introduit l'espace

(2.2) $$\underline{\underline{H}}^q = \{M \in \underline{\underline{M}}_{loc} : \|M\|_{H^q} < \infty\}$$

et, si l'on veut spécifier par rapport à quelle probabilité ou à quelle filtration on se place, on écrit $\underline{\underline{H}}^q(P)$ ou $\underline{\underline{H}}^q(\underline{F}^P, P)$.

Comme par convention on identifie deux martingales P-indistinguables, l'espace $\underline{\underline{H}}^q$ est un <u>espace de Banach</u> pour la norme $\|.\|_{H^q}$. Voici quelques propriétés très simples:

(2.3) $\underline{\underline{H}}^q \subset \underline{\underline{H}}^{q'}$ si $q' \leq q$; $\underline{\underline{H}}^q \subset \underline{\underline{M}}$ (si M^*_∞ est intégrable, le processus M est de classe (D) et on peut appliquer (1.19)).

(2.4) Si $M \in \underline{\underline{M}}_{loc}$ et si le processus ΔM est localement borné, on a $M \in \underline{\underline{H}}^\infty_{loc}$ (remarquons que si ΔM est localement borné, la variable $\Delta M_0 = M_0$ est bornée).

Lorsque $M \in \underline{\underline{M}}$ on a

(2.5) $$\begin{cases} \|M_\infty\|_q \leq \|M^*_\infty\|_q \leq \frac{q}{q-1}\|M_\infty\|_q & \text{si } q \in]1,\infty[\\ \|M_\infty\|_\infty = \|M^*_\infty\|_\infty & \text{si } q = \infty \end{cases}$$

(la première inégalité, et l'égalité correspondant au cas $q = \infty$, sont triviales; la seconde inégalité est l'inégalité de Doob: voir Doob [1] ou Meyer [1] VT 22). On en déduit que, si $q \in]1,\infty]$, on peut munir $\underline{\underline{H}}^q$ d'une norme équivalente à la norme $\|.\|_{H^q}$, à savoir: $M \leadsto \|M_\infty\|_q$. Ainsi, $\underline{\underline{H}}^q$ s'identifie à l'espace $L^q(\Omega, \underline{\underline{F}}^P_\infty, P)$, en tant qu'espaces de Banach, par l'application qui à $M \in \underline{\underline{H}}^q$ fait correspondre sa variable terminale $M_\infty \in L^q$.

Il en découle notamment que, lorsque $q \in]1,\infty[$ et $\frac{1}{q} + \frac{1}{q'} = 1$, <u>l'espace $\underline{\underline{H}}^{q'}$ peut être identifié au dual de</u> $\underline{\underline{H}}^q$, en associant à $M \in \underline{\underline{H}}^{q'}$ la forme linéaire continue sur $\underline{\underline{H}}^q$: $N \leadsto E(M_\infty N_\infty)$.

(2.6) <u>Remarque</u>: L'espace $\underline{\underline{H}}^1$ est plus difficile à étudier. En effet l'inégalité de Doob dans le cas $q = 1$ ne revêt pas la forme (2.5), mais

$$\|M^*_\infty\|_1 = E(M^*_\infty) \leq 2[1 + E(M_\infty (\mathrm{Log}\, M_\infty)^+)].$$

D'autre part ce n'est pas l'espace $\underline{\underline{H}}^1$ qui s'identifie de manière naturelle à $L^1(\Omega, \underline{\underline{F}}^P_\infty, P)$, mais l'espace $\underline{\underline{M}}$, qui en général contient strictement $\underline{\underline{H}}^1$. L'espace $\underline{\underline{H}}^1$ sera étudié au §e et, en ce qui concerne ses rapports avec L^1, au chapitre IV.■

L'espace $\underline{\underline{H}}^2$ est particulièrement important, à cause de son identification avec L^2 qui en fait <u>un espace de Hilbert</u> pour la norme hilbertienne: $M \rightsquigarrow \|M_\infty\|_2$, et le produit scalaire: $(M,N) \rightsquigarrow E(M_\infty N_\infty)$.

On introduit encore un autre espace de martingales. Soit

(2.7) $$\begin{cases} \|M\|_{BMO} = \sup_{T \in \underline{\underline{T}}} \|M_\infty - M_{T-}\|_2 / \sqrt{P(T<\infty)} & \text{si } M \in \underline{\underline{M}} \\ \underline{\underline{BMO}} = \{M \in \underline{\underline{M}} : \|M\|_{BMO} < \infty\} \end{cases}$$

(avec les conventions $M_{\infty-} = M_\infty$ et $\frac{0}{0} = 0$). L'espace $\underline{\underline{BMO}}$ est un <u>espace de Banach</u> pour la norme $\|.\|_{BMO}$. On a les inégalités

(2.8) $$\|M\|_{H^2} \leq 2\|M\|_{BMO} \leq 4\|M\|_{H^\infty}$$

(prendre $T=0$ et utiliser l'inégalité de Doob (2.5) pour obtenir la première égalité ci-dessus), de sorte que

(2.9) $$\underline{\underline{H}}^\infty \subset \underline{\underline{BMO}} \subset \underline{\underline{H}}^2 .$$

(2.10) DEFINITION: <u>Deux martingales locales</u> M <u>et</u> N <u>sont dites orthogonales</u> (on écrit $M \perp N$) <u>si le produit</u> MN <u>appartient à</u> $\underline{\underline{L}}$ (ce qui implique en particulier que $M_0 N_0 = 0$).

La proposition suivante montre que cette notion d'orthogonalité est plus forte (en fait, strictement plus forte) que l'orthogonalité dans l'espace de Hilbert $\underline{\underline{H}}^2$.

(2.11) PROPOSITION: <u>Si</u> $M, N \in \underline{\underline{H}}^2$ <u>sont orthogonales au sens de (2.10), elles sont orthogonales pour le produit scalaire de l'espace de Hilbert</u> $\underline{\underline{H}}^2$; <u>de plus, le produit</u> MN <u>est en fait une martingale de</u> $\underline{\underline{H}}^1$.

<u>Démonstration</u>. M^*_∞ et N^*_∞ étant de carré intégrable, le produit $M^*_\infty N^*_\infty$ est intégrable. On en déduit que $(MN)^*_\infty \leq M^*_\infty N^*_\infty$ est intégrable, donc $MN \in \underline{\underline{H}}^1_0$ d'après la définition même de $\underline{\underline{H}}^1$ et le fait que $M_0 N_0 = 0$. En particulier $E(M_\infty N_\infty) = E(M_0 N_0) = 0$, d'où le résultat.∎

On note $\underline{\underline{M}}^c_{loc}$ l'ensemble des éléments de $\underline{\underline{M}}_{loc}$ <u>à trajectoires continues</u>. On écrit $\underline{\underline{L}}^c = \underline{\underline{L}} \cap \underline{\underline{M}}^c_{loc}$ $(= \underline{\underline{M}}^c_{o,loc})$, $\underline{\underline{H}}^{q,c} = \underline{\underline{H}}^q \cap \underline{\underline{M}}^c_{loc}$, $\underline{\underline{M}}^c = \underline{\underline{M}} \cap \underline{\underline{M}}^c_{loc}$, ..., et d'une manière générale on affecte de l'exposant "c" les classes de martingales à trajectoires continues.

On note $\underline{\underline{M}}^d_{loc}$ l'orthogonal de $\underline{\underline{L}}^c$, c'est-à-dire l'espace vectoriel des martingales locales M telles que $M \perp N$ pour tout $N \in \underline{\underline{L}}^c$. Comme $\underline{\underline{L}}^c = \underline{\underline{H}}^{\infty,c}_{o,loc}$, pour vérifier qu'une martingale locale M est dans $\underline{\underline{M}}^d_{loc}$, il suffit (par localisation) de vérifier que $M \perp N$ pour tout $N \in \underline{\underline{H}}^{\infty,c}_o$.

L'espace $\underline{\underline{M}}^d_{loc}$ est appelé espace des <u>sommes compensées de sauts</u> (l'explication de cette terminologie sera donnée au §d). On affecte de l'exposant "d" toute classe de sommes compensées de sauts: $\underline{\underline{L}}^d = \underline{\underline{L}} \cap \underline{\underline{M}}^d_{loc}$, $\underline{\underline{H}}^{q,d} = \underline{\underline{H}}^q \cap \underline{\underline{M}}^d_{loc}$, $\underline{\underline{M}}^d = \underline{\underline{M}} \cap \underline{\underline{M}}^d_{loc}$, ...

(2.12) LEMME: Pour tout $q \in [1,\infty]$, les sous-espaces $\underline{\underline{H}}^q_o$, $\underline{\underline{H}}^{q,c}$ et $\underline{\underline{H}}^{q,d}$ sont fermés dans $\underline{\underline{H}}^q$.

Démonstration. Si $M(n)$ tend vers M dans $\underline{\underline{H}}^q$ on peut, quitte à extraire une sous-suite, supposer que $(M(n)-M)^*_\infty$ tend P-p.s. vers 0 : il est alors clair que si chaque $M(n)$ appartient à $\underline{\underline{H}}^q_o$ (resp. $\underline{\underline{H}}^{q,c}$) il en est de même de M. Supposons maintenant que $M(n) \in \underline{\underline{H}}^{q,d}$ pour tout n. Soit $N \in \underline{\underline{H}}^{\infty,c}_o$ bornée par a. Le processus MN est de classe (D) et pour tout $T \in \underline{\underline{T}}$ on a $|(M(n)_T - M_T)N_T| \leq a(M(n)-M)^*_\infty$ qui tend vers 0 dans L^q; comme $E(M(n)_T N_T) = 0$ pour tout n on a aussi $E(M_T N_T) = 0$, ce qui entraine $MN \in \underline{\underline{M}}_o$ d'après (1.20). Donc $M \in \underline{\underline{H}}^{q,d}$. ∎

§b - Semimartingales. Par définition, une semimartingale est un processus X admettant une décomposition

(2.13) $$X = M + A, \quad M \in \underline{\underline{L}}, \quad A \in \underline{\underline{V}}.$$

Cette décomposition n'est pas unique en général: prendre $X \in \underline{\underline{L}} \cap \underline{\underline{V}}$. On note $\underline{\underline{S}}$ (ou $\underline{\underline{S}}(P)$, ou $\underline{\underline{S}}(\underline{\underline{F}}^P,P)$) l'espace vectoriel des semimartingales (avec la convention habituelle, on identifie deux semimartingales P-indistinguables). La somme $M+A$ de $M \in \underline{\underline{M}}_{loc}$ et $A \in \underline{\underline{V}}$ est encore une semimartingale, car $M - M_0 \in \underline{\underline{L}}$ et $A + M_0 \in \underline{\underline{V}}$.

L'exemple le plus simple de semimartingale non triviale (ne se réduisant pas à une martingale ou à un processus à variation finie) est constitué des processus à accroissements indépendants et stationnaires, processus qui seront étudiés en détail plus loin. Nous verrons également que les surmartingales et les sousmartingale sont des semimartingales (et même un peu mieux).

La classe des semimartingales est très intéressante, car elle est "stable" pour une grande variété d'opérations; mais elle est très vaste et parfois difficile à manier, à cause surtout de la "taille" des sauts, qui n'ont pas de raison d'être (localement) intégrables. Techniquement, la proposition suivante joue donc un rôle de premier plan.

(2.14) PROPOSITION: Soit $X \in \underline{\underline{S}}$. Il y a équivalence entre:

(a) Il existe une décomposition (2.13) avec $A \in \underline{\underline{P}} \cap \underline{\underline{A}}_{loc}$. Cette décomposition est alors unique.

(b) Il existe une décomposition (2.13) avec $A \in \underline{\underline{A}}_{loc}$.

(c) Toute décomposition (2.13) vérifie $A \in \underline{\underline{A}}_{loc}$.

(d) Le processus croissant X^* est dans $\underline{\underline{A}}^+_{loc}$.

Lorsque ces conditions sont satisfaites, on dit que X est une semimartingale spéciale, et la décomposition (unique) (2.13) avec $A \in \underline{\underline{P}} \cap \underline{\underline{A}}_{loc}$ s'appelle la décomposition canonique de X. On note $\underline{\underline{S}}_p$ l'espace vectoriel des semimartingales spéciales (l'indice "p" est pour rappeler qu'on a une décomposition avec A prévisible !). On a

$$\underline{\underline{M}}_{loc} \subset \underline{\underline{S}}_p , \quad \underline{\underline{A}}_{loc} \subset \underline{\underline{S}}_p .$$

Notre définition des semimartingales spéciales est légèrement plus restrictive que celle donnée par Meyer [4], car nous imposons en plus à X_0 d'être intégrable; en suivant (1.37,b), on peut d'ailleurs remplacer dans (a) la condition " $A \in \underline{\underline{P}} \cap \underline{\underline{A}}_{loc}$ " par " A prévisible et A_0 intégrable ".

Démonstration. L'implication (c)$\Longrightarrow$(b) est évidente. Si on a (b) on obtient une nouvelle décomposition (2.13) $X = M' + A'$ en posant $A' = A^p$ et $M' = M + (A - A^p)$, et $A' \in \underline{\underline{P}} \cap \underline{\underline{A}}_{loc}$: donc (b)$\Longrightarrow$(a). L'unicité dans (a) provient de (1.43,b).

Supposons (a) vérifiée, et considérons la décomposition canonique $X = M + A$. Comme $A \in \underline{\underline{A}}_{loc}$ on a $A^* \in \underline{\underline{A}}^+_{loc}$. Par ailleurs soit (T_n) une suite localisante pour M et $S_n = \inf(t: M^*_t \geq n)$; on a $\lim_{(n)}\uparrow T_n \wedge S_n \doteq \infty$, $M_{S_n \wedge T_n}$ est intégrable puisque $M^{T_n} \in \underline{\underline{M}}$, et $M^*_{S_n \wedge T_n} \leq n + |M_{S_n \wedge T_n}|$: on en déduit que $M^* \in \underline{\underline{A}}^+_{loc}$, et on a (d).

Supposons enfin (d) vérifiée. On considère une décomposition quelconque (2.13). D'après ce qu'on vient de montrer, on a $M^* \in \underline{\underline{A}}^+_{loc}$ et on déduit alors de l'hypothèse que $A^* \in \underline{\underline{A}}^+_{loc}$. Or, si (T_n) est une suite localisante pour A^* et si $S_n = \inf(t: \int^t |dA_s| \geq n)$ on a d'une part $\lim_{(n)}\uparrow T_n \wedge S_n \doteq \infty$, et d'autre part

$$\int^{T_n \wedge S_n} |dA_s| \leq 2n + A^*_{T_n \wedge S_n}$$

est une variable intégrable: on a donc (c).∎

(2.15) COROLLAIRE: Soit $X \in \underline{\underline{S}}$, $a>0$ et $X^a = S(\Delta X\, I_{\{|\Delta X| > a\}})$. Alors $X - X^a \in \underline{\underline{S}}_p$ et la décomposition canonique $X - X^a = M + A$ vérifie $|\Delta M| \leq 2a$ et $|\Delta A| \leq a$.

Démonstration. D'abord, comme X est continu à droite et limité à gauche, le processus X^a n'a qu'un nombre fini de sauts dans tout intervalle fini, donc il appartient à $\underline{\underline{V}}$ et $Y = X - X^a \in \underline{\underline{S}}$. De plus $|\Delta Y| \leq a$ par construction, donc $Y^* \in \underline{\underline{A}}^+_{loc}$ (il suffit de remarquer que si $T_n = \inf(t: Y^*_t \geq n)$ on a $\lim_{(n)}\uparrow T_n \doteq \infty$ et $Y^*_{T_n} \leq n + a$). Par suite $Y \in \underline{\underline{S}}_p$.

Soit $Y = M + A$ la décomposition canonique de Y. On a $\Delta Y = \Delta M + \Delta A$ et, comme $\Delta A \in \underline{\underline{P}}$ et ${}^p(\Delta M) = 0$ (utiliser (1.29) et $M_0 = 0$), il vient ${}^p(\Delta Y) = \Delta A$. Mais $|\Delta Y| \leq a$, donc (1.24) entraine $|\Delta A| = |{}^p(\Delta Y)| \leq a$. Enfin, $\Delta M = \Delta Y - \Delta A$ vérifie $|\Delta M| \leq |\Delta Y| + |\Delta A| \leq 2a$. ∎

Le corollaire suivant est d'une grande importance.

(2.16) COROLLAIRE: <u>Si</u> $M \in \underline{\underline{M}}_{loc}$ <u>il existe une décomposition</u> $M = M' + M''$ <u>où</u> $M' \in \underline{\underline{L}}$ <u>vérifie</u> $|\Delta M'| \leq 1$, <u>donc</u> $M' \in \underline{\underline{H}}^{\infty}_{o,loc}$, <u>et</u> $M'' \in \underline{\underline{M}}_{loc} \cap \underline{\underline{A}}_{loc}$.

Cette décomposition n'est évidemment donc pas unique.

<u>Démonstration</u>. On applique le corollaire précédent à M, avec $a = 1/2$. On a donc $M = M^a + N + A$ où $N \in \underline{\underline{L}}$, $|\Delta N| \leq 1$ et $A \in \underline{\underline{P}} \cap \underline{\underline{A}}_{loc}$. On pose $M' = N$ et $M'' = M^a + A = M - M'$. D'après la démonstration de (2.15) on a $M^a \in \underline{\underline{V}}$, donc $M'' \in \underline{\underline{M}}_{loc} \cap \underline{\underline{V}} = \underline{\underline{M}}_{loc} \cap \underline{\underline{A}}_{loc}$. ∎

Poursuivons par des considérations, moins importantes, sur la caractère "local" des espaces $\underline{\underline{S}}$ et $\underline{\underline{S}}_p$. On remarque d'abord que ces espaces sont <u>stables par arrêt</u>, puisqu'il en est de même de $\underline{\underline{L}}$, $\underline{\underline{V}}$ et $\underline{\underline{A}}_{loc}$.

(2.17) PROPOSITION: (a) <u>On a</u> $\underline{\underline{S}} = \underline{\underline{S}}_{loc}$ <u>et</u> $\underline{\underline{S}}_p = (\underline{\underline{S}}_p)_{loc}$.

(b) <u>Soit</u> X <u>un processus et</u> (T_n) <u>une suite</u> (non nécessairement croissante) <u>d'éléments de</u> $\underline{\underline{T}}$. <u>On suppose que</u> $\sup_{(n)} T_n \stackrel{\circ}{=} \infty$ <u>et que pour tout</u> n <u>il existe</u> $Y(n) \in \underline{\underline{S}}$ <u>avec</u> $XI_{[\![0,T_n[\![} = Y(n)I_{[\![0,T_n[\![}$. <u>Alors</u> $X \in \underline{\underline{S}}$.

<u>Démonstration</u>. Soit d'abord $X \in (\underline{\underline{S}}_p)_{loc}$ et (T_n) une suite localisante pour X, relativement à $\underline{\underline{S}}_p$. La décomposition canonique $X^{T_n} = M^n + A^n$ est unique, donc $(M^{n+1})^{T_n} = M^n$ et $(A^{n+1})^{T_n} = A^n$; par "recollement" on construit $M \in \underline{\underline{L}}$ et $A \in \underline{\underline{P}} \cap \underline{\underline{A}}_{loc}$ tels que $M^n = M^{T_n}$ et $A^n = A^{T_n}$, donc $X = M + A \in \underline{\underline{S}}_p$.

Montrons maintenant (b), d'où découlera l'assertion $\underline{\underline{S}} = \underline{\underline{S}}_{loc}$. Les hypothèses entrainent que X et les $Y(n)$ sont continus à droite et limités à gauche; quitte à soustraire de X et des $Y(n)$ les processus $S(\Delta X\, I_{\{|\Delta X| > 1\}})$ et $S(\Delta Y(n) I_{\{|\Delta Y(n)| > 1\}})$, qui appartiennent à $\underline{\underline{V}} \subset \underline{\underline{S}}$, et ce qui ne change pas les relations $XI_{[\![0,T_n[\![} = Y(n)I_{[\![0,T_n[\![}$, on peut supposer que $|\Delta X| \leq 1$ et $|\Delta Y(n)| \leq 1$, et donc que $Y(n) \in \underline{\underline{S}}_p$. De plus si $Z(n) = (\Delta X_{T_n} - \Delta Y(n)_{T_n}) I_{[\![T_n,\infty[\![}$ on a $Z(n) \in \underline{\underline{A}} \subset \underline{\underline{S}}_p$. Il suffit alors de remarquer que $X^{T_n} = Y(n) + Z(n)$ et d'appliquer (a) et le lemme (0.47). ∎

Nous allons maintenant décrire d'une autre façon la classe des semimartingales spéciales. On rappelle que les surmartingales sont définies en (0.35).

(2.18) PROPOSITION: Les surmartingales et les sousmartingales sont des semimartingales spéciales.

Démonstration. Soit X une surmartingale, par exemple. Soit $T_n = \inf(t: |X_t| \geq n)$ et $S_n = T_n \wedge n$. On a $\lim_{(n)} \uparrow S_n \stackrel{\text{ps}}{=} \infty$. Le processus arrêté X^n est minoré par la martingale uniformément intégrable $Y(n)_t = E(X_n | \underline{\underline{F}}_t)$ donc d'après le théorème d'arrêt de Doob (1.18), le processus $X^{S_n} = (X^n)^{T_n}$ est encore une surmartingale, minorée par $Y(n)^{T_n}$ et majorée par la variable intégrable $n + (X^n_{S_n})^+$. Par suite X^{S_n} est une surmartingale de classe (D), donc d'après le théorème de décomposition de Doob-Meyer, c'est une semimartingale spéciale. Enfin on déduit de (2.17) que $X \in \underline{\underline{S}}_p$. ∎

Ce résultat reste vrai si on localise: plus précisément, si X est une surmartingale locale ou une sousmartingale locale (la localisation étant définie de la manière usuelle (0.39)), c'est aussi une semimartingale spéciale. Inversement si $X \in \underline{\underline{S}}_p$ admet $X = M + A$ pour décomposition canonique, il existe d'après (1.35) deux éléments $A(+)$ et $A(-)$ de $\underline{\underline{P}} \cap \underline{\underline{A}}^+_{loc}$ tels que $A = A(+) - A(-)$: alors $M - A(-)$ et $-A(+)$ sont des surmartingales locales. On a donc le:

(2.19) THEOREME: Un processus est une semimartingale spéciale si et seulement s'il s'écrit comme différence de deux surmartingales locales (ou, de deux sousmartingales locales).

§c - Partie "martingale continue" d'une semimartingale. Commençons par un lemme, qui nous servira plusieurs fois.

(2.20) LEMME: Si $N \in \underline{\underline{H}}^\infty$ et $M \in \underline{\underline{M}} \cap \underline{\underline{A}}$, on a $NM - N \bullet M \in \underline{\underline{M}}_0$.

Démonstration. D'abord, le processus N étant borné, on a $N \bullet M \in \underline{\underline{A}}$; donc le processus $X = NM - N \bullet M$ admet une variable terminale X_∞. Par ailleurs on peut écrire $M = M(1) - M(2)$ avec $M(i) \in \underline{\underline{A}}^+$ et $N = N(1) - N(2)$ où chaque $N(i)$ est un élément positif de $\underline{\underline{H}}^\infty$ (prendre par exemple $N(1)_t = E(N^+_\infty | \underline{\underline{F}}_t)$). (1.46) entraine alors que pour tout $T \in \underline{\underline{T}}$, on a pour $i, j = 1, 2$: $E(N(i)_T M(j)_T) = E(N(i)_\infty M(j)_T)$. Par suite $E(X_T) = 0$ et on conclut grâce à (1.20). ∎

(2.21) THEOREME: (a) On a $\underline{\underline{M}}_{loc} \cap \underline{\underline{V}} \subset \underline{\underline{M}}^d_{loc}$.

(b) Tout $M \in \underline{\underline{M}}_{loc}$ s'écrit de manière unique $M = M^c + M^d$ où $M^c \in \underline{\underline{L}}^c$ et $M^d \in \underline{\underline{M}}^d_{loc}$.

(c) Si $M, N \in \underline{\underline{M}}^d_{loc}$ vérifient $\Delta M = \Delta N$, on a $M = N$.

<u>Démonstration</u>. (a) Quitte à localiser, il suffit de prouver que $M \perp N$ si $M \in \underline{\underline{M}} \cap \underline{\underline{A}}$ et si $N \in \underline{\underline{H}}_o^{\infty,c}$. Mais N étant borné, prévisible (puisque continu), et nul à l'origine, on a $N \cdot M \in \underline{\underline{L}}$ d'après (1.44) (on a même $N \cdot M \in \underline{\underline{M}}_o$) et (2.20) entraine que $MN \in \underline{\underline{L}}$.

(b) Montrons d'abord l'existence de la décomposition $M = M^c + M^d$. D'après la partie (a) et (2.16) il suffit de la montrer lorsque $M \in \underline{\underline{H}}^{\infty}_{o,loc}$, ce qui entraine $M \in \underline{\underline{H}}^2_{o,loc}$; par localisation il suffit même de la montrer pour $M \in \underline{\underline{H}}^2_o$. Appelons alors M^c la projection orthogonale de M, au sens de l'espace de Hilbert $\underline{\underline{H}}^2$, sur le sous-espace fermé $\underline{\underline{H}}_o^{2,c}$, et $M^d = M - M^c$. Soit $N \in \underline{\underline{H}}_o^{\infty,c}$: pour tout $T \in \underline{\underline{T}}$ on a $N^T \in \underline{\underline{H}}_o^{2,c}$, donc d'après la définition de M^d on a $E(M^d_T N_T) = E(M^d_\infty N^T_\infty) = 0$ (on a appliqué la propriété de martingale de M^d pour obtenir la première égalité, et l'orthogonalité de M^d et N^T dans $\underline{\underline{H}}^2$ pour obtenir la seconde). On a donc $M^d N \in \underline{\underline{M}}_o$, soit $M^d \perp N$, si bien que $M^d \in \underline{\underline{H}}^{2,d}$. Enfin l'unicité découle de ce que toute martingale locale orthogonale à elle-même est, de manière triviale, nécessairement nulle.

(c) découle de l'unicité de la décomposition (b), car $X = M - N$ vérifie $\Delta X = 0$ (donc $X_0 = 0$), d'où $X \in \underline{\underline{L}}^c \cap \underline{\underline{M}}^d_{loc}$. ∎

(2.22) <u>Remarque</u>: D'après la démonstration, on a $M^c \in \underline{\underline{H}}_o^{2,c}$ et $M^d \in \underline{\underline{H}}^{2,d}$ si $M \in \underline{\underline{H}}^2$. Plus généralement, on pourrait montrer (c'est très facile en utilisant les inégalités qu'on verra au §e) que $M^c \in \underline{\underline{H}}_o^{q,c}$ et $M^d \in \underline{\underline{H}}^{q,d}$ si $M \in \underline{\underline{H}}^q$, pour tout $q \in [1,\infty[$. ∎

(2.23) COROLLAIRE: <u>Soit</u> $X \in \underline{\underline{S}}$. <u>Soit deux décompositions</u> $X = M + A = M' + A'$ <u>avec</u> $M, M' \in \underline{\underline{L}}$ <u>et</u> $A, A' \in \underline{\underline{V}}$. <u>Alors</u> $M^c = M'^c$.

<u>Démonstration</u>. En effet $M' - M = A - A' \in \underline{\underline{L}} \cap \underline{\underline{V}} \subset \underline{\underline{L}}^d$, donc $(M' - M)^c = M'^c - M^c = 0$. ∎

Dans la suite on appellera <u>partie martingale continue</u> de $X \in \underline{\underline{S}}$ et on notera X^c, la martingale locale continue nulle à l'origine M^c intervenant dans l'une quelconque des décompositions (2.13). Lorsque $X \in \underline{\underline{M}}_{loc}$, on retrouve bien la martingale locale continue X^c définie en (2.21).

§d - <u>Processus croissant associé à une semimartingale</u>. Lorsque $M \in \underline{\underline{H}}^2$ l'inégalité de Jensen entraine que le processus M^2 est une sousmartingale de classe (D). D'après (1.53) elle admet une décomposition de Doob-Meyer, c'est-à-dire qu'il existe un élément unique de $\underline{\underline{P}} \cap \underline{\underline{A}}^+$ noté $\langle M,M \rangle$, tel que $M^2 - \langle M,M \rangle \in \underline{\underline{M}}_o$. Si $M \in \underline{\underline{H}}^2_{loc}$ on voit, par localisation, qu'il existe un élément unique de $\underline{\underline{P}} \cap \underline{\underline{A}}^+_{loc}$ noté $\langle M,M\rangle$, tel que $M^2 - \langle M,M\rangle \in \underline{\underline{L}}$ (on peut dire autrement: $\langle M,M\rangle$ est l'élément de $\underline{\underline{P}} \cap \underline{\underline{A}}_{loc}$ intervenant dans la décomposition canonique de la semimartingale spéciale M^2 ; ce processus étant une sousmartingale locale, $\langle M,M\rangle$ est croissant).

Lorsque $M,N \in \underline{\underline{H}}^2_{loc}$ on définit le processus $\langle M,N\rangle$ par "polarisation":

$$\langle M,N\rangle = \frac{1}{4}(\langle M+N,M+N\rangle - \langle M-N,M-N\rangle)$$

de sorte que le "crochet oblique" $\langle .,.\rangle$ est linéaire en chacun de ses arguments. $\langle M,N\rangle$ est l'unique élément de $\underline{\underline{P}} \cap \underline{\underline{A}}_{loc}$ tel que $MN - \langle M,N\rangle \in \underline{\underline{L}}$, puisque $MN = \frac{1}{4}((M+N)^2 - (M-N)^2)$, processus qui est une semimartingale spéciale d'après (2.19). En particulier, on peut définir $\langle M,N\rangle$ si $M,N \in \underline{\underline{L}}^c$ puisque $\underline{\underline{L}}^c \subset \underline{\underline{H}}^2_{loc}$.

Passons maintenant à la définition du "crochet droit" de deux semimartingales. Dans la suite, ΔX^2 désigne le carré de ΔX, et non le saut du processus X^2 (qui est noté $\Delta(X^2)$). Si $X, Y \in \underline{\underline{S}}$ on pose

(2.24) $$[X,Y] = \langle X^c,Y^c\rangle + S(\Delta X \Delta Y),$$

et donc

$$[X,X] = \langle X^c,X^c\rangle + S(\Delta X^2).$$

$[X,X]$ est un processus croissant, appelé <u>processus croissant associé à</u> X. D'après (1.53), $\langle X^c,X^c\rangle$ est continu, donc $[X,X]$ est continu si et seulement si X est continu.

(2.25) PROPOSITION: <u>Soit</u> $X \in \underline{\underline{S}}$. <u>Pour que</u> $[X,X]=0$ <u>il faut et il suffit que</u> X <u>soit un élément continu de</u> $\underline{\underline{P}} \cap \underline{\underline{V}}_o$ (donc si $X \in \underline{\underline{M}}_{loc}$ vérifie $[X,X]=0$, on a $X=0$).

<u>Démonstration</u>. La condition est évidemment suffisante. Inversement supposons que $[X,X]=0$. Cela entraine $\langle X^c,X^c\rangle = 0$ et $\Delta X = 0$. Donc X, continu et nul en 0, est localement borné: c'est une semimartingale spéciale, dont on note $X = (M + X^c) + A$ la décomposition canonique (avec $M \in \underline{\underline{L}}^d$ et $A \in \underline{\underline{P}} \cap \underline{\underline{V}}_o$). D'une part on a déjà vu que ${}^p(\Delta X) = \Delta A$, donc $\Delta A = 0$; il vient alors $\Delta M = \Delta X - \Delta A = 0$, donc $M = 0$ d'après (2.21,c). Enfin $\langle X^c,X^c\rangle = 0$ entraine que $(X^c)^2 \in \underline{\underline{L}}$, d'où $X^c = 0$. ∎

L'objectif de ce paragraphe est de montrer que $[X,X] \in \underline{\underline{V}}^+$ pour tout $X \in \underline{\underline{S}}$. Si tel est le cas, on remarque immédiatement qu'on a la formule de "polarisation":

$$[X,Y] = \frac{1}{4}([X+Y,X+Y] - [X-Y,X-Y]),$$

que $[X,Y] \in \underline{\underline{V}}$ pour tous $X, Y \in \underline{\underline{S}}$, que le crochet droit $[.,.]$ est linéaire en chacun de ses arguments, et que pour tout $T \in \underline{\underline{T}}$ on a $[X,Y]^T = [X^T,Y^T] = [X^T,Y] = [X,Y^T]$.

Nous allons commencer par des lemmes, qui sont des intermédiaires techniques indispensables, mais dont nous verrons plus loin qu'ils sont aussi des conséquences de la formule d'Ito.

(2.26) LEMME: <u>Soit</u> $M \in \underline{\underline{M}}_{loc} \cap \underline{\underline{V}}$ <u>et</u> $N \in \underline{\underline{M}}_{loc}$. <u>Alors</u> $[M,N] \in \underline{\underline{V}}$ <u>et</u> $MN - [M,N] \in \underline{\underline{L}}$.

<u>Démonstration</u>. Comme $M^c = 0$ d'après (2.21), on a $[M,N] = S(\Delta M \Delta N)$. Comme N est continu à droite et limité à gauche, l'ensemble $\{|\Delta N| > 1\}$ est à coupes discrètes (i.e., n'a qu'un nombre fini de points dans tout intervalle fini); on en déduit que $\Delta N \bullet M \in \underline{\underline{V}}$, donc $S(\Delta M \Delta N) = \Delta N \bullet M$ et $[M,N] \in \underline{\underline{V}}$.

Posons $X = MN - [M,N]$. D'après (2.16) on voit qu'il suffit de montrer que $X \in \underline{\underline{L}}$ séparément dans les cas où $N \in \underline{\underline{M}}_{loc} \cap \underline{\underline{V}}$, et où $N \in \underline{\underline{H}}^{\infty}_{o,loc}$.

(a) Supposons que $N \in \underline{\underline{M}}_{loc} \cap \underline{\underline{V}}$. La formule d'intégration par parties pour les fonctions continues à droite et à variation finie conduit à

$$\begin{aligned} M_t(\omega)N_t(\omega) &= M_0(\omega)N_0(\omega) + \int_{]0,t]} M_s(\omega)dN_s(\omega) + \int_{]0,t]} N_{s-}(\omega)dM_s(\omega) \\ &= M_{-} \bullet N_t(\omega) + N_{-} \bullet M_t(\omega) + S(\Delta M \Delta N)_t(\omega), \end{aligned}$$

donc $X = M_{-} \bullet N + N_{-} \bullet M$. Comme M_{-} et N_{-} sont prévisibles et localement bornés, et que $X_0 = 0$, (1.44) entraine $X \in \underline{\underline{L}}$.

(b) Supposons que $N \in \underline{\underline{H}}^{\infty}_{o,loc}$. On a $X = MN - \Delta N \bullet M = MN - N \bullet M + N_{-} \bullet M$. D'une part (2.20) entraine (en localisant) que $MN - N \bullet M \in \underline{\underline{L}}$; d'autre part (1.44) entraine que $N_{-} \bullet M \in \underline{\underline{L}}$, d'où le résultat. ■

(2.27) COROLLAIRE: (a) <u>Si</u> $M \in \underline{\underline{M}}_{loc} \cap \underline{\underline{V}}$ <u>et</u> $N \in \underline{\underline{M}}_{loc}$ <u>vérifient</u> $\{\Delta M \neq 0\} \cap \{\Delta N \neq 0\} = \emptyset$, <u>on a</u> $M \perp N$.

(b) <u>Soit</u> $M \in \underline{\underline{M}}_{loc} \cap \underline{\underline{V}}$; <u>si</u> $[M,M] \in \underline{\underline{A}}^+$ <u>on a</u> $M \in \underline{\underline{H}}^{2,d}$ <u>et</u> $M^2 - [M,M] \in \underline{\underline{H}}^1_o$.

(remarquer que (2.21,a) est un cas particulier de (2.27,a)).

<u>Démonstration</u>. (a) $M^c = 0$, donc $[M,N] = 0$, donc $M \perp N$ d'après (2.26).

(b) Soit $N = M^2 - [M,M]$. On a vu que $N \in \underline{\underline{L}}$, et on considère une suite localisante (T_n) pour N, telle que $N^{T_n} \in \underline{\underline{M}}_o$ pour tout n. On a alors $E(M^2_{T_n}) = E([M,M]_{T_n})$, donc $\sup_{(n)} E(M^2_{T_n}) < \infty$ par hypothèse. La sousmartingale $(M^2_{T_n})_{n \in \mathbb{N}}$ converge vers une limite M^2_{∞} et d'après le lemme de Fatou on a $E(M^2_{\infty}) < \infty$. On en déduit que $M \in \underline{\underline{H}}^2$; enfin $N^*_{\infty} \leq (M^*_{\infty})^2 + [M,M]_{\infty}$ est intégrable. ■

(2.28) LEMME: <u>Soit</u> $M, N \in \underline{\underline{H}}^2$. <u>Alors</u> $[M,N] \in \underline{\underline{A}}$ <u>et</u> $MN - [M,N] \in \underline{\underline{H}}^1_o$.

<u>Démonstration</u>. Etant donnée la formule de polarisation, il suffit de montrer le résultat lorsque $M=N$. D'après (1.10,b) il existe une suite $(T_n)_{n\geq 0}$ d'éléments de $\underline{\underline{T}}_i(\underline{F}^P)\bigcup \underline{\underline{T}}_p(\underline{F}^P)$ qui épuise les sauts de M. On peut toujours inclure le temps d'arrêt identiquement nul dans cette suite, et en numéroter les éléments de sorte que $T_0=0$ (ceci n'est pas nécessaire lorsque $M_0=0$).

Le processus $A(n)=\Delta M_{T_n} I_{[\![T_n,\infty[\![}$ est dans $\underline{\underline{A}}$, et on pose $N(0)=A(0)$, et $N(n)=A(n)-A(n)^p$ pour $n\geq 1$. On a $N(n)\in \underline{\underline{M}}$ pour tout $n\geq 0$. D'après (1.49), et (1.21) dans le cas où T_n est prévisible, on voit que $A(n)^p$ est continu (nul si T_n est prévisible et $n\geq 1$). Donc si $C(n)=[N(n),N(n)]$ on a $C(n)=(\Delta M_{T_n})^2 I_{[\![T_n,\infty[\![}$ et $C(n)\in \underline{\underline{A}}^+$.

On note $\|\!|M\|\!|=\|M_\infty\|_2$ la norme de Hilbert de l'espace $\underline{\underline{H}}^2$. (2.27) entraine d'une part que $N(n)\in \underline{\underline{H}}^{2,d}$ et $\|\!|N(n)\|\!|^2=E(C(n)_\infty)$, d'autre part que $N(n)\perp N(m)$ si $n\neq M$ et que $N(n)\perp(M-N(n))$. D'après (2.11) on a donc $\sum_{(n)}\|\!|N(n)\|\!|\leq \|\!|M\|\!|$ et la série $\sum_{(n)} N(n)$ converge dans $\underline{\underline{H}}^2$ vers une limite N. D'après (2.12), $N\in \underline{\underline{H}}^{2,d}$; comme $\Delta N(n)=\Delta M I_{[\![T_n]\!]}$ et $\{\Delta M\neq 0\}\subset \bigcup_{(n)}[\![T_n]\!]$ on a $\Delta N=\Delta M$: mais alors (2.21) entraine que $N=M^d$. Enfin en utilisant (2.24) et la définition de $\langle M^c,M^c\rangle$ il vient

$$\begin{aligned} E([M,M]_\infty) &= E(\langle M^c,M^c\rangle_\infty)+\textstyle\sum_{(n)} E(C(n)_\infty) \\ &= \|\!|M^c\|\!|^2+\textstyle\sum_{(n)}\|\!|N(n)\|\!|^2 = \|\!|M\|\!|^2 < \infty, \end{aligned}$$

donc $[M,M]\in \underline{\underline{A}}^+$. En arrêtant M en $T\in \underline{\underline{T}}$ on montre de même que

$$E([M,M]_T) = \|\!|M^T\|\!|^2 = E(M_T^2),$$

d'où $M^2-[M,M]\in \underline{\underline{M}}_o$. Enfin, on montre comme en (2.27) que $M^2-[M,M]$ est en fait une martingale de $\underline{\underline{H}}_o^1$. ∎

<u>Remarque</u>: La terminologie "somme compensée de sauts" pour les éléments de $\underline{\underline{M}}_{loc}^d$ se justifie par la démonstration précédente. En effet si $A\in \underline{\underline{A}}_{loc}$ on appelle parfois A^p le <u>compensateur</u> de A, et la martingale locale $A-A^p$, le <u>compensé</u> de A. D'après (2.16), tout élément de $\underline{\underline{M}}_{loc}^d$ se met sous la forme d'un "compensé" au sens précédent, et d'un élément de $\underline{\underline{H}}_{loc}^2$ qui, modulo une localisation, est lui-même obtenu dans le lemme précédent comme limite dans $\underline{\underline{H}}^2$ d'une suite de "compensés" $N(n)$; de plus, chaque $N(n)$ est le "compensé du saut ΔM_{T_n}". ∎

On peut mélanger les deux lemmes (2.26) et (2.28), pour obtenir le:

(2.29) COROLLAIRE: <u>Soit</u> $M,N\in \underline{\underline{M}}_{loc}$.

(a) <u>On a</u> $[M,N]\in \underline{\underline{V}}$ <u>et</u> $MN-[M,N]\in \underline{\underline{L}}$.

(b) Pour que $M \perp N$ il faut et il suffit que $[M,N] \in \underline{\underline{L}}$.

Démonstration. (a) Grâce à (2.16), on se ramène à l'un des trois cas suivants: $M, N \in \underline{\underline{M}}_{loc} \cap \underline{\underline{V}}$; $M \in \underline{\underline{M}}_{loc} \cap \underline{\underline{V}}$ et $N \in \underline{\underline{H}}^{\infty}_{loc}$; $M, N \in \underline{\underline{H}}^{\infty}_{loc}$. Les deux premiers cas sont pris en compte par (2.26), et le dernier par (2.28), modulo une localisation.

(b) découle de (a) et de la définition de l'orthogonalité.■

Une fois arrivé à ce point, le théorème suivant est presque une trivialité.

(2.30) THEOREME: Si $X \in \underline{\underline{S}}$ on a $[X,X] \in \underline{\underline{V}}^{+}$.

Démonstration. Soit $X = M + A$ une décomposition (2.13). D'abord, $A \in \underline{\underline{V}}$ entraine $S(\Delta A^2) \in \underline{\underline{V}}^{+}$, car si une série est absolument convergente, la série des carrés est a-fortiori convergente. Ensuite $[M,M] \in \underline{\underline{V}}^{+}$ d'après (2.29), et on conclut en remarquant que $[X,X] \leq 2([M,M] + [A,A])$.■

Lorsque $M, N \in \underline{\underline{H}}^{2}_{loc}$, il découle de (2.28) et de la définition de $\langle M,M \rangle$ que $\langle M,M \rangle = [M,M]^{p}$. Pour tout couple $X, Y \in \underline{\underline{S}}$ il est alors naturel de poser

$$\langle X,Y \rangle = [X,Y]^{p}$$

dès que $[X,Y] \in \underline{\underline{A}}_{loc}$, et ceci même lorsque $[X,X]$ et $[Y,Y]$ ne sont pas dans $\underline{\underline{A}}^{+}_{loc}$ et que, donc, $\langle X,X \rangle$ et $\langle Y,Y \rangle$ ne sont pas définis.

(2.31) Remarque: Notre définition du processus $[X,X]$ est assez artificielle, notamment par la distinction qu'elle amène à faire entre la partie martingale continue X^c, et les sauts de X. En fait, le processus $[X,X]$ est aussi la variation quadratique de X, en ce sens que pour tout $t \in \mathbb{R}_{+}$ la variable $[X,X]_t$ est limite en probabilité des variables

$$X_0^2 + \sum_{h=0}^{n-1} (X_{t(h+1)/n} - X_{th/n})^2$$

lorsque $n \uparrow \infty$. Nous reviendrons en détails sur cette question, assez difficile, au chapitre V (§4).■

§e - Quelques inégalités. Nous allons énoncer maintenant, sans démonstration, quatre théorèmes tout-à-fait importants pour la suite. Nous en déduirons ensuite des conséquences sur les espaces $\underline{\underline{H}}^1$, $\underline{\underline{H}}^{\infty}$ et $\underline{\underline{BMO}}$.

(2.32) THEOREME (Inégalités de Kunita et Watanabe): Soit $M, N \in \underline{\underline{M}}_{loc}$ et U un processus optionnel. Alors si $q \in]1,\infty[$ et $\frac{1}{q} + \frac{1}{q'} = 1$, on a:

$$E(\int^{\infty} |U_s|\,|d[M,N]_s|) \leq \|(U^2\cdot[M,M]_{\infty})^{1/2}\|_q \|[N,N]_{\infty}^{1/2}\|_{q'} .$$

(2.33) THEOREME (Inégalité de Fefferman): Soit $M, N \in \underline{\underline{M}}$ et U un processus optionnel. Alors

$$E(\int^{\infty} |U_s|\,|d[M,N]_s|) \leq \sqrt{2}\, \|(U^2\cdot[M,M]_{\infty})^{1/2}\|_1 \|N\|_{BMO} .$$

(2.34) THEOREME (Inégalités de Davis, Burkhölder et Gundy): Si $q \in [1,\infty[$ il existe des constantes c_q et c'_q telles que pour toute $M \in \underline{\underline{M}}_{loc}$,

$$\|M^*_{\infty}\|_q \leq c_q \|[M,M]_{\infty}^{1/2}\|_q \leq c'_q \|M^*_{\infty}\|_q .$$

(2.35) THEOREME: $\underline{\underline{BMO}}$ peut être identifié au dual de $\underline{\underline{H}}^1$ de la manière suivante: à chaque $N \in \underline{\underline{BMO}}$ on fait correspondre la forme linéaire continue sur $\underline{\underline{H}}^1$: $M \rightsquigarrow E([M,N]_{\infty})$.

L'inégalité (2.32) est élémentaire (il faut tout de même une bonne page de démonstration), et du type de Hölder: voir Meyer [5] pour une démonstration simple.

L'inégalité (2.33) est beaucoup plus difficile. Nous l'utiliserons peu, du moins de manière explicite, mais elle est sous-jacente à un grand nombre de questions. Elle éclaire le théorème (2.35), pour la démonstration duquel elle constitue un maillon essentiel. Le théorème (2.35) sera surtout utilisé dans l'étude des problèmes de martingales (chapitres XI,XII). On trouvera une démonstration, par exemple, dans Meyer [5] ou dans Bernard et Maisonneuve [1].

Le théorème (2.34) sera d'un usage constant. Il signifie que pour tout $q \in [1,\infty[$, les normes $\|M\|_{H^q}$ et $M \rightsquigarrow \|[M,M]_{\infty}^{1/2}\|_q$ sont équivalentes, et pour $q = 2$ elle se ramène, via (2.28), à l'inégalité de Doob (2.5). Son utilité provient de ce que souvent $[M,M]$ est bien plus facile à manier que M^* . Pour sa démonstration, nous renvoyons à Meyer [5], Métivier et Pellaumail [3], Bernard et Maisonneuve [1], et bien-sûr à l'article original de Burkhölder, Davis et Gundy [1].

Remarque: Une manière de montrer (2.33) et (2.34) consiste à utiliser les intégrales stochastiques, que nous introduisons plus loin. Quant à nous, nous utiliserons au contraire explicitement (2.34) pour construire les intégrales stochastiques. Mais, que le lecteur se rassure: il n'y a pas de cercle vicieux ! les démonstrations des trois derniers articles cités n'utilisent pas l'intégrale stochastique, celle de Métivier et Pellaumail étant sans doute la plus courte et la plus élémentaire. ∎

(2.36) <u>Remarque</u>: Le théorème (2.35) décrit le dual de $\underline{\underline{H}}^1$. Nous avons déjà indiqué au §a que le dual de $\underline{\underline{H}}^q$ pour $q\in]1,\infty[$ peut être identifié à $\underline{\underline{H}}^{q'}$, avec $\frac{1}{q}+\frac{1}{q'}=1$: si $N\in\underline{\underline{H}}^{q'}$ on lui associe la forme linéaire continue C_N sur $\underline{\underline{H}}^q$ définie par $C_N(M)=E(N_\infty M_\infty)$. Mais d'une part (2.32) montre que $[M,N]\in\underline{\underline{A}}$, d'autre part $(MN)^*_\infty\leq M^*_\infty N^*_\infty$ est intégrable, donc (2.29) entraine que $MN-[M,N]\in\underline{\underline{M}}_o$. Par suite on a aussi $C_N(M)=E([M,N]_\infty)$, et l'identification de $\underline{\underline{H}}^{q'}$ au dual de $\underline{\underline{H}}^q$ est exactement analogue à l'identification dans (2.35) de $\underline{\underline{BMO}}$ au dual de $\underline{\underline{H}}^1$. ∎

(2.37) <u>Remarque</u>: $\underline{\underline{M}}$ s'identifie à $L^1(\Omega,\underline{\underline{F}}^P_\infty,P)$. Si on munit $\underline{\underline{M}}$ de la norme: $M\rightsquigarrow \|M_\infty\|_1$, on en fait un espace de Banach dont le dual s'identifie à $L^\infty(\Omega,\underline{\underline{F}}^P_\infty,P)$, c'est-à-dire à $\underline{\underline{H}}^\infty$; à tout $N\in\underline{\underline{H}}^\infty$ on fait correspondre la forme linéaire continue sur $\underline{\underline{M}}$ (muni de la norme précédente): $M\rightsquigarrow E(N_\infty M_\infty)$. Malheureusement, cette forme linéaire ne s'écrit pas: $M\rightsquigarrow E([M,N]_\infty)$ car $[M,N]_\infty$ n'est pas intégrable en général (voire, n'est même pas défini) lorsque $M\in\underline{\underline{M}}$ et $N\in\underline{\underline{H}}^\infty$. C'est ce qui fait le peu d'intérêt de cette dualité entre $\underline{\underline{M}}$ et $\underline{\underline{H}}^\infty$, et ce qui entraine qu'on lui préfère la dualité entre $\underline{\underline{H}}^1$ et $\underline{\underline{BMO}}$. ∎

La fin de cette remarque n'a de sens que dans la mesure où $\underline{\underline{H}}^1$ (resp. $\underline{\underline{BMO}}$) n'est pas trop différent de $\underline{\underline{M}}$ (resp. $\underline{\underline{H}}^\infty$). En effet, si les inclusions $\underline{\underline{H}}^1\subset\underline{\underline{M}}$ et $\underline{\underline{H}}^\infty\subset\underline{\underline{BMO}}$ sont strictes en général, par contre on a:

(2.38) PROPOSITION: <u>On a</u> $\underline{\underline{H}}^1_{loc}=\underline{\underline{M}}_{loc}$, <u>et</u> $\underline{\underline{BMO}}_{loc}=\underline{\underline{H}}^\infty_{loc}$.

<u>Démonstration</u>. On se ramène, par localisation, à montrer les inclusions $\underline{\underline{M}}\subset\underline{\underline{H}}^1_{loc}$ et $\underline{\underline{BMO}}\subset\underline{\underline{H}}^\infty_{loc}$.

Soit $M\in\underline{\underline{M}}$ et $T_n=\inf(t:|M_t|\geq n)$. On a $(M^{T_n})^*_\infty\leq n+|M_{T_n}|$, qui est intégrable, donc $M^{T_n}\in\underline{\underline{H}}^1$ et $M\in\underline{\underline{H}}^1_{loc}$. Par suite $\underline{\underline{M}}\subset\underline{\underline{H}}^1_{loc}$.

Soit $M\in\underline{\underline{BMO}}$ et $c=\|M\|_{BMO}$. On va montrer d'abord que $E((M_\infty-M_{T-})^2|\underline{\underline{F}}_T)\leq c^2$ pour tout $T\in\underline{\underline{T}}$. Soit donc $T\in\underline{\underline{T}}$. Si $\varepsilon>0$ on considère l'ensemble $A(\varepsilon)$ où $E((M_\infty-M_{T-})^2|\underline{\underline{F}}_T)\geq(c+\varepsilon)^2$: on a $A(\varepsilon)\in\underline{\underline{F}}_T$ et $A(\varepsilon)\subset\{T<\infty\}$. Etant donnée la définition même de $A(\varepsilon)$, on a aussi $E((M_\infty-M_{T_{A(\varepsilon)}-})^2|\underline{\underline{F}}_T)\geq(c+\varepsilon)^2P(T_{A(\varepsilon)}<\infty)$. D'après la définition (2.7) de $c=\|M\|_{BMO}$ on doit avoir $P(T_{A(\varepsilon)}<\infty)=0$, donc $A(\varepsilon)\stackrel{\bullet}{=}\emptyset$ puisque $A(\varepsilon)\subset\{T<\infty\}$. Ceci étant vrai pour tout $\varepsilon>0$, on vient de montrer que $E((M_\infty-M_{T-})^2|\underline{\underline{F}}_T)\leq c^2$.

D'autre part en utilisant la propriété de martingale de M on a $E((M_\infty-M_T)\Delta M_T|\underline{\underline{F}}_T)=0$, donc

$$E((M_\infty-M_{T-})^2|\underline{\underline{F}}_T) \;=\; E((M_\infty-M_T)^2|\underline{\underline{F}}_T)+\Delta M_T^2\;\geq\;\Delta M_T^2 ,$$

si bien que $|\Delta M_T| \leq c$ sur $\{T<\infty\}$ pour tout $T \in \underline{\underline{T}}$. Si $T_n = \inf(t: |M_t| \geq n)$ on a alors $(M^{T_n})^*_\infty \leq n+c$, d'où $M \in \underline{\underline{H}}^\infty_{loc}$.∎

(2.39) PROPOSITION: Soit $1 \leq q \leq q' \leq \infty$. Alors $\underline{\underline{H}}^{q'}$ est dense dans $\underline{\underline{H}}^q$.

Démonstration. Lorsque $q>1$, le résultat découle d'une part de l'identification (en tant qu'espaces de Banach) de $\underline{\underline{H}}^q$ et $\underline{\underline{H}}^{q'}$ avec, respectivement, $L^q(\Omega,\underline{\underline{F}}^P_\infty,P)$ et $L^{q'}(\Omega,\underline{\underline{F}}^P_\infty,P)$, et d'autre part du fait bien connu que $L^{q'}$ est dense dans L^q pour $q \leq q'$.

Supposons $q=1$. Il suffit de prouver que $\underline{\underline{H}}^\infty$ est dense dans $\underline{\underline{H}}^1$. D'après le théorème de Hahn-Banach, il suffit pour cela de montrer que toute forme linéaire continue c sur $\underline{\underline{H}}^1$, qui est nulle sur $\underline{\underline{H}}^\infty$, est identiquement nulle. Le théorème (2.35) montre qu'on peut représenter c par un élément N de $\underline{\underline{BMO}}$, tel que $c(M) = E([M,N]_\infty)$ pour tout $M \in \underline{\underline{H}}^1$. Mais d'après (2.38), $N \in \underline{\underline{H}}^\infty_{loc}$ et il existe une suite localisante (T_n) telle que $N^{T_n} \in \underline{\underline{H}}^\infty$ pour tout n. On a donc $E([N^{T_n},N^{T_n}]_\infty) = c(N^{T_n}) = 0$, donc $[N,N]_{T_n} = 0$, donc $[N,N]=0$, donc $N=0$, et la forme c est nulle.∎

EXERCICES

2.1- Montrer qu'une semimartingale est spéciale si et seulement si elle est localement de classe (D).

2.2- Montrer que si X est une semimartingale spéciale de décomposition canonique $X=M+A$, alors A est continu si et seulement si X est quasi-continu à gauche.

2.3- Un mouvement brownien (ou, processus de Wiener) sur l'espace filtré $(\Omega,\underline{\underline{F}},\underline{F},P)$ est un processus W adapté à $\underline{F}$, vérifiant $W_0=0$ et $E(\exp(i\,u\,(W_{t+s}-W_t)|\underline{\underline{F}}_t) = \exp(-s\,u^2/2)$, c'est-à-dire que la loi conditionnelle de l'accroissement $W_{t+s}-W_t$ par rapport à $\underline{\underline{F}}_t$ est une loi normale centrée de variance s, pour tous $s,t \geq 0$. On peut prouver, et on admettra ici, que ce processus admet une "modification" continue, et on supposera donc en outre que W est à trajectoires continues.

a) Montrer que W est une martingale, mais n'appartient pas à $\underline{\underline{M}}$.

b) Montrer que $\langle W,W\rangle_t = t$.

2.4- Soit W un mouvement brownien, et $t \in \mathbb{R}_+$. On considère la martingale arrêtée $M=W^t$. Montrer que $M \in \underline{\underline{H}}^q$ pour tout $q \in [1,\infty[$, que $M \in \underline{\underline{BMO}}$, et que $M \notin \underline{\underline{H}}^\infty$ (l'inclusion $\underline{\underline{H}}^\infty \subset \underline{\underline{BMO}}$ est donc stricte).

2.5- Soit M une martingale de Poisson (cf. exercice 1.9). Montrer que $[M,M]\in \underline{\underline{A}}^+_{loc}$ et que $\langle M,M\rangle_t = t$. Si $t\in\mathbb{R}_+$, montrer que la martingale arrêtée M^t appartient à $\underline{\underline{H}}^q$ pour tout $q\in[1,\infty[$, à $\underline{\underline{BMO}}$, mais pas à $\underline{\underline{H}}^\infty$.

2.6- Soit W un mouvement brownien et M une martingale de Poisson.

a) Si $X = W + M$, trouver X^c et X^d et montrer que $\langle X,X\rangle_t = 2t$.

b) Si $Y = W - M$, montrer que $X\perp Y$, alors que $X^c = Y^c$ et que $X^d = -Y^d$ (donc on n'a pas $X^c \perp Y^c$, ni $X^d \perp Y^d$).

2.7- Montrer directement (i.e., sans utiliser (2.34) et (2.38)) que si $X\in\underline{\underline{M}}_{loc}$ le processus croissant $[X,X]^{1/2}$ appartient à $\underline{\underline{A}}^+_{loc}$.

2.8- Soit $X\in\underline{\underline{S}}$. Montrer que $X\in\underline{\underline{S}}_p$ si et seulement si $[X,X]^{1/2}\in\underline{\underline{A}}^+_{loc}$.

2.9- Soit $A\in\underline{\underline{P}}\cap\underline{\underline{V}}_o$ et $M\in\underline{\underline{M}}_{loc}$. Montrer que $[A,M]\in\underline{\underline{L}}$ (on pourra vérifier que $[A,M] = \Delta M\bullet A$).

2.10- Si $A\in\underline{\underline{V}}$, la norme de la "variation" est $\|A\|_v = E(\int^\infty |dA_s|)$. Montrer que si $M\in\underline{\underline{M}}_{loc}\cap\underline{\underline{V}}$ on a $\|M\|_{H^1}\leq \|M\|_v$.

2 - INTEGRALES STOCHASTIQUES

Nous allons maintenant définir l'intégrale stochastique prévisible (i.e. de processus prévisibles) par rapport à une semimartingale X. Nous nous imposons des exigences "minimales": d'abord, que les propriétés usuelles de linéarité de l'intégrale soient préservées; ensuite, que si $X\in\underline{\underline{M}}_{loc}$ (resp. $\underline{\underline{S}}$) le "processus intégrale stochastique" soit encore dans $\underline{\underline{M}}_{loc}$ (resp. $\underline{\underline{S}}$); enfin, si $X\in\underline{\underline{V}}$, que l'intégrale stochastique coïncide avec l'intégrale de Stieltjes-Lebesgue. Ces deux dernières exigences sont à rapprocher de (1.44): si $X\in\underline{\underline{M}}_{loc}\cap\underline{\underline{V}}$ et si H est prévisible (disons, borné), alors l'intégrale de Stieltjes $H\bullet X$ est dans $\underline{\underline{M}}_{loc}$; si H n'est qu'optionnel, par contre, le processus $H\bullet X$ n'a aucune raison d'être dans $\underline{\underline{M}}_{loc}$, ce qui explique pourquoi on se limite à des intégrands prévisibles (au chapitre III nous définirons des intégrales stochastiques optionnelles, mais il nous faudra abandonner l'une des exigences ci-dessus, à savoir la coïncidence avec l'intégrale de Stieltjes).

Bien entendu, ces propriétés ne suffisent pas à caractériser l'intégrale stochastique (elles ne disent pratiquement rien lorsque $X\in\underline{\underline{L}}^c$), et on imposera une condition supplémentaire, énoncée au §a.

On va procéder par étapes: d'abord l'intégrale par rapport à un élément de $\underline{\underline{L}}^c$ par la méthode classique de Kunita et Watanabe, puis un élément de $\underline{\underline{M}}_{loc}$, enfin un élément de $\underline{\underline{S}}$. On essaye aussi de déterminer les intégrands "les plus généraux possibles" compte tenu des exigences formulées plus haut. On termine enfin par la formule d'Ito.

§a - Intégrale stochastique par rapport à une martingale locale continue. On commence par une définition générale. Si $M \in \underline{\underline{M}}_{loc}$ et $q \in [1,\infty[$ on pose pour tout processus H :

(2.40)
$$\|H\|_{L^q(M)} = \|(H^2 \cdot [M,M]_\infty)^{1/2}\|_q$$
$$L^q(M) = \{H \text{ prévisible, } \|H\|_{L^q(M)} < \infty\}.$$

S'il est besoin de préciser, on écrira $L^q(M,P)$, ou $L^q(M,\underline{F},P)$. On a évidemment $L^q(M) \subset L^{q'}(M)$ si $q' \leq q$.

(2.41) Une question de notation: Nous allons nous écarter légèrement de la notation (0.39) concernant les classes localisées, en appelant $L^q_{loc}(M)$ l'ensemble des processus prévisibles H pour lesquels il existe une suite (dite suite localisante !) (T_n) de temps d'arrêt croissant P-p.s. vers $+\infty$, telle que chaque $HI_{[\![0,T_n]\!]}$ appartienne à $L^q(M)$; il s'agit d'une méthode naturelle de localisation, si l'on considère que $L^q(M)$ est un espace "d'intégrands", par opposition à la localisation par arrêt (0.39) qu'on opère sur les processus "intégrateurs".∎

Supposons maintenant que $M \in \underline{\underline{L}}^c$. Le processus croissant $(H^2 \cdot [M,M])^{1/2}$ étant continu et nul à l'origine (car $M_0 = 0$), il appartient à $\underline{\underline{V}}$ si et seulement s'il est localement borné: on en déduit (sous l'hypothèse $M \in \underline{\underline{L}}^c$) que $L^q_{loc}(M) = L^1_{loc}(M)$ pour tout $q \in [1,\infty[$. Pour définir l'intégrale stochastique de $H \in L^1_{loc}(M)$ par rapport à M il va suffire, par localisation (cela sera expliqué plus loin), de définir l'intégrale des éléments de $L^2(M)$.

Soit donc $H \in L^2(M)$. On considère la forme linéaire définie sur $\underline{\underline{H}}^2$ par: $N \rightsquigarrow C(N) = E(H \cdot [M,N]_\infty)$. D'après l'inégalité de Kunita et Watanabe, et si $\|\!|N|\!\| = \|N_\infty\|_2$ désigne la norme de Hilbert de $\underline{\underline{H}}^2$, il vient:

$$|C(N)| \leq \|H\|_{L^2(M)} \; \|\!|N|\!\| ,$$

si bien que C est continu. D'après les propriétés des espaces de Hilbert on peut alors poser:

(2.42) DEFINITION: <u>Si</u> $H \in L^2(M)$ <u>on appelle intégrale stochastique de</u> H <u>par rapport à</u> M, <u>et on note</u> $H \bullet M$, <u>l'unique élément de</u> $\underline{\underline{H}}^2$ <u>tel que</u>

$$E(H \bullet M_\infty N_\infty) = E(H \bullet [M,N]_\infty) \quad (= C(N)) \quad \forall N \in \underline{\underline{H}}^2 ,$$

Remarquons que cette notation n'introduit pas de confusion avec la notation $H \bullet A$ lorsque $A \in \underline{\underline{V}}$, puisque l'unique élément de $\underline{\underline{L}}^c \cap \underline{\underline{V}}$ est la martingale nulle d'après (2.21).

(2.43) PROPOSITION: <u>Si</u> $H \in L^2(M)$ <u>on a</u> $H \bullet M \in \underline{\underline{H}}_o^{2,c}$, <u>et</u> $H \bullet M$ <u>est l'unique élément de</u> $\underline{\underline{H}}^2$ <u>tel que</u>

$$[H \bullet M, N] = H \bullet [M,N] \qquad \forall N \in \underline{\underline{H}}^2 .$$

Comme M et $H \bullet M$ sont ici continus, on a d'ailleurs $[H \bullet M, N] = \langle H \bullet M, N \rangle$ et $[M,N] = \langle M,N \rangle$.

<u>Démonstration</u>. Pour simplifier on pose $M' = H \bullet M$. On a $[M'^d, M] = 0$, donc par définition de M' et de la forme linéaire C, on a

$$0 = C(M'^d) = E(M'_\infty M'^d_\infty) = E(M'^c_\infty M'^d_\infty) + E((M'^d_\infty)^2) = E((M'^d_\infty)^2),$$

ce qui entraine $M'^d = 0$ et $M' \in \underline{\underline{H}}_o^{2,c}$.

Ensuite, pour tout $T \in \underline{\underline{T}}$ et $N \in \underline{\underline{H}}^2$ il vient

$$E([M',N]_T) = E(M'_T N_T) = E(M'_\infty N^T_\infty) = C(N^T) = E(H \bullet [M,N]_T)$$

(utiliser (2.28), la propriété de martingale pour M', et les définitions de M' et C). On en déduit que $[M',N] - H \bullet [M,N] \in \underline{\underline{M}}_o$ d'après (1.20), et comme ce processus est un élément continu de $\underline{\underline{V}}$ (puisque M' et M sont continus), il doit être nul et on a $[M',N] = H \bullet [M,N]$.

Inversement soit $M' \in \underline{\underline{H}}^2$ vérifiant $[M',N] = H \bullet [M,N]$ pour tout $N \in \underline{\underline{H}}^2$. On a alors $C(N) = E([M',N]_\infty) = E(M'_\infty N_\infty)$, donc $M' = H \bullet M$. ∎

En particulier, on déduit immédiatement de cette proposition que si $T \in \underline{\underline{T}}$, on a les relations

(2.44) $$(H \bullet M)^T = H \bullet M^T = H I_{[\![0,T]\!]} \bullet M .$$

Soit maintenant $H \in L^1_{loc}(M)$, et (T_n) une suite localisante pour H relativement à $L^2(M)$, c'est-à-dire telle que chaque $H I_{[\![0,T_n]\!]}$ appartienne à $L^2(M)$. La relation (2.44) montre qu'on peut définir une martingale locale et une seule, notée $H \bullet M$, qui appartient en fait à $\underline{\underline{L}}^c$ et qui est telle que $(H \bullet M)^{T_n} = (H I_{[\![0,T_n]\!]}) \bullet M$ pour tout n ; de plus cette martingale locale ne dépend pas de la suite localisante choisie. $H \bullet M$ s'appelle encore <u>l'intégrale stochastique</u> de H par rapport à M, elle est évidemment susceptible (par localisation) d'une caractérisation analogue à celle de (2.43), et elle vérifie (2.44).

§b - Intégrale stochastique par rapport à une martingale locale quelconque.

Commençons par un résultat qui n'est pas lié directement à l'intégrale stochastique, mais qui est intéressant en lui-même, et qui sera utilisé à plusieurs reprises plus loin.

(2.45) THEOREME: Soit X un processus optionnel. Pour qu'il existe $M \in \underline{\underline{M}}_{loc}$ tel que $\Delta M = X$ il faut et il suffit que $S(X^2)^{1/2} \in \underline{\underline{A}}^+_{loc}$ et que ${}^pX = X_0 I_{[\![0]\!]}$. Dans ce cas il existe un élément M et un seul de $\underline{\underline{M}}^d_{loc}$ tel que $\Delta M = X$.

Démonstration. Si $M \in \underline{\underline{M}}_{loc}$, (1.29) entraine ${}^p(\Delta M) = \Delta M_0 I_{[\![0]\!]}$, tandis que $S(\Delta M^2)^{1/2} = [M^d, M^d]^{1/2}$ est dans $\underline{\underline{A}}^+_{loc}$ d'après (2.34) et (2.38).

Inversement soit X satisfaisant les conditions de l'énoncé. Nous allons construire $M \in \underline{\underline{M}}^d_{loc}$ telle que $\Delta M = X$. L'hypothèse entraine $X_0 \in L^1$, donc $M = X_0 I_{[\![0,\infty[\![}$ est dans $\underline{\underline{M}}^d$ et vérifie $\Delta M = X_0 I_{[\![0]\!]}$; quitte à remplacer X par $X - X_0 I_{[\![0]\!]}$, on peut donc supposer que $X_0 = 0$, donc ${}^pX = 0$. Par localisation, on peut aussi supposer que $S(X^2)^{1/2} \in \underline{\underline{A}}^+$, donc pour tout $T \in \underline{\underline{T}}$ on a $X_T I_{\{T<\infty\}} \in L^1$, tandis que $\{X \neq 0\}$ est mince.

Soit (S_n) et (T_n) deux suites d'éléments de $\underline{\underline{T}}_i(\underline{F}^P)$ et $\underline{\underline{T}}_p(\underline{F}^P)$ respectivement, de graphes deux-à-deux disjoints, telles que $\{X \neq 0\} \subset (\bigcup_{(n)} [\![S_n]\!]) \bigcup (\bigcup_{(n)} [\![T_n]\!])$. On pose $A(n) = X_{S_n} I_{[\![S_n,\infty[\![}$; d'après (1.49), $A(n)^p$ est continu, et $N(n) = A(n) - A(n)^p$ appartient à $\underline{\underline{M}} \bigcap \underline{\underline{A}}$. On pose aussi $N'(n) = X_{T_n} I_{[\![T_n,\infty[\![}$, et comme $E(X_{T_n} | \underline{F}^P_{T_n-}) = 0$ puisque ${}^pX = 0$, on a $N'(n) \in \underline{\underline{M}} \bigcap \underline{\underline{A}}$ d'après (1.45). Soit enfin $M(n) = \sum_{p \leq n} [N(p) + N'(p)]$. Si $m < n$ on a

$$[M(n)-M(m), M(n)-M(m)]^{1/2}_\infty = S(X^2 \sum_{m<p\leq n} (I_{[\![S_p]\!]} + I_{[\![T_p]\!]}))^{1/2}_\infty ,$$

dont l'espérance tend vers 0 lorsque $n, m \uparrow \infty$ d'après le théorème de Lebesgue. Donc $(M(n))_{n \in \mathbb{N}}$ est une suite de Cauchy dans l'espace de Banach $\underline{\underline{H}}^1$ d'après (2.34), et on appelle M sa limite. Comme $M(n) \in \underline{\underline{H}}^{1,d}$ on a aussi $M \in \underline{\underline{H}}^{1,d}$. Comme la convergence dans $\underline{\underline{H}}^1$ implique la convergence uniforme d'une sous-suite, pour P-presque chaque trajectoire, et étant donnée la définition des $M(n)$, on vérifie que $X = \Delta M$, ce qui achève de prouver la condition suffisante.

Enfin, l'unicité de $M \in \underline{\underline{M}}^d_{loc}$ vérifiant $\Delta M = X$ découle de (2.21,c).■

Soit maintenant $M \in \underline{\underline{M}}_{loc}$. Comme $H^2 \bullet [M,M] = H^2 \bullet [M^c, M^c] + S((H\Delta M)^2)$, on a

$$L^1_{loc}(M) = \{H \text{ prévisible: } H \in L^1_{loc}(M^c),\ S((H\Delta M)^2)^{1/2} \in \underline{\underline{A}}^+_{loc}\}.$$

H étant prévisible, on a aussi ${}^p(H\Delta M) = H({}^p\Delta M) = H_0 \Delta M_0 I_{[\![0]\!]}$. On peut donc poser la

(2.46) DEFINITION: <u>Si</u> $H \in L^1_{loc}(M)$, <u>l'intégrale stochastique</u> $H \bullet M$ <u>de</u> H <u>par rapport à</u> M <u>est l'unique élément de</u> $\underline{\underline{M}}_{loc}$ <u>vérifiant</u>

$$(H \bullet M)^c = H \bullet M^c, \quad \Delta(H \bullet M) = H \Delta M.$$

(2.47) <u>Remarque</u>: Que se passe-t-il quand $M \in \underline{\underline{M}}_{loc} \cap \underline{\underline{V}}$? la notation $H \bullet M$ recouvre deux notions: d'une part si $H \in L^1_{loc}(M)$ on vient de définir l'intégrale stochastique N de H par rapport à M ; d'autre part si $\tilde{M}_t = \int^t |dM_s|$ et si le processus $|H| \bullet \tilde{M}$ (intégrale de Stieltjes) est dans $\underline{\underline{V}}^+$, on peut définir l'intégrale de Stieltjes N' de H par rapport à M. Nous allons voir que, lorsque N et N' sont tous deux définis, ils sont égaux: la notation $H \bullet M$ <u>n'est donc pas ambigue</u>.

Pour cela on peut, par localisation, se limiter au cas où $H \in L^1(M)$, si bien que $H_T \Delta M_T I_{\{T<\infty\}} \in L^1$ pour tout $T \in \underline{\underline{T}}$. Soit $T_n = \inf(t: |H| \bullet \tilde{M}_t \geq n)$; on a $\int^{T_n} |dN'_s| \leq n + |H_{T_n} \Delta M_{T_n} I_{\{T_n<\infty\}}|$, qui est intégrable, donc $N' \in \underline{\underline{A}}_{loc}$. Mais alors (1.44) et (2.21) entrainent que $N' \in \underline{\underline{M}}^d_{loc}$, tandis que $M^c = 0$, donc $N \in \underline{\underline{M}}^d_{loc}$. Comme $\Delta N = \Delta N' = H \Delta M$, on a bien $N = N'$. ∎

<u>Remarques</u>: 1) Nous essayons autant que possible de garder toujours les mêmes notations pour désigner les mêmes choses. Il nous arrivera cependant d'utiliser la notation plus parlante (mais à notre avis moins commode) $\int^t H_s dM_s$ pour désigner $H \bullet M_t$.

2) Il est important de noter que, contrairement à l'intégrale de Stieltjes, l'intégrale stochastique <u>dépend</u> de la probabilité P et de la filtration $\underline{F}$. ∎

(2.48) PROPOSITION: <u>Soit</u> $M \in \underline{\underline{M}}_{loc}$ <u>et</u> $H \in L^1_{loc}(M)$.

(a) $H \bullet M$ <u>est l'unique élément de</u> $\underline{\underline{M}}_{loc}$ <u>vérifiant</u> $[H \bullet M, N] = H \bullet [M,N]$ <u>pour tout</u> $N \in \underline{\underline{M}}_{loc}$.

(b) <u>Pour que</u> $H \bullet M \in \underline{\underline{H}}^q$ (<u>resp.</u> $\underline{\underline{H}}^q_{loc}$) <u>il faut et il suffit que</u> $H \in L^q(M)$ (<u>resp.</u> $L^q_{loc}(M)$).

<u>Démonstration</u>. L'égalité $[H \bullet M, N] = H \bullet [M,N]$ découle de la définition du "crochet droit", de la définition de $H \bullet M$, et de (2.43). Inversement si $M' \in \underline{\underline{M}}_{loc}$ vérifie $[M',N] = H \bullet [M,N]$ pour tout $N \in \underline{\underline{M}}_{loc}$, on a d'une part $[M'^c, N] = H \bullet [M^c, N]$, donc $M'^c = H \bullet M^c$ d'après (2.43), et d'autre part

$\Delta M'\Delta M = H\Delta M^2$ (prendre $N = M$) et $\Delta M'^2 = H\Delta M'\Delta M$ (prendre $N = M'$), donc $\Delta M' = H\Delta M$: on en déduit $M' = H\bullet M$. Enfin (b) découle de (a) et de (2.34). ∎

(2.49) Remarque: On prend souvent la caractérisation (2.48,a) de $H\bullet M$ pour définition de l'intégrale stochastique, au lieu d'utiliser (2.46); mais il faut alors montrer l'existence d'une martingale locale $H\bullet M$ vérifiant cette condition: les deux méthodes de définition sont à peu près comparables en simplicité. La seconde, méthode, basée sur (2.48,a), utilise la dualité entre $\underline{\underline{H}}^1$ et $\underline{\underline{BMO}}$ explicitée en (2.35); cette dualité permet d'ailleurs d'énoncer une caractérisation "moins grossière" de $H\bullet M$, au moins quand $H \in L^1(M)$: $H\bullet M$ est alors l'unique élément de $\underline{\underline{H}}^1$ vérifiant $E([H\bullet M,N]_\infty) = E(H\bullet[M,N]_\infty)$ pour tout $N \in \underline{\underline{BMO}}$. ∎

Remarques: 1) Lorsque $H \in L^2(M)$, et toujours en utilisant (2.48,a), on voit qu'on peut aussi définir $H\bullet M$ par la définition (2.42). Cette définition s'étend par localisation à $L^2_{loc}(M)$, comme au §a: il n'y a pas de difficulté supplémentaire par rapport au cas où M est continu, et on n'utilise pas de théorèmes difficiles comme (2.34) ou (2.35). Malheureusement, l'extension de $L^2_{loc}(M)$ à $L^1_{loc}(M)$ ne peut pas se faire directement.

2) Etant donné que $[N,N]^{1/2} \in \underline{\underline{A}}^+_{loc}$ pour tout $N \in \underline{\underline{M}}_{loc}$, on voit qu'avec $L^1_{loc}(M)$ on atteint la classe la plus large possible d'intégrands prévisibles pour lesquels l'intégrale stochastique soit une martingale locale. ∎

§c - Intégrale stochastique par rapport à une semimartingale, le cas localement borné. Soit $X \in \underline{\underline{S}}$. Déterminer la classe de processus prévisibles "intégrables" par rapport à X, et qui soit aussi vaste que possible, n'est pas une tâche aisée: cela fera l'objet du §f. Or, dans la grande majorité des applications, on n'utilise que des intégrands localement bornés, pour lesquels au contraire définir l'intégrale stochastique est pratiquement immédiat. C'est pourquoi nous y consacrons un paragraphe spécial.

Soit donc H un processus prévisible localement borné. Soit deux décompositions $X = M + A = M' + A'$ de type (2.13). Les intégrales stochastiques $H\bullet M$ et $H\bullet M'$, et les intégrales de Stieltjes $H\bullet A$ et $H\bullet A'$, sont bien définies. Comme $M - M' = A' - A \in \underline{\underline{L}} \cap \underline{\underline{V}}$, il vient $H\bullet(M - M') = H\bullet(A' - A)$ d'après la remarque (2.47). Par suite la formule

(2.50) $$H\bullet X = H\bullet M + H\bullet A$$

définit, indépendamment de la décomposition $X=M+A$ choisie, un processus $H\bullet X$ appelé <u>intégrale stochastique</u> de H par rapport à X.

Les propriétés suivantes sont immédiates:

(2.51) PROPOSITION: <u>Soit</u> $X\in\underline{\underline{S}}$ <u>et</u> H <u>un processus prévisible localement borné. On a</u> $H\bullet X\in\underline{\underline{S}}$. <u>Si</u> $X\in\underline{\underline{S}}_p$ <u>on a</u> $H\bullet X\in\underline{\underline{S}}_p$. $H\bullet X$ <u>vérifie les relations (2.44). On a</u> $(H\bullet X)^c=H\bullet X^c$ <u>et</u> $\Delta(H\bullet X)=H\Delta X$. <u>Pour tout</u> $Y\in\underline{\underline{S}}$ <u>on a</u> $[H\bullet X,Y]=H\bullet[X,Y]$.

§d - <u>La formule d'Ito</u>. Nous allons énoncer ci-dessous la formule d'Ito. Comme la démonstration en est donnée dans pratiquement tous les textes sur l'intégrale stochastique, nous ne la recopions pas ici et nous renvoyons par exemple à Doléans-Dade et Meyer [1], Meyer [5], Métivier et Pellaumail [3]. Il ne faudrait pas en conclure que cette formule est de peu d'importance, elle est au contraire à la base de tout le calcul stochastique.

(2.52) THEOREME: <u>Soit</u> $X=(X^1,..,X^m)$ <u>une semimartingale vectorielle</u> (i.e., telle que chaque composante X^i soit dans $\underline{\underline{S}}$) <u>et</u> F <u>une fonction deux fois continûment différentiable sur</u> $\mathbb{R}^m$. <u>Le processus</u> $F(X)$ <u>est alors une semimartingale, et</u>

$$F(X) = \sum_{i\leq m}\frac{\partial F}{\partial x_i}(X)_-\bullet X^i + \frac{1}{2}\sum_{i,j\leq m}\frac{\partial^2 F}{\partial x_i\partial x_j}(X)_-\bullet\langle (X^i)^c,(X^j)^c\rangle$$
$$+ S(F(X)-F(X)_- - \sum_{i\leq m}\frac{\partial F}{\partial x_i}(X)_-\Delta X^i).$$

Dans cette expression, les divers intégrands sont continus à gauche, donc localement bornés et les intégrales stochastiques ou de Stieltjes ont un sens. Le fait d'écrire cette formule signifie en particulier que le dernier terme est un processus appartenant à $\underline{\underline{V}}$. Le second membre n'est pas tout-à-fait identique, dans sa forme, à la formule usuelle, car la valeur $F(X_0)$ n'y apparait pas explicitement; mais avec nos conventions, $F(X_0)$ est exactement la valeur du dernier terme en $t=0$, et ce dernier terme n'est donc en général pas nul, même quand X est continu !

Voici une application simple, mais très utile, de cette formule:

(2.53) THEOREME (<u>formules d'intégration par parties</u>):

(a) <u>Si</u> $X,Y\in\underline{\underline{S}}$ <u>on a</u> $XY=X_-\bullet Y+Y_-\bullet X+[X,Y]$.

(b) <u>Si</u> $X\in\underline{\underline{S}}$ <u>et</u> $A\in\underline{\underline{P}}\cap\underline{\underline{V}}_o$ <u>on a</u> $[A,X]=\Delta A\bullet X$ <u>et</u> $AX=X_-\bullet A+A\bullet X$.

(c) <u>Si</u> $M\in\underline{\underline{M}}_{loc}$ <u>et</u> $A\in\underline{\underline{P}}\cap\underline{\underline{V}}_o$ <u>on a</u> $[A,M]\in\underline{\underline{L}}$ <u>et</u> $AM-M_-\bullet A\in\underline{\underline{L}}$.

Le corollaire (2.29) est un cas particulier de l'assertion (a), car si $X, Y \in \underline{\underline{M}}_{loc}$, alors $X_- \bullet Y$ et $Y_- \bullet X$ sont aussi dans $\underline{\underline{M}}_{loc}$.

Démonstration. Pour (a), on applique (2.52) au couple (X,Y) et à la fonction $F(x,y) = xy$.

(b) D'abord, d'après (1.37) les processus A et ΔA sont localement bornés (et prévisibles), donc les intégrales stochastiques $\Delta A \bullet X$ et $A \bullet X$ existent. Soit la semimartingale $Y = [A,X] - \Delta A \bullet X$. On a $Y^c = \Delta A \bullet X^c$, donc $\langle Y^c, Y^c\rangle = \Delta A^2 \bullet \langle X^c, X^c\rangle = 0$ puisque $\langle X^c, X^c\rangle$ est continu tandis que l'ensemble $\{\Delta A \neq 0\}$ est à coupes dénombrables; on a aussi $\Delta Y = \Delta A \Delta X - \Delta A \Delta X = 0$, si bien que $[Y,Y] = 0$ et, d'après (2.25), Y est un élément continu de $\underline{\underline{V}}_0$. Si $H = I_{\{\Delta A = 0\}}$ on a alors $H \bullet Y = Y$, tandis que $H \bullet [A,X] = S(H \Delta A \Delta X) = 0$ et $H \bullet (\Delta A \bullet X) = (H \Delta A) \bullet X = 0$. Il faut donc que $Y = 0$. On a $[A,X] = \Delta A \bullet X$ et la formule $AX = X_- \bullet A + A \bullet X$ découle de (a).

Enfin, (c) n'est qu'une application de (b) à $X \in \underline{\underline{M}}_{loc}$. ■

Très souvent dans la suite on aura à appliquer la formule d'Ito lorsque la fonction F n'est de classe C^2 que dans un ouvert D de $\mathbb{R}^m$, tandis que le processus X ne sort jamais de D. Dans ce cas, a-t-on encore la formule (2.52) ? le corollaire suivant, très facile, constitue une réponse partielle à cette question (et une réponse positive quand le processus X reste, localement, à une distance strictement positive de la frontière de D). $d(.,.)$ désigne la distance usuelle de $\mathbb{R}^m$.

(2.54) THEOREME: Soit $X = (X^1, .., X^m)$ une semimartingale vectorielle et F une fonction sur $\mathbb{R}^m$, deux fois continûment différentiable sur un ouvert D. Soit $D_n = \{x \in \mathbb{R}^m : d(x, D^c) \geq 1/n\}$ et $R_n = \inf(t: X_t \notin D_n)$. La formule (2.52) reste valide sur l'intervalle stochastique $\bigcup_{(n)} [\![0, R_n]\!]$, et on a $F(X)^{R_n} \in \underline{\underline{S}}$ pour tout n.

Il faut préciser ce qu'on entend par "reste valide sur $\bigcup_{(n)} [\![0,R_n]\!]$" : cela signifie d'abord que $\frac{\partial F}{\partial x_i}(X)_-$, étant localement borné sur $[\![0,R_n]\!]$, est intégrable par rapport à $(X^i)^{R_n}$, donc par "recollement" on peut définir le processus $\frac{\partial F}{\partial x_i}(X)_- \bullet X^i$ sur $\bigcup_{(n)} [\![0,R_n]\!]$; cela signifie aussi que les deux derniers termes de (2.52) sont des processus à variation finie sur tout compact de $\bigcup_{(n)} [\![0,R_n]\!]$.

En particulier, lorsque $\lim_{(n)} \uparrow R_n \doteq \infty$ on a $F(X) \in \underline{\underline{S}}$ et la formule d'Ito est valide partout; dans ce cas, d'ailleurs, la fonction F peut n'être définie que sur D (pour rentrer dans le cadre de (2.54), on peut la prolonger arbitrairement, par 0 par exemple, en dehors de D : cela n'a pas d'importance, car X et X_- restent dans D).

Démonstration. Soit, pour chaque n, une fonction F_n de classe C^2 sur $\mathbb{R}^m$, coïncidant avec F sur D_n. On peut appliquer la formule d'Ito au processus $Y^n = F_n(X)$. Mais $F(X) = Y^n$ sur $[\![0,R_n[\![$ et $F(X)_- = Y^n_-$ sur $[\![0,R_n]\!]$; en particulier $F(X)_{R_n-} = Y^n_{R_n-}$ et si on examine le saut éventuel de $F(X)$ en R_n, on voit que la formule d'Ito, avec la fonction F, est valide sur l'intervalle $[\![0,R_n]\!]$, d'où le résultat. ∎

(2.55) Remarque: On parlera parfois de martingales ou de semimartingales "complexes", ce qui signifie que les parties réelle et imaginaire sont toutes deux des martingales ou des semimartingales. Si les X^i sont des semimartingales complexes, la formule d'Ito reste valide pour F fonction "de classe C^2" sur $\mathbb{C}^m$, ce qui signifie que, considérée comme fonction sur $\mathbb{R}^{2m}$, elle est de classe C^2. On peut également utiliser (2.52) pour F à valeurs complexes: dans ce cas, on intègre séparément les parties réelle et imaginaire des intégrands. ∎

§e - Compléments sur le processus des sauts d'une martingale locale. Nous consacrons les trois paragraphes suivants à des "compléments", qui peuvent être sautés en première lecture.

Soit X un processus optionnel tel que ${}^pX = X_0\, I_{[\![0]\!]}$. Le théorème (2.45) nous indique que, pour que X soit le processus des sauts d'une martingale locale, il faut et il suffit que $S(X^2)^{1/2} \in \underline{\underline{A}}_{loc}$. Mais le processus $S(X^2)^{1/2}$ est particulièrement malcommode à manier, car on ne peut pas exprimer ses sauts de façon simple en fonction de X. L'objet de ce paragraphe est donc d'introduire des processus qui sont des fonctions plus simples de X, et qui sont dans $\underline{\underline{A}}_{loc}$ si et seulement si $S(X^2)^{1/2} \in \underline{\underline{A}}_{loc}$.

Voici une première manière de procéder.

(2.56) PROPOSITION: Soit X un processus optionnel. Soit $a \in]0,\infty[$. Pour que $S(X^2)^{1/2} \in \underline{\underline{A}}_{loc}$ il faut et il suffit que

$$S(X^2 I_{\{|X| \le a\}} + |X| I_{\{|X| > a\}}) \in \underline{\underline{A}}_{loc} .$$

Démonstration. Posons $f(x) = x^2 I_{\{|x| \le a\}} + |x| I_{\{|x| > a\}}$, $A = S(X^2)^{1/2}$ et $B = S[f(X)]$. Les équivalences: $A \in \underline{\underline{V}} \Longleftrightarrow A^2 \in \underline{\underline{V}} \Longleftrightarrow B \in \underline{\underline{V}}$ sont triviales.

Pour montrer la condition nécessaire on peut, quitte à localiser, supposer que $A \in \underline{\underline{A}}$. Cela entraine $B \in \underline{\underline{V}}$, donc la suite de temps d'arrêt $T_n = \inf(t\colon B_t \ge n)$ croît P-p.s. vers $+\infty$. Comme $|b| \le (b^2 + c^2)^{1/2}$, on a $|X| \le A$ et

$$B_{T_n} \le n + |f(X_{T_n})| I_{\{T_n < \infty\}} \le n + a^2 \vee A_{T_n} ,$$

qui est intégrable, et on en déduit que $B \in \underline{\underline{A}}_{loc}$.

Pour montrer la condition suffisante on peut, quitte à localiser, supposer que $B \in \underline{\underline{A}}$. Cela entraine $A \in \underline{\underline{V}}$, donc la suite de temps d'arrêt $T_n = \inf(t: A_t \geq n)$ croît P-p.s. vers $+\infty$. Comme $(b^2+c^2)^{1/2} \leq |b|+|c|$, on a

$$A_{T_n} \leq n + |X_{T_n}| I_{\{T_n<\infty\}} \leq n + a\sqrt{f(X_{T_n})} I_{\{T_n<\infty\}} \leq n + a\sqrt{B_{T_n}},$$

qui est intégrable, et on en déduit que $A \in \underline{\underline{A}}_{loc}$. ■

Remarquons qu'on ne peut pas remplacer ci-dessus $\underline{\underline{A}}_{loc}$ par $\underline{\underline{A}}$. Par contre on peut remplacer la fonction $f(x) = x^2 I_{\{|x|\leq a\}} + |x| I_{\{|x|>a\}}$ par n'importe quelle autre fonction g vérifiant $C_1 \leq f/g \leq C_2$ avec $0 < C_1 < C_2 < \infty$. En particulier les fonctions suivantes sont parfois utilisées:

(2.57) COROLLAIRE: <u>Soit</u> X <u>un processus optionnel</u>.

(a) <u>Pour que</u> $S(X^2)^{1/2} \in \underline{\underline{A}}_{loc}$ <u>il faut et il suffit que</u> $S(\frac{X^2}{1+|X|}) \in \underline{\underline{A}}_{loc}$.

(b) <u>Supposons que</u> $X \geq -1$. <u>Pour que</u> $S(X^2)^{1/2} \in \underline{\underline{A}}_{loc}$ <u>il faut et il suffit que</u> $S[(1-\sqrt{1+X})^2] \in \underline{\underline{A}}_{loc}$.

<u>Démonstration</u>. Il suffit de remarquer que

$$\frac{x^2}{1+|x|} \leq x^2 I_{\{|x|\leq 1\}} + |x| I_{\{|x|>1\}} \leq 2\,\frac{x^2}{1+|x|},$$

et que si $x \geq -1$,

$$(1-\sqrt{1+x})^2 \leq x^2 I_{\{|x|\leq 1\}} + |x| I_{\{|x|>1\}} \leq \left(\frac{1-\sqrt{1+x}}{1-\sqrt{2}}\right)^2. \ ■$$

La proposition (2.56) est très simple, mais elle n'est pas particulièrement adaptée aux sauts des martingales locales, car elle n'utilise pas la propriété ${}^pX = X_0 I_{[\![0]\!]}$: en effet, même si cette propriété est satisfaite, il n'existe en général pas de martingales locales M' et M'' telles que $\Delta M' = X I_{\{|X|\leq a\}}$ et $\Delta M'' = X I_{\{|X|>a\}}$.

Voici donc une autre manière de réaliser notre objectif. Si $a \in [0,\infty]$ on pose

$$(2.58) \quad \begin{cases} X'(a) = X I_{\{|X|\leq a\}} - {}^p(X I_{\{|X|\leq a\}}) I_{]\!]0,\infty[\![} \\ X''(a) = X I_{\{|X|>a\}} - {}^p(X I_{\{|X|>a\}}) I_{]\!]0,\infty[\![}, \end{cases}$$

si bien que $X = X'(a) + X''(a)$ lorsque ${}^pX = X_0 I_{[\![0]\!]}$.

(2.59) PROPOSITION: <u>Soit</u> X <u>un processus optionnel tel que</u> ${}^pX = X_0 I_{[\![0]\!]}$ <u>et</u> $a \in]0,\infty[$. <u>Pour que</u> $S(X^2)^{1/2} \in \underline{\underline{A}}_{loc}$ <u>il faut et il suffit que</u> $S(X'(a)^2 + |X''(a)|) \in \underline{\underline{A}}_{loc}$.

<u>Démonstration</u>. Lorsque $S(X'(a)^2 + |X''(a)|) \in \underline{\underline{A}}_{loc}$ les processus optionnels $X'(a)$ et $X''(a)$ vérifient les conditions de (2.57,a), car $x^2/(1+|x|) \leq$

$x^2 \vee |x|$; comme ${}^p X'(a) = X'(a)_0 I_{[\![0]\!]}$ et ${}^p X''(a) = X''(a)_0 I_{[\![0]\!]}$ par construction, ils vérifient aussi les conditions de (2.45), et il existe $M', M'' \in \underline{\underline{M}}^d_{loc}$ tels que $\Delta M' = X'(a)$ et $\Delta M'' = X''(a)$. La condition suffisante découle alors de l'égalité $X = X'(a) + X''(a)$.

Montrons la condition nécessaire: d'après (2.45) il existe $M \in \underline{\underline{M}}^d_{loc}$ avec $\Delta M = X$. On reprend la démonstration de (2.16), avec a quelconque dans $]0,\infty[$ au lieu de $a = 1/2$: on obtient $M = M' + M''$ avec $\Delta M' = X'(a)$ et $\Delta M'' = X''(a)$. De plus $M' \in \underline{\underline{H}}^2_{loc}$ et $M'' \in \underline{\underline{A}}_{loc}$, donc $S(X'(a)^2) = [M', M']$ et $S(|X''(a)|) = S(|\Delta M''|)$ sont dans $\underline{\underline{A}}_{loc}$. ∎

Cette fois-ci, il existe donc des martingales locales M' et M'' dont les processus de sauts sont respectivement $X'(a)$ et $X''(a)$, et on a en plus $M' \in \underline{\underline{H}}^\infty_{loc}$ et $M'' \in \underline{\underline{A}}_{loc}$.

(2.60) __Remarque__: Soit X vérifiant les conditions de (2.59), et M l'élément de $\underline{\underline{M}}^d_{loc}$ tel que $\Delta M = X$. Lorsque le support prévisible de $\{X \neq 0\}$ est P-évanescent, ce qui équivaut à dire que M est __quasi-continu à gauche__, on a $X'(a) = XI_{\{|X| \leq a\}}$ et $X''(a) = XI_{\{|X| > a\}}$: ainsi, dans ce cas les propositions (2.56) et (2.59) ont le même contenu. ∎

Le lemme suivant montre que la condition suffisante de (2.59) est également valide pour $a = 0$ (on a $X'(0) = 0$, $X''(0) = X$) et pour $a = \infty$ (on a $X'(\infty) = X$, $X''(\infty) = 0$).

(2.61) LEMME: __Soit__ $M \in \underline{\underline{M}}^d_{loc}$.

(a) __Pour que__ $M \in \underline{\underline{H}}^2$ (__resp.__ $\underline{\underline{H}}^2_{loc}$) __il faut et il suffit que__ $S(\Delta M^2) \in \underline{\underline{A}}$ (__resp.__ $\underline{\underline{A}}_{loc}$).

(b) __Pour que__ $M \in \underline{\underline{A}}$ (__resp.__ $\underline{\underline{A}}_{loc}$) __il faut et il suffit que__ $S(|\Delta M|) \in \underline{\underline{A}}$ (__resp.__ $\underline{\underline{A}}_{loc}$), __et dans ce cas__ $M = M_0 + S(\Delta M) - S(\Delta M)^p$.

La fin de (b) peut aussi s'exprimer ainsi: une martingale locale à variation localement intégrable est __la somme compensée de ses sauts__.

__Démonstration__. On a $S(\Delta M^2) = [M,M]$, donc (a) découle de (2.34). Si $M \in \underline{\underline{A}}$ (resp. $\underline{\underline{A}}_{loc}$) il est évident que $S(|\Delta M|) \in \underline{\underline{A}}$ (resp. $\underline{\underline{A}}_{loc}$). Inversement supposons que $S(|\Delta M|) \in \underline{\underline{A}}$ (resp. $\underline{\underline{A}}_{loc}$) : le processus $A = S(\Delta M)$ est aussi dans $\underline{\underline{A}}$ (resp. $\underline{\underline{A}}_{loc}$) et comme $\Delta(A^p) = {}^p(\Delta M) = 0$ sur $]\!]0,\infty[\![$ on a $\Delta(A - A^p) = \Delta M I_{]\!]0,\infty[\![}$: donc (2.21) implique que $M = M_0 + A - A^p$, d'où en particulier $M \in \underline{\underline{A}}$ (resp. $\underline{\underline{A}}_{loc}$). ∎

Pour terminer, démontrons un dernier lemme, cette fois-ci sur les projections prévisibles de processus optionnels.

(2.62) LEMME: <u>Soit</u> X <u>un processus optionnel</u>.

(a) <u>Si</u> $S(X)\in \underline{\underline{A}}$ <u>on a</u> $S({}^pX)\in \underline{\underline{A}}$.

(b) <u>Si</u> $S(X^2)^{1/2}\in \underline{\underline{A}}_{loc}$ <u>on a</u> $S(({}^pX)^2)^{1/2}\in \underline{\underline{A}}_{loc}$.

<u>Démonstration</u>. (a) L'ensemble $\{X\neq 0\}$ est mince et ${}^pX$ est nul en dehors du support prévisible B de cet ensemble. Mais $|{}^pX_T|\leq E(|X_T|\,|\underline{\underline{F}}^P_{T-})$ sur $\{T<\infty\}$ pour tout $T\in \underline{\underline{T}}_p$, et B est réunion dénombrable de graphes de temps prévisibles. On a donc bien $S({}^pX)\in \underline{\underline{A}}$.

(b) Soit $X'=XI_{\{|X|\leq 1\}}$, $X"=X-X'$. D'après (2.55) on a $S(X")\in \underline{\underline{A}}_{loc}$, donc $S({}^pX")\in \underline{\underline{A}}_{loc}$ d'après (a) et le processus $S(({}^pX")^2)^{1/2}$, qui est majoré par $S(|{}^pX"|)$, est aussi dans $\underline{\underline{A}}_{loc}$. D'après (2.55) on a aussi $S(X'^2)\in \underline{\underline{A}}_{loc}$, donc $S({}^p(X'^2))\in \underline{\underline{A}}_{loc}$; comme $({}^pX')^2\leq {}^p(X'^2)$ on en déduit que $S(({}^pX')^2)\in \underline{\underline{A}}_{loc}$, donc a-fortiori $S(({}^pX')^2)^{1/2}\in \underline{\underline{A}}_{loc}$. Le résultat découle alors de l'inégalité $S(({}^pX)^2)^{1/2}\leq S(({}^pX')^2)^{1/2}+S(({}^pX")^2)^{1/2}$. ∎

<u>Remarque</u>: Lépingle a montré dans [3], mais c'est beaucoup plus difficile, que $S(X^2)^{1/2}\in \underline{\underline{A}}$ entraine $S(({}^pX)^2)^{1/2}\in \underline{\underline{A}}$. ∎

<u>§f - Intégrale stochastique par rapport à une semimartingale, le cas général</u>.

Nous allons maintenant déterminer la plus vaste classe (raisonnable) d'intégrands prévisibles par rapport à une semimartingale.

On va commencer par généraliser le théorème (2.45), c'est-à-dire par <u>caractériser les sauts d'une semimartingale</u>. Si $X\in \underline{\underline{S}}$ on pose

$$\underline{\underline{D}}(X) \;=\; \{D\in \underline{\underline{O}}:\; S(\Delta XI_D)\in \underline{\underline{V}},\; X^D=X-S(\Delta XI_D)\in \underline{\underline{S}}_p\}.$$

L'ensemble $\underline{\underline{D}}(X)$ n'est pas vide: il contient au moins, d'après (2.15), les ensembles aléatoires $\{|\Delta X|>a\}$ pour tout $a>0$. Il est clair que $X\in \underline{\underline{S}}_p$ si et seulement si $\emptyset\in \underline{\underline{D}}(X)$.

Si $X\in \underline{\underline{S}}_p$ on lui associe un élément continu de $\underline{\underline{V}}_o$, noté $\check{X}$, de la manière suivante: si $X=M+A$ est la décomposition canonique de X, soit

(2.63) $$\check{X}_t \;=\; A_t - S(\Delta A)_t \;=\; A_t - \textstyle\sum_{0\leq s\leq t}\Delta A_s$$

($\check{X}$ est donc la "partie continue" du processus à variation finie A).

Par ailleurs, pour tout processus optionnel Y on pose

$$\underline{\underline{D}}'(Y) = \{D\in \underline{\underline{O}}:\; S(YI_D)\in \underline{\underline{V}},\; S(Y^2I_{D^c})^{1/2}\in \underline{\underline{A}}_{loc},\; S({}^p(YI_{D^c}))\in \underline{\underline{A}}_{loc}\}.$$

(2.64) THEOREME: (a) <u>Soit</u> Y <u>un processus optionnel. Pour qu'il existe</u> $X\in \underline{\underline{S}}$ <u>avec</u> $\Delta X=Y$ <u>il faut et il suffit que</u> $\underline{\underline{D}}'(Y)\neq\emptyset$, <u>et alors</u> $\underline{\underline{D}}'(Y)=\underline{\underline{D}}(X)$.

(b) <u>Soit</u> Y <u>un processus optionnel tel que</u> $\underline{\underline{D}}'(Y)\neq\emptyset$. <u>Soit</u> $D\in \underline{\underline{D}}'(Y)$, $N\in \underline{\underline{L}}^c$ <u>et</u> A <u>un élément continu de</u> $\underline{\underline{V}}_o$. <u>Il existe une semimartingale</u> X

<u>et une seule telle que:</u> $X^c = N$, $\Delta X = Y$, $\check{X}^D = A$, <u>et cette semimartingale s'écrit</u>

(2.65) $$X = N + M + S({}^p(YI_{D^c})) + A + S(YI_D),$$
<u>où</u> M <u>est l'unique élément de</u> $\underline{\underline{L}}^d$ <u>tel que</u> $\Delta M = YI_{D^c} - {}^p(YI_{D^c})$.

Dans cet énoncé, $\check{X}^D$ est le processus continu à variation finie associé à la semimartingale spéciale X^D par (2.63).

<u>Démonstration</u>. Pour simplifier les notations, si Z est un processus on définit le processus croissant $T(Z) = S(Z^2)^{1/2}$; on utilisera plusieurs fois l'inégalité $T(Z+Z') \leq \sqrt{2}\,(T(Z)+T(Z'))$ et l'implication: $S(Z) \in \underline{\underline{A}}_{loc} \Longrightarrow T(Z) \in \underline{\underline{A}}_{loc}$.

(i) Soit $X \in \underline{\underline{S}}$, $D \in \underline{\underline{D}}(X)$ et $Y = \Delta X$. D'abord, on a $S(YI_D) \in \underline{\underline{V}}$. Ensuite, soit $X^D = M + A$ la décomposition canonique de X^D. On a $T(\Delta M) \in \underline{\underline{A}}_{loc}$ d'après (2.45); comme $A \in \underline{\underline{A}}_{loc}$ on a $S(\Delta A) \in \underline{\underline{A}}_{loc}$, donc $T(\Delta A) \in \underline{\underline{A}}_{loc}$, ce qui entraine finalement: $T(YI_{D^c}) \in \underline{\underline{A}}_{loc}$, puisque $YI_{D^c} = \Delta X^D$. Enfin $\Delta A = {}^p(YI_{D^c})$, donc $S({}^p(YI_{D^c})) \in \underline{\underline{A}}_{loc}$, ce qui achève de prouver que $D \in \underline{\underline{D}}'(Y)$.

(ii) Soit $X \in \underline{\underline{S}}$, $Y = \Delta X$ et $D \in \underline{\underline{D}}'(Y)$. On a $S(YI_D) = S(\Delta XI_D) \in \underline{\underline{V}}$. Par suite $X^D = X - S(\Delta XI_D)$ est une semimartingale. Comme tout processus Z vérifie $|Z| \leq T(Z)$, il vient $(X^D)^* \leq (X^D_-)^* + T(YI_{D^c})$. Mais X^D_- est localement borné et $T(YI_{D^c}) \in \underline{\underline{A}}_{loc}$ par hypothèse, donc $(X^D)^* \in \underline{\underline{A}}_{loc}$ et $X \in \underline{\underline{S}}_p$ d'après (2.14): on a donc montré que $D \in \underline{\underline{D}}(X)$.

(iii) Soit les termes Y, D, N et A vérifiant les conditions de la partie (b) de l'énoncé. Posons $Z = YI_{D^c}$. Comme $T(Z) \in \underline{\underline{A}}_{loc}$, on a aussi $T(Z - {}^pZ) \in \underline{\underline{A}}_{loc}$ d'après (2.62), tandis que $Z_0 = ({}^pZ)_0$: d'après (2.45) il existe $M \in \underline{\underline{L}}^d$ unique tel que $\Delta M = Z - {}^pZ$. Définissons X par la formule (2.65). On a $X \in \underline{\underline{S}}$, $X^c = N$, $\Delta X = Y$, donc $D \in \underline{\underline{D}}(X)$ d'après (ii). Mais alors $X^D = N + M + S(Z) + A$ appartient à $\underline{\underline{S}}_p$ et il vient $\check{X}^D = A$. Enfin si X' est une autre semimartingale vérifiant $X'^c = N$, $\Delta X' = Y$ et $\check{X}'^D = A$, on a $\underline{\underline{D}}(X') = \underline{\underline{D}}(X)$, et il découle immédiatement de l'unicité de la décomposition canonique d'une semimartingale spéciale, et de (2.21), que $X = X'$. Cela achève la démonstration du théorème.■

(2.66) COROLLAIRE: <u>Soit</u> $(Y^i)_{i \leq n}$ <u>des processus optionnels tels que</u> $\underline{\underline{D}}'(Y^i) \neq \emptyset$. <u>Pour tout</u> $a > 0$ <u>on a</u> $\bigcup_{i \leq n} \{|Y^i| > a\} \in \bigcap_{i \leq n} \underline{\underline{D}}'(Y^i)$.

<u>Démonstration</u>. D'après (2.15) et (2.64) on a $D^i = \{|Y^i| > a\} \in \underline{\underline{D}}'(Y^i)$. Mais si $D = \bigcup_{i \leq n} D^i$, il est facile de voir que pour tout $t \in \mathbb{R}_+$ les coupes de $D \cap [\![0,t]\!]$ sont finies, donc $S(Y^iI_D) \in \underline{\underline{V}}$; comme $D^i \subset D$ on obtient que $D \in \underline{\underline{D}}'(Y^i)$.■

Nous pouvons maintenant définir l'intégrale stochastique. Soit $X \in \underline{\underline{S}}$ et H un processus prévisible. On veut que l'intégrale stochastique $H \bullet X$ soit un élément de $\underline{\underline{S}}$ vérifiant $(H \bullet X)^c = H \bullet X^c$ et $\Delta(H \bullet X) = H\Delta X$, et qui en plus coïncide avec l'intégrale de Stieltjes lorsque $X \in \underline{\underline{V}}$ (voir (2.51)) Compte tenu de ces contraintes, et étant donnés (2.64) et (2.66), il est clair que la plus grande classe possible d'intégrands prévisibles est:

(2.67) $\quad L(X) = \{H$ processus prévisible: $H \in L^1_{loc}(X^c)$, il existe $D \in \underline{\underline{D}}(X) \cap \underline{\underline{D}}'(H\Delta X)$ avec $H \bullet \check{X}^D \in \underline{\underline{V}}\}$.

Remarquer que si on localise $L(X)$ à la manière de (2.41), on a $L_{loc}(X) = L(X)$.

Si maintenant $H \in L(X)$ et si D est un élément de $\underline{\underline{D}}(X) \cap \underline{\underline{D}}'(H\Delta X)$ tel que $H \bullet \check{X}^D \in \underline{\underline{V}}$, il existe d'après (2.64) un unique élément Y de $\underline{\underline{S}}$ avec:

(2.68) $$Y^c = H \bullet X^c, \quad \Delta Y = H\Delta X, \quad \check{Y}^D = H \bullet \check{X}^D$$

et on note $H \overset{D}{\bullet} X$ cette semimartingale.

Il nous reste à montrer que $H \overset{D}{\bullet} X$ ne dépend pas de l'ensemble aléatoire D choisi, ce qui est fait dans la proposition suivante.

(2.69) PROPOSITION: <u>Soit</u> $X \in \underline{\underline{S}}$ <u>et</u> $H \in L(X)$.

(a) <u>On a</u> $H \bullet \check{X}^D \in \underline{\underline{V}}$ <u>pour tout</u> $D \in \underline{\underline{D}}(X) \cap \underline{\underline{D}}'(H\Delta X)$, <u>et lorsque</u> D <u>parcourt cet ensemble les semimartingales</u> $H \overset{D}{\bullet} X$ <u>prennent une valeur commune</u>.

(b) <u>Si</u> $D \in \underline{\underline{D}}(X) \cap \underline{\underline{D}}'(H\Delta X)$ <u>et si</u> $X^D = N + A$ <u>est la décomposition canonique de</u> X^D, <u>on a</u>:

$$\begin{cases} H \in L^1_{loc}(N), \quad H \bullet A \in \underline{\underline{V}}, \quad H \bullet S(\Delta X I_D) \in \underline{\underline{V}}, \\ H \overset{D}{\bullet} X = H \bullet N + H \bullet A + H \bullet S(\Delta X I_D). \end{cases}$$

<u>Démonstration</u>. Soit $D \in \underline{\underline{D}}(X) \cap \underline{\underline{D}}'(H\Delta X)$. D'après (2.65) on a

$$X = X^c + M + S({}^p(\Delta X I_{D^c})) + \check{X}^D + S(\Delta X I_D),$$

où $M \in \underline{\underline{L}}^d$ vérifie $\Delta M = \Delta X I_{D^c} - {}^p(\Delta X I_{D^c})$. La décomposition canonique $X^D = N + A$ est alors donnée par $N = X^c + M$ et $A = S({}^p(\Delta X I_{D^c})) + \check{X}^D$. Posons également $B = S(\Delta X I_D)$. Par hypothèse on a $H \bullet B \in \underline{\underline{V}}$. Comme H est prévisible il vient

$$H^2 \bullet [M,M] = S\{(H \Delta X I_{D^c} - {}^p(H \Delta X I_{D^c}))^2\},$$

et comme $S(H^2 \Delta X^2 I_{D^c})^{1/2} \in \underline{\underline{A}}_{loc}$ par hypothèse, (2.62) entraine que $(H^2 \bullet [M,M])^{1/2} \in \underline{\underline{A}}_{loc}$. Par suite $H \in L^1_{loc}(M)$ et comme $H \in L^1_{loc}(X^c)$ on a aussi $H \in L^1_{loc}(N)$. Enfin on a, par hypothèse également, $H \bullet S({}^p(\Delta X I_{D^c})) \in \underline{\underline{V}}$.

Supposons en plus que $H \bullet \check{X}^D \in \underline{\underline{V}}$. Il vient alors $H \bullet A \in \underline{\underline{V}}$, et la semimartingale $Y = H\cdot N + H\cdot A + H\cdot B$ vérifie de manière évidente (2.68).

Soit maintenant D' un autre élément de $\underline{\underline{D}}(X) \cap \underline{\underline{D}}'(H\cdot X)$, auquel on associe M', N', A', B' comme ci-dessus. On a $A' = A + M - M' + B - B'$. D'une part $H\cdot(B - B') \in \underline{\underline{V}}$, $H\cdot A \in \underline{\underline{V}}$ et $H\cdot S(\Delta A') \in \underline{\underline{V}}$ par hypothèse. D'autre part cette formule implique que $\Delta(M - M') = \Delta(A' - A + B' - B)$, de sorte que $H\cdot S(\Delta M - \Delta M') \in \underline{\underline{V}}$, et on a aussi $H \in L^1_{loc}(M - M')$ d'après le début de la preuve. Le processus $Z = H\cdot(M - M') - H\cdot S(\Delta M - \Delta M')$ est un élément continu de $\underline{\underline{S}}$, vérifiant $Z^c = 0$ puisque $M, M' \in \underline{\underline{L}}^d$: il faut donc que $Z \in \underline{\underline{V}}$, donc $H\cdot(M - M') \in \underline{\underline{V}}$, et le processus

$$H\cdot A' = H\cdot A + H\cdot(M - M') + H\cdot(B - B')$$

existe et appartient à $\underline{\underline{V}}$. Par suite $H\cdot \check{X}^{D'} = H\cdot A' - H\cdot S(\Delta A') \in \underline{\underline{V}}$. Enfin, cette formule montre aussi que $H\cdot A' + H\cdot M' + H\cdot B' = Y$, d'où le résultat.∎

La valeur commune de $H \overset{D}{\cdot} X$, lorsque D parcourt $\underline{\underline{D}}(X) \cap \underline{\underline{D}}'(H\Delta X)$, est notée $H\cdot X$ et s'appelle l'<u>intégrale stochastique</u> de H par rapport à X. La notation $H\cdot X$ n'est pas ambigüe; en effet:

(2.70) PROPOSITION: (a) <u>Si</u> $X \in \underline{\underline{S}}$ <u>et si</u> H <u>est un processus prévisible localement borné, on a</u> $H \in L(X)$ <u>et les intégrales définies par (2.50) et (2.68) coïncident.</u>

(b) <u>Si</u> $X \in \underline{\underline{M}}_{loc}$ <u>on a</u> $L^1_{loc}(X) \subset L(X)$ <u>et les intégrales définies par (2.46) et (2.68) coïncident.</u>

(c) <u>Si</u> $X \in \underline{\underline{V}}$ <u>et si</u> H <u>est un processus prévisible tel que l'intégrale de Stieltjes</u> $H\cdot X$ <u>appartienne à</u> $\underline{\underline{V}}$, <u>alors</u> $H \in L(X)$ <u>et cette intégrale de Stieltjes coïncide avec l'intégrale définie par (2.68).</u>

<u>Démonstration</u>. (a) On a $\underline{\underline{D}}(X) = \underline{\underline{D}}'(H\Delta X)$, donc $H \in L(X)$, et la vérification de la coïncidence des deux intégrales est immédiate.

(b) On a $\emptyset \in \underline{\underline{D}}(X)$ et $\check{X}^{\emptyset} = 0$. Si $H \in L^1_{loc}(X)$, $\emptyset \in \underline{\underline{D}}'(H\Delta X)$ d'après (2.45) et là encore la coïncidence des deux intégrales est immédiate.

(c) L'ensemble $D = \Omega\times\mathbb{R}_+$ est dans $\underline{\underline{D}}(X)$ et $\check{X}^D = X - S(\Delta X)$. Si $H\cdot X \in \underline{\underline{V}}$ on a a-fortiori $H\cdot\check{X}^D \in \underline{\underline{V}}$ et $S(H\Delta X\, I_D) = S(H\Delta X) \in \underline{\underline{V}}$, donc $H \in L(X)$ et il est clair que l'intégrale de Stieltjes $H\cdot X$ vérifie (2.68).∎

Si $X \in \underline{\underline{S}}$ et $H, H' \in L(X)$, (2.66) implique que $\underline{\underline{D}}(X) \cap \underline{\underline{D}}'(H\Delta X) \cap \underline{\underline{D}}'(H'\Delta X)$ n'est pas vide. D'après (2.69,b) on en déduit que $H + H' \in L(X)$ et que $(H + H')\cdot X = H\cdot X + H'\cdot X$. De même si $X, Y \in \underline{\underline{S}}$ et $H \in L(X) \cap L(Y)$, l'ensemble $\underline{\underline{D}}(X) \cap \underline{\underline{D}}'(H\Delta X) \cap \underline{\underline{D}}(Y) \cap \underline{\underline{D}}'(H\Delta Y)$ n'est pas vide et à nouveau (2.69,b) entraine que $H \in L(X + Y)$ et que $H\cdot(X + Y) = H\cdot X + H\cdot Y$. (2.69) et (2.70) conduisent alors à la proposition suivante:

(2.71) PROPOSITION: Soit $X \in \underline{\underline{S}}$. $L(X)$ est l'ensemble des processus prévisibles pour lesquels il existe une décomposition $X = M + A$ avec $M \in \underline{\underline{L}}$, $A \in \underline{\underline{V}}$, $H \in L^1_{loc}(M)$ et $H \cdot A \in \underline{\underline{V}}$; on a alors $H \cdot X = H \cdot M + H \cdot A$.

En d'autres termes: on pourrait définir immédiatement $L(X)$ par la propriété précédente, et l'intégrale stochastique par la formule (2.50), la remarque (2.47) assurant que $H \cdot X$ ne dépend pas de la décomposition choisie $X = M + A$.

Ce paragraphe semble donc inutile ! pas tout-à-fait cependant: en effet, d'une part il n'était pas évident a-priori que la propriété (2.71) caractérise la classe la plus vaste possible d'intégrands prévisibles; d'autre part si $H \in L(X)$ on ne peut pas utiliser la formule (2.50) pour toute décomposition $X = M + A$ du type (2.13), mais seulement pour des décompositions particulières, dépendant de H ; par suite les propriétés de linéarité décrites avant (2.71) ne sont pas trivialement satisfaites si on prend (2.50) pour définition.

§g - Un théorème de convergence dominée pour les intégrales stochastiques.

Outre la linéarité, le minimum qu'on puisse exiger des "intégrales" stochastiques est qu'elles vérifient une propriété du type "théorème de Lebesgue". Commençons par un énoncé évident concernant les intégrales de Stieltjes.

(2.72) PROPOSITION: Soit $A \in \underline{\underline{V}}$ et $(H(n))$ une suite de processus convergeant vers une limite H. S'il existe K tel que $K \cdot A \in \underline{\underline{V}}$ et $|H(n)| \leq K$ pour tout n, alors $H(n) \cdot A \in \underline{\underline{V}}$, $H \cdot A \in \underline{\underline{V}}$, et $H(n) \cdot A_t$ converge, P-p.s. uniformément sur tout compact, vers $H \cdot A_t$ (lorsque $\int^{\infty} |K_s||dA_s| < \infty$ P-p.s., la convergence est P-p.s. uniforme sur tout $\mathbb{R}_+$).

Démonstration. Il suffit d'appliquer le théorème de Lebesgue à la mesure $dA_s(\omega)$, pour chaque ω tel que $\int^t |K_s(\omega)||dA_s(\omega)| < \infty$ pour tout $t \in \mathbb{R}_+$, c'est-à-dire pour P-presque tout ω. ∎

(2.73) PROPOSITION: Soit $M \in \underline{\underline{M}}_{loc}$ et $q \in [1,\infty[$. Soit $(H(n))$ une suite de processus prévisibles convergeant vers une limite H. S'il existe $K \in L^q(M)$ tel que $|H(n)| \leq K$ pour tout n, alors $H(n) \in L^q(M)$, $H \in L^q(M)$ et $H(n) \cdot M$ converge dans $\underline{\underline{H}}^q$ vers $H \cdot M$.

Démonstration. H, comme limite de processus prévisibles, est prévisible et vérifie $|H| \leq K$. L'appartenance de $H(n)$ et de H à $L^q(M)$ est immédiate d'après (2.40). Soit $M(n) = (H(n) - H) \cdot M$. On a $[M(n),M(n)]_{\infty}^{q/2} =$

$\{(H(n)-H)^2\bullet[M,M]_\infty\}^{q/2}$. D'après (2.72), $[M(n),M(n)]_\infty^{q/2}$ tend P-p.s. vers 0 , tout en étant majoré par la variable intégrable $(4K^2\bullet[M,M])_\infty^{q/2}$. Donc $[M(n),M(n)]_\infty^{q/2}$ tend vers 0 dans $L^1(P)$, ce qui entraine le résultat.∎

(2.74) THEOREME: Soit $X\in\underline{\underline{S}}$. Soit $(H(n))$ une suite de processus prévisibles convergeant vers une limite H . S'il existe $K\in L(X)$ tel que $|H(n)|\leq K$ pour tout n , alors $H(n)\in L(X)$, $H\in L(X)$, et $H(n)\bullet X_t$ converge, en probabilité uniformément sur tout compact, vers $H\bullet X_t$.

Rappelons que la convergence en probabilité, uniforme sur tout compact, signifie que pour tout $t\in\mathbb{R}_+$, $(H(n)\bullet X-H\bullet X)_t^*$ tend en probabilité vers 0 .

Démonstration. D'après (2.71) il existe une décomposition $X=M+A$ avec $M\in\underline{\underline{L}}$, $A\in\underline{\underline{V}}$, $K\in L^1_{loc}(M)$ et $K\bullet A\in\underline{\underline{V}}$. Comme $|H|\leq K$ on a donc $H\in L^1_{loc}(M)$ et $H\bullet A\in\underline{\underline{V}}$, donc $H\in L(X)$, et de même $H(n)\in L(X)$. D'après (2.72), $H(n)\bullet A_t$ tend vers $H\bullet A_t$, P-p.s. uniformément sur tout compact.

Soit (T_n) une suite localisante telle que $K\in L^1(M^{T_m})$ pour chaque m. D'après (2.73), $(H(n)-H)\bullet M^{T_m}$ tend vers 0 dans $\underline{\underline{H}}^1$ quand $n\uparrow\infty$. Par suite $[(H(n)-H)\bullet M]^*_{T_m}\longrightarrow 0$ dans $L^1(P)$, donc en probabilité. Comme $\lim_{(m)}\uparrow T_m=\infty$ P-p.s. et comme $[(H(n)-H)\bullet M]_t^*\leq[(H(n)-H)\bullet M]_{T_m}I_{\{t\leq T_m\}}$, on en déduit que $[(H(n)-H)\bullet M]_t^*$ tend en probabilité vers 0 , ce qui achève de prouver le résultat.∎

EXERCICES

2.11 - Soit $M\in\underline{\underline{H}}^q$, $T\in\underline{\underline{T}}$ et $H=I_{[\![0,T]\!]}$. Montrer que $H\in L^q(M)$ et que $H\bullet M=M^T$.

2.12 - Soit $M\in\underline{\underline{H}}^q$, $A\in\underline{\underline{F}}_0$ et $H=I_{[\![0_A,\infty[\![}$. Montrer que $H\in L^q(M)$ et que $H\bullet M=I_AM$.

2.13 - (une autre manière de construire les intégrales stochastiques). Soit $M\in\underline{\underline{H}}^q$ et $\mathcal{E}$ la classe des processus prévisibles "étagés" de la forme $H=\sum_{i\leq n}a_i\,I_{A_i\times]s_i,t_i]}$, où $a_i\in\mathbb{R}$, $s_i\leq t_i$, $A_i\in\underline{\underline{F}}_{s_i-}$.

a) Montrer que $\mathcal{E}\subset L^q(M)$ et calculer $H\bullet M$ pour $H\in\mathcal{E}$ (remarquer en particulier que $H\bullet M$ a la même expression que si M était à variation finie: cette formule permet donc de définir $H\bullet M$ pour $H\in\mathcal{E}$ sans connaitre la théorie des intégrales stochastiques).

b) Calculer $[H\bullet M,K\bullet M]$ pour $H,K\in\mathcal{E}$.

c) Montrer que la classe $\mathcal{C}$ est totale dans $L^q(M)$ pour la semi-norme $\|\cdot\|_{L^q(M)}$.

d) Construire $H\bullet M$ pour tout $H\in L^q(M)$ par prolongement, à partir de la famille $\{H\bullet M: H\in \mathcal{C}\}$.

2.14 - Soit W un mouvement brownien, et M la martingale locale $M_t = W_t^2 - t$. Montrer que $H = (1/2W)I_{\{W\neq 0\}}$ appartient à $L^2_{loc}(M)$ et que $W = H\bullet M$.

2.15 - Soit W un mouvement brownien, et $X = |W|$.

a) Montrer que X est une semimartingale spéciale, dont on note $X = M + A$ la décomposition canonique.

b) Soit $sig(W)$ le processus égal à $+1$, 0, -1 selon que $W>0$, $W=0$, $W<0$. Montrer que $sig(W)\in L^2_{loc}(W)$ et que $N = sig(W)\bullet W$ (on pourra utiliser l'exercice 2.14 et l'égalité $X^2 = W^2$).

c) En déduire que $I_{\{W\neq 0\}}\bullet A = 0$: A est un processus croissant, appelé le "temps local" de W en 0.

2.16 - On suppose que $\Omega = \mathbb{R}_+$, $T(\omega) = \omega$, $N = I_{[\![T,\infty[\![}$ et $\underline{F}$ est la plus petite filtration pour laquelle T est un temps d'arrêt, $\underline{\underline{F}} = \underline{\underline{F}}_\infty$. Soit P une probabilité sur $(\Omega,\underline{F})$ et $M = N - N^p$.

a) Montrer que $\underline{\underline{F}}_{T-} = \underline{\underline{F}}_T = \underline{\underline{F}} = \sigma(T)$.

b) Soit t l'extrémité droite du support de la loi de T. Montrer que si $t=\infty$ ou si $P(T=t)=0$ on a $P(T<\infty, \Delta M_T = 0) = 0$, et que si $t<\infty$ et $P(T=t)>0$ on a $\{T<\infty, \Delta M_T = 0\} \doteq \{T=t\}$.

c) Montrer que tout $X\in \underline{\underline{M}}_{loc}$ s'écrit $X_t(\omega) = f(t)I_{\{T(\omega)>t\}} + Y(\omega)I_{\{T(\omega)\leq t\}}$, où f est une fonction continue à droite et limitée à gauche sur $\mathbb{R}_+$ et Y est une variable aléatoire vérifiant $Y = f(T-)$ sur $\{T<\infty, \Delta M_T = 0\}$.

d) En déduire que tout $X\in \underline{\underline{H}}^q$ s'écrit $X = E(X_0) + H\bullet M$, avec $H\in L^q(M)$.

2.17 - (une caractérisation "prévisible" de $L^1_{loc}(M)$). Soit $M\in \underline{\underline{M}}_{loc}$. D'après (2.57) on peut définir le processus croissant prévisible $A = \quad S(\Delta M^2/(1+|\Delta M|))^p$. Montrer que $L^1_{loc}(M) = \{H$ prévisible: $H^2\bullet\langle M^c,M^c\rangle + H\bullet A \in \underline{\underline{A}}_{loc}\}$. En utilisant (2.56), (2.57,b) ou (2.59), construire d'autres caractérisations "prévisibles" de $L^1_{loc}(M)$.

3 - UN EXEMPLE : LES PROCESSUS A ACCROISSEMENTS INDEPENDANTS

Dans cette partie on va amorcer l'étude d'un exemple particulièrement simple de semimartingales, celui des processus à accroissements indépendants: cet exemple est en effet assez simple pour être maniable, et de structure assez riche pour illustrer de manière non triviale la plupart des propriétés des semimartingales. On reviendra à diverses reprises sur ces processus.

Commençons par une caractérisation simple du mouvement brownien: elle illustre l'usage qu'on peut faire de la formule d'Ito. On verra au chapitre III une caractérisation analogue pour les processus à accroissements indépendants plus généraux.

Peut-être faut-il rappeler qu'un <u>mouvement brownien</u> sur l'espace $(\Omega,\underline{\underline{F}},\underline{F},P)$ est un processus réel continu X, nul en 0, tel que la loi conditionnelle de $X_t - X_s$ (pour $0\leq s\leq t$) par rapport à $\underline{\underline{F}}_s$ est une loi normale centrée de variance $t-s$; X est donc une martingale et, puisque $E(X_t^2 - X_s^2|\underline{\underline{F}}_s) = E((X_t - X_s)^2|\underline{\underline{F}}_s) = t-s$, on a $\langle X,X\rangle_t = t$ (exercice 2.3).

(2.75) THEOREME: <u>Pour qu'un processsus</u> X <u>soit un mouvement brownien, il faut et il suffit que ce soit un élément de</u> $\underline{\underline{L}}^c$ <u>vérifiant</u> $\langle X,X\rangle_t = t$.

<u>Démonstration</u>. Seule la condition suffisante reste à montrer. Soit $X\in\underline{\underline{L}}^c$ tel que $\langle X,X\rangle_t = t$. Soit $u\in\mathbb{R}$. On considère la fonction de classe C^2 sur $\mathbb{R}^2$: $F(x,y) = \exp(iux + u^2y/2)$, et

$$Z_t = F(X_t,t) = \exp(iuX_t + \frac{u^2}{2}t).$$

En appliquant la formule d'Ito à cette fonction (les processus sont continus, mais attention à leurs valeurs en 0 !), on obtient:

$$Z_t = 1 + iuZ\bullet X_t + \frac{u^2}{2}\int_0^t Z_s ds - \frac{u^2}{2}Z\bullet\langle X,X\rangle_t = 1 + iuZ\bullet X_t ,$$

si bien que Z est une martingale locale (complexe). Comme le processus arrêté Z^t en $t\in\mathbb{R}_+$ est borné, Z est même une martingale, ce qui revient à dire que pour tous $s,t\geq 0$ on a

$$E(\exp(iu(X_{t+s} - X_t))|\underline{\underline{F}}_t) = \exp(-\frac{u^2}{2}s) .$$

Ceci étant vrai pour tout $u\in\mathbb{R}$, on en déduit que la loi conditionnelle de $X_{t+s} - X_t$ par rapport à $\underline{\underline{F}}_t$ est la loi normale centrée de variance s, donc X est un mouvement brownien.■

Rappelons maintenant la définition des processus à accroissements indépendants sur l'espace probabilisé filtré $(\Omega,\underline{\underline{F}},\underline{F},P)$.

(2.76) DEFINITIONS: (a) Un processus à accroissements indépendants (en abrégé: PAI) sur $(\Omega,\underline{\underline{F}},\underline{F},P)$ est un processus $X=(X^1,..,X^m)$ à valeurs dans $\mathbb{R}^m$, continu à droite et limité à gauche, adapté à $\underline{F}^P$, tel que pour tous $0\leq s\leq t$ la variable X_t-X_s soit indépendante de la tribu $\underline{\underline{F}}_s$.

(b) Un processus à accroissements indépendants et stationnaires (en abrégé: PAIS) est un PAI X tel que $X_0=0$ et que pour tous $0\leq s\leq t$ les variables X_t-X_s et X_{t-s} aient même loi.

(c) Un temps de discontinuité fixe du PAI X est un nombre $t\in\mathbb{R}_+$ tel que $P(\Delta X_t\neq 0)>0$.

Nous avons inclus dans la définition la continuité à droite et l'existence de limites à gauche, car nous voulons étudier les PAI qui sont des semimartingales vectorielles, et qui donc ont ces propriétés.

Nous commençons par remarquer que tout PAI n'est pas nécessairement une semimartingale; par exemple, tout processus "déterministe" $X_t(\omega)=f(t)$, où f est une fonction continue à droite et limitée à gauche, est un PAI, mais n'est pas toujours une semimartingale puisqu'on a le:

(2.77) LEMME: Soit f une fonction continue à droite et limitée à gauche sur $\mathbb{R}_+$. Le processus $X_t(\omega)=f(t)$ est une semimartingale si et seulement si f est à variation finie sur tout compact.

Démonstration. La condition suffisante est triviale. Supposons inversement que $X\in\underline{\underline{S}}$. D'après (2.14,d) on a même $X\in\underline{\underline{S}}_p$ et on appelle $X=M+A$ sa décomposition canonique. Soit (T_n) une suite localisante, telle que $M^{T_n}\in\underline{\underline{M}}_o$ et $A^{T_n}\in\underline{\underline{A}}$, et $F_n(.)$ la loi de T_n. Il vient

$$g_n(t) = \int F_n(ds)f(s\wedge t) = E(M_t^{T_n}) + E(A_t^{T_n}) = E(A_t^{T_n}),$$

si bien que g_n est à variation finie sur tout compact. Comme

$$F_n(]t,\infty])f(t) = g_n(t) - \int_{[0,t]} f(s)F_n(ds),$$

la fonction $F_n(]t,\infty])f(t)$ est également à variation finie sur tout compact. Comme il en est de même de la fonction $F_n(]t,\infty])$, la fonction f est elle-même à variation finie sur tout compact $[0,t]$ tel que $F_n(]t,\infty])>0$. Comme $\lim_{(n)}\uparrow T_n=\infty$ on a $\lim_{(n)}\uparrow F_n(]t,\infty])=1$ pour tout $t<\infty$, et on en déduit le résultat.∎

Nous arrivons au résultat essentiel de cette partie, la caractérisation des PAI qui sont des semimartingales. On note $<.,.>$ le produit scalaire usuel sur $\mathbb{R}^m$.

(2.78) THEOREME: Soit X un PAI. Pour que X soit une semimartingale vectorielle, il faut et il suffit que pour chaque $u \in \mathbb{R}^m$ la fonction (complexe): $t \rightsquigarrow E[\exp(i\langle u,X_t\rangle)]$ soit à variation finie sur tout compact.

Nous allons commencer par un lemme. Si $u \in \mathbb{R}^m$ on pose

$$g_u(t) = E[\exp(i\langle u,X_t\rangle)]$$

$$T(u) = \inf(t: g_u(t) = 0)$$

$$Z(u)_t = \begin{cases} \exp(i\langle u,X_t\rangle)/g_u(t) & \text{si } t < T(u) \\ Z(u)_{T(u)-} & \text{si } T(u) \leq t < \infty \end{cases}$$

(sous réserve que $Z(u)_{T(u)-}$ existe si $T(u) < \infty$), et on a:

(2.79) LEMME: (a) La fonction g_u est continue à droite et limitée à gauche; on a $g_u(t) = 0$ si $t \geq T(u)$ et $g_u(t-) \neq 0$ si $0 < t \leq T(u)$.

(b) Lorsque X n'a pas de temps de discontinuité fixe, g_u est continue et $T(u) = \infty$.

(c) Le processus $Z(u)$ est une martingale (complexe).

Démonstration. (a) Posons $h_u(s,t) = E \exp(i\langle u,X_t - X_s\rangle)$, si bien que $g_u(t) = h_u(0,t)$. Le processus X étant continu à droite et limité à gauche, le théorème de convergence dominée implique que la fonction h_u est elle aussi continue à droite et limitée à gauche en chacun de ses arguments, donc g_u également.

La propriété de PAI de X entraine l'égalité $g_u(t) = g_u(s)h_u(s,t)$ si $s \leq t$. On en déduit que $g_u = 0$ sur $[T(u),\infty[$. On en déduit aussi que $g_u(t) = g_u(s-)h_u(s-,t)$ si $s \leq t$, donc $g_u(s-) \neq 0$ si $s < T(u)$. On en déduit enfin que $g_u(t-) = g_u(s)h_u(s,t-)$ si $s < t$: si $T(u) < \infty$ et $g_u(T(u)-) = 0$ on doit alors avoir $h_u(s,T(u)-) = 0$ pour tout $s < T(u)$, ce qui contredit le fait que $h_u(s,T(u)-) = E[\exp(i\langle u,X_{T(u)-} - X_s\rangle)]$ tend vers 1 lorsque s croît vers $T(u)$; par suite on doit avoir $g_u(T(u)-) \neq 0$ si $T(u) < \infty$, ce qui achève de prouver (a).

(b) Lorsque X n'a pas de discontinuités fixes, pour tout $t \in \mathbb{R}_+$ les variables X_s tendent P-p.s. vers X_t lorsque s tend vers t, et le théorème de convergence dominée entraine la continuité de la fonction g_u. Cette propriété n'est compatible avec l'assertion (a) que si $T(u) = \infty$.

(c) D'après (a) le processus $Z(u)$ est bien défini, adapté, continu à droite et limité à gauche. Si $s \leq t$ le quotient $Z(u)_t/Z(u)_s$ est mesurable par rapport à $\sigma(X_r - X_s : r \geq s)$, donc

$$E(Z(u)_t|\underline{\underline{F}}_s) = Z(u)_s \, E(\frac{Z(u)_t}{Z(u)_s}).$$

D'autre part $E(Z(u)_t) = 1$ par construction même, pour $t \in \mathbb{R}_+$: on en déduit immédiatement le résultat. ∎

<u>Démonstration de (2.78)</u>. Montrons d'abord la condition nécessaire. Soit $u \in \mathbb{R}^m$. Le processus $X' = XI_{[0,T(u)[} + X_{T(u)-}I_{[T(u),\infty[}$ est une semimartingale, ainsi que $Z(u)$ d'après le lemme précédent; de plus $|g_u| \leq 1$, donc $|Z(u)| \geq 1$. Si F est une fonction de classe C^2 sur $\mathbb{R}^m \times \mathbb{C}$ (cf. remarque (2.55)) telle que $F(x,z) = \frac{\exp(i<u,x>)}{z}$ si $|z| \geq 1$, le processus $Y = F(X',Z(u))$ est une semimartingale d'après la formule d'Ito. Par ailleurs si g' est la fonction égale à g_u sur $[0,T(u)[$ et à $g_u(T(u)-)$ sur $[T(u),\infty[$, on a $Y_t(\omega) = g'(t)$ d'après la définition de $Z(u)$. Le lemme (2.77) entraine donc que la fonction g', donc également la fonction g_u, sont à variation finie sur tout compact (on rappelle que $g_u = 0$ sur $[T(u),\infty[$).

Passons à la condition suffisante. Quitte à considérer séparément les composantes de X, et corrélativement les vecteurs $u \in \mathbb{R}^m$ dont une seule composante n'est pas nulle, on se ramène d'abord au cas où $m = 1$. Ensuite, on remarque qu'il suffit de montrer que pour chaque $t \in \mathbb{R}_+$ le processus arrêté X^t est dans $\underline{\underline{S}}$; mais $g_u(t)$ tend vers 1 quand u tend vers 0, donc il existe $u > 0$ tel que $T(u) > t$: quitte à appeler X le processus arrêté X^t, cela revient à supposer que $T(u) = \infty$. Enfin, le processus X étant continu à droite et limité à gauche, la suite de temps d'arrêt définie par $T_0 = 0$, $T_{n+1} = \inf(t > T_n : |X_t - X_{T_n}| \geq \pi/4u)$ croît vers $+\infty$: il suffit de montrer que, pour chaque n fixé, le processus $\tilde{X} = X^{T_n} - X^{T_{n-1}}$ est dans $\underline{\underline{S}}$.

Comme on a supposé $T(u) = \infty$, le processus $Y = e^{iuX}$ vérifie $Y_t = Z(u)_t g_u(t)$, donc $Y \in \underline{\underline{S}}$ (d'après (2.53), (2.77) et l'hypothèse). Si $Y' = \exp(iu\tilde{X})$ on a $Y' = F(Y^{T_n}, Y^{T_{n-1}})$ pourvu que F soit une fonction de classe C^2 sur $\mathbb{C}^2$ vérifiant $F(x,y) = x/y$ si $|x| = |y| = 1$; par suite $Y' \in \underline{\underline{S}}$. Enfin soit G une fonction de classe C^2 sur $\mathbb{C}$, telle que $G(e^{ix}) = x$ pour $|x| \leq \pi/4$: on a $G(Y') \in \underline{\underline{S}}$, et on termine en remarquant que

$$\tilde{X} = \frac{1}{u}G(Y') + (\tilde{X}_{T_n} - \frac{1}{u}G(Y'_{T_n}))I_{[T_n,\infty[} . \blacksquare$$

(2.80) <u>Remarques</u>: 1) En examinant la preuve ci-dessus, on voit qu'on peut affaiblir la condition suffisante. Pour simplifier, supposons que $m = 1$. Pour que X soit une semimartingale, il suffit alors que:

(a) si X n'a pas de discontinuités fixes, il existe $u \neq 0$ tel que la fonction g_u soit à variation finie sur tout compact,

(b) dans le cas général, il existe une suite (u_n) de réels non nuls tendant vers 0, telle que chaque g_{u_n} soit à variation finie sur tout compact.

2) Lorsque X est une semimartingale, on peut vérifier

que les fonctions: $t \leadsto h_u(s,t)$ introduites dans le lemme (2.79) sont également à variation finie sur tout compact de $[s,\infty[$. ∎

(2.81) COROLLAIRE: <u>Tout PAIS est une semimartingale vectorielle.</u>

<u>Démonstration</u>. En effet la propriété de PAIS s'exprime par la relation $g_u(t+s) = g_u(t)g_u(s)$; comme g_u est une fonction continue à droite (en fait, continue), elle doit donc se mettre sous la forme $g_u(t) = e^{th(u)}$ pour une fonction h sur $\mathbb{R}^m$ convenable, ce qui implique évidemment que g_u est à variation finie sur tout compact. ∎

On peut dès à présent donner une caractérisation des PAI-semimartingales <u>continus</u> en terme de mouvements browniens. Comme ceci sera repris au chapitre suivant pour les PAI-semimartingales quelconques, on se contentera ici du cas des PAIS avec $m = 1$.

(2.82) THEOREME: <u>Si</u> X <u>est un PAIS continu unidimensionnel, il existe</u> $a \in \mathbb{R}$, $\sigma \in \mathbb{R}_+$ <u>et lorsque</u> $\sigma > 0$ <u>un mouvement brownien</u> Y, <u>tels que</u> $X_t = at + \sigma Y_t$.

<u>Démonstration</u>. D'après la démonstration de (2.81) on a d'une part $g_u(t) = e^{th(u)}$, d'autre part X est une semimartingale continue, donc spéciale, et on note $X = M + A$ sa décomposition canonique. On a $Z(u)_t = \exp(iuX_t - th(u))$, donc si on applique la formule d'Ito à $F(x,y) = \exp(iux - yh(u))$ et à $Z(u)_t = F(X_t,t)$, on obtient (tous les processus étant continus):

$$Z(u)_t \;=\; 1 + iuZ(u)\cdot M_t + iuZ(u)\cdot A_t - \int_0^t h(u)Z(u)_s\,ds - \frac{u^2}{2}Z(u)\cdot \langle M,M\rangle_t .$$

Soit $C(u)_t = iuA_t - h(u)t - \frac{u^2}{2}\langle M,M\rangle_t$. D'après la formule précédente, $Z(u)\cdot C(u)$ est une martingale locale (complexe), et c'est aussi un processus continu, nul en 0, à variation finie sur tout compact; donc on a $Z(u)\cdot C(u) = 0$. Comme $|1/Z(u)| \leq 1$ on en déduit que $C(u) = 0$, ce qui conduit aux formules suivantes:

$$uA_t \;=\; t\,\mathrm{Im}[h(u)] \quad , \quad u^2\langle M,M\rangle_t \;=\; 2t\,\mathrm{Re}[h(u)] .$$

On en déduit qu'on peut mettre h sous la forme $h(u) = iau + \frac{\sigma^2}{2}u^2$ avec $a \in \mathbb{R}$ et $\sigma \in \mathbb{R}_+$, et qu'alors $A_t = at$ et $\langle M,M\rangle_t = \sigma^2 t$. Si $\sigma = 0$ on a donc $M = 0$ et $X = A$. Si enfin $\sigma > 0$ on pose $Y = M/\sigma$ et on a $Y \in \underline{\underline{L}}^c$ et $\langle Y,Y\rangle_t = t$, donc Y est un mouvement brownien d'après (2.7), tandis que $X = A + \sigma Y$. ∎

EXERCICES

2.18 - Généraliser la remarque (2.80,1) au cas où $m > 1$.

2.19 - Montrer l'assertion énoncée dans la remarque (2.80,2).

2.20 - Soit $J = \{t : P(\Delta X_t \neq 0) > 0\}$ l'ensemble des temps de discontinuité fixe du PAI X.

a) Montrer que J est au plus dénombrable.

On suppose dans la suite que X est une semimartingale, et que (J_n) est une suite d'ensembles finis croissant vers J.

b) Montrer que les processus $X'(n) = I_{J_n} \cdot X$ et $X''(n) = X - X'(n)$ sont indépendants, et que ce sont des PAI (on pourra étudier d'abord le cas où J_n ne contient qu'un point).

c) Montrer que si $X' = I_J \cdot X$ et $X'' = X - X'$, alors pour chaque $t \in \mathbb{R}_+$, $X'(n)_t$ et $X''(n)_t$ tendent en probabilité vers X'_t et X''_t, respectivement.

d) En déduire que les processus X' et X'' sont indépendants, que ce sont des PAI, et que X'' n'a pas de discontinuité fixe (nous donnerons au chapitre suivant une autre démonstration de ces propriétés).

COMMENTAIRES

Contrairement à l'usage, nous avons introduit aussi vite que possible la notion de semimartingale, et fait une présentation unifiée entre martingales et semimartingales. Ce n'est pas seulement par souci d'économie, mais parce que la notion de semimartingale nous semble fondamentale (bien que les propriétés et la définition même des semimartingales se déduise aisément de celles des martingales). Entre autres propriétés agréables de la classe des semimartingales: elle est stable par composition avec les fonctions C^2 (2.52), par "exponentiation" (ch. VI), par changement absolument continu de probabilité (ch. VII), par changement de filtration (ch. IX), par changement de temps (ch. X), et surtout c'est la classe la plus vaste par rapport à laquelle on puisse définir de manière raisonnable l'intégrale stochastique; or, la plupart de ces propriétés ne sont pas vérifiées par la classe des martingales, ni par celle des martingales locales.

L'essentiel des notions et des résultats des §1-a,b,c,d est dû à Kunita et Watanabe [1], Meyer [3], Doléans-Dade et Meyer [1]. Notre présentation est inspirée de Meyer [5]. Le résultat techniquement important (2.15) se trouve dans Jacod et Mémin [1], et son corollaire (2.16) est dû, indépendamment, à K. Yen (voir Meyer [8]). En ce qui concerne le §1-e, il existe un grand nombre de démonstrations différentes de ces résultats difficiles. Nous avons cité dans le texte: Bernard et Maisonneuve [1], Burkhölder, Davis et Gundy [1], Métivier et Pellaumail [3], Meyer [5]. Ajoutons, pour les démonstrations "probabilistes" (car il existe des démonstrations "analytiques"): Chou [1], et Kussmaul [1] dont la présentation est proche de celle de Métivier et Pellaumail. Pour la fin du §1-e nous suivons Meyer [5]

L'intégrale stochastique par rapport au mouvement brownien a été introduite par Ito [1] (après Wiener, qui intégrait des fonctions déterministes), à l'aide de "sommes de Riemann". La seconde étape, due à Courrège [1] et à Kunita et Watanabe [1] a consisté à intégrer par rapport à des martingales localement de carré intégrable, en définissant H•M comme l'unique martingale telle que <H•M,N> = H•<M,N>, à la manière de ce qui est fait au §2-a. Ensuite Meyer [3] dans le cas quasi-continu à gauche et Doléans-Dade et Meyer [1] dans le cas général ont intégré les processus prévisibles localement bornés par rapport à une semimartingale, avec la définition du §2-c. Enfin Meyer [5] a défini l'intégrale des éléments de $L^1_{loc}(M)$ en les caractérisant à la manière de la remarque (2.49).

Il existe une autre méthode, conceptuellement plus naturelle et de difficulté équivalente, développée par Pellaumail [1], puis Métivier et Pellaumail [2],[3]: c'est une méthode d'extension de la "mesure stochastique" associée à une semimartingale, à partir de l'intégrale des processus étagés, à la manière de l'exercice 2.13. Un exposé de la même méthode est fait par Kussmaul [1]. Un des intérêts majeurs de cette méthode est qu'elle s'étend sans difficulté aux martingales à valeurs vectorielles, ce qui n'est pas du tout le cas de la méthode présentée ici, comme on le verra dans le chapitre IV pour le cas pourtant simple de dimension finie.

La méthode utilisée ici est proche de celle de Meyer [5], mais nous semble un peu plus simple et elle n'utilise pas le théorème difficile (2.35). Elle a été introduite dans Jacod [4], le théorème fondamental (2.45) étant dû à Chou [2] et Lépingle [2]. Le §2-f nous semble intéressant dans la mesure où on y caractérise la plus vaste classe possible de processus prévisibles qu'on peut raisonnablement intégrer par rapport à une semimartingale donnée; nous y suivons de près Jacod [4]. L'intérêt du "théorème de Lebesgue" du §2-g, malgré sa simplicité, ne semble avoir été souligné que par Métivier et Pellaumail [3]. Quant au §2-e, son intérêt est surtout technique. Les propositions (2.56) et (2.57) sont dues à Kabanov, Liptzer et Shiryaev [3], tandis que (2.59) est une adaptation de Jacod [2]; des résultats du même type que (2.62), mais beaucoup plus difficiles, ont été prouvés par Lépingle [3] et Yor [5].

La formule d'Ito a en général été démontrée, simultanément avec l'introduction des intégrales stochastiques, par la plupart des auteurs cités ci-dessus (depuis Ito lui-même). L'assertion (2.53,c), très utile techniquement, est due à Yoeurp [1].

Le contenu de la partie 3 est plus ou moins classique: voir par exemple Meyer [3]. Le théorème de caractérisation (2.75) est dû à Lévy (voir Doob [1]), le théorème (2.78) semble nouveau sous cette forme.

CHAPITRE III

MESURES ALEATOIRES ET INTEGRALES STOCHASTIQUES

Ce chapitre provient de la convergence de deux remarques. L'une est que la plupart des propriétés des processus croissants sont en fait des propriétés de la mesure aléatoire associée $dA_t(\omega)$ sur $\mathbb{R}_+$: de là l'idée de généraliser ces propriétés à des mesures aléatoires sur des ensembles plus vaste que $\mathbb{R}_+$, plus précisément sur des ensembles de la forme $\mathbb{R}_+\times E$ de façon à conserver au temps son rôle privilégié. L'autre remarque est issue du chapitre II: un certain nombre de difficultés dans le traitement des martingales et semimartingales tiennent au fait que les sauts du processus peuvent être "trop grands". Or, les sauts de X sont aussi caractérisés par les processus $N^A = S(I_{\{\Delta X\in A\}})$ lorsque A parcourt $\underline{\underline{B}}(\mathbb{R})$: ces processus N^A ont (pour A situé à une distance strictement positive de l'origine) des sauts d'amplitude unité. Mais, il existe une "mesure aléatoire" μ sur $\mathbb{R}_+\times\mathbb{R}$ telle que $\mu([0,t]\times A) = N^A_t$.

De ces remarques découle l'intérêt d'étudier les mesures aléatoires sur $\mathbb{R}_+\times E$, où E est un espace auxiliaire convenable. C'est ce que nous faisons dans la partie 1. La partie 2 est consacrée à deux exemples fondamentaux de mesures aléatoires: les processus ponctuels, et les mesures ponctuelles de Poisson, et aussi à la poursuite de l'étude des PAI. Dans la fin du chapitre, sont présentées les "intégrales stochastiques" par rapport à une mesure aléatoire.

1 - LES MESURES ALEATOIRES

§a - Quelques définitions. Soit $(\Omega,\underline{\underline{F}},\underline{F},P)$ un espace probabilisé filtré, fixé dans tout ce chapitre.

Soit E un espace lusinien, c'est-à-dire homéomorphe à une partie borélienne d'un espace métrique compact. On munit E de sa tribu borélienne $\underline{\underline{E}}$, et d'une distance d compatible avec sa topologie. Plus généralement, on pourrait prendre pour $(E,\underline{\underline{E}})$ un espace de Blackwell (cf. Dellacherie et Meyer [1]), mais nous n'aurons pas besoin d'une telle généralité ici, puisque dans les applications nous prendrons $E=\mathbb{R}^n$ ou $E=\mathbb{R}^{\mathbb{N}}$.

Pour simplifier l'écriture on pose $\tilde{\Omega}=\Omega\times\mathbb{R}_+\times E$, qu'on munit des tribus $\tilde{\underline{\underline{F}}}=\underline{\underline{F}}\otimes\underline{\underline{B}}(\mathbb{R}_+)\otimes\underline{\underline{E}}$, $\tilde{\underline{\underline{F}}}^P=\underline{\underline{F}}^P\otimes\underline{\underline{B}}(\mathbb{R}_+)\otimes\underline{\underline{E}}$, $\tilde{\underline{\underline{O}}}=\underline{\underline{O}}\otimes\underline{\underline{E}}$ et $\tilde{\underline{\underline{P}}}=\underline{\underline{P}}\otimes\underline{\underline{E}}$ (si nécessaire on distinguera $\tilde{\underline{\underline{O}}}(\underline{\underline{F}})$ et $\tilde{\underline{\underline{O}}}(\underline{\underline{F}}^P)$, ou $\tilde{\underline{\underline{P}}}(\underline{\underline{F}})$ et $\tilde{\underline{\underline{P}}}(\underline{\underline{F}}^P)$).

Un argument de classe monotone, utilisant (1.5), conduit immédiatement à au lemme suivant.

(3.1) LEMME: <u>Soit une fonction</u> $W\in\tilde{\underline{\underline{O}}}(\underline{\underline{F}})$ (<u>resp</u>. $\tilde{\underline{\underline{P}}}(\underline{\underline{F}})$) <u>et</u> $T\in\underline{\underline{T}}(\underline{\underline{F}})$ (<u>resp</u>. $\underline{\underline{T}}_p(\underline{\underline{F}})$). <u>Soit</u> Y <u>un processus</u> $\underline{\underline{O}}(\underline{\underline{F}})$ (<u>resp</u>. $\underline{\underline{P}}(\underline{\underline{F}})$) <u>mesurable, à valeurs dans</u> E. <u>Alors la variable</u> $W(.,T,Y_T)I_{\{T<\infty\}}$ <u>est</u> $\underline{\underline{F}}_T$ (<u>resp</u>. $\underline{\underline{F}}_{T-}$) <u>mesurable</u>.

(3.2) DEFINITION: <u>Une mesure aléatoire est une famille</u> $\mu=(\mu(\omega,.):\omega\in\Omega)$ <u>de mesures</u> σ<u>-finies sur</u> $(\mathbb{R}_+\times E,\underline{\underline{B}}(\mathbb{R}_+)\otimes\underline{\underline{E}})$.

La mesure aléatoire μ est dite <u>positive</u> si chaque mesure $\mu(\omega,.)$ est positive.

(3.3) <u>Remarque</u>: A tout processus à variation finie A on peut associer une mesure aléatoire μ : on prend un ensemble E réduit à un point a, et on pose $\mu(\omega,dt\times\{a\})=dA_t(\omega)$. ∎

<u>Remarque</u>: Il peut sembler curieux de ne pas imposer de régularité en ω dans cette définition. C'est qu'imposer la $\underline{\underline{F}}$-mesurabilité de $\mu(.,A)$ pour tout borélien A serait trop fort. Bien-sûr nous imposerons la $\underline{\underline{F}}^P$-mesurabilité de $\mu(.,A)$ pour toutes les probabilités P considérées, mais nous voulons parler de mesures aléatoires sans référence à une probabilité particulière. ∎

Dressons maintenant une liste de conventions et de notations. μ désigne une mesure aléatoire, W et W' des fonctions sur $\tilde{\Omega}$.

D'abord, chaque mesure $\mu(\omega,.)$ étant σ-finie, on peut écrire sa décomposition de Jordan-Hahn $\mu(\omega,.)=\mu^+(\omega,.)-\mu^-(\omega,.)$ et sa valeur absolue $|\mu|(\omega,.)=\mu^+(\omega,.)+\mu^-(\omega,.)$: on définit ainsi trois mesures aléatoires positives μ^+, μ^- et $|\mu|$. Lorsque μ est associée à $A\in\underline{\underline{V}}$ par (3.3), les mesures aléatoires μ^+, μ^- et $|\mu|$ sont associées aux processus B, C et $B+C$ définit en (1.35).

Ensuite, si les "sections" $W(\omega,.)$ sont boréliennes sur $\mathbb{R}_+\times E$ on pose

$$W*\mu_t(\omega) = \int_{[0,t]\times E} W(\omega,s,x)\mu(\omega,ds,dx) \tag{3.4}$$

dès que cette expression a un sens (ce qui n'exclut pas qu'elle vaille $+\infty$ ou $-\infty$). On parle du "processus" $W*\mu$ si $W*\mu_t(\omega)$ est défini pour tous $t\in\mathbb{R}_+$, $\omega\in\Omega$.

Enfin, on définit une nouvelle mesure aléatoire $W\cdot\mu$ par

(3.5) $$(W\cdot\mu)(\omega,dt,dx) = W(\omega,t,x)\mu(\omega,dt,dx)$$

dès que la mesure $W(\omega,t,x)\mu(\omega,dt,dx)$ (de densité de Radon-Nikodym $W(\omega,.)$ par rapport à la mesure $\mu(\omega,.)$) est bien définie pour tout ω. On a

(3.6) $$W'*(W\cdot\mu) = (W'W)*\mu$$

lorsque ces termes ont un sens.

(3.7) DEFINITION: <u>On dit que μ est optionnelle (resp. prévisible) si pour toute fonction $W\in\tilde{\underline{\underline{O}}}^+$ (resp. $\tilde{\underline{\underline{P}}}^+$), les processus $W*\mu^+$ et $W*\mu^-$ sont optionnels (resp. prévisibles).</u>

Là encore, s'il y a lieu, on distingue l'optionnalité et la prévisibilité par rapport aux filtrations $\underline{F}$ ou $\underline{F}^P$.

Si μ est optionnelle (resp. prévisible), les mesures aléatoires μ^+, μ^- et $|\mu|$ sont également optionnelles (resp. prévisibles), et pour tout $W\in\tilde{\underline{\underline{O}}}$ (resp. $\tilde{\underline{\underline{P}}}$) tel que le processus $W*\mu$ existe, ce processus est optionnel (resp. prévisible), puisqu'il s'écrit alors

$$W*\mu = W^+*\mu^+ + W^-*\mu^- - W^+*\mu^- - W^-*\mu^+ .$$

Avec notre définition (3.7), la transposition de la proposition (1.35) aux mesures aléatoires est donc immédiate, mais on a détourné la difficulté: en effet, il serait également naturel de dire que μ est optionnelle (par exemple) si $W*\mu$ est optionnel pour tout $W\in\tilde{\underline{\underline{O}}}$ tel que le processus $W*\mu$ existe; nous laissons au lecteur le soin de montrer que ces deux définitions de l'optionnalité sont équivalentes.

(3.8) PROPOSITION: <u>Si μ est optionnelle (resp. prévisible), si</u> $W\in\tilde{\underline{\underline{O}}}$ <u>(resp. $\tilde{\underline{\underline{P}}}$) et si la mesure aléatoire</u> $W\cdot\mu$ <u>est définie, elle est optionnelle (resp. prévisible).</u>

<u>Démonstration</u>. En effet on a $(W\cdot\mu)^+ = W^+\cdot\mu^+ + W^-\cdot\mu^-$ et $(W\cdot\mu)^- = W^-\cdot\mu^+ + W^+\cdot\mu^-$, et il suffit d'appliquer (3.6).∎

<u>§b - La mesure de Doléans</u>. Introduisons maintenant quelques espaces de mesures aléatoires, espaces qui vont généraliser les espaces $\underline{\underline{A}}$, $\underline{\underline{A}}_{loc}$ et $\underline{\underline{V}}$ de processus à variation finie. Ces espaces de mesures aléatoires sont

fonction de la filtration $\underline{F}$ et de la probabilité P, et en accord avec nos conventions concernant les espaces de processus (voir (0.32)) nous confondrons deux mesures aléatoires qui sont P-p.s. égales, et également une classe d'équivalence de mesures aléatoires pour la relation d'équivalence: égalité P-presque sûre, avec une mesure aléatoire quelconque appartenant à cette classe.

En premier lieu, on note $\tilde{\underline{\underline{A}}}$ l'ensemble des classes d'équivalence de mesures aléatoires <u>optionnelles</u> et <u>intégrables</u>: "intégrable" signifie que $E(1*|\mu|_{\infty})<\infty$, "optionnelle" signifie que la classe d'équivalence admet un représentant $\underline{F}^P$-optionnel.

On désigne par $\tilde{\underline{\underline{V}}}$ (resp. $\tilde{\underline{\underline{A}}}_{\sigma}$) l'ensemble des classes d'équivalence de mesures aléatoires μ, pour lesquelles il existe une partition $\tilde{\underline{\underline{O}}}$ (resp. $\tilde{\underline{\underline{P}}}$) mesurable $(A(n))$ de $\tilde{\Omega}$ telle que $I_{A(n)}\cdot\mu\in\tilde{\underline{\underline{A}}}$ pour chaque n. On a $\tilde{\underline{\underline{A}}}\subset\tilde{\underline{\underline{A}}}_{\sigma}\subset\tilde{\underline{\underline{V}}}$ et tout élément de $\tilde{\underline{\underline{V}}}$ est optionnel.

Enfin, $\tilde{\underline{\underline{A}}}^+$ (resp. $\tilde{\underline{\underline{A}}}_{\sigma}^+$, $\tilde{\underline{\underline{V}}}^+$) désigne l'ensemble des éléments positifs de $\tilde{\underline{\underline{A}}}$ (resp. $\tilde{\underline{\underline{A}}}_{\sigma}$, $\tilde{\underline{\underline{V}}}$); et on note $\tilde{\underline{\underline{P}}}\cap\tilde{\underline{\underline{A}}}$, $\tilde{\underline{\underline{P}}}\cap\tilde{\underline{\underline{V}}}$,..., l'ensemble des éléments de $\tilde{\underline{\underline{A}}}$, $\tilde{\underline{\underline{V}}}$,.., admettant un représentant $\underline{F}^P$-prévisible.

(3.9) <u>Remarque</u>: Précisons les rapports entre $\underline{\underline{A}}$, $\underline{\underline{V}}$ et $\underline{\underline{A}}_{loc}$ d'une part, $\tilde{\underline{\underline{A}}}$, $\tilde{\underline{\underline{V}}}$ et $\tilde{\underline{\underline{A}}}_{\sigma}$ d'autre part. Pour cela on suppose, à l'instar de la remarque (3.3), que E est réduit à un point. Soit μ une mesure aléatoire. On a alors: - $1*\mu\in\underline{\underline{A}}$ si et seulement si $\mu\in\tilde{\underline{\underline{A}}}$.

- $1*\mu\in\underline{\underline{V}}$ (resp. $\underline{\underline{A}}_{loc}$) si et seulement si $\mu\in\tilde{\underline{\underline{V}}}$ (resp. $\tilde{\underline{\underline{A}}}_{\sigma}$), <u>et si de plus</u> il existe une suite (T_n) de temps d'arrêt croissant P-p.s. vers $+\infty$, telle que tout $B(n)=[\![0,T_n[\![$ (resp. $B(n)=[\![0,T_n]\!]$) vérifie $I_{B(n)}\cdot\mu\in\underline{\underline{A}}$ (dans le cas où $1*\mu\in\underline{\underline{V}}$ prendre par exemple $T_n=\inf(t: 1*|\mu|_t\geq n)$, dans le cas où $1*\mu\in\underline{\underline{A}}_{loc}$ prendre pour (T_n) une suite localisante pour $1*\mu$). Cette condition supplémentaire exprime bien une condition de σ-finitude pour μ, analogue à celle qui rentre dans la définition de $\tilde{\underline{\underline{V}}}$ ou de $\tilde{\underline{\underline{A}}}_{\sigma}$, mais avec des ensembles $A(n)=B(n)\setminus B(n-1)$ d'une forme bien particulière.■

Les espaces $\tilde{\underline{\underline{A}}}$, $\tilde{\underline{\underline{V}}}$, .. (et $\tilde{\underline{\underline{P}}}\cap\tilde{\underline{\underline{A}}}$, ..) sont des espaces vectoriels: ce résultat, qui contrairement aux apparences n'est pas complètement évident (la difficulté provient de la mesurabilité: si μ et ν sont optionnelles, par exemple, l'optionnalité de $\mu+\nu$ ne découle pas de manière tout-à-fait triviale de la définition (3.7)) peut évidemment se montrer directement; mais ici, il sera obtenu comme corollaire du théorème principal de ce paragraphe.

Avant d'énoncer ce théorème, on doit encore définir la mesure de Doléans associée à $\mu \in \tilde{\underline{\underline{V}}}$: si $(A(n))$ est une partition $\tilde{\underline{\underline{O}}}$-mesurable de $\tilde{\Omega}$ telle que $I_{A(n)} \cdot \mu \in \underline{\underline{A}}$ pour chaque n, et si $W \in b\tilde{\underline{\underline{F}}}^P$, on pose

$$(3.10) \qquad M_\mu^P(WI_{A(n)}) = E(WI_{A(n)} * \mu_\infty),$$

ce qui définit une mesure M_μ^P sur $(\tilde{\Omega}, \tilde{\underline{\underline{F}}}^P)$, qui est σ-finie (et même, $\tilde{\underline{\underline{O}}}$-$\sigma$-finie), et indépendante de la partition $(A(n))$ choisie. Lorsque μ est associée à $A \in \underline{\underline{A}}_{loc}$ par (3.3), on a $M_\mu^P = M_A^P \otimes \varepsilon_a$.

(3.11) THEOREME: Soit m une mesure sur $(\tilde{\Omega}, \tilde{\underline{\underline{F}}}^P)$. Pour qu'il existe $\mu \in \tilde{\underline{\underline{V}}}$ (resp. $\mu \in \tilde{\underline{\underline{P}}} \cap \tilde{\underline{\underline{A}}}_\sigma$) telle que $m = M_\mu^P$, il faut et il suffit que

(i) m soit $\tilde{\underline{\underline{O}}}$-$\sigma$-finie (resp. $\tilde{\underline{\underline{P}}}$-$\sigma$-finie);

(ii) $m(N \times E) = 0$ pour tout ensemble P-évanescent N ;

(iii) pour tout $A \in \tilde{\underline{\underline{O}}}$ (resp. $\tilde{\underline{\underline{P}}}$) tel que la restriction de m à A soit finie, et pour tout processus mesurable borné X, on a $m(XI_A) = m({}^oXI_A)$ (resp. $= m({}^pXI_A)$).

Dans ce cas, μ est unique. De plus, pour que $\mu \in \tilde{\underline{\underline{A}}}$ (resp. $\mu \in \tilde{\underline{\underline{A}}}_\sigma$, resp. $\mu \geq 0$) il faut et il suffit que m soit finie (resp. $\tilde{\underline{\underline{P}}}$-$\sigma$-finie, resp. positive).

Pour l'assertion d'unicité de μ, on rappelle qu'on confond deux mesures aléatoires qui sont P-p.s. égales. Dire que m est, par exemple, $\tilde{\underline{\underline{O}}}$-$\sigma$-finie, signifie que la restriction de m à $(\tilde{\Omega}, \tilde{\underline{\underline{O}}})$ est σ-finie.

Démonstration. (a) Supposons d'abord que $m = M_\mu^P$, où $\mu \in \tilde{\underline{\underline{V}}}$ (resp. $\tilde{\underline{\underline{P}}} \cap \tilde{\underline{\underline{A}}}_\sigma$). Les assertions (i) et (ii) sont trivialement vérifiées. Pour montrer (iii) on remarque d'abord que les processus $B(A) = I_A * \mu^+$ et $C(A) = I_A * \mu^-$ sont dans $\underline{\underline{A}}$ (resp. $\underline{\underline{P}} \cap \underline{\underline{A}}$) si la restriction de m à A est finie; on remarque ensuite que pour tout processus mesurable borné X,

$$m(XI_A) = E(XI_A * \mu_\infty^+) - E(XI_A * \mu_\infty^-) = E(X \bullet B(A)_\infty) - E(X \bullet C(A)_\infty)$$
$$= M_{B(A)}^P(X) - M_{C(A)}^P(X).$$

L'assertion (iii) découle alors de (1.34,iii). On a donc prouvé la condition nécessaire.

(b) Montrons ensuite que la mesure aléatoire $\mu \in \tilde{\underline{\underline{V}}}$ est entièrement déterminée par sa mesure de Doléans. D'abord, si $(A(n))$ est une partition $\tilde{\underline{\underline{O}}}$-mesurable de $\tilde{\Omega}$ telle que chaque $I_{A(n)} \cdot \mu$ soit dans $\tilde{\underline{\underline{A}}}$, il suffit évidemment de montrer que chaque $I_{A(n)} \cdot \mu$ est entièrement déterminé par sa mesure de Doléans, qui est $I_{A(n)} \cdot M_\mu^P$: en d'autres termes, il suffit de montrer le résultat lorsque $\mu \in \tilde{\underline{\underline{A}}}$.

Supposons donc $\mu \in \tilde{\underline{\underline{A}}}$. Comme $\underline{\underline{E}}$ est séparable, la mesure μ est connue dès qu'on connait les variables $\mu([0,t]\times C)$ quand $t\in\mathbb{Q}_+$ et quand C décrit une algèbre dénombrable engendrant $\underline{\underline{E}}$. Mais pour tout $D\in\underline{\underline{F}}$, on a $E(I_D\mu([0,t]\times C)) = M^P_\mu(D\times[0,t]\times C)$; donc la mesure M^P_μ caractérise chaque variable $\mu([0,t]\times C)$ à un ensemble P-négligeable près, donc également la mesure aléatoire μ à un ensemble P-négligeable près.

(c) Montrons maintenant la condition suffisante. Dans un premier temps, on va supposer que m est une mesure <u>positive et finie</u>. Supposons également que dans (iii) on ait $m(XI_A) = m({}^oXI_A)$. Soit $\hat{m}$ la mesure sur $\Omega\times\mathbb{R}_+$ définie par $\hat{m}(.) = m(.\times E)$. Il est clair que $\hat{m}$ vérifie les conditions de (1.34), donc il existe $B\in\underline{\underline{A}}^+$ avec $\hat{m} = M^P_B$. Comme E est lusinien on peut factoriser m selon $\hat{m}$ et il existe une mesure de transition positive n de $(\Omega\times\mathbb{R}_+,\underline{\underline{O}})$ dans $(E,\underline{\underline{E}})$ telle que sur $(\tilde{\Omega},\tilde{\underline{\underline{O}}})$ on ait

$$m(d\omega,dt,dx) = \hat{m}(d\omega,dt)n(\omega,t,dx) .$$

Il est immédiat de vérifier que la formule

$$\mu(\omega,dt,dx) = dB_t(\omega)n(\omega,t,dx)$$

définit un élément de $\tilde{\underline{\underline{A}}}^+$. Si $C\in\underline{\underline{E}}$ et si X est un processus mesurable positif borné, $M^P_\mu(XI_C) = M^P_B(n(C)X) = \hat{m}(n(C)X)$ par construction de μ ; comme $\hat{m}$ vérifie (1.34,iii) et comme $n(C)$ est optionnel, cette quantité égale $\hat{m}(n(C){}^oX)$, qui elle-même égale $m({}^oXI_C)$ par définition de n : étant donné (iii) on en déduit que $M^P_\mu(XI_C) = m(XI_C)$ et par un argument de classe monotone on voit que les mesures m et M^P_μ sont égales, ce qui achève de prouver la condition suffisante dans le cas qui nous occupe.

Lorsque dans (iii) on a $m(XI_A) = m({}^pXI_A)$, il suffit de remplacer partout ci-dessus les tribus $\underline{\underline{O}}$ et $\tilde{\underline{\underline{O}}}$ par les tribus $\underline{\underline{P}}$ et $\tilde{\underline{\underline{P}}}$, et dans ce cas μ est prévisible.

(d) Supposons maintenant que m soit une mesure <u>finie</u> signée. Soit $m = m^+ - m^-$ sa décomposition de Jordan-Hahn. Pour tout processus mesurable borné X et tout $C\in\underline{\underline{E}}$ on pose $n^+(XI_C) = m^+({}^oXI_C)$ (resp. $= m^+({}^pXI_C)$) et $n^-(XI_C) = m^-({}^oXI_C)$ (resp. $= m^-({}^pXI_C)$): on définit ainsi deux mesures positives finies n^+ et n^- sur $(\tilde{\Omega},\tilde{\underline{\underline{F}}}^P)$, et si $n = n^+ - n^-$ on a $n(XI_C) = m({}^oXI_C)$ (resp. $= m({}^pXI_C)$); étant donné (iii), on a donc $n = m$.

Par ailleurs, n^+ et n^- vérifient (iii) par construction, et vérifient aussi (ii) car si N est un ensemble P-évanescent on a ${}^o(I_N) \doteq {}^p(I_N) \doteq 0$. D'après (c) il existe $\nu,\eta\in\tilde{\underline{\underline{A}}}^+$ (resp. $\tilde{\underline{\underline{P}}}\cap\tilde{\underline{\underline{A}}}^+$) telles que $M^P_\nu = n^+$ et $M^P_\eta = n^-$; la mesure aléatoire $\mu = \nu - \eta$ appartient à $\tilde{\underline{\underline{A}}}$ (resp. $\tilde{\underline{\underline{P}}}\cap\tilde{\underline{\underline{A}}}$) et vérifie $M^P_\mu = m$.

(e) Supposons enfin que m soit une mesure quelconque, vérifiant (i),

(ii) et (iii). Soit $(A(n))$ une partition $\underline{\underline{\tilde{O}}}$ (resp. $\underline{\underline{\tilde{P}}}$) mesurable de $\tilde{\Omega}$ telle que m soit finie sur chaque $A(n)$. Soit $m_n = I_{A(n)} \cdot m$. Chaque m_n est une mesure finie vérifiant (ii) et (iii), donc d'après (d) il existe $\mu_n \in \underline{\underline{\tilde{A}}}$ (resp. $\underline{\underline{\tilde{P}}} \cap \underline{\underline{\tilde{A}}}$) telle que $M^P_{\mu_n} = m_n$. Comme $m_n(A(n)^c) = 0$ on a $I_{A(n)} \cdot \mu_n = \mu_n$, et la mesure aléatoire $\mu = \sum_{(n)} \mu_n$ est un élément de $\underline{\underline{\tilde{V}}}$ (resp. $\underline{\underline{\tilde{P}}} \cap \underline{\underline{\tilde{A}}}_\sigma$) vérifiant $M^P_\mu = m$.

(f) Enfin, il est d'une part évident que $\mu \in \underline{\underline{\tilde{A}}}$ (resp. $\underline{\underline{\tilde{A}}}_\sigma$) si et seulement si M^P_μ est finie (resp. $\underline{\underline{\tilde{P}}}$-$\sigma$-finie), tandis que d'autre part l'équivalence $(\mu \geq 0) \Longleftrightarrow (M^P_\mu \geq 0)$ découle des constructions faites en (c) et (e), et de l'unicité prouvée en (b).∎

(3.12) COROLLAIRE: <u>Soit</u> μ <u>et</u> ν <u>deux éléments de</u> $\underline{\underline{\tilde{V}}}$ (<u>resp.</u> $\underline{\underline{\tilde{P}}} \cap \underline{\underline{\tilde{A}}}_\sigma$). <u>Si les mesures</u> M^P_μ <u>et</u> M^P_ν <u>coïncident sur</u> $\underline{\underline{\tilde{O}}}$ (<u>resp.</u> $\underline{\underline{\tilde{P}}}$) <u>on a</u> $\mu = \nu$.

L'ensemble des mesures m sur $(\tilde{\Omega}, \underline{\underline{\tilde{F}}}^P)$ vérifiant les conditions (i), (ii) et (iii) étant clairement un espace vectoriel, on obtient le

(3.13) COROLLAIRE: <u>Les espaces</u> $\underline{\underline{\tilde{A}}}$, $\underline{\underline{\tilde{A}}}_\sigma$, $\underline{\underline{\tilde{V}}}$, $\underline{\underline{\tilde{P}}} \cap \underline{\underline{\tilde{A}}}$, $\underline{\underline{\tilde{P}}} \cap \underline{\underline{\tilde{A}}}_\sigma$, $\underline{\underline{\tilde{P}}} \cap \underline{\underline{\tilde{V}}}$ <u>sont des espaces vectoriels de classes d'équivalence de mesures aléatoires</u>.

Pour terminer ce paragraphe, voici une généralisation de (1.36):

(3.14) PROPOSITION: <u>Soit</u> $\mu, \nu \in \underline{\underline{\tilde{V}}}$ (<u>resp.</u> $\underline{\underline{\tilde{P}}} \cap \underline{\underline{\tilde{A}}}_\sigma$). <u>Les quatre conditions suivantes sont équivalentes</u>:

(i) <u>pour</u> P-<u>presque tout</u> ω <u>on a</u> $\mu(\omega,.) \ll \nu(\omega,.)$;

(ii) <u>on a</u> $M^P_\mu \ll M^P_\nu$;

(iii) <u>on a</u> $M^P_\mu \ll M^P_\nu$ <u>en restriction à</u> $(\tilde{\Omega}, \underline{\underline{\tilde{O}}})$ (<u>resp.</u> $(\tilde{\Omega}, \underline{\underline{\tilde{P}}})$);

(iv) <u>il existe</u> $W \in \underline{\underline{\tilde{O}}}$ (<u>resp.</u> $\underline{\underline{\tilde{P}}}$) <u>tel que</u> $\mu = W \cdot \nu$.

<u>Démonstration</u>. Les implications: (iv) $\Longrightarrow$ (i) $\Longrightarrow$ (ii) $\Longrightarrow$ (iii) sont triviales. Supposons qu'on ait (iii), et appelons W une version $\underline{\underline{\tilde{O}}}$ (resp. $\underline{\underline{\tilde{P}}}$) mesurable de la dérivée de Radon-Nikodym de la restriction de M^P_μ à $\underline{\underline{\tilde{O}}}$ (resp. $\underline{\underline{\tilde{P}}}$), par rapport à la restriction de M^P_ν à $\underline{\underline{\tilde{O}}}$ (resp. $\underline{\underline{\tilde{P}}}$). Si on pose $\mu' = W \cdot \nu$, et comme M^P_μ est $\underline{\underline{\tilde{O}}}$-$\sigma$-finie (resp. $\underline{\underline{\tilde{P}}}$-$\sigma$-finie), (3.8) entraine que $\mu' \in \underline{\underline{\tilde{V}}}$ (resp. $\underline{\underline{\tilde{P}}} \cap \underline{\underline{\tilde{A}}}_\sigma$), et il est clair que $M^P_{\mu'} = W \cdot M^P_\nu$. Donc M^P_μ et $M^P_{\mu'}$ coïncident sur $\underline{\underline{\tilde{O}}}$ (resp. $\underline{\underline{\tilde{P}}}$), et on a $\mu' = \mu$ d'après (3.12): par suite (iii) $\Longrightarrow$ (iv).∎

§c - <u>Projection prévisible duale d'une mesure aléatoire</u>. On va généraliser maintenant le contenu du §I-e.

(3.15) THEOREME: <u>Soit</u> $\mu \in \tilde{\underline{\underline{A}}}_\sigma$. <u>Il existe un élément et un seul de</u> $\tilde{\underline{\underline{P}}} \cap \tilde{\underline{\underline{A}}}_\sigma$, <u>noté</u> μ^p, <u>qui vérifie les deux propriétés équivalentes suivantes</u>:

(i) <u>les mesures</u> M^P_μ <u>et</u> $M^P_{\mu^p}$ <u>coïncident sur</u> $\tilde{\underline{\underline{P}}}$;

(ii) <u>pour toute fonction</u> $W \in \tilde{\underline{\underline{P}}}$ <u>telle que</u> $W*\mu \in \underline{\underline{A}}_{loc}$, <u>on a</u> $(W*\mu)^p = W*(\mu^p)$.

<u>Démonstration</u>. Soit $(A(n))$ une partition $\tilde{\underline{\underline{P}}}$-mesurable de $\tilde{\Omega}$ telle que chaque $I_{A(n)}*\mu$ appartienne à $\underline{\underline{A}}$.

Montrons d'abord l'existence de $\mu^p \in \tilde{\underline{\underline{P}}} \cap \tilde{\underline{\underline{A}}}_\sigma$ vérifiant (i). Pour tout processus mesurable borné X et tout $C \in \underline{\underline{E}}$ on pose

$$m(XI_C I_{A(n)}) \;=\; M^P_\mu(({}^pX)I_C I_{A(n)}),$$

ce qui définit une mesure $\tilde{\underline{\underline{P}}}$-$\sigma$-finie m vérifiant les conditions (3.11), avec $m(XI_A) = m({}^pXI_A)$. Par suite il existe $\mu^p \in \tilde{\underline{\underline{P}}} \cap \tilde{\underline{\underline{A}}}_\sigma$ telle que $m = M^P_{\mu^p}$, et μ^p vérifie (i).

L'unicité de l'élément μ^p de $\tilde{\underline{\underline{P}}} \cap \tilde{\underline{\underline{A}}}_\sigma$ vérifiant (i) découle de (3.12).

Il nous reste à montrer l'équivalence: (i)$\Longleftrightarrow$(ii), lorsque $\mu^p \in \tilde{\underline{\underline{P}}} \cap \tilde{\underline{\underline{A}}}_\sigma$. Si $W \in \tilde{\underline{\underline{P}}}$ est tel que $W*\mu \in \underline{\underline{A}}_{loc}$ on a $M^P_{W*\mu}(X) = M^P_\mu(WX)$ et $M^P_{W*\mu^p}(X) = M^P_{\mu^p}(WX)$ pour tout processus X; mais si X est prévisible, on a $XW \in \tilde{\underline{\underline{P}}}$, donc l'implication (i)$\Longrightarrow$(ii) provient de la définition même de la projection prévisible duale $(W*\mu)^p$. Inversement, supposons qu'on ait (ii); pour tout $A \in \tilde{\underline{\underline{P}}}$ les processus $I_{A \cap A(n)}*\mu$ sont dans $\underline{\underline{A}}_{loc}$ (et même dans $\underline{\underline{A}}$); il s'ensuit donc que $(I_{A\cap A(n)}*\mu)^p = I_{A \cap A(n)}*\mu^p$, d'où

$$M^P_\mu(A \cap A(n)) \;=\; E(I_{A\cap A(n)}*\mu_\infty) \;=\; E(I_{A\cap A(n)}*(\mu^p)_\infty) = M^P_{\mu^p}(A \cap A(n))$$

et par suite μ^p vérifie (i).∎

La mesure aléatoire μ^p s'appelle la <u>projection prévisible duale</u> de μ. Voici un corollaire (immédiat), qui généralise partiellement (1.40):

(3.16) COROLLAIRE: <u>Soit</u> $\mu \in \tilde{\underline{\underline{A}}}_\sigma$ <u>et</u> $W \in \tilde{\underline{\underline{P}}}$ <u>tels que</u> $W\cdot\mu \in \tilde{\underline{\underline{A}}}_\sigma$. <u>Alors</u> $(W\cdot\mu)^p = W\cdot\mu^p$ (en particulier, si $\mu \in \tilde{\underline{\underline{P}}} \cap \tilde{\underline{\underline{A}}}_\sigma$ on a $\mu^p = \mu$).

En appliquant (1.42) on obtient la formule suivante: si $T \in \underline{\underline{T}}_p$ et si $W \in \tilde{\underline{\underline{P}}}$ sont tels que la variable $\int_E W(T,x)\mu(\{T\}\times dx) I_{\{T<\infty\}}$ existe, on a

$$(3.17)\qquad \int_E W(T,x)\,\mu^p(\{T\}\times dx) \;=\; E\Big(\int_E W(T,x)\mu(\{T\}\times dx)\,\Big|\,\underline{\underline{F}}^P_{T-}\Big) \quad \text{sur } \{T<\infty\}$$

là où l'espérance conditionnelle du second membre existe (cf. (0.14)).

En rapport avec (1.43,c), il est naturel d'appeler <u>mesure aléatoire-martingale</u> toute $\mu \in \tilde{\underline{\underline{A}}}_\sigma$ telle que la restriction de M^P_μ à $\tilde{\underline{\underline{P}}}$ soit nulle. On notera $\tilde{\underline{\underline{M}}}_\sigma$ l'espace des mesures aléatoires-martingales. Compte tenu de cette définition, si $\mu\in\tilde{\underline{\underline{A}}}_\sigma$, μ^p est l'unique élément de $\tilde{\underline{\underline{P}}}\cap\tilde{\underline{\underline{A}}}_\sigma$ tel que $\mu-\mu^p\in\tilde{\underline{\underline{M}}}_\sigma$. On a aussi l'analogue de (1.44): si $\mu\in\tilde{\underline{\underline{M}}}_\sigma$ et si $W\in\tilde{\underline{\underline{P}}}$ vérifie $W\cdot\mu\in\tilde{\underline{\underline{A}}}_\sigma$, alors $W\cdot\mu\in\tilde{\underline{\underline{M}}}_\sigma$.

§d - Mesures aléatoires à valeurs entières.

(3.18) DEFINITION: Une mesure aléatoire μ est dite à valeurs entières si
(i) $\mu(\omega,\{t\}\times E)\leq 1$ identiquement,
(ii) pour tout $A\in\underline{\underline{B}}(\mathbb{R}_+)\otimes\underline{\underline{E}}$, $\mu(A)$ est à valeurs dans $\mathbb{N}\cup\{+\infty\}$.

Soit μ une telle mesure. Soit $D=\{(\omega,t):\mu(\omega,\{t\}\times E)=1\}$. Si $(\omega,t)\in D$ il existe d'après (ii) un point et un seul $\beta_t(\omega)$ de E tel que $\mu(\omega,\{t\}\times dx)=\varepsilon_{\beta_t(\omega)}(dx)$, et on pose par convention $\beta_t(\omega)=\delta$ si $(\omega,t)\notin D$, où δ est un point extérieur à E: on définit ainsi un processus $\beta=(\beta_t)_{t\geq 0}$ à valeurs dans $E_\delta=E\cup\{\delta\}$, et la mesure μ s'écrit

(3.19) $$\mu(\omega,dt,dx)=\sum_{(\omega,s)\in D}\varepsilon_{(s,\beta_s(\omega))}(dt,dx) = \sum_{s\geq 0} I_{\{\beta_s\in E\}}\,\varepsilon_{(s,\beta_s(\omega))}(dt,dx).$$

On remarque d'ailleurs que, chaque mesure $\mu(\omega,.)$ étant σ-finie d'après la définition (3.2), l'ensemble aléatoire D est mince.

Inversement si β est un processus à valeurs dans E_δ, tel que $D=\{\beta\in E\}$ soit mince, on peut définir une mesure aléatoire à valeurs entières μ par la formule (3.19): c'est pourquoi ces mesures sont parfois appelées "processus ponctuels", les "points" étant les $(t,\beta_t(\omega))$ de $\mathbb{R}_+\times E$ tels que $\beta_t(\omega)\in E$.

(3.20) LEMME: Soit μ une mesure aléatoire à valeurs entières, donnée par (3.19). Pour que $\mu\in\tilde{\underline{\underline{V}}}$ il faut et il suffit que β soit P-indistinguable d'un processus optionnel, et dans ce cas D est P-indistinguable d'un ensemble aléatoire optionnel.

D'après (1.1) il n'est pas besoin de préciser si "optionnel" se rapporte à $\underline{F}$ ou à $\underline{F}^P$. On rappelle également que $\tilde{\underline{\underline{V}}}$ est un ensemble de classes d'équivalence, donc on confond deux mesures aléatoires données par (3.19) et telles que les processus β correspondants sont P-indistinguables.

Démonstration. La dernière assertion provient de ce que $D=\{\beta\in E\}$. Montrons la condition nécessaire: si $(A(n))$ est une partition $\tilde{\underline{\underline{O}}}(\underline{F}^P)$-mesurable de $\tilde{\Omega}$ vérifiant $M^P_\mu(A(n))<\infty$, on a pour tout $C\in\underline{\underline{E}}$:

$$\{\beta\in C\} = \bigcup_{(n)}\{\Delta(I_C I_{A(n)}*\mu)=1\}\in\underline{\underline{O}}(\underline{F}^P).$$

Inversement supposons β optionnel. Soit (T_n) une suite d'éléments de $\underline{\underline{T}}(\underline{\underline{F}}^P)$ de graphes deux-à-deux disjoints, telle que $D = \bigcup_{(n)} [\![T_n]\!]$. D'abord, si $W \in \tilde{\underline{\underline{O}}}^+$ on a

$$W * \mu = \sum_{(n)} W(T_n, \beta_{T_n}) I_{[\![T_n, \infty [\![},$$

qui d'après (3.1) est $\underline{\underline{F}}^P$-optionnel: donc μ est optionnelle. D'autre part si $A(n) = [\![T_n]\!] \times E$ et $A = \tilde{\Omega} \setminus \bigcup_{(n)} A(n)$, les mesures $I_A \cdot \mu$ et $I_{\hat{A}(n)} \cdot \mu$ sont de masse totale finie (inférieure ou égale à 1), donc $\mu \in \tilde{\underline{\underline{V}}}$.■

On note $\tilde{\underline{\underline{V}}}^1$ l'ensemble des éléments de $\tilde{\underline{\underline{V}}}$ qui admettent un représentant qui est une <u>mesure aléatoire à valeurs entières</u>, et $\tilde{\underline{\underline{A}}}^1_\sigma = \tilde{\underline{\underline{V}}}^1 \bigcap \tilde{\underline{\underline{A}}}_\sigma$. L'exposant "1" signifie "à sauts unité". Lorsqu'on manipule les éléments de $\tilde{\underline{\underline{V}}}^1$, on choisit toujours un représentant qui est une mesure à valeurs entières.

(3.21) <u>Exemple</u>: Soit X un processus à valeurs dans E, continu à droite et limité à gauche. La formule

$$\mu(dt,dx) = \sum_{s>0} I_{\{X_{s-} \neq X_s\}} \varepsilon_{(s,X_s)}(dt,dx)$$

définit une mesure aléatoire à valeurs entières, pour laquelle on a $D = \{X_- \neq X\} \bigcap [\![0]\!]^c$ et $\beta = X$ sur D. Si X est optionnel il en est de même de μ d'après (3.20); dans ce cas on a même $\mu \in \tilde{\underline{\underline{A}}}^1_\sigma$: en effet définissons par récurrence $T(0,m) = 0$, $T(n+1,m) = \inf(t > T(n,m): d(X_{t-}, X_t) \in [\frac{1}{m}, \frac{1}{m-1}[)$; la mesure M^P_μ est finie sur chacun des ensembles $\tilde{\underline{\underline{P}}}$-mesurables $\{(\omega,t,x): t \leq T(n,m)(\omega), d(X_{t-}(\omega),x) \in [\frac{1}{m}, \frac{1}{m-1}[\}$ tandis que la réunion de ces ensembles égale $\tilde{\Omega}$.

La projection prévisible duale de la mesure μ s'appelle le <u>système de Lévy</u> du processus X.■

(3.22) <u>Exemple</u>: Il s'agit d'une variante de l'exemple précédent. On suppose que E est un groupe additif et que X est un processus continu à droite et limité à gauche. On associe à X la mesure aléatoire à valeurs entières μ^X donnée par

$$\mu^X(dt,dx) = \sum_{s>0} I_{\{\Delta X_s \neq 0\}} \varepsilon_{(s,\Delta X_s)}(dt,dx),$$

pour laquelle on a $D = \{X_- \neq X\} \bigcap [\![0]\!]^c$ et $\beta = \Delta X$ sur D. De même que dans l'exemple (3.21), <u>on a $\mu^X \in \tilde{\underline{\underline{A}}}^1_\sigma$ dès que X est $\underline{\underline{F}}^P$-adapté</u> (même démonstration). On dira encore (toujours selon l'usage...) que $(\mu^X)^p$ est le <u>système de Lévy</u> de X (en précisant, si possible, laquelle des deux définitions on adopte !); si μ est donnée par (3.21) on a d'ailleurs immédiatement que $\mu(A) = \int \mu^X(ds,dx) I_A(s, X_{s-} + x)$, et une relation analogue entre les projections prévisibles duales.∎

(3.23) PROPOSITION: <u>Si</u> $\mu\in\tilde{\underline{\underline{A}}}^1_\sigma$ <u>il existe une version de</u> μ^p <u>vérifiant identiquement</u> $\mu^p(\omega,.)\geq 0$ <u>et</u> $\mu^p(\omega,\{t\}\times E)\leq 1$.

<u>Démonstration</u>. Soit ν une version positive quelconque de la projection prévisible duale de μ et $a_t(\omega)=\nu(\omega,\{t\}\times E)$ (on peut choisir une version positive, car $\mu\geq 0$, donc M^P_μ, donc $M^P_{\mu^p}$, sont des mesures positives). Si $(A(n))$ est une partition $\tilde{\underline{\underline{P}}}$-mesurable de $\tilde{\Omega}$ telle que $I_{A(n)}\cdot\mu\in\tilde{\underline{\underline{A}}}^+$ pour tout n, on a: $a=\sum_{(n)}\Delta(I_{A(n)}*\nu)$, si bien que le processus a est prévisible. Donc $\nu'=I_{\{a\leq 1\}}\cdot\nu$ est une mesure aléatoire prévisible positive, qui vérifie la condition de l'énoncé, et qui sera une version de μ^p si $\{a>1\}\doteq\emptyset$. Or pour tout $T\in\underline{\underline{T}}_p$ on a $a_T\stackrel{\bullet}{\leq}1$ d'après (3.17), et il suffit d'appliquer le théorème de section prévisible (1.16) à l'ensemble prévisible $\{a>1\}$ pour voir que cet ensemble est P-évanescent.∎

On fixe maintenant quelques notations, qui seront employées constamment dans la suite. Si $\mu\in\tilde{\underline{\underline{A}}}^1_\sigma$ on choisit automatiquement une version positive de μ^p, satisfaisant identiquement $\mu^p(\omega,\{t\}\times E)\leq 1$, et on pose

$$(3.24)\quad \begin{cases} a_t(\omega)=\mu^p(\omega,\{t\}\times E), & J=\{a>0\},\\ \hat{W}_t(\omega)=\begin{cases}\int_E W(\omega,t,x)\mu^p(\omega,\{t\}\times dx) & \text{si cette intégrale existe,}\\ +\infty & \text{sinon.}\end{cases}\end{cases}$$

Bien entendu, ces quantités dépendent de μ (et aussi de $\underline{F}$ et de P). Remarquons que $\hat{W}=0$ sur J^c. Si μ est donnée par (3.19), la formule (3.17) s'écrit alors pour tout $T\in\underline{\underline{T}}_p$ et tout $W\in\tilde{\underline{\underline{P}}}$:

$$(3.25)\qquad \hat{W}_T = E(W(T,\beta_T)I_D(T)\mid\underline{\underline{F}}^P_{T-})\quad \text{sur}\quad \{T<\infty\}$$

Remarquons que $a=\hat{1}$, et que si $W\in\tilde{\underline{\underline{P}}}$ le processus $\hat{W}$ est prévisible (même démonstration que pour la prévisibilité de a dans la preuve de (3.23)). Enfin, J <u>est le support prévisible de</u> D; en effet si $T\in\underline{\underline{T}}_p$ on a $a_T=P(T\in D\mid\underline{\underline{F}}^P_{T-})$ sur $\{T<\infty\}$; donc si $[\![T]\!]\cap D\doteq\emptyset$ on a $a_T\doteq 0$ et $[\![T]\!]\cap J\doteq\emptyset$, tandis qu'inversement $[\![T]\!]\cap J\doteq\emptyset$ entraine $a_T\doteq 0$, donc $P(T\in D)=0$.

§e - Espérance conditionnelle par rapport à une mesure de Doléans positive.

Lorsque $\mu\in\tilde{\underline{\underline{A}}}_\sigma$ on note $K(\mu)$ l'ensemble des fonctions $\tilde{\underline{\underline{O}}}(\underline{F}^P)$-mesurables W telles que la mesure $W\cdot M^P_\mu$ soit $\tilde{\underline{\underline{P}}}$-$\sigma$-finie, ce qui revient à dire: telles que $W\cdot\mu\in\tilde{\underline{\underline{A}}}_\sigma$.

Si $\mu\in\tilde{\underline{\underline{A}}}^+_\sigma$ et si $W\in K(\mu)$ on peut, de manière classique, définir l'<u>espérance conditionnelle</u> $M^P_\mu(W|\tilde{\underline{\underline{P}}})$ comme une version de la dérivée de Radon-Nikodym de la restriction de la mesure $W\cdot M^P_\mu$ à $(\tilde{\Omega},\tilde{\underline{\underline{P}}})$, par rapport à la restriction de la mesure M^P_μ à $(\tilde{\Omega},\tilde{\underline{\underline{P}}})$. $M^P_\mu(W|\tilde{\underline{\underline{P}}})$ est aussi la seule (à un ensemble M^P_μ-négligeable près) fonction $\tilde{\underline{\underline{P}}}$-mesurable W' qui vérifie $M^P_\mu(WU)=M^P_\mu(W'U)$ pour tout $U\in\tilde{\underline{\underline{P}}}$ tel que $M^P_\mu(|WU|)<\infty$.

(3.26) PROPOSITION: <u>Soit</u> $\mu\in\tilde{\underline{\underline{A}}}^+_\sigma$ <u>et</u> $W\in K(\mu)$. <u>Pour que la fonction</u> $\tilde{\underline{\underline{P}}}$<u>-mesurable</u> W' <u>soit une version de</u> $M^P_\mu(W|\tilde{\underline{\underline{P}}})$, <u>il faut et il suffit que</u> $W'\cdot\mu^p=(W\cdot\mu)^p$.

<u>Démonstration</u>. D'abord, on peut trouver une partition $\tilde{\underline{\underline{P}}}$-mesurable $(A(n))$ de $\tilde{\Omega}$ telle que M^P_μ et $W\cdot M^P_\mu$ soient finies sur chaque $A(n)$. Quitte à remplacer μ par $I_{A(n)}\cdot\mu$, on peut supposer que M^P_μ et $W\cdot M^P_\mu$ sont des mesures finies.

Comme $W'\cdot\mu^p$ est prévisible, dire que $W'\cdot\mu^p=(W\cdot\mu)^p$ équivaut à dire que pour tout $V\in b\tilde{\underline{\underline{P}}}$ on a $M^P_{W'\cdot\mu^p}(V)=M^P_{W\cdot\mu}(V)$, c'est-à-dire $M^P_{\mu^p}(VW')=M^P_\mu(VW)$ et comme $VW'\in\tilde{\underline{\underline{P}}}$ cela revient encore à dire que $M^P_\mu(VW')=M^P_\mu(VW)$, c'est-à-dire que $W'=M^P_\mu(W|\tilde{\underline{\underline{P}}})$. ∎

Nous allons maintenant nous occuper du cas des mesures aléatoires à valeurs entières, pour lesquelles une autre caractérisation de $M^P_\mu(W|\tilde{\underline{\underline{P}}})$ est obtenue. Précisons que ce qui suit n'est utilisé qu'épisodiquement plus loin.

(3.27) PROPOSITION: <u>Soit</u> $\mu\in\tilde{\underline{\underline{A}}}^1_\sigma$ <u>donnée par (3.19)</u>, $W\in K(\mu)$ <u>et</u> $U=M^P_\mu(W|\tilde{\underline{\underline{P}}})$. <u>Pour tout</u> $T\in\underline{\underline{T}}_p$ <u>tel que les espérances conditionnelles ci-dessous existent, on a</u>

$$U(T,\beta_T)=E(W(T,\beta_T)|\underline{\underline{F}}^P_{T-}\vee\sigma(\beta_T)) \quad \underline{\text{sur}}\ \{T\in D\}, \tag{3.28}$$

$$\hat{U}_T=E(W(T,\beta_T)I_D(T)|\underline{\underline{F}}^P_{T-}) \quad \underline{\text{sur}}\ \{T<\infty\}. \tag{3.29}$$

<u>Démonstration</u>. Il suffit de montrer le résultat lorsque $W\geq 0$. Soit $A\in\underline{\underline{F}}^P_{T-}$, $B\in\underline{\underline{E}}$ et $V=I_AI_{[\![T]\!]}I_B$, qui est $\tilde{\underline{\underline{P}}}$-mesurable. Par suite

$$E(I_AI_B(\beta_T)W(T,\beta_T)) = M^P_\mu(VW) = M^P_\mu(VU) = E(I_AI_B(\beta_T)U(T,\beta_T)).$$

Mais $U\in\tilde{\underline{\underline{P}}}^+$, donc $U(T,\beta_T)$ est $\underline{\underline{F}}^P_{T-}\vee\sigma(\beta_T)$-mesurable (par un argument de classe monotone utilisant (1.5)) et la première égalité en découle. Pour obtenir la seconde, il suffit d'appliquer (3.25). ∎

On va voir que la relation (3.28) reste valide pour une classe de temps d'arrêt plus vaste que $\underline{\underline{T}}_p$. On désigne par $\underline{\underline{T}}(\mu)$ la classe des temps d'arrêt pour lesquels il existe $A\in\tilde{\underline{\underline{P}}}$ avec $(I_A\cdot\mu)([\![0,T[\![\times E)=0$ et

$(I_A \cdot \mu)(\{T\}\times E) = I_D(T)$. Remarquons que $\underline{\underline{T}}_p \subset T(\mu)$: il suffit en effet de prendre $A = [\![T]\!]\times E$.

(3.30) PROPOSITION: Soit $\mu \in \tilde{\underline{\underline{A}}}^1_\sigma$ et $W \in K(\mu)$.

(a) Il existe une suite (T_n) d'éléments de $\underline{\underline{T}}(\mu)$ de graphes deux-à-deux disjoints, telle que $D \doteq \bigcup_{(n)} [\![T_n]\!]$ et que chaque variable $W(T_n,\beta_{T_n}) I_{\{T_n<\infty\}}$ soit intégrable.

(b) Si $T \in \underline{\underline{T}}(\mu)$ et si $U = M^P_\mu(W|\tilde{\underline{\underline{P}}})$ on a (3.28) dès que l'espérance conditionnelle a un sens.

(c) Si $U \in \tilde{\underline{\underline{P}}}$ vérifie (3.28) pour tous les éléments d'une suite de temps d'arrêt appartenant à $\underline{\underline{T}}(\mu)$ et vérifiant les conditions de (a), on a $U = M^P_\mu(W|\tilde{\underline{\underline{P}}})$.

Démonstration. (a) Soit $(A(n))$ une partition $\tilde{\underline{\underline{P}}}$-mesurable de $\tilde{\Omega}$ telle que M^P_μ et $W \cdot M^P_\mu$ soient finies sur chaque $A(n)$. On désigne par $T(n,m)$ le $m^{\text{ième}}$ instant de saut du processus $I_{A(n)} * \mu$. Les $T(n,m)$ sont de graphes deux-à-deux disjoints, on a $D \doteq \bigcup_{(n,m)} [\![T(n,m)]\!]$ et la variable $W(T(n,m),\beta_{T(n,m)}) I_{\{T(n,m)<\infty\}}$ est intégrable. Enfin chaque $T(n,m)$ appartient à $\underline{\underline{T}}(\mu)$: prendre $A = A(n) \bigcap (]\!]T(n,m-1),T(n,m)]\!]\times E)$.

(b) Soit A l'élément de $\tilde{\underline{\underline{P}}}$ associé à $T \in \underline{\underline{T}}(\mu)$. Soit $B \in \underline{\underline{E}}$, $C \in \underline{\underline{F}}^P_{T-}$ et $V = I_A I_{[\![0,T]\!]} I_B I_C$, qui est $\tilde{\underline{\underline{P}}}$-mesurable. On a

$$E(I_C I_B(\beta_T) W(T,\beta_T)) = M^P_\mu(VW) = M^P_\mu(VU) = E(I_C I_B(\beta_T) U(T,\beta_T))$$

et on conclut comme dans la démonstration de (3.27).

(c) Il suffit d'écrire que si $V \in \tilde{\underline{\underline{P}}}$ vérifie $M^P_\mu(|VW|)<\infty$ on a

$$M^P_\mu(VW) = \sum_{(n)} E[(VW)(T_n,\beta_{T_n})] = \sum_{(n)} E[(VU)(T_n,\beta_{T_n})] = M^P_\mu(VU)$$

où (T_n) est la suite donnée dans l'hypothèse (la seconde égalité provient de ce que $V(T_n,\beta_{T_n})$ est $\underline{\underline{F}}^P_{T_n-} \vee \sigma(\beta_{T_n})$-mesurable). ■

Remarque: D'après (a), l'inclusion $\underline{\underline{T}}_p \subset \underline{\underline{T}}(\mu)$ est en général stricte. Mais nous ignorons si $\underline{\underline{T}}(\mu) = \underline{\underline{T}}$, ou si (3.28) est satisfaite pour tous les temps d'arrêt. ■

(3.31) LEMME: Soit $\mu \in \tilde{\underline{\underline{A}}}^1_\sigma$. Tout processus optionnel localement intégrable appartient à $K(\mu)$ (localement intégrable signifie qu'il existe une suite (T_n) de temps d'arrêt croissant P-p.s. vers $+\infty$, telle que $X_{T\wedge T_n}$ soit intégrable pour tout $T \in \underline{\underline{T}}$). Nous appliquerons ce lemme principalement pour $X \in \underline{\underline{M}}_{loc}$, ou lorsque X est le processus des sauts ΔM d'une martingale locale M .

Démonstration. Soit $(A(n))$ une partition $\tilde{\underline{\underline{P}}}$-mesurable de $\tilde{\Omega}$ telle que

$M^P_\mu(A(n))<\infty$ pour tout n, et $S(n,m)$ le $m^{\text{ième}}$ instant de saut du processus $I_{A(n)}*\mu$. Si $B_n = \bigcup_{m\leq n} [A(m)\bigcap([\![0,S(m,n)\wedge T_n]\!]\times E)$ on a $B_n \in \tilde{\underline{\underline{P}}}$ et $M^P_\mu(\tilde{\Omega}\setminus \bigcup_{(n)}B_n) = 0$. Le résultat découle alors de

$$M^P_\mu(I_{B_n}|X|) = \sum_{p,q\leq n} E(I_{\{S(p,q)\leq T_n, S(p,q)<\infty\}}|X_{S(p,q)}|) < \infty . \blacksquare$$

EXERCICES

3.1- On se place dans la situation de l'exercice 1.1, et on considère la mesure aléatoire $\mu(\omega,dt,dx) = \varepsilon_1(dt)F(\omega,dx)$ où F est une transition σ-finie de $(\Omega,\underline{\underline{F}})$ dans $(E,\underline{\underline{E}})$. Montrer que μ est nécessairement optionnelle, et que μ est prévisible si et seulement si la mesure $F(\omega,.)$ est P-p.s. égale à une mesure (déterministe) sur E.

3.2- Soit μ une mesure aléatoire "mesurable" au sens suivant: si $W\in (\tilde{\underline{\underline{F}}}^P)^+$ les processus $W*\mu^+$ et $W*\mu^-$ sont mesurables. Supposons de plus qu'il existe une partition $\tilde{\underline{\underline{P}}}$-mesurable $(A(n))$ de $\tilde{\Omega}$ telle que chaque $I_{A(n)}*\mu_\infty$ soit intégrable. On définit la mesure de Doléans M^P_μ par (3.10)

Montrer qu'il existe un élément et un seul μ^p de $\tilde{\underline{\underline{P}}}\bigcap\tilde{\underline{\underline{A}}}_\sigma$ tel que les mesures M^P_μ et $M^P_{\mu^p}$ coïncident sur $\tilde{\underline{\underline{P}}}$. Montrer qu'il existe un élément et un seul μ^o de $\tilde{\underline{\underline{A}}}_\sigma$ tel que les mesures M^P_μ et $M^P_{\mu^o}$ coïncident sur $\tilde{\underline{\underline{O}}}$. Montrer enfin que $\mu^p = (\mu^o)^p$.

3.3- Soit μ vérifiant les hypothèses de l'exercice 3.2; $K'(\mu)$ est l'ensemble des $W\in\tilde{\underline{\underline{F}}}^P$ telles que la mesure $W\cdot M^P_\mu$ soit $\tilde{\underline{\underline{P}}}$-$\sigma$-finie. Si $W\in K'(\mu)$ on définit $M^P_\mu(W|\tilde{\underline{\underline{P}}})$ comme au §e. Montrer que si $\mu\geq 0$ et si $W\in K'(\mu)$, la proposition (3.26) reste valide.

3.4- Soit X et μ^X comme dans (3.22). Soit f une fonction continue et $Y = f(X)$. Montrer que

$$(\mu^Y)^p([0,t]\times C) = \int(\mu^X)^p(ds,dx)I_C(f(X_{s-}+x) - f(X_{s-}))I_{\{s\leq t\}}.$$

3.5- On dit qu'une mesure aléatoire est "continue" si $\mu(\{t\}\times E) = 0$ identiquement. Montrer que toute mesure aléatoire continue optionnelle est prévisible.

3.6- Montrer que tout élément de $\tilde{\underline{\underline{V}}}$ peut s'écrire (de manière unique) comme la somme d'une mesure aléatoire continue (exercice 3.5) appartenant à $\tilde{\underline{\underline{V}}}$, et d'une mesure μ se mettant sous la forme

$$\mu(dt,dx) = \sum_{(n)} I_{\{T_n<\infty\}}\varepsilon_{T_n}(dt)F_n(dx)$$

où les T_n sont des temps d'arrêt de graphes deux-à-deux disjoints, et les $F_n(\omega,dx)$ des transitions de $(\Omega,\underline{\underline{F}}^P_{T_n})$ dans $(E,\underline{\underline{E}})$ vérifiant $\sup_{(\omega)}|F_n|(\omega,E)<\infty$. On dit que μ est "purement discontinue".

3.7- Soit μ une mesure aléatoire purement discontinue (exercice 3.6) appartenant à $\tilde{\underline{\underline{A}}}_\sigma$. Montrer que μ est prévisible si et seulement si on peut trouver une représentation où les T_n sont prévisibles et où les F_n sont des transitions de $(\Omega,\underline{\underline{F}}^P_{T_n-})$ dans $(E,\underline{\underline{E}})$.

3.8- Montrer que le seul élément positif de $\tilde{\underline{\underline{M}}}_\sigma$ est $\mu=0$.

3.9- La classe $\underline{\underline{T}}(\mu)$ définie au §e est-elle stable par $(\vee f)$, $(\vee d)$, $(\wedge f)$, $(\wedge d)$?

2 - TROIS EXEMPLES

§a - Mesures aléatoires de Poisson. Nous allons donner des mesures de Poisson une définition qui, dans la ligne de notre exposé, fait jouer au temps un rôle primordial.

(3.32) DEFINITION: Une mesure aléatoire de Poisson sur $(\Omega,\underline{\underline{F}},\underline{F},P)$ est un élément de $\tilde{\underline{\underline{V}}}^1$ vérifiant

(i) la mesure $m(A)=E(\mu(A))=M^P_\mu(\Omega\times A)$ sur $(\mathbb{R}_+\times E,\underline{\underline{B}}(\mathbb{R}_+)\otimes\underline{\underline{E}})$ est σ-finie et n'a pas d'atome;

(ii) $m(\{0\}\times E)=0$;

(iii) si $t\in\mathbb{R}_+$ et si les $A_i\in\underline{\underline{B}}(]t,\infty[)\otimes\underline{\underline{E}}$ sont deux-à-deux disjoints, avec $m(A_i)<\infty$, les variables $\mu(A_i)$ sont indépendantes entre elles, et indépendantes de $\underline{\underline{F}}_t$.

La mesure m s'appelle la mesure intensité de la mesure aléatoire de Poisson μ.

(3.33) Remarque: Rappelons que si $(G,\underline{\underline{G}})$ est un espace mesurable, et δ un point extérieur à G, on appelle répartition ponctuelle sur G une suite (V_n) de variables aléatoires à valeurs dans $G\cup\{\delta\}$, et on lui associe la "mesure de comptage" $N=\sum_{(n)}I_{\{V_n\in G\}}\varepsilon_{V_n}$. On dit que la répartition ponctuelle est poissonienne si:

(i) la mesure $m(A)=E(N(A))$ sur $(G,\underline{\underline{G}})$ est σ-finie et sans atome;

(ii) lorsque les $A_i\in\underline{\underline{G}}$ sont deux-à-deux disjoints et vérifient $m(A_i)<\infty$, les variables $N(A_i)$ sont indépendantes.

Si μ est une mesure aléatoire de Poisson, donnée par (3.19), on considère une suite de temps d'arrêt (T_n), de graphes deux-à-deux disjoints, telle que $D = \bigcup_{(n)} [\![T_n]\!]$. La répartition ponctuelle sur $G =]0,\infty[\times E$ donnée par $V_n = (T_n, \beta_{T_n})$ si $T_n < \infty$, et $V_n = \delta$ si $T_n = \infty$, est alors une <u>répartition ponctuelle de Poisson</u> au sens précédent. C'est toutefois une répartition ponctuelle de Poisson un peu particulière, car d'une part elle ne possède jamais deux points sur la même "coupe" $\{t\}\times E$ (parce qu'on veut que $\mu \in \tilde{\underline{\underline{V}}}^1$), d'autre part dans (3.32,iii) on impose l'indépendance des $\mu(A_i)$ entre elles, et avec $\underline{\underline{F}}_t$, quand $A_i \subset]t,\infty[\times E$ (ce qui est strictement plus fort que l'indépendance des $\mu(A_i)$ entre elles, sauf lorsque $\underline{\underline{F}}$ est la plus petite filtration rendant μ optionnelle).∎

On peut montrer que si N est la mesure de comptage d'une répartition ponctuelle de Poisson, pour tout $A \in \underline{\underline{G}}$ tel que $m(A) < \infty$ la variable $N(A)$ suit une loi de Poisson de paramètre $m(A)$; nous allons démontrer ce résultat dans le cas particulier d'une mesure aléatoire de Poisson.

(3.34) THEOREME: (a) <u>Soit</u> μ <u>une mesure aléatoire de Poisson d'intensité</u> m. <u>On a</u> $m(\{t\}\times E) = 0$ <u>pour tout</u> t <u>et</u> $\nu(\omega,.) = m(.)$ <u>est une version de la projection prévisible duale de</u> μ.

(b) <u>Soit</u> $\mu \in \tilde{\underline{\underline{A}}}^1_\sigma$. <u>Soit</u> m <u>une mesure</u> σ<u>-finie sur</u> $\mathbb{R}_+\times E$ <u>vérifiant</u> $m(\{t\}\times E) = 0$ <u>pour tout</u> t. <u>Si</u> $\mu^p(\omega,.) = m(.)$, μ <u>est une mesure de Poisson d'intensité</u> m, <u>et pour tout</u> A <u>tel que</u> $m(A) < \infty$ <u>la variable</u> $\mu(A)$ <u>suit une loi de Poisson de paramètre</u> $m(A)$.

<u>Démonstration</u>. (a) Supposons que $m(\{t\}\times E) > 0$. Comme m n'a pas d'atome, il existe $B \in \underline{\underline{E}}$ tel que si $A = \{t\}\times B$ et $A' = \{t\}\times B^c$, on ait $m(A) > 0$ et $m(A') > 0$. Mais les variables $\mu(A)$ et $\mu(A')$ sont indépendantes, à valeurs dans $\mathbb{N}$, d'espérance strictement positive: on ne peut donc avoir $\mu(\{t\}\times E) = \mu(A) + \mu(A') \leq 1$ P-p.s., ce qui contredit l'hypothèse: donc $m(\{t\}\times E) = 0$ pour tout t.

Il est évident que ν est prévisible, et que $M^P_\nu = P\otimes m$. Soit $0 \leq s \leq t$, $B \in \underline{\underline{F}}_s$, $A \in \underline{\underline{B}}(\mathbb{R}_+)\otimes\underline{\underline{E}}$ avec $m(A) < \infty$, et $C = (\Omega\times A)\bigcap(B\times]s,t]\times E)$; d'après (3.32,iii) on a

$$M^P_\mu(C) = E[I_B\mu(A\bigcap(]s,t]\times E))] = P(B)m(A\bigcap(]s,t]\times E)) = M^P_\nu(C).$$

D'après (1.8) les ensembles C de la forme ci-dessus engendrent $\tilde{\underline{\underline{P}}}\bigcap(]0,\infty[\times E)$, tandis que $M^P_\mu([\![0]\!]\times E) = M^P_\nu([\![0]\!]\times E) = m(\{0\}\times E) = 0$. Un argument de classe monotone montre alors que M^P_μ et M^P_ν coïncident sur $\tilde{\underline{\underline{P}}}$.

(b) Il nous suffit de prouver que μ satisfait (3.32,iii), c'est-à-dire que si $s \geq 0$, si $Z \in b\underline{\underline{F}}_s$, si les $(A_m)_{m\leq n}$ sont des éléments deux-à-deux disjoints de $\underline{\underline{B}}(]s,\infty[)\otimes\underline{\underline{E}}$ vérifiant $m(A_m)<\infty$, et si les $(u_m)_{m\leq n}$ sont des réels quelconque, on a

$$E(Z\exp\sum_{m\leq n} i\,u_m\,\mu(A_m)) \;=\; E(Z)\exp\sum_{m\leq n}(e^{iu_m}-1)m(A_m). \tag{3.35}$$

Posons

$$Y \;=\; \exp\sum_{m\leq n} i\,u_m\,(I_{A_m}*\mu)$$

$$W(\omega,t,x) \;=\; \sum_{m\leq n} Y_{t-}(\omega)I_{A_m}(t,x)(e^{iu_m x}-1).$$

On a $Y=1+W*\mu$: en effet, Y et $1+W*\mu$ sont deux processus à valeurs complexes, à variation finie, égaux à 1 en $t=0$, qui sont purement discontinus (i.e., sont la somme de leurs sauts), et qui ont mêmes sauts. Comme $m(A_m)<\infty$ et $|Y|=1$ il est clair que $|W|*\mu\in\underline{\underline{A}}^+$; comme $W\in\underline{\underline{\widetilde{P}}}$, $W*\mu^p=(W*\mu)^p$ d'après (3.15). Donc $W*\mu-W*\mu^p$ est une martingale uniformément intégrable (à valeurs complexes), nulle sur $[0,s]$. Si $f(t)=E(ZY_t)$, en utilisant le fait que $Z\in b\underline{\underline{F}}_s$ on obtient

$$f(t) \;=\; E(Z)+E(Z\,W*\mu_t) \;=\; E(Z)+E(Z\,W*\mu^p_t).$$

Considérons par ailleurs une désintégration $m(dt,dx)=C(dt)N_t(dx)$, où C est une mesure positive finie non atomique. Il vient alors, si $g(t)=\int N_t(dx)\sum_{m\leq n} I_{A_m}(t,x)(e^{iu_m x}-1)$:

$$W*\mu^p_t(\omega) \;=\; \int_{]s,t]} C(dr)g(r)Y_{r-}(\omega)$$

et d'après le théorème de Fubini,

$$f(t) \;=\; E(Z)+\int_{]s,t]} C(dr)g(r)f(r-).$$

L'unique solution de cette équation en f est

$$f(t) \;=\; E(Z)\exp\int_{]s,t]} C(dr)g(r)$$

et si on prend $t=\infty$ dans cette expression on trouve (3.35).∎

<u>Remarque</u>: On peut se demander ce qui se passe lorsque l'hypothèse (3.34,b) est satisfaite, à l'exception de $m(\{t\}\times E)=0$. Supposons que $m(\{t\}\times E)>0$, et soit F_t une probabilité sur E telle que $m(\{t\}\times dx)=m(\{t\}\times E)F_t(dx)$. On peut alors montrer que la variable β_t intervenant dans (3.19) est indépendante de $\underline{\underline{F}}_{t-}$ et des $\mu(A)$ pour $A\subset]t,\infty[\times E$; de plus $P(\beta_t\in B|\beta_t\in E)=F_t(B)$. La condition (3.32,iii) n'est plus satisfaite, à moins que toutes les F_t ne soient des mesures de Dirac, auquel cas m aurait des atomes.∎

La propriété (3.32,iii) et le fait que $\mu(A)$ suive une loi de Poisson de paramètre $m(A)$ connu, suffisent à déterminer la loi de μ, c'est-à-dire les lois conjointes de toutes les familles finies $(\mu(A_1),\ldots,\mu(A_n))$ de variables aléatoires. Autrement dit, si $\underline{G}$ est la tribu engendrée par les $\mu(A)$ lorsque A parcourt $\underline{\underline{B}}(\mathbb{R}_+)\otimes\underline{\underline{E}}$, la restriction de P à $\underline{\underline{G}}$ est entièrement déterminée par la mesure m. Si $\underline{\underline{G}}$ est la plus petite filtration rendant μ optionnelle, on a $\underline{\underline{G}}=\underline{\underline{G}}_{\infty}$, d'où le corollaire suivant:

(3.36) COROLLAIRE: Soit $\underline{\underline{H}}\subset\underline{\underline{F}}$ et $\underline{\underline{F}}$ la plus petite filtration telle que $\underline{\underline{G}}\subset\underline{\underline{F}}$ et $\underline{\underline{H}}\subset\underline{\underline{F}}_0$. Soit P et Q deux probabilités coïncidant sur $\underline{\underline{H}}$. Soit m une mesure σ-finie sur $\mathbb{R}_+\times E$ vérifiant $m(\{t\}\times E)=0$ pour tout t. Si $\nu(\omega,.)=m(.)$ est une version de la projection prévisible duale de μ pour P et Q, alors P et Q coïncident sur $\underline{\underline{F}}_{\infty}$.

§b - Processus ponctuels multivariés. On présente maintenant un second exemple de répartition ponctuelle sur $]0,\infty[\times E$.

(3.37) DEFINITION: Un processus ponctuel multivarié est une mesure aléatoire à valeurs entières μ, telle qu'il existe une suite $(T_n)_{n\geq 1}$ d'applications: $\Omega\longrightarrow]0,\infty]$ telle que $T_n<T_{n+1}$ sur $\{T_n<\infty\}$ et que $D=\bigcup_{(n)}[\![T_n]\!]$. D est associé à μ, de même que β, par (3.19), et les "points" du processus ponctuel multivarié sont les (T_n,β_{T_n}) pour $T_n<\infty$.

Lorsque E est réduit à un point, on dit simplement: processus ponctuel et dans ce cas la mesure μ est entièrement déterminée par le processus de comptage $N=1*\mu=\sum_{(n)}I_{[\![T_n,\infty[\![}$.

On pose $T_0=0$ et $T_{\infty}=\lim_{(n)}\uparrow T_n$; il faut noter que le processus ponctuel n'a pas de points dans les ensembles $\{T_0\}\times E$ et $[T_{\infty},\infty[\times E$.

Comme T_n est le $n^{\text{ième}}$ instant de saut de $1*\mu$, et comme

$$\{\beta_{T_n}\in C, T_n<\infty\} = \{I_C*\mu_{T_n}-I_C*\mu_{T_{n-1}}=1, T_n<\infty\},$$

dire que μ est optionnelle équivaut à dire que $T_n\in\underline{\underline{T}}$ et que β_{T_n} est $\underline{\underline{F}}_{T_n}$-mesurable pour chaque n. Dans ce cas, $T_{\infty}\in\underline{\underline{T}}_p$ d'après (1.9). Comme $M^P_{\mu}([\![0]\!]\times E)=M^P_{\mu}([\![T_{\infty},\infty[\![\times E)=0$ et $M^P_{\mu}(]\!]T_n,T_{n+1}]\!]\times E)\leq 1$, on a $\mu\in\underline{\underline{\tilde{A}}}^1_{\sigma}$ dès que μ est optionnelle.

(3.38) PROPOSITION: Soit $\mu\in\underline{\underline{\tilde{A}}}^1_{\sigma}$. Pour que μ soit un processus ponctuel multivarié, il faut et il suffit que si $S=\inf(t: 1*\mu^p_t=\infty)$ on ait $M^P_{\mu^p}([\![0]\!]\times E)=M^P_{\mu^p}([\![S,\infty[\![\times E)=0$.

Démonstration. Si μ est un processus ponctuel multivarié, on a $S\geq T_{\infty}$ puisque $E(1*\mu^p_{T_n})=E(1*\mu_{T_n})\leq n$ pour tout n, d'où la condition nécessaire. Supposons inversement la condition de l'énoncé satisfaite. D'après (1.37) il existe une suite (S_n) de temps d'arrêt croissant vers S et telle que $E(1*\mu^p_{S_n})\leq n$; donc $E(1*\mu_{S_n})\leq n$ et en dehors d'un ensemble P-négligeable on a $1*\mu_t<\infty$ pour tout $t<S$, $I_{[\![0]\!]}\cdot\mu=0$ et $I_{[\![S,\infty[\![}\cdot\mu=0$: il est facile d'en déduire que μ est un processus ponctuel multivarié. ∎

Dans la suite de ce paragraphe on fixe un processus ponctuel multivarié μ. On va montrer que, sous certaines hypothèses concernant les tribus, la probabilité P est "caractérisée" par la projection prévisible duale de μ, au sens de (3.36).

Il nous faut d'abord étudier la structure de la filtration "engendrée" par μ. Notons $\underline{G}=(\underline{\underline{G}}_t)_{t\geq 0}$ la plus petite filtration rendant μ optionnelle: on a évidemment $T_n\in\underline{\underline{T}}(\underline{G})$, et $\underline{G}$ est la plus petite filtration telle que chaque $\underline{\underline{G}}_{T_n}$ contienne $\underline{\underline{G}}(n)=\sigma(T_m,\beta_{T_m}:m\leq n)$.

Soit également $\underline{H}=(\underline{\underline{H}}_t)_{t\geq 0}$ la plus petite filtration telle que $\underline{\underline{F}}_0\vee\underline{\underline{G}}_t\subset\underline{\underline{H}}_t$. Posons $\underline{\underline{H}}(n)=\underline{\underline{F}}_0\vee\sigma(T_m,\beta_{T_m}:m\leq n)$ et $\underline{\underline{H}}(\infty)=\bigvee_{(n)}\underline{\underline{H}}(n)$. De même que ci-dessus, $\underline{H}$ est la plus petite filtration telle que $T_n\in\underline{\underline{T}}(\underline{H})$ et $\underline{\underline{H}}(n)\subset\underline{\underline{H}}_{T_n}$ pour chaque $n\in\mathbb{N}$.

(3.39) PROPOSITION: (a) <u>On a</u> $\underline{\underline{H}}_t=\underline{\underline{F}}_0\vee\underline{\underline{G}}_t$ <u>et</u>

$$\underline{\underline{H}}_t=\{[\cup_{q\in\mathbb{N}}(A_q\cap\{T_q\leq t<T_{q+1}\})]\cup[A_\infty\cap\{T_\infty\leq t\}]:\ A_n\in\underline{\underline{H}}(n)\text{ pour tout } n\in\overline{\mathbb{N}}\}.$$

(b) <u>Pour qu'un processus</u> X <u>soit</u> <u>H-prévisible, il faut et il suffit que</u> $X_0\in\underline{\underline{F}}_0$ <u>et qu'il existe pour chaque</u> $n\in\overline{\mathbb{N}}$ <u>un processus</u> $\underline{\underline{H}}(n)$<u>-mesurable</u> (cf. (0.24)) <u>tels que</u>

$$X\ =\ X_0I_{[\![0]\!]}+\sum_{n\geq 0}Y^nI_{]\!]T_n,T_{n+1}]\!]}+Y^\infty I_{[\![T_\infty,\infty[\![}\ .$$

Remarquons que $\underline{\underline{H}}_t=\bigcap_{s>t}(\underline{\underline{F}}_0\vee\underline{\underline{G}}_s)$ de manière évidente, et cette proposition montre en particulier que la famille croissante $(\underline{\underline{F}}_0\vee\underline{\underline{G}}_t)_{t\geq 0}$ est continue à droite.

<u>Démonstration</u>. (a) Soit $\underline{\underline{K}}_t$ la tribu définie par la formule de l'énoncé. Il est clair que $\underline{\underline{K}}_t$ est aussi l'ensemble des $A\in\underline{\underline{H}}(\infty)$ tels que pour tout $n\in\mathbb{N}$ il existe $A_n\in\underline{\underline{H}}(n)$ avec $A\cap\{t<T_{n+1}\}=A_n\cap\{t<T_{n+1}\}$, car chaque T_n est $\underline{\underline{H}}(n)$-mesurable. Si $t\leq s$ cette formule implique qu'à fortiori $A\cap\{s<T_{n+1}\}=A_n\cap\{s<T_{n+1}\}$, d'où l'on déduit $\underline{\underline{K}}_t\subset\underline{\underline{K}}_s$. Si $A\in\bigcap_{s>t}\underline{\underline{K}}_s$ il existe $A(n,s)\in\underline{\underline{H}}(n)$ tel que $A\cap\{s<T_{n+1}\}=A(n,s)\cap\{s<T_{n+1}\}$ pour tout $s>t$; on vérifie aisément que $A_n=\bigcup_{s>t,s\in\mathbb{Q}}A(n,s)$ est dans $\underline{\underline{H}}(n)$ et vérifie $A\cap\{t<T_{n+1}\}=A_n\cap\{t<T_{n+1}\}$, donc $A\in\underline{\underline{K}}_t$: autrement dit, $\underline{K}=(\underline{\underline{K}}_t)_{t\geq 0}$ est une filtration.

On a $A\cap\{T_n\leq t\}\cap\{t<T_{q+1}\}=A_q\cap\{t<T_{q+1}\}$ si on prend $A_q=\emptyset$ pour

$q<n$ et $A_q = A$ pour $q \geq n$. Avec $A = \Omega$, puis $A = \{\beta_{T_n} \in B\}$, on en déduit que $T_n \in \underline{\underline{T}}(\underline{\underline{K}})$ et $\underline{\underline{H}}(n) \subset \underline{\underline{K}}_{T_n}$. Par ailleurs la définition de $\underline{\underline{H}}$ entraine que $\underline{\underline{H}}(n) \subset \underline{\underline{H}}_{T_n}$ et d'après (1.2) que $A_q \bigcap \{T_q \leq t < T_{q+1}\} \in \underline{\underline{H}}_t$ et $A_\infty \bigcap \{T_\infty \leq t\} \in \underline{\underline{H}}_t$ si $A_n \in \underline{\underline{H}}(n)$ pour tout $n \in \overline{\mathbb{N}}$. Comme $\underline{\underline{H}}$ est la plus petite filtration telle que $T_n \in \underline{\underline{T}}(\underline{\underline{H}})$ et $\underline{\underline{H}}(n) \subset \underline{\underline{H}}_{T_n}$, on en déduit que $\underline{\underline{H}} = \underline{\underline{K}}$.

En particulier si $\underline{\underline{F}}_0$ est triviale, on obtient:

$$\underline{\underline{G}}_t = \{[\bigcup_{q \in \mathbb{N}} (A_q \bigcap \{T_q \leq t < T_{q+1}\})] \bigcup [A_\infty \bigcap \{T_\infty \leq t\}] : A_n \in \underline{\underline{G}}(n) \quad \text{pour} \quad n \in \overline{\mathbb{N}}\}.$$

Comme $\underline{\underline{H}}(n) = \underline{\underline{F}}_0 \vee \underline{\underline{G}}(n)$, on en déduit que $\underline{\underline{H}}_t = \underline{\underline{F}}_0 \vee \underline{\underline{G}}_t$.

(b) Supposons d'abord que X se mette sous la forme de l'énoncé: la $\underline{\underline{H}}$-prévisibilité de X découle immédiatement de (1.8,ii) et des propriétés $T_\infty \in \underline{\underline{T}}_p(\underline{\underline{H}})$ et $\underline{\underline{H}}_{(T_\infty)-} = \underline{\underline{H}}(\infty)$.

Pour la condition suffisante il suffit, d'après un argument de classe monotone et (1.8,iii), de montrer que si $t<s$, $A \in \underline{\underline{H}}_t$, alors $X = I_A I_{]t,s]}$ se met sous la forme annoncée. Mais si A est de la forme donnée dans la partie (a) de l'énoncé, il suffit de prendre $Y^\infty = X$ et

$$Y^n = (\sum_{q<n} I_{A_q \bigcap \{T_q \leq t < T_{q+1}\}} + I_{A_n \bigcap \{T_n \leq t\}}) I_{]t,s]}. \blacksquare$$

On peut préciser encore un peu la structure des temps d'arrêt:

(3.40) PROPOSITION: (a) <u>L'application:</u> $\Omega \xrightarrow{T} [0,\infty]$ <u>est dans</u> $\underline{\underline{T}}(\underline{\underline{H}})$ <u>si et seulement si pour tout</u> $n \in \overline{\mathbb{N}}$ <u>il existe une variable</u> $R_n \in \underline{\underline{H}}(n)$ <u>telle que</u> $T \wedge T_{n+1} = R_n \wedge T_{n+1}$ <u>sur</u> $\{T_n \leq T\}$ <u>pour</u> $n \in \mathbb{N}$ <u>et</u> $T = R_\infty$ <u>sur</u> $\{T_\infty \leq T\}$.

(b) <u>Pour tout</u> $T \in \underline{\underline{T}}(\underline{\underline{H}})$ <u>on a</u>

$$\underline{\underline{H}}_T = \{[\bigcup_{q \in \mathbb{N}} (A_q \bigcap \{T_q \leq T < T_{q+1}\})] \bigcup [A_\infty \bigcap \{T_\infty \leq T\}] : A_n \in \underline{\underline{H}}(n) \quad \text{pour} \quad n \in \overline{\mathbb{N}}\}$$

<u>et en particulier</u> $\underline{\underline{H}}_{T_n} = \underline{\underline{H}}(n)$.

<u>Démonstration</u>. (a) On a $T \in \underline{\underline{T}}(\underline{\underline{H}})$ si et seulement si $X = I_{]\!]0,T]\!]}$ est $\underline{\underline{H}}$-prévisible, c'est-à-dire se met sous la forme (3.49,b) avec des Y^n qu'on peut évidemment choisir de la forme $I_{]\!]0,R_n]\!]}$. Dans ce cas $R_n \in \underline{\underline{H}}(n)$ et la formule (3.49,b) équivaut à $T \wedge T_{n+1} = R_n \wedge T_{n+1}$ sur $\{T_n \leq T\}$ pour tout $n \in \mathbb{N}$ et $T = R_\infty$ sur $\{T_\infty \leq T\}$.

(b) D'après (1.2), $\underline{\underline{H}}_T$ contient l'ensemble décrit dans l'énoncé. Inversement si $A \in \underline{\underline{H}}_T$, on a $S = T_A \in \underline{\underline{T}}(\underline{\underline{H}})$; (R_n) et (S_n) étant les suites associées à T et à S dans (a), il suffit de poser $A_q = \{R_q = S_q\}$ pour avoir

$$A = [\bigcup_{q \in \mathbb{N}} (A_q \bigcap \{T_q \leq T < T_{q+1}\})] \bigcup [A_\infty \bigcap \{T_\infty \leq T\}]. \blacksquare$$

On va maintenant donner une forme explicite de la projection prévisible duale de μ, dans le cas où $\underline{\underline{F}}^P_t = \underline{\underline{F}}^P_0 \vee \underline{\underline{G}}_t$ pour tout t, ce qui revient à dire que $\underline{\underline{F}}^P$ est la complétée de la filtration $\underline{\underline{H}}$. On note $G_n(\omega,dt,dx)$ une version régulière de la loi conditionnelle de $(T_{n+1},\beta_{T_{n+1}})$ par rapport à $\underline{\underline{H}}_{T_n}$ (avec $\beta_\infty=\delta$ par convention): G_n est une probabilité sur $\overline{\mathbb{R}}_+\times E_\delta$, portée par $]T_n,\infty[\times E\bigcup\{\infty,\delta\}$.

(3.41) PROPOSITION: On suppose que $\underline{\underline{F}}_t^P=\underline{\underline{F}}_0^P\bigvee\underline{\underline{G}}_t$. La mesure aléatoire

$$\nu(dt,dx) = \sum_{n\in\mathbb{N}} \frac{G_n(dt,dx)}{G_n([t,\infty]\times E_\delta)} I_{\{T_n<t\leq T_{n+1}\}\bigcap\{t<\infty\}}$$

est une version de μ^p.

Démonstration. Soit $W\in\underline{\underline{\tilde{P}}}^+$. On a $W*\nu=\sum_{(n)} Y^n I_{[\![T_n,\infty[\![}$ où

$$Y_t^n = \int \frac{G_n(ds,dx)}{G_n([s,\infty]\times E_\delta)} W(s,x)I_{\{T_n<s\leq T_{n+1}\}\bigcap\{s\leq t\}}.$$

Mais on peut appliquer (3.39) à la filtration $\underline{\underline{F}}^P$ (il suffit de remplacer $\underline{\underline{F}}_0$ par $\underline{\underline{F}}_0^P$) et par un argument de classe monotone on voit que $WI_{]\!]T_n,T_{n+1}]\!]}$ est $\underline{\underline{F}}_{T_n}^P\otimes\underline{\underline{B}}(\mathbb{R}_+)\otimes\underline{\underline{E}}$-mesurable; étant données les propriétés de mesurabilité de G_n, le processus Y^n est $\underline{\underline{F}}_{T_n}^P$-mesurable et une nouvelle application de (3.39) montre que $W*\nu$ est $\underline{\underline{F}}^P$-prévisible; par suite la mesure ν est prévisible. De plus

$$M_\nu^P(W) = E(W*\nu_\infty) = \sum_{n\geq 0} E\Big(\int \frac{G_n(dt,dx)}{G_n([t,\infty]\times E_\delta)} W(t,x)I_{\{T_n<t\leq T_{n+1}\}\bigcap\{t<\infty\}}\Big)$$

$$= \sum_{n\geq 0} E\Big(\int G_n(ds\times E)\int \frac{G_n(dt,dx)}{G_n([t,\infty]\times E_\delta)} W(t,x)I_{\{t<\infty\}\bigcap\{t\leq s\}}\Big)$$

$$= \sum_{n\geq 0} E\Big(\int G_n(dt,dx)W(t,x)I_{\{t<\infty\}}\Big) = \sum_{n\geq 0} E(W(T_n,\beta_{T_n})I_{\{T_n<\infty\}}) = M_\mu^P(W)$$

(la quatrième égalité est obtenue en intervertissant l'ordre des intégrations), si bien que $\nu=\mu^p$. ∎

Voici maintenant le principal résultat de ce paragraphe.

(3.42) THEOREME: Soit μ un processus ponctuel multivarié et $\underline{\underline{G}}$ la plus petite filtration qui le rend optionnel. Soit P et Q deux probabilités sur $(\Omega,\underline{\underline{F}})$ qui coïncident sur $\underline{\underline{F}}_0$, et telle que $\underline{\underline{F}}_t^P=\underline{\underline{F}}_0^P\bigvee\underline{\underline{G}}_t$ et $\underline{\underline{F}}_t^Q=\underline{\underline{F}}_0^Q\bigvee\underline{\underline{G}}_t$. Si μ admet la même mesure $\underline{\underline{H}}$-prévisible ν pour projection prévisible duale pour P et pour Q (où $\underline{\underline{H}}_t=\underline{\underline{F}}_0\bigvee\underline{\underline{G}}_t$), alors P et Q coïncident sur $\underline{\underline{F}}_\infty$.

Démonstration. Il suffit de montrer que P et Q coïncident sur $\underline{\underline{H}}_\infty$. Nous allons raisonner par l'absurde. Comme $\underline{\underline{H}}_\infty=\bigvee_{(n)}\underline{\underline{H}}_{T_n}$, si P et Q ne coïncide pas sur $\underline{\underline{H}}_\infty$, il existe $n\in\mathbb{N}$ tel que P et Q coïncident sur $\underline{\underline{H}}_{T_n}$, et pas sur $\underline{\underline{H}}_{T_{n+1}}$.

D'abord, pour tout $B\in\underline{\underline{E}}$, il existe d'après (3.39) un processus $\underline{\underline{H}}_{T_n}$-

mesurable $Y(B)$, nul sur $[\![0,T_n]\!]$, tel que $\nu(]\!]T_n,t]\times B) = Y(B)_t$ sur $]\!]T_n,T_{n+1}]\!]$. Notons G une version régulière de la loi conditionnelle de $(T_{n+1},\beta_{T_{n+1}})$ par rapport à $\underline{\underline{H}}_{T_n}$, pour P. On considère l'intervalle $I(\omega) = \{t<\infty: G(\omega,[t,\infty]\times E_\delta)>0\}$. On pose

$$f(B)_t = \int \frac{G(ds\times B)}{G([s,\infty]\times E_\delta)} I_{\{s\leq t\}}$$

et comme $\underline{\underline{E}}$ est séparable, l'ensemble $A = \{\omega: f(B)_t(\omega) = Y(B)_t(\omega) \quad \forall B\in \underline{\underline{E}}, \forall t\in I(\omega)\}$ est dans $\underline{\underline{H}}_{T_n}$. On associe de même à la probabilité Q les termes G', I', $f'(B)$ et A'.

(3.41) entraine que $Y(B)_t \overset{=}{} f(B)_t$ sur $\{T_n< t\leq T_{n+1}\}$, et $Y(B)_t = f(B)_t = 0$ par construction sur $\{t\leq T_n\}$. Donc

$$0 = P(Y(B)_t\neq f(B)_t, t\leq T_{n+1}) = E(I_{\{Y(B)_t\neq f(B)_t\}} G([t,\infty]\times E_\delta)),$$

ce qui entraine $P(Y(B)_t\neq f(B)_t, t\in I) = 0$. Par suite $P(A) = 1$, et de même $Q(A') = 1$. Mais P et Q coïncident sur $\underline{\underline{H}}_{T_n}$, donc si $\tilde{A} = A\bigcap A'$ on a $P(\tilde{A}) = Q(\tilde{A}) = 1$.

Par ailleurs, il est facile de vérifier que les relations entre $f(B)$ et G s'inversent de la manière suivante, où pour simplifier on a posé $h_t = f(E_\delta)_t$ et $\Delta h_t = h_t - h_{t-}$:

$$G([0,t]\times E_\delta) = 1 - e^{h_t} \prod_{0<s\leq t} [(1+\Delta h_s)e^{-\Delta h_s}]$$

$$G([0,t]\times B) = f(B)_t - \int G([0,s]\times E_\delta) I_{\{s\leq t\}} df(B)_s .$$

Par suite si $\omega\in\tilde{A}$, comme $f(B)_t(\omega) = f'(B)_t(\omega)$ pour tous $t\in I(\omega)\bigcap I'(\omega)$ et $B\in\underline{\underline{E}}$, on voit que les mesures $G(\omega,.)$ et $G'(\omega,.)$ coïncident sur $(I(\omega)\bigcap I'(\omega))\times E_\delta$. Mais G et G' sont deux probabilités, qui vérifient $G(I\times E) = 1$ (resp. $G'(I\times E) = 1$) si I (resp. I') est un intervalle borné de $\mathbb{R}_+$. On en déduit que $G(\omega,.) = G'(\omega,.)$ si $\omega\in\tilde{A}$. Comme $P(\tilde{A}) = Q(\tilde{A}) = 1$ et comme $\underline{\underline{H}}_{T_{n+1}} = \underline{\underline{H}}_{T_n} \bigvee \sigma(T_{n+1},\beta_{T_{n+1}})$, cela entraine que P et Q coïncident sur $\underline{\underline{H}}_{T_{n+1}}$, d'où une contradiction.∎

(3.43) <u>Remarque</u>: Lorsque l'espace Ω est "assez grand" on peut, à partir d'un processus ponctuel multivarié μ et d'une mesure aléatoire prévisible ν "raisonnable" construire la probabilité (unique d'après (3.42)) pour laquelle $\mu^p = \nu$. Supposons par exemple que Ω soit "l'espace canonique" de tous les processus ponctuels multivariés, c'est-à-dire la partie de $(]0,\infty]\times E_\delta)^{\mathbb{N}\setminus\{0\}}$ constituée des suites (t_n,α_n) telles que $t_n< t_{n+1}$ et $\alpha_n\in E$ si $t_n<\infty$, et $\alpha_n = \delta$ si $t_n = \infty$. Sur cet espace on définit le processus ponctuel multivarié "canonique"

$$\mu((t_n,\alpha_n),.) = \sum_{n\geq 1} I_{\{t_n<\infty\}} \varepsilon_{(t_n,\alpha_n)}(.)$$

et on suppose que $\underline{\underline{F}}$ est la plus petite filtration rendant μ optionnelle et que $\underline{\underline{F}} = \underline{\underline{F}}_{\infty}$. On peut alors montrer que si ν est une mesure aléatoire positive $\underline{\underline{F}}$-prévisible telle que $\nu(\{t\}\times E) \leq 1$ et que $I_{[\![0]\!]}\cdot\nu = I_{[\![S,\infty[\![}\cdot\nu = 0$, où $S = \inf(t: 1*\mu_t = \infty)$, alors <u>il existe une probabilité sur</u> $(\Omega,\underline{\underline{F}})$, <u>et une seule d'après (3.41), pour laquelle</u> $\mu \in \tilde{\underline{\underline{A}}}^1_\sigma$ <u>et</u> ν <u>est la projection prévisible duale de</u> μ : cf. exercice 3.14.∎

§c - <u>Caractéristiques locales d'une semimartingale vectorielle</u>. On va maintenant considérer des processus $X = (X^j)_{j\leq m}$ à valeurs dans $\mathbb{R}^m$. Lorsqu'on parle de semimartingale, semimartingale spéciale, décomposition canonique, martingale, etc..., cela s'entend "composante par composante" (ainsi qu'on l'a déjà écrit parfois, d'ailleurs!)

Soit X une semimartingale à valeurs dans $\mathbb{R}^m$. On pose

(3.44) $$\tilde{X} = S(\Delta X\, I_{\{|\Delta X|>1\}} I_{]\!]0,\infty[\![}).$$

Le processus $X - \tilde{X} - X_0$ est une semimartingale à sauts bornés, donc spéciale, et elle admet la décomposition canonique

(3.45) $$X - \tilde{X} - X_0 = M + B$$

où M est une martingale locale nulle en 0, et B est un processus dont les composantes appartiennent à $\underline{\underline{P}} \cap \underline{\underline{V}}_0$.

(3.46) DEFINITION: <u>On appelle caractéristiques locales de la semimartingale</u> X <u>le triplet</u> (B,C,ν) <u>constitué de</u>:

(i) B, <u>processus vectoriel défini par (3.45)</u>;

(ii) $C = (C^{jk})_{j,k\leq m}$, <u>processus matriciel</u> $m\times m$ <u>de composantes</u>
$$C^{jk} = \langle (X^j)^c, (X^k)^c \rangle ;$$

(iii) ν, <u>projection prévisible duale de la mesure</u> μ^X <u>associée à</u> X <u>par (3.22)</u> (et dont on sait qu'elle appartient à $\tilde{\underline{\underline{A}}}^1_\sigma$).

Le triplet (B,C,ν) est défini de manière unique, à un ensemble P-négligeable près. Remarquons que, si C et ν sont "intrinsèques", il n'en est pas de même de B : en effet, le processus $\tilde{X}$ est choisi de manière à ce que $X - \tilde{X}$ soit spéciale, mais sa forme précise n'a pas beaucoup d'importance; si au lieu de (3.44) on avait posé par exemple $\tilde{X} = S(\Delta X I_{\{|\Delta X|>b\}} I_{]\!]0,\infty[\![})$ pour un $b \in]0,\infty[$, le processus B aurait été différent.

Disons tout de suite que la terminologie "caractéristiques locales" n'est pas excellente, car le triplet (B,C,ν) ne caractérise pas en général la semimartingale X. Nous verrons toutefois que (B,C,ν) caractérise X en un certain sens, dans de nombreux cas usuels, et notamment dans le cas des PAI-semimartingales étudié au paragraphe suivant.

Voici quelques propriétés simples du triplet (B,C,ν).

(3.47) PROPOSITION: <u>On peut choisir une version</u> (B,C,ν) <u>qui vérifie pour chaque</u> ω :

(i) $B_{\cdot}(\omega)$ <u>est continu à droite, à variation finie sur tout compact;</u>

(ii) $C_{\cdot}(\omega)$ <u>est continu, et si</u> $s\leq t$ <u>la matrice</u> $C_t(\omega)-C_s(\omega)$ <u>est symétrique nonnégative;</u>

(iii) <u>on a</u> $\nu(\omega,\mathbb{R}_+\times\{0\})=0$ <u>et pour tout</u> $t\in\mathbb{R}_+$, $\nu(\omega,\{t\}\times\mathbb{R}^m)\leq 1$, $\int\nu(\omega,[0,t]\times dx)\, 1\wedge|x|^2<\infty$ <u>et</u> $\sum_{s\leq t}|\int\nu(\omega,\{s\}\times dx)\, x\, I_{\{|x|\leq 1\}}|<\infty$;

(iv) <u>pour tout</u> $t\in\mathbb{R}_+$ <u>on a</u> $\Delta B_t(\omega)=\int\nu(\omega,\{t\}\times dx)\, x\, I_{\{|x|\leq 1\}}$.

<u>Démonstration</u>. Il suffit de montrer que les propriétés énoncées sont satisfaites par toute version du triplet (B,C,ν), sauf sur un ensemble P-négligeable. C'est évident pour (i). Si $u\in\mathbb{R}^m$ on a

$$\sum_{j,k\leq m} u^j u^k C^{jk} = \langle(\sum_{j\leq m} u^j X^j)^c, (\sum_{j\leq m} u^j X^j)^c\rangle,$$

donc le processus $\sum_{j,k\leq m} u^j u^k C^{jk}$ est un processus croissant. Par suite si $s\leq t$, la matrice $C_t - C_s$, qui est P-p.s. symétrique par construction, est également P-p.s. nonnégative. Comme de plus C est un processus P-p.s. continu, on voit qu'on a (ii) sauf sur un ensemble P-négligeable.

Comme μ^X ne charge pas $\mathbb{R}_+\times\{0\}$, la première partie de (iii) est satisfaite P-p.s.; la seconde partie n'est autre que (3.23). Soit $D=\{|\Delta X|>1\}$. On a $S(I_D)\in \underline{\underline{V}}$ et $S(\Delta X^2 I_{D^c})\leq[X,X]\in\underline{\underline{V}}$; comme les processus $S(I_D)$ et $S(\Delta X^2 I_{D^c})$ ont des sauts bornés par 1, ils sont dans $\underline{\underline{A}}_{loc}$. Mais

$$S(I_D+\Delta X^2 I_{D^c}) = \int\mu^X([0,t]\times dx)\, 1\wedge|x|^2$$

d'après la définition de μ^X, donc la projection prévisible duale de ce processus est $\int\nu([0,t]\times dx)\, 1\wedge|x|^2$, qui est donc P-p.s. fini pour tout $t<\infty$. Enfin $\Delta B={}^p(\Delta X-\Delta\tilde{X}-\Delta M)={}^p(\Delta X I_{D^c})$, tandis que (3.25) implique

$$^p(\Delta X I_{D^c})_t = \int\nu(\{t\}\times dx)\, x\, I_{\{|x|\leq 1\}},$$

d'où (iv) et la dernière partie de (iii). ∎

Voici enfin un lemme que nous énonçons pour les semimartingales, mais qui reste vrai pour tout processus continu à droite et limité à gauche, $\underline{\underline{F}}$-adapté ou même simplement $\underline{\underline{F}}$-mesurable.

(3.48) LEMME: <u>L'ensemble</u> $\{t:\ P(\Delta X_t\neq 0)>0\}$ <u>des temps de discontinuité fixe de</u> X <u>est au plus dénombrable</u>.

<u>Démonstration</u>. Soit (T_n) une suite de temps d'arrêt qui épuise les sauts

de X. Chaque ensemble $A_n = \{t: P(T_n = t) > 0\}$ est évidemment au plus dénombrable, et l'ensemble des temps de discontinuité de X est exactement la réunion des A_n. ∎

§d - Les processus à accroissements indépendants. Nous allons à présent poursuivre l'étude des PAI-semimartingales amorcée dans la partie II-3.

Il est bien connu que l'étude des PAI repose en partie sur la célèbre formule de Lévy-Khintchine. Plus précisément si $b \in \mathbb{R}^m$, si c est une matrice $m \times m$ symétrique nonnégative, et si F est une mesure positive sur $\mathbb{R}^m$ telle que $F(\{0\}) = 0$ et $\int F(dx)\, 1 \wedge |x|^2 < \infty$, on posé pour tout $u \in \mathbb{R}^m$:

(3.49) $$f_{b,c,F}(u) = i\langle b,u\rangle - \frac{1}{2}\langle u,cu\rangle + \int F(dx)(e^{i\langle u,x\rangle} - 1 - i\langle u,x\rangle I_{\{|x|\leq 1\}}).$$

Le théorème de Lévy-Khintchine affirme qu'une probabilité sur $\mathbb{R}^m$ est indéfiniment divisible si et seulement si sa fonction caractéristique se met sous la forme $\exp f_{b,c,F}(u)$, pour un triplet (b,c,F) qui est alors déterminé de manière unique. D'autre part, si X est un PAI sans discontinuités fixes, la loi de $X_t - X_s$ est indéfiniment divisible.

Nous n'utiliserons pas explicitement ce théorème; au contraire, il sera obtenu comme sous-produit de ce qui suit (inutile de dire que ce n'est pas la démonstration la plus courte du théorème de Lévy-Khintchine !) Cependant il nous faut montrer directement une partie, facile, de ce théorème:

(3.50) LEMME: *La fonction* $f_{b,c,F}$ *détermine de manière unique le triplet* (b,c,F).

Démonstration. Nous allons reproduire la démonstration de Doob [1]. Si $w \in \mathbb{R}^m \setminus \{0\}$ et si $g_w(u) = f_{b,c,F}(u) - \frac{1}{2}\int_{-1}^{+1} f_{b,c,F}(u+sw)ds$ on vérifie que

$$g_w(u) = \frac{1}{6}\langle w,cw\rangle + \int F(dx)\left(1 - \frac{\sin\langle w,x\rangle}{\langle w,x\rangle}\right)e^{i\langle u,x\rangle}.$$

Par suite g_w est la fonction caractéristique de la mesure G_w :

$$G_w(dx) = \frac{1}{6}\langle w,cw\rangle\, \varepsilon_0(dx) + \left(1 - \frac{\sin\langle w,x\rangle}{\langle w,x\rangle}\right)F(dx).$$

Donc les mesures G_w, et par suite F et c (faire varier w dans $\mathbb{R}^m \setminus \{0\}$), sont déterminés par la fonction $f_{b,c,F}$. Enfin si c et F sont donnés, il est clair que $f_{b,c,F}$ détermine aussi b. ∎

Voici maintenant notre résultat essentiel: il énonce que les semimartingales qui sont des PAI admettent des caractéristiques locales déterministes (i.e., il existe une version du triplet (B,C,ν) qui ne dépend pas de ω), et inversement seules les semimartingales PAI ont cette propriété.

(3.51) THEOREME: Soit X une semimartingale à valeurs dans $\mathbb{R}^m$.

(a) Pour que X soit un PAI il faut et il suffit qu'il existe une version (B,C,ν) de ses caractéristiques locales où

(3.52) $$B_t(\omega) = b(t), \quad C_t(\omega) = c(t), \quad \nu(\omega,.) = F(.)$$

ne dépendent pas de ω.

(b) Dans ce cas on a:

(3.53)
- b est une fonction continue à droite, à variation finie sur tout compact, nulle en 0 : $\mathbb{R}_+ \longrightarrow \mathbb{R}^m$;
- c est une fonction continue nulle en 0 : $\mathbb{R}_+ \longrightarrow \mathbb{R}^{m^2}$, telle que pour tous $s \leq t$ la matrice $c(t) - c(s)$ soit symétrique nonnégative (donc, c est à variation finie sur tout compact);
- F est une mesure positive sur $\mathbb{R}_+ \times \mathbb{R}^m$ ne chargeant ni $\mathbb{R}_+ \times \{0\}$, ni $\{0\} \times \mathbb{R}^m$, telle que pour tout $t \in \mathbb{R}_+$ on ait $F(\{t\} \times \mathbb{R}^m) \leq 1$, $\int F([0,t] \times dx)\, 1 \wedge |x|^2 < \infty$, et $\sum_{s \leq t} \left| \int F(\{s\} \times dx)\, x\, I_{\{|x| \leq 1\}} \right| < \infty$;
- pour tout $t \in \mathbb{R}_+$ on a $\Delta b(t) = \int F(\{t\} \times dx)\, x\, I_{\{|x| \leq 1\}}$.

De plus si on pose

(3.54) $$\begin{cases} a(t) = F(\{t\} \times \mathbb{R}^m), \quad J = \{t : a(t) > 0\} \\ b'(t) = \sum_{s \leq t} \Delta b(s), \quad b''(t) = b(t) - b'(t) \\ F'(dt,dx) = I_J(t) F(dt,dx), \quad F'' = F - F' \\ G_t(dx) = (1 - a(t))\varepsilon_0(dx) + F(\{t\} \times dx), \end{cases}$$

on a pour tous $s \leq t$:

(3.55) $$E(e^{i\langle u, X_t - X_s \rangle} | \underline{\underline{F}}_s) = \left[\prod_{s < r \leq t} \int G_r(dx) e^{i\langle u,x\rangle}\right] \exp\Big[i\langle u, b''(t) - b''(s)\rangle - \frac{1}{2}\langle u, (c(t) - c(s))u\rangle + \int F''(]s,t] \times dx)(e^{i\langle u,x\rangle} - 1 - i\langle u,x\rangle I_{\{|x| \leq 1\}})\Big].$$

J est l'ensemble des temps de discontinuité fixe de X, et G_t est la loi de la variable ΔX_t. Enfin les processus $X' = I_J \cdot X$ et $X'' = X - X'$ sont des PAI de caractéristiques locales respectives

(3.56) $$\begin{cases} B'_t(\omega) = b'(t), \quad C'_t(\omega) = 0, \quad \nu'(\omega,.) = F'(.) \\ B''_t(\omega) = b''(t), \quad C''_t(\omega) = c(t), \quad \nu''(\omega,.) = F''(.), \end{cases}$$

et X" n'a pas de discontinuités fixes.

Les notations a et J ci-dessus sont cohérentes avec (3.24). La démonstration entrainera que le second membre de (3.55) est bien défini, mais cela peut aussi se voir directement en utilisant les propriétés (3.53) de F (remarquer notamment que le produit infini ne contient qu'au plus une infinité dénombrable de termes différents de 1.

Avant de passer à la démonstration, énonçons d'abord un corollaire concernant les PAIS (il généralise notamment (2.82)).

(3.57) COROLLAIRE: Soit X une semimartingale à valeurs dans $\mathbb{R}^m$, nulle en 0. Pour que X soit un PAIS, il faut et il suffit qu'il existe une version (B,C,ν) de ses caractéristiques locales qui soit de la forme

$$B_t(\omega) = bt, \qquad C_t(\omega) = ct, \qquad \nu(\omega,dt,dx) = dt\otimes F(dx),$$

où $b\in\mathbb{R}^m$, c est une matrice $m\times m$ symétrique nonnégative, et F est une mesure positive sur $\mathbb{R}^m$ telle que $F(\{0\})=0$ et $\int F(dx)\,1\wedge|x|^2<\infty$. De plus si $s\leq t$ on a

$$E(e^{i<u,X_t-X_s>}|\underline{\underline{F}}_s) =$$
$$\exp t\left[i<u,b> - \frac{1}{2}<u,cu> + \int F(dx)(e^{i<u,x>} - 1 - i<u,x>I_{\{|x|\leq 1\}})\right].$$

b s'appelle le vecteur (ou le coefficient) de translation, c la matrice de diffusion, et F la mesure de Lévy. Lorsque $m=1$, le PAIS X est un mouvement brownien si $b=0$, $c=1$, $F=0$; X est un processus de Poisson (exercice 1.9) si $b=0$, $c=0$, $F=\varepsilon_1$; X est une martingale de Poisson si $b=1$, $c=0$, $F=\varepsilon_1$. On retrouve bien ci-dessus la formule de Lévy-Khintchine (3.49), avec sa démonstration.

Démonstration. Si X est un PAIS il n'a pas de discontinuités fixes, et $E(e^{i<u,X_t-X_s>}|\underline{\underline{F}}_s) = e^{(t-s)h(u)}$ pour une fonction h convenable: dans le second membre de (3.55), le produit infini n'apparait pas, et l'argument de l'exponentielle est proportionnel à $t-s$. Si on pose $b=b(1)$, $c=c(1)$ et $F(dx)=F''([0,1]\times dx)$, on a alors avec la notation (3.49):

$$t\,h(u) = t\,f_{b,c,F}(u) =$$
$$= i<u,b''(t)> - \frac{1}{2}<u,c(t)u> + \int F''([0,t]\times dx)(e^{i<u,x>} - 1 - i<u,x>I_{\{|x|\leq 1\}}).$$

Le lemme d'unicité (3.49) entraine alors que $b''(t)=tb$, $c(t)=tc$ et $F''([0,t]\times dx)=tF(dx)$, donc $F''(dt,dx)=dt\otimes F(dx)$. Comme on a vu que $b'=0$ et $F'=0$ (car il n'y a pas de discontinuités fixes), on a le résultat.∎

Démonstration de (3.51). La démonstration va être de même type que celle de (3.34); ce n'est pas une coïncidence, car μ^X est une mesure aléatoire de Poisson lorsque X est un PAI sans discontinuités fixes. Voici d'abord une remarque générale: on utilisera à diverses reprises des intégrales (de Stieltjes ou stochastiques) d'intégrands complexes, par rapport à des processus eux-même complexes: cela signifie qu'on fait séparément l'intégrale par rapport aux parties réelle et imaginaire, en considérant le nombre complexe i comme un nombre ordinaire.

(i) X étant une semimartingale, on considère une version (B,C,ν) de ses caractéristiques locales qui vérifie identiquement les propriétés de la proposition (3.47). Si $k_u(x) = e^{i<u,x>} - 1 - i<u,x>I_{\{|x|\leq 1\}}$ on a $|k_u| \leq 1 \wedge |x|^2$, si bien qu'on peut poser

$$(3.58)\qquad H(u)_t = i<u,B_t> - \frac{1}{2}<u,C_t u> + \int \nu([0,t]\times dx)k_u(x),$$

ce qui définit un processus dont les parties réelle et imaginaire sont dans $\underline{\underline{P}} \cap \underline{\underline{A}}_{loc}$ (on écrira simplement: $H(u) \in \underline{\underline{P}} \cap \underline{\underline{A}}_{loc}$). Si $Y(u) = e^{i<u,X>}$ la formule d'Ito appliquée à la fonction $F(x) = \exp(i<u,x>)$ entraine

$$Y(u) = Y(u)_0 + i\sum_{j\leq m} u^j Y(u)_- \bullet X^j - \sum_{j,k\leq m} \frac{u^j u^k}{2} Y(u)_- \bullet C^{jk}$$
$$+ Y(u)_- \bullet S(e^{i<u,\Delta X>} - 1 - i<u,\Delta X>)$$

car $Y(u) = Y(u)_- e^{i<u,\Delta X>}$ sur $]0,\infty[$. En écrivant $X = \tilde{X} + M + B$ on obtient:

$$Y(u) = Y(u)_0 + i\sum_{j\leq m} u^j Y(u)_- \bullet (M^j - B^j) - \sum_{j,k\leq m} \frac{u^j u^k}{2} Y(u)_- \bullet C^{jk} + Y(u)_- \bullet S[k_u(\Delta X)].$$

Le dernier terme ci-dessus est dans $\underline{\underline{V}}$ et $|Y(u)| = 1$; donc $S[k_u(\Delta X)] = k_u * \mu^X$ est dans $\underline{\underline{V}}$, et même dans $\underline{\underline{A}}_{loc}$ car ses sauts sont de module borné par $2 + |u|$, donc $S[k_u(\Delta X)]^p = k_u * \nu$. Finalement si

$$N(u) = Y(u)_- \bullet [\sum_{j\leq m} u^j M^j + S[k_u(\Delta X)] - S[k_u(\Delta X)]^p],$$

on obtient par un calcul immédiat

$$(3.59)\qquad Y(u) = Y(u)_0 + N(u) + Y(u)_- \bullet H(u).$$

(ii) Montrons la <u>condition nécessaire</u>. On suppose que X est un PAI. Fixons $s \in \mathbb{R}$ et $u \in \mathbb{R}^m$; posons $g(t) = E(\exp(i<u,X_{t\wedge s} - X_s>))$ et soit $r > s$ tel que $g(r) \neq 0$ (il existe de tels nombres r); soit enfin $\tilde{Y} = Y(u)^r / Y(u)^s = \exp(i<u,X^r - X^s>)$. Comme le processus $X - X^s$ est encore un PAI-semimartingale, (2.78) et (2.79) entrainent que la fonction $h(t) = g(t\wedge r)$ est continue à droite, à variation finie, et reste à une distance strictement positive de 0, et aussi que le processus $Z = \tilde{Y}/h$ est une martingale. En appliquant la formule d'intégration par parties à $\tilde{Y} = hZ$ et en posant $k(t) = \int_{]0,t]} (1/h(v-))dh(v)$, on voit que $\tilde{Y}_t - \int^t \tilde{Y}_{v-} dk(v)$ est une martingale locale. Par ailleurs d'après (3.59),

$$\tilde{Y} - \tilde{Y}_- \bullet [H(u)^r - H(u)^s] = (1/Y(u)^s)[N(u)^s - N(u)^r] + 1$$

est aussi une martingale locale. L'unicité de la décomposition canonique de $\tilde{Y}$ entraine alors que

$$\int^{\cdot} \tilde{Y}_{v-} dk(v) = \tilde{Y}_- \bullet [H(u)^r - H(u)^s].$$

En intégrant le processus $(1/\tilde{Y})_-$, qui est de mudule 1 sur $]0,\infty[$, on en déduit que $H(u)_t = H(u)_s + k(t) - k(s)$ P-p.s. pour tout $s \leq t \leq r$.

Pour chaque $u \in \mathbb{R}^m$ à coordonnées rationnelles, on peut recouvrir $\mathbb{R}_+$ d'une suite d'intervalles $[s,r]$ ayant les propriétés ci-dessus. Etant donnée la continuité à droite en t et la continuité en u de $H(u)_t(\omega)$, il existe une partie Ω_0 de Ω, de probabilité 1, telle que pour chaque $u \in \mathbb{R}^m$ et chaque $t \in \mathbb{R}_+$, $H(u)_t$ soit constant sur Ω_0. On choisit alors $\omega_0 \in \Omega_0$ et on pose $b(t) = B_t(\omega_0)$, $c(t) = C_t(\omega_0)$, $F(.) = \nu(\omega_0,.)$. Ce qui précède revient à dire que

$$i\langle u,b(t)\rangle - \frac{1}{2}\langle u,c(t)u\rangle + \int F([0,t]\times dx)k_u(x) = i\langle u,B_t(\omega)\rangle - \frac{1}{2}\langle u,C_t(\omega)u\rangle + \int \nu(\omega;[0,t]\times dx)k_u(x)$$

pour tous $\omega \in \Omega_0$, $u \in \mathbb{R}^m$, $t \in \mathbb{R}_+$. D'après le lemme (3.50) il s'ensuit que B, C et ν sont donnés par (3.52) sur Ω_0. Le résultat découle alors de ce que $P(\Omega_0) = 1$.

(iii) Montrons la condition suffisante. On suppose que les caractéristiques locales de la semimartingale X sont données par (3.52). Les propriétés (3.53) sont simplement une transcription de la proposition (3.47). Le processus $H(u)$ est déterministe, et on le notera $h_u(t) = H(u)_t$, ce qui définit une fonction h_u continue à droite et à variation finie sur tout compact.

Dans (3.59) le module du premier membre égale 1, et celui du dernier terme est majoré par $\int^{\cdot} |dh_u(s)|$; par suite $N(u)^*_t$ est intégrable pour tout $t \in \mathbb{R}_+$, et $N(u)$ est une martingale (pas seulement une martingale locale). Soit $s \leq t$ et $\tilde{Y}_t = Y(u)_t / Y(u)_s = e^{i\langle u, X_t - X_s\rangle}$. (3.59) entraine

$$\tilde{Y}_t = 1 + [N(u)_t - N(u)_s]/Y(u)_s + \int_{]s,t]} \tilde{Y}_{r-} dh_u(r).$$

On pose $K_r = E(\tilde{Y}_r | \underline{\underline{F}}_s)$ pour $r \geq s$: d'après le théorème de convergence dominée pour les espérances conditionnelles, K est continu à droite et limité à gauche sur $[s,\infty[$, et $K_{r-} = E(\tilde{Y}_{r-} | \underline{\underline{F}}_s)$. Soit $U \in b\underline{\underline{F}}_s$. D'après la propriété de martingale de $N(u)$ et le théorème de Fubini, on a

$$E(UK_t) = E(U\tilde{Y}_t) = E(U) + E(U\int_{]s,t]} \tilde{Y}_{r-} dh_u(r)) = E(U) + \int_{]s,t]} E(\tilde{Y}_{r-}U) dh_u(r)$$
$$= E(U) + \int_{]s,t]} E(UK_{r-}) dh_u(r) = E(U) + E(U\int_{]s,t]} K_{r-} dh_u(r)).$$

On en déduit que

$$K_t = 1 + \int_{]s,t]} K_{r-} dh_u(r).$$

Mais il s'agit là d'une équation (en K) qui est à prendre trajectoire par trajectoire, et dont il est classique qu'elle admet l'unique solution (indépendante de ω):

$$K_t(\omega) = [\prod_{s<r\leq t} (1 + \Delta h_u(r))] \exp[h_u(t) - h_u(s) - \sum_{s<r\leq t} \Delta h_u(r)].$$

Calculons le second membre ci-dessus, en remplaçant h_u par sa valeur, donnée par (3.58); étant donnée la dernière partie de (3.53), on a:

$$\Delta h_u(t) = i\langle u,\Delta b(t)\rangle + \int F(\{t\}\times dx)k_u(x) = \int F(\{t\}\times dx)(e^{i\langle u,x\rangle}-1)$$
$$= \int G_t(dx)e^{i\langle u,x\rangle} - 1.$$

On en déduit que K_t égale le second membre de (3.55), qui est donc en particulier bien défini. Comme $K_t = E(e^{i\langle u,X_t - X_s\rangle}|\underline{\underline{F}}_s)$, la formule (3.55) est valide pour tous $u\in\mathbb{R}^m$, $0\leq s\leq t$, ce qui entraine à l'évidence que X est un PAI.

(iv) Il reste à montrer <u>la fin de (b)</u>. D'abord, il est clair que les caractéristiques locales de X' (resp. X") sont $(I_J\cdot B, I_J\cdot C=0, I_J\cdot\nu)$ (resp. $(I_{J^c}\cdot B, I_{J^c}\cdot C = C, I_{J^c}\cdot\nu)$), donc sont données par (3.56). Il découle alors de (ii) que X' et X" sont des PAI.

Si dans (3.55) on prend les espérances des deux membres (ce qui ne change pas le second!) et si on fait croître s vers t, le premier membre tend vers $E(e^{i\langle u,\Delta X_t\rangle})$, et le second vers $\int G_t(dx)e^{i\langle u,x\rangle}$ car l'argument de l'exponentielle dans (3.55) est continu: donc G_t est la loi de ΔX_t. On en déduit que J est l'ensemble des temps de discontinuité fixe de X', et comme $\Delta X" = I_{J^c}\Delta X$, que X" n'a pas de discontinuités fixes. ∎

Enfin, d'après (3.55) la connaissance de (b,c,F) et de la restristion de P à $\underline{\underline{F}}_0$ suffit à déterminer la "loi" du processus X. De même qu'en (3.36) et (3.42) on a donc:

(3.60) COROLLAIRE: <u>Soit</u> $\underline{\underline{H}}\subset\underline{\underline{F}}$, P <u>et</u> Q <u>deux probabilités sur</u> $(\Omega,\underline{\underline{F}})$ <u>coïncidant sur</u> $\underline{\underline{H}}$, X <u>un processus à valeurs dans</u> $\mathbb{R}^m$, $\underline{\underline{G}}$ <u>la plus petite filtration le rendant optionnel. On suppose que</u> $X_0\in\underline{\underline{H}}$ <u>et que</u> $\underline{\underline{F}}^P$ (<u>resp.</u> $\underline{\underline{F}}^Q$) <u>est la plus petite filtration contenant</u> $\underline{\underline{G}}$ <u>et telle que</u> $\underline{\underline{H}}\subset\underline{\underline{F}}_0^P$ (<u>resp.</u> $\underline{\underline{H}}\subset\underline{\underline{F}}_0^Q$). <u>Si</u> X <u>est une semimartingale vérifiant (3.52) relativement à</u> P <u>et</u> Q, <u>avec les mêmes</u> (b,c,F), <u>alors</u> P <u>et</u> Q <u>coïncident sur</u> $\underline{\underline{F}}_\infty$.

EXERCICES

3.10 - Sur l'espace $\Omega = (\mathbb{R}_+\times E)^{\mathbb{N}}$ on définit la mesure aléatoire "canonique" $\mu((t_n,\alpha_n),.) = \sum_{n\in\mathbb{N}}\varepsilon_{(t_n,\alpha_n)}(.)$ et on note $\underline{F}$ la plus petite filtration rendant μ optionnelle. Soit m une mesure σ-finie sur $\mathbb{R}_+\times E$ vérifiant $m(\{t\}\times E) = 0$ pour tout t. Construire sur $(\Omega,\underline{\underline{F}}_\infty)$ une probabilité (qui est nécessairement unique) pour laquelle μ soit une mesure aléatoire de Poisson de mesure intensité m.

3.11- Soit le processus de comptage $N=\sum_{(n)} I_{[\![T_n,\infty[\![}$ d'un processus ponctuel sur $(\Omega,\underline{\underline{F}},\underline{F},P)$ (cf. début du §b). Montrer que N est un processus de Poisson si et seulement si $(N^p)_t = t$.

3.12- Soit le processus de comptage $N=\sum_{(n)} I_{[\![T_n,\infty[\![}$ d'un processus ponctuel sur $(\Omega,\underline{\underline{F}},\underline{F},P)$, et $A=N^p$. On suppose A continu.

a) Si $\tau_t=\inf(s: A_s>t)$, montrer que $\tau_t \in \underline{\underline{T}}$ et que $\tau.$ est continu à droite. Montrer que si $\hat{\underline{\underline{F}}}_t=\underline{\underline{F}}_{\tau_t}$ la famille $\hat{\underline{F}}=(\hat{\underline{\underline{F}}}_t)_{t\geq 0}$ est continue à droite (donc c'est une filtration).

b) Montrer que le processus $\hat{N}_t=N_{\tau_t}$ est un processus de Poisson sur $(\Omega,\underline{\underline{F}},\hat{\underline{F}},P)$ (on pourra utiliser la caractérisation obtenue en 3.11).

3.13- Soit X une chaîne de Markov homogène, continue à droite, à valeurs dans l'espace discret E, n'ayant qu'un nombre fini de sauts dans tout intervalle fini, et de semi-groupe de transition $(P_t)_{t\geq 0}$. Soit $Q=P'_0$. Soit T_n le $n^{\text{ième}}$ instant de saut de X ($T_0=0$) et μ la mesure associée à X par (3.21). Montrer que

$$\mu^p(dt\times\{i\}) = (\sum_{n\geq 0} I_{]\!]T_n,T_{n+1}]\!]}(t) I_{\{X_{T_n}\neq i\}} Q(X_{T_n},i))dt .$$

3.14- Montrer le résultat annoncé dans la remarque (3.43), lorsque Ω est l'espace canonique des processus ponctuels multivariés (à partir de ν, et en inversant les formules (3.42), comme dans la preuve de (3.41), on pourra construire par récurrence sur n les lois conditionnelles G_n de $(T_{n+1},\beta_{T_{n+1}})$ par rapport à $\underline{\underline{F}}_{T_n}$).

3.15- Soit $\Omega=D([0,\infty[;\mathbb{R}^m)$ l'espace de toutes les fonctions ω: $\mathbb{R}_+\longrightarrow\mathbb{R}^m$, continues à droite et limitées à gauche, et X le processus canonique $X_t(\omega)=\omega(t)$. Soit $\underline{F}$ la plus petite filtration rendant X optionnel. Soit (b,c,F) donné par (3.53). Montrer qu'il existe une probabilité (nécessairement unique) sur $(\Omega,\underline{\underline{F}}_\infty)$ pour laquelle X est un PAI vérifiant $X_0=x$ p.s. (où $x\in\mathbb{R}^m$ est donné) et (3.53), ou (3.55).

3.16- Soit X un PAIS de mesure de Lévy F. Montrer que μ^X est une mesure aléatoire de Poisson de mesure intensité $dt\otimes F(dx)$, et que s'est un processus ponctuel multivarié si et seulement si $F(\mathbb{R}^m)<\infty$.

3.17- Soit X un processus continu à droite et limité à gauche à valeurs dans $\mathbb{R}^m$, et soit une factorisation $(\mu^X)^p(\omega,dt,dx)=dA_t(\omega)N(\omega,t,dx)$ où N est une transition de $(\Omega\times\mathbb{R}_+,\underline{\underline{P}})$ dans $(E,\underline{\underline{E}})$. Si $T=\inf(t:|\Delta X_t|\geq a)$ montrer que si $B=\{x: |x|\geq a)$,

$$E(f(\Delta X_T)|\underline{\underline{F}}^P_{T-}) = \frac{1}{N(T,B)}\int N(T,dx)f(x)I_B(x) \qquad \text{sur } \{T<\infty\}$$

(on pourra utiliser (1.5)). En déduire que si X est un PAI-semimartingale, ΔX_T est indépendant de $\underline{\underline{F}}_{T-}$.

3.18 - Soit X une semimartingale à valeurs dans $\mathbb{R}^m$. Soit $1 \leq q < m$ et $Y' = (X^1,..,X^q)$, $Y'' = (X^{q+1},..,X^m)$. Calculer les caractéristiques locales (B',C',ν') et (B'',C'',ν'') de Y' et Y'', en fonction de celles, (B,C,ν), de X.

3.19 - (suite) On suppose que X est un PAI, et que (B,C,ν) vérifie (3.52).

a) Montrer que Y' et Y'' sont des PAI. On notera (b',c',F') et (b'',c'',F'') les termes associés à Y' et Y'' par (3.52).

b) Montrer que les processus Y' et Y'' sont indépendants si et seulement si on a $c = \begin{pmatrix} c' & 0 \\ 0 & c'' \end{pmatrix}$ et $F([0,t],.) = F'([0,t],.) \otimes F''([0,t],.)$ pour tout $t \in \mathbb{R}_+$.

3.20 - (suite) On suppose toujours que X est un PAI-semimartingale, et on considère les processus $X' = I_J \bullet X$ et $X'' = X - X'$ définis dans (3.51).

a) Calculer les caractéristiques locales de la semimartingale 2m-dimensionnelle $Y = (X'^1,..,X'^m,X''^1,..,X''^m)$.

b) Vérifier que Y est un PAI, et déduire de l'exercice précédent que les processus X' et X'' sont indépendants (on retrouve donc, par une autre méthode, les résultats de l'exercice 2.20).

3 - L'INTEGRALE STOCHASTIQUE PAR RAPPORT A UNE MESURE ALEATOIRE A VALEURS ENTIERES

Si η est une mesure aléatoire, on a construit en (3.4) la processus $W*\eta$ pour des fonctions W convenables sur $\tilde{\Omega}$, comme une intégrale "ordinaire", c'est-à-dire en intégrant $W(\omega,.)$ pour chaque ω. On va maintenant définir des intégrales "stochastiques", qui généralisent l'intégrale ordinaire. On ne cherche pas la généralité la plus grande: d'une part on impose au "processus intégrale stochastique" d'être une martingale locale, d'autre part on ne construit cette intégrale que par rapport à des mesures aléatoires du type $\eta = \mu$ ou $\eta = \mu - \mu^p$, avec $\mu \in \tilde{\underline{\underline{A}}}^1_\sigma$; c'est qu'en effet ces intégrales stochastiques ne sont introduites que comme un outil commode pour l'étude des martingales et semimartingales.

On fixe donc $\mu \in \tilde{\underline{\underline{A}}}^1_\sigma$. Les termes D et β sont liés à μ par (3.19).

Pour simplifier l'écriture on note ν une version de μ^p, positive et satisfaisant identiquement $\nu(\{t\}\times E)\leq 1$, et on utilise les notations a, J, $\hat{W}$ définies par (3.24).

§a - L'intégrale stochastique du premier type. On va d'abord construire une intégrale stochastique "prévisible" par rapport à la mesure aléatoire-martingale $\mu-\nu$, en utilisant le fait que si $W\in\underline{\underline{\tilde{P}}}$ vérifie $W*\mu\in\underline{\underline{A}}_{loc}$ on a $W*\mu - W*\nu \in \underline{\underline{L}}$.

On utilisera la notation suivante: pour toute fonction mesurable W sur $\tilde{\Omega}$, on pose

(3.61) $$\tilde{W}_t(\omega) = W(\omega,t,\beta_t(\omega))I_D(\omega,t) - \hat{W}_t(\omega),$$

avec la convention: $\tilde{W}_t(\omega)=+\infty$ si $\hat{W}_t(\omega)$ n'est pas défini, ou si on arrive à une forme indéterminée $\infty-\infty$. Pour tout $q\in[1,\infty[$ on pose

(3.62) $$\begin{cases} G^q(\mu) = \{W\in\underline{\underline{\tilde{P}}} : S(\tilde{W}^2)^{q/2}\in\underline{\underline{A}}\} \\ G^q_{loc}(\mu) = \{W\in\underline{\underline{\tilde{P}}} : S(\tilde{W}^2)^{q/2}\in\underline{\underline{A}}_{loc}\}. \end{cases}$$

On définit ainsi des espaces vectoriels de fonctions sur $\tilde{\Omega}$, et on a $G^q(\mu)\subset G^{q'}(\mu)$ si $q'\leq q$; si besoin, on écrit $G^q(\mu,P)$, ou $G^q(\mu,\underline{F},P)$.

Les éléments de $G^q_{loc}(\mu)$ vont jouer le rôle d'intégrands; la localisation effectuée en (3.62) est bien cohérente avec (2.41), car dire que $W\in G^q_{loc}(\mu)$ équivaut à dire qu'il existe une suite localisante (T_n) telle que $WI_{[\![0,T_n]\!]\times E}\in G^q(\mu)$ pour chaque n.

Soit $W\in G^1_{loc}(\mu)$. (3.1) montre que $\tilde{W}$ est optionnel, on a $\tilde{W}_0=0$ (car $\mu(\{0\}\times dx)=\nu(\{0\}\times dx)$) et ${}^p\tilde{W}=0$ d'après (3.25). Le théorème (2.45) permet alors de poser la

(3.63) DEFINITION: <u>Si</u> $W\in G^1_{loc}(\mu)$, <u>l'intégrale stochastique</u> $W*(\mu-\nu)$ <u>de</u> W <u>par rapport à</u> $(\mu-\nu)$ <u>est l'unique élément de</u> $\underline{\underline{M}}^d_{loc}$ <u>vérifiant</u>
$$\Delta[W*(\mu-\nu)] = \tilde{W}.$$

On a $W*(\mu-\nu)_0=\tilde{W}_0=0$.

(3.64) <u>Remarque</u>: Supposons que $W\in G^1_{loc}(\mu)$ et notons M l'intégrale stochastique $W*(\mu-\nu)$. Supposons aussi que, si $\eta=\mu-\nu$, le processus $N=W*\eta$ existe, ce qui signifie qu'il est dans $\underline{\underline{V}}$. On va montrer que $M=N$, si bien que <u>la notation</u> $W*(\mu-\nu)$ <u>n'est pas ambigüe</u>.

Pour cela on peut (par localisation) supposer que $W\in G^1(\mu)$, de sorte que $\tilde{W}_T I_{\{T<\infty\}}\in L^1$ pour tout $T\in\underline{\underline{T}}$; mais $\Delta N=\tilde{W}$ (calcul immédiat), donc si $T_n = \inf(t: \int^t |dN_s| \geq n)$ on a $\int^{T_n} |dN_s| \leq n + |\widetilde{W}_{T_n}| I_{\{T_n<\infty\}} \in L^1$, et $N \in \underline{\underline{A}}_{loc}$; par suite (3.16) entraine $N^p = (W*\eta)^p = W*\eta^p = 0$ et $N \in \underline{\underline{M}}^d_{loc}$. Comme $\Delta M = \Delta N = \widetilde{W}$, on en déduit que $M = N$. ∎

Il est évident que si $W \in G^1_{loc}(\mu)$ on a

(3.65) $$[W*(\mu-\nu), W*(\mu-\nu)] = S(\widetilde{W}^2),$$

donc d'après (2.34) il vient

(3.66) PROPOSITION: <u>Soit</u> $W \in G^1_{loc}(\mu)$. <u>Pour que</u> $W*(\mu-\nu)$ <u>appartienne à</u> $\underline{\underline{H}}^q$ (<u>resp.</u> $\underline{\underline{H}}^q_{loc}$) <u>il faut et il suffit que</u> $W \in G^q(\mu)$ (<u>resp.</u> $G^q_{loc}(\mu)$).

Nous allons maintenant caractériser l'appartenance de $W \in \widetilde{\underline{\underline{P}}}$ à $G^1_{loc}(\mu)$ en termes de processus prévisibles, en utilisant les résultats du §II-2-e (comme ce qui est proposé dans l'exercice 2.17 pour l'appartenance d'un processus prévisible H à $L^1_{loc}(M)$, pour $M \in \underline{\underline{M}}_{loc}$). Il y a donc deux manières de faire, selon qu'on utilise la proposition (2.56) et son corollaire, ou la proposition (2.59).

Commençons par un lemme, dont la première partie n'est qu'une formulation affaiblie du théorème (3.15).

(3.67) LEMME: (a) <u>Soit</u> $W \in \widetilde{\underline{\underline{P}}}$. <u>Pour que</u> $W*\mu \in \underline{\underline{A}}_{loc}$ <u>il faut et il suffit que</u> $W*\nu \in \underline{\underline{A}}_{loc}$.

(b) <u>Soit</u> H <u>un processus prévisible. Pour que</u> $S(HI_{D^c \cap J}) \in \underline{\underline{A}}_{loc}$ <u>il faut et il suffit que</u> $S[(1-a)H] \in \underline{\underline{A}}_{loc}$, <u>et alors</u> $S[(1-a)H] = [S(HI_{D^c\cap J})]^p$.

On pourrait remplacer partout $\underline{\underline{A}}_{loc}$ par $\underline{\underline{A}}$ dans cet énoncé.

<u>Démonstration</u>. (a) Comme M^P_μ et M^P_ν coïncident sur $(\widetilde{\Omega}, \widetilde{\underline{\underline{P}}})$ on a l'équivalence: $W*\mu \in \underline{\underline{A}} \Longleftrightarrow W*\nu \in \underline{\underline{A}}$, d'où: $W*\mu \in \underline{\underline{A}}_{loc} \Longleftrightarrow W*\nu \in \underline{\underline{A}}_{loc}$.

(b) Soit (T_n) une suite de temps prévisibles de graphes deux-à-deux disjoints, tels que $J = \bigcup_{(n)} [\![T_n]\!]$. On a

$$E[S(|H|I_{D^c\cap J})_\infty] = \sum_{(n)} E(|H_{T_n}| I_{D^c}(T_n) I_{\{T_n<\infty\}})$$
$$= \sum_{(n)} E(|H_{T_n}|(1-a_{T_n}) I_{\{T_n<\infty\}}) = E[S(|H|(1-a))_\infty],$$

car $a_{T_n} = E(I_D(T_n)|\underline{\underline{F}}_{T_n-})$ sur $\{T_n<\infty\}$. Par suite on a l'équivalence: $S(HI_{D^c\cap J}) \in \underline{\underline{A}} \Longleftrightarrow S[H(1-a)] \in \underline{\underline{A}}$, d'où la première partie de (b) par localisation. Enfin si $A = S(HI_{D^c\cap J}) \in \underline{\underline{A}}_{loc}$, on a $A^p = S[{}^p(HI_{D^c\cap J})]$ d'après (1.49), donc $A^p = S[H(1-a)]$ car ${}^p(HI_{D^c\cap J}) = H(1-a)$ d'après (3.25). ∎

(3.68) PROPOSITION: <u>Soit</u> $W \in \widetilde{\underline{\underline{P}}}$ <u>et</u> $b \in]0,\infty[$. <u>Il y a équivalence entre</u>:

(i) $W \in G^1_{loc}(\mu)$;

(ii) $[(W-\hat{W})^2 I_{\{|W-\hat{W}|\leq b\}} + |W-\hat{W}| I_{\{|W-\hat{W}|>b\}}]*\nu + S[(\hat{W}^2 I_{\{|\hat{W}|\leq b\}} + |\hat{W}| I_{\{|\hat{W}|>b\}})(1-a)]$ est dans $\underline{\underline{A}}_{loc}$;

(iii) $\frac{(W-\hat{W})^2}{1+|W-\hat{W}|}*\nu + S[\frac{\hat{W}^2}{1+|\hat{W}|}(1-a)]$ est dans $\underline{\underline{A}}_{loc}$.

Lorsqu'en plus on a $\tilde{W} \geq -1$ identiquement, ces conditions équivalent à:

(iv) $(1-\sqrt{1+W-\hat{W}})^2*\nu + S[(1-a)(1-\sqrt{1-\hat{W}})^2]$ est dans $\underline{\underline{A}}_{loc}$.

On remarque que dans (ii), (iii) et (iv), les processus sont prévisibles. Dans (iv) on a $a=1$ sur $\{\hat{W}>1\}$: en effet si $T \in \underline{\underline{T}}_p$ vérifie $[\![T]\!] \subset \{\hat{W}>1\}$ on a $[\![T]\!] \subset D$ car $\tilde{W} = -\hat{W} \geq -1$ sur D^c ; or $[\![T]\!] \subset D$ entraine $a_T \doteq 1$ sur $\{T<\infty\}$. Par suite $(1-a)(1-\sqrt{1-\hat{W}})^2$ est bien défini si on convient, comme d'habitude, que le produit de 0 par n'importe quoi vaut encore 0.

Démonstration. Il suffit d'appliquer le lemme (3.67) et la proposition (2.56) pour (ii), ou son corollaire (2.57) pour (iii) et (iv), au processus $\tilde{W}$, en remarquant que

$$S(\tilde{W}^2 I_{\{|\tilde{W}|\leq b\}} + |\tilde{W}| I_{\{|\tilde{W}|>b\}}) = [(W-\hat{W})^2 I_{\{|W-\hat{W}|\leq b\}} + |W-\hat{W}| I_{\{|W-\hat{W}|>b\}}]*\mu + S[(\hat{W}^2 I_{\{|\hat{W}|\leq b\}} + |\hat{W}| I_{\{|\hat{W}|>b\}}) I_{D^c \cap J}],$$

$$S(\frac{\tilde{W}^2}{1+|\tilde{W}|}) = \frac{(W-\hat{W})^2}{1+|W-\hat{W}|}*\mu + S(\frac{\hat{W}^2}{1+|\hat{W}|} I_{D^c \cap J}),$$

$$S((1-\sqrt{1+\tilde{W}})^2) = (1-\sqrt{1+W-\hat{W}})^2*\mu + S((1-\sqrt{1-\hat{W}})^2 I_{D^c \cap J}). \blacksquare$$

Voici maintenant la seconde manière de faire. Si $b \in [0,\infty]$ on pose

$$(3.69)\begin{cases} W'(b) = (W-\hat{W}) I_{\{|W-\hat{W}|\leq b\}} + \hat{W} I_{\{|\hat{W}|\leq b\}} \\ W''(b) = (W-\hat{W}) I_{\{|W-\hat{W}|>b\}} + \hat{W} I_{\{|\hat{W}|>b\}} \\ C^b(W,\nu) = [(W'(b)-\widehat{W'(b)})^2 + |W''(b)-\widehat{W''(b)}|]*\nu + S[(1-a)(\widehat{W'(b)}^2 + |\widehat{W''(b)}|)], \end{cases}$$

(on rappelle que les expressions de la forme $\infty - \infty$ sont prises égales à $+\infty$). On a clairement $W = W'(b) + W''(b)$; on a $W'(0) = 0$, $W''(0) = W$, et $W'(\infty) = W$, $W''(\infty) = 0$, donc

$$(3.70) \qquad C^b(W,\nu) = C^\infty(W'(b),\nu) + C^0(W''(b),\nu).$$

(3.71) PROPOSITION: Soit $W \in \underline{\underline{\tilde{P}}}$ et $b \in]0,\infty[$.

(a) Pour que $W \in G^2(\mu)$ il faut et il suffit que $C^\infty(W,\nu) \in \underline{\underline{A}}$, et alors

$$C^\infty(W,\nu) = \langle W*(\mu-\nu), W*(\mu-\nu) \rangle.$$

(b) Pour que $W \in G^1_{loc}(\mu)$ et que $W*(\mu-\nu) \in \underline{\underline{A}}$, il faut et il suffit que $C^0(W,\nu) \in \underline{\underline{A}}$.

(c) Pour que $W \in G^1_{loc}(\mu)$ il faut et il suffit que $C^b(W,\nu) \in \underline{\underline{A}}_{loc}$.

Démonstration. On définit $\tilde{W}'(b)$ et $\tilde{W}''(b)$ à partir de $\tilde{W}$ par les formules (2.58). Par définition de $W'(b)$ on a

$$(\widetilde{W} I_{\{|\widetilde{W}|\leq b\}})_t \;=\; W'(b)(t,\beta_t)I_D(t) - \widehat{W}_t I_{\{|\widehat{W}_t|\leq b\}},$$

donc d'après (3.25),

$$^p(\widetilde{W} I_{\{|\widetilde{W}|\leq b\}}) \;=\; \widehat{W'(b)} - \widehat{W} I_{\{|\widehat{W}|\leq b\}}$$

et si $\widetilde{W'(b)}$ et $\widetilde{W''(b)}$ sont définis par (3.61) à partir de $W'(b)$ et $W''(b)$, on a

$$\widetilde{W'(b)}_t \;=\; W'(b)(t,\beta_t)I_D(t) - \widehat{W'(b)}_t \;=\; \widetilde{W}'(b)_t.$$

Comme $\widetilde{W} = \widetilde{W'(b)} + \widetilde{W''(b)}$ et $\widetilde{W} = \widetilde{W}'(b) + \widetilde{W}''(b)$, on a aussi $\widetilde{W''(b)} = \widetilde{W}''(b)$. Par suite

$$S[\widetilde{W}'(b)^2 + |\widetilde{W}''(b)|] =$$

$$[(W'(b) - \widehat{W'(b)})^2 + |W''(b) - \widehat{W''(b)}|]*\mu + S[(\widehat{W'(b)}^2 + |\widehat{W''(b)}|)I_{D^c\cap J}]$$

et d'après le lemme (3.67) ce processus est dans $\underline{\underline{A}}_{loc}$ si et seulement si $C^b(W,\nu)\in \underline{\underline{A}}_{loc}$: (c) découle alors de la définition de $G^1_{loc}(\mu)$ et de (2.59).

Par ailleurs on a $S(\widetilde{W}^2) = (W-\widehat{W})^2*\mu + S(\widehat{W}^2 I_{D^c\cap J})$, donc d'après (3.67) on a $W\in G^2(\mu)$ si et seulement si $C^\infty(W,\nu)\in \underline{\underline{A}}$; dans ce cas, si $M = W*(\mu-\nu)$, le processus $<M,M> = S(\widetilde{W}^2)^p$ vaut $C^\infty(W,\nu)$ d'après (3.67) encore. Enfin (b) découle de (3.67), de (2.61), et du fait que $S(|\widetilde{W}|) = |W-\widehat{W}|*\mu + S(|\widehat{W}|I_{D^c\cap J})$. ∎

§b - __L'intégrale stochastique du second type__. On va maintenant construire une intégrale stochastique "optionnelle" par rapport à la mesure μ seulement. Rappelons que la notation $K(\mu)$ a été introduite au §1-e.

Pour tout $q\in [1,\infty[$ on pose

$$\begin{cases} H^q(\mu) \;=\; \{V\in K(\mu):\; M^P_\mu(VI_{]\!]0,\infty[\![}|\widetilde{\underline{\underline{P}}}) = 0,\quad (V^2*\mu)^{q/2}\in \underline{\underline{A}}\}, \\ H^q_{loc}(\mu) \;=\; \{V\in K(\mu):\; M^P_\mu(VI_{]\!]0,\infty[\![}|\widetilde{\underline{\underline{P}}}) = 0,\quad (V^2*\mu)^{q/2}\in \underline{\underline{A}}_{loc}\}, \end{cases}$$

ce qui définit des espaces vectoriels de fonctions $\widetilde{\underline{\underline{O}}}$-mesurables sur $\widetilde{\Omega}$, vérifiant $H^q(\mu)\subset H^{q'}(\mu)$ si $q'\leq q$; si besoin est, on écrit $H^q(\mu,P)$, ou $H^q(\mu,\underline{\underline{F}},P)$.

(3.72) LEMME: __Si__ $V\in H^1_{loc}(\mu)$ __et si le processus__ $A = V*\mu$ __existe__ (donc appartient à $\underline{\underline{V}}$), __on a__ $A\in \underline{\underline{M}}_{loc}$.

__Démonstration__. Quitte à localiser, on peut supposer que $(V^2*\mu)^{1/2}\in \underline{\underline{A}}$. Pour tout $T\in \underline{\underline{T}}$, $|\Delta A_T|I_{\{T<\infty\}}\leq (V^2*\mu)^{1/2}_\infty$ est intégrable, et on en déduit (comme dans la remarque (3.64) par exemple) que $A\in \underline{\underline{A}}_{loc}$. Comme

$M^P_\mu(V\, I_{]0,\infty[} | \tilde{\underline{\underline{P}}}) = 0$, (3.26) entraine que

$$A^p = (1*(V\cdot\mu))^p = 1*(V\cdot\mu)^p = 1*(VI_{[\![0]\!]}\cdot\mu)^p = V*\mu_0 = A_0$$

(car pour tout $\eta \in \tilde{\underline{\underline{A}}}_\sigma$, $(I_{[\![0]\!]}\cdot\eta)^p = I_{[\![0]\!]}\cdot\eta$), donc $A \in \underline{\underline{M}}_{loc}$. ∎

Soit $V \in H^1_{loc}(\mu)$. D'après (3.1) le processus $Y_t = I_D(t)V(t,\beta_t)$ est optionnel, et d'après (3.29) on a ${}^pY = Y_0 I_{[\![0]\!]}$, tandis que $V^2*\mu = S(Y^2)$. On peut alors proposer la définition suivante où, d'après le lemme précédent, la notation $V*\mu$ n'est pas ambigüe.

(3.73) DEFINITION: <u>Si</u> $V \in H^1_{loc}(\mu)$, <u>l'intégrale stochastique</u> $V*\mu$ <u>de</u> V <u>par rapport à</u> μ <u>est l'unique élément de</u> $\underline{\underline{M}}^d_{loc}$ <u>vérifiant</u>

$$\Delta(V*\mu)_t = I_D(t)V(t,\beta_t).$$

Il est clair que $[V*\mu, V*\mu] = V^2*\mu$, aussi a-t-on:

(3.74) PROPOSITION: <u>Soit</u> $V \in H^1_{loc}(\mu)$. <u>Pour que</u> $V*\mu$ <u>appartienne à</u> $\underline{\underline{H}}^q$ (<u>resp.</u> $\underline{\underline{H}}^q_{loc}$) <u>il faut et il suffit que</u> $V \in H^q(\mu)$ (<u>resp.</u> $H^q_{loc}(\mu)$).

<u>EXERCICES</u>

3.21 - Soit $W \in G^1_{loc}(\mu)$ et $M = W*(\mu - \nu)$. Soit H un processus prévisible. Montrer que $H \in L^q(M)$ si et seulement si $HW \in G^q(\mu)$, et qu'alors $H\bullet M = (HW)*(\mu - \nu)$.

3.22 - Soit $V \in H^1_{loc}(\mu)$ et $M = V*\mu$. Soit H un processus prévisible. Montrer que $H \in L^q(M)$ si et seulement si $(H^2V^2*\mu)^{q/2} \in \underline{\underline{A}}$, et qu'alors $H\bullet M = (HV)*\mu$.

3.23 - Soit $M = W*(\mu - \nu)$ et $N = V*\mu$. Montrer que $[M,N] = (W - \hat{W})V*\mu = S(\tilde{V}\tilde{W})$. En déduire que si $W \in G^2_{loc}(\mu)$ et $V \in H^2_{loc}(\mu)$ on a $\langle M,N \rangle = 0$.

3.24 - (Esquisse d'une "théorie générale" de l'intégration stochastique par rapport à une mesure aléatoire). Soit $\eta \in \tilde{\underline{\underline{A}}}_\sigma$. Pour toute fonction $W \in \tilde{\underline{\underline{O}}}$ on pose $W(+) = M^P_{\eta^+}(W|\tilde{\underline{\underline{P}}})$ et $W(-) = M^P_{\eta^-}(W|\tilde{\underline{\underline{P}}})$.

a) Supposons que $W*\eta \in \underline{\underline{A}}_{loc}$. Montrer que $W*\eta \in \underline{\underline{M}}_{loc}$ si et seulement si $W(+)I_{]0,\infty[}*(\eta^+)^p = W(-)I_{]0,\infty[}*(\eta^-)^p$.

b) On note W^* le processus $W^*_t = \int_E W(t,x)\eta(\{t\}\times dx)$. $L(\eta)$ désigne l'ensemble des $W \in K(\eta)$ tels que $W(+)I_{]0,\infty[}*(\eta^+)^p = W(-)I_{]0,\infty[}*(\eta^-)^p$ et que $S(W^{*2})^{1/2} \in \underline{\underline{A}}_{loc}$. Montrer que si $W \in L(\eta)$ il existe un élément et un seul $M \in \underline{\underline{M}}^d_{loc}$ tel que $\Delta M = W^*$.

c) Montrer que si $W \in L(\eta)$ et $W*\eta \in \underline{\underline{V}}$, alors $W*\eta$ est la martingale locale M définie en (b). On note donc $W*\eta$ cette martingale locale pour tout $W\in L(\eta)$.

d) Montrer que si $\eta\in\tilde{\underline{\underline{M}}}_\sigma$ et si W est $\tilde{\underline{\underline{P}}}$-mesurable, on a $W\in L(\eta)$ si et seulement si $S(W^{*2})^{1/2}\in\underline{\underline{A}}_{loc}$; en déduire que si $\mu\in\tilde{\underline{\underline{A}}}^1_\sigma$ et si $\eta=\mu-\mu^p$, on a $G^1_{loc}(\mu)=L(\eta)$ et $W*(\mu-\mu^p)=W*\eta$.

e) Soit $\eta=\mu\in\underline{\underline{A}}^1_\sigma$. Montrer que $H^1_{loc}(\mu)=L(\eta)$ et que les intégrales stochastiques définies à la question (b) et au §b coïncident.

3.25- Soit $V\in K(\mu)$ tel que $M^P_\mu(VI_{]0,\infty[}|\tilde{\underline{\underline{P}}})=0$. On pose $V'=VI_{\{|V|\leq 1\}}-M^P_\mu(VI_{\{|V|\leq 1\}}I_{]0,\infty[}|\tilde{\underline{\underline{P}}})$ et $V''=V-V'$. Montrer que $V\in H^1_{loc}(\mu)$ si et seulement si $(V'^2+|V''|)*\mu\in\underline{\underline{A}}_{loc}$.

4 - DECOMPOSITION D'UNE MARTINGALE SELON UNE MESURE ALEATOIRE

Dans cette partie on démontre un théorème très important pour la suite, et qui concerne la décomposition d'une martingale locale quelconque en une somme d'intégrales stochastiques du premier et du second type par rapport à une mesure aléatoire à valeurs entières μ, plus une martingale locale continue sur D. Nous en donnons immédiatement quelques applications: une version de la formule d'Ito au §c, et surtout une comparaison de l'intégrale stochastique d'un processus optionnel par rapport à une martingale locale, et des intégrales définies dans la partie 3 (ce qui est exposé au §b).

§a - Décomposition d'une martingale locale. Dans ce paragraphe on fixe encore $\mu\in\tilde{\underline{\underline{A}}}^1_\sigma$. On note ν une version de μ^p et on utilise les notations D, β, a, J, $\hat{W}$ données par (3.19) et (3.24).

(3.75) THEOREME: Soit $M\in\underline{\underline{M}}_{loc}$.

(a) Il existe une version U de $M^P_\mu(\Delta M\,I_{]0,\infty[}|\tilde{\underline{\underline{P}}})$ qui vérifie $\{a=1\}\subset\{\hat{U}=0\}$.

(b) Si $U=M^P_\mu(\Delta M\,I_{]0,\infty[}|\tilde{\underline{\underline{P}}})$, si $W=U+\frac{\hat{U}}{1-a}I_{\{a<1\}}$ et si $V=\Delta M-U$, on a $W\in G^1_{loc}(\mu)$, $V\in H^1_{loc}(\mu)$, et M s'écrit

$$M = W*(\mu-\nu)+V*\mu+M', \tag{3.76}$$

avec $M'\in\underline{\underline{M}}_{loc}$ vérifiant $\{\Delta M'\neq 0\}\subset D^c$.

A l'occasion de cet énoncé, on rappelle encore une fois qu'on fait la convention (0.7): ainsi $\Delta MI_{]0,\infty[}$ est considéré comme une fonction sur $\tilde{\Omega}$. Dans (3.76) on a $W*(\mu-\nu)_0=0$, $V*\mu_0=V(0,\beta_0)I_D(0)=M_0I_D(0)$, et $M'_0=M_0I_{D^c}(0)$.

<u>Démonstration</u>. (a) D'après (3.21) on a $\Delta M\in K(\mu)$, donc $U=M^P_\mu(\Delta M I_{]0,\infty[}|\tilde{\underline{\underline{P}}})$ existe. L'ensemble $A=\{\hat{U}\neq 0, a=1\}$ est prévisible et, s'il est P-évanescent, $U'=UI_{A^c}$ est encore une version de $M^P_\mu(\Delta M I_{]0,\infty[}|\tilde{\underline{\underline{P}}})$, satisfaisant $\{a=1\}\subset\{\hat{U'}=0\}$ puisque $\hat{U'}=\hat{U}I_{A^c}$. Pour montrer que A est P-évanescent il suffit, d'après le théorème de section prévisible, de montrer que si $T\in\underline{\underline{T}}_p$ vérifie $[\![T]\!]\subset\{a=1\}$, alors $\hat{U}_T=0$ sur $\{T<\infty\}$. Or $[\![T]\!]\subset\{a=1\}$ implique $[\![T]\!]\subset D^c$ d'après (3.25), donc $\hat{U}_T=E(\Delta M_T I_{\{T>0\}}|\underline{\underline{F}}^P_{T-})=0$ sur $\{T<\infty\}$, d'où le résultat.

(b) Si on change U sur un ensemble M^P_μ-négligeable, cela n'altère pas l'appartenance de W et V à $G^1_{loc}(\mu)$ et $H^1_{loc}(\mu)$, et ne modifie pas la classe d'équivalence des processus $W*(\mu-\nu)$ et $V*\mu$. On peut donc supposer que $\{a=1\}\subset\{\hat{U}=0\}$, donc $W=U+\frac{\hat{U}}{1-a}$ (avec la convention $0/0=0$) et $W-\hat{W}=U$, $\hat{W}(1-a)=\hat{U}$. En utilisant (2.16) et en localisant, on voit aussi qu'il suffit de montrer le résultat, séparément, lorsque $M\in\underline{\underline{M}}\cap\underline{\underline{A}}$ et lorsque $M\in\underline{\underline{H}}^2$.

Supposons d'abord que $M\in\underline{\underline{M}}\cap\underline{\underline{A}}$. Il est clair que $V\in K(\mu)$ et que $M^P_\mu(VI_{]0,\infty[}|\tilde{\underline{\underline{P}}})=0$, et on a

$$M^P_\mu(|V|)\leq M^P_\mu(|\Delta M|)+M^P_\mu(|U|)\leq 2M^P_\mu(|\Delta M|)\leq 2E[S(|\Delta M|)_\infty]<\infty,$$

donc $V\in H^1(\mu)$. D'autre part

$$E[C^{()}(W,\nu)_\infty]=E[|U|*\nu_\infty+S(|\hat{U}|)_\infty]\leq 2E(|U|*\nu_\infty)=2M^P_\mu(|U|)<2M^P_\mu(|\Delta M|)<\infty,$$

donc $W\in G^1_{loc}(\mu)$ d'après (3.71).

Supposons maintenant que $M\in\underline{\underline{H}}^2$. Là encore on a $V\in K(\mu)$ et $M^P_\mu(VI_{]0,\infty[}|\tilde{\underline{\underline{P}}})=0$, et

$$M^P_\mu(V^2)\leq 4M^P_\mu(\Delta M^2)\leq 4E([M,M]_\infty)<\infty,$$

donc $V\in H^2(\mu)$. D'autre part pour tout $T\in\underline{\underline{T}}_p$ tel que $T>0$ on a d'après (3.29) et l'inégalité de Schwarz:

$$\hat{U}^2_T=E(\Delta M_T I_D(T)|\underline{\underline{F}}^P_{T-})^2=E(\Delta M_T I_{D^c}(T)|\underline{\underline{F}}^P_{T-})^2\leq E(\Delta M^2_T|\underline{\underline{F}}^P_{T-})\,E(I_{D^c}(T)|\underline{\underline{F}}^P_{T-})$$

sur $\{T<\infty\}$. Comme $E(I_{D^c}(T)|\underline{\underline{F}}^P_{T-})=1-a_T$ d'après (3.25), il vient:

$$E[C^\infty(W,\nu)_\infty]=E(U^2*\nu_\infty+S(\hat{U}^2/(1-a))_\infty)\leq M^P_\mu(U^2)+E[S(\Delta M^2)_\infty]$$
$$\leq M^P_\mu(\Delta M^2)+E[S(\Delta M^2)_\infty]\leq 2E[S(\Delta M^2)_\infty]<\infty,$$

donc $W\in G^2(\mu)$ d'après (3.71).

Enfin, dans les deux cas ci-dessus, si on définit M' par (3.76) il est facile de vérifier d'après la définition des intégrales stochastiques intervenant dans cette formule, que $\Delta M'=0$ sur D. ∎

Dans le théorème précédent, il n'y a aucune relation a-priori entre M et μ. Si on en impose, on obtient évidemment des résultats plus précis, énoncés dans la proposition suivante (dont nous donnons une démonstration directe, mais qui peut aussi se démontrer en utilisant (3.75)).

(3.77) PROPOSITION: Soit $X \in \underline{\underline{S}}_p$ de décomposition canonique $X = M + A$. On suppose que $\{\Delta X \neq 0\} \cap]\!]0,\infty[\![\subset D$ et qu'il existe $W \in \tilde{\underline{\underline{P}}}$ avec $\Delta X\, I_{]\!]0,\infty[\![} = W$, M^P_μ-p.s.

(a) On a $W \in G^1_{loc}(\mu)$ et $M^d = W*(\mu - \nu)$.

(b) Si de plus $X \in \underline{\underline{M}}_{loc}$ on a $\hat{W} = 0$ et

$$X = X_0 + X^c + W*(\mu - \nu).$$

Démonstration. Si $W = \Delta X\, I_{]\!]0,\infty[\![}$ M^P_μ-p.s., on a a-fortiori $W = M^P_\mu(\Delta X\, I_{]\!]0,\infty[\![} | \tilde{\underline{\underline{P}}})$, donc (3.29) implique $\hat{W} = {}^p(\Delta X\, I_{]\!]0,\infty[\![}) = \Delta A\, I_{]\!]0,\infty[\![}$; par ailleurs les processus $\Delta X\, I_{]\!]0,\infty[\![}$ et $W(t,\beta_t) I_D(t)$ sont P-indistinguables, donc $\tilde{W} = \Delta M$ si $\tilde{W}$ est défini par (3.61): on en déduit que $W \in G^1_{loc}(\mu)$ et que $M^d = W*(\mu - \nu)$. Enfin si $X \in \underline{\underline{M}}_{loc}$ on a $A = X_0$, donc $\Delta A = 0$ sur $]\!]0,\infty[\![$, ce qui implique $\hat{W} = 0$, et on a (b).∎

L'hypothèse de (3.77) peut sembler forte, mais on la trouvera très souvent satisfaite. Soit par exemple X une semimartingale vectorielle et $\tilde{X}$ défini par (3.44); chaque $(X - \tilde{X})^i$ vérifie cette hypothèse avec $W(\omega,t,x) = x^i I_{\{|x|\leq 1\}}$. On peut aussi exprimer $\tilde{X}^i$ en fonction de μ^X, et il vient:

(3.78) COROLLAIRE: Soit $X = (X^i)_{i\leq m}$ une semimartingale vectorielle de caractéristiques locales (B,C,ν). Si $U(\omega,t,x) = x$ on a $U^i I_{\{|U|\leq 1\}} \in G^2_{loc}(\mu^X)$ et

$$X^i = X^i_0 + (X^i)^c + (U^i I_{\{|U|\leq 1\}})*(\mu^X - \nu) + (U^i I_{\{|U|>1\}})*\mu^X + B^i.$$

(3.79) Exemple: les PAI. Si X est en plus un PAI, de caractéristiques (3.52), la formule précédente s'écrit:

$$X_t = X_0 + b(t) + X^c_t + \int\!\!\int^t x\, I_{\{|x|\leq 1\}}(\mu^X - F)(ds,dx) + \int\!\!\int^t x\, I_{\{|x|>1\}}\mu^X(ds,dx)$$

(en notation vectorielle: les intégrales sont à faire composante par composante !). Ainsi, X est la somme de quatre termes très simples: le premier $b(t)$ est déterministe; les deux derniers sont des intégrales d'intégrands déterministes par rapport à une mesure de Poisson μ^X; enfin le second terme X^c est "presque" un mouvement brownien m-dimensionnel, dans le sens où c'est une martingale locale continue dont le processus croissant associé (qui est le processus matriciel $c(t)$) est déterministe (comparer à (2.75)).∎

§b - Intégrale stochastique optionnelle par rapport à une martingale locale.

Soit $M \in \underline{\underline{M}}_{loc}$. Nous nous proposons de définir l'intégrale stochastique de certains processus optionnels par rapport à M, de façon à généraliser l'intégrale "prévisible". Si cette notion n'a pas été introduite au chapitre II, c'est qu'on verra que ce n'est qu'un cas particulier de l'intégrale stochastique par rapport aux mesures aléatoires.

Pour tout $q \in [1,\infty[$ on pose

$$^{o}L^{q}(M) = \{H \text{ optionnel: } \{H^2 \cdot \langle M^c,M^c\rangle + S[(H\Delta M - {}^{p}(H\Delta M)I_{]0,\infty[})^2]\}^{q/2} \in \underline{\underline{A}}\}.$$

D'après (1.25) l'ensemble aléatoire $\{H \neq {}^{p}H\}$ est mince, et $\langle M^c,M^c\rangle$ est continu; on a donc $H^2 \cdot \langle M^c,M^c\rangle = ({}^{p}H)^2 \cdot \langle M^c,M^c\rangle$, si bien que

$$^{o}L^{q}(M) = \{H \text{ optionnel: } {}^{p}H \in L^{q}(M^c),\ S[(H\Delta M - {}^{p}(H\Delta M)I_{]0,\infty[})^2]^{q/2} \in \underline{\underline{A}}\}.$$

En accord avec (2.41), $^{o}L^{q}_{loc}(M)$ désigne l'ensemble des processus H pour lesquels il existe une suite localisante (T_n) telle que pour chaque n on ait $HI_{[0,T_n]} \in {}^{o}L^{q}(M)$. On a alors:

$$^{o}L^{q}_{loc}(M) = \{H \text{ optionnel: } {}^{p}H \in L^{q}_{loc}(M^c), S[(H\Delta M - {}^{p}(H\Delta M)I_{]0,\infty[})^2]^{q/2} \in \underline{\underline{A}}_{loc}\}.$$

Etant donné (2.45) on peut poser:

(3.80) DEFINITION: <u>Si</u> $H \in {}^{o}L^{1}_{loc}(M)$, <u>l'intégrale stochastique</u> $H \circledcirc M$ <u>de</u> H <u>par rapport à</u> M <u>est l'unique élément de</u> $\underline{\underline{M}}_{loc}$ <u>vérifiant</u>

$$(H \circledcirc M)^c = ({}^{p}H) \cdot M^c, \qquad \Delta(H \circledcirc M) = H\Delta M - {}^{p}(H\Delta M)I_{]0,\infty[}.$$

On a $H \circledcirc M_0 = H_0 M_0$. Comme ${}^{p}(H\Delta M)I_{]0,\infty[} = H\,{}^{p}(\Delta M)I_{]0,\infty[} = 0$ lorsque H est prévisible, on voit que $L^1(M) \subset {}^{o}L^1(M)$ et que $H \circledcirc M = H \cdot M$ si $H \in L^1(M)$. Nous utilisons la notation $H \circledcirc M$ pour bien montrer que $H \circledcirc M \neq H \cdot M$ lorsque $M \in \underline{\underline{V}}$ et lorsque l'intégrale de Stieltjes $H \cdot M$ existe : cela est apparent dans (3.80) lorsque ${}^{p}(H\Delta M)I_{]0,\infty[} \neq 0$ car alors $\Delta(H \circledcirc M) \neq \Delta(H \cdot M)$, mais c'est habituellement le cas (pour H optionnel non prévisible) même lorsque ${}^{p}(H\Delta M)I_{]0,\infty[} = 0$.

On a

$$[H \circledcirc M, H \circledcirc M] = H^2 \cdot \langle M^c,M^c\rangle + S[(H\Delta M - {}^{p}(H\Delta M)I_{]0,\infty[})^2],$$

si bien que

(3.81) PROPOSITION: <u>Soit</u> $H \in {}^{o}L^{1}_{loc}(M)$. <u>Pour que</u> $H \circledcirc M$ <u>appartienne à</u> $\underline{\underline{H}}^q$ (<u>resp.</u> $\underline{\underline{H}}^q_{loc}$) <u>il faut et il suffit que</u> $H \in {}^{o}L^{q}(M)$ (<u>resp.</u> $^{o}L^{q}_{loc}(M)$).

Les intégrales optionnelles ont été introduites par Meyer [5], par une méthode différente. Cependant, il définit l'intégrale pour la classe

$$\hat{L}(M) = \{H \text{ optionnel: } (H^2 \cdot [M,M])^{1/2} \in \underline{\underline{A}}_{loc}\}.$$

Comme $H^2\bullet[M,M] = H^2\bullet\langle M^c,M^c\rangle + S(H^2\Delta M^2)$, le lemme (2.62) montre que $\hat{L}(M)\subset {}^oL^1_{loc}(M)$ (cette inclusion est une égalité lorsque la filtration $\underline{F}^P$ est quasi-continue à gauche: cf. exercice 3.28).

(3.82) Remarques: 1) Si on veut que l'espace des intégrales stochastiques $H\circledcirc M$ ait de "bonnes" propriétés (étudiées au chapitre IV), on ne peut se contenter de $\hat{L}(M)$ et il faut intégrer tous les éléments de ${}^oL^1_{loc}(M)$. Par ailleurs, (2.45) montre que ${}^oL^1_{loc}(M)$ est la classe la plus vaste possible d'intégrands optionnels, si on veut avoir (3.80).

2) On pourrait penser intégrer des processus optionnels par rapport à une semimartingale. Mais il ne semble pas y avoir de manière canonique de le faire, les diverses intégrales raisonnables dépendant de la décomposition (2.13) choisie (voir exercices 3.31 et suivants).∎

(3.83) Exemple: Nous avons déjà rencontré, sans le dire, un exemple très important d'intégrale optionnelle. Soit en effet $H = I_{\{|\Delta M|\leq 1/2\}}$: alors $H\in {}^oL^1_{loc}(M)$ et si $M' = H\circledcirc M$ et $M'' = M - M'$, la décomposition $M = M' + M''$ est la décomposition obtenue dans le corollaire (2.16). Plus généralement, si $a\in]0,\infty[$ et si $H = I_{\{|\Delta M|\leq a\}}$, on a encore $H\in {}^oL^1_{loc}(M)$ et les processus obtenus à partir de $X = \Delta M$, à l'aide des formules (2.58), sont $X'(a) = \Delta(H\circledcirc M)$ et $X''(a) = \Delta(M - H\circledcirc M)$.∎

Voici maintenant un énoncé qui montre que les intégrales optionnelles se réduisent aux intégrales (prévisibles) par rapport à M^c, plus des intégrales du premier et du second type par rapport à μ^M. Nous nous contentons du cas où $M\in\underline{\underline{L}}$, le cas général s'en déduisant facilement.

(3.84) THEOREME: Soit $M\in\underline{\underline{L}}$ et $\mu = \mu^M$ la mesure associée à M par (3.22). L'ensemble des $H\circledcirc M$, quand H parcourt ${}^oL^1_{loc}(M)$, égale l'ensemble des $K\bullet M^c + W*(\mu-\nu) + V*\mu$, où K, W et V parcourent respectivement $L^1_{loc}(M^c)$, $G^1_{loc}(\mu)$ et $H^1_{loc}(\mu)$.

On peut être un peu plus précis: on associe comme d'habitude D, J, ν, a à μ; on a $D = \{\Delta M\neq 0\}$ (puisque $M_0 = 0$) et $\beta = \Delta M$ sur D. Si alors $K\in L^1_{loc}(M^c)$, $W\in G^1_{loc}(\mu)$ et $V\in H^1_{loc}(\mu)$, et si

(3.85) $$H_t = K_t I_{D^c\cap J^c}(t) + \frac{1}{\Delta M_t}[W(t,\Delta M_t) + V(t,\Delta M_t)] I_D(t),$$

alors $H\in {}^oL^1_{loc}(M)$ et $H\circledcirc M = K\bullet M^c + W*(\mu-\nu) + V*\mu$.

Démonstration. (i) Soit $H\in {}^oL^1_{loc}(M)$ et $N = H\circledcirc M$. D'après (3.75) N se décompose en $N = N^1 + N^2 + N^3$, où $N^1 = W*(\mu-\nu)$ avec $W\in G^1_{loc}(\mu)$, $N^2 = V*\mu$ avec $V\in H^1_{loc}(\mu)$, et N^3 vérifie $\Delta N^3 = 0$ sur D et $N^3_0 = N_0 = 0$. Par ailleurs on sait que $K = {}^pH$ est dans $L^1_{loc}(M^c)$ et que $N^c = K\bullet M^c$.

Pour obtenir la décomposition annoncée pour N il suffit donc de montrer que $\Delta N^3 = 0$.

Sur D^c on a $\Delta N = -^p(H\Delta M)$, $\Delta N^1 = -\hat{W}$ et $\Delta N^2 = 0$ d'après la définition de D et des intégrales stochastiques N^1 et N^2. Donc

$$\Delta N^3 = \Delta N^3 I_{D^c} = (\Delta N - \Delta N^1 - \Delta N^2) I_{D^c} = -({}^p(H\Delta M) + \hat{W}) I_{D^c}.$$

D'une part $\hat{W} = 0$ sur J^c, et ${}^p(H\Delta M) = 0$ sur J^c car J est le suppor prévisible de D, qui contient $\{H\Delta M \neq 0\}$. D'autre part ${}^p(I_{D^c}) = 1 - a$ et ${}^p(\Delta N^3) = 0$ car $N_0^3 = 0$, donc l'égalité précédente entraine:

$$0 = -({}^p(H\Delta M) + \hat{W})(1 - a).$$

Comme $J \cap D^c \subset \{0 < a < 1\}$ on a ${}^p(H\Delta M) + \hat{W} = 0$ sur $J \cap D^c$. En rassemblant ces résultats on voit que ${}^p(H\Delta M) + \hat{W} = 0$ sur D^c, donc $\Delta N^3 = 0$.

(ii) Réciproquement soit $N = K \cdot M^c + W*(\mu - \nu) + V*\mu$, où $K \in L^1_{loc}(M^c)$, $W \in G^1_{loc}(\mu)$ et $V \in H^1_{loc}(\mu)$. On définit H par (3.85). D'après (3.27) on a $\hat{V} = 0$. (3.25) entraine alors que ${}^p(H\Delta M) = \hat{W}$, donc $H\Delta M - {}^p(H\Delta M) I_{]0,\infty[} = \tilde{W} + \tilde{V} = \Delta N$. On en déduit que $S[(H\Delta M - {}^p(H\Delta M) I_{]0,\infty[})^2]^{1/2} \in \underline{\underline{A}}_{loc}$. Par ailleurs H, donc ${}^pH$, ne diffère de K que sur un ensemble mince; comme $\langle M^c, M^c \rangle$ est continu, on a ${}^pH \in L^1_{loc}(M^c)$ et ${}^pH \cdot M^c = K \cdot M^c$. Il en découle que $H \in {}^oL^1_{loc}(M)$ et si $N' = H \circledcirc M$, que $N'^c = K \cdot M^c$ et $\Delta N' = \Delta N$, donc $N' = N$. ∎

Pour terminer ce paragraphe, nous allons donner quelques résultats, de nature relativement anecdotique. D'abord, si $M \in \underline{\underline{H}}^2_{loc}$, l'intégrale optionnelle permet de relier de manière simple les "crochets" de M.

(3.86) PROPOSITION: <u>Soit</u> $M \in \underline{\underline{H}}^2_{loc}$. <u>On a</u> $\Delta M I_{]0,\infty[} \in {}^oL^1_{loc}(M)$ <u>et</u> $[M,M] = \langle M,M \rangle + (\Delta M I_{]0,\infty[}) \circledcirc M$.

<u>Démonstration</u>. On sait que $\langle M,M \rangle = [M,M]^p$, donc $N = [M,M] - \langle M,M \rangle$ est un élément de $\underline{\underline{L}}^d$ dont les sauts sont $\Delta N = (\Delta M)^2 - {}^p[(\Delta M)^2]$. Si $H = \Delta M I_{]0,\infty[}$ il vient alors $\Delta N = H\Delta M - {}^p(H\Delta M)$, prouvant ainsi que $H \in {}^oL^1_{loc}(M)$ et que $N = H \circledcirc M$. ∎

Soit $M \in \underline{\underline{M}}_{loc}$. Il n'est pas a-priori évident, sur la définition de ${}^oL^1_{loc}(M)$, que si B est un ensemble aléatoire optionnel, alors I_B appartienne à ${}^oL^1_{loc}(M)$. Il est par contre évident que I_B appartient à $\hat{L}(M)$, et d'après ce qui précède on a l'énoncé:

(3.87) PROPOSITION: <u>Si</u> $M \in \underline{\underline{M}}_{loc}$ <u>et si</u> $B \in \underline{\underline{O}}$, <u>alors</u> $I_B \in {}^oL^1_{loc}(M)$.

On va enfin en déduire le corollaire suivant, qui peut évidemment se démontrer directement en utilisant le lemme (2.62):

(3.88) COROLLAIRE: Soit $W \in G^1_{loc}(\mu)$. Alors $\hat{W}$ et $W-\hat{W}$ sont dans $G^1_{loc}(\mu)$.

Démonstration. Soit $M = W*(\mu-\nu)$ et $M' = I_{D^c} \odot M$, qui existe d'après (3.87). On va appliquer le théorème (3.75) à M' : on a $\Delta M' = \Delta M I_{D^c} - {}^p(\Delta M I_{D^c})$ et $\Delta M I_{D^c} = -\hat{W} I_{D^c}$, donc $\Delta M' = -\hat{W} I_{D^c} + \hat{W}(1-a)$. Par suite $U' = M^P_\mu(\Delta M' I_{]0,\infty[} | \tilde{\underline{P}})$ est donné par $U' = \hat{W}(1-a)$, et $W' = U' + \frac{\hat{U'}}{1-a}$ vaut $W' = \hat{W}$, donc $\hat{W} \in G^1_{loc}(\mu)$. Comme $G^1_{loc}(\mu)$ est un espace vectoriel, on a aussi $W - \hat{W} \in G^1_{loc}(\mu)$. ∎

§c - La formule d'Ito.

(3.89) THEOREME: Soit $\mu \in \tilde{\underline{\underline{A}}}^1_\sigma$ et $\nu = \mu^p$. Soit $X = (X^1, \ldots, X^m)$ une semimartingale vectorielle spéciale de décomposition canonique $X = M + A$. On suppose que $\{\Delta X \neq 0\} \cap]0,\infty[\subset D$ et qu'il existe une fonction $\tilde{\underline{P}}$-mesurable $U = (U^1, \ldots, U^m)$ telle que $\Delta X I_{]0,\infty[} = U$ M^P_μ-p.s. Soit enfin F une fonction de classe C^2 sur $\mathbb{R}^m$, telle que $F(X) \in \underline{\underline{S}}_p$. On a alors

$$\begin{aligned} F(X) = {} & F(X_0) + \sum_{i\leq m} \frac{\partial F}{\partial x_i}(X)_- \cdot (X^i)^c + [F(X_- + U) - F(X_-)]*(\mu-\nu) \\ & + \sum_{i\leq m} \frac{\partial F}{\partial x_i}(X)_- \cdot A^i + \sum_{i,j\leq m} \frac{1}{2} \frac{\partial^2 F}{\partial x_i \partial x_j}(X)_- \cdot [(X^i)^c, (X^j)^c] \\ & + [F(X_- + U) - F(X_-) - \sum_{i\leq m} \frac{\partial F}{\partial x_i}(X)_- U^i] I_{]0,\infty[} * \nu. \end{aligned}$$

Bien entendu, le fait d'écrire cette formule implique que chacun de ses termes soit bien défini. On obtient la décomposition canonique de $F(X)$: la partie "martingale locale nulle en 0" est constituée des second et troisième termes. La relation reliant X et μ est automatiquement satisfaite si $\mu = \mu^X$, avec $U(\omega,t,x) = x$.

Démonstration. Pour simplifier les notations, on pose $V = F(X_- + U) - F(X_-)$ et $W = V - \sum_{i\leq m} \frac{\partial F}{\partial x_i}(X)_- U^i$. Etant données les hypothèses sur X, la formule d'Ito usuelle (2.52) s'écrit (attention à la valeur à l'origine: on a $U(\omega,0,x) = W(\omega,0,x) = 0$):

$$\begin{aligned} F(X) = {} & F(X_0) + \sum_{i\leq m} \frac{\partial F}{\partial x_i}(X)_- \cdot (X^i)^c + \sum_{i\leq m} \frac{\partial F}{\partial x_i}(X)_- \cdot (M^i)^d + \\ & + \sum_{i\leq m} \frac{\partial F}{\partial x_i}(X)_- \cdot A^i + \frac{1}{2} \sum_{i,j\leq m} \frac{\partial^2 F}{\partial x_i \partial x_j}(X)_- \cdot [(X^i)^c, (X^j)^c] + W*\mu. \end{aligned}$$

Comme $F(X) \in \underline{\underline{S}}_p$, (2.14) entraine que la somme des trois derniers termes ci-dessus est dans $\underline{\underline{A}}_{loc}$. Les deux premiers parmi ceux-ci étant dans $\underline{\underline{P}} \cap \underline{\underline{V}}_0$ il s'ensuit que $W*\mu \in \underline{\underline{A}}_{loc}$, donc $W*\nu \in \underline{\underline{A}}_{loc}$ et $W \in G^1_{loc}(\mu)$ d'après (3.71). Il nous reste à montrer que la martingale locale

$$N = \sum_{i\leq m} \frac{\partial F}{\partial x_i}(X)_- \cdot (M^i)^d + W*(\mu-\nu)$$

est égale à $V*(\mu-\nu)$. Mais par hypothèse $\Delta X^i I_{]0,\infty[} = U^i$ M^P_μ-p.s., donc (3.77) entraine que $\Delta M^i = \widetilde{U}^i$. Un calcul immédiat montre alors que $\Delta N = \widetilde{V}$, donc $V \in G^1_{loc}(\mu)$ et comme $N \in \underline{\underline{L}}^d$ on a $N = V*(\mu-\nu)$. ∎

Lorsque $\mu = \mu^X$ et lorsque $X \in \underline{\underline{M}}_{loc}$ on peut d'après (3.84) remplacer dans la formule ci-dessus l'intégrale par rapport à $(\mu-\nu)$ par une intégrale optionnelle, via la formule de transformation (3.85). On obtient ainsi, dans le cas $m=1$:

(3.90) COROLLAIRE: Soit $M \in \underline{\underline{M}}_{loc}$, $\mu = \mu^M$ et $\nu = \mu^p$. Soit F une fonction de classe C^2 telle que la semimartingale $F(M)$ soit spéciale. On a alors

$$F(M)_t = F'(M)_- \cdot M^c_t + \frac{F(M)-F(M_-)}{\Delta M} I_{\{\Delta M \neq 0\}} \odot M^d_t + \frac{1}{2} F''(M)_- \cdot [M^c,M^c]_t$$
$$+ \int_{]0,t]\times \mathbb{R}} [F(M_{s-}+x) - F(M_{s-}) - F'(M_{s-})x]\nu(ds,dx).$$

Dans cette formule, la valeur $F(M_0)$ se trouve incluse dans le second terme, qui égale la somme des premier et troisième termes de (3.89).

EXERCICES

3.26 - Soit $X_t = N_t - t$ une martingale de Poisson (exercice 1.9), et soit $H = \Delta N$. Montrer que ${}^p(H\Delta X) = 0$, que $H \in {}^oL^1_{loc}(X)$, et calculer $H \odot X$ (vérifier en particulier que $H \odot X \neq H \cdot X$).

3.27 - Soit $M \in \underline{\underline{L}}$ et F un ensemble mince optionnel. Montrer qu'il existe une décomposition $M = M' + M''$ avec $M', M'' \in \underline{\underline{L}}$, $\Delta M' = 0$ sur F et $\Delta M'' = 0$ sur F^c, si et seulement si ${}^p(\Delta M I_F) = 0$.

3.28 - On suppose $\underline{F}^P$ quasi-continue à gauche. Montrer que si $M \in \underline{\underline{M}}_{loc}$ le support prévisible de $\{\Delta M \neq 0\}$ est vide, donc que ${}^p(H\Delta M) = 0$ pour tout processus optionnel H, donc $\hat{L}(M) = {}^oL^1_{loc}(M)$.

3.29 - Démontrer la condition suffisante du théorème (3.51) en utilisant la version (3.89) de la formule d'Ito.

3.30 - Soit $W \in G^1_{loc}(\mu)$. Montrer que $\hat{W}a^n$ et $W - \hat{W}[1 + (1-a) + .. + (1-a)^n]$ sont dans $G^1_{loc}(\mu)$ pour tout $n \in \mathbb{N}$.

3.31 - Intégrale optionnelle par rapport à une semimartingale. Soit $X \in \underline{\underline{S}}$. On utilise les notations du §II.2.f, notamment $\underline{\underline{D}}(X)$ et $\underline{\underline{D}}'(\Delta X)$. On note F la partie totalement inaccessible de l'ensemble $\{\Delta X \neq 0\}$. Soit enfin E réduit à un point, si bien qu'une mesure aléatoire sur $\mathbb{R}_+\times E$ est simplement une mesure aléatoire sur $\mathbb{R}_+$.

a) On considère la mesure aléatoire $\eta(dt) = \sum_{(s)} I_F(s)\Delta X_s \varepsilon_s(dt)$. Montrer que $\eta \in \tilde{\underline{\underline{V}}}$.

b) Soit H un processus optionnel et $D \in \underline{\underline{D}}(X) \cap \underline{\underline{D}}'(H\Delta X)$. Montrer que la mesure aléatoire $H \cdot d\check{X}^D$ est dans $\tilde{\underline{\underline{A}}}_\sigma$.

c) Soit H un processus optionnel, et $\underline{\underline{G}}(X,H) = \{D \in \underline{\underline{D}}(X) \cap \underline{\underline{D}}'(H\Delta X):$ $I_{D^c}(H - {}^pH)\cdot\eta \in \tilde{\underline{\underline{A}}}_\sigma,\ 1*[H\cdot d\check{X}^D + [(H - {}^pH)I_{D^c}\cdot\eta]^p] \in \underline{\underline{V}}\}$. Montrer que si $\underline{\underline{G}}(X,H) \neq \emptyset$ on a $\underline{\underline{G}}(X,H) = \underline{\underline{D}}(X) \cap \underline{\underline{D}}'(H\Delta X)$ et que dans ce cas si $D,D' \in \underline{\underline{G}}(X,H)$ on a $(I_D - I_{D'})H\cdot\eta \in \tilde{\underline{\underline{A}}}_\sigma$ et

$$H\cdot d\check{X}^D + [(H - {}^pH)I_{D^c}\cdot\eta]^p = H\cdot d\check{X}^{D'} + [(H - {}^pH)I_{D'^c}\cdot\eta]^p + [(I_D - I_{D'})H\cdot\eta]^p$$

(on pourra utiliser d'une part le fait que la mesure aléatoire $\alpha = [(I_D - I_{D'})H\cdot\eta]^p$ vérifie $\alpha(\{t\}) = 0$ pour tout t, d'autre part le fait que la projection prévisible duale du processus $S(\Delta X\, I_F\, (I_{D'} - I_D)) = S(\Delta X\, I_F\, (I_{D^c} - I_{D'^c}))$ est $\check{X}^D - \check{X}^{D'}$, si $D,D' \in \underline{\underline{D}}(X)$).

3.32 - (suite) On pose ${}^oL(X) = \{H \text{ optionnel: } {}^pH \in L^1_{loc}(X^c),\ \underline{\underline{G}}(X,H) \neq \emptyset\}$.

a) Si $H \in {}^oL(X)$ et si $D \in \underline{\underline{G}}(X,H)$ on note $H\cdot X$ l'unique élément de $\underline{\underline{S}}$ qui vérifie:

$$(H\cdot X)^c = {}^pH\cdot X^c,\ \Delta(H\cdot X) = H\Delta X,\ (\check{H\cdot X})^D = 1*[H\cdot d\check{X}^D + [(H - {}^pH)I_{D^c}\cdot\eta]^p].$$

Montrer que $H\cdot X$ ne dépend pas de l'élément D de $\underline{\underline{G}}(X,H)$ choisi, et coïncide avec l'intégrale stochastique définie par (2.56) lorsque H est prévisible. Montrer que $L(X) \subset {}^oL(X)$.

b) Montrer que si H est un processus optionnel tel que l'intégrale Stieltjes $\int_0^\cdot H_s dX_s$ existe, alors $H \in {}^oL(X)$ et l'intégrale de Stieltjes coïncide avec $H\cdot X$.

c) Montrer que ${}^oL(X)$ est un espace vectoriel et que ${}^oL(X) \cap {}^oL(X') \subset {}^oL(X+X')$. Montrer que l'application: $(H,X) \leadsto H\cdot X$ est linéaire en H et en X sur son domaine de définition.

d) On suppose que $X \in \underline{\underline{M}}_{loc}$ et que $H \in {}^oL^1_{loc}(X)$. Montrer que $H \in {}^oL(X)$ et que $H\cdot X$ est une semimartingale spéciale dont la décomposition canonique est $H\cdot X = H \circledcirc X + A$, avec $A \in \underline{\underline{P}} \cap \underline{\underline{V}}$.

3.33 - (suite) Soit ${}^oL'(X)$ l'ensemble des processus optionnels H pour lesquels il existe un processus $H' \in L(X)$ tel que l'ensemble $\{H \neq H'\}$ soit mince et que $S(\Delta X(H - H')) \in \underline{\underline{V}}$. Montrer que ${}^oL'(X) \subset {}^oL(X)$ et que si $H \in {}^oL'(X)$ est associé au processus prévisible H' comme ci-dessus, on a $H\cdot X = H'\cdot X + S((H - H')\Delta X)$ (on pourra utiliser les assertions (b) et (c) de l'exercice précédent).

COMMENTAIRES

Les répartitions ponctuelles et les mesures aléatoires ont été introduites il y a fort longtemps. L'introduction des mesures aléatoires au sens où nous les entendons ici (en particularisant le rôle du temps), et en particulier des mesures aléatoires à valeurs entières, est assez ancienne également, en vue notamment de l'étude des processus de Markov: Ito [2] pour les mesures de Poisson, Watanabe [1] pour la mesure associée par (3.21) à un processus de Markov, Skorokhod [1]. Ces auteurs ont souligné d'emblée les rapports avec la théorie des martingales, en utilisant de manière plus ou moins implicite la notion de projection prévisible duale.

Les définitions de la projection prévisible duale et de la mesure de Doléans (théorèmes (3.11) et (3.15)) sont recopiées sur Jacod [1]. La notion de système de Lévy, au sens de (3.21), est due à Watanabe [1], lorsque X est un processus de Markov, quoique la caractérisation du système de Lévy comme projection prévisible duale soit "formellement" plus récente: voir Benveniste et Jacod [1], et l'exercice 13.8 du ch. XIII. Le contenu du §1-e se trouve dans Jacod [2].

Le fait que si N est la mesure de comptage d'une répartition ponctuelle de Poisson, alors N(A) suit une loi de Poisson, est classique: voir par exemple Kingman [1]. Le théorème de caractérisation (3.34) est également "bien connu" depuis longtemps: dans le cas des processus de Poisson (i.e. E réduit à un point) il est dû à Watanabe [1]; pour le cas général, voir Meyer [3], Grigelionis [5],[7], pour une démonstration complète, du même type que la notre. La remarque suivant (3.34) est due à Brémaud [2].

C'est Brémaud [1] qui le premier a montré l'importance de la théorie des martingales dans l'étude des processus ponctuels; voir aussi Grigelionis [5], et l'article de revue de Brémaud et Jacod [1] pour une bilbiographie assez complète sur le sujet. Le théorème de caractérisation (3.42) et la remarque (3.43) sont montrés dans Jacod [1]; voir aussi Kabanov, Liptzer et Shiryaev [1].

La notion de caractéristiques locales d'une semimartingale est à notre avis très importante. Elle a été introduite par Grigelionis [2],[3] dans un cas particulier, puis systématisée par Jacod et Mémin [1]. Pour les PAI la formule (3.55) est due à Lévy; voir aussi Doob [1]. Le théorème de caractérisation (3.51) est "classique" au même titre que (3.34): voir Skorokhod [1] et Meyer [3] pour les PAIS, puis Jacod et Mémin [1] et enfin Grigelionis [7] pour une démonstration dans le cas général. On trouve dans Grigelionis [6] une généralisation de ces résultats, pour les PAI "conditionnels". L'exercice 3.17 reprend une idée de Weil [1].

Les intégrales stochastiques du premier type sont connues depuis Skorokhod [1], lorsque μ est la mesure de Poisson. Dans le cas général elles sont introduites, de même que celles du second type, par Jacod [2], mais la présentation ici est beaucoup simplifiée. La caractérisation (3.68) est due à Kabanov, Liptzer et Shiryaev [3]. Le théorème (3.75) est dans Jacod [2], et on en trouvera une extension dans Lépingle [2]. La proposition (3.77) est nouvelle, mais son corollaire (3.78) est connu depuis longtemps dans des cas particuliers: Skorokhod [1], Grigelionis [3],[4], tandis que la décomposition (3.79) des PAI remonte à Lévy.

Les intégrales stochastiques optionnelles ont été introduites par Meyer [5]; la présentation faite ici et l'identification (3.84) sont dues à Jacod [4], où on trouve aussi le contenu des exercices 3.31 à 3.33 sur l'intégrale optionnelle par rapport à une semimartingale: il ne semble pas toutefois que cette notion soit très intéressante. La classe ${}^{o}L^1(X)$ de l'exercice 3.33 a été introduite par Yor [8].

Enfin, la version (3.89) de la formule d'Ito est due à Grigelionis [5] et Yor [2].

CHAPITRE IV

SOUS-ESPACES STABLES DE MARTINGALES

La théorie des sous-espaces stables de $\underline{\underline{H}}^q$ exposée dans ce chapitre est une généralisation de la théorie faite par Kunita et Watanabe pour $\underline{\underline{H}}^2$. Toutefois cette gémáralisation nous semble rendue indispensable par l'importance qu'a pris l'espace $\underline{\underline{H}}^1$ (essentiellement) dans le théorie des intégrales stochastiques.

Comme application de cette étude, on s'intéresse notamment au problème suivant: quelles conditions doit satisfaire une famille $\mathcal{M}$ de martingales pour que le sous-espace stable "engendré" par $\mathcal{M}$ soit $\underline{\underline{H}}^q$? le même problème sera d'ailleurs envisagé dans les chapitres ultérieurs sous un angle un peu différent.

Les définitions et les résultat les plus utiles sont rassemblés dans la partie 1. Dans la partie 2 on étudie les sous-espaces stables de $\underline{\underline{H}}^2$, en tirant parti de la structure hilbertienne de cet espace. Dans les parties 3 et 4 enfin, on étudie de manière approfondie les sous-espaces stables engendrés respectivement par une mesure aléatoire, et par une famille finie de martingales locales.

1 - LES PROPRIETES ELEMENTAIRES

§a - Définition d'un sous-espace stable. Dans tout ce chapitre, l'espace probabilisé filtré $(\Omega,\underline{\underline{F}},\underline{F},P)$ est fixé.

(4.1) DEFINITION: Soit $q\in[1,\infty[$. Un sous-espace stable de $\underline{\underline{H}}^q$ est un sous-espace vectoriel fermé $\underline{\underline{H}}$ de $\underline{\underline{H}}^q$ tel que $I_A M^T\in\underline{\underline{H}}$ pour tous $M\in\underline{\underline{H}}$, $A\in\underline{\underline{F}}_0$, $T\in\underline{\underline{T}}$.

Les espaces $\underline{\underline{H}}^{q,c}$ et $\underline{\underline{H}}^{q,d}$ sont des sous-espaces stables de $\underline{\underline{H}}^q$; il en est de même de l'ensemble des éléments de $\underline{\underline{H}}^q$ nuls sur un intervalle stochastique fixé $[\![0,T]\!]$.

La terminologie "sous-espace stable" provient de ce qu'un tel sous-espace est stable par arrêt, et aussi par la multiplication par les variables $\underline{\underline{F}}_0$-mesurables bornées. Mais ces opérations sont des cas particuliers d'intégration stochastique: en effet si $M \in \underline{\underline{H}}^q$, $T \in \underline{\underline{T}}$ et $A \in \underline{\underline{F}}_0$ on a immédiatement

(4.2) $$I_{[\![0_A,T]\!]} = I_A I_{[\![0,T]\!]} \in L^q(M), \qquad I_A M^T = (I_A I_{[\![0,T]\!]})\bullet M$$

(cf. exercices 2.11 et 2.12); la caractérisation obtenue dans la proposition suivante n'est donc pas surprenante.

(4.3) PROPOSITION: <u>Soit $\underline{\underline{H}}$ un sous-espace vectoriel de $\underline{\underline{H}}^q$. Pour que $\underline{\underline{H}}$ soit un sous-espace stable de $\underline{\underline{H}}^q$, il faut et il suffit qu'il soit fermé et stable par intégration stochastique</u> (i.e.: si $M \in \underline{\underline{H}}$ et $H \in L^q(M)$, on a $H\bullet M \in \underline{\underline{H}}$).

<u>Démonstration</u>. Au vu de (4.2), la condition suffisante est évidente. Inversement si $\underline{\underline{H}}$ est un sous-espace stable de $\underline{\underline{H}}^q$, il est "stable" par intégration stochastique des processus prévisibles $I_{[\![0_A,T]\!]}$, où $T \in \underline{\underline{T}}$, $A \in \underline{\underline{F}}_0$. La condition nécessaire découle alors de la fermeture de $\underline{\underline{H}}$, de ce que l'application: $H \rightsquigarrow H\bullet M$ est une isométrie de $L^q(M)$ (muni de la semi-norme $\|.\|_{L^q(M)}$) sur $\underline{\underline{H}}^q$ (muni de la norme $\|[N,N]_\infty^{1/2}\|_q$), et de ce que d'après (1.8) les processus de la forme $I_{[\![0_A,T]\!]}$ $(T \in \underline{\underline{T}}, A \in \underline{\underline{F}}_0)$ forment un ensemble total dans $L^q(M)$.■

(4.4) DEFINITION: <u>Soit</u> $q \in [1,\infty[$. <u>Soit $\mathcal{M}$ une partie de $\underline{\underline{M}}_{loc}$. On appelle sous-espace stable engendré par $\mathcal{M}$ dans $\underline{\underline{H}}^q$, et on note $\mathcal{L}^q(\mathcal{M})$, le plus petit sous-espace stable de $\underline{\underline{H}}^q$ contenant toutes les intégrales stochastiques</u> $H\bullet M$, <u>avec</u> $M \in \mathcal{M}$ <u>et</u> $H \in L^q(M)$.

Comme l'intersection d'une famille quelconque de sous-espaces stables est à l'évidence un sous-espace stable, cette définition a un sens. Lorsque $\mathcal{M} = \{M^1,..,M^m\}$ on écrit $\mathcal{L}^q(M^1,..,M^m)$ au lieu de $\mathcal{L}^q(\mathcal{M})$. Si besoin est, on écrit aussi $\mathcal{L}^q(\mathcal{M},P)$, ou $\mathcal{L}^q(\mathcal{M},\underline{F}^P,P)$. La classe $\mathcal{L}^q_{loc}(\mathcal{M})$ est définie comme d'habitude, via (0.39).

Soulignons que $\mathcal{L}^q(\mathcal{M})$ est défini pour n'importe quelle partie $\mathcal{M}$ de $\underline{\underline{M}}_{loc}$. Mais on n'a pas nécessairement l'inclusion $\mathcal{M} \subset \mathcal{L}^q(\mathcal{M})$ et, à l'extrême, il se peut que $\mathcal{L}^q(\mathcal{M})$ soit réduit à la martingale nulle (cf. exercice 4.1). Cependant si $\mathcal{M} \subset \underline{\underline{H}}^q$, alors $\mathcal{L}^q(\mathcal{M})$ est le plus petit sous-espace stable de $\underline{\underline{H}}^q$ contenant $\mathcal{M}$; si $\mathcal{M} \subset \underline{\underline{H}}^q_{loc}$, alors $\mathcal{L}^q(\mathcal{M})$ est le plus petit sous-espace stable de $\underline{\underline{H}}^q$ contenant la classe $\{M^T : M \in \mathcal{M}, T \in \underline{\underline{T}}$ tels que $M^T \in \underline{\underline{H}}^q\}$ (vérification immédiate).

(4.5) PROPOSITION: $\mathcal{L}^q(\mathcal{M})$ <u>est la fermeture dans</u> $\underline{\underline{H}}^q$ <u>de l'espace vectoriel engendré par la réunion</u> $\bigcup_{M \in \mathcal{M}} \mathcal{L}^q(M)$.

<u>Démonstration</u>. Soit $\underline{\underline{H}}$ la fermeture de l'espace vectoriel engendré par $\bigcup_{M\in\mathcal{M}}\mathcal{L}^q(M)$. Chaque $\mathcal{L}^q(M)$ est stable par intégration stochastique des processus $I_{[\![0_A,T]\!]}$ $(A\in\underline{\underline{F}}_0, T\in\underline{\underline{T}})$, donc il en est de même de leur réunion, donc de $\underline{\underline{H}}$ puisque l'intégration stochastique de l'indicatrice d'un ensemble prévisible est une contraction sur $\underline{\underline{H}}^q$. Par suite $\underline{\underline{H}}$ est un sous-espace stable de $\underline{\underline{H}}^q$, et l'égalité $\underline{\underline{H}}=\mathcal{L}^q(M)$ est immédiate.■

(4.6) THEOREME: <u>Si</u> $M\in\underline{\underline{M}}_{loc}$ <u>on a</u> $\mathcal{L}^q(M)=\{H\cdot M:\ H\in L^q(M)\}$.

Si on combine ce théorème avec (4.5), on obtient une première description de $\mathcal{L}^q(\mathcal{M})$. Une part appréciable de la suite de ce chapitre va être consacrée à étendre ce théorème au cas où on part d'une famille finie de martingales locales, au lieu d'une seule.

<u>Démonstration</u>. Il s'agit de montrer que l'espace $\{H\cdot M:\ H\in L^q(M)\}$ est fermé dans $\underline{\underline{H}}^q$. Etant donnée l'égalité $\|H\|_{L^q(M)}=\|(H^2\cdot[M,M]_\infty)^{1/2}\|_q$ il suffit de montrer que l'espace $L^q(M)$, muni de la semi-norme $\|\cdot\|_{L^q(M)}$, qu'on abrègera en $\|\cdot\|$, est complet, soit encore que dans cet espace, toute série normalement convergente est convergente. Soit donc (H_n) une suite d'éléments de $L^q(M)$ telle que $\sum_{(n)}\|H_n\|<\infty$. Soit A l'ensemble, nécessairement prévisible, de convergence de la série $\sum_{(n)}|H_n|$, et $H=I_A\sum_{(n)}H_n$. On a évidemment $\|H\|\leq\sum_{(n)}\|H_n\|$, donc H appartient à $L^q(M)$. Comme $E(I_{A^c}\cdot[M,M]_\infty)=0$ il est facile de vérifier l'inégalité $\|H-\sum_{m\leq n}H_m\|\leq\sum_{m>n}\|H_m\|$, d'où le résultat d'après la convergence de $\sum_{(n)}\|H_n\|$.■

§b - <u>Sous-espaces stables et orthogonalité</u>. Dans les deux paragraphes suivants on amorce l'étude des conditions pour qu'une partie $\mathcal{M}$ de $\underline{\underline{M}}_{loc}$ vérifie $\mathcal{L}^q(\mathcal{M})=\underline{\underline{H}}^q$. On se contente pour le moment de résultats généraux, d'autres résultats et de nombreux cas particuliers étant traités par la suite.

On dispose pour le moment de trois ingrédients: les sous-espaces stables, qui sont des sous-espaces vectoriels fermés de $\underline{\underline{H}}^q$; la description du dual de $\underline{\underline{H}}^q$; enfin une notion d'orthogonalité (on rappelle que la martingale locale N est dite orthogonale à $\mathcal{M}$ si $N\perp M$, i.e. $NM\in\underline{\underline{L}}$, pour tout $M\in\mathcal{M}$). On est donc fortement tenté de mélanger ces ingrédients, et de vérifier dans quelle mesure cette notion d'orthogonalité coïncide avec la notion usuelle d'orthogonalité d'un élément d'un espace vectoriel avec un élément de son dual.

Si $q\in[1,\infty[$ on notera (dans ce paragraphe exclusivement) $\underline{\underline{H}}'^q$ le dual de $\underline{\underline{H}}^q$. On sait que $\underline{\underline{H}}'^q$ s'identifie à $\underline{\underline{H}}^{q'}$ si $q\in]1,\infty[$ et $\frac{1}{q}+\frac{1}{q'}=1$, et à $\underline{\underline{BMO}}$ si $q=1$, de sorte qu'à $N\in \underline{\underline{H}}'^q$ corresponde la forme linéaire continue $c_N(M)=E([N,M]_\infty)$.

(4.7) THEOREME: Soit $q\in [1,\infty[$ et $N\in \underline{\underline{H}}'^q$.

(a) Si $\mathcal{M}\subset \underline{\underline{M}}_{loc}$ et si $N\perp\mathcal{M}$, alors c_N s'annule sur $\mathcal{Z}^q(\mathcal{M})$.

(b) Si $\mathcal{M}\subset \underline{\underline{H}}^q_{loc}$ et si c_N s'annule sur $\mathcal{Z}^q(\mathcal{M})$, alors $N\perp\mathcal{M}$.

(c) Si $\underline{\underline{H}}$ est un sous-espace stable de $\underline{\underline{H}}^q$, pour que c_N s'annule sur $\underline{\underline{H}}$ il faut et il suffit que $N\perp\underline{\underline{H}}$.

Remarquer la différence d'hypothèses entre (a) et (b), qui provient de ce que, sans hypothèses sur $\mathcal{M}$, on peut avoir $\mathcal{Z}^q(\mathcal{M})=\{0\}$, auquel cas la restriction de c_N à $\mathcal{Z}^q(\mathcal{M})$ n'apporte par d'information sur N.

Démonstration. (a) Soit $M\in\mathcal{M}$, $H\in L^q(M)$ et $X=H\bullet M$. D'une part $[N,X]=H\bullet[N,M]$, et $[N,M]\in \underline{\underline{L}}\cap \underline{\underline{A}}_{loc}$ d'après (2.26) et le fait que $N\perp M$. D'autre part $H\bullet[N,M]\in \underline{\underline{A}}_0$ (utiliser l'inégalité de Kunita et Watanabe si $q>1$, de Fefferman si $q=1$), donc $[N,X]\in \underline{\underline{M}}_0$ d'après (1.44). Par suite $c_N(X)=E([N,X]_\infty)=0$: donc c_N est nulle sur $\mathcal{Z}^q(M)$ pour chaque $M\in\mathcal{M}$ d'après (4.6), donc sur $\mathcal{Z}^q(\mathcal{M})$ d'après (4.5).

(c) La condition suffisante découle de (a) appliqué à $\mathcal{M}=\underline{\underline{H}}$. Montrons la condition nécessaire. On suppose que $c_N=0$ sur $\underline{\underline{H}}$. Soit $M\in\underline{\underline{H}}$. D'abord si $A\in \underline{\underline{F}}_0$ on a $(I_AM)^0\in\underline{\underline{H}}$, donc $E(N_0I_AM_0)=c_N(I_AM^0)=0$: en appliquant ceci à $A=\{N_0M_0>0\}$ et à $A=\{N_0M_0<0\}$, on voit que nécessairement $N_0M_0\stackrel{\scriptscriptstyle\bullet}{=}0$. D'autre part si $T\in\underline{\underline{T}}$ on a $M^T\in\underline{\underline{H}}$, donc $E([N,M]_T)=c_N(M^T)=0$, tandis que $[N,M]^T\in\underline{\underline{A}}$: on déduit alors de (1.20) que $[N,M]\in\underline{\underline{M}}$, donc $NM\in\underline{\underline{L}}$ (puisque $N_0M_0\stackrel{\scriptscriptstyle\bullet}{=}0$), ce qui achève de montrer que $N\perp\underline{\underline{H}}$.

(b) D'après (c) on a $N\perp\mathcal{Z}^q(\mathcal{M})$, donc par localisation $N\perp\mathcal{Z}^q_{loc}(\mathcal{M})$. Comme $\mathcal{M}\subset\mathcal{Z}^q_{loc}(\mathcal{M})$ par suite de l'hypothèse faite, on a le résultat. ∎

Comme application de ce théorème, nous allons en déduire une condition pour que $\mathcal{Z}^q(\mathcal{M})=\underline{\underline{H}}^q$.

Commençons par une remarque élémentaire. L'instant $t=0$, et la martingale constante 1, jouent un rôle tout-à-fait particulier, si bien que parfois il est plus facile d'exprimer des conditions pour que $\mathcal{Z}^q(\mathcal{M})=\underline{\underline{H}}^q_0$. Le lemme suivant précise un peu les rapports entre $\underline{\underline{H}}^q$ et $\underline{\underline{H}}^q_0$.

(4.8) LEMME: (a) $\underline{\underline{H}}^q$ est la somme directe $\underline{\underline{H}}^q_0+\mathcal{Z}^q(1)$.

(b) Soit $\mathcal{M}\subset\underline{\underline{L}}$. On a $\mathcal{Z}^q(\mathcal{M})\subset\underline{\underline{H}}^q_0$, $\mathcal{Z}^q(\mathcal{M}\cup\{1\})$ est la somme directe $\mathcal{Z}^q(\mathcal{M})+\mathcal{Z}^q(1)$, et pour que $\mathcal{Z}^q(\mathcal{M})=\underline{\underline{H}}^q_0$ il faut et il suffit que

$\mathcal{L}^q(\mathcal{M}\cup\{1\}) = \underline{\underline{H}}^q$.

Démonstration. On remarque d'abord que $\mathcal{L}^q(1) = \{X \in \underline{\underline{H}}^q : X_t = X_0 \ \forall t \in \mathbb{R}_+\}$ (immédiat d'après (4.4) et (4.1)), donc $\mathcal{L}^q(1) \cap \underline{\underline{H}}^q_0 = \{0\}$. Comme tout $M \in \underline{\underline{H}}^q$ se décompose en $M = (M - M_0) + M_0$ et que $M - M_0 \in \underline{\underline{H}}^q_0$, on a (a).

Comme $\underline{\underline{H}}^q_0$ est un sous-espace stable, l'inclusion $\mathcal{L}^q(\mathcal{M}) \subset \underline{\underline{H}}^q_0$ est triviale quand $\mathcal{M} \subset \underline{\underline{L}}$. D'après (4.5), $\mathcal{L}^q(\mathcal{M}\cup\{1\})$ est la fermeture de l'espace engendré par $\mathcal{L}^q(\mathcal{M}) \cup \mathcal{L}^q(1)$ et, compte tenu de (a), il découle que $\mathcal{L}^q(\mathcal{M}\cup\{1\}) = \mathcal{L}^q(\mathcal{M}) + \mathcal{L}^q(1)$ (somme directe). La fin de (b) est alors évidente.∎

Introduisons les conditions:

(4.9) Condition C_q: on dit que $\mathcal{M}$ vérifie la condition C_q (pour $q \in [1,\infty]$) si toute $N \in \underline{\underline{H}}^q$ (ou si on veut, $N \in \underline{\underline{H}}^q_{loc}$) orthogonale à $\mathcal{M}$ est nulle.

(4.10) PROPOSITION: (a) Si $\mathcal{L}^q(\mathcal{M}) = \underline{\underline{H}}^q$ on a $\mathcal{L}^{q'}(\mathcal{M}) = \underline{\underline{H}}^{q'}$ pour $q' \in [1,q]$.

(b) Si $\mathcal{M}$ vérifie C_q, $\mathcal{M}$ vérifie $C_{q'}$ pour $q' \in [q,\infty]$.

Démonstration. La partie (a) découle de la densité de $\underline{\underline{H}}^q$ dans $\underline{\underline{H}}^{q'}$ lorsque $q' \leq q$, et la partie (b) est évidente.∎

Voici maintenant un critère très important.

(4.11) THEOREME: Soit $\mathcal{M} \subset \underline{\underline{M}}_{loc}$, $q \in [1,\infty[$, $q' \in]1,\infty]$ avec $\frac{1}{q} + \frac{1}{q'} = 1$.

(a) On a l'implication: $\mathcal{L}^q(\mathcal{M}) = \underline{\underline{H}}^q \longrightarrow C_{q'}$.

(b) Si $\mathcal{M} \subset \underline{\underline{H}}^q_{loc}$ on a l'équivalence: $\mathcal{L}^q(\mathcal{M}) = \underline{\underline{H}}^q \Longleftrightarrow C_{q'}$.

Démonstration. Rappelons encore que $\underline{\underline{H}}'^q = \underline{\underline{H}}^{q'}$ si $q > 1$, tandis que si $q = 1$ on a $\underline{\underline{H}}^\infty \subset \underline{\underline{H}}'^1 = \underline{\underline{BMO}} \subset \underline{\underline{H}}^\infty_{loc}$.

(a) Si $N \in \underline{\underline{H}}^{q'}$ est orthogonale à $\mathcal{M}$, (4.7,a) entraine que c_N s'annule sur $\mathcal{L}^q(\mathcal{M}) = \underline{\underline{H}}^q$, donc $c_N = 0$, ce qui implique $N = 0$.

(b) Supposons que $\mathcal{M} \subset \underline{\underline{H}}^q_{loc}$ et que $\mathcal{M}$ satisfasse $C_{q'}$. D'après le théorème de Hahn-Banach, il suffit pour obtenir $\mathcal{L}^q(\mathcal{M}) = \underline{\underline{H}}^q$ de prouver que toute forme linéaire continue sur $\underline{\underline{H}}^q$, nulle sur $\mathcal{L}^q(\mathcal{M})$, est nulle. Soit c_N une telle forme, associée à $N \in \underline{\underline{H}}'^q$. Mais (4.7,b) entraine que $N \perp \mathcal{M}$, donc $N = 0$ d'après $C_{q'}$, donc $c_N = 0$.∎

Vu son importance, nous allons énoncer sous forme de corollaire le cas particulier $q = 1$.

(4.12) COROLLAIRE: Soit $\mathcal{M} \subset \underline{\underline{M}}_{loc}$. Pour que $\underline{\underline{H}}^1 = \mathcal{L}^1(\mathcal{M})$ il faut et il suffit que toute martingale bornée orthogonale à $\mathcal{M}$ soit nulle.

Attention: la propriété $\underline{\underline{H}}^1 = \mathcal{L}^1(\mathcal{M})$ n'implique pas en général que les martingales locales (non localement bornées) orthogonales à $\mathcal{M}$ soient nulles. Dans certains cas, c'est cependant vrai:

(4.13) PROPOSITION: Si $\mathcal{M} \subset \underline{\underline{M}}^c_{loc}$, ou si $\mathcal{M} = \{M\}$ avec $M \in \underline{\underline{M}}_{loc}$, les conditions C_q sont équivalentes lorsque q parcourt $[1,\infty]$. Dans ce cas on a $\underline{\underline{H}}^1 = \mathcal{L}^1(\mathcal{M})$ si et seulement si toute martingale locale orthogonale à $\mathcal{M}$ est nulle.

A la fin du chapitre, nous verrons que cette proposition reste vraie dans le cas où $\mathcal{M}$ est constituée d'une famille finie de martingales locales.

Démonstration. Etant donné ce qui précède, il suffit de montrer que $C_\infty \Longrightarrow C_1$. On va étudier successivement les deux cas.

(i) Supposons que $\mathcal{M} \subset \underline{\underline{M}}^c_{loc}$. Si $N \in \underline{\underline{M}}_{loc}$ on a nécessairement $N^d - N_0 \perp \mathcal{M}$. Donc $N \perp \mathcal{M}$ si et seulement si $N^c \perp \mathcal{M}$ et si $N_0 M_0 = 0$ pour toute $M \in \mathcal{M}$. Comme $\underline{\underline{H}}^{1,c}_{o,loc} = \underline{\underline{H}}^{\infty,c}_{o,loc}$ on en déduit immédiatement l'implication $C_\infty \Longrightarrow C_1$.

(ii) Supposons que $\mathcal{M} = \{M\}$. Si C_∞ est satisfaite on a $\underline{\underline{H}}^1 = \mathcal{L}^1(M)$, donc d'après (4.6) toute $N \in \underline{\underline{H}}^1$ se met sous la forme $N = H \cdot M$ pour un $H \in L^1(M)$. Soit $A(n) = \{|H| \leq n\}$ et $N^n = I_{A(n)} \cdot N$: comme $\bigcup_{(n)} A(n) = \Omega \times \mathbb{R}_+$, le théorème de convergence dominée entraine que N^n converge vers N dans $\underline{\underline{H}}^1$. D'autre part

$$[N^n, N^n] = I_{A(n)} \cdot [N,N] = HI_{A(n)} \cdot [M,N].$$

Supposons alors que $N \perp M$. Il vient $[M,N] \in \underline{\underline{L}} \cap \underline{\underline{V}}$, tandis que $HI_{A(n)}$ est borné par n. Donc, d'après (1.44), $[N^n, N^n] \in \underline{\underline{L}} \cap \underline{\underline{A}}^+_{loc}$: il en résulte immédiatement que $[N^n, N^n] = 0$, donc $N^n = 0$. Par suite, N, limite des N^n, est nulle. ∎

Lorsque $\mathcal{M} \subset \underline{\underline{M}}^c_{loc}$, la propriété $\mathcal{L}^1(\mathcal{M}) = \underline{\underline{H}}^1$ est forte, dans la mesure où elle implique que toutes les martingales sont continues. Il est naturel également de s'intéresser à la propriété $\mathcal{L}^1(\mathcal{M}) = \underline{\underline{H}}^{1,c}$. En fait, nous nous limiterons au cas où $\mathcal{M} \subset \underline{\underline{L}}^c$, et donc à la propriété $\mathcal{L}^1(\mathcal{M}) = \underline{\underline{H}}^{1,c}_o$ (voir le lemme (4.8)); dans ce cas d'ailleurs, toutes les égalités $\mathcal{L}^q(\mathcal{M}) = \underline{\underline{H}}^{q,c}$, pour $q \in [1,\infty[$, sont équivalentes.

(4.14) PROPOSITION: Soit $\mathcal{M} \subset \underline{\underline{L}}^c$. Pour que $\mathcal{L}^1(\mathcal{M}) = \underline{\underline{H}}^{1,c}_o$ il faut et il suffit que toute $N \in \underline{\underline{L}}^c$ orthogonale à $\mathcal{M}$ soit nulle.

Démonstration. Supposons que $\mathcal{L}^1(\mathcal{M}) = \underline{\underline{H}}^{1,c}_o$. D'après (4.7;a,c) toute

$N \in \underline{\underline{L}}^c$ orthogonale à $\mathcal{M}$ est orthogonale à $\mathcal{L}^1(\mathcal{M})$, donc orthogonale à elle-même, donc nulle.

Supposons inversement que toute $N \in \underline{\underline{L}}^c$ orthogonale à $\mathcal{M}$ soit nulle. D'après le théorème de Hahn-Banach, il suffit pour obtenir $\mathcal{L}^1(\mathcal{M}) = \underline{\underline{H}}_0^{1,c}$ de prouver que toute forme linéaire continue sur $\underline{\underline{H}}^1$, nulle sur $\mathcal{L}^1(\mathcal{M})$, est nulle sur $\underline{\underline{H}}_0^{1,c}$. Soit c_N une telle forme, associée à $N \in \underline{\underline{BMO}} = \underline{\underline{H}}'^1$. D'une part c_{N^d} est clairement nulle sur $\underline{\underline{H}}_0^{1,c}$. D'autre part si c_{N^c} est nulle sur $\mathcal{L}^1(\mathcal{M})$, (4.7) entraine que $N^c \perp \mathcal{M}$, donc $N^c = 0$ et $c_{N^c} = 0$. Comme $c_N = c_{N^c} + c_{N^d}$, on a donc le résultat.∎

§c - Une autre condition pour que $\mathcal{L}^q(\mathcal{M}) = \underline{\underline{H}}^q$. On peut aborder le problème d'une manière différente. On rappelle d'abord que pour $q > 1$, l'espace $\underline{\underline{H}}^q$ est isomorphe à l'espace $L^q(\Omega, \underline{\underline{F}}_\infty, P)$, par l'application qui à $M \in \underline{\underline{H}}^q$ fait correspondre sa variable terminale M_∞ ; de même $\underline{\underline{M}}$ est en correspondance avec $L^1(\Omega, \underline{\underline{F}}_\infty, P)$, tandis que $\underline{\underline{M}}_{loc} = \underline{\underline{H}}^1_{loc}$. Une manière d'étudier l'égalité $\mathcal{L}^q(\mathcal{M}) = \underline{\underline{H}}^q$ consiste donc à étudier l'ensemble des variables terminales $\{M_\infty^T : M \in \mathcal{M}, T \in \underline{\underline{T}}$ tels que $M^T \in \underline{\underline{H}}^q\}$, et notamment la totalité de cet ensemble dans $L^q(\Omega, \underline{\underline{F}}_\infty, P)$.

Nous donnons deux résultats dans cette direction.

(4.15) THEOREME: Soit $q = 1$ (resp. $q \in]1, \infty[$) et $\mathcal{M}$ une partie de $\underline{\underline{M}}$ (resp. $\underline{\underline{H}}^q$). On considère les trois propriétés:

(i) l'ensemble $\{M_\infty : M \in \mathcal{M}\}$ est total dans $L^q(\Omega, \underline{\underline{F}}_\infty, P)$;

(ii) l'ensemble $\mathcal{M} \cap \underline{\underline{H}}^q$ est total dans $\underline{\underline{H}}^q$;

(iii) on a $\mathcal{L}^q(\mathcal{M}) = \underline{\underline{H}}^q$.

(a) On a les implications: (i) $\Longrightarrow$ (iii), et: (ii) $\Longrightarrow$ (iii).

(b) Supposons que $\mathcal{M}$ vérifie la propriété: $I_A M^T \in \mathcal{M}$ pour tous $M \in \mathcal{M}$, $T \in \underline{\underline{T}}, A \in \underline{\underline{F}}_0$. Alors (i), (ii) et (iii) sont équivalentes.

Démonstration. (a) Comme $\mathcal{L}^q(\mathcal{M})$ est un sous-espace fermé contenant $\mathcal{M} \cap \underline{\underline{H}}^q$, on a: (ii) $\Longrightarrow$ (iii). Soit q' tel que $\frac{1}{q} + \frac{1}{q'} = 1$. Soit $N \in \underline{\underline{H}}^{q'}$ orthogonal à $\mathcal{M}$. Pour tout $M \in \mathcal{M}$, le processus NM est de classe (D), donc appartient à $\underline{\underline{M}}_0$ et $E(N_\infty M_\infty) = 0$; mais (i) entraine alors que $N_\infty = 0$ (d'après le théorème de Hahn-Banach et le fait que N_∞ appartient au dual $L^{q'}$ de L^q), donc $N = 0$, si bien que d'après (4.11,b) on a (i) $\Longrightarrow$ (iii).

(b) Soit $\mathcal{M}' = \mathcal{M} \cap \underline{\underline{H}}^q$. Il est évident que la propriété imposée à $\mathcal{M}$ entraine que $\mathcal{L}^q(\mathcal{M}) = \mathcal{L}^q(\mathcal{M}')$, et que $\mathcal{M}'$ est stable par intégration stochastique des processus $I_{[\![0_A, T]\!]}$ $(A \in \underline{\underline{F}}_0, T \in \underline{\underline{T}})$; il en est donc de même du plus petit sous-espace vectoriel fermé $\underline{\underline{H}}$ de $\underline{\underline{H}}^q$ contenant $\mathcal{M}'$ (cf. la preuve de (4.5)), donc $\underline{\underline{H}} = \mathcal{L}^q(\mathcal{M}')$, ce qui entraine: (iii) $\Longrightarrow$ (ii).

Supposons toujours qu'on ait (iii). Soit $Y \in L^{q'}$, et N l'élément de $\underline{\underline{H}}^{q'}$ de variable terminale $N_\infty = Y$. Pour obtenir la propriété (i) il suffit de prouver que si $E(YM_\infty) = 0$ pour tout $M \in \mathcal{M}'$, alors $Y = 0$ (encore le théorème de Hahn-Banach, et le fait que $\mathcal{M}' \subset \mathcal{M}$). Soit $M \in \mathcal{M}'$; pour tout $T \in \underline{\underline{T}}$ on a $M^T \in \mathcal{M}'$, donc $E(N_T M_T) = E(YM^T_\infty) = 0$ et (1.20) entraine que $NM \in \underline{\underline{M}}$. D'autre part si $A \in \underline{\underline{F}}_0$ on a aussi $I_A M^0 \in \mathcal{M}'$, donc $E(N_0 I_A M_0) = E(Y(I_A M^0)_\infty) = 0$: on en déduit que si $B = \text{ess sup}_{M \in \mathcal{M}'} \{M_0 \neq 0\}$ on a $N_0 \doteq 0$ sur B ; mais sur B^c on a $M_0 \doteq 0$ pour tout $M \in \mathcal{M}'$, donc $X_0 \doteq 0$ pour tout $X \in \mathcal{L}^q(\mathcal{M}')$; comme $1 \in \mathcal{L}^q(\mathcal{M}')$ d'après (iii), il faut que $P(B^c) = 0$, donc $P(B) = 1$, donc $N_0 \doteq 0$. Finalement on a prouvé que $NM \in \underline{\underline{M}}_0$ pour tout $M \in \mathcal{M}'$, donc N est orthogonal à $\mathcal{M}'$, donc $N = 0$ d'après (4.11) et $Y = 0$. ∎

(4.16) <u>Remarque</u>: La partie (b) reste valide si on suppose simplement que $\mathcal{M} \subset \underline{\underline{H}}^q_{loc}$, à condition de remplacer (i) par

(i') l'ensemble $\{M_\infty : M \in \mathcal{M} \cap \underline{\underline{H}}^q\}$ est total dans L^q,

ou encore, lorsque $q = 1$, par

(i") l'ensemble $\{M_\infty : M \in \mathcal{M} \cap \underline{\underline{M}}\}$ est total dans L^1 ;

en effet, sous la propriété énoncée en (b), on a $\mathcal{L}^q(\mathcal{M}) = \mathcal{L}^q(\mathcal{M} \cap \underline{\underline{H}}^q)$, et lorsque $q = 1$, $\mathcal{L}^q(\mathcal{M}) = \mathcal{L}^q(\mathcal{M} \cap \underline{\underline{M}})$, tandis que $\mathcal{M} \cap \underline{\underline{H}}^q$ et $\mathcal{M} \cap \underline{\underline{M}}$ vérifient encore cette propriété. ∎

Voici un corollaire très utile de ce théorème.

(4.17) COROLLAIRE: <u>Si la tribu $\underline{\underline{F}}_\infty$ est séparable, il existe une partie dénombrable $\mathcal{M}$ de $\underline{\underline{H}}^\infty$ telle que $\mathcal{L}^q(\mathcal{M}) = \underline{\underline{H}}^q$ pour tout</u> $q \in [1, \infty[$.

<u>Démonstration</u>. Il suffit de choisir un ensemble dénombrable $\mathcal{X}$ total dans $L^\infty(\Omega, \underline{\underline{F}}_\infty, P)$, donc dans chaque $L^q(\Omega, \underline{\underline{F}}_\infty, P)$, et pour $\mathcal{M}$ l'ensemble des martingales dont les variables terminales appartiennent à $\mathcal{X}$. ∎

(4.18) THEOREME: <u>Soit</u> $q \in [1, \infty[$. <u>Soit $\mathcal{M}$ une partie de $\underline{\underline{H}}^q$. Pour que $\mathcal{L}^q(\mathcal{M}) = \underline{\underline{H}}^q$ il faut et il suffit que l'ensemble des variables</u> $I_A M_0$ $(A \in \underline{\underline{F}}_0, M \in \mathcal{M})$ <u>et</u> $I_A(M_t - M_s)$ $(0 \leq s \leq t, A \in \underline{\underline{F}}_{s-}, M \in \mathcal{M})$ <u>soit total dans</u> $L^q(\Omega, \underline{\underline{F}}_\infty, P)$.

Ce théorème est une conséquence simple de la proposition (4.5). Nous en faisons toutefois une démonstration.

<u>Démonstration</u>. Si $\mathcal{M}' = \{H \cdot M : M \in \mathcal{M}, H \in L^q(M)\}$ on a $\mathcal{M}' \in \underline{\underline{H}}^q$, $\mathcal{L}^q(\mathcal{M}') = \mathcal{L}^q(\mathcal{M})$ et $\mathcal{M}'$ vérifie la condition (4.15,b). Par suite si $\mathcal{L}^q(\mathcal{M}) = \underline{\underline{H}}^q$, l'ensem-

ble $\{H\cdot M_\infty : M\in\mathcal{M}, H\in L^q(M)\}$ est total dans L^q. D'autre part d'après (1.8) l'ensemble des processus $I_{[\![0_A]\!]}$ $(A\in \underline{\underline{F}}_0)$ et $I_{]\!]s_A,t_A]\!]}$ $(0\leq s\leq t, A\in \underline{\underline{F}}_{s-})$ est total dans $L^q(M)$ pour la semi-norme $\|\cdot\|_{L^q(M)}$ et, d'après l'isométrie: $H \rightsquigarrow H\cdot M$ de $L^q(M)$ sur $\underline{\underline{H}}^q$ on voit que l'ensemble des $I_A M_0 = (I_{[\![0_A]\!]}\cdot M)_\infty$ (pour $A\in \underline{\underline{F}}_0$) et $I_A(M_t - M_s) = (I_{]\!]s_A,t_A]\!]}\cdot M)_\infty$ (pour $0\leq s\leq t, A\in \underline{\underline{F}}_{s-}$) est total dans l'espace $\{H\cdot M_\infty : H\in L^q(M)\}$. Cela achève de prouver la condition nécessaire.

Inversement si $\mathcal{M}''$ est l'ensemble des $I_{[\![0_A]\!]}\cdot M$ $(A\in \underline{\underline{F}}_0, M\in\mathcal{M})$ et des $I_{]\!]s_A,t_A]\!]}\cdot M$ $(0\leq s\leq t, A\in \underline{\underline{F}}_{s-}, M\in\mathcal{M})$, il est clair que $\mathcal{Z}^q(\mathcal{M}'')=\mathcal{Z}^q(\mathcal{M})$ et que $\mathcal{M}''\subset \underline{\underline{H}}^q$. La condition suffisante découle alors de l'implication: (i) $\Longrightarrow$ (iii) de (4.15,a). ∎

(4.19) Remarque: Cet énoncé n'est ni le meilleur, ni le seul, possible. A titre d'exemples, voici quelques autres possibilités:

1) Au lieu de considérer l'ensemble des $I_A M_0$, où $A\in \underline{\underline{F}}_0$, on pourrait considérer l'ensemble des YM_0, où Y parcourt un ensemble total de $L^\infty(\Omega, \underline{\underline{F}}_0, P)$; de même, on pourrait se limiter à s et t rationnels (ou dyadiques...); le lecteur trouvera lui-même d'autres améliorations.

2) On peut aussi regarder ce qui se passe quand $\mathcal{M}\subset \underline{\underline{H}}^q_{loc}$. A chaque $M\in\mathcal{M}$ on associe une suite localisante $(T_n(M))_{n\in\mathbb{N}}$ et on peut considérer la famille $\mathcal{M}' = (M^{T_n(M)} : n\in\mathbb{N}, M\in\mathcal{M})$: d'une part $\mathcal{M}'\subset \underline{\underline{H}}^q$, d'autre part $\mathcal{Z}^q(\mathcal{M})=\mathcal{Z}^q(\mathcal{M}')$. Le théorème s'énonce alors avec la famille $\mathcal{M}'$.

3) Lorsque $q=1$ et que $\mathcal{M}$ est une famille de martingales (pas nécessairement dans $\underline{\underline{H}}^1$), le théorème s'énonce exactement de la même manière. ∎

Dans (4.15) on a obtenu, entre autres, une comparaison des ensembles totaux de $\underline{\underline{H}}^1$ et de $L^1(\Omega, \underline{\underline{F}}_\infty, P)$. On peut aller beaucoup plus loin dans la comparaison des espaces $\underline{\underline{H}}^1$ et $\underline{\underline{M}}$ (identifié à $L^1(\Omega, \underline{\underline{F}}_\infty, P)$). C'est ce que nous proposons dans le paragraphe suivant.

§d - Une comparaison de $\underline{\underline{H}}^1$ et de $L^1(\Omega, \underline{\underline{F}}_\infty, P)$. On rappelle encore une fois que, dans une direction, on a l'inclusion (en général stricte) $\underline{\underline{H}}^1\subset \underline{\underline{M}}$, et que $\|M_\infty\|_1 \leq \|M\|_{H^1}$. Dans "l'autre direction" on a deux résultats, correspondant aux convergences faible et forte dans $\underline{\underline{M}}$.

(4.20) THEOREME: Soit $(M(n))_{n\in\mathbb{N}}$ une suite d'éléments de $\underline{\underline{M}}$ et $M\in \underline{\underline{M}}$. On suppose que les variables terminales $M(n)_\infty$ convergent vers M_∞ pour la topologie $\sigma(L^1, L^\infty)$ de $L^1(\Omega, \underline{\underline{F}}_\infty, P)$. Alors pour tout $T\in \underline{\underline{T}}$ tel que $M^T\in \underline{\underline{H}}^1$, la martingale M^T appartient à l'adhérence faible dans $\underline{\underline{H}}^1$

<u>de l'ensemble</u> $\{M(n)^S : n\in \mathbb{N}, S\in \underline{\underline{T}}$ avec $M(n)^S \in \underline{\underline{H}}^1\}$.
(l'adhérence faible signifie l'adhérence au sens de la topologie faible $\sigma(\underline{\underline{H}}^1,\underline{\underline{BMO}})$ de $\underline{\underline{H}}^1$).

<u>Démonstration</u>. (i) Notons $K(M(n):n\in\mathbb{N})$ l'ensemble des $M(n)^S$, avec $n\in\mathbb{N}$ et $S\in\underline{\underline{T}}$ tels que $M(n)^S\in\underline{\underline{H}}^1$. D'abord, remarquons que, quitte à remplacer M et $M(n)$ par M^T et $M(n)^T$, on peut supposer que $M\in\underline{\underline{H}}^1$ et que $T=\infty$: en effet l'opérateur d'espérance conditionnelle étant continu dans L^1, $M(n)^T_\infty$ converge vers M^T_∞ pour $\sigma(L^1,L^\infty)$, tandis que $K(M(n)^T:n\in\mathbb{N})\subset K(M(n):n\in\mathbb{N})$.

En second lieu, on a $M(n)\in\underline{\underline{H}}^1_{loc}$ et d'après le théorème de convergence des martingales uniformément intégrables, pour toute suite (R_m) de temps d'arrêt croissant P-p.s. vers $+\infty$, $M(n)_{R_m}$ tend vers $M(n)_\infty$ dans L^1. Il existe donc $T_n\in\underline{\underline{T}}$ avec $M(n)^{T_n}\in\underline{\underline{H}}^1$ et $\|M(n)_\infty - M(n)_{T_n}\|_1\leq 1/n$, ce qui entraine la convergence de $M(n)^{T_n}_\infty$ vers M_∞ pour $\sigma(L^1,L^\infty)$. Comme $K(M(n)^{T_n}:n\in\mathbb{N})\subset K(M(n):n\in\mathbb{N})$ on peut, quitte à remplacer $M(n)$ par $M(n)^{T_n}$, supposer que $M(n)\in\underline{\underline{H}}^1$ pour chaque $n\in\mathbb{N}$.

(ii) D'après (i) il nous suffit de montrer le théorème lorsque $M(n)$, $M\in\underline{\underline{H}}^1$, et $T=\infty$. Etant donnés, d'une part la définition de la topologie faible, d'autre part l'identification (2.35) du dual de $\underline{\underline{H}}^1$ avec $\underline{\underline{BMO}}$ (à $N\in\underline{\underline{BMO}}$ on fait correspondre la forme linéaire $c_N(X)=E([N,X]_\infty)$) cela revient à prouver que pour tout $\varepsilon>0$ et toute famille finie $(N(i))_{i\leq m}$ d'éléments de $\underline{\underline{BMO}}$, il existe $n\in\mathbb{N}$ et $S\in\underline{\underline{T}}$ tels que $|c_{N(i)}(M-M(n)^S)|\leq\varepsilon$ pour tout $i\leq m$.

On a $N(i)\in\underline{\underline{H}}^\infty_{loc}$, et $[N(i),M]\in\underline{\underline{A}}$ (inégalité de Fefferman). Donc il existe $S\in\underline{\underline{T}}$ tel que $N(i)^S\in\underline{\underline{H}}^\infty$ et que $E(\int_S^\infty |d[N(i),M]_s|)\leq\varepsilon/2$ pour tout $i\leq m$. Cette inégalité entraine $|c_{N(i)}(M-M^S)|\leq\varepsilon/2$.

D'autre part les propriétés $N(i)^S\in\underline{\underline{H}}^\infty$ et $[N(i)^S,M(n)]\in\underline{\underline{A}}$ entrainent que la martingale locale $N(i)^S M(n)-[N(i)^S,M(n)]$ est de classe (D), donc appartient à $\underline{\underline{M}}_o$, de sorte que

$$c_{N(i)}(M(n)^S) = E([N(i),M(n)^S]_\infty) = E([N(i)^S,M(n)]_\infty) = E(N(i)_S M(n)_\infty)$$

et de même $c_{N(i)}(M^S)=E(N(i)_S M_\infty)$. Mais par hypothèse $M(n)_\infty$ tend vers M_∞ pour la topologie $\sigma(L^1,L^\infty)$, et $N(i)_S\in L^\infty$, donc $c_{N(i)}(M(n)^S)$ tend vers $c_{N(i)}(M^S)$. On peut alors trouver n tel que pour tout $i\leq m$ on ait $|c_{N(i)}(M^S-M(n)^S)|\leq\varepsilon/2$, ce qui achève la démonstration.∎

(4.21) THEOREME: <u>Soit</u> $(M(n))_{n\in\mathbb{N}}$ <u>une suite d'éléments de</u> $\underline{\underline{M}}$ <u>et</u> $M\in\underline{\underline{M}}$. <u>On suppose que les variables terminales</u> $M(n)_\infty$ <u>convergent vers</u> M_∞

dans $L^1(\Omega,\underline{\underline{F}}_\infty,P)$.

(a) Pour tout $T\in\underline{\underline{T}}$ tel que $M^T\in\underline{\underline{H}}^1$, la martingale M^T appartient à l'adhérence dans $\underline{\underline{H}}^1$ de l'ensemble $\{M(n)^S: n\in\mathbb{N}, S\in\underline{\underline{T}}$ avec $M(n)^S\in\underline{\underline{H}}^1\}$.

(b) Il existe une suite (T_m) de temps d'arrêt croissant P-p.s. vers $+\infty$ et une suite (n_k) d'entiers, telles que pour chaque $m\in\mathbb{N}$, les martingales $M(n_k)^{T_m}$ et M^{T_m} soient dans $\underline{\underline{H}}^1$, et que $M(n_k)^{T_m}$ converge dans $\underline{\underline{H}}^1$ vers M^{T_m} quand $k\uparrow\infty$.

Démonstration. Nous allons d'abord démontrer (b). Soit $Y(n)=M(n)-M$. L'inégalité de Doob pour les martingales entraine que pour tout $a>0$,

$$P(Y(n)^*_\infty\geq a)\leq \frac{1}{a}\|Y(n)_\infty\|_1 .$$

Comme $Y(n)_\infty$ tend vers 0 dans L^1, on en déduit immédiatement que $Y(n)^*_\infty$ tend en probabilité vers 0.

On extrait de $\mathbb{N}$ une suite (n_k) telle que $\sum_{(k)}\|Y(n_k)_\infty\|_1<\infty$, et on pose $T_m=\inf(t: |Y(n_k)_t|\geq m$ pour un $k\in\mathbb{N}$, ou $|M_t|\geq m)$. En appliquant une nouvelle fois l'inégalité de Doob, on obtient

$$P(T_m<\infty)\leq \frac{1}{m}(\sup_{(k)}\|Y(n_k)_\infty\|_1+\|M_\infty\|_1)$$

qui décroit vers 0 quand $m\uparrow\infty$, donc T_m croit P-p.s. vers $+\infty$.

On a $|M^{T_m}|\leq m+|M_{T_m}|$, qui est intégrable, donc $M^{T_m}\in\underline{\underline{H}}^1$. De la même manière, on obtient que chaque $Y(n_k)^{T_m}$, donc chaque $M(n_k)^{T_m}$, est dans $\underline{\underline{H}}^1$. On a aussi

$$\begin{aligned}E(\sup_{(t)}|Y(n_k)_t^{T_m}|) &\leq E(\sup_{t<T_m}|Y(n_k)_t|)+E(|Y(n_k)_{T_m}|)\\ &\leq E(\sup_{t<T_m}|Y(n_k)_t|)+\|Y(n_k)_\infty\|_1 .\end{aligned}$$

On a $\lim_{(k)}\|Y(n_k)_\infty\|_1=0$ par hypothèse. Quant à la suite de variables $(\sup_{t<T_m}|Y(n_k)_t|)_{k\in\mathbb{N}}$, elle est majorée par m et elle tend en probabilité vers 0 (car on a vu que $Y(n)^*_\infty$ tend en probabilité vers 0), donc elle converge également vers 0 dans L^1. On en déduit que $(Y(n_k)^{T_m})^*_\infty$ tend vers 0 dans L^1, ce qui revient à dire que $Y(n_k)^{T_m}$ tend vers 0, ou que $M(n_k)^{T_m}$ tend vers M^{T_m}, dans $\underline{\underline{H}}^1$.

Montrons enfin (a). Si $T\in\underline{\underline{T}}$ vérifie $M^T\in\underline{\underline{H}}^1$, alors M^T est limite dans $\underline{\underline{H}}^1$ de la suite $(M^{T\wedge T_m})_{m\in\mathbb{N}}$, et chaque $M^{T\wedge T_m}$ est également limite dans $\underline{\underline{H}}^1$ de la suite $(M(n_k)^{T\wedge T_m})_{k\in\mathbb{N}}$, d'où le résultat.∎

Nous allons maintenant déduire de ces deux théorèmes quelques corollaires concernant les sous-espaces stables.

(4.22) COROLLAIRE: Soit $(M(n))_{n\in\mathbb{N}}$ une suite d'éléments de $\underline{\underline{M}}$ et $M\in\underline{\underline{M}}$. Si les variables terminales $M(n)_\infty$ convergent vers M_∞ pour la topologie $\sigma(L^1,L^\infty)$ de $L^1(\Omega,\underline{\underline{F}}_\infty,P)$, alors $M\in\mathcal{L}^1_{loc}(M(n):n\in\mathbb{N})$.

Démonstration. L'espace $\mathcal{L}^1(M(n):n\in\mathbb{N})$ est un sous-espace vectoriel de $\underline{\underline{H}}^1$ fermé pour la topologie forte, donc aussi pour la topologie faible (d'après le théorème de Hahn-Banach), et il contient évidemment l'ensemble $K(M(n):n\in\mathbb{N})$ introduit au début de la preuve de (4.20). Par suite, pour tout $T\in\underline{\underline{T}}$ tel que $M^T\in\underline{\underline{H}}^1$, on a $M^T\in\mathcal{L}^1(M(n):n\in\mathbb{N})$, ce qui entraine le résultat.∎

Etant donné (4.5), on en déduit immédiatement:

(4.23) COROLLAIRE: Soit $N\in\underline{\underline{M}}_{loc}$. Soit (H_n) une suite d'éléments de $L^1(N)$ telle que les variables $(H_n\bullet M)_\infty$ convergent dans $L^1(\Omega,\underline{\underline{F}}_\infty,P)$ vers une variable X pour la topologie $\sigma(L^1,L^\infty)$. Il existe alors $H\in L^1_{loc}(N)$ telle que $H\bullet N\in\underline{\underline{M}}$ et $X=H\bullet M_\infty$.

(4.24) COROLLAIRE: Soit $\underline{\underline{H}}$ un sous-espace stable de $\underline{\underline{H}}^1$ et $\overline{\underline{\underline{H}}}$ l'adhérence de $\underline{\underline{H}}$ dans $\underline{\underline{M}}$ pour la topologie (faible ou forte) induite par $L^1(\Omega,\underline{\underline{F}}_\infty,P)$ via les variables terminales. Alors $\overline{\underline{\underline{H}}}\cap\underline{\underline{H}}^1=\underline{\underline{H}}$ et $\overline{\underline{\underline{H}}}=\underline{\underline{H}}_{loc}\cap\underline{\underline{M}}$.

Rappelons que, $\underline{\underline{H}}$ étant un espace vectoriel, ses adhérences faible et forte coïncident: (4.24) est donc un corollaire aussi bien de (4.20) que de (4.21).

Démonstration. On a évidemment $\underline{\underline{H}}\subset\overline{\underline{\underline{H}}}\cap\underline{\underline{H}}^1$. Inversement si $M\in\overline{\underline{\underline{H}}}\cap\underline{\underline{H}}^1$ il existe une suite $(M(n))$ d'éléments de $\underline{\underline{H}}$ telle que $M(n)_\infty$ tende vers M_∞ dans L^1. Mais alors $M\in\mathcal{L}^1_{loc}(M(n):n\in\mathbb{N})\cap\underline{\underline{H}}^1=\mathcal{L}^1(M(n):n\in\mathbb{N})$, ensemble qui est contenu dans $\underline{\underline{H}}$, d'où la première égalité.

Si $M\in\underline{\underline{H}}_{loc}\cap\underline{\underline{M}}$ et si (T_n) est une suite localisante (relativement à $\underline{\underline{H}}$), alors M_{T_n} tend dans L^1 vers M_∞ (théorème de convergence des martingales uniformément intégrables), tandis que $M^{T_n}\in\underline{\underline{H}}$: donc on a $M\in\overline{\underline{\underline{H}}}$. Inversement si $M\in\overline{\underline{\underline{H}}}$ on a $M\in\underline{\underline{H}}^1_{loc}$ et si (T_n) est une suite localisante (relativement à $\underline{\underline{H}}^1$), $M^{T_n}\in\overline{\underline{\underline{H}}}\cap\underline{\underline{H}}^1=\underline{\underline{H}}$, donc $M\in\underline{\underline{H}}_{loc}$, d'où l'inclusion $\overline{\underline{\underline{H}}}\subset\underline{\underline{H}}_{loc}\cap\underline{\underline{M}}$.∎

Remarque: Dans cette démonstration, on n'a pas réellement utilisé le fait que $\underline{\underline{H}}$ soit un espace vectoriel, mais simplement que $\underline{\underline{H}}$ est stable par arrêt et fermé dans $\underline{\underline{H}}^1$; le corollaire reste donc valide dans ce cas pour l'adhérence forte de $\underline{\underline{H}}$, qui peut être strictement contenue dans l'adhérence faible lorsque $\underline{\underline{H}}$ n'est pas un espace vectoriel.∎

EXERCICES

4.1 - On se place dans la situation de l'exercice 1.1. Soit Z un élément de $L^1(\Omega,\underline{\underline{F}}_\infty,P)$ d'espérance nulle, tel que $E(|Z|^q)=\infty$ pour un $q>1$. On considère la martingale $M=ZI_{[\![1,\infty[\![}$. Montrer que $\mathcal{Z}^q(M)=\{0\}$.

4.2 - a) Montrer que si $M^1,..,M^m$ sont des martingales locales continues, toute martingale locale M se mettant sous la forme $M=F(M^1,..,M^m)$ où F est de classe C^2, est un élément de $\mathcal{Z}^1_{loc}(M^1,..,M^m)$.

b) Montrer par un contre-exemple que cette assertion n'est pas nécessairement vraie si les M^i ne sont pas continues.

4.3 - Soit $\mathcal{M}\subset\underline{\underline{L}}$. Montrer que $\mathcal{Z}^1(\mathcal{M})=\underline{\underline{H}}^1_0$ si et seulement tout élément de $\underline{\underline{H}}^\infty_0$ orthogonal à $\mathcal{M}$ est nul.

4.4 - Soit $\mathcal{M}\subset\underline{\underline{M}}_{loc}$ et $A=\text{ess sup}_{M\in\mathcal{M}}\{M_0\neq 0\}$. Montrer que si $\underline{\underline{H}}^q_0\subset\mathcal{Z}^q(\mathcal{M})$, on a $\underline{\underline{H}}^q=\mathcal{Z}^q(\mathcal{M}\cup\{I_{A^c\times\mathbb{R}_+}\})$.

4.5 - Soit $M\in\underline{\underline{L}}$. Montrer que $\mathcal{Z}^q(M+1)$ est la somme directe $\mathcal{Z}^q(M)+\mathcal{Z}^q(1)$.

2 - LES SOUS-ESPACES STABLES DE $\underline{\underline{H}}^2$

§a - Le théorème de projection. Si $M,N\in\underline{\underline{H}}^2_{loc}$ on sait que $[M,N]\in\underline{\underline{A}}_{loc}$, donc la projection prévisible duale $\langle M,N\rangle$ de ce processus existe. L'inégalité de Kunita et Watanabe reste alors valide pour $q=q'=2$ si on remplace les crochets droits $[.,.]$ par les crochets obliques $\langle.,.\rangle$. Dire que $M\perp N$ équivaut à dire que $\langle M,N\rangle=0$.

En utilisant la propriété fondamentale des projections prévisibles duales, il est immédiat de montrer que pour $M\in\underline{\underline{H}}^2_{loc}$,

$$L^2(M) = \{H \text{ prévisible: } H^2\cdot\langle M,M\rangle\in\underline{\underline{A}}\}$$

$$L^2_{loc}(M) = \{H \text{ prévisible: } H^2\cdot\langle M,M\rangle\in\underline{\underline{A}}_{loc}\},$$

tandis que si $H\in L^2_{loc}(M)$, l'intégrale stochastique $H\cdot M$ est l'unique élément de $\underline{\underline{H}}^2_{loc}$ vérifiant

$$\langle H\cdot M,N\rangle = H\cdot\langle M,N\rangle \quad \text{pour tout } N\in\underline{\underline{H}}^2 \tag{4.25}$$

(en effet d'après (2.48), $H\cdot M$ vérifie cette formule; si M' et M'' vérifient cette formule on a $\langle M'-M'',N\rangle=0$ pour tout $N\in\underline{\underline{H}}^2_{loc}$, donc $\langle M'-M'',M'-M''\rangle=0$, donc $M'=M''$).

Par convention (cohérente avec le lemme (2.11)) on dit que deux éléments

M et N de $\underline{\underline{H}}^2$ sont <u>faiblement orthogonaux</u> s'ils sont orthogonaux au sens du produit scalaire de l'espace de Hilbert $\underline{\underline{H}}^2$, c'est-à-dire si $E(M_\infty N_\infty)=0$. En effet, si M et N sont orthogonaux, ils sont a-fortiori faiblement orthogonaux.

(4.26) PROPOSITION: <u>Soit $\underline{\underline{H}}$ un sous-espace fermé de $\underline{\underline{H}}^2$. Pour que $\underline{\underline{H}}$ soit un sous-espace stable de $\underline{\underline{H}}^2$, il faut et il suffit que tout $M\in\underline{\underline{H}}^2$ faiblement orthogonal à $\underline{\underline{H}}$ soit orthogonal à $\underline{\underline{H}}$.</u>

<u>Démonstration</u>. Bien que la condition nécessaire soit un corollaire de (4.7), nous en donnons une démonstration directe. Supposons donc que $\underline{\underline{H}}$ soit un sous-espace stable de $\underline{\underline{H}}^2$ et que $M\in\underline{\underline{H}}^2$ soit faiblement orthogonal à $\underline{\underline{H}}$. Pour tous $N\in\underline{\underline{H}}$, $T\in\underline{\underline{T}}$, $A\in\underline{\underline{F}}_0$, on a $I_A N^0\in\underline{\underline{H}}$ et $N^T\in\underline{\underline{H}}$, donc $E(I_A M_0 N_0)=E(M_\infty(I_A N^0)_\infty)=0$ et $E(M_T N_T)=E(M_\infty N^T_\infty)=0$: par suite $M_0N_0=0$ et $MN\in\underline{\underline{M}}$, donc $M\perp N$.

Montrons maintenant la condition suffisante. Soit $M\in\underline{\underline{H}}$ et $H\in L^2(M)$. En prenant la projection orthogonale, dans $\underline{\underline{H}}^2$, de $H\cdot M$ sur $\underline{\underline{H}}$, on obtient la décomposition $H\cdot M=M'+M''$ où $M'\in\underline{\underline{H}}$ et M'' est faiblement orthogonal à $\underline{\underline{H}}$. Par ailleurs tout $N\in\underline{\underline{H}}^2$ se décompose également en $N=N'+N''$ avec $N'\in\underline{\underline{H}}$ et N'' faiblement orthogonal à $\underline{\underline{H}}$. L'hypothèse entraine alors que M'' et N'' sont orthogonaux à $\underline{\underline{H}}$, donc $\langle M',N''\rangle=\langle M'',N'\rangle=0$; par suite $\langle H\cdot M,N''\rangle=H\cdot\langle M,N''\rangle=0$ et

$$\langle M',N\rangle = \langle M',N'\rangle = \langle M,N'\rangle = \langle H\cdot M,N'\rangle = \langle H\cdot M,N\rangle.$$

La caractérisation (4.25) implique que $M'=H\cdot M$. Par suite $H\cdot M\in\underline{\underline{H}}$, donc $\underline{\underline{H}}$ est stable par intégration stochastique, donc est un sous-espace stable de $\underline{\underline{H}}^2$. ∎

D'après le théorème de projection dans les espaces de Hilbert (déjà utilisé dans la démonstration précédente), on en déduit que si $\underline{\underline{H}}$ est un sous-espace stable de $\underline{\underline{H}}^2$, tout $M\in\underline{\underline{H}}^2$ s'écrit de manière unique comme $M=M'+M''$, où $M'\in\underline{\underline{H}}$ et M'' est orthogonal à $\underline{\underline{H}}$. En particulier, lorsque $\underline{\underline{H}}$ est le sous-espace stable engendré par une seule martingale, on obtient le:

(4.27) THEOREME: <u>Soit</u> $M,N\in\underline{\underline{H}}^2$. <u>Il existe</u> $H\in L^2(M)$ <u>et un unique élément</u> N' <u>de</u> $\underline{\underline{H}}^2$, <u>orthogonal à</u> M, <u>tels que</u> $N=H\cdot M+N'$.

<u>Démonstration</u>. On projette N sur l'espace stable $\underline{\underline{H}}=\mathcal{L}^2(M)$, qui d'après (4.6) égale l'ensemble $\{H\cdot M: H\in L^2(M)\}$. La seule chose à montrer est que si $X\in\underline{\underline{H}}^2$ est orthogonal à M, alors X est orthogonal à $\underline{\underline{H}}$. Mais on a alors $\langle X,M\rangle=0$, donc $\langle X,H\cdot M\rangle=H\cdot\langle X,M\rangle=0$, d'où le résultat. ∎

Il est facile de trouver une forme "explicite" du processus H intervenant dans ce théorème. en effet, comme $\langle N',M\rangle = 0$, il vient

$$\langle N,M\rangle = H\cdot\langle M,M\rangle ,$$

si bien que H est la "densité prévisible" de la mesure $d\langle M,N\rangle$ par rapport à la mesure $d\langle M,M\rangle$ (cf. (1.36)), et le théorème permet d'affirmer que cette densité appartient à $L^2(M)$.

Enfin, par localisation, ce théorème reste valide si on remplace $\underline{\underline{H}}^2$ et $L^2(M)$ par $\underline{\underline{H}}^2_{loc}$ et $L^2_{loc}(M)$.

§b - Sous-espace stable engendré par une famille finie de martingales locales.

Avant de poursuivre, signalons que le contenu des deux paragraphes qui suivent sera repris (et généralisé) au début de la partie 4; le lecteur peut donc sans inconvénient sauter ces deux paragraphes et passer directement à la partie 3. Cependant, le cas des martingales de carré intégrable étant beaucoup plus simple que celui des martingales quelconques, en vue d'une meilleure compréhension il nous a paru souhaitable d'exposer en premier lieu ce cas particulier.

On va d'abord démontrer un lemme "hilbertien" qui n'a (presque) rien à voir avec les martingales. Voici quelques conventions propres à ce chapitre: une fonction à valeurs dans $\mathbb{R}^m$ est considérée comme un vecteur colonne et soulignée: on écrit $\underline{f}$, de composantes $(f^i)_{i\leq m}$; une matrice $m\times m$ est soulignée deux fois: on écrit $\underline{\underline{c}}$, de composantes $(c^{ij})_{i,j\leq m}$; on note ${}^t\underline{f}$ et ${}^t\underline{\underline{c}}$ les transposées de $\underline{f}$ et de $\underline{\underline{c}}$.

Soit $(B,\underline{\underline{B}})$ un espace mesurable muni d'une famille $\eta = (\eta_{ij})_{i,j\leq m}$ de mesures (signées) σ-finies, telles que $\eta_{ij} = \eta_{ji}$ et que pour tout choix des réels a_i , la mesure $\sum_{i,j\leq m} a_i a_j \eta_{ij}$ soit positive; en particulier $\eta_{ii}\geq 0$. Désignons par $\Lambda^{2,0}$ l'espace des fonctions $\underline{f}$ à valeurs dans $\mathbb{R}^m$, telles que $f^i\in L^2(B,\underline{\underline{B}},\eta_{ii})$ pour tout i . On munit cet espace de la semi-norme

$$\|\underline{f}\| = (\sum_{i,j\leq m} \int f^i f^j d\eta_{ij})^{1/2} .$$

On confond $\underline{f}$ et $\underline{f}'$ si $\|\underline{f}-\underline{f}'\| = 0$, si bien que $\Lambda^{2,0}$ est un espace pré-hilbertien, dont on va chercher la complétion.

Soit la mesure positive $\tilde{\eta} = \sum_{i\leq m}\eta_{ii}$; comme $\eta_{ij} \ll \tilde{\eta}$ pour tout (i,j) , il existe une fonction mesurable $\underline{\underline{c}}$ à valeurs dans l'espace des matrices symétriques nonnégatives, telle que $\eta_{ij} = c^{ij}\cdot\tilde{\eta}$. Si $\underline{f}\in\Lambda^{2,0}$ on a donc $\|\underline{f}\|^2 = \int ({}^t\underline{f}\,\underline{\underline{c}}\,\underline{f})d\tilde{\eta}$. Pour toute fonction mesurable $\underline{f}$ à valeurs dans $\mathbb{R}^m$ on pose alors

(4.28) $$\|\underline{f}\| = \left(\int ({}^t\underline{f}\,\underline{\underline{c}}\,\underline{f})\,d\tilde{\eta}\right)^{1/2}$$

et on appelle Λ^2 l'ensemble des $\underline{f}$ telles que $\|\underline{f}\|<\infty$: on définit ainsi un espace vectoriel muni d'une semi-norme (ou d'une norme si on convient comme ci-dessus d'identifier deux fonctions dont la différence est de norme nulle) qui a clairement la structure d'une norme hilbertienne. On montre ci-dessous que Λ^2 est bien un espace de Hilbert:

(4.29) LEMME: La complétion de $\Lambda^{2,0}$ est l'espace Λ^2.

Démonstration. Soit d'abord $\underline{f}\in\Lambda^2$. Soit (A_n) une suite d'éléments de $\underline{\underline{B}}$ croissant vers B et telle que $\tilde{\eta}(A_n)<\infty$ pour tout n, et soit $C(n)=A_n\bigcap\{\sum_{i\leq m}|f^i|\leq n\}$: d'une part $\underline{f}_n=\underline{f}I_{C(n)}$ appartient à $\Lambda^{2,0}$; d'autre part $C(n)$ croit vers B, donc $\|\underline{f}-\underline{f}_n\|$ tend vers 0 d'après le théorème de convergence dominée. On en déduit que Λ^2 est contenu dans la complétion de $\Lambda^{2,0}$.

Il nous reste maintenant à montrer que si $(\underline{f}_n)$ est une suite d'éléments de $\Lambda^{2,0}$ vérifiant $\sum_{(n)}\|\underline{f}_n\|<\infty$, la série $\sum_{(n)}\underline{f}_n$ converge vers une limite $\underline{f}\in\Lambda^2$. On peut diagonaliser la matrice $\underline{\underline{c}}$, c'est-à-dire trouver des fonctions mesurables $\underline{\underline{b}}$ et $\underline{\underline{d}}$ à valeurs dans l'espace des matrices orthogonales et diagonales, respectivement, telles que $\underline{\underline{d}}={}^t\underline{\underline{b}}\,\underline{\underline{c}}\,\underline{\underline{b}}$; on a $d^{ii}\geq 0$ pour tout $i\leq m$. Soit $\underline{k}={}^t\underline{\underline{b}}\,\underline{f}_n$, donc $\underline{f}_n=\underline{\underline{b}}\,\underline{k}_n$ et ${}^t\underline{f}_n\underline{\underline{c}}\,\underline{f}_n=\sum_{i\leq m}(k_n^i)^2d^{ii}$. Posons $\hat{k}_n^i=k_n^iI_{\{d^{ii}>0\}}$ et $\hat{\underline{f}}_n=\underline{\underline{b}}\,\hat{\underline{k}}_n$: on a ${}^t(\hat{\underline{f}}_n-\underline{f}_n)\underline{\underline{c}}(\hat{\underline{f}}_n-\underline{f}_n)=0$, donc $\|\hat{\underline{f}}_n-\underline{f}_n\|=0$ et, quitte à remplacer $\underline{f}_n$ par $\hat{\underline{f}}_n$, on peut supposer que $\underline{k}_n$ vérifie $k_n^i=0$ si $d^{ii}=0$. On a $\sum_{(n)}\int(\sum_{i\leq m}(k_n^i)^2d^{ii})d\tilde{\eta}<\infty$ par hypothèse, donc si D est l'ensemble (mesurable) de convergence de la série $\sum_{(n)}\sum_{i\leq m}|k_n^i|$, on a $\tilde{\eta}(D^c)=0$. Posons $\underline{k}=I_D\sum_{(n)}\underline{k}_n$ et $\underline{f}=\underline{\underline{b}}\,\underline{k}$. On a évidemment $\int(\sum_{i\leq m}(k^i)^2d^{ii})d\tilde{\eta}<\infty$, donc $\|\underline{f}\|<\infty$ et $\underline{f}\in\Lambda^2$. Enfin comme $\tilde{\eta}(D^c)=0$ il vient

$$\|\underline{f}-\sum_{n'\leq n}\underline{f}_{n'}\| \leq \left(\int\sum_{i\leq m}(k^i-\sum_{n'\leq n}k_{n'}^i)^2\,d^{ii}\,d\tilde{\eta}\right)^{1/2}$$

qui tend vers 0 d'après le théorème de convergence dominée, et on achève ainsi la démonstration. ∎

Dans certains cas on a évidemment $\Lambda^2=\Lambda^{2,0}$. Par exemple, étant donnés (4.28) et la définition de $\underline{\underline{c}}$, il est immédiat que

(4.30) LEMME: S'il existe $a>0$ tel que $\sum_{i\leq m}(f^i)^2c^{ii}\leq a({}^t\underline{f}\,\underline{\underline{c}}\,\underline{f})$ pour toute fonction $\underline{f}$, alors $\Lambda^2=\Lambda^{2,0}$.

Cette condition est remplie si $\underline{\underline{c}}$ est diagonale, ou si elle est uniformément strictement elliptique, i.e. ${}^t\underline{f}\,\underline{\underline{c}}\,\underline{f}\geq a\sum_{i\leq m}(f^i)^2$ pour un $a>0$, car d'après la définition de $\underline{\underline{c}}$ on a $|c^{ii}|\leq 1$.

Revenons maintenant aux martingales. On considère un processus m-dimensionnel $\underline{M}=(M^1,..,M^m)$ dont les composantes appartiennent à $\underline{\underline{H}}^2_{loc}$, et on veut décrire $\mathcal{L}^2(\underline{M})$. Au vu de (4.6) on pourrait être tenté de penser que $\mathcal{L}^2(\underline{M})$ est simplement l'ensemble $\{\sum_{i\leq m} H^i\bullet M^i : H^i\in L^2(M^i)\}$, mais il n'en est rien en général (voir l'exercice 4.6).

Par contre d'après (4.5), on sait que $\mathcal{L}^2(\underline{M})$ est la fermeture dans $\underline{\underline{H}}^2$ de cet ensemble $\{\sum_{i\leq m} H^i\bullet M^i : H^i\in L^2(M^i)\}$, ensemble qu'on note $\mathcal{L}^{2,0}(\underline{M})$. Si $L^{2,0}(\underline{M})$ désigne l'ensemble des processus m-dimensionnels $\underline{H}=(H^i)_{i\leq m}$ tels que $H^i\in L^2(M^i)$ pour chaque $i\leq m$, alors $\mathcal{L}^{2,0}(\underline{M})$ est exactement l'ensemble des martingales

$$ {}^t\underline{H}\bullet\underline{M} = \sum_{i\leq m} H^i\bullet M^i , $$

où $\underline{H}\in L^{2,0}(\underline{M})$.

Remarquons que

$$ \langle {}^t\underline{H}\bullet\underline{M}, {}^t\underline{H}\bullet\underline{M}\rangle = \sum_{i,j\leq m} H^iH^j\bullet\langle M^i,M^j\rangle , $$

de sorte qu'on munit naturellement $L^{2,0}(\underline{M})$ de la semi-norme

(4.31) $$ \|\underline{H}\|_{L^2(\underline{M})} = [E(\sum_{i,j\leq m} H^iH^j\bullet\langle M^i,M^j\rangle_\infty)]^{1/2} $$

et que l'application: $\underline{H}\rightsquigarrow {}^t\underline{H}\bullet\underline{M}$ est alors une isométrie de $L^{2,0}(\underline{M})$ dans $\underline{\underline{H}}^2$, muni de la norme: $N\rightsquigarrow \|[N,N]_\infty\|_1=\|\langle N,N\rangle_\infty\|_1=\|N_\infty\|_2$. Par suite on peut étendre cette isométrie de manière unique à la complétion de $L^{2,0}(\underline{M})$ pour $\|\cdot\|_{L^2(\underline{M})}$, et si on note encore ${}^t\underline{H}\bullet\underline{M}$ cette extension, $\mathcal{L}^2(\underline{M})$ est exactement l'ensemble des ${}^t\underline{H}\bullet\underline{M}$ lorsque $\underline{H}$ décrit la complétion de $L^{2,0}(\underline{M})$.

Notre problème consiste donc à caractériser la complétion de $L^{2,0}(\underline{M})$, et nous allons montrer en particulier que cette complétion s'identifie encore à un ensemble de fonctions prévisibles.

On note $\langle\underline{M},{}^t\underline{M}\rangle$ le processus à valeurs matricielles de composantes $\langle M^i,M^j\rangle$. On a vu que $d\langle M^i,M^j\rangle\ll d\langle M^i,M^i\rangle$, donc si on considère l'élément $C=\sum_{i\leq m}\langle M^i,M^i\rangle$ de $\underline{\underline{P}}\cap\underline{\underline{A}}^+_{loc}$, il existe d'après (1.36) un processus prévisible $\underline{\underline{c}}$ à valeurs matricielles, tel que

(4.32) $$ \langle\underline{M},{}^t\underline{M}\rangle = \underline{\underline{c}}\bullet C \quad \text{(ce qui signifie: } \langle M^i,M^j\rangle = c^{ij}\bullet C\text{)}. $$

On peut choisir une version de $\underline{\underline{c}}$ à valeurs dans l'espace des matrices symétriques nonnégatives, car pour tout choix des a_i réels $(\sum_{i,j\leq m} a_ia_jc^{ij})\bullet C$ est le processus croissant $\langle N,N\rangle$, où $N=\sum a_iM^i$.

D'après (4.31) on a

(4.33) $$ \|\underline{H}\|_{L^2(\underline{M})} = \{E[({}^t\underline{H}\,\underline{\underline{c}}\,\underline{H})\bullet C_\infty]\}^{1/2} $$

si $\underline{H}\in L^{2,0}(\underline{M})$; pour tout processus $\underline{H}$ on définit $\|\underline{H}\|_{L^2(\underline{M})}$ par (4.33) et on pose

(4.34) $$L^2(\underline{M}) = \{\underline{H} \text{ prévisible: } \|\underline{H}\|_{L^2(\underline{M})} < \infty\}.$$

On a alors:

(4.35) THEOREME: $L^2(\underline{M})$ <u>est la complétion de</u> $L^{2,0}(\underline{M})$ <u>pour la semi-norme</u> $\|\cdot\|_{L^2(\underline{M})}$, <u>et on a</u> $\mathcal{L}^2(\underline{M}) = \{{}^t\underline{H}\cdot\underline{M}: \underline{H}\in L^2(\underline{M})\}$.

<u>Démonstration</u>. On se trouve exactement dans la situation du lemme (4.29), pourvu qu'on pose $B=\Omega\times\mathbb{R}_+$, $\underline{\underline{B}}=\underline{\underline{P}}$, et qu'on appelle η_{ij} la restriction de la mesure $M^P_{<M^i,M^j>}$ à $\underline{\underline{P}}$. La formule (4.33) est alors identique à (4.28), et la première partie de l'énoncé découle de (4.29). La seconde partie provient des remarques faites plus haut.∎

(4.36) <u>Remarques</u>: 1) Le lemme (4.30) donne des conditions sur la matrice $\underline{\underline{c}}$ pour que $L^2(\underline{M}) = L^{2,0}(\underline{M})$, et donc $\mathcal{L}^2(\underline{M}) = \mathcal{L}^{2,0}(\underline{M})$. C'est le cas par exemple si <u>les</u> M^i <u>sont deux-a-deux orthogonales</u>.

2) Le choix du processus C utilisé ci-dessus est arbitraire, pourvu qu'on prenne un élément de $\underline{\underline{P}}\cap\underline{\underline{A}}^+_{loc}$ par rapport auquel tous les $<M^i,M^j>$ soient absolument continus. Si on change C, on change $\underline{\underline{c}}$ de façon à ce que (4.32) reste satisfaite, et le lecteur vérifiera qu'on ne change ni $\|\cdot\|_{L^2(\underline{M})}$, ni $L^2(\underline{M})$.

3) La formule suivante, triviale pour $\underline{H},\underline{K}\in L^{2,0}(\underline{M})$, s'étend par continuité à tous $\underline{H},\underline{K}\in L^2(\underline{M})$:

(4.37) $$<{}^t\underline{H}\cdot\underline{M}, {}^t\underline{K}\cdot\underline{M}> = ({}^t\underline{H}\,\underline{\underline{c}}\,\underline{K})\cdot C.$$

4) Nous nous sommes contentés ici d'étudier le cas d'un nombre fini de martingales, ou si l'on veut de martingales m-dimensionnelles. On pourrait faire le même travail pour des martingales à valeurs dans un espace de Hilbert: ce n'est pas essentiellement plus compliqué, mais d'une part on n'utilisera pas des résultats aussi généraux ici, d'autre part la théorie des intégrales stochastiques hilbertiennes, assez facile quand on reste dans l'espace $\underline{\underline{H}}^2$, ne s'étend pas aisément à l'espace $\underline{\underline{H}}^1$.∎

<u>§c - Base d'un sous-espace stable</u>. Voici d'abord quelques définitions, que nous donnons d'emblée pour un $q\in[1,\infty[$ quelconque.

(4.38) DEFINITION: <u>Soit</u> $\underline{\underline{H}}$ <u>un sous-espace stable de</u> $\underline{\underline{H}}^q$.

(a) <u>Un</u> q-<u>système générateur de</u> $\underline{\underline{H}}$ <u>est une partie</u> $\mathcal{M}$ <u>de</u> $\underline{\underline{H}}_{loc}$ <u>telle</u>

que $\mathcal{L}^q(\mathcal{M}) = \underline{\underline{H}}$.

(b) Un q-système générateur $\mathcal{M}$ de $\underline{\underline{H}}$ est dit libre si pour toute partie propre $\mathcal{M}'$ de $\mathcal{M}$, l'inclusion $\mathcal{L}^q(\mathcal{M}') \subset \underline{\underline{H}}$ est stricte.

(c) La q-dimension de $\underline{\underline{H}}$, notée q-dim $\underline{\underline{H}}$, est le nombre minimal d'éléments contenus dans un q-système générateur.

(d) Une q-base est un q-système générateur dont le nombre d'éléments égale q-dim $\underline{\underline{H}}$.

Dans (a) on a imposé $\mathcal{M} \subset \underline{\underline{H}}_{loc}$, et non $\mathcal{M} \subset \underline{\underline{H}}$ comme il semblerait naturel de le faire; en effet on veut pouvoir dire par exemple que, si $X \in \underline{\underline{H}}^q_{loc}$, alors $\{X\}$ est un q-système générateur de $\mathcal{L}^q(X)$. Par localisation, il est d'ailleurs facile pour tout $X \in \underline{\underline{H}}^q_{loc}$ de trouver $H \in L^q(X)$ tel que $1/H$ soit localement borné et $H > 0$: on a alors $H \cdot X \in \underline{\underline{H}}^q$ et $\mathcal{L}^q(X) = \mathcal{L}^q(H \cdot X)$. On pourrait donc imposer dans (a) que $\mathcal{M} \subset \underline{\underline{H}}$, ce qui n'entrainerait que des modifications de détail.

Toutes les notions précédentes présentent des analogies évidentes avec les notions correspondantes définies pour les espaces vectoriels. Par exemple, il est clair que si q-dim $\underline{\underline{H}} < \infty$, toute q-base est un q-système générateur libre (attention ! q-dim $\underline{\underline{H}}$ n'est pas la dimension de $\underline{\underline{H}}$ en tant qu'espace vectoriel, dimension qui en général est infinie). On verra aussi (mais ce n'est pas évident) que si $\underline{\underline{H}}$ et $\underline{\underline{H}}'$ sont deux sous-espaces stables tels que $\underline{\underline{H}} \subset \underline{\underline{H}}'$, alors q-dim $\underline{\underline{H}} \leq$ q-dim $\underline{\underline{H}}'$. Par contre on a:

(4.39) Deux q-systèmes générateurs libres de $\underline{\underline{H}}$ peuvent avoir des cardinaux différents: soit $X \in \underline{\underline{H}}^q$ et $T \in \underline{\underline{T}}$ tels que $Y = X^T$ et $Z = X - Y$ ne soient pas nuls; alors $\mathcal{L}^q(X) = \mathcal{L}^q(Y,Z)$ et les ensembles $\{X\}$ et $\{Y,Z\}$ sont des q-systèmes générateurs libres. ∎

(4.40) On peut avoir l'inclusion stricte $\underline{\underline{H}} \subset \underline{\underline{H}}'$, et q-dim $\underline{\underline{H}}$ = q-dim $\underline{\underline{H}}'$: si on reprend l'exemple (4.39), l'inclusion $\mathcal{L}^q(Y) \subset \mathcal{L}^q(X)$ est stricte, et ces deux sous-espaces stables sont de q-dimension égale à 1. ∎

Toutes ces notions seront étudiées en détail dans la partie 4, pour q quelconque. Pour l'instant, nous revenons au cas $q = 2$.

D'abord, une application facile de la méthode d'orthogonalisation de Schmidt conduit à:

(4.41) PROPOSITION: Soit $\mathcal{M}$ une partie finie ou dénombrable de $\underline{\underline{H}}^2_{loc}$. Le sous-espace stable $\mathcal{L}^2(\mathcal{M})$ admet un 2-système générateur dont les éléments sont deux-à-deux orthogonaux.

Démonstration. Notons $(M^n)_{n \geq 1}$ les éléments de $\mathcal{M}$. Soit $\underline{\underline{H}}(n) =$

$\mathcal{L}^2(M^1,..,M^n)$. Supposons qu'on ait construit un 2-système générateur $(N^1,..,N^n)$ de $\underline{\underline{H}}(n)$ tel que $N^i \perp N^j$ si $i \neq j$ (certains N^i peuvent être nuls): lorsque $n=1$ c'est très facile, puisqu'il suffit de poser $N^1 = M^1$. D'après le commentaire qui précède (4.27), et quitte à localiser, on peut écrire $M^{n+1} = M^n + N^{n+1}$, où $M^n \in \underline{\underline{H}}(n)$ et où N^{n+1} est orthogonal à $\underline{\underline{H}}(n)$. $(N^1,..,N^{n+1})$ est alors un 2-système générateur de $\underline{\underline{H}}(n+1)$ dont les éléments sont deux-à-deux orthogonaux. On construit ainsi par récurrence la suite $\mathcal{N} = (N^n)_{n \geq 1}$ et $\mathcal{L}^2(\mathcal{N})$, qui est la fermeture de $\bigcup_{(n)} \underline{\underline{H}}(n)$, est égal à $\mathcal{L}^2(\mathcal{M})$. ∎

Etant donné (4.17), on en déduit le:

(4.42) COROLLAIRE: <u>Supposons que la tribu</u> $\underline{\underline{F}}_\infty$ <u>soit séparable. Il existe une suite</u> $(M^n)_{n\in\mathbb{N}}$ <u>d'éléments de</u> $\underline{\underline{H}}^2$, <u>deux-à-deux orthogonaux, telle que</u> $\underline{\underline{H}}^2 = \mathcal{L}^2(M^n : n\in\mathbb{N})$.

Nous allons donner maintenant un résultat sur la 2-dimension de $\mathcal{L}^2(\underline{M})$, sous-espace stable engendré par la martingale m-dimensionnelle $(M^1,..,M^m)$. Nous utilisons systématiquement les notations du §b, et notamment les processus $\langle \underline{M}, {}^t\underline{M}\rangle$, C et $\underline{\underline{c}}$ (la remarque (4.36,2) s'applique encore).

(4.43) THEOREME: <u>Soit</u> $\gamma(\omega,t)$ <u>le rang de la matrice</u> $\underline{\underline{c}}(\omega,t)$. <u>La 2-dimension de</u> $\mathcal{L}^2(\underline{M})$ <u>est la borne supérieure essentielle</u> n, <u>pour la mesure</u> M_C^P, <u>des</u> $\gamma(\omega,t)$.

<u>Démonstration</u>. Quitte à modifier $\underline{\underline{c}}$ sur un ensemble M_C^P-négligeable, ce qui ne change pas la relation (4.32), on peut supposer que $\gamma(\omega,t) \leq n$.

(i) Montrons d'abord que la 2-dimension de $\mathcal{L}^2(\underline{M})$ n'excède pas n. Il existe des processus prévisibles $\underline{\underline{b}}$ et $\underline{\underline{d}}$, à valeurs respectivement dans les espaces de matrices orthogonales et diagonales, tels que $\underline{\underline{c}} = {}^t\underline{\underline{b}}\,\underline{\underline{d}}\,\underline{\underline{b}}$; on peut même choisir ces processus de sorte que $d^{11} \geq d^{22} \ldots \geq d^{mm} \geq 0$, et on a $d^{ii} = 0$ pour $n+1 \leq i \leq m$ puisque $\gamma \leq n$. On note $\underline{\underline{K}}$ la matrice $n\times m$ définie par $K^{ij} = b^{ij}$ pour $i\leq n$, $j\leq m$. Etant donné que $\underline{\underline{b}}\,\underline{\underline{c}} = \underline{\underline{d}}\,\underline{\underline{b}}$ et que les $m-n$ dernières lignes et colonnes de $\underline{\underline{d}}$ sont nulles, il est aisé de vérifier que ${}^t\underline{\underline{K}}\,\underline{\underline{K}}\,\underline{\underline{c}} = \underline{\underline{c}}\,{}^t\underline{\underline{K}}\,\underline{\underline{K}} = \underline{\underline{c}}$.

Les composantes de $\underline{\underline{b}}$, donc de $\underline{\underline{K}}$, sont bornées; donc on peut poser $N^i = \sum_{j\leq m} K^{ij}\cdot M^j$ pour $i\leq n$, ce qu'on symbolise par $\underline{N} = \underline{\underline{K}}\cdot\underline{M}$. Posons également $X^i = \sum_{j\leq n} K^{ji}\cdot N^j$ pour $i\leq m$, ce qu'on symbolise par $\underline{X} = {}^t\underline{\underline{K}}\cdot\underline{N}$. On a évidemment $\underline{X} = ({}^t\underline{\underline{K}}\,\underline{\underline{K}})\cdot\underline{M}$, donc $\underline{X} - \underline{M} = ({}^t\underline{\underline{K}}\,\underline{\underline{K}} - \underline{\underline{I}}_m)\cdot\underline{M}$ où $\underline{\underline{I}}_m$ est la matrice unité $m\times m$. D'après (4.37) il vient

$$\langle \underline{X} - \underline{M}, {}^t(\underline{X} - \underline{M})\rangle = ({}^t\underline{\underline{K}}\,\underline{\underline{K}}\,\underline{\underline{c}}\,{}^t\underline{\underline{K}}\,\underline{\underline{K}} - {}^t\underline{\underline{K}}\,\underline{\underline{K}}\,\underline{\underline{c}} - \underline{\underline{c}}\,{}^t\underline{\underline{K}}\,\underline{\underline{K}} + \underline{\underline{c}})\cdot C = 0.$$

Donc $\langle X^i - M^i, X^i - M^i \rangle = 0$ pour tout i, donc $\underline{X} = \underline{M}$. Par suite $\underline{M} = {}^t\underline{\underline{K}} \cdot \underline{N}$ et chaque M^i appartient à $\mathcal{L}^2(\underline{N})$; comme $N^i \in \mathcal{L}^2(\underline{M})$ on a donc $\mathcal{L}^2(\underline{M}) = \mathcal{L}^2(\underline{N})$, ce qui prouve que 2-dim $\mathcal{L}^2(\underline{M}) \leq n$.

(ii) Supposons maintenant que 2-dim $\mathcal{L}^2(\underline{M}) < n$. Il existe alors une martingale (n-1)-dimensionnelle $\underline{N}$ telle que $\mathcal{L}^2(\underline{N}) = \mathcal{L}^2(\underline{M})$. D'une part chaque $\langle N^i, N^i \rangle$ est absolument continu par rapport à C d'après (4.35) et (4.37), donc on a $\langle \underline{N}, {}^t\underline{N} \rangle = \underline{\underline{c}}' \cdot C$ pour un processus matriciel prévisible $(n-1)\times(n-1)$ $\underline{\underline{c}}'$ convenable. D'autre part d'après (4.35) encore on peut écrire $\underline{M} = \underline{\underline{H}} \cdot \underline{N}$ pour un processus prévisible matriciel $m\times(n-1)$ $\underline{\underline{H}}$ convenable, et (4.37) entraine que $\langle \underline{M}, {}^t\underline{M} \rangle = (\underline{\underline{H}}\, \underline{\underline{c}}'\, {}^t\underline{\underline{H}}) \cdot C$, si bien qu'une version de $\underline{\underline{c}}$ est donnée par $\underline{\underline{c}} = \underline{\underline{H}}\, \underline{\underline{c}}'\, {}^t\underline{\underline{H}}$. Comme la dimension de $\underline{\underline{c}}'$ est $(n-1)\times(n-1)$, le rang de $\underline{\underline{c}}$ est au plus $n-1$, ce qui contredit la définition de n. ∎

(4.44) COROLLAIRE: <u>Soit</u> $n = 2\text{-dim}\, \mathcal{L}^2(\underline{M})$.

(a) <u>Il existe une</u> 2-<u>base orthogonale</u> $(N^1,..,N^n)$ <u>de</u> $\mathcal{L}^2(\underline{M})$ <u>telle que</u> $\langle N^i, N^i \rangle - \langle N^{i+1}, N^{i+1} \rangle$ <u>soit un processus croissant pour tout</u> $i \leq n-1$.

(b) <u>Inversement si</u> $(N^1,..,N^r)$ <u>est un</u> 2-<u>système générateur orthogonal de</u> $\mathcal{L}^2(\underline{M})$ <u>tel que</u> $d\langle N^{i+1}, N^{i+1} \rangle \ll d\langle N^i, N^i \rangle$ <u>pour tout</u> $i \leq r-1$, <u>on a</u> $r \geq n$ <u>et</u> $N^1 \neq 0, .., N^n \neq 0$, $N^{n+1} = .. = N^r = 0$.

(bien entendu, un système est orthogonal si ses éléments sont orthogonaux deux-à-deux).

<u>Démonstration</u>. (a) Reprenons la partie (i) de la preuve précédente. Il vient $\langle \underline{N}, {}^t\underline{N} \rangle = (\underline{\underline{K}}\, \underline{\underline{c}}\, {}^t\underline{\underline{K}}) \cdot C$. Mais $(\underline{\underline{K}}\, \underline{\underline{c}}\, {}^t\underline{\underline{K}})^{ij} = d^{ij}$ pour $i,j \leq m$. Comme $\underline{\underline{d}}$ est diagonale et $d^{ii} \geq d^{i+1,i+1}$, $\underline{N}$ vérifie les conditions requises.

(b) Il existe un processus matriciel prévisible $\underline{\underline{c}}'$ tel que $\langle N^i, N^j \rangle = c'^{ij} \cdot C$. L'hypothèse entraine que $\underline{\underline{c}}'$ est diagonale et que $c'^{i+1,i+1} = 0$ si $c'^{ii} = 0$, donc le rang de $\underline{\underline{c}}'$ est $\mathcal{J}' = \sup(i: c'^{ii} > 0)$. Mais alors (4.43) entraine que $\mathcal{J}' \leq n$ et que l'ensemble $\{\mathcal{J}' = n\}$ n'est pas M_C^P-négligeable, d'où le résultat. ∎

<u>EXERCICES</u>

4.6 - Soit X et Y deux mouvements browniens indépendants sur $(\Omega, \underline{F}, \underline{\underline{F}}, P)$, et H un processus prévisible à valeurs dans $]0,1[$.

a) Soit $M^1 = X$ et $M^2 = H \cdot X + (1-H) \cdot Y$. Montrer que $\mathcal{L}^2(X,Y) = \mathcal{L}^2(M^1, M^2)$.

b) Montrer que si Y se met sous la forme $Y = H^1 \cdot M^1 + H^2 \cdot M^2$ avec $H^i \in L^2_{loc}(M^i)$, alors $H^1 = -H/(1-H)$ et $H^2 = 1/(1-H)$.

c) En déduire que, pour un choix convenable de H, $\mathcal{L}^{2,0}(M^1, M^2)$ est contenu strictement dans $\mathcal{Z}^2(M^1,M^2)$.

4.7 - Soit X et Y deux mouvements browniens indépendants sur $(\Omega,\underline{\underline{F}},\underline{F},P)$. Soit $H\in L^2_{loc}(X)$, $K\in L^2_{loc}(Y)$, $M^1 = X$ et $M^2 = H\bullet X + K\bullet Y$.

a) Quelle est (selon H et K) la 2-dimension de $\mathcal{Z}^2(M^1,M^2)$?

b) Construire une 2-base orthogonale de $\mathcal{Z}^2(M^1,M^2)$.

c) Construire une 2-base de $\mathcal{Z}^2(M^1,M^2)$ constituée de un ou deux (selon les cas) mouvements browniens.

4.8 - Répondre aux mêmes questions a) et b) qu'en 4.7, quand X est un mouvement brownien et Y une martingale de Poisson.

4.9 - Soit $\underline{\underline{H}}$ et $\underline{\underline{K}}$ deux sous-espaces stables de $\underline{\underline{H}}^2$, tels que $\underline{\underline{H}}\subset\underline{\underline{K}}$. Montrer que 2-dim $\underline{\underline{H}} \leq$ 2-dim $\underline{\underline{K}}$ (on pourra utiliser l'existence d'une base orthogonale pour $\underline{\underline{K}}$).

3 - SOUS-ESPACES STABLES ET MESURES ALEATOIRES

§a - Sous-espaces stables engendrés par une mesure aléatoire. Dans toute cette partie on se donne une mesure aléatoire à valeurs entières $\mu\in\tilde{\underline{\underline{A}}}^1_\sigma$; on pose $\nu = \mu^p$ et on utilise les notations (3.19) et (3.24). Pour $q\in[1,\infty[$ on va étudier les espaces

$$(4.45)\qquad \begin{cases} \underline{\underline{K}}^{q,1}(\mu) = \{W*(\mu-\nu):\ W\in G^q(\mu)\} \\ \underline{\underline{K}}^{q,2}(\mu) = \{V*\mu:\ V\in H^q(\mu)\} \\ \underline{\underline{K}}^{q,3}(\mu) = \{M\in\underline{\underline{H}}^q:\ \Delta M = 0 \text{ sur } D\}. \end{cases}$$

$\underline{\underline{K}}^{q,3}(\mu)$ ne dépend de μ que par l'intermédiaire de D, mais nous voulons des notations homogènes !

(4.46) THEOREME: Les espaces $\underline{\underline{K}}^{q,i}(\mu)$, pour $i=1,2,3$, sont des sous-espaces stables de $\underline{\underline{H}}^q$.

Démonstration. Il est clair que les trois espaces sont stables par intégration stochastiques des processus $I_{[\![0_A,T]\!]}$ $(A\in\underline{\underline{F}}_0, T\in\underline{\underline{T}})$, et il reste à montrer qu'ils sont fermés dans $\underline{\underline{H}}^q$. Comme la convergence dans $\underline{\underline{H}}^q$ entraine la convergence uniforme d'une sous-suite pour P-presque chaque trajectoire, il est évident que $\underline{\underline{K}}^{q,3}(\mu)$ est fermé.

Soit (M(n)) une suite d'éléments de $\underline{\underline{K}}^{q,i}(\mu)$ (pour $i=1$ ou $i=2$) convergeant vers une limite M dans $\underline{\underline{H}}^q$. Quitte à prendre une sous-suite on peut supposer que la convergence a lieu uniformément pour presque toutes les trajectoires, de sorte que $\Delta M(n)$ tend vers ΔM en dehors d'un ensemble P-évanescent. D'après (3.75) on peut écrire $M = M^1 + M^2 + M^3$ avec $M^1 = W*(\mu - \nu) \in \underline{\underline{K}}^{1,1}_{loc}(\mu)$, $\Delta M^2 = V*\mu \in \underline{\underline{K}}^{1,2}_{loc}(\mu)$ et $M^3 \in \underline{\underline{K}}^{1,3}_{loc}(\mu)$, et de plus $W(\omega,0,x) = 0$ et $M^2_0 = M_0 I_D(0)$.

(a) Examinons d'abord le cas où $i = 2$. On a $M(n) = V(n)*\mu$. $\Delta M(n)$ tend vers $\sum_{i\leq 3} \Delta M^i$ et comme $\Delta M^3 I_D = 0$ et $\Delta M^2 = \widetilde{W}$ (notation (3.61)) on voit que $V(n)$ tend M^P_μ-p.s. vers $W - \widehat{W} + V$. Mais $M^P_\mu(V(n) I_{]0,\infty[} | \underline{\underline{\widetilde{P}}}) = M^P_\mu(V I_{]0,\infty[} | \underline{\underline{\widetilde{P}}}) = 0$, donc $W - \widehat{W} = M^P_\mu(W - \widehat{W} | \underline{\underline{\widetilde{P}}}) = 0$ M^P_μ-p.s., ce qui entraine $\widetilde{W} I_D \doteq 0$; comme $M^P_\mu = M^P_\nu$ sur $\underline{\underline{\widetilde{P}}}$ on a aussi $W - \widehat{W} = 0$ M^P_ν-p.s., donc $\widehat{W}(1-a) \doteq 0$ d'après (3.24), ce qui entraine $\widehat{W} \doteq 0$ sur $\{a<1\}$; comme $\{a=1\} \dot{\subset} D$ on a alors $\widetilde{W} \doteq 0$ et $M^1 = 0$.

Mais alors $\Delta M(n)$ tend vers $\Delta M^2 + \Delta M^3$ et $\Delta M^3 I_D = 0$, tandis que $\Delta M(n) I_{D^c} = \Delta M^2 I_{D^c} = 0$; par suite $\Delta M^3 = 0$. Comme les $M(n)$, donc M, donc M^3, sont des sommes compensées de sauts, il faut que $M^3 = 0$. Donc $M = M^2$ appartient à $\underline{\underline{K}}^{q,2}(\mu)$.

(b) Soit maintenant $i = 1$. On a $M(n) = W(n)*(\mu - \nu)$. D'abord $\widetilde{W}(n)$ tend vers $\widetilde{W} + \Delta M^2 + \Delta M^3$, donc $W(n) - \widehat{W}(n)$ tend M^P_μ-p.s. vers $W - \widehat{W} + V$; mais $W(n) - \widehat{W}(n) \in \underline{\underline{\widetilde{P}}}$, donc $W - \widehat{W} + V$ et V sont M^P_μ-p.s. égaux à des fonctions $\underline{\underline{\widetilde{P}}}$-mesurables; mais alors $M^P_\mu(V I_{]0,\infty[} | \underline{\underline{\widetilde{P}}}) = 0$ implique $V I_{]0,\infty[} = 0$ M^P_μ-p.s., tandis que $M(n)_0 = 0$, donc $M_0 = M^2_0 = 0$. Par suite $M^2 = 0$.

D'autre part $\Delta M(n) = 0$ sur $(D \cup J)^c$, donc $\Delta M = 0$ sur $(D \cup J)^c$; comme $\Delta M^1 = 0$ sur $(D \cup J)^c$ et $\Delta M^3 = 0$ sur D, on doit avoir $\Delta M^3 = 0$ en dehors de $D^c \cap J$, qui est contenu dans l'ensemble prévisible mince $\{0<a<1\}$: les sauts de M^3 peuvent donc être épuisés par une suite d'éléments de $\underline{\underline{T}}_p$ de graphes contenus dans $\{0<a<1\}$. Si T est un tel temps d'arrêt, $I_{D^c}(T) \widetilde{W}(n)_T = -I_{D^c}(T) \widehat{W}(n)_T$ tend dans L^1 vers $I_{D^c}(T)(\Delta M^3_T + \widetilde{W}_T) = \Delta M^3_T - I_{D^c}(T) \widehat{W}_T$. En prenant l'espérance conditionnelle par rapport à $\underline{\underline{F}}^P_{T-}$ on voit que sur $\{0<T<\infty\}$, $(1-a_T) \widehat{W}(n)_T$ tend vers $(1-a_T) \widehat{W}_T$, donc $\widehat{W}(n)_T$ tend vers $\widehat{W}_T$, donc $\Delta M^3_T = I_{D^c}(T)(\widehat{W}_T - \lim_{(n)} \widehat{W}(n)_T) = 0$. Comme $M^3 \in \underline{\underline{L}}^d$ on en déduit que $M^3 = 0$, donc $M = M^1$ est dans $\underline{\underline{K}}^{q,1}_{loc}(\mu) \cap \underline{\underline{H}}^q = \underline{\underline{K}}^{q,1}(\mu)$. ∎

Le théorème suivant est une version un peu améliorée du théorème de décomposition (3.75); la partie (c) surtout est intéressante.

(4.47) THEOREME: (a) <u>Tout</u> $M \in \underline{\underline{H}}^q$ <u>s'écrit de manière unique comme</u>

$$M = M^1 + M^2 + M^3,$$

<u>où</u> $M^1 \in \underline{\underline{K}}^{1,1}_{loc}(\mu)$, $M^2 \in \underline{\underline{K}}^{q,2}(\mu)$ <u>et</u> $M^3 \in \underline{\underline{K}}^{1,3}_{loc}(\mu)$.

(b) <u>Si</u> μ <u>est quasi-continue à gauche</u> (i.e. $\mu(\{T\} \times E) \doteq 0$ sur $\{T<\infty\}$

pour tout $T\in \underline{\underline{T}}_p$, ou $a \doteq 0$, ou $J \doteq \emptyset$) <u>on a de plus</u> $M^i \in \underline{\underline{K}}^{q,i}(\mu)$ <u>pour</u> $i=1,2,3$.

(c) <u>Si</u> $q=2$, <u>on a de plus</u> $M^i \in \underline{\underline{K}}^{2,i}(\mu)$ <u>pour</u> $i=1,2,3$ <u>et les espaces</u> $\underline{\underline{K}}^{2,i}(\mu)$ <u>sont deux-à-deux orthogonaux</u>.

D'après ce théorème, $\underline{\underline{M}}_{loc}$ est somme directe des $\underline{\underline{K}}^{1,i}_{loc}(\mu)$, $\underline{\underline{H}}^2$ est somme directe des $\underline{\underline{K}}^{2,i}(\mu)$, et lorsque μ est quasi-continue à gauche, $\underline{\underline{H}}^q$ est somme directe des $\underline{\underline{K}}^{q,i}(\mu)$. Par contre si $q\neq 2$ on ne sait pas si $\underline{\underline{H}}^q$ est toujours somme directe des $\underline{\underline{K}}^{q,i}(\mu)$; de même, s'il est évident que $\underline{\underline{K}}^{q,2}(\mu)$ et $\underline{\underline{K}}^{q,3}(\mu)$ sont orthogonaux, on ne sait pas si $\underline{\underline{K}}^{q,1}(\mu)$ est toujours orthogonal à $\underline{\underline{K}}^{q,2}(\mu)$ et à $\underline{\underline{K}}^{q,3}(\mu)$.

<u>Démonstration</u>. (a) D'après (3.75), M admet une décomposition $M=\sum_{i\leq 3} M^i$ où $M^i \in \underline{\underline{K}}^{1,i}_{loc}(\mu)$. On a $M^P_\mu(|\Delta M|^q) \leq \|[M,M]^{1/2}_\infty\|_q < \infty$; comme $M^2 = V*\mu$ avec $V=\Delta M - M^P_\mu(\Delta M I_{]0,\infty[}|\underline{\underline{\widetilde{P}}})$ on voit que $E([M^2,M^2]^{q/2}_\infty) = M^P_\mu(|V|^q) < \infty$, donc $M^2 \in \underline{\underline{K}}^{q,2}(\mu)$.

Pour montrer l'unicité d'une telle décomposition, il faut montrer que dans la formule précédente $M=0$ entraine $M^1=M^2=M^3=0$. Mais on peut reprendre la preuve du cas $i=2$ dans la théorème précédent, avec $M(n)=0$ pour tout n : on a bien convergence des $M(n)$ vers $M=0$ dans n'importe quel $\underline{\underline{H}}^q$, donc $M^1=M^3=0$, donc également $M^2=0$.

(b) Supposons μ quasi-continu à gauche. D'après (a) on a $M^1+M^3 \in \underline{\underline{H}}^q$. Mais si $J=\emptyset$, M^1 est une somme compensée de sauts ne sautant que sur D, tandis que M^3 ne saute pas sur D. Donc $[M^1+M^3, M^1+M^3] = [M^1,M^1] + [M^2,M^2]$ est de puissance $q/2^{\text{ième}}$ intégrable, donc M^1 et M^3 appartiennent à $\underline{\underline{H}}^q$, donc à $\underline{\underline{K}}^{q,1}(\mu)$ et à $\underline{\underline{K}}^{q,3}(\mu)$ respectivement.

(c) Supposons que $q=2$. Si on relit la preuve de (3.75), on s'aperçoit qu'on y considère explicitement le cas $M\in\underline{\underline{H}}^2$, et qu'il y est alors montré que $M^1 \in \underline{\underline{K}}^{2,1}(\mu)$. On en déduit que $M^3\in \underline{\underline{H}}^2$, donc $M^3 \in \underline{\underline{K}}^{2,3}(\mu)$.

Il nous reste à montrer que, toujours si $M\in\underline{\underline{H}}^2$, les M^i sont deux-à-deux orthogonaux. On a $M^2 \perp M^3$ car $[M^2,M^3]=0$ de manière triviale. Si $M^1 = W*(\mu-\nu)$ et $M^2=V*\mu$, on a $[M^1,M^2] = (V(W-\widehat{W}))*\mu$, qui appartient à $\underline{\underline{A}}^+_o$, tandis que $M^P_\mu(V(W-\widehat{W})|\underline{\underline{\widetilde{P}}}) = (W-\widehat{W})M^P_\mu(VI_{]0,\infty[}|\underline{\underline{\widetilde{P}}}) = 0$, donc $V(W-\widehat{W}) \in H^1(\mu)$ et (3.72) entraine que $[M^1,M^2] \in \underline{\underline{M}}_o$, donc $M^1 \perp M^2$. Enfin $[M^1,M^3] = -S(\Delta M^3 \widehat{W})$ appartient à $\underline{\underline{A}}^+_o$ et n'a aucun saut totalement inaccessible; si $T\in \underline{\underline{T}}_p$ on a

$$E(\Delta[M^1,M^3]_T|\underline{\underline{F}}^P_{T-}) = -E(\widehat{W}_T \Delta M^3_T|\underline{\underline{F}}^P_{T-}) = -\widehat{W}_T E(\Delta M^3_T|\underline{\underline{F}}^P_{T-}) = 0$$

sur $\{T<\infty\}$; d'après (1.51) on a alors $[M^1,M^3]^p = 0$, donc $M^1 \perp M^3$. ∎

§b - Tribu optionnelle, tribu prévisible, martingales, mesures aléatoires.

Nous avons déjà annoncé dans le chapitre I que la tribu optionnelle peut être décrite à l'aide da le tribu prévisible et des martingales. Nous allons préciser ceci dans le lemme fondamental suivant.

Introduisons la tribu $\sigma(\underline{\underline{L}})$ sur $\Omega\times\mathbb{R}_+$: c'est la tribu engendrée par les processus $\underline{F}^P$-optionnels, continus à droite et limités à gauche, dont la classe d'équivalence (pour la relation de P-indistinguabilité) appartient à $\underline{\underline{L}}$. Il faut prendre ces précautions dans la définition de $\sigma(\underline{\underline{L}})$ car, rappelons-le, il peut exister des ensembles P-évanescents qui ne sont par $\underline{F}^P$-optionnels (il peut aussi exister des ensembles P-évanescents $\underline{F}^P$-optionnels qui ne sont pas $\underline{F}^P$-prévisibles; cependant, sur cette question, voir le lemme (4.49) à venir).

(4.48) LEMME: On a $\underline{\underline{O}}(\underline{F}^P) = \underline{\underline{P}}(\underline{F}^P)\vee\sigma(\underline{\underline{L}})$.

Démonstration. On a $\sigma(\underline{\underline{L}})\subset\underline{\underline{O}}(\underline{F}^P)$ par définition de $\sigma(\underline{\underline{L}})$. Inversement, $\underline{\underline{O}}(\underline{F}^P)$ est engendrée par les intervalles stochastiques $[\![T,\infty[\![$ $(T\in\underline{\underline{T}}(\underline{F}^P))$. Mais si $A=I_{[\![T,\infty[\![}$ et $N=A-A^p$, on peut choisir une "version" de A^p qui soit $\underline{F}^P$-prévisible, continue à droite et limitée à gauche, et dans ce cas N est une version $\underline{F}^P$-optionnelle, continue à droite et limitée à gauche, d'un élément de $\underline{\underline{L}}$. Donc A est $\underline{\underline{P}}(\underline{F}^P)\vee\sigma(\underline{\underline{L}})$-mesurable, et on a le résultat.∎

Remarquons que dans ce lemme on pourrait prendre, au lieu de $\sigma(\underline{\underline{L}})$, aussi bien la tribu engendrée par les éléments ($\underline{F}^P$-optionnels, continus à droite et limités à gauche) de $\underline{\underline{L}}^d$, ou $\underline{\underline{M}}_{loc}$, ou $\underline{\underline{M}}_o^d$, ...

S'il y a "suffisamment peu" de martingales non continues, ce lemme implique que la tribu optionnelle n'est "pas beaucoup plus grosse" que la tribu prévisible. Or, le théorème (4.47) donne une décomposition des martingales locales en fonction de la mesure aléatoire μ, donc si l'un des espaces $\underline{\underline{K}}^{1,i}(\mu)\cap\underline{\underline{L}}^d$ est réduit à $\{0\}$ on peut s'attendre à pouvoir décrire $\underline{\underline{O}}(\underline{F}^P)$ en fonction de $\underline{\underline{P}}(\underline{F}^P)$ et de μ, au moins partiellement. C'est ce que nous faisons dans les propositions qui suivent, après avoir énoncé un lemme technique.

(4.49) LEMME: Tout processus X, P-indistinguable de 0, $\underline{F}^P$-optionnel et tel que l'ensemble $\{X\neq 0\}$ soit mince, est $\underline{F}^P$-prévisible.

Démonstration. Quitte à considérer les ensembles $\{X>a\}$ (pour $a>0$) et $\{X<a\}$ (pour $a<0$), on se ramène à montrer que tout ensemble A, mince, P-évanescent, $\underline{F}^P$-optionnel, est $\underline{F}^P$-prévisible. D'après (1.10) on se ramène même au cas où $A = [\![T]\!]$, avec $T \in \underline{\underline{T}}(\underline{F}^P)$ et $P(T<\infty) = 0$. Mais alors T est P-p.s. égal au temps prévisible $+\infty$, donc $T \in \underline{\underline{T}}_p(\underline{F}^P)$ d'après (1.1) et $[\![T]\!] \in \underline{\underline{P}}(\underline{F}^P)$ d'après (1.8). ∎

(4.50) PROPOSITION: <u>Les trois assertions suivantes sont équivalentes:</u>

(i) <u>on a</u> $\underline{\underline{K}}^{1,3}(\mu) \bigcap \underline{\underline{L}}^d = \{0\}$;

(ii) <u>on a</u> $\underline{\underline{O}}(\underline{F}^P) \bigcap D^c = \underline{\underline{P}}(\underline{F}^P) \bigcap D^c$;

(iii) <u>on a</u>: (a) <u>tout</u> $T \in \underline{\underline{T}}_i(\underline{F}^P)$ <u>vérifie</u> $[\![T]\!] \dot{\subset} D$,

(b) <u>tout</u> $T \in \underline{\underline{T}}(\underline{F}^P)$ <u>vérifie</u> $\underline{\underline{F}}_T^P \bigcap \{T \notin D\} = \underline{\underline{F}}_{T-}^P \bigcap \{T \notin D\}$.

La condition (i) revient à dire: $\underline{\underline{K}}^{1,3}(\mu) = \{M \in \underline{\underline{H}}^{1,c} : M_0 = 0 \text{ sur } \{0 \in D\}\}$, ou encore: $\underline{\underline{K}}^{1,3}(\mu) \subset \underline{\underline{H}}^{1,c}$. Lorsque $\mu(\{0\} \times E) = 0$, (i) équivaut à: $\underline{\underline{K}}^{1,3}(\mu) = \underline{\underline{H}}^{1,c}$.

Dans (iii) on peut remplacer la condition (b) par la condition (b'): tout $T \in \underline{\underline{T}}_p(\underline{F}^P)$ vérifie $\underline{\underline{F}}_T^P \bigcap \{T \notin D\} = \underline{\underline{F}}_{T-}^P \bigcap \{T \notin D\}$: sous (a), on a l'équivalence: (b)$\Longleftrightarrow$(b').

<u>Démonstration</u>. (i)$\Longrightarrow$(ii): Soit $M \in \underline{\underline{L}}$, et sa décomposition $M = \sum_{i \leq 3} M^i$ où $M^i \in \underline{\underline{K}}^{1,i}_{loc}(\mu)$. On choisit pour M une version $\underline{F}^P$-optionnelle continue à droite et limitée à gauche. Par hypothèse M^3 est continu, et on a $\Delta M^2 I_{D^c} \doteq 0$ et $\Delta M^1 I_{D^c} \doteq -\hat{W} I_{D^c}$ où pour $\hat{W}$ on peut choisir un processus $\underline{F}^P$-prévisible. Donc $MI_{D^c} \doteq (M_- - \hat{W}) I_{D^c}$: mais d'une part $M_- - \hat{W}$ est $\underline{F}^P$-prévisible; d'autre part l'ensemble $\{\Delta M \neq -\hat{W}\} \bigcap D^c$ est $\underline{F}^P$-optionnel, P-évanescent, et comme $\{\Delta M \neq 0\}$ et $\{\hat{W} \neq 0\}$ sont minces, il est mince; donc $(M - M_- - \hat{W}) I_{D^c}$ est $\underline{F}^P$-prévisible d'après (4.49). Par suite MI_{D^c} est $(\underline{\underline{P}}(\underline{F}^P) \bigcap D^c)$-mesurable: donc $\sigma(\underline{\underline{L}}) \bigcap D^c \subset \underline{\underline{P}}(\underline{F}^P) \bigcap D^c$ et le résultat découle de (4.48).

(ii)$\Longrightarrow$(iii): Soit $T \in \underline{\underline{T}}(\underline{F}^P)$ et $Y \in b\underline{\underline{F}}_T^P$. D'après (ii) il existe un processus prévisible X tel que $YI_{[\![T]\!]} I_{D^c} = XI_{D^c}$. Cela implique d'abord que $YI_{D^c}(T) = X_T I_{D^c}(T)$ et comme $X_T \in \underline{\underline{F}}_{T-}^P$ d'après (1.5) on a (b). En prenant la projection prévisible des deux membres, cela implique ensuite que si $T \in \underline{\underline{T}}_i(\underline{F}^P)$ et $Y = 1$, on a $0 \doteq X(1-a)$; donc $X \doteq 0$ sur $\{a<1\}$ et comme $\{a=1\} \dot{\subset} D$ on a $I_{[\![T]\!]} I_{D^c} = XI_{D^c} \doteq 0$, d'où $[\![T]\!] \dot{\subset} D$.

(iii)$\Longrightarrow$(i): Soit $M \in \underline{\underline{K}}^{1,3}(\mu) \bigcap \underline{\underline{L}}^d$. On a $\Delta M = 0$ sur $D \bigcup [\![0]\!]$. On déduit de (a) que M n'a pas de sauts totalement inaccessibles, et de (b) que pour tout $T \in \underline{\underline{T}}_p(\underline{F}^P)$ il existe une variable $X \in \underline{\underline{F}}_{T-}^P$ telle que $\Delta M_T = XI_{D^c}(T)$. Donc $0 = E(\Delta M_T | \underline{\underline{F}}_{T-}^P) \doteq X(1-a_T)$ sur $\{T<\infty\}$, ce qui entraine $X \doteq 0$ sur $\{a_T<1, T<\infty\}$, tandis que $\{a_T = 1, T<\infty\} \dot{\subset} \{T \in D\} \dot{\subset} \{\Delta M_T = 0, T<\infty\}$: par suite $\Delta M_T \doteq 0$ et il en découle facilement que $\Delta M = 0$, d'où $M = 0$. ∎

(4.51) PROPOSITION: <u>Les trois assertions suivantes sont équivalentes:</u>

(i) <u>on a</u> $\underline{\underline{K}}^{1,2}(\mu)\bigcap\underline{\underline{L}}=\{0\}$;
(ii) <u>on a</u> $\underline{\underline{O}}(\underline{F}^P)\bigcap D=(\underline{\underline{P}}(\underline{F}^P)\bigvee\sigma(\beta))\bigcap D$;
(iii) <u>pour tout</u> $T\in\underline{\underline{T}}(\underline{F}^P)$ <u>on a</u> $\underline{\underline{F}}_T^P\bigcap\{T\in D\}=(\underline{\underline{F}}_{T-}^P\bigvee\sigma(\beta_T))\bigcap\{T\in D\}$.

La condition (i) revient à dire que les éléments de $\underline{\underline{K}}^{1,2}(\mu)$ nuls en 0 sont nuls.

<u>Démonstration</u>. (i) $\Longrightarrow$(ii): Soit $M\in\underline{\underline{L}}$ et sa décomposition $M=\sum_{i\leq 3}M^i$ où $M^i\in\underline{\underline{K}}^{1,i}_{loc}(\mu)$. On choisit pour M une version $\underline{F}^P$-optionnelle continue à droite et limitée à gauche. Par hypothèse M^2 est nul, $\Delta M^3 I_D\doteq 0$ et $\Delta M^1\doteq\widetilde{W}$ où pour $\widetilde{W}$ on peut prendre un processus $\underline{\underline{P}}(\underline{F}^P)\bigvee\sigma(\beta)$-mesurable. Par suite $MI_D\doteq(M_-+\widetilde{W})I_D$ et on montre comme dans la preuve de (4.50) que MI_D est $((\underline{\underline{P}}(\underline{F}^P)\bigvee\sigma(\beta))\bigcap D)$-mesurable, et (4.48) entraine (ii).

(ii)$\Longrightarrow$(iii): Soit $T\in\underline{\underline{T}}(\underline{F}^P)$ et $Y\in b\underline{\underline{F}}_T^P$. D'après (ii) il existe une fonction $\underline{\underline{\tilde{P}}}(\underline{F}^P)$-mesurable W telle que $I_{[\![T]\!]}YI_D=W(.,\beta_.)I_D$; donc $YI_D(T)=W(T,\beta_T)I_D(T)$ et comme $W(T,\beta_T)\in\underline{\underline{F}}_{T-}^P\bigvee\sigma(\beta_T)$ on a (iii).

(iii)$\Longrightarrow$(i): Soit $V\in H^1(\mu)$. Comme $M^P_\mu(VI_{]\!]0,\infty[\![}|\underline{\underline{\tilde{P}}})=0$, (3.30,a,b) et la condition (iii) entrainent que $VI_{]\!]0,\infty[\![}=0$ M^P_μ-p.s., donc $V*\mu=V*\mu_0$, ce qui implique (i).∎

Comme corollaire des deux résultats précédents, on a la:

(4.52) PROPOSITION: <u>Les trois assertions suivantes sont équivalentes</u>:
(i) <u>on a</u> $\underline{\underline{K}}^{1,1}(\mu)=\underline{\underline{H}}_0^{1,d}$;
(ii) <u>on a</u> $\underline{\underline{O}}(\underline{F}^P)=\underline{\underline{P}}(\underline{F}^P)\bigvee\sigma(\beta)$;
(iii) <u>on a</u>: (a) <u>tout</u> $T\in\underline{\underline{T}}_i(\underline{F}^P)$ <u>vérifie</u> $[\![T]\!]\subset D$,
(b) <u>tout</u> $T\in\underline{\underline{T}}(\underline{F}^P)$ <u>vérifie</u> $\underline{\underline{F}}_T^P=\underline{\underline{F}}_{T-}^P\bigvee\sigma(\beta_T I_{\{T<\infty\}})$.

Ce dernier résultat donne des conditions pour que $\underline{\underline{K}}^{1,1}(\mu)=\underline{\underline{H}}_0^{1,d}$, ce qui constitue une sorte de forme "explicite" pour les sommes compensées de saut. Cette propriété se révélera très importante, à l'égal de la propriété $\mathcal{Z}^1(\mathcal{M})=\underline{\underline{H}}^1$ pour une partie $\mathcal{M}$ de $\underline{\underline{M}}_{loc}$. Le théorème suivant fournit une caractérisation de cette propriété, similaire à celles obtenues en (4.11) et (4.14).

On notera $\underline{\underline{K}}^{\infty,1}(\mu)$ l'ensemble des éléments bornés de $\underline{\underline{K}}^{1,1}(\mu)$. On a $\underline{\underline{K}}^{\infty,1}(\mu)\subset\underline{\underline{K}}^{q,1}(\mu)$ pour tout $q\in[1,\infty]$. Attention, $\underline{\underline{K}}^{\infty,1}(\mu)$ n'est pas un sous-espace stable stable de $\underline{\underline{H}}^\infty$, notion que nous n'avons pas définie.

(4.53) THEOREME: <u>Toutes les conditions suivantes sont équivalentes, lorsque</u> q <u>et</u> q' <u>parcourent</u> [1,∞].
(i_q) <u>on a</u> $\underline{\underline{K}}^{q,1}(\mu)=\underline{\underline{H}}_0^{q,d}$;

$(ii_{q,q'})$ <u>tout</u> $N\in \underline{\underline{H}}_o^{q',d}$ <u>orthogonal à</u> $\underline{\underline{K}}^{q,1}(\mu)$ <u>est nul</u>;
(iii_q) <u>tout</u> $N\in \underline{\underline{H}}_o^{q,d}$ <u>vérifiant</u> $M^P_\mu(\Delta N|\underline{\underline{\tilde{P}}})=0$ <u>est nul</u>.

Bien entendu, les cas les plus intéressants concernent $q=1$ et $q=\infty$. On remarquera qu'à l'inverse de (4.11), les conditions (i_q) sont toutes équivalentes, et sont également équivalentes à toutes les conditions $(ii_{q,q'})$, qui constituent un peu les analogues des C_q de (4.9). Cette situation est similaire à la situation du cas continu (cf. les commentaires précédant la proposition (4.14)).

<u>Démonstration</u>. On va montrer les chaînes d'implications: $(i_\infty)\Longrightarrow(ii_{\infty,1})\Longrightarrow(ii_{q,q'})\longrightarrow(ii_{1,\infty})\Longrightarrow(i_1)\Longrightarrow(i_q)\Longrightarrow(i_\infty)$, et $(i_1)\Longrightarrow(iii_1)\Longrightarrow(iii_q)\Longrightarrow(iii_\infty)\Longrightarrow(i_1)$.

(a) Supposons qu'on ait (i_∞). Soit $N\in\underline{L}$ orthogonale à $\mathcal{M}=\underline{\underline{K}}^{\infty,1}(\mu)$. (4.7,a) implique que $N\perp\mathcal{L}^1(\mathcal{M})$. Mais (i_∞) entraine $\mathcal{M}=\underline{\underline{H}}_o^{\infty,d}$, donc $\mathcal{L}^1(\mathcal{M})=\underline{\underline{H}}_o^{1,d}$ puisque $\underline{\underline{H}}_o^{\infty,d}$ est dense dans $\underline{\underline{H}}_o^{1,d}$; par suite $N\perp N$, donc $N=0$ et on en déduit $(ii_{\infty,1})$. Les implications: $(ii_{\infty,1})\longrightarrow(ii_{q,q'})\Longrightarrow(ii_{1,\infty})$ sont évidentes.

(b) Supposons qu'on ait $(ii_{1,\infty})$. D'après le théorème de Hahn-Banach, pour obtenir $\underline{\underline{K}}^{1,1}(\mu)=\underline{\underline{H}}_o^{1,d}$ il suffit de prouver que toute forme linéaire continue sur $\underline{\underline{H}}^1$, nulle sur $\underline{\underline{K}}^{1,1}(\mu)$, est nulle sur $\underline{\underline{H}}_o^{1,d}$. Soit c_N une telle forme, associée à $N\in\underline{\underline{BMO}}\subset\underline{\underline{H}}^\infty_{loc}$. Soit $N'=N_o+N^c$ et $N''=N-N'$. D'une part $c_{N'}$ est clairement nulle sur $\underline{\underline{H}}_o^{1,d}$. D'autre part si $c_{N''}$ est nulle sur l'espace stable $\underline{\underline{K}}^{1,1}(\mu)$, (4.7) entraine que $N''\perp\underline{\underline{K}}^{1,1}(\mu)$, donc $N''=0$ d'après $(ii_{1,\infty})$; comme $c_N=c_{N'}+c_{N''}$ on a donc $c_N=0$ sur $\underline{\underline{H}}_o^{1,d}$, d'où (i_1). Enfin, comme $\underline{\underline{K}}^{q,1}(\mu)=\underline{\underline{K}}^{q',1}(\mu)\cap\underline{\underline{H}}^q$ si $q'\leq q$, les implications: $(i_1)\Longrightarrow(i_q)\Longrightarrow(i_\infty)$ sont évidentes.

(c) Supposons qu'on ait (i_1). Soit $N\in\underline{\underline{H}}_o^{1,d}$ tel que $M^P_\mu(\Delta N|\underline{\underline{\tilde{P}}})=0$. (i_1) entraine que $N=W*(\mu-\nu)\in\underline{\underline{K}}^{1,1}(\mu)$, donc $\Delta N=W-\hat{W}$ M^P_μ-p.s.; comme $W-\hat{W}\in\underline{\underline{\tilde{P}}}$, l'hypothèse faite sur N entraine que $\Delta N=0$ M^P_μ-p.s., soit $\Delta N\stackrel{\bullet}{=}0$ sur D, soit $N\in\underline{\underline{K}}^{1,3}(\mu)$. L'unicité dans (4.47) implique alors que $N=0$, et on a prouvé (iii_1). Les implications: $(iii_1)\Longrightarrow(iii_q)\Longrightarrow(iii_\infty)$ sont évidentes.

(d) Supposons enfin qu'on ait (iii_∞). Si $T\in\underline{\underline{T}}_i(\underline{F}^P)$ vérifie $[\![T]\!]\subset D$, la martingale $M=I_{[\![T,\infty[\![}-(I_{[\![T,\infty[\![})^p$ vérifie $\Delta M=0$ sur D, et est dans $\underline{\underline{H}}^\infty_{loc}$; d'après (iii_∞) on a donc $M=0$, donc $P(T<\infty)=0$ et la condition (4.52,a) est satisfaite. D'autre part si $T\in\underline{\underline{T}}(\underline{F}^P)$ et si $Y\in b\underline{\underline{F}}^P$, soit $Y'=[Y-E(Y|\underline{\underline{F}}^P_{T-}\vee\sigma(\beta_T I_{\{T<\infty\}}))]I_{\{T<\infty\}}$; comme $E(Y'|\underline{\underline{F}}^P_{T-})=0$ sur $\{T<\infty\}$, $M=Y'I_{[\![T,\infty[\![}$ est une martingale bornée, qui d'après (3.27) vérifie $M^P_\mu(\Delta M|\underline{\underline{\tilde{P}}})=0$. Donc $M=0$ d'après (iii_∞), donc $Y'=0$, donc Y est

$\underline{\underline{F}}^P_{T-} \bigvee \sigma(\beta_T I_{\{T<\infty\}})$-mesurable et la condition (4.52,b) est également satisfaite; on en déduit qu'on a (i_1). ∎

§c - Un théorème de projection pour les intégrales optionnelles. Le théorème d'équivalence (3.84) va nous permettre de transposer certains des résultats ci-dessus en termes d'intégrales optionnelles par rapport à une martingale locale.

D'abord, en appliquant (4.47), on obtient le théorème de projection suivant, qui est à rapprocher de (4.27): il est à remarquer que (4.27) ne se généralise pas aux martingales locales quelconques, puisqu'on peut trouver $M, N \in \underline{\underline{M}}_{loc}$ pour lesquels il n'existe pas de $H \in L^1_{loc}(M)$ et de $N' \in \underline{\underline{M}}_{loc}$ orthogonal à M, avec $N = H \bullet M + N'$ (cf. exercice 4.10).

(4.54) THEOREME: _Soit_ $M, N \in \underline{\underline{M}}_{loc}$. _Il existe_ $H \in {}^oL^1_{loc}(M)$, _et_ $N' \in \underline{\underline{M}}_{loc}$ _unique, tels que_

$$N = H \circledcirc M + N', \qquad [M, N'] = 0.$$

Démonstration. D'après (4.27) on a $N^c = K \bullet M^c + \tilde{N}$, où $\tilde{N} \in \underline{\underline{L}}^c$ est orthogonal à M^c. Soit $\mu = \mu^M$; on peut écrire $N^d = \sum_{i \leq 3} N^i$, où $N^i \in \underline{\underline{K}}^{1,i}_{loc}(\mu)$. La somme $K \bullet M^c + N^1 + N^2$ est d'après (3.84) l'intégrale stochastique $H \circledcirc M$ d'un $\tilde{H} \in {}^oL^1_{loc}(M)$ vérifiant $\tilde{H}_0 = 0$. Soit $H = \tilde{H} + (N_0/M_0) I_{\{M_0 \neq 0\}} I_{[\![0]\!]}$. On a encore $H \in {}^oL^1_{loc}(M)$ et $N' = N - H \circledcirc M$ vérifie $N'^c = \tilde{N} \perp M^c$, $\Delta N' = \Delta N^3 = 0$ sur $D = \{\Delta M \neq 0\} \bigcap]\!]0, \infty[\![$, et $N'_0 = N_0 I_{\{M_0 = 0\}}$. Par suite il vient $[M, N'] = 0$. Enfin, l'unicité provient immédiatement de l'unicité dans (4.27) et (4.47). ∎

En écrivant (4.50) avec la mesure $\mu = \mu^M$ associée à $M \in \underline{\underline{L}}^d$, on obtient la proposition suivante:

(4.55) PROPOSITION: _Soit_ $M \in \underline{\underline{L}}^d$. _Les assertions suivantes sont équivalentes_:

(i) _on a_ $\underline{\underline{H}}^{1,d} = \{H \circledcirc M : H \in {}^oL^1(M)\}$;

(ii) _on a_ $\underline{\underline{O}}(\underline{\underline{F}}^P) \bigcap \{\Delta M = 0\} = \underline{\underline{P}}(\underline{\underline{F}}^P) \bigcap \{\Delta M = 0\}$;

(iii) _on a_: (a) _tout_ $T \in \underline{\underline{T}}_i(\underline{\underline{F}}^P)$ _vérifie_ $|\Delta M_T| > 0$ _sur_ $\{T < \infty\}$,

(b) _tout_ $T \in \underline{\underline{T}}(\underline{\underline{F}}^P)$ _vérifie_ $\underline{\underline{F}}^P_T \bigcap \{\Delta M_T = 0\} = \underline{\underline{F}}^P_{T-} \bigcap \{\Delta M_T = 0\}$.

EXERCICES

4.10 - On se place dans la situation de l'exercice 1.1, et on suppose qu'il existe deux variables aléatoires intégrables U et V, d'espérance nulle, telles que $E(U^2) = \infty$, que V soit bornée et que $E(UV) \neq 0$. Soit les martingales $M = UI_{[\![1,\infty[\![}$ et $N = VI_{[\![1,\infty[\![}$. Montrer qu'il n'existe pas de décomposition $N = H\cdot M + N'$ avec $H \in L^1_{loc}(M)$ et $N' \perp N$.

4.11- Toujours dans la situation de l'exercice 1.1, on suppose que U est une variable intégrable d'espérance nulle, et que $\underline{\underline{F}} = \sigma(U)$. Soit $M = UI_{[\![1,\infty[\![}$ et $\mu = \mu^M$. Montrer que $\underline{\underline{K}}^{1,2}(\mu) = \{0\}$.

4.12- Sous les hypothèses de (4.50), montrer que tout processus $\underline{F}^P$-optionnel et P-évanescent est $\underline{F}^P$-prévisible.

4.13- Utiliser (4.55) pour montrer l'assertion d) de l'exercice 2.16.

4 - LES FAMILLES FINIES DE MARTINGALES LOCALES

Dans cette partie, nous allons reprendre les questions abordées aux §2-b et 2-c, mais en partant d'une famille $\underline{M} = (M^i)_{i\leq m}$ de martingales locales quelconques. La réponse à ces questions nous permettra d'aborder dans le §d, de manière peut-être un peu plus "concrète" qu'au §1-b, le problème de l'égalité $\mathcal{Z}^q(\underline{M}) = \underline{\underline{H}}^q$.

§a - Le sous-espace stable $\mathcal{Z}^q(\underline{M})$. Dans les deux paragraphes qui suivent, on suppose fixés $q \in [1,\infty[$, et $\underline{M} = (M^i)_{i\leq m}$ un processus m-dimensionnel tel que chaque M^i appartienne à $\underline{\underline{H}}^q_{loc}$ (en dehors du cas $q = 2$, déjà traité, le cas le plus intéressant est lorsque $q = 1$).

Soit $L^{q,0}(\underline{M})$ l'ensemble des processus m-dimensionnels $\underline{H} = (H^i)_{i\leq m}$ tels que $H^i \in L^q(M^i)$ pour chaque $i \leq m$. Si $\underline{H} \in L^{q,0}(\underline{M})$ on pose

$$^t\underline{H}\cdot\underline{M} = \sum_{i\leq m} H^i\cdot M^i,$$

et enfin, $\mathcal{Z}^{q,0}(\underline{M}) = \{^t\underline{H}\cdot\underline{M} : \underline{H} \in L^{q,0}(\underline{M})\}$. D'après (4.5), $\mathcal{Z}^q(\underline{M})$ est la fermeture de $\mathcal{Z}^{q,0}(\underline{M})$ dans $\underline{\underline{H}}^q$.

Il est facile de construire un élément A de $\underline{\underline{A}}^+_{loc}$ tel que $d[M^i,M^j] \ll dA$ pour tous $i, j \leq m$: par exemple, on pose $B = \sum_{i\leq m}[M^i,M^i]$; on a $B \in \underline{\underline{V}}^+$ et $d[M^i,M^j] \ll dB$; si $A = (I_{\{\Delta B\leq 1\}} + \frac{1}{\Delta B}I_{\{\Delta B>1\}})\cdot B$ on a bien $A \in \underline{\underline{A}}^+_{loc}$ (car A est un élément de $\underline{\underline{V}}^+$ à sauts bornés par 1), et $dA \sim dB$. D'après (1.36) il existe un processus optionnel $\underline{\underline{a}}$ à valeurs matricielles, tel que

(4.56) $$[\underline{M}, {}^t\underline{M}] = \underline{\underline{a}}\cdot A \quad \text{(ce qui signifie: } [M^i,M^j] = a^{ij}\cdot A)$$

On peut choisir une version de $\underline{\underline{a}}$ à valeurs dans l'espace des matrices symétriques nonnégatives, car pour tout choix des réels b_i, et si $N = \sum_{i\leq m} b_i M^i$, $(\sum_{i,j\leq m} b_i a^{ij} b_j)\cdot A$ est le processus croissant $[N,N]$.

Un calcul simple montre que si $\underline{H}, \underline{K} \in L^{q,0}(\underline{M})$ on a

$$(4.57) \qquad [{}^t\underline{H}\cdot\underline{M}, {}^t\underline{K}\cdot\underline{M}] = ({}^t\underline{H}\,\underline{\underline{a}}\,\underline{K})\cdot A .$$

Pour tout processus m-dimensionnel $\underline{H}$ on pose alors

$$(4.58) \qquad \|\underline{H}\|_{L^q(\underline{M})} = \|(({}^t\underline{H}\,\underline{\underline{a}}\,\underline{H})\cdot A_\infty)^{1/2}\|_q ,$$

ce qui définit une semi-norme. Soit enfin

$$(4.59) \quad \begin{cases} L^q(\underline{M}) = \{\underline{H} \text{ prévisible: } \|\underline{H}\|_{L^q(\underline{M})} < \infty\} = \{\underline{H} \text{ prévisible: } (({}^t\underline{H}\,\underline{\underline{a}}\,\underline{H})\cdot A)^{q/2} \in \underline{\underline{A}}\} \\ L^q_{loc}(\underline{M}) = \{\underline{H} \text{ prévisible: } (({}^t\underline{H}\,\underline{\underline{a}}\,\underline{H})\cdot A)^{q/2} \in \underline{\underline{A}}_{loc}\} \end{cases}$$

(cette localisation est cohérente avec (2.41)).

D'après (4.57) et (4.58), on voit que l'application: $\underline{H} \rightsquigarrow {}^t\underline{H}\cdot\underline{M}$ est une isométrie de $L^{q,0}(\underline{M})$ muni de la semi-norme $\|\cdot\|_{L^q(\underline{M})}$ dans $\underline{\underline{H}}^q$ muni de la norme: $N \rightsquigarrow \|[N,N]_\infty^{1/2}\|_q$. Par suite on peut étendre cette isométrie de manière unique à la complétion de $L^{q,0}(\underline{M})$ pour $\|\cdot\|_{L^q(\underline{M})}$, et si <u>on note encore</u> ${}^t\underline{H}\cdot\underline{M}$ <u>cette extension</u>, $\mathcal{L}^q(\underline{M})$ est exactement l'ensemble des ${}^t\underline{H}\cdot\underline{M}$ lorsque $\underline{H}$ décrit la complétion de $L^{q,0}(\underline{M})$.

L'objectif de ce paragraphe est de prouver le théorème suivant:

(4.60) THEOREME: <u>On suppose que</u> $M^i \in \underline{\underline{H}}^q_{loc}$ <u>pour chaque</u> $i \leq m$. $L^q(\underline{M})$ <u>est la complétion de</u> $L^{q,0}(\underline{M})$ <u>pour la semi-norme</u> $\|\cdot\|_{L^q(\underline{M})}$, <u>et on a</u> $\mathcal{L}^q(\underline{M}) = \{{}^t\underline{H}\cdot\underline{M} : \underline{H} \in L^q(\underline{M})\}$.

(4.61) <u>Remarques</u>: 1) Le choix du processus $A \in \underline{\underline{A}}^+_{loc}$ est arbitraire, pourvu qu'on change corrélativement $\underline{\underline{a}}$ de sorte que (4.56) reste valide: le lecteur vérifiera qu'un tel changement de A et $\underline{\underline{a}}$ ne modifie ni $\|\cdot\|_{L^q(\underline{M})}$, ni $L^q(\underline{M})$.

2) La formule (4.57) s'étend à tous $\underline{H}, \underline{K} \in L^q(\underline{M})$ (et même, $L^q_{loc}(\underline{M})$).

3) Supposons que $q = 2$. On retrouve bien ce qui a été démontré au §2-b. En effet, avec les notations de ce paragraphe, on peut prendre $C = A^p$ et $\underline{\underline{c}}$ de sorte que $c^{ij}\cdot C = (a^{ij}\cdot A)^p$. (4.58) et (4.59) se réduisent alors à (4.33) et (4.34).

4) L'hypothèse $M^i \in \underline{\underline{H}}^q_{loc}$ est essentielle à la validité de ce théorème (si elle n'est pas vérifiée, $L^q(\underline{M})$ n'est plus la complétion de $L^{q,0}(\underline{M})$: voir l'exercice 4.14)). ∎

Nous allons décomposer la démonstration de (4.60) en une série de lemmes.

(4.62) LEMME: $L^{q,0}(\underline{M})$ est dense dans $L^q(\underline{M})$ pour la semi-norme $\|\cdot\|_{L^q(\underline{M})}$.

Démonstration. Soit $\underline{H}\in L^q(\underline{M})$. Pour tout $i\leq m$ on note $(T(n,i))_{n\in\mathbb{N}}$ une suite localisante pour le processus croissant localement intégrable $[M^i,M^i]^{q/2}$ (c'est là qu'intervient l'hypothèse: $M^i\in \underline{\underline{H}}^q_{loc}$). Soit $B(n)=\bigcap_{i\leq m}([\![0,T(n,i)]\!]\cap\{|H^i|\leq n\})$ et $\underline{H}_n=\underline{H}I_{B(n)}$. D'une part $\bigcup_{(n)}B(n)=\Omega\times\mathbb{R}_+$ M^P_A-p.s. puisque $\underline{H}\in L^q(\underline{M})$, d'autre part $(H^i_n)^2\cdot[M^i,M^i]_\infty\leq n^2[M^i,M^i]_{T(n,i)}$ est de puissance $q/2^{\text{ième}}$ intégrable. Donc

$$\|\underline{H}-\underline{H}_n\|_{L^q(\underline{M})} = \|(({}^t\underline{H}\,\underline{\underline{a}}\,\underline{H})I_{B(n)^c}\cdot A_\infty)^{1/2}\|_q$$

tend vers 0 d'après le théorème de convergence dominée. ∎

Avant de poursuivre la démonstration, nous allons introduire quelques notions qui joueront un rôle fondamental jusqu'à la fin du chapitre.

Soit $\mu^{\underline{M}}$ la mesure aléatoire sur $E=\mathbb{R}^m$ associée à $\underline{M}$ par (3.22). On pose $\mu(dt,dx)=I_{\{M_0\neq 0\}}\varepsilon_{(0,M_0)}(dt,dx)+\mu^{\underline{M}}(dt,dx)$ et $\nu=\mu^p$.

(4.63) LEMME: Soit $C=A^p$. Il existe un processus prévisible $\underline{\underline{n}}$ à valeurs matricielles symétriques nonnégatives, et une mesure de transition positive $F_{\omega,t}(d\underline{x})$ de $(\Omega\times\mathbb{R}_+,\underline{\underline{P}})$ dans $(E,\underline{\underline{E}})$, tels que

$$\langle\underline{M}^c,{}^t(\underline{M}^c)\rangle = \underline{\underline{n}}\cdot C\,,\quad \nu(\omega,dt,d\underline{x}) = dC_t(\omega)F_{\omega,t}(d\underline{x})\,,$$

où bien-sûr on note $\underline{M}^c$ et $\underline{M}^d$ les martingales m-dimensionnelles de composantes respectives $((M^i)^c)_{i\leq m}$ et $((M^i)^d)_{i\leq m}$. La seconde formule ci-dessus signifie simplement que $M^P_\nu(d\omega,dt,d\underline{x})=M^P_C(d\omega,dt)F_{\omega,t}(d\underline{x})$, puisque ν est entièrement déterminée par M^P_ν.

Démonstration. L'existence de $\underline{\underline{n}}$ vérifiant la première partie de l'énoncé provient de ce que $d\langle(M^i)^c,(M^j)^c\rangle\ll dA$, donc $d\langle(M^i)^c,(M^j)^c\rangle\ll dC$. Si maintenant $B\in\underline{\underline{P}}$ vérifie $M^P_C(B)=0$, on a aussi $M^P_A(B)=0$, d'où $\{\Delta\underline{M}\neq 0\}\subset B^c$ et $M^{\underline{\underline{P}}}_\mu(B\times E)=0$; par suite $M^P_\nu(B\times E)=0$: on en déduit l'existence d'une factorisation de la mesure M^P_ν sur $(\widetilde{\Omega},\widetilde{\underline{\underline{P}}})$ de la forme $M^P_\nu(d\omega,dt,d\underline{x})=M^P_C(d\omega,dt)F_{\omega,t}(d\underline{x})$, où F est une transition prévisible; comme M^P_ν est entièrement caractérisée par sa restriction à $\widetilde{\underline{\underline{P}}}$, cette formule est valide sur $\widetilde{\underline{\underline{F}}}^P$, et on obtient le résultat. ∎

Soit alors $\underline{U}(\omega,t,\underline{x})=\underline{x}$, de composantes $(U^i)_{i\leq m}$. D'après le lemme (4.62), ${}^t\underline{H}\cdot\underline{M}$ est défini pour tout $\underline{H}\in L^q(\underline{M})$, et (4.57) est valide pour $\underline{H},\underline{K}\in L^q(\underline{M})$. Etant données les définitions de $\underline{\underline{n}}$, C, μ, on a:

$$(4.64)\quad \begin{cases} [{}^t\underline{H}\cdot\underline{M},\ {}^t\underline{K}\cdot\underline{M}] = ({}^t\underline{H}\,\underline{\underline{n}}\,\underline{K})\cdot C + [({}^t\underline{H}\,\underline{U})({}^t\underline{K}\,\underline{U})]*\mu \\ \|\underline{H}\|_{L^q(\underline{M})} = \|[({}^t\underline{H}\,\underline{\underline{n}}\,\underline{K})\cdot C_\infty + ({}^t\underline{H}\,\underline{U})^2*\mu_\infty]^{1/2}\|_q \end{cases}$$

pour tous $\underline{H}, \underline{K} \in L^q(\underline{M})$. Enfin pour chaque (ω,t) on considère les sous-espaces vectoriels de $\mathbb{R}^m$ définis par:

$$(4.65)\quad \begin{cases} L_c(\omega,t) = \text{espace engendré par les vecteurs propres correspondant} \\ \qquad\qquad \text{aux valeurs propres non nulles de } \underline{\underline{n}}(\omega,t)\ , \\ L_d(\omega,t) = \text{espace engendré par le support de } F_{\omega,t}(.) \\ L(\omega,t) = \text{espace engendré par } L_c(\omega,t)\bigcup L_d(\omega,t)\ . \end{cases}$$

On note que les espaces L_c , L_d et L dépendent "prévisiblement" de (ω,t) . Le lemme suivant permet de mieux comprendre l'importance et la signification de L .

(4.66) LEMME: <u>Soit $\underline{H}$ un processus prévisible m-dimensionnel. Pour que $\|\underline{H}\|_{L^q(\underline{M})} = 0$ il faut et il suffit que, pour M^P_C-presque tout (ω,t) , le vecteur $\underline{H}(\omega,t)$ soit orthogonal à $L(\omega,t)$.</u>

<u>Démonstration</u>. D'après (4.64) on a $\|\underline{H}\|_{L^q(\underline{M})} = 0$ si et seulement si les deux conditions suivantes sont satisfaites: (i) on a ${}^t\underline{H}\,\underline{\underline{n}}\,\underline{H} = 0$ M^P_C-p.s., ce qui signifie que $\underline{H}$ est M^P_C-p.s. orthogonal à L_c . Et (ii): on a ${}^t\underline{H}\,\underline{U} = 0$ M^P_μ-p.s.; étant donné que ${}^t\underline{H}\,\underline{U}$ est une fonction $\tilde{\underline{\underline{P}}}$-mesurable, (4.63) entraine que (ii) équivaut à ce que M^P_C-p.s. $\underline{H}$ soit orthogonal à tout $\underline{x}$ appartenant au support de F , donc que $\underline{H}$ soit orthogonal à L_d .∎

<u>Démonstration de (4.60)</u>. Etant donné (4.62), il suffit pour prouver le théorème de montrer que si $(\underline{H}_n)_{n\geq 1}$ est une suite d'éléments de $L^{q,0}(\underline{M})$ telle que $\sum_{(n)}\|\underline{H}_n\| < \infty$ (où, pour simplifier l'écriture, on note $\|.\|$ la semi-norme de $L^q(\underline{M})$), il existe $\underline{H} \in L^q(\underline{M})$ avec $\lim_{(n)}\|\underline{H} - \sum_{n'\leq n}\underline{H}_{n'}\| = 0$. Etant donné (4.66), et quitte à décomposer chaque $\underline{H}_n$ en une somme de deux processus à valeurs respectivement dans L et dans son orthogonal, on peut supposer que $\underline{H}_n(\omega,t) \in L(\omega,t)$ identiquement.

De l'hypothèse $\sum_{(n)}\|\underline{H}_n\| < \infty$ et de (4.64) on deduit aisément les deux conséquences suivantes: d'une part si $B' = \{\sum_{(n)}({}^t\underline{H}_n\,\underline{\underline{n}}\,\underline{H}_n)^{1/2} < \infty\}$ on a $M^P_C(B'^c) = 0$; d'autre part $\sum_{(n)}|{}^t\underline{H}_n\,\underline{U}| < \infty$ M^P_μ-p.s., donc M^P_ν-p.s.; si $B'' = \{(\omega,t): \sum_{(n)}|{}^t\underline{H}_n(\omega,t)\underline{x}| < \infty\ \ F_{\omega,t}\text{-p.s. en } \underline{x}\}$ on a alors $M^P_C(B''^c) = 0$. Soit $B = B'\bigcap B''$: on a $B \in \underline{\underline{P}}$ et $M^P_C(B^c) = 0$.

Mais $\underline{H}_n(\omega,t) \in L(\omega,t)$ pour tout n . Il découle alors immédiatement des définitions de L , de B' et de B'' , que sur B on a $\sum_{(n)}|\underline{H}_n| < \infty$ (où $|\underline{x}|$ est la norme euclidienne de $\underline{x} \in \mathbb{R}^m$); on peut donc définir un

processus prévisible $\underline{H}$ à valeurs dans L , en posant $\underline{H} = I_B(\sum_{(n)}\underline{H}_n)$.
Il nous reste à vérifier que $\underline{H} \in L^q(\underline{M})$ et que $\lim_{(n)}\|\underline{H} - \sum_{n'\leq n}\underline{H}_{n'}\| = 0$.
Mais, avec la convention $\sum_{n'\leq 0} = 0$, il vient sur l'ensemble B :

$$\underline{H} - \sum_{n'\leq n}\underline{H}_{n'} = \sum_{n'>n}\underline{H}_{n'}.$$

D'autre part $M_C^P(B^c) = 0$, donc d'après (4.66) on a $\|\underline{K}I_{B^c}\| = 0$ pour tout vecteur prévisible $\underline{K}$. On en déduit que

$$\|\underline{H} - \sum_{n'\leq n}\underline{H}_{n'}\| = \|\sum_{n'>n}\underline{H}_{n'}\| \leq \sum_{n'>n}\|\underline{H}_{n'}\|.$$

Le résultat est alors immédiat (prendre $n = 0$, puis faire tendre n vers l'infini).∎

Comme corollaire de ce théorème, nous allons énoncer une généralisation de la proposition (4.13).

(4.67) PROPOSITION: <u>Si</u> $\underline{\underline{H}}^1 = \mathcal{L}^1(\underline{M})$, <u>toute martingale locale orthogonale à chaque composante</u> M^i <u>est nulle</u>.

<u>Démonstration</u>. On peut reprendre pratiquement textuellement la partie (ii) de la preuve de (4.13), avec les modifications suivantes: on prend $\underline{M}$ au lieu de M, $N = {}^t\underline{H}\cdot\underline{M}$ avec $\underline{H} \in L^1(\underline{M})$, et $A(n) = \{|\underline{H}| \leq n\}$. On a alors

$$[N^n, N^n] = \sum_{i\leq m} H^i I_{A(n)}\cdot[M^i, N],$$

et on termine comme en (4.13).∎

La construction précédente ne donne pas de manière explicite la structure des éléments de $\mathcal{L}^q(\underline{M})$. Il est cependant intéressant de disposer du résultat suivant (qui, malgré les apparences, n'est pas tout-à-fait immédiat avec la méthode d'exposition que nous avons choisie).

(4.68) PROPOSITION: <u>Si</u> $\underline{H} \in L^q(\underline{M})$ <u>on a</u> $\underline{H} \in L^q(\underline{M}^c)$ <u>et</u>

$$({}^t\underline{H}\cdot\underline{M})^c = {}^t\underline{H}\cdot\underline{M}^c, \qquad \Delta({}^t\underline{H}\cdot\underline{M}) = {}^t\underline{H}\,\Delta\underline{M}.$$

<u>Démonstration</u>. L'appartenance de $\underline{H}$ à $L^q(\underline{M}^c)$ est triviale. Les relations de l'énoncé sont valides, par définition même de ${}^t\underline{H}\cdot\underline{M}$, lorsque $\underline{H} \in L^{q,o}(\underline{M})$. Soit maintenant $\underline{H} \in L^q(\underline{M})$ et $(\underline{H}(n))$ une suite d'éléments de $L^{q,o}(\underline{M})$ convergeant vers $\underline{H}$ pour la semi-norme $\|.\|_{L^q(\underline{M})}$. Dans ce cas $N(n) = {}^t\underline{H}(n)\cdot\underline{M}$ tend vers $N = {}^t\underline{H}\cdot\underline{M}$ dans $\underline{\underline{H}}^q$, donc d'une part $N(n)^c$ tend vers N^c dans $\underline{\underline{H}}^q$, d'autre part (et quitte à prendre une sous-suite) $N(n)$ tend uniformément pour presque toute trajectoire vers N, donc $\Delta N(n)$ tend vers ΔN.

Par ailleurs (4.58) conduit à:

$$\|\underline{H}(n) - \underline{H}\|_{L^q(\underline{M})} = \|\underline{H}(n) - \underline{H}\|_{L^q(\underline{M}^c)} + \|S[({}^t(\underline{H}(n) - \underline{H})\Delta\underline{M})^2]_\infty^{1/2}\|_q.$$

On en déduit d'une part que $N(n)^c = {}^t\underline{H}(n).\underline{M}^c$ tend vers ${}^t\underline{H}.\underline{M}^c$ dans $\underline{\underline{H}}^q$, donc $N^c = {}^t\underline{H}.\underline{M}^c$. On en déduit d'autre part que $\Delta N(n) = {}^t\underline{H}(n)\Delta\underline{M}$ tend uniformément en probabilité vers ${}^t\underline{H}\Delta\underline{M}$, donc $\Delta N = {}^t\underline{H}\Delta\underline{M}$. ∎

(4.69) COROLLAIRE: <u>Soit</u> $N \in \underline{\underline{H}}^q$. <u>Pour que</u> $N \in \mathcal{L}^q(\underline{M})$ <u>il faut et il suffit qu'il existe</u> $\underline{H}$ <u>tel que</u> $\underline{H} \in L^q(\underline{M}^c)$, $N^c = {}^t\underline{H}.\underline{M}^c$, <u>et</u> $\Delta N = {}^t\underline{H}\Delta\underline{M}$. <u>Dans ce cas, on a</u> $\underline{H} \in L^q(\underline{M})$ <u>et</u> $N = {}^t\underline{H}.\underline{M}$.

<u>Démonstration</u>. La condition nécessaire est évidente. Supposons inversement que $\underline{H} \in L^q(\underline{M}^c)$, $N^c = {}^t\underline{H}.\underline{M}^c$, et $\Delta N = {}^t\underline{H}\Delta\underline{M}$. Il est facile de vérifier que $[N,N] = ({}^t\underline{H}\,\underline{\underline{a}}\,\underline{H}).A$, donc $({}^t\underline{H}\,\underline{\underline{a}}\,\underline{H}).A^{q/2} \in \underline{A}$ et $\underline{H} \in L^q(\underline{M})$. La fin de l'énoncé provient de (4.68) et du fait que N est entièrement déterminé par N^c et ΔN. ∎

(4.70) <u>Remarque</u>: Ces derniers résultats permettent d'esquisser une autre méthode de démonstration de (4.60), démonstration qui s'appuie sur le théorème (4.35) appliqué aux martingales continues. On peut en effet vérifier que l'ensemble des $N \in \underline{\underline{H}}^q$ satisfaisant la condition de (4.69) est un sous-espace stable de $\underline{\underline{H}}^q$ (ce qui n'est guère plus simple que la preuve du théorème (4.60) lui-même), puis vérifier que cet ensemble est bien égal à $\mathcal{L}^q(\underline{M})$ (ce qui est par contre très facile). ∎

§b - <u>Systèmes générateurs d'un sous-espace stable</u>. La considération de l'espace L défini par (4.65) va nous permettre d'étudier de manière simple les q-systèmes générateurs et la q-dimension de $\mathcal{L}^q(\underline{M})$: pour ces notions, nous renvoyons aux définitions (4.38).

On fixe comme précédemment $\underline{M} = (M^i)_{i \le m}$ avec $M^i \in \underline{\underline{H}}^q_{loc}$. On utilise les notations A, C, $\underline{\underline{n}}$, F, L_c, L_d et L définies plus haut, et <u>on note</u> ζ <u>la dimesion de l'espace vectoriel</u> L. On rappelle que ces termes ne sont pas univoquement déterminés et en particulier on a une grande latitude dans le choix de A, donc de C ; mais une fois ce choix effectué, les termes $\underline{\underline{n}}$, F, L_c, L_d, L et ζ, qui sont "prévisibles", sont définis de manière unique à un ensemble M^P_C-négligeable près.

Nous allons nous intéresser aux q-systèmes générateurs finis de $\mathcal{L}^q(\underline{M})$. Un tel système est une famille $\underline{M}' = (M'^i)_{i \le m'}$ dont les composantes M'^i appartiennent à $\mathcal{L}^q_{loc}(\underline{M})$, donc d'après (4.60) on peut écrire en notations matricielles $\underline{M}' = \underline{\underline{K}}.\underline{M}$, où $\underline{\underline{K}}$ est un processus matriciel $m' \times m$ dont les vecteurs ligne $\underline{K}^{i\cdot}$ appartiennent à $L^q_{loc}(\underline{M})$ (par abus de notation, on écrira $\underline{\underline{K}} \in L^q_{loc}(\underline{M})$).

Soit donc $\underline{\underline{K}} \in L^q_{loc}(\underline{M})$ un processus matriciel $m' \times m$ et $\underline{M}' = \underline{\underline{K}} \cdot \underline{M}$. Il est évident que $\mathcal{X}^q(\underline{M}') \subset \mathcal{X}^q(\underline{M})$ et nous cherchons des conditions pour que $\mathcal{X}^q(\underline{M}') = \mathcal{X}^q(\underline{M})$. Nous associons à $\underline{M}'$ les termes A', C', $\underline{\underline{n}}'$, F', L'_c, L'_d, L' et $\mathfrak{r}'$.

(4.71) LEMME: <u>On peut choisir</u> A', C', $\underline{\underline{n}}'$ <u>et</u> F' <u>de sorte que</u> $A' = A$, $C' = C$, $\underline{\underline{n}}' = \underline{\underline{K}}\,\underline{\underline{n}}\,{}^t\underline{\underline{K}}$, <u>et que</u> F' <u>soit l'image de</u> F <u>par l'application linéaire de</u> $\mathbb{R}^m$ <u>dans</u> $\mathbb{R}^{m'}$ <u>associée à la matrice</u> $\underline{\underline{K}}$. <u>Dans ce cas,</u> L'_c <u>(resp.</u> L'_d, <u>resp.</u> L') <u>est l'image de</u> L_c <u>(resp.</u> L_d, <u>resp.</u> L) <u>par cette application, et on a</u> $\mathfrak{r}' \leq \mathfrak{r}$.

<u>Démonstration</u>. D'une part $\underline{M}' = \underline{\underline{K}} \cdot \underline{M}$; d'autre part un calcul simple montre que $\langle \underline{M}'^c, {}^t(\underline{M}'^c) \rangle = (\underline{\underline{K}}\,\underline{\underline{n}}\,{}^t\underline{\underline{K}}) \cdot C$. On en déduit immédiatement qu'on peut prendre $A' = A$, donc $C' = C$, ainsi que $\underline{\underline{n}}' = \underline{\underline{K}}\,\underline{\underline{n}}\,{}^t\underline{\underline{K}}$ et $F' = F \circ (\underline{\underline{K}})^{-1}$ (on désigne par le même symbole une matrice et l'application linéaire associée)

Soit $\underline{x}' \in \mathbb{R}^{m'}$: $\underline{x}'$ est orthogonal à L'_c si et seulement si ${}^t\underline{x}'\,\underline{\underline{n}}'\,\underline{x}' = {}^t\underline{x}'\,\underline{\underline{K}}\,\underline{\underline{n}}\,{}^t\underline{\underline{K}}\,\underline{x}' = 0$, donc si et seulement si $\underline{x} = {}^t\underline{\underline{K}}\,\underline{x}'$ est orthogonal à L_c. Par suite l'orthogonal (dans $\mathbb{R}^{m'}$) de L'_c est l'image réciproque par ${}^t\underline{\underline{K}}$ de l'orthogonal (dans $\mathbb{R}^m$) de L_c, et par définition même de la transposition on en déduit que $L'_c = \underline{\underline{K}}(L_c)$. Comme $F' = F \circ (\underline{\underline{K}})^{-1}$ on a $L'_d = \underline{\underline{K}}(L_d)$. On en déduit que $L' = \underline{\underline{K}}(L)$ et donc que $\mathfrak{r}' \leq \mathfrak{r}$. ∎

(4.72) THEOREME: <u>Avec les notations précédentes, les trois conditions ci-dessous sont équivalentes</u>:

(a) <u>on a</u> $\mathcal{X}^q(\underline{M}') = \mathcal{X}^q(\underline{M})$;

(b) <u>on a</u> $\mathfrak{r} = \mathfrak{r}'$ M^P_C-<u>p.s.</u>;

(c) <u>la restriction à</u> L <u>de l'application linéaire associée à</u> $\underline{\underline{K}}$ <u>est</u> M^P_C-<u>p.s. injective</u>.

La condition (c) équivaut à dire que le rang de la restriction à L de l'application linéaire associée à $\underline{\underline{K}}$ est M^P_C-p.s. égal à $\mathfrak{r}$; cela implique en particulier que $\mathfrak{r} \leq m'$ M^P_C-p.s.

<u>Démonstration</u>. D'après (4.71) il est évident que $\mathfrak{r}'$ égale le rang de la restriction à L de l'application linéaire associée à $\underline{\underline{K}}$, d'où l'équivalence: (b)$\Longleftrightarrow$(c). Si on a (a), on peut intervertir $\underline{M}$ et $\underline{M}'$ dans (4.71), et on en déduit que $\mathfrak{r} = \mathfrak{r}'$ M^P_C-p.s., d'où (b).

Montrons enfin l'implication: (b)$\Longrightarrow$(a). Quitte à modifier $\underline{\underline{K}}$ sur un ensemble M^P_C-négligeable, ce qui ne change pas $\underline{M}'$, on peut supposer que $\mathfrak{r} = \mathfrak{r}'$ identiquement. Pour chaque (ω, t) il existe alors une application linéaire de $\mathbb{R}^{m'}$ dans $\mathbb{R}^m$, représentée par une matrice $\underline{\underline{K}}'(\omega, t)$, telle que la restriction à $L(\omega,t)$ du produit $\underline{\underline{K}}'(\omega,t)\underline{\underline{K}}(\omega,t)$ soit l'application identique. Il est facile de voir qu'on peut choisir $\underline{\underline{K}}'$ dépendant prévisiblement de (ω,t), puisqu'il en est de même de $\underline{\underline{K}}$ et de L. Soit $\underline{\underline{H}} = \underline{\underline{K}}'\underline{\underline{K}} - \underline{\underline{I}}_m$ ($\underline{\underline{I}}_m$ = matrice identité $m\times m$). Si $\underline{x}\in L$ on a $\underline{\underline{H}}\,\underline{x} = 0$, ce qui prouve que les vecteurs ligne $\underline{\underline{H}}^{i\cdot}$ sont orthogonaux à L : d'après (4.66) on a alors $\underline{\underline{H}}\in L^q(\underline{M})$ et $\underline{\underline{H}}\bullet\underline{M} = 0$. On en déduit que $\underline{M} = (\underline{\underline{K}}'\underline{\underline{K}})\bullet\underline{M} = \underline{\underline{K}}'\bullet\underline{M}'$, donc $\mathcal{Z}^q(\underline{M})\subset\mathcal{Z}^q(\underline{M}')$. ∎

En guise d'application nous allons déduire de ce théorème une condition pour que $\mathcal{Z}^q(\underline{M}^c)\subset\mathcal{Z}^q(\underline{M})$ ou, ce qui est équivalent, pour que $(M^i)^c\in\mathcal{Z}^q_{loc}(\underline{M})$ pour tout $i\leq m$ (contrairement à ce qu'on pourrait penser, cette propriété n'est pas toujours vraie !)

(4.73) THEOREME: <u>Les conditions suivantes sont équivalentes</u>:

(a) <u>on a</u> $\mathcal{Z}^q(\underline{M}^c)\subset\mathcal{Z}^q(\underline{M})$;

(b) <u>on a</u> $\mathcal{Z}^q(\underline{M}^d)\subset\mathcal{Z}^q(\underline{M})$;

(c) <u>on a</u> $\mathcal{Z}^q(\underline{M}) = \mathcal{Z}^q(\underline{M}^c) + \mathcal{Z}^q(\underline{M}^d)$ (<u>somme directe</u>);

(d) <u>on a</u> $\mathcal{Z}^q(\underline{M}) = \mathcal{Z}^q(\underline{M}^c,\underline{M}^d)$;

(e) <u>on a</u> $L_c(\omega,t)\cap L_d(\omega,t) = \{0\}$ M^P_C-<u>p.s. en</u> (ω,t).

<u>Démonstration</u>. L'équivalence des quatre premières conditions est triviale, une fois remarqué qu'on a $\underline{M} = \underline{M}^c + \underline{M}^d$, que nécessairement $\mathcal{Z}^q(\underline{M})\subset\mathcal{Z}^q(\underline{M}^c,\underline{M}^d)$, que la décomposition $X = X^c + X^d$ pour $X\in\underline{\underline{M}}_{loc}$ est unique, enfin que $({}^t\underline{\underline{H}}\bullet\underline{M})^c = {}^t\underline{\underline{H}}\bullet\underline{M}^c$ et $({}^t\underline{\underline{H}}\bullet\underline{M})^d = {}^t\underline{\underline{H}}\bullet\underline{M}^d$ pour tout $\underline{\underline{H}}\in L^q_{loc}(\underline{M})$.

Soit $\underline{M}' = (M'^i)_{i\leq 2m}$ de composantes $M'^i = (M^i)^c$ et $M'^{i+m} = (M^i)^d$ pour $i\leq m$. On a $\underline{M} = \underline{\underline{K}}\bullet\underline{M}'$ où $\underline{\underline{K}}$ est la matrice constante $\underline{\underline{K}} = (\underline{\underline{I}}_m,\underline{\underline{I}}_m)$ de dimension $m\times 2m$. Il n'est pas difficile de voir que les termes C', $\underline{\underline{n}}'$, F' et L' associés à $\underline{M}'$ peuvent être choisis ainsi:

$$C' = C, \quad \underline{\underline{n}}' = \begin{pmatrix}\underline{\underline{n}} & \underline{\underline{0}}\\ \underline{\underline{0}} & \underline{\underline{0}}\end{pmatrix}, \qquad F'(d\underline{x},d\underline{y}) = \varepsilon_{\underline{0}}(d\underline{x})F(d\underline{y})$$

où $\underline{\underline{0}}$ est la matrice nulle $m\times m$ et $\underline{0}$ le vecteur nul de $\mathbb{R}^m$, et où $(\underline{x},\underline{y})$ représente un vecteur de $\mathbb{R}^{2m}$. De la sorte on a

$$L' = \{(\underline{x},\underline{y}) : \underline{x}\in L_c,\ \underline{y}\in L_d\}$$

et la dimension $\mathfrak{I}'$ de L' est la somme des dimensions de L_c et de L_d. Si on applique (4.72) (en intervertissant les rôles de $\underline{M}$ et $\underline{M}'$) on voit alors que $\mathcal{Z}^q(\underline{M}) = \mathcal{Z}^q(\underline{M}')$ (c'est-à-dire la condition (d)) si et seulement si $\mathfrak{I}' = \mathfrak{I}$, soit $L_c\cap L_d = \{\underline{0}\}$ M^P_C-p.s. ∎

§c - <u>Dimension d'un sous-espace stable</u>. Nous allons étudier dans ce paragraphe les q-sous-espaces stables $\underline{H}$ de q-dimension finie.

En choisissant un q-système générateur fini $\underline{M}$ de $\underline{\underline{H}}$, on voit qu'on peut associer à $\underline{\underline{H}}$:

(i) un processus $C \in \underline{\underline{P}} \cap \underline{\underline{A}}^+_{loc}$,

(ii) un processus prévisible $\mathfrak{Z}$ à valeurs entières,

qui est la dimension de l'espace L associé à $\underline{M}$ et C par (4.65). D'après (4.71) et (4.72), C et $\mathfrak{Z}$ peuvent être choisis indépendamment du q-système générateur $\underline{M}$ utilisé. C s'appelle le <u>processus de référence</u> de $\underline{\underline{H}}$, et $\mathfrak{Z}$ <u>la</u> q-<u>dimension instantanée</u> de $\underline{\underline{H}}$.

Attention, le couple $(C,\mathfrak{Z})$ n'est pas unique: si C est un processus de référence, tout autre $C' \in \underline{\underline{P}} \cap \underline{\underline{A}}^+_{loc}$ tel que $dC \ll dC'$ est également un processus de référence. Mais, C étant choisi, $\mathfrak{Z}$ est unique à un ensemble M^P_C-négligeable près.

La terminologie "q-dimension instantanée" est justifiée par le:

(4.74) THEOREME: <u>La</u> q-<u>dimension de</u> $\underline{\underline{H}}$ <u>est la borne supérieure essentielle de</u> $\mathfrak{Z}(\omega,t)$ <u>pour la mesure</u> M^P_C.

(Pour les relations avec le théorème (4.43), voir l'exercice 4.17).

<u>Démonstration</u>. Soit $m = \text{q-dim}\,\underline{\underline{H}}$ et $\underline{M} = (M^i)_{i\leq m}$ une q-base de $\underline{\underline{H}}$. D'après ce qui précède, il est évident que $\mathfrak{Z} \leq m$. Soit m' la borne supérieure essentielle de $\mathfrak{Z}$ pour M^P_C; comme $\mathfrak{Z}$ n'est définie qu'à un ensemble M^P_C-négligeable près, on peut supposer que $\mathfrak{Z} \leq m'$ identiquement. Soit L l'espace associé à $\underline{M}$ et C par (4.65). On construit facilement un processus matriciel prévisible $m' \times m$ dont les composantes sont bornées, soit $\underline{\underline{K}}$, tel que la restriction à L de l'application linéaire associée à $\underline{\underline{K}}$ soit injective (puisque $\mathfrak{Z} = \dim(L) \leq m'$). Si $\underline{M}' = \underline{\underline{K}} \cdot \underline{M}$ il découle alors de (4.72) que $\mathcal{L}^q(\underline{M}') = \mathcal{L}^q(\underline{M}) = \underline{\underline{H}}$ et comme $\underline{M}$ est une q-base de $\underline{\underline{H}}$ et que $m' \leq m$, on doit avoir $m' = m$. ∎

Voici le résultat que nous avons annoncé après la définition (4.38).

(4.75) THEOREME: <u>Soit</u> $\underline{\underline{H}}$ <u>et</u> $\underline{\underline{H}}'$ <u>deux sous-espaces stables de</u> $\underline{\underline{H}}^q$, <u>tels que</u> $\underline{\underline{H}} \subset \underline{\underline{H}}'$. <u>On a alors</u> $\text{q-dim}\,\underline{\underline{H}} \leq \text{q-dim}\,\underline{\underline{H}}'$. <u>Si de plus</u> $m' = \text{q-dim}\,\underline{\underline{H}}' < \infty$ <u>il existe un processus de référence commun</u> C <u>à</u> $\underline{\underline{H}}$ <u>et</u> $\underline{\underline{H}}'$ <u>et les dimensions instantanées</u> $\mathfrak{Z}$ <u>et</u> $\mathfrak{Z}'$ <u>de</u> $\underline{\underline{H}}$ <u>et</u> $\underline{\underline{H}}'$ <u>vérifient</u> $\mathfrak{Z} \leq \mathfrak{Z}'$ M^P_C<u>-p.s.</u>

<u>Démonstration</u>. Il nous suffit évidemment de montrer le résultat lorsque $m' < \infty$, et dans ce cas il suffit même de montrer la seconde partie de l'énoncé. Soit C un processus de référence pour $\underline{\underline{H}}'$. Si $\underline{M} = (M^i)_{i\leq m}$ est une famille quelconque d'éléments de $\underline{\underline{H}}$, on a $\mathcal{L}^q(\underline{M}) \subset \underline{\underline{H}}'$, donc d'après (4.71), C est un processus de référence pour l'espace $\mathcal{L}^q(\underline{M})$, dont la

q-dimension instantanée $\gamma_{\underline{M}}$ vérifie $\gamma_{\underline{M}} \leq \gamma'$ M_C^P-p.s.; donc en particulier q-dim $\mathcal{L}^q(\underline{M}) \leq m'$. Il n'est pas difficile d'en déduire d'abord que q-dim $\underline{\underline{H}} \leq m'$, puis en prenant une q-base de $\underline{\underline{H}}$ que $\gamma \leq \gamma'$ M_C^P-p.s. ∎

Dans notre situation, l'analogue du "théorème de la base incomplète" peut s'énoncer ainsi:

(4.76) PROPOSITION: <u>Soit $\underline{\underline{H}}$ et $\underline{\underline{H}}'$ deux sous-espaces stables de $\underline{\underline{H}}^q$ tels que $\underline{\underline{H}} \subset \underline{\underline{H}}'$ et que $m' = \text{q-dim}\,\underline{\underline{H}}' < \infty$. Soit C un processus de référence commun à $\underline{\underline{H}}$ et $\underline{\underline{H}}'$, et γ et γ' les q-dimensions instantanées de $\underline{\underline{H}}$ et $\underline{\underline{H}}'$. Si m'' est la borne supérieure essentielle de $\gamma' - \gamma$ pour M_C^P, il existe une famille $\underline{M}'' = (M''^i)_{i \leq m''}$ d'éléments de $\underline{\underline{H}}'_{loc}$ telle que $\underline{\underline{H}}' = \mathcal{L}^q(\underline{\underline{H}} \cup \underline{M}'')$.</u>

On en déduit en particulier que si $\underline{\underline{H}} \subset \underline{\underline{H}}'$, on a $\underline{\underline{H}} = \underline{\underline{H}}'$ si et seulement si $\gamma = \gamma'$ M_C^P-p.s. (résultat qui découle aussi immédiatement de (4.72) et (4.75)). On pourrait d'ailleurs montrer que $M''^i \in \underline{\underline{H}}'_{loc} \setminus \underline{\underline{H}}_{loc}$ pour tout $i \leq m''$.

<u>Démonstration</u>. Soit $\underline{M} = (M^i)_{i \leq m}$ (resp. $\underline{M}' = (M'^i)_{i \leq m'}$) une q-base de $\underline{\underline{H}}$ (resp. $\underline{\underline{H}}'$). Soit L' l'espace associé à $\underline{M}'$ et C par (4.65). On a $\underline{M} = \underline{\underline{K}} \cdot \underline{M}'$ d'après (4.60) pour un processus matriciel $m \times m'$ convenable $\underline{\underline{K}}$. Si $\hat{L}'$ désigne le noyau de la restriction à L' de l'application linéaire: $\mathbb{R}^{m'} \longrightarrow \mathbb{R}^m$ associée à $\underline{\underline{K}}$, (4.71) montre que $\gamma' - \gamma = \dim(\hat{L}')$. On peut évidemment construire un processus matriciel $m'' \times m'$ prévisible borné $\underline{\underline{K}}''$ tel que la restriction à $\hat{L}'$ de l'application linéaire: $\mathbb{R}^{m'} \longrightarrow \mathbb{R}^{m''}$ associée à $\underline{\underline{K}}''$ soit de rang $\gamma' - \gamma$, donc soit injective. Soit $\tilde{\underline{\underline{K}}}$ le processus matriciel $(m+m'') \times m'$ tel que $\tilde{K}^{i\cdot} = K^{i\cdot}$ si $i \leq m$ et $\tilde{K}^{i\cdot} = K''^{i-m,\cdot}$ pour $m < i \leq m+m''$. Par construction, la restriction à L' de l'application: $\mathbb{R}^{m'} \longrightarrow \mathbb{R}^{m+m''}$ associée à $\tilde{\underline{\underline{K}}}$ est injective, donc d'après (4.72) on a $\mathcal{L}^q(\underline{N}) = \underline{\underline{H}}'$ si $\underline{N} = \tilde{\underline{\underline{K}}} \cdot \underline{M}'$. Mais les m premières composantes de $\underline{N}$ sont $N^i = M^i$, et si on pose $M''^i = N^{m+i}$ pour $1 \leq i \leq m''$, on a $\underline{N} = \underline{M} \cup (M''^i)_{i \leq m''}$, d'où le résultat. ∎

Pour terminer, on peut aussi se demander si on n'a pas l'exact analogue du théorème (4.43), avec la matrice $\underline{\underline{a}}$ satisfaisant (4.56). Ce n'est pas tout-à-fait vrai; mais si $\underline{M} = (M^i)_{i \leq m}$ tel que $M^i \in \underline{\underline{H}}^q_{loc}$, et si on lui associe A et $\underline{\underline{a}}$ par (4.56), on a:

(4.77) PROPOSITION: q-dim $\mathcal{L}^q(\underline{M})$ <u>est M_A^P-p.s. inférieure ou égale au rang de de la matrice</u> $\underline{\underline{a}}(\omega,t)$.

<u>Démonstration</u>. Si $\underline{N} = (N^i)_{i \leq n}$ est une q-base de $\mathcal{L}^q(\underline{M})$, on sait qu'on

peut écrire $\underline{M} = \underline{\underline{K}} \cdot \underline{N}$. On peut associer à $\underline{N}$ un couple $(A', \underline{\underline{a}}')$ vérifiant (4.56), et d'après (4.57) on a $[\underline{M}, {}^t\underline{M}] = (\underline{\underline{K}}\, \underline{\underline{a}}'\, {}^t\underline{\underline{K}}) \cdot A'$, si bien qu'on peut prendre $A = A'$ et $\underline{\underline{a}} = \underline{\underline{K}}\, \underline{\underline{a}}'\, {}^t\underline{\underline{K}}$: comme $\underline{\underline{a}}'$ a pour dimension $n \times n$, on voit que le rang de $\underline{\underline{a}}$ ne saurait excéder n. ∎

§d - La propriété de représentation prévisible. Maintenant nous allons d'une part compléter le §3-b en examinant les conséquences sur la structure de la tribu optionnelle d'une hypothèse du type $\underline{\underline{H}}^{1,d} = \mathcal{Z}^1(\underline{M}^d)$, où $\underline{M}$ est une martingale locale m-dimensionnelle, ce qui est à rapprocher de (4.52) D'autre part nous allons étudier la propriété de représentation prévisible par rapport à $\underline{M}$, qu'on peut énoncer ainsi: on a $\underline{\underline{H}}^1 = \mathcal{Z}^1(\underline{M})$.

Afin de donner d'abord un énoncé simple, nous considérons en premier lieu le cas où $m = 1$ et où M est une martingale locale quasi-continue à gauche, nulle en 0.

(4.78) THEOREME: Soit M un élément quasi-continu à gauche de $\underline{\underline{L}}$. Les deux assertions suivantes sont équivalentes:

(a) on a $\underline{\underline{H}}_0^{1,d} = \mathcal{Z}^1(M^d)$;
(b) on a $\underline{\underline{O}}(\underline{\underline{F}}^P) = \underline{\underline{P}}(\underline{\underline{F}}^P) \vee \sigma(I_{\{\Delta M \neq 0\}})$.

Lorsqu'elles sont vérifiées, on a de plus:

(i) la filtration $\underline{\underline{F}}^P$ est quasi-continue à gauche;
(ii) pour qu'un temps d'arrêt soit totalement inaccessible, il faut et il suffit qu'il vérifie $|\Delta M_T| > 0$ sur $\{T < \infty\}$;
(iii) si $T \in \underline{\underline{T}}_i(\underline{\underline{F}}^P)$ on a $\underline{\underline{F}}^P_T = \underline{\underline{F}}^P_{T-}$;
(iv) tout $T \in \underline{\underline{T}}(\underline{\underline{F}}^P)$ vérifie $\underline{\underline{F}}^P_T = \underline{\underline{F}}^P_{T-} \vee \sigma(I_{\{\Delta M_T \neq 0, T < \infty\}})$.

Nous démontrerons ce théorème après le théorème (4.80), qui est lui-même précédé d'un lemme d'algèbre linéaire.

(4.79) LEMME: Soit $B \subset \mathbb{R}^m$. Si pour tous $i, j \leq m$ il existe $\underline{y}_{ij} \in \mathbb{R}^m$ et $z_{ij} \in \mathbb{R}$ tels que $x^i x^j = \sum_{k \leq m} y^k_{ij} x^k + z_{ij}$ pour tout $\underline{x} \in B$, alors les points de B sont affinement indépendants.

Démonstration. Soit Q une forme quadratique quelconque sur $\mathbb{R}^m$. Elle s'écrit $Q(\underline{x}) = \sum_{i,j \leq m} \rho_{ij} x^i x^j$ pour des coefficients ρ_{ij} convenables. D'après l'hypothèse, pour tout $\underline{x} \in B$ on a

$$Q(\underline{x}) = \sum_{k \leq m} \Big(\sum_{i,j \leq m} \rho_{ij} y^k_{ij}\Big) x^k + \sum_{i,j \leq m} \rho_{ij} z_{ij} .$$

En d'autres termes, il existe une application affine H_Q telle que $Q(\underline{x}) = H_Q(\underline{x})$ pour tout $\underline{x} \in B$.

Pour montrer que les points de B sont affinement indépendants, il faut montrer que si $(\underline{x}_i)_{i\leq r}$ est une famille de r vecteurs linéairement indépendants de B et si $\underline{y}\in B$ s'écrit $\underline{y}=\sum_{i\leq r}\lambda_i\underline{x}_i$ où les réels λ_i vérifient $\sum_{i\leq r}\lambda_i=1$, alors il existe $i\leq r$ tel que $\underline{y}=\underline{x}_i$. On peut compléter la famille $(\underline{x}_i)_{i\leq r}$ de façon à en faire une base $(\underline{x}_i)_{i\leq m}$ de $\mathbb{R}^m$ et tout vecteur $\underline{z}$ s'écrit $\underline{z}=\sum_{i\leq m}\mu_i(\underline{z})\underline{x}_i$; par suite $Q_{ij}(\underline{z})=\mu_i(\underline{z})\mu_j(\underline{z})$ est une forme quadratique sur $\mathbb{R}^m$.

Soit alors $i,j\leq r$. D'après ce qui précède, on a $\mu_i(\underline{y})=\lambda_i$, donc $\lambda_i\lambda_j=Q_{ij}(\underline{y})=H_{Q_{ij}}(\underline{y})=\sum_{k\leq r}\lambda_k H_{Q_{ij}}(\underline{x}_k)=\sum_{k\leq r}\lambda_k Q_{ij}(\underline{x}_k)=\lambda_i\delta^{ij}$ car $\sum_{k\leq r}\lambda_k=1$ et $Q_{ij}(\underline{x}_k)=\delta^{ik}\delta^{jk}$. Mais il est clair que ces relations ne peuvent être vérifiées que s'il existe $i\leq r$ avec $\lambda_i=1$ et $\lambda_j=0$ pour $j\neq i$, d'où le résultat.∎

(4.80) THEOREME: Soit $\underline{M}$ une martingale locale m-dimensionnelle et $\mu=\mu^{\underline{M}}$. Les quatre assertions suivantes sont équivalentes:

(a) on a $\underline{\underline{H}}_o^{1,d}\subset\mathcal{L}^1(\underline{M}^d)$;

(b) on a: (i) $\underline{\underline{H}}_o^{1,d}=\underline{\underline{K}}^{1,1}(\mu)$;

(ii) il existe $(m+1)$ processus prévisibles $\underline{\alpha}_i$ à valeurs dans $\mathbb{R}^m$, tels que l'ensemble $B(\omega,t)=\{\underline{\alpha}_i(\omega,t):\ i\leq m+1\}$ soit constitué de points affinement indépendants, et que $\Delta\underline{M}(\omega,t)\in B(\omega,t)$ en dehors d'un ensemble P-évanescent;

(c) on a (ii) et: (i') $\underline{\underline{O}}(\underline{F}^P)=\underline{\underline{P}}(\underline{F}^P)\vee\sigma(I_{\{\Delta\underline{M}=\underline{\alpha}_i\}}:\ i\leq m+1)$;

(d) on a (ii) et: (i'') $\underline{\underline{O}}(\underline{F}^P)=\underline{\underline{P}}(\underline{F}^P)\vee\sigma(\Delta\underline{M})$.

De plus si elles sont satisfaites, le support prévisible J de $D=\{\Delta\underline{M}\neq 0\}\cap[\![0]\!]^c$ vérifie $J\overset{c}{=}D$, et on peut choisir B de sorte que $B(\omega,t)\setminus\{0\}$ soit le support de $F_{\omega,t}(.)$ dans la factorisation (4.63) et que $B(\omega,t)$ contienne 0 pour tout $(\omega,t)\notin J$.

(4.81) Remarques: 1) Les ensembles D et J ci-dessus ont leur signification habituelle par rapport à μ, et dire que $J\overset{c}{=}D$ revient à dire que le processus a ne prend que les valeurs 0 et 1 (à un ensemble P-évanescent près).

2) Dans la condition (ii), les processus $\underline{\alpha}_i$ ne sont pas nécessairement distincts, donc le cardinal de B peut être strictement inférieur à $m+1$.

3) Si B contient le vecteur nul, les vecteurs non nuls de B sont linéairement indépendants.

4) Il y a d'autres manières d'exprimer (a), l'existence de différentes formulations provenant de ce qui se passe en 0. Par exemple (a) revient à dire que $\underline{\underline{H}}_o^{1,d}=\mathcal{L}^1(\underline{M})\cap\underline{\underline{L}}^d$, ou que $\mathcal{L}^1(\underline{M}^d)=$

$\{N \in \underline{\underline{H}}^{1,d} : N_0 = 0$ sur l'ensemble $\{\underline{M}_0 = 0\}\}$. Lorsque chaque M^i est dans $\underline{\underline{L}}$ (i.e. lorsque $\underline{M}_0 = 0$), (a) équivaut à: $\underline{\underline{H}}_0^{1,d} = \mathcal{L}^1(\underline{M}^d)$.

Démonstration. D'après (4.52) on a l'équivalence: (b)$\Longleftrightarrow$(d). Posons $X^i = I_{\{\Delta\underline{M} = \underline{\alpha}_i\}} \prod_{j<i} I_{\{\underline{\alpha}_j \neq \underline{\alpha}_i\}}$; la condition (ii) entraine que $\Delta\underline{M} = \sum_{i \leq m+1} X^i \underline{\alpha}_i$, si bien que sous (ii) on a l'équivalence: (i')$\Longleftrightarrow$(i"). Par suite les assertions (c) et (d) sont équivalentes.

Montrons l'implication: (a)$\Longrightarrow$(b). Soit $\underline{U}(\omega,t,\underline{x}) = \underline{x}$, de composantes $(U^i)_{i \leq m}$. D'après (3.77) on a $U^i \in G^i_{loc}(\mu)$, $\widehat{U^i} = 0$ et $(M^i)^d = M^i_0 + U^i * (\mu - \nu)$. Si $\underline{f} = (f^i)_{i \leq m}$ est une famille de fonctions boréliennes bornées sur $\mathbb{R}^m$, il est clair que $W(\omega,t,\underline{x}) = \sum_{i \leq m} U^i(\omega,t,\underline{x}) f^i(\underline{x})$ appartient à $G^1_{loc}(\mu)$, et d'après (a) et (4.60) il existe un processus $\underline{H}(\underline{f})$ dans $L^1_{loc}(\underline{M}^d)$ tel que $W * (\mu - \nu) = {}^t\underline{H}(\underline{f}) \cdot \underline{M}^d$. Mais alors si $Z(\underline{f}) = \widehat{W}$, on a $\widetilde{W} = \sum_{i \leq m} \Delta M^i f^i(\Delta\underline{M}) - Z(\underline{f})$ d'après la définition de μ et de $\underline{U}$, donc

$$\sum_{i \leq m} \Delta M^i f^i(\Delta\underline{M}) = \sum_{i \leq m} H(\underline{f})^i \Delta M^i + Z(\underline{f}) .$$

Grâce à un argument de classe monotone, on en déduit que la relation précédente est satisfaite, en dehors d'un ensemble P-évanescent A, pour toute famille $\underline{f}$ de fonctions boréliennes (non nécessairement bornées), avec des processus prévisibles $H(\underline{f})^i$ et $Z(\underline{f})$ convenables. En particulier il existe des processus prévisibles Y^k_{ij} et Z_{ij} tels que le processus $\Delta\underline{M} = (\Delta M^i)_{i \leq m}$ soit solution, sur A^c, du système d'équations:

$$x^i x^j = \sum_{k \leq m} Y^k_{ij} x^k + Z_{ij}$$

(prendre $f^k(\underline{x}) = \delta^{ik} x^j$). On note $B(\omega,t)$ l'ensemble des solutions de ces équations. D'après le lemme (4.79) les points de B sont affinement indépendants, et il y en a donc au plus $m+1$. Comme les coefficients de ces équations sont prévisibles, il existe $m+1$ processus prévisibles $\underline{\alpha}_i$ à valeurs dans $\mathbb{R}^m$, tels que $B(\omega,t) = \{\underline{\alpha}_i(\omega,t) : i \leq m+1\}$, et on a vu que $\Delta\underline{M} \in B$ sur A^c : la condition (ii) est donc satisfaite.

Par ailleurs si $N \in \underline{\underline{H}}_0^{1,d}$ il existe d'après (a) et (4.60) un $\underline{H} \in L^1(\underline{M}^d)$ tel que $N = {}^t\underline{H} \cdot \underline{M}^d$. Par suite si $W = {}^t\underline{H}\,\underline{U}$ on a $\Delta N = \widetilde{W}$ (puisque $\widehat{U^i} = 0$), donc $W \in G^1(\mu)$ et $N = W * (\mu - \nu)$. On en déduit que (i) est valide, ce qui achève de prouver qu'on a (b).

Montrons enfin l'implication: (b)$\Longrightarrow$(a). Soit $W \in G^1(\mu)$ et $N = W * (\mu - \nu)$. On pose $W^i(\omega,t) = W(\omega,t,\underline{\alpha}_i(\omega,t))$, avec la convention $W(\omega,t,\underline{0}) = 0$ (car μ et ν ne chargent pas $\mathbb{R}_+ \times \{0\}$). On a défini X^i ci-dessus, et on pose $Y^i = {}^p(X^i)$ et $Z = \sum_{i \leq m+1} Y^i W^i$. On a

$$\Delta\underline{M} = \sum_{i \leq m+1} X^i \underline{\alpha}_i , \quad \Delta N = \sum_{i \leq m+1} X^i W^i - Z .$$

Pour montrer que $N \in \mathcal{L}^1(\underline{M}^d)$ il suffit de prouver, d'après (4.69), l'existence d'un processus prévisible $\underline{H}$ tel que $\Delta N = {}^t\underline{H}\Delta\underline{M}$. Mais, comme les processus X^i ne prennent que les valeurs 0 et 1 et que $\sum_{i\leq m+1} X^i = 1$, cela revient à prouver l'existence d'une solution prévisible au système

$$\forall i \leq m+1, \qquad W^i - Z = \sum_{j\leq m} H^j \alpha_i^j .$$

Or $Z = \sum_{i\leq m+1} Y^i W^i$ et $\sum_{i\leq m+1} Y^i = 1$, tandis que $W^i = W^j$ si $\underline{\alpha}_i = \underline{\alpha}_j$ et que les vecteurs $\underline{\alpha}_i$ distincts entre eux sont affinement indépendants: il est alors immédiat que ce système d'équations admet une solution et une seule (prévisible, car W^i, Z et $\underline{\alpha}_i$ sont prévisibles) $\underline{H}$, à valeurs dans l'espace vectoriel engendré par B. On a donc prouvé (a).

Il nous reste maintenant à prouver la fin de l'énoncé. D'abord, si $T \in \underline{\underline{T}}_p$ vérifie $[\![T]\!] \subset J$, on pose $W = I_{[\![T]\!]\times E} \in G^1(\mu)$; $N = W*(\mu - \nu)$ vérifie $\{\Delta N \neq 0\} \dot{\subset} D$ d'après la condition (a), tandis que $\Delta N = \widetilde{W} = I_{[\![T]\!]}(I_D - a)$: par suite $a_T \doteq 0$ sur $\{T \notin D, T<\infty\}$. Comme J est réunion dénombrable de graphes d'éléments de $\underline{\underline{T}}_p$, on en déduit que $J \dot{\subset} D$.

Ensuite, $B^c \times E$ n'est pas chargé par M_μ^P, donc par M_ν^P, et on a une factorisation (4.63) de ν telle que $F_{\omega,t}(B^c(\omega,t)) = 0$ pour tout (ω,t) ; si B' désigne le support de F, on a donc $B' \subset B \bigcap \{0\}^c$; l'ensemble $\overline{B} = (B\bigcap\{0\})\bigcup B'$ vérifie encore (ii) car il est contenu dans B et car $B'^c \times E$ n'est pas chargé par M_ν^P, donc par M_μ^P, et d'autre part $B' = \overline{B}\setminus\{0\}$. Enfin, si on reprend la preuve de l'implication: (a)$\Longrightarrow$(b), on voit que $\widehat{W} = 0$, donc $Z(\underline{f}) = 0$ et $Z_{ij} = 0$ sur J^c; par suite $\underline{0}$ est solution du système d'équations définissant $\Delta\underline{M}$ et B contient $\underline{0}$ sur $J^c \bigcap A \doteq J^c$; quitte à modifier $\overline{B}$ sur un ensemble P-évanescent, on peut donc supposer en outre que $\underline{0} \in \overline{B}$ en dehors de J.∎

Démonstration de (4.78). Supposons d'abord qu'on ait (a). Comme M est quasi-continu à gauche, le support prévisible J de $\{\Delta M \neq 0\}$ est vide, si bien qu'avec les notations de (4.80) on peut prendre $B = \{0,\alpha\}$ où α est un processus prévisible. Mais alors $I_{\{\Delta M = \alpha\}} = 1 - I_{\{\Delta M = 0\}} I_{\{\alpha \neq 0\}}$ est $\underline{\underline{P}} \bigvee \sigma(I_{\{\Delta M \neq 0\}})$-mesurable, et (b) découle de (4.80).

Supposons inversement qu'on ait (b). On a alors $\Delta M = f(X, I_{\{\Delta M \neq 0\}})$ où X est un processus prévisible et f une fonction borélienne sur $\mathbb{R}^2$. Mais cette expression peut aussi s'écrire $\Delta M = g(X) I_{\{\Delta M \neq 0\}}$ où g est borélienne. Soit $\alpha = g(X)$ et $B = \{0,\alpha\}$: la condition (4.80,c) est alors satisfaite, et on a (a).

L'assertion (i) découle immédiatement de (a) et de (1.52). (ii) provient de la quasi-continuité à gauche de M dans un sens, de (4.52) et (4.80,d) dans l'autre sens. (iv) provient de (b), et (iii) suit de (ii) et (iv).∎

Nous arrivons maintenant à la condition de représentation prévisible qui, avec les notations (4.65), s'énonce ainsi:

(4.82) THEOREME: *Il y a équivalence entre*:

(i) $\underline{\underline{H}}_o^1 \subset \mathcal{L}^1(\underline{M})$;

(ii) *les conditions équivalentes du théorème* (4.80) *sont remplies; de plus on a* $\underline{\underline{H}}_o^{1,c} = \mathcal{L}^1(\underline{M}^c)$, *et* $L_c(\omega,t) \cap L_d(\omega,t) = \{0\}$ M_C^P*-p.s. en* (ω,t) .

En ce qui concerne (i), on peut faire les mêmes remarques qu'en (4.81,4). Suite au lemme (4.8), cette condition équivaut aussi à: $\underline{\underline{H}}^1 = \mathcal{L}^1(\underline{M} \cup \{1\})$. La fin de la condition (ii) équivaut à ce que $L_c \cap B \subset \{0\}$ M_C^P-p.s., si B est l'ensemble "minimal" intervenant dans (4.80,ii).

Démonstration. On remarque d'abord que, si les conditions de (4.80) sont satisfaites et si B est un ensemble vérifiant les conditions énoncées à la fin de (4.80), alors L_d est l'espace vectoriel engendré par B. Le résultat découle alors immédiatement de (4.80) et de (4.73). ∎

EXERCICES

4.14 - On se place dans la situation de l'exercice 1.1. Soit U et V deux variables intégrables telles que $E(U) = E(V) = 0$, $E(U^2) = E(V^2) = \infty$ et $E((U+V)^2) < \infty$. Soit $M^1 = UI_{[1,\infty[}$ et $M^2 = VI_{[1,\infty[}$. Montrer que $\mathcal{L}^2(M^1,M^2) = \{0\}$ et que le processus prévisible $\underline{H}$ de composantes $H^1 = H^2 = 1$ est dans $L^2(M^1,M^2)$, mais pas dans la complétion de $L^{2,0}(M^1,M^2)$.

4.15 - Soit W un mouvement brownien, X une martingale de Poisson, et $Y = W + X$. Montrer que Y^c n'appartient pas à $\mathcal{L}^1_{loc}(Y)$.

4.16 - Soit $\underline{\underline{H}}$ un sous-espace stable de $\underline{\underline{H}}^1$, de 1-dimension finie. Montrer qu'un processus $C \in \underline{\underline{P}} \cap \underline{\underline{A}}^+_{loc}$ peut être choisi comme processus de référence pour $\underline{\underline{H}}$ si et seulement si $d\langle M,M\rangle \ll dC$ pour tout $M \in \underline{\underline{H}} \cap \underline{\underline{H}}^2$.

4.17 - On suppose que $M^i \in \underline{\underline{H}}^2_{loc}$. On associe à $\underline{M} = (M^i)_{i \leq m}$: C et $\underline{\underline{c}}$ par (4.32), L par (4.65) (avec le même processus C : voir (4.61,3)). Montrer que M_C^P-p.s. la dimension de L égale le rang de $\underline{\underline{c}}$.

4.18 - Montrer que $q'\text{-dim}\mathcal{L}^{q'}(\underline{M}) = q\text{-dim}\mathcal{L}^q(\underline{M})$ si $q' \leq q$ et $M^i \in \underline{\underline{H}}^q_{loc}$.

4.19 - Soit M^1 un mouvement brownien, M^2 une martingale de Poisson.

a) Montrer que $2\text{-dim}\mathcal{L}^2(M^1,M^2) = 2$ (cf. exercice 4.8).

b) Choisir A et $\underline{\underline{a}}$ vérifiant (4.56), tels que $\underline{\underline{a}}$ soit identiquement de rang 1 (comparer à (4.43) et (4.77)).

COMMENTAIRES

La notion de q-sous-espace stable de martingales est inséparable de la "propriété de représentation prévisible" des martingales, et elle remonte à Kunita et Watanabe [1] et Meyer [3], pour $q=2$ et le cas quasi-continu à gauche: le contenu des §1-a,b,c (pour $q=2$) et 2-a leur est dû.

L'équivalence (4.3) est dans Meyer [5], et le théorème (4.6) a été démontré par Yor [1]. Le §1-b (dans le cas $q\neq 2$) est une rédaction remaniée de Jacod et Yor [1], les §1-c (dans le cas $q\neq 2$) et 1-d sont dus à Yor [4].

La description (4.35) des 2-sous-espaces stables engendrés par les martingales fini-dimensionnelles a été faite par Galtchouk [1], et simultanément par Métivier et Pistone [1] dans le cas beaucoup plus général des martingales hilbertiennes (voir aussi Meyer [7]), en utilisant la même méthode (le lemme "hilbertien" (4.29)). Signalons que ce résultat, assez long à montrer avec notre définition de l'intégrale stochastique, s'introduit naturellement comme un élément de la construction de l'intégrale stochastique par rapport à une martingale hilbertienne, selon la méthode de Métivier et Pellaumail [3]. Toutefois, la généralisation (4.60) de ce résultat à $q\neq 2$ reste à faire dans le cas des martingales hilbertiennes. Le §2-c est recopié sur Jacod [6], mais l'orthogonalisation de Schmidt (4.41) est bien-sûr fort ancienne, et le corollaire (4.44) est dû à Davis et Varaiya [1].

Le §3-a se trouve dans Jacod [4], qui contient également le théorème (4.54) et un théorème analogue pour une intégrale optionnelle un peu plus générale que $H\circ X$, et une étude des sous-espaces "fortement stables" et de "l'orthogonalité forte" au sens de Pratelli [1]. Le §3-b est nouveau, et la proposition (4.53) est due à Yor [4].

Les §4-a,b,c sont presque intégralement recopiés sur Jacod [6]. Le théorème (4.78) est partiellement dû à Yor [4], et (4.80) est nouveau, mais son corollaire (4.82) est démontré (de manière très longue) dans Jacod et Yor [1].

Attirons enfin l'attention sur l'usage qui est fait des mesures aléatoires dans ce chapitre: outre leur intérêt propre, elles servent d'outils dans l'étude des martingales, en permettant de "contrôler" leurs sauts: plus précisément soit M une martingale locale; en général le processus prévisible $\langle M,M\rangle$ n'existe pas (sauf quand M est localement de carré intégrable, ce qui explique l'importance historique et la moindre difficulté de ce cas) et donc ne permet pas de contrôler prévisiblement les sauts de M ; par contre le système de Lévy de M est une mesure aléatoire prévisible qui permet, aussi bien que $\langle M,M\rangle$ quand il existe, de contrôler les sauts. Dans le même ordre d'idées, on remplace la martingale locale quelconque M par la martingale localement bornée M^c et la mesure aléatoire-martingale $(\mu-\nu)$ qui est à "sauts bornés" par 1, donc qui est dans un certain sens localement bornée également: c'est ce qui explique la différence entre les théorèmes (4.11) et (4.53).

CHAPITRE V

COMPLEMENTS SUR LES SEMIMARTINGALES

Le chapitre II contient les propriétés fondamentales des martingales et semimartingales, mais bien entendu ces classes de processus possèdent bien d'autres propriétés intéressantes. Ce chapitre constitue une sorte de bric-à-brac où certaines de ces propriétés sont étudiées, le plus souvent de manière assez superficielle.

Les diverses parties sont à peu près indépendantes entre elles. Bien que les résultats ci-dessous soient, pour la plupart, utilisés à un moment ou à un autre dans la suite, le lecteur peut sans inconvénient omettre ce chapitre en première lecture, quitte à s'y reporter au fur et à mesure des besoins.

L'espace probabilisé filtré $(\Omega,\underline{\underline{F}},\underline{F},P)$ est supposé fixé dans tout le chapitre.

1 - PROCESSUS DEFINIS SUR UN INTERVALLE STOCHASTIQUE

Tous nos processus sont définis sur $\mathbb{R}_+$, et parfois sur $\overline{\mathbb{R}}_+$. Cependant il arrive qu'un processus n'ait de "bonnes propriétés", par exemple d'être une martingale ou d'être à variation finie, que sur un intervalle de $\mathbb{R}_+$.

Par exemple, si $T\in\underline{\underline{T}}$ il arrive qu'on ait à considérer la propriété suivante: un processus M est <u>une martingale locale jusqu'en</u> T, ce qui signifie qu'il existe une suite (T_n) de temps d'arrêt, croissant vers T, telle que chaque M^{T_n} soit une martingale locale. C'est ce genre de problèmes que nous allons étudier sommairement dans cette partie.

§<u>a - Restriction d'un processus</u>. Dans l'exemple précédent, la "martingale locale jusqu'en T" est en fait une martingale locale "sur $\bigcup_{(n)}[\![0,T_n]\!]$", ce qui nous conduit d'abord à étudier (ce qui est très simple) les ensembles aléatoires de cette forme.

(5.1) DEFINITION: Un ensemble aléatoire A est dit de type $[\![0,.\|$ s'il existe une variable aléatoire T (dite: extrémité droite de A) telle que les coupes de A soient non vides et égales à $[0,T(\omega)]$ ou à $[0,T(\omega)[$.

(5.2) LEMME: Soit A un ensemble aléatoire de type $[\![0,.\|$. Pour que $A \in \underline{\underline{P}}(\underline{\underline{F}}^P)$ il faut et il suffit qu'il existe une suite (T_n) de $\underline{\underline{F}}^P$-temps d'arrêt telle que $A = \bigcup_{(n)}[\![0,T_n]\!]$ (on a alors $T = \lim_{(n)}\uparrow T_n$).

Démonstration. La condition est évidemment suffisante. Réciproquement supposons que $A \in \underline{\underline{P}}(\underline{\underline{F}}^P)$. Son extrémité droite T appartient à $\underline{\underline{T}}(\underline{\underline{F}}^P)$, car c'est le début de l'ensemble prévisible A^c. Si $B = \{\omega : (\omega, T(\omega)) \notin A\}$ on a $[\![T_B]\!] = A^c \bigcap]\!]0,T]\!] \in \underline{\underline{P}}(\underline{\underline{F}}^P)$, donc $T_B \in \underline{\underline{T}}_p(\underline{\underline{F}}^P)$ et $T_B > 0$ et il existe une suite (S_n) annonçant T_B. La suite $T_n = T \wedge S_n$ répond à la question.∎

Voici maintenant un théorème dans lequel on montre que, étant donné un processus X, il existe un ensemble prévisible du type précédent, maximal, sur lequel X a de "bonnes propriétés".

(5.3) THEOREME: Soit $\underline{\underline{C}}$ un espace vectoriel de (classes d'équivalence de) processus, stable par arrêt. Soit X un processus tel que le processus constant $Y = X_0$ soit dans $\underline{\underline{C}}$.

(a) Il existe un ensemble aléatoire prévisible A de type $[\![0,.\|$, et un seul à un ensemble P-évanescent près, tel que pour tout $T \in \underline{\underline{T}}$ on ait l'équivalence: $X^T \in \underline{\underline{C}}_{loc} \Longleftrightarrow [\![0,T]\!] \overset{.}{\subset} A$.

(b) Il existe de plus une suite croissante (T_n) de temps d'arrêt telle que $A \doteq \bigcup_{(n)}[\![0,T_n]\!]$ et que $X^{T_n} \in \underline{\underline{C}}$ pour chaque n.

L'hypothèse $Y \in \underline{\underline{C}}$ vise seulement à assurer que l'ensemble des $T \in \underline{\underline{T}}$ tels que $X^T \in \underline{\underline{C}}_{loc}$ n'est pas vide (puisqu'il contient alors $T = 0$).

Démonstration. Notons $\underline{\underline{T}}'$ (resp. $\underline{\underline{T}}''$) l'ensemble des $T \in \underline{\underline{T}}$ tels que $X^T \in \underline{\underline{C}}$ (resp. $\underline{\underline{C}}_{loc}$). On appelle S la borne supérieure essentielle des éléments de $\underline{\underline{T}}''$, et B la borne supérieure essentielle des ensembles $\{S = T < \infty\}$ lorsque T parcourt $\underline{\underline{T}}''$. Par hypothèse, $\underline{\underline{T}}'$ et $\underline{\underline{T}}''$ sont stables par $(\vee f)$, et d'après la définition de la localisation pour tout $T \in \underline{\underline{T}}''$ il existe une suite (T_n) d'éléments de $\underline{\underline{T}}'$ croissant P-p.s. vers T et telle que $\{T<\infty\} = \bigcup_{(n)}\{T_n = T < \infty\}$. On en déduit d'une part que S est P-p.s. égal à la limite croissante d'une suite (S_n) d'éléments de $\underline{\underline{T}}'$, d'autre part que B est P-p.s. égal à la réunion d'ensembles $\{S'_n = S < \infty\}$ où (S'_n) est encore une suite croissante d'éléments de $\underline{\underline{T}}'$.

Posons $T_n = S_n \vee S'_n$ et $A = \bigcup_{(n)} [\![0,T_n]\!]$. On a $T_n \in \underline{\underline{T}}'$ car $\underline{\underline{T}}'$ est stable par $(\vee f)$. Par construction même de A, on a $[\![0,T]\!] \dot{\subset} A$ pour tout $T \in \underline{\underline{T}}''$. Inversement si $[\![0,T]\!] \dot{\subset} A$, la suite $R_n = (T_n)_{\{T_n<T\}}$ croît P-p.s. vers $+\infty$ et $(X^T)^{R_n} = (X^{T_n})^T \in \underline{\underline{C}}$, donc $X^T \in \underline{\underline{C}}_{loc}$.

Il reste à montrer l'unicité de A. Mais si A' vérifie les mêmes propriétés, on a d'abord $A' = \bigcup_{(n)} [\![0,T'_n]\!]$ pour une suite convenable (T'_n) ; d'une part $T'_n \in \underline{\underline{T}}''$ d'après la propriété caractéristique de A', donc $[\![0,T'_n]\!] \dot{\subset} A$; en intervertissant les rôles, on obtient $[\![0,T_n]\!] \dot{\subset} A'$, et on en déduit que $A' \doteq A$. ∎

Remarques: 1) Il est évident que A est aussi l'ensemble prévisible de type $[\![0,.[\![$ maximal, tel qu'on ait pour tout $T \in \underline{\underline{T}}$ l'implication: (i_T): $[\![0,T]\!] \dot{\subset} A \Longrightarrow (ii_T)$: $X^T \in \underline{\underline{C}}_{loc}$. Inversement, A est l'ensemble prévisible minimal tel qu'on ait pour tout $T \in \underline{\underline{T}}$ l'implication: $(ii_T) \Longrightarrow (i_T)$, ou même l'équivalence: $(ii_T) \Longleftrightarrow (i_T)$; mais ce n'est pas le seul: si S est l'extrémité droite de A, l'ensemble prévisible $A' = A \cup]\!]S+1,S+2]\!]$ (qui n'est pas de type $[\![0,.[\![$), satisfait à la même équivalence.

2) Comme on le voit d'après la démonstration, ce résultat est en fait un résultat sur la famille $\underline{\underline{T}}'$ (ou $\underline{\underline{T}}''$). ∎

Inversement, au lieu de partir du processus X on peut partir de l'ensemble prévisible A de type $[\![0,.[\![$: on pose

(5.4) $\underline{\underline{C}}^A = \{\text{processus } X : X^T \in \underline{\underline{C}} \text{ pour tout } T \in \underline{\underline{T}} \text{ vérifiant } [\![0,T]\!] \dot{\subset} A\}$.

Lorsque $\underline{\underline{C}}$ est un espace vectoriel stable par arrêt, on a $(\underline{\underline{C}}^A)_{loc} = (\underline{\underline{C}}_{loc})^A$, ensemble qu'on note $\underline{\underline{C}}^A_{loc}$, et d'après le théorème (5.3) on a $X \in \underline{\underline{C}}^A_{loc}$ si et seulement s'il existe une suite croissante (T_n) de temps d'arrêt telle que $A \dot{\subset} \bigcup_{(n)} [\![0,T_n]\!]$ et $X^{T_n} \in \underline{\underline{C}}$ (on peut même choisir les T_n de sorte que $A = \bigcup_{(n)} [\![0,T_n]\!]$).

(5.5) Remarque: Dans (5.4) on a supposé que les processus étaient définis sur $\mathbb{R}_+$, pour ne pas rompre l'habitude. Mais à certains égards il serait plus naturel de supposer que X est un processus défini sur A seulement, c'est-à-dire une application: $A \longrightarrow \overline{\mathbb{R}}$, puisque de toutes façons les valeurs de X en dehors de A n'interviennent pas. ∎

L'essentiel de ce qui a été démontré au chapitre II subsiste pour les classes de processus $\underline{\underline{M}}^A_{loc}$, $\underline{\underline{S}}^A$, $\underline{\underline{V}}^A_{loc}$, ..., l'ensemble $A = \bigcup_{(n)} [\![0,T_n]\!]$ étant fixé: il suffit en effet de raisonner sur les processus arrêtés en chaque T_n, puis de "recoller" les morceaux. Par exemple, si $X,Y \in \underline{\underline{S}}^A$ on définit $[X,Y] \in \underline{\underline{V}}^A$ par le fait que $[X,Y]^{T_n} = [X^{T_n}, Y^{T_n}]$ (ce qui fixe $[X,Y]$ sur A), et en posant arbitrairement $[X,Y] = 0$ (par exemple) sur A^c : cette valeur arbitraire importe peu, de toutes façons !

On opère de même pour l'intégration stochastique: si $X \in \underline{\underline{S}}^A$ on pose $L^A(X) = \bigcap_{(n)} L(X^{T_n})$, et si $H \in L^A(X)$ le processus $H \bullet X$ est défini par $(H \bullet X)^{T_n} = H \bullet X^{T_n}$ sur A, et de manière arbitraire sur A^c.

Pour terminer, voici comment on formulerait, par exemple, le théorème (2.54) dans les termes précédents:

(5.6) THEOREME: <u>Soit</u> $X = (X^1, \dots, X^m)$ <u>un processus vectoriel et</u> F <u>une fonction sur</u> $\mathbb{R}^m$, <u>de classe</u> C^2 <u>sur l'ouvert</u> D. <u>Soit</u> $D_n = \{x \in \mathbb{R}^m : d(x, D^c) \geq 1/n\}$, $R_n = \inf(t: X_t \notin D_n)$ <u>et</u> $A = \bigcup_{(n)} [\![0, R_n]\!]$. <u>Si</u> $X^i \in \underline{\underline{S}}^A$ <u>pour tout</u> i, <u>alors</u> $F(X) \in \underline{\underline{S}}^A$ <u>et la formule (2.60) est valide sur</u> A.

§b - <u>Extension d'un processus</u>. On peut maintenant se poser un problème inverse du problème précédent: si $X \in \underline{\underline{C}}^A_{loc}$, peut-on modifier X en dehors de A (ou, si l'on adopte le point de vue de la remarque (5.5), peut-on prolonger X en dehors de A) de façon à obtenir un élément de $\underline{\underline{C}}_{loc}$?

Ce n'est certainement pas toujours possible: en effet si $A = \bigcup_{(n)} [\![0, T_n]\!]$, $T = \lim_{(n)} \uparrow T_n$ et $B = \bigcap_{(n)} \{T_n < T < \infty\}$, un processus X appartenant à $\underline{\underline{S}}^A$ ne peut coïncider sur A avec une semimartingale que si X_{T-} existe sur B.

D'autre part, il est évidemment possible de modifier X en dehors de A de manière relativement arbitraire mais, s'il existe une modification ayant de "bonnes propriétés", alors certainement la modification particulière suivante aura les mêmes "bonnes propriétés":

$$(5.7) \qquad \tilde{X}_t = \begin{cases} X_t & \text{sur } \{t < T\} \\ X_T & \text{sur } \{t \geq T\} \cap B^c \\ \liminf_{s \uparrow T,\, s \in A \cap \mathbb{Q}} X_s & \text{sur } \{t \geq T\} \cap B. \end{cases}$$

On a bien $\tilde{X} = X$ sur A.

Nous laissons au lecteur le soin de prouver la propriété (facile) suivante:

(5.8) PROPOSITION: <u>Soit</u> $X \in \underline{\underline{S}}^A$. <u>Pour qu'il existe une semimartingale qui coïncide avec</u> X <u>sur</u> A, <u>il faut et il suffit que</u> X_{T-} <u>existe P-p.s. sur</u> B, <u>et dans ce cas</u> $\tilde{X} \in \underline{\underline{S}}$.

Le cas des martingales est un peu plus compliqué.

(5.9) PROPOSITION: Soit $X \in \underline{\underline{M}}^A_{loc}$ et $C = \widetilde{[X,X]}$. Si $1 \leq q < \infty$, les conditions suivantes sont équivalentes:

(i) il existe un élément de $\underline{\underline{H}}^q$ qui coïncide avec X sur A ;

(ii) on a $\widetilde{X} \in \underline{\underline{H}}^q$;

(iii) on a $C^{q/2} \in \underline{\underline{A}}$;

(iv) la variable $\sup_{t \in A} |X_t|$ est dans L^q.

Démonstration. Les implications: (ii)$\Longrightarrow$(i)$\Longrightarrow$(iii) sont évidentes. Supposons que $C^{q/2} \in \underline{\underline{A}}$. Comme $[X^{T_n}, X^{T_n}] = C^{T_n}$ on a $X^{T_n} \in \underline{\underline{H}}^q$ d'après (2.34), et si $m \leq n$ il vient

$$E([X^{T_n} - X^{T_m}, X^{T_n} - X^{T_m}]_\infty^{q/2}) = E[(C_{T_n} - C_{T_m})^{q/2}],$$

qui tend vers 0 quand $m,n \uparrow \infty$ d'après le théorème de convergence dominée. Donc d'après (2.34) encore, la suite (X^{T_n}) est de Cauchy dans $\underline{\underline{H}}^q$, et elle converge dans cet espace vers une limite Y. De plus, en dehors d'un ensemble P-négligeable, $X_t^{T_n}$ tend vers Y_t uniformément en t (compte tenu de la structure des X^{T_n}, il n'est pas besoin de prendre une sous-suite), et d'après la définition même de $\widetilde{X}$ on en déduit que $Y \doteq \widetilde{X}$; on a donc montré l'implication: (iii)$\Longrightarrow$(ii).

L'implication: (ii)$\Longrightarrow$(iv) est évidente. Supposons enfin qu'on ait (iv). La suite (X_{T_n}) est une martingale (relativement aux $(\underline{\underline{F}}^P_{T_n})$), bornée par une variable qui est dans L^q ; elle converge donc P-p.s. et dans L^q vers une limite $U \in L^q$. Soit Y la martingale $Y_t = E(U|\underline{\underline{F}}_t)$. On a $Y_{T_n} = X_{T_n}$, donc $Y = X$ sur A ; on a $Y_{T+s} = U$ si $s \geq 0$ sur $\{T < \infty\}$, donc $\sup_{(t)} |Y_t| \leq |U| \vee \sup_{t \in A} |X_t|$, qui est dans L^q, ce qui entraine que $Y \in \underline{\underline{H}}^q$. On a donc prouvé l'implication: (iv)$\Longrightarrow$(i).∎

En localisant, on obtient:

(5.10) COROLLAIRE: Soit $X \in \underline{\underline{M}}^A_{loc}$ et $C = \widetilde{[X,X]}$. Pour qu'il existe une martingale locale coïncidant avec X sur A, il faut et il suffit que $C^{1/2} \in \underline{\underline{A}}_{loc}$, et dans ce cas $\widetilde{X} \in \underline{\underline{M}}_{loc}$.

EXERCICES

5.1 - Démontrer la proposition (5.8).

5.2 - Soit $X \in \underline{\underline{V}}^A$. Montrer qu'il existe un élément de $\underline{\underline{V}}$ qui coïncide avec X sur A si et seulement si $\lim_{(n)} \uparrow \int_{[0,T_n]} |dX_s(\omega)| < \infty$ P-p.s. sur B (avec les notations du §b), et que dans ce cas on a $\widetilde{X} \in \underline{\underline{V}}$.

5.3 - Donner, à la manière de l'exercice précédent, une condition nécessaire et suffisante pour qu'un processus coïncide sur A avec un élément de $\underline{\underline{A}}$ (resp. $\underline{\underline{A}}_{loc}$).

2 - INTEGRABILITE UNIFORME DES MARTINGALES LOCALES

Si M est une martingale locale, notre objectif est ici de donner des conditions suffisantes pour que $M \in \underline{\underline{M}}$, qui s'expriment par l'intégrabilité de certains processus croissants.

Nous avons déjà rencontré de telles conditions: par exemple (2.34) implique que si $[M,M]^{q/2} \in \underline{\underline{A}}$, alors $M \in \underline{\underline{H}}^q \subset \underline{\underline{M}}$, mais le processus $[M,M]^{q/2}$ n'est aisément utilisable que pour $q = 2$; par exemple encore si $M \in \underline{\underline{M}}^d_{loc}$ et si $S(|\Delta M|) \in \underline{\underline{A}}$, alors $M \in \underline{\underline{A}}$, donc $M \in \underline{\underline{M}}$. D'autre part nous avons introduit au §II-2-e des processus croissants simples, qui sont des candidats naturels pour de telles conditions. Plus précisément si $a \in]0,\infty[$ et si $M \in \underline{\underline{M}}_{loc}$, on pose:

$$(5.11)\quad \begin{cases} B(1,M) = \langle M^c,M^c\rangle + S[(\Delta M^2 I_{\{|\Delta M| \leq a\}} + |\Delta M| I_{\{|\Delta M| > a\}}) I_{]0,\infty[}] \\ B(2,M) = \langle M^c,M^c\rangle + S(\frac{\Delta M^2}{1+|\Delta M|} I_{]0,\infty[}) \\ B(3,M) = \langle M^c,M^c\rangle + S[(1-\sqrt{1+\Delta M})^2 I_{]0,\infty[}] \quad \text{si } \Delta M \geq -1 \\ B(4,M) = \langle M^c,M^c\rangle + S(Y'^2 + |Y''|), \quad \text{avec} \\ Y' = [\Delta M I_{\{|\Delta M| \leq a\}} - {}^p(\Delta M I_{\{|\Delta M| \leq a\}})] I_{]0,\infty[}, \quad Y'' = \Delta M I_{]0,\infty[} - Y' \end{cases}$$

(chaque fois qu'on utilisera $B(3,M)$, on supposera sans le dire nécessairement de manière explicite que $\Delta M \geq -1$; si on veut souligner la dépendance en a, on écrira $B(1,M,a)$ et $B(4,M,a)$).

D'après (2.56), (2.57) et (2.59), on sait que tous ces processus sont dans $\underline{\underline{A}}^+_{loc}$. D'après la démonstration de (2.57), on sait aussi que pour tout $a \in]0,\infty[$ il existe des réels strictement positifs c et c' tels que

$$(5.12)\quad \begin{cases} cB(2,M) \leq B(1,M) \leq c'B(2,M) \\ cB(3,M) \leq B(1,M) \leq c'B(3,M), \end{cases}$$

de sorte que les résultats valables pour l'un des processus $B(1,M)$, $B(2,M)$ ou $B(3,M)$ sont aussi valables pour les autres. Il n'y a pas de relations de ce type entre $B(1,M)$ et $B(4,M)$, mais on a:

(5.13) LEMME: <u>On a</u> $B(4,M,a)^p \leq 2\,B(1,M,a)^p$.

<u>Démonstration</u>. Posons $X' = \Delta M I_{\{|\Delta M| \leq a\}} I_{]0,\infty[}$ et $X'' = \Delta M I_{]0,\infty[} - X'$. On a par définition $Y' = X' - {}^pX'$ et $Y'' = X'' - {}^pX''$. Soit J le support prévisible de l'ensemble $\{\Delta M \neq 0\}$: on a ${}^pX' = {}^pX'' = 0$ sur J^c, et (1.49) entraine que

$$B(1,M,a)^p = \langle M^c,M^c\rangle + I_{J^c} \cdot S(X'^2 + |X''|)^p + S({}^p(X'^2) + {}^p|X''|)$$

$$B(4,M,a)^p = \langle M^c,M^c\rangle + I_{J^c} \cdot S(X'^2 + |X''|)^p + S[{}^p[(X' - {}^pX')^2] + {}^p|X'' - {}^pX''|].$$

Or $|{}^pX''| \leq {}^p|X''|$, donc ${}^p|X'' - {}^pX''| \leq 2\,{}^p|X''|$, et ${}^p[(X' - {}^pX')^2] = {}^p(X'^2) - ({}^pX')^2 \leq {}^p(X'^2)$, d'où le résultat. ∎

(5.14) <u>Remarques</u>: 1) Par construction les processus $B(i,M)$ sont nuls en 0 et vérifient $B(i,M) = B(i,M - M_0)$, ceci contrairement à ce qui était fait au §II-2-e. En effet M_0 est intégrable, donc $M \in \underline{\underline{M}}$ si et seulement si $M - M_0 \in \underline{\underline{M}}$ et on n'a pas besoin de se préoccuper de la valeur en 0.

2) Le processus $B(4,M)$ est plus délicat à manier que les autres. Nous l'introduisons cependant car il est plus naturel, et en particulier il est un intermédiaire très utile dans plusieurs démonstrations (dont celle du théorème (5.16) ci-dessous): voir les commentaires qui suivent la proposition (2.59).

3) On peut définir $B(1,M,a)$ et $B(4,M,a)$ pour $a = 0$ et $a = \infty$ également: on a $B(1,M,\infty) = B(4,M,\infty) = [M,M]$, et $B(1,M,0) = B(4,M,0) = \langle M^c,M^c\rangle + S(|\Delta M|)$; ces processus ne sont pas nécessairement dans $\underline{\underline{A}}_{loc}$.

4) Supposons que M s'écrive $M = M^c + W*(\mu - \nu)$, où $\mu \in \tilde{\underline{\underline{A}}}^1_\sigma$, $\nu = \mu^p$ et $W \in G^1_{loc}(\mu)$. Si $a_t = \nu(\{t\}\times E)$ et si on reprend les démonstrations de (3.68) et (3.71), on voit facilement que

$$(5.15)\begin{cases} B(1,M,b)^p = \langle M^c,M^c\rangle + [(W-\hat{W})^2 I_{\{|W-\hat{W}| \leq b\}} + |W-\hat{W}| I_{\{|W-\hat{W}| > b\}}]*\nu \\ \qquad + S[(1-a)(\hat{W}^2 I_{\{|\hat{W}| \leq b\}} + |\hat{W}| I_{\{|\hat{W}| > b\}})] \\ B(2,M)^p = \langle M^c,M^c\rangle + \dfrac{(W-\hat{W})^2}{1+|W-\hat{W}|}*\nu + S[(1-a)\dfrac{\hat{W}^2}{1+|\hat{W}|}] \\ B(3,M)^p = \langle M^c,M^c\rangle + (1-\sqrt{1+W-\hat{W}})^2*\nu + S[(1-a)(1-\sqrt{1-\hat{W}})^2] \\ B(4,M,b)^p = \langle M^c,M^c\rangle + C^b(W,\nu). \end{cases}$$

Le lecteur vérifiera que si $\Delta M \geq -1$, on a nécessairement $\hat{W} \leq 1$. ∎

(5.16) THEOREME: <u>Soit</u> $M \in \underline{\underline{M}}_{loc}$. <u>Pour que</u> $M \in \underline{\underline{M}}$ <u>il suffit que l'un des processus</u> $B(1,M)$, $B(1,M)^p$, $B(2,M)$, $B(2,M)^p$, $B(3,M)$, $B(3,M)^p$, $B(4,M)$ <u>ou</u> $B(4,M)^p$ <u>soit dans</u> $\underline{\underline{A}}$.

<u>Démonstration</u>. Si $A \in \underline{\underline{A}}_{loc}$ on sait que $A \in \underline{\underline{A}}$ si et seulement si $A^p \in \underline{\underline{A}}$. Etant donnés (5.12) et (5.13) il suffit alors de prouver que $M \in \underline{\underline{M}}$ lorsque $B(4,M) \in \underline{\underline{A}}$. On sait (voir (2.59)) qu'il existe une décomposition $M = M_0 + M' + M''$ avec $M' \in \underline{\underline{L}}$, $\Delta M' = Y'$, $M'' \in \underline{\underline{L}}^d$ et $\Delta M'' = Y''$, si bien que $B(4,M) = [M',M'] + S(|\Delta M''|)$. Supposons que $B(4,M) \in \underline{\underline{A}}$: d'une part $[M',M'] \in \underline{\underline{A}}$, donc $M' \in \underline{\underline{H}}^2 \subset \underline{\underline{M}}$; d'autre part $S(|\Delta M''|) \in \underline{\underline{A}}$, donc $M'' = S(\Delta M'') - S(\Delta M'')^p$ est dans $\underline{\underline{A}}$, donc dans $\underline{\underline{M}}$: on a donc le résultat. ∎

3 - COMPORTEMENT A L'INFINI DES MARTINGALES LOCALES

Si $X \in \underline{\underline{M}}$ on sait que $X_\infty = \lim_{t \uparrow \infty} X_t$ existe P-p.s., et il en est de même si X est une surmartingale positive. Par contre ce résultat est faux pour une martingale locale quelconque (par exemple: le mouvement brownien) et a-fortiori pour une semimartingale. Nous allons discuter ici de l'existence de la variable terminale X_∞.

Au risque d'incommoder le lecteur, nous allons en fait considérer des processus définis sur un ensemble prévisible A de type $[\![0,.]\!]$, d'extrémité droite T, et étudier la limite à gauche en T. Ce n'est pas pour le plaisir de la généralité, mais parce que nous l'utiliserons plus loin. Or, contrairement à la plupart des propriétés qui précèdent, en ce qui concerne le comportement à l'infini (ou en T-), les résultats pour les processus définis sur A <u>ne découlent pas</u> des résultats pour les processus ordinaires, définis sur $\Omega \times \mathbb{R}_+$, mais ne sont pas pour autant plus difficiles à démontrer.

Soit donc (T_n) une suite croissante de temps d'arrêt, de limite T, et $A = \bigcup_{(n)} [\![0,T_n]\!]$. Si $X \in \underline{\underline{S}}^A$ on va chercher à caractériser <u>l'ensemble, noté</u> $\{X_{T-} \in \mathbb{R}\}$, <u>où la limite à gauche en</u> T <u>existe et est réelle</u>. Remarquons que l'ensemble $\bigcup_{(n)} \{T_n = T < \infty\}$ est trivialement contenu dans $\{X_{T-} \in \mathbb{R}\}$.

Un lecteur intéressé seulement par les processus ordinaires, définis sur $\Omega \times \mathbb{R}_+$, prendra $T_n = n$, $T = \infty$, $A = \Omega \times \mathbb{R}_+$: cela ne simplifie d'ailleurs pas les démonstrations, mais seulement les notations.

§<u>a - Un résultat général sur les sousmartingales locales</u>. Commençons d'abord par deux résultats auxiliaires.

(5.17) LEMME: Si X est une surmartingale locale positive sur A (i.e. chaque X^{T_n} est une surmartingale locale positive), le processus $\tilde{X}$ défini par (5.7) est une surmartingale.

Si on prend $A = \Omega \times \mathbb{R}_+$, on en déduit en particulier que toute surmartingale locale positive, donc toute martingale locale positive, est une surmartingale.

Démonstration. Il existe d'après (5.3,b) une suite croissante (S_n) de temps d'arrêt telle que $A = \bigcup_{(n)} [\![0,S_n]\!]$ et que chaque X^{S_n} soit une surmartingale. Pour tout $t \in \mathbb{R}_+$ on a $\tilde{X}_t = \liminf_{(n)} X_t^{S_n}$. Si $s \leq t < \infty$, comme X est positive sur A, le lemme de Fatou permet d'écrire:

$$\tilde{X}_s = \liminf_{(n)} X_s^{S_n} = \liminf_{(n)} E(X_t^{S_n} | \underline{\underline{F}}_s) \geq E(\liminf_{(n)} X_t^{S_n} | \underline{\underline{F}}_s) = E(\tilde{X}_t | \underline{\underline{F}}_s) ;$$

en particulier chaque $\tilde{X}_t$ est intégrable, car X_0 est intégrable par hypothèse. On a donc le résultat.∎

(5.18) LEMME: Soit $S \in \underline{\underline{T}}_p$ tel que $[\![S]\!] \subset A$ et $X \in \underline{\underline{M}}^A_{loc}$ (resp. $\underline{\underline{A}}^A_{loc}$, resp. $(\underline{\underline{P}} \cap \underline{\underline{V}})^A$). Le processus $X^{S-} = X^S - \Delta X_S I_{[\![S,\infty[\![}$ est dans $\underline{\underline{M}}^A_{loc}$ (resp. $\underline{\underline{A}}^A_{loc}$, resp. $(\underline{\underline{P}} \cap \underline{\underline{V}})^A$).

Comme $[\![S]\!] \subset A$, ΔX_S est bien défini sur $\{S<\infty\}$. Le processus X^{S-} est le processus "arrêté strictement avant S": on a $X^{S-} = X$ sur $[\![0,S[\![$ et $X^{S-} = X_{S-}$ sur $[\![S,\infty[\![$.

Démonstration. Le résultat est évident pour $\underline{\underline{A}}^A_{loc}$, ainsi que pour $(\underline{\underline{P}} \cap \underline{\underline{V}})^A$ puisque S est prévisible. Supposons que $X \in \underline{\underline{M}}^A_{loc}$. Comme $(X^{S-})^R = (X^R)^{S-}$, pour montrer que $X^{S-} \in \underline{\underline{M}}^A_{loc}$ on peut par localisation supposer que $X \in \underline{\underline{H}}^1$ (appliquer (5.3,b) et le fait que $\underline{\underline{M}}_{loc} = \underline{\underline{H}}^1_{loc}$, donc $\underline{\underline{M}}^A_{loc} = (\underline{\underline{H}}^1_{loc})^A$). Mais alors $\Delta X_S I_{\{S<\infty\}}$ est intégrable, et $E(\Delta X_S | \underline{\underline{F}}^P_{S-}) = 0$ sur $\{S<\infty\}$, donc (1.45) entraine que $\Delta X_S I_{[\![S,\infty[\![} \in \underline{\underline{M}}$. Comme on a également $X^S \in \underline{\underline{M}}^A$, on a terminé.∎

Voici maintenant le résultat principal: c'est une application simple, et bien connue (sous des formes voisines, un peu moins générales) du théorème de convergence des surmartingales positives.

(5.19) THEOREME: Soit $M \in \underline{\underline{L}}^A$, $B \in (\underline{\underline{A}}^+_{loc})^A$ et $X = M + B$.

(a) Si $S(n) = \inf(t \in A : X_t \geq n)$, on suppose que pour tout n on a $E(X^+_{S(n)} \wedge \Delta X^+_{S(n)} I_{\{S(n)<\infty\}}) < \infty$. On a alors:

$$\{\sup_{t \in A} X_t < \infty\} \doteq \{X_{T-} \in \mathbb{R}\} \doteq \{M_{T-} \in \mathbb{R}\} \cap \{B_{T-} < \infty\}.$$

(b) Si $X \geq 0$ et si B est prévisible, on a

$$\{B_{T-} < \infty\} \doteq \{X_{T-} \in \mathbb{R}\} \cap \{M_{T-} \in \mathbb{R}\}.$$

Remarquons encore, pour la dernière fois, que sur l'ensemble $\bigcup_{(n)}\{T_n = T<\infty\}$ on a nécessairement: $\sup_{t\in A} X_t<\infty$, $X_{T-}\in\mathbb{R}$, $X_T\in\mathbb{R}$, $M_{T-}\in\mathbb{R}$, $M_T\in\mathbb{R}$, $B_{T-}<\infty$ et $B_T<\infty$! L'hypothèse de (5.19) revient simplement à dire que X est une <u>sousmartingale locale sur</u> A, et dans (b) que $X = M + B$ en est la décomposition canonique sur A (on a $X\in \underline{\underline{S}}_p^A$ d'après (2.19), et comme X est une <u>sous</u>martingale locale sur A, le processus B intervenant dans sa décomposition canonique est nécessairement croissant sur A). Enfin $\{S(n)<\infty\} = \{S(n)\in A\}$.

<u>Démonstration</u>. (a) La variable $U^n = n + X^+_{S(n)} \wedge \Delta X^+_{S(n)} I_{\{S(n)<\infty\}}$ est intégrable par hypothèse, et $X^{S(n)}\leq U^n$ sur A par définition même de $S(n)$ et U^n. Donc si Y^n désigne la martingale uniformément intégrable $Y^n_t = E(U^n|\underline{\underline{F}}_t)$, le processus $Z^n = Y^n - X^{S(n)}$ est une surmartingale locale positive sur A. D'après (5.17), $\tilde{Z}^n$ est une surmartingale positive, et le théorème de convergence des surmartingales positives entraine que $\tilde{Z}^n_{T-} = Z^n_{T-}$ existe P-p.s. dans $\mathbb{R}$. De même Y^n_{T-} existe P-p.s. dans $\mathbb{R}$, car $Y^n\in \underline{\underline{M}}$, donc $X^{S(n)}_{T-}$ existe P-p.s. dans $\mathbb{R}$. Mais on a $\{\sup_{t\in A} X_t<\infty\} = \bigcup_{(n)}\{S(n)=\infty\}$, d'où il découle l'inclusion $\{\sup_{t\in A} X_t<\infty\} \stackrel{\bullet}{\subset} \{X_{T-}\in\mathbb{R}\}$. L'inclusion inverse est évidente, car sur $\{T\in A\} = \bigcup_{(n)}\{T_n = T<\infty\}$ on a automatiquement $X_{T-}\in\mathbb{R}$, $X_T\in\mathbb{R}$ et $\sup_{t\in A} X_t<\infty$.

Comme B est croissant sur A, et $B_0 = X_0$, on a $M = X - B\leq X - X_0$ sur A. Par suite $M^{S(n)}\leq U^n - X_0$ sur A, et $U^n - X_0$ est intégrable. Le même raisonnement, appliqué à $M^{S(n)}$ au lieu de $X^{S(n)}$, montre que $M^{S(n)}_{T-}$ existe P-p.s. dans $\mathbb{R}$, d'où l'inclusion $\{\sup_{t\in A} X_t<\infty\}\stackrel{\bullet}{\subset}\{M_{T-}\in\mathbb{R}\}$. Par ailleurs on a les inclusions évidentes $\{X_{T-}\in\mathbb{R}\}\cap\{M_{T-}\in\mathbb{R}\}\subset\{B_{T-}<\infty\}$ et $\{B_{T-}<\infty\}\cap\{M_{T-}\in\mathbb{R}\}\subset\{X_{T-}\in\mathbb{R}\}$, d'où le résultat.

(b) Soit $R(n) = \inf(t\in A: B_t\geq n)$. Fixons n et posons $B' = B^{R(n)-}$, $M' = M^{R(n)-}$ et $X' = X^{R(n)-}$: on a $[\![R(n)]\!]\subset A$ et $R(n)$ est le début d'un ensemble prévisible contenant son début, donc $R(n)\in \underline{\underline{T}}_p$; d'après (5.18) $M'\in \underline{\underline{M}}^A_{loc}$, tandis que $X' = M' + B'$. Comme $B'_\infty\leq n$ et $X'\geq 0$, il vient $-M'\leq n$; donc le processus $-M'$ vérifie les hypothèses de la partie (a), tandis que $\sup_{t\in A}(-M'_t)\leq n$: on en déduit que M'_{T-} existe P-p.s. dans $\mathbb{R}$.

Mais $\{B_{T-}<\infty\} = \bigcup_{(n)}\{R(n)=\infty\}$, et $M_{T-} = M'_{T-}$ sur $\{R(n)=\infty\}$: donc $\{B_{T-}<\infty\}\stackrel{\bullet}{\subset}\{M_{T-}\in\mathbb{R}\}$. Comme on a encore les inclusions évidentes $\{B_{T-}<\infty\}\cap\{M_{T-}\in\mathbb{R}\}\subset\{X_{T-}\in\mathbb{R}\}$ et $\{M_{T-}\in\mathbb{R}\}\cap\{X_{T-}\in\mathbb{R}\}\subset\{B_{T-}<\infty\}$, on obtient le résultat.∎

Voici un premier corollaire. Dans celui-ci, comme dans le paragraphe suivant, on n'impose pas les conditions "minimales" dans le sens où chaque fois qu'on applique l'assertion (a) ci-dessus on suppose que $E(X_S^+ \wedge \Delta X_S^+ I_{\{S \in A\}}) < \infty$ pour tout $S \in \underline{\underline{T}}$ au lieu de le supposer pour $S = S(n)$ seulement: cela simplifie considérablement les énoncés.

On rappelle que si $B \in \underline{\underline{A}}_{loc}^A$, on définit B^p comme un processus prévisible, défini de manière unique sur A, et vérifiant $(B^p)^{T_n} = (B^{T_n})^p$.

(5.20) COROLLAIRE: Soit $B \in (\underline{\underline{A}}_{loc}^+)^A$.

(a) On a $\{B_{T-}^p < \infty\} \dot{\subset} \{B_{T-} < \infty\}$.

(b) Si $E(\Delta B_S I_{\{S \in A\}}) < \infty$ pour tout $S \in \underline{\underline{T}}$, on a $\{B_{T-}^p < \infty\} \doteq \{B_{T-} < \infty\}$.

Démonstration. Pour (a) on applique (5.19,b) à $M = B - B^p$ et $X = B$. Pour (b) on applique (5.19,a) à $X = M = B - B^p$, qui est dans $\underline{\underline{M}}_{loc}^A$: on a $E(|\Delta X_S| I_{\{S \in A\}}) < \infty$ pour tout $S \in \underline{\underline{T}}$ et $\{B_{T-} < \infty\} = \{\sup_{t \in A} X_t < \infty\} \doteq \{X_{T-} \in \mathbb{R}\}$. ∎

§b - Application aux martingales locales. Dans ce paragraphe on considère $M \in \underline{\underline{M}}_{loc}^A$. Ainsi qu'il est écrit avant (5.6), on lui associe le processus $[M,M]$, défini de manière unique sur A par $[M,M]^{T_n} = [M^{T_n}, M^{T_n}]$.

On fixe $a \in]0,\infty[$; on associe comme ci-dessus des processus $B(i,M)$ à M par (5.11): ces processus sont définis de manière unique sur A par $B(i,M)^{T_n} = B(i,M^{T_n})$, et ils sont dans $(\underline{\underline{A}}_{loc}^+)^A$. Enfin lorsque $[M,M] \in \underline{\underline{A}}_{loc}^A$ on pose $\langle M,M\rangle = [M,M]^p$, et on a $\langle M,M\rangle^{T_n} = \langle M^{T_n}, M^{T_n}\rangle$.

(5.21) THEOREME: Soit $M \in \underline{\underline{M}}_{loc}^A$.

(a) On a pour $i = 1,2,3,4$:

$$\{B(i,M)_{T-}^p < \infty\} \dot{\subset} \{M_{T-} \in \mathbb{R}\} \cap \{B(i,M)_{T-} < \infty\}.$$

(b) Si $E(|M_S| \wedge |\Delta M_S| I_{\{S \in A\}}) < \infty$ pour tout $S \in \underline{\underline{T}}$, on a pour $i = 1,2,3$:

$$\{\inf_{t \in A} M_t > -\infty\} \doteq \{\sup_{t \in A} M_t < \infty\} \doteq \{M_{T-} \in \mathbb{R}\} \dot{\subset} \{[M,M]_{T-} < \infty\} \dot{\subset} \{B(i,M)_{T-} < \infty\}.$$

(c) Si $E(|\Delta M_S| I_{\{S \in A\}}) < \infty$ pour tout $S \in \underline{\underline{T}}$, on a pour $i = 1,2,3$:

$$\{\inf_{t \in A} M_t > -\infty\} \doteq \{\sup_{t \in A} M_t < \infty\} \doteq \{M_{T-} \in \mathbb{R}\} \doteq \{[M,M]_{T-} < \infty\} \doteq$$
$$\doteq \{B(i,M)_{T-} < \infty\} \doteq \{B(i,M)_{T-}^p < \infty\}.$$

Démonstration. (a) L'inclusion $\{B(i,M)_{T-}^p < \infty\} \dot{\subset} \{B(i,M)_{T-} < \infty\}$ découle de (5.20). Par ailleurs (5.12) et (5.13) impliquent que $\{B(i,M)_{T-}^p < \infty\} \subset \{B(4,M)_{T-}^p < \infty\}$ pour $i = 1,2,3$.

On sait (voir la preuve de (5.15) par exemple) que $M = M_0 + M' + M''$ avec $M' \in (\underline{\underline{H}}_{loc}^2)^A$, $|\Delta M'| \leq 2a$ sur A, et $M'' \in \underline{\underline{A}}_{loc}^A$. De plus $B(4,M)^p = \langle M',M'\rangle + S(|\Delta M''|)^p$. D'une part $\{S(|\Delta M''|)_{T-}^p < \infty\} \subset \{S(|\Delta M''|)_{T-} < \infty\}$ d'après (5.20) et comme $M'' = S(\Delta M'') - S(\Delta M'')^p$ sur A on en déduit l'inclusion

$\{S(|\Delta M''|)^p_{T-}<\infty\} \dot{\subset} \{M''_{T-}\in \mathbb{R}\}$. D'autre part si $S(n) = \inf(t\in A: <M',M'>_t \geq n)$ et si on utilise la notation (5.7), on a $<M',M'>^{S(n)} \leq n+4a^2$, puisque $|\Delta M'|\leq 2a$, donc $\Delta<M',M'>\leq 4a^2$ sur A. (5.9) implique alors que M'^{S_n} est dans $\underline{\underline{H}}^2$, donc dans $\underline{\underline{M}}$, donc $M'^{S_n}_{T-}$ existe P-p.s. dans $\mathbb{R}$. Comme $\{<M',M'>_{T-}<\infty\} \subset \bigcup_{(n)}\{S(n)=\infty\}$, on en déduit que $\{<M',M'>_{T-}<\infty\} \dot{\subset} \{M'_{T-}\in\mathbb{R}\}$. En rassemblant ces résultats, on obtient:

$$\{B(4,M)^p_{T-}<\infty\} = \{<M',M'>_{T-}<\infty\} \cap \{S(|\Delta M''|)^p_{T-}<\infty\} \dot{\subset} \{M_{T-}\in\mathbb{R}\}.$$

(b) Pour obtenir les deux premières égalités, il suffit d'appliquer (5.19,a) aux processus $X=M$ et $X=-M$. Soit $S(n) = \inf(t\in A: |M_t|\geq n)$. Sur A on a $|M^{S(n)}| \leq n + |M_{S(n)}| \wedge |\Delta M_{S(n)}| I_{\{S(n)\in A\}}$, qui est intégrable par hypothèse: d'après (5.9) on a alors $E(\widetilde{[M,M]}^{1/2}_{S(n)})<\infty$, donc $[M,M]^{S(n)}_{T-}<\infty$; comme $\{M_{T-}\in\mathbb{R}\} \subset \bigcup_{(n)}\{S(n)=\infty\}$ on en déduit que $\{M_{T-}\in\mathbb{R}\} \dot{\subset} \{[M,M]_{T-}<\infty\}$. Enfin $B(2,M) \leq [M,M]$, d'où la dernière inclusion pour $i=2$, donc $i=1$ et $i=3$ d'après (5.12).

(c) Comme $\Delta B(1,M) \leq a\vee|\Delta M|$ sur A, on a $E(\Delta B(i,M)_S I_{\{S\in A\}})<\infty$ pour tout $S\in\underline{\underline{T}}$, et $i=1,2,3$ (utiliser encore (5.12) pour $i=2,3$), d'où la dernière égalité d'après (5.20). Le résultat découle alors de la combinaison de (a) et de (b).■

(5.22) COROLLAIRE: <u>Soit</u> $M\in(\underline{\underline{H}}^2_{loc})^2$.

(a) <u>On a</u> $\{<M,M>_{T-}<\infty\} \dot{\subset} \{[M,M]_{T-}<\infty\} \cap \{M_{T-}\in\mathbb{R}\}$.

(b) <u>Si</u> $E((\Delta M_S)^2 I_{\{S\in A\}})<\infty$ <u>pour tout</u> $S\in\underline{\underline{T}}$, <u>on a</u>:

$$\{<M,M>_{T-}<\infty\} \doteq \{[M,M]_{T-}<\infty\} \doteq \{M_{T-}\in\mathbb{R}\}.$$

<u>Démonstration</u>. (a) D'après (5.20) on a $\{<M,M>_{T-}<\infty\} \dot{\subset} \{[M,M]_{T-}<\infty\}$. Les processus $(M^+)^2$, $(M^-)^2$ et M^2 sont des sousmartingales locales positives sur A, dont on note $(M^+)^2 = N+B$, $(M^-)^2 = N'+B'$ et $M^2 - N''+<M,M>$ les décompositions canoniques sur A. Comme $M^2 = (M^+)^2+(M^-)^2$ on a $<M,M> = B+B'$ sur A, donc $\{<M,M>_{T-}<\infty\} \subset \{B_{T-}<\infty\} \cap \{B'_{T-}<\infty\}$. Mais d'après (5.19,b) on a $\{B_{T-}<\infty\} \dot{\subset} \{(M^+)^2_{T-}\in\mathbb{R}\}$ et $\{B'_{T-}<\infty\} \dot{\subset} \{(M^-)^2_{T-}\in\mathbb{R}\}$. Le résultat découle alors de l'inclusion évidente: $\{(M^+)^2_{T-}\in\mathbb{R}\} \cap \{(M^-)^2_{T-}\in\mathbb{R}\} \subset \{M_{T-}\in\mathbb{R}\}$.

(b) La première égalité découle de l'hypothèse et de (5.20). La seconde découle de (5.21,c).■

Pour terminer, nous allons compléter le théorème (5.19) sur les sousmartingales. Voici d'abord un lemme préliminaire.

(5.23) LEMME: <u>Soit</u> X <u>une sousmartingale locale de décomposition canonique</u> $X=M+B$. <u>Pour que</u> $M\in\underline{\underline{H}}^2_{loc}$ <u>il faut et il suffit que</u> $[X-X_0,X-X_0]\in\underline{\underline{A}}_{loc}$

et dans ce cas on a

$$\langle X - X_0, X - X_0 \rangle = \langle M,M \rangle + [B - X_0, B - X_0].$$

Démonstration. Quitte à remplacer X par $X - X_0$ et B par $B - X_0$, on peut supposer que $X_0 = 0$. D'après les formules d'intégration par parties (2.53), appliquées à X^2 et à $M^2 + B^2 + 2BM$, on obtient que

$$X^2 - 2X_- \bullet B - [X,X] \in \underline{\underline{L}}$$

$$X^2 - [M,M] - 2B_- \bullet B - [B,B] - 2M_- \bullet B = X^2 - 2X_- \bullet B - [M,M] - [B,B] \in \underline{\underline{L}},$$

donc

$$[X,X] - [M,M] - [B,B] \in \underline{\underline{L}} \cap \underline{\underline{V}} = \underline{\underline{L}} \cap \underline{\underline{A}}_{loc}.$$

Mais $[B,B] \in \underline{\underline{V}}_0 \cap \underline{\underline{P}} \subset \underline{\underline{A}}_{loc} \cap \underline{\underline{P}}$, donc $[X,X] - [M,M] \in \underline{\underline{A}}_{loc}$. Par suite $[X,X] \in \underline{\underline{A}}_{loc}$ si et seulement si $[M,M] \in \underline{\underline{A}}_{loc}$, c'est-à-dire si $M \in \underline{\underline{H}}^2_{loc}$. Comme la projection prévisible duale de $[X,X] - [M,M] - [B,B]$ doit être nulle dans ce cas, on en déduit qu'alors $\langle X,X\rangle - \langle M,M\rangle - [B,B] = 0$. ∎

(5.24) PROPOSITION: Soit $M \in \underline{\underline{L}}^A$, $B \in (\underline{\underline{P}} \cap \underline{\underline{A}}^+_{loc})^A$ et $X = M + B$. On suppose que $E((\Delta X_S)^2 I_{\{S \in A\}}) < \infty$ pour tout $S \in \underline{\underline{T}}$. Alors $M \in (\underline{\underline{H}}^2_{loc})^A$, $[X - X_0, X - X_0] \in \underline{\underline{A}}^A_{loc}$, et

$$\{X_{T-} \in \mathbb{R}\} \stackrel{\bullet}{=} \{B_{T-} < \infty\} \cap \{M_{T-} \in \mathbb{R}\} \stackrel{\bullet}{=} \{B_{T-} + \langle M,M\rangle_{T-} < \infty\} = \{B_{T-} + \langle X-X_0, X-X_0\rangle_{T-} < \infty\}.$$

Démonstration. L'hypothèse entraine que $\Delta[X - X_0, X - X_0]_S I_{\{S \in A\}}$ est intégrable pour tout $S \in \underline{\underline{T}}$, donc $[X - X_0, X - X_0] \in \underline{\underline{A}}^A_{loc}$ et $M \in (\underline{\underline{H}}^2_{loc})^A$ d'après (5.23). De plus $\Delta M = \Delta X - {}^p(\Delta X)$ sur A, donc $\Delta M_S I_{\{S \in A\}}$ est de carré intégrable pour tout $S \in \underline{\underline{T}}$. La seconde égalité découle alors de (5.22), tandis que la première découle de (5.19,a). Enfin, la dernière égalité découle de (5.23), puisque $\{B_{T-} < \infty\} \subset \{[B - X_0, B - X_0]_{T-} < \infty\}$ de manière évidente. ∎

EXERCICES

5.4 - Si $M \in \underline{\underline{M}}$ montrer que $[M,M]_\infty \stackrel{\bullet}{<} \infty$.

5.5 - Soit $M \in \underline{\underline{M}}_{loc}$ telle que $E(|\Delta M_S| I_{\{S<\infty\}}) < \infty$ pour tout $S \in \underline{\underline{T}}$. Montrer que $\{M_\infty \in \mathbb{R}\} \stackrel{\bullet}{=} \{M^c_\infty \in \mathbb{R}\} \cap \{M^d_\infty \in \mathbb{R}\}$.

5.6 - On se place dans le cadre de l'exercice 2.16, avec $P(T \geq t) = \frac{1}{2}(1 + e^{-t})$ Soit $f : \mathbb{R}_+ \longrightarrow \mathbb{R}$ telle que $\sup_{s \leq t} |f(s)| < \infty$ pour tout $t < \infty$.

a) Montrer que $B = f(T) I_{[\![T,\infty[\![}$ appartient à $\underline{\underline{A}}_{loc}$.

b) Montrer que $B^p_t = \int_{[0,T\wedge t]} f(u) \frac{e^{-u}}{1 + e^{-u}} du$ (on pourra utiliser (3.40)).

c) Choisir $f \geq 0$ de sorte qu'on ait $P(B_\infty < \infty, B^p_\infty = \infty) > 0$: l'assertion (5.20,b) n'est donc pas vraie sans hypothèses sur B.

d) Montrer que $X = B - B^p$ est dans $\underline{\underline{H}}^2_{loc}$; calculer $[X,X]$ et $<X,X>$; choisir f pour que $P(<X,X>_\infty < \infty,\ X_\infty$ n'existe pas$) > 0$: l'assertion (5.22,b) n'est donc pas vraie sans hypothèse sur X.

5.7 - Soit N le processus de comptage d'un processus ponctuel (§III-2-b). Soit $B = N^p$ et $X = N - B$. On suppose B <u>continu</u>.

a) Montrer que $<X,X> = B$.

b) Montrer que $\{X_\infty \in \mathbb{R}\} \stackrel{\circ}{=} \{B_\infty < \infty\}$.

c) En déduire que si N est un processus de Poisson, on a P-p.s.: $\lim\sup_{t\uparrow\infty} X_t \stackrel{\circ}{=} \infty$ et $\lim\inf_{t\uparrow\infty} X_t \stackrel{\circ}{=} -\infty$.

4 - VARIATION QUADRATIQUE DES SEMIMARTINGALES

Nous avons souligné dans la remarque (2.31) que la définition (2.24) du crochet $[X,Y]$ était assez artificielle, et qu'en fait ce processus avait une interprétation comme "variation quadratique croisée" de X et Y (ou, variation quadratique de X si $X = Y$).

Or, si X et Y sont deux processus, on peut construire la variation quadratique croisée de la manière suivante: pour toute subdivision finie $I = \{0 = t_0 < t_1 < \dots < t_n = t\}$ de $[0,t]$, on pose

$$(5.25)\qquad v_I(X,Y) = X_0Y_0 + \sum_{0\leq i\leq n-1} (X_{t_{i+1}} - X_{t_i})(Y_{t_{i+1}} - Y_{t_i}).$$

La variation quadratique croisée de X et Y entre 0 et t sera la limite éventuelle (dans un sens à préciser) des variables $v_I(X,Y)$, lorsque le pas de la subdivision I de $[0,t]$ tend vers 0.

Nous nous proposons de montrer le:

(5.26) THEOREME: <u>Si</u> $X, Y \in \underline{\underline{S}}$, <u>pour tout</u> $t \in \mathbb{R}_+$ <u>les variables</u> $v_I(X,Y)$ <u>convergent en probabilité vers</u> $[X,Y]_t$ <u>lorsque le pas de la subdivision</u> I <u>de</u> $[0,t]$ <u>tend vers</u> 0.

(5.27) <u>Remarques</u>: 1) L'ensemble des processus X pour lesquels $v_I(X,X)$ converge en probabilité est un espace vectoriel; de plus $v_I(X,Y)$, comme $[X,Y]$ lorsque $X, Y \in \underline{\underline{S}}$, est bilinéaire en X, Y: il suffit donc de montrer le théorème lorsque $X = Y$, le cas général s'en déduisant par polarisation. Mais dans la démonstration nous aurons besoin, de toutes façons, de la variation croisée $v_I(X,Y)$.

2) Il y a des cas où $v_I(X,Y)$ converge en probabilité,

bien que X ne soit pas une semimartingale: par exemple si f est une fonction de classe C^1 et si $Y \in \underline{\underline{S}}$, alors pour le processus $X = f(Y)$ (qui n'est pas nécessairement une semimartingale) les variables $v_I(X,X)$ convergent en probabilité vers une limite: voir Meyer [5].

Notre démonstration suit d'assez près celle de Meyer [5,pp.356-358].

(5.28) LEMME: <u>Soit</u> $X, Y \in \underline{\underline{S}}$ <u>et une suite</u> (T_n) <u>de temps d'arrêt croissant P-p.s. vers</u> $+\infty$, <u>telle que</u> $v_I(X^{T_n}, Y^{T_n})$ <u>tende en probabilité vers</u> $[X^{T_n}, Y^{T_n}]_t$ <u>pour tout</u> n. <u>Alors</u> $v_I(X,Y)$ <u>tend en probabilité vers</u> $[X,Y]_t$.

<u>Démonstration</u>. C'est immédiat, du fait que $v_I(X,Y) = v_I(X^{T_n}, Y^{T_n})$ et $[X,Y]_t = [X^{T_n}, Y^{T_n}]_t$ sur $\{t \leq T_n\}$. ∎

(5.29) LEMME: <u>Si</u> $X \in \underline{\underline{V}}$ <u>et si</u> Y <u>est un processus réel continu à droite et limité à gauche, les</u> $v_I(X,Y)$ <u>convergent P-p.s. vers</u> $S(\Delta X \Delta Y)_t$.

<u>Démonstration</u>. Pour presque tout ω on a $Y_t^*(\omega) < \infty$ et la mesure signée $dX_s(\omega)$ est finie sur $[0,t]$. Fixons un tel ω. La fonction

$$h_I(s) = I_{\{0\}}(s) Y_0(s) + \sum_{i=0}^{n-1} I_{]t_i, t_{i+1}]}(s)(Y_{t_{i+1}}(\omega) - Y_{t_i}(\omega))$$

tend vers la fonction $h(s) = \Delta Y_s(\omega)$, tout en restant majorée par $2Y_t^*(\omega)$, lorsque le pas de I tend vers 0. On a $v_I(X,Y)(\omega) = \int_{[0,t]} h_I(s) dX_s(\omega)$, donc le théorème de convergence dominée entraine que $v_I(X,Y)(\omega)$ converge vers $\int_{[0,t]} h(s) dX_s(\omega) = S(\Delta X \Delta Y)_t(\omega)$, d'où le résultat. ∎

(5.30) LEMME: <u>Si</u> $X \in \underline{\underline{L}}^c$ <u>et</u> $Y \in \underline{\underline{H}}^{\infty}_{0,loc}$, $v_I(X,Y)$ <u>converge en probabilité vers</u> $[X,Y]_t$.

<u>Démonstration</u>. Les processus $X^*, Y^*, [Y,Y], \int^{\cdot} |d[X,Y]_s|$ étant localement bornés par hypothèse, quitte à localiser et à utiliser (5.28) on peut supposer qu'ils sont bornés par une constante a, et on va montrer qu'il y a alors convergence dans L^2. Pour simplifier les notations on écrit $X(i) = X_{t_{i+1}} - X_{t_i}$, $Y(i) = Y_{T_{i+1}} - Y_{t_i}$, $Z(i) = [X,Y]_{t_{i+1}} - [X,Y]_{t_i}$. Comme X, Y, $XY - [X,Y]$ sont dans $\underline{\underline{M}}_0$ on a $E[(X(j)Y(j) - Z(j)) | \underline{\underline{F}}_{t_j}] = 0$, de sorte que

$$E[(v_I(X,Y) - [X,Y]_t)^2] = E[(\textstyle\sum_i (X(i)Y(i) - Z(i)))^2] = E[\textstyle\sum_i (X(i)Y(i) - Z(i))^2]$$
$$= E(\textstyle\sum_i X(i)^2 Y(i)^2) + E(\textstyle\sum_i Z(i)^2) - 2E(\textstyle\sum_i X(i)Y(i)Z(i)).$$

Nous allons montrer successivement que ces trois termes tendent vers 0 quand le pas de I tend vers 0. X et $[X,Y]$ sont P-p.s. continus, donc uniformément continus, sur $[0,t]$. Donc les variables $\sup_i |X(i)|$ et $\sup_i |Z(i)|$ tendent P-p.s. vers 0, tout en restant bornées par $2a$.

D'abord $|Y(i)| \leq 2a$ et $\sum_i |Z(i)| \leq a$, donc

$$|E(\textstyle\sum_i X(i)Y(i)Z(i))| \leq 2a^2 E(\sup_i |X(i)|)$$

tend vers 0. De même

$$E(\sum_i Z(i)^2) \leq E[(\sup_i |Z(i)|)\sum_i |Z(i)|] \leq a\,E(\sup_i |Z(i)|)$$

tend vers 0. Enfin d'après l'imégalité de Hölder,

$$E(\sum_i X(i)^2 Y(i)^2) \leq E[\sup_i X(i)^2 \sum_i Y(i)^2]$$
$$\leq E(\sup_i X(i)^4)\, E((\sum_i Y(i)^2)^2)^{1/2}.$$

Le premier facteur tend vers 0. Quant au second, nous allons le majorer indépendamment de I : en effet on a $Y^2 - [Y,Y] \in \underline{\underline{M}}_o$, donc

$$E((\sum_i Y(i)^2)^2) = E(\sum_i Y(i)^4) + 2E(\sum_i \sum_{j>i} Y(i)^2 Y(j)^2)$$
$$= E(\sum_i Y(i)^4) + 2E(\sum_i Y(i)^2([Y,Y]_t - [Y,Y]_{t_{j+1}}))$$
$$\leq (4a^2+2a)E(\sum_i Y(i)^2) = (4a^2+2a)E([Y,Y]_t) \leq (4a^2+2a)a. ∎$$

<u>Démonstration de (5.26)</u>. On peut supposer que $Y = X$, le résultat général étant obtenu par polarisation. D'après (2.16) on a $X = X^c + M + A$ avec $M \in \underline{\underline{H}}^{\infty}_{o,loc}$ et $A \in \underline{\underline{V}}$. Quitte à localiser et à appliquer (5.28) on peut supposer aussi que $M \in \underline{\underline{H}}^2$. D'après la preuve de (2.28), pour tout $\varepsilon > 0$ il existe $M' \in \underline{\underline{H}}^2_o$, $M'' \in \underline{\underline{A}} \cap \underline{\underline{H}}^{\infty}_{o,loc}$ tels que $M = M' + M''$ et $\|M'\|_{H^2} \leq \varepsilon$. Un calcul simple montre que

$$v_I(X,X) = v_I(X^c, X^c + 2M'') + v_I(X + X^c + M', M'' + A) + v_I(M',M')$$
$$[X,X] = [X^c, X^c + 2M''] + [X + X^c + M', M'' + A] + [M',M'].$$

D'après (5.30) (resp. (5.29)), $v_I(X^c, X^c+M'')$ (resp. $v_I(X+X^c+M', M''+A)$) tend en probabilité vers $[X^c, X^c+M'']_t$ (resp. p.s. vers $[X+X^c+M', M''+A]_t$). Par ailleurs $M'^2 - [M',M'] \in \underline{\underline{M}}_o$, et il est facile d'en déduire (cf. la fin de la preuve de (5.30)) que $E(v_I(M',M')) = E([M',M']_t)$, qui est majoré par ε^2 indépendamment de la subdivision I. En choisissant ε arbitrairement petit, on en déduit aisément que $v_I(X,X)$ converge en probabilité vers $[X,X]_t$, d'où le résultat. ∎

On peut parfois faire un peu mieux que la convergence en probabilité: nous avons vu en (5.29) une convergence presque sûre. On pourrait aussi montrer (voir Meyer [4]) que

(5.31) PROPOSITION: <u>Si</u> $X = M + A$ <u>vérifie</u> $M \in \underline{\underline{H}}^2_o$ <u>et</u> $\int^{\infty} |dA_s| \in L^2$, <u>alors les variables</u> $v_I(X,X)$ <u>convergent dans</u> L^1 <u>vers</u> $[X,X]_t$ <u>lorsque le pas de la subdivision</u> I <u>de</u> $[0,t]$ <u>tend vers</u> 0.

5 - QUASIMARTINGALES

Soit X un processus. Si $t_1 < t_2 < \dots < t_n$ on pose

(5.32) $$\mathrm{var}(X;t_1,\dots,t_n) = \sum_{i\leq n-1} |E(X_{t_{i+1}} - X_{t_i} | \underline{\underline{F}}_{t_i})| + |X_{t_n}| ,$$

avec la convention que cette expression vaut $+\infty$ si l'une des espérances conditionnelles n'est pas définie. On pose aussi:

(5.33) $$\mathrm{Var}(X) = \sup_{n,t_1,\dots,t_n} E[\mathrm{var}(X;t_1,\dots,t_n)] ,$$

qu'on appelle la <u>variation conditionnelle</u> de X. Elle dépend essentiellement de la probabilité P et de la filtration $\underline{\underline{F}}$, et on écrit si besoin est $\mathrm{Var}_{\underline{\underline{F}}}(X)$, ou $\mathrm{Var}_{\underline{\underline{F}},P}(X)$.

(5.34) DEFINITION: <u>Une quasimartingale est un processus</u> X <u>à trajectoires continues à droite et limitées à gauche,</u> $\underline{\underline{F}}^P$<u>-adapté, tel que</u> $\mathrm{Var}(X)<\infty$.

Par un abus de langage auquel on est maintenant habitué, on identifie une quasimartingale avec sa classe d'équivalence pour la relation: P-indistinguabilité. On note $\underline{\underline{Q}}$ l'ensemble des (classes d'équivalence de) quasimartingale, $\underline{\underline{Q}}(\underline{\underline{F}}^P,P)$ s'il faut préciser.

(5.35) <u>Remarque</u>: On appelle parfois $\mathrm{Var}(X)$ la "variation" de X ; mais nous préférons "variation conditionnelle" pour distinguer d'avec l'espérance de la "variation par trajectoire" $E(\int^\infty |dX_s|)$. De même, une quasimartingale est parfois appelée "processus à variation bornée" (terminologie qui prête facilement à confusion avec la classe $\underline{\underline{A}}$). Fisk [1] ayant été le premier à introduire les quasimartingales, celles-ci sont aussi appelées F-processus. Enfin, le terme "quasimartingale" provient de ce que ces processus ont les mêmes propriétés de régularité des trajectoires que les martingales: plus précisément, si X est un processus $\underline{\underline{F}}^P$-adapté tel que $\mathrm{Var}(X)<\infty$, P-presque toutes ses trajectoires sont limitées à gauche et à droite le long des rationnels. ∎

Il est évident que $\underline{\underline{Q}}$ est un espace vectoriel. On a $\underline{\underline{M}}\subset\underline{\underline{Q}}$ (car si $X\in\underline{\underline{M}}$, $\mathrm{Var}(X)=\sup_{(t)} E(|X_t|)$), et $\underline{\underline{A}}\subset\underline{\underline{Q}}$ (car si $X\in\underline{\underline{A}}$, on a $\mathrm{Var}(X)\leq 2E(\int^\infty |dX_s|)$). Par localisation, on en déduit que $\underline{\underline{S}}_p\subset\underline{\underline{Q}}_{loc}$ ($\underline{\underline{Q}}_{loc}$ est encore une fois défini par (0.39)). Nous nous proposons de montrer dans cette partie le théorème suivant.

(5.36) THEOREME: <u>On a</u> $\underline{\underline{S}}_p=\underline{\underline{Q}}_{loc}$.

Il existe diverses démonstrations, toutes assez longues, de ce théorème.

Celle que nous proposons ici est fortement inspirée du livre de Kussmaul [1]. A cette occasion, nous introduisons la mesure de Föllmer d'un processus, mais nous nous contentons de l'utiliser comme outil de démonstration, sans en faire une étude et une exploitation systématiques.

Nous avons besoin d'introduire également quelques notations et conventions. D'abord, tout processus X est prolongé en $t=\infty$ par

(5.37) Convention: $X_\infty = 0$.

Cette convention, faite exclusivement dans cette partie, diffère de la convention habituelle selon laquelle X_∞ est la variable terminale $\lim_{t\uparrow\infty} X_t$ lorsqu'elle existe. De même, notre espace de base sera $\Omega\times]0,\infty]$ et l'intervalle stochastique $]\!]S,T]\!]$ sera: $]\!]S,T]\!] = \{(\omega,t): S(\omega)<t\leq T(\omega)\}$, ce qui diffère également de la notation (0.19).

On note $\underline{\underline{D}}$ l'algèbre constituée des réunions finies d'ensembles de la forme $A\times]s,t]$ $(0\leq s<t\leq\infty,\ A\in\underline{\underline{F}}_t)$. Un temps d'arrêt est dit étagé s'il ne prend qu'un nombre fini de valeurs; si S est un tel temps d'arrêt, prenant les valeurs $s_1,\ldots,s_n$, et si $A_i=\{S=s_i\}$, on a $]\!]S,\infty]\!] = \bigcup_{i\leq n} A_i\times]s_i,\infty]\in\underline{\underline{D}}$; inversement $A\times]s,t] =]\!]s_A,t_A]\!]$: donc $\underline{\underline{D}}$ est exactement l'ensemble des intervalles stochastiques $]\!]S,T]\!]$, où S et T décrivent l'ensemble des temps d'arrêt étagés. Remarquons que, d'après (1.8), les restrictions de $\sigma(\underline{\underline{D}})$ et de $\underline{\underline{P}}$ à $\Omega\times]0,\infty[$ sont égales.

Selon l'usage, le terme "mesure" implique la σ-additivité. Nous aurons à utiliser ici des fonctions d'ensemble sur $\underline{\underline{D}}$ qui sont additives, mais pas nécessairement σ-additives: nous les appellerons "mesures additives".

Si X est un processus tel que chaque X_t soit intégrable, on pose

(5.38) $$m_X(A\times]s,t]) = E(I_A(X_t - X_s)) \qquad (0\leq s<t\leq\infty, A\in\underline{\underline{F}}_t),$$

et on prolonge par additivité à l'algèbre $\underline{\underline{D}}$: on définit ainsi une mesure additive sur $\underline{\underline{D}}$, appelée la mesure de Föllmer de X. Si S et T sont deux temps d'arrêt étagés tels que $S\leq T$, on a évidemment $m_X(]\!]S,T]\!]) = E(X_T - X_S)$.

Si X et Y sont deux processus $\underline{\underline{F}}^P$-adaptés ayant même mesure de Föllmer, on a $X_t \overset{P}{=} Y_t$ pour tout t (donc, si de plus ils sont continus à droite, ils sont P-indistinguables), car on a $E(I_A X_t) = -m_X(A\times]t,\infty])$ pour tous $t\in\mathbb{R}_+$, $A\in\underline{\underline{F}}_t$.

On rappelle que la "mesure variation" de m_X est la mesure additive positive définie sur $\underline{\underline{D}}$ par $|m_X|(C) = \sup\sum_i |m_X(C_i)|$, où la famille (C_i) décrit toutes les partitions finies $\underline{\underline{D}}$-mesurables de C.

Enfin, une dernière notation: si $(T_i)_{1\leq i\leq n}$ est une suite croissante de temps d'arrêt étagés, on pose

$$\mathrm{var}(X;T_1,..,T_n) = \sum_{i\leq n-1} |E(X_{T_{i+1}} - X_{T_i} | \underline{\underline{F}}_{T_i})| + |X_{T_n}| ,$$

ce qui généralise la notation (5.32).

Voici une première caractérisation des quasimartingales.

(5.39) PROPOSITION: <u>Si X est un processus $\underline{\underline{F}}^P$-adapté, on a</u>

$$\mathrm{Var}(X) = \sup_{(T_i)} E[\mathrm{var}(X;T_1,..,T_n)] = |m_X|(\Omega\times]0,\infty]) ,$$

<u>où la borne supérieure est prise sur toutes les suites croissantes finies de temps d'arrêt étagés.</u>

Par suite, un processus $\underline{\underline{F}}^P$-adapté, continu à droite et limité à gauche, est une quasimartingale si et seulement si sa mesure de Föllmer est finie.

<u>Démonstration</u>. Soit a la borne supérieure des $E[\mathrm{var}(X;T_1,..,T_n)]$. En premier lieu, il est évident que $\mathrm{Var}(X)\leq a$.

Soit S et T deux temps d'arrêt étagés tels que $S\leq T$. Soit $A = \{E(X_T - X_S|\underline{\underline{F}}_S)\geq 0\}$. Les ensembles $]\!]S_A,T_A]\!]$ et $]\!]S_{A^c},T_{A^c}]\!]$ constituent une partition $\underline{\underline{D}}$-mesurable de $]\!]S,T]\!]$, et

$$E[|E(X_T - X_S|\underline{\underline{F}}_S)|] = |m_X(]\!]S_A,T_A]\!])| + |m_X(]\!]S_{A^c},T_{A^c}]\!])| .$$

D'autre part si $(T_i)_{1\leq i\leq n}$ est une suite croissante de temps d'arrêt étagés et si on pose $T_{n+1}=\infty$, en utilisant le fait que $X_\infty = 0$ on obtient

$$E[\mathrm{var}(X;T_1,..,T_n)] = \sum_{i\leq n} E[|E(X_{T_{i+1}} - X_{T_i}|\underline{\underline{F}}_{T_i})|];$$

si on divise en deux chacun des intervalles $]\!]T_i,T_{i+1}]\!]$ à la manière précédente, on obtient une partition $\underline{\underline{D}}$-mesurable $(C_i)_{i\leq 2n}$ de $]\!]T_1,\infty]\!]$, et il vient

$$E[\mathrm{var}(X;T_1,..,T_n)] = \sum_{1\leq i\leq 2n} |m_X(C_i)| .$$

Par suite on a: $a\leq |m_X|(\Omega\times]0,\infty])$.

Enfin, soit $(C_i)_{i\leq q}$ une partition finie $\underline{\underline{D}}$-mesurable de $\Omega\times]0,\infty]$. Quitte à en subdiviser chacun des éléments, on peut supposer qu'il existe une suite $0=t_1<..<t_{n+1}=\infty$ et pour chaque $k\leq n$ une partition $\underline{\underline{F}}_{t_k}$-mesurable finie $(A_{kj})_{j\leq p(k)}$ de Ω, telle que chaque C_i soit de la forme $A_{kj}\times]t_k,t_{k+1}]$. Si $Z_k = E(X_{t_{k+1}} - X_{t_k}|\underline{\underline{F}}_{t_k})$ et si $B_k = \{Z_k\geq 0\}$, on peut même supposer que chaque A_{kj} est contenu dans B_k, ou dans son complémentaire. Mais alors $|m_X(A_{kj}\times]t_k,t_{k+1}])| = E(I_{A_{kj}}|Z_k|)$, et

$$\sum_{i\leq q} |m_X(C_i)| = \sum_{k\leq n}\sum_{j\leq p(k)} E(I_{A_{kj}}|Z_k|) = \sum_{k\leq n} E(|Z_k|) = E[\mathrm{var}(X;t_1,..,t_n)]$$

Par suite $|m_X|(\Omega\times]0,\infty])\leq \mathrm{Var}(X)$. ∎

(5.40) LEMME: Soit X une quasimartingale. Si (T_n) est une suite de temps d'arrêt étagés décroissant vers le temps d'arrêt étagé T, les variables X_{T_n} convergent vers X_T dans L^1 et P-p.s.

Démonstration. La convergence presque sûre provient de la continuité à droite du processus. D'après (5.39), $\sum_{n\leq N} \|E(X_{T_n} - X_{T_{n+1}} | \underline{\underline{F}}_{T_{n+1}})\|_1 \leq \mathrm{Var}(X)$ pour tout N. On en déduit que pour tout $\varepsilon > 0$ il existe un k tel que $\|E(X_{T_k} - X_{T_n} | \underline{\underline{F}}_{T_n})\|_1 \leq \varepsilon$ pour tout $n \geq k$. D'autre part la suite $M_n = E(X_{T_k} | \underline{\underline{F}}_{T_n})$ est uniformément intégrable, donc il existe un $\delta > 0$ tel que si $P(A) \leq \delta$, on a $E(I_A |M_n|) \leq \varepsilon$ pour tout $n \geq k$. Enfin comme X_{T_n} tend P-p.s. vers X_T, il existe N tel que si $m,n \geq N$ et $A_{mn} = \{|X_{T_n} - X_{T_m}| \geq \varepsilon\}$, on ait $P(A_{mn}) \leq \delta$. Il vient alors

$$E(|X_{T_m} - X_{T_n}|) \leq \varepsilon + E(I_{A_{mn}} |X_{T_n}|) + E(I_{A_{mn}} |X_{T_m}|)$$
$$\leq \varepsilon + E(I_{A_{mn}} |M_n|) + \|X_{T_n} - M_n\|_1 + E(I_{A_{mn}} |M_m|) + \|X_{T_m} - M_m\|_1 \leq 5\varepsilon .$$

On en déduit que la suite (X_{T_n}) est de Cauchy dans L^1, d'où le résultat.∎

Nous pouvons maintenant passer à la démonstration du théorème (5.36). En fait, nous allons démontrer en même temps le théorème suivant.

(5.41) THEOREME: Pour qu'une mesure additive m sur $\underline{\underline{D}}$ soit la mesure de Föllmer d'une quasimartingale, il faut et il suffit qu'elle vérifie:

(C1) $|m|(\Omega \times]0,\infty]) < \infty$;

(C2) pour tout $t \in \mathbb{R}_+$, la mesure $m(.\times]t,\infty])$ est σ-additive sur $(\Omega, \underline{\underline{F}}_t)$ et absolument continue par rapport à la restriction de P à $\underline{\underline{F}}_t$;

(C3) si (T_n) est une suite de temps d'arrêt étagés décroissant vers le temps d'arrêt étagé T, alors $m(]\!]T,T_n]\!])$ tend vers 0.

Démonstrations de (5.36) et (5.41). On a déjà vu que $\underline{\underline{S}}_p \subset \underline{\underline{Q}}_{loc}$. Si $X \in \underline{\underline{Q}}$, m_X satisfait les conditions de l'énoncé d'après (5.39) et (5.40). Il reste à montrer que si m est une mesure additive vérifiant ces conditions, c'est la mesure de Föllmer d'un $X \in \underline{\underline{S}}_p$.

On sait qu'on peut décomposer m en ses parties positive et négative $m^+ = (|m| + m)/2$ et $m^- = m^+ - m$: ce sont encore des mesures additives sur $\underline{\underline{D}}$. Nous allons montrer successivement que $|m|$ (donc m^+ et m^-) vérifient les conditions de l'énoncé, puis que m^+ (resp. m^-) est la mesure de Föllmer d'une sousmartingale négative $X(+)$ (resp. $X(-)$). Le processus $X = X(+) - X(-)$ répond alors à la question.

(i) Il est évident que $|m|$ vérifie (C1) et (C2). Pour (C3), il faut montrer que $|m|(]\!]T_n,T_1]\!])$ croît vers $|m|(]\!]T,T_1]\!])$ lorsque T_n décroit vers T. D'une part on a automatiquement $\lim_{(n)}\uparrow |m|(]\!]T_n,T_1]\!]) \leq$

$|m|(]T,T_1])$, puisque $|m|$ est une mesure additive positive. D'autre part si $C =]R,S] \in \underline{\underline{D}}$ on a $\lim_{(n)} m(]T_n,T_1] \cap C) = m(]T,T_1] \cap C)$ (appliquer (C3) à m, avec $T'_n = T_n \wedge R$ qui décroit vers $T \wedge R$). Par suite pour toute partition finie $\underline{\underline{D}}$-mesurable (C_i) on a

$$\lim_{(n)} \sum_i |m(]T_n,T_1] \cap C_i)| = \sum_i |m(]T,T_1] \cap C_i)| .$$

Pour tout $\varepsilon > 0$ on peut trouver une partition telle que le second membre ci-dessus soit supérieur à $|m|(]T,T_1]) - \varepsilon$, tandis que le premier membre est toujours inférieur ou égal à $|m|(]T_n,T_1])$: on en déduit que $\lim_{(n)}\uparrow |m|(]T_n,T_1]) \geq |m|(]T,T_1])$, ce qui prouve le résultat cherché.

(ii) Supposons maintenant que m vérifie les conditions de l'énoncé, et soit positive. Soit $-Y_t$ une version $\underline{\underline{F}}_t$-mesurable de la dérivée de Radon-Nikodym de $m(.\times]t,\infty])$ par rapport à la restriction de P à $\underline{\underline{F}}_t$. Si $s<t<\infty$ et $A \in \underline{\underline{F}}_s$ on a

$$E(I_A(Y_t - Y_s)) = -m(A\times]t,\infty]) + m(A\times]s,\infty]) = m(A\times]s,t]) \geq 0 ,$$

donc $Y_s \leq E(Y_t|\underline{\underline{F}}_s)$, et $E(Y_t) = -m(\Omega\times]t,\infty]) > -\infty$: le processus Y ainsi défini admet donc m pour mesure de Föllmer, et c'est une sousmartingale négative, à ceci près que ses trajectoires ne sont pas nécessairement continues à droite et limitées à gauche. Mais $E(Y_t) = -m(\Omega\times]t,\infty])$ est continue à droite d'après (C3): il est alors bien connu (voir par exemple Meyer [1]) qu'il existe une modification X de Y (i.e. un processus vérifiant $X_t \overset{a.s.}{=} Y_t$ pour tout $t \in \mathbb{R}_+$) qui est une sousmartingale négative (pour notre définition des sousmartingales, c'est-à-dire à trajectoires continues à droite et limitées à gauche). On a enfin $m_X = m_Y = m$, ce qui achève la démonstration.∎

(5.42) COROLLAIRE: <u>$\underline{\underline{Q}}$ est l'ensemble des différences de deux sousmartingales négatives</u> (ou, surmartingales positives).

<u>Démonstration</u>. On vient de voir dans la démonstration précédente que tout élément de $\underline{\underline{Q}}$ est différence de deux sousmartingales négatives. Inversement si X est une sousmartingale négative, on a

$$\mathrm{var}(X;t_1,..,t_n) = \sum_{i\leq n-1} E(X_{t_{i+1}} - X_{t_i}|\underline{\underline{F}}_{t_i}) - X_{t_n} ,$$

donc

$$E[\mathrm{var}(X;t_1,..,t_n)] = \sum_{i\leq n-1} E(X_{t_{i+1}} - X_{t_i}) - E(X_{t_n}) = -E(X_{t_1}) ,$$

donc $\mathrm{Var}(X) \leq -E(X_0) < \infty$.∎

(5.43) <u>Remarques</u>: 1) La mesure de Föllmer caractérise le processus, et à ce titre elle offre un très grand intérêt. Elle permet par exemple une caractérisation simple des martingales, martingales locales, surmartingales,...

Elle permet aussi de démontrer de manière particulièrement simple les théorèmes de décomposition: (2.19), décomposition de Doob-Meyer, décomposition canonique d'une semimartingale spéciale, etc... Nous proposons quelques-unes de ces propriétés en exercices.

2) Cette partie, et la partie 3 sur la variation quadratique, ne sont que deux cas particuliers de l'étude plus générale des "variations"

$$v_{I,q}(X) = \sum |X_{t_{i+1}} - X_{t_i}|^q$$

$$var_q(X;t_1,..,t_n) = \sum |E((X_{t_{i+1}} - X_{t_i})^q | \underline{\underline{F}}_{t_i})| + |X_{t_n}|^q$$

pour $q \in]0,\infty[$. Par exemple, $v_{I,q}(X)$ a été étudié par Lépingle [1], parmi de nombreux autres auteurs; de même on connait bien les rapports entre $var_2(X;t_1,..,t_n)$ et $<X,X>$ quand $X \in \underline{\underline{H}}^2$. Quant à nous, nous laissons complètement de coté une telle étude générale. ∎

EXERCICES

5.8 - Soit X un processus $\underline{F}^P$-adapté tel que $Var(X) < \infty$.

a) Montrer que m_X vérifie les conditions (C1) et (C2) de (5.41).

b) Montrer que presque toutes les trajectoires de X sont limitées à gauche et à droite le long des rationnels (on pourra raisonner comme dans la preuve de (5.41)).

5.9 - Montrer qu'une quasimartingale est une martingale (resp. surmartingale, resp. sousmartingale) si et seulement si la restriction de sa mesure de Föllmer à $\Omega \times]0,\infty[$ est nulle (resp. négative, resp. positive).

5.10 - Un potentiel est une surmartingale positive X telle que $\lim_{t\uparrow\infty} \downarrow E(X_t) = 0$.

a) Montrer qu'une quasimartingale est un potentiel si et seulement si la restriction de sa mesure de Föllmer à $\Omega \times]0,\infty[$ (resp. $\Omega \times \{\infty\}$) est négative (resp. nulle).

b) Montrer que toute surmartingale positive X est somme d'une martingale et d'un potentiel.

5.11 - Soit $A \in \underline{\underline{A}}$.

a) Montrer que les restrictions de M_A^P et de m_A à $(\Omega \times]0,\infty[) \cap \underline{\underline{D}}$ coïncident.

b) Montrer que m_A est σ-additive.

5-12 - Soit $X \in \underline{\underline{Q}}$. Montrer que $X \in \underline{\underline{M}}$ si et seulement si m_X est une mesure σ-additive sur $\underline{\underline{D}}$, ne chargeant que $\Omega\times\{\infty\}$.

5.13 - a) Soit $X\in\underline{\underline{Q}}$ telle que m_X soit σ-additive. Montrer que $X=M+A$ avec $M\in\underline{\underline{M}}$ et $A\in\underline{\underline{P}}\cap\underline{\underline{A}}$ (utiliser les deux exercices précédents). En déduire que X est de classe (D).

b) Réciproquement, montrer que si $X\in\underline{\underline{Q}}$ est de classe (D), alors m_X est σ-additive.

5.14 - a) Montrer que si $X\in\underline{\underline{Q}}$, m_X se décompose de manière unique en $m_X=\mu+\nu$ où μ est σ-additive et ν est "purement additive", ce qui signifie que $|\nu|$ n'est minorée par aucune mesure σ-additive positive non nulle. Montrer que μ et ν sont encore des mesures de Föllmer de quasi-martingales.

b) Montrer que m_X est purement additive si et seulement si X est une martingale locale telle que $\lim_{t\uparrow\infty} X_t \overset{\bullet}{=} 0$.

6 - TEMPS LOCAUX

Nous avons proposé dans l'exercice 2.15 la construction du "temps local" en 0 d'un mouvement brownien. Ci-dessous nous construisons de manière similaire le temps local d'une semimartingale quelconque.

Plus encore que dans les autres parties de ce chapitre, le sujet n'est qu'effleuré. Nous nous contentons pratiquement de la définition et de l'obtention de la "formule d'Ito" pour les fonctions convexes, et notre présentation suit pas-à-pas celle de Meyer [4, p. 364 et suivantes]. Le §a sert de préliminaires, mais nous semble intéressant en lui-même.

§a - Calcul stochastique dépendant d'un paramètre. Soit $(E,\underline{\underline{E}})$ un espace mesurable, et $\tilde{\Omega}=\Omega\times\mathbb{R}_+\times E$ muni des tribus $\tilde{\underline{\underline{O}}}=\underline{\underline{O}}(\underline{F}^P)\otimes\underline{\underline{E}}$ et $\tilde{\underline{\underline{P}}}=\underline{\underline{P}}(\underline{F}^P)\otimes\underline{\underline{E}}$.

Nous allons considérer des familles de processus $(Y^x)_{x\in E}$ indicées par E. Une telle famille peut, de manière équivalente, être considérée comme une fonction $\tilde{Y}(\omega,t,x)=Y_t^x(\omega)$ sur $\tilde{\Omega}$, et on utilisera indifféremment les notations $(Y^x)_{x\in E}$ ou $\tilde{Y}$.

Le titre de ce paragraphe est un peu ambitieux, car nous nous contenterons de montrer le théorème suivant. Mais on peut souligner que pratiquement tous les théorèmes principaux des chapitres I et II pourraient être généralisés de manière analogue.

(5.44) THEOREME: Soit $X \in \underline{\underline{S}}$. Soit $\tilde{H}$ une fonction $\tilde{\underline{\underline{P}}}$-mesurable telle que $H^x \in L(X)$ pour tout $x \in E$.

(a) Il existe une fonction $\tilde{\underline{\underline{O}}}$-mesurable $\tilde{Y}$ telle que chaque Y^x soit une version du processus intégrale stochastique $H^x \cdot X$.

(b) Soit ρ une mesure positive sur $(E,\underline{\underline{E}})$ telle que le processus $H_t^\rho(\omega) = \int H_t^x(\omega)\rho(dx)$ soit bien défini et appartienne à $L(X)$. Alors $Y_t^\rho(\omega) = \int Y_t^x(\omega)\rho(dx)$ est bien défini, et est une version de $H^\rho \cdot X$.

Remarques: 1) Nous utiliserons seulement ce théorème dans le cas où $\tilde{H}$ est borné, donc le §II-2-f n'est pas nécessaire. Mais la démonstration dans le cas où $H^x \in L(X)$ est rigoureusement la même que dans le cas borné, donc autant en profiter.

2) La partie (a) resterait valide (avec la même preuve) si au lieu d'une seule semimartingale X on partait d'une famille $(X^x)_{x\in E}$ de semimartingales telle que X soit $\tilde{\underline{\underline{O}}}$-mesurable (voir l'exercice 5.15). Ce n'est évidemment pas le cas de la partie (b), qui est une sorte de "théorème de Fubini".

3) Diverses autres versions de ce résultat sont possibles. Par exemple si H est seulement mesurable par rapport à la tribu $\tilde{\underline{\underline{F}}} = \underline{\underline{F}}^P \otimes \underline{\underline{B}}(\mathbb{R}_+) \otimes \underline{\underline{E}}$, chaque H^x étant bien-sûr prévisible, on a le même résultat avec une fonction $\tilde{Y}$ qui est $\tilde{\underline{\underline{F}}}$-mesurable.∎

Démonstration. On peut choisir une version de X qui est partout continue à droite. Quitte à localiser, on peut supposer aussi qu'il existe $t<\infty$ tel que $X = X^t$.

(i) Supposons d'abord que $\tilde{H}(\omega,t,x) = K(\omega,t)f(x)$, où $K \in b\underline{\underline{P}}$ et $f \in b\underline{\underline{E}}$. On a alors nécessairement $K \in L(X)$, et $\int |f| d\rho < \infty$ dans (b). Il existe une version Z de $K \cdot X$ qui est continue à droite et $\underline{\underline{F}}^P$-adaptée, et on peut poser $\tilde{Y}(\omega,t,x) = Z_t(\omega)f(x)$. La fonction $\tilde{Y}$ satisfait (a) et chaque Y^x est continue à droite; de plus dans (b) il vient $H^\rho = K(\int f d\rho)$ et $Y^\rho = Z(\int f d\rho)$, de sorte que $Y^\rho = H^\rho \cdot X$.

Par linéarité, les mêmes résultats sont vrais si la fonction H appartient à l'espace vectoriel $\mathcal{H}$ engendré par les $K(\omega,t)f(x)$, où $K \in b\underline{\underline{P}}$ et $f \in b\underline{\underline{E}}$.

(ii) Passons au cas général. Il existe une suite $(\tilde{H}_n)$ d'éléments de $\mathcal{H}$ convergeant partout vers $\tilde{H}$, et telle que $|\tilde{H}_n| \leq |\tilde{H}|$. Par suite $H_n^x \in L(X)$ et $H_{n,t}^\rho = \int H_{n,t}^x \rho(dx)$ appartient aussi à $L(X)$ dans la partie (b). D'après (i) il existe pour chaque n une fonction $\tilde{\underline{\underline{O}}}$-mesurable $\tilde{Y}_n$ telle que Y_n^x soit continue à droite, que $Y_n^x = H_n^x \cdot X$, et que $Y_{n,t}^\rho = \int \rho(dx) Y_{n,t}^x$ vérifie

$Y_n^\rho = H_n^\rho \cdot X$. L'idée de la démonstration consiste à utiliser le théorème (2.74), selon lequel Y_n^x et Y_n convergent , uniformément en probabilité (on rappelle que $X = X^t$), respectivement vers $H^x \cdot X$ et $H^\rho \cdot X$ (en effet, H_n^ρ tend partout vers H^ρ d'après le théorème de Lebesgue): on va alors extraire une sous-suite de la suite $(Y_n^x)_{n \in \mathbb{N}}$ qui converge P-p.s. uniformément vers une limite, la difficulté consistant à trouver une sous-suite qui dépende "mesurablement" de x.

(iii) Posons $U_{n,m}^x = (Y_n^x - Y_m^x)_\infty^*$. A cause de la continuité à droite des Y_n^x, la fonction: $(\omega,x) \rightsquigarrow U_{n,m}^x(\omega)$ est $\underline{\underline{F}}^P \otimes \underline{\underline{E}}$-mesurable, et d'après (2.74) $U_{n,m}^x$ tend en probabilité vers 0 quand $n,m \uparrow \infty$. On construit par récurrence une suite croissante (n_k) de fonctions $\underline{\underline{E}}$-mesurables à valeurs dans $\mathbb{N}$, telle que $\lim_{(k)} \uparrow n_k(x) = \infty$ pour tout $x \in E$, en posant $n_0(x) = 1$ et

$$n_k(x) = \inf(n \geq k \vee n_{k-1}(x) : \sup_{m,m' \geq n} P(U_{m,m'}^x > 2^{-k}) \leq 2^{-k}) .$$

Posons aussi

$$\widetilde{Z}_k(\omega,t,x) = \widetilde{Y}_{n_k(x)}(\omega,t,x), \quad \widetilde{K}_k(\omega,t,x) = \widetilde{H}_{n_k(x)}(\omega,t,x) .$$

Chaque $\widetilde{Z}_k$ (resp. $\widetilde{K}_k$) est $\widetilde{\underline{\underline{O}}}$ (resp. $\widetilde{\underline{\underline{P}}}$)-mesurable, et il est clair que $Z_k^x = K_k^x \cdot X$ et $Z_k^\rho = K_k^\rho \cdot X$. De plus, Z_k^x étant continu à droite, les fonctions: $(\omega,x) \rightsquigarrow V_{n,m}^x(\omega) = (Z_n^x - Z_m^x)_\infty^*(\omega)$ sont $\underline{\underline{F}}^P \otimes \underline{\underline{E}}$-mesurables.

Par construction $P(V_{k,k+m}^x > 2^{-k}) \leq 2^{-k}$, donc le lemme de Borel-Cantelli entraine que l'ensemble $A = \{(\omega,x) : \lim_{n,m\uparrow\infty} V_{n,m}^x(\omega) = 0\}$, qui est $\underline{\underline{F}}^P \otimes \underline{\underline{E}}$-mesurable, vérifie $\int I_{A^c}(\omega,x) P(d\omega) = 0$ pour tout $x \in E$. Posons alors $\widetilde{Y} = \limsup_{(k)} \widetilde{Z}_k$: $\widetilde{Y}$ est une fonction $\widetilde{\underline{\underline{O}}}$-mesurable, et $Y^x(\omega)$ est limite uniforme des $Z_n^x(\omega)$ si $(\omega,x) \in A$. Enfin d'après le théorème de Fubini $\int I_{A^c}(\omega,x)\rho(dx) = 0$ P-p.s. en ω , ce qui entraine qu'en dehors d'un ensemble P-négligeable, Z_n^ρ converge uniformément vers Y^ρ sur $\mathbb{R}_+$.

(iv) Soit $x \in E$. On a $Z_k^x = Y_{n_k(x)}^x = H_{n_k(x)}^x \cdot X$ et $K_k^x = H_{n_k(x)}^x$ et comme $\lim_{(k)} \uparrow n_k(x) = \infty$ on en déduit les convergences suivantes: Z_k^x tend uniformément en probabilité vers $H^x \cdot X$, d'après (2.74), puis K_k^x tend partout vers H^x, donc K_k^ρ tend vers H^ρ, donc $Z_k^\rho = K_k^\rho \cdot X$ tend uniformément en probabilité vers $H^\rho \cdot X$ d'après (2.74) encore. Comme on a vu ci-dessus que Z_n^x et Z_n^ρ convergent uniformément sur $\mathbb{R}_+$ vers Y^x et Y^ρ respectivement, en dehors d'un ensemble P-négligeable (dépendant de x), on en déduit que $Y^x = H^x \cdot X$ et $Y^\rho = H^\rho \cdot X$, ce qui prouve simultanément (a) et (b).∎

§b - Temps local d'une semimartingale. Soit $X \in \underline{\underline{S}}$. Une des conséquences de la formule d'Ito est que $f(X) \in \underline{\underline{S}}$ pour toute fonction f de classe C^2. Nous allons voir ci-dessous que $f(X) \in \underline{\underline{S}}$ également lorsque f est une fonction convexe.

On rappelle qu'une fonction convexe sur $\mathbb{R}$ n'est pas nécessairement dérivable, mais qu'elle est continue et qu'elle admet une dérivée à droite f'_d et une dérivée à gauche f'_g en chaque point.

(5.45) THEOREME: Soit $X \in \underline{\underline{S}}$. Soit f une fonction convexe sur $\mathbb{R}$, et $f' = (f'_d + f'_g)/2$. On a $f(X) \in \underline{\underline{S}}$ et il existe un élément continu B de $\underline{\underline{V}}_0^+$ tel que

$$f(X) = f(X_0) + f'(X_-)I_{]0,\infty[} \cdot X + B + S[(f(X) - f(X_-) - f'(X_-)\Delta X)I_{]0,\infty[}].$$

Ainsi, B joue le rôle que jouait $\frac{1}{2}f''(X_-) \cdot \langle X^c, X^c\rangle$ dans la formule d'Ito. Nous reviendrons sur cette question plus loin.

On remarque que f' est bornée sur tout compact, car c'est une fonction croissante à valeurs réelles, donc $f'(X_-)$ est localement borné et cette formule a un sens.

Démonstration. Soit $T_n = \inf(t: |X_t| \geq n)$. Quitte à localiser, on peut supposer que $X = X^{T_n}$. On va régulariser f. Soit g une fonction paire, indéfiniment dérivable, à support compact, telle que $\int g(s)ds = 1$. On pose $f_n(t) = n\int f(t+s)g(ns)ds$, donc f_n est convexe. On a aussi $f_n(t) = n\int f(s)g[n(s-t)]ds$, de sorte que f_n est indéfiniment dérivable et converge vers f quand $n \uparrow \infty$. Enfin on a également $f'_n(t) = n\int f'(s)g[n(s-t)]ds$, car l'ensemble où f n'est pas dérivable est dénombrable. Comme f' est la demi-somme des dérivées à droite et à gauche, et comme g est paire, on en déduit que f'_n converge vers f'.

L'application de la formule d'Ito à f_n conduit à

$$f_n(X) = f_n(X_0) + f'_n(X_-)I_{]0,\infty[} \cdot X + \frac{1}{2}f''_n(X_-) \cdot \langle X^c, X^c\rangle +$$
$$S[(f_n(X) - f_n(X_-) - f'_n(X_-)\Delta X)I_{]0,\infty[}].$$

Si $A(n)$ désigne la somme des deux derniers termes, la convexité de f_n entraine que $A(n) \in \underline{\underline{V}}_0^+$. On a $\lim_{(n)} f_n(X) = f(X)$ partout. Comme $X^{T_n} = X$ on a aussi $f'_n(X_-)I_{]0,\infty[} \cdot X = f'_n(X_-)I_{]0,T_n]} \cdot X$, tandis que f'_n converge vers f' en restant uniformément bornée sur l'intervalle $[-n,n]$. D'après (2.74) on en déduit que $f'_n(X_-)I_{]0,\infty[} \cdot X$ tend en probabilité, uniformément sur tout compact, vers $f'(X_-)I_{]0,\infty[} \cdot X$. Il s'ensuit que les processus $A(n)$ convergent, en probabilité uniformément sur tout compact, vers un processus limite A qui est nécessairement dans $\underline{\underline{V}}_0^+$.

On a donc obtenu: $f(X) = f(X_0) + f'(X_-)I_{]0,\infty[} \bullet X + A$, ce qui entraine que $f(X) \in \underline{\underline{S}}$. Un calcul simple montre que $\Delta A = f(X) - f(X_-) - f'(X_-)\Delta X$ sur $]0,\infty[$. Il suffit de poser $B = A - S(\Delta A)$ pour obtenir le résultat. ∎

Nous allons maintenant définir le temps local de $X \in \underline{\underline{S}}$. On désigne par sig la fonction:

(5.46) $$\mathrm{sig}(x) = \begin{cases} 1 & \text{si } x > 0 \\ 0 & \text{si } x = 0 \\ -1 & \text{si } x < 0 . \end{cases}$$

Si $a \in \mathbb{R}$, la fonction $f(x) = |x - a|$ est convexe et $f'(x) = \mathrm{sig}(x - a)$. D'après (5.45) on peut alors poser:

(5.47) DEFINITION: <u>Si</u> $X \in \underline{\underline{S}}$ <u>et</u> $a \in \mathbb{R}$, <u>on appelle temps local de</u> X <u>en</u> a, <u>et on note</u> L^a, <u>le processus croissant continu nul en</u> 0 (unique à un ensemble P-évanescent près) <u>qui vérifie</u>

$$|X - a| = |X_0 - a| + I_{]0,\infty[}\,\mathrm{sig}(X_- - a) \bullet X + L^a + S[(|X - a| - |X_- - a| - \mathrm{sig}(X_- - a)\Delta X)I_{]0,\infty[}].$$

(5.48) <u>Remarque</u>: Dans (5.45) on pourrait prendre f'_d ou f'_g au lieu de f' : le résultat serait encore valide, avec évidemment un autre processus B. On obtiendrait alors une autre définition du temps local. Par exemple Meyer [4] utilise f'_g, et dans (5.47) il prend pour sig la fonction qui vaut 1 (resp. -1) si $x > 0$ (resp. $x \leq 0$). Nous préférons utiliser la fonction (5.46), qui donne des formules plus symétriques.

De toutes façons, toutes les versions possibles coïncident lorsque $X \in \underline{\underline{L}}^c$, ce qui est le cas "intéressant"; la formule (5.47) est alors connue sous le nom de <u>formule de Tanaka</u>. ∎

Nous terminons ce paragraphes par quelques propriétés des temps locaux.

(5.49) PROPOSITION: <u>Soit</u> $X \in \underline{\underline{S}}$ <u>et</u> L^a <u>le temps local de</u> X <u>en</u> a. <u>On a</u>

$$(X - a)^+ = (X_0 - a)^+ + (I_{\{X_- > a\}} + \tfrac{1}{2}I_{\{X_- = a\}})I_{]0,\infty[} \bullet X + \tfrac{1}{2}L^a + S[((X - a)^+ - (X_- - a)^+ - (I_{\{X_- > a\}} + \tfrac{1}{2}I_{\{X_- = a\}})\Delta X)I_{]0,\infty[}]$$

$$(X - a)^- = (X_0 - a)^- - (I_{\{X_- < a\}} + \tfrac{1}{2}I_{\{X_- = a\}})I_{]0,\infty[} \bullet X + \tfrac{1}{2}L^a + S[((X - a)^- - (X_- - a)^- + (I_{\{X_- < a\}} + \tfrac{1}{2}I_{\{X_- = a\}})\Delta X)I_{]0,\infty[}].$$

<u>Démonstration</u>. On peut appliquer (5.45) aux fonctions convexes $f(x) = (x - a)^+$ et $f(x) = (x - a)^-$, ce qui conduit aux formules de l'énoncé, à ceci près qu'il convient de remplacer, dans la première (resp. la seconde)

formule, le processus $\frac{1}{2}L^a$ par un processus croissant $B(+)$ (resp. $B(-)$).

Additionnons les deux formules: comme $|X-a| = (X-a)^+ + (X-a)^-$ et comme $sig(X-a) = I_{\{X>a\}} - I_{\{X<a\}}$, en comparant à (5.47) on obtient $L^a = B(+) + B(-)$.

Soustrayons la seconde formule de la première. Comme $X-a = (X-a)^+ - (X-a)^-$ il vient

$$X-a = X_0 - a + I_{]\!]0,\infty[\![} \bullet X + B(+) - B(-) + S[((X-a) - (X_- - a) - \Delta X) I_{]\!]0,\infty[\![}],$$

formule qui se réduit à: $B(+) - B(-) = 0$, d'où le résultat. ∎

L'agréable résultat suivant n'est évidemment valide qu'avec la définition (5.46) de la fonction sig : voir la remarque (5.48).

(5.50) PROPOSITION: Soit $X \in \underline{S}$ et $a \in \mathbb{R}$. Le temps local de X en a égale le temps local de $-X$ en $-a$.

Démonstration. Il suffit d'appliquer la définition (5.47) en remarquant que $sig(X-a) = -sig(-X+a)$ et que $|X-a| = |-X+a|$. ∎

(5.51) PROPOSITION: Soit $X \in \underline{S}$ et $a \in \mathbb{R}$. Pour P-presque tout ω, la mesure $dL_t^a(\omega)$ ne charge que les points qui sont contenus dans, et appartiennent à la frontière, de l'ensemble $\{t : X_{t-}(\omega) = a\}$.

Ce résultat justifie partiellement la terminologie "temps local". Toutefois cette notion n'est pas pleinement satisfaisante, dans la mesure où dL_t^a ne charge pas l'intérieur de $\{X_- = a\}$: dans le cas limite où X est la semimartingale constante $X = a$, on a $L^a = 0$!

Démonstration. (a) Soit S et T deux temps d'arrêt tels que $0 < S \leq T$ et $[\![S,T[\![\subset \{X_- < a\}$. On a aussi $X \leq a$ sur $[\![S,T[\![$, donc la première formule (5.49) s'écrit

$$(X-a)_T^+ - (X-a)_S^+ = \tfrac{1}{2} I_{\{X_{T-} = a\}} \Delta X_T + \tfrac{1}{2}(L_T^a - L_S^a) + (X-a)_T^- - \tfrac{1}{2} I_{\{X_{T-} = a\}} \Delta X_T,$$

donc $L_T^a = L_S^a$. Pour tout $r \in \mathbb{Q}_+$, $r > 0$, on pose alors $S(r) = r_{\{X_{r-} < a\}}$ et $T(r) = \inf(t > S(r) : X_{t-} \geq a)$. On a $[\![S(r),T(r)[\![\subset \{X_- < a\}$ et l'intérieur de l'ensemble $\{X_- < a\}$ égale $\bigcup_{r \in \mathbb{Q}, r>0}]\!]S(r),T(r)[\![$. Ce qui précède montre donc que dL^a ne charge pas l'intérieur de l'ensemble $\{X_- < a\}$; comme cet ensemble est ouvert à gauche, donc ne diffère de son intérieur que par un ensemble dénombrable, la continuité de L^a montre que dL^a ne charge pas (P-p.s.) l'ensemble $\{X_- < a\}$. On montre de la même manière que dL^a ne charge pas $\{X_- > a\}$, donc est portée par $\{X_- = a\}$.

(b) Soit S et T deux temps d'arrêt tels que $0 < S \leq T$ et $[\![S,T]\!] \subset \{X_- = a\}$, donc $X = a$ sur $[\![S,T[\![$. D'après la formule (5.47) il vient

$$|X-a|_T - |X-a|_S = \mathrm{sig}(X_{S-}-a)\Delta X_S + (L^a_T - L^a_S) + |X-a|_T - |X-a|_S - \mathrm{sig}(X_{S-}-a)\Delta X_S ,$$

donc $L^a_T = L^a_S$. Pour tout $r \in Q, r > 0$ on pose alors $S(r) = r_{\{X_{r-}=a\}}$, $T(r) = \inf(t > S(r) : X_t \neq a)$, de sorte que $[\![S(r),T(r)]\!] \subset \{X_- = a\}$ et que l'intérieur de $\{X_- = a\}$ égale $\bigcup_{r\in Q, r>0}]\!]S(r),T(r)[\![$. On en déduit que dL^a ne charge pas l'intérieur de $\{X_- = a\}$. ∎

§c - La formule d'Ito pour les fonctions convexes. On va maintenant montrer que le processus B intervenant dans (5.45) se calcule en fonction des temps locaux et de la "dérivée seconde" de la fonction f. On obtiendra ainsi une "formule d'Ito".

Pour cela, nous aurons besoin de montrer qu'on peut trouver de bonnes versions des temps locaux, telles que: $(\omega,t,a) \rightsquigarrow L^a_t(\omega)$ soit mesurable.

Rappelons également que si f est une fonction convexe, la fonction. $f' = (f'_d + f'_g)/2$ est aussi la dérivée de f au sens des distributions, de sorte que la dérivée seconde de f au sens des distributions est une mesure positive ρ finie sur tout compact (car f' est croissante). De même si f est différence de deux fonctions convexes, sa dérivée seconde au sens des distributions est une mesure (signée) finie sur tout compact, et inversement toute fonction dont la dérivée seconde est de cette forme, est différence de deux fonctions convexes.

(5.52) THEOREME: Soit $X \in \underline{\underline{S}}$.

(a) Il existe une fonction $\underline{\underline{O}}(\underline{\underline{F}}^P)\otimes\underline{\underline{B}}(\mathbb{R})$-mesurable: $(\omega,t,a) \rightsquigarrow L^a_t(\omega)$ telle que chaque L^a soit une version du temps local de X en a.

(b) Soit f une fonction qui est différence de deux fonctions convexes, $f' = (f'_d + f'_g)/2$ et ρ la mesure qui est sa dérivée seconde. On a alors

$$f(X) = f(X_0) + f'(X_-)I_{]\!]0,\infty[\![}\cdot X + \frac{1}{2}\int L^a_t\,\rho(da) + S[(f(X) - f(X_-) - f'(X_-)\Delta X)I_{]\!]0,\infty[\![}].$$

Dans (a), on pourrait faire mieux, en choisissant une version $\underline{\underline{P}}(\underline{\underline{F}}^P)\otimes\underline{\underline{B}}(\mathbb{R})$-mesurable, telle en plus que chaque L^a soit partout continue.

Démonstration. (i) Remarquons d'abord que la propriété (b) est évidente lorsque f est linéaire, i.e. s'écrit $f(x) = b + cx$ $(b,c\in\mathbb{R})$: on peut en effet appliquer la formule d'Ito ordinaire à f, ce qui donne la formule de l'énoncé sans le terme $\int L^a \rho(da)$, tandis que par ailleurs $\rho = 0$.

(ii) Nous allons montrer simultanément (a), et (b) lorsque la mesure ρ est positive bornée. Soit $g(x) = \frac{1}{2}\int |x-y|\rho(dy)$: g est une fonction convexe dont ρ est également la dérivée seconde au sens des distributions. On en déduit que $(f-g)''=0$, donc $f-g$ est linéaire et vérifie la formule de l'énoncé d'apès (i). Ce n'est donc pas une restriction que de supposer que $f(x)=\frac{1}{2}\int|x-y|\rho(dy)$. Posons

$$A^a = S[(|X-a|-|X_- - a| - \mathrm{sig}(X_- - a)\Delta X)I_{]\!]0,\infty[\![}]$$

$$A = S[(f(X)-f(X_-)-f'(X_-)\Delta X)I_{]\!]0,\infty[\![}].$$

Il est évident que $(\omega,t,a)\rightsquigarrow A_t^a(\omega)$ est $\tilde{\underline{\underline{O}}}$-mesurable (on utilise les notations du §a, avec $E=\mathbb{R}$), et que $A_t=\frac{1}{2}\int A_t^a\,\rho(da)$ d'après la définition de f, qui entraine $f'(x)=\frac{1}{2}\int \mathrm{sig}(x-a)\rho(da)$. De même si $B^a = |X-a|-|X_0-a|$ et $B=f(X)-f(X_0)$, l'application $(\omega,t,a)\rightsquigarrow B_t^a(\omega)$ est $\tilde{\underline{\underline{O}}}$-mesurable et $B_t=\frac{1}{2}\int B_t^a\rho(da)$.

On va appliquer (5.44) aux processus $H^a=\mathrm{sig}(X_- - a)I_{]\!]0,\infty[\![}$, en remarquant que $H_t^\rho=\int H_t^a\rho(da)$ vérifie $H^\rho=2f'(X_-)I_{]\!]0,\infty[\![}$. Il existe une fonction $\tilde{\underline{\underline{O}}}$-mesurable $\tilde{Y}$ telle que $Y^a=H^a\cdot X$, et $Y_t^\rho=\int Y_t^a\rho(da)$ est une version de $H^\rho\cdot X$ (comme ρ est bornée, H^ρ est borné, donc dans $L(X)$).

Il suffit alors de poser $L^a=B^a-A^a-Y^a$: d'après ce qui précède, $(\omega,t,a)\rightsquigarrow L_t^a(\omega)$ est $\tilde{\underline{\underline{O}}}$-mesurable, et L^a est le temps local de X en a, par définition même. Enfin, toujours d'après ce qui précède,

$$\int L^a\rho(da) = \int(B^a-A^a-Y^a)\rho(da) = 2B-2A-Y^\rho = 2B-2A-H^\rho\cdot X,$$

ce qui n'est autre que la formule de l'énoncé.

(iii) Il nous reste à montrer (b) dans le cas général. Par différence, il suffit de traiter le cas où f est convexe. Si $n\in\mathbb{N}$ on pose

$$f_n(x) = \begin{cases} f(n) + f_d'(n)(x-n) & \text{si } x\geq n \\ f(x) & \text{si } -n\leq x\leq n \\ f(-n) + f_g'(-n)(x+n) & \text{si } x\leq -n. \end{cases}$$

f_n est une fonction convexe dont la mesure dérivée seconde est $\rho_n(dx)=I_{[-n,n]}(x)\rho(dx)$, qui est positive et finie. Soit $Y(n)=f_n(X)$ et $T_n=\inf(t: |X_t|\geq n)$. On peut appliquer la formule de l'énoncé à chaque $Y(n)$ d'après (ii), tandis que $Y(n)=f(X)$ sur $[\![0,T_n[\![$. Si on remarque en plus que $L_{T_n}^a=0$ pour $a\notin[-n,n]$ d'après (5.51), donc $\int L_t^a\rho_n(da)=\int L_t^a\rho(da)$ si $t\leq T_n$, on voit que la formule de l'énoncé est valide sur chaque intervalle $[\![0,T_n[\![$, donc partout.∎

Si on compare la formule (5.52,b) et la formule (2.52), dans le cas où f est à la fois convexe et de classe C^2, on voit que

$$\int L_t^a f''(a)\,da = f''(X_-)\cdot\langle X^c,X^c\rangle_t = f''(X)\cdot\langle X^c,X^c\rangle_t$$

puisque dans ce cas $\rho(da) = f''(a)da$, tandis que $<X^c,X^c>$ est continu. Cette relation est vraie pour toute fonction f'' continue positive, donc par un argument de classe monotone on en déduit qu'en dehors d'un ensemble P-négligeable, on a

$$(5.53)\qquad \int L_t^a g(a)\,da \;=\; g(X_-)\bullet <X^c,X^c>_t \;=\; g(X)\bullet <X^c,X^c>_t$$

pour toute $g \in b\underline{\underline{B}}(\mathbb{R})$. En d'autres termes, on a le:

(5.54) COROLLAIRE: Pour tout $t \in \mathbb{R}_+$ et P-presque tout ω, les images de la mesure $I_{\{s\le t\}}\bullet d<X^c,X^c>_s(\omega)$ par les applications $s \rightsquigarrow X_{s-}(\omega)$ et $s \rightsquigarrow X_s(\omega)$ sont égales à la mesure $L_t^a(\omega)da$ sur $\mathbb{R}$.

Le cas particulier suivant mérite également d'être signalé.

(5.55) COROLLAIRE: Supposons que $<X^c,X^c>_t = t$. Si $A \in \underline{\underline{B}}(\mathbb{R})$, le temps passé par le processus X dans A, jusqu'à l'instant t, vaut P-p.s.:

$$\int_{[0,t]} I_A(X_s)ds \;=\; \int_A L_t^a\,da .$$

Enfin, le corollaire suivant (qui découle immédiatement de (5.53) ou (5.54)) montre bien les limitations de la notion de temps local pour les semimartingales.

(5.56) COROLLAIRE: Si $X \in \underline{\underline{S}}$ vérifie $X^c = 0$, le temps local de X en tout point $a \in \mathbb{R}$ est nul.

EXERCICES

5.15 - Soit $(X^x)_{x\in E}$ une famille d'éléments de $\underline{\underline{S}}$ telle que la fonction associée $\tilde{X}$ soit $\tilde{\underline{\underline{O}}}$-mesurable (cf. §a). Soit $\tilde{H}$ une fonction $\tilde{\underline{\underline{P}}}$-mesurable telle que $H^x \in L(X^x)$ pour tout $x \in E$.

a) Supposons que chaque X^x soit à trajectoires partout continues à droite. Montrer qu'il existe une fonction $\tilde{\underline{\underline{O}}}$-mesurable Y telle que $Y^x = H^x\bullet X^x$ pour tout $x \in E$.

b) Que se passe-t-il si les X^x sont seulement P-p.s. continus à droite? montrer en particulier que le résultat précédent est encore vrai si $\underline{\underline{E}} = \underline{\underline{E}}^*$, où $\underline{\underline{E}}^*$ est la tribu complétée universelle de $\underline{\underline{E}}$.

5.16 - Montrer que si $X \in \underline{\underline{S}}$ et $a \in \mathbb{R}$, on a $I_{\{X_- = a\}}\bullet <X^c,X^c> = I_{\{X=a\}}\bullet <X^c,X^c> = 0$ (on pourra utiliser (5.53)).

5.17 - soit X une semimartingale positive. Montrer que

$$L^0 \;=\; I_{\{X_-=0\}} I_{]\!]0,\infty[\![}\bullet X \;-\; S(I_{\{X_-=0\}}\Delta X\, I_{]\!]0,\infty[\![}).$$

COMMENTAIRES

La partie 1 présente une suite de remarques faciles, mais aucun résultat profond. Il nous a semblé nécessaire de l'écrire en détails, car ces remarques sont parfois présentées de manière un peu floue dans la littérature. En outre il est fréquent que les problèmes de calcul stochastique (surtout dans les domaines appliqués) soient posés sur un intervalle fini $[0,a]$; cette partie fournit la clef du passage de $\mathbb{R}_+$ à $[0,a]$ pour intervalle des temps: il suffit de prendre $A = [\![0,a]\!]$ (par exemple, la "bonne" définition de la martingale locale X sur $[\![0,a]\!]$ est: il existe une suite (T_n) de temps d'arrêt croissant vers a, telle que $X^{T_n} \in \underline{\underline{M}}$ et que $\lim P(T_n = a) = 1$). La plupart des résultats de cette partie ayant été utilisés de manière plus ou moins explicite par de nombreux auteurs, nous ne donnons pas de référence particulière. Les mêmes problèmes lorsque A n'est pas prévisible sont beaucoup plus difficiles, mais mériteraient sans doute d'être étudiés à fond: pour une première approche, on peut consulter Maisonneuve [2].

La partie 2 vise essentiellement à introduire les processus $B(i,M)$ associés à une martingale locale M (pour $i = 2,3$, leur introduction est due à Kabanov, Liptzer et Shiryaev [3]).

Le lemme (5.17), quoique facile, est d'une grande importance et est connu depuis fort longtemps, au moins pour $A = [\![0,\infty[\![$ (pour A quelconque, il se trouve dans Jacod et Mémin [1]). Le théorème (5.19) est nouveau sous cette forme, mais d'une part sa démonstration suit une idée de Lenglart [2], d'autre part lorsque $A = [\![0,\infty[\![$ un certain nombre de ses corollaires ont été démontrés indépendamment par Lenglart [2] (pour (5.20,a), (5.21,b,c), (5.22), l'exercice 5.4) et par Kabanov, Liptzer et Shiryaev [3] (pour une version affaiblie de (5.19,a), (5.20), (5.21), (5.22) et (5.24)). Voir aussi Engelbert et Shiryaev [1] pour le cas des processus indexés par $\mathbb{N}$, et Kunita [2] pour une version de (5.22). Le lecteur trouvera dans Lépingle [4] des théorèmes de convergence presque sûre plus fins, du type "logarithme itéré".

La variation quadratique $[X,X]$ pour une martingale continue a été originellement définie comme limite des $v_T(X,X)$. On trouvera dans Meyer [3] le théorème (5.26) dans le cas des martingales de carré intégrable; dans ce cas, le processus $\langle X,X\rangle$ est également limite de sommes analogues, et plus précisément des variations quadratiques conditionnelles définies dans la remarque (5.43,2) (avec $q = 2$), ce qui constitue en fait la démonstration de Meyer [1] du théorème de Doob-Meyer (1.53). Dans toute la partie 2 nous avons suivi Meyer [5] de près.

La notion de quasimartingale est due à Fisk [1] et Orey [1], et la caractérisation (5.42) à Rao [1]. La mesure dite "de Föllmer" a été introduite avec une définition un peu différente par Föllmer [1],[2], à qui sont dues aussi des démonstrations des exercices 5.9 et 5.10 utilisant cette mesure. Cependant, ce sont Métivier et Pellaumail [1] qui ont considéré les premiers la mesure de Föllmer simplement additive telle qu'elle est présentée ici, et à qui sont dûs les exercices 5.12 et 5.13; voir également Kussmaul [1], à qui nous avons emprunté notre démonstration (dont une version primitive se trouve dans Pellaumail [1]).

Il existe une littérature extrêmement abondante sur les temps locaux, notamment du mouvement brownien ou d'un processus de Markov, si bien que, ne pouvant citer tout le monde, il est plus équitable de ne citer personne ! Par contre les temps locaux de semimartingales n'ont été introduits que très récemment par Millar [1] et Meyer [5], que nous suivons dans les §6-b,c. Les comptes-rendus su séminaire "Azema-Yor" [1] sur les temps locaux contiennent un grand nombre de compléments. Quant au calcul stochastique "dépendant d'un paramètre", on en trouvera un exposé très complet dans Stricker et Yor [1], le théorème (5.44) étant dû à Doléans-Dade [1].

CHAPITRE VI

FORMULES EXPONENTIELLES ET DECOMPOSITIONS MULTIPLICATIVES

Nous introduisons ci-dessous une formule-clé, la formule exponentielle pour les semimartingales. Un lecteur très pressé peut ne lire de ce chapitre que le paragraphe 1-a, où cette formule est introduite. La fin de la partie 1 est consacrée à diverses applications et variantes de cette formule. Dans la partie 2 une autre notion importante est introduite, qui d'une certaine manière découle de la formule exponentielle: c'est la décomposition multiplicative des semimartingales spéciales.

1 - L'EXPONENTIELLE D'UNE SEMIMARTINGALE

§a - Définition et propriétés de l'exponentielle. Dans tout le chapitre, l'espace probabilisé filtré $(\Omega,\underline{\underline{F}},\underline{F},P)$ est fixé.

La formule exponentielle, introduite par C. Doléans-Dade, résoud l'équation suivante

(6.1) $$Z = z + Z_{-}\bullet X$$

où $X\in\underline{\underline{S}}$ est donné, ainsi que la variable finie $\underline{\underline{F}}_0$-mesurable z, l'inconnue étant le processus Z, qu'on veut être continu à droite, limité à gauche et adapté. Si Z est solution, le processus Z_- est prévisible et localement borné, donc l'intégrale stochastique $Z_-\bullet X$ existe et appartient à $\underline{\underline{S}}$, tandis que par convention $Z_{0-}=0$, donc $(Z_-\bullet X)_0=0$: une solution de (6.1) est donc une semimartingale Z vérifiant $Z_0=z$.

(6.2) THEOREME: Soit $X\in\underline{\underline{S}}$ et z une variable finie $\underline{\underline{F}}_0$-mesurable. L'équation (6.1) admet une solution et une seule Z dans $\underline{\underline{S}}$, donnée par

(6.3) $$Z_t = z[\exp(X_t - X_0 - \tfrac{1}{2}<X^c,X^c>_t)] \prod_{0<s\leq t} [(1+\Delta X_s)e^{-\Delta X_s}],$$

où le produit infini est P-p.s. convergent pour tout $t<\infty$.

Démonstration. (i) On définit Z par (6.3) et on note V_t le produit infini intervenant dans cette formule. Nous allons d'abord montrer que ce produit infini est absolument convergent, et que le processus V appartient à l'espace $\underline{\underline{V}}^d$ des éléments "purement discontinus" de $\underline{\underline{V}}$, i.e. vérifiant $V = S(\Delta V)$. D'abord, un produit fini d'éléments de $\underline{\underline{V}}^d$ est encore dans $\underline{\underline{V}}^d$; comme sur tout compact X n'a qu'un nombre fini de sauts tels que $|\Delta X| > 1/2$, il suffit de montrer que, si $U = \Delta X\, I_{\{|\Delta X| \leq 1/2\}}$, le produit infini $V'_t = \prod_{0<s\leq t}[(1+U_s)e^{-U_s}]$ est P-p.s. absolument convergent, et que le processus V' ainsi défini appartient à $\underline{\underline{V}}^d$. Or $W_t = \operatorname{Log} V'_t = \sum_{0<s\leq t}[\operatorname{Log}(1+U_s) - U_s]$ est une série P-p.s. absolument convergente, car $\sum_{0<s\leq t} U_s^2 \leq [X,X]_t$ est P-p.s. fini: donc $W \in \underline{\underline{V}}^d$, et $V' = e^W$ appartient aussi à $\underline{\underline{V}}^d$ par application de la formule d'Ito à la fonction $F(x) = e^x$.

(ii) Soit $K = X - X_0 - \frac{1}{2}\langle X^c, X^c\rangle$ et $F(x,y) = y e^x$. On a $K \in \underline{\underline{S}}$ et $Z = F(K,V)$; la formule d'Ito entraine que $Z \in \underline{\underline{S}}$ et (puisque $K^c = X^c$, $\Delta K = \Delta X\, I_{]0,\infty[}$ et $V^c = 0$) que

$$Z = Z_-\bullet K + (e^K)_-\bullet V + \frac{1}{2}Z_-\bullet\langle X^c, X^c\rangle + S(\Delta Z - Z_-\Delta X - (e^K)_-\Delta V).$$

Si on remplace K par sa valeur, et si on remarque que $(e^K)_-\bullet V = S((e^K)_-\Delta V)$ (puisque $V \in \underline{\underline{V}}^d$), que $Z_0 = z$ et que $\Delta Z = Z_-\Delta X$ sur $]0,\infty[$, cette formule devient $Z = z + Z_-\bullet X$, donc Z est solution de (6.1).

(iii) Soit Z' une solution de (6.1), et $V' = e^{-K}Z'$. On a $V' = F(-K, Z')$, et la formule d'Ito s'écrit

$$V' = -V'_-\bullet K + (e^{-K})_-\bullet Z' + \frac{1}{2}V'_-\bullet\langle X^c, X^c\rangle - (e^{-K})_-\bullet\langle X^c, Z'^c\rangle$$
$$+ S(\Delta V' + V'_-\Delta X - (e^{-K})_-\Delta Z').$$

D'après (6.1) on a $(e^{-K})_-\bullet Z' = V'_-\bullet X$, $\langle X^c, Z'^c\rangle = Z'_-\bullet\langle X^c, X^c\rangle$ et $V'_-\Delta X + (e^{-K})_-\Delta Z' = 0$, si bien qu'en remplaçant dans la formule ci-dessus K par sa valeur, et en simplifiant, on obtient $V' = S(\Delta V')$. Par suite $V' \in \underline{\underline{V}}^d$.

D'autre part, (6.1) implique aussi que $V'_0 = z$ et que $\Delta V' = V'_-(e^{-\Delta X}(1+\Delta X) - 1)$ sur $]0,\infty[$. Le processus $A = S[(e^{-\Delta X}(1+\Delta X) - 1)I_{]0,\infty[}]$ est dans $\underline{\underline{V}}^d$, car $S(\Delta X^2) \in \underline{\underline{V}}$. Donc V' est solution de l'équation $V' = z + V'_-\bullet A$. Or il s'agit là d'une équation "trajectoire par trajectoire" dans $\underline{\underline{V}}^d$, dont l'unique solution est, de manière classique, $V'_t = z\prod_{0<s\leq t}(1+\Delta A_s) = zV_t$. Mais alors $Z' = V'e^K = Z$, et l'unicité est prouvée.■

Dans la suite on notera $\mathcal{E}(X)$ l'unique solution de (6.1), lorsque $z = 1$, et on appelle $\mathcal{E}(X)$ <u>l'exponentielle de</u> X. La solution de (6.1) pour z quelconque est alors $z\,\mathcal{E}(X)$.

Le terme "exponentielle" suggère que $\mathcal{E}(X+Y) = \mathcal{E}(X)\mathcal{E}(Y)$. Ce n'est pas tout-à-fait vrai, mais on a:

(6.4) PROPOSITION: <u>Si</u> $X, Y \in \underline{\underline{S}}$ <u>on a</u> $\mathcal{E}(X)\mathcal{E}(Y) = \mathcal{E}(X + Y + [X,Y])$.

Démonstration. Il suffit d'appliquer (2.53,a) à $U=\mathcal{E}(X)$ et $V=\mathcal{E}(Y)$, en se rappelant que $U=1+U_-\bullet X$ et $V=1+V_-\bullet Y$:

$$UV = U_-\bullet V + V_-\bullet U + [U,V] = 1 + (UV)_-\bullet(X+Y+[X,Y]). \blacksquare$$

Voici quelques autres propriétés utiles de l'exponentielle.

(6.5) PROPOSITION: Soit $X\in\underline{\underline{S}}$ et $Z=\mathcal{E}(X)$.

(a) Si $M\in\underline{\underline{M}}_{loc}$ (resp. $\underline{\underline{S}}_p$, resp. $\underline{\underline{V}}$, resp. $\underline{\underline{P}}\cap\underline{\underline{V}}$) on a $Z\in\underline{\underline{M}}_{loc}$ (resp. $\underline{\underline{S}}_p$, resp. $\underline{\underline{V}}$, resp. $\underline{\underline{P}}\cap\underline{\underline{V}}$).

(b) Si $\Delta X\geq -1$ sur $]\!]0,\infty[\![$ on a $Z\geq 0$; si $\Delta X>-1$ sur $]\!]0,\infty[\![$ on a $Z>0$.

(b) Soit $R_n=\inf(t:|Z_t|\leq 1/n)$ et $R=\inf(t>0:\Delta X_t=-1)$. Alors $[\![0,R]\!]=\bigcup_{(n)}[\![0,R_n]\!]$, $Z=Z^R$ et $Z=0$ sur $[\![R,\infty[\![$.

Démonstration. (a) suit immédiatement de (6.1) et de ce que Z_- est localement borné. Lorsque $\Delta X\geq -1$ sur $]\!]0,\infty[\![$, tous les termes intervenant dans (6.3) sont positifs ou nuls, donc $Z\geq 0$ et on a la première partie de (b).

Montrons (c). Soit $X'=S(\Delta X I_{\{|\Delta X|>1/2\}})$, $X''=X-X'$, $Z'=\mathcal{E}(X')$ et $Z''=\mathcal{E}(X'')$. On a $[X',X'']=0$, donc $Z=Z'Z''$. D'une part

$$Z''_t = \exp[X''_t - X_0 - \tfrac{1}{2}\langle X^c,X^c\rangle_t + \textstyle\sum_{0<s\leq t}(\mathrm{Log}(1+\Delta X''_s)-\Delta X''_s)],$$

et tous les termes se trouvant dans l'exponentielle ci-dessus sont localement bornés (car $|\Delta X''|\leq 1/2$ et $|\mathrm{Log}(1+x)-x|\leq x^2\wedge 1$ si $|x|\leq 1/2$) ; donc si $R''_n=\inf(t:|Z''_t|\leq 1/n)$ on a $\lim_{(n)}\uparrow R''_n=\infty$. D'autre part on a $X'\in\underline{\underline{V}}^d$, donc la formule (6.3) se simplifie en $Z'_t=\prod_{0<s\leq t}(1+\Delta X'_s)$, tandis que le nombre de facteurs intervenant dans cette expression est fini pour tout $t<\infty$. On a donc $Z'_t\neq 0$ (resp. $=0$) si $t<R$ (resp. $t\geq R$): en rassemblant les résultats concernant Z' et Z'', on obtient facilement (c), tandis que la seconde partie de (b) découle de (c). ∎

On voit donc que le comportement de $\mathcal{E}(X)$ à l'instant R est tout-à-fait particulier; toute semimartingale n'est donc pas l'exponentielle d'une semimartingale. Nous laissons au lecteur le soin de traiter le problème de l'inversion de la formule exponentielle (cf. exercices 6.1 et 6.2), nous contentant ici d'aborder "l'unicité" dans la proposition suivante.

(6.6) PROPOSITION: Soit $X, Y\in\underline{\underline{S}}$ et $R=\inf(t>0:\Delta X_t=-1)$. On a $\mathcal{E}(X)=\mathcal{E}(Y)$ si et seulement si $X^R=Y^R$.

Démonstration. La condition suffisante est évidente. Inversement, soit

$Z = \mathcal{E}(X) = \mathcal{E}(Y)$ et $R_n = \inf(t: |Z_t| \leq 1/n)$. Si $H_n = (1/Z)_- I_{[\![0,R_n]\!]}$ on a $H_n \cdot Z = I_{]\!]0,R_n]\!]} \cdot X = X^{R_n}$ d'après (6.1), et de même $H_n \cdot Z = Y^{R_n}$. Donc $X^{R_n} = Y^{R_n}$ pour tout n et comme $[\![0,R]\!] = \bigcup_{(n)} [\![0,R_n]\!]$ on a le résultat.∎

§b - Une généralisation de l'exponentielle. Au lieu de (6.1), considérons l'équation

$$Z = H + Z_- \cdot X \tag{6.7}$$

où $X \in \underline{\underline{S}}$ et H sont donnés. Cette équation, lorsque H est un processus continu à droite et limité à gauche, adapté, a été résolue à l'aide d'une méthode d'approximations successives par divers auteurs: dans le chapitre XIV, nous étudierons une équation différentielle stochastique bien plus générale.

Quant à nous, nous n'utiliserons (6.7) que dans le cas où $H \in \underline{\underline{S}}$: la solution Z est alors une semimartingale. Dans ce cas particulier, nous allons donner une démonstration directe de l'existence et de l'unicité de la solution, démonstration qui de plus fournira une forme explicite de la solution.

Auparavant, nous allons faire quelques remarques très simples. Soit $S \in \underline{\underline{T}}$, $X \in \underline{\underline{S}}$ tel que $X = X^S$, et H un processus prévisible tel que H^S soit localement borné. On définit l'intégrale stochastique $H \cdot X \in \underline{\underline{S}}$ par

$$H \cdot X = H^S \cdot X ,$$

ce qui est clairement cohérent avec le fait que, lorsque "les intégrales existent", on a $H \cdot X = H^S \cdot X^S + H \cdot (X - X^S)$! lorsque de plus $X \in \underline{\underline{S}}_p$ (resp. $\underline{\underline{M}}_{loc}$) on a $H \cdot X \in \underline{\underline{S}}_p$ (resp. $\underline{\underline{M}}_{loc}$).

Cette formule ne définit pas une intégrale stochastique plus générale que celle que nous avons introduite au §II-2-f, car on vérifie aisément que $H \in L(X)$; mais nous l'introduisons à l'usage du lecteur qui n'aurait pas eu le courage de lire ce §II-2-f (remarquons d'ailleurs que si $X \in \underline{\underline{M}}_{loc}$, les hypothèses faites entrainent que $H \in L^1_{loc}(X)$).

D'autre part, si (S_n) est une suite de temps d'arrêt croissant vers S, si $[\![0,S]\!] = \bigcup_{(n)} [\![0,S_n]\!]$, et si H est un processus tel que chaque H^{S_n} soit localement borné, alors H^S est localement borné: en effet si $(T(n,m))_{m \in \mathbb{N}}$ est une suite localisante telle que $|(H^{S_n})^{T(n,m)}| \leq m$ et si $R(n,m) = (T(n,m) \wedge S_n)_{\{T(n,m) \wedge S_n < S\}}$, on a $(H^S)^{R(n,m)} = (H^{S_n})^{T(n,m)}$, et comme $[\![0,S]\!] = \bigcup_{(n)} [\![0,S_n]\!]$, $\sup_{(n,m)} R(n,m) = \infty$ (cette propriété suit également du théorème (5.3)).

(6.8) THEOREME: <u>Soit</u> $X, H \in \underline{\underline{S}}$. <u>Soit</u> $T_0 = 0$, $T_{n+1} = \inf(t > T_n : \Delta X_t = -1)$. <u>L'équation (6.7) admet une solution et une seule</u> Z <u>dans</u> $\underline{\underline{S}}$, <u>donnée par</u>

$$(6.9)\quad \begin{cases} Z = \sum_{n\geq 0} Z^n I_{[\![T_n,T_{n+1}[\![} \\ Z^n = U^n\{\Delta H_{T_n} + (1/U^n)_- \bullet (H^{T_{n+1}} - H^{T_n}) - (1/U^n) I_{[\![0,T_{n+1}[\![} \bullet [H, X^{T_{n+1}} - X^{T_n}]\} \\ U^n = \mathcal{E}(X^{T_{n+1}} - X^{T_n}). \end{cases}$$

Si $R(n,p) = \inf(t : |U_t^n| \leq 1/p)$ on a $\bigcup_{(p)} [\![0,R(n,p)]\!] = [\![0,T_{n+1}]\!]$ d'après (6.5), tandis que $[(1/U^n)_-]^{R(n,p)}$ et $[(1/U^n) I_{[\![0,T_{n+1}[\![}]^{R(n,p)}$ sont bornés par p. Les remarques précédant l'énoncé prouvent alors que dans la formule (6.9), les intégrales stochastiques sont bien définies et $Z^n \in \underline{\underline{S}}$; comme $\lim_{(n)} \uparrow T_n = \infty$ (puisque X est continu à droite et limité à gauche), on voit en utilisant (2.17,b) que $Z \in \underline{\underline{S}}$.

<u>Démonstration</u>. L'unicité découle de ce que si Z et Z' sont solutions, on a $Z - Z' = 0 + (Z - Z')_- \bullet X$, donc $Z - Z' = 0$ d'après (6.2).

Montrons maintenant que la semimartingale Z définie par la formule (6.9) est solution de (6.7). Pour simplifier les notations, on pose $X^n = X^{T_{n+1}} - X^{T_n}$, et $H^n = H^{T_{n+1}} - H^{T_n}$. On définit $U^n = \mathcal{E}(X^n)$, Z^n et Z par (6.9), et on pose

$$K^n = \Delta H_{T_n} I_{[\![T_n,\infty[\![} + (1/U^n)_- \bullet H^n - (1/U^n) I_{[\![0,T_{n+1}[\![} \bullet [H, X^n].$$

Si $\tilde{Z}^n = U^n K^n$ on a ainsi $\tilde{Z}^n = Z^n = Z$ sur $[\![T_n, T_{n+1}[\![$, et $\tilde{Z}^n_- = Z^n_- = Z_-$ sur $]\!]T_n, T_{n+1}]\!]$. La formule d'intégration par parties (2.53) s'écrit

$$\begin{aligned}\tilde{Z}^n = {} & K^n_- \bullet U^n + \Delta H_{T_n} I_{[\![T_n,\infty[\![} + H^n - (U^n_-/U^n) I_{[\![0,T_{n+1}[\![} \bullet [H, X^n] \\ & + (1/U^n)_- \bullet [H^n, U^n] - (1/U^n) I_{[\![0,T_{n+1}[\![} \bullet [U^n, [H, X^n]],\end{aligned}$$

car $U^n = 1$ sur $[\![0, T_n]\!]$.

Mais $[U^n, [H, X^n]] = \Delta U^n \bullet [H, X^n]$, et $U^n = 1 + U^n_- \bullet X^n$; donc $[H^n, U^n] = U^n_- \bullet [H^n, X^n]$. En simplifiant l'expression précédente, on obtient alors:

$$\tilde{Z}^n = \tilde{Z}^n_- \bullet X^n + \Delta H_{T_n} I_{[\![T_n,\infty[\![} + H^n + I_{[\![T_{n+1}]\!]} \bullet [H, X^n].$$

Comme $\tilde{Z}^n_- = Z_-$ sur $]\!]T_n, T_{n+1}]\!]$ on a $\tilde{Z}^n_- \bullet X^n = Z_- \bullet X^n$; comme $\Delta X^n_{T_{n+1}} = -1$ sur $\{T_{n+1} < \infty\}$, il vient

$$\tilde{Z}^n = H^n + Z_- \bullet X^n + \Delta H_{T_n} I_{[\![T_n,\infty[\![} - \Delta H_{T_{n+1}} I_{[\![T_{n+1},\infty[\![}.$$

Par ailleurs on a par construction: $Z_{T_n} = \Delta H_{T_n}$ sur $\{T_n < \infty\}$; $Z^n = 0$ sur $[\![0, T_n[\![$; $Z = \tilde{Z}^n = (\tilde{Z}^n)^{T_{n+1}}$ sur $[\![T_n, T_{n+1}[\![$; enfin $Z_{T_{n+1}} = \Delta H_{T_{n+1}}$ et $\tilde{Z}^n_{T_{n+1}} = U^n_{T_{n+1}} = 0$ sur $\{T_{n+1} < \infty\}$. Il vient donc

$$Z^{T_{n+1}} - Z^{T_n} = Z^n - \Delta H_{T_n} I_{[\![T_n,\infty[\![} + \Delta H_{T_{n+1}} I_{[\![T_{n+1},\infty[\![} = H^{T_{n+1}} - H^{T_n} + Z_- \bullet (X^{T_{n+1}} - X^{T_n}).$$

Il reste maintenant à additionner ces égalités: comme $\lim_{(n)}\uparrow T_n = \infty$, on a une somme finie en tout t ; on obtient que Z vérifie (6.7).∎

On notera $\mathcal{E}_H(X)$ l'unique solution de (6.7). On a bien-sûr $\mathcal{E}_1(X) = \mathcal{E}(X)$; d'ailleurs dans (6.9), si $H=1$, il vient $Z^n = 0$ pour $n\geq 1$, tandis que $Z^0 = U^0 = \mathcal{E}(X)$.

Etudions maintenant quelques propriétés faciles de "l'exponentielle" ainsi construite.

(6.10) PROPOSITION: <u>Soit</u> $H, K, X, Y \in \underline{\underline{S}}$.

(a) <u>Si</u> $a, b \in \mathbb{R}$ <u>on a</u> $\mathcal{E}_{aH+bK}(X) = a\mathcal{E}_H(X) + b\mathcal{E}_K(X)$.

(b) <u>On a</u> $\mathcal{E}_{H_-\bullet X}(X) = \mathcal{E}_H(X) - H$.

(c) <u>On a</u> $\mathcal{E}_H(X)\mathcal{E}_K(Y) = \mathcal{E}_L(X+Y+[X,Y])$, <u>où</u>

$$L = U_-\bullet K + V_-\bullet H + [H,K] + U_-\bullet[K,X] + V_-\bullet[H,Y], \quad U = \mathcal{E}_H(X), \quad V = \mathcal{E}_K(Y).$$

<u>Démonstration</u>. (a) Si $U = \mathcal{E}_H(X)$ et $V = \mathcal{E}_K(X)$ on a

$$aU + bV = a(H + U_-\bullet X) + b(K + V_-\bullet X) = aH + bK + (aU + bV)_-\bullet X,$$

d'où le résultat.

(b) Si $Z = \mathcal{E}_H(X)$, le résultat provient de:

$$Z - H = Z_-\bullet X = H_-\bullet X + (Z - H)_-\bullet X.$$

(c) D'après la formule d'intégration par parties, on a

$$\begin{aligned} UV &= U_-\bullet V + V_-\bullet U + [U,V] \\ &= U_-\bullet K + (UV)_-\bullet X + V_-\bullet H + (UV)_-\bullet Y + [H,K] + U_-\bullet[X,K] + V_-\bullet[Y,H] + (UV)_-\bullet[X,Y] \\ &= L + (UV)_-\bullet(X + Y + [X,Y]). \blacksquare \end{aligned}$$

A titre d'exemple d'application de cette exponentielle, nous allons décrire l'ensemble des éléments L de $\underline{\underline{H}}^2_{o,loc}$ qui sont <u>orthogonaux à une semimartingale</u> X fixée, l'orthogonalité signifiant: $XL \in \underline{\underline{L}}$. Pour simplifier, on supposera que $X \in \underline{\underline{S}}_p$ et que si $X = M + A$ est la décomposition canonique de X, on a $M \in \underline{\underline{H}}^2_{o,loc}$. Il existe un processus prévisible a et un élément A' de $\underline{\underline{P}} \cap \underline{\underline{V}}$ tels que

$$A = a\bullet\langle M,M\rangle + A', \qquad a\bullet A' = 0$$

(en effet si $\tilde{A}_t = \int^t |dA_s| + \langle M,M\rangle_t$ il existe d'après (1.36) deux processus prévisibles b et c tels que $A = b\bullet\tilde{A}$ et $\langle M,M\rangle = c\bullet\tilde{A}$; il suffit de poser $a = (b/c)I_{\{c\neq 0\}}$ et $A' = A - a\bullet\langle M,M\rangle = I_{\{c=0\}}\bullet\tilde{A}$).

On supposera enfin que $a \in L^1_{loc}(M)$.

(6.11) THEOREME: <u>Avec les notations et les hypothèses précédentes, on a:</u>

(a) <u>Si</u> $L \in \underline{\underline{H}}^2_{o,loc}$ <u>vérifie</u> $LX \in \underline{\underline{L}}$, <u>alors</u> $L_- \bullet A' = 0$ <u>et il existe</u> $L' \in \underline{\underline{H}}^2_{o,loc}$ <u>avec</u> $L' \perp L$ <u>et</u> $L = \mathcal{E}_{L'}(-a \bullet M)$.

(b) <u>Supposons de plus que</u> $A' = 0$ <u>et que</u> $a \in L^2_{loc}(M)$. <u>Alors</u> $L \in \underline{\underline{H}}^2_{o,loc}$ <u>vérifie</u> $LX \in \underline{\underline{L}}$ <u>si et seulement s'il existe</u> $L' \in \underline{\underline{H}}^2_{o,loc}$ avec $L' \perp L$ <u>et</u> $L = \mathcal{E}_{L'}(-a \bullet M)$.

<u>Démonstration</u>. (a) D'après (2.53) on a $LX = L_- \bullet M + M_- \bullet L + [L,M] + L_- \bullet A + A \bullet L$ et ce processus sera dans $\underline{\underline{L}}$ si et seulement si $[L,M] + L_- \bullet A \in \underline{\underline{L}}$, soit si $\langle L,M\rangle + L_- \bullet A = 0$. Mais d'après (4.27) on a $L = L' + K \bullet M$ où L' est un élément de $\underline{\underline{H}}^2_{o,loc}$ orthogonal à M et où $K \in L^2_{loc}(M)$. Il vient alors $K \bullet \langle M,M\rangle + L_- \bullet A = 0$, soit $(K + aL_-) \bullet \langle M,M\rangle + L_- \bullet A' = 0$. Ceci n'est possible que si d'une part $L_- \bullet A' = 0$, et d'autre part si $(K + aL_-) \bullet \langle M,M\rangle = 0$; mais comme $K \in L^2_{loc}(M)$, cette dernière relation implique $aL_- \in L^2_{loc}(M)$ et $K \bullet M = -aL_- \bullet M$. Par suite $L = L' + L_- \bullet (-a \bullet M)$, d'où $L = \mathcal{E}_{L'}(-a \bullet M)$.

(b) Supposons maintenant que $A' = 0$ et que $a \in L^2_{loc}(M)$, et soit $L' \in \underline{\underline{H}}^2_{o,loc}$ avec $L' \perp M$. Si on pose $L = \mathcal{E}_{L'}(-a \bullet M)$, comme $a \bullet M \in \underline{\underline{H}}^2_{loc}$ on voit facilement que $L \in \underline{\underline{H}}^2_{o,loc}$. Enfin si on remonte les calculs faits en (a), on voit que $\langle L,M\rangle + L_- \bullet A = 0$, donc $LX \in \underline{\underline{L}}$. ∎

Une généralisation de ce théorème, et un exemple, sont donnés dans les exercices.

§c - <u>Une autre équation différentielle stochastique</u>. Dans ce paragraphe nous allons étudier une équation proche de (6.1), à savoir

(6.12) $$Z = z + ({}^pZ) I_{]0,\infty[} \bullet X$$

où $z \in L^1(\Omega, \underline{\underline{F}}_0, P)$ et $X \in \underline{\underline{S}}_p$ sont donnés. Pour la résoudre, il nous faudra faire une hypothèse supplémentaire sur X, et nous chercherons une solution dans $\underline{\underline{S}}_p$ (nous ignorons s'il existe des solutions dans $\underline{\underline{S}}$ qui ne sont pas dans $\underline{\underline{S}}_p$). Remarquons que si $Z \in \underline{\underline{S}}_p$, le processus Z, donc le processus ${}^pZ$, sont localement bornés, et l'intégrale stochastique intervenant dans (6.12) a une sens. Remarquons aussi que si $X \in \underline{\underline{M}}_{loc}$, alors $Z \in \underline{\underline{M}}_{loc}$ et donc ${}^pZ = Z_-$ sur $]0,\infty[$: on retrouve l'équation (6.1).

(6.13) THEOREME: <u>Soit</u> $X \in \underline{\underline{S}}_p$ <u>et</u> $z \in L^1(\Omega, \underline{\underline{F}}_0, P)$. <u>Supposons que la décomposition canonique</u> $X = M + A$ <u>de</u> X <u>vérifie</u> $\Delta A \neq 1$ <u>sur</u> $]0,\infty[$. <u>L'équation (6.12) admet alors une solution et une seule</u> Z <u>dans</u> $\underline{\underline{S}}_p$, <u>donnée par</u>:

(6.14) $$Z = z\,\mathcal{E}\left(\frac{1}{1-\Delta A} I_{]0,\infty[} \bullet X\right) = z\,\frac{\mathcal{E}(M)}{\mathcal{E}(-A)} ;$$

<u>on a l'expression explicite</u>:

$$Z_t = z\,[\exp(X_t - X_0 - \tfrac{1}{2}\langle X^c, X^c\rangle_t)] \prod_{0<s\leq t} \left(\frac{1+\Delta M_s}{1-\Delta A_s} e^{-\Delta X_s}\right)$$

où le produit infini est P-p.s. absolument convergent.

Démonstration. Notons T_n le $n^{ième}$ instant où $\Delta A > 1/2$: on a d'une part $\lim_{(n)} \uparrow T_n = \infty$, et d'autre part le processus $V = \frac{1}{1-\Delta A} I_{]0,\infty[}$ vérifie $|V| \leq 2$ en dehors de $\bigcup_{(n)} [\![T_n]\!]$; comme $V \neq 0$ partout par hypothèse, il en découle que $V_t^* = \sup_{s \leq t} |V_s|$ est un processus à trajectoires croissantes, continues à droite, et finies partout; comme il est en plus prévisible, il est localement borné d'après (1.37). On peut donc poser $Y = V \cdot X$, ce qui définit un élément de $\underline{\underline{S}}_p$.

Soit $Z \in \underline{\underline{S}}_p$ une solution de (6.12), de décomposition canonique $Z = N + B$. Comme le processus ${}^pZ$ est localement borné, on a $B = z + ({}^pZ) I_{]0,\infty[} \cdot A$ d'après (6.12). D'autre part ${}^pZ = Z_- + \Delta B$, donc

$$({}^pZ) I_{]0,\infty[} = Z_- + \Delta B I_{]0,\infty[} = Z_- + ({}^pZ) I_{]0,\infty[} \Delta A,$$

d'où $({}^pZ) I_{]0,\infty[} = Z_- V$, et (6.12) s'écrit

$$Z = z + Z_- V \cdot X = z + Z_- \cdot Y.$$

En conséquence, $Z = z\,\mathcal{E}(Y)$.

Posons inversement $Z = z\,\mathcal{E}(Y)$ et montrons qu'on définit ainsi une solution de (6.12). Comme $Y \in \underline{\underline{S}}_p$ et comme z est intégrable, on a $Z \in \underline{\underline{S}}_p$. La décomposition canonique de Y est $Y = V \cdot M + V \cdot A$; donc celle de Z, soit $Z = N + B$, vérifie $B = z + Z_- \cdot (V \cdot A)$. On a $({}^pZ) I_{]0,\infty[} = Z_- + \Delta B I_{]0,\infty[} = Z_-(1 + V\Delta A) = Z_-/(1-\Delta A)$, donc il vient

$$Z = z + Z_- \cdot Y = z + ({}^pZ) I_{]0,\infty[} (1-\Delta A) \cdot (V \cdot X) = z + ({}^pZ) I_{]0,\infty[} \cdot X.$$

Il nous reste à montrer la seconde formule (6.14), et la dernière formule de l'énoncé. D'après la formule d'intégration par parties, on a

$$Y - A - [A,Y] = V \cdot X - A - V \cdot [A,X] = V \cdot X - A - (V \cdot A) \cdot X$$
$$= (V(1-\Delta A)) \cdot X - A = I_{]0,\infty[} \cdot X - A = X - X_0 - A = M - X_0.$$

D'après (6.4) il vient alors $\mathcal{E}(M) = \mathcal{E}(M - X_0) = \mathcal{E}(Y)\mathcal{E}(-A)$ et comme $\mathcal{E}(-A)$ ne s'annule pas, on obtient (6.14). Enfin si on remplace $\mathcal{E}(M)$ et $\mathcal{E}(-A)$ par leurs valeurs respectives données par (6.3), on obtient la dernière formule.∎

(6.15) Remarques: 1) Dans l'énoncé du théorème, on ne peut espérer lever la condition $\Delta A \neq 1$ sur $]0,\infty[$. En voici un exemple: soit $T \in \underline{\underline{T}}_p$ et $X = A = I_{[\![T,\infty[\![}$. Si Z est solution de (6.12), c'est alors un processus prévisible, donc ${}^pZ = Z$ et $Z = 1 + Z I_{]0,\infty[} \cdot A$ (si $z = 1$). Il est alors clair que sur $\{0 < T < \infty\}$ on a $Z_{T-} = 1$ et $\Delta Z_T = Z_T - 1 = Z_T \Delta A_T = Z_T$, ce qui est absurde.

2) A la manière de ce qu'on a fait au §b, on pourrait géné-

raliser ainsi l'équation (6.12):

$$Z = H + ({}^pZ)I_{]0,\infty[} \bullet X,$$

où $X, H \in \underline{\underline{S}}_p$ sont donnés. Nous renvoyons pour ceci à l'exercice 6.7.∎

EXERCICES

6.1 - Inversion de l'exponentielle. Soit $Z \in \underline{\underline{S}}$, $R_n = \inf(t: |Z_t| \leq 1/n)$ et $R = \lim_{(n)} \uparrow R_n$. Montrer que Z est l'exponentielle d'une semimartingale si et seulement si $Z = 0$ sur $[\![R,\infty[\![$ et $[\![0,R]\!] = \bigcup_{(n)} [\![0,R_n]\!]$.

6.2 - (on utilise le §V-1). Soit $Z \in \underline{\underline{S}}$ (resp. $\underline{\underline{M}}_{loc}$), $R_n = \inf(t: |Z_t| \leq \frac{1}{n})$ et $A = \bigcup_{(n)} [\![0,R_n]\!]$. Montrer qu'il existe un élément de $\underline{\underline{S}}^A$ (resp. $\underline{\underline{M}}^A_{loc}$) X tel que $Z = \mathcal{E}^A(X)$ (i.e.: $Z^{R_n} = \mathcal{E}(X^{R_n})$ pour chaque n). Montrer que si $X' \in \underline{\underline{S}}^A$ vérifie aussi $Z = \mathcal{E}^A(X')$, on a $X' \doteq X$ sur A.

6.3 - Soit $T \in \underline{\underline{T}}$, et $X \in \underline{\underline{S}}$ tel que $X = X^S$.

a) Soit H un processus prévisible tel que H^S soit localement borné. Montrer que $H \in L(X)$ et que l'intégrale stochastique définie avant l'énoncé de (6.8) coïncide avec celle définie au §II-2-f.

b) Mêmes questions si on suppose simplement que $H^S \in L(X)$.

6.4 - Montrer que si $H, X \in \underline{\underline{S}}_p$ (resp. $\underline{\underline{M}}_{loc}$), la solution $\mathcal{E}_H(X)$ de (6.7) est dans $\underline{\underline{S}}_p$ (resp. $\underline{\underline{M}}_{loc}$).

6.5 - Soit W un mouvement brownien, et $X = |W|$. On a étudié dans l'exercice 2.16 la décomposition canonique $X = N + A$ de X.

a) Avec les notations du théorème (6.11), montrer que $A = A'$ et $a = 0$.

b) En déduire que si $L \in \underline{\underline{H}}^2_{o,loc}$ vérifie $LX \in \underline{\underline{L}}$, on a $L = 0$.

6.6 - (une généralisation de (6.11)). Soit $M \in \underline{\underline{H}}^2_{o,loc}$, $A, B \in \underline{\underline{P}} \cap \underline{\underline{V}}$ et $X = M + A$. Soit $V = -M_- \bullet B - AB$. On suppose que $A = a \bullet \langle M,M \rangle$ et que $V = v \bullet \langle M,M \rangle$, avec $a, v \in L^2_{loc}(M)$. Montrer que $L \in \underline{\underline{H}}^2_{o,loc}$ vérifie $(L + B)X \in \underline{\underline{L}}$ si et seulement qi $L = \mathcal{E}_{L' + v \bullet M}(-a \bullet M)$, où $L' \in \underline{\underline{H}}^2_{o,loc}$ est orthogonale à L.

6.7 - Soit $X = M + A$ et $H = N + B$ les décompositions canoniques des semimartingales spéciales X et H. On suppose que $\Delta A \neq 1$ sur $]\!]0,\infty[\![$. Montrer que l'équation $Z = H + ({}^pZ)I_{]\!]0,\infty[\![} \bullet X$ admet une solution et une seule dans $\underline{\underline{S}}_p$. Montrer que cette solution est donnée par la formule $Z = \mathcal{E}_{H + (V\Delta B) \bullet X}(V \bullet X)$, où $V = (1/(1 - \Delta A))I_{]\!]0,\infty[\![}$.

2 - DECOMPOSITIONS MULTIPLICATIVES

§a - Un cas particulier. Etant donné un processus X, nous allons nous intéresser à la propriété suivante:

(6.16) $$X = LD, \quad \text{où} \quad L \in \underline{\underline{M}}_{loc}, \quad L_0 = 1, \quad D \in \underline{\underline{P}} \cap \underline{\underline{A}}_{loc}.$$

Si X vérifie cette propriété, la formule d'intégration par parties entraine que $X = D \bullet L + L_- \bullet D$, donc nécessairement $X \in \underline{\underline{S}}_p$.

Le problème devient donc : partant d'une semimartingale spéciale X, a-t-on une décomposition (6.16) ? une telle décomposition sera appelée décomposition multiplicative, par opposition à la décomposition canonique $X = M + A$, qui est additive.

Nous allons d'abord résoudre ce problème dans un cas particulier (suffisant pour bien des applications).

(6.17) THEOREME: Soit $X \in \underline{\underline{S}}_p$ et $T \in \underline{\underline{T}}$ tels que X_- ne s'annule pas sur $]\!]0,T]\!]$, et que le processus $(1/{}^pX)I_{]\!]0,T]\!]}$ soit localement borné. Il existe une décomposition multiplicative $X^T = LD$ de X^T. Toute autre décomposition multiplicative $X^T = L'D'$ vérifie $L = L'$ et $D = D'$ sur $[\![0,T]\!]$.

On rappelle que selon nos conventions, $(1/{}^pX)I_{]\!]0,T]\!]}$ est nul en dehors de $]\!]0,T]\!]$, quelles que soient les valeurs du processus ${}^pX$.

Nous verrons plus loin que l'une des hypothèses de ce théorème est inutile: si $(1/{}^pX)I_{]\!]0,T]\!]}$ est localement borné, alors X_- ne peut s'annuler sur $]\!]0,T]\!]$.

Une forme plus générale de ce théorème sera donnée au §c : elle nécessite l'étude des intervalles $[\![0,T]\!]$ tel que $(1/{}^pX)I_{]\!]0,T]\!]}$ soit localement borné; cette étude sera menée au §b.

(6.18) Remarques: 1) On a $({}^pX)_0 = X_0$; donc, à moins que $1/X_0$ ne soit borné, le processus $(1/{}^pX)I_{[\![0,T]\!]}$ n'est localement borné pour aucun temps d'arrêt T (alors que $(1/{}^pX)I_{]\!]0,T]\!]}$ l'est au moins pour $T=0$).

2) L'unicité de la décomposition multiplicative de X^T n'est en général satisfaite que sur l'intervalle $[\![0,T]\!]$: si par exemple $X = I_{[\![0,1]\!]}$ et si $T = 1$, tout couple (L,D), tel que $D = X$ et $L \in \underline{\underline{M}}_{loc}$ vérifie $L = 1$ sur $[\![0,1]\!]$, est une décomposition multiplicative de X^T.∎

Démonstration. (i) Soit $H = (1/{}^pX)I_{]\!]0,T]\!]}$, et Y la semimartingale spéciale $Y = H \bullet X$, de décomposition canonique $Y = N + B$. On a $\Delta Y = H \Delta X$ et ${}^p(\Delta Y) = \Delta B$, donc

$$\Delta B = H^{p}(\Delta X) = H({}^{p}X - X_{-}) = (1 - \frac{X_{-}}{{}^{p}X})I_{]\!]0,T]\!]}$$

et, d'après l'hypothèse faite sur X_{-}, on a $\Delta B \neq 1$ partout. Comme X_0 est intégrable (puisque $X \in \underline{\underline{S}}_p$), (6.13) entraine que l'équation $Z = X_0 + ({}^{p}Z)I_{]\!]0,\infty[\![} \cdot Y$ admet une solution et une seule, à savoir $Z = X_0 \mathcal{E}(N)/\mathcal{E}(-B)$.

Or, on a ${}^{p}(X^T) = {}^{p}X$ sur $[\![0,T]\!]$, tandis que $Y = H \cdot X = H \cdot X^T$ puisque $H = 0$ sur $]\!]T,\infty[\![$; il vient donc

$$X^T = X_0 + I_{]\!]0,\infty[\![} \cdot X^T = X_0 + {}^{p}(X^T)HI_{]\!]0,\infty[\![} \cdot X^T = X_0 + {}^{p}(X^T)I_{]\!]0,\infty[\![} \cdot Y,$$

et on en déduit que $X^T = Z$. Pour obtenir la décomposition multiplicative de X^T il suffit de poser $L = \mathcal{E}(N)$ et $D = X_0/\mathcal{E}(-B)$: on a $L_0 = 1$ et $D_0 = X_0$ par construction; d'après (6.5) on a d'abord $L \in \underline{\underline{M}}_{loc}$, et ensuite $\mathcal{E}(-B) \in \underline{\underline{P}} \cap \underline{\underline{V}}$ et $1/\mathcal{E}(-B)$ est localement borné (car $\Delta B \neq 1$), ce qui entraine $D \in \underline{\underline{P}} \cap \underline{\underline{V}}$; comme D_0 est intégrable, on a même $D \in \underline{\underline{A}}_{loc}$.

(ii) Soit inversement $X^T = L'D'$ une décomposition multiplicative de X^T. Il vient $({}^{p}X)I_{]\!]0,T]\!]} = {}^{p}(X^T)I_{]\!]0,T]\!]} = L'_{-}D'I_{]\!]0,T]\!]}$, donc $H = (1/L'_{-}D')I_{]\!]0,T]\!]}$, et $X^T = D' \cdot L' + L'_{-} \cdot D'$. L'unicité de la décomposition canonique de Y implique alors que

$$B = H \cdot (L'_{-} \cdot D') = \frac{1}{D'} I_{]\!]0,T]\!]} \cdot D' ;$$

comme $B = B^T$, il vient alors

$$D'^T = X_0 + \frac{D'^T}{D'} I_{]\!]0,T]\!]} \cdot D' = X_0 + D'^T I_{]\!]0,T]\!]} \cdot B = X_0 + {}^{p}(D'^T)I_{]\!]0,\infty[\![} \cdot B$$

et (6.13) entraine que $D'^T = X_0/\mathcal{E}(-B)$. Par suite $D'^T = D$ et comme D ne s'annule jamais, on en déduit que $L'^T = X^T/D = L$, ce qui achève de prouver le théorème.■

Une première conséquence de ce théorème est la propriété de décomposition multiplicative des semimartingales spéciales strictement positives.

(6.19) THEOREME: Soit X un élément strictement positif de $\underline{\underline{S}}_p$, tel que X_{-} ne s'annule jamais sur $]\!]0,\infty[\![$.

(a) Le processus $(1/{}^{p}X)I_{]\!]0,\infty[\![}$ est localement borné.

(b) Il existe une décomposition multiplicative et une seule $X = LD$, et on a $L > 0$ et $D > 0$ partout.

(c) Si X est une surmartingale (resp. sousmartingale) locale, le processus D est décroissant (resp. croissant).

Bien que cet énoncé découle des résultats que nous prouverons aux §b et §c, nous en donnons une démonstration ne s'appuyant que sur (6.17).

Démonstration. (a) Montrons d'abord que ${}^{p}X > 0$. Soit $S \in \underline{\underline{T}}_p$ tel que

$[\![S]\!] \subset \{{}^pX \leq 0\}$. On a

$$E(X_S I_{\{S<\infty\}}) = E(({}^pX)_S I_{\{S<\infty\}}) \leq 0,$$

et comme $X_S > 0$ sur $\{S<\infty\}$ ceci n'est possible que si $P(S<\infty) = 0$. Le théorème de section prévisible entraine alors que $\{{}^pX \leq 0\} \doteq \emptyset$.

Par ailleurs, si $X = M + A$ est la décomposition canonique de X, on a ${}^pX = X_- + \Delta A$. Le processus X_- est continu à gauche et strictement positif sur $]\!]0,\infty[\![$, donc $(1/X_-)I_{]\!]0,\infty[\![}$ est localement borné. D'après (1.37), $A - A_0$ est localement borné, donc $\Delta A I_{]\!]0,\infty[\![}$ également. Enfin comme ${}^pX \dot{>} 0$ on a $\Delta A/X_- \dot{>} -1$ sur $]\!]0,\infty[\![$, donc

$$0 \leq \frac{1}{{}^pX} I_{]\!]0,\infty[\![} = \frac{1}{X_-} \frac{1}{1 + \Delta A/X_-} I_{]\!]0,\infty[\![} \dot{\leq} \frac{1}{X_-}\left(1 - \frac{\Delta A}{X_-}\right) I_{]\!]0,\infty[\![}$$

et ci-dessus le membre de droite est localement borné.

(b) D'après (a), les hypothèses de (6.17) sont satisfaites, avec $T = \infty$: il existe donc une décomposition multiplicative $X = LD$ et une seule. Si on reprend les notations de (6.17), on a $\Delta N = \Delta Y - \Delta B = H(X - {}^pX) = [(X/({}^pX)) - 1] I_{]\!]0,\infty[\![} > -1$, donc $L = \mathcal{E}(N) > 0$ partout d'après (6.5). Comme $X > 0$ on en déduit que $D > 0$.

(c) Toujours en reprenant les notations de (6.17), on a $D = X_0/\mathcal{E}(-B)$. Mais si X est une surmartingale (resp. sousmartingale) locale, A est décroissant (resp. croissant). Comme $H \geq 0$, $B = H \bullet A$ est décroissant (resp. croissant), donc $\mathcal{E}(-B)$ est croissant (resp. décroissant) et positif, ce qui est immédiat d'après l'expression explicite (6.3): on en déduit le résultat.∎

En fait, lorsque X est une surmartingale, il n'est pas besoin de supposer explicitement ci-dessus que X_- ne s'annule pas sur $]\!]0,\infty[\![$. C'est automatique d'après la proposition suivante.

(6.20) PROPOSITION: <u>Soit</u> X <u>une surmartingale positive. Soit</u> $R = \inf(t: X_t = 0)$ <u>et</u> $R_n = \inf(t: X_t < 1/n)$. <u>On a</u> $R \doteq \lim_{(n)} \uparrow R_n$, $X \doteq 0$ <u>sur</u> $[\![R,\infty[\![$ <u>et</u> $X \doteq X^R$.

<u>Démonstration</u>. D'après le théorème d'arrêt de Doob, pour $s \geq 0$ on a

$$E(X_{R+s} I_{\{R<\infty\}}) \leq E(X_R I_{\{R<\infty\}}) = 0,$$

donc $X_{R+s} \doteq 0$ sur $\{R<\infty\}$: par suite $X \doteq 0$ sur $[\![R,\infty[\![$ et $X \doteq X^R$. Soit $T = \lim_{(n)} \uparrow R_n$. On a $T \leq R$, et $R_n < T$ sur $\{T < R\}$; donc X_{R_n+s} tend vers $X_{(T+s)-}$ sur $\{T<R\}$. Par ailleurs

$$E(X_{R_n+s} I_{\{T<R\}}) \leq E(X_{R_n+s} I_{\{R_n<\infty\}}) \leq E(X_{R_n} I_{\{R_n<\infty\}}) \leq \frac{1}{n},$$

et le lemme de Fatou entraine que $E(X_{(T+s)-} I_{\{T<R\}}) = 0$. Par suite $X_- \doteq 0$ sur $]\!]T,R]\!]$ et $X \doteq 0$ sur $[\![T,R[\![$, ce qui, étant donnée la définition de

R , entraine que $T \doteq R$. ∎

(6.21) COROLLAIRE: Toute surmartingale strictement positive admet une décomposition multiplicative et une seule.

Remarque: On pourrait aussi s'intéresser à la propriété

(6.22) $X = LD$, où $L \in \underline{\underline{M}}_{loc}$, $L_0 = 1$, $D \in \underline{\underline{V}}$,

propriété qui est moins forte que (6.16). Si X vérifie (6.22), c'est une semimartingale d'après la formule d'intégration par partie, mais cette semimartingale n'est pas nécessairement spéciale. Il y a le même rapport entre (6.22) et (6.17), qu'entre la décomposition (additive) (2.15) et la décomposition canonique; c'est pourquoi la décomposition (6.16) est parfois appelée "décomposition multiplicative canonique". ∎

§b - Projection prévisible d'une semimartingale spéciale. Etant donné le théorème (6.17), il convient maintenant d'étudier les temps d'arrêt T tels que $(1/{}^pX)I_{]0,T]}$ soit localement borné.

La classe des processus bornés est une espace vectoriel stable par arrêt. De plus, si Y est un processus quelconque, d'une part $YI_{]0,T]}$ est localement borné si et seulement si $(YI_{]0,\infty[})^T$ est localement borné, d'autre part $(YI_{]0,\infty[})_0 = 0$.

On déduit alors du théorème (5.3) qu'il existe un ensemble prévisible de type $[0,.]]$, et un seul (à un ensemble P-évanescent près), qu'on notera C(Y) , tel qu'on ait l'équivalence:

(6.23) $YI_{]0,T]}$ localement borné $\Longleftrightarrow$ $[0,T] \dot{\subset} C(Y)$

pour tout $T \in \underline{\underline{T}}$. De plus, il existe une suite croissante (S_n) de temps d'arrêt telle que

(6.24) $C(Y) = \bigcup_{(n)} [0,S_n]$, $|YI_{]0,S_n]}| \leq n$

Remarque: On considère le processus $YI_{]0,\infty[}$, et non Y , pour la raison évoquée dans la remarque (6.18,1), et aussi parce que dans le théorème (5.3) il est nécessaire que le processus constant égal à la valeur à l'origine soit un processus borné. ∎

Dans la suite de ce paragraphe, on considère un processus X , continu à droite et limité à gauche, tel que X^* soit dans $\underline{\underline{A}}_{loc}$ (ces hypothèses sont satisfaites si $X \in \underline{\underline{S}}_p$). Un tel processus admet une projection prévisible ${}^pX$. On pose

(6.25) $R_n = \inf(t: |X_t| \leq 1/n)$, $R = \lim_{(n)} \uparrow R_n$.

On appelle (S_n) une suite satisfaisant (6.24) pour $Y = 1/{}^pX$, et $S = \lim_{(n)}\uparrow S_n$ est l'extrémité droite de $C(1/{}^pX)$.

(6.26) PROPOSITION: <u>On a</u> $S_n \overset{\bullet}{\leq} R_n$ <u>et</u> $S \overset{\bullet}{\leq} R$.

<u>Démonstration</u>. Si on n'a pas $S_n \overset{\bullet}{\leq} R_n$ il existe $T \in \underline{\underline{T}}$ avec $P(T<\infty)>0$ et $[\![T]\!] \subset]\!]R_n, S_n[\![\cap \{|X|<1/n\}$. Posons $T(q) = T+1/q$ et $Y_q = I_{\{T<\infty\}} \sup_{0\leq t\leq 1/q} |X_{T+t} - X_T|$.

D'une part $\lim_{(q)}\downarrow Y_q = 0$ et cette convergence a lieu aussi dans L^1 si on suppose que $X^* \in \underline{\underline{A}}$ (ce que, quitte à localiser X, on peut faire). D'autre part $T(q)$ est prévisible, donc $({}^pX)_{T(q)} = E(X_{T(q)}|\underline{\underline{F}}_{T(q)-})$ sur $\{T<\infty\}$, et il vient

$$|{}^pX|_{T(q)} \leq |X_T| + E(Y_q|\underline{\underline{F}}_{T(q)-}).$$

Or $q<q'$ entraine $Y_q \geq Y_{q'}$, donc $Z_{-q} = I_{\{T<\infty\}}E(Y_q|\underline{\underline{F}}_{T(q)-})$ est une sousmartingale positive indexée par $-\mathbb{N}$ (relativement aux tribus $\underline{\underline{F}}_{T(q)-}$), et $E(Z_{-q}) = E(Y_q)$ décroit vers 0 : d'après le théorème de convergence des sousmartingales on en déduit que Z_{-q} converge P-p.s. vers 0, si bien que sur $\{T<\infty\}$ on a

$$\lim\sup_{(q)} |{}^pX|_{T(q)} \leq |X_T| < 1/n.$$

Comme $\lim_{(q)}\downarrow T(q) = T$ et comme $|{}^pX| \geq 1/n$ sur $]\!]0,S_n]\!]$ d'après (6.24), on en déduit que $T \overset{\bullet}{\geq} S_n$, ce qui amène une contradiction.∎

On en déduit en particulier que $C(1/{}^pX) \overset{\bullet}{\subset} \bigcup_{(n)}[\![0,R_n]\!]$: ce qui entraine ce que nous avons annoncé après le théorème (6.17), à savoir que l'hypothèse concernant X_-, dans ce théorème, est inutile.

Il est intéressant de caractériser $C(1/{}^pX)$, ou au moins son extrémité droite S, directement à partir de X. Lorsque $X \in \underline{\underline{S}}_p$ on a une caractérisation de $C(1/{}^pX)$ qui est assez simple, et qui devient très simple quand en plus $X \geq 0$, car alors $S \overset{\bullet}{=} R$:

(6.27) THEOREME: <u>Soit</u> $X \in \underline{\underline{S}}_p$ <u>et</u> $R' = \inf(t: ({}^pX)_t = 0)$.

(a) <u>On a</u> $S \overset{\bullet}{=} R \wedge R'$.

(b) <u>On a</u> $C(1/{}^pX) = (\bigcup_{(n)}[\![0,R_n]\!]) \cap [\![0,R']\!] \cap [\![0,R'_{\{({}^pX)_{R'}=0,R'>0\}}[\![$.

<u>Démonstration</u>. Comme $S \overset{\bullet}{\leq} R$ d'après (6.26), l'assertion (a) découle immédiatement de l'assertion (b). D'après (6.26) encore, on a $C(1/{}^pX) \overset{\bullet}{\subset} \bigcup_{(n)}[\![0,R_n]\!]$. Si $C' = [\![0,R']\!] \cap [\![0,R'_{\{({}^pX)_{R'}=0,R'>0\}}[\![$ il est évident que $C(1/{}^pX) \subset C'$ (remarquer que si $({}^pX)_0 = 0$, on a $X_0 = 0$, donc $S = R = R' = 0$) Pour montrer (b), il reste donc à prouver que pour tout $n \in \mathbb{N}$ et tout $T \in \underline{\underline{T}}$ tels que $[\![0,T]\!] \subset [\![0,R_n]\!] \cap C'$, le processus $Y = (1/{}^pX)I_{]\!]0,T]\!]}$ est

localement borné.

Soit $X = M + A$ la décomposition canonique de X. On a ${}^pX = X_- + \Delta A$. Soit $D_n = \{|\Delta A| \geq 1/2n\}$: d'une part D_n n'a qu'un nombre fini de points dans tout intervalle fini, d'autre part $|X_-| \geq 1/n$ sur $]\!]0,R_n]\!]$, donc $|Y| \leq 2n$ sur le complémentaire de $[\![0,T]\!] \cap D_n$; comme $[\![0,T]\!] \subset C'$ on a $|Y| < \infty$ partout. On en déduit que le processus croissant prévisible continu à droite $Y'_t = \lim_{\varepsilon \downarrow 0} Y^*_{t+\varepsilon}$ est fini partout, et vérifie $Y'_0 \leq 2n$. Par suite (1.37) entraine que Y', donc Y, sont localement bornés.■

(6.28) COROLLAIRE: <u>Soit</u> X <u>un élément positif de</u> $\underline{\underline{S}}_p$. <u>On a</u> $S \doteq R$ <u>et</u> $C(1/{}^pX) \doteq (\bigcup_{(n)} [\![0,R_n]\!]) \cap [\![0,R_{\{({}^pX)_R = 0, R>0\}}[\![$.

<u>Démonstration</u>. Soit $T \in \underline{\underline{T}}_p$ tel que $[\![T]\!] \subset \{{}^pX = 0\}$: on a $E(X_T I_{\{T<\infty\}}) = 0$, donc $X_T \doteq 0$ sur $\{T<\infty\}$, donc $T \overset{\circ}{\geq} R$. On en déduit (avec les notations de (6.27)) que $R' \overset{\circ}{\geq} R$, donc $S \doteq R$. Enfin comme $R' \overset{\circ}{\geq} R$, on a l'inclusion $\bigcup_{(n)} [\![0,R_n]\!] \subset [\![0,R']\!]$, et $R = R'$ sur $\{({}^pX)_R = 0, R<\infty\}$, d'où la forme de $C(1/{}^pX)$.■

Dire que $(1/{}^pX) I_{]\!]0,\infty[\![}$ est localement borné équivaut à dire que $C(1/{}^pX) = [\![0,\infty[\![$. On peut donc préciser l'assertion (6.19,a).

(6.29) COROLLAIRE: <u>Soit</u> X <u>un élément positif de</u> $\underline{\underline{S}}_p$. <u>Pour que</u> $(1/{}^pX) I_{]\!]0,\infty[\![}$ <u>soit localement borné, il faut et il suffit que</u> X <u>ne s'annule pas, et que</u> X_- <u>ne s'annule pas sur</u> $]\!]0,\infty[\![$.

Voici enfin un dernier corollaire de (6.27).

(6.30) COROLLAIRE: <u>Soit</u> $Y \in \underline{\underline{S}}_p$ <u>de décomposition canonique</u> $Y = N + B$, <u>et</u> $R = \inf(t>0 : \Delta Y_t = -1)$, $T = \inf(t>0 : \Delta B_t = -1)$. <u>Si</u> $X = \mathcal{E}(Y)$ <u>on a</u> $S \doteq R \wedge T$ <u>et</u> $C(1/{}^pX) = [\![0,R]\!] \cap [\![0,T[\![$.

<u>Démonstration</u>. D'abord, d'après (6.5), on a $R = \inf(t : X_t = 0) = \lim_{(n)} \uparrow R_n$, où R_n est donné par (6.25). D'autre part $X = X_-(1+\Delta Y)$ sur $]\!]0,\infty[\![$, donc ${}^pX I_{]\!]0,\infty[\![} = X_-(1+\Delta B)$: on en déduit que $R' \doteq R \wedge T$, donc $S \doteq R \wedge T$. Par ailleurs, (6.5) encore entraine que $\bigcup_{(n)} [\![0,R_n]\!] = [\![0,R]\!]$. La fin découle alors de (6.27,b), si on remarque que $({}^pX)_T = 0$ si $T<\infty$ et $T \leq R$, et que $({}^pX)_R \neq 0$ si $R<T$.■

§c - <u>Décomposition multiplicative: le cas général</u>. Après tous ces préliminaires, nous pouvons énoncer le théorème général, qui n'est qu'une conséquence facile de (6.17) d'ailleurs. L'ensemble prévisible de type $[\![0,.\|$ $C(1/{}^pX)$ défini par (6.23) joue un rôle essentiel, et nous utiliserons les notations du §V-1-a, et notamment la définition (5.4).

(6.31) THEOREME: <u>Soit</u> $X \in \underline{\underline{S}}_p$ <u>(resp., et</u> $X \geq 0$). <u>Soit</u> $C = C(1/{}^pX)$. <u>Il existe un couple</u> (L,D) <u>de processus vérifiant</u>:

(6.32) $\quad X = LD$ <u>sur</u> C; $L \in \underline{\underline{M}}^C_{loc}$, $L_0 = 1$, $D \in (\underline{\underline{P}} \cap \underline{\underline{A}}_{loc})^C$.

<u>Tout autre couple</u> (L',D') <u>vérifiant (6.32) satisfait à</u> $L' = L$ <u>et</u> $D' = D$ <u>sur</u> C. <u>Enfin on a</u> $D \neq 0$ <u>(resp.</u> $D > 0$) <u>sur</u> $C \cap [\![0_{\{X_0 \neq 0\}}, \infty[\![$, $L \neq 0$ <u>(resp.</u> $L > 0$) <u>sur</u> $C \cap \{X \neq 0\}$ <u>et</u> $L = 0$ <u>sur</u> $C \cap \{X = 0\} \cap]\!]0,\infty[\![$.

<u>Remarques</u>: 1) Si S est l'extrémité droite de C, on a $C \cap \{X = 0\} \subset [\![S]\!]$.

2) Dans (6.32) la relation $X = LD$ n'est satisfaite en général que sur C. On peut bien-sûr prolonger L et D en dehors de C de sorte qu'on ait $X = LD$ partout, mais en général on ne pourra pas assurer en plus que $L \in \underline{\underline{M}}_{loc}$ et $D \in \underline{\underline{P}} \cap \underline{\underline{A}}_{loc}$. Inversement, on peut parfois prolonger L et D de sorte que $L \in \underline{\underline{M}}_{loc}$ et $D \in \underline{\underline{P}} \cap \underline{\underline{A}}_{loc}$ (ce n'est pas toujours possible: cf. §V-1-b), mais on ne peut pas assurer alors que $X = LD$ partout: voir par exemple les exercices 6.9 et 6.10.∎

<u>Démonstration</u>. Soit (S_n) une suite de temps d'arrêt vérifiant (6.24). D'après (6.27), X_- ne s'annule pas sur $C \cap]\!]0,\infty[\![$. D'après (6.17), pour tout $n \in \mathbb{N}$ il existe $L(n) \in \underline{\underline{M}}_{loc}$ avec $L(n)_0 = 1$ et $D(n) \in \underline{\underline{P}} \cap \underline{\underline{A}}_{loc}$, tels que $X^{S_n} = L(n)D(n)$; de plus, l'unicité entraine que $L(n) = L(m)$ et $D(n) = D(m)$ sur $[\![0,S_n]\!]$ si $n < m$. On peut donc poser

$$L = \begin{cases} L(n) & \text{sur } [\![0,S_n]\!] \\ 0 & \text{sur } C^c \end{cases} \qquad D = \begin{cases} D(n) & \text{sur } [\![0,S_n]\!] \\ 0 & \text{sur } C^c . \end{cases}$$

Il est évident que le couple (L,D) vérifie (6.32), et que si (L',D') est un autre couple vérifiant (6.32) on a $L'^{S_n} = L^{S_n}$ et $D'^{S_n} = D^{S_n}$ d'après l'unicité dans (6.17), donc $L = L'$ et $D = D'$ sur C.

Si on reprend la démonstration de (6.17), et si on utilise le fait que $X_- \neq 0$ (resp. $X_- > 0$) sur C lorsque X est de signe quelconque (resp. $X \geq 0$), on voit que $\Delta B \neq 1$ (resp. $\Delta B < 1$) sur chaque $]\!]0,S_n]\!]$; donc $\mathcal{E}(-B^{S_n}) \neq 0$ (resp. > 0) et on en déduit que $D = X_0/\mathcal{E}(-B)$ est $\neq 0$ (resp. > 0) sur $C \cap [\![0_{\{X_0 \neq 0\}}, \infty[\![$. Les assertions finales concernant L sont alors évidentes.∎

Dans le cours de la démonstration de (6.17), on a obtenu des formes explicites pour les processus L et D ; plus précisément, si $T \in \underline{\underline{T}}$ vérifie $[\![0,T]\!] \subset C(1/{}^pX)$, on a

$$(6.33) \qquad L^T = \mathcal{E}[(1/{}^pX) I_{]\!]0,T]\!]} \bullet M], \qquad D^T = X_0/\mathcal{E}[-(1/{}^pX) I_{]\!]0,T]\!]} \bullet A],$$

où $X = M + A$ est la décomposition canonique de X.

Pour terminer, nous explicitons deux cas particuliers.

(6.34) COROLLAIRE: Soit $X \in \underline{\underline{S}}_p$. Supposons qu'il existe $S \in \underline{\underline{T}}$ tel que $X = 0$ sur $[\![S,\infty[\![$ et $C(1/{}^pX) = [\![0,S]\!]$. Alors X admet une décomposition multiplicative (vérifiant (6.16), elle n'est pas unique en général).

Démonstration. Soit (L,D) un couple vérifiant (6.32). Comme $C(1/{}^pX) = [\![0,S]\!]$ on a $L^S \in \underline{\underline{M}}_{loc}$ et $D^S \in \underline{\underline{P}} \cap \underline{\underline{A}}_{loc}$. On a aussi $X^S = L^S D^S$ et comme $X = X^S$, le couple (L^S, D^S) est la décomposition cherchée. ∎

(6.35) COROLLAIRE: Soit $Y \in \underline{\underline{S}}_p$ de décomposition canonique $Y = N + B$. Si $R = \inf(t>0: \Delta Y_t = -1)$ on suppose que $\Delta B \neq -1$ sur $]\!]0,R]\!]$. Alors $X = \mathcal{E}(Y)$ admet la décomposition multiplicative $X = \mathcal{E}(\tilde{N})\mathcal{E}(B)$, où $\tilde{N} = \frac{1}{1+\Delta B} I_{]\!]0,R]\!]} \bullet N$.

Démonstration. D'après (6.30) on a $C(1/{}^pX) = [\![0,R]\!]$. L'existence de la décomposition $X = LD$ vient alors de (6.34), et L et D sont donnés par par les formules (6.33), avec $T = R$. Comme $X = X_-(1+\Delta Y)$ sur $]\!]0,\infty[\![$ on a $({}^pX)I_{]\!]0,\infty[\![} = X_-(1+\Delta B)$, tandis que $M = X_- \bullet N$ et $A = 1 + X_- \bullet B$ constituent la décomposition canonique $X = M + A$ de X. Par suite $L = \mathcal{E}(\tilde{N})$, où $\tilde{N}$ est définie dans l'énoncé, et $D = 1/\mathcal{E}(-\frac{1}{1-\Delta B} I_{]\!]0,R]\!]} \bullet B)$; un calcul simple utilisant la formule explicite (6.3) montre alors qu'on a simplement $D = \mathcal{E}(B)$.

Signalons qu'une autre démonstration, n'utilisant pas (6.31), consisterait à prouver que la dernière formule de l'énoncé définit bien une martingale locale $\tilde{N}$, puis à montrer que $\tilde{N} + B + [\tilde{N},B] = X$ et à utiliser (6.4). ∎

§d - Un exemple de décomposition multiplicative. Nous aurons besoin plus loin du théorème suivant (au moins pour $Y \in \underline{\underline{M}}_{loc}$). Il s'agit d'une généralisation du corollaire (6.35).

(6.36) THEOREME: Soit $Y \in \underline{\underline{S}}_p$ de décomposition multiplicative $Y = N + B$. Soit $R = \inf(t>0: \Delta Y_t = -1)$. Soit $r \in \mathbb{R}$. On suppose que $\Delta Y > -1$ sur $]\!]0,R[\![$, que $\Delta B \neq -1$ sur $]\!]0,R]\!]$, et que le processus $K = (1 + \Delta Y I_{]\!]0,R]\!]})^r$ est localement intégrable (i.e., le processus croissant K^* est dans $\underline{\underline{A}}_{loc}$).

(a) Le processus $X = \mathcal{E}(Y)^r$ est dans $\underline{\underline{S}}_p$.

(b) Le processus X admet une décomposition multiplicative $X = LD$, unique si on impose $D = D^R$ et $L \geq 0$. On a $L > 0$ sur $[\![0,R[\![$ et $L = 0$ sur $[\![R]\!]$. Lorsque $Y \in \underline{\underline{M}}_{loc}$ le processus D^R est croissant (resp. décroissant) si $r \notin]0,1[$ (resp. $r \in [0,1]$).

(c) On a $L = \mathcal{E}(\tilde{N})$ où $\tilde{N}$ est l'unique élément de $\underline{\underline{L}}$ tel que

$$\tilde{N}^c = r(Y^c)^R, \quad \Delta\tilde{N} = \frac{K}{p_K} - 1, \tag{6.37}$$

et on a

$$(6.38)\quad \mathrm{Log}(D^R) = \frac{r(r-1)}{2}\langle Y^c,Y^c\rangle^R + \frac{r}{{}^pK}\bullet B + [S(\mathrm{Log}({}^pK) + \frac{K}{{}^pK} - 1 - r\frac{\Delta Y}{{}^pK} I_{]\!]0,R]\!]})]^p .$$

<u>Remarques</u>: 1) Nous espérons que le lecteur ne confondra pas les divers exposants intervenant dans cet énoncé: Y^c signifie la partie martingale continue de Y, l'exposant "R" signifie qu'on arrête un processus en R, l'exposant "r" signifie qu'on prend la puissance $r^{\text{ième}}$, et l'exposant "p" qu'on prend la projection prévisible (s'il est à gauche) ou prévisible duale (s'il est à droite) !

2) Nous éliminons d'emblée le cas $r=0$, pour lequel tout est trivial (à condition de convenir que $a^0=1$ pour tout $a\in\mathbb{R}$). Lorsque $r<0$ l'hypothèse $K^*\in \underline{\underline{A}}_{loc}$ implique que $R=\infty$, donc $\mathcal{E}(Y)>0$ partout (on fait ici la convention: $0^r=\infty$ si $r<0$).

3) La condition $K^*\in \underline{\underline{A}}_{loc}$ est automatiquement satisfaite si $r\in[0,1]$. Cette condition est d'ailleurs nécessaire si on veut que $X\in \underline{\underline{S}}_p$: en effet $X=X_-K$ sur $]\!]0,\infty[\![$, $(1/X_-)I_{]\!]0,R]\!]}$ est localement borné d'après (6.5), et $X^*\in \underline{\underline{A}}_{loc}$ si $X\in \underline{\underline{S}}_p$; il faut donc que $K^*\in \underline{\underline{A}}_{loc}$ (car $K^*=(K^*)^R$).

4) On a $K\geq 0$ partout, et $K=1$ en dehors de $]\!]0,R]\!]$, donc ${}^pK$ possède les mêmes propriétés. De plus $\{K\neq 1\}=\{\Delta Y\neq 0\}\bigcap]\!]0,R]\!]$, donc l'ensemble $\{{}^pK\neq 1\}$ n'est autre que le support prévisible de l'ensemble mince $\{\Delta Y\neq 0\}\bigcap]\!]0,R]\!]$.

5) On déduit de ce qui précède que, <u>si X est quasi-continu à gauche</u>, on a ${}^pK \stackrel{\bullet}{=} 1$. On peut remplacer alors (6.37) et (6.38) par

$$(6.39)\begin{cases} \tilde N^c = r(Y^c)^R, & \Delta\tilde N = [(1+\Delta Y)^r - 1]I_{]\!]0,R]\!]} \\ \mathrm{Log}(D^R) = \frac{r(r-1)}{2}\langle Y^c,Y^c\rangle^R + rB + \{S[((1+\Delta Y)^r - 1 - r\Delta Y)I_{]\!]0,R]\!]}]\}^p . \end{cases}$$

6) Toutes ces formules ont un sens ! en particulier on a ${}^pK>0$ partout: en effet ${}^pK=1$ en dehors de $]\!]0,R]\!]$; on a $X=X_-K$, donc ${}^pX = X_-({}^pK)=L_-D$ sur $]\!]0,\infty[\![$, ce qui implique ${}^pK>0$ sur $]\!]0,R]\!]$. ∎

<u>Démonstration</u>. (a) Soit $Z=\mathcal{E}(Y)$ et $R_n=\inf(t:|Z_t|\leq 1/n)$. Soit la fonction $F(x)=x^r I_{\{x\neq 0\}}$, qui est de classe C^2 en dehors de $\{0\}$: on a $X=F(Z)$ et d'après (2.54) on a donc $X^{R_n}\in \underline{\underline{S}}$. Comme $\bigcup_{(n)}[\![0,R_n]\!]=[\![0,R]\!]$, si $R'_n=(R_n)_{\{R_n<R\}}$ on a $\lim_{(n)}\uparrow R'_n=\infty$ et $X^{R'_n}=X^{R_n}$, donc $X\in \underline{\underline{S}}$. On a aussi $Z=Z_-(1+\Delta Y)$, donc $X=X_-K$, sur $]\!]0,\infty[\![$. Comme X_- est localement borné et $K^*\in \underline{\underline{A}}_{loc}$, on a $X^*\in \underline{\underline{A}}_{loc}$. Par suite X est un élément positif de $\underline{\underline{S}}_p$.

b) Soit $T=R_{\{0<R<\infty,\ ({}^pX)_R=0\}}$. D'après (6.28) on a $[\![T]\!]=$

$C(1/{}^pX)^c \bigcap [\![0,R]\!]$, donc T est prévisible. Mais sur $\{T<\infty\}$ on a $\Delta N_T = \Delta Y_T - \Delta B_T = -1 - \Delta B_T$, qui est $\underline{\underline{F}}^P_{T-}$-mesurable. Mais $E(\Delta N_T | \underline{\underline{F}}^P_{T-}) = 0$, ce qui implique $\Delta B_T = -1$ sur $\{T<\infty\}$; comme $[\![T]\!] \subset [\![R]\!]$, l'hypothèse entraine que $P(T<\infty) = 0$. On a alors $C(1/{}^pX) = [\![0,R]\!]$ d'après (6.28), et comme $X = 0$ sur $[\![R,\infty[\![$ le corollaire (6.34) montre que X admet une décomposition muntiplicative $X = LD$. On sait aussi d'après (6.31) que L^R et D^R sont uniques, que $L>0$ sur $[\![0,R[\![$, que $D>0$ sur $[\![0,R]\!]$, et que $L = 0$ sur $[\![R]\!]$; (6.20) implique que nécessairement $L = L^R$ si $L \geq 0$.

Supposons que $Y \in \underline{\underline{M}}_{loc}$. Comme F (ou la restriction de F à $]0,\infty[$ si $r<0$) est concave (resp. convexe) si $r \in [0,1]$ (resp. $r \notin]0,1[$), l'inégalité de Jensen entraine que $X = F(Z)$ est une surmartingale (resp. sousmartingale) locale (puisque Z est elle-même une martingale locale). L'assertion (6.18,c) entraine alors que chaque D^{R_n}, donc D^R également, est décroissant (resp. croissant).

(c) Montrons maintenant les formules explicites (6.37) et (6.38). La version (2.54) de la formule d'Ito montre que

$$X \;=\; r(\tfrac{X}{Z})_- \bullet Z + \frac{r(r-1)}{2}(\frac{X}{Z^2})_- \bullet \langle Z^c, Z^c\rangle \;+\; S(\Delta X - r(\tfrac{X}{Z})_-\Delta Z)$$

est valide sur $[\![0,R]\!] = \bigcup_{(n)} [\![0,R_n]\!]$. Mais $Z = X = 0$ sur $[\![R,\infty[\![$, donc cette formule est en fait valide partout (avec la convention $\frac{0}{0} = 0$). On a $Z = 1 + Z_- \bullet Y$, et $\Delta X = X_-(K-1)$ sur $]\!]0,\infty[\![$, donc

$$X \;=\; 1 + rX_- \bullet Y + \frac{r(r-1)}{2} X_- \bullet \langle Y^c, Y^c\rangle \;+\; X_- \bullet S(K - 1 - r\,\Delta Y\, I_{]\!]0,R]\!]}) .$$

Soit $C = S(K-1-r\Delta Y I_{]\!]0,R]\!]})$. On a $C = C^R$, et $X_- \bullet C \in \underline{\underline{A}}_{loc}$ (puisque $X \in \underline{\underline{S}}_p$). Comme $|X_-| \geq 1/n$ sur $]\!]0,R_n]\!]$ et comme $R'_n = (R_n)_{\{R_n<R\}}$ croît vers $+\infty$, on a $C^{R'_n} = C^{R_n} \in \underline{\underline{A}}_{loc}$, donc $C \in \underline{\underline{A}}_{loc}$ et on peut parler de la projection prévisible duale C^p de C. On a de plus $\Delta(C^p) = {}^p(\Delta C) = {}^pK - 1 - r\Delta B I_{]\!]0,R]\!]}$. La décomposition canonique $X = M + A$ de X est alors

$$M = rX_- \bullet N + X_- \bullet (C - C^p), \qquad A = 1 + \frac{r(r-1)}{2} X_- \bullet \langle Y^c, Y^c\rangle^R + r\,X_- \bullet B^R + X_- \bullet C^p .$$

Il reste alors à appliquer les formules (6.33), avec $T = R$, en remarquant que ${}^pX = X_- + \Delta A = X_-({}^pK)$ sur $]\!]0,\infty[\![$. D'abord, $L = \mathcal{E}(\tilde{N})$ où

$$\tilde{N} \;=\; \frac{1}{X_-({}^pK)} I_{]\!]0,R]\!]} \bullet (rX_- \bullet N + X_- \bullet (C - C^p)) \;=\; \frac{1}{{}^pK} I_{]\!]0,\infty[\![} \bullet (rN^R + C - C^p) .$$

Un calcul simple, utilisant la minceur de l'ensemble $\{{}^pK \neq 1\}$ (qui implique $(1/{}^pK) \bullet Y^c = Y^c$), et utilisant les valeurs de ΔC et ΔC^p, montre qu'on a (6.37). De même, si $A' = (1/X_-{}^pK) I_{]\!]0,\infty[\![} \bullet A$ on doit avoir

$$\mathrm{Log}(D^R) \;=\; A' - S(\Delta A' + \mathrm{Log}(1 - \Delta A')) ,$$

d'après la formule (6.2) pour un élément de $\underline{\underline{V}}$. En remplaçant A' par sa valeur et en utilisant l'égalité $(1/{}^pK) \bullet \langle Y^c, Y^c\rangle = \langle Y^c, Y^c\rangle$ car $\{{}^pK \neq 1\}$

est mince, on obtient $\Delta A' = 1 - 1/{}^pK$ et

$$\mathrm{Log}(D^R) = \frac{r(r-1)}{2} <Y^c,Y^c>^R + \frac{r}{{}^pK} \cdot B^R + \frac{1}{{}^pK} \cdot C^p + S(\frac{1}{{}^pK} - 1 + \mathrm{Log}({}^pK)) .$$

En regroupant les deux derniers termes, on obtient (6.38).∎

EXERCICES

6.8 - Soit Y un processus prévisible, et $T_n = \inf(t: |Y_t| \geq n)$, $T = \lim_{(n)} \uparrow T_n$. Montrer que $C(Y) = (\bigcup_{(n)} [\![0,T_n]\!]) \bigcap [\![0,T_{\{|Y_T| = \infty,\ T>0\}}[\![$.

6.9 - Soit X un élément positif de $\underline{\underline{S}}_p$. On utilise les notations (6.24) et (6.25). Soit $S'_n = (S_n)_{\{S_m < R\}}$ et $C' = \bigcup_{(n)} [\![0,S'_n]\!]$. Montrer qu'il existe un couple (L,D) vérifiant $L_0 = 1$, $L \in \underline{\underline{M}}^{C'}_{loc}$, $L \geq 0$, $D \in (\underline{\underline{P}} \bigcap \underline{\underline{A}}_{loc})^{C'}$ et $X = LD$ sur $C = C(1/{}^pX)$. Montrer que tout autre couple (L',D') vérifiant ces conditions satisfait à $L' = L$ sur C' et $D' = D$ sur C.

6.10 - Soit X une surmartingale positive, et C' comme ci-dessus. Montrer qu'il existe un couple (L,D) vérifiant $L_0 = 1$, $L \in \underline{\underline{M}}^{C'}_{loc}$, $L \geq 0$, $D \in \underline{\underline{P}} \bigcap \underline{\underline{A}}_{loc}$ et $X = LD$ partout.

6.11 - Soit X un élément positif de $\underline{\underline{S}}_p$. On utilise les notations (6.24) et (6.25). Soit $B = \bigcup_{(n)} \{R = S_n < \infty\}$ et $B' = \bigcap_{(n)} \{S_n < R < \infty\}$.

a) Montrer que $X_{R-} \dot{>} 0$, $({}^pX)_R \dot{>} 0$ et $X_R \dot{=} 0$ sur B, et que $C(1/{}^pX) \bigcap \{X = 0\} = [\![R_B]\!]$.

b) Montrer que $R_{B'}$ est prévisible, et que $X_R \dot{=} ({}^pX)_R \dot{=} 0$ sur l'ensemble $B' \bigcap \{X_{R-} > 0\}$.

6.12 - (suite) Soit $X = I_{[\![0,1[\![}$. Montrer que $C(1/{}^pX) = [\![0,1[\![$ et que cet ensemble est contenu strictement dans $\bigcup_{(n)} [\![0,R_n]\!]$. Montrer que $B' = \Omega$ et que $({}^pX)_R = 0 < X_{R-}$.

6.13 - (suite) Soit $X_t = 1 - t$ si $t < 1$, $X_t = 1$ si $t \geq 1$. Montrer que $C(1/{}^pX) = [\![0,1[\![$, que $B' = \Omega$ et que $X_{R-} = 0 < ({}^pX)_R$.

COMMENTAIRES

La "formule exponentielle" pour le mouvement brownien remonte à Ito, puis à Stroock et Varadhan [1] et Maisonneuve [1] pour les martingales locales continues. Dans le cas des semimartingales quelconques, elle est due à Doléans-Dade [3], quoiqu'une formule du même type apparaisse dans l'article [1] de Ito et Watanabe sur les décompositions multiplicatives (ce qui, vu la partie 2, n'est pas un hasard !) La proposition (6.4) est due à Yor [2]. L'équation (6.7) et ses applications aux semimartingales orthogonales (théorème (6.11) et exercices 6.5, 6.6) ont été proposées par Yoeurp et Yor [1].

L'étude de l'équation (6.12) a été faite par Yoeurp [1], et celle de l'équation (6.15,2) par Yoeurp et Yor [1].

La décomposition multiplicative des surmartingales strictement positives (corollaire (6.21)) remonte à Ito et Watanabe [1] et Meyer [2], et les résultats présentés ici ne sont que des généralisations assez faciles de ces deux articles. Plus précisément la décomposition des sousmartingales X strictement positives telles que X_- ne s'annule pas est due à Yoeurp et Meyer [1], et a été généralisée au cas des semimartingales spéciales ayant les mêmes propriétés par Yoeurp et Yor [1] (c'est la combinaison de (6.17) et de (6.29)), tandis que Yoeurp [1] a montré le théorème (6.31) dans le cas des surmartingales positives, et Mémin [1] le corollaire (6.35). Les autres résultats des §2-a,b,c sont recopiés sur Jacod [5] dans le cas d'une semimartingale positive, et sont nouveaux dans le cas des semimartingales de signe quelconque. Enfin, le théorème (6.36) est une extension de résultats dûs à Yor [2] si $r \geq 2$ et Y est une martingale locale quasi-continue à gauche, et à Lépingle et Mémin [1] si $r > 0$ et Y est une martingale locale quelconque.

CHAPITRE VII

CHANGEMENTS DE PROBABILITE

Dans ce chapitre nous allons considérer simultanément deux probabilités P et Q sur l'espace filtré $(\Omega,\underline{\underline{F}},\underline{F})$. Nous sommes intéressés par les problèmes suivants: si X est une martingale ou une semimartingale pour P, en est-il de même par rapport à Q? peut-on transformer de manière simple un processus, de façon à obtenir une martingale locale pour Q? très proche de ces questions, il y a aussi: comment exprimer la projection prévisible duale pour Q d'un processus croissant ou d'une mesure aléatoire, à partir de sa projection prévisible duale pour P?

Nous étudions en détails dans la partie 1 le "processus densité" de Q par rapport à P. La partie 2 est consacrée à l'étude du cas où $Q\ll P$ (et, plus généralement, $Q\ll P$ en restriction à $(\Omega,\underline{\underline{F}}_T)$, où T est un temps d'arrêt); dans cette partie les résultats essentiels, qui sont assez simples, sont contenus dans le §2-b, alors qu'une étude systématique est entreprise dans le §2-c. Le §2-d, qui annonce les chapitres ultérieurs, constitue une digression sur la convexité de l'ensemble des probabilités qui font d'un processus donné une semimartingale. Enfin dans la partie 3, que le lecteur peut sauter sans inconvénient, on étudie le cas général.

1 - COMPARAISON DE DEUX PROBABILITES

§a - Le processus densité. L'espace mesurable filtré $(\Omega,\underline{\underline{F}},\underline{F})$ est fixé dans tout le chapitre. Nous considérons deux probabilités P et Q sur $(\Omega,\underline{\underline{F}})$. Nous notons $E_Q(.)$ l'espérance mathématique pour Q; de même nous écrivons pour les notions définies dans les chapitres II et III, relativement à Q: $X^{c,Q}$ et $X^{d,Q}$ (parties "martingale continue" de $X\in\underline{\underline{S}}(Q)$ et "somme compensée de sauts" de $X\in\underline{\underline{M}}_{loc}(Q)$), ${}^{Q}[X,Y]$, ${}^{Q}\langle X,Y\rangle$, $H\overset{Q}{\cdot}X$, $W\overset{Q}{*}(\mu-\nu)$, ... Par contre la probabilité P est considérée comme la "probabilité de base" et nous omettons en général la mention de P, pour les mêmes notions définies relativement à P: par exemple E(.) désigne l'espérance mathématique pour P.

Lorsqu'on veut étudier simultanément P et Q, une première remarque s'impose: en général les filtrations complétées $\underline{F}^P$ et $\underline{F}^Q$ ne sont pas comparables, sauf si $Q \ll P$ auquel cas on a $\underline{\underline{F}}_t^P \subset \underline{\underline{F}}_t^Q$ pour tout $t \in \mathbb{R}_+$, ce qu'on écrit: $\underline{F}^P \subset \underline{F}^Q$. Il convient donc d'introduire une probabilité auxiliaire π équivalente à la mesure $P+Q$ (par exemple $\pi = (P+Q)/2$; si $Q \ll P$ on peut prendre $\pi = P$). On a $P \ll \pi$ et $Q \ll \pi$, donc $\underline{F}^\pi \subset \underline{F}^P$ et $\underline{F}^\pi \subset \underline{F}^Q$. La filtration $\underline{F}^\pi$ ne dépend pas de la probabilité π, pourvu que celle-ci soit équivalente à $P+Q$; c'est d'ailleurs la plus grande filtration complétée de $\underline{F}$ par rapport à une probabilité, et qui est à la fois contenue dans $\underline{F}^P$ et dans $\underline{F}^Q$. De la même manière, les ensembles P- et Q-évanescents ne sont en général pas comparables; mais les ensembles π-évanescents sont à la fois P- et Q-évanescents, et en particulier toute classe d'équivalence de processus pour la π-indistinguabilité est contenue tout entière dans une classe d'équivalence pour la P- (resp. la Q-) indistinguabilité.

L'outil principal pour la comparaison de P et Q consiste en la décomposition de Lebesgue de Q par rapport à P. Rappelons d'abord la version suivante du théorème de Radon-Nikodym.

(7.1) THEOREME: Il existe une variable aléatoire U à valeurs dans $[0,\infty]$, et une seule à un ensemble π-négligeable près, telle que

$$\begin{cases} Q(A) = E(I_A U) + Q(A \cap \{U=\infty\}) & \text{si } A \in \underline{\underline{F}}, \\ P(U=\infty) = 0 . \end{cases}$$

On obtient ainsi la décomposition de Lebesgue de Q, en $Q(A \cap \{U<\infty\}) = E(I_A U)$, partie absolument continue de Q par rapport à P, plus $Q(.\cap\{U=\infty\})$ qui en est la partie étrangère à P. Nous appelons densité de Q par rapport à P, et nous notons $\frac{dQ}{dP}$, la variable U. Comme $Q(U=0)=0$, on a $1/U = \frac{dP}{dQ}$, pourvu qu'on convienne que $1/\infty = 0$ et $1/0 = \infty$.

Pour que $Q \ll P$ (resp. $Q \sim P$) il faut et il suffit que $Q(U=\infty)=0$ (resp. $Q(U=\infty) = P(U=0) = 0$), et dans ce cas on peut prendre U à valeurs dans $[0,\infty[$ (resp. $]0,\infty[$). Pour que P et Q soient étrangères il faut et il suffit que $Q(U<\infty)=0$, ou que $P(U>0)=0$, ce qui est équivalent.

Pour chaque $t \in \mathbb{R}_+$ on peut considérer la densité $Z_t = \frac{dQ}{dP}\Big|_{\underline{\underline{F}}_t}$ en restriction à $(\Omega, \underline{\underline{F}}_t)$; le théorème suivant montre qu'on peut choisir ces densités de sorte que le processus Z ainsi défini ait de bonnes propriétés.

(7.2) THEOREME: Il existe un processus Z à valeurs dans $[0,\infty]$, et un seul à un ensemble π-évanescent près, qui est $\underline{F}^\pi$-adapté, dont les trajectoires

<u>sont continues à droite, limitées à gauche, et admettent une limite</u> $Z_\infty = \lim_{t\uparrow\infty} Z_t$, <u>et qui vérifie</u> $Z_t = \frac{dQ}{dP}\Big|_{\underline{\underline{F}}_t}$ <u>pour tout</u> $t \in \mathbb{R}_+$. <u>De plus,</u>

(i) <u>pour tout</u> $T \in \underline{\underline{T}}(\underline{\underline{F}}^\pi)$ <u>on a</u> $Z_T = \frac{dQ}{dP}\Big|_{\underline{\underline{F}}^\pi_T}$;

(ii) <u>on peut choisir</u> Z <u>de sorte que si</u>

(7.3) $$R = \inf(t: Z_t = 0), \qquad R' = \inf(t: Z_t = \infty)$$

<u>on ait</u> $Z = Z^{R\wedge R'}$, $0 < Z_- < \infty$ <u>sur</u> $]\!]0, R\wedge R'[\![$, $Z_{R-} < \infty$ <u>sur</u> $\{0<R<\infty\}$ <u>et</u> $Z_{R'-} > 0$ <u>sur</u> $\{0<R'<\infty\}$;

(iii) <u>on a</u> $P(\sup_{(t)} Z_t = \infty) = 0$ <u>et</u> $Q(\inf_{(t)} Z_t = 0) = 0$;

(iv) Z <u>est une surmartingale sur</u> $(\Omega, \underline{\underline{F}}^\pi, \underline{F}^\pi, P)$.

Le processus Z s'appelle le <u>processus densité</u> de Q par rapport à P (sous-entendu: relativement à la filtration $\underline{F}$), et on en choisira toujours une version vérifiant (ii). Remarquons d'ailleurs que si

(7.4) $$R_n = \inf(t: Z_t \leq 1/n), \qquad R'_n = \inf(t: Z_t \geq n),$$

(ii) implique que $\lim_{(n)}\uparrow R_n = R$ et $\lim_{(n)}\uparrow R'_n = R'$, et (iii) équivaut à $\lim_{(n)}\downarrow P(R'_n<\infty) = 0$ et $\lim_{(n)}\downarrow Q(R_n<\infty) = 0$. Remarquons enfin que $1/Z$ est une version (vérifiant les mêmes conditions de régularité que Z) du processus densité de P par rapport à Q.

<u>Démonstration</u>. L'existence une fois prouvée, l'unicité découlera immédiatement de (7.1). L'énoncé n'étant pas modifié si on remplace π par une probabilité équivalente, on peut toujours supposer que $\pi = (P+Q)/2$. Comme $P \ll \pi$ il existe une variable U à valeurs dans $[0,\infty[$ telle que $U = \frac{dP}{d\pi}$; comme $P \leq 2\pi$ on peut prendre U à valeurs dans $[0,2]$, car $P(U>2) = E_\pi(UI_{\{U>2\}})$ est strictement supérieur à $2\pi(U>2)$, sauf si $\pi(U>2) = 0$. Soit alors Y une version de la martingale uniformément intégrable $E_\pi(U|\underline{\underline{F}}_t)$ sur $(\Omega, \underline{\underline{F}}^\pi, \underline{F}^\pi, \pi)$, et $R = \inf(t: Y_t = 0)$, $R' = \inf(t: Y_t = 2)$. Si on applique (6.20) aux π-martingales positives Y et $2-Y$, on voit qu'on peut choisir une version de Y qui vérifie identiquement $Y = Y^{R\wedge R'}$, $0 < Y_- < 2$ sur $]\!]0, R\wedge R'[\![$, $Y_{R-} < 2$ sur $\{0<R<\infty\}$ et $Y_{R'-} > 0$ sur $\{0<R'<\infty\}$. Le processus $Z = (2-Y)/Y$, avec la convention $2/0 = \infty$, vérifie toutes les propriétés de régularité de l'énoncé, y-compris (ii), puisque R et R' satisfont également (7.3).

Soit $T \in \underline{\underline{T}}(\underline{F}^\pi)$. On a $\{Z_T = 0\} = \{Y_T = 2\}$, $\{Z_T = \infty\} = \{Y_T = 0\}$, et $Y_T(Z_T + 1) = 2$ sur $\{Z_T < \infty\}$, donc si $A \in \underline{\underline{F}}^\pi_T$ il vient

$$P(Z_T = \infty) = P(Y_T = 0) = E_\pi(Y_T I_{\{Y_T = 0\}}) = 0 ;$$

$$Q(A \cap \{Z_T < \infty\}) = 2\pi(A \cap \{Z_T < \infty\}) - P(A \cap \{Z_T < \infty\})$$

$$= E_{\Pi}(Y_T(Z_T+1)I_{A\cap\{Z_T<\infty\}}) - E(I_{A\cap\{Z_T<\infty\}})$$
$$= E((Z_T+1)I_{A\cap\{Z_T<\infty\}}) - E(I_{A\cap\{Z_T<\infty\}}) = E(I_{A\cap\{Z_T<\infty\}}),$$

ce qui prouve (i). En particulier $Z_\infty = \frac{dQ}{dP}\Big|_{\underline{\underline{F}}_\infty}$, ce qui entraine $P(Z_\infty=\infty) = Q(Z_\infty=0)=0$; compte tenu de (ii), on en déduit (iii). Enfin si $s\leq t$ et $A\in\underline{\underline{F}}_s$ il vient

$$E(Z_tI_A) = Q(A\cap\{Z_t<\infty\}) \leq Q(A\cap\{Z_s<\infty\}) = E(Z_sI_A)$$

d'après (ii), donc on a (iv).∎

Les relations suivantes, qui découlent immédiatement du théorème, sont fort utiles. Soit $T\in\underline{\underline{T}}(\underline{F}^\Pi)$ et $A\in\underline{\underline{F}}^\Pi_T$; on a

(7.5) $$Q(A\cap\{Z_T<\infty\}) = E(Z_TI_A), \quad Q(A\cap\{T<R'\}) = E(Z_TI_{A\cap\{T<\infty\}})$$

et en particulier si $T=0$,

(7.6) $$Q(R'>0) = Q(Z_0<\infty) = E(Z_0).$$

<u>Remarque: la décomposition de Kunita</u>. L'énoncé précédent est, par la transformation: $Z \longleftrightarrow 1/Z$, parfaitement symétrique en P et Q. Quand on privilégie P, il est parfois commode de considérer un couple (T,Y) constitué d'un élément T de $\underline{\underline{T}}(\underline{F})$ et d'un processus $\underline{F}$-optionnel Y, <u>à valeurs dans</u> $[0,\infty[$, dont Π-presque toutes les trajectoires sont continues à droite et limitées à gauche sur $[\![0,T[\![$, tels que

(7.7) $$\begin{cases} P(T<\infty) = 0 \\ Q(A) = E(Y_tI_A) + Q(A\cap\{T\leq t\}) \quad \text{si } t\in\mathbb{R}_+ \text{ et } A\in\underline{\underline{F}}_t. \end{cases}$$

Un tel couple s'appelle <u>décomposition de Kunita</u> de Q par rapport à P. Il est clair qu'on peut prendre $T=R'$ Π-p.s. et $Y=ZI_{[\![0,R'[\![}$ à un ensemble P-évanescent près. Toute autre décomposition de Kunita (T',Y') vérifie $T'=T$ Π-p.s. et $Y'I_{[\![0,T'[\![}$ est Π-indistinguable de $YI_{[\![0,T[\![}$ (exercice 7.1).∎

Voici maintenant deux lemmes techniques, auxquels le lecteur pourra ne recourir qu'en cas de besoin.

(7.8) LEMME: <u>Soit</u> $T\in\underline{\underline{T}}(\underline{F}^\Pi)$ <u>et</u> $A\in\underline{\underline{O}}(\underline{F}^\Pi)$. <u>On a les équivalences</u>:

(a) $P(T=\infty)=1 \Longleftrightarrow \Pi(T\geq R')=1$; A <u>est</u> P-<u>évanescent</u> $\Longleftrightarrow A\cap[\![0,R'[\![$ <u>est</u> Π-<u>évanescent</u>.

(b) $Q(T=\infty)=1 \Longleftrightarrow \Pi(T\geq R)=1$; A <u>est</u> Q-<u>évanescent</u> $\Longleftrightarrow A\cap[\![0,R[\![$ <u>est</u> Π-<u>évanescent</u>.

(c) $P(T\geq R)=1 \Longleftrightarrow Q(T\geq R')=1 \Longleftrightarrow \Pi(T\geq R\wedge R')=1$; $A\cap[\![0,R[\![$ <u>est</u> P-<u>évanescent</u> $\Longleftrightarrow A\cap[\![0,R'[\![$ <u>est</u> Q-<u>évanescent</u> $\Longleftrightarrow A\cap[\![0,R\wedge R'[\![$ <u>est</u> Π-<u>évanescent</u>.

<u>Démonstration</u>. (a) Soit Y le processus densité de P par rapport à Π,

introduit dans la preuve de (7.2): on a $R' = \inf(t: Y_t = 0)$. La première équivalence découle de l'égalité $P(T<\infty) = E_\pi(Y_T I_{\{T<\infty\}})$. La seconde équivalence s'obtient en appliquant ce qui précède au début T de A.

Quitte à intervertir les termes (P,Z,R') et $(Q,1/Z,R)$, on voit que (b) est analogue à (a). Enfin (c) suit immédiatement de (a) et (b).∎

(7.9) LEMME: Soit $U, V \in \underline{\underline{T}}(\underline{\underline{F}}^\pi)$ et $Y \in \underline{\underline{F}}_V^\pi$. Si YZ_V est P-intégrable (resp. P-p.s. positive), $YI_{\{Z_V<\infty\}}$ est Q-intégrable (resp. Q-p.s. positive), et

$$Z_U\, E_Q(YI_{\{Z_V<\infty\}}|\underline{\underline{F}}_U^\pi) = E(YZ_V|\underline{\underline{F}}_U^\pi)$$

P-p.s. sur $\{U \leq V\}$ et Q-p.s. sur $\{U \leq V\} \cap \{Z_U < \infty\}$.

Dans cet énoncé on peut prendre n'importe quelle version $\underline{\underline{F}}_U^\pi$-mesurable des espérances conditionnelles. Il faut prendre garde que, si le premier membre ci-dessus est défini P-p.s. (car $P(Z_U = \infty) = 0$), il n'est défini Q-p.s. que sur $\{Z_U < \infty\}$.

Démonstration. D'abord si $A \in \underline{\underline{F}}_V^\pi$ on a $P(A \cap \{Z_V > 0\}) = 0$ si et seulement si $Q(A \cap \{Z_V < \infty\}) = 0$: donc $YZ_V \geq 0$ P-p.s. si et seulement si $YI_{\{Z_V<\infty\}} \geq 0$ Q-p.s. Par ailleurs $E_Q(|Y| I_{\{Z_V<\infty\}}) = E(|Y| Z_V)$, donc $YZ_V \in L^1(P)$ si et seulement si $YI_{\{Z_V<\infty\}} \in L^1(Q)$.

Soit X une version $\underline{\underline{F}}_U^\pi$-mesurable de $E_Q(YI_{\{Z_V<\infty\}}|\underline{\underline{F}}_U^\pi)$. Pour tout $A \in \underline{\underline{F}}_U^\pi$ contenu dans $\{U \leq V\}$ on a d'après (7.5) et (7.2,ii)

$$E(XZ_U I_A) = E_Q(XI_{A\cap\{Z_U<\infty\}}) = E_Q(YI_{A\cap\{Z_V<\infty\}}) = E(YI_A Z_V),$$

ce qui entraine $X = E(YZ_V|\underline{\underline{F}}_U^\pi)$ sur $\{U \leq V\}$; comme $P(A) = 0$ entraine $Q(A \cap \{Z_U < \infty\}) = 0$ pour $A \in \underline{\underline{F}}_U^\pi$, cette égalité est aussi vraie Q-p.s. sur $\{U \leq V\} \cap \{Z_U < \infty\}$.∎

§b - Comparaison des propriétés de Z et de Q. Il est clair que la connaissance de Z suffit à déterminer les rapports entre P et Q, en restriction à $(\Omega, \underline{\underline{F}}_\infty^\pi)$.

Voici d'abord un lemme technique. On rappelle qu'une surmartingale positive X admet p.s. une variable terminale $X_\infty = \lim_{t\uparrow\infty} X_t$.

(7.10) LEMME: Soit X une surmartingale positive sur $(\Omega, \underline{F}^P, \underline{\underline{F}}^P, P)$. Pour que $X \in \underline{\underline{M}}(P)$ il faut et il suffit que $E(X_\infty) = E(X_0)$.

Démonstration. Seule la condition suffisante est à montrer. X étant une surmartingale, la fonction: $t \rightsquigarrow E(X_t)$ est décroissante, donc si $E(X_\infty) = E(X_0)$ on a $E(X_t) = E(X_\infty)$ pour tout $t \in \mathbb{R}_+$. Comme $X_t \geq E(X_\infty|\underline{\underline{F}}_t)$ d'après la propriété de surmartingale, on doit avoir $X_t = E(X_\infty|\underline{\underline{F}}_t)$.∎

Tous les résultats sont basés sur la proposition suivante, qui est fondamentale.

(7.11) PROPOSITION: <u>Soit</u> $T \in \underline{\underline{T}}(\underline{F}^{\Pi})$. <u>On a les équivalences</u>:

(a) $Q \ll P$ <u>en restriction à</u> $(\Omega, \underline{\underline{F}}_T^{\Pi}) \Longleftrightarrow Q(Z_T = \infty) = 0 \Longleftrightarrow E(Z_T) = 1 \Longleftrightarrow$ $Z^T \in \underline{\underline{M}}(P)$ <u>et</u> $E(Z_0) = 1$.

(b) $Q \sim P$ <u>en restriction à</u> $(\Omega, \underline{\underline{F}}_T^{\Pi}) \Longleftrightarrow Q(Z_T = \infty) = P(Z_T = 0) = 0$.

(c) Q <u>et</u> P <u>sont étrangères en restriction à</u> $(\Omega, \underline{\underline{F}}_T^{\Pi}) \Longleftrightarrow Q(Z_T = \infty) = 1$ $\Longleftrightarrow P(Z_T = 0) = 1$.

(d) $I_{\{R' > 0\}} \cdot Q \ll P$ <u>en restriction à</u> $(\Omega, \underline{\underline{F}}_T^{\Pi}) \Longleftrightarrow Q(R' > 0, Z_T = \infty) = 0 \Longleftrightarrow$ $Z^T \in \underline{\underline{M}}(P)$.

(e) $Q(0 < R' < \infty, R' \leq T, Z_{R'-} < \infty) = 0 \Longleftrightarrow Z^T \in \underline{\underline{M}}_{loc}(P)$. <u>Dans ce cas on a</u> $R'_{\{R' \leq T\}} \in \underline{\underline{T}}_p(\underline{F}^{\Pi}, \Pi)$.

La principale application de cette proposition concerne le cas où $T = \infty$ et $\underline{\underline{F}}_T^{\Pi} = \underline{\underline{F}}_{\infty}^{\Pi}$.

<u>Démonstration</u>. La première équivalence de (a), ainsi que (b) et (c), découlent de ce que $Z_T = \frac{dQ}{dP}\big|_{\underline{\underline{F}}_T}$ (voir les commentaires après le théorème (7.1)). D'après (7.5) on a $Q(Z_T < \infty) = E(Z_T)$, donc $Q(Z_T = \infty) = 0 \Longleftrightarrow E(Z_T) = 1$. La dernière équivalence de (a) provient de (7.2,iv) et (7.10) appliqué à Z^T.

La première équivalence de (d) vient de ce que $I_{\{R' > 0\}} Z_T$ est la densité de $I_{\{R' > 0\}} \cdot Q$ par rapport à P , en restriction à $(\Omega, \underline{\underline{F}}_T^{\Pi})$; la seconde équivalence de (d) vient de (7.10) appliqué à Z^T et de

$$E(Z_0) = Q(R' > 0) = Q(R' > 0, Z_T = \infty) + E(Z_T) .$$

Supposons que $Z^T \in \underline{\underline{M}}_{loc}(P)$. Soit (T_n) une suite d'éléments de $\underline{\underline{T}}(\underline{F}^{\Pi})$ croissant P-p.s. vers $+\infty$, telle que $Z^{T \wedge T_n} \in \underline{\underline{M}}(P)$. Si $S_n = n \wedge T_n \wedge R'$ on a encore $Z^{T \wedge S_n} \in \underline{\underline{M}}(P)$ et (S_n) croit Π-p.s. vers R' d'après (7.8). (d) entraine que sur $\{0 < R' \leq T\}$ on a $Z_{T \wedge S_n} = Z_{S_n} < \infty$ Q-p.s., donc $S_n < R'$ Q-p.s., donc $S_n < R'$ Π-p.s. puisque $S_n \leq n$. Par suite $S' = R'_{\{0 < R' \leq T\}}$ est Π-prévisible (S' est annoncé par $(S_n)_{\{S_n < R' \wedge T\}}$), donc $R'_{\{R' \leq T\}}$ également. D'autre part d'après la preuve de (7.2), $Y = 2/(1 + Z)$ est le processus densité de P par rapport à Π , donc $Y \in \underline{\underline{M}}(\Pi)$ et $R' = \inf(t: Y_t = 0)$; comme $Y_{S'-} = E_{\Pi}(Y_{S'} | \underline{\underline{F}}_{S'-}^{\Pi}) = 0$ sur $\{S' < \infty\}$, on a $Z_{S'-} = Z_{R'-} = \infty$ Π-p.s. sur $\{S' < \infty\} = \{0 < R' \leq T, R' < \infty\}$.

Inversement supposons que $Q(0 < R' < \infty, R' \leq T, Z_{R'-} < \infty) = 0$. Sur $\{R' > 0\}$ on ne peut avoir $Z_{T \wedge R'_n} = \infty$ que si $T \geq R'$ et $R'_n = R' < \infty$. Donc $Q(R' > 0, Z_{T \wedge R'_n} = \infty) = 0$, donc $Z^{T \wedge R'_n} \in \underline{\underline{M}}(P)$ d'après (d) et comme R'_n croît P-p.s. vers $+\infty$, cela implique que $Z^T \in \underline{\underline{M}}_{loc}(P)$. ∎

Voici maintenant une notion un peu plus générale que l'absolue continuité.

(7.12) DEFINITION: On dit que Q est localement absolument continue par rapport à P, et on écrit $Q \overset{loc}{\ll} P$, si pour tout $t \in \mathbb{R}_+$ on a $Q \ll P$ en restriction à $(\Omega, \underline{\underline{F}}_t)$.

Conformément à notre manière habituelle de localiser, il semblerait plus naturel d'imposer dans cette définition l'existence d'une suite (T_n) de temps d'arrêt croissant vers $+\infty$ et telle que $Q \ll P$ en restriction à chaque $(\Omega, \underline{\underline{F}}_{T_n})$. En fait, au prix de quelques précautions sur les ensembles négligeables, la proposition suivante montre qu'on ne gagnerait rien en généralité avec une telle définition.

(7.13) PROPOSITION: (a) Si $Q \overset{loc}{\ll} P$ et si $T \in \underline{\underline{T}}(\underline{\underline{F}}^\pi)$ vérifie $Q(T<\infty)=1$, on a $Q \ll P$ en restriction à $(\Omega, \underline{\underline{F}}_T)$.

(b) Pour que $Q \overset{loc}{\ll} P$ il faut et il suffit qu'il existe une suite (T_n) d'éléments de $\underline{\underline{T}}(\underline{\underline{F}}^\pi)$ croissant Q-p.s. vers $+\infty$, telle que $Q \ll P$ en restriction à chaque $(\Omega, \underline{\underline{F}}^\pi_{T_n})$.

Démonstration. (a) Soit $A \in \underline{\underline{F}}^\pi_T$. Pour tout $t \in \mathbb{R}_+$ l'ensemble $B_t = A \cap \{T \leq t\}$ est dans $\underline{\underline{F}}^\pi_t$, donc est π-p.s. égal à un ensemble $\underline{\underline{F}}_t$-mesurable B'_t. On a $P(B'_t) = P(B_t) \leq P(A)$ et $Q(B_t) = Q(B'_t)$. Donc si $P(A)=0$ on a $Q(B_t)=0$ puisque $Q \ll P$ en restriction à $(\Omega, \underline{\underline{F}}_t)$, et (a) provient alors de

$$Q(A) \;=\; Q(A \cap \{T<\infty\}) \;=\; \lim_{t\uparrow\infty} Q(B_t) \;=\; 0 .$$

(b) Seule la condition suffisante reste à prouver. Supposons que $Q \ll P$ en restriction à $(\Omega, \underline{\underline{F}}^\pi_{T_n})$. Si $t \in \mathbb{R}_+$ et $A \in \underline{\underline{F}}_t$ vérifient $P(A)=0$ on a $A \cap \{t \leq T_n\} \in \underline{\underline{F}}^\pi_{T_n}$, donc $Q(A \cap \{t \leq T_n\})=0$ et comme $Q(A) = \lim_{(n)} Q(A \cap \{t \leq T_n\})$ on obtient le résultat. ∎

Comme corollaire de la proposition (7.11) on a:

(7.14) PROPOSITION: (a) On a les équivalences: $Q \overset{loc}{\ll} P \iff Q(Z_t=\infty)=0$ pour tout $t \in \mathbb{R}_+ \iff Q(R'<\infty)=0 \iff Z$ est une martingale sur $(\Omega, \underline{\underline{F}}^\pi, \underline{F}^\pi, P)$ et $E(Z_0)=1$.

(b) Si $Q \overset{loc}{\ll} P$ on a les équivalences: $Q \ll P$ en restriction à $(\Omega, \underline{\underline{F}}_\infty)$ $\iff Q(Z_\infty=\infty)=0 \iff Z \in \underline{\underline{M}}(P)$.

§c - Quelques questions de mesurabilité. Comme nous l'avons dit au début du §a, et comme cela est suggéré par les lemmes (7.8) et (7.9), pour pouvoir comparer les propriétés d'un processus par rapport aux probabilités P et Q, il faut le supposer $\underline{\underline{F}}^\pi$-optionnel.

On sait d'après (1.1) que tout processus $\underline{F}^P$-optionnel est P-indistinguable d'un processus $\underline{F}^\pi$-optionnel, et même $\underline{F}$-optionnel. Cependant il peut être intéressant de savoir si, en opérant cette transformation, on peut préserver la régularité des trajectoires. C'est cette question (dont l'intérêt est relativement mince !), que nous étudions dans ce paragraphe.

Voici un premier résultat général (l'introduction d'un temps d'arrêt dans l'énoncé est fait en vue d'applications ultérieures). Les notations sont celles du §a.

(7.15) PROPOSITION: <u>Soit</u> $T \in \underline{\underline{T}}(\underline{F}^\pi)$ <u>et</u> X <u>un processus</u> $\underline{F}^P$<u>-optionnel, dont P-presque toutes les trajectoires sont continues à droite et limitées à gauche (resp. continues) sur</u> $[\![0,T[\![$. <u>Il existe un processus</u> $\underline{F}^\pi$<u>-optionnel et P-indistinguable de</u> $XI_{[\![0,T[\![}$, <u>dont toutes les trajectoires sont continues à droite et limitées à gauche (resp. continues) sur</u> $[\![0,T\wedge R'[\![$.

Bien entendu, dans cet énoncé les deux processus prennent leurs valeurs dans le même espace, $\mathbb{R}$ ou $\overline{\mathbb{R}}$, muni de sa topologie habituelle.

<u>Démonstration</u>. Pour tout $r \in \mathbb{Q}_+$ il existe une variable $\underline{\underline{F}}_r$-mes rable Y_r, P-p.s. égale à X_r. Posons

$$A_t = \{\omega: \text{il existe une fonction sur } \mathbb{R}_+ \text{, continue à droite et limitée à gauche, qui coïncide avec } Y_.(\omega) \text{ sur } [0,t]\cap\mathbb{Q}\}.$$

D'après le théorème IV-18(b) de Dellacherie-Meyer [1], on a $A_t \in \underline{\underline{F}}_t$. Soit $S(\omega) = \inf(t:\omega \notin A_t)$; comme $A_t \subset A_s$ si $s \leq t$ on a $\{S \leq t\} = (A_t)^c$, donc $S \in \underline{\underline{T}}(\underline{F})$. D'après l'hypothèse sur X on a $P(S<T) = 0$, donc $P(S'<\infty) = 0$ si $S' = S_{\{S<T\}}$, d'où $\pi(S'<R') = 0$ d'après (7.8,a), d'où finalement $\pi(S<T\wedge R') = 0$. Posons

$$X'_t(\omega) = \begin{cases} \lim_{r\in\mathbb{Q}_+, r\downarrow t} Y_r(\omega) & \text{si } t<T(\omega)\wedge R'(\omega) \leq S(\omega) \\ 0 & \text{sinon.} \end{cases}$$

Par construction X' est continu à droite et limité à gauche sur $[\![0,T\wedge R'[\![$ et $\underline{F}^\pi$-optionnel (car $\pi(S<T\wedge R') = 0$ entraine $\{S<T\wedge R'\} \in \underline{\underline{F}}_0^\pi$). Enfin $P(S<T\wedge R') = 0$, donc X' et $XI_{[\![0,T[\![}$ sont P-indistinguables.

Supposons de plus X à trajectoires P-p.s. continues sur $[\![0,T[\![$. Si $V = \inf(t>0:\Delta X'_t \neq 0)$ on a $V \in \underline{\underline{T}}(\underline{F}^\pi)$ et $P(V<T) = 0$ puisque X' et $XI_{[\![0,T[\![}$ sont P-indistinguables. De même que ci-dessus cela entraine $\pi(V<T\wedge R') = 0$, donc $\{V<T\wedge R'\} \in \underline{\underline{F}}_0^\pi$, et le processus X" égal à X' sur $\{V \geq T\wedge R'\}$ et à 0 sur $\{V<T\wedge R'\}$ est $\underline{F}^\pi$-optionnel, à trajectoires continues sur $[\![0,T\wedge R'[\![$, et P-indistinguable de $XI_{[\![0,T[\![}$. ■

Le corollaire suivant sera utilisé plusieurs fois.

(7.16) COROLLAIRE: Soit X un processus $\underline{F}^{\pi}$-optionnel. On a l'équivalence:

(i) X est P-p.s. à trajectoires continues à droite et limitées à gauche (resp. continues) sur $[\![0,R[\![$.

(ii) X est Q-p.s. à trajectoires continues à droite et limitées à gauche (resp. continues) sur $[\![0,R'[\![$.

Démonstration. Supposons qu'on ait (i). D'après (7.15) il existe un processus $\underline{F}^{\pi}$-optionnel X', P-indistinguable de $XI_{[\![0,R[\![}$, dont toutes les trajectoires sont continues à droite et limitées à gauche (resp. continues) sur $[\![0,R\wedge R'[\![$. L'ensemble $\underline{F}^{\pi}$-optionnel $A=\{X'\neq XI_{[\![0,R[\![}\}$ est P-évanescent, donc $A\cap[\![0,R'[\![$ est Q-évanescent d'après (7.8). Comme $Q(R<\infty)=0$ cela signifie que $XI_{[\![0,R'[\![}$ et $X'I_{[\![0,R'[\![}$ sont Q-indistinguables, donc on a (ii). L'implication inverse se montre de la même manière. ∎

(7.17) Remarque: Dans (7.15) on ne peut pas remplacer $\underline{F}^{\pi}$ par $\underline{F}$, car, avec les notations de la démonstration, $\{S<T\wedge R'\}\notin \underline{\underline{F}}_0$ en général, donc X' n'est pas $\underline{F}$-optionnel. Au lieu de X' on pourrait songer à prendre

$$\tilde{X}_t(\omega) = \begin{cases} \lim_{r\in\mathbb{Q}_+,r\downarrow t} Y_r(\omega) & \text{si } t<S(\omega) \\ 0 & \text{sinon,} \end{cases}$$

qui est $\underline{F}$-optionnel et P-indistinguable de X sur $[\![0,T[\![$. Mais il se peut que $\tilde{X}$ n'ait pas de limite à gauche en S. Pour les mêmes raisons, on ne peut pas remplacer l'intervalle $[\![0,T\wedge R'[\![$ par $[\![0,T[\![$. ∎

Cette remarque explique pourquoi dans (0.37) nous avons affirmé que l'inclusion $\underline{\underline{M}}(\underline{F},P)\subset\underline{\underline{M}}(\underline{F}^P,P)$ est en général stricte. Dans (0.37) également, il est dit que, par contre, $\underline{\underline{V}}(\underline{F},P)=\underline{\underline{V}}(\underline{F}^P,P)$. Pendant que nous y sommes, il est peut-être bon de prouver ce résultat (tout-à-fait secondaire...). On rappelle que tout "processus croissant" est continu à droite par définition.

(7.18) PROPOSITION: Soit X un processus croissant positif $\underline{F}^P$-adapté (resp. $\underline{F}^P$-prévisible). Il existe un processus croissant positif $\underline{F}$-adapté (resp. $\underline{F}$-prévisible) X', P-indistinguable de X. Si de plus X est P-p.s. à trajectoires continues, on peut choisir X' à trajectoires continues.

Démonstration. On reprend la preuve de (7.15) en posant

A_t = $\{\omega$: il existe une fonction croissante et continue à droite, qui coïncide avec $Y_.(\omega)$ sur $[0,t]\cap\mathbb{Q}\}$;

$$X'_t(\omega) = \begin{cases} \lim_{r\in\mathbb{Q}_+,r\downarrow t} Y_r(\omega) & \text{si } t<S(\omega) \\ \sup_{r\in\mathbb{Q}_+,r<S(\omega)} Y_r(\omega) & \text{si } 0<S(\omega)\leq t \\ 0 & \text{sinon.} \end{cases}$$

Le processus X' est croissant, $\underline{F}$-adapté, P-indistinguable de X.

Soit $V = \inf(t>0: \Delta X'_t > 0)$. Le processus $X'' = X' I_{[\![0,V[\![} + X'_{V-} I_{[\![V,\infty[\![}$ est croissant, continu et $\underline{F}$-adapté, et P-indistinguable de X lorsque ce dernier processus est P-p.s. à trajectoires continues.

Supposons que $X \in \underline{\underline{P}}(\underline{F}^P)$. On a $X = X(c) + X(d)$ où $X(d) = S(\Delta X)$ et $X(c)$ est un processus croissant positif continu $\underline{F}^P$-adapté. On vient de voir que $X(c)$ est P-indistinguable d'un processus croissant continu $\underline{F}$-adapté, donc $\underline{F}$-prévisible. D'après (1.1) et (1.10) il existe une suite (T_n) d'éléments de $\underline{\underline{T}}_p(\underline{F})$ de graphes deux-à-deux disjoints, et pour chaque n une variable $Z_n \in \underline{\underline{F}}_{T_n-}$, telles que le processus croissant $\underline{F}$-prévisible $\sum_{(n)} Z_n I_{[\![T_n,\infty[\![}$ soit P-indistinguable de $X(d)$. ∎

En particulier, tout $X \in \underline{\underline{V}}^+(\underline{F}^P, P)$ admet une version $\underline{F}$-adaptée X' ; cependant si $T = \inf(t: X'_t = \infty)$ on a $P(T<\infty) = 0$, mais en général on ne peut pas choisir X' de sorte que $\{T<\infty\}$ soit vide.

De même si $X = X(+) - X(-)$, avec $X(\pm) \in \underline{\underline{V}}^+(\underline{F}^P, P)$, il existe des processus croissants positifs $\underline{F}$-adaptés $X'(+)$ et $X'(-)$ tels que

$$X'_t = \begin{cases} 0 & \text{si } X'(+)_t = X'(-)_t = \infty \\ X'(+)_t - X'(-)_t & \text{sinon} \end{cases}$$

soit $\underline{F}$-adapté et P-indistinguable de X ; de plus P-presque toutes (mais en général pas toutes) les trajectoires de X' sont à variation finie sur tout compact.

Tout ceci s'applique également aux mesures aléatoires: si dans la preuve de (3.11) on prend soin de choisir des processus croissants $\underline{F}$-adaptés ou $\underline{F}$-prévisibles, on obtient le:

(7.19) COROLLAIRE: <u>Tout élément de</u> $\tilde{\underline{\underline{V}}}^+$ <u>et de</u> $\tilde{\underline{\underline{V}}}$ <u>(resp. de</u> $\tilde{\underline{\underline{A}}}^+_\sigma \cap \tilde{\underline{\underline{P}}}$ <u>et de</u> $\tilde{\underline{\underline{A}}}_\sigma \cap \tilde{\underline{\underline{P}}}$) <u>admet un représentant</u> $\underline{F}$<u>-optionnel (resp.</u> $\underline{F}$<u>-prévisible)</u>.

En particulier si $\mu \in \tilde{\underline{\underline{V}}}^1$ on peut choisir des versions $\underline{F}$-optionnelles pour D et β vérifiant (3.19); si $\mu \in \tilde{\underline{\underline{A}}}^1_\sigma$ on peut choisir en outre des versions $\underline{F}$-prévisibles pour $\hat{W}$ et a vérifiant (3.24).

EXERCICES

7.1 - Démontrer que si (T,Y) et (T',Y') sont deux décompositions de Kunita de Q par rapport à P, on a $T = T'$ Π-p.s. et $Y' I_{[\![0,T'[\![}$ est Π-indistinguable de $Y I_{[\![0,T[\![}$.

7.2 - Soit N un processus de comptage sur $(\Omega,\underline{\underline{F}})$ et $\underline{\underline{F}}$ la plus petite filtration rendant N optionnel (cf. §III-2-b). On suppose que P (resp. Q) est une probabilité pour laquelle N est un processus de Poisson de paramètre λ (resp. μ).

a) Montrer que $Q \overset{loc}{\ll} P$ et que le processus densité est

$$Z_t = \left(\frac{\mu}{\lambda}\right)^{N_t} e^{(\lambda-\mu)t}.$$

b) Montrer que si $\lambda \neq \mu$, P et Q sont étrangères en restriction à $(\Omega,\underline{\underline{F}}_{\infty})$; on pourra montrer d'abord que N_t/t tend Q-p.s. vers μ.

7.3 - Soit X un processus et λ et μ deux réels, tels que pour P (resp. Q) le processus λX (resp. μX) soit un mouvement brownien. Montrer que si $\lambda \neq \mu$ les probabilités P et Q sont étrangères en restriction à $(\Omega,\underline{\underline{F}}_0)$; on pourra utiliser les processus croissants ${}^P[X,X]$ et ${}^Q[X,X]$.

7.4 - On suppose que $Q \overset{loc}{\ll} P$. Montrer que $Z_{T-} = \frac{dQ}{dP}\Big|_{\underline{\underline{F}}_{T-}}$ si T est un temps prévisible. Montrer par contre que ce n'est pas nécessairement vrai si T n'est pas prévisible (utiliser l'exercice 7.2).

7.5 - Soit W un mouvement brownien sur $(\Omega,\underline{\underline{F}}^{\pi},\underline{F}^{\pi},\pi)$ et $T = \inf(t: |W_t - 1| = 1)$.

a) Montrer que $T \in \underline{\underline{T}}_p(\underline{F}^{\pi},\pi)$ et que $\pi(T<\infty) = 1$ (on pourra utiliser (5.15) par exemple).

b) On pose $A = \{T<\infty, W_T = -1\}$ et $B = \{T<\infty, W_T = 1\}$. Montrer que $\pi(A) = \pi(B) = 1/2$ (ou pourra utiliser le fait que $W^T \in \underline{\underline{M}}(\pi)$).

c) Soit $P = 2I_A \cdot \pi$ et $Q = 2I_B \cdot \pi$. Montrer que $Z = (1 + W^T)/(1 - W^T)$ est une version du processus densité de Q par rapport à P.

d) Montrer que $Z \notin \underline{\underline{M}}(P)$ et que $Z \in \underline{\underline{M}}_{loc}(P)$.

7.6 - Soit N^1 et N^2 deux processus de Poisson indépendants sur $(\Omega,\underline{\underline{F}}^{\pi},\underline{F}^{\pi},\pi)$. Soit $Y = N^1 - N^2$ et $T = \inf(t: |Y_t - 2| = 4)$.

a) Montrer que $Y \in \underline{\underline{M}}_{loc}(\pi)$, que $T \in \underline{\underline{T}}_i(\underline{F}^{\pi},\pi)$ et que $\pi(T<\infty) = 1$.

b) On pose $A = \{T<\infty, Y_T = -2\}$ et $B = \{T<\infty, Y_T = 2\}$. Montrer que $\pi(A) = \pi(B) = 1/2$.

c) Soit $P = 2I_A \cdot \pi$ et $Q = 2I_B \cdot \pi$. Montrer que $Z = (2 + Y^T)/(2 - Y^T)$ est une version du processus densité de Q par rapport à P.

d) Montrer que $Z \notin \underline{\underline{M}}_{loc}(P)$; montrer que Z est un processus de classe (D) sur $(\Omega,\underline{\underline{F}}^{\pi},\underline{F}^{\pi},\pi)$.

7.7 - Montrer l'équivalence: $Q \ll P$ en restriction à $(\Omega,\underline{\underline{F}}_{\infty}) \Longleftrightarrow Q \ll P$ en restriction à $(\Omega,\underline{\underline{F}}^{\pi}_{R'-})$.

7.8 - Montrer que si $Q \ll P$ en restriction à $(\Omega, \underline{\underline{F}}^{\Pi}_{(R \wedge R')-})$, alors Z est un processus de classe (D) sur $(\Omega, \underline{\underline{F}}^{\Pi}, \underline{F}^{\Pi}, P)$; on pourra comparer Z à la martingale $E(U|\underline{\underline{F}}_t)$, où U est la densité $\frac{dQ}{dP}$ en restriction à $(\Omega, \underline{\underline{F}}^{\Pi}_{(R \wedge R')-})$.

7.9 - Montrer (par des contre-exemples) que dans (7.8) il ne suffit pas de prendre $T \in \underline{\underline{T}}(\underline{F}^P)$ ou $A \in \underline{\underline{O}}(\underline{F}^P)$.

2 - CHANGEMENT ABSOLUMENT CONTINU DE PROBABILITE

§a - Préliminaires. Nous conservons les notations du §1-a: en particulier Z désigne le processus densité de Q par rapport à P, et R_n, R'_n, R, R' sont définis par (7.3) et (7.4).

Nous supposerons dorénavant que tous les processus sont adaptés, optionnels, ou prévisibles, relativement à la filtration $\underline{F}^{\Pi}$: par exemple si on considère un élément de $\underline{\underline{S}}(P)$, on en choisit toujours un représentant $\underline{F}^{\Pi}$-optionnel X ; $[X,X]$ désigne automatiquement une version $\underline{F}^{\Pi}$-optionnelle et $\langle X,X \rangle$ une version $\underline{F}^{\Pi}$-prévisible (si $\langle X,X \rangle$ existe !); si $X = M + A$ est la décomposition canonique de $X \in \underline{\underline{S}}_p(P)$, M et A sont respectivement $\underline{F}^{\Pi}$-optionnel et $\underline{F}^{\Pi}$-prévisible, etc...

Le problème général que nous allons nous poser est le suivant: soit $\underline{\underline{C}}$ et $\underline{\underline{C}}'$ deux ensembles de classes d'équivalence de processus (en général, ce sont les ensembles $\underline{\underline{S}}$, $\underline{\underline{S}}_p$, $\underline{\underline{V}}$, $\underline{\underline{L}}$, ...). Soit X un processus $\underline{F}^{\Pi}$-optionnel appartenant à $\underline{\underline{C}}_{loc}(P)$; a-t-on $X \in \underline{\underline{C}}'_{loc}(Q)$? dans une première étape nous allons nous limiter au cas (de loin) le plus utile, où $Q \ll P$ en restriction à $(\Omega, \underline{\underline{F}}_T)$, et où simultanément on considère des processus arrêtés en T: $X = X^T$.

Plus précisément on pose:

(7.20) Hypothèse: T est un élément de $\underline{\underline{T}}(\underline{F}^{\Pi})$ tel que $[\![0,T]\!] \cap [\![R',\infty[\![$ est Q-évanescent (donc Π-évanescent, puisque $P(R'<\infty) = 0$).

Cette hypothèse recouvre notamment les cas:

- $Q \ll P$ en restriction à $(\Omega, \underline{\underline{F}}^{\Pi}_T)$;
- $Q \overset{loc}{\ll} P$ (dans ce cas $\Pi(R'<\infty) = 0$, et on prend $T = \infty$).

Elle implique en particulier que $Z^T \in \underline{\underline{M}}_{loc}(P)$ d'après (7.11,e) et $E(Z_0) = 1$ d'après (7.6).

Cette hypothèse a également les conséquences suivantes.

(7.21) LEMME: Soit X un processus $\underline{F}^{\pi}$-optionnel. Pour que X^T soit Q-p.s. continu à droite et limité à gauche (resp. continu), il faut et il suffit que X^T soit P-p.s. continu à droite et limité à gauche (resp. continu) sur $[\![0,R[\![$.

Démonstration. Il suffit d'appliquer le corollaire (7.16) et de remarquer que, étant donné (7.20), X^T est Q-p.s. continu à droite et limité à gauche (resp. continu) sur $[\![0,\infty[\![$ si et seulement s'il satisfait les mêmes propriétés sur $[\![0,R'[\![$. ∎

(7.22) LEMME: Soit $\underline{\underline{C}}(P)$ une ensemble stable par arrêt de (classes d'équivalence) de processus. Soit X un processus tel que $X = X^T$. Il y a équivalence entre:

(i) $X^S \in \underline{\underline{C}}_{loc}(P)$ pour tout $S \in \underline{\underline{T}}(\underline{F}^{\pi})$ tel que $[\![0,S]\!] \subset \bigcup_{(n)} [\![0,R_n]\!]$;

(ii) il existe une suite (T_n) d'éléments de $\underline{\underline{T}}(\underline{F}^{\pi})$ croissant P-p.s. vers R, telle que $X^{T_n} \in \underline{\underline{C}}_{loc}(P)$ pour chaque n.

Démonstration. L'implication: (i) $\Longrightarrow$(ii) est évidente (prendre $T_n = R_n$). Supposons inversement qu'on ait (ii), et soit $S \in \underline{\underline{T}}(\underline{F})$ avec $[\![0,S]\!] \subset \bigcup_{(n)} [\![0,R_n]\!]$. Posons $T'_n = (T_n)_{\{T_n < S \wedge T\}}$. Si $B = \bigcap_{(n)} \{T_n < S \wedge T\}$, T'_n croît P-p.s. vers R_B et annonce R_B (car $S \leq R$ par hypothèse). Donc $R_B \in \underline{\underline{T}}_p(P)$. Comme $Z^T \in \underline{\underline{M}}_{loc}(P)$ et $Z^T_{R_B} = 0$ sur $\{R_B < \infty\}$, qui est contenu dans $\{R \leq T\}$, on doit avoir

$$Z^T_{R_B-} = E(Z^T_{R_B} | \underline{F}^{\pi}(R_B)-) = 0$$

sur $\{R_B < \infty\}$. Par suite sur $B \cap \{R < \infty\}$ on a d'une part $R_n < R$ P-p.s. pour chaque n, et d'autre part $R = S$, ce qui contredit l'inclusion $[\![0,S]\!] \subset \bigcup_{(n)} [\![0,R_n]\!]$, sauf si $P(B \cap \{R < \infty\}) = 0$. Ceci entraine $R_B = \infty$ P-p.s., donc (T'_n) croît P-p.s. vers $+\infty$. Comme $X = X^T$ on a $(X^S)^{T'_n} = (X^{T_n})^S \in \underline{\underline{C}}_{loc}(P)$, donc $X^S \in \underline{\underline{C}}_{loc}(P)$. ∎

Nous verrons que la condition (ii) ci-dessus s'introduit très souvent de manière naturelle. Nous utiliserons donc les notations du §V-1-a: si A désigne l'ensemble de type $[\![0,.[\![$ et $\underline{F}^{\pi}$-prévisible $A = \bigcup_{(n)} [\![0,R_n]\!]$, dire que $X = X^T$ satisfait (7.22,i) revient à dire que, avec la notation (5.4), on a $X \in \underline{\underline{C}}^A_{loc}(P)$. Rappelons à cette occasion que si $X \in \underline{\underline{S}}^A(P)$ on définit (par "recollement") les processus $[X,X]$ et éventuellement $\langle X,X \rangle$, qui sont des éléments de $\underline{\underline{V}}^A(P)$; de même si $X \in \underline{\underline{S}}^A(P)$, on a une décomposition $X = M + B$ avec $M \in \underline{\underline{L}}^A(P)$ et $B \in \underline{\underline{P}} \cap \underline{\underline{V}}^A(P)$, unique en restriction à A.

Nous allons clore ces préliminaires par un théorème tout-à-fait fondamental.

(7.23) THEOREME: <u>Soit l'hypothèse (7.20). Soit</u> X <u>un processus</u> $\underline{F}^{\Pi}$<u>-optionnel. Pour que</u> $X^T \in \underline{\underline{M}}_{loc}(Q)$ <u>il faut et il suffit que</u> $(XZ)^T \in \underline{\underline{M}}^A_{loc}(P)$.

<u>Démonstration</u>. Supposons d'abord qu'on ait $X^T \in \underline{\underline{M}}_{loc}(Q)$. Soit (T_n) une suite d'éléments de $\underline{\underline{T}}(\underline{F}^{\Pi})$ croissant Q-p.s. vers ∞, telle que $X^{T\wedge T_n} \in \underline{\underline{M}}(Q)$. Soit $s \in \mathbb{R}_+$; on applique le lemme (7.9) à $U = s$, $V = T\wedge T_n$ et $Y = X_V$ (on a $E(|ZX|_V) = E_Q(|X_V|) < \infty$). Comme $Z_U < \infty$ Q-p.s. sur $\{U \leq V\}$ d'après (7.20), il vient

$$E((XZ)_{T\wedge T_n}|\underline{\underline{F}}_s) = Z_s E_Q(X_{T\wedge T_n}|\underline{\underline{F}}_s) = Z_s X_s^{T\wedge T_n} = (ZX)_s^{T\wedge T_n}$$

P-p.s. sur $\{s \leq T\wedge T_n\}$. Les deux membres extrêmes ci-dessus étant clairement égaux sur l'ensemble $\{s > T\wedge T_n\}$, on a $(XZ)_s^{T\wedge T_n} = E((XZ)_{T\wedge T_n}|\underline{\underline{F}}_s)$, si bien qu'étant donnée la régularité des trajectoires obtenue grâce à (7.21) on a $(XZ)^{T\wedge T_n} \in \underline{\underline{M}}(P)$. Comme $P(\lim_{(n)}\uparrow T_n \geq R) = 1$, (7.22) entraine que $(XZ)^T \in \underline{\underline{M}}^A_{loc}(P)$.

Supposons inversement que $(XZ)^T \in \underline{\underline{M}}^A_{loc}(P)$; on peut trouver une suite (T_n) d'éléments de $\underline{\underline{T}}(\underline{F}^{\Pi})$ croissant P-p.s. vers R, telle que $(XZ)^{T\wedge T_n} \in \underline{\underline{M}}(P)$. Si $s \in \mathbb{R}_+$ on applique le lemme (7.9) aux mêmes temps d'arrêt que ci-dessus, ce qui donne:

$$E_Q(X_{T\wedge T_n}|\underline{\underline{F}}_s) = \frac{1}{Z_s} E((XZ)_{T\wedge T_n}|\underline{\underline{F}}_s) = \frac{1}{Z_s}(XZ)_s^{T\wedge T_n} = X_s^{T\wedge T_n}$$

Q-p.s. sur $\{s \leq T\wedge T_n\}$ car sur cet ensemble $0 < Z_s < \infty$ Q-p.s. Là encore les deux membres extrêmes sont égaux sur $\{s > T\wedge T_n\}$ et on en déduit (grâce encore à (7.21)) que $X^{T\wedge T_n} \in \underline{\underline{M}}(Q)$. Enfin $\lim_{(n)}\uparrow T_n \geq R'$ Q-p.s. d'après (7.8), donc la suite $T'_n = (T_n)_{\{T_n < T\}}$ croît Q-p.s. vers ∞ d'après (7.20) et $X^{T\wedge T'_n} = X^{T\wedge T_n}$ est dans $\underline{\underline{M}}(Q)$: on en déduit que $X^T \in \underline{\underline{M}}_{loc}(Q)$. ∎

<u>Remarque</u>: Lorsque $Q \ll P$ on a $\underline{F}^{\Pi} = \underline{F}^P$, et dans le théorème ci-dessus la condition suffisante est valide sans supposer que $X \in \underline{\underline{O}}(\underline{F}^P)$ (voir l'exercice 7.10). Par contre on doit supposer que $X \in \underline{\underline{O}}(\underline{F}^P)$ pour avoir la condition nécessaire: par exemple le processus constant $X = I_{\{R<\infty\}}$ est Q-indistinguable de 0, donc appartient à $\underline{\underline{M}}_{loc}(Q)$; mais si $P(R<\infty) > 0$ le processus XZ n'est pas $\underline{F}^P$-adapté, donc n'est pas dans $\underline{\underline{M}}^A_{loc}(P)$. ∎

§b - <u>Le théorème de Girsanov</u>. Nous allons d'abord énoncer un résultat partiel, mais assez simple et très utile. Nous démontrerons plus tard des théorèmes plus généraux et plus complets.

(7.24) THEOREME: <u>Soit l'hypothèse (7.20). Soit</u> X <u>un processus</u> $\underline{F}^{\Pi}$<u>-optionnel tel que</u> $X = X^T$.

(a) <u>Si</u> $X \in \underline{\underline{V}}(P)$ <u>on a</u> $X \in \underline{\underline{V}}(Q)$.

(b) <u>Si</u> $X \in \underline{\underline{L}}(P)$ <u>et si</u> $[X,Z] \in \underline{\underline{A}}_{loc}(P)$, <u>alors</u> $(1/Z)_- \bullet \langle X,Z\rangle \in \underline{\underline{A}}_{loc}(Q)$ <u>et</u> $X' = X - (1/Z)_- \bullet \langle X,Z\rangle$ <u>est dans</u> $\underline{\underline{L}}(Q)$.

(c) <u>Si</u> $X \in \underline{\underline{S}}(P)$ <u>on a</u> $X \in \underline{\underline{S}}(Q)$.

Conformément à nos conventions, tous les processus ci-dessus sont $\underline{F}^{\pi}$-optionnels (ou prévisible, pour $\langle X,Z\rangle$ dans (b)). Comme $X = X^T$, dans (b) les processus $[X,Z]$ et $\langle X,Z\rangle$, donc X', sont également arrêtées en T. Il se peut bien-sûr que la variable aléatoire $(1/Z)_- \bullet \langle X,Z\rangle_t$ ne soit pas définie partout, ni même P-p.s., mais il découle de l'énoncé qu'elle est définie Q-p.s.

Lorsque $T = \infty$, l'assertion (c) par exemple pourrait s'exprimer par l'inclusion $\underline{\underline{S}}(P) \subset \underline{\underline{S}}(Q)$; nous répugnons à le faire car, sauf si $P \sim Q$, les éléments de $\underline{\underline{S}}(P)$ et de $\underline{\underline{S}}(Q)$ ne sont pas de même nature, puisque ce sont des classes d'équivalence pour des relations d'équivalence différentes.

L'assertion (b) est habituellement appelée <u>théorème de Girsanov</u>.

<u>Démonstration</u>. Remarquons d'abord que d'après (7.21), X est dans tous les cas Q-p.s. à trajectoires continues à droite et limitées à gauche, ainsi que $\langle X,Z\rangle$ dans le cas (b).

(a) Soit $S = \inf(t: \int^t |dX_s| = \infty)$. On a $S \in \underline{\underline{T}}(\underline{F}^{\pi})$, et $P(S<\infty) = 0$ par hypothèse, donc $Q(S < R') = 0$. Comme $S = \infty$ si $S > T$ (puisque $X = X^T$), (7.20) entraine $Q(S<\infty) = 0$, donc $X \in \underline{\underline{V}}(Q)$.

(b) On suppose maintenant que $X \in \underline{\underline{L}}(P)$ et $[X,Z] \in \underline{\underline{A}}_{loc}(P)$. D'abord $\langle X,Z\rangle \in \underline{\underline{V}}_o(P)$, donc $\langle X,Z\rangle \in \underline{\underline{V}}_o(Q)$ d'après (a) et comme de plus ce processus est prévisible on a $\langle X,Z\rangle \in \underline{\underline{A}}_{loc}(Q)$ d'après (1.37). On a $Z_- \geq 1/n$ sur $]\!]0,R_n]\!]$, donc si $B = (1/Z)_- \bullet \langle X,Z\rangle$ on a $B^{R_n} \in \underline{\underline{A}}_{loc}(P) \cap \underline{\underline{A}}_{loc}(Q)$. Enfin $\lim_{(n)} \uparrow R_n = \infty$ Q-p.s., donc $B \in \underline{\underline{A}}_{loc}(Q)$.

On a $Z^T \in \underline{\underline{M}}_{loc}(P)$, donc (2.53) implique d'une part $XZ^T - \langle X,Z\rangle \in \underline{\underline{L}}(P)$, et d'autre part $(BZ^T)^{R_n} - \langle X,Z\rangle^{R_n} = (BZ^T)^{R_n} - Z_- \bullet B^{R_n} \in \underline{\underline{L}}(P)$ puisque B^{R_n} est un élément prévisible de $\underline{\underline{A}}_{loc}(P)$. Par suite $(X'Z)^{T \wedge R_n} \in \underline{\underline{L}}(P)$, et (7.23) implique $X' = X'^T \in \underline{\underline{L}}(Q)$.

(c) Si $X \in \underline{\underline{S}}(P)$ il existe d'après (2.15) une décomposition $X = M + C$ avec $C = C^T \in \underline{\underline{V}}(P)$, $M = M^T \in \underline{\underline{L}}(P)$, et $|\Delta M| \leq 1$. Soit (S_n) une suite localisante pour Z^T, considéré comme élément de $\underline{\underline{H}}^1_{loc}(P)$, et $T_n = S_n \wedge \inf(t: \int^t |d[M,Z]_s| \geq n)$. On a $\lim_{(n)} \uparrow T_n = \infty$ P-p.s. et

$$E\left(\int^{T_n} |d[M,Z]_s|\right) \leq n + E(|\Delta Z_{T \wedge T_n}| I_{\{T_n < \infty\}}) < \infty$$

puisque $|\Delta M|\leq 1$ et $Z^{S_n}\in \underline{\underline{H}}^1(P)$. Donc $[M,Z]\in \underline{\underline{A}}_{loc}(P)$ et d'après (b), $M' = M-(1/Z)_-\bullet\langle M,Z\rangle$ est dans $\underline{\underline{L}}(Q)$. Par ailleurs $C\in \underline{\underline{V}}(Q)$ d'après (a), et comme $X = M' + (C+(1/Z)_-\bullet\langle M,Z\rangle)$ à un ensemble Q-évanescent près (l'ensemble où le "processus" $(1/Z)_-\bullet\langle M,Z\rangle$ n'est pas défini !) on a $X\in \underline{\underline{S}}(Q)$. ∎

On va maintenant étudier comment s'effectue le passage de P à Q pour le processus croissant $[X,X]$, et l'intégrale stochastique $H\bullet X$. Pour chacun de ces problèmes il y a deux cas à considérer, correspondant aux assertions (7.24,b) (on change le processus en conservant la propriété de martingale) et (7.24,c) (on garde le même processus, en conservant la propriété de semimartingale).

(7.25) PROPOSITION: Soit l'hypothèse (7.20). Soit X un processus $\underline{\underline{F}}^\pi$-optionnel tel que $X = X^T$.

(a) Si $X\in \underline{\underline{L}}(P)$ et $[X,Z]\in \underline{\underline{A}}_{loc}(P)$, on pose $X' = X-(1/Z)_-\bullet\langle X,Z\rangle$. On a
(i) si $X\in \underline{\underline{L}}^c(P)$, alors $X'\in \underline{\underline{L}}^c(Q)$ et $\langle X,X\rangle$ est une version de ${}^Q\langle X',X'\rangle$;
(ii) si $X\in \underline{\underline{L}}^d(P)$, alors $X'\in \underline{\underline{L}}^d(Q)$.

(b) Si $X\in \underline{\underline{S}}(P)$, alors $[X,X]$ est une version de ${}^Q[X,X]$, et $X^c-(1/Z)_-\bullet\langle X^c,Z\rangle$ est une version de $X^{c,Q}$.

Nous allons donner deux démonstrations de ce résultat. La première est assez courte, mais suppose connue l'interprétation de $[X,X]$ comme "variation quadratique" de X (§V-4). La seconde est plus longue, mais plus élémentaire, et nous semble également intéressante.

Première démonstration. Elle va reposer sur le fait suivant: si $X\in \underline{\underline{S}}(P)$ et $t\in \mathbb{R}_+$, on sait que les variables aléatoires $v_I(X,X)$ définies par (5.25) convergent en P-probabilité vers $[X,X]_t$, lorsque le pas de la subdivision I de $[0,t]$ tend vers 0. On a vu que X appartient également à $\underline{\underline{S}}(Q)$, donc $v_I(X,X)$ converge vers ${}^Q[X,X]_t$ en Q-probabilité. Comme $Q\ll P$ en restriction à $(\Omega,\underline{\underline{F}}^\pi_{t\wedge T})$ d'après (7.20) il faut donc que ${}^Q[X,X]_t = [X,X]_t$ Q-p.s. sur $\{t\leq T\}$. Comme $[X,X]$ et ${}^Q[X,X]$ sont des processus $\underline{\underline{F}}^\pi$-optionnels arrêtés en T et continus à droite, on en déduit qu'ils sont Q-indistinguables.

On va maintenant montrer (a). On pose $B = (1/Z)_-\bullet\langle X,Z\rangle$. Si $X\in \underline{\underline{L}}^c(P)$, $\langle X,Z\rangle$ est continu, et X' est Q-p.s. continu d'après (7.21), donc $X'\in \underline{\underline{L}}^c(Q)$. De plus $X\in \underline{\underline{S}}(P)$, donc d'après ce qui précède on a ${}^Q\langle X,X\rangle = \langle X,X\rangle$ enfin B étant un élément continu de $\underline{\underline{A}}_{loc}(Q)$, on a ${}^Q\langle X',X'\rangle = {}^Q\langle X,X\rangle$, ce qui achève de prouver (i).

Supposons maintenant que $X\in \underline{\underline{L}}^d(P)$. Comme ci-dessus on a ${}^Q[X,X] = [X,X]$, qui égale $S(\Delta X^2)$; il vient alors

$${}^{Q}[X',X'] = {}^{Q}[X,X] - 2\,{}^{Q}[X,A] + {}^{Q}[A,A] = S(\Delta X^2) - 2S(\Delta X \Delta A) + S(\Delta A^2) = S(\Delta X'^2).$$

Mais tout $X' \in \underline{\underline{L}}(Q)$ vérifiant ${}^{Q}[X',X'] = S(\Delta X'^2)$ est dans $\underline{\underline{L}}^d(Q)$.

Montrons enfin la seconde partie de (b). Soit $X \in \underline{\underline{S}}(P)$. On reprend la preuve de (7.24,c), et on pose $N = M^c - (1/Z)_{-} \bullet \langle M^c, Z\rangle$, $N' = M^d - (1/Z)_{-} \bullet \langle M^d, Z\rangle$, et $\tilde{C} = C + (1/Z)_{-} \bullet \langle M,Z\rangle$. On a $X = N + N' + \tilde{C}$, et $\tilde{C} \in \underline{\underline{V}}(Q)$, tandis que $N \in \underline{\underline{L}}^c(Q)$ et $N' \in \underline{\underline{L}}^d(Q)$ d'après (a): par suite $X^{c,\bar{Q}} = N$, et comme $M^c = X^c$ on obtient le résultat. ∎

<u>Seconde démonstration</u>. (a) On pose encore $B = (1/Z)_{-} \bullet \langle X,Z\rangle$. On suppose d'abord que $X \in \underline{\underline{L}}^c(P)$, et on en déduit (en utilisant (7.21) comme ci-dessus) que $X' \in \underline{\underline{L}}^c(Q)$. Pour chaque n on a vu que $B^{R_n} \in \underline{\underline{A}}_{loc}(P)$, donc $X'^{R_n} \in \underline{\underline{S}}(P)$ et d'après la formule d'intégration par parties (tous les processus étant continus) on a

$$(X'^2)^{R_n} = 2X' \bullet X^{R_n} - 2X'_{-} \bullet B^{R_n} + \langle X,X\rangle^{R_n}.$$

Mais si $Y = X' \bullet X^{R_n}$ on a $Y \in \underline{\underline{L}}(P)$ et $Y' = Y - X' \bullet B$ est dans $\underline{\underline{L}}(Q)$ d'après (7.24,b). Donc $(X'^2)^{R_n} - \langle X,X\rangle^{R_n} \in \underline{\underline{L}}(Q)$ et comme $\lim_{(n)}\uparrow R_n = \infty$ Q-p.s. on en déduit que $X'^2 - \langle X,X\rangle \in \underline{\underline{L}}(Q)$, d'où (i).

Supposons maintenant que $X \in \underline{\underline{L}}^d(P)$. Il faut montrer que $X'M \in \underline{\underline{L}}(Q)$ pour tout $M \in \underline{\underline{L}}^c(Q)$. D'après (7.23) chaque $N(n) = (MZ)^{R_n \wedge T}$ est dans $\underline{\underline{M}}_{loc}(Q)$. L'ensemble $\underline{\underline{F}}^{\Pi}$-optionnel $\{\Delta M \neq 0\}$ est Q-évanescent, donc $\{\Delta M \neq 0\} \cap]\!]0,R[\![$ est P-évanescent et un calcul simple montre que $\Delta N(n) = (N(n)/Z)_{-} \Delta Z^{T \wedge R_n}$ (y compris en R) à un ensemble P-évanescent près, donc $[N(n),X] = N(n)_{-} \bullet ((1/Z)_{-} \bullet [X,Z]^{R_n})$. La formule d'intégration par parties entraine

$$(X'N(n))^{R_n} = X'_{-} \bullet N(n) + N(n)_{-} \bullet X^{R_n} - N(n)_{-} \bullet B^{R_n} + [N(n),X] - [N(n),B^{R_n}].$$

Les deux premiers termes ci-dessus sont dans $\underline{\underline{L}}(P)$, la somme des deux suivants également d'après la formule ci-dessus donnant $[N(n),X]$, et le dernier est aussi dans $\underline{\underline{L}}(P)$ d'après (2.53,c) puisque B^{R_n} est prévisible. On en déduit que $(X'MZ)^{T \wedge R_n} \in \underline{\underline{L}}(P)$ pour tout n, donc $(X'M)^T \in \underline{\underline{L}}(Q)$ d'après (7.23). Enfin cela entraine que $X'M = (X'M)^T + X'_T(M - M^T)$ est aussi dans $\underline{\underline{L}}(Q)$, d'où (ii).

(b) Soit $X \in \underline{\underline{S}}(P)$. On montre d'abord, exactement comme dans la première démonstration, que $X^{c,Q} = X^c - (1/Z)_{-} \bullet \langle X^c, Z\rangle$. Par ailleurs on a par définition $[X,X] = \langle X^c, X^c\rangle + S(\Delta X^2)$, et aussi ${}^{Q}[X,X] = {}^{Q}\langle X^{c,Q}, X^{c,Q}\rangle + S(\Delta X^2)$. L'égalité ${}^{Q}[X,X] = [X,X]$ découle alors de (a,i). ∎

Voici enfin ce qui concerne les intégrales stochastiques. Nous n'utilisons plus loin que la partie (a).

(7.26) PROPOSITION: Soit l'hypothèse (7.20). Soit X un processus $\underline{F}$-optionnel tel que $X = X^T$.

(a) Supposons que $X \in \underline{\underline{L}}(P)$, $[X,Z] \in \underline{\underline{A}}_{loc}(P)$, et que H est un élément $\underline{F}^{\pi}$-prévisible de $L^1_{loc}(X,P)$ vérifiant $[H \cdot X, Z] \in \underline{\underline{A}}_{loc}(P)$. Si $X' = X - (1/Z)_- \cdot \langle X,Z\rangle$ on a $H \in L^1_{loc}(X',Q)$ et $H \cdot X - (1/Z)_- \cdot \langle H \cdot X, Z\rangle$ est une version de $H \overset{Q}{\cdot} X'$.

(b) Supposons que $X \in \underline{\underline{S}}(P)$ et que H soit un élément $\underline{F}^{\pi}$-prévisible de $L(X,P)$. Alors $H \in L(X,Q)$ et $H \cdot X$ est une version de $H \overset{Q}{\cdot} X$.

Remarquons que dans (a), on a automatiquement $[X,Z] \in \underline{\underline{A}}_{loc}(P)$ et $[H \cdot X, Z] \in \underline{\underline{A}}_{loc}(P)$ si $X \in \underline{\underline{L}}^c(P)$.

Démonstration. (a) On pose $N = H \cdot X$ et $N' = N - (1/Z)_- \cdot \langle N,Z\rangle$. Il suffit de montrer le résultat successivement lorsque $X \in \underline{\underline{L}}^c(P)$, puis $X \in \underline{\underline{L}}^d(P)$. Supposons d'abord que $X \in \underline{\underline{L}}^c(P)$. On a $H^2 \cdot \langle X,X\rangle \in \underline{\underline{V}}_o(P)$, donc d'après (7.24,a) et (7.25,a) on a $H^2 \cdot {}^Q\langle X',X'\rangle \in \underline{\underline{V}}_o(Q)$. Par suite $H \in L^1_{loc}(X',Q)$ et en utilisant (7.26,a) et en "polarisant on obtient, à un ensemble Q-évanescent près:

$$ {}^Q\langle N', H \overset{Q}{\cdot} X'\rangle = H \cdot {}^Q\langle N',X'\rangle = H \cdot \langle N,X\rangle = H^2 \cdot \langle X,X\rangle $$

$$ {}^Q\langle N',N'\rangle = \langle N,N\rangle = H^2 \cdot \langle X,X\rangle = H^2 \cdot {}^Q\langle X',X'\rangle = {}^Q\langle H \overset{Q}{\cdot} X', H \overset{Q}{\cdot} X'\rangle, $$

donc ${}^Q\langle N' - H \overset{Q}{\cdot} X', N' - H \overset{Q}{\cdot} X'\rangle = 0$, et $N' = H \overset{Q}{\cdot} X'$.

Supposons maintenant que $X \in \underline{\underline{L}}^d(P)$. Un calcul immédiat montre que $\Delta N' = H \Delta X'$ à un ensemble Q-évanescent près, et $N' \in \underline{\underline{L}}^d(Q)$ d'après (7.25). On en déduit que $H \in L^1_{loc}(X',Q)$ et que $N' = H \overset{Q}{\cdot} X'$.

(b) D'après (2.66) et (2.69) il existe une décomposition $X = M + A$ avec $M = M^T \in \underline{\underline{L}}(P)$, $A = A^T \in \underline{\underline{V}}(P)$, $H \in L^1_{loc}(M,P)$, $H \cdot A \in \underline{\underline{V}}(P)$, et telle que les processus ΔM et $H \Delta M$ soient bornés. Par suite $[M,Z]$ et $[H \cdot M, Z]$ sont dans $\underline{\underline{A}}_{loc}(P)$. Soit alors $M' = M - (1/Z)_- \cdot \langle M,Z\rangle$ et $A' = A + (1/Z)_- \cdot \langle M,Z\rangle$. D'une part $H \cdot A \in \underline{\underline{V}}(Q)$ d'après (7.25) et $\langle H \cdot M, Z\rangle \in \underline{\underline{V}}(P)$, donc $(1/Z)_- \cdot \langle H \cdot M, Z\rangle \in \underline{\underline{V}}(Q)$: par suite $H \cdot A' \in \underline{\underline{V}}(Q)$. D'autre part (a) entraine que $H \in L^1_{loc}(M',Q)$ et que $H \overset{Q}{\cdot} M' = H \cdot M - (1/Z)_- \cdot \langle H \cdot M, Z\rangle$. En rassemblant ces résultats on voit que $H \cdot X = H \cdot M + H \cdot A = H \overset{Q}{\cdot} M' + H \cdot A'$ à un ensemble Q-évanescent près, ce qui d'après (2.71) entraine que $H \in L(X,Q)$ et $H \overset{Q}{\cdot} X = H \cdot X$. ∎

§c - Quelques compléments au théorème de Girsanov. Nous allons maintenant donner des conditions nécessaires et suffisantes pour qu'un processus donné X ($\underline{F}^{\pi}$-optionnel, arrêté en T, sous l'hypothèse (7.20)) appartienne à l'une des classes $\underline{\underline{V}}(Q)$ (c'est très facile !) ou $\underline{\underline{S}}(Q)$, ou $\underline{\underline{S}}_p(Q)$, ou $\underline{\underline{L}}(Q)$.

Comme $Q(R<\infty)=0$ on peut considérer indifféremment le processus X ou le processus $XI_{[\![0,R[\![}$, et en fait les conditions vont porter sur $XI_{[\![0,R[\![}$ puisque les valeurs de X sur $[\![R,\infty[\![$ importent peu. Il faut toutefois noter que si $X=X^T$, les processus $Y=XI_{[\![0,R[\![}$ et $Y'=Y^T$ peuvent différer. Cependant le lecteur vérifiera aisément que si S est un temps d'arrêt vérifiant $S\leq R$, on a $Y^S\in\underline{\underline{S}}$ (resp. $\underline{\underline{S}}_p$, resp. $\underline{\underline{V}}$) si et seulement si $Y'^S\in\underline{\underline{S}}$ (resp. $\underline{\underline{S}}_p$, resp. $\underline{\underline{V}}$): cf. exercice 7.12. Cela permet de trouver des variantes aux conditions ci-dessous.

On rappelle que $A=\bigcup_{(n)}[\![0,R_n]\!]$.

(7.27) THEOREME: Soit l'hypothèse (7.20). Soit X un processus $\underline{F}^\pi$-optionnel tel que $X=X^T$. Il y a équivalence entre:

(i) $X\in\underline{\underline{S}}(Q)$ (resp. $X\in\underline{\underline{V}}(Q)$);

(ii) il existe une suite (T_n) d'éléments de $\underline{\underline{T}}(\underline{F}^\pi)$ croissant P-p.s. vers R, telle que chaque $XI_{[\![0,T_n[\![}$ soit dans $\underline{\underline{S}}(P)$ (resp. $\underline{\underline{V}}(P)$).

(iii) $XI_{[\![0,R[\![}\in\underline{\underline{S}}^A(P)$ (resp. $\in\underline{\underline{V}}^A(P)$).

Démonstration. D'après (7.21), sous chacune des conditions (i), (ii) ou (iii) le processus X est P-p.s. (resp. Q-p.s.) continu à droite et limité à gauche sur $[\![0,R[\![$ (resp. $[\![0,\infty[\![$).

Pour montrer l'implication: (i) $\Longrightarrow$(ii), il suffit de considérer successivement les cas où $X\in\underline{\underline{V}}(Q)$ et $X\in\underline{\underline{L}}(Q)$. Supposons d'abord que $X\in\underline{\underline{V}}(Q)$. Si $T_n=R_n\wedge\inf(t:\int^t|dX_s|\geq n)$ on a $Q(\lim_{(n)}\uparrow T_n=\infty)=1$, donc $\lim_{(n)}\uparrow T_n=R$ P-p.s., et $XI_{[\![0,T_n[\![}\in\underline{\underline{V}}(P)$ par construction (car sa variation est bornée par n).

Supposons que $X\in\underline{\underline{L}}(Q)$. D'après (7.23) chaque $N(n)=(XZ)^{T\wedge R_n}$ est dans $\underline{\underline{L}}(P)$. Si F_n est une fonction de classe C^2 sur $\mathbb{R}^2$, telle que $F_n(x,y)=x/y$ si $|y|\geq 1/n$, $Y(n)=F_n(N(n),Z^T)$ est dans $\underline{\underline{S}}(P)$ d'après la formule d'Ito, donc $XI_{[\![0,R_n[\![}=Y(n)I_{[\![0,R_n[\![}$ appartient également à $\underline{\underline{S}}(P)$.

L'implication: (ii)$\Longrightarrow$(iii) découle de (7.22) et de ce que

$$(XI_{[\![0,R[\![})^{T\wedge T_n} = XI_{[\![0,T_n[\![}+X_{T\wedge T_n}I_{\{T\wedge T_n<R\}}I_{[\![T_n,\infty[\![}$$

est dans $\underline{\underline{S}}(P)$ (resp. $\underline{\underline{V}}(P)$) dès qu'on a (ii), puisqu'alors $|X_{T\wedge T_n}|<\infty$ P-p.s. sur $\{T\wedge T_n<R\}$.

Enfin, l'implication: (iii)$\Longrightarrow$(i) suit immédiatement de (7.24,a,c), une fois remarqué que X et $XI_{[\![0,R[\![}$ sont Q-indistinguables. ∎

(7.28) THEOREME: <u>Soit l'hypothèse (7.20). Soit</u> X <u>un processus</u> $\underline{F}^{\pi}$<u>-optionnel tel que</u> $X = X^T$ <u>et</u> $X_0 = 0$. <u>Soit</u> $\tilde{X} = XI_{[\![0,R[\![}$. <u>Il y a équivalence entre</u>:

(i) $X \in \underline{\underline{S}}_p(Q)$;

(ii) $\tilde{X} \in \underline{\underline{S}}^A(P)$ <u>et</u> $Y = \tilde{X}^T + (1/Z)_- \bullet [\tilde{X}^T, Z]$ <u>est dans</u> $\underline{\underline{S}}_p^A(P)$.

<u>Dans ce cas si</u> $Y = M + B$ <u>est la décomposition canonique de</u> Y <u>sur</u> A, <u>pour</u> P , <u>alors</u> X <u>admet la décomposition canonique</u> $X = N + B$ <u>pour</u> Q .

On souligne encore une fois que si $\tilde{X} \in \underline{\underline{S}}^A(P)$ le processus $[\tilde{X}, Z]$ est déterminé de manière unique sur A , mais qu'il est arbitraire sur A^c , et de même pour la décomposition canonique $Y = M + B$ de $Y \in \underline{\underline{S}}_p^A(P)$; mais, comme A^c est Q-évanescent, la formule $X = N + B$ détermine de manière unique (à un ensemble Q-évanescent près, bien-sûr !) la décomposition canonique de $X \in \underline{\underline{S}}_p(Q)$ pour Q .

<u>Démonstration</u>. On règle la question de la régularité des trajectoires à l'aide du lemme (7.21), comme dans le théorème précédent.

Supposons que $X \in \underline{\underline{S}}_p(Q)$ admette la décomposition canonique $X = N + B$ pour Q . On sait d'après (7.27) que $\tilde{B} = BI_{[\![0,R[\![}$ est dans $\underline{\underline{P}} \cap \underline{\underline{V}}^A(P)$ et que $\tilde{X} \in \underline{\underline{S}}^A(P)$; de plus $\tilde{N} = NI_{[\![0,R[\![}$ est Q-indistinguable de N , donc $\tilde{N} \in \underline{\underline{L}}(Q)$ et $(\tilde{N}Z)^T \in \underline{\underline{L}}^A(P)$ d'après (7.23). D'après la formule d'intégration par parties sur A (on applique (2.53) aux processus arrêtés en R_n ; cf. (5.6)) on obtient

$$(\tilde{N}Z)^T + (\tilde{B}Z)^T = (\tilde{X}Z)^T = \tilde{X}_- \bullet Z^T + Z_- \bullet \tilde{X}^T + [\tilde{X}^T, Z] ;$$

on a aussi $(\tilde{B}Z)^T - Z_- \bullet \tilde{B}^T \in \underline{\underline{L}}^A(P)$ d'après (2.53,c) appliqué sur A . Par suite $Z_- \bullet \tilde{X}^T + [\tilde{X}^T, Z] + Z_- \bullet \tilde{B}^T \in \underline{\underline{L}}^A(P)$; si on intègre (toujours sur A) le processus $(1/Z)_-$ on obtient que $\tilde{X}^T + (1/Z)_- \bullet [\tilde{X}^T, Z] + \tilde{B}^T \in \underline{\underline{L}}^A(P)$, donc le processus Y défini dans l'énoncé est dans $\underline{\underline{S}}_p^A(P)$, et on a (ii).

Supposons réciproquement qu'on ait (ii), et soit $Y = M + B$ la décomposition canonique de Y sur A , pour P . Soit $N = \tilde{X}^T - B$. Une nouvelle application de la formule d'intégration par parties sur A conduit à

$$\begin{aligned} NZ^T &= N_- \bullet Z^T + Z_- \bullet N + [N, Z] = N_- \bullet Z^T + Z_- \bullet M - [\tilde{X}^T, Z] + [N, Z] \\ &= N_- \bullet Z^T + Z_- \bullet M - [B, Z] \end{aligned}$$

(on rappelle que Y , donc M , B , N , sont arrêtés en T). Mais $[B, Z] \in \underline{\underline{L}}^A(P)$ car $B \in \underline{\underline{P}} \cap \underline{\underline{V}}^A(P)$. On en déduit que $NZ^T \in \underline{\underline{L}}^A(P)$; comme X et $\tilde{X}^T$ sont Q-indistinguables et comme $B \in \underline{\underline{P}} \cap \underline{\underline{V}}(Q)$ d'après (7.27), on déduit de (7.23) qu'on a $X - B \in \underline{\underline{L}}(Q)$ et $X \in \underline{\underline{S}}_p(Q)$, d'où (i) et la fin de l'énoncé. ∎

Le corollaire suivant contient (7.24,b) comme cas particulier.

(7.29) COROLLAIRE: Soit l'hypothèse (7.20). Soit X un élément $\underline{F}^{\Pi}$-optionnel de $\underline{\underline{L}}(P)$ tel que $X = X^T$. Pour que $X \in \underline{\underline{S}}_p(Q)$ il faut et il suffit que $[X,Z] \in \underline{\underline{A}}^A_{loc}(P)$. Dans ce cas la décomposition canonique $X = N + B$ de X pour Q vérifie $B = (1/Z)_- \bullet \langle X,Z\rangle_-$ et $N = X - (1/Z)_- \bullet \langle X,Z\rangle$.

Là encore, $[X,Z]$ et $\langle X,Z\rangle$ sont définis sur A, donc partout à un ensemble Q-évanescent près, tandis que $(1/Z)_-$ est Q-localement borné.

Le même énoncé serait valide sous la seule hypothèse $X \in \underline{\underline{L}}^A(P)$.

Démonstration. Si on reprend les notations de (7.28) on voit immédiatement que $\tilde{X} \in \underline{\underline{S}}_p(P)$ car $X \in \underline{\underline{L}}(P)$. Un calcul simple (le seul point délicat concerne ce qui se passe en R, sur $\{R \leq T, R < \infty\}$) montre que $Y = X^R + (1/Z)_- \bullet [X,Z]$. Comme $X^R \in \underline{\underline{L}}(P)$, le résultat suit immédiatement du théorème précédent. ∎

(7.30) THEOREME: Soit l'hypothèse (7.20). Soit X un processus $\underline{F}^{\Pi}$-optionnel tel que $X = X^T$ et $X_0 = 0$. Soit $\tilde{X} = XI_{[\![0,R[\![}$. Il y a équivalence entre:

(i) $X \in \underline{\underline{L}}(Q)$;

(ii) $\tilde{X} \in \underline{\underline{S}}^A(P)$ et $\tilde{X}^T + (1/Z)_- \bullet [\tilde{X}^T,Z] \in \underline{\underline{L}}^A(P)$.

Démonstration. C'est un corollaire immédiat de (7.28). ∎

Remarque: Dans les théorèmes (7.28) et (7.30) nous avons vu intervenir le processus $\tilde{X} = XI_{[\![0,R[\![}$ et, lorsque $\tilde{X} \in \underline{\underline{S}}^A(P)$, $Y = \tilde{X}^T + (1/Z)_- \bullet [\tilde{X}^T,Z]$.

Supposons que X soit à valeurs réelles (ou, simplement, que $|X_R| < \infty$ P-p.s. sur $\{R<\infty\}$). Comme $X^R = \tilde{X} + X_R I_{[\![R,\infty[\![}$, on a l'équivalence: $\tilde{X} \in \underline{\underline{S}}^A(P) \Longleftrightarrow X \in \underline{\underline{S}}^A(P)$, et dans ce cas on peut considérer le processus $Y' = X^T + (1/Z)_- \bullet [X^T,Z]$. On a $Y = Y'$ sur $[\![0,R[\![$, et un calcul simple montre que les sauts de Y et Y' en R, sur l'ensemble $\bigcup_{(n)}\{R_n = R<\infty\}$, sont égaux. Par suite $Y = Y'$ sur A.

En d'autres termes, si $|X_R| < \infty$ P-p.s. sur $\{R<\infty\}$, on peut remplacer le processus $\tilde{X}$ par le processus X dans (7.28,ii) et (7.30,ii). ∎

§d - Les mesures aléatoires. Dans ce paragraphe nous étudions des mesures aléatoires sur un espace lusinien fixé E. Nous utilisons les notations du chapitre III. De même que pour les processus, nous supposons que toutes les mesures aléatoires considérées ci-dessous sont optionnelles ou prévisibles relativement à la filtration $\underline{F}^{\Pi}$ (pour l'existence de telles "versions", voir (7.19)).

L'essentiel du paragraphe est constitué du théorème suivant, qui constitue l'analogue du théorème de Girsanov pour les mesures aléatoires.

(7.31) THEOREME: Soit l'hypothèse (7.20). Soit μ une mesure aléatoire positive $\underline{F}^{\pi}$-optionnelle vérifiant $\mu = I_{[\![0,T]\!]}*E\cdot\mu$, appartenant à $\tilde{\underline{\underline{A}}}^{+}_{\sigma}(P)$. Soit ν une version $\underline{F}^{\pi}$-prévisible de μ^{p} (projection prévisible duale de μ pour P).

(a) Pour que $\mu\in\tilde{\underline{\underline{A}}}^{+}_{\sigma}(Q)$ il faut et il suffit que $Z^{T}\in K(\mu,P)$ (la classe $K(\mu,P)$ est définie au §III-1-e).

(b) Dans ce cas il existe $Y\in\tilde{\underline{\underline{P}}}^{+}(\underline{F})$ vérifiant les deux conditions équivalentes suivantes:

(i) $Y\cdot\nu$ est une version de la projection prévisible duale de μ pour Q;

(ii) on a $M^{P}_{\mu}(Z|\tilde{\underline{\underline{P}}}) = (I_{[\![0]\!]}Z_{0} + Z_{-})Y$.

la propriété $\mu = I_{[\![0,T]\!]}*E\cdot\mu$ est analogue à l'arrêt en T pour les processus. Dans (a), il est équivalent de dire: $Z^{T}\in K(\mu,P)$, ou $Z\in K(\mu,P)$.

Démonstration. (a) L'hypothèse (7.20) implique que $Z^{T\wedge t}\in\underline{\underline{M}}(P)$ pour tout $t\in\mathbb{R}_{+}$. Quitte à considérer les mesures $I_{[\![0,t]\!]}*E\cdot\mu$ puis à faire tendre t vers l'infini, on voit que ce n'est pas une restriction que de supposer que $Z^{T}\in\underline{\underline{M}}(P)$. Nous ferons donc cette hypothèse supplémentaire.

Si V est une fonction $\underline{\underline{O}}(\tilde{\underline{F}}^{\pi})$-mesurable et positive, M^{P}_{μ}-intégrable, la proposition (1.46) appliquée au processus $V*\mu$ permet d'écrire

(7.32) $$M^{Q}_{\mu}(V) = E_{Q}(V*\mu_{T}) = E(Z_{T}V*\mu_{T}) = E((ZV)*\mu_{T}) = M^{P}_{\mu}(ZV).$$

Donc, en particulier, si $B\in\tilde{\underline{\underline{P}}}(\underline{F}^{\pi})$ on a l'équivalence: $M^{Q}_{\mu}(B)<\infty \iff M^{P}_{\mu}(ZI_{B})<\infty$, ce qui entraine immédiatement la condition nécessaire et suffisante annoncée.

(b) On suppose maintenant que $\mu\in\tilde{\underline{\underline{A}}}^{+}_{\sigma}(Q)$; quitte à considérer une partition $\tilde{\underline{\underline{P}}}(\underline{F}^{\pi})$-mesurable de $\tilde{\Omega}$ vérifiant $M^{P}_{\mu}(A(n))<\infty$ et $M^{Q}_{\mu}(A(n))<\infty$ et à considérer $I_{A(n)}\cdot\mu$ au lieu de μ, on peut supposer que M^{P}_{μ} et M^{Q}_{μ} sont finies. Si $A\in\tilde{\underline{\underline{P}}}(\underline{F}^{\pi})$ vérifie $M^{P}_{\mu}(A)=0$, on a $I_{A}*\mu_{T}=0$ P-p.s., donc Q-p.s. (car $Z^{T}\in\underline{\underline{M}}(P)$ entraine $Q\ll P$ en restriction à $(\Omega,\underline{\underline{F}}^{\pi}_{T})$), donc $M^{Q}_{\mu}(A)=0$. Par suite il existe $Y\in\tilde{\underline{\underline{P}}}^{+}(\underline{F})$ qui est la dérivée de Radon-Nikodym de M^{Q}_{μ} par rapport à M^{P}_{ν}, en restriction à $(\tilde{\Omega},\tilde{\underline{\underline{P}}}(\underline{F}))$, ce qui s'exprime par la condition (i). Par ailleurs si V est une fonction positive $\tilde{\underline{\underline{P}}}(\underline{F}^{\pi})$-mesurable et M^{P}_{μ}-intégrable, la proposition (1.47) appliquée au processus croissant prévisible $V*\nu$ entraine que

(7.33) $$M^{Q}_{Y\cdot\nu}(V) = M^{Q}_{\nu}(YV) = E_{Q}((YV)*\nu_{T}) = E(Z_{T}(YV)*\nu_{T})$$
$$= E(Z_{0}(YV)*\nu_{0} + (Z_{-}YV)*\nu_{T}) = M^{P}_{\nu}((I_{[\![0]\!]}Z_{0} + Z_{-})YV).$$

On a alors la suite d'équivalences: (i) $\iff M^{Q}_{Y\cdot\nu}(A) = M^{Q}_{\mu}(A)$ pour tout $A\in\tilde{\underline{\underline{P}}}(\underline{F}^{\pi}) \iff$ (d'après (7.32)) $M^{P}_{\mu}(ZI_{A}) = M^{P}_{\nu}((I_{[\![0]\!]}Z_{0} + Z_{-})YI_{A})$ pour tout $A\in\tilde{\underline{\underline{P}}}(\underline{F}^{\pi}) \iff$ (ii). ∎

(7.34) <u>Remarque</u>: Très souvent $\mu(\{0\}\times E)=0$. On peut alors remplacer dans (ii) la fonction $(I_{[\![0]\!]}Z_0+Z_-)Y$ par la fonction plus simple Z_-Y. ∎

On a vu dans la remarque (3.9) que, à condition de prendre E réduit à un point, $\underline{\underline{A}}^+_{loc}$ est un certain sous-ensemble de $\tilde{\underline{\underline{A}}}^+_\sigma$. On peut alors adapter la démonstration précédente de façon à obtenir le corollaire:

(7.35) COROLLAIRE: <u>Soit l'hypothèse (7.20). Soit</u> X <u>un élément</u> $\underline{F}^\pi$<u>-optionnel de</u> $\underline{\underline{A}}^+_{loc}(P)$ <u>tel que</u> $X=X^T$.

(a) <u>Pour que</u> $X\in\underline{\underline{A}}^+_{loc}(Q)$ <u>il faut et il suffit qu'il existe une suite</u> (T_n) <u>d'éléments de</u> $\underline{\underline{T}}(\underline{F}^\pi)$ <u>croissant</u> P-<u>p.s. vers</u> R, <u>telle que pour chaque</u> n: $E(Z\bullet X_{T_n})<\infty$.

(b) <u>Dans ce cas il existe</u> $H\in\underline{\underline{P}}^+(\underline{F})$ <u>tel que</u> $H\bullet X^p$ <u>soit une version de</u> $X^{p,Q}$.

Cet énoncé est aussi un corollaire de (7.29) appliqué à la P-martingale locale $X-X^p$; la condition (a) s'exprime aussi en disant que $Z\bullet X\in\underline{\underline{A}}^A_{loc}(P)$. Voir pour cela l'exercice 7.14.

Le lemme suivant est à comparer au lemme (7.9).

(7.36) LEMME: <u>On suppose les hypothèses de (7.31,b) remplies. Posons</u> $U=(I_{[\![0]\!]}Z_0+Z_-)Y$.

(a) <u>Si</u> $B=\{U=0\}$, <u>on a</u> $M^Q_\mu(B)=0$.

(b) <u>Soit</u> V <u>un élément</u> $\tilde{\underline{\underline{O}}}(\underline{F}^\pi)$<u>-mesurable de</u> $K(\mu,P)$. <u>On a l'équivalence</u>: $V\in K(\mu,Q)\Longleftrightarrow ZV\in K(\mu,P)$; <u>et dans ce cas on a</u>:

$$U\,M^Q_\mu(V|\tilde{\underline{\underline{P}}}) = M^P_\mu(ZV|\tilde{\underline{\underline{P}}}) \quad M^P_\mu\text{-p.s.}$$

Dans cette formule on peut prendre des versions quelconques des espérances conditionnelles, pourvu qu'elles soient $\tilde{\underline{\underline{P}}}(\underline{F}^\pi)$-mesurables.

<u>Démonstration</u>. De même que dans la preuve de (7.31), on peut supposer que $Z^T\in\underline{M}(P)$, que les mesures M^P_μ, M^Q_μ et $V\bullet M^P_\mu$ sont finies, et aussi que $V\geq 0$. Pour obtenir (a) on remarque simplement que $B\in\tilde{\underline{\underline{P}}}(\underline{F}^\pi)$, donc $M^Q_\mu(B)=M^Q_{Y.\nu}(B)=M^P_\nu(UI_B)$ d'après (7.33), et $UI_B=0$ partout.

L'équivalence énoncée dans (b) découle de (7.32). Soit W une version $\tilde{\underline{\underline{P}}}(\underline{F}^\pi)$-mesurable de $M^Q_\mu(V|\tilde{\underline{\underline{P}}})$. Soit $B\in\tilde{\underline{\underline{P}}}(\underline{F}^\pi)$; d'après (7.32) et (7.33) on a la suite d'égalités:

$$M^P_\mu(ZVI_B)=M^Q_\mu(VI_B)=M^Q_\mu(WI_B)=M^Q_{Y.\nu}(WI_B)=M^P_\nu(UWI_B)=M^P_\mu(UWI_B),$$

d'où la formule annoncée. ∎

Passons maintenant aux mesures aléatoires à valeurs entières. On utilise les notations usuelles $D,\beta,\hat{W},a$, en choisissant des versions $\underline{F}^\pi$-optionnelles ou $\underline{F}^{\Pi}$-prévisibles.

(7.37) PROPOSITION: Soit l'hypothèse (7.20). Soit μ un élément $\underline{F}^{\Pi}$-optionnel de $\tilde{\underline{\underline{A}}}^1_\sigma(P)$ vérifiant $\mu = I_{[\![0,T]\!]\times E}\cdot\mu$. On a alors $\mu \in \tilde{\underline{\underline{A}}}^1_\sigma(Q)$.

Démonstration. Il suffit d'appliquer (3.31) et (7.31,a).∎

En particulier, la partie (b) de (7.31) est toujours valide lorsque $\mu \in \tilde{\underline{\underline{A}}}^1_\sigma(P)$. Voici un lemme technique, fort utile.

(7.38) LEMME: Sous les hypothèses de (7.37) on peut trouver une version de Y telle que si $\nu' = Y.\nu$ on ait identiquement $\nu'(\{t\}\times E) \leq 1$ et

$$\nu(\{t\}\times E) = 1 \Longrightarrow \nu'(\{t\}\times E) = 1 .$$

Démonstration. Soit $a_t = \nu(\{t\}\times E)$ et $a'_t = \nu'(\{t\}\times E)$. On a $a' \leq 1$ à un ensemble Q-évanescent près d'après (3.23). Par ailleurs l'ensemble $\{a=1\}$ est réunion dénombrable disjointe de graphes de temps $\underline{F}^{\Pi}$-prévisibles (S_n), et $S_n > T$ entraine $S_n = \infty$ car μ, donc ν, sont "arrêtées" en T. D'après (3.25) on a alors $\mu(\{S_n\}\times E) = 1$ P-p.s., donc Q-p.s., sur $\{S_n < \infty\} = \{S_n \leq T, S_n < \infty\}$. (3.25) appliqué à la probabilité Q entraine alors que $a'_{S_n} = 1$ Q-p.s. sur $\{S_n < \infty\}$. Il reste donc à modifier Y sur l'ensemble $[\{a' > 1\} \cup \{a' < a = 1\}]\times E$, qui est M^P_μ- et M^Q_μ-négligeable.∎

Passons maintenant aux intégrales stochastiques.

(7.39) LEMME: Soit $\mu \in \tilde{\underline{\underline{A}}}^1_\sigma(P)$, $W \in G^1_{loc}(\mu,P)$, $M = W*(\mu-\nu)$, $N \in \underline{L}(P)$ et $V = M^P_\mu(\Delta N|\tilde{\underline{\underline{P}}})$. Si $[M,N] \in \underline{\underline{A}}_{loc}(P)$ on a $\langle M,N\rangle = (VW)*\nu$.

Démonstration. Quitte à localiser, on peut supposer que $M, N \in \underline{M}(P)$ et $[M,N] \in \underline{\underline{A}}(P)$. L'ensemble J défini par (3.24) est réunion dénombrable disjointe de graphes de temps $\underline{F}^P$-prévisibles (T_n). Comme $M_t = I_D(t,W(t,\beta_t)) - \hat{W}_t$ on a pour tout $H \in b\underline{\underline{P}}$:

$$\begin{aligned} M^P_{\langle M,N\rangle}(H) &= M^P_{[M,N]}(H) = M^P_\mu(H\,W\Delta N) - \textstyle\sum_{(n)} E(H_{T_n}W_{T_n}\Delta N_{T_n} I_{\{T_n<\infty\}}) \\ &= M^P_\nu(H\,W\,V) - \textstyle\sum_{(n)} E(H_{T_n}W_{T_n}E(\Delta N_{T_n}|F^P_{T_n-})I_{\{T_n<\infty\}}) \\ &= M^P_\nu(H\,W\,V) - 0 = M^P_{VW*\nu}(H), \end{aligned}$$

donc $\langle M,N\rangle = VW*\nu$ d'après (1.33).∎

(7.40) PROPOSITION: Soit les hypothèses de (7.37). Soit W un élément $\tilde{\underline{\underline{P}}}(\underline{F}^{\Pi})$-mesurable de $G^1_{loc}(\mu,P)$ tel que $M = W*(\mu-\nu)$ vérifie $[M,Z] \in \underline{\underline{A}}_{loc}(P)$. Alors $(1/Z)_-\bullet\langle Z,M\rangle = (W(Y-1))*\nu$, $W \in G^1_{loc}(\mu,Q)$ et $M - (1/Z)_-\bullet\langle M,Z\rangle$ est une version de $W*^Q(\mu - Y\cdot\nu)$.

Les processus définis ci-dessus ne sont peut-être pas définis partout, mais ils le sont Q-presque partout. D'après (7.24) on sait que $(1/Z)_{-}\bullet\langle Z,M\rangle \in \underline{\underline{A}}_{loc}(Q)$. On remarque que $M = M^T$ puisque $\mu = I_{[\![0,T]\!]\times E}\bullet\mu$.

Démonstration. Soit $B = (1/Z)_{-}\bullet\langle Z,M\rangle$ et $M' = M - B$, qui est dans $\underline{\underline{L}}^d(Q)$ d'après (7.25). On a $Z_{-}(Y-1) = M^P_{\mu}(\Delta(Z-Z_0)|\tilde{\underline{\underline{P}}})$ d'après (7.31,ii), et $\langle Z,M\rangle = \langle Z-Z_0,M\rangle$ puisque $M_0 = 0$, donc (7.39) entraine $B = (W(Y-1))*\nu$. Par ailleurs, avec la notation (3.61) on a

$$\Delta M'_t = \tilde{W}_t - \widehat{W(Y-1)}_t = I_D(t)W(t,\beta_t) - \widehat{WY}_t .$$

Comme $\mu^{P,Q} = Y\bullet\nu$, d'après (3.61) et (3.63) appliqués à la probabilité Q on a $\Delta M' = \tilde{W}^Q$, $W \in G^1_{loc}(\mu,Q)$ et $M' = W *^Q (\mu - Y\bullet\nu)$.■

(7.41) COROLLAIRE: <u>Soit les hypothèses de (7.37). On suppose que ν est également une version de $\mu^{P,Q}$. Alors $M^P_{\mu}(Z|\tilde{\underline{\underline{P}}}) = I_{[\![0]\!]}Z_0 + Z_{-}$. De plus tout élément $\tilde{\underline{\underline{P}}}(\underline{F}^{\pi})$-mesurable W de $G^1_{loc}(\mu,P)$ est dans $G^1_{loc}(\mu,Q)$, et dans ce cas $W*(\mu-\nu)$ est une version de $W *^Q (\mu-\nu)$.</u>

Démonstration. La fonction $Y = 1$ vérifie la condition (i) de (7.31), donc on a $M^P_{\mu}(Z|\tilde{\underline{\underline{P}}}) = I_{[\![0]\!]}Z_0 + Z_{-}$. Soit W un élément $\tilde{\underline{\underline{P}}}(\underline{F}^{\pi})$-mesurable de $G^1_{loc}(\mu,P)$ Avec les notations (3.69) on a $C^1(W,\nu) \in \underline{\underline{V}}(P)$ et comme $C^1(W,\nu)$ est $\underline{F}^{\pi}$-prévisible et arrêté en T, on a aussi $C^1(W,\nu) \in \underline{\underline{V}}(Q)$ d'après (7.27). Donc (3.71) implique $W \in G^1_{loc}(\mu,Q)$.

Soit $M = W*(\mu-\nu)$ et $M' = W *^Q (\mu-\nu)$. (7.27) encore entraine que $M \in \underline{\underline{S}}(Q)$, tandis que $M' \in \underline{\underline{L}}(Q)$. Donc $X = M - M' \in \underline{\underline{S}}(Q)$. Il est immédiat que X est un processus continu, donc $X \in \underline{\underline{S}}_p(Q)$, donc $M \in \underline{\underline{S}}_p(Q)$. D'après (7.29) on en déduit que $[M,Z] \in \underline{\underline{A}}^A_{loc}(P)$, donc $[M^{R_n},Z] \in \underline{\underline{A}}_{loc}(P)$. (7.40) entraine alors (car $Y = 1$) que $M'^{R_n} = M^{R_n}$ Q-p.s. pour chaque n, donc M et M' sont Q-indistinguables.■

§e - <u>Une application: convexité des lois de semimartingales</u>. Dans ce paragraphe, qui constitue une digression, nous ne fixons pas a-priori une probabilité sur $(\Omega,\underline{\underline{F}})$, mais par contre nous considérons une famille $\mathfrak{X}$ de processus définis sur cet espace, et <u>F-adaptés</u>. Nous désignons par $Sm(\mathfrak{X})$ l'ensemble des probabilités P sur $(\Omega,\underline{\underline{F}})$ telles que $X \in \underline{\underline{S}}(P)$ pour chaque $X \in \mathfrak{X}$.

(7.42) THEOREME: <u>L'ensemble</u> $Sm(\mathfrak{X})$ <u>est dénombrablement convexe</u> (et donc convexe).

Démonstration. Soit $P = \sum_{(n)} a_n P^n$ une combinaison convexe finie ou dénombrable d'éléments P^n de $Sm(\mathfrak{X})$ telle que $a_n > 0$ pour tout n (ce qui n'est pas une restriction). On a donc $P^n \ll P$ et on considère une version

Z^n du processus densité de P^n par rapport à P (ici, $\Pi = P$). Il est facile de voir qu'on peut choisir des versions qui vérifient identiquement $\sum_{(n)} a_n Z^n = 1$, si bien que les $R^n = \inf(t: Z^n_t = 0)$ vérifient $\sup_{(n)} R_n = \infty$. Enfin, l'hypothèse (7.20) est satisfaite pour chaque couple (P, P^n), avec $T = \infty$.

Soit $X \in \mathcal{X}$. Comme $X \in \underline{\underline{S}}(P^n)$ il existe d'après (7.27) une suite $(T(n,m))_{m \in \mathbb{N}}$ d'élément de $\underline{\underline{T}}(\underline{F}^P)$ croissant P-p.s. vers R^n, telle que $XI_{[\![0,T(n,m)[\![} \in \underline{\underline{S}}(P)$. On a $\sup_{(n,m)} T(n,m) = \infty$ P-p.s., donc (2.17,b) entraine que $X \in \underline{\underline{S}}(P)$, et on obtient le résultat.∎

(7.43) <u>Remarque</u>: L'hypothèse selon laquelle chaque $X \in \mathcal{X}$ est $\underline{F}$-adapté est essentielle pour ce théorème: voir l'exercice 7.15.∎

La structure des points extrémaux de l'ensemble convexe $Sm(\mathcal{X})$ est extrèmement simple:

(7.44) THEOREME: <u>Les points extrémaux de</u> $Sm(\mathcal{X})$ <u>sont les probabilités</u> P <u>sur</u> $(\Omega, \underline{\underline{F}})$ <u>telles que la tribu</u> $\underline{\underline{F}}$ <u>soit</u> P-<u>triviale et que chaque</u> $X \in \mathcal{X}$ <u>soit</u> P-<u>indistinguable d'une fonction (déterministe) sur</u> $\mathbb{R}_+$, <u>continue à droite et à variation finie sur tout compact</u>.

<u>Démonstration</u>. Les probabilités décrites dans l'énoncé sont trivialement des points extrémaux de $Sm(\mathcal{X})$ Inversement soit $P \in Sm(\mathcal{X})$. Si $\underline{\underline{F}}$ n'est pas P-triviale il existe $B \in \underline{\underline{F}}$ tel que $0 < P(B) < 1$. Soit $U = I_B - P(B)$, $P' = (1+U) \cdot P$ et $P'' = (1-U) \cdot P$. D'après (7.24,c) on a encore $P', P'' \in Sm(\mathcal{X})$ donc $P = (P' + P'')/2$ n'est pas extrémale dans $Sm(\mathcal{X})$. Donc si P est extrémale dans $Sm(\mathcal{X})$. $\underline{\underline{F}}$ est P-triviale et chaque $X \in \mathcal{X}$ est donc P-indistinguable de la fonction $x(t) = E(X_t)$, qui doit d'après (2.77) satisfaire les conditions de l'énoncé.∎

<u>EXERCICES</u>

7.10 - On suppose que $Q \ll P$. Montrer que tout processus X vérifiant $(XZ)^T \in \underline{\underline{M}}_{loc}(P)$ est dans $\underline{\underline{M}}_{loc}(Q)$ (on pourra prouver d'abord que X est Q-indistinguable d'un processus $\underline{F}^P$-optionnel, donc $\underline{F}^Q$-optionnel).

7.11 - Donner une démonstration directe de l'égalité $H \overset{Q}{\cdot} X = H \cdot X$ dans (7.26,b), lorsque H est borné (ou localement borné).

7.12 - Soit R, S, T trois temps d'arrêt et X un processus tel que $X = X^T$. On suppose que $S \leq T$, et on pose $Y = (XI_{[\![0,R[\![})^T$ et $Z = (XI_{[\![0,R[\![})^{S \wedge T}$.

a) Montrer que $Z = Y^T$ et $Y = ZI_{[\![0,R[\![} + I_{\{S<R\}} Z_R I_{[\![R,\infty[\![}$.

b) En déduire que $Y \in \underline{\underline{S}}$ (resp. $\underline{\underline{S}}_p$, $\underline{\underline{V}}$) si et seulement si $Z \in \underline{\underline{S}}$ (resp. $\underline{\underline{S}}_p$, $\underline{\underline{V}}$).

c) Montrer que $X^S = Z + I_{\{R=S<T\}} X_R I_{[\![R,\infty[\![}$.

d) En déduire que $Z \in \underline{\underline{S}}$ (resp. $\underline{\underline{V}}$) si et seulement si $X^S \in \underline{\underline{S}}$ (resp. $\underline{\underline{V}}$) et $|X_R I_{\{R=S<T\}}| < \infty$ p.s.

7.13 - Comment se modifie le théorème (7.28) si on ne suppose pas que $X_0 = 0$?

7.14 - Soit $B \in \underline{\underline{A}}_{loc}(P)$ et $N \in \underline{\underline{M}}_{loc}(P)$ tels que $[B,N] \in \underline{\underline{A}}_{loc}(P)$.

a) Montrer que $d\langle B,N\rangle \ll dB^p$.

b) En déduire que (7.35) est un corollaire de (7.29).

7.15 - Soit P une probabilité sur $(\Omega,\underline{\underline{F}})$ et $B \in \underline{\underline{F}}$ tel que $P(B) = 1/2$ et $B \notin \underline{\underline{F}}_t^P$ pour un $t \in \mathbb{R}_+$. Soit les deux probabilités $P' = 2I_B \cdot P$ et $P'' = 2I_{B^c} \cdot P$, donc $P = (P' + P'')/2$. Montrer que le processus constant $X = I_B$ appartient à $\underline{\underline{S}}(P')$ et à $\underline{\underline{S}}(P'')$, mais pas à $\underline{\underline{S}}(P)$.

7.16 - Soit W un mouvement brownien sur $(\Omega,\underline{\underline{F}},\underline{F},P)$, et H un processus prévisible tel que $\int_0^\infty H_s^2 ds \leq c$, où $c \in \mathbb{R}_+$. On pose $M = -H \cdot W$, $B_t = \int_0^t H_s ds$ et $X = W + B$.

a) Montrer que $M \in \underline{\underline{H}}^2(P)$, que $Z = \mathcal{E}(M)$ vérifie $Z^2 \leq \mathcal{E}(2M)e^c$, et que $Z \in \underline{\underline{H}}^2(P)$.

b) Soit $Q = Z_\infty \cdot P$. Montrer que X est un mouvement brownien sur $(\Omega,\underline{\underline{F}},\underline{F},Q)$.

7.17 - Soit $Q \ll P$. Soit $X \in \underline{\underline{L}}(P)$ et $B = \Delta X_R I_{[\![R,\infty[\![}$.

a) Montrer que $B \in \underline{\underline{A}}_{loc}(P)$;

b) On pose $Y = X - (1/Z) \cdot [X,Z] + B^p$. Montrer que $\tilde{Y} = Y I_{[\![0,R[\![}$ est dans $\underline{\underline{S}}^A(P)$ (où $A = \bigcup_{(n)} [\![0,R_n]\!]$).

c) Montrer que $\tilde{Y} + (1/Z)_- \cdot [\tilde{Y},Z] = X^R + (1/Z)_- \cdot [Z,B^p] + B^p - B$. En déduire que $Y \in \underline{\underline{L}}(Q)$.

3 - CHANGEMENT QUELCONQUE DE PROBABILITE

§a - Préliminaires. Nous allons maintenant examiner le cas où P et Q sont quelconques. Nous conservons les notations du §1-a : Z, R, R', R_n, R'_n ; comme précédemment tous les processus envisagés sont supposés optionnels ou prévisibles relativement à la filtration $\underline{\underline{F}}^{\pi}$.

Z étant une P-surmartingale, on considère sa décomposition de Doob-Meyer (pour P):

(7.45) $$Z = N - C, \quad N \in \underline{\underline{L}}(P), \quad C \in \underline{\underline{P}} \cap \underline{\underline{V}}^+(P)$$

(N et C sont des versions respectivement $\underline{\underline{F}}^{\pi}$-optionnelle et $\underline{\underline{F}}^{\pi}$-prévisible).

(7.46) LEMME: Soit $T \in \underline{\underline{T}}(\underline{\underline{F}}^{\pi})$ et X un processus $\underline{\underline{F}}^{\pi}$-optionnel. Pour que $(XI_{[\![0,R'[\![})^T$ soit Q-indistinguable d'une martingale sur $(\Omega, \underline{\underline{F}}^{\pi}, \underline{\underline{F}}^{\pi}, Q)$, il faut et il suffit que $(XZ)^T$ soit P-indistinguable d'une martingale sur $(\Omega, \underline{\underline{F}}^{\pi}, \underline{\underline{F}}^{\pi}, P)$.

Démonstration. Montrons par exemple la condition suffisante. On suppose que $(XZ)^T$ est P-indistinguable d'une P-martingale. Soit $X' = (XI_{[\![0,R'[\![})^T$. Soit $s \leq t < \infty$. On peut appliquer le lemme (7.9) à $U = s$, $V = T \wedge t$ et $Y = X_{T\wedge t}$, en remarquant que $X'_t = X_{T\wedge t} I_{\{Z_{T\wedge t} < \infty\}}$, ce qui entraine:

$$Z_s \, E_Q(X'_t | \underline{\underline{F}}_s) = E[(XZ)^T_t | \underline{\underline{F}}_s] \quad \text{Q-p.s. sur } \{s \leq T\wedge t, Z_s < \infty\}.$$

En utilisant l'hypothèse, on en déduit que $Z_s E_Q(X'_t | \underline{\underline{F}}_s) = (XZ)^T_s = Z_s X'_s$ Q-p.s. sur $\{s \leq T\wedge t, Z_s < \infty\}$. Comme $Z_s > 0$ Q-p.s., on a donc $X'_s = E_Q(X'_t | \underline{\underline{F}}_s)$ sur $\{s \leq T\wedge t, Z_s < \infty\}$; la même égalité est évidemment vérifiée sur $\{s > T\wedge t\}$, et également sur $\{s \leq T\wedge t, Z_s = \infty\}$ (car alors $X'_s = X'_t = 0$) : on obtient finalement $X'_s = E_Q(X'_t | \underline{\underline{F}}_s)$. Comme d'après le lemme (7.16) le processus X' est Q-p.s. continu à droite, on en déduit que X' est Q-indistinguable d'une Q-martingale.

Pour obtenir la réciproque il suffit d'intervertir les rôles de P et Q, en remplaçant R' et Z par R et 1/Z, et X par $\tilde{X} = XZI_{[\![0,R'[\![}$: on a $\tilde{X}/Z = XI_{[\![0,R'[\![}$ à un ensemble Q-évanescent près, et $\tilde{X}I_{[\![0,R[\![} = XZ$ à un ensemble P-évanescent près.∎

Ce lemme suggère que, X étant un processus, on ne peut au mieux que comparer les propriétés de $XI_{[\![0,R'[\![}$ pour Q et celles de $XI_{[\![0,R[\![}$ pour P. Cela conduit à la notion suivante de "localisation jusqu'en R" (ou R'); $\underline{\underline{C}}$ étant un ensemble de (classes d'équivalence de) processus, on pose:

$$(7.47)\begin{cases} \underline{\underline{C}}_{loc}^{(R)}(P) = \{X : \text{il existe une suite } (T_n) \text{ d'éléments de } \underline{\underline{T}}(\underline{F}^{\pi}) \\ \quad \text{croissant P-p.s. vers } R \text{, telle que } X^{T_n} \in \underline{\underline{C}}_{loc}(P) \text{ pour tout } n\} \\ \underline{\underline{C}}_{loc}^{(R')}(Q) = \{X : \text{il existe une suite } (T_n) \text{ d'éléments de } \underline{\underline{T}}(\underline{F}^{\pi}) \\ \quad \text{croissant Q-p.s. vers } R' \text{, telle que } X^{T_n} \in \underline{\underline{C}}_{loc}(Q) \text{ pour tout } n\}. \end{cases}$$

On a alors le théorème suivant, qui généralise (7.23).

(7.48) THEOREME: <u>Soit</u> X <u>un processus</u> $\underline{F}^{\pi}$<u>-optionnel. Pour que</u> $XI_{[\![0,R'[\![} \in \underline{\underline{M}}_{loc}^{(R')}(Q)$ <u>il faut et il suffit que</u> $XZ \in \underline{\underline{M}}_{loc}^{(R)}(P)$.

<u>Démonstration</u>. Il suffit d'appliquer le lemme (7.46), en se rappelant que si (T_n) est une suite d'éléments de $\underline{\underline{T}}(\underline{F}^{\pi})$ croissant vers T, on a $Q(T<R')=0 \iff P(T<R)=0$ d'après (7.8), et en remarquant que dans (7.47) on peut remplacer la condition $X^{T_n} \in \underline{\underline{C}}_{loc}(P)$ (resp. $\underline{\underline{C}}_{loc}(Q)$) par $X^{T_n} \in \underline{\underline{C}}(P)$ (resp. $\underline{\underline{C}}(Q)$) dès que la classe $\underline{\underline{C}}$ est stable par arrêt.∎

(7.49) <u>Remarque</u>: Il y a a-priori une autre manière naturelle de localiser jusqu'en R ou R'. Soit A et A' les ensembles prévisibles de type $[\![0,.]\!]$ donnés par

$$(7.50)\qquad A = \bigcup_{(n)} [\![0,R_n]\!], \qquad A' = \bigcup_{(n)} [\![0,R'_n]\!].$$

On peut alors considérer les classes $\underline{\underline{C}}_{loc}^{A}(P)$ et $\underline{\underline{C}}_{loc}^{A'}(Q)$ définies par (5.4). On a toujours les inclusions $\underline{\underline{C}}_{loc}^{A}(P) \subset \underline{\underline{C}}_{loc}^{(R)}(P)$ et $\underline{\underline{C}}_{loc}^{A'}(Q) \subset \underline{\underline{C}}_{loc}^{(R')}(Q)$.

Remarquons que dans le cadre de la partie 2, ces deux manières de localiser coïncident (donc (7.48) généralise bien (7.23)): en effet si T vérifie (7.20), pour tout processus X vérifiant $X = X^T$ on a d'une part les équivalences: $X \in \underline{\underline{C}}_{loc}(Q) \iff X \in \underline{\underline{C}}_{loc}^{A'}(Q) \iff X \in \underline{\underline{C}}_{loc}^{(R')}(Q)$, et d'autre part $X \in \underline{\underline{C}}_{loc}^{A}(P) \iff X \in \underline{\underline{C}}_{loc}^{(R)}(P)$ d'après (7.22).

Dans le cas général, toutefois, les inclusions ci-dessus sont strictes. Supposons par exemple qu'il existe $B \in \underline{\underline{F}}_1$ avec $E_{\pi}(I_B|\underline{\underline{F}}_{1-}) = \pi(B) = 1/2$; soit $P = 2I_B \cdot \pi$ et $Q = 2I_{B^c} \cdot \pi$; il est facile de voir que $R_n = R = 1_B$ et $R'_n = R' = 1_{B^c}$, tandis que $Z = 1$ sur $[\![0,1[\![$: le processus $X = I_{[\![0,1[\![}$ est dans $\underline{\underline{M}}_{loc}^{(R)}(P)$, mais il n'est pas dans $\underline{\underline{M}}_{loc}^{A}(P)$.

Nous proposons en exercice l'étude des localisations $\underline{\underline{C}}_{loc}^{A}(P)$ et $\underline{\underline{C}}_{loc}^{A'}(Q)$: par exemple on peut montrer que <u>si</u> X <u>est un processus</u> $\underline{F}^{\pi}$<u>-optionnel, on a l'équivalence</u>: $XI_{[\![0,R'[\![} \in \underline{\underline{M}}_{loc}^{A'}(Q) \iff XZ \in \underline{\underline{M}}_{loc}^{A}(P)$. Pour simplifier, nous nous contentons d'étudier dans le texte la localisation définie par (7.47).∎

(7.51) <u>Remarque</u>: On pourrait, ci-dessus comme dans tous les énoncés qui vont suivre, remplacer X par $XI_{[\![0,R\wedge R'[\![}$; en effet ce dernier processus est

Q- (resp. P-)indistinguable de $XI_{[\![0,R'[\![}$ (resp. $XI_{[\![0,R[\![}$). En particulier seule la $\underline{F}^{\pi}$-optionnalité de $XI_{[\![0,R\wedge R'[\![}$ est nécessaire.∎

(7.52) <u>Remarque</u>: Voici un énoncé (apparemment) plus général: soit X un processus quelconque; pour que $XI_{[\![0,R'[\![} \in \underline{\underline{M}}_{loc}^{(R')}(Q)$ il faut et il suffit que $XI_{[\![0,R'[\![}$ soit Q-indistinguable d'un processus $\underline{F}^{\pi}$-optionnel X' qui vérifie $X'Z \in \underline{\underline{M}}_{loc}^{(R)}(P)$. Tous les énoncés ultérieurs sont susceptibles d'une généralisation analogue.∎

§b - <u>Extension du théorème de Girsanov</u>. Si ${}^pZ = Z_- - \Delta C$ est la projection prévisible (pour P) de la P-surmartingale Z, on sait d'après (6.24) et (6.28) que l'ensemble prévisible de type $[\![0,.\|$: $C(1/{}^pZ)$ vérifie

(7.53) $$[\![0,R[\![\subset C(1/{}^pZ) \subset A$$

et s'écrit $C(1/{}^pZ) = \bigcup_{(n)}[\![0,S_n]\!]$, où (S_n) est une suite d'éléments de $\underline{\underline{T}}(\underline{F}^{\pi})$ croissant vers R, telle que $|1/{}^pZ| \leq n$ sur $]\!]0,S_n]\!]$.

(7.54) LEMME: <u>Soit</u> $X \in \underline{\underline{L}}(P)$ <u>et</u> $T \in \underline{\underline{T}}$ <u>tel que</u> $[\![0,T]\!] \subset C(1/{}^pZ)$. <u>On a équivalence entre</u>:

(i) <u>il existe</u> $B \in \underline{\underline{P}} \cap \underline{\underline{V}}_o(P)$ <u>tel que</u> $[(X-B)Z]^T \in \underline{\underline{L}}(P)$;

(ii) <u>on a</u> $[X,N]^T \in \underline{\underline{A}}_{loc}(P)$.

<u>Dans ce cas on a</u>

(7.55) $$B^T = \mathcal{E}_{(1/{}^pZ)\bullet[<X,N>^T - X_-\bullet C^T]}\left(\frac{1}{{}^pZ}\bullet(C^T - C_0)\right)$$

Comme $[\![0,T]\!] \subset C(1/{}^pZ)$, les processus $F = (1/{}^pZ)\bullet[<X,N>^T - X_-\bullet C^T]$ et $G = (1/{}^pZ)\bullet C^T$ sont bien définis; on rappelle que $\mathcal{E}_F(G)$ est l'unique solution (dans $\underline{\underline{S}}(P)$) de l'équation (6.7): $U = F + U_-\bullet G$.

<u>Démonstration</u>. Si $B \in \underline{\underline{P}} \cap \underline{\underline{V}}_o(P)$, la formule d'intégration par parties permet d'écrire (car ${}^pZ = Z_- - \Delta C$) :

$$[(X-B)Z]^T = (X-B)_-\bullet N^T + Z_-\bullet X^T - [B,N]^T - [X,C]^T$$
$$- (X-B)_-\bullet C^T - ({}^pZ)\bullet B^T + [X,N]^T .$$

Les quatre premiers termes du second membre sont dans $\underline{\underline{L}}(P)$, car B et C sont prévisibles (cf. (2.53)). Par suite $[(X-B)Z]^T \in \underline{\underline{L}}(P)$ si et seulement si $D = [X,N]^T - (X-B)_-\bullet C^T - ({}^pZ)\bullet B^T$ est dans $\underline{\underline{L}}(P)$. Mais $D \in \underline{\underline{V}}_o(P)$ donc on a $[(X-B)Z]^T \in \underline{\underline{L}}(P)$ si et seulement si $D \in \underline{\underline{A}}_{loc}(P)$ et $D^p = 0$. Enfin, comme $(X-B)_-\bullet C^T + ({}^pZ)\bullet B^T$ est dans $\underline{\underline{P}} \cap \underline{\underline{V}}_o(P)$, donc dans $\underline{\underline{A}}_{loc}(P)$, on en déduit que $[(X-B)Z]^T \in \underline{\underline{L}}(P)$ si et seulement si $[X,N]^T \in \underline{\underline{A}}_{loc}(P)$ et si

$$<X,N>^T - (X-B)_-\bullet C^T - ({}^pZ)\bullet B^T = 0 .$$

Mais comme $(1/{}^pZ)I_{]0,T]}$ est localement borné par hypothèse, l'égalité précédente s'écrit encore

$$B^T = (1/{}^pZ)\cdot[<X,N>^T - X_-\cdot C^T] + B^T_-\cdot[(1/{}^pZ)\cdot(C^T - C_0)]$$

qui admet pour solution en B^T le processus donné par (7.55), processus qui est dans $\underline{\underline{P}}\cap\underline{\underline{V}}_0(P)$, d'où le résultat. ∎

Voici maintenant la généralisation de (7.24):

(7.56) THEOREME: Soit X un processus $\underline{F}^\pi$-optionnel.

(a) Si $X\in \underline{\underline{V}}^{(R)}_{loc}(P)$, on a $XI_{[[0,R'[[}\in \underline{\underline{V}}^{(R')}_{loc}(Q)$.

(b) Si $X\in \underline{\underline{L}}^{(R)}_{loc}(P)$ vérifie $[X,N]\in \underline{\underline{A}}^{(R)}_{loc}(P)$, et si B est un processus vérifiant

$$B^T = \mathcal{E}\left(\tfrac{1}{{}^pZ}\cdot(C^T - C_0)\right)_{(1/{}^pZ)\cdot[<X,N>^T - X_-\cdot C^T]}$$

pour tout $T\in \underline{\underline{T}}(\underline{F}^\pi)$ tel que $[[0,T]]\subset C(1/{}^pZ)$, $X^T\in \underline{\underline{L}}(P)$ et $[X,N]^T\in \underline{\underline{A}}_{loc}(P)$, alors $BI_{[[0,R'[[}\in \underline{\underline{A}}^{(R')}_{loc}(Q)$ et $(X-B)I_{[[0,R'[[}\in \underline{\underline{L}}^{(R')}_{loc}(Q)$, donc $XI_{[[0,R'[[}\in \underline{\underline{S}}^{(R')}_{p,loc}(Q)$.

(c) Si $X\in \underline{\underline{S}}^{(R)}_{loc}(P)$, on a $XI_{[[0,R'[[}\in \underline{\underline{S}}^{(R')}_{loc}(Q)$.

Dans (b), l'écriture: $[X,N]\in \underline{\underline{A}}^{(R)}_{loc}(P)$ est une abréviation pour ceci: il existe une suite (T_n) d'éléments de $\underline{\underline{T}}(\underline{F}^\pi)$ croissant P-p.s. vers R, telle que $X^{T_n}\in \underline{\underline{L}}(P)$ (c'est l'hypothèse) et que $[X^{T_n},N]\in \underline{\underline{A}}_{loc}(P)$; de cette manière le "processus" $[X\ N]$ est défini par "recollement" de manière unique sur l'ensemble prévisible de type $[[0,.||$: $\hat{A} = \bigcup_{(n)}[[0,T_n]]$, qui contient $[[0,R[[$. Etant donné (7.53) on peut choisir les T_n de sorte que $[[0,T_n]]\subset C(1/{}^pZ)$, donc le processus B est lui aussi défini de manière unique sur $\hat{A}$ (selon l'usage, $<X,N>^T$ désigne la projection prévisible duale de $[X,N]^T$); on peut choisir B prévisible, car chaque B^{T_n} est prévisible, mais bien entendu les valeurs de B en dehors de $\hat{A}$, et même de $[[0,R[[$, importent peu.

Lorsque les hypothèses de (7.24) sont satisfaites, on a ${}^pZ = Z_-$ sur $]]0,T]]$ et $C^T = 0$, donc la formule de l'énoncé se réduit à $B^T = (1/Z)_-\cdot<X,Z>^T$

Démonstration. (a) Remarquons d'abord que d'après (7.16), le processus $X' = XI_{[[0,R'[[}$ est Q-p.s. continu à droite. Soit $T_n = \inf(t: \int^t |dX_s| \geq n)$. (T_n) est une suite d'éléments de $\underline{\underline{T}}(\underline{F}^\pi)$ croissant vers T, avec $P(T<\infty) = 0$, donc $Q(T<R') = 0$; comme

$$X'^{T_n} = XI_{[[0,T_n\wedge R'[[} + X_{T_n}I_{\{T_n<R'\}}I_{[[T_n,\infty[[}$$

et comme X est P-p.s. fini sur $[[0,R[[$, donc Q-p.s. fini sur $[[0,R'[[$, on en déduit que $X'^{T_n}\in \underline{\underline{V}}(Q)$, d'où (a).

(b) Si B est défini par la formule de l'énoncé, on a $B^T \in \underline{\underline{P}} \cap \underline{\underline{V}}_0(P)$ et $[(X-B)Z]^T \in \underline{\underline{L}}(P)$ d'après (7.54), pour tout T tel que $X^T \in \underline{\underline{L}}(P)$, $[\![0,T]\!] \subset C(1/{}^pZ)$ et $[X,N]^T \in \underline{\underline{A}}_{loc}(P)$. On en déduit (voir les commentaires qui suivent l'énoncé) que $(X-B)Z \in \underline{\underline{L}}^{(R)}_{loc}(P)$, donc $(X-B)I_{[\![0,R'[\![} \in \underline{\underline{L}}^{(R')}_{loc}(Q)$ d'après (7.48). On en déduit aussi l'existence d'une suite (T_n) d'éléments de $\underline{\underline{T}}(\underline{F}^\pi)$ croissant vers T, telle que $\int^{T_n} |dB_s| \leq n$ et $P(T<R)=0$; donc $Q(T<R')=0$ et $(BI_{[\![0,R'[\![})^{T_n}$ est à variation bornée par $2n$: donc $BI_{[\![0,R'[\![} \in \underline{\underline{A}}^{(R')}_{loc}(Q)$. Enfin $XI_{[\![0,R'[\![} = BI_{[\![0,R'[\![} + (X-B)I_{[\![0,R'[\![}$, d'où la fin de (b).

(c) Si $X \in \underline{\underline{S}}^{(R)}_{loc}(P)$ on a une décomposition $X = M + D$ avec $D \in \underline{\underline{V}}^{(R)}_{loc}(P)$, $M \in \underline{\underline{L}}^{(R)}_{loc}(P)$ et $|\Delta M| \leq 1$; on montre comme en (7.24) que $[M,N] \in \underline{\underline{A}}^{(R)}_{loc}(P)$, si bien que $MI_{[\![0,R'[\![} \in \underline{\underline{S}}^{(R')}_{loc}(Q)$ d'après (b), tandis que $DI_{[\![0,R'[\![} \in \underline{\underline{V}}^{(R')}_{loc}(Q)$ d'après (a) ; il suffit de faire l'addition pour obtenir le résultat. ∎

A ce point, il faudrait généraliser les propositions (7.25) et (7.26). Mais le courage nous manque...et en outre le problème n'est pas excessivement simple. En effet si par exemple $X \in \underline{\underline{L}}^c(P)$, le processus B ci-dessus peut être choisi continu, mais $(X-B)I_{[\![0,R'[\![}$ n'est pas nécessairement continu en R', et de ce fait peut ne pas appartenir à $(\underline{\underline{L}}^c)^{(R')}_{loc}(Q)$. De même si $X \in \underline{\underline{S}}(P)$ et $X' = XI_{[\![0,R'[\![}$, $[X,X]$ n'est pas nécessairement une version de ${}^Q[X',X']$ (élément de $\underline{\underline{V}}^{(R')}_{loc}(Q)$) à cause du saut éventuel en R'.

§c - Quelques compléments. Nous allons maintenant, de même qu'au §2-c, donner plusieurs conditions nécessaires et suffisantes. Généralisons d'abord (7.27), ce qui étant donnée la forme de (7.56) est immédiat.

(7.57) THEOREME: Soit X un processus $\underline{F}^\pi$-optionnel. Pour que $XI_{[\![0,R'[\![}$ appartienne à $\underline{\underline{S}}^{(R')}(Q)$ (resp. $\underline{\underline{V}}^{(R')}(Q)$) il faut et il suffit que $XI_{[\![0,R[\![}$ appartienne à $\underline{\underline{S}}^{(R)}_{loc}(P)$ (resp. $\underline{\underline{V}}^{(R)}_{loc}(P)$).

Démonstration. Il suffit évidemment de montrer, par exemple, la condition suffisante. Mais alors si $XI_{[\![0,R[\![} \in \underline{\underline{S}}^{(R)}_{loc}(P)$ (resp. $\underline{\underline{V}}^{(R)}_{loc}(P)$), (7.56,c,a) entraine que $XI_{[\![0,R\wedge R'[\![}$, qui est Q-indistinguable de $XI_{[\![0,R'[\![}$, est dans $\underline{\underline{S}}^{(R')}_{loc}(Q)$ (resp. $\underline{\underline{V}}^{(R')}_{loc}(Q)$). ∎

(7.58) THEOREME: Soit X un processus $\underline{F}^\pi$-optionnel tel que $X_0 = 0$, et $\widetilde{X} = XI_{[\![0,R[\![}$. Il y a équivalence entre:

(i) $XI_{[\![0,R'[\![} \in \underline{\underline{S}}^{(R')}_{p,loc}(Q)$;

(ii) $\tilde{X} \in \underline{\underline{S}}^{(R)}_{loc}(P)$ et $\tilde{X} + (1/{}^pZ) \cdot [\tilde{X},N] \in \underline{\underline{S}}^{(R)}_{p,loc}(P)$;

(iii) $\tilde{X} \in \underline{\underline{S}}^{(R)}_{loc}(P)$ et $\tilde{X} + (1/Z)_- \cdot [\tilde{X},Z] \in \underline{\underline{S}}^{(R)}_{p,loc}(P)$.

A l'inverse de (7.28), on ne donne pas ici la forme de la décomposition canonique de $XI_{[\![0,R'[\![}$ pour Q ; remarquons que dans (7.56,b) on n'a pas non plus la décomposition canonique de $XI_{[\![0,R'[\![}$, car $BI_{[\![0,R'[\![}$ n'est pas nécessairement prévisible.

Démonstration. (a) Supposons qu'on ait (i). On sait que $\tilde{X} \in \underline{\underline{S}}^{(R)}_{loc}(P)$ d'après (7.57). Par ailleurs le processus $\Delta(XI_{[\![0,R'[\![})$ est Q-localement intégrable, donc il existe une suite (T_n) d'éléments de $\underline{\underline{T}}(\underline{F}^{\pi})$ croissant Q-p.s. vers $+\infty$, telle que $\Delta X_{T \wedge T_n} I_{\{T \wedge T_n < R'\}} \in L^1(Q)$ pour tout $T \in \underline{\underline{T}}(\underline{F}^{\pi})$; d'après (7.5) cela entraine que $(Z\Delta X)_{T \wedge T_n}$ est P-intégrable.

Soit $Y = \tilde{X} + (1/{}^pZ) \cdot [\tilde{X},N]$. On a $Y \in \underline{\underline{S}}^{(R)}_{loc}(P)$, et $\Delta Y = Z\Delta\tilde{X}/{}^pZ = Z\Delta X/{}^pZ$ en utilisant l'égalité ${}^pZ + \Delta N = Z$. Comme $(1/{}^pZ)I_{]\!]0,T]\!]}$ est localement borné si $[\![0,T]\!] \subset C(1/{}^pZ)$ on déduit de ce qui précède qu'il existe une suite (T'_n) d'éléments de $\underline{\underline{T}}(\underline{F}^{\pi})$ croissant P-p.s. vers R , telle que $|Y| \leq n$ sur $[\![0,T'_n[\![$ et $\Delta Y_{T'_n} \in L^1(P)$: on peut prendre par exemple $T'_n = T_n \wedge S_n \wedge \inf(t: |Y_t| \geq n)$, où (S_n) est donné au début du §b. Il s'ensuit d'après (2.15) que $Y^{T'_n} \in \underline{\underline{S}}_p(P)$, donc $Y \in \underline{\underline{S}}^{(R)}_{p,loc}(P)$ et on a (ii).

Soit $Y' = \tilde{X} + (1/Z)_- \cdot [\tilde{X},Z]$. On a aussi $Y' \in \underline{\underline{S}}^{(R)}_{loc}(P)$ et $\Delta Y' = Z\Delta X/Z_-$; quitte à remplacer S_n par R_n ci-dessus, on voit que $Y'^{T'_n} \in \underline{\underline{S}}_p(P)$, d'où $Y' \in \underline{\underline{S}}^{(R)}_{p,loc}(P)$ et on a (iii).

(b) Supposons maintenant qu'on ait (ii) ou (iii). Avec les notations ci-dessus, on a $Z\Delta X = {}^pZ\Delta Y$ sur $C(1/{}^pZ)$ et $Z\Delta X = Z_-\Delta Y'$ sur A , si bien que dans les deux cas il existe une suite (T_n) d'éléments de $\underline{\underline{T}}(\underline{F}^{\pi})$ croissant Q-p.s. vers R' , telle que $(Z\Delta X)_{T \wedge T_n} \in L^1(P)$ pour tout $T \in \underline{\underline{T}}(\underline{F}^{\pi})$ et que $(XI_{[\![0,R'[\![})^{T_n} \in \underline{\underline{S}}(P)$ (car $XI_{[\![0,R'[\![}$ est dans $\underline{\underline{S}}^{(R')}_{loc}(Q)$ d'après (7.57)). Comme on peut choisir $T_n \leq n$, (7.5) entraine que $\Delta X_{T \wedge T_n} I_{\{T \wedge T_n < R'\}} \in L^1(Q)$ et on en déduit, en utilisant comme ci-dessus $T'_n = T_n \wedge \inf(t: |X_t| \geq n)$, que $XI_{[\![0,R'[\![} \in \underline{\underline{S}}^{(R')}_{p,loc}(Q)$. ∎

Voici maintenant une (légère) généralisation de la première partie de (7.56,b).

(7.59) COROLLAIRE: Soit X un élément $\underline{F}^{\pi}$-optionnel de $\underline{\underline{L}}^{(R)}_{loc}(P)$, tel que $X_0 = 0$. Soit $\tilde{X} = XI_{[\![0,R[\![}$. Il y a équivalence entre:

(i) $XI_{[\![0,R'[\![} \in \underline{\underline{S}}^{(R')}_{p,loc}(Q)$;

(ii) $[\tilde{X},N] \in \underline{\underline{A}}^{(R)}_{loc}(P)$;

(iii) $[\tilde{X},Z] \in \underline{\underline{A}}^{(R)}_{loc}(P)$.

Démonstration. Comme $X \in \underline{\underline{L}}^{(R)}_{loc}(P)$ il est évident que $\tilde{X} \in \underline{\underline{S}}^{(R)}_{p,loc}(P)$, et par suite les processus $[\tilde{X},N]$ et $[\tilde{X},Z]$ sont bien définis sur $[\![0,R[\![$ (au sens du commentaire suivant l'énoncé de (7.56)). On a $[\tilde{X},Z] = [\tilde{X},N] - \Delta\tilde{X} \bullet C$; comme le processus $\Delta\tilde{X}$ est "localement jusqu'en R" P-intégrable et comme C est prévisible, donc localement à variation bornée, on a $\Delta\tilde{X} \bullet C \in \underline{\underline{A}}^{(R)}_{loc}(P)$, d'où l'équivalence: (ii)$\Longleftrightarrow$(iii). L'implication: (ii) $\Longrightarrow$(i) n'est autre que (7.56,b). Enfin si on a (i), (7.58) implique que $\tilde{X} + (1/{}^pZ) \bullet [\tilde{X},N]$ est dans $\underline{\underline{S}}^{(R)}_{p,loc}(P)$, donc $(1/{}^pZ) \bullet [\tilde{X},N] \in \underline{\underline{A}}^{(R)}_{loc}(P)$, car il est clair que $\underline{\underline{S}}_p(P) \cap \underline{\underline{V}}_o(P) \subset \underline{\underline{A}}_{loc}(P)$. Enfin, $(1/{}^pZ) I_{]\!]0,T]\!]}$ étant localement borné si $[\![0,T]\!] \subset C(1/{}^pZ)$, on en déduit (ii).∎

Nous allons maintenant généraliser le théorème (7.30). Cette généralisation n'est pas un corollaire immédiat de (7.58), car ce dernier énoncé ne fournit pas la décomposition canonique de $XI_{[\![0,R'[\![}$ pour Q.

(7.60) THEOREME: <u>Soit</u> X <u>un processus</u> $\underline{F}^{\pi}$<u>-optionnel tel que</u> $X_0 = 0$. <u>Soit</u> $\tilde{X} = XI_{[\![0,R[\![}$. <u>Il y a équivalence entre</u>:

(i) $XI_{[\![0,R'[\![} \in \underline{\underline{L}}^{(R')}_{loc}(Q)$;

(ii) $\tilde{X} \in \underline{\underline{S}}^{(R)}_{loc}(P)$ <u>et</u> $\tilde{X} - (\tilde{X}/Z)_- \bullet C + (1/Z)_- \bullet [\tilde{X},Z] \in \underline{\underline{L}}^{(R)}_{loc}(P)$.

Démonstration. Etant donnés (7.47) et (7.48), il suffit de montrer l'équivalence: $(XZ)^T \in \underline{\underline{L}}(P) \Longleftrightarrow \tilde{X}^T \in \underline{\underline{S}}(P)$ et $\tilde{X}^T - (\tilde{X}/Z)_- \bullet C^T + (1/Z)_- \bullet [\tilde{X}^T,Z] \in \underline{\underline{L}}(P)$, pour tout $T \in \underline{\underline{T}}(\underline{F}^{\pi})$ vérifiant $T \leq R_n$ pour un $n \in \mathbb{N}$.

Supposons donc que $T \leq R_n$, et que $(XZ)^T \in \underline{\underline{L}}(P)$. Soit F une fonction de classe C^2 sur $\mathbb{R}^2$, telle que $F(x,y) = x/y$ si $|y| \geq 1/n$. D'après la formule d'Ito, $Y = F((XZ)^T, Z^T)$ est dans $\underline{\underline{S}}(P)$, et $Y = \tilde{X}^T$ sur $[\![0,R_n[\![$. De plus X^T est P-p.s. fini sur $[\![0,R[\![$, donc $\tilde{X}^T$ est P-p.s. fini partout et $\tilde{X}^T = YI_{[\![0,R_n[\![} + X^T_{R_n} I_{[\![R_n,\infty[\![}$ est dans $\underline{\underline{S}}(P)$. Par ailleurs

$$(XZ)^T = (\tilde{X}Z)^T = \tilde{X}_- \bullet N^T + Z_- \bullet \tilde{X}^T - \tilde{X}_- \bullet C^T + [\tilde{X}^T, Z],$$

si bien que $Z_- \bullet \tilde{X}^T - \tilde{X}_- \bullet C^T + [\tilde{X}^T,Z] \in \underline{\underline{L}}(P)$. Comme $Z_- \geq 1/n$ sur $]\!]0,T]\!]$, on en déduit que $\tilde{X}^T - (\tilde{X}/Z)_- \bullet C^T + (1/Z)_- \bullet [\tilde{X}^T,Z]$ est dans $\underline{\underline{L}}(P)$.

Supposons inversement que $M = \tilde{X}^T - (\tilde{X}/Z)_- \bullet C^T + (1/Z)_- \bullet [\tilde{X}^T,Z]$ soit dans $\underline{\underline{L}}(P)$. On a

$$(XZ)^T = (\tilde{X}Z)^T = \tilde{X}_- \bullet N^T + Z_- \bullet M,$$

donc $(XZ)^T \in \underline{\underline{L}}(P)$.∎

Terminons enfin par une proposition, d'un intérêt assez maigre, qui complète (7.60).

(7.61) PROPOSITION: <u>Soit</u> X <u>un processus</u> $\underline{F}^{\pi}$<u>-optionnel, tel que</u> $X_0 = 0$. <u>Soit</u> $\tilde{X} = XI_{[\![0,R[\![}$. <u>Il y a équivalence entre</u>:

(i) $XI_{[\![0,R'[\![} \in \underline{\underline{L}}^{(R')}_{loc}(Q)$;

(ii) <u>il existe</u> $M \in \underline{\underline{L}}^{(R)}_{loc}(P)$ <u>tel que si</u> $F = M - (1/Z)I_{[\![0,R[\![} \cdot [M,Z]$ <u>et</u> $G = (1/Z)I_{[\![0,R[\![} \cdot C + I_{\{0<R<\infty\}} I_{\{Z_{R-}>0\}} (\Delta C_R / Z_{R-} - 1) I_{[\![R,\infty[\![}$, <u>on ait</u> $\tilde{X}^T = \mathcal{E}_{F^T}(G^T)$ <u>pour tout</u> $T \in \underline{\underline{T}}(\underline{F}^{\pi})$ <u>vérifiant</u> $M^T \in \underline{\underline{L}}(P)$ <u>et</u> $[\![0,T]\!] \subset A$.

Si T vérifie $M^T \in \underline{\underline{L}}(P)$ et $[\![0,T]\!] \subset A$, il est clair que les processus F^T et G^T sont bien définis, et sont des éléments de $\underline{\underline{S}}(P)$, donc (ii) a bien un sens. Remarquons que $\Delta\tilde{X}^T = \Delta F^T + \tilde{X}_- \Delta G^T$, tandis que $\tilde{X} = 0$ sur $[\![R,\infty[\![$; sur l'ensemble $\{0 < R = T < \infty\}$ on a alors

$$\Delta M_R = -\tilde{X}_{R-} \frac{\Delta C_R}{Z_{R-}}. \tag{7.62}$$

Il faut donc prendre garde à ne pas utiliser cette proposition à l'envers: si on part de $M \in \underline{\underline{L}}^{(R)}_{loc}(P)$ et si on construit F, G et $X^T = \mathcal{E}_{F^T}(G^T)$ comme en (ii), on aura $XI_{[\![0,R'[\![} \in \underline{\underline{L}}^{(R')}_{loc}(Q)$ <u>à condition que (7.62) soit satisfaite</u>. Cette condition est malheureusement difficile à vérifier, puisqu'elle fait intervenir par l'intermédiaire de $\tilde{X}_{R-}$ tout le processus M sur $[\![0,R[\![$; elle n'est pas toujours satisfaite, car elle implique notamment que ΔM_R soit $\underline{\underline{F}}^{\pi}_{R-}$-mesurable sur $\{0 < R = T < \infty\}$.

<u>Démonstration</u>. Supposons qu'on ait (i). D'après (7.60), $\tilde{X} \in \underline{\underline{S}}^{(R)}_{loc}(P)$ et $M = \tilde{X} - (\tilde{X}/Z)_- \cdot C + (1/Z)_- \cdot [\tilde{X},Z]$ est dans $\underline{\underline{L}}^{(R)}_{loc}(P)$. Soit $T \in \underline{\underline{T}}(\underline{F}^{\pi})$ tel que $M^T \in \underline{\underline{L}}(P)$ et $[\![0,T]\!] \subset A$. On a $\Delta M^T = -(\tilde{X}/Z)_- \Delta C^T + Z(1/Z)_- \Delta\tilde{X}^T$, donc

$$[M^T,Z] = -(\tilde{X}/Z)_- \Delta Z \cdot C^T + Z(1/Z)_- \cdot [\tilde{X}^T,Z].$$

Si F et G sont définis par les formules de l'énoncé, un calcul simple montre que

$$\tilde{X}^T - F^T = -(1/Z)_- I_{[\![R]\!]} \cdot [\tilde{X}^T,Z] + (\tilde{X}/Z)_- I_{[\![R]\!]} \cdot C^T + \tilde{X}_-/Z \, I_{[\![0,R[\![} \cdot C^T.$$

Sur l'ensemble $\{0 < R = T < \infty\}$ on a $\Delta\tilde{X}^T_R = -\tilde{X}^T_{R-}$ et $\Delta Z_R = -Z_{R-}$, tandis que sur le complémentaire $\{0 < R = T < \infty\}^c$ on a $\Delta\tilde{X}^T_R = \Delta C^T_R = 0$, et que $\Delta C^T_R = 0$ sur $\{Z_{R-} = 0\}$ (car $({}^pZ)_R = 0$ si $Z_{R-} = 0$). On en déduit que le second membre de l'expression ci-dessus vaut $\tilde{X}_- \cdot G^T$, donc $X^T = F^T + X^T_- \cdot G^T$, donc $X^T = \mathcal{E}_{F^T}(G^T)$ et on a (ii).

Supposons inversement qu'on ait (ii). Soit $T \in \underline{\underline{T}}(\underline{F}^{\pi})$ tel que $[\![0,T]\!] \subset A$ et $M^T \in \underline{\underline{L}}(P)$. Il vient

$$\Delta\tilde{X}^T = \Delta F^T + \tilde{X}_- \Delta G^T = \Delta M^T - (1/Z)I_{[\![0,R[\![} \Delta M^T \Delta Z + (\tilde{X}_-/Z)I_{[\![0,R[\![} \Delta C^T + \tilde{X}_{R-} \Delta G^T_R I_{[\![R]\!]},$$

d'où

$$[\tilde{X}^T,Z] = [M^T,Z] - \frac{\Delta Z}{Z} I_{[\![0,R[\![} \cdot [M^T,Z] + \frac{\tilde{X}_- \Delta Z}{Z} I_{[\![0,R[\![} \cdot C^T + \tilde{X}_{R-} \Delta Z_R \Delta G^T_R I_{[\![R,\infty[\![}.$$

Il vient donc, en utilisant un calcul simple basé sur la formule d'intégration par parties et les égalités $\tilde{X}^T = F^T + \tilde{X}_- \cdot G^T$ et $\Delta Z_R = -Z_{R-}$:

$$(XZ)^T = (\tilde{X}Z)^T = \tilde{X}_- \cdot N^T - \tilde{X}_- \cdot C^T + Z_- \cdot \tilde{X}^T + [\tilde{X}^T, Z]$$

$$= \tilde{X}_- \cdot N^T - \tilde{X}_{R-} \Delta C_R^T I_{[\![R,\infty[\![} + Z_- \cdot M^T + \Delta Z_R \Delta M_R^T I_{[\![R,\infty[\![} .$$

Mais étant donné (7.62), il reste $(XZ)^T = \tilde{X}_- \cdot N^T + Z_- \cdot M^T$, qui est dans $\underline{\underline{L}}(P)$. On déduit alors (i) de (7.48).∎

EXERCICES

7.18 - Soit (T_n) une suite d'éléments de $\underline{\underline{T}}(\underline{F}^\pi)$ croissant vers T. Montrer que, si A et A' sont donnés par (7.50),

a) si $Q(T<\infty)=0$ on a $A \subset \bigcup_{(n)} [\![0,T_n]\!]$ à un ensemble P-évanescent près;

b) si $P(T<\infty)=0$ on a $A' \subset \bigcup_{(n)} [\![0,T_n]\!]$ à un ensemble Q-évanescent près.

7.19 - Déduire de l'exercice précédent que si X est un processus $\underline{F}^\pi$-optionnel, on a l'équivalence: $XI_{[\![0,R'[\![} \in \underline{\underline{M}}^{A'}_{loc}(Q) \iff XZ \in \underline{\underline{M}}^{A}_{loc}(P)$.

7.20 - Si X est un processus $\underline{F}^\pi$-optionnel, montrer l'équivalence: $XI_{[\![0,R'[\![} \in \underline{\underline{V}}^{A'}(Q) \iff XI_{[\![0,R[\![} \in \underline{\underline{V}}^{A}(P)$.

7.21 - Soit X un processus $\underline{F}^\pi$-optionnel, et $\hat{A} = C(1/{}^pZ)$.

a) Si $X \in \underline{\underline{V}}^{\hat{A}}(P)$, montrer que $XI_{[\![0,R'[\![} \in \underline{\underline{V}}^{\hat{A}}(Q)$.

b) Si $X \in \underline{\underline{L}}^{\hat{A}}(P)$ vérifie $[X,N] \in \underline{\underline{A}}^{\hat{A}}_{loc}(P)$ et si B est un processus vérifiant la condition de (7.56,b), montrer que $BI_{[\![0,R'[\![} \in \underline{\underline{A}}^{\hat{A}}_{loc}(Q)$, que $(X-B)I_{[\![0,R'[\![} \in \underline{\underline{L}}^{\hat{A}}(Q)$ et que $XI_{[\![0,R'[\![} \in \underline{\underline{S}}^{\hat{A}}_p(Q)$.

c) Si $X \in \underline{\underline{S}}^{\hat{A}}(P)$, montrer que $XI_{[\![0,R'[\![} \in \underline{\underline{S}}^{\hat{A}}(Q)$.

d) Montrer par un contre-exemple que l'inclusion $\underline{\underline{L}}^{\hat{A}}(P) \subset \underline{\underline{L}}^{(R)}_{loc}(P)$, par exemple, peut être stricte.

7.22 - On suppose que ${}^pZ > 0$ sur $A \cap]\!]0,\infty[\![$ (ce qui revient à dire que $C(1/{}^pZ) = A$), et que ${}^{p,Q}(1/Z) > 0$ sur $A' \cap]\!]0,\infty[\![$ ($1/Z$ est une Q-surmartingale, dont ${}^{p,Q}(1/Z)$ est la Q-projection prévisible).

a) Montrer que si X est $\underline{F}^\pi$-optionnel, on a l'équivalence: $XI_{[\![0,R[\![} \in \underline{\underline{S}}^{A}(P) \iff XI_{[\![0,R'[\![} \in \underline{\underline{S}}^{A'}(Q)$.

b) Montrer que le théorème (7.58) est valide si on remplace partout les classes $\underline{\underline{C}}^{(R)}_{loc}(P)$ et $\underline{\underline{C}}^{(R')}_{loc}(Q)$ respectivement par $\underline{\underline{C}}^{A}_{loc}(P)$ et $\underline{\underline{C}}^{A'}_{loc}(Q)$.

c) Montrer le même résultat pour le corollaire (7.59).

7.23 - Montrer que (7.60) et (7.61) restent valides si on remplace $\underline{\underline{L}}^{(R')}_{loc}(Q)$

et $\underline{\underline{L}}^{(R)}_{loc}(P)$ respectivement par $\underline{\underline{L}}^{A'}(Q)$ et $\underline{\underline{L}}^{A}(P)$ (utiliser l'exercice 7.19).

7.24 - Soit X un élément $\underline{F}^{\Pi}$-optionnel de $\underline{\underline{L}}^{(R)}(P)$, tel que $X_0 = 0$. Soit $D = [X,N] - X_- \bullet C$ et $D' = I_{[\![R]\!]} \bullet D$.

a) Montrer que $D' \in \underline{\underline{A}}^{(R)}_{loc}(P)$.

b) Montrer qu'il existe un processus B tel que

$$B^T = \sum_{(1/Z)I_{[\![0,R[\![} \bullet D^T + (1/^pZ)\bullet(D'^T)^p} \left(\frac{1}{^pZ}\bullet(C^T - C_0)\right)$$

pour tout $T \in \underline{\underline{T}}(\underline{F}^{\Pi})$ tel que $[\![0,T]\!] \subset C(1/^pZ)$ et $D'^T \in \underline{\underline{A}}_{loc}(P)$, et qu' alors $BI_{[\![0,R'[\![} \in \underline{\underline{V}}^{(R')}_{loc}(Q)$ et $(X-B)I_{[\![0,R'[\![} \in \underline{\underline{L}}^{(R')}_{loc}(Q)$.

<u>COMMENTAIRES</u>

Les différents paragraphes de ce chapitre sont d'intérêt très divers, et nous allons indiquer quelle est à notre avis l'importance de chaque résultat.

1) Les principales applications concernent le cas où $Q \ll P$: le théorème (7.2) et le lemme (7.9) sont fondamentaux, mais très faciles dans ce cas, et le reste de la partie 1 est sans objet. On peut prendre $T = \infty$ dans l' hypothèse (7.20). Dans la partie 2 les résultats de loin les plus importants sont les théorèmes (7.23) et (7.24) (théorème de Girsanov). Le reste du §2-b et le §2-d viennent en seconde position par ordre d'importance, et le §2-c donne des conditions nécessaires et suffisantes agréables, mais d' un intérêt moindre. Enfin, la partie 3 est sans objet.

2) Parmi les cas plus généraux, il convient de mettre à part celui où Q est localement absolument continu par rapport à P. Les appréciations précédentes s'appliquent, cependant il convient en plus de lire le §1-c (malheureusement fastidieux et inintéressant, mais nécessaire).

3) Si on s'intéresse au cas général, le théorème (7.2) est fondamental, et à notre avis la partie 2, avec l'hypothèse (7.20), recouvre l'essentiel des résultats utiles et réellement importants. La partie 3 constitue une étude systématique sans doute intéressante, mais elle est assez difficile et les résultats obtenus sont plutôt compliqués. Ainsi qu'il a été dit dans la remarque (7.49), le choix de la localisation est relativement arbitraire et nous conseillons vivement au lecteur intéressé par ces problèmes généraux de résoudre, simultanément avec sa lecture, les exercices 7.20 à 7.23 qui énoncent des résultats parallèles pour d'autres choix de localisation.

Passons maintenant à la <u>bibliographie</u> sur ce chapitre. Le théorème (7.1) se trouve, avec des versions variées, dans tous les livres de théorie de la mesure, et son corollaire (7.2) est également classique, au moins si $Q \ll P$ (voir par exemple Kabanov, Liptzer et Shiryaev [3] pour le cas général). La variante (7.7) se trouve dans Kunita [3] (dans le cadre des processus de Markov, ce qui est beaucoup plus compliqué). La propriété (7.11) est également classique. La notion importante d'absolue continuité locale a été introduite par Kabanov, Liptzer et Shiryaev [3].

Dans la partie 2, l'introduction de l'hypothèse (7.20) est nouvelle, mais n'introduit aucune difficulté supplémentaire par rapport au cas où $T = \infty$; on trouve une manière un peu différente de localiser dans Kabanov,

Liptzer et Shiryaev [3]. Le théorème (7.23) est bien connu (voir par exemple Van Schuppen et Wong [1]). Le théorème de Girsanov est à proprement parler l'assertion (7.24,b), due à Girsanov [1] pour le mouvement brownien et à Van Schuppen et Wong [1] pour les martingales locales quelconques. L'assertion (7.24,c) se trouve dans Jacod et Mémin [1]. Les assertions (7.25,a,(i)), (7.25,a,(ii)) et (7.25,b) se trouvent respectivement dans Liptzer et Shiryaev [2], Jacod et Yor [1], et Lenglart [1]. La proposition (7.26) est nouvelle, ainsi que l'essentiel du §2-c (voir cependant Yoeurp et Yor [1] pour un résultat du type (7.28)).

Le théorème de Girsanov pour les mesures aléatoires (théorèmes (7.31) et (7.37)) a été démontré par de nombreux auteurs dans des cas particuliers: Brémaud [1] pour les processus ponctuels, Boël, Varaiya et Wong [1] pour les processus ponctuels multivariés, Skorokhod [1] et Grigelionis [2],[3] pour les mesures telles que ν se factorise en $\nu(\omega,dt,dx) = dtN(\omega,t;dx)$; la forme donnée ici se trouve dans Jacod [1], tandis que la fin du §2-d est recopiée sur Jacod et Yor [1]. Pour le §2-e on renvoie à Mémin [2] et Meyer [9]. Enfin l'exercice 7.17 est dû à Lenglart [1].

Le lemme (7.54), le théorème (7.55,b) et l'exercice 7.24 sont dûs à Yoeurp et Yor [1], et le reste de la partie 3 est nouveau.

CHAPITRE VIII

CONDITIONS POUR L'ABSOLUE CONTINUITE

Soit $(\Omega,\underline{\underline{F}},\underline{F})$ un espace filtré muni de deux probabilités P et Q, et Z le processus densité de Q par rapport à P. La question de savoir si $P\ll Q$ ou $Q\ll P$ est très importante pour les applications.

On dispose déjà, de par la proposition (7.11), d'une caractérisation que l'on rappelle ci-dessous:

(8.1) PROPOSITION: On a les équivalences:

(a) $Q\ll P$ en restriction à $(\Omega,\underline{\underline{F}}_{\infty}) \Longleftrightarrow E(Z_0)=1$ et $Z\in \underline{\underline{M}}(P) \Longleftrightarrow E(Z_{\infty})=1 \Longleftrightarrow Q(Z_{\infty}=\infty)=0$.

(b) $P\ll Q$ en restriction à $(\Omega,\underline{\underline{F}}_{\infty}) \Longleftrightarrow P(Z_{\infty}=0)=0$.

(c) P et Q sont étrangères en restriction à $(\Omega,\underline{\underline{F}}_{\infty}) \Longleftrightarrow P(Z_{\infty}=0)=1 \Longleftrightarrow Q(Z_{\infty}=\infty)=1$.

Malheureusement, les conditions énoncées sur Z ne sont souvent pas faciles à vérifier directement, et l'objectif de ce chapitre est de les remplacer par des conditions du type suivant: on construit un processus croissant C calculable à partir de Z, et on va montrer que (a), (b) ou (c) est équivalent au fait que C_{∞} est fini presque partout (pour P, ou pour Q), ou intégrable, ou borné, etc...: ce type de conditions nous semble en effet plus facile à vérifier dans de nombreux cas (parce que C_{∞} est limite croissante des C_t, alors que Z_{∞} est simplement la limite de Z_t).

Il y a deux manières d'aborder le problème: on peut, ce qu'on fera dans la première partie, étudier les propriétés $Q(Z_{\infty}=\infty)=0$ et $P(Z_{\infty}=0)=0$; on peut aussi étudier directement la condition $Z\in\underline{\underline{M}}(P)$, ce qu'on fera dans la seconde partie, qui est indépendante de la première (à l'exception du §1-a, qui introduit les principaux processus utilisés).

1 - COMPORTEMENT A L'INFINI

§a - Préliminaires. L'espace $(\Omega,\underline{\underline{F}},\underline{F},P)$ est fixé, ainsi que la probabilité Q sur $(\Omega,\underline{\underline{F}})$, qui interviendra de manière plus épisodique. De même qu'au chapitre VII, les notations usuelles: $[.,.]$, $<.,.>$, A^p, ${}^pX$, ... sont relatives à P, et les notions analogues relatives à Q sont notées ${}^Q[.,.]$, ${}^Q<.,.>$, $A^{p,Q}$, ${}^{p,Q}X$, ...

On considère une P-surmartingale positive Z, et on pose

$$(8.2)\qquad R_n = \inf(t: Z_t \leq 1/n), \quad R = \inf(t: Z_t = 0), \quad A = \bigcup_{(n)} [\![0,R_n]\!].$$

D'après (6.20) on sait qu'on peut choisir, et on choisira, une version de Z qui vérifie identiquement: $\lim_{(n)}\uparrow R_n = R$ et $Z = 0$ sur $[\![R,\infty[\![$.

Ce processus Z a vocation à être le processus densité de Q par rapport à P (processus qui est une P-surmartingale positive d'après (7.2)), mais sauf lorsque la probabilité Q est mentionnée, Z est une P-surmartingale positive quelconque.

On fixe $b\in]0,\infty[$, et on définit les quatre processus suivants (le quatrième ne présente de l'intérêt, et ne sera utilisé, que lorsque $Z\in \underline{\underline{M}}_{loc}(P)$):

$$(8.3)\begin{cases} C(1) = <Z^c,Z^c> + S[(\Delta Z^2 I_{\{|\Delta Z/Z_-|\leq b\}} + Z_-|\Delta Z| I_{\{|\Delta Z/Z_-|>b\}}) I_{]\!]0,\infty[\![}] \\ C(2) = <Z^c,Z^c> + S(\frac{Z_-\Delta Z^2}{Z_- + |\Delta Z|}) \\ C(3) = <Z^c,Z^c> + S[(Z_- - \sqrt{Z Z_-})^2] \\ C(4) = <Z^c,Z^c> + S(Y'^2 + Z_-|Y''|), \quad \text{où} \\ \quad Y' = (\Delta Z I_{\{|\Delta Z/Z_-|\leq b\}} - {}^p(\Delta Z I_{\{|\Delta Z/Z_-|\leq b\}}))I_{]\!]0,\infty[\![}, \ Y'' = \Delta Z I_{]\!]0,\infty[\![} - Y', \end{cases}$$

avec la convention $0/0 = 0$. Si on veut souligner la dépendance en b, on écrit $C(1,b)$ ou $C(4,b)$. Ces processus sont croissants. Lorsque Z est quasi-continue à gauche, on a $C(4) = C(1)$. D'après la preuve de (2.57), utilisée avec $X = \Delta Z/Z_-$, on voit qu'il existe des réels strictement positifs c et c' (dépendant de b) tels que

$$(8.4)\qquad \begin{aligned} c\,C(2) &\leq C(1) \leq c'\,C(2) \\ c\,C(3) &\leq C(1) \leq c'\,C(3), \end{aligned}$$

mais on n'a rien de tel avec $C(4)$. D'autre part

(8.5) LEMME: (a) On a $C(i)\in \underline{\underline{A}}^+_{loc}(P)$ pour $i = 1,2,3$.

(b) Lorsque $Z\in \underline{\underline{M}}_{loc}(P)$, on a $C(4)\in \underline{\underline{A}}^+_{loc}(P)$ et $C(4)^p \leq 2\,C(1)^p$.

Démonstration. (a) Soit $Z = M - B$ la décomposition de Doob-Meyer de Z. On a $[Z,Z]^{1/2} \leq \sqrt{2}([M,M]^{1/2} + [B,B]^{1/2}) \leq \sqrt{2}([M,M]^{1/2} + B)$, qui appartient à $\underline{\underline{A}}_{loc}(P)$. On déduit donc de (2.57) que $S(\Delta Z^2/(1+|\Delta Z|)) \in \underline{\underline{A}}_{loc}(P)$. Par ailleurs la suite $T_n = \inf(t: Z_t \geq n)$ croit P-p.s. vers $+\infty$ et $Z_-\Delta Z^2/(Z_- + |\Delta Z|) \leq n\,\Delta Z^2/(1+|\Delta Z|)$ sur $]\!]0,T_n]\!]$, donc

$$C(2)^{T_n} \leq \langle Z^c,Z^c\rangle^{T_n} + n\,S(\Delta Z^2/(1+|\Delta Z|)).$$

Par suite $C(2) \in \underline{\underline{A}}_{loc}(P)$. Pour $C(1)$ et $C(3)$ le résultat vient de (8.4).

(b) On suppose que $Z \in \underline{\underline{M}}_{loc}(P)$, donc $({}^p\Delta Z)I_{]\!]0,\infty[\![} = 0$. Soit $X' = \Delta Z I_{\{|\Delta Z/Z_-|\leq b\}} I_{]\!]0,\infty[\![}$ et $X'' = \Delta Z - X'$, si bien que $Y' = X' - {}^pX'$ et $Y'' = X'' - {}^pX''$. La propriété $C(1) \in \underline{\underline{A}}_{loc}(P)$ entraine que $S(X'^2 + Z_-|X''|)$ est dans $\underline{\underline{A}}_{loc}(P)$, d'où $S(({}^pX')^2 + Z_-|{}^pX''|) \in \underline{\underline{A}}_{loc}(P)$ d'après (2.62). Comme $Y'^2 \leq 2(X'^2 + ({}^pX')^2)$ et $|Y''| \leq |X''| + |{}^pX''|$ on en déduit que $C(4) \in \underline{\underline{A}}_{loc}(P)$.

Enfin, pour obtenir l'inégalité $C(4)^p \leq 2\,C(1)^p$ il suffit de recopier la démonstration de (5.13) en prenant pour X' et X'' les processus notés ci-dessus X' et Z_-X''. ∎

Les propriétés (8.4) et (8.5) sont analogues à (5.12) et (5.13). Ce n'est évidemment pas un hasard. En effet:

(8.6) LEMME: <u>Supposons que</u> $Z \in \underline{\underline{M}}_{loc}(P)$. <u>Soit</u> $n \in \mathbb{N}$ <u>et</u> $N = (1/Z)_- \bullet Z^{R_n}$. <u>On a alors</u> $B(i,N) = (1/Z)_-^2 \bullet C(i)^{R_n}$ <u>pour</u> $i = 1,2,3,4$ ($B(i,N)$ est défini par (5.11)).

Démonstration. Il suffit de remarquer que $N^c = (1/Z)_- \bullet (Z^c)^{R_n}$, donc $\langle N^c,N^c\rangle = (1/Z)_-^2 \bullet \langle Z^c,Z^c\rangle^{R_n}$, et que $\Delta N = (\Delta Z/Z_-)I_{]\!]0,R_n]\!]}$. ∎

(8.7) <u>Remarque</u>: Plus généralement on peut poser $N = (1/Z)_- \bullet Z$ sur A, et N arbitraire sur A^c ; on a alors $N \in \underline{\underline{L}}^A(P)$ si $Z \in \underline{\underline{M}}_{loc}(P)$. Le processus $B(i,N)$ est défini par recollement sur A, comme au §V-3-b, et on a encore $B(i,N) = (1/Z)_-^2 \bullet C(i)$ sur A. De manière générale on peut dire que le processus N joue le premier rôle dans ce chapitre, quoique de manière un peu cachée car nous énonçons les conditions directement en terme de Z ; cependant le lecteur remarquera l'intervention de N dans presque toutes les démonstrations. ∎

Pour terminer ces préliminaires, nous allons donner une expression explicite des projections prévisibles duales $C(i)^p$, dans le cas très fréquent où Z s'écrit $Z = Z_0 + Z^c + Z_- W * (\mu - \nu)$ (donc $Z \in \underline{\underline{M}}_{loc}(P)$). Comme chaque fois qu'il est question de mesures aléatoires, nous utilisons les notations du chapitre III.

(8.8) LEMME: <u>Soit</u> $\mu\in\underline{\underline{\tilde{A}}}^1_\sigma(P)$, $\nu=\mu^p$, $a_t=\nu(\{t\}\times E)$. <u>Supposons que</u> $Z\in\underline{\underline{M}}_{loc}(P)$ <u>s'écrive</u> $Z=Z_0+Z^c+Z_-W*(\mu-\nu)$, avec $Z_-W\in G^1_{loc}(\mu,P)$. <u>On a alors</u>

$$C(1,b)^p = \langle Z^c,Z^c\rangle + Z_-^2[(W-\hat{W})^2 I_{\{|W-\hat{W}|\le b\}} + |W-\hat{W}| I_{\{|W-\hat{W}|>b\}}]*\nu$$
$$+ S[Z_-^2(1-a)(\hat{W}^2 I_{\{|\hat{W}|\le b\}} + |\hat{W}| I_{\{|\hat{W}|>b\}})]$$

$$C(2)^p = \langle Z^c,Z^c\rangle + Z_-^2 \frac{(W-\hat{W})^2}{1+|W-\hat{W}|}*\nu + S[Z_-^2(1-a)\frac{\hat{W}^2}{1+|\hat{W}|}]$$

$$C(3)^p = \langle Z^c,Z^c\rangle + Z_-^2(1-\sqrt{1+W-\hat{W}})^2*\nu + S[Z_-^2(1-a)(1-\sqrt{1-\hat{W}})^2]$$

$$C(4)^p = \langle Z^c,Z^c\rangle + Z_-^2\cdot C^b(W,\nu) .$$

Comme $Z\geq 0$, on a $\Delta Z\geq -Z_-$, donc $W(t,\beta_t)I_D(t)-\hat{W}_t\geq -1$ et on a vu après l'énoncé de (3.68) que dans ce cas $\hat{W}\leq 1$ sur $\{a<1\}$: la formule donnant $C(3)^p$ a donc un sens si on convient que le produit de 0 par n'importe quoi (même non défini !) est nul.

<u>Démonstration</u>. Il suffit de reprendre mot pour mot les preuves de (3.68) et de (3.71).∎

Remarquons que l'hypothèse de ce lemme est satisfaite lorsque $Z\in\underline{\underline{M}}_{loc}(P)$ si on prend $\mu=\mu^Z$: dans ce cas on peut prendre $W(\omega,t,x) = (x/Z_{t-}(\omega))I_{\{Z_{t-}(\omega)>0\}}$, et on a alors $\hat{W}=0$, ce qui simplifie considérablement les formules ci-dessus.

§<u>b - Convergence de</u> Z <u>vers</u> 0 . On sait que la surmartingale positive Z admet une décomposition de Doob-Meyer qu'on peut écrire

(8.9) $$Z = Z_0 + M - B$$

où $M\in\underline{\underline{L}}(P)$, $B\in\underline{\underline{P}}\cap\underline{\underline{V}}^+_0(P)$. On sait aussi qu'elle admet P-p.s. une variable terminale Z_∞ , qui est de plus P-p.s. finie.

On veut montrer le théorème suivant:

(8.10) THEOREME: <u>Pour</u> i=1,2,3 <u>on a les égalités</u> P-<u>presque sûres</u>:

$$\{Z_{R-}>0, R>0\} = \{R>0,\ (1/Z)_-^2\cdot C(i)^p_{R-} + (1/Z)_-\cdot B_{R-}<\infty\}$$

$$\{Z_\infty>0\} = \{R=\infty,\ (1/Z)_-^2\cdot C(i)^p_\infty + (1/Z)_-\cdot B_\infty<\infty\} .$$

Etant donné (8.1), on en déduit un théorème concernant l'absolue continuité de P par rapport à Q :

(8.11) THEOREME: <u>Soit</u> Z <u>le processus densité de</u> Q <u>par rapport à</u> P . <u>Si</u>

$C(i)$ et B sont définis par (8.3) et (8.9), on a les équivalences:

(a) $P \ll Q$ en restriction à $(\Omega, \underline{\underline{F}}_\infty) \Longleftrightarrow$
$P(R=\infty, (1/Z)_-^2 \cdot C(i)_\infty^p + (1/Z)_- \cdot B_\infty < \infty) = 1$, avec $i=1,2$ ou 3.

(b) P et Q sont étrangères en restriction à $(\Omega, \underline{\underline{F}}_\infty) \Longleftrightarrow$
$P(R=\infty, (1/Z)_-^2 \cdot C(i)_\infty^p + (1/Z)_- \cdot B_\infty < \infty) = 0$, avec $i=1,2$ ou 3.

Ce théorème ne remplit pas tout-à-fait le programme fixé dans l'introduction, qui était de trouver un processus croissant (prévisible) C tel que: $P(C_\infty < \infty) = 1 \Longleftrightarrow P \ll Q$ en restriction à $(\Omega, \underline{\underline{F}}_\infty)$. Il nous semble cependant satisfaisant de ce point de vue, car si on peut observer le processus C jusqu'à $+\infty$, on peut faire de même pour le processus Z et donc voir si Z s'annule ou non (il est difficile de calculer la limite de Z_t, sauf si cette limite est atteinte en un temps fini, ce qu'on sait être vrai si $Z_t = 0$ pour un t fini).

Ainsi, quand on cherche une condition pour que $P \ll Q$, on sait en général déjà que $P(R<\infty) = 0$, ce qui revient à dire que $P \overset{loc}{\ll} Q$ (proposition (7.14), en intervertissant les rôles de P et Q). On a alors:

(8.12) COROLLAIRE: Si $P \overset{loc}{\ll} Q$, on a les équivalences suivantes:

(a) $P \ll Q$ en restriction à $(\Omega, \underline{\underline{F}}_\infty) \Longleftrightarrow P((1/Z)_-^2 \cdot C(i)_\infty^p + (1/Z)_- \cdot B_\infty < \infty) = 1$, avec $i=1,2$ ou 3.

(b) P et Q sont étrangères en restriction à $(\Omega, \underline{\underline{F}}_\infty) \Longleftrightarrow$
$P((1/Z)_-^2 \cdot C(i)_\infty^p + (1/Z)_- \cdot B_\infty < \infty) = 0$, avec $i=1,2$ ou 3.

Commentaires: L'idée de la démonstration de (8.10) est la suivante. On sait que la variable terminale Z_∞ est à valeurs dans $[0,\infty[$; pour pouvoir utiliser les résultats du §V-3 sur l'existence de limites finies pour les sur- ou sousmartingales, on va donc remplacer Z par $X = \operatorname{Log} Z$, et on aura (formellement) $Z_\infty = 0$ si X_t ne tend pas vers une limite finie. Comme la fonction Log est concave, X sera (encore formellement) une surmartingale. Enfin, on ne peut pas appliquer tels quels les théorèmes (5.19) ou (5.24) à X, car les sauts ΔX peuvent être trop grands; mais si u est la fonction

$$u(x) = \begin{cases} -1 & \text{si } x < -1 \\ x & \text{si } |x| \leq 1 \\ 1 & \text{si } x > 1, \end{cases}$$

on va alors remplacer la surmartingale X par une surmartingale X^u telle que $\Delta X^u = u(\Delta X)$ (donc qui est à sauts bornés: on peut lui appliquer (5.24)), et qui est suffisemment voisine de X pour que X et X^u convergent simultanément vers une limite finie, ou simultanément vers $-\infty$. ∎

Passons maintenant à la démonstration proprement dite. Nous utiliserons constamment le formalisme du §V-1, en définissant des processus sur l'ensemble prévisible $A = \bigcup_{(n)} [\![0,R_n]\!]$. Nous allons commencer par construire les processus X et X^u mentionnés plus haut.

Soit la fonction $f(x) = x^2 I_{\{|x| \leq b\}} + |x| I_{\{|x|>b\}}$. Il est facile de voir qu'il existe des $c_n < \infty$ tels que(avec $0/0 = 0$, $\mathrm{Log}\, 0 = -\infty$, $u(-\infty) = -1$)

$$\begin{cases} 0 \leq \frac{\Delta Z}{Z_-} - \mathrm{Log}\,\frac{Z}{Z_-} \quad \text{sur }]\!]0,\infty[\![, \quad \frac{\Delta Z}{Z_-} - \mathrm{Log}\,\frac{Z}{Z_-} \leq c_n f(\frac{\Delta Z}{Z_-}) \quad \text{sur } \{\frac{1}{n} \leq Z_- \leq n\} \cap]\!]0,\infty[\![\\ 0 \leq \frac{\Delta Z}{Z_-} - u(\mathrm{Log}\,\frac{Z}{Z_-}) \leq c_1 f(\frac{\Delta Z}{Z_-}) \quad \text{sur }]\!]0,\infty[\![. \end{cases}$$

Mais $S[f(\Delta Z/Z_-)I_{]\!]0,\infty[\![}] = (1/Z)_-^2 \bullet [C(1) - \langle Z^c,Z^c\rangle]$ sur A d'après la définition (8.3) de $C(1)$, et $C(1) \in \underline{\underline{A}}_{loc}(P)$ d'après (8.5); comme $(1/Z)_- \leq n$ sur $]\!]0,R_n]\!]$ on a $S[f(\Delta Z/Z_-)I_{]\!]0,\infty[\![}] \in \underline{\underline{A}}^A_{loc}(P)$. On en déduit que les processus $S[(\Delta Z/Z_- - \mathrm{Log}\, Z/Z_-)I_{]\!]0,\infty[\![}]$ et $S[(\Delta Z/Z_- - u(\mathrm{Log}\, Z/Z_-))I_{]\!]0,\infty[\![}]$ sont des processus croissants, que le premier est fini sur $[\![0,R[\![$, et que le second appartient à $\underline{\underline{A}}^A_{loc}(P)$.

Par ailleurs on peut définir (cf. §V-1) le processus $(1/Z)_- \bullet Z$ sur l'intervalle stochastique A en posant $[(1/Z)_- \bullet Z]^{R_n} = (1/Z)_- I_{]\!]0,R_n]\!]} \bullet Z$. Les formules suivantes ont donc un sens sur A :

$$(8.13) \begin{cases} X = (1/Z)_- \bullet Z - \frac{1}{2}(1/Z)_-^2 \bullet \langle Z^c,Z^c\rangle - S[(\frac{\Delta Z}{Z_-} - \mathrm{Log}\,\frac{Z}{Z_-})I_{]\!]0,\infty[\![}] \\ X^u = (1/Z)_- \bullet Z - \frac{1}{2}(1/Z)_-^2 \bullet \langle Z^c,Z^c\rangle - S[(\frac{\Delta Z}{Z_-} - u(\mathrm{Log}\,\frac{Z}{Z_-}))I_{]\!]0,\infty[\![}] . \end{cases}$$

(8.14) LEMME: <u>On a</u> $\Delta X^u = u(\mathrm{Log}\, Z/Z_-)I_{]\!]0,\infty[\![}$ <u>sur</u> A, <u>donc</u> $|\Delta X^u| \leq 1$ <u>sur</u> A. <u>On a aussi</u> $\{X_{R-} \in \mathbb{R}\} = \{X^u_{R-} \in \mathbb{R}\}$.

<u>Démonstration</u>. Les égalités: $\Delta X = (\mathrm{Log}\, Z/Z_-)I_{]\!]0,\infty[\![}$ et $\Delta X^u = u(\mathrm{Log}\, Z/Z_-)I_{]\!]0,\infty[\![}$, valables sur A, résultent immédiatement de l'examen des formules (8.13). On a donc $\Delta X = \Delta X^u$ sur $A \cap \{|\Delta X| \leq 1\}$, et par suite

$$X - X^u = S[(\mathrm{Log}\,\frac{Z}{Z_-} - u(\mathrm{Log}\,\frac{Z}{Z_-}))I_{\{|\Delta X| \geq 1\}}] \quad \text{sur A}.$$

Soit $D = \{|\Delta X| \geq 1\} \cap]\!]0,R[\![= \{|\Delta X^u| \geq 1\} \cap]\!]0,R[\![$. Sur l'ensemble $F = \{S(I_D)_{R-} < \infty\}$ où D ne comporte qu'un nombre fini de points, on a

$$(X - X^u)_{R-} = S[(\mathrm{Log}\,\frac{Z}{Z_-} - u(\mathrm{Log}\,\frac{Z}{Z_-}))I_D]_{R-}$$

qui est une somme finie de termes finis. Donc sur F, X^u_{R-} existe dans $\mathbb{R}$ si et seulement si X_{R-} existe dans $\mathbb{R}$; comme $\{X_{R-} \in \mathbb{R}\}$ et $\{X^u_{R-} \in \mathbb{R}\}$ sont contenus de manière triviale dans F, on en déduit que ces deux ensembles sont égaux. ■

(8.15) LEMME: X^u <u>est une</u> P-<u>surmartingale locale sur</u> A (i.e.: $(X^u)^{R_n}$ est une surmartingale locale pour chaque n).

Démonstration. On a $X^u = (1/Z)_- \bullet M - C$, avec

$$C = (1/Z)_- \bullet B + \frac{1}{2}(1/Z)_-^2 \bullet \langle Z^c, Z^c\rangle + S[(\frac{\Delta Z}{Z_-} - u(\mathrm{Log}\,\frac{Z}{Z_-}))I_{]0,\infty[}].$$

D'une part $(1/Z)_- \bullet M \in \underline{\underline{L}}^A(P)$, d'autre part $C \in (\underline{\underline{A}}^+_{loc}(P))^A$: en effet B et $\langle Z^c, Z^c\rangle$ sont des éléments de $\underline{\underline{A}}^+_{loc}(P)$, donc les deux premiers termes dans l'expression donnant C sont des processus croissants dans $\underline{\underline{A}}^A_{loc}(P)$, et on a vu dans la discussion qui précède (8.13) qu'il en est de même du dernier terme. Il existe d'après (5.3) une suite croissante (T_n) de temps d'arrêt telle que $A = \bigcup_{(n)} [\![0,T_n]\!]$ et que $(1/Z)_- \bullet M^{T_n} \in \underline{\underline{M}}(P)$ et $C^{T_n} \in \underline{\underline{A}}^+(P)$, donc $(X^u)^{T_n}$ est une P-surmartingale uniformément intégrable.∎

Démonstration de (8.10). (i) Le processus C défini dans la preuve précédente admet une projection prévisible duale C^p sur A, définie par $(C^p)^{R_n} = (C^{R_n})^p$. Si $N = (1/Z)_- \bullet M - C + C^p$, la décomposition de Doob-Meyer de la surmartingale X^u sur A est $X^u = N - C^p$.

Comme $\Delta X^u = u(\mathrm{Log}\, Z/Z_-)$ sur A, on a

$$[X^u, X^u] = (1/Z)_-^2 \bullet \langle Z^c, Z^c\rangle + S[u^2(\mathrm{Log}\,\frac{Z}{Z_-})I_{]0,\infty[}] \quad \text{sur } A,$$

donc

$$\langle X^u, X^u\rangle = (1/Z)_-^2 \bullet \langle Z^c, Z^c\rangle + S[u^2(\mathrm{Log}\,\frac{Z}{Z_-})I_{]0,\infty[}]^p \quad \text{sur } A.$$

Par ailleurs B est prévisible, donc

$$C^p + \langle X^u, X^u\rangle = \frac{3}{2}(\frac{1}{Z})_-^2 \bullet \langle Z^c, Z^c\rangle + (\frac{1}{Z})_- \bullet B + S\{[u^2(\mathrm{Log}\frac{Z}{Z_-}) - u(\mathrm{Log}\frac{Z}{Z_-}) + \frac{\Delta Z}{Z_-}]I_{]0,\infty[}\}^p$$

sur A. Il est facile de vérifier l'existence de deux réels c et c' tels que $0 < c \leq 1$, $c' \geq 3/2$, et que

$$c\,\frac{\Delta Z^2}{Z_-(Z_- + |\Delta Z|)} \leq u^2(\mathrm{Log}\,\frac{Z}{Z_-}) - u(\mathrm{Log}\,\frac{Z}{Z_-}) + \frac{\Delta Z}{Z_-} \leq c'\,\frac{\Delta Z^2}{Z_-(Z_- + |\Delta Z|)}$$

sur $]0,\infty[$, de sorte que

$$c[(1/Z)_- \bullet B + (1/Z)_-^2 \bullet C(2)^p] \leq C^p + \langle X^u, X^u\rangle \leq c'[(1/Z)_- \bullet B + (1/Z)_-^2 \bullet C(2)^p]$$

sur A. Il reste alors à appliquer (5.24), pour voir que P-presque sûrement

(8.16) $$\{X^u_{R-} \in \mathbb{R}\} = \{(1/Z)_- \bullet B_{R-} + (1/Z)_-^2 \bullet C(2)^p_{R-} < \infty\}.$$

(ii) Considérons la fonction $F(x) = \mathrm{Log}\, x$ si $x > 0$, $F(0) = 0$: c'est une fonction de classe C^2 sur $]0,\infty[$. On peut appliquer la version (2.54) de la formule d'Ito à $F(Z)$, ce qui conduit d'après (8.13) à l'égalité:

$$F(Z) = F(Z_0) + X \quad \text{sur } A.$$

On a $F(Z) = \mathrm{Log}\, Z$ sur $[\![0,R[\![$, donc $\{Z_{R-} > 0, R > 0\} = \{F(Z)_{R-} \in \mathbb{R}, R > 0\} = \{X_{R-} \in \mathbb{R}, R > 0\}$. Etant donné (8.14) on a donc $\{Z_{R-} > 0, R > 0\} = \{X^u_{R-} \in \mathbb{R}, R > 0\}$. Pour obtenir la première égalité de l'énoncé avec $i = 2$ il suffit alors d'appliquer (8.16). D'après (8.4) on a aussi cette égalité pour $i = 1$ et

$i=3$. Enfin $Z_\infty>0$ entraine $R=\infty$, d'où la seconde égalité. ∎

Comme nous l'avons déjà dit, la plupart des résultats de ce chapitre sont de manière cachée des résultats sur les exponentielles de martingales (car, formellement, $Z=\mathcal{E}(Y)$ sur A si $Y=(1/Z)_-\cdot Z$). A chaque énoncé correspond donc un corollaire relatif aux exponentielles.

(8.17) COROLLAIRE: Soit $N\in \underline{\underline{L}}(P)$ telle que si $T=\inf(t: \Delta N_t=-1)$ on ait $\Delta N>-1$ sur $[\![0,T[\![$. Pour $i=1,2,3$ on a P-presque sûrement:

$$\{\mathcal{E}(N)_\infty>0\} = \{T=\infty,\ B(i,N)^p_\infty<\infty\}.$$

Démonstration. Il suffit d'appliquer (8.10) à $Z=\mathcal{E}(N)$, en remarquant que $R=T$, que $Z\in \underline{\underline{M}}_{loc}(P)$ donc $B=0$, et que $B(i,N)=(1/Z)^2_-\cdot C(i)$ d'après (8.6). ∎

(8.18) COROLLAIRE: Sous les hypothèses précédentes, on a

$$\{\mathcal{E}(N)_\infty>0\}\subset\{T=\infty,\ [N,N]_\infty<\infty\}$$

Démonstration. (Cette démonstration est basée sur (8.17), mais il existe une autre démonstration "élémentaire"). On a $\{B(i,N)^p_\infty<\infty\}\subset\{B(i,N)_\infty<\infty\}$ d'après (5.20). De plus il est évident que $B(1,N)_\infty<\infty$ si et seulement si $[N,N]_\infty<\infty$, d'où le résultat. ∎

§c - Convergence de Z vers l'infini. L'étude de l'ensemble $\{Z_\infty=\infty\}$ pour une P-surmartingale positive quelconque ne présente aucun intérêt, puisqu'on a simplement $P(Z_\infty=\infty)=0$. Par contre, si Z est le processus densité de Q par rapport à P, cet ensemble peut ne pas être Q-négligeable, et on peut essayer de le caractériser relativement à Q. C'est ce que nous allons faire maintenant.

Plus précisément, nous allons caractériser $\{Z_\infty=\infty\}$ (Q-presque sûrement) à l'aide des valeurs $C(i)^p_\infty$ prises par les projections prévisibles duales (pour P) des processus $C(i)$ définis en (8.3). Comme les processus $C(i)^p$ sont définis par rapport à la probabilité P, on ne peut espérer raisonnablement résoudre le problème posé que si, au moins pour tout t fini, la connaissance de Z_t et de la restriction de P à $(\Omega,\underline{\underline{F}}_t)$ suffit à déterminer la restriction de Q à $(\Omega,\underline{\underline{F}}_t)$ (sinon, une "partie" de la masse de Q sur $\underline{\underline{F}}_t$ échappe irrémédiablement à une "description" à l'aide de $C(i)^p_t$!), c'est-à-dire si $Q\overset{loc}{\ll}P$.

Nous ferons donc les hypothèses suivantes: $Q\overset{loc}{\ll}P$, Z est le processus densité, donc $Z\in\underline{\underline{M}}_{loc}(P)$. Tous les processus considérés (notamment $C(i)$

et $C(i)^p$) <u>sont supposés $\underline{F}^{\pi}$-optionnels ou $\underline{F}^{\pi}$-prévisibles</u> (où $\pi = (P+Q)/2$: voir la discussion du §VII-1-c).

Nous allons démontrer le théorème suivant:

(8.19) THEOREME: <u>Supposons que</u> $Q \overset{loc}{\ll} P$. <u>Soit</u> Z <u>le processus densité de</u> Q <u>par rapport à</u> P.

(a) <u>Pour</u> $i = 1, 2, 3$ <u>on a Q-presque sûrement</u>:

$$\{Z_{\infty} < \infty\} = \{(1/Z)_-^2 \cdot C(i)_{\infty}^p < \infty\} .$$

(b) <u>On a l'équivalence</u>: $Q \ll P$ <u>en restriction à</u> $(\Omega, \underline{\underline{F}}_{\infty}) \Longleftrightarrow Q((1/Z)_-^2 \cdot C(i)_{\infty}^p < \infty) = 1$, <u>avec</u> $i = 1, 2$ <u>ou</u> 3 .

(c) <u>On a l'équivalence</u>: Q <u>et</u> P <u>sont étrangères en restriction à</u> $(\Omega, \underline{\underline{F}}_{\infty}) \Longleftrightarrow Q((1/Z)_-^2 \cdot C(i)_{\infty}^p < \infty) = 0$, <u>avec</u> $i = 1, 2$ <u>ou</u> 3 .

<u>Démonstration</u>. Etant donné (8.1) il suffit de montrer la partie (a). On définit encore les processus X et X^u par (8.13), en choisissant des versions $\underline{F}^{\pi}$-optionnelles, et le lemme (8.14) reste évidemment valable. Le processus $X' = [X^u, X^u]$ est donné par

$$X' = (1/Z)_-^2 \cdot \langle Z^c, Z^c \rangle + S[u^2(\mathrm{Log}\, \frac{Z}{Z_-}) I_{]\!]0,\infty[\![}]$$

sur A : voir le calcul fait dans la preuve de (8.10).

On sait que $X^u \in \underline{\underline{S}}^A(P)$, car X^u est une P-surmartingale sur A d'après (8.15); on a donc aussi $X' \in \underline{\underline{V}}^A(P)$. Par suite $\tilde{X}^u = X^u I_{[\![0,R[\![}$ et $\tilde{X}' = X' I_{[\![0,R[\![}$ sont encore dans $\underline{\underline{S}}^{\bar{A}}(P)$ et $\underline{\underline{V}}^A(P)$ respectivement. Comme $Q \overset{loc}{\ll} P$ l'hypothèse (7.20) est satisfaite avec $T = \infty$, et (7.27) entraine alors que $X^u \in \underline{\underline{S}}(Q)$ et $X' \in \underline{\underline{V}}(Q)$. De plus $|\Delta X^u| \leq 1$ et $|\Delta X'| \leq 1$, donc on a même $X^u \in \underline{\underline{S}}_p(Q)$ et $X' \in \underline{\underline{A}}_{loc}(Q)$. Le théorème (7.28) entraine alors que les processus

$$Y = \tilde{X}^u + (1/Z)_- \cdot [\tilde{X}^u, Z], \qquad Y' = \tilde{X}' + (1/Z)_- \cdot [\tilde{X}', Z]$$

sont dans $\underline{\underline{S}}_p^A(P)$, et que si on note $Y = N + B$ et $Y' = N' + B'$ leurs décompositions canoniques (pour P) sur A , les décompositions canoniques de X^u et X' pour Q s'écrivent $X^u = M + B$ et $X' = M' + B'$, avec $M, M' \in \underline{\underline{L}}(Q)$.

Il est facile de calculer Y et Y' sur A :

$$Y = (1/Z)_- \cdot Z + \tfrac{1}{2}(1/Z)_-^2 \cdot \langle Z^c, Z^c \rangle + S[(\frac{Z}{Z_-} u(\mathrm{Log}\, \frac{Z}{Z_-}) - \frac{\Delta Z}{Z_-}) I_{]\!]0,\infty[\![}]$$

$$Y' = (1/Z)_-^2 \cdot \langle Z^c, Z^c \rangle + S[\frac{Z}{Z_-} u^2(\mathrm{Log}\, \frac{Z}{Z_-}) I_{]\!]0,\infty[\![}]$$

(c'est immédiat sur $[\![0,R[\![$ car alors $\tilde{X}' = X'$ et $\tilde{X}^u = X^u$; ensuite on examine ce qui se passe en R , et on vérifie que les deux membres de chacune des égalités ci-dessus sont continus en R , d'où les égalités sur A).

Par suite les décompositions canoniques de Y et Y' sur A vérifient

$$B = \frac{1}{2}(1/Z)^2_-\cdot\langle Z^c,Z^c\rangle + S[(\frac{Z}{Z_-}u(\operatorname{Log}\frac{Z}{Z_-}) - \frac{\Delta Z}{Z_-})I_{]\!]0,\infty[\![}]^p$$

$$B' = (1/Z)^2_-\cdot\langle Z^c,Z^c\rangle + S(\frac{Z}{Z_-}u^2(\operatorname{Log}\frac{Z}{Z_-})I_{]\!]0,\infty[\![}]^p .$$

On vérifie immédiatement que $(Z/Z_-)u(\operatorname{Log} Z/Z_-) - \Delta Z/Z_- \geq 0$ sur $]\!]0,\infty[\![$ (toujours avec $0/0 = 0$, $\operatorname{Log} 0 = -\infty$, $u(-\infty) = -1$). Donc B est un processus croissant et $X^u = M + B$ est une Q-sousmartingale locale (comparer à (8.15)). D'autre part $[X^u,X^u] = {}^Q[X^u,X^u]$ d'après (7.25) et le fait que $Y' - B' \in \underline{\underline{L}}(Q)$ entraine que ${}^Q\langle X^u,X^u\rangle = B'$. On peut alors appliquer la proposition (5.24) à la Q-sousmartingale locale X^u, à sauts bornés, pour obtenir l'égalité Q-presque sûre

(8.20) $$\{X^u_\infty \in \mathbb{R}\} = \{B_\infty + B'_\infty < \infty\} .$$

Il reste à montrer que les deux membres de (8.20) sont respectivement égaux aux deux membres de l'égalité de l'énoncé. D'une part on trouve facilement deux réels c et c' tels que $0 < c \leq 1 < 3/2 \leq c'$ et

$$c\,\frac{\Delta Z^2}{Z_-(Z_- + |\Delta Z|)} \leq \frac{Z}{Z_-}\Big[u^2(\operatorname{Log}\frac{Z}{Z_-}) + u(\operatorname{Log}\frac{Z}{Z_-}) - \frac{\Delta Z}{Z_-}\Big] \leq c'\,\frac{\Delta Z^2}{Z_-(Z_- + |\Delta Z|)}$$

sur $]\!]0,\infty[\![$, si bien que

$$c\,C(2)^p \leq B + B' \leq c'\,C(2)^p$$

et on a $\{B_\infty + B'_\infty < \infty\} = \{C(2)^p_\infty < \infty\}$, ensemble qui égale aussi $\{C(i)^p_\infty < \infty\}$ pour $i = 1$ et $i = 3$ d'après (8.4).

D'autre part $\{X^u_\infty \in \mathbb{R}, R = \infty\} = \{X_\infty \in \mathbb{R}, R = \infty\}$ d'après (8.14). Par ailleurs on a vu dans la fin de la preuve de (8.10) que $\operatorname{Log} Z = \operatorname{Log} Z_0 + X$ sur $[\![0,R[\![$, ce qui veut dire que $Z_t = Z_0 e^{X_t}$ P-p.s. sur $\{t < R\}$ pour tout $t \in \mathbb{R}_+$. Mais $Q \overset{loc}{\ll} P$ et $Q(R<\infty) = 0$, donc $Z_t = Z_0 e^{X_t}$ Q-p.s. pour tout $t \in \mathbb{R}_+$ et on a donc $\{Z_\infty < \infty\} = \{0 < Z_\infty < \infty\} = \{X_\infty \in \mathbb{R}, R = \infty\}$ Q-p.s. On en déduit que $\{Z_\infty < \infty\} = \{X^u_\infty \in \mathbb{R}\}$ Q-p.s., ce qui achève la démonstration.∎

Les théorèmes (8.11) et (8.19) donnent des conditions nécessaires et suffisantes, mais nécessitent évidemment la connaissance du processus Z. Dans de nombreuses applications toutefois on ne dispose que d'informations partielles sur Z. Peut-on encore dire quelque chose ? Le théorème suivant donne quelques indications dans cette direction, et il est fort utile pour de nombreuses applications.

On considère d'une part $\mu \in \tilde{\underline{\underline{A}}}^1_\sigma(P)$ avec $\nu = \mu^p$, $a_t = \nu(\{t\}\times E)$; d'autre part $\underline{M} = (M^i)_{i\leq m}$ est une partie finie de $\underline{\underline{L}}^c(P)$, à laquelle on associe le processus croissant continu C et le processus matriciel $\underline{\underline{c}}$ vérifiant (4.32): $\langle \underline{M}, {}^t\underline{M}\rangle = \underline{\underline{c}}\cdot C$.

(8.21) THEOREME: Soit $Q \overset{loc}{\ll} P$ et Z le processus densité de Q par rapport à P.

(a) Il existe un processus $\underline{H} = (H^i)_{i\leq m}$ et un $Y \in \tilde{\underline{\underline{P}}}^+$ tels que: $\langle Z^c, \underline{M}\rangle = ({}^t\underline{H}\,\underline{c})\cdot C$, $Y=1$ sur $\{Z_- = 0\}\times E$, $\{a=1\}\subset\{\hat{Y}=1\}$, et $M^P_\mu(Z I_{]0,\infty[}|\tilde{\underline{\underline{P}}}) = Z_- Y$.

(b) Soit $b\in]0,\infty[$. Soit les processus prévisibles

$$\tilde{B}(1) = (1/Z)^2_-({}^t\underline{H}\,\underline{c}\,\underline{H})\cdot C + [(Y-1)^2 I_{\{|Y-1|\leq b\}} + |Y-1| I_{\{|Y-1|>b\}}]*\nu$$
$$+ S[(1-a)((\frac{\hat{Y}-a}{1-a})^2 I_{\{|\hat{Y}-a|/(1-a)\leq b\}} + |\frac{\hat{Y}-a}{1-a}| I_{\{|\hat{Y}-a|/(1-a)>b\}})]$$

$$\tilde{B}(2) = (1/Z)^2_-({}^t\underline{H}\,\underline{c}\,\underline{H})\cdot C + \frac{(Y-1)^2}{1+|Y-1|}*\nu + S(\frac{(\hat{Y}-a)^2}{1-a+|\hat{Y}-a|})$$

$$\tilde{B}(3) = (1/Z)^2_-({}^t\underline{H}\,\underline{c}\,\underline{H})\cdot C + (1-\sqrt{Y})^2*\nu + S[(\sqrt{1-a}-\sqrt{1-\hat{Y}})^2].$$

Pour $i=1,2,3$ on a alors les implications:

(i) $P\ll Q$ en restriction à $(\Omega,\underline{\underline{F}}_{\infty}) \Longrightarrow P(\tilde{B}(i)_\infty<\infty)=1$;

(ii) $Q\ll P$ en restriction à $(\Omega,\underline{\underline{F}}_{\infty}) \Longrightarrow Q(\tilde{B}(i)_\infty<\infty)=1$.

(8.22) Remarques: 1) On a $\hat{Y}\leq 1$ en dehors d'un ensemble P-évanescent, donc Q-évanescent puisque $\hat{Y}$ est $\underline{F}^{\Pi}$-prévisible, donc le processus $\tilde{B}(3)$ est bien défini: en effet (3.27) implique $Z_-Y = {}^p(ZI_D)I_{]0,\infty[}$; mais $Z\in\underline{\underline{M}}_{loc}(P)$, donc $Z_- = {}^pZI_{]0,\infty[}$; comme $Z\geq 0$ on a $Z_-Y = {}^pZ - {}^p(ZI_{D^c}) \leq Z_-$ sur $]0,\infty[$ et comme $Y=1$ (donc $\hat{Y}=a$) sur $\{Z_-=0\}$ il vient $\hat{Y}\leq 1$ partout.

2) D'après (3.75), si $W = Y-1+\frac{\hat{Y}-a}{1-a}$ on a $Z_-W\in G^1_{loc}(\mu,P)$, tandis que $\underline{H}\in L^1_{loc}(\underline{M},P)$ (voir la démonstration). On a alors

$$Z = {}^t\underline{H}\cdot\underline{M} + Z_-W*(\mu-\nu) + Z' \tag{8.23}$$

et le processus $\tilde{B}(i)$ est "dominé" par le processus $(1/Z)^2_-\cdot C(i)^P$: c'est pourquoi ce théorème donne des conditions nécessaires, mais pas suffisantes. Cette domination devient une égalité quand la décomposition (8.23) est "maximale" au sens où $Z = Z_0 + {}^t\underline{H}\cdot\underline{M} + Z_-W*(\mu-\nu)$: on retrouve en effet les formules du lemme (8.8), car $\hat{W} = \frac{\hat{Y}-a}{1-a}$ et $W-\hat{W} = Y-1$.

3) La condition (7.20) est satisfaite avec $T=\infty$. D'après (7.31) on a $\mu\in\underline{\underline{\tilde{A}}}^1_\sigma(Q)$ et $\mu^{P,Q} = Y\cdot\nu$, puisque les conditions $Y=1$ sur $\{Z_-=0\}\times E$ et $M^P_\mu(Z I_{]0,\infty[}|\tilde{\underline{\underline{P}}}) = Z_-Y$ entrainent $M^P_\mu(Z|\tilde{\underline{\underline{P}}}) = (Z_0 I_{[0]} + Z_-)Y$.

4) La condition $Y=1$ sur $\{Z_-=0\}\times E$ assure la validité de la remarque précédente et la nullité des $\tilde{B}(i)$ en 0 , mais surtout que les $\tilde{B}(i)$ ne chargent que l'ensemble $\{Z_->0\}$: sinon, on pourrait rendre $\tilde{B}(i)$ aussi grand qu'on veut sur $]R,\infty[$, pourvu que μ charge $]R,\infty[\times E$, et l'implication (i) risquerait de ne plus être valide. ∎

Démonstration. (a) D'après ce qui précède (4.27) on peut écrire $Z^c = Z' + Z''$, où $Z'\in\mathcal{X}^2_{loc}(\underline{M})$ et $Z''\perp\underline{M}$. D'après (4.35) il existe $\underline{H}\in L^2_{loc}(\underline{M})$ tel que

$Z' = {}^t\underline{H}.\underline{M}$, de sorte que $<Z^c,\underline{M}> = <Z',\underline{M}> = ({}^t\underline{H}\,\underline{\underline{c}}).C$. Par ailleurs si $\underline{K}$ est un autre processus prévisible tel que $<Z^c,\underline{M}> = ({}^t\underline{H}\,\underline{\underline{c}}).C$, soit $\underline{H}(n) = \underline{H}\,I_{\{|\underline{H}|\leq n\}}$, $\underline{K}(n) = \underline{K}\,I_{\{|\underline{K}|\leq n\}}$ et $N(n) = {}^t(\underline{H}(n) - \underline{K}(n)).\underline{M}$; un calcul simple montre que $<N(n),N(n)> = 0$, donc $N(n) = 0$, et il s'ensuit que $\underline{K} \in L^2_{loc}(\underline{M})$ et ${}^t(\underline{H} - \underline{K}).\underline{M} = 0$. Par conséquent si $\underline{H}$ est un processus prévisible tel que $<Z^c,\underline{M}> = ({}^t\underline{H}\,\underline{\underline{c}}).C$ on a $Z' = {}^t\underline{H}.\underline{M}$, donc $<Z',Z'> = ({}^t\underline{H}\,\underline{\underline{c}}\,\underline{H}).C$ et $<Z^c,Z^c> = <Z',Z'> + <Z'',Z''>$ majore $({}^t\underline{H}\,\underline{\underline{c}}\,\underline{H}).C$.

D'après (3.31) on a $Z \in K(\mu,P)$. Comme $Z\,I_{]0,\infty[} = 0$ sur $\{Z_- = 0\}$ on peut trouver une version de $M^P_\mu(Z\,I_{]0,\infty[}|\tilde{\underline{\underline{P}}})$ qui se factorise en Z_-Y, avec $Y \in \tilde{\underline{\underline{P}}}^+$ vérifiant $Y = 1$ sur $\{Z_- = 0\}$. Le théorème (3.75) entraine qu'on peut choisir une version qui vérifie en outre $\{a = 1\} \subset \{\hat{Y} = 1\}$.

(b) On remarque d'abord que les processus $\tilde{B}(i)$ vérifient les relations (8.4), d'après la preuve de (2.57) utilisée avec $X = Y - 1$ et $X = \frac{\hat{Y} - a}{1 - a}$. Il nous suffit donc de montrer le résultat pour $\tilde{B}(2)$ par exemple. Etant donnés (8.11) et (8.19), il suffit en fait de montrer que l'inclusion $\{(1/Z)^2_-.C(2)^p_\infty < \infty\} \subset \{\tilde{B}(2)_\infty < \infty\}$ est vraie P-p.s., donc Q-p.s. si $Q \ll P$ sur $(\Omega, \underline{\underline{F}}_\infty)$. Pour simplifier les notations, on pose

$$B = \frac{(Y-1)^2}{1 + |Y-1|} * \nu + S\left(\frac{(\hat{Y} - a)^2}{1 - a + |\hat{Y} - a|}\right)$$

$$\check{C} = S\left(\frac{\Delta Z^2}{Z_-(Z_- + |\Delta Z|)} I_{]0,\infty[}\right),$$

de sorte que $\check{B}(2) = (1/Z)^2_-({}^t\underline{H}\,\underline{\underline{c}}\,\underline{H}).C + B$ et que $(1/Z)^2_-.C(2)^p = (1/Z)^2_-.<Z^c,Z^c> + \check{C}^p$. Comme $({}^t\underline{H}\,\underline{\underline{c}}\,\underline{H}).C \leq <Z^c,Z^c>$, il nous suffit de montrer

(8.24) $$\{\check{C}^p_\infty < \infty\} \subset \{B_\infty < \infty\} \quad \text{P-p.s.}$$

Soit $f(x) = \frac{x^2}{1 + |x|}$. On a $\check{C} = S(f(\Delta Z/Z_-)I_{]0,\infty[})$, donc l'inégalité $f(x) \leq x + 2$ pour $x \geq -1$ entraine que $\Delta\check{C}^p = {}^p(\Delta\check{C}) \leq 2$, puisque ${}^p(\Delta Z) = 0$ sur $]0,\infty[$. Par suite si $T_n = \inf(t: \check{C}^p_t \geq n)$ on a $\{\check{C}^p_\infty < \infty\} = \bigcup_{(n)}\{T_n = \infty\}$ et $E(\check{C}^p_{T_n}) \leq n + 2$. Si D et $J = \{a > 0\}$ sont les ensembles aléatoires définis par (3.19) et (3.24), on a alors

$$\begin{aligned} n + 2 \geq E(\check{C}^p_{T_n}) = E(\check{C}_{T_n}) &\geq E\{f(\tfrac{\Delta Z}{Z_-})I_{]0,T_n]} * \mu_\infty + S[f(\tfrac{\Delta Z}{Z_-})I_{D^c \cap J \cap]0,T_n]}]_\infty\} \\ &= E\{M^P_\mu(f(\tfrac{\Delta Z}{Z_-}I_{]0,T_n]}|\tilde{\underline{\underline{P}}}) * \nu_\infty + S[{}^p(f(\tfrac{\Delta Z}{Z_-})I_{D^c \cap J \cap]0,T_n]})]_\infty\},\end{aligned}$$

la dernière égalité provenant de (3.26) et (1.49). Comme f est convexe,

$$f(M^P_\mu(\tfrac{\Delta Z}{Z_-}I_{]0,\infty[}|\tilde{\underline{\underline{P}}})) \leq M^P_\mu(f(\tfrac{\Delta Z}{Z_-})I_{]0,\infty[}|\tilde{\underline{\underline{P}}}),$$

$$f({}^p(\tfrac{\Delta Z}{Z_-}I_{D^c \cap J \cap]0,\infty[})) \leq {}^p(f(\tfrac{\Delta Z}{Z_-})I_{D^c \cap J \cap]0,\infty[}).$$

D'une part on a $M^P_\mu((\Delta Z/Z_-)I_{]0,\infty[}|\tilde{\underline{\underline{P}}}) = Y - 1$; d'autre part (3.27) et l'égalité ${}^p(\Delta Z) = 0$ sur $]0,\infty[$ entrainent

$$^{p}\left(\frac{\Delta Z}{Z_-} I_{D^c \cap J \cap]0,\infty[}\right) = -^{p}\left(\frac{\Delta Z}{Z_-} I_{D \cap J \cap]0,\infty[}\right) = -\widehat{(Y-1)} = a - \hat{Y} .$$

Comme on a

$$B = f(Y-1)*\nu + S[(1-a)f(\hat{Y}-a)] \leq f(Y-1)*\nu + S[f(\hat{Y}-a)] ,$$

on déduit des inégalités qui précèdent que $E(B_{T_n}) \leq n+2$, donc $B_{T_n} < \infty$ P-p.s.; par suite $\bigcup_{(n)}\{T_n = \infty\} \subset \{B_\infty < \infty\}$ P-p.s., ce qui n'est autre que (8.24).∎

EXERCICES

8.1 - Généraliser le corollaire (8.17) au cas où N est une P-surmartingale locale.

8.2 - On se place sous les hypothèses de (8.17).

a) Si $E(|\Delta N_T| I_{\{T<\infty\}}) < \infty$ pour tout $T \in \underline{\underline{T}}$, montrer que

$$\{\mathcal{E}(N)_\infty > 0\} \stackrel{\bullet}{=} \{T=\infty, [N,N]_\infty < \infty\} \stackrel{\bullet}{\supset} \{T=\infty, \langle N,N\rangle_\infty < \infty\} .$$

b) Si $E(\Delta N_T^2 I_{\{T<\infty\}}) < \infty$ pour tout $T \in \underline{\underline{T}}$, montrer que

$$\{\mathcal{E}(N)_\infty > 0\} \stackrel{\bullet}{=} \{T=\infty, \langle N,N\rangle_\infty < \infty\} .$$

8.3 - Les égalités de (8.10) sont-elles valides pour $C(1,b)$, lorsque $b=0$ ou $b=\infty$ (à condition bien-sûr que $C(1,b) \in \underline{\underline{A}}_{loc}(P)$) ? On pourra commencer par étudier le cas particulier de l'exercice 8.2.

8.4 - On suppose que la densité Z de Q par rapport à P est dans $\underline{\underline{M}}_{loc}(P)$.

a) Si $P \ll Q$ en restriction à $(\Omega, \underline{\underline{F}}_\infty)$, montrer que $P((1/Z)^2 \bullet C(4)^p_\infty < \infty) = 1$.

b) Si $Q \ll P$ en restriction à $(\Omega, \underline{\underline{F}}_\infty)$, montrer que $Q((1/Z)^2_- \bullet C(4)^p_\infty < \infty) = 1$.

2 - CONDITIONS D'UNIFORME INTEGRABILITE

Dans cette partie nous supposons que Z est une P-martingale locale positive, et nous cherchons des conditions pour que $Z \in \underline{\underline{M}}(P)$. Ces conditions s'exprimeront par le fait qu'un processus croissant optionnel (resp. prévisible) est borné ou intégrable, et on parlera alors d'un critère optionnel (resp. prévisible) borné ou intégrable.

On a construit au §V-3 une série de critères intégrables (optionnels et prévisibles); mais ces critères ne font pas intervenir le fait que $Z \geq 0$. Ci-dessous nous allons proposer d'autres critères, basés sur les processus $C(i)$ construits en (8.3).

§a - Critères prévisibles bornés. Nous nous proposons de montrer le théorème suivant.

(8.25) THEOREME: Si l'un des processus $(1/Z)^2_-\cdot C(1,b)^p$ (pour $b\in]0,\infty[$), $(1/Z)^2_-\cdot C(2)^p$, $(1/Z)^2_-\cdot C(3)^p$, ou $(1/Z)^2_-\cdot C(4,b)^p$ (pour $b\in]0,1/2]$) est majoré par une constante $c<\infty$, on a $Z\in \underline{\underline{M}}(P)$.

Etant donné (8.1), un cas particulier s'énonce ainsi:

(8.26) THEOREME: Supposons que le processus densité Z de Q par rapport à P soit dans $\underline{\underline{M}}_{loc}(P)$ et vérifie $E(Z_0)=1$. Si l'un des processus $(1/Z)^2_-\cdot C(1,b)^p$ (pour $b\in]0,\infty[$), $(1/Z)^2_-\cdot C(2)^p$, $(1/Z)^2_-\cdot C(3)^p$, ou $(1/Z)^2_-\cdot C(4,b)^p$ (pour $b\in]0,1/2]$) est majoré par une constante $c<\infty$, on a $Q\ll P$ en restriction à $(\Omega,\underline{\underline{F}}_\infty)$.

Pour commencer nous allons étudier séparément les cas où $Z\in \underline{\underline{H}}^2_{loc}(P)$ et où $Z\in \underline{\underline{V}}(P)$, ce qui conduit à des résultats intéressants par eux-mêmes.

(8.27) PROPOSITION: Supposons que $Z\in \underline{\underline{H}}^2_{loc}(P)$. Si $(1/Z)^2_-\cdot\langle Z,Z\rangle_\infty\leq c$ P-p.s. pour un réel c, on a $Z\in \underline{\underline{H}}^2(P)$.

Démonstration. Z^2 est une sousmartingale positive de décomposition canonique $Z^2=M+\langle Z,Z\rangle$. Comme ${}^p(Z^2)=Z^2_-+\Delta\langle Z,Z\rangle$, (6.28) implique que l'ensemble $C(1/{}^p(Z^2))$ est égal à $A=\bigcup_{(n)}[\![0,R_n]\!]$. Posons $B(n)=I_{]\!]0,R_n]\!]}(1/{}^p(Z^2))\cdot\langle Z,Z\rangle$. D'après (6.31) et (6.33) on a la décomposition multiplicative $Z^2=Z_0^2\,Z'\,F$ sur A, où Z' est un élément positif de $\underline{\underline{M}}^A_{loc}(P)$ vérifiant $Z'_0=1$, et F vérifie $F^{R_n}=1/\mathcal{E}(-B(n))$ pour chaque n.

On a $\Delta B(n)=\Delta\langle Z,Z\rangle I_{]\!]0,R_n]\!]}/(Z^2_-+\Delta\langle Z,Z\rangle)$, donc $0\leq\Delta B(n)<1$. Comme $0\leq-\mathrm{Log}\,(1-x)\leq x/(1-x)$ si $0\leq x<1$, la formule explicite (6.3) donnant l'exponentielle d'une semimartingale conduit à

$$\mathrm{Log}\,F^{R_n} = B(n) - S(\Delta B(n)) - S[\mathrm{Log}(1-\Delta B(n))] \leq B(n) + S(\frac{\Delta B(n)}{1-\Delta B(n)}).$$

En remplaçant $B(n)$ par sa valeur, on obtient

$$\begin{aligned} B(n) + S(\frac{\Delta B(n)}{1-\Delta B(n)}) &= \frac{1}{Z^2_-+\Delta\langle Z,Z\rangle}I_{]\!]0,R_n]\!]}\cdot\langle Z,Z\rangle + S(\frac{\Delta\langle Z,Z\rangle}{Z^2_-}I_{]\!]0,R_n]\!]}) \\ &\leq 2\,(1/Z)^2_-\cdot\langle Z,Z\rangle^{R_n}, \end{aligned}$$

si bien que $F^{R_n}\leq e^{2c}$ pour tout n.

Revenons à la décomposition multiplicative. On voit que $(Z^2)^{R_n}\leq Z_0^2\,Z'^{R_n}\,e^{2c}$, et si $\widetilde{Z}'_t=\liminf_{(n)} Z'^{R_n}_t$ on a donc $Z^2\leq Z_0^2\,\widetilde{Z}'\,e^{2c}$ puisque $Z=0$ sur $[\![R,\infty[\![$. (5.17) entraine que $\widetilde{Z}'$ est une surmartingale positive, donc $E(\tilde{Z}'_t|\underline{\underline{F}}_0) \leq \tilde{Z}'_0 = 1$ et il s'ensuit que $\sup_{(t)} E(Z_t^2) \leq e^{2c} E(Z_0^2) < \infty$: par suite Z appartient à $\underline{\underline{H}}^2(P)$. ∎

(8.28) PROPOSITION: <u>Si</u> $Z \in \underline{\underline{V}}(P)$ <u>et si</u> $(1/Z)_- \bullet S(|\Delta Z|))^p_\infty \leq c$ P-<u>p.s. pour un réel</u> c , <u>on a</u> $Z \in \underline{\underline{A}}(P)$, <u>donc</u> $Z \in \underline{\underline{H}}^1(P)$.

<u>Démonstration</u>. D'après (1.43) on a $Z \in \underline{\underline{A}}_{loc}(P)$, donc $C = S(|\Delta Z|)$ est dans $\underline{\underline{A}}_{loc}(P)$. Soit $B = (1/Z)_- \bullet C^p$, qui vérifie par hypothèse $B_\infty \leq c$. On a aussi $C^p = Z_0 + Z_- \bullet B$ car $\Delta Z = 0$ sur $\{Z_- = 0\} \cap]\!]0,\infty[\![$. Si (T_n) est une suite localisante pour $Z \in \underline{\underline{M}}_{loc}(P)$, on a d'après (1.47):

$$E(C^p_{T_n}) = E(Z_0 + Z_- \bullet B_{T_n}) = E(Z_0 + Z_{T_n} B_{T_n}) \leq E(Z_0 + cZ_{T_n}) = (1+c)E(Z_0) .$$

Par suite $E(C^p_\infty) = \lim_{(n)}\uparrow E(C^p_{T_n})$ est majoré par $(1+c)E(Z_0)$, donc $C^p \in \underline{\underline{A}}(P)$. On en déduit que $C \in \underline{\underline{A}}(P)$ et $Z \in \underline{\underline{A}}(P)$ d'après (2.69). ∎

(8.29) <u>Remarque</u>: Dans (8.3) on peut définir $C(1,b)$ et $C(4,b)$ pour $b = 0$ et $b = \infty$. Ces processus vérifient

$$C(1,0) = C(4,0) = \langle Z^c,Z^c\rangle + S(Z_-|\Delta Z|)$$

$$C(1,\infty) = C(4,\infty) = \langle Z^c,Z^c\rangle + S(\Delta Z^2) = [Z,Z],$$

et ne sont pas nécessairement dans $\underline{\underline{A}}_{loc}(P)$. Mais les deux propositions précédentes signifient que si $C(i,b) \in \underline{\underline{A}}_{loc}(P)$ et si $(1/Z)^2_- \bullet C(i,b)^p$ est majoré par une constante, pour $i = 1, 4$ et $b = 0, \infty$, alors $Z \in \underline{\underline{M}}(P)$. ∎

<u>Démonstration de (8.25)</u>. Etant donnés (8.4) et (8.5), il suffit de montrer le résultat lorsque $(1/Z)^2_- \bullet C(4,b)^p_\infty \leq c$ pour un $c \in \mathbb{R}$, et $b \in]0,1/2]$.

Soit $X' = \Delta Z I_{\{|\Delta Z/Z_-| \leq b\}} I_{]\!]0,\infty[\![}$, $X'' = \Delta Z I_{]\!]0,\infty[\![} - X'$, donc si $Y' = X' - {}^pX'$ et $Y'' = X'' - {}^pX''$, on a $C(4) = \langle Z^c,Z^c\rangle + S(Y'^2 + Z_-|Y''|)$. Nous allons d'abord montrer que $Y'/Z_- > -1$. Par construction $|X'| \leq bZ_-$, donc $|{}^pX'| \leq bZ_-$ et $|Y'/Z_-| \leq 2b$; de plus l'ensemble $\{Y'/Z_- = -2b\}$ est contenu dans l'ensemble (prévisible) $]\!]0,\infty[\![\cap \{{}^pX' = bZ_-\}$. Ce dernier ensemble est réunion dénombrable de graphes de temps prévisibles, et pour l'un de ces temps prévisibles T il vient $bZ_{T-} = ({}^pX')_T = E(X'_T|\underline{\underline{F}}^P_{T-})$ sur $\{T<\infty\}$, ce qui n'est possible que si $X'_T = bZ_T$ (puisque $X'_T \leq bZ_T$) sur $\{T<\infty\}$: mais alors $Y'_T = X'_T - ({}^pX')_T = 0$ sur $\{T<\infty\}$. On en déduit que l'ensemble $\{Y'/Z_- = -2b\}$ est P-évanescent, donc $Y'/Z_- > -2b \geq -1$ à un ensemble P-évanescent près.

Définissons un processus N sur $A = \bigcup_{(n)} [\![0,R_n]\!]$ par $N^{R_n} = (1/Z)_- \bullet (Z^c)^{R_n}$, puis $\tilde{N}$ par (5.7). On a $\tilde{N} \in \underline{\underline{L}}^c(P)^A$ et $\widetilde{\langle N,N\rangle} = (1/Z)^2_- \bullet \langle Z^c,Z^c\rangle \in \underline{\underline{A}}(P)$ par hypothèse; (5.9) implique alors que $\tilde{N} \in \underline{\underline{L}}^c(P)$. Par ailleurs ${}^p_P(Y'/Z_-) = 0$ et $(1/Z)^2_- \bullet S(Y'^2) \in \underline{\underline{A}}(P)$ par hypothèse, donc (2.45) entraine l'existence de $M \in \underline{\underline{L}}(P)$ tel que $M^c = \tilde{N}$ et $\Delta M = Y'/Z_-$ (on a même $M \in \underline{\underline{H}}^2_0(P)$).

Posons $Z' = \mathcal{E}(M)$. Comme $\Delta M > -1$, Z' est une martingale locale strictement positive. De plus $(1/Z')^2_- \cdot \langle Z', Z' \rangle = \langle M, M \rangle = (1/Z)^2_- \cdot [\langle Z^c, Z^c \rangle + S(Y'^2)^p]$ est majoré par c , donc (8.27) entraine que $Z' \in \underline{\underline{H}}^2(P)$. Soit $\tilde{P}$ la probabilité $\tilde{P} = Z'_\infty \cdot P$, qui admet Z' pour processus densité par rapport à P .

Si $Z'' = Z/Z'$ on a $Z'Z'' = Z \in \underline{\underline{M}}_{loc}(P)$, donc $Z'' \in \underline{\underline{M}}_{loc}(\tilde{P})$ d'après (7.23). D'autre part la version (2.54) de la formule d'Ito appliquée à $Z'' = Z/Z'$ montre que $Z'' \in \underline{\underline{S}}(P)$ et que

$$Z''^c \;=\; (1/Z')_- \cdot Z^c - (Z/Z'^2)_- \cdot Z'^c \;=\; (1/Z')_- \cdot Z^c - (Z/Z')_- \cdot M^c \;=\; 0 ,$$

donc (7.25) entraine que $Z'' \in \underline{\underline{M}}^d_{loc}(\tilde{P})$. D'après un calcul simple on a $\Delta Z' = Y'Z'_-/Z_-$ et $\Delta Z'' = (Z'_- \Delta Z - Z_- \Delta Z')/Z'Z'_- = Y''/Z'$. Or par hypothèse, $(1/Z)^2_- \cdot S(Z_-|Y''|) = (1/Z)_- \cdot S(|Y''|)$ est dans $\underline{\underline{A}}_{loc}(P)$, donc a-fortiori $S(|Y''|) \in \underline{\underline{A}}_{loc}(P)$ et comme $(1/Z')_-$ est localement borné, on en déduit que le processus $B = S(|\Delta Z''|)$ est dans $\underline{\underline{V}}(P)$, donc dans $\underline{\underline{V}}(\tilde{P})$.

Nous allons maintenant montrer qu'en fait $B \in \underline{\underline{A}}_{loc}(\tilde{P})$, et calculer $B^{p,\tilde{P}}$. Soit $B' = S(Z'|\Delta Z''|/Z'_-) = (1/Z')_- \cdot S(|Y''|)$. On a $B' \in \underline{\underline{A}}_{loc}(P)$ et un calcul facile montre que $B' = B + (1/Z')_- \cdot [B, Z']$; (7.28) entraine alors que $B \in \underline{\underline{S}}_p(\tilde{P})$ et que $B - B'^p \in \underline{\underline{L}}(\tilde{P})$ (car $B' - B'^p \in \underline{\underline{L}}(P)$) , si bien que $B \in \underline{\underline{A}}_{loc}(\tilde{P})$ et $B^{p,\tilde{P}} = B'^p$.

Mais d'une part $B = S(|\Delta Z''|)$ et $Z'' \in \underline{\underline{M}}^d_{loc}(\tilde{P})$; d'autre part l'hypothèse implique que

$$B^{p,\tilde{P}} \;=\; B'^p \;=\; (1/Z)_- \cdot S(|Y''|)^p \;\leq\; c .$$

La proposition (2.61) entraine alors que $Z'' \in \underline{\underline{M}}(\tilde{P})$. Par suite

$$E(Z_\infty) \;=\; E(Z'_\infty Z''_\infty) \;=\; E_{\tilde{P}}(Z''_\infty) \;=\; E_{\tilde{P}}(Z''_0) \;=\; E(Z'_0 Z''_0) \;=\; E(Z_0) ,$$

ce qui d'après (7.10) entraine que $Z \in \underline{\underline{M}}(P)$. ∎

Ainsi qu'au §1-b, on peut déduire de ce théorème un corollaire concernant les exponentielles de martingales locales.

(8.30) COROLLAIRE: <u>Soit</u> $N \in \underline{\underline{L}}(P)$ <u>tel que si</u> $T = \inf(t: \Delta N_t = -1)$ <u>on ait</u> $\Delta N > -1$ <u>sur</u> $[\![0,T[\![$. <u>Si l'une des variables</u> $B(1,N,b)^p_T$ (<u>pour</u> $b \in]0,\infty[$), $B(2,N)^p_T$, $B(3,N)^p_T$, <u>ou</u> $B(4,N,b)^p_T$ (<u>pour</u> $b \in]0,1/2]$) <u>est majorée par une constante</u> $c < \infty$, <u>on a</u> $\mathcal{E}(N) \in \underline{\underline{M}}(P)$.

<u>Démonstration</u>. Si $Z = \mathcal{E}(N)$, on a $B(i,N)^{R_n} = (1/Z)^2_- \cdot C(i)^{R_n}$ pour chaque n d'après le lemme (8.6), donc $B(i,N)^T = (1/Z)^2_- \cdot C(i)$ (car $C(i)$ est arrêté en T) et il suffit d'appliquer (8.25). ∎

(8.31) Remarques: 1) Là encore, comme dans la remarque (8.29), le résultat vaut pour $b=0$ et $b=\infty$, pourvu que $B(i,N,b)\in \underline{\underline{A}}_{loc}(P)$.

2) Dans la plupart des références sur le sujet, seul le corollaire (8.30), ou des versions affaiblies de ce corollaire, sont énoncés. On pourrait d'ailleurs assez facilement démontrer le théorème (8.25) à partir de ce corollaire.

3) On voit bien dans ce corollaire en quoi les processus $C(4)$ introduits en (8.3) sont naturels: ils correspondent à des décompositions $N=N'+N''$ en $N'\in \underline{\underline{H}}^2_{o,loc}(P)$ et $N''\in \underline{\underline{L}}(P)\bigcap \underline{\underline{V}}(P)$, et on a $B(4,N)=[N',N']+S(|\Delta N''|)$. ∎

La combinaison des théorèmes (8.11), (8.19) et (8.25) permet de résoudre de nombreux problèmes d'absolue continuité; nous en verrons des exemples, concernant les semimartingales, au chapitre XII . Nous allons dès maintenant traiter l'exemple des processus ponctuels.

§b - Un exemple: les processus ponctuels multivariés. Soit μ, auquel on associe D, β, T_n, un processus ponctuel multivarié $\underline{F}$-optionnel: cf. (3.37). On sait que $\mu\in \tilde{\underline{\underline{A}}}^1_\sigma(P)$ et que $\mu\in \tilde{\underline{\underline{A}}}^1_\sigma(Q)$ pour toutes probabilités P et Q. On note ν et ν' les projections prévisibles duales de μ pour P et Q respectivement, et

$$a_t = \nu(\{t\}\times E), \qquad a'_t = \nu'(\{t\}\times E).$$

On choisira des versions de ν et ν' qui sont $\underline{F}$-prévisibles, et qui vérifient identiquement $a\leq 1$, $a'\leq 1$, $I_{[\![0]\!]}\cdot\nu = I_{[\![T_\infty,\infty[\![}\cdot\nu = I_{[\![0]\!]}\cdot\nu' = I_{[\![T_\infty,\infty]\!]}\cdot\nu' = 0$.

Nous allons montrer deux résultats; le premier est tout-à-fait général, le second suppose des conditions sur la filtration $\underline{F}$.

(8.32) THEOREME: Supposons que $Q \overset{loc}{\ll} P$. Les conditions suivantes sont réalisées: (i) $Q\ll P$ en restriction à $(\Omega,\underline{\underline{F}}_0)$;

(ii) on a $\{a=1\}\subset\{a'=1\}$ à un ensemble Q-évanescent près; il existe $Y\in \tilde{\underline{\underline{P}}}^+(\underline{F})$ telle que $\nu'=Y\cdot\nu$ à un ensemble Q-négligeable près;

(iii) le processus

$$C = (1-\sqrt{Y})^2*\nu + S[(\sqrt{1-a}-\sqrt{1-a'})^2] \tag{8.33}$$

vérifie $Q(C_t<\infty)=1$ pour tout $t\in\mathbb{R}_+$.

Si de plus on a $Q\ll P$ en restriction à $(\Omega,\underline{\underline{F}}_\infty)$, on a $Q(C_\infty<\infty)=1$.

Démonstration. La condition (i) est triviale. L'existence de $Y\in \tilde{\underline{\underline{P}}}^+(\underline{F})$

vérifiant $\nu' = Y\cdot\nu$ Q-p.s. découle de (7.31). L'inclusion $\{a=1\}\subset\{a'=1\}$ à un ensemble Q-évanescent près découle de (7.38). D'après (7.31) encore, on a $M^P_\mu(Z\, I_{]0,\infty[}|\tilde{\underline{\underline{P}}}) = Z_- Y$ et comme $I_{[0]}\cdot\nu = 0$ et $Q(R<\infty)=0$ on voit que le processus C est Q-indistinguable du processus $\tilde{B}(3)$ défini en (8.21).

En appliquant le théorème (8.21) on obtient la dernière assertion de l'énoncé. Comme $Q \ll P$ en restriction à $(\Omega,\underline{\underline{F}}_t)$, on peut appliquer le même théorème en arrêtant tous les processus et mesures aléatoires en $t\in\mathbb{R}_+$, ce qui donne la condition (iii).∎

Le second résultat va faire intervenir la plus petite filtration, soit $\underline{G} = (\underline{\underline{G}}_t)_{t\geq 0}$, qui rende μ optionnelle. Si T est une application: $\Omega \longrightarrow [0,\infty]$, on note μ^T le processus ponctuel multivarié $\mu^T = I_{[0,T]}\cdot\mu$, et soit $\underline{G}^T = (\underline{\underline{G}}^T_t)_{t\geq 0}$ la plus petite filtration rendant μ^T optionnelle.

(8.34) LEMME: <u>On suppose que</u> $\underline{\underline{F}}_t = \underline{\underline{F}}_0 \vee \underline{\underline{G}}_t$ <u>pour tout</u> t, <u>et que</u> $T\in\underline{\underline{T}}(\underline{F})$. <u>On a alors</u> $\underline{\underline{F}}_0\vee\underline{\underline{G}}^T_t = \underline{\underline{F}}_{T\wedge t}$ <u>pour tout</u> t.

<u>Démonstration</u>. L'inclusion $\underline{\underline{F}}_0\vee\underline{\underline{G}}^T_t \subset \underline{\underline{F}}_{T\wedge t}$ est évidente. Inversement soit $B\in\underline{\underline{F}}_{T\wedge t}$. D'après (3.40), et avec la notation $\underline{\underline{H}}(n) = \underline{\underline{F}}_0\vee\sigma(T_m,\beta_{T_m}: m\leq n)$, il existe pour chaque $n\in\overline{\mathbb{N}}$ un $B_n\in\underline{\underline{H}}(n)$ tel que

$$B\cap\{T_n\leq T\wedge t<T_{n+1}\} = B_n\cap\{T_n\leq T\wedge t<T_{n+1}\} \quad \text{si } n\in\mathbb{N}$$

$$B\cap\{T_\infty\leq T\wedge t\} = B_\infty\cap\{T_\infty\leq T\wedge t\}.$$

Soit par ailleurs $(T'_m,\beta'_{T'_m})$ les "points" du processus ponctuel multivarié μ^T: on a $T'_n = (T_n)_{\{T_n\leq T\}}$ et $\beta'_{T'_n} = \beta_{T'_n}$, donc si $\underline{\underline{H}}'(n) = \underline{\underline{F}}_0\vee\sigma(T'_m,\beta'_{T'_m}: m\leq n)$ il est immédiat de constater que $\underline{\underline{H}}'(n)\cap\{T_n\leq T\} = \underline{\underline{H}}(n)\cap\{T_n\leq T\}$, car sur $\{T_n\leq T\}$ on a $T'_n = T_n$ et $\beta'_{T'_n} = \beta_{T_n}$. Comme on a aussi $\{T_n\leq T\wedge t<T_{n+1}\} = \{T'_n\leq t<T'_{n+1}\}$ et $\{T_\infty\leq T\wedge t\} = \{T'_\infty\leq t\}$, il vient

$$B\cap\{T'_n\leq t<T'_{n+1}\} = B'_n\cap\{T'_n\leq t<T'_{n+1}\}, \quad B\cap\{T'_\infty\leq t\} = B'_\infty\cap\{T'_\infty\leq t\},$$

où on choisit $B'_n\in\underline{\underline{H}}'(n)$ de sorte que $B'_n\cap\{T_n\leq T\} = B_n\cap\{T_n\leq T\}$. Mais (3.39) implique alors que $B\in\underline{\underline{F}}_0\vee\underline{\underline{G}}^T_t$, d'où le résultat.∎

(8.35) THEOREME: <u>Si</u> $\underline{G}$ <u>est la plus petite filtration rendant</u> μ <u>optionnelle, on suppose que</u> $\underline{\underline{F}}^P_t = \underline{\underline{F}}^P_0\vee\underline{\underline{G}}_t$ <u>et</u> $\underline{\underline{F}}^Q_t = \underline{\underline{F}}^Q_0\vee\underline{\underline{G}}_t$ <u>pour tout</u> $t\in\mathbb{R}_+$.

(a) <u>Pour que</u> $Q \overset{loc}{\ll} P$ <u>il faut et il suffit qu'on ait les conditions (i), (ii) et (iii) de (8.32)</u>.

(b) <u>Pour que</u> $Q\ll P$ <u>en restriction à</u> $(\Omega,\underline{\underline{F}}_\infty)$ <u>il faut et il suffit qu'on ait les conditions (i) et (ii) de (8.32), et que</u> $Q(C_\infty<\infty)=1$.

(c) <u>Supposons que</u> $Q\overset{loc}{\ll}P$. <u>Soit</u> $Z_0 = \frac{dQ}{dP}\Big|_{\underline{\underline{F}}_0}$, $S_n = \inf(t: C_t\geq n)$,

$W = Y - \frac{1-a'}{1-a} I_{\{a<1\}}$, <u>et</u> $T = \inf(t: W(t,\beta_t) I_D(t) - \hat{W}_t = -1)$. <u>Chaque</u> $W I_{[\![0,S_n]\!]}$ <u>est dans</u> $G^1_{loc}(\mu,P)$, <u>et le processus densité</u> Z <u>de</u> Q <u>par rapport à</u> P <u>est donné par</u>

$$(8.36) \qquad Z_t = \begin{cases} Z_0 \mathcal{E}[W I_{[\![0,S_n]\!]} * (\mu - \nu)]_t & \underline{si} \quad t \leq S_n \\ 0 & \underline{si} \quad t \geq \lim_{(n)} \uparrow S_n . \end{cases}$$

<u>Enfin, on a les équivalences:</u>

(i) $Q \ll P$ <u>en restriction à</u> $(\Omega, \underline{\underline{F}}_\infty) \iff Q(C_\infty < \infty) = 1$;

(ii) $P \ll Q$ <u>en restriction à</u> $(\Omega, \underline{\underline{F}}_\infty) \iff P(C_\infty < \infty, T = \infty) = 1$;

(iii) P <u>et</u> Q <u>sont étrangères en restriction à</u> $(\Omega, \underline{\underline{F}}_\infty) \iff Q(C_\infty < \infty) = 0 \iff P(C_\infty < \infty, T = \infty) = 0$.

Dans ce théorème, ν , ν' et Y sont $\underline{F}$-prévisibles, donc C également. Plus généralement, le résultat resterait valide pour des versions $\underline{F}^{\pi}$-prévisibles, où $\pi = (P+Q)/2$, mais <u>pas</u> en général pour des versions $\underline{F}^P$- et $\underline{F}^Q$-prévisibles.

L'énoncé implique en particulier que (8.36) définit Z de manière unique, bien qu'on puisse avoir $S_m = \lim_{(n)} \uparrow S_n < \infty$ pour un $m \in \mathbb{N}$.

L'ensemble de ces deux théorèmes constitue un peu le prototype de la situation rencontrée dans les problèmes d'absolue continuité:

- on obtient des conditions nécessaires sans hypothèses particulières,
- ces conditions sont suffisantes, et simultanément on obtient une expression de la densité Z , lorsque les probabilités P et Q sont déterminées de manière unique par les caractéristiques du problème (les hypothèses de (8.35) impliquent en effet d'après (3.42) que P et Q sont "uniques" sur $(\Omega, \underline{\underline{F}}_\infty)$).

<u>Démonstration</u>. (a) La condition nécessaire découle de (8.32). Supposons inversement qu'on ait les conditions (i), (ii) et (iii) de (7.32). Quitte à modifier ν' sur un ensemble Q-négligeable, on peut supposer que $\nu' = Y \cdot \nu$ et $\{a=1\} \subset \{a'=1\}$ identiquement, de sorte que $W = Y - \frac{1-a'}{1-a}$ (avec $0/0 = 0$). Z désigne le processus densité de Q par rapport à P , et on lui associe R, R_n, A par (8.2). On a $E(Z_0) = 1$ d'après (i).

Le processus C est prévisible à trajectoires croissantes. Soit $S_n = \inf(t: C_t \geq n)$ et $S = \lim_{(n)} \uparrow S_n$. Comme $\{S_n < t\} = \{C_t \geq n\}$ on a $S_n \in \underline{\underline{T}}(\underline{F})$ On a $C_0 = 0$ et

$$C_{S_n} \leq n + \overbrace{(1-\sqrt{Y})^2_{S_n} + (\sqrt{1-a_{S_n}} - \sqrt{1-a'_{S_n}})^2}$$
$$\leq n + 2(a_{S_n} + \hat{Y}_{S_n} + 1 - a_{S_n} + 1 - a'_{S_n}) = n + 3$$

car $\hat{1} = a$ et $\hat{Y} = a'$. Remarquons que C est continu à droite, sauf en S sur l'ensemble $\bigcup_{(n)}\{S_n = S<\infty\}$. Par ailleurs $\hat{W} = \frac{\hat{Y}-a}{1-a}$ et $W - \hat{W} = Y - 1$, donc

$$C^{S_n} = (1-\sqrt{1+W-\hat{W}})^2 I_{[\![0,S_n]\!]}*\nu + S[(1-a)(1-\sqrt{1-\hat{W}})^2 I_{[\![0,S_n]\!]}]$$

par un calcul simple. (3.68) implique alors que $WI_{[\![0,S_n]\!]} \in G^1_{loc}(\mu,P)$. On pose $M(n) = WI_{[\![0,S_n]\!]}*(\mu-\nu)$ et $Z(n) = Z_0\mathcal{E}[M(n)]$. Comme $Y \geq 0$, on a $\Delta M(n) \geq -1$, donc $Z(n)$ est un élément positif de $\underline{\underline{M}}_{loc}(P)$. De plus (5.15) montre que $C^{S_n} = B(3,M(n))^p$ et, ce processus étant majoré par $n+3$, (8.30) implique que $\mathcal{E}[M(n)]$, donc $Z(n)$, sont dans $\underline{\underline{M}}(P)$. Enfin comme $Z(n) \in \underline{\underline{M}}(P)$ on a $E(Z(n)_\infty) = E(Z_0) = 1$, si bien que la formule $Q^n = Z(n)_\infty \cdot P$ définit une probabilité sur $(\Omega,\underline{\underline{F}})$, qui admet $Z(n)$ pour processus densité par rapport à P.

D'une part Q^n et Q coïncident sur $(\Omega,\underline{\underline{F}}_0)$. D'autre part $\Delta M(n)I_D = (Y(.,\beta.)-1)I_{D\cap[\![0,S_n]\!]}$ par construction, donc $M^P_\mu(Z(n)|\tilde{\underline{\underline{P}}}) = (Z_0 I_{[\![0]\!]} + Z(n)_-)(YI_{[\![0,S_n]\!]} + I_{]\!]S_n,\infty[\![})$ et (7.31) implique que la projection prévisible duale de μ pour Q^n est $(YI_{[\![0,S_n]\!]} + I_{]\!]S_n,\infty[\![})\cdot\nu$. Par suite $I_{[\![0,S_n]\!]}\cdot\mu$ admet $YI_{[\![0,S_n]\!]}\cdot\nu = I_{[\![0,S_n]\!]}\cdot\nu'$ pour projection prévisible duale, relativement à Q^n et à Q. L'hypothèse et le lemme (7.34) entrainent que $\underline{\underline{F}}^Q_{t\wedge S_n} = \underline{\underline{F}}^Q_0 \vee \underline{\underline{G}}^{S_n}_t$ et $\underline{\underline{F}}^P_{t\wedge S_n} = \underline{\underline{F}}^P_0 \vee \underline{\underline{G}}^{S_n}_t$, donc aussi $\underline{\underline{F}}^{Q^n}_{t\wedge S_n} = \underline{\underline{F}}^{Q^n}_0 \vee \underline{\underline{G}}^{S_n}_t$. Le théorème d'unicité (3.42) implique alors que Q^n et Q coïncident sur $(\Omega,\underline{\underline{F}}_{S_n})$. Donc $Q \ll P$ sur $(\Omega,\underline{\underline{F}}_{S_n})$ et comme S_n croît Q-p.s. vers $+\infty$ d'après l'hypothèse (8.33,iii), (7.13) entraine que $Q \overset{loc}{\ll} P$.

(b) Cette assertion découle de (a) et de l'équivalence (c,(i)) que nous démontrons ci-dessous.

(c) Supposons que $Q \overset{loc}{\ll} P$, donc $Z \in \underline{\underline{M}}_{loc}(P)$. On a $M^P_\mu(\Delta Z I_{]\!]0,\infty[\![}|\tilde{\underline{\underline{P}}}) = Z_-(Y-1)$ d'après (7.31). Le théorème (3.75) entraine alors que $Z_-W \in G^1_{loc}(\mu,P)$, c'est-à-dire d'après (3.68) que

$$\tilde{C} = Z_-^2(1-\sqrt{Y})^2*\nu + S[Z_-^2(\sqrt{1-a} - \sqrt{1-a'})^2]$$

est dans $\underline{\underline{A}}_{loc}(P)$. On a donc $C = (1/Z)^2_-\cdot\tilde{C}$ sur l'ensemble $\{Z_->0\}$ et C est fini sur cet ensemble, ce qui entraine l'inclusion $A \subset \bigcup_{(n)}[\![0,S_n]\!]$ (P+Q)-presque sûre. La coïncidence de Q^n et Q sur $(\Omega,\underline{\underline{F}}_{S_n})$ entraine l'égalité $Z^{S_n} = Z(n)$, tandis que $Z=0$ sur A^c par définition de l'ensemble A : la densité Z est donc bien donnée par la formule (8.36).

Cette formule implique en particulier que $Z^{S_n} = Z_0 + Z_-WI_{[\![0,S_n]\!]}*(\mu-\nu)$ pour chaque n, donc (8.8) entraine que $\tilde{C} = C(3)^p$ sur $\bigcup_{(n)}[\![0,S_n]\!]$, donc sur A. Par suite $(1/Z)^2_-\cdot C(3)^p = C$ sur A (toutes ces égalités sont (P+Q)-presque sûres). Notons enfin que, toujours d'après (8.36), on a $\{R=\infty\} = \{T=S=\infty\}$, donc $\{R=\infty, (1/Z)^2_-\cdot C(3)^p_\infty < \infty\} = \{T=\infty, C_\infty<\infty\}$.

Les équivalences (i), (ii) et (iii) découlent alors des théorèmes (8.11) et (8.19) (le processus B intervenant dans (8.11) est nul ici, car $Z\in \underline{\underline{M}}_{loc}(P)$). ∎

Dans certains cas, on peut même se dispenser de calculer le processus C : par exemple lorsque le processus ponctuel n'a qu'un nombre fini de points dans tout intervalle fini, comme le montre le corollaire suivant.

(8.37) COROLLAIRE: (a) <u>On a les équivalences</u>: $P(T_\infty = \infty) = 1 \Longleftrightarrow P(1*\nu_t<\infty) = 1$ <u>pour tout</u> $t\in\mathbb{R}_+$, <u>et</u> $Q(T_\infty=\infty) = 1 \Longleftrightarrow Q(1*\nu'_t<\infty) = 1$ <u>pour tout</u> $t\in\mathbb{R}_+$.

(b) <u>On se place sous les hypothèses de (8.35), et on suppose que</u> $P(T_\infty=\infty) = Q(T_\infty=\infty) = 1$. <u>Pour que</u> $Q \overset{loc}{\ll} P$ <u>il faut et il suffit qu'on ait les conditions (i) et (ii) de (8.32), et que</u> $Q(1*\nu_t<\infty) = 1$ <u>pour tout</u> $t\in\mathbb{R}_+$.

<u>Démonstration</u>. (a) Il suffit de montrer par exemple la première équivalence. Mais comme $\Delta(1*\mu)\leq 1$, on a la série d'équivalences: $P(T_\infty=\infty) = 1$ $\Longleftrightarrow 1*\mu\in \underline{\underline{V}}(P) \Longleftrightarrow 1*\mu\in \underline{\underline{A}}_{loc}(P) \Longleftrightarrow 1*\nu\in \underline{\underline{A}}_{loc}(P) \Longleftrightarrow 1*\nu\in \underline{\underline{V}}(P)$.

(b) Pour la condition nécessaire on utilise (8.32) et le fait que $P(1*\nu_t<\infty) = 1$ implique $Q(1*\nu_t<\infty) = 1$ si $Q\ll P$ sur $(\Omega,\underline{\underline{F}}_t)$. Pour la condition suffisante il suffit, d'après le théorème précédent, de montrer l'inclusion Q-presque sûre $\{1*\nu_t<\infty\}\subset\{C_t<\infty\}$. Mais si $B = \{a\leq 1/2\}\bigcap\{a'\leq 1/2\}$ on a la majoration

$$C \leq 2(1+Y)*\nu + 2\,S(I_{B^c}) + S[I_B(\sqrt{1-a}-\sqrt{1-a'})^2].$$

Sur l'ensemble $\{1*\nu_t<\infty, 1*\nu'_t<\infty\}$ les deux premeirs termes su second membre ci-dessus sont finis en t (car l'ensemble $B^c\bigcap[0,t]$ est fini). Il est facile de vérifier l'existence d'une constante c telle que

$$(\sqrt{1-a}-\sqrt{1-a'})^2 \leq c\,(a+a') \qquad \text{sur } B,$$

et $S(a+a')\leq 1*\nu+1*\nu'$. Par suite $\{1*\nu_t<\infty, 1*\nu'_t<\infty\}\subset\{C_t<\infty\}$, d'où le résultat. ∎

Nous verrons en exercices (8.6 à 8.9) d'autres corollaires de (8.35).

§c - <u>Un critère prévisible intégrable</u>. Dans les deux paragraphes suivants nous allons donner des critères intégrables. Il s'agit de résultats moins importants que ceux du §a.

Nous supposons toujours que Z est un élément positif de $\underline{\underline{M}}_{loc}(P)$, et nous posons:

$$(8.38) \qquad B = \frac{1}{2}(1/Z)^2_-\bullet\langle Z^c,Z^c\rangle + S[(Z\,\mathrm{Log}\,\frac{Z}{Z_-} - \Delta Z)(1/Z)_-]$$

(avec les conventions usuelles $0/0=0$, $\mathrm{Log}\,0=-\infty$, $0\times\infty=0$). On a

$$(Z\,\mathrm{Log}\,\frac{Z}{Z_-}-\Delta Z)(1/Z)_- = [(1+\frac{\Delta Z}{Z_-})\mathrm{Log}(1+\frac{\Delta Z}{Z_-})-\frac{\Delta Z}{Z_-}]I_{\{Z_->0\}} \geq 0,$$

donc le processus B ainsi défini est croissant.

Notre objectif est de montrer le résultat suivant.

(8.39) THEOREME: <u>Si le processus</u> B <u>donné par (8.38) est dans</u> $\underline{\underline{A}}_{loc}(P)$ <u>et si</u> $E(\exp B^p_\infty)<\infty$, <u>on a</u> $Z\in\underline{\underline{M}}(P)$.

Nous allons commencer par démontrer plusieurs lemmes. Soit $r\in]0,1[$.

(8.40) LEMME: <u>Il existe un processus prévisible positif décroissant</u> $F(r)$ <u>vérifiant</u> $F(r)_0=1$, <u>et une surmartingale positive</u> $\tilde{Z}(r)$ <u>qui appartient à</u> $\underline{\underline{M}}^A_{loc}(P)$, <u>tels que</u> $Z^r=\tilde{Z}(r)F(r)$.

<u>Démonstration</u>. On sait d'après (5.17) que Z est une surmartingale positive, donc il en est de même de Z^r d'après l'inégalité de Jensen. Soit $C=C(1/^p(Z^r))$: d'après (6.28) on a $[\![0,R[\![\subset C\subset A$, donc $A\setminus C$ est le graphe d'un temps prévisible T (puisque A et C sont dans $\underline{\underline{P}}$). Mais $Z_T=0$ sur $\{T<\infty\}$ car $T\geq R$, donc $(^pZ)_T\doteq Z_{T-}\doteq 0$ sur $\{T<\infty\}$, ce qui contredit le fait que $[\![T]\!]\subset A$, sauf si $P(T<\infty)=0$. Par suite on a $C=A$.

Le théorème (6.31) entraine l'existence d'une décomposition multiplicative $Z^r=LD$ sur A, où $L\in\underline{\underline{M}}^A_{loc}(P)$, $L\geq 0$, $L_0=1$, et D est un élément positif de $(\underline{\underline{P}}\cap\underline{\underline{V}})^A$. Comme Z^r est une surmartingale, le raisonnement fait dans la preuve de (6.19,c) montre que D est décroissant sur A. Le processus

$$F(r) = ((D/Z^r_0)I_{\{Z_0>0\}}+I_{\{Z_0=0\}})I_A$$

est alors prévisible, décroissant, nul sur A^c, égal à 1 à l'origine. Comme $E(Z^r_0)<\infty$, le processus $Z(r)=Z^r_0L$ est encore un élément de $\underline{\underline{M}}^A_{loc}(P)$, et le processus $\tilde{Z}(r)$ associé à $Z(r)$ par (5.7) est une surmartingale positive d'après (5.17), appartenant encore à $\underline{\underline{M}}^A_{loc}(P)$. Enfin on a $Z^r=\tilde{Z}(r)F(r)$ sur A d'après la définition des processus $\tilde{Z}(r)$ et $F(r)$, et également sur A^c puisqu'alors $Z^r=F(r)=0$. ∎

(8.41) LEMME: <u>Si</u> $B\in\underline{\underline{A}}_{loc}(P)$, <u>chaque processus</u> $Y^n=(Z^r\exp(1-r)B^p)^{R_n}$ <u>est une sousmartingale locale</u>.

<u>Démonstration</u>. On va appliquer (2.54) à $F(x,y)=x^r\exp(1-r)y$, avec $Y^n=F(Z^{R_n},(B^p)^{R_n})$. Il vient $Y^n\in\underline{S}(P)$, et on a (sur $[\![0,R_n]\!]$ donc partout, car les processus sont arrêtés en R_n):

$$Y^n = Z_0^r + r(Y^n/Z)_-\bullet Z^{R_n} + (1-r)Y^n_-\bullet B^p + \frac{r(r-1)}{2}(Y^n/Z^2)_-\bullet\langle Z^c,Z^c\rangle^{R_n}$$
$$+ S[Y^n_-\{(Z/Z_-)^r e^{(1-r)\,B^p} - 1 - r\frac{\Delta Z}{Z_-} - (1-r)\Delta B^p\}].$$

En utilisant (8.38) on obtient

$$Y^n = Z_0^r + Y^n_-\bullet[r(1/Z)_-\bullet Z^{R_n} + (1-r)(B^p-B)^{R_n} + (1-r)(1/Z)_-\bullet[Z,B^p]^{R_n}]$$
$$+ \frac{(1-r)^2}{2}(1/Z)^2_-\bullet\langle Z^c,Z^c\rangle^{R_n} + S((f(\frac{Z}{Z_-},\Delta B^p)I_{]\!]0,R_n]\!]}),$$

où f est la fonction

$$f(x,y) = x^r e^{(1-r)y} - x + (1-r)\,x\operatorname{Log} x - (1-r)xy$$

(avec $x\operatorname{Log}x=0$ si $x=0$). Nous laissons au lecteur le soin de vérifier que $f(x,y)\geq 0$ si $x\geq 0$ et $y\geq 0$. On en déduit que Y^n est la somme de Z_0^r, plus une martingale locale (on a $[Z,B^p]\in \underline{\underline{L}}(P)$ d'après (2.53)), plus un processus croissant C. De plus Y^n est le produit d'une surmartingale positive, par un élément de $\underline{\underline{P}}\cap\underline{\underline{V}}(P)$ qui vaut 1 en $t=0$, donc qui est localement borné: par suite Y^n est localement intégrable, donc appartient à $\underline{\underline{S}}_p(P)$, et (2.15) implique que $C\in\underline{\underline{A}}_{loc}(P)$: il est alors facile d'en déduire que Y^n est une sousmartingale locale.∎

(8.42) LEMME: <u>Si</u> $B\in\underline{\underline{A}}_{loc}(P)$ <u>on a</u> $Z^r\leq\widetilde{Z}(r)\leq Z^r e^{(1-r)B^p}$.

<u>Démonstration</u>. La première égalité découle de $Z^r=\widetilde{Z}(r)F(r)$ et de ce que $F(r)$ est décroissant et vérifie $F(r)_0=1$. Par ailleurs la formule $Y^n=\widetilde{Z}(r)^{R_n}(F(r)\exp(1-r)B^p)^{R_n}$ constitue une décomposition multiplicative de la sousmartingale locale Y^n et on montre comme en (6.19,c) que le processus $(e^{(1-r)B^p}F(r))^{R_n}$ est croissant, donc minoré par 1. Par suite $Y^n\geq\widetilde{Z}(r)^{R_n}$. Comme $(Z^r e^{(1-r)B^p})_t=\lim_{(n)} Y^n_t$ et $\widetilde{Z}(r)_t=\lim\inf_{(n)}\widetilde{Z}(r)^{R_n}_t$ par définition de $\widetilde{Z}(r)$, on obtient la seconde inégalité.∎

(8.43) LEMME: <u>Si</u> $B\in\underline{\underline{A}}_{loc}(P)$ <u>et</u> $E(e^{B^p_\infty})<\infty$, <u>on a</u> $\widetilde{Z}(r)\in\underline{\underline{M}}(P)$.

<u>Démonstration</u>. Soit $S_n=\inf(t: B^p_t\geq n)$, et (T_n) une suite croissante de temps d'arrêt telle que $\widetilde{Z}(r)^{T_n}\in\underline{\underline{M}}(P)$, $T_n\leq n$ et $A=\bigcup_{(n)}[\![0,T_n]\!]$. On a

$$E(\widetilde{Z}(r)_0) = E(\widetilde{Z}(r)_{T_m\wedge S_n}) = E(\widetilde{Z}(r)_{T_m}I_{\{T_m<S_n\}}) + E(\widetilde{Z}(r)_{S_n}I_{\{T_m\geq S_n\}}).$$

Comme $\widetilde{Z}(r)$ et B^p sont constants sur A^c on a $[\![S_n]\!]\subset A$ et $\widetilde{Z}(r)_{T_m}I_{\{T_m<S_n\}}$ et $\widetilde{Z}(r)_{S_n}I_{\{T_m\geq S_n\}}$ convergent respectivement quand $m\uparrow\infty$ vers $\widetilde{Z}(r)_{S_n}I_{\{S_n=\infty\}}$ et $\widetilde{Z}(r)_{S_n}I_{\{S_n<\infty\}}$. La seconde convergence a lieu dans L^1 d'après le théorème de Lebesgue. Si on montre que la première convergence a également lieu dans L^1, on en déduira que $E(\widetilde{Z}(r)_{S_n})=E(\widetilde{Z}(r)_0)$.

Mais on a $(\widetilde{Z}(r)_t I_{\{t<S_n\}})^{1/r}\leq Z_t\, e^{n(1-r)/r}$ d'après (8.42), donc

$$\sup_{(m)} E[(\tilde{Z}(r)_{T_m} I_{\{T_m < S_n\}})^{1/r}] \leq e^{n(1-r)/r} ,$$

ce qui implique de manière classique (voir l'exercice 1.12) que, puisque $r<1$, la suite $(\tilde{Z}(r)_{T_m} I_{\{T_m < S_n\}})_{m\in\mathbb{N}}$ est uniformément intégrable, donc la première convergence ci-dessus a bien lieu dans L^1.

On a donc montré que $E(\tilde{Z}(r)_{S_n}) = E(\tilde{Z}(r)_0)$, et on en déduit que

$$\begin{aligned} E(\tilde{Z}(r)_\infty) &= E(\tilde{Z}(r)_0) + E(\tilde{Z}(r)_\infty I_{\{S_n<\infty\}}) - E(\tilde{Z}(r)_{S_n} I_{\{S_n<\infty\}}) \\ &\geq E(\tilde{Z}(r)_0) - E(\tilde{Z}(r)_{S_n} I_{\{S_n<\infty\}}) . \end{aligned}$$

Par ailleurs

$$E(\tilde{Z}(r)_{S_n} I_{\{S_n<\infty\}}) \leq E(Z^r_{S_n} I_{\{S_n<\infty\}} \exp(1-r)B^p_{S_n})$$

d'après (8.42). L'inégalité de Hölder, avec $p = 1/r$ et $q = 1/(1-r)$, donc $1/p + 1/q = 1$, conduit à

$$E(\tilde{Z}(r)_{S_n} I_{\{S_n<\infty\}}) \leq E(Z_{S_n})^r E(I_{\{S_n<\infty\}} \exp B^p_{S_n})^{1-r} \leq E(I_{\{S_n<\infty\}} \exp B^p_\infty)^{1-r}$$

car $E(Z_{S_n}) \leq E(Z_0)$ puisque Z est une surmartingale positive. L'hypothèse implique que $B^p_\infty < \infty$, donc $\bigcap_{(n)}\{S_n<\infty\} \stackrel{.}{=} \emptyset$ et le théorème de Lebesgue entraine que l'expression précédente tend vers 0 quand $n\uparrow\infty$. Par suite $E(\tilde{Z}(r)_\infty) \geq E(\tilde{Z}(r)_0)$, ce qui n'est possible, puisque $\tilde{Z}(r)$ est une surmartingale positive, que si cette inégalité est une égalité. L'appartenance de $\tilde{Z}(r)$ à $\underline{\underline{M}}(P)$ découle alors de (7.10).■

<u>Démonstration de (8.39)</u>. Posons $X = \operatorname{Log} Z - B^p$, avec $\operatorname{Log} 0 = -\infty$. D'après le lemme (8.42) on a les inégalités

$$\tilde{Z}(r) \leq e^{rX + B^p} , \qquad \tilde{Z}(r) \leq Z e^{-(1-r)X}$$

(la seconde inégalité provient de ce que $Z = e^{X + B^p}$). Soit $T_n = \inf(t\colon X_t \leq -n)$. Il vient alors

$$\tilde{Z}(r)_{T_n} \leq e^{-rn} e^{B^p_\infty} I_{\{T_n<\infty\}} + Z_\infty e^{(1-r)n} I_{\{T_n=\infty\}} \leq e^{B^p_\infty} + Z_\infty e^n ,$$

qui ne dépend pas de r et est intégrable par hypothèse. Donc la famille $(\tilde{Z}(r)_{T_n})_{r\in]0,1[}$ est uniformément intégrable. Le lemme (8.42) entraine que $\tilde{Z}(r)_{T_n}$ tend P-p.s., donc dans L^1 d'après l'uniforme intégrabilité, vers Z_{T_n} quand $r\uparrow 1$. Comme $E(\tilde{Z}(r)_{T_n}) = E(\tilde{Z}(r)_0) = E(Z^r_0)$ tend vers $E(Z_0)$ quand $r\uparrow 1$, on en déduit que $E(Z_{T_n}) = E(Z_0)$. Par suite on a

$$E(Z_\infty) = E(Z_0) + E(Z_{T_n} I_{\{T_n<\infty\}}) - E(Z_{T_n} I_{\{T_n<\infty\}}) \geq E(Z_0) - E(Z_{T_n} I_{\{T_n<\infty\}}) .$$

Mais

$$E(Z_{T_n} I_{\{T_n<\infty\}}) \leq E(e^{-n} e^{B^p_\infty} I_{\{T_n<\infty\}}) \leq e^{-n} E(e^{B^p_\infty})$$

tend vers 0 quand $n\uparrow\infty$, donc $E(Z_\infty) \geq E(Z_0)$. Comme Z est une surmartingale positive, ceci n'est possible que si cette inégalité est une égalité, et le résultat découle de (7.10).∎

(8.44) COROLLAIRE: <u>On suppose que</u> Z <u>s'écrit</u> $Z = Z_0 + Z^c + Z_-W*(\mu - \nu)$, <u>où</u> $\mu \in \underline{\underline{\tilde{A}}}^1_\sigma(P)$, $\nu = \mu^p$ <u>et</u> $Z_-W \in G^1_{loc}(\mu,P)$. <u>Si</u>

$$E\{\exp[\tfrac{1}{2}(1/Z)^2_- <Z^c,Z^c>_\infty + [(1+W-\hat{W})\mathrm{Log}(1+W-\hat{W}) - W + \hat{W}]*\nu_\infty + S[(1-a)((1-\hat{W})\mathrm{Log}(1-\hat{W}) + \hat{W})]_\infty]\} < \infty,$$

<u>on a</u> $Z \in \underline{\underline{M}}(P)$.

<u>Démonstration</u>. Il suffit de remarquer que

$$B = \tfrac{1}{2}(1/Z)^2_-\cdot<Z^c,Z^c> + [(1+W-\hat{W})\mathrm{Log}(1+W-\hat{W}) - W + \hat{W}]*\mu + S[((1-\hat{W})\mathrm{Log}(1-\hat{W}) + \hat{W})I_{D^c\cap J}]$$

et d'appliquer (3.67).∎

Voici enfin le corollaire habituel, relatif aux exponentielles de martingales.

(8.45) COROLLAIRE: <u>Soit</u> $N \in \underline{\underline{L}}(P)$ <u>tel que si</u> $T = \inf(t: \Delta N_t = -1)$ <u>on ait</u> $\Delta N > -1$ <u>sur</u> $[\![0,T[\![$. <u>Soit</u>

$$B = \tfrac{1}{2}<N^c,N^c>^T + S[((1+\Delta M)\mathrm{Log}(1+\Delta M) - \Delta M)I_{]\!]0,T]\!]}].$$

<u>Si</u> $B \in \underline{\underline{A}}_{loc}(P)$ <u>et si</u> $E(\exp B^p_T) < \infty$, <u>on a</u> $\mathcal{E}(N) \in \underline{\underline{M}}(P)$.

<u>Démonstration</u>. Il suffit de remarquer que le processus ci-dessus coïncide avec le processus B associé à $Z = \mathcal{E}(N)$ par (8.38).∎

<u>§d - Un critère optionnel intégrable</u>. Nous allons montrer un dernier théorème, qui est relatif aux martingales locales <u>strictement</u> positives. On pose

(8.46) $$C = \tfrac{1}{2}(1/Z)^2_-\cdot<Z^c,Z^c> + S[(\mathrm{Log}\,\frac{Z}{Z_-} - \frac{\Delta Z}{Z})I_{]\!]0,\infty[\![}],$$

ce qui définit un processus croissant, car $\mathrm{Log}Z/Z_- = \mathrm{Log}(1+\Delta Z/Z_-) \geq \Delta Z/Z = \Delta Z/(Z_- + \Delta Z)$ sur $]\!]0,R[\![$ et ici on a $R = \infty$ par hypothèse (on peut même montrer que $C \in \underline{\underline{V}}(P)$).

(8.47) THEOREME: <u>Soit</u> Z <u>un élément strictement positif de</u> $\underline{\underline{M}}_{loc}(P)$, <u>et</u> C <u>défini par (8.46). Si</u> $E(\exp C_\infty) < \infty$, <u>on a</u> $Z \in \underline{\underline{M}}(P)$.

<u>Démonstration</u>. Soit $N = (1/Z)_-\cdot Z$ (cette fois-ci, Z ne s'annule pas, $(1/Z)_-$ est localement borné, et N est bien défini). On a $N \in \underline{\underline{L}}(P)$, $Z^c = Z_-\cdot N^c$, $\Delta Z = Z_-\Delta N$ sur $]\!]0,\infty[\![$ et $Z = Z_0\mathcal{E}(N)$. Posons $\tilde{Z}'(r) = Z_0^r\mathcal{E}(rN)$, pour $r \in]0,1[$: comme Z_0^r est intégrable, on a encore $\tilde{Z}'(r) \in \underline{\underline{M}}_{loc}(P)$. Par ailleurs, il est facile de vérifier les inégalités:

$$r\,\mathrm{Log}(1+x) \leq \mathrm{Log}(1+rx) \leq \mathrm{Log}(1+x) - (1-r)\frac{x}{1+x}$$

si $x > -1$. Comme $\Delta N > -1$, si l'on se reporte aux formules explicites donnant les exponentielles $\mathcal{E}(N)$ et $\mathcal{E}(rN)$, on en déduit facilement les inégalités:

$$Z^r \leq \widetilde{Z}'(r) \leq Z^r e^{(1-r)C} .$$

Il suffit alors de remplacer $\widetilde{Z}(r)$ par $\widetilde{Z}'(r)$ et B^p par C dans (8.43) pour obtenir que $\widetilde{Z}'(r) \in \underline{\underline{M}}(P)$, puis de recopier la preuve de (8.39) pour obtenir que $Z \in \underline{\underline{M}}(P)$. ∎

Cette fois-ci, le corollaire suivant est en fait strictement équivalent au théorème lui-même.

(8.48) COROLLAIRE: <u>Soit</u> $N \in \underline{\underline{L}}(P)$ <u>tel que</u> $\Delta N > -1$ <u>identiquement. Soit</u>

$$C = \frac{1}{2}\langle N^c, N^c\rangle + S(\mathrm{Log}(1+\Delta N) - \frac{\Delta N}{1+\Delta N}) .$$

<u>Si</u> $E(\exp C_\infty) < \infty$ <u>on a</u> $\mathcal{E}(N) \in \underline{\underline{M}}(P)$.

(8.49) <u>Remarques</u>: 1) Les théorèmes (8.39) et (8.47) sont très semblables par leurs démonstrations. Les processus B et C intervenant dans leurs énoncés ont des rapports étroits. On peut en effet montrer (exercice 8.11) que si Z est un élément strictement positif de $\underline{\underline{M}}(P)$, auquel on associe B et C par (8.37) et (8.46), et si $Q = Z_\infty \cdot P$ (supposer que $E(Z_0) = 1$ pour simplifier), si enfin $C \in \underline{\underline{A}}_{loc}(Q)$, alors on a $C^{p,Q} = B^p$.

2) Les théorèmes (8.39) et (8.47) sont "optimaux" dans le sens où on ne peut pas remplacer $E(\exp B^p_\infty) < \infty$ (resp. $E(\exp C_\infty) < \infty$) par $E(\exp(1-\varepsilon)B^p_\infty) < \infty$ (resp. $E(\exp(1-\varepsilon)C_\infty) < \infty$), pour aucun $\varepsilon > 0$: voir les exercices 8.12 à 8.14.

3) Nous proposons dans les exercices 8.15 et suivants des exemples montrant que les théorèmes (8.25), (8.39) et (8.47) ne se réduisent pas mutuellement les uns aux autres. ∎

<u>EXERCICES</u>

8.5 - En reprenant la démonstration de (8.28), montrer qu'on a non seulement $\sup_{(t)} E(Z_t^2) \leq e^{2c} E(Z_0^2)$, mais $\sup_{(t)} E(Z_t^2) \leq e^c E(Z_0^2)$.

8.6 - Le paragraphe b fait usage du processus C, qui est en relation avec le processus $C(3)$ donné par (8.3). Donner des énoncés relatifs à des processus construits à partir de $C(1)$ et de $C(2)$.

8.7 - Soit μ un processus ponctuel multivarié, et $\nu = \mu^p$. Montrer que $\{1*\mu_\infty < \infty\} = \{1*\nu_\infty < \infty\}$ P-p.s.

8.8 - On se place sous les hypothèses de (8.35) et on suppose que $P(1*\mu_\infty < \infty) = Q(1*\mu_\infty < \infty) = 1$. Montrer que $Q \ll P$ en restriction à $(\Omega, \underline{\underline{F}}_\infty)$ si et seulement si on a les conditions (i) et (ii) de (8.32), et $Q(1*\nu_\infty < \infty) = 1$.

8.9 - On se place sous les hypothèses de (8.35), et on suppose que les conditions (i) et (ii) de (8.32) sont remplies et que $P(1*\mu_\infty < \infty) = 1$. Montrer que P et Q sont étrangères en restriction à $(\Omega, \underline{\underline{F}}_\infty)$ si et seulement si $Q(1*\nu_\infty < \infty) = 0$.

8.10 - Soit $N \in \underline{\underline{L}}^c(P)$. Soit $\mu \in \tilde{\underline{\underline{A}}}^1_\sigma(P)$, $\nu = \mu^p$. On suppose μ quasi-continu à gauche (i.e. $a_t = 0$ pour tout $t \in \mathbb{R}_+$). Soit $W(\omega,t,x) = x$, $W' = WI_{\{|W| \leq 1\}}$ et $W'' = W - W'$. On suppose que $W''*\mu \in \underline{\underline{V}}(P)$, $(e^{W''} - 1)*\nu \in \underline{\underline{V}}(P)$, $W'^2*\nu \in \underline{\underline{V}}(P)$.

a) Montrer que $W' \in G^2_{loc}(\mu, P)$, et que l'expression suivante est bien définie:

$$Z = \exp[N - \frac{1}{2}<N,N> + W''*\mu + W'*(\mu - \nu) + (e^W - W' - 1)*\nu].$$

b) Montrer que $e^W - 1 \in G^1_{loc}(\mu, P)$ et que $Z = \mathcal{E}(N + (e^W - 1)*(\mu - \nu))$.

c) Montrer que si $E[\exp(\frac{1}{2}<N,N>_\infty + (We^W - e^W - 1)*\nu_\infty)] < \infty$, on a $Z \in \underline{\underline{M}}(P)$.

8.11 - Démontrer le résultat énoncé dans la remarque (8.49,1). On pourra s'inspirer de la preuve du théorème (8.25).

8.12 - Soit N un processus de Poisson et $M_t = N_t - t$. Soit $T = \inf(t: \Delta N_t = 1)$ et $Z = \mathcal{E}(-M^T)$.

a) Montrer que Z est une martingale, mais n'est pas uniformément intégrable.

b) Calculer le processus B donné par (8.38). Montrer que $B \in \underline{\underline{A}}(P)$, et que $E(\exp B^p_\infty) = \infty$, tandis que $E(\exp(1-\varepsilon)B^p_\infty) < \infty$ pour tout $\varepsilon > 0$.

8.13 - Soit N un processus de Poisson, et $M_t = N_t - t$. Soit $b \in]1,2[$ et $T = \inf(t: N_t = bt - 1)$.

a) Montrer que $P(T<\infty) = 1$.

b) Montrer que si $f(\lambda) = e^{-\lambda} + \lambda b - 1$, on a $E(e^{-\lambda(N_t - bt)}) = e^{tf(\lambda)}$, et que $\exp[-\lambda(N_t - bt) - tf(\lambda)]$ est une martingale positive.

c) Déduire du théorème d'arrêt de Doob que $E(e^{-Tf(\lambda)}) \leq e^{-\lambda}$.

d) Montrer que $\mathcal{E}(M)_t = \exp(N_t \operatorname{Log} 2 - t)$. En déduire que $Z = \mathcal{E}(M^T)$ vérifie $E(Z_T) < 1$, donc $Z \notin \underline{\underline{M}}(P)$.

e) Montrer cependant que pour tout $\varepsilon > 0$ on peut choisir $b \in]1,2[$ tel que $E(\exp(1-\varepsilon)B^p_\infty) < \infty$ et $E(\exp(1-\varepsilon)C_\infty) < \infty$, avec les notations (8.38) et (8.46).

8.14 - Soit W un processus de Wiener, $b \in]0,1[$ et $T = \inf(t: W_t = bt-1)$.

a) Montrer que $P(T<\infty) = 1$.

b) Montrer que si $f(\lambda) = \frac{\lambda^2}{2} - \lambda b$ on a $E(e^{\lambda(W_t - bt)}) = e^{tf(\lambda)}$, et que $e^{\lambda(W_t - bt) - tf(\lambda)}$ est une martingale positive.

c) En déduire que $E(e^{-Tf(\lambda)}) \leq e^{\lambda}$.

d) Soit $Z = \mathcal{E}(W^T)$. Montrer que $E(Z_T) = E(e^{(b-1/2)T-1}) < 1$, donc $Z \notin \underline{\underline{M}}(P)$.

e) Montrer que $E(\exp B^p_\infty) = \infty$ (avec la notation (8.38)), mais que pour tout $\varepsilon > 0$ il existe $b \in]0,1[$ tel que $E(\exp(1-\varepsilon)B^p_\infty) < \infty$.

8.15 - Soit N un processus de Poisson, $M_t = N_t - 1$ et $T = \inf(t: \Delta N_t = 1)$. Soit $Z = \mathcal{E}((e-1)M^T)$. Montrer que Z satisfait les hypothèses de (8.47), mais pas celles de (8.25) ni de (8.39).

8.16 - On se place dans le cadre de l'exercice 1.1. Soit $M \in \underline{\underline{M}}_o$ telle que $M = XI_{[1,\infty[}$, où X est uniformément réparti sur $]-1,+1[$. Montrer que $Z = \mathcal{E}(M)$ satisfait les hypothèses de (8.25) et de (8.39), mais pas de (8.47).

8.17 - Soit X un PAIS tel qu'avec les notations (3.57) on ait $c = 0$, $b = -\int x\, F(dx)$ et

$$F(dx) = \frac{1}{x(1+x)\mathrm{Log}^2(1+x)} I_{\{x>1\}} dx .$$

a) Montrer que X est une martingale.

b) Soit $Z_t = \mathcal{E}(X)_{t\wedge 1}$. Montrer que Z vérifie les hypothèses de (8.25), mais pas celles de (8.39).

COMMENTAIRES

Les résultats de ce chapitre sont des outils indispensables pour étudier l'absolue continuité relative des solutions de problèmes de martingales, et notamment des solutions faibles d'équations différentielles stochastiques. Cela explique que beaucoup de résultats (en général très partiels, et concernant surtout les martingales continues) aient été obtenus par de nombreux auteurs, qu'il est hors de question de citer ici: on pourra consulter le livre [2] de Liptzer et Shiryaev (et sa bibliographie) pour le cas continu.

Les théorèmes (8.19) et (8.21) sont dûs à Kabanov, Liptzer et Shiryaev [3]; le théorème (8.10) est nouveau, mais sa démonstration est très largement inspirée de l'article précédent, notamment par l'usage de la fonction $u(x)$ et du processus transformé X^u. Cependant dans le cas où Z est quasi-continu à gauche, la version de (8.21) concernant le processus B(1), ainsi que (8.17) avec B(1,N) et un résultat du type (8.19) se trouvent dans Jacod et Mémin [1]. Enfin (8.18) est une remarque de Lépingle et Mémin [1].

Les résultats des §2-a,c sont formellement nouveaux, car nous les avons énoncés pour une martingale locale positive Z et pas seulement pour une exponentielle $\mathcal{E}(N)$, mais il est bien clair qu'une telle généralisation est une trivialité (utile), car cela revient à dire que Z est l'exponentielle d'une martingale locale sur un ensemble de type $[\![0,.[\![$. La proposition (8.27) est classique, avec la même démonstration, dans le cas continu. L'ensemble des résultats du §2-a est dû à Jacod et Mémin [1] dans le cas quasi-continu à gauche, et à Kabanov, Liptzer et Shiryaev [3] dans le cas général (voir aussi Lépingle et Mémin [1] pour (8.27) et (8.28)). L'application aux processus ponctuels (§2-b) est due essentiellement, dans le cas général, à Kabanov, Liptzer et Shiryaev [1], tandis que pour la démonstration nous suivons Jacod et Mémin [1].

Les résultats des §2-c,d ont une longue histoire, et nous en donnons la version de Lépingle et Mémin [1] (l'exercice 8.10 et la plupart des contre-exemples proposés dans les exercices sont aussi tirés de cet article). Dans le cas continu, le résultat est dû à Liptzer et Shiryaev [1], puis Novikov [1], qui donne exactement la condition de (8.45) ou de (8.47), ce qui est la même chose dans le cas continu. Dans le cas discontinu, Grigelionis [2] avec des conditions très fortes, puis Novikov [2], ont étudié le problème de l'exercice 8.10, qui est d'ailleurs équivalent à (8.45) dans le cas quasi-continu à gauche.

Depuis que ce texte a été écrit, d'autres résultats plus fins ou de nature un peu différente ont été obtenus. A notre avis cependant, le théorème (8.25) est de loin le résultat essentiel sur l'uniforme intégrabilité des exponentielles de martingales. Citons toutefois: Mémin et Shiryaev [1] pour un critère prévisible borné assurant qu'une exponentielle de semimartingale est de classe (D), Novikov [3], Kazamaki [3],[4], Lépingle et Mémin [2] pour divers raffinements des §2-c,d, Yen [1], Doléans-Dade et Meyer [3], Lépingle et Mémin [2] pour des conditions assurant l'appartenance de $\mathcal{E}(N)$ à $\underline{H}^q$.

CHAPITRE IX

CHANGEMENTS DE FILTRATION

Nous étudions maintenant le problème suivant: soit X un processus défini sur $(\Omega,\underline{\underline{F}},\underline{F},P)$, appartenant à l'une des classes usuelles $\underline{\underline{S}}$, $\underline{\underline{M}}_{loc}$,..; soit $\underline{G}$ une autre filtration de $\underline{\underline{F}}$, qui est contenue (resp. qui contient) $\underline{F}$. Est-ce que X appartient à la même classe, définie cette fois-ci relativement à la filtration $\underline{G}$? on arrive à des résultats à peu près complets dans le cas où $\underline{G}\subset\underline{F}$ (partie 2), à des résultats beaucoup plus parcellaires dans le cas où $\underline{F}\supset\underline{G}$ (partie 3).

La partie 1, un peu à part du reste, donne une caractérisation (qui nous semble très importante) des semimartingales comme étant les seuls processus adaptés par rapport auxquels on puisse définir de manière raisonnable l'intégrale stochastique prévisible.

1 - INTEGRALES STOCHASTIQUES ET SEMIMARTINGALES

Cette partie vient logiquement à la fin du chapitre II, mais elle nécessite la notion de quasimartingale (§V-5) et le théorème de Girsanov (§VII-2) et elle ne mérite pas à elle seule un chapitre... tout ceci pour expliquer que nous la mettons en tête du chapitre sur les changements de filtration.

L'espace probabilisé filtré $(\Omega,\underline{\underline{F}},\underline{F},P)$ est fixé. Nous notons $\mathcal{H}$ l'espace vectoriel des processus prévisibles bornés de la forme

(9.1) $$H = \sum_{1\leq i\leq n-1} Y(i) I_{]\!]t_i,t_{i+1}]\!]},$$

où $t_1 < t_2 < \ldots < t_n$ et $Y(i)\in b\underline{\underline{F}}_{t_i}$.

Si X est un processus réel, à tout $H\in\mathcal{H}$ on fait correspondre le processus:

(9.2) $$J(X,H)_t = \sum_{1\leq i\leq n-1} Y(i)(X_{t\wedge t_{i+1}} - X_{t\wedge t_i}).$$

Pour chaque t, l'application: $(X,H) \rightsquigarrow J(X,H)_t$ est bilinéaire. Une vérification immédiate permet de constater que si $X\in\underline{\underline{S}}$, alors $J(X,H)$ n'est autre que le processus intégrale stochastique $H\bullet X$.

Voici la caractérisation des semimartingales:

(9.3) THEOREME: Soit X un processus $\underline{F}^P$-adapté, continu à droite et limité à gauche, à valeurs réelles. Pour que X soit une semimartingale, il faut et il suffit que pour toute suite (H(n)) d'éléments de $\mathcal{H}$ convergeant uniformément vers $H \in \mathcal{H}$ et pour tout $t \in \mathbb{R}_+$, les variables $J(X,H(n))_t$ convergent en probabilité vers $J(X,H)_t$.

La condition nécessaire est un cas particulier de (2.74) (qui d'ailleurs n'utilise que la définition (2.50) de l'intégrale stochastique pour des processus bornés, donc ne nécessite pas le §II-2-f). La démonstration de la condition suffisante sera décomposée en plusieurs lemmes, que nous faisons précéder de divers commentaires.

(9.4) Commentaires: 1) La condition énoncée est, d'après (2.74), équivalente à la condition apparemment plus forte suivante: pour toute suite (H(n)) d'éléments de $\mathcal{H}$ convergeant simplement vers une limite $H \in \mathcal{H}$, et majorée uniformément par une constante (ou même, par un processus prévisible localement borné), $J(X,H(n))_t$ converge vers $J(X,H)_t$, en probabilité uniformément en t sur tout compact.

2) Dans le chapitre II nous avons essayé de construire, à partir de $X \in \underline{S}$, l'intégrale stochastique des processus prévisibles les plus généraux possibles. Inversement, on peut se demander par rapport à quels processus X on peut construire l'intégrale stochastique de tous les processus prévisibles (disons: bornés). Ce théorème fournit la réponse: si X est $\underline{F}^P$-adapté, continu à droite et limité à gauche, alors X doit être une semimartingale. En effet toute intégrale stochastique $H\bullet X$ digne de ce nom doit vérifier $H\bullet X = J(X,H)$ si $H \in \mathcal{H}$, et également vérifier la condition (9.3), qui est une forme affaiblie du théorème de convergence dominée (remarquons que les "intégrales optionnelles" ne sont pas dignes du nom d'intégrales, puisque $H \circledcirc X \neq J(H,X)$ en général).

On peut d'ailleurs baser la définition de l'intégrale stochastique sur la formule élémentaire $H\bullet X = J(X,H)$ si $H \in \mathcal{H}$, puis définir $H\bullet X$ par prolongement pour tout H prévisible borné: c'est le point de vue de Métivier et Pellaumail [3] (voir par exemple l'exercice 2.13).

3) Soit $L^0(P)$ l'ensemble des classes d'équivalence de variables aléatoires finies, muni de la topologie de la convergence en probabilité: cette topologie fait de $L^0(P)$ un espace vectoriel topologique (non localement convexe) avec la quasi-norme: $\|Y\|_0 = E(|Y| \wedge 1)$. La condition nécessaire et suffisante du théorème s'énonce alors ainsi:

pour tout $t \in \mathbb{R}_+$, l'application: $H \rightsquigarrow J(X,H)_t$ est <u>continue</u>, de $\mathcal{H}$ muni de la norme uniforme dans $L^0(P)$.

4) L'espace $\mathcal{H}$ et les processus $J(X,H)$ ne dépendent pas de la probabilité, et $L^0(P) = L^0(Q)$ si $P \sim Q$. Plus généralement si $Q \ll P$, la convergence en probabilité pour P entraine la convergence en probabilité pour Q : cela explique la partie (7.24,c) du théorème de Girsanov (ce n'en est pas une démonstration, car on utilisera (7.24,c) pour démontrer (9.3)).∎

En même temps que la condition suffisante de (9.3), nous démontrerons le théorème suivant:

(9.5) THEOREME: <u>Soit</u> $X \in \underline{\underline{S}}(P)$ <u>et</u> $t \in \mathbb{R}_+$. <u>Il existe une probabilité</u> $\tilde{P}$ <u>sur</u> $(\Omega, \underline{\underline{F}})$, <u>équivalente à</u> P <u>et telle que</u> $X^t \in \underline{\underline{Q}}(\tilde{P})$.

Voici d'abord un lemme classique.

(9.6) LEMME: <u>Si</u> Y <u>est une variable aléatoire</u> P-<u>p.s. finie, il existe une probabilité</u> Q <u>sur</u> $(\Omega, \underline{\underline{F}})$, <u>équivalente à</u> P, <u>telle que la dérivée de Radon-Nikodym</u> $\frac{dQ}{dP}$ <u>soit bornée et que</u> Y <u>soit</u> Q-<u>intégrable</u>.

<u>Démonstration</u>. Il suffit de poser

$$Z = \sum_{n \geq 1} 2^{-n} I_{\{n-1 \leq |Y| < n\}},$$

puis $Z' = Z/E(Z)$, et de prendre la probabilité $Q = Z' \cdot P$.∎

Nous supposons maintenant que X est un processus <u>satisfaisant les conditions du théorème (9.3)</u>. Soit $t \in \mathbb{R}_+$. Nous faisons en outre <u>l'hypothèse auxiliaire</u>: $E(X_t^*) < \infty$.

On note $\mathcal{H}_1$ la boule unité de $\mathcal{H}$: $\mathcal{H}_1 = \{H \in \mathcal{H} : |H| \leq 1\}$, et K l'ensemble des $J(X,H)_t$ lorsque H parcourt $\mathcal{H}_1$.

(9.7) LEMME: <u>Pour tout</u> $\varepsilon > 0$ <u>il existe une variable</u> Z <u>vérifiant</u> $0 \leq Z \leq 1$, $E(Z) \geq 1 - \varepsilon$, <u>et telle que</u> $\sup_{Y \in K} E(ZY) < \infty$.

<u>Démonstration</u>. Notons K' l'ensemble des variables Z vérifiant $0 \leq Z \leq 1$ et $E(Z) \geq 1 - \varepsilon$. Il est clair que K' est un convexe contenu dans la boule unité de $L^\infty(P)$, et fermé pour la topologie faible $\sigma(L^\infty, L^1)$ de $L^\infty(P)$, donc K' est aussi un compact pour cette topologie faible.

Par ailleurs $\mathcal{H}_1$ est convexe, donc K est une partie convexe de $L^1(P)$, puisque l'hypothèse $E(X_t^*) < \infty$ entraine que $J(X,H)_t$ est intégrable pour tout $H \in \mathcal{H}$. De plus l'application: $H \rightsquigarrow J(X,H)_t$ est continue de $\mathcal{H}$ dans $L^0(P)$ par hypothèse, donc l'image K de $\mathcal{H}_1$ par cette application est bornée dans $L^0(P)$ (voir par exemple Yoshida [1,p.45]), ce qui veut dire qu'il existe un réel $c > 0$ tel que $\|Y/c\|_0 \leq \varepsilon$ pour tout $Y \in K$. Comme $\|Y/c\|_0 = E(|Y/c| \wedge 1)$ on en déduit que $P(|Y| > c) \leq \varepsilon$ pour tout $Y \in K$.

Si $Y \in K$ on pose $K'(Y) = \{Z \in K' : E(ZY) \leq c\}$. Il est immédiat que $K'(Y)$ est fermé dans $L^\infty(P)$ pour la topologie $\sigma(L^\infty, L^1)$, et comme $K'(Y) \subset K'$, $K'(Y)$ est un compact pour cette topologie. Nous allons montrer que $\bigcap_{Y \in K} K'(Y) \neq \emptyset$, ce qui entrainera le résultat. Pour cela raisonnons par l'absurde, en supposant que l'intersection des compacts $K'(Y)$ est vide. Il en existe donc un nombre fini $K'(Y_1), \ldots, K'(Y_n)$ qui sont d'intersection vide.

Soit L le convexe compact de $\mathbb{R}^n$ constitué des points $(E(ZY_i))_{i \leq n}$, lorsque Z parcourt K'; soit aussi le quadrant convexe fermé $M =]-\infty, c]^n$ de $\mathbb{R}^n$. Dire que $\bigcap_{i \leq n} K'(Y_i) = \emptyset$ revient à dire que $L \cap M = \emptyset$, donc d'après le théorème de Hahn-Banach sur $\mathbb{R}^n$ il existe une forme linéaire (non nulle) f sur $\mathbb{R}^n$ telle que

$$\sup_{x \in M} f(x) < \inf_{x \in L} f(x) .$$

f s'écrit $f(x) = \sum_{i \leq n} a_i x^i$, si $x = (x^i)_{i \leq n} \in \mathbb{R}^n$. Etant donné la forme de M, dire que $\sup_{x \in M} f(x) < \infty$ entraine que $a_i \geq 0$ pour chaque $i \leq n$, et quitte à normaliser on peut supposer que $\sum_{i \leq n} a_i = 1$. La variable $Y = \sum_{i \leq n} a_i Y_i$ est dans le convexe K, et $E(ZY) = \sum_{i \leq n} a_i E(ZY_i)$ est l'image par f d'un point de L. En considérant le point $x_0 = (c, c, \ldots, c)$ de M, on en déduit que $E(ZY) > f(x_0) = c$. Ceci devant être vrai pour tout $Z \in K'$, il faut que $K'(Y) = \emptyset$. Mais comme $P(|Y| > c) \leq \varepsilon$, la variable $Z = I_{\{|Y| \leq c\}}$ est dans K et vérifie $E(ZY) \leq c$, donc appartient à $K'(Y)$. On obtient ainsi une contradiction.∎

(9.8) LEMME: <u>Il existe une variable bornée</u> Z <u>telle que</u> $Z > 0$ P-<u>p.s.</u>, $E(Z) = 1$ <u>et</u> $\sup_{Y \in K} E(ZY) < \infty$.

<u>Démonstration</u>. Pour chaque $n \in \mathbb{N}$ il existe d'après (9.7) une variable Z_n telle que $0 \leq Z_n \leq 1$, $E(Z_n) \geq 1 - 1/n$, et $c_n = \sup_{Y \in K} E(Z_n Y) < \infty$. Soit (b_n) une suite de réels strictement positifs telle que $c = \sum_{(n)} c_n b_n$ et $\sum_{(n)} b_n$ soient finis. Soit $Z = \sum_{(n)} b_n Z_n$. Z est une variable bornée, P-p.s. strictement positive puisque $P(Z_n = 0) \leq 1/n$. Quitte à normaliser, on peut supposer que $E(Z) = 1$. Enfin $E(ZY) = \sum_{(n)} b_n E(Z_n Y) \leq c$ si $Y \in K$.∎

(9.9) LEMME: <u>Il existe une probabilité</u> $\tilde{P}$ <u>sur</u> $(\Omega, \underline{\underline{F}})$, <u>équivalente à</u> P, <u>telle que</u> $X^t \in \underline{\underline{Q}}(\tilde{P})$.

Démonstration. Si Z est la variable introduite en (9.8), on pose $\tilde{P} = Z.P$. Comme Z est bornée, on a $E_{\tilde{P}}(X_t^*) = E(ZX_t^*) < \infty$, et d'autre part

$$\sup_{H \in \mathcal{H}_1} E_{\tilde{P}}(J(X,H)_t) = \sup_{Y \in K} E(ZY) < \infty .$$

Nous allons démontrer que $X^t \in \underline{\underline{Q}}(\tilde{P})$. Nous utilisons les notations (5.32) et (5.33). Dans la définition (5.33) de $\mathrm{Var}_{\tilde{P}}$ il est clair qu'il suffit de prendre le supremum seulement pour les subdivisions dont l'un des points est t (car en rafinant la subdivision, on augmente $E_{\tilde{P}}(\mathrm{var}_{\tilde{P}})$). Par ailleurs si $t_1 < .. < t_i = t < .. < t_n$, on a

$$\mathrm{var}_{\tilde{P}}(X^t; t_1, .., t_n) = \mathrm{var}_{\tilde{P}}(X; t_1, .., t_i) ,$$

d'où

$$\mathrm{Var}_{\tilde{P}}(X^t) = \sup_{t_1 < ... < t_n \leq t} E_{\tilde{P}}(\mathrm{var}_{\tilde{P}}(X; t_1, .., t_n)) .$$

Mais si $t_1 < t_2 < .. < t_n \leq t$, on a $\mathrm{var}_{\tilde{P}}(X; t_1, .., t_n) = J(X,H)_t + |X_{t_n}|$ avec H donné par (9.1) à partir des t_i et des $Y(i) = I_{\{U(i) > 0\}} - I_{\{U(i) < 0\}}$, où $U(i) = E_{\tilde{P}}(X_{t_{i+1}} - X_{t_i} | \underline{\underline{F}}_{t_i})$. Comme un tel H est dans $\mathcal{H}_1$, on a

$$\mathrm{Var}_{\tilde{P}}(X^t) \leq \sup_{H \in \mathcal{H}_1} E_{\tilde{P}}(J(X,H)_t) + E_{\tilde{P}}(X_t^*) ,$$

qui est fini d'après le début de la démonstration. ∎

Démonstration de (9.3) et (9.5). Nous avons déjà dit que seule la condition suffisante de (9.3) reste à montrer.

Soit X un processus $\underline{\underline{F}}^P$-adapté, continu à droite et limité à gauche (donc $X_t^* < \infty$ pour tout $t \in \mathbb{R}_+$), tel que l'application: $H \rightsquigarrow J(X,H)_t$ soit continue de $\mathcal{H}$ dans $L^0(P)$ pour tout $t \in \mathbb{R}_+$. Remarquons que, d'après la condition nécessaire, ces conditions sont remplies lorsque $X \in \underline{\underline{S}}(P)$. Soit $t \in \mathbb{R}_+$. D'après (9.6) il existe une probabilité Q équivalente à P, telle que $E_Q(X_t^*) < \infty$. Comme les espaces vectoriels topologiques $L^0(P)$ et $L^0(Q)$ sont identiques, le couple (X,t) vérifie les conditions de validité des lemmes (9.7), (9.8) et (9.9), relativement à Q. Mais alors d'après (9.9) il existe une probabilité $\tilde{P}$ équivalente à Q, donc à P, telle que $X^t \in \underline{\underline{Q}}(\tilde{P})$, ce qui démontre (9.5). En outre, le théorème de Girsanov (7.24,c) et le fait que $\underline{\underline{Q}}(\tilde{P}) \subset \underline{\underline{S}}(\tilde{P})$ entrainent que $X^t \in \underline{\underline{S}}(P)$; ceci étant vrai pour tout $t \in \mathbb{R}_+$, on a aussi $X \in \underline{\underline{S}}(P)$. ∎

Pour terminer ce paragraphe, on va montrer que le théorème (9.5) se généralise à une famille dénombrable de semimartingales, et qui plus est que ces semimartingales peuvent être relatives à des filtrations différentes ! en plus, comme $\underline{\underline{H}}^1 \subset \underline{\underline{Q}}$ et $\underline{\underline{A}} \subset \underline{\underline{Q}}$, même lorsqu'il n'y a qu'une seule semimartingale, le résultat ci-dessous est un peu plus précis que (9.5).

(9.10) THEOREME: Soit $\mathscr{X}$ une famille finie ou dénombrable de processus, telle qu'à chaque $X\in\mathscr{X}$ soit associée une filtration $\underline{F}(X)$ de $\underline{F}^P$, avec $X\in\underline{\underline{S}}(\underline{F}(X),P)$. Soit $t\in\mathbb{R}_+$. Il existe une probabilité $\tilde{P}$ sur $(\Omega,\underline{F})$, équivalente à P, telle que pour chaque $X\in\mathscr{X}$ on ait $X^t=M+A$, avec $M\in\underline{\underline{H}}^1(\underline{F}(X),P)$ et $A\in\underline{\underline{P}}(\underline{F}(X))\bigcap\underline{\underline{A}}(\underline{F}(X),P)$.

En fait, montrer le résultat pour une famille dénombrable est un luxe, qui nous coûte le lemme suivant, mais nous n'utiliserons ce théorème que dans le cas où $\mathscr{X}$ est finie.

(9.11) LEMME: Soit $\mathscr{Y}$ une famille finie ou dénombrable de variables aléatoires P-p.s. finies. Il existe une probabilité Q sur $(\Omega,\underline{F})$ équivalente à P, telle que la dérivée de Radon-Nikodym $\frac{dQ}{dP}$ soit bornée, et que chaque élément de $\mathscr{Y}$ soit Q-intégrable.

Démonstration. Le cas où $\mathscr{Y}$ est fini découle de (9.6). Supposons que $\mathscr{Y}=(Y_n)_{n\in\mathbb{N}}$. Pour chaque $n\in\mathbb{N}$ il existe $a_n\in\mathbb{R}$ avec $P(|Y_n|>a_n)\leq 2^{-n}$. Comme $\sum_{(n)}P(|Y_n|>a_n)<\infty$ le lemme de Borel-Cantelli entraine que $P(\limsup_{(n)}\{|Y_n|>a_n\})=0$. Soit alors (b_n) une suite de réels strictement positifs telle que $\sum_{(n)}a_nb_n<\infty$; la variable

$$Y=\sum_{(n)}b_n(a_n+|Y_n|I_{\{|Y_n|>a_n\}})$$

est alors P-p.s. finie et $|Y_n|\leq Y/b_n$. Il suffit alors d'appliquer (9.6) à Y. ∎

Démonstration de (9.10). D'après le lemme, on peut trouver une probabilité Q équivalente à P, telle que $[X,X]_t$ soit Q-intégrable pour chaque $X\in\mathscr{X}$ (la notation $[X,X]$ est relative à la filtration $\underline{F}(X)$, mais est indépendante de P ou de Q d'après (7.25)).

Soit $X\in\mathscr{X}$. Le processus des sauts $\Delta(X^t)$ est majoré par la variable Q-intégrable $[X,X]_t^{1/2}$, donc $(X^t)^*$ est $(\underline{F}(X),Q)$-localement intégrable et X^t est une $(\underline{F}(X),Q)$-semimartingale spéciale, de décomposition canonique notée $X^t=N+B$. Bien entendu $N=N^t$ et $B=B^t$. Si $T\in\underline{\underline{T}}_p(\underline{F}(X))$ on sait que $\Delta B_T=E_Q(\Delta X_T^t|\underline{\underline{F}}(X)_{T-})$ sur $\{T<\infty\}$, donc $E_Q(\Delta B_T^2I_{\{T\leq t\}})\leq E_Q(\Delta X_T^2I_{\{T\leq t\}})$. En considérant une suite (T_n) d'éléments de $\underline{\underline{T}}_p(\underline{F}(X))$ épuisant les sauts de B et de graphes deux-à-deux disjoints, on obtient:

$$E_Q([B,B]_\infty)=\sum_{(n)}E_Q(\Delta B_{T_n}^2I_{\{T_n\leq t\}})\leq\sum_{(n)}E_Q(\Delta X_{T_n}^2I_{\{T_n\leq t\}})$$
$$\leq E_Q([X,X]_t)<\infty.$$

Comme $[N,N]\leq 2([X^t,X^t]+[B,B])$, on a aussi $E_Q([N,N]_\infty)<\infty$, donc $N\in\underline{\underline{H}}^2(\underline{F}(X),Q)$.

On a aussi $\int^{\infty} |dB_s| < \infty$ Q-p.s. puisque $B = B^t$. Appliquant une nouvelle fois le lemme précédent, on peut trouver une probabilité $\tilde{P}$ équivalente à Q, donc à P, telle que $\frac{d\tilde{P}}{dQ}$ soit bornée et que $E_{\tilde{P}}(\int^{\infty} |dB_s|) < \infty$ pour les processus B associés à chaque $X \in \mathfrak{X}$.

On fixe encore $X \in \mathfrak{X}$, et on note Z le processus densité de $\tilde{P}$ par rapport à Q, relativement à la filtration $\underline{F}(X)$. La martingale Z est bornée, donc de carré intégrable, et $E_Q(\int^{\infty} |d^Q\langle Z,N\rangle_s|) < \infty$. Si $B' = (1/Z)_- \cdot {}^Q\langle Z,N\rangle$, il vient d'après (1.47):

$$E_{\tilde{P}}(\int^{\infty} |dB'_s|) = E_Q(Z_{\infty}\int^{\infty} |dB'_s|) = E_Q(\int^{\infty} Z_{s-} |dB'_s|) \leq E_Q(\int^{\infty} |d^Q\langle Z,N\rangle_s|) < \infty .$$

Donc $A = B + B'$ est dans $\underline{\underline{P}}(\underline{F}(X)) \cap \underline{\underline{A}}(\underline{F}(X),\tilde{P})$. Par ailleurs (7.24) entraine que $M = N - B'$ est dans $\underline{\underline{L}}(\underline{F}(X),\tilde{P})$; mais B'^*_{∞} est $\tilde{P}$-intégrable d'après ce qu'on vient de voir, et N^*_{∞} est Q-intégrable, donc $\tilde{P}$-intégrable: par suite M^*_{∞} est également $\tilde{P}$-intégrable, ce qui entraine que $M \in \underline{\underline{H}}^1(\underline{F}(X),\tilde{P})$. Comme $X^t = M + A$, et comme on peut faire la démonstration simultanément pour chaque $X \in \mathfrak{X}$, on obtient le résultat.∎

2 - RESTRICTION DE LA FILTRATION

Dans cette partie sont fixés:
- l'espace probabilisé filtré $(\Omega,\underline{F},\underline{F},P)$,
- une sous-filtration $\underline{\underline{G}} = (\underline{\underline{G}}_t)_{t \geq 0}$ de $\underline{F}^P$ (i.e. $\underline{\underline{G}}_t \subset \underline{F}^P_t$ pour tout t).

Nous écrirons les diverses classes de processus avec la mention de la filtration: par exemple $\underline{\underline{M}}_{loc}(\underline{F})$ ou $\underline{\underline{M}}_{loc}(\underline{G})$. Nous rappelons que la classe $\underline{\underline{M}}_{loc}(\underline{F})$ par exemple dépend de la filtration $\underline{F}$, d'abord parce que la notion de martingale dépend de la filtration, ensuite parce que la "localisation" dépend elle-aussi de la filtration; or, la classe des processus qui sont $\underline{G}$-localement dans $\underline{\underline{M}}(\underline{F})$ joue un rôle important... c'est pourquoi, pour toute classe $\underline{\underline{C}}$ de processus, on pose

(9.12) $\underline{\underline{C}}_{loc(\underline{G})}(\underline{F})$ = {X : il existe une suite (T_n) d'éléments de $\underline{\underline{T}}(\underline{G})$ croissant P-p.s. vers $+\infty$, telle que chaque X^{T_n} appartienne à $\underline{\underline{C}}(\underline{F})$}.

Les classes d'équivalence pour la relation "P-indistinguabilité" ne dépendent pas de la filtration: la notation $\underline{\underline{M}}(\underline{F}) \cap \underline{\underline{M}}(\underline{G})$ par exemple a un sens. On rappelle aussi que la notation $\underline{\underline{O}}(\underline{G}) \cap \underline{\underline{C}}$ désigne l'ensemble des classes d'équivalence appartenant à $\underline{\underline{C}}$, et admettant un représentant $\underline{G}$-optionnel.

§a - Stabilité des martingales, surmartingales, quasimartingales. Nous commençons par une série de résultats faciles. D'abord il est évident que

(9.13) $\underline{\underline{V}}(\underline{\underline{G}}) = \underline{\underline{O}}(\underline{\underline{G}}) \cap \underline{\underline{V}}(\underline{\underline{F}})$, $\underline{\underline{A}}(\underline{\underline{G}}) = \underline{\underline{O}}(\underline{\underline{G}}) \cap \underline{\underline{A}}(\underline{\underline{F}})$.

Ensuite,

(9.14) PROPOSITION: Soit X une martingale (resp. surmartingale, resp. quasimartingale) sur $(\Omega, \underline{\underline{F}}^P, \underline{F}^P, P)$. Si X est $\underline{G}^P$-adapté, c'est une martingale (resp. surmartingale, resp. quasimartingale) sur $(\Omega, \underline{\underline{G}}^P, \underline{G}^P, P)$.

Démonstration. Par hypothèse, X est continu à droite, limité à gauche, et chaque X_t est intégrable (ces propriétés ne dépendent pas de la filtration). Nous allons traiter successivement le cas où X est une surmartingale (le cas "martingale" en découlera), puis une quasimartingale.

Si X est une surmartingale et si $s \leq t$ on a

$$X_s = E(X_s | \underline{\underline{G}}_s) \geq E[E(X_t | \underline{\underline{F}}_s) | \underline{\underline{G}}_s] = E(X_t | \underline{\underline{G}}_s),$$

et on en déduit que X est aussi une surmartingale sur $(\Omega, \underline{\underline{G}}^P, \underline{G}^P, P)$.

Supposons maintenant que $X \in \underline{\underline{Q}}(\underline{\underline{F}})$. Si $s \leq t$ on a

$$E(|E(X_t - X_s | \underline{\underline{G}}_s)|) \leq E(|E(X_t - X_s | \underline{\underline{F}}_s)|)$$

puisque $\underline{\underline{G}}_s \subset \underline{\underline{F}}_s^P$. Avec la notation (5.33) on a alors $\mathrm{Var}_{\underline{G}}(X) \leq \mathrm{Var}_{\underline{F}}(X)$, donc $\mathrm{Var}_{\underline{G}}(X) < \infty$ et $X \in \underline{\underline{Q}}(\underline{\underline{G}})$. ∎

(9.15) Remarque: D'après (5.44), une quasimartingale est une différence de deux surmartingales positives. Cette proposition indique donc qu'un processus $\underline{G}^P$-adapté X qui est différence de deux $\underline{F}^P$-surmartingales positives, est aussi différence de deux $\underline{G}^P$-surmartingales positives, bien qu'on ne sache pas a-priori si X est différence de deux $\underline{F}^P$-surmartingales positives $\underline{G}^P$-adaptées. ∎

(9.16) COROLLAIRE: On a les inclusions $\underline{\underline{O}}(\underline{\underline{G}}) \cap \underline{\underline{M}}(\underline{\underline{F}}) \subset \underline{\underline{M}}(\underline{\underline{G}})$ et $\underline{\underline{O}}(\underline{\underline{G}}) \cap \underline{\underline{H}}^q(\underline{\underline{F}}) \subset \underline{\underline{H}}^q(\underline{\underline{G}})$ pour $q \in [1, \infty]$.

De manière équivalente, on pourrait écrire: $\underline{\underline{M}}(\underline{\underline{F}}) \cap \underline{\underline{M}}(\underline{\underline{G}}) = \underline{\underline{O}}(\underline{\underline{G}}) \cap \underline{\underline{M}}(\underline{\underline{F}})$ et $\underline{\underline{H}}^q(\underline{\underline{F}}) \cap \underline{\underline{H}}^q(\underline{\underline{G}}) = \underline{\underline{O}}(\underline{\underline{G}}) \cap \underline{\underline{H}}^q(\underline{\underline{F}})$.

Démonstration. L'appartenance d'une variable aléatoire à $L^q(P)$, ou le fait qu'une famille de variables aléatoires soit uniformément intégrable, ne dépendent pas de la filtration. Le résultat suit alors immédiatement de (9.14). ∎

(9.17) PROPOSITION: Si $q \in [1, \infty[$, $\underline{\underline{H}}^q(\underline{\underline{G}}) \cap \underline{\underline{H}}^q(\underline{\underline{F}})$ est un sous-espace stable de $\underline{\underline{H}}^q(\underline{\underline{G}})$.

Démonstration. Soit $\underline{\underline{H}} = \underline{\underline{H}}^q(\underline{G}) \cap \underline{\underline{H}}^q(\underline{F})$. Si $X \in \underline{\underline{H}}$, la norme $\|X\|_{H^q} = \|X^*_\infty\|_q$ ne dépend pas du fait qu'on considère X comme élément de $\underline{\underline{H}}^q(\underline{G})$ ou comme élément de $\underline{\underline{H}}^q(\underline{F})$, donc $\underline{\underline{H}}$ est un sous-espace vectoriel fermé de $\underline{\underline{H}}^q(\underline{G})$. Si $A \in \underline{\underline{G}}_0$ on a $A \in \underline{\underline{F}}_0$, donc $I_A X_0$ est encore un élément de $\underline{\underline{H}}$. Enfin si $T \in \underline{\underline{T}}(\underline{G})$, on a $T \in \underline{\underline{T}}(\underline{F})$ également, donc X^T est encore un élément de $\underline{\underline{H}}$: on en déduit le résultat.∎

Remarquons que $\underline{\underline{H}}^q(\underline{G}) \cap \underline{\underline{H}}^q(\underline{F})$ n'est pas en général un sous-espace stable de $\underline{\underline{H}}^q(\underline{F})$, car il n'est pas stable par arrêt aux $\underline{F}$-temps d'arrêt.

En ce qui concerne les classes localisées, les choses sont plus compliquées. La proposition suivante fournit une réponse, mais le résultat essentiel est qu'on n'a pas en général les relations $\underline{\underline{O}}(\underline{G}) \cap \underline{\underline{M}}_{loc}(\underline{F}) \subset \underline{\underline{M}}_{loc}(\underline{G})$ ou $\underline{\underline{O}}(\underline{G}) \cap \underline{\underline{A}}_{loc}(\underline{F}) = \underline{\underline{A}}_{loc}(\underline{G})$ (cf. exercice 9.1).

(9.18) PROPOSITION: Soit $q \in [1,\infty]$. Soit $X \in \underline{\underline{O}}(\underline{G}) \cap \underline{\underline{H}}^q_{loc}(\underline{F})$ (resp. $\underline{\underline{O}}(\underline{G}) \cap \underline{\underline{A}}_{loc}(\underline{F})$). Les conditions suivantes sont équivalentes:
(i) $X \in \underline{\underline{H}}^q_{loc}(\underline{G})$ (resp. $\underline{\underline{A}}_{loc}(\underline{G})$);
(ii) $X \in \underline{\underline{H}}^q_{loc(\underline{G})}(\underline{F})$ (resp. $\underline{\underline{A}}_{loc(\underline{G})}(\underline{F})$);
(iii) le processus croissant $(X^*)^q$ (resp. X^*) est dans $\underline{\underline{A}}_{loc}(\underline{G})$.

On en déduit que: $\underline{\underline{H}}^q_{loc}(\underline{G}) \cap \underline{\underline{H}}^q_{loc}(\underline{F}) = \underline{\underline{O}}(\underline{G}) \cap \underline{\underline{H}}^q_{loc(\underline{G})}(\underline{F})$, $\underline{\underline{A}}_{loc}(\underline{G}) = \underline{\underline{O}}(\underline{G}) \cap \underline{\underline{A}}_{loc(\underline{G})}(\underline{F})$.

La condition (iii) est automatiquement satisfaite lorsque le processus des sauts $\Delta X I_{]0,\infty[}$ est $\underline{G}$-localement borné (en effet, le processus X^* est nécessairement dans $\underline{\underline{V}}(\underline{G})$).

Démonstration. Etant donné (9.16), l'équivalence: (i)$\Longleftrightarrow$(ii) est évidente, ainsi que l'implication: (i)$\Longrightarrow$(iii).

Si $T \in \underline{\underline{T}}(\underline{G})$ et si $X \in \underline{\underline{O}}(\underline{G}) \cap \underline{\underline{H}}^q_{loc}(\underline{F})$, le processus X^T est encore dans $\underline{\underline{H}}^q_{loc}(\underline{F})$ et si $(X^T)^*_\infty = X^*_T$ est dans $L^q(P)$, cela entraine que $X^T \in \underline{\underline{H}}^q(\underline{F})$, donc $X^T \in \underline{\underline{H}}^q(\underline{G})$ d'après (9.16). On a alors l'implication: (iii)$\Longrightarrow$(i) dans le premier cas.

Supposons enfin que $X \in \underline{\underline{O}}(\underline{G}) \cap \underline{\underline{A}}_{loc}(\underline{F})$ et que $X^* \in \underline{\underline{A}}_{loc}(\underline{G})$. Soit (T_n) une suite localisante pour X^* (relativement à la filtration $\underline{G}$). Soit $S_n = \inf(t: t \geq T_n$ ou $\int^t |dX_s| \geq n)$. On a $S_n \in \underline{\underline{T}}(\underline{G})$ et $\lim_{(n)} \uparrow S_n = \infty$ P-p.s., tandis que $\int^{S_n} |dX_s| \leq n + 2X^*_T$ est intégrable, donc $X \in \underline{\underline{A}}_{loc}(\underline{G})$, ce qui montre l'implication: (iii)$\Longrightarrow$(i) dans le second cas.∎

§b - Stabilité des semimartingales. Au vu de ce qui précède, et notamment du résultat "négatif" que constitue (9.18), le résultat suivant est tout-à-fait remarquable. Pour simplifier, on suppose que $\underline{F} = \underline{F}^P$ et $\underline{G} = \underline{G}^P$.

(9.19) THEOREME: Soit X une $\underline{F}$-semimartingale $\underline{G}$-optionnelle.

(a) X est une $\underline{G}$-semimartingale (en d'autres termes: $\underline{\underline{O}}(\underline{G}) \cap \underline{\underline{S}}(\underline{F}) \subset \underline{\underline{S}}(\underline{G})$, ou $\underline{\underline{S}}(\underline{G}) \cap \underline{\underline{S}}(\underline{F}) = \underline{\underline{O}}(\underline{G}) \cap \underline{\underline{S}}(\underline{F})$).

(b) Il existe un processus noté $[X,X]$, qui est une version commune des processus ${}^{\underline{F}}[X,X]$ et ${}^{\underline{G}}[X,X]$.

(c) Soit H un processus $\underline{G}$-localement borné, $\underline{G}$-prévisible. Il existe un processus $H \bullet X$ qui est une version commune des intégrales stochastiques $H \overset{\underline{F}}{\bullet} X$ et $H \overset{\underline{G}}{\bullet} X$.

Un mot sur les notations: les processus "crochet" $[.,.]$ et $\langle .,. \rangle$ dépendent a-priori de la filtration, et on indiquera soigneusement celle-ci, sauf pour le crochet droit lorsque $X \in \underline{\underline{S}}(\underline{G}) \cap \underline{\underline{S}}(\underline{F})$ d'après (b); attention, même dans ce cas, les processus ${}^{\underline{F}}\langle X,X \rangle$ et ${}^{\underline{G}}\langle X,X \rangle$ peuvent différer, lorsqu'ils existent (voir le corollaire (9.25) ci-dessous). De même, étant donnée notre manière de les introduire, les intégrales stochastiques dépendent a-priori de la filtration; cependant d'après (c) elles n'en dépendent pas lorsque $X \in \underline{\underline{S}}(\underline{G}) \cap \underline{\underline{S}}(\underline{F})$, lorsque l'intégrand est borné; on améliorera cette assertion plus loin (en (9.21) et (9.26)) en montrant que, toujours lorsque $X \in \underline{\underline{S}}(\underline{G}) \cap \underline{\underline{S}}(\underline{F})$, les processus $H \overset{\underline{F}}{\bullet} X$ et $H \overset{\underline{G}}{\bullet} X$ coïncident dès qu'ils sont définis.

Démonstration. (a) On peut toujours trouver une version $\underline{G}$-optionnelle de X qui est à valeurs réelles, continue à droite et limitée à gauche. On note $\mathcal{H}(\underline{F})$ l'ensemble des processus définis par (9.1), et $\mathcal{H}(\underline{G})$ l'ensemble similaire défini avec la filtration $\underline{G}$. D'après la condition nécessaire de (9.3), pour tout $t \in \mathbb{R}_+$ l'application: $H \rightsquigarrow J(X,H)_t$ est continue, dans $L^0(P)$, sur l'ensemble $\mathcal{H}(\underline{F})$, donc a-fortiori sur l'ensemble $\mathcal{H}(\underline{G})$, donc $X \in \underline{\underline{S}}(\underline{G})$ d'après la condition suffisante de (9.3).

(b) Si $t \in \mathbb{R}_+$ on considère une suite (I_n) de subdivisions finies de $[0,t]$ dont le pas tend vers 0. D'après (5.25), et avec les notations de ce théorème, $v_{I_n}(X,X)$ tend dans $L^0(P)$ à la fois vers ${}^{\underline{G}}[X,X]_t$ et vers ${}^{\underline{F}}[X,X]_t$. Par suite ${}^{\underline{F}}[X,X]_t = {}^{\underline{G}}[X,X]_t$ P-p.s., donc ces deux processus croissants sont P-indistinguables.

(c) Soit $\hat{\mathcal{H}}$ l'espace vectoriel des processus $\underline{G}$-prévisibles bornés tels que $H \overset{\underline{F}}{\bullet} X = H \overset{\underline{G}}{\bullet} X$. Cet espace est fermé pour la convergence uniforme, d'après (2.74) appliqué à la définition (2.50) des intégrales stochastiques (le §II-2-f n'est donc pas nécessaire). On a $H \overset{\underline{F}}{\bullet} X = H \overset{\underline{G}}{\bullet} X = J(X,H)$

si $H\in\mathcal{H}(\underline{G})$ et $YI_{[\![0]\!]}\overset{F}{\bullet}X = YI_{[\![0]\!]}\overset{G}{\bullet}X = YX_0$ si $Y\in b\underline{\underline{G}}_0$, donc $\hat{\mathcal{H}}$ contient $\mathcal{H}(\underline{G})$ et l'ensemble $\{YI_{[\![0]\!]}: Y\in b\underline{\underline{G}}_0\}$ et par un argument de classe monotone utilisant (1.8,iii) on en déduit que $\hat{\mathcal{H}}$ est l'ensemble de tous les processus $\underline{G}$-prévisibles bornés. Enfin, un argument de $\underline{G}$-localisation conduit au résultat.∎

(9.20) Remarques: 1) La démonstration ci-dessus ne fait pas intervenir le $\S$a, mais par contre utilise (9.3). On peut obtenir une démonstration (un peu) plus directe en utilisant (9.5), qui est un corollaire de (9.10), et la partie de (9.14) consacrée aux quasimartingales.

2) Soit $X\in\underline{\underline{S}}(\underline{G})\cap\underline{\underline{S}}(\underline{F})$. A priori la partie "martingale continue" de X dépend de la filtration: d'une part $X^{c,F}$, d'autre part $X^{c,G}$. Mais ${}^F\langle X^{c,F},X^{c,F}\rangle$ et ${}^G\langle X^{c,G},X^{c,G}\rangle$ sont tous deux égaux à la "partie continue" $[X,X]-S(\Delta X^2)$ du processus $[X,X]$.∎

(9.21) COROLLAIRE: Soit $X\in\underline{\underline{M}}_{loc}(\underline{G})\cap\underline{\underline{M}}_{loc}(\underline{F})$ et $q\in[1,\infty[$. On a $L^q_{loc}(X,\underline{G}) = \underline{\underline{P}}(\underline{G})\cap L^q_{loc(\underline{G})}(X,\underline{F})$, et si H est un élément de cet ensemble il existe une version commune $H\bullet X$ des processus $H\overset{F}{\bullet}X$ et $H\overset{G}{\bullet}X$.

Démonstration. Il suffit de montrer que $L^q(X,\underline{G}) = \underline{\underline{P}}(\underline{G})\cap L^q(X,\underline{F})$, et que $H\overset{F}{\bullet}X = H\overset{G}{\bullet}X$ si H appartient à cet ensemble. D'après (9.19,b) et (2.40), la norme $\|H\|_{L^q(X)}$ ne dépend pas du fait qu'on considère X comme élément de $\underline{\underline{M}}_{loc}(\underline{F})$ ou de $\underline{\underline{M}}_{loc}(\underline{G})$. On a donc $L^q(X,\underline{G}) = \underline{\underline{P}}(\underline{G})\cap L^q(X,\underline{F})$ d'après (2.40).

Si $H\in L^q(X,\underline{G})$, soit $H(n) = HI_{\{|H|\leq n\}}$. D'après (9.19,c) on peut parler de $H(n)\bullet X$. Mais $H(n)$ tend vers H et $|H(n)|\leq H$, donc (2.73) entraine que $H(n)\bullet X_t$ tend en probabilité vers $H\overset{F}{\bullet}X_t$ et vers $H\overset{G}{\bullet}X_t$, d'où le résultat.∎

Avant de poursuivre, nous allons compléter le théorème (1.38) en définissant la projection prévisible duale d'un processus à variation localement intégrable non adapté. Comme nous allons nous en servir pour projeter les éléments de $\underline{\underline{A}}_{loc(\underline{G})}(\underline{F})$ sur la filtration $\underline{G}$, nous énonçons d'emblée le résultat avec la filtration $\underline{G}$.

(9.22) THEOREME: Soit A un processus continu à droite, tel qu'il existe une suite (T_n) de $\underline{G}$-temps d'arrêt croissant P-p.s. vers $+\infty$ et telle que $E(\int_0^{T_n}|dA_s|)<\infty$ pour tout n. Il existe un élément et un seul A' de $\underline{\underline{P}}(\underline{G})\cap\underline{\underline{A}}_{loc}(\underline{G})$ vérifiant les deux propriétés équivalentes suivantes:

(i) les mesures M^P_A et $M^P_{A'}$ coïncident sur $\underline{\underline{P}}(\underline{G})$,

(ii) on a $A'_0 = E(A_0|\underline{\underline{G}}_0)$, et $E(A_T) = E(A'_T)$ pour tout $T\in\underline{\underline{T}}(\underline{G})$ tel que

$E(\int^T |dA_s|)<\infty$.

Démonstration. Il suffit de reprendre mot pour mot la preuve de (1.38), qui ne fait intervenir l'adaptation de A qu'en deux points: d'abord pour la condition (1.38,ii), puis par le fait que $E(A_0 I_B)=E(A_0' I_B)$ pour tout $B\in \underline{\underline{G}}_0$ entraine $A_0'=A_0$ P-p.s.; ici, comme A_0 n'est pas nécessairement $\underline{\underline{G}}_0$-mesurable, cette relation entraine simplement que $A_0'=E(A_0|\underline{\underline{G}}_0)$.∎

On notera $A^{p,G}$ le processus ainsi défini, ce qui généralise la $\underline{G}$-projection prévisible duale des éléments de $\underline{\underline{A}}_{loc}(\underline{G})$. Les propriétés (1.39), (1.40, (1.41) et (1.42) sont vérifiées: en particulier (1.40) s'écrit (si on désigne par $^{p,G}H$ et $^{o,G}H$ les projections prévisible et optionnelle relativement à la filtration $\underline{G}$):

(9.23) Si A et $H\bullet A$ vérifient les hypothèses de (9.22), et si H (resp. A) est $\underline{G}$-prévisible, on a $(H\bullet A)^{p,G}=H\bullet A^{p,G}$ (resp. $=(^{p,G}H)\bullet A$).

Ces compléments étant faits, nous pouvons revenir à notre problème.

(9.24) PROPOSITION: <u>Soit</u> $X\in\underline{\underline{S}}(\underline{G})\cap\underline{\underline{S}}(\underline{F})$ <u>s'écrivant</u> $X=M+A$, <u>avec</u> $M\in\underline{\underline{L}}(\underline{F})$ <u>et</u> $A\in\underline{\underline{A}}_{loc(\underline{G})}(\underline{F})$. <u>Pour que</u> $X\in\underline{\underline{S}}_p(\underline{G})$ <u>il faut et il suffit que</u> $M\in\underline{\underline{H}}^1_{loc(\underline{G})}(\underline{F})$, <u>et dans ce cas la</u> <u>G-décomposition canonique</u> $X=\widetilde{M}+\widetilde{A}$ <u>vérifie</u> $\widetilde{A}=A^{p,G}$.

Si $X\in\underline{\underline{S}}_p(\underline{G})$ on a $X^*\in\underline{\underline{A}}_{loc}(\underline{G})$, d'où l'inclusion $\underline{\underline{S}}_p(\underline{G})\cap\underline{\underline{S}}(\underline{F})\subset\underline{\underline{S}}_p(\underline{F})$. Mais nous ne savons si tout $X\in\underline{\underline{S}}_p(\underline{G})\cap\underline{\underline{S}}(\underline{F})$ vérifie les conditions de cette proposition, c'est-à-dire si sa $\underline{F}$-décomposition canonique $X=M+A$ vérifie $A\in\underline{\underline{A}}_{loc(\underline{G})}(\underline{F})$.

Démonstration. Si $X\in\underline{\underline{S}}_p(\underline{G})$ il existe une suite $\underline{G}$-localisante (T_n) telle que $A^{T_n}\in\underline{\underline{A}}(\underline{F})$ et $X^*_{T_n}$ soit intégrable; mais alors $M^*_{T_n}\le X^*_{T_n}+\int^{T_n}|dA_s|$ est intégrable, donc $M^{T_n}\in\underline{\underline{H}}^1(\underline{F})$, ce qui montre la condition nécessaire.

Supposons inversement que $M\in\underline{\underline{H}}^1_{loc(\underline{G})}(\underline{F})$: il existe une suite $\underline{G}$-localisante (T_n) telle que $A^{T_n}\in\underline{\underline{A}}(\underline{F})$ et $M^{T_n}\in\underline{\underline{H}}^1(\underline{F})$, ce qui entraine que $X^*_{T_n}\le M^*_{T_n}+\int^{T_n}|dA_s|$ est intégrable, donc $X^*\in\underline{\underline{A}}_{loc}(\underline{G})$; comme $X\in\underline{\underline{S}}(\underline{G})$ d'après (9.19), l'inclusion $X\in\underline{\underline{S}}_p(\underline{G})$ découle de (2.14).

Pour montrer que la $\underline{G}$-décomposition canonique $X=\widetilde{M}+\widetilde{A}$ de X vérifie $\widetilde{A}=A^{p,G}$, on peut par $\underline{G}$-localisation supposer que $M\in\underline{\underline{H}}^1(\underline{F})$, $A\in\underline{\underline{A}}(\underline{F})$, $\widetilde{M}\in\underline{\underline{H}}^1(\underline{G})$ et $\widetilde{A}\in\underline{\underline{A}}(\underline{G})$. D'abord $\widetilde{A}_0=X_0=A_0=E(A_0|\underline{\underline{G}}_0)$, car $X_0\in\underline{\underline{G}}_0$ par hypothèse. Ensuite, si $T\in\underline{\underline{T}}(\underline{G})$ il vient

$$E(\widetilde{A}_T) = E(X_T)-E(\widetilde{M}_T) = E(X_T) = E(M_T)+E(A_T) = E(A_T)$$

en appliquant (1.20) à $\widetilde{M}$ et à M. Comme $A\in\underline{\underline{P}}(\underline{G})\cap\underline{\underline{A}}(\underline{G})$, on en déduit que $\widetilde{A} = A^{p,G}$. ∎

(9.25) COROLLAIRE: <u>Soit</u> $X \in \underline{\underline{S}}(\underline{G}) \cap \underline{\underline{S}}(\underline{F})$, <u>tel que</u> $[X,X] \in \underline{\underline{A}}_{loc}(\underline{G})$ (c'est le cas par exemple si $X \in \underline{\underline{H}}^2_{loc}(\underline{G}) \cap \underline{\underline{H}}^2_{loc}(\underline{F})$). <u>Alors</u> ${}^G\langle X,X\rangle = [X,X]^{p,G} = ({}^F\langle X,X\rangle)^{p,G}$.

<u>Démonstration</u>. On a ${}^G\langle X,X\rangle = [X,X]^{p,G}$ par définition même de $\langle .,.\rangle$. De même ${}^F\langle X,X\rangle = [X,X]^{p,F}$ et ce processus est dans $\underline{\underline{A}}_{loc(\underline{G})}(\underline{F})$. On peut alors appliquer (9.24) avec $A = {}^F\langle X,X\rangle$ et $M = [X,X] - {}^F\langle X,X\rangle$, car $[X,X] \in \underline{\underline{S}}_p(\underline{G}) \cap \underline{\underline{S}}_p(\underline{F})$, et on obtient la décomposition $[X,X] = \widetilde{M} + ({}^F\langle X,X\rangle)^{p,G}$. L'unicité de la décomposition canonique entraine alors que $({}^F\langle X,X\rangle)^{p,G} = {}^G\langle X,X\rangle$. ∎

Nous avons maintenant les éléments permettant de compléter (9.19,c).

(9.26) THEOREME: <u>Soit</u> $X \in \underline{\underline{S}}(\underline{G}) \cap \underline{\underline{S}}(\underline{F})$. <u>On a</u> $L(X,\underline{G}) = \underline{\underline{P}}(\underline{G}) \cap L(X,\underline{F})$, <u>et si</u> H <u>appartient à cet ensemble il existe une version commune</u> $H \bullet X$ <u>des intégrales stochastiques</u> $H \overset{F}{\bullet} X$ <u>et</u> $H \overset{G}{\bullet} X$.

<u>Démonstration</u>. (a) Soit $K \in \underline{\underline{P}}(\underline{G}) \cap L(X,\underline{F})$ et $Z = K \overset{F}{\bullet} X$. Si $K(n) = KI_{\{|K| \leq n\}}$ on peut appliquer (2.74) pour obtenir que $K(n) \overset{F}{\bullet} X_t$ tend en probabilité vers Z_t ; comme $K(n) \overset{F}{\bullet} X_t = K(n) \overset{G}{\bullet} X_t \in \underline{\underline{G}}_t$ d'après (9.19) on en déduit que Z est $\underline{G}$-adapté, donc $Z \in \underline{\underline{S}}(\underline{G})$ d'après (9.19) encore. Lorsqu'en plus $K \in L(X,\underline{G})$ on a aussi convergence en probabilité de $K(n) \bullet X_t$ vers $K \overset{G}{\bullet} X_t$, donc $K \overset{G}{\bullet} X = K \overset{F}{\bullet} X$.

(b) Il reste à montrer que $\underline{\underline{P}}(\underline{G}) \cap L(X,\underline{F}) = L(X,\underline{G})$. Commençons par deux remarques: d'abord il suffit de montrer le résultat pour chaque X^t ($t \in \mathbb{R}_+$); on fixe donc $t \in \mathbb{R}_+$ et on suppose que $X = X^t$. Ensuite si Q est une probabilité équivalente à P, on sait d'après (7.26,b) que $L(X,\underline{F},P) = L(X,\underline{F},Q)$ et que si H appartient à cet ensemble, $H \overset{P,F}{\bullet} X = H \overset{Q,F}{\bullet} X$. On a des résultats similaires pour $\underline{G}$, de sorte qu'on pourra à volonté remplacer P par une probabilité équivalente (qu'on notera encore P).

Soit $H \in L(X,\underline{G})$ et $Y = H \overset{G}{\bullet} X$. Soit $K \in \underline{\underline{P}}(\underline{G}) \cap L(X,\underline{F})$ et $Z = K \overset{F}{\bullet} X$; on a vu que $Z \in \underline{\underline{S}}(\underline{G})$. Rappelons que $X = X^t$, donc $Y = Y^t$ et $Z = Z^t$. D'après le théorème (9.10) appliqué simultanément aux processus filtrés $(X,\underline{F})$, $(X,\underline{G})$, $(Y,\underline{G})$, $(Z,\underline{F})$ et $(Z,\underline{G})$, et quitte à remplacer P par une probabilité équivalente, on peut supposer que

$$X = M + A,\quad Z = M' + A' :\quad M,M' \in \underline{\underline{H}}^1(\underline{F}) \text{ et } A,A' \in \underline{\underline{P}}(\underline{F}) \cap \underline{\underline{A}}$$

$$X = \widetilde{M} + \widetilde{A},\quad Z = \widetilde{M}' + \widetilde{A}',\quad Y = \widehat{M} + \widehat{A} :\quad \widetilde{M},\widetilde{M}',\widehat{M} \in \underline{\underline{H}}^1(\underline{G}) \text{ et } \widetilde{A},\widetilde{A}',\widehat{A} \in \underline{\underline{P}}(\underline{G}) \cap \underline{\underline{A}}.$$

De plus (9.24) entraine que $\widetilde{A} = A^{p,G}$ et $\widetilde{A}' = (A')^{p,G}$.

(c) On va montrer que $H \in L(X,\underline{F})$. Appliquons (2.69,b) à H, avec $D = \Omega \times \mathbb{R}_+$: il vient $\hat{A} = H \cdot \tilde{A}$, donc $H \cdot \tilde{A} \in \underline{\underline{A}}(\underline{G})$; comme M^P_A et $M^P_{\tilde{A}}$ coïncident sur $\underline{\underline{P}}(\underline{G})$ on a $H \cdot A \in \underline{\underline{A}}(\underline{F})$, et a-fortiori $(H^2 \cdot [A,A])^{1/2}_\infty \leq S(|H \Delta A|)_\infty$ est intégrable. Par ailleurs $Y = H \overset{G}{\cdot} X \in \underline{\underline{S}}_p(\underline{G})$ et le crochet ${}^G[Y,Y] = H^2 \cdot [X,X]$ vérifie $({}^G[Y,Y])^{1/2} \in \underline{\underline{A}}_{loc}(\underline{G})$. Comme $[M,M] \leq 2([X,X] + [A,A])$ on en déduit que $(H^2 \cdot [M,M])^{1/2} \in \underline{\underline{A}}_{loc}(\underline{F})$. Par suite $H \in L^1_{loc}(M,\underline{F})$ et comme on a déjà vu que $H \cdot A \in \underline{\underline{A}}(\underline{F})$, la proposition (2.71) entraine que $H \in L(X,\underline{F})$.

(d) On va enfin montrer, de manière similaire, que $K \in L(X,\underline{G})$. Appliquons (2.69,b) à K, avec $D = \Omega \times \mathbb{R}_+$: il vient $A' = K \cdot A$, donc $\tilde{A}' = (A')^{p,G} = K \cdot \tilde{A}$ d'après (9.23), donc $K \cdot \tilde{A} \in \underline{\underline{A}}(\underline{G})$. A-fortiori $(K^2 \cdot [\tilde{A},\tilde{A}])^{1/2}_\infty$ est intégrable. Par ailleurs $[Z,Z] = K^2 \cdot [X,X]$ (ici les crochets sont pris indifféremment par rapport à $\underline{F}$ ou $\underline{G}$) et $Z \in \underline{\underline{S}}_p(\underline{G})$, donc $(K^2 \cdot [X,X])^{1/2} \in \underline{\underline{A}}_{loc}(\underline{G})$; on en déduit, à la manière de (c), que $(K^2 \cdot [\tilde{M},\tilde{M}])^{1/2} \in \underline{\underline{A}}_{loc}(\underline{G})$, donc $K \in L^1_{loc}(M,\underline{G})$, et (2.71) entraine le résultat.∎

§c - La condition $\underline{\underline{M}}(\underline{G}) \subset \underline{\underline{M}}(\underline{F})$. Le cas où toute $\underline{G}$-martingale est une $\underline{F}$-martingale, bien que très particulier, présente un intérêt pratique (notamment dans la théorie du filtrage). On suppose toujours $\underline{F} = \underline{F}^P$ et $\underline{G} = \underline{G}^P$.

(9.27) PROPOSITION: Il y a équivalence entre les conditions suivantes:

(i) $\underline{\underline{M}}(\underline{G}) \subset \underline{\underline{M}}(\underline{F})$;

(ii$_q$) $\underline{\underline{H}}^q(\underline{G}) \subset \underline{\underline{H}}^q(\underline{F})$ $\quad (q \in [1,\infty])$

(iii$_q$) $\underline{\underline{H}}^q_{loc}(\underline{G}) \subset \underline{\underline{H}}^q_{loc}(\underline{F})$ $\quad (q \in [1,\infty])$

(iv) $\underline{\underline{H}}^\infty(\underline{G}) \subset \underline{\underline{M}}_{loc}(\underline{F})$.

Démonstration. L'intégrabilité d'une variable et l'uniforme intégrabilité d'une famille de variables ne dépendant pas de la filtration, on a trivialement les implications: (ii$_q$)$\Longleftrightarrow$(iii$_q$), (iv)$\Longleftrightarrow$(ii$_\infty$), (iii$_1$)$\Longrightarrow$(i)$\Longrightarrow$(ii$_q$). Enfin $\underline{\underline{H}}^\infty(\underline{G})$ est dense dans $\underline{\underline{H}}^1(\underline{G})$ pour la norme: $X \rightsquigarrow \|X^*_\infty\|_1$, donc (ii$_\infty$)$\Longrightarrow$(ii$_1$).∎

(9.28) PROPOSITION: Supposons que $\underline{\underline{M}}(\underline{G}) \subset \underline{\underline{M}}(\underline{F})$.

(a) On a $\underline{\underline{S}}_p(\underline{G}) \subset \underline{\underline{S}}_p(\underline{F})$ et si $X \in \underline{\underline{S}}_p(\underline{G})$, les décompositions canoniques de X pour $\underline{F}$ et pour $\underline{G}$ coïncident.

(b) Si $A \in \underline{\underline{A}}_{loc}(\underline{G})$, les projections prévisibles duales $A^{p,G}$ et $A^{p,F}$ sont égales.

(c) On a $\underline{\underline{S}}(\underline{G}) \subset \underline{\underline{S}}(\underline{F})$ et si $X \in \underline{\underline{S}}(\underline{G})$, les parties martingale continue $X^{c,G}$ et $X^{c,F}$ sont égales.

Démonstration. (a) Soit $X \in \underline{\underline{S}}_p(\underline{\underline{G}})$, de $\underline{\underline{G}}$-décomposition canonique $X = M + A$. On a $M \in \underline{\underline{L}}(\underline{\underline{G}})$, donc $M \in \underline{\underline{L}}(\underline{\underline{F}})$ d'après l'hypothèse; on a aussi $A \in \underline{\underline{P}}(\underline{\underline{G}}) \cap \underline{\underline{V}} \subset \underline{\underline{P}}(\underline{\underline{F}}) \cap \underline{\underline{V}}$, d'où le résultat.

(b) Il suffit d'appliquer (a) à A, en remarquant que la décomposition canonique de A pour $\underline{\underline{G}}$ est $A = (A - A^{p,G}) + A^{p,G}$.

(c) Soit $X \in \underline{\underline{S}}(\underline{\underline{G}})$ et $A = S(\Delta X I_{\{|\Delta X|>1\}})$. On a $A \in \underline{\underline{V}}(\underline{\underline{G}}) \subset \underline{\underline{V}}(\underline{\underline{F}})$ et $X - A \in \underline{\underline{S}}_p(\underline{\underline{G}}) \in \underline{\underline{S}}_p(\underline{\underline{F}})$, donc $X \in \underline{\underline{S}}(\underline{\underline{F}})$. Soit $M = X^{c,G}$; on a $M \in \underline{\underline{L}}^c(\underline{\underline{G}}) \subset \underline{\underline{L}}^c(\underline{\underline{F}})$ et $X' = X - M$ vérifie $X' \in \underline{\underline{S}}(\underline{\underline{G}}) \subset \underline{\underline{S}}(\underline{\underline{F}})$ et $[X',X'] = S(\Delta X^2)$ est purement discontinu; comme $[X',X'] = {}^F\langle X'^{c,F}, X'^{c,F}\rangle + S(\Delta X'^2)$ il faut que ${}^F\langle X'^{c,F}, X'^{c,F}\rangle = 0$, soit $X'^{c,F} = 0$, soit $X^{c,F} = M$. ∎

Voici une caractérisation de la condition $\underline{\underline{M}}(\underline{\underline{G}}) \subset \underline{\underline{M}}(\underline{\underline{F}})$.

(9.29) THEOREME: Les conditions suivantes sont équivalentes:

(i) $\underline{\underline{M}}(\underline{\underline{G}}) \subset \underline{\underline{M}}(\underline{\underline{F}})$;

(ii) si $t \in \mathbb{R}_+$ on a $\underline{\underline{G}}_t = \underline{\underline{F}}_t \cap \underline{\underline{G}}_\infty$, et $E(Y|\underline{\underline{F}}_t) \in \underline{\underline{G}}_\infty$ si $Y \in b\underline{\underline{G}}_\infty$;

(iii) si $t \in \mathbb{R}_+$ on a $E[E(.|\underline{\underline{G}}_\infty)|\underline{\underline{F}}_t] = E(.|\underline{\underline{G}}_t)$.

Démonstration. (i)$\Longrightarrow$(ii): Soit $Y \in b\underline{\underline{G}}_\infty$ et M l'élément de $\underline{\underline{M}}(\underline{\underline{G}})$ défini par $M_s = E(Y|\underline{\underline{G}}_s)$. Par hypothèse $M \in \underline{\underline{M}}(\underline{\underline{F}})$, tandis que $M_\infty = \lim_{s\uparrow\infty} M_s$ égale Y par définition de M: on a alors $M_s = E(Y|\underline{\underline{F}}_s)$, ce qui prouve que $E(Y|\underline{\underline{F}}_s)$ est $\underline{\underline{G}}_s$-, donc $\underline{\underline{G}}_\infty$-mesurable. Si en plus $Y \in \underline{\underline{F}}_t$, on a $M_t = E(Y|\underline{\underline{F}}_t) = Y$, ce qui prouve que Y est $\underline{\underline{G}}_t$-mesurable, d'où l'inclusion $\underline{\underline{F}}_t \cap \underline{\underline{G}}_\infty \subset \underline{\underline{G}}_t$; l'inclusion inverse étant évidente, on a obtenu (ii).

(ii)$\Longrightarrow$(iii): Soit $Z \in b\underline{\underline{F}}$ et $Y = E(Z|\underline{\underline{G}}_\infty)$. D'une part $\underline{\underline{G}}_t \subset \underline{\underline{F}}_t$, donc $E(Y|\underline{\underline{G}}_t) = E[E(Y|\underline{\underline{F}}_t)|\underline{\underline{G}}_t]$. D'autre part $E(Y|\underline{\underline{F}}_t)$ est $\underline{\underline{G}}_\infty$-mesurable, donc aussi mesurable par rapport à $\underline{\underline{F}}_t \cap \underline{\underline{G}}_\infty = \underline{\underline{G}}_t$; par suite $E(Y|\underline{\underline{F}}_t) = E(Z|\underline{\underline{G}}_t)$.

(iii)$\Longrightarrow$(i): Soit $M \in \underline{\underline{H}}^\infty(\underline{\underline{G}})$ et $Y = \lim_{t\uparrow\infty} M_t$. On a $Y \in \underline{\underline{G}}_\infty$. Soit enfin N l'élément de $\underline{\underline{M}}(\underline{\underline{F}})$ défini par $N_t = E(Y|\underline{\underline{F}}_t)$. D'après (iii) on a $N_t = E(Y|\underline{\underline{G}}_t)$ et comme $Y \in b\underline{\underline{G}}_\infty$ on a $M_t = E(Y|\underline{\underline{G}}_t)$. Par suite $M = N$, donc $\underline{\underline{H}}^\infty(\underline{\underline{G}}) \subset \underline{\underline{H}}^\infty(\underline{\underline{F}})$ et on a (i) d'après (9.27). ∎

Les conditions (ii) et (iii) ci-dessus ne sont pas forcément faciles à vérifier. Aussi est-il bon de disposer de critères plus commodes. En voici un (on utilise les notations du chapitre IV, en mentionnant toujours la filtration).

(9.30) THEOREME: Soit $\mathcal{X} \subset \underline{\underline{M}}_{loc}(\underline{\underline{G}}) \cap \underline{\underline{M}}_{loc}(\underline{\underline{F}})$.

(a) Si $\underline{\underline{H}}^1(\underline{\underline{G}}) = \mathcal{L}^1(\mathcal{X},\underline{\underline{G}})$, on a $\underline{\underline{M}}(\underline{\underline{G}}) \subset \underline{\underline{M}}(\underline{\underline{F}})$.

(b) <u>Supposons que</u> $\underline{\underline{H}}^1(\underline{F}) = \mathcal{L}^1(\mathcal{X},\underline{F})$. <u>Pour que</u> $\underline{M}(\underline{G}) \subset \underline{M}(\underline{F})$ <u>il faut et il suffit que</u> $\underline{\underline{H}}^1(\underline{G}) = \mathcal{L}^1(\mathcal{X},\underline{G})$.

<u>Démonstration</u>. (a) Soit $X \in \mathcal{X}$ et $M \in \mathcal{L}^1(X,\underline{G})$: d'après (4.6) il existe $H \in L^1(X,\underline{G})$ tel que $M = H \overset{G}{\cdot} X$. Mais (9.21) implique que $H \in L^1(X,\underline{F})$ et que $M \in \underline{\underline{H}}^1(\underline{F})$. Par suite $\mathcal{L}^1(X,\underline{G}) \subset \underline{\underline{H}}^1(\underline{F})$. Il suffit d'appliquer (4.5) et (9.17) pour obtenir que $\mathcal{L}^1(\mathcal{X},\underline{G}) \subset \underline{\underline{H}}^1(\underline{F})$, et on a le résultat.

(b) On suppose maintenant que $\underline{\underline{H}}^1(\underline{F}) = \mathcal{L}^1(\mathcal{X},\underline{F})$, et que $\underline{M}(\underline{G}) \subset \underline{M}(\underline{F})$. Soit c_N la forme linéaire sur $\underline{\underline{H}}^1(\underline{G})$ associée à $N \in \underline{\underline{BMO}}(\underline{G})$ par (2.35) et supposons que c_N soit nulle sur $\mathcal{L}^1(\mathcal{X},\underline{G})$. D'après (4.7), N est orthogonale à $\mathcal{X}$ dans $\underline{\underline{M}}_{loc}(\underline{G})$, ce qui signifie que $NX \in \underline{L}(\underline{G})$ pour tout $X \in \mathcal{X}$. Mais l'hypothèse implique que $N \in \underline{\underline{M}}_{loc}(\underline{F})$ et que $NX \in \underline{L}(\underline{F})$, donc N est orthogonale à $\mathcal{X}$ dans $\underline{\underline{M}}_{loc}(\underline{F})$. Appliquons ancore (4.7): N est orthogonale à $\mathcal{L}^1(\mathcal{X},\underline{F})$, donc à $\underline{\underline{H}}^1(\underline{F})$, donc $N \perp N$, donc $N = 0$ et $c_N = 0$. Le théorème de Hahn-Banach entraine alors que $\underline{\underline{H}}^1(\underline{G}) = \mathcal{L}^1(\mathcal{X},\underline{G})$.■

Voici un résultat anecdotique sur les intégrales optionnelles.

(9.31) PROPOSITION: <u>Supposons qu'on ait</u> $\underline{M}(\underline{G}) \subset \underline{M}(\underline{F})$. <u>Soit</u> $X \in \underline{\underline{M}}_{loc}(\underline{G})$ <u>et</u> $H \in {}^oL^1_{loc}(X,\underline{G})$. <u>Alors</u> $H \in {}^oL^1_{loc}(X,\underline{F})$ <u>et</u> $H \overset{F}{\circledcirc} X = H \overset{G}{\circledcirc} X$.

<u>Démonstration</u>. Soit $M = H \overset{G}{\circledcirc} X$. On a $\Delta M = H\Delta X - {}^{p,G}(H\Delta X) I_{]0,\infty[}$ et, par hypothèse, $M \in \underline{\underline{M}}_{loc}(\underline{F})$, ce qui entraine que ${}^{p,F}(\Delta M) I_{]0,\infty[} = 0$. Un processus $\underline{G}$-prévisible étant a-fortiori $\underline{F}$-prévisible, on en déduit que ${}^{p,F}(H\Delta X) - {}^{p,G}(H\Delta X) = 0$ sur $]0,\infty[$. Comme les processus $X^{c,F}$ et $X^{c,G}$ admettent une version commune notée X^c , le processus

$$\{H^2 \cdot [X^c,X^c] + S[(H\Delta X - {}^{p,F}(H\Delta X) I_{]0,\infty[})^2]\}^{1/2} = [M,M]^{1/2}$$

est dans $\underline{\underline{A}}_{loc}(\underline{G})$, donc dans $\underline{\underline{A}}_{loc}(\underline{F})$ et $H \in {}^oL^1_{loc}(X,\underline{F})$. Enfin, on vérifie aisément que M et $H \overset{F}{\circledcirc} X$ ont mêmes sauts (en utilisant le début de la démonstration) et même partie martingale continue (en utilisant l'hypothèse et le fait que H, ${}^{p,G}H$ et ${}^{p,F}H$ ne diffèrent que sur des ensembles minces.■

Pour terminer, disons un mot de la condition $\underline{\underline{S}}(\underline{G}) \subset \underline{\underline{S}}(\underline{F})$, qui d'après (9.28) est plus faible (strictement plus faible en fait, comme on le verra plus loin) que la condition $\underline{M}(\underline{G}) \subset \underline{M}(\underline{F})$.

(9.32) PROPOSITION: <u>Les conditions suivantes sont équivalentes</u>:

(i) $\underline{\underline{S}}(\underline{G}) \subset \underline{\underline{S}}(\underline{F})$;

(ii) $\underline{\underline{M}}_{loc}(\underline{G}) \subset \underline{\underline{S}}(\underline{F})$;

(iii) $\underline{\underline{H}}^\infty(\underline{G}) \subset \underline{\underline{S}}(\underline{F})$.

Nous laissons au lecteur le soin de montrer l'équivalence avec d'autres conditions: $\underline{\underline{S}}_p(\underline{G}) \subset \underline{\underline{S}}(\underline{F})$, ou $\underline{\underline{S}}_p(\underline{G}) \subset \underline{\underline{S}}_p(\underline{F})$, ou $\underline{\underline{H}}^q(\underline{G}) \subset \underline{\underline{S}}(\underline{F})$, etc..

Démonstration. On a évidemment: (i) $\Longrightarrow$ (ii) $\Longrightarrow$ (iii). Tout $X \in \underline{\underline{S}}(\underline{F})$ s'écrit $X = M + A$ avec $M \in \underline{\underline{H}}^{\infty}_{loc}(\underline{G})$ et $A \in \underline{\underline{V}}(\underline{G})$, d'après (2.15); comme (iii) entraine que $\underline{\underline{H}}^{\infty}_{loc}(\underline{G}) \subset \underline{\underline{S}}(\underline{G})$, on en déduit l'implication: (iii) $\Longrightarrow$ (i).∎

EXERCICES

9.1 - Soit $\Omega = \mathbb{N}$, $\underline{\underline{F}}$ la tribu des parties de Ω, P la probabilité donnée par $P(\{2n\}) = P(\{2n+1\}) = a_n$, avec $\sum_{(n)} a_n = 1/2$. Soit X le processus:

$$X_t = 0 \text{ si } t<1, \quad X_t(2n) = -X_t(2n+1) = b_n \text{ si } t \geq 1,$$

où les b_n sont des réels positifs tels que $\sum_{(n)} a_n b_n = \infty$. On considère la filtration $\underline{F}$ suivante: $\underline{\underline{F}}_0$ est la tribu engendrée par les parties $\{2n, 2n+1\}$, $\underline{\underline{F}}_t = \underline{\underline{F}}_0$ si $t<1$ et $\underline{\underline{F}}_t = \underline{\underline{F}}$ si $t \geq 1$. On considère également la filtration $\underline{G}$ suivante: $\underline{\underline{G}}_t = \{\emptyset, \Omega\}$ si $t<1$, $\underline{\underline{G}}_t = \underline{\underline{F}}$ si $t \geq 1$.

a) Montrer que X est $\underline{G}$-adapté.

b) Montrer que $X \in \underline{\underline{M}}_{loc}(\underline{F}) \cap \underline{\underline{A}}_{loc}(\underline{F})$: on pourra prendre la suite localisante de temps d'arrêt $T_m(\omega) = \infty$ si $0 \leq \omega \leq 2m-1$, $T_m(\omega) = 0$ si $\omega \geq 2m$.

c) Montrer que $X \notin \underline{\underline{A}}_{loc}(\underline{G})$, et en déduire que $X \notin \underline{\underline{M}}_{loc}(\underline{G})$.

9.2 - Montrer que $\underline{\underline{M}}_{loc}(\underline{G}) \cap \underline{\underline{M}}_{loc}(\underline{F}) = \underline{\underline{S}}_p(\underline{G}) \cap \underline{\underline{M}}_{loc}(\underline{F})$.

9.3 - Soit $X = M + A$ avec $M \in \underline{\underline{H}}^1_{loc(\underline{G})}(\underline{F})$ et $A \in \underline{\underline{A}}_{loc(\underline{G})}(\underline{F})$. Montrer que la projection $\underline{G}$-optionnelle X' de X est dans $\underline{\underline{S}}_p(\underline{G})$ et que sa $\underline{G}$-décomposition canonique $X' = M' + A'$ vérifie $A' = A^{p,G}$.

9.4 - Mesures aléatoires. Soit $\mu \in \tilde{\underline{\underline{A}}}^1_\sigma(\underline{G})$ (donc $\mu \in \tilde{\underline{\underline{A}}}^1_\sigma(\underline{F})$). On suppose que les projections prévisibles duales $\mu^{p,G}$ et $\mu^{p,F}$ coïncident, et on note ν leur valeur commune.

a) Montrer que $G^q(\mu,\underline{G}) = \underline{\underline{P}}(\underline{G}) \cap G^q(\mu,\underline{F})$ et $G^q_{loc}(\mu,\underline{G}) = \underline{\underline{P}}(\underline{G}) \cap G^q_{loc(\underline{G})}(\mu,\underline{F})$ (utiliser les formules (3.61) et (3.62)).

b) Soit $W \in G^1_{loc}(\mu,\underline{G})$. Montrer que les intégrales stochastiques $W \overset{F}{*} (\mu - \nu)$ et $W \overset{G}{*} (\mu - \nu)$ coïncident: on pourra se ramener à $W \in G^1(\mu,\underline{G})$, puis montrer (avec la notation (3.69)) que $M(b) = W''(b) * (\mu - \nu)$ est définie indépendamment de la filtration, et enfin montrer que $M(1/n)$ converge vers $W_*^{\underline{F}}(\mu-\nu)$ dans $\underline{\underline{H}}^1(\underline{F})$ et vers $W_*^{\underline{G}}(\mu-\nu)$ dans $\underline{\underline{H}}^1(\underline{G})$.

9.5 - Soit $\underline{\underline{H}} = \underline{\underline{H}}^2(\underline{F}) \bigcap \underline{\underline{H}}^2(\underline{G})$ et $\underline{\underline{H}}' = \{X \in \underline{\underline{H}} : {}^{\underline{F}}\langle X,X\rangle \in \underline{P}(\underline{G})\}$.

a) Montrer que $\underline{\underline{H}}'$ est fermé dans $\underline{\underline{H}}^2(\underline{G})$.

b) Montrer que $\underline{\underline{H}}'$ est un espace vectoriel si et seulement si ${}^{\underline{F}}\langle X,Y\rangle$ est $\underline{G}$-prévisible pour tous $X,Y \in \underline{\underline{H}}'$. Montrer que dans ce cas, $\underline{\underline{H}}'$ est un sous-espace stable de $\underline{\underline{H}}^2(\underline{G})$.

c) Montrer que si $X \in \underline{\underline{O}}(\underline{G}) \bigcap \underline{\underline{H}}^2_{loc}(\underline{F})$ et si ${}^{\underline{F}}\langle X,X\rangle$ est $\underline{G}$-prévisible, alors $X \in \underline{\underline{H}}'_{loc}(\underline{G})$.

d) Montrer que tout élément continu de $\underline{\underline{H}}$ est dans $\underline{\underline{H}}'$.

e) Montrer que si $\underline{\underline{M}}(\underline{G}) \subset \underline{\underline{M}}(\underline{F})$, on a $\underline{\underline{H}} = \underline{\underline{H}}'$.

f) On suppose que $\underline{\underline{H}}'$ est un espace vectoriel. Soit $X \in \underline{\underline{H}}'$, $H \in L^2(X,\underline{F})$ et H' la $\underline{G}$-projection prévisible de H. Montrer que $H' \in L^2(X,\underline{G})$ et que $H' \overset{G}{\cdot} X = H' \overset{F}{\cdot} X$ est la projection (au sens de l'espace de Hilbert $\underline{\underline{H}}^2(\underline{F})$) de $H \overset{F}{\cdot} X$ sur le sous-espace stable $\underline{\underline{H}}'$.

9.6 - a) Les conditions suivantes sont équivalentes: (i) $\underline{\underline{M}}^c_o(\underline{G}) \subset \underline{\underline{M}}^c_o(\underline{F})$ et: (ii) $\underline{\underline{M}}^c_o(\underline{G}) \subset \underline{\underline{L}}(\underline{F})$.

b) Cette condition étant vérifiée, montrer que tout $X \in \underline{\underline{S}}(\underline{G}) \bigcap \underline{\underline{S}}(\underline{F})$ admet même partie martingale continue par rapport à $\underline{F}$ et à $\underline{G}$.

9.7 - On suppose que $\underline{\underline{S}}(\underline{G}) \subset \underline{\underline{S}}(\underline{F})$.

a) Si $X \in \underline{\underline{S}}(\underline{G})$, montrer que $X^{c,F} - X^{c,G}$ est un processus continu, $\underline{F}$-adapté, à variation finie sur tout compact.

b) Montrer que $X^{c,F} = X^{c,G}$ pour tout $X \in \underline{\underline{S}}(\underline{G})$ si et seulement si $\underline{\underline{M}}^c_o(\underline{G}) \subset \underline{\underline{M}}^c_o(\underline{F})$.

3 - GROSSISSEMENT DE LA FILTRATION

§a - Introduction. On va maintenant aborder le même problème sous un angle un peu différent: on suppose toujours fixé $(\Omega,\underline{\underline{F}},\underline{F},P)$ avec $\underline{\underline{F}} = \underline{\underline{F}}^P$ et $\underline{F} = \underline{F}^P$. On considère diverses filtrations $\underline{G}$ de $\underline{\underline{F}}$, qui contiennent $\underline{F}$ (donc $\underline{G} = \underline{G}^P$). A quelles conditions sur $\underline{G}$ a-t-on $\underline{\underline{S}}(\underline{F})$ $\underline{\underline{S}}(\underline{G})$?

Remarquons d'abord qu'on ne peut pas faire n'importe quoi. Si par exemple $\underline{G}$ est la filtration constante $\underline{\underline{G}}_t = \underline{\underline{F}}$, on a $\underline{\underline{S}}(\underline{G}) = \underline{\underline{V}}(\underline{G})$, donc la propriété $\underline{\underline{S}}(\underline{F}) \subset \underline{\underline{S}}(\underline{G})$ est vraie si et seulement si $\underline{\underline{S}}(\underline{F}) = \underline{\underline{V}}(\underline{F})$.

On ne connait que des réponses très partielles à ce problème. En gros, les deux manières suivantes de grossir $\underline{F}$ conduisent à la propriété cherchée:

(1)- On augmente $\underline{\underline{F}}_0$ en considérant la filtration $\underline{\underline{G}}_t = \underline{\underline{F}}_0 \vee \sigma(\mathcal{P})$, où $\mathcal{P}$ est une partition $\underline{\underline{F}}$-mesurable, finie ou dénombrable (au lieu d'augmenter $\underline{\underline{F}}_0$, on peut augmenter les tribus $\underline{\underline{F}}_{T_n}$ de manière analogue, pour une suite (T_n) de $\underline{\underline{F}}$-temps d'arrêt croissant vers $+\infty$).

(2)- On oblige une variable aléatoire L, qui n'est pas un $\underline{\underline{F}}$-temps d'arrêt, à devenir un $\underline{\underline{G}}$-temps d'arrêt; il faudra faire en outre l'hypothèse que L est une variable aléatoire "honnête" (au lieu d'imposer qu'une seule variable L soit un $\underline{\underline{G}}$-temps d'arrêt, on peut imposer qu'une suite de variables croissant vers $+\infty$ soient des $\underline{\underline{G}}$-temps d'arrêt).

Ensuite, on peut combiner un nombre fini de fois chacune des opérations précédentes.

Pour chacune de ces manières de faire, il existe plusieurs démonstrations possibles. L'une est basée sur le théorème de Girsanov (elle donne une solution très simple pour (1)); une seconde méthode consiste à utiliser le théorème (9.3), donc repose en définitive aussi sur le théorème de Girsanov; elle conduit à un principe général que nous énonçons, et qui est sans doute susceptible d'autres applications. Enfin pour (2) il existe des méthodes "directes" consistant à trouver une décomposition explicite $X = M + A$ avec $M \in \underline{\underline{L}}(\underline{\underline{G}})$ et $A \in \underline{\underline{V}}(\underline{\underline{G}})$ pour tout $X \in \underline{\underline{L}}(\underline{\underline{F}})$.

Avant d'aborder véritablement le problème, voici deux manières très simples de grossir la filtration.

(9.33) PROPOSITION: <u>Soit</u> $T \in \underline{\underline{T}}(\underline{\underline{F}})$ <u>et</u> $\underline{\underline{G}}_t = \underline{\underline{F}}_{T \vee t}$. <u>Alors</u> $\underline{\underline{G}} = (\underline{\underline{G}}_t)_{t \geq 0}$ <u>est une filtration contenant</u> $\underline{\underline{F}}$ <u>et tout élément de</u> $\underline{\underline{M}}(\underline{\underline{F}})$ (<u>resp.</u> $\underline{\underline{S}}(\underline{\underline{F}})$) <u>et vérifiant</u> $X^T = X_0$ <u>est dans</u> $\underline{\underline{M}}(\underline{\underline{G}})$ (<u>resp.</u> $\underline{\underline{S}}(\underline{\underline{G}})$).

<u>Démonstration</u>. Le fait que $\underline{\underline{G}}$ soit une filtration contenant $\underline{\underline{F}}$ est immédiat. Soit $X \in \underline{\underline{M}}(\underline{\underline{F}})$ tel que $X^T = X_0$. Soit $s<t$ et $A \in \underline{\underline{G}}_s$. Il vient

$$E(I_A(X_t - X_s)) = E(I_{A \cap \{T<s\}}(X_t - X_s)) + E(I_{A \cap \{s \leq T<t\}}(X_t - X_T))$$

puisque $X_s = X_T$ (resp. $X_t = X_T$) si $T \geq s$ (resp. $T \geq t$). Comme $A \cap \{T<s\} \in \underline{\underline{F}}_s$ et $A \cap \{s \leq T<t\} \in \underline{\underline{F}}_T$, la propriété de $\underline{\underline{F}}$-martingale de X entraine que l'expression précédente est nulle. Donc X est aussi une $\underline{\underline{G}}$-martingale, et comme la famille $(X_t)_{t \geq 0}$ est uniformément intégrable, on a $X \in \underline{\underline{M}}(\underline{\underline{G}})$.

Par $\underline{\underline{G}}$-localisation, on en déduit que tout $X \in \underline{\underline{M}}_{loc}(\underline{\underline{F}})$ vérifiant $X^T = X_0$ est dans $\underline{\underline{M}}_{loc}(\underline{\underline{G}})$. Enfin si $X \in \underline{\underline{S}}(\underline{\underline{F}})$ vérifie $X^T = X_0$ on peut trouver une décomposition $X = M + A$ avec $M^T = 0$, $M \in \underline{\underline{L}}(\underline{\underline{F}})$ donc $M \in \underline{\underline{L}}(\underline{\underline{G}})$, et $A \in \underline{\underline{V}}(\underline{\underline{F}}) \subset \underline{\underline{V}}(\underline{\underline{G}})$, d'où $X \in \underline{\underline{S}}(\underline{\underline{G}})$. ∎

Soit $T \in \underline{\underline{T}}(\underline{\underline{F}})$ et $t \geq 0$. La formule suivante définit une tribu $\underline{\underline{G}}_t$ par ses traces sur la partition $(\{t<T\},\{t\geq T\})$:

(9.34) $\underline{\underline{G}}_t \cap \{t<T\} = \underline{\underline{F}}_t \cap \{t<T\}, \quad \underline{\underline{G}}_t \cap \{t\geq T\} = \underline{\underline{F}} \cap \{t\geq T\}$

et on a aussi $\underline{\underline{G}}_t = \{A \in \underline{\underline{F}} : A \cap \{t<T\} \in \underline{\underline{F}}_t\}$ puisque $\{t<T\} \in \underline{\underline{F}}_t$.

(9.35) PROPOSITION: <u>$\underline{\underline{G}} = (\underline{\underline{G}}_t)_{t\geq 0}$ est une filtration contenant $\underline{\underline{F}}$, qui vérifie $\underline{\underline{G}}_T = \underline{\underline{G}}_\infty = \{A \in \underline{\underline{F}} : A \cap \{T=\infty\} \in \underline{\underline{F}}_\infty\}$, et pour tout $X \in \underline{\underline{M}}(\underline{\underline{F}})$ (resp. $\underline{\underline{S}}(\underline{\underline{F}})$) on a $X^T \in \underline{\underline{M}}(\underline{\underline{G}})$ (resp. $\underline{\underline{S}}(\underline{\underline{G}})$).</u>

<u>Démonstration</u>. Les inclusions $\underline{\underline{F}}_t \subset \underline{\underline{G}}_t$ sont évidentes, et la croissance de $\underline{\underline{G}}$ aussi. Soit $A \in \bigcap_{s>t} \underline{\underline{G}}_s$; on a $A \in \underline{\underline{F}}$ et $A \cap \{t+1/n<T\} \in \underline{\underline{F}}_{t+1/n}$, donc $A \cap \{t<T\} = \bigcup_{(n)} [A \cap \{t+1/n<T\}]$ est dans $\underline{\underline{F}}_t$, donc $A \in \underline{\underline{G}}_t$.

La formule de l'énoncé donnant $\underline{\underline{G}}_\infty$ est facile à vérifier. On a $\underline{\underline{G}}_T \subset \underline{\underline{G}}_\infty$ par définition. Si $A \in \underline{\underline{G}}_\infty$ on a $A \cap \{T\leq t\} \in \underline{\underline{F}}$, donc $A \cap \{T \leq t\} \in \underline{\underline{G}}_t$ d'après (9.34), ce qui montre que $A \in \underline{\underline{G}}_T$.

Soit $X \in \underline{\underline{M}}(\underline{\underline{F}})$, donc $X^T \in \underline{\underline{M}}(\underline{\underline{F}})$. Soit $s<t$ et $A \in \underline{\underline{G}}_s$. On a $X^T_s = X^T_t$ si $T \leq s$, et $A \cap \{s<T\} \in \underline{\underline{F}}_s$, donc

$$E(I_A(X^T_t - X^T_s)) = E(I_{A\cap\{s<T\}}(X^T_t - X^T_s)) = 0$$

et il en découle que $X \in \underline{\underline{M}}(\underline{\underline{G}})$. Enfin, on montre exactement comme dans la preuve de (9.33) que pour tout $X \in \underline{\underline{S}}(\underline{\underline{F}})$ on a $X^T \in \underline{\underline{S}}(\underline{\underline{G}})$. ∎

Nous proposons en exercices (9.8 à 9.11) quelques compléments à ces deux propositions.

§b - Grossissement de la filtration le long d'une suite de temps d'arrêt.

Voici le résultat principal, très facile, de ce paragraphe.

(9.36) THEOREME: <u>Soit $\mathcal{B}$ une partition $\underline{\underline{F}}$-mesurable, finie ou dénombrable, de Ω. Soit $\underline{\underline{G}}_t = \underline{\underline{F}}_t \vee \sigma(\mathcal{B})$. Alors $\underline{\underline{G}} = (\underline{\underline{G}}_t)_{t\geq 0}$ est une filtration contenant $\underline{\underline{F}}$ et $\underline{\underline{S}}(\underline{\underline{F}}) \subset \underline{\underline{S}}(\underline{\underline{G}})$.</u>

<u>Démonstration</u>. Il est clair que $\underline{\underline{F}}_t \subset \underline{\underline{G}}_t$, et que $\underline{\underline{G}}$ est croissante. $\mathcal{B}$ étant une partition, pour tout $B \in \mathcal{B}$ on a $\underline{\underline{G}}_t \cap B = \underline{\underline{F}}_t \cap B$; donc si $A \in \bigcap_{s>t} \underline{\underline{G}}_s$ et si $B \in \mathcal{B}$ il existe pour tout $s>t$ un $A_s \in \underline{\underline{F}}_s$ tel que $A \cap B = A_s \cap B$. Si $A' = \liminf_{(n)} A_{t+1/n}$ on a $A' \in \underline{\underline{F}}_t$ et $A \cap B = A' \cap B$, ce qui prouve que $\underline{\underline{G}}_{t+} \cap B = \underline{\underline{F}}_t \cap B = \underline{\underline{G}}_t \cap B$, donc $\underline{\underline{G}}$ est une filtration.

Soit $(B_1,..,B_n,..)$ une énumération des éléments de $\mathcal{B}$ de probabilité strictement positive. Soit la probabilité $Q_n(.) = P(. \cap B_n)/P(B_n)$. Soit enfin $X \in \underline{\underline{S}}(\underline{\underline{F}},P)$. On a $Q_n \ll P$, donc $X \in \underline{\underline{S}}(\underline{\underline{F}},Q_n)$ d'après (7.24). Comme

$Q_n(B_m)=0$ si $n\neq m$, chaque élément de $\mathcal{B}$ est dans $\underline{\underline{F}}_0^{Q_n}$, donc $\underline{\underline{F}}^{Q_n}=\underline{\underline{G}}^{Q_n}$ et il vient $X\in\underline{\underline{S}}(\underline{\underline{G}}^{Q_n},Q_n)$.Enfin $P(.)=\sum_{(n)}P(B_n)Q_n(.)$ est combinaison convexe dénombrable des Q_n, et X est $\underline{\underline{F}}$-optionnel, donc $\underline{\underline{G}}$-optionnel. Si on applique (7.42) avec la filtration $\underline{\underline{G}}$, on obtient que $X\in\underline{\underline{S}}(\underline{\underline{G}},P)$. ∎

(9.37) __Remarques__: 1) Le fait que $\mathcal{B}$ soit une partition est essentiel. Par exemple si $\mathcal{B}$ est une famille dénombrable (mais pas une partition) qui engendre la tribu $\underline{\underline{F}}$, supposée séparable, on a $\underline{\underline{G}}_t=\underline{\underline{F}}$ pout tout $t\in\mathbb{R}_+$: on retrouve l'exemple évoqué au début du §a.

2) Ce résultat montre aussi qu'on peut avoir $\underline{\underline{S}}(\underline{\underline{F}})\subset\underline{\underline{S}}(\underline{\underline{G}})$, mais pas $\underline{\underline{M}}(\underline{\underline{F}})\subset\underline{\underline{M}}(\underline{\underline{G}})$. En effet si les éléments de $\mathcal{B}$ sont $\underline{\underline{F}}_\infty$-mesurables, mais pas $\underline{\underline{F}}_t$-mesurables, on a $\underline{\underline{F}}_\infty\cap\underline{\underline{G}}_t=\underline{\underline{G}}_t$, qui contient strictement $\underline{\underline{F}}_t$: la condition (9.29,ii) n'est pas remplie. ∎

Dans (9.36) on "ajoute de l'information" à l'instant 0, dans le sens où $\underline{\underline{G}}$ est la plus petite filtration contenant $\underline{\underline{F}}$ et telle que $\mathcal{B}\subset\underline{\underline{G}}_0$. On peut aussi ajouter de l'information progressivement, le long d'une suite croissante de temps d'arrêt.

Soit donc $(T_n)_{n\geq 0}$ une suite croissante de $\underline{\underline{F}}$-temps d'arrêt, telle que $\lim_{(n)}\uparrow T_n=\infty$. Soit également $(\mathcal{B}_n)_{n\geq 0}$ une suite de partitions $\underline{\underline{F}}$-mesurables de Ω, finies ou dénombrables. On note $\underline{\underline{G}}$ __la plus petite filtration__ contenant $\underline{\underline{F}}$ et telle que pour chaque $n\geq 0$ et chaque $B\in\mathcal{B}_n$ on ait $B\cap\{T_n<\infty\}\in\underline{\underline{G}}_{T_n}$ (si $T_1=\infty$, on retrouve la situation de (9.36)).

(9.38) THEOREME: __Avec les hypothèses précédentes, on a__ $\underline{\underline{S}}(\underline{\underline{F}})\subset\underline{\underline{S}}(\underline{\underline{G}})$.

__Démonstration__. Soit $X\in\underline{\underline{S}}(\underline{\underline{F}})$. On va montrer que chaque X^{T_n} est dans $\underline{\underline{S}}(\underline{\underline{G}})$, ce qui suffit à assurer que $X\in\underline{\underline{S}}(\underline{\underline{G}})$.

On note $\underline{\underline{G}}^n$ la filtration: $\underline{\underline{G}}_t^n=\underline{\underline{F}}_0\vee\sigma(\mathcal{B}_1,..,\mathcal{B}_n)$; la tribu $\sigma(\mathcal{B}_1,..,\mathcal{B}_n)$ étant encore engendrée par une partition finie ou dénombrable, on a $X\in\underline{\underline{S}}(\underline{\underline{G}}^n)$ d'après (9.36). Soit maintenant $\hat{\underline{\underline{G}}}^n$ la filtration associée à $\underline{\underline{G}}^n$ et au temps d'arrêt T_n par (9.34). On a $X^{T_n}\in\underline{\underline{S}}(\hat{\underline{\underline{G}}}^n)$ d'après (9.35). Par ailleurs $\hat{\underline{\underline{G}}}^n$ contient $\underline{\underline{F}}$; si $p\leq n$ on a $\mathcal{B}_p\subset\underline{\underline{G}}_0^n\subset\underline{\underline{G}}_{T_p}^n$; si $p>n$ on a $T_p\geq T_n$, donc $\hat{\underline{\underline{G}}}_{T_p}^n=\hat{\underline{\underline{G}}}_{T_n}^n=\hat{\underline{\underline{G}}}_\infty^n$ coïncide avec $\underline{\underline{F}}$ sur $\{T_n<\infty\}$, qui contient $\{T_p<\infty\}$: on en déduit que chaque $B\in\mathcal{B}_p$ vérifie $B\cap\{T_p<\infty\}\in\hat{\underline{\underline{G}}}_{T_p}^n$. On a ainsi montré que $\hat{\underline{\underline{G}}}^n$ est une filtration qui doit contenir $\underline{\underline{G}}$. Mais $X^{T_n}\in\underline{\underline{O}}(\underline{\underline{G}})\cap\underline{\underline{S}}(\hat{\underline{\underline{G}}}^n)$, donc $X^{T_n}\in\underline{\underline{S}}(\underline{\underline{G}})$ d'après (9.19). ∎

Nous allons maintenant introduire une hypothèse sur $\underline{\underline{G}}$ qui englobe les hypothèses de (9.33), (9.35) et (9.38), et qui va permettre une autre démonstration, unifiée, de tous ces résultats.

§c - Un résultat général. Soit $\underline{G}$ une filtration contenant $\underline{F}$, et U et V deux $\underline{G}$-temps d'arrêt.

(9.39) Hypothèse: Il existe une partition finie ou dénombrable de l'intervalle stochastique $]\!]U,V]\!]$, constituée d'intervalles stochastiques $]\!]U_n,V_n]\!]$, et telle que:

(i) pour chaque n on ait $]\!]U_n,V_n]\!]\cap\underline{\underline{P}}(\underline{G}) =]\!]U_n,V_n]\!]\cap\underline{\underline{P}}(\underline{F})$;

(ii) pour chaque $\omega\in\Omega$ et chaque $t\in\mathbb{R}_+$, seul un nombre fini (éventuellement nul) de coupes $\{s: U_n(\omega)< s\leq V_n(\omega)\wedge t\}$ sont non vides.

(9.40) Exemples: 1) La filtration $\underline{G}$ de (9.33) vérifie cette hypothèse avec $U=T$, $V=\infty$ et la "partition" de $]\!]U,V]\!]$ réduite à un seul élément; la propriété (i) se vérifie aisément par un argument de classe monotone, à partir des générateurs (1.8,iii) de $\underline{\underline{P}}$.

2) La filtration $\underline{G}$ de (9.35) vérifie cette hypothèse avec $U=0$, $V=T$ et la partition de $]\!]U,V]\!]$ réduite à un seul élément. Là encore on vérifie (i) en utilisant (1.8,iii).

3) La filtration $\underline{G}$ de (9.36) vérifie cette hypothèse avec $U=0$, $V=\infty$ et la partition de $]\!]U,V]\!]$ constituée des $B\times]0,\infty[$, où $B\in\mathcal{B}$.

4) La filtration $\underline{G}$ de (9.38) vérifie cette hypothèse avec $U=0$, $V=\infty$; si $\hat{\mathcal{B}}_n$ désigne la partition engendrée par $(\mathcal{B}_1,\dots,\mathcal{B}_n)$, on peut prendre la partition de $]\!]U,V]\!]$ constituée des $]\!](T_n)_B,(T_{n+1})_B]\!]$, où $n\geq 0$ et $B\in\hat{\mathcal{B}}_n$ (voir exercice 9.12).∎

Ainsi donc, (9.38) et les parties de (9.33) et (9.35) consacrées aux semimartingales sont des conséquences de:

(9.41) THEOREME: Supposons que $\underline{G}$ vérifie (9.39). Si $X\in\underline{\underline{S}}(\underline{F})$, le processus $Y=(X-X^U)^V$ est dans $\underline{\underline{S}}(\underline{G})$.

Démonstration. Comme U et V sont des $\underline{G}$-temps d'arrêt, Y est un processus dont on peut prendre une version $\underline{G}$-adaptée, continue à droite et limitée à gauche. Nous allons montrer que si $(H(n))$ est une suite d'éléments de $\mathcal{H}(\underline{G})$ (définition (9.1)) convergeant uniformément vers 0, pour tout $t\in\mathbb{R}_+$ les variables $J(Y,H(n))_t$ convergent en probabilité vers 0: la conclusion découlera alors de (9.3).

Quitte à diviser les $H(n)$ par une constante, on peut supposer que $|H(n)|\leq 1$. D'après (9.39,i) il existe pour tous n,m un processus $\underline{F}$-prévisible $H(n,m)$, qu'on peut également supposer majoré par 1, tel que $H(n)=H(n,m)$ sur $]\!]U_m,V_m]\!]$. Si $A(m)$ désigne l'ensemble des (ω,t)

où $H(n,m)$ converge vers 0 quand $n\uparrow\infty$, on a $A(m)\in \underline{\underline{P}}(\underline{F})$ et $]\!]U_m,V_m]\!]\subset A(m)$. Quitte à remplacer $H(n,m)$ par $H(n,m)I_{A(m)}$ on peut donc supposer que $\lim_{(n)} H(n,m)=0$ partout. D'après (2.74) on sait alors que $Y(n,m) = [H(n,m)\overset{F}{\cdot} X]^*_t$ tend en probabilité vers 0.

Soit B_p l'ensemble des ω tels que les coupes en ω de $]\!]U_m,V_m\wedge t]\!]$ soient vides pour tout $m>p$. D'après (9.39,ii) on a $\bigcup_{(p)}B_p=\Omega$. Fixons $\omega\in B_p$. Par définition de Y et de $H(n,m)$, on a $Y^U=0$ et

$$J(Y,H(n))_t = \sum_{m\leq p}(J(Y,H(n))_{t\wedge V_m} - J(Y,H(n))_{t\wedge U_m})$$

$$= \sum_{m\leq p}(H(n,m)\overset{F}{\cdot} X_{t\wedge V_m} - H(n,m)\overset{F}{\cdot} X_{t\wedge U_m}),$$

qui est majoré par $2\sum_{m\leq p}Y(n,m)$. On en déduit que $|J(Y,H(n))_t|I_{B_p}$ tend en probabilité vers 0 quand $n\uparrow\infty$. Comme $\bigcup_{(p)}B_p=\Omega$, il en découle que $J(Y,H(n))_t$ tend également en probabilité vers 0. ∎

(9.42) COROLLAIRE: <u>Supposons que $\underline{G}$ vérifie (9.39) avec</u> $U=0$ <u>et</u> $V=\infty$. <u>On a alors</u> $\underline{\underline{S}}(\underline{F})\subset\underline{\underline{S}}(\underline{G})$.

(9.43) <u>Remarques</u>: 1) Il est à noter que l'hypothèse (9.39) ne fait pas intervenir la probabilité. On pourrait l'affaiblir légèrement en supposant que (ii) n'est vraie que pour P-presque tout ω.

2) On peut également affaiblir (9.39) de diverses autres manières (sans doute peu intéressantes). Par exemple, il suffit qu'il existe une partition finie ou dénombrable (C_n) de $]\!]U,V]\!]$, pas constituée nécessairement d'intervalles stochastiques, mais qui vérifie (i) et telle que pour chaque $\omega\in\Omega$ et chaque $t\in\mathbb{R}_+$, les coupes $C_n(\omega,t)=\{s: s\leq t, (\omega,s)\in C_n\}$ soient toutes vides sauf au plus un nombre fini d'entre elles, celles-ci étant réunions finies d'intervalles de la forme $]u,v]$. ∎

§d - <u>Grossissement de la filtration par adjonction de temps d'arrêt</u>. Soit maintenant L une application $\underline{\underline{F}}$-mesurable: $\Omega\longrightarrow[0,\infty]$ et $\underline{G}$ la plus petite filtration contenant $\underline{F}$ et telle que $L\in\underline{\underline{T}}(\underline{G})$.

Dans certains cas, on sait déjà que $\underline{\underline{S}}(\underline{F})\subset\underline{\underline{S}}(\underline{G})$: par exemple si $[\![L]\!]$ est contenu dans un ensemble $\underline{F}$-optionnel mince, c'est-à-dire s'il existe une suite (T_n) d'éléments de $\underline{\underline{T}}(\underline{F})$ de graphes deux-à-deux disjoints, telle que $[\![L]\!]\subset\bigcup_{(n)}[\![T_n]\!]$; en effet si $\mathcal{G}$ est la partition $\underline{\underline{F}}$-mesurable constituée de $\{L=\infty\}$ et des $\{L=T_n<\infty\}$, et si $\underline{G}'=(\underline{F}_t\vee\sigma(\mathcal{G}))_{t\geq 0}$ on a $\underline{\underline{S}}(\underline{F})\subset\underline{\underline{S}}(\underline{G}')$ d'après (9.36) et $\underline{F}\subset\underline{G}\subset\underline{G}'$, donc $\underline{\underline{S}}(\underline{F})\subset\underline{\underline{S}}(\underline{G})$.

Dans d'autres cas, on sait que $\underline{\underline{S}}(\underline{F})\not\subset\underline{\underline{S}}(\underline{G})$: par exemple si L est une variable bornée telle que $\underline{\underline{F}} = \sigma(L)^P$.

Voici d'abord un résultat qui ne fait intervenir aucune hypothèse sur L . Pour tout $t \in \mathbb{R}_+$ on définit la tribu $\underline{\underline{G}}'_t$ par ses traces:

(9.44) $\quad \underline{\underline{G}}'_t \cap \{t<L\} = \underline{\underline{F}}_t \cap \{t<L\}, \quad \underline{\underline{G}}'_t \cap \{t \geq L\} = \underline{\underline{F}} \cap \{t \geq L\},$

ce qui équivaut à dire que $\underline{\underline{G}}'_t = \{A \in \underline{\underline{F}} : \exists A' \in \underline{\underline{F}}_t$ avec $A \cap \{t<L\} = A' \cap \{t<L\}\}$. Cette définition est analogue à (9.34), à ceci près qu'on ne suppose pas que $L \in \underline{T}(\underline{F})$, donc que $\{t<L\} \in \underline{\underline{F}}_t$; le résultat suivant n'est donc pas surprenant.

(9.45) THEOREME: $\underline{G}' = (\underline{\underline{G}}'_t)_{t \geq 0}$ <u>est une filtration contenant</u> $\underline{F}$ <u>et</u> $\underline{G}$, <u>et pour tout</u> $X \in \underline{\underline{S}}(\underline{F})$ <u>on a</u> $X^L \in \underline{\underline{S}}(\underline{G}')$ <u>et</u> $X^L \in \underline{\underline{S}}(\underline{G})$.

On remarquera qu'à l'opposé de (9.35), on n'a pas d'assertion concernant les martingales.

<u>Démonstration</u>. Les inclusions $\underline{\underline{F}}_t \subset \underline{\underline{G}}'_t$ et la croissance de $\underline{G}'$ sont évidentes. Soit $A \in \bigcap_{s>t} \underline{\underline{G}}'_s$; on a $A \in \underline{\underline{F}}$ et pour tout $s>t$ il existe $A_s \in \underline{\underline{F}}_s$ avec $A \cap \{s<L\} = A_s \cap \{s<L\}$; si $A' = \limsup_{(n)} A_{t+1/n}$ on a $A' \in \underline{\underline{F}}_t$ et $A \cap \{t<L\} = A' \cap \{t<L\}$. On en déduit que $A \in \underline{\underline{G}}'_t$, donc $\underline{G}'$ est une filtration. On a $\{L \leq t\} \in \underline{\underline{F}}$, donc $\{L \leq t\} \in \underline{\underline{G}}'_t$ et $L \in \underline{T}(\underline{G}')$. On en déduit que $\underline{G} \subset \underline{G}'$.

Soit $s<t$, $A \in \underline{\underline{G}}'_s$ et $A' \in \underline{\underline{F}}_s$ tel que $A \cap \{s<L\} = A' \cap \{s<L\}$. Si $B = A \times]s,t]$ et $B' = A' \times]s,t]$, on a à l'évidence $B \cap]\!]0,L]\!] = B' \cap]\!]0,L]\!]$. Par un argument de classe monotone utilisant (1.8,iii), on en déduit que $\underline{\underline{P}}(\underline{G}') \cap]\!]0,L]\!] = \underline{\underline{P}}(\underline{F}) \cap]\!]0,L]\!]$. Donc $\underline{G}'$ vérifie (9.39) avec $U=0$ et $V=L$. Tout $X \in \underline{\underline{S}}(\underline{F})$ vérifie alors $X^L - X_0 \in \underline{\underline{S}}(\underline{G}')$ d'après (9.41), et comme $\underline{\underline{F}}_0 \subset \underline{\underline{G}}'_0$ on a aussi $X^L \in \underline{\underline{S}}(\underline{G}')$. Enfin $\underline{G} \subset \underline{G}'$ et X^L est $\underline{G}$-optionnel, donc $X^L \in \underline{\underline{S}}(\underline{G})$ d'après (9.19). ∎

Nous arrivons maintenant à la propriété: $\underline{\underline{S}}(\underline{F}) \subset \underline{\underline{S}}(\underline{G})$, pour l'obtention de laquelle il faudra faire des hypothèses sur L . Pour tout $t \in \mathbb{R}_+$ on définit une nouvelle tribu $\underline{\underline{H}}_t$ par ses traces:

(9.46) $\quad \underline{\underline{H}}_t \cap \{t<L\} = \underline{\underline{F}}_t \cap \{t<L\}, \quad \underline{\underline{H}}_t \cap \{t \geq L\} = \underline{\underline{F}}_t \cap \{t \geq L\}.$

En d'autres termes, $\underline{\underline{H}}_t$ est la tribu engendrée par $\underline{\underline{F}}_t$ et par la partition $(\{t<L\},\{t \geq L\})$. On a:

(9.47) LEMME: <u>Il y a équivalence entre</u>:

(i) $\underline{\underline{H}}_t = \underline{\underline{G}}_t$ <u>pour tout</u> $t \in \mathbb{R}_+$;

(ii) <u>la famille</u> $\underline{H} = (\underline{\underline{H}}_t)_{t \geq 0}$ <u>est croissante</u>;

(iii) <u>pour tout</u> $s<t$ <u>il existe</u> $A_{st} \in \underline{\underline{F}}_t$ <u>tel que</u> $\{L \leq s\} = A_{st} \cap \{L \leq t\}$;

(iv) <u>pour tout</u> $t \in \mathbb{R}_+$, L <u>est égale sur</u> $\{L<t\}$ <u>à une variable</u> $\underline{\underline{F}}_t$-<u>mesurable</u>.

On dira qu'une variable satisfaisant ces conditions est une variable <u>honnête</u>.

<u>Démonstration</u>. L'implication: (i) $\Longrightarrow$(ii) est une évidence. Inversement, supposons qu'on ait (ii). On montre que $\underline{H}$ est une filtration exactement comme en (9.45). On a $\{L\leq t\}\in \underline{\underline{H}}_t$, donc $L\in \underline{\underline{T}}(\underline{H})$, ce qui entraine $\underline{G}\subset\underline{H}$. D'autre part $L\in \underline{\underline{T}}(\underline{G})$, donc $\{t<L\}$ et $\{t\geq L\}$ sont dans $\underline{\underline{G}}_t$, qui contient également $\underline{\underline{F}}_t$: d'après (9.46) on a alors $\underline{\underline{H}}_t\subset \underline{\underline{G}}_t$, donc finalement $\underline{H}=\underline{G}$, ce qui achève de prouver l'équivalence: (i)$\Longleftrightarrow$(ii).

Soit $s<t$. Si $\underline{\underline{H}}_s\subset \underline{\underline{H}}_t$ il existe $A_{st}\in \underline{\underline{F}}_t$ tel que $\{L\leq s\}=\{L\leq s\}\cap\{L\leq t\}=A_{st}\cap\{L\leq t\}$, d'où l'implication: (ii) $\Longrightarrow$(iii). Inversement (iii) entraine que $\{L\leq s\}\in \underline{\underline{F}}_t\vee\sigma(\{L\leq t\})$, donc $\underline{\underline{H}}_s\subset \underline{\underline{H}}_t$, ce qui achève de prouver l'équivalence: (ii)$\Longleftrightarrow$(iii).

Enfin, l'équivalence: (iii)$\Longleftrightarrow$(iv) est évidente. ■

Ces propriétés peuvent paraître un peu mystérieuses. Voici donc une caractérisation plus "concrète" des variables honnêtes.

(9.48) LEMME: <u>Pour que</u> L <u>soit une variable honnête, il faut et il suffit qu'il existe un ensemble</u> $\underline{F}$-<u>optionnel</u> B <u>tel que</u> $L(\omega)=\sup(t:(\omega,t)\in B)$ <u>si</u> $L(\omega)<\infty$.

Ainsi, une variable honnête est presque la fin d'un ensemble optionnel, et elle l'est tout-à-fait si en plus elle est $\underline{\underline{F}}_\infty$-mesurable: voir l'exercice 9.14. Si on n'avait pas supposé que $\underline{F}=\underline{F}^P$ et que $\underline{\underline{F}}=\underline{\underline{F}}^P$, on n'aurait obtenu que la condition nécessaire.

<u>Démonstration</u>. Supposons L honnête. Pour tout $t\in\mathbb{R}_+$ il existe une variable $\underline{\underline{F}}_t$-mesurable L_t égale à L sur $\{L<t\}$; on peut toujours supposer que $L_t\leq t$. Posons $C_0=0$ et $C_t=\sup_{s\in\mathbb{Q}_+,s<t}L_s$ pour $t>0$: on définit ainsi un processus $\underline{F}$-adapté, dont les trajectoires sont croissantes et continues à gauche, donc C est prévisible. Le processus $C_t^!=\inf_{s>t}C_s$ est croissant, continu à droite, $\underline{F}$-optionnel. On a $C_t\leq t$ et $C_t=L$ sur l'ensemble $\{L<t\}$, donc si $B=\{(\omega,t): C_t^!(\omega)=t\}$ on a $L(\omega)=\sup(t: (\omega,t)\in B)$ si $L(\omega)<\infty$.

Supposons inversement que la condition de l'énoncé soit satisfaite. Pour $t>0$ on pose $L_t(\omega)=\sup(s: (\omega,s)\in B\cap[\![0,t]\!])$. Comme $B\cap[\![0,t]\!]$ est $(\underline{\underline{F}}_t\otimes\underline{\underline{B}}([0,t]))$-mesurable, on sait (voir par exemple Dellacherie et Meyer [1,p.103]; on peut aussi adapter (1.14)) que L_t est $\underline{\underline{F}}_t$-mesurable; comme par ailleurs $L = L_t$ sur $\{L < t\}$, on obtient la condition suffisante.■

(9.49) THEOREME: Soit L une variable honnête et $\underline{G}$ la plus petite filtration contenant $\underline{F}$ et telle que $L \in \underline{\underline{T}}(\underline{G})$. On a alors $\underline{\underline{S}}(\underline{F}) \subset \underline{\underline{S}}(\underline{G})$.

Démonstration. On va montrer que $\underline{G}$ vérifie (9.39) avec $U = 0$ et $V = \infty$, et la partition $(]\!]0,L]\!],]\!]L,\infty[\![)$, et il suffira alors d'appliquer (9.42).

D'abord, on a montré dans (9.45) que $\underline{\underline{P}}(\underline{G}') \cap]\!]0,L]\!] = \underline{\underline{P}}(\underline{F}) \cap]\!]0,L]\!]$; comme $\underline{F} \subset \underline{G} \subset \underline{G}'$, on en déduit que les traces de $\underline{\underline{P}}(\underline{G})$ et de $\underline{\underline{P}}(\underline{F})$ sur $]\!]0,L]\!]$ coïncident.

La démonstration de l'égalité des traces de $\underline{\underline{P}}(\underline{G})$ et $\underline{\underline{P}}(\underline{F})$ sur $]\!]L,\infty[\![$ est un peu plus compliquée. Soit $s < t$, $A \in \underline{\underline{H}}_s$ et $B = A \times]s,t]$; grâce à (1.8,iii) et à un argument de classe monotone, il suffit en fait de montrer l'existence de $B' \in \underline{\underline{P}}(\underline{F})$ tel que $B \cap]\!]L,\infty[\![= B' \cap]\!]L,\infty[\![$. Pour tout $n \geq 1$ on considère la subdivision $s = s(n,0) < s(n,1) < \ldots < s(n,2^n) = t$ de pas $(t-s)2^{-n}$, et on pose $B(n,k) = A \times]s(n,k-1),s(n,k)]$, de sorte que $B = \bigcup_{k \leq 2^{-n}} B(n,k)$. Comme $A \in \underline{\underline{H}}_{s(n,k)}$ il existe $A(n,k) \in \underline{\underline{F}}_{s(n,k)}$ tel que $A \cap \{L \leq s(n,k)\} = A(n,k) \cap \{L \leq s(n,k)\}$. Posons $B'(n,k) = A(n,k-1) \times]s(n,k-1),s(n,k)]$ et $B'_n = \bigcup_{k \leq 2^{-n}} B'(n,k)$. On a $B'_n \in \underline{\underline{P}}(\underline{F})$ par construction.

Il est facile de voir que la différence symétrique $(B(n,k) \Delta B'(n,k)) \cap]\!]L,\infty[\![$ est contenue dans l'ensemble $\{(\omega,u): s(n,k-1) < L(\omega) < u \leq s(n,k)\}$, lui-même contenu dans l'intervalle stochastique $]\!]L,L+2^{-n}]\!]$. Par suite on a aussi l'inclusion $(B \Delta B'_n) \cap]\!]L,\infty[\![\subset]\!]L,L+2^{-n}]\!]$. Comme $\lim_{(n)}\downarrow]\!]L,L+2^{-n}]\!] = \emptyset$ on en déduit que l'ensemble $B' = \limsup_{(n)} B'_n$ vérifie $B \cap]\!]L,\infty[\![= B' \cap]\!]L,\infty[\![$. Comme $B' \in \underline{\underline{P}}(\underline{F})$, on a le résultat.■

De même qu'on a généralisé (9.36) par (9.38), on peut généraliser ce théorème en se donnant une suite croissante $(L_n)_{n \geq 0}$ de variables, telle que $\lim_{(n)}\uparrow L_n = \infty$ et en considérant la plus petite filtration $\underline{G}$ qui contient $\underline{F}$ et telle que chaque L_n soit un $\underline{G}$-temps d'arrêt. Sous l'hypothèse que la famille de tribus $\underline{\underline{H}}_t = \underline{\underline{F}}_t \vee \sigma(N_t)$ est croissante, où N désigne le processus de comptage $N = \sum_{(n)} I_{[\![L_n,\infty[\![}$, on vérifie que $\underline{H} = \underline{G}$ et que $\underline{\underline{S}}(\underline{F}) \subset \underline{\underline{S}}(\underline{G})$ (l'hypothèse revient à dire que L_0 est honnête, puis par récurrence que L_{n+1} est honnête pour la filtration $\underline{G}^n$ définie par $\underline{\underline{G}}^n_t = \underline{\underline{F}}_t \vee \sigma(N_t \wedge n)$). Nous laissons ceci en exercice, car le principe est exactement le même que pour (9.38), avec des difficultés techniques pour montrer l'honnêteté de L_{n+1}.

Revenons au cas d'une seule variable L. On a $\underline{\underline{S}}(\underline{F}) \subset \underline{\underline{S}}(\underline{G})$, donc $\underline{\underline{S}}_p(\underline{F}) \subset \underline{\underline{S}}_p(\underline{G})$ et une question naturelle consiste à calculer lorsque $X \in$

$\underline{\underline{S}}_p(\underline{F})$ la $\underline{G}$-décomposition canonique de X en fonction de sa $\underline{F}$-décomposition canonique. Comme $\underline{\underline{P}}(\underline{F})\cap\underline{\underline{V}}(\underline{F})\subset\underline{\underline{P}}(\underline{G})\cap\underline{\underline{V}}(\underline{G})$, il suffit même de faire ce calcul lorsque $X\in\underline{\underline{L}}(\underline{F})$, ce qui fait l'objet du paragraphe suivant.

§e - $\underline{G}$-décomposition canonique d'une $\underline{F}$-martingale. Dans ce paragraphe, L est encore une application $\underline{\underline{F}}$-mesurable: $\Omega\longrightarrow[0,\infty]$, $\underline{G}$ est la plus petite filtration contenant $\underline{F}$ et telle que $L\in\underline{\underline{T}}(\underline{G})$, et $\underline{G}'$ est définie par (9.44).

Nous allons introduire trois processus fondamentaux:

$$(9.50)\begin{cases} Z = {}^{o,F}(I_{[\![0,L[\![}) \\ A\in\underline{\underline{A}}^+(\underline{F}) \quad \text{tel que} \quad M_A^P(X) = E(X_L I_{\{L<\infty\}}) \quad \text{pour tout} \quad X\in b\underline{\underline{O}}(\underline{F}) \\ \tilde{Z} = Z + A. \end{cases}$$

Ainsi, Z est la projection $\underline{F}$-optionnelle du processus borné $I_{[\![0,L[\![}$. Il faut faire quelques commentaires sur la définition de A : soit m la mesure positive sur $(\Omega\times\mathbb{R}_+,\underline{\underline{F}}^P\otimes\underline{\underline{B}}(\mathbb{R}_+))$ définie par

$$m(X) = E\{({}^{o,F}X)_L I_{\{L<\infty\}}\} \qquad \text{pour} \quad X\in b(\underline{\underline{F}}^P\otimes\underline{\underline{B}}(\mathbb{R}_+)).$$

C'est une mesure finie (de masse égale à $P(L<\infty)$), qui à l'évidence ne charge pas les ensembles P-évanescents, et qui vérifie par construction $m(X)=m({}^{o,F}X)$; d'après (1.33) c'est donc la mesure de Doléans M_A^P d'un unique élément A de $\underline{\underline{A}}^+(\underline{F})$. Rappelons au lecteur familier avec le livre [2] de Dellacherie que le processus A est appelé la <u>projection duale $\underline{F}$-optionnelle</u> du processus croissant $I_{[\![L,\infty[\![}$.

Etudions d'abord quelques propriétés de ces processus (d'autres propriétés sont proposées en exercices).

(9.51) LEMME: <u>On a</u> $\tilde{Z}\in\underline{\underline{M}}(\underline{F})\cap\underline{\underline{H}}^{\infty}_{loc}(\underline{F})$.

Comme A est dans $\underline{\underline{A}}^+(\underline{F})$, il en découle en particulier que Z est une surmartingale (propriété qui peut évidemment se montrer directement !) et que si $Z=M-A'$ est la décomposition de Doob-Meyer de Z , on a $A'=A^{p,F}$.

<u>Démonstration</u>. D'abord, $0\le Z\le 1$, donc $|\tilde{Z}|$ est majorée par la variable intégrable $1+A_\infty$ et $\tilde{Z}$ est de classe (D). Soit $s<t$, $Y\in b\underline{\underline{F}}_s$. On a par définition $Z_t=P(L>t|\underline{\underline{F}}_t)$, et de même pour Z_s, donc

$$E(Y(\tilde{Z}_t-\tilde{Z}_s)) = M_A^P(YI_{]\!]s,t]\!]}) + E(Y(Z_t-Z_s))$$
$$= E(YI_{\{s<L\le t\}}) + E(Y(I_{\{L>t\}}-I_{\{L>s\}})) = 0 .$$

Pour obtenir que $\tilde{Z}\in\underline{\underline{M}}(\underline{F})$ il reste à montrer que $\tilde{Z}$ est P-p.s. continu à droite et limité à gauche, ce qui découle de (1.27) appliqué à $Z = {}^{o,F}(I_{[0,L[})$.

Enfin si $T \in \underline{\underline{T}}(\underline{F})$ et $Y \in b\underline{\underline{F}}_T$, on a

$$E(Y\Delta A_T I_{\{T<\infty\}}) = M_A^P(YI_{[T]}) = E(YI_{\{T=L<\infty\}}),$$

donc $\Delta A_T = P(L=T|\underline{\underline{F}}_T)$ sur $\{T<\infty\}$. On en déduit, d'après le théorème de section optionnelle, que l'ensemble $\{\Delta A>1\}$ est P-évanescent, donc A est $\underline{F}$-localement borné; comme $|\tilde{Z}| \leq 1+A$ on en déduit que $\tilde{Z} \in \underline{\underline{H}}^{\infty}_{loc}(\underline{F})$. ∎

(9.52) LEMME: <u>On a</u> $Z_- = {}^{p,F}(I_{]0,L]})$.

<u>Démonstration</u>. On a $Z_- = Z + \Delta A - \Delta\tilde{Z}$; on a vu dans la preuve précédente que $\Delta A_T = P(L=T|\underline{\underline{F}}_T)$ sur $\{T<\infty\}$ pour tout $T \in \underline{\underline{T}}(\underline{F})$, ce qui peut s'écrire $\Delta A = {}^{o,F}(I_{[L]})$ (comparer à (1.42)), donc $Z+\Delta A = {}^{o,F}(I_{[0,L]})$; enfin comme $\tilde{Z} \in \underline{\underline{M}}(\underline{F})$ on a ${}^{p,F}(\Delta\tilde{Z}I_{]0,\infty[}) = 0$: on en déduit que $Z_- = {}^{p,F}(Z_-I_{]0,\infty[}) = {}^{p,F}(I_{]0,L]})$. ∎

(9.53) LEMME: <u>Si</u> $B \in \underline{\underline{P}}(\underline{F}) \cap \underline{\underline{A}}_o(\underline{F})$, <u>on a</u> $(B^L)^{p,F} = Z_- \bullet B$ <u>et</u> $(B-B^L)^{p,F} = (1-Z_-)\bullet B$.

Remarquons qu'ici, on utilise la définition (9.22) de $(B^L)^{p,F}$, car le processus B^L n'est pas $\underline{F}$-optionnel.

<u>Démonstration</u>. Il suffit de montrer par exemple la première formule. On a $B^L = I_{]0,L]} \bullet B$ puisque $B_0 = 0$ et B est $\underline{F}$-prévisible par hypothèse, donc (9.23) entraine que $(B^L)^{p,F} = {}^{p,F}(I_{]0,L]})\bullet B$, et on conclut à l'aide de (9.52). ∎

(9.54) COROLLAIRE: <u>Soit</u> $B \in \underline{\underline{P}}(\underline{F}) \cap \underline{\underline{A}}(\underline{F})$. <u>Les processus</u> $(1/Z)_- \bullet B^L$ <u>et</u> $(1/(1-Z_-))I_{]L,\infty[} \bullet B$ <u>sont dans</u> $\underline{\underline{P}}(\underline{G}) \cap \underline{\underline{A}}(\underline{G})$.

<u>Démonstration</u>. On peut se limiter au cas où B est croissant et nul en 0. Soit $C = Z_- \bullet B$, donc $(1/Z)_- \bullet C = I_{\{Z_->0\}} \bullet B$. On a $C = (B^L)^{p,F}$ d'après (9.53), ce qui veut dire que M_C^P et $M_{B^L}^P$ coïncident sur $\underline{\underline{P}}(\underline{F})$. Donc

$$E((1/Z)_- \bullet B^L_\infty) = M^P_{B^L}((1/Z)_-) = M_C^P((1/Z)_-) = E((1/Z)_- \bullet C_\infty) \leq E(B_\infty)$$

est fini. Comme $L \in \underline{\underline{T}}(\underline{G})$ on en déduit que $(1/Z)_- \bullet B^L \in \underline{\underline{P}}(\underline{G}) \cap \underline{\underline{A}}(\underline{G})$. La seconde partie de l'énoncé se montre de la même manière. ∎

(9.55) <u>Remarque</u>: La démonstration précédente ne fait pas intervenir explicitement les propriétés de Z relativement à L, car nous visons au plus court. Mais on peut bien entendu montrer directement (exercices 9.15 et 9.16) que les processus $(1/Z)_- I_{[0,L]}$ et $(1/(1-Z_-))I_{]L,\infty[}$ sont $\underline{G}$-localement bornés. ∎

Nous avons maintenant les éléments nécessaires pour obtenir la $\underline{G}$-décomposition canonique de $X \in \underline{\underline{L}}(\underline{F})$. Nous donnons en même temps la $\underline{G}'$-décomposition canonique de X^L. Le lecteur remarquera que les résultats des paragraphes précédents ne sont pas utilisés, à l'exception des lemmes (9.47) et (9.48) sur la structure des variables honnêtes: le théorème ci-dessous nous donne donc une nouvelle démonstration des théorèmes (9.45) et (9.49).

Avant de l'énoncer, remarquons que si $X \in \underline{\underline{M}}_{loc}(\underline{F})$ on a $[X,\widetilde{Z}] \in \underline{\underline{A}}_{loc}(\underline{F})$ puisque $\widetilde{Z} \in \underline{\underline{H}}^{\infty}_{loc}(\underline{F})$. Donc $\langle X,\widetilde{Z}\rangle$ existe et appartient à $\underline{\underline{P}}(\underline{F}) \cap \underline{\underline{A}}_{loc}(\underline{F})$.

(9.56) THEOREME: <u>Soit</u> $X \in \underline{\underline{M}}_{loc}(\underline{F})$. <u>Posons</u>

$$\overline{X} = X - (\tfrac{1}{Z})_- \bullet \langle X,\widetilde{Z}\rangle^L + (\tfrac{1}{1-Z_-} I_{]\!]L,\infty[\![}) \bullet \langle X,\widetilde{Z}\rangle .$$

(a) <u>On a</u> $\overline{X}^L \in \underline{\underline{M}}_{loc}(\underline{G}')$ <u>et</u> $\overline{X}^L - X_0$ <u>est la partie martingale de la $\underline{G}'$-décomposition canonique de</u> X^L.

(b) <u>On a</u> $\overline{X}^L \in \underline{\underline{M}}_{loc}(\underline{G})$ <u>et</u> $\overline{X}^L - X_0$ <u>est la partie martingale de la $\underline{G}$-décomposition canonique de</u> X^L.

(c) <u>Supposons que</u> L <u>soit honnête. On a</u> $\overline{X} \in \underline{\underline{M}}_{loc}(\underline{G})$ <u>et</u> $\overline{X} - X_0$ <u>est la partie martingale de la $\underline{G}$-décomposition canonique de</u> X.

<u>Démonstration</u>. Quitte à localiser relativement à $\underline{F}$, on peut supposer que $X \in \underline{\underline{H}}^1(\underline{F})$ et que $\langle X,\widetilde{Z}\rangle \in \underline{\underline{A}}(\underline{F})$. (9.54) entraine que le processus $\overline{X} - X$ est $\underline{G}$-prévisible et appartient à $\underline{\underline{A}}(\underline{G})$. Par suite $\overline{X}^*_\infty$ est intégrable, et comme $\overline{X}$ est continu à droite et limité à gauche la seule chose qui reste à montrer est que si $0 \leq s < t$, $Y \in b\underline{\underline{G}}'_s$ (resp. $b\underline{\underline{G}}_s$) on a $E(Y(\overline{X}^L_t - \overline{X}^L_s)) = 0$ (resp. $E(Y(\overline{X}_t - \overline{X}_s)) = 0$ quand L est honnête): en effet ces deux propriétés entrainent respectivement (a) et (c), tandis que (b) découle de (a) et des résultats du §II-a.

D'après (9.44) il existe $U \in b\underline{\underline{F}}_s$ avec $Y = U$ sur $\{s < L\}$, tandis que sur $\{L \leq s\}$ on a $\overline{X}^L_t = \overline{X}^L_s$. Il vient alors

$$E(Y(\overline{X}^L_t - \overline{X}^L_s)) = E\{U[(X_t - X_s)I_{\{t<L\}} + (X_L - X_s)I_{\{s<L\leq t\}}]\} - M^P_{\langle X,\widetilde{Z}\rangle^L}(U(1/Z)_- I_{]\!]s,t]\!]}) .$$

En utilisant les définitions de Z et A et le lemme (9.53), on voit que la quantité précédente vaut

$$E(UZ_t(X_t - X_s)) + M^P_A(UXI_{]\!]s,t]\!]}) - E(UX_s(Z_s - Z_t)) + M^P_{\langle X,\widetilde{Z}\rangle}(UI_{]\!]s,t]\!]})$$

(9.57) $$= E[U(Z_tX_t - Z_sX_s + X\bullet A_t - X\bullet A_s - \langle X,\widetilde{Z}\rangle_t + \langle X,\widetilde{Z}\rangle_s)] .$$

D'après la formule d'intégration par parties (2.53), on a

$$ZX = (\widetilde{Z} - A)X = (\widetilde{Z} - A)_- \bullet X + X_- \bullet \widetilde{Z} + ([X,\widetilde{Z}] - \langle X,\widetilde{Z}\rangle) + \langle X,\widetilde{Z}\rangle - X\bullet A ,$$

donc $ZX - \langle X,\widetilde{Z}\rangle + X\bullet A \in \underline{\underline{L}}(\underline{F})$. Comme $|ZX| \leq |X|$, $\langle X,\widetilde{Z}\rangle \in \underline{\underline{A}}(\underline{F})$ et $E(|X|\bullet A_\infty)$

$= E(|X_L| I_{\{L<\infty\}}) < \infty$, $ZX - \langle X,\tilde{Z}\rangle + X \cdot A$ est majoré par une variable intégrable, donc c'est un élément de $\underline{\underline{M}}(\underline{\underline{F}})$. On en déduit que l'expression (9.57) est nulle, ce qui finalement entraine

(9.58) $$E(Y(\overline{X}^L_t - \overline{X}^L_s)) = E(U(\overline{X}^L_t - \overline{X}^L_s)) = 0 \qquad \forall Y \in b\underline{\underline{G}}'_s, \quad \forall U \in b\underline{\underline{F}}_s.$$

Soit toujours $U \in b\underline{\underline{F}}_s$. En notant B le processus $I_{]L,\infty[} \cdot \langle X,\tilde{Z}\rangle$, en utilisant la propriété $X \in \underline{\underline{M}}(\underline{\underline{F}})$ (rappelons qu'on a localisé) et (9.53), il vient:

(9.59) $$E(U(\overline{X}_t - \overline{X}_s)) = E(U(X_t - X_s)) - M^P_{\langle X,\tilde{Z}\rangle^L}(U(\tfrac{1}{Z_-})I_{]s,t]}) + M^P_B(U\tfrac{1}{1-Z_-}I_{]s,t]})$$
$$= 0 - M^P_{\langle X,\tilde{Z}\rangle}(UI_{]s,t]}) + M^P_{\langle X,\tilde{Z}\rangle}(UI_{]s,t]}) = 0 .$$

Supposons maintenant que L soit honnête. Il reste à montrer que si $Y \in b\underline{\underline{G}}_s$, on a $E(Y(\overline{X}_t - \overline{X}_s)) = 0$. D'après (9.46) un tel Y s'écrit $Y = UI_{\{L \leq s\}} + U'$, avec $U, U' \in b\underline{\underline{F}}_s$; donc au vu de (9.59) il reste à montrer que $E(UI_{\{L\leq s\}}(\overline{X}_t - \overline{X}_s)) = 0$ si $U \in b\underline{\underline{F}}_s$. Mais si $\overline{X}' = \overline{X} - \overline{X}^L$ il vient $(\overline{X}_t - \overline{X}_s)I_{\{L\leq s\}} = \overline{X}^L_t - \overline{X}^L_s + (\overline{X}'_t - \overline{X}'_s)I_{\{L\leq s\}}$, donc au vu de (9.58), il reste seulement à montrer:

(9.60) $$E(U\, I_{\{L\leq s\}}(\overline{X}'_t - \overline{X}'_s)) = 0 \qquad \forall U \in b\underline{\underline{F}}_s,$$

en sachant que $\overline{X}$ et $\overline{X}^L$, donc $\overline{X}'$, vérifient (9.59).

Reprenons le processus C intervenant dans la preuve de (9.48) et posons $T = \inf(u > s: C_u = u)$; on définit ainsi un $\underline{\underline{F}}$-temps d'arrêt, et il est facile de vérifier que $\{T<\infty\} \subset \{T \leq L\}$ et $\{L \leq s\} = \{L \leq t\} \cap \{t < T\}$. Comme $\overline{X}' = 0$ sur $[\![0,L]\!]$, on en déduit aisément que $\overline{X}'_t I_{\{L\leq s\}} = \overline{X}'_{t\wedge T}$. Considérons aussi le processus $V = {}^{o,F}(\overline{X}')$, qui est P-p.s. continu à droite et limité à gauche d'après (1.27). On a $V_u = E(\overline{X}'_u | \underline{\underline{F}}_u)$, donc $V_u = E(V_v|\underline{\underline{F}}_u)$ si $u \leq v$, d'après (9.59) appliqué à $\overline{X}'$. Par suite V est une martingale sur $(\Omega,\underline{\underline{F}},\underline{\underline{F}},P)$ et en appliquant le théorème d'arrêt au temps d'arrêt borné $t\wedge T$ on obtient

$$E(U\, I_{\{L\leq s\}}\overline{X}'_t) = E(U\overline{X}'_{t\wedge T}) = E(U\, V_{t\wedge T}) = E(UV_s) = E(U\overline{X}'_s) = E(U\,\overline{X}'_s I_{\{L\leq s\}})$$

puisque $s \leq t\wedge T$: l'égalité des deux membres extrêmes ci-dessus n'est autre que (9.60), ce qui achève la démonstration.∎

Pour terminer, signalons qu'on peut rafiner un peu (mais nous ne le ferons pas ici): si $X \in \underline{\underline{H}}^1(\underline{\underline{F}})$ (resp. $\underline{\underline{H}}^2(\underline{\underline{F}})$), alors $\overline{X}^L \in \underline{\underline{H}}^1(\underline{\underline{G}}')$ (resp. $\underline{\underline{H}}^2(\underline{\underline{G}}')$) et dans le cas où L est honnête, $\overline{X} \in \underline{\underline{H}}^1(\underline{\underline{G}})$ (resp. $\underline{\underline{H}}^2(\underline{\underline{G}})$).

EXERCICES

9.8 - On se place dans la situation de (9.33). Montrer que $\underline{\underline{M}}(\underline{G})$ est l'ensemble des X qui vérifient $X^T = X_0$ et $X - X^T \in \underline{\underline{M}}(\underline{F})$.

9.9 - On se place dans la situation de (9.35). Montrer que $\underline{\underline{M}}(\underline{G})$ est l'ensemble des $X \in \underline{\underline{M}}(\underline{F})$ qui vérifient $X = X^T$.

9.10 - On se place dans la situation de (9.33) (resp. (9.35)). Soit X un processus vérifiant $X^T = X_0$ (resp. $X = X^T$). Montrer que:

a) $X \in \underline{\underline{H}}^q(\underline{F}) \Longrightarrow X \in \underline{\underline{H}}^q(\underline{G})$;

b) $X \in \underline{\underline{H}}^q_{loc}(\underline{F}) \longrightarrow X \in \underline{\underline{H}}^q_{loc}(\underline{G})$;

c) $X \in \underline{\underline{S}}_p(\underline{F}) \Longrightarrow X \in \underline{\underline{S}}_p(\underline{G})$.

9.11 - On se place dans la situation de (9.33). Soit $\underline{H}$ une filtration telle que $\underline{F} \subset \underline{H} \subset \underline{G}$. Montrer que si $X \in \underline{\underline{M}}(\underline{F})$ (resp. $\underline{\underline{S}}(\underline{F})$) vérifie $X^T = X_0$, on a $X \in \underline{\underline{M}}(\underline{H})$ (resp. $\underline{\underline{S}}(\underline{H})$).

9.12 - On se place dans la situation de (9.38).

a) Montrer que, sans changer la filtration $\underline{G}$, on peut supposer que les partitions $\mathcal{P}_n$ sont de plus en plus fines.

b) Montrer que la filtration $\underline{G}$ est donnée par

$$\underline{\underline{G}}_t \cap \{T_n \leq t < T_{n+1}\} = (\underline{\underline{F}}_t \vee \sigma(\mathcal{P}_n)) \cap \{T_n \leq t < T_{n+1}\}.$$

c) En déduire que la partition de $\Omega \times \mathbb{R}_+$ introduite en (9.40,4) vérifie (9.39).

d) Que devient le théorème (9.38) si on ne fait plus l'hypothèse: $\lim_{(n)} \uparrow T_n = \infty$?

9.13 - Soit $(L_n)_{n \geq 0}$ une suite croissante de variables: $\Omega \longrightarrow [0,\infty]$, telle que $\lim_{(n)} \uparrow L_n = \infty$. Soit $N_t = \sum_{(n)} I_{[\![L_n,\infty[\![}$ et $\underline{\underline{H}}^n_t = \underline{\underline{F}}_t \vee \sigma(N_t \wedge n) = \underline{\underline{F}}_t \vee \sigma(\{L_p \leq t\}, p \leq n)$. Soit $\underline{\underline{H}}_t = \underline{\underline{F}}_t \vee \sigma(N_t) = \underline{\underline{F}}_t \vee \sigma(\{L_p \leq t\}, p \geq 0)$. Soit enfin $\underline{G}$ la plus petite filtration contenant $\underline{F}$ et telle que $L_n \in \underline{\underline{T}}(\underline{G})$ pour chaque $n \geq 0$.

a) Montrer l'équivalence des conditions:

(i) $\underline{\underline{H}}_t = \underline{\underline{G}}_t$ pour tout $t \in \mathbb{R}_+$;

(ii) la famille $\underline{H} = (\underline{\underline{H}}_t)_{t \geq 0}$ est croissante;

(iii) chaque famille $\underline{H}^n = (\underline{\underline{H}}^n_t)_{t \geq 0}$ est croissante.

b) Montrer que sous ces conditions, $\underline{H}^n$ est la plus petite filtration contenant $\underline{F}$ et telle que $L_p \in \underline{\underline{T}}(\underline{H}^n)$ pour tout $p \leq n$. Montrer qu'alors L_{n+1} est honnête pour la filtration $\underline{H}^n$.

c) En déduire que sous ces conditions, $\underline{\underline{S}}(\underline{\underline{F}}) \subset \underline{\underline{S}}(\underline{\underline{G}})$ (on pourra recopier la preuve de (9.38)).

d) Montrer que sous ces conditions, $\underline{\underline{G}}$ satisfait l'hypothèse (9.39) avec $U=0$, $V=\infty$ et la partition $]\!]L_n, L_{n+1}]\!]$. En déduire une preuve alternative pour l'inclusion $\underline{\underline{S}}(\underline{\underline{F}}) \subset \underline{\underline{S}}(\underline{\underline{G}})$.

Pour les exercices suivants, on utilise les hypothèses et notations des §d,e.

9.14 - On suppose que $\underline{\underline{F}} = \underline{\underline{F}}^P$ et $\underline{\underline{F}} = \underline{\underline{F}}^P$. Montrer qu'une variable est la fin d'un ensemble optionnel si et seulement si elle est honnête et $\underline{\underline{F}}_{\infty}$-mesurable (pour la condition suffisante, on pourra utiliser l'existence d'une suite $s_n \uparrow \infty$ et d'une suite (B_n) de parties de Ω telle que $B_n \in \underline{\underline{F}}_{s_n}$ et $\bigcup_{(n)} B_n = \{L=\infty\}$ P-p.s.)

9.15 - Montrer que $]\!]0,L]\!] \subset \{Z_- > 0\}$ à un ensemble P-évanescent près (on pourra utiliser les $R_n = \inf(t: Z_t \leq 1/n)$).

9.16 - Montrer que $]\!]L,\infty[\![\subset \{Z<1, Z_- < 1\}$ à un ensemble P-évanescent près (on pourra utiliser les temps d'arrêt $T_n(s) = \inf(t>s: Z_t \geq 1-1/n)$ et $T_\infty(s) = \lim_{(n)} \uparrow T_n(s)$, et vérifier que $P(L<s, T_\infty(s)<\infty) = 0$).

9.17 - Montrer que si L est honnête, on a $I_{]\!]L,\infty[\![} \bullet A = 0$ (on pourra utiliser l'ensemble optionnel B intervenant dans (9.48)).

9.18 - Montrer que les traces de $\underline{\underline{P}}(\underline{\underline{F}})$ et $\underline{\underline{P}}(\underline{\underline{G}})$ coïncident sur les deux intervalles stochastiques $]\!]0,L]\!]$ et $]\!]L,\infty[\![$ si et seulement si L est honnête.

9.19 - Lorsque L est honnête, montrer que $I_{[\![L,\infty[\![} - A \in \underline{\underline{M}}(\underline{\underline{G}}') \cap \underline{\underline{M}}(\underline{\underline{G}})$ (utiliser l'exercice 9.17).

COMMENTAIRES

Le contenu de ce chapitre est, pour l'essentiel, très récent. Il est donc vraisemblable que la plupart des résultats n'ont pas atteint leur forme définitive, surtout pour la partie 3 sur le grossissement des filtrations.

Nous insistons sur le fait que la caractérisation (9.3) des semimartingales est à notre avis un résultat fondamental, qui éclaire (et même, illumine !) l'ensemble des propriétés de cette classe de processus. Très proche des idées de Métivier et Pellaumail [3], cette caractérisation est due à Dellacherie [5], et nous reproduisons la démonstration de Dellacherie, améliorée par G. Letta. Une caractérisation un peu analogue (les processus p-sommables), mais beaucoup moins maniable, avait déjà été obtenue par Kussmaul [1]. Le théorème (9.5) et sa forme renforcée (9.10) sont dûs à Stricker [1] et Meyer [9] dans le cas d'une seule semimartingale, à Dellacherie [4] pour une famille dénombrable, et notre démonstration de (9.10) reprend celle de Meyer.

La proposition (9.14) est classique dans le cas des martingales et des surmartingales; dans le cas des quasimartingale elle est due, ainsi que le contre-exemple de l'exercice 9.1, à Stricker [1]. Le théorème fondamental (9.19) est aussi dû à Stricker [1], le théorème (9.26) dans le cas $q=2$ se trouve dans Brémaud et Yor [1], et le reste du §2-b est nouveau. L'essentiel du §2-c et les exercices 9.3 et 9.5 sont dûs à Brémaud et Yor [1] et Yor [7], tandis qu'une partie de (9.29) se trouve dans Sekiguchi [1].

Le problème du grossissement de la filtration a été abordé de deux manières très différentes par Meyer [10] qui a montré le théorème (9.36), et par Barlow [1] qui a montré le théorème (9.49) et les résultats de décomposition du §3-e. On pourra aussi se reporter à Ito [3] pour un problème un peu analogue. Le principe général exprimé par le théorème (9.41) est nouveau, mais il suit une idée de Dellacherie et Meyer [2]. La notion de variable honnête a été introduite par Meyer, Smythe et Walsh [1] et étudiée dans notre cadre par Barlow [1] et Yor [3]. Il existe plusieurs démonstrations des théorèmes (9.45) et (9.49): celle de Dellacherie et Meyer [2] qui est reprise ici et deux autres dues à Yor [3], qui sont de difficulté équivalente; puis celles de Barlow [1] et de Jeulin et Yor [1] qui, basées sur le théorème de décomposition (9.56), sont plus longues, mais fournissent aussi d'autres résultats intéressants. Les propriétés évoquées dans la remarque finale du §3-e sont étudiées par Barlow, Yor, Jeulin et Yor. Enfin Barlow donne des résultats très intéressants sur la représentation des martingales relatives à $\underline{G}$, si on a une représentation des martingales relatives à $\underline{F}$.

CHAPITRE X

CHANGEMENTS DE TEMPS ET CHANGEMENTS D'ESPACE

Après les changements de probabilité et de filtration, ce chapitre achève l'étude des transformations élémentaires qu'on peut faire subir à un espace probabilisé filtré. Les changements de temps sont étudiés de manière assez complète dans la partie 1, mais malgré leur importance théorique ils ne seront pas utilisés plus loin. Par contre la partie 2, concernant les changements d'espace, sera d'usage constant dans les chapitres XII et XIV, et essentiellement le §2-a étudiant l'image d'un espace probabilisé filtré par une application.

1 - CHANGEMENTS DE TEMPS

§a - Définitions et propriétés élémentaires. Commençons par la définition d'un changement de temps.

(10.1) DEFINITION: Un changement de temps sur l'espace filtré $(\Omega,\underline{\underline{F}},\underline{F})$ est un processus croissant $\tau=(\tau_t)_{t\geq 0}$ tel que $\tau_t\in\underline{\underline{T}}(\underline{F})$ pour tout $t\in\mathbb{R}_+$.

Rappelons que tout processus croissant est continu à droite et à valeurs dans $[0,\infty]$.

Dans l'étude du changement de temps τ, l'inverse à droite de τ joue un rôle important; à l'opposé, la plupart des changements de temps apparaissent comme inverses à droite de processus croissants. On considère donc le processus croissant $C=(C_t)_{t\geq 0}$ associé à τ par l'une des deux propriétés équivalentes suivantes:

$$(10.2)\qquad \begin{cases} \forall t\in\mathbb{R}_+, & C_t = \inf(s: \tau_s > t),\\ \forall t\in\mathbb{R}_+, & \tau_t = \inf(s: C_s > t).\end{cases}$$

Comme d'habitude on pose $C_\infty=\lim_{t\uparrow\infty}\uparrow C_t$ et $\tau_\infty=\lim_{t\uparrow\infty}\tau_t$. Pour des raisons typographiques, on notera parfois $C(t)$, $C(t-)$, $\tau(t)$, $\tau(t-)$ au lieu de C_t, C_{t-}, τ_t, τ_{t-}. On déduit aisément de (10.2) les relations suivantes:

(10.3) $\forall s,t\in\mathbb{R}_+ :\quad \{C_t < s\} = \{t < \tau_{s-}\},\quad \{\tau_t < s\} = \{t < C_{s-}\}$

(10.4) $\forall t\in\mathbb{R}_+ :\quad \tau_{C_t} = \tau_\infty \wedge \inf(u: C_u > C_t),\quad C_{\tau_t} = C_\infty \wedge \inf(u: \tau_u > \tau_t)$.

Le processus C_- étant adapté si et seulement si le processus C est adapté (vérification immédiate), on déduit de (10.3) que si C et τ sont deux processus croissants inverses à droite l'un de l'autre, τ <u>est un changement de temps si et seulement si</u> C <u>est</u> $\underline{F}$<u>-adapté</u>.

Dans la suite on fixe le changement de temps τ sur $(\Omega,\underline{\underline{F}},\underline{F})$. On lui associe la <u>filtration changée de temps</u> $\underline{G}=(\underline{\underline{G}}_t)_{t\geq 0}$ définie par $\underline{\underline{G}}_t=\underline{\underline{F}}_{\tau_t}$: la famille $\underline{G}$ est évidemment croissante, et comme τ est continu à droite elle est également continue à droite, puisque pour toute suite (T_n) de temps d'arrêt décroissant vers T on a $\underline{\underline{F}}_T=\bigcap_{(n)}\underline{\underline{F}}_{T_n}$. Comme d'habitude on pose $\underline{\underline{G}}_\infty=\bigvee_{t\geq 0}\underline{\underline{G}}_t$: on a l'inclusion $\underline{\underline{G}}_\infty\subset\underline{\underline{F}}_{\tau_\infty}$, qui peut être stricte (exercice 10.2).

Si on veut marquer la dépendance de $\underline{G}$ en fonction de τ, on écrit $\tau\underline{F}$ au lieu de $\underline{G}$.

(10.5) LEMME: (a) <u>Si</u> $T\in\underline{\underline{T}}(\underline{F})$ <u>on a</u> $C_T\in\underline{\underline{T}}(\underline{G})$ <u>et</u> $\underline{\underline{F}}_T\cap\underline{\underline{G}}_\infty\subset\underline{\underline{G}}_{C_T}$.

(b) <u>Si</u> $S\in\underline{\underline{T}}(\underline{G})$ <u>on a</u> $\tau_S\in\underline{\underline{T}}(\underline{F})$ <u>et</u> $\underline{\underline{G}}_S\subset\underline{\underline{F}}_{\tau_S}$.

Le processus C est donc un changement de temps sur l'espace filtré $(\Omega,\underline{\underline{F}},\underline{G})$; la filtration $C\underline{G}$ qui lui est associée n'est en général pas comparable à $\underline{F}$.

Nous proposons en exercice des compléments à ce lemme et au lemme suivant, notamment dans le cas particulier où C est continu, nul en 0 .

<u>Démonstration</u>. (a) D'après (10.3) on a pour tout $A\subset\Omega$:

$$A\cap\{C_T<s\} = \bigcup_{n\in\mathbb{N}}[A\cap\{T<\tau(s-1/n)\}] .$$

Si $A\in\underline{\underline{F}}_T$ on a $A\cap\{T<\tau(s-1/n)\}\in\underline{\underline{F}}_{\tau(s-1/n)}\subset\underline{\underline{F}}_{\tau(s)}=\underline{\underline{G}}_s$. En prenant $A=\Omega$ on en déduit que $C_T\in\underline{\underline{T}}(\underline{G})$; en prenant $A\in\underline{\underline{F}}_T$ on obtient que $A\cap\{C_T<s\}\in\underline{\underline{G}}_s$ pour tout $s>0$, de sorte que si de plus $A\in\underline{\underline{G}}_\infty$ on a $A\in\underline{\underline{G}}_T$.

(b) Soit $A\in\underline{\underline{G}}_S$. Il vient

$$A\cap\{\tau_S<u\} = \bigcup_{r\in\mathbb{Q}_+}[A\cap\{S<r\}\cap\{\tau_r<u\}].$$

On a $A\cap\{S<r\}\in\underline{\underline{G}}_r=\underline{\underline{F}}_{\tau(r)}$, donc $A\cap\{S<r\}\cap\{\tau_r<u\}\in\underline{\underline{F}}_u$. On en déduit que $\tau_S\in\underline{\underline{T}}(\underline{F})$ (prendre $A=\Omega$), puis que $\underline{\underline{G}}_S\subset\underline{\underline{F}}_{\tau_S}$. ∎

Passons maintenant à la définition des <u>processus changés de temps</u>. Soit X un processus. La définition naturelle du processus changé de temps τX

est $(\tau X)_t = X_{\tau(t)}$, mais comme τ_t peut prendre la valeur $+\infty$ il faut prendre quelques précautions dans la définition. Plus précisément, on a $\{\tau_t<\infty\} = \{t<C_\infty\}$, donc τX est défini sans ambiguité sur l'intervalle stochastique $[\![0,C_\infty[\![$; on veut de plus que, si X admet la variable terminale $X_\infty = \lim_{t\uparrow\infty} X_t$, alors τX vérifie $(\tau X)_t = X_{\tau(t)}$ y-compris là où $\tau_t = \infty$, ce qui conduit à la définition:

$$(10.6)\qquad (\tau X)_t = \begin{cases} X_{\tau(t)} & \text{si } \tau_t<\infty \\ \liminf_{n\in\mathbb{N}} X_n & \text{sinon.} \end{cases}$$

Un autre "processus changé de temps" est également associé à X par la formule:

$$(10.7)\quad \begin{cases} J = \{(\omega,t): \tau_{t-}(\omega)<\infty\} = \bigcup_{(n)}[\![0,C_n]\!] \\ (\tau_-X)_t = \begin{cases} X_{\tau(t-)} & \text{si } \tau_{t-}<\infty \\ 0 & \text{sinon.} \end{cases} \end{cases}$$

J est un ensemble aléatoire $\underline{G}$-prévisible de type $[\![0,.]\!]$ (cf. (5.1)) et on a les inclusions $[\![0,C_\infty[\![\subset J \subset [\![0,C_\infty]\!]$, qui peuvent être strictes.

(10.8) LEMME: (a) Si X est continu à droite et limité à gauche, τX est continu à droite partout et limité à gauche sur J.

(b) Si X est continu à gauche, τ_-X est continu à gauche.

(c) Si X est $\underline{F}$-optionnel (resp. $\underline{F}$-prévisible), alors τX est $\underline{G}$-optionnel (resp. τ_-X est $\underline{G}$-prévisible).

(d) Pour tout $t\geq 0$ on a $(\tau X)^t = \tau(X^{\tau(t)})$.

Attention: dans (a) on affirme que X est limité à gauche en C_∞ seulement sur l'ensemble où $C_\infty \in J$, c'est-à-dire sur l'ensemble $\bigcup_{(n)}\{C_n = C_\infty < \infty\}$.

Démonstration. (a) et (b) sont évidents.

(c) Remarquons d'abord que si $(X(n))$ est une suite de processus convergeant uniformément vers X, les processus $\tau X(n)$ et $\tau_-X(n)$ convergent uniformément vers τX et τ_-X, respectivement. En utilisant un argument de classe monotone il suffit alors de prouver que si $X = I_{[\![0,T[\![}$ avec $T\in\underline{\underline{T}}(\underline{F})$ (resp. si X est $\underline{F}$-adapté et continu à gauche), alors τX est $\underline{G}$-optionnel (resp. τ_-X est $\underline{G}$-prévisible); comme τX est alors continu à droite et limité à gauche (resp. τ_-X est continu à gauche) il suffit de prouver que τX (resp. τ_-X) est $\underline{G}$-adapté.

On a $X_{\tau(t)}I_{\{\tau(t)<\infty\}} \in \underline{\underline{F}}_{\tau(t)}$, et $(\tau X)_t I_{\{\tau(t)=\infty\}} \in \underline{\underline{F}}_\infty$ par construction, tandis que les traces de $\underline{\underline{F}}_\infty$ et de $\underline{\underline{F}}_{\tau(t)}$ sur $\{\tau(t)=\infty\}$ coïncident: on a donc $(\tau X)_t \in \underline{\underline{F}}_{\tau(t)} = \underline{\underline{G}}_t$ (resp. on a $X_{\tau(t-)} I_{\{\tau(t-)<\infty\}} \in \underline{\underline{F}}_{\tau(t-)} \subset \underline{\underline{F}}_{\tau(t)} = \underline{\underline{G}}_t$, donc $(\tau_- X)_t \in \underline{\underline{G}}_t$), ce qui prouve le résultat cherché.

(d) Si $t \geq C_\infty$ on a $(\tau X)^t = \tau X$, et $\tau_t = \infty$ donc $X^{\tau(t)} = X$. Si $t < C_\infty$ on a $\tau_t < \infty$, donc $(\tau X)^t_s = X_{\tau(t)\wedge\tau(s)}$ et $\tau(X^{\tau(t)})_s = X_{\tau(t)\wedge\tau(s)}$ pour tout $s \geq 0$: d'où le résultat. ■

Soit maintenant P une probabilité sur $(\Omega, \underline{\underline{F}})$ telle que $\underline{\underline{F}} = \underline{\underline{F}}^P$, donc $\underline{\underline{G}} = \underline{\underline{G}}^P$. X étant un processus appartenant à l'une des classes usuelles relativement à la filtration $\underline{\underline{F}}$, on va se poser la question de savoir si le processus τX appartient à la même classe relative à $\underline{\underline{G}}$.

(10.9) THEOREME: <u>Si</u> $X \in \underline{\underline{M}}(\underline{\underline{F}})$ (<u>resp.</u> $\underline{\underline{H}}^q(\underline{\underline{F}})$, <u>resp.</u> $\underline{\underline{A}}(\underline{\underline{F}})$) <u>on a</u> $\tau X \in \underline{\underline{M}}(\underline{\underline{G}})$ (<u>resp.</u> $\underline{\underline{H}}^q(\underline{\underline{G}})$, <u>resp.</u> $\underline{\underline{A}}(\underline{\underline{G}})$).

<u>Démonstration</u>. On peut prendre une version de X qui est continue à droite, limitée à gauche, $\underline{\underline{F}}$-adaptée, et qui admet une variable terminale $X_\infty = \lim_{t\uparrow\infty} X_t$. Le processus τX est alors continu à droite, limité à gauche, $\underline{\underline{G}}$-adapté (d'après le lemme (10.8)), et admet la variable terminale $(\tau X)_\infty = \lim_{t\uparrow\infty} (\tau X)_t$; de plus $(\tau X)_t(\omega) = X_{\tau(t)}(\omega)$ pour tous $\omega \in \Omega$, $t \in [0,\infty]$ par construction.

Si $X \in \underline{\underline{M}}(\underline{\underline{F}})$ et si $S \in \underline{\underline{T}}(\underline{\underline{G}})$, l'application du théorème d'arrêt aux $\underline{\underline{F}}$-temps d'arrêt τ_S et τ_0 conduit à: $E((\tau X)_S) = E(X_{\tau_S}) = E(X_{\tau_0}) = E((\tau X)_0)$. On a alors $\tau X \in \underline{\underline{M}}(\underline{\underline{G}})$ d'après (1.20). Comme $(\tau X)^*_\infty \leq X^*_\infty$ on a aussi $\tau X \in \underline{\underline{H}}^q(\underline{\underline{G}})$ si $X \in \underline{\underline{H}}^q(\underline{\underline{F}})$.

Enfin si $X \in \underline{\underline{A}}(\underline{\underline{F}})$, on a $\int^\infty |d(\tau X)_s| \leq \int^\infty |dX_s|$, donc $\tau X \in \underline{\underline{A}}(\underline{\underline{G}})$. ■

(10.10) THEOREME: (a) <u>Si</u> $X \in \underline{\underline{S}}(\underline{\underline{F}})$ (<u>resp.</u> $\underline{\underline{V}}(\underline{\underline{F}})$) <u>il existe une suite</u> (S_n) <u>d'éléments de</u> $\underline{\underline{T}}(\underline{\underline{G}})$ <u>croissant vers</u> C_∞, <u>telle que</u> $(\tau X) 1_{[\![0,S_n[\![} \in \underline{\underline{S}}_p(\underline{\underline{G}})$ (<u>resp.</u> $\underline{\underline{A}}(\underline{\underline{G}})$) <u>pour tout</u> n.

(b) <u>Si</u> $X \in \underline{\underline{H}}^q_{loc}(\underline{\underline{F}})$ <u>il existe une suite</u> (S_n) <u>d'éléments de</u> $\underline{\underline{T}}(\underline{\underline{G}})$ <u>croissant vers</u> C_∞ <u>et une suite</u> $(M(n))$ <u>d'éléments de</u> $\underline{\underline{H}}^q(\underline{\underline{G}})$, <u>telles que</u> $X = M(n)$ <u>sur</u> $[\![0,S_n[\![$ <u>pour chaque</u> n.

La partie (a) ne doit pas surprendre. En effet si $X \in \underline{\underline{S}}(\underline{\underline{F}})$ (resp. $\underline{\underline{V}}(\underline{\underline{F}})$) il existe une suite (T_n) d'éléments de $\underline{\underline{T}}(\underline{\underline{F}})$ croissant vers $+\infty$, telle que $XI_{[\![0,T_n[\![} \in \underline{\underline{S}}_p(\underline{\underline{F}})$ (resp. $\underline{\underline{A}}(\underline{\underline{F}})$) : il suffit de prendre $T_n = \inf(t: X^*_t \geq n)$ (resp. $= \inf(t: \int^t |dX_s| \geq n)$).

<u>Démonstration</u>. (i) Soit d'abord $X \in \underline{\underline{V}}(\underline{\underline{F}})$, $T = \inf(t: \int^t |dX_s| \geq n)$ et $X(n) = XI_{[\![0,T_n[\![}$. Il est clair que $X(n) \in \underline{\underline{A}}(\underline{\underline{F}})$, donc $\tau X(n) \in \underline{\underline{A}}(\underline{\underline{G}})$. Si $S_n = C(T_n)$ on a $\lim_{(n)}\uparrow S_n = C_\infty$ et $\tau X = \tau X(n)$ sur $[\![0,S_n[\![$, donc $(\tau X) I_{[\![0,S_n[\![} \in \underline{\underline{A}}(\underline{\underline{G}})$.

(ii) Soit ensuite $X \in \underline{\underline{H}}^q_{loc}(\underline{F})$ et (T_n) une suite localisante relative à $\underline{F}$, telle que $X(n) = X^{T_n}$ appartienne à $\underline{\underline{H}}^q(\underline{F})$. On sait que $M(n) = \tau X(n)$ appartient à $\underline{\underline{H}}^q(\underline{G})$ et si $S_n = C(T_n)$ on a d'une part $\lim_{(n)}\uparrow S_n = C_\infty$, d'autre part $\tau X = M(n)$ sur $[\![0,S_n[\![$, d'où (b). De plus $(\tau X)I_{[\![0,S_n[\![} = M(n)^{S_n} - M(n)_{S_n} I_{[\![S_n,\infty[\![}$ appartient à $\underline{\underline{S}}_p(\underline{G})$. On achève alors de prouver (a) en utilisant (i) et en remarquant que tout $X \in \underline{\underline{S}}(\underline{F})$ s'écrit $X = X' + X''$ avec $X' \in \underline{\underline{L}}(\underline{F})$ et $X'' \in \underline{\underline{V}}(\underline{F})$.■

(10.11) Remarque: Si on examine la preuve précédente, on voit que $\bigcup_{(n)}[\![0,S_n]\!] = J$. Si $(\tau X)_{C_\infty}$ est fini P-p.s. sur l'ensemble $\bigcup_{(n)}\{C_n = C_\infty < \infty\}$ on en déduit facilement que lorsque $X \in \underline{\underline{S}}(\underline{F})$ on a $\tau X \in \underline{\underline{S}}^J(\underline{G})$; dans ce cas on a même $\tau X \in \underline{\underline{S}}^{J'}(\underline{G})$ si

$$J' = \bigcup_{(n)}[\![0,(C_n)_{\{C(n)<C(\infty)\}}]\!]$$

puisque $(\tau X)^{C(\infty)} = \tau X$.■

Lorsque $C_\infty = \infty$ P-p.s., on a le corollaire suivant (utiliser (2.17)):

(10.12) COROLLAIRE: Supposons que τ soit un changement de temps P-p.s. fini (i.e.: $\tau_t < \infty$ P-p.s. pour tout $t < \infty$, ou de manière équivalente $C_\infty = \infty$ P-p.s.). Si $X \in \underline{\underline{S}}(\underline{F})$ (resp. $\underline{\underline{V}}(\underline{F})$) on a $\tau X \in \underline{\underline{S}}(\underline{G})$ (resp. $\underline{\underline{V}}(\underline{G})$).

Ce résultat est une nouvelle propriété agréable des classes $\underline{\underline{S}}$ et $\underline{\underline{V}}$, qui n'est pas partagée par les classes $\underline{\underline{S}}_p$, $\underline{\underline{M}}_{loc}$ ou $\underline{\underline{A}}_{loc}$ (cf. exercice 10.4, comparer aux résultats des chapitres VII et IX). La raison nous semble en provenir du lemme 10.8: si $X \in \underline{\underline{M}}_{loc}(\underline{F})$ par exemple on peut localiser par une suite (T_n) d'éléments de $\underline{\underline{T}}(\underline{F})$; la localisation correspondante pour τX se fait par les $\underline{G}$-temps d'arrêt $S_n = C(T_n)$, et (10.8,d) entraine que $(\tau X)^{S_n} = \tau(X^{\tau(S_n)})$: mais $\tau(S_n)$ peut être strictement plus grand que T_n, et rien n'assure que $X^{\tau(S_n)} \in \underline{\underline{M}}(\underline{F})$. Par contre, si on sait que pour tout $T \in \underline{\underline{T}}(\underline{F})$ on a $X^T = X^{\tau(C_T)}$ on peut s'attendre à de bonnes propriétés, et c'est ce que nous allons étudier dans le paragraphe suivant.

§b - Processus adaptés à un changement de temps.

(10.13) DEFINITION: On dit qu'un processus X est adapté au changement de temps τ si X est constant sur chaque intervalle $[\tau_{t-},\tau_t]$.

Lorsque le changement de temps τ est continu et nul en 0 (ce qui équivaut à: C est strictement croissant, i.e. $C_s < C_t$ si $s < t$ et $C_s < \infty$) tout processus est adapté à τ.

Voici quelques conditions équivalentes, énoncées sous forme d'un lemme dont la démonstration est laissée au lecteur.

(10.14) LEMME: Il y a équivalence entre:

(i) X est adapté à τ ;

(ii) $X_{u\wedge\tau(\infty)} = X_{\tau(C_u)}$ pour tout $u \in \mathbb{R}_+$;

(iii) X est constant sur chaque intervalle $[u,v]$ tel que $C_u = C_{v-} < \infty$.

(10.15) LEMME: Soit X un processus adapté à τ.

(a) On a $(\tau X)^{C(t)} = \tau(X^t)$ pour tout $t \in \mathbb{R}_+$ (donc en particulier $(\tau X)_0 = X_0$).

(b) On a $\tau_- X = \tau X$ sur J.

(c) Si X est continu, τX est continu sur J.

Démonstration. (a) En appliquant (10.8,d) à $+\infty$ et à C_t, on obtient $\tau(X^{t\wedge\tau(\infty)}) = \tau(X^t)$ et $\tau(X^{\tau(C_t)}) = (\tau X)^{C(t)}$. Mais d'après la condition (ii) de (10.14) on a $X^{\tau(C_t)} = X^{t\wedge\tau(\infty)}$, d'où le résultat.

(b) Posons $U = C_\infty$. Si $t < U$ on a $(\tau X)_t = X_{\tau(t)}$ et $(\tau_- X)_t = X_{\tau(t-)}$, donc $(\tau X)_t = (\tau_- X)_t$ d'après l'hypothèse. Il reste à montrer que $(\tau X)_U = (\tau_- X)_U$ sur l'ensemble $A = \{U \in J\}$, qui égale aussi $\bigcup_{(n)}\{C_n = C_\infty < \infty\} = \{\tau_{U-} < \infty, U < \infty\}$. Mais sur A on a $(\tau_- X)_U = X_{\tau(U-)}$, $\tau_U = \infty$, donc $(\tau X)_U = X_{\tau(U-)}$ d'après (10.13), d'où le résultat.

(c) Il suffit de combiner (b) et (10.8,b,c).∎

Si $X \in \underline{\underline{S}}(\underline{F})$ est adapté à τ, la variable $(\tau X)_{C(\infty)}$ est donc finie P-p.s. sur l'ensemble $\bigcup_{(n)}\{C_n = C_\infty < \infty\}$ et on a $\tau X \in \underline{\underline{S}}^J(\underline{G})$ d'après la remarque (10.11). La même propriété est vraie pour beucoup d'autres classes de processus, comme le montre le théorème suivant.

(10.16) THEOREME: Soit $\underline{\underline{C}}$ l'une des classes $\underline{\underline{S}}$, $\underline{\underline{S}}_p$, $\underline{\underline{V}}$, $\underline{\underline{A}}_{loc}$, $\underline{\underline{H}}^q_{loc}$, $\underline{\underline{M}}^c_{loc}$, $\underline{\underline{M}}^d_{loc}$. Si X est un élément de $\underline{\underline{C}}(\underline{F})$ adapté à τ, alors X appartient à $\underline{\underline{C}}^J(\underline{G})$.

Démonstration. Supposons d'abord que $X \in \underline{\underline{A}}_{loc}(\underline{F})$ (resp. $\underline{\underline{H}}^q_{loc}(\underline{F})$) et soit (T_n) une suite localisante telle que $X^{T_n} \in \underline{\underline{A}}(\underline{F})$ (resp. $\underline{\underline{H}}^q(\underline{F})$). On pose $S_n = C(T_n)$, on a $J = \bigcup_{(n)}[\![0,S_n]\!]$, et $(\tau X)^{S_n} = \tau(X^{T_n})$ d'après (10.15), donc $(\tau X)^{S_n} \in \underline{\underline{A}}(\underline{G})$ (resp. $\underline{\underline{H}}^q(\underline{G})$) d'après (10.9). Par suite $\tau X \in \underline{\underline{A}}^J_{loc}(\underline{G})$ (resp. $\underline{\underline{H}}^{q,J}_{loc}(\underline{G})$). On en déduit aussi le résultat pour la classe $\underline{\underline{S}}_p$. Si $X \in \underline{\underline{V}}(\underline{F})$, comme $(\tau X)_{C(\infty)} = X_{\tau(C_\infty -)}$ sur $\bigcup_{(n)}\{C_n = C_\infty < \infty\}$ il est évident que $\tau X \in \underline{\underline{V}}^J(\underline{F})$, et on en déduit le résultat pour la classe $\underline{\underline{S}}$.

Si X est continu on sait que τX est continu sur J, d'où le résultat pour la classe $\underline{\underline{M}}^c_{loc}$. Enfin pour la classe $\underline{\underline{M}}^d_{loc}$ il suffit par localisation de supposer que $X \in \underline{\underline{H}}^{1,d}(\underline{F})$. Si on se reporte par exemple à la démonstration de (2.45), on voit qu'il existe une suite $(X(n))$ d'éléments de $\underline{\underline{H}}^1(\underline{F}) \cap \underline{\underline{A}}(\underline{F})$ qui converge dans $\underline{\underline{H}}^1$ vers X. On a $\tau X(n) \in \underline{\underline{H}}^1(\underline{G}) \cap \underline{\underline{A}}(\underline{G})$ et $(\tau X(n) - \tau X)^*_\infty \leq (X(n) - X)^*_\infty$ tend vers 0 dans $L^1(P)$. Donc la suite $(\tau X(n))$ d'éléments de $\underline{\underline{H}}^{1,d}(\underline{G})$ converge dans $\underline{\underline{H}}^1$ vers τX, et on en déduit que $\tau X \in \underline{\underline{H}}^{1,d}(\underline{G})$. ∎

Ci-dessous nous employons les notations du §V-1 concernant les processus définis sur J. Par exemple l'écriture $[\tau X,\tau X]$ dénote un processus défini sur J par $[\tau X,\tau X]^{C_n} = [(\tau X)^{C_n},(\tau X)^{C_n}]$ (si $\tau X \in \underline{\underline{S}}^J(\underline{G})$), et prenant des valeurs quelconques sur J^c ; il en est de même des notations $\langle\tau X,\tau X\rangle$, $(\tau X)^c$, $H \cdot (\tau X)$ (toutes ces notations sont relatives à la filtration $\underline{G}$, mais comme le processus τX y apparait explicitement nous ne pensons pas qu'il puisse y avoir confusion avec les notations $[X,X]$, $\langle X,X\rangle$, X^c, $H \cdot X$, ... relatives à la filtration $\underline{F}$).

(10.17) THEOREME: (a) Soit $X \in \underline{\underline{S}}(\underline{F})$ adapté à τ. Les processus X^c, $[X,X]$, et $\langle X,X\rangle$ s'il existe, sont adaptés à τ ; on a $[\tau X,\tau X] = \tau([X,X])$ sur J, $(\tau X)^c = \tau(X^c)$ sur J, et $\langle\tau X,\tau X\rangle = \tau(\langle X,X\rangle)$ sur J si $\langle X,X\rangle$ existe.

(b) Soit $X \in \underline{\underline{S}}_p(\underline{F})$ de décomposition canonique $X = M + A$. Si X est adapté à τ, alors M et A sont adaptés à τ et $\tau X = \tau M + \tau A$ est la $\underline{G}$-décomposition canonique de τX sur J.

(c) Soit $B \in \underline{\underline{A}}_{loc}(\underline{F})$, adapté à τ. La $\underline{F}$-projection prévisible duale B^p de B est adaptée à τ, et $\tau(B^p)$ est la $\underline{G}$-projection prévisible duale de $\tau(B)$ sur J.

Démonstration. Remarquons d'abord que d'après (10.14,ii) une semimartingale Y est adaptée à τ si et seulement si elle vérifie $Y_{r\wedge\tau(\infty)} = Y_{\tau(C_r)}$ pour tout $r \in \mathbb{Q}_+$ (à cause de la continuité à droite), ce qui équivaut à écrire que $I_{D(r)} \cdot Y = 0$ pour tout $r \in \mathbb{Q}_+$, si $D(r) =]\!]r,\tau(C_r)]\!] =]\!]r\wedge\tau_\infty,\tau(C_r)]\!]$. Avec les hypothèses de (a) (resp. (b), resp. (c)) on a $I_{D(r)} \cdot X^c = (I_{D(r)} \cdot X)^c$, $I_{D(r)} \cdot [X,X] = [I_{D(r)} \cdot X, I_{D(r)} \cdot X]$ et $I_{D(r)} \cdot \langle X,X\rangle = \langle I_{D(r)} \cdot X, I_{D(r)} \cdot X\rangle$ (resp. $I_{D(r)} \cdot M + I_{D(r)} \cdot A$ est la décomposition canonique de $I_{D(r)} \cdot X$, resp. $I_{D(r)} \cdot B^p$ est la $\underline{F}$-projection prévisible duale de $I_{D(r)} \cdot B$): on en déduit immédiatement les assertions concernant l'adaptation des divers processus de l'énoncé à τ.

On remarque ensuite que (c) est un cas particulier de (b): prendre $X = B$, $M = B - B^p$ et $A = B^p$. Montrons (b): on sait que $\tau X \in \underline{\underline{S}}_p^J(\underline{G})$, que $\tau M \in \underline{\underline{L}}^J(\underline{G})$ et que $\tau A \in \underline{\underline{A}}_{loc}^J(\underline{G})$; de plus $\tau A = \tau_- A$ sur J d'après (10.15), et $\tau_- A$ est $\underline{G}$-prévisible d'après (10.8); on en déduit que $\tau M + \tau A$ est la $\underline{G}$-décomposition canonique de τX sur J.

Montrons enfin (a). Posons $B = S(\Delta X I_{\{|\Delta X|>1\}})$. Il est facile de vérifier que B est adapté à τ, et il en est de même des processus M et A intervenant dans la décomposition canonique $X - B = M + A$ de $X - B$. Il vient $X = X^c + M^d + A + B$ et comme $X^c = M^c$ est adapté à τ il en est encore de même de M^d. En changeant de temps, on arrive à $\tau X = \tau X^c + \tau M^d + \tau(A+B)$. On sait que $\tau(X^c) \in \underline{\underline{L}}^{c,J}(\underline{G})$, $\tau(M^d) \in \underline{\underline{L}}^{d,J}(\underline{G})$, $\tau(A+B) \in \underline{\underline{V}}^J(\underline{G})$ et on en déduit que $(\tau X)^c = \tau(X^c)$.

Une vérification élémentaire montre que si $A' = S(\Delta X^2)$ on a $\tau A' = S(\Delta(\tau X)^2)$. Par ailleurs si on applique (b) à la semimartingale spéciale $Y = (X^c)^2$ de décomposition canonique $Y = N + [X^c, X^c]$, on voit que la $\underline{G}$-décomposition canonique de $(\tau X^c)^2 = (\tau Y)^2 = \tau(Y^2)$ est $\tau N + \tau([X^c,X^c])$, ce qui prouve que $[\tau X^c, \tau X^c] = \tau([X^c,X^c])$ sur J. Comme $[X,X] = [X^c,X^c] + A'$ et $[\tau X, \tau X] = [\tau X^c, \tau X^c] + S(\Delta(\tau X)^2)$ sur J, on obtient que $[\tau X, \tau X] = \tau([X,X])$ sur J. Enfin, l'assertion concernant $\langle \tau X, \tau X\rangle$ découle de (c).∎

Passons maintenant aux intégrales stochastiques.

(10.18) LEMME: <u>Soit</u> $X \in \underline{\underline{S}}(\underline{F})$ <u>adapté à</u> τ. <u>Pour tout processus prévisible borné</u> (ou $\underline{F}$-localement borné) H <u>on a</u> $\tau(H \bullet X) = (\tau_- H) \bullet (\tau X)$.

<u>Démonstration</u>. D'abord, $\tau_- H$ est borné, et $\underline{G}$-prévisible d'après (10.8). Etant donné (2.74) il suffit de montrer le résultat lorsque $H = I_{A\times\{0\}}$ $(A \in \underline{\underline{F}}_0)$, et lorsque $H = I_{A\times]s,t]}$ $(0 < s \leq t, A \in \underline{\underline{F}}_s)$.

Lorsque $H = I_{A\times\{0\}}$ on a $H \bullet X = I_A X_0$, $\tau_- H = I_A I_{[\![0,C(0)]\!]}$, et $(\tau X)^{C(0)} = X_0$ d'après (10.15). Donc $(\tau_- H)\bullet(\tau X) = I_A X_0 = \tau(H \bullet X)$.

Lorsque $H = I_{A\times]s,t]}$ on a $\tau_- H = I_A I_{]\!]C(s),C(t)]\!]}$ d'après (10.3), donc

$$(\tau_- H)\bullet(\tau X) = I_A((\tau X)^{Ct} - (\tau X)^{Cs}) = I_A(\tau(X^t - X^s)) = \tau(H \bullet X)$$

en utilisant encore (10.15) pour obtenir la seconde égalité.∎

(10.19) THEOREME: (a) <u>Soit</u> $X \in \underline{\underline{M}}_{loc}(\underline{F})$ <u>adapté à</u> τ. <u>Si</u> $H \in L^q(X,\underline{F})$ <u>on a</u> $\tau_- H \in L^{q,J}(\tau X, \underline{G})$ <u>et</u> $\tau(H \bullet X) = (\tau_- H)\bullet(\tau X)$.

(b) <u>Soit</u> $X \in \underline{\underline{H}}^q_{o,loc}(\underline{F})$ <u>adapté à</u> τ. <u>Si</u> $n \in \mathbb{N}$ <u>on a</u> $\mathcal{L}^q((\tau X)^{Cn}, \underline{G}) = \{\tau Y : Y \in \mathcal{L}^q(X^n, \underline{F})\}$.

On peut exprimer (b) autrement: l'ensemble des $\tilde{H}\bullet(\tau X)^{Cn}$, quand $\tilde{H}$ parcourt $L^q((\tau X)^{Cn}, \underline{G})$, égale l'ensemble des $\tau(H \bullet X^n)$ quand H parcourt $L^q(X^n, \underline{F})$. Avec des notations explicites par elles-même, on pourrait aussi écrire: $\mathcal{L}^{q,J}(\tau X, \underline{G}) = \tau[\mathcal{L}^q(X, \underline{F})]$.

L'assertion (b) est fausse en général si $X_0 \neq 0$: voir exercice 10.9.

Démonstration. (a) Soit $H(n) = HI_{\{|H| \leq n\}}$, $Y = H \bullet X$ et $Y(n) = H(n) \bullet X$. D'après la définition (5.4) on peut supposer que $\tau X = (\tau X)^S$ pour un $S \in \underline{\underline{T}}(\underline{G})$ tel que $[\![0,S]\!] \subset J$, donc $\tau X \in \underline{\underline{M}}_{loc}(\underline{G})$. D'après (10.17) et (10.18) on a $(\tau\_H(n))^2 \bullet [\tau X, \tau X] = \tau(H(n)^2 \bullet [X,X])$, et ces processus tendent en croissant vers $(\tau\_H)^2 \bullet [\tau X, \tau X] = \tau(H^2 \bullet [X,X])$; par suite $((\tau\_H)^2 \bullet [\tau X, \tau X])^{q/2} \in \underline{\underline{A}}(\underline{G})$ et $\tau\_H \in L^q(\tau X, \underline{G})$. De plus on a $\tau\_H(n) \bullet \tau X = \tau(Y(n))$ d'après (10.18) encore, tandis que d'après (2.74), $Y(n)$ tend vers Y dans $\underline{\underline{H}}^q(\underline{F})$ et $\tau\_H(n) \bullet \tau X$ tend vers $\tau\_H \bullet \tau X$ dans $\underline{\underline{H}}^q(\underline{G})$. Il est facile d'en déduire que $\tau\_H \bullet \tau X = \tau Y$.

(b) Quitte à localiser, on peut supposer que $X = X^n \in \underline{\underline{H}}_o^q(\underline{F})$, donc $\tau X \in \underline{\underline{H}}_o^q(\underline{G})$. D'après (4.6) et (a) il suffit de montrer que si $\tilde{H} \in L^q(\tau X, \underline{G})$ il existe $H \in L^q(X, \underline{F})$ tel que $\tilde{H} \bullet \tau X = \tau(H \bullet X)$. Si $\tilde{H} = I_{]\!]0,S]\!]}$ avec $S \in \underline{\underline{T}}(\underline{G})$ on peut prendre $H = I_{]\!]0,\tau(S)]\!]}$: on a $H \in L^q(X, \underline{F})$ puisque $X \in \underline{\underline{H}}_o^q(\underline{F})$, et $\tilde{H} \bullet \tau X = (\tau X)^S = \tau(X^{\tau(S)}) = \tau(H \bullet X)$ d'après (10.8,d). De plus on a $\|\tilde{H} \bullet \tau X\|_{H^q(\underline{G})} = \|H \bullet X\|_{H^q(\underline{F})}$ puisque $(\tau X^S)^*_\infty = \tau(X^{\tau(S)})^*_\infty$ à cause de l'adaptation de X à τ. L'application: $\tilde{H} \rightsquigarrow H \bullet X$ est alors une isométrie de l'ensemble $\mathcal{E} = \{I_{]\!]0,S]\!]}: S \in \underline{\underline{T}}(\underline{G})\}$ muni de la semi-norme $\|.\|_{H^q(\underline{G})}$ sur $\mathcal{L}^q(X, \underline{F})$ muni de la norme $\|.\|_{H^q(\underline{F})}$. Comme $\mathcal{E}$ est dense dans $L^q(\tau X, \underline{G})$ (puisque $(\tau X)_0 = X_0 = 0$) on en déduit le résultat.∎

La partie (b) ci-dessus suggère que si une partie $\mathcal{X}$ de $\underline{\underline{L}}(\underline{F})$ engendre $\underline{\underline{H}}_o^1(\underline{F})$, l'ensemble des $\{\tau X: X \in \mathcal{X}\}$ engendre $\underline{\underline{H}}_o^1(\underline{G})$, au moins si chaque $X \in \mathcal{X}$ est adapté à τ. En effet, on a:

(10.20) PROPOSITION: Soit $q \in [1,\infty[$. Soit $\mathcal{X}$ une partie de $\underline{\underline{H}}^q(\underline{F})$ (ou même, de $\underline{\underline{M}}(\underline{F})$ lorsque $q=1$), dont tous les éléments sont adaptés à τ. Les deux conditions suivantes sont équivalentes:

(i) on a $\underline{\underline{H}}^q(\underline{G}) = \mathcal{L}^q(\{1, \tau X: X \in \mathcal{X}\}, \underline{G})$;

(ii) $\underline{\underline{H}}^q(\underline{F})$ est engendré (au sens des sous-espaces stables de $\underline{\underline{H}}^q$) par les $X^{\bar{\tau}_n}$ ($n \in \mathbb{N}, X \in \mathcal{X}$), les X^{τ_0} ($X \in \underline{\underline{H}}^q(\underline{F})$) et les $I_A \bullet X$ ($X \in \underline{\underline{H}}^q(\underline{F})$), où $A = \bigcap_{(n)}]\!]\tau_m, \infty[\![$.

La forme de (ii) est naturelle: en effet le changement de temps efface ce qui se passe sur l'intervalle stochastique $[\![0,\tau_0[\![$ (puisque $\underline{\underline{G}}_0 = \underline{\underline{F}}_{\tau(0)}$ peut contenir strictement $\underline{\underline{F}}_0$) et sur l'ensemble A (puisque τX ne dépend pas des valeurs de X sur A). A l'inverse, ce qui se passe sur l'intervalle J^c n'est pas pris en compte par les processus "originaux", mais comme $\underline{\underline{G}}_\infty = \bigvee_{(n)} \underline{\underline{G}}_{C(n)}$, toute $\underline{G}$-martingale est constante sur J^c : contrairement aux apparences, l'énoncé est donc "symétrique" entre $\underline{F}$ et $\underline{G}$.

Lorsque $\tau_0 = 0$ et $\tau_\infty = \infty$, on peut remplacer (ii) par la condition équivalente, mais plus agréable, suivante:

(ii') on a $\underline{\underline{H}}^q(\underline{F}) = \mathcal{L}^q(\mathcal{X} \cup \{1\}, \underline{F})$.

Nous proposons dans l'exercice 10.10 un contre-exemple, montrant qu'on ne peut pas remplacer (ii) par (ii') dans le cas général.

Démonstration. Posons $\mathcal{X}(1) = \{I_B(X^{\tau_n} - X^{\tau_0})^T : n \in \mathbb{N}, T \in \underline{\underline{T}}(\underline{F}), B \in \underline{\underline{G}}_0, X \in \mathcal{X}\}$, puis $\mathcal{X}(2) = \{X^{\tau_0} : X \in \underline{\underline{H}}^q(\underline{F})\}$, et enfin $\mathcal{X}(3) = \{I_A \cdot X : X \in \underline{\underline{H}}^q(\underline{F})\}$. On pose aussi $\mathcal{A}(i) = \{X_\infty : X \in \mathcal{X}(i)\}$, pour $i = 1,2,3$. La somme directe $\mathcal{X}' = \mathcal{X}(1) + \mathcal{X}(2) + \mathcal{X}(3)$ vérifie par construction la propriété: $I_B X^T \in \mathcal{X}'$ si $B \in \underline{\underline{F}}_0$, $T \in \underline{\underline{T}}(\underline{F})$, $X \in \mathcal{X}'$. Par ailleurs il est évident que (ii) équivaut au fait que $\underline{\underline{H}}^q(\underline{F}) = \mathcal{L}^q(\mathcal{X}', \underline{F})$, de sorte que (ii) équivaut d'après (4.15,b) à la totalité de $\mathcal{A}(1) + \mathcal{A}(2) + \mathcal{A}(3)$ dans $L^q(\Omega, \underline{\underline{F}}_\infty, P)$.

On a $\underline{\underline{G}}_\infty = \bigvee_{(n)} \underline{\underline{F}}_{\tau(n)}$, donc les éléments de $\mathcal{A}(1) + \mathcal{A}(2)$ sont $\underline{\underline{G}}_\infty$-mesurables. Si $X \in \mathcal{X}(3)$ on a

$$E(X_\infty | \underline{\underline{G}}_\infty) = \lim_{(n)} E(X_\infty | \underline{\underline{F}}_{\tau_n}) = \lim_{(n)} X_{\tau_n} = 0;$$

inversement si $Y \in L^\infty(\Omega, \underline{\underline{F}}_\infty, P)$ vérifie $E(Y | \underline{\underline{G}}_\infty) = 0$, la martingale X de variable terminale $X_\infty = Y$ vérifie $X_{t \wedge \tau(n)} = 0$ pour tous $n \in \mathbb{N}, t \in O$; donc $I_{A^c} \cdot X = 0$ et $X \in \mathcal{X}(3)$. On en déduit alors que la totalité de $\mathcal{A}(1) + \mathcal{A}(2)$ dans $L^q(\Omega, \underline{\underline{G}}_\infty, P)$ équivaut à la totalité de $\mathcal{A}(1) + \mathcal{A}(2) + \mathcal{A}(3)$ dans $L^q(\Omega, \underline{\underline{F}}_\infty, P)$, donc à (ii).

Soit $\tilde{\mathcal{X}}(i) = \{\tau X : X \in \mathcal{X}(i)\}$ pour $i = 1,2$. On sait que $\tilde{\mathcal{X}}(i) \subset \underline{\underline{H}}^q(\underline{G})$. Si $X \in \mathcal{X}(2)$ on a $\tau X = X_{\tau(0)}$, donc pour tout $B \in \underline{\underline{G}}_0$ on a $I_B(\tau X) = I_B X_{\tau(0)} = \tau(X') \in \tilde{\mathcal{X}}(2)$, si X' est la $\underline{F}$-martingale de variable terminale $X' = I_B X_{\tau(0)}$. Si $X = I_B(Y^{\tau_n} - Y^{\tau_0})^T \in \mathcal{X}(1)$ on a $\tau X = I_B \tau(Y^{T \wedge \tau(n)} - Y^{T \wedge \tau(0)})$; comme $(\tau X)^S = (X^{\tau(S)})$ pour tout $S \in \underline{\underline{T}}(\underline{G})$, on en déduit que $\tilde{\mathcal{X}}' = \tilde{\mathcal{X}}(1) + \tilde{\mathcal{X}}(2)$ vérifie la propriété: $I_B X^S \in \tilde{\mathcal{X}}'$ si $B \in \underline{\underline{G}}_0$, $S \in \underline{\underline{T}}(\underline{G})$, $X \in \tilde{\mathcal{X}}'$. Enfin il est immédiat que $(\tau X)_\infty = X_\infty$ si $X \in \mathcal{X}(i)$ pour $i = 1,2$. D'après (4.15,b), la totalité de $\mathcal{A}(1) + \mathcal{A}(2)$ dans $L^q(\Omega, \underline{\underline{G}}_\infty, P)$ équivaut au fait que $\underline{\underline{H}}^q(\underline{G}) = \mathcal{L}^q(\tilde{\mathcal{X}}', \underline{G})$.

Enfin on a vu que $\tau X = X_{\tau(0)}$ si $X \in \mathcal{X}(2)$, donc $\mathcal{L}^q(\tilde{\mathcal{X}}', \underline{G}) = \mathcal{L}^q(\{1\} \cup \tilde{\mathcal{X}}(1), \underline{G})$. Pour tout $X \in \mathcal{X}$ on a $\tau((X^{\tau_n} - X^{\tau_0})^T) = [\tau(X^n) - \tau(X)_0]^{C_T}$ (c'est là qu'intervient l'adaptation à τ des éléments de $\mathcal{X}$), donc $\mathcal{L}^q(\{1\} \cup \tilde{\mathcal{X}}(1), \underline{G}) = \mathcal{L}^q(\{1, \tau X - (\tau X)_0 : X \in \mathcal{X}\}, \underline{G}) = \mathcal{L}^q(\{1, \tau X : X \in \mathcal{X}\}, \underline{G})$, ce qui achève de prouver le résultat. ∎

Terminons par un résultat (sans grand intérêt) sur les intégrales stochastiques par rapport aux semimartingales.

(10.21) PROPOSITION: Soit $X \in \underline{\underline{S}}(\underline{F})$ adapté à τ. Si $H \in L(X, \underline{F})$ on a $\tau\_H \in L^J(\tau X, \underline{G})$ et $\tau(H \cdot X) = (\tau\_H) \cdot (\tau X)$ sur J.

Démonstration. Soit $Y=H\bullet X$. Si $D=\{|H\Delta X|>1\}\cup\{|\Delta X|>1\}$ il est facile de voir que $S(\Delta X I_D)$ est adapté à τ. D'après (2.69) on a alors $X=M+A$ avec $M\in \underline{\underline{L}}(\underline{\underline{F}})$, $H\in L^1_{loc}(M,\underline{\underline{F}})$, $H\bullet A\in \underline{\underline{V}}(\underline{\underline{F}})$, et M et A adaptés à τ, puisque M est la partie martingale locale de la décomposition canonique de $X-S(\Delta X I_D)$.

D'après (10.19) on a $\tau_- H\in L^{1,J}_{loc}(\tau M,\underline{\underline{G}})$ et $(\tau_- H)\bullet(\tau M)=\tau(H\bullet M)$. Si $H(n)=HI_{\{|H|\leq n\}}$, on a $(\tau_- H(n))\bullet(\tau A)=\tau(H(n)\bullet A)$ d'après (10.18), tandis que $H(n)\bullet A$ tend (presque sûrement uniformément sur tout compact) vers $H\bullet A\in \underline{\underline{V}}(\underline{\underline{F}})$, $\tau_- H(n)$ tend vers $\tau_- H$, et $\tau(H(n)\bullet A)$ tend vers $\tau(H\bullet A)$. On en déduit que $(\tau_- H)\bullet(\tau A)=\tau(H\bullet A)$, d'où le résultat. ∎

§c - Mesures aléatoires. Nous gardons les mêmes notations et hypothèses que dans les paragraphes précédents. Soit μ une mesure aléatoire positive sur un espace lusinien E.

Pour définir la mesure aléatoire changée de temps $\tau\mu$, on part de l'exigence suivante: si $t\geq 0$ et si $B\in \underline{\underline{E}}$, on veut que $\tau\mu([0,t]\times B)=\mu([0,\tau_t]\times B)$. Cette formule ne pouvant pas en général constituer une définition de $\tau\mu$ (car l'expression précédente peut être "trop souvent" infinie), on pose

(10.22) $$(\tau\mu)(\omega;.)=\mu(\omega;.)\circ(\tilde{C}_-(\omega))^{-1}, \quad \text{où} \quad \tilde{C}_-(\omega)(t,x)=(C_{t-}(\omega),x).$$

Cette définition a un sens car, pour chaque $\omega\in\Omega$, $\tilde{C}_-(\omega)$ est une application borélienne sur $\mathbb{R}_+\times E$. De manière équivalente, on pourrait définir $\tau\mu$ par:

(10.23) $$\forall W\in(\underline{\underline{F}}\otimes\underline{\underline{B}}(\mathbb{R}_+)\otimes\underline{\underline{E}})^+,\quad W*(\tau\mu)=\tau(W'*\mu),\quad \text{où}$$
$$W'(\omega,t,x)=W(\omega,C_{t-}(\omega),x)I_{\{C_{t-}(\omega)<\infty\}}.$$

Remarquons que $\tau\mu$ est une mesure aléatoire qui ne charge que $J\times E$. Voici l'analogue de (10.9).

(10.24) PROPOSITION: Si $\mu\in\tilde{\underline{\underline{A}}}^+(\underline{\underline{F}})$ on a $\tau\mu\in\tilde{\underline{\underline{A}}}^+(\underline{\underline{G}})$.

Démonstration. Comme $(1*\tau\mu)_\infty\leq 1*\mu_\infty$, il suffit de montrer que $\tau\mu$ admet une version $\underline{\underline{G}}$-optionnelle. On peut d'abord choisir une version de μ qui vérifie $1*\mu_\infty<\infty$ identiquement et qui est $\underline{\underline{F}}$-optionnelle. On a alors $\tau\mu([0,t]\times B)=\mu([0,\tau_t]\times B)$, qui est $\underline{\underline{F}}_{\tau(t)}=\underline{\underline{G}}_t$ mesurable et fini pour tous $B\in\underline{\underline{E}}, t\geq 0$, ce qui suffit pour assurer la $\underline{\underline{G}}$-optionnalité de $\tau\mu$. ∎

On pourrait montrer que si μ est $\underline{\underline{F}}$-optionnelle, alors $\tau\mu$ est $\underline{\underline{G}}$-optionnelle. Par contre si μ est $\underline{\underline{F}}$-prévisible (resp. à valeurs entières, resp. dans $\tilde{\underline{\underline{A}}}_\sigma(\underline{\underline{F}})$), $\tau\mu$ n'est pas nécessairement $\underline{\underline{G}}$-prévisible (resp. à valeurs entières, resp. dans $\tilde{\underline{\underline{A}}}_\sigma(\underline{G})$). De là l'intérêt de la notion suivante.

(10.25) DEFINITION: <u>Une mesure aléatoire</u> μ <u>est dite adaptée à</u> τ <u>si</u> $\mu(]\tau_{t-},\tau_t]\times E)=0$ <u>pour tout</u> $t\in\mathbb{R}_+$.

De manière équivalente, on pourrait dire: μ est adaptée à τ si et seulement si le processus $W*\mu$ est adapté à τ pour toute fonction mesurable positive W sur $\tilde{\Omega}$.

Si W est une fonction sur $\tilde{\Omega}$, on généralise (10.7) en posant

$$(10.26)\qquad \tau\_W(\omega,t,x) \;=\; W(\omega,\tau_{t-}(\omega),x).$$

(10.27) THEOREME: <u>Soit</u> μ <u>une mesure aléatoire positive adaptée à</u> τ.

(a) <u>On a</u> $(\tau\_W)*(\tau\mu)=\tau(W*\mu)$.

(b) <u>Si</u> μ <u>est à valeurs entières et associée au processus</u> β <u>par (3.19), alors</u> $\tau\mu$ <u>est à valeurs entières et associée au processus égal à</u> τ_β <u>sur</u> J <u>et à</u> Δ <u>sur</u> J^c.

(c) <u>Si</u> $\mu\in\tilde{\underline{\underline{A}}}_\sigma(\underline{F})$ <u>on a</u> $\tau\mu\in\tilde{\underline{\underline{A}}}_\sigma(\underline{G})$.

(d) <u>Si</u> $\mu\in\underline{\underline{P}}(\underline{F})\bigcap\tilde{\underline{\underline{A}}}_\sigma(\underline{F})$ <u>on a</u> $\tau\mu\in\underline{\underline{P}}(\underline{G})\bigcap\tilde{\underline{\underline{A}}}_\sigma(\underline{G})$.

(e) <u>Si</u> $\mu\in\tilde{\underline{\underline{A}}}_\sigma(\underline{F})$ <u>on a</u> $\tau(\mu^p)=(\tau\mu)^p$ <u>et</u> μ^p <u>est adaptée à</u> τ.

Dans (e), μ^p est la projection prévisible duale de μ relativement à $\underline{F}$, et $(\tau\mu)^p$ celle de $\tau\mu$ relativement à $\underline{G}$. On remarquera que, contrairement à ce qui se passe au §b, on n'a pas à considérer ici la "restriction à J" de la mesure $\tau\mu$ (comparer à la remarque (3.9)).

<u>Démonstration</u>. (a) Avec les notations de (10.23) on a $(\tau\_W)*(\tau\mu)=\tau((\tau\_W)'*\mu)$, donc il suffit de vérifier que $(\tau\_W)'*\mu=W*\mu$, ce qui est le fruit d'un calcul simple.

(b) Le résultat découle aisément des remarques suivantes: si $\beta_s\neq\Delta$ et si $C_{s-}<\infty$, l'adaptation de μ entraine que $t=C_{s-}$ vérifie $\tau_{t-}=s$; dans ce cas, si $\nu=\varepsilon_{(s,x)}$ on a $\tau\nu=\varepsilon_{(t,x)}$.

(c) En utilisant (10.8) et un argument de classe monotone, il est facile de voir que $\tau\_W\in\tilde{\underline{\underline{P}}}(\underline{G})$ si $W\in\tilde{\underline{\underline{P}}}(\underline{F})$. Considérons alors une partition $(A(n))$ de $\tilde{\Omega}$ qui est $\tilde{\underline{\underline{P}}}(\underline{F})$-mesurable et vérifie $M^P_\mu(A(n))<\infty$ pour chaque n. D'après ce qui précède, la suite $\tilde{A}(n)=\{\tau\_I_{A(n)}=1\}$ est une partition $\tilde{\underline{\underline{P}}}(\underline{G})$-mesurable de $J\times E$, et $I_{\tilde{A}(n)}\cdot\tau\mu=\tau(I_{A(n)}\cdot\mu)$ appartient à $\tilde{\underline{\underline{A}}}(\underline{G})$ d'après (10.24). Comme $I_{J^c\times E}\cdot\tau\mu=0$ par construction, on a $\tau\mu\in\tilde{\underline{\underline{A}}}_\sigma(\underline{G})$.

(d) D'après (b) il suffit de montrer le résultat lorsque $\mu\in\tilde{\underline{\underline{A}}}(\underline{F})$. L'adaptation de μ^p à τ découle de (10.17,c) et de la remarque suivant (10.25). On sait que μ et μ^p coïncident sur $\{0\}\times E$, et à cause de l'adaptation à τ de μ et μ^p on a

$$M^P_{\tau(\mu^p)}([\![0_A]\!]\times B) = M^P_{\mu^p}([\![0_A]\!]\times B) = M^P_{\mu}([\![0_A]\!]\times B) = M^P_{\tau\mu}([\![0_A]\!]\times B)$$

pour tous $A\in\underline{\underline{G}}_0$, $B\in\underline{\underline{E}}$. De même si $B\in\underline{\underline{E}}$ et $S\in\underline{\underline{T}}(\underline{G})$, on a $\tau_S\in\underline{\underline{T}}(\underline{F})$, donc

$$M^P_{\tau(\mu^p)}([\![0,S]\!]\times B) = M^P_{\mu^p}([\![0,\tau_S]\!]\times B) = M^P_{\mu}([\![0,\tau_S]\!]\times B) = M^P_{\tau\mu}([\![0,\tau_S]\!]\times B),$$

de sorte que par un argument de classe monotone on voit que $M^P_{\tau(\mu^p)}$ et $M^P_{\tau\mu}$ coïncident sur $\tilde{\underline{\underline{P}}}(\underline{G})$. Comme $\tau(\mu^p)$ est $\underline{G}$-prévisible, on a le résultat.∎

Passons maintenant aux intégrales stochastiques et à la propriété de représentation des martingales. Nous serons un peu rapide dans les démonstrations, car les idées sont analogues à celles du §b.

(10.28) THEOREME: <u>Soit</u> μ <u>un élément de</u> $\tilde{\underline{\underline{A}}}^1_\sigma(\underline{F})$ <u>adapté à</u> τ. <u>Soit</u> $q\in[1,\infty[$.

(a) <u>Si</u> $W\in G^q(\mu,\underline{F})$ <u>on a</u> $\tau\_W\in G^q(\tau\mu,\underline{G})$ <u>et</u> $(\tau\_W)*(\tau\mu-\tau\mu^p) = \tau[W*(\mu-\mu^p)]$.

(b) <u>On a</u> $\underline{\underline{K}}^{q,1}(\tau\mu,\underline{G}) = \{\tau M: M\in\underline{\underline{K}}^{q,1}(\mu,\underline{F})\}$.

<u>Démonstration</u>. (a) On a déjà vu que $\tau\_W\in\tilde{\underline{\underline{P}}}(\underline{G})$. Si $M=W*(\mu-\mu^p)$ on a par définition

$$\Delta M_t = \int_E (\mu-\mu^p)(\{t\}\times dx)W(t,x).$$

Comme μ et μ^p sont adaptés à τ, il est facile de voir que $\tilde{M}=\tau M$ vérifie $\Delta\tilde{M}=\tau\_(\Delta M)$; en utilisant la relation (10.27,a) on obtient alors

$$\Delta\tilde{M}_t = \Delta M_{\tau_{t-}} = \int_E (\tau\mu-\tau\mu^p)(\{t\}\times dx)\ \tau\_W(t,x).$$

Mais on sait que $\tilde{M}\in\underline{\underline{H}}^{q,d}(\underline{G})$ d'après (10.10) et (10.16): en effet avec les notations de la preuve de (10;10), on a $I_{D(r)}\cdot M=0$ si $D(r)=]\!]r,\tau(C_r)]\!]$ à cause de l'adaptation de μ et de μ^p. Le résultat découle alors des définitions (3.62) et (3.63).

(b) On va d'abord montrer le résultat lorsque $\mu\in\tilde{\underline{\underline{A}}}^1(\underline{F})$, donc μ^p, $\tau\mu$ et $\tau\mu^p$ sont également intégrables. Soit $\tilde{W}\in G^1(\tau\mu,\underline{G})$ et $\tilde{M}=W*(\tau\mu-\tau\mu^p)$. Dans le cas où $W=I_{[\![0,S]\!]\times B}$ avec $B\in\underline{\underline{E}}$ et $S\in\underline{\underline{T}}(\underline{G})$, d'après (10.27,a) on a $\tilde{M}=\tau M$, avec $M=W*(\mu-\mu^p)$ et $W=I_{[\![0,\tau(S)]\!]\times B}$. Un argument de classe monotone montre que si $\tilde{W}\in b\underline{\underline{P}}(\underline{G})$ il existe $W\in b\tilde{\underline{\underline{P}}}(\underline{F})$ tel que $\tilde{M}=\tau M$ si $M=W*(\mu-\mu^p)$; de plus le même raisonnement qu'en (10.19) montre que $\|\tilde{M}\|_{H^q(\underline{G})}=\|M\|_{H^q(\underline{F})}$. Si $\tilde{W}$ est un élément de $G^q(\tau\mu,\underline{G})$ il existe (voir (3.69)) une suite $(\tilde{W}(n))$ d'éléments bornés de $G^q(\tau\mu,\underline{G})$ telle que $\tilde{M}(n)=\tilde{W}(n)*(\tau\mu-\tau\mu^p)$ converge vers $\tilde{M}$ dans $\underline{\underline{H}}^q(\underline{G})$, et on montre alors comme en (10.19) qu'il existe $W\in G^q(\mu,\underline{F})$ tel que $\tilde{M}=\tau[W*(\mu-\mu^p)]$.

Supposons maintenant que $\mu \in \tilde{\underline{\underline{A}}}^1_\sigma(\underline{F})$, et soit $(A(n))$ une partition $\tilde{\underline{\underline{P}}}(\underline{F})$-mesurable de $\tilde{\Omega}$ telle que $M^P_\mu(A(n))<\infty$ pour chaque n. Soit $\mu_n = I_{A(n)}\cdot\mu$, $\tilde{A}(n) = \{\tau_- I_{A(n)} = 1\}$, donc $\tau\mu_n = I_{\tilde{A}(n)}\cdot(\tau\mu)$. Soit $\tilde{W} \in G^q(\tau\mu,\underline{G})$, donc a-fortiori $\tilde{W} \in G^q(\tau\mu_n,\underline{G})$. D'après ce qui précède, il existe $W(n) \in G^q(\mu_n,\underline{F})$ tel que $\tilde{M}(n) = \tilde{W}*(\tau\mu_n - (\tau\mu_n)^p)$ et $M(n) = W(n)*(\mu_n - (\mu_n)^p)$ vérifient $\tilde{M}(n) = \tau M(n)$. On peut évidemment choisir $W(n)$ de sorte que $W(n) = W(n)I_{A(n)}$, de sorte qu'on a aussi $W(n) \in G^q(\mu,\underline{F})$ et $M(n) = W(n)*(\mu-\mu^p)$. La série $\sum_{(n)}\tilde{M}(n)$ converge dans $\underline{\underline{H}}^q(\underline{G})$ vers $\tilde{M} = \tilde{W}*(\tau\mu - \tau\mu^p)$ par construction, et on montre comme en (10.19) que la série $\sum_{(n)} M(n)$ converge dans $\dot{\underline{\underline{H}}}^q(\underline{F})$ vers une limite M, qui appartient au sous-espace stable $\underline{\underline{K}}^{q,1}(\mu,\underline{F})$ et qui vérifie $\tilde{M} = \tau M$. On a donc montré, dans le cas général, que $\underline{\underline{K}}^{q,1}(\tau\mu,\underline{G}) \subset \{\tau M : M \in \underline{\underline{K}}^{q,1}(\mu,\underline{F})\}$, et l'inclusion inverse découle de (a). ∎

La même démonstration permet de prouver le résultat suivant:

(10.29) THEOREME: <u>Soit</u> μ <u>un élément de</u> $\tilde{\underline{\underline{A}}}^1_\sigma(\underline{F})$ <u>adapté à</u> τ. <u>Soit</u> $q \in [1,\infty[$

(a) <u>Si</u> $V \in H^q(\mu,\underline{F})$ <u>on a</u> $\tau_- V \in H^q(\tau\mu,\underline{G})$ et $(\tau_- V)*(\tau\mu) = \tau(V*\mu)$.

(b) <u>On a</u> $\underline{\underline{K}}^{q,2}(\tau\mu,\underline{G}) = \{\tau M : M \in \underline{\underline{K}}^{q,2}(\mu,\underline{F})\}$.

Enfin, voici un résultat de représentation. Nous laissons au lecteur le soin d'énoncer d'autres résultats du même type avec les classes $\underline{\underline{K}}^{q,2}$ et $\underline{\underline{K}}^{q,3}$ (cf. (4.50) et (4.51)).

(10.30) PROPOSITION: <u>Soit</u> μ <u>un élément de</u> $\tilde{\underline{\underline{A}}}^1_\sigma(\underline{F})$ <u>adapté à</u> τ. <u>Soit</u> $q \in [1,\infty[$. <u>Considérons les conditions</u>:

(i) <u>on a</u> $\underline{\underline{H}}^{q,d}_0(\underline{G}) = \underline{\underline{K}}^{q,1}(\tau\mu,\underline{G})$;

(ii) $\underline{\underline{H}}^{q,d}_0(\underline{F})$ <u>est engendré par les éléments de</u> $\underline{\underline{K}}^{q,1}(\mu,\underline{F})$, <u>les</u> X^{τ_0} $(X \in \underline{\underline{H}}^{q,d}_0(\underline{F}))$ <u>et les</u> $I_A \cdot X$ $(X \in \underline{\underline{H}}^{q,d}(\underline{F}))$, <u>où</u> $A = \bigcap_{(n)}]\!]\tau_n,\infty[\![$.

<u>On a alors</u>: (i) $\Longrightarrow$ (ii).

Contrairement à ce qui se passe en (10.20), on n'a pas l'implication inverse: (ii) $\longrightarrow$ (i): cf. exercice 10.11.

<u>Démonstration</u>. Supposons qu'on ait (i). Il faut montrer que si $M \in \underline{\underline{H}}^{q,d}(\underline{F})$ vérifie $M^{\tau_0} = I_A \cdot M = 0$, alors $M \in \underline{\underline{K}}^{q,1}(\mu,\underline{F})$. On remarque d'abord que la démonstration de (10.16) lorsque $\underline{\underline{C}} = \underline{\underline{H}}^{q,d}$ ne nécessite pas l'adaptation de X à τ : on a donc $\tau M \in \underline{\underline{H}}^{q,d}(\underline{G})$ d'après (10.10). Comme $(\tau M)_0 = 0$ par hypothèse, on a même $\tau M \in \underline{\underline{H}}^{q,d}_0(\underline{G})$. Mais alors (i) et (10.28,b) entrainent l'existence de $M' \in \underline{\underline{K}}^{q,1}(\mu,\underline{F})$ tel que $\tau M = \tau M'$.

Pour obtenir le résultat il suffit alors de montrer que si $N \in \underline{\underline{H}}^1_0(\underline{F})$ vérifie $I_A \cdot N = 0$ et $\tau N = 0$, alors $N = 0$. Mais pour tout t on a $N_{\tau_t} = 0$

par hypothèse. Donc $N_s = E(N_{\tau_t} | \underline{\underline{F}}_s) = 0$ sur $\{s \leq \tau_t\}$, donc $N = 0$ sur A^c. Comme $I_A \cdot N = 0$, on en déduit que $N = 0$. ∎

§d - Deux exemples. Nous allons dans ce paragraphe donner deux exemples, qui constituent sans aucun doute les applications les plus spectaculaires des changements de temps à la théorie des martingales.

(10.31) THEOREME: Soit $X \in \underline{\underline{L}}^c(\underline{\underline{F}})$ telle que $C = \langle X,X \rangle$ vérifie $C_\infty = \infty$, et soit τ le changement de temps associé à C par (10.2). Le processus τX est alors un mouvement brownien relativement à la filtration $\underline{\underline{G}} = \tau \underline{\underline{F}}$.

Démonstration. Si $D(r) =]\!]r, \tau(C_r)]\!]$ on a $I_{D(r)} \cdot \langle X,X \rangle = 0$, donc $I_{D(r)} \cdot X = 0$, donc $X^{r \wedge \tau(\infty)} = X^{\tau(C_r)}$: en utilisant (10.14,ii) et la continuité de X, on en déduit que X est adapté à τ. On sait alors que $\tau X \in \underline{\underline{L}}^c(\underline{\underline{G}})$ (ici, $J = \Omega \times \mathbb{R}_+$) et $\langle \tau X, \tau X \rangle = \tau(\langle X,X \rangle) = \tau(C)$. Mais, C étant continu, $(\tau C)_t = t$ et il suffit d'appliquer (2.75). ∎

Lorsque $\langle X,X \rangle$ ne vérifie pas $\langle X,X \rangle_\infty = \infty$, on a seulement:

(10.32) PROPOSITION: Soit $X \in \underline{\underline{L}}^c(\underline{\underline{F}})$, $C = \langle X,X \rangle$ et τ le changement de temps associé à C par (10.2). Si $\underline{\underline{G}} = \tau \underline{\underline{F}}$ on a $\tau X \in \underline{\underline{L}}^c(\underline{\underline{G}})$ et $\langle \tau X, \tau X \rangle_t = t \wedge C_\infty$.

Ainsi, τX a la structure d'un "mouvement brownien arrêté en C_∞", ce qui veut "presque" dire qu'il existe un mouvement brownien Y relativement à $\underline{\underline{G}}$, tel que $\tau X = Y^{C(\infty)}$. Nous donnerons un sens précis à ce "presque" dans le §2-c.

Démonstration. En reprenant la preuve de (10.31) on voit que $\tau X \in \underline{\underline{L}}^{c,J}(\underline{\underline{G}})$ et que $\langle \tau X, \tau X \rangle_t = t$ sur J. D'autre part (5.22) entraine que la limite $X_\infty = \lim_{t \uparrow \infty} X_t$ existe P-p.s. sur $\{C_\infty < \infty\}$, donc τX coïncide avec le processus $\widetilde{\tau X}$ défini par (5.7) à partir de la restriction de τX à J. Par suite (5.10) entraine que $\tau X \in \underline{\underline{L}}^c(\underline{\underline{G}})$ et comme $\tau X = (\tau X)^{C_\infty}$ on a $\langle \tau X, \tau X \rangle_t = t \wedge C_\infty$. ∎

Le second exemple est tout-à-fait semblable. Il concerne les processus ponctuels, et nous nous limitons à l'analogue de (10.31), laissant la transposition de (10.32) au lecteur.

(10.33) THEOREME: Soit N un processus de comptage (§III-2-b) dont la $\underline{\underline{F}}$-projection prévisible duale $C = N^p$ est continue et vérifie $C_\infty = \infty$. Soit τ le changement de temps associé à C par (10.2). Le processus τN est alors un processus de Poisson relativement à la filtration $\underline{\underline{G}} = \tau \underline{\underline{F}}$.

Démonstration. Avec les mêmes notations qu'en (10.31) on a $I_{D(r)} \cdot C = 0$, donc $I_{D(r)} \cdot N = 0$, donc N est adapté à τ. D'après (10.17), la $\underline{G}$-projection prévisible duale de τN est $\tau(N^p) = \tau(C)$, qui vérifie $(\tau C)_t = t$ (ici encore, $J = \Omega \times \mathbb{R}_+$). Comme τN est à l'évidence un processus de comptage, c'est un processus de Poisson (appliquer (3.34) avec E réduit à un point, et pour m la mesure de Lebesgue sur $\mathbb{R}_+$). ∎

EXERCICES

10.1 - Soit $\tau = (\tau_t)_{t \geq 0}$ un changement de temps sur $(\Omega, \underline{\underline{F}}, \underline{F})$ et $\theta = (\theta_t)_{t \geq 0}$ un changement de temps sur $(\Omega, \underline{\underline{F}}, \tau\underline{F})$. Montrer que $\theta\tau = (\tau(\theta_t))_{t \geq 0}$ est un changement de temps sur $(\Omega, \underline{\underline{F}}, \underline{F})$.

10.2 - Avec les notations du §a, montrer que si $B = \bigcup_{(n)} \{\tau_t = \tau_\infty\}$ on a $\underline{\underline{G}}_\infty \cap B = \underline{\underline{F}}_{\tau(\infty)} \cap B$ et $\underline{\underline{G}}_\infty \cap B^c = \underline{\underline{F}}_{\tau(\infty)-} \cap B^c$.

10.3 - Soit $\Omega =]0,\infty[$, $T(\omega) = \omega$, $\underline{F}$ la plus petite filtration pour laquelle $T \in \underline{\underline{T}}(\underline{F})$ et $\underline{\underline{F}} = \underline{\underline{F}}_\infty$. Soit $C_t = t \wedge T$ et τ associé à C par (10.2). Montrer que $\tau_t = t_{\{t<T\}}$ et que $\tau\underline{F} = \underline{F}$.

10.4 - Soit N un processus de Poisson sur $(\Omega, \underline{\underline{F}}, \underline{F}, P)$, $\underline{F}$ étant la plus petite filtration rendant N adapté. Soit τ associé à $C = N$ par (10.2). Soit $T_n = \inf(t: N_t = n)$.

a) Montrer que $\tau_0 = T_1$, et que τ est fini.

b) Soit f une fonction croissante: $\mathbb{R}_+ \longrightarrow \mathbb{R}_+$, telle que $E(f(T_1)) = \infty$. Soit $X = f(T_1) I_{[\![T_1,\infty[\![}$. Montrer que $E(X_t) < \infty$, donc $X \in \underline{\underline{A}}^+_{loc}(\underline{F})$. Vérifier que $(\tau X)_0$ n'est pas intégrable, donc $\tau X \notin \underline{\underline{A}}^+_{loc}(\underline{G})$.

c) Soit $Y = X - X^p \in \underline{\underline{L}}(\underline{F})$. Montrer que $(X^p)_t = \int^{t \wedge T_1} f(s)ds$. Montrer qu'on peut choisir une fonction f telle que $(\tau Y)_0$ ne soit pas intégrable, donc $\tau Y \notin \underline{\underline{M}}_{loc}(\underline{G})$.

d) En partant de $X = f(T_2 - T_1) I_{[\![T_2,\infty[\![}$ construire des contre-exemples similaires, mais qui vérifient $(\tau X)_0 = (\tau Y)_0 = 0$.

10.5 - On suppose que τ est <u>strictement croissant</u>: $\{\tau_t < \infty\} \subset \{\tau_t < \tau_s\}$ si $t < s$.

a) Montrer que cette propriété équivaut au fait que C est continu et nul en 0.

b) Si $S \in \underline{\underline{T}}(\underline{G})$, montrer que $\underline{\underline{G}}_S = \underline{\underline{F}}_{\tau_S} \cap \underline{\underline{G}}_\infty$.

c) Si (S_n) est une suite de temps d'arrêt croissant strictement vers S, montrer que $\tau_{S-} \in \underline{\underline{T}}_p(\underline{F})$ et que $\underline{\underline{G}}_{S-} = \underline{\underline{F}}_{\tau(S-)-}$.

10.6 - (suite)

a) Si $\tilde{X} \in \underline{\underline{O}}(\underline{\underline{G}})$ montrer qu'il existe $X \in \underline{\underline{O}}(\underline{\underline{F}})$ tel que $\tilde{X} = \tau X$ sur $[\![0, C_\infty[\![$.

b) Si $\tilde{X} \in \underline{\underline{P}}(\underline{\underline{G}})$ montrer qu'il existe $X \in \underline{\underline{P}}(\underline{\underline{F}})$ tel que $\tilde{X} = \tau_- X$ sur $]\!]0,\infty[\![\cap J$. Montrer qu'en général on ne peut pas trouver $X \in \underline{\underline{P}}(\underline{\underline{F}})$ tel que $\tilde{X} = \tau_- X$ sur J.

10.7 - (suite)

a) Montrer que la projection $\underline{\underline{G}}$-optionnelle de $\tilde{X} I_{[\![0,C(\infty)[\![}$ est $\tau({}^oX) I_J$, où ${}^oX$ est la projection $\underline{\underline{F}}$-optionnelle du processus X défini par $X_t = \tilde{X}_{C(t)} I_{\{C(t)<\infty\}}$.

b) Montrer que la projection $\underline{\underline{G}}$-prévisible de $\tilde{X} I_{J \cap]\!]0,\infty[\![}$ est $\tau_-({}^pX) I_{J \cap]\!]0,\infty[\![}$, où ${}^pX$ est la projection $\underline{\underline{F}}$-prévisible du processus X défini par $X_t = \tilde{X}_{C(t)} I_{\{C(t)<\infty\}}$.

10.8 - (suite) Soit $\tilde{A} \in \underline{\underline{A}}_o^+(\underline{\underline{G}})$, tel que $\tilde{A} = \tilde{A}^{C(t)}$ pour un $t \in \mathbb{R}_+$. Montrer que la projection duale $\underline{\underline{G}}$-prévisible de $\tilde{A}$ est $(\tau_-(A^p))^{C(t)}$, où A^p est la projection duale $\underline{\underline{F}}$-prévisible du processus croissant A défini par $A_s = \tilde{A}_{C(s) \wedge C(t)}$.

10.9 - Soit $X = 1$, donc $\tau X = 1$. Soit U une variable $\underline{\underline{G}}_0$-mesurable qui n'est pas $\underline{\underline{F}}_0$-mesurable. Montrer que le processus constant égal à U est dans $\mathcal{L}^q(X,\underline{\underline{G}})$, mais n'est pas égal à un τY avec $Y \in \mathcal{L}^q(X,\underline{\underline{F}})$.

10.10 - On admettra le résultat suivant, qui sera démontré au chapitre XI: si W est un mouvement brownien sur $(\Omega,\underline{\underline{F}},\underline{\underline{F}},P)$ et si $\underline{\underline{F}}$ est la plus petite filtration contenant une tribu $\underline{\underline{H}}$ et rendant W adapté, alors on a $\mathcal{L}^q(\{W,1\},\underline{\underline{F}}) = \underline{\underline{H}}^q(\underline{\underline{F}})$.

On se place dans la situation précédente, et on pose $X = W - W^1$. Soit τ le changement de temps associé à $C = \langle X,X\rangle$ par (10.2).

a) Montrer que $C_t = (t-1)^+$ et que $\tau_t = t+1$, donc $\underline{\underline{G}}_t = \underline{\underline{F}}_{(t+1)}$.

b) Montrer que τX est un mouvement brownien relativement à $\underline{\underline{G}}$, et que $\underline{\underline{H}}^q(\underline{\underline{G}}) = \mathcal{L}^q(\{\tau X,1\},\underline{\underline{G}})$, alors que l'inclusion $\mathcal{L}^q(\{X,1\},\underline{\underline{F}}) \subset \underline{\underline{H}}^q(\underline{\underline{F}})$ est stricte (puisque par exemple $W^1 \notin \mathcal{L}^2(\{X,1\},\underline{\underline{F}})$).

10.11 - On se place dans la situation de l'exercice précédent, de sorte que la condition (10.30,ii) est satisfaite avec $\mu = 0$. Soit maintenant τ le changement de temps associé au processus C par (10.2), avec $C_t = t$ si $t<1$, $C_t = 1$ si $1 \leq t < 2$, $C_t = t-1$ si $2 \leq t$. Montrer que la condition (10.30,i) n'est pas satisfaite avec $\tau\mu = 0$ (puisque τW est une martingale non continue).

10.12 - Donner un exemple montrant que (10.33) peut être faux si N^p n'est pas continu.

10.13 - Soit $\mu \in \tilde{\underline{\underline{A}}}^1_\sigma(\underline{F})$ telle que $\mu^p(\omega;dt,dx) = dC_t(\omega)m(dx)$, où m est une mesure σ-finie sur $(E,\underline{\underline{E}})$ et C un processus croissant continu vérifiant $C_0 = 0$, $C_\infty = \infty$. Montrer que si τ est le changement de temps associé à C par (10.2), μ est une mesure aléatoire de Poisson relativement à la filtration $\underline{G} = \tau\underline{F}$, et calculer sa mesure intensité.

10.14 - On ne suppose plus que $C_\infty = \infty$ dans (10.33). Montrer que la $\underline{G}$-projection duale de τN égale $t \wedge C_\infty$.

2 - CHANGEMENT D'ESPACE

§a - Espace image. Considérons deux espaces probabilisés filtrés $(\Omega,\underline{\underline{F}},\underline{F},P)$ et $(\check{\Omega},\check{\underline{\underline{F}}},\check{\underline{F}},\check{P})$. Soit φ une application: $\Omega \longrightarrow \check{\Omega}$, qui vérifie

$$(10.34)\quad \begin{cases} \text{(a)} & \varphi^{-1}(\check{\underline{\underline{F}}}_t) = \underline{\underline{F}}_t \quad \text{pour tout } t \in \mathbb{R}_+ \\ \text{(b)} & \varphi^{-1}(\check{\underline{\underline{F}}}) \subset \underline{\underline{F}} \\ \text{(c)} & \check{P} = P\circ\varphi^{-1}. \end{cases}$$

Remarque: La propriété (a) ne signifie nullement que les deux espaces en question sont isomorphes, du point de vue des filtrations, sauf si on suppose en outre que φ est surjective. Cela signifie seulement que d'une part φ est mesurable de $(\Omega,\underline{\underline{F}}_t)$ dans $(\check{\Omega},\check{\underline{\underline{F}}}_t)$, et d'autre part que $\underline{\underline{F}}_t$ n'est pas "plus grande" que $\check{\underline{\underline{F}}}_t$. ∎

Nous allons voir que la structure de l'espace $(\check{\Omega},\check{\underline{\underline{F}}},\check{\underline{F}},\check{P})$ se transporte sur l'espace $(\Omega,\underline{\underline{F}},\underline{F},P)$ par image réciproque. On notera par la même lettre φ l'application: $\Omega \longrightarrow \check{\Omega}$ ci-dessus, et les applications:

$$\Omega\times\mathbb{R}_+ \longrightarrow \check{\Omega}\times\mathbb{R}_+ : \qquad \varphi(\omega,t) = (\varphi(\omega),t)$$

$$\Omega\times\mathbb{R}_+\times E \longrightarrow \check{\Omega}\times\mathbb{R}_+\times E : \qquad \varphi(\omega,t,x) = (\varphi(\omega),t,x).$$

(10.35) PROPOSITION: (a) On a $\underline{\underline{T}}(\underline{F}) = \{\check{T}\circ\varphi : \check{T} \in \underline{\underline{T}}(\check{\underline{F}})\}$.

(b) On a $\underline{\underline{T}}_p(\underline{F}) = \{\check{T}\circ\varphi : \check{T} \in \underline{\underline{T}}_p(\check{\underline{F}})\}$.

(c) On a $\underline{\underline{O}}(\underline{F}) = \{\varphi^{-1}(\check{A}) : \check{A} \in \underline{\underline{O}}(\check{\underline{F}})\}$.

(d) On a $\underline{\underline{P}}(\underline{F}) = \{\varphi^{-1}(\check{A}) : \check{A} \in \underline{\underline{P}}(\check{\underline{F}})\}$.

Démonstration. (a) Si $\check{T} \in \underline{\underline{T}}(\check{\underline{F}})$ on a $\{\check{T}\circ\varphi \leq t\} = \varphi^{-1}(\{\check{T} \leq t\}) \in \underline{\underline{F}}_t$, donc

$\check{T}\circ\varphi \in \underline{\underline{T}}(\underline{\underline{F}})$. Soit inversement $T \in \underline{\underline{T}}(\underline{\underline{F}})$. D'après (10.34,a), pour tout $t > 0$ il existe $\check{A}_t \in \check{\underline{\underline{F}}}_t$ tel que $\{T < t\} = \varphi^{-1}(\check{A}_t)$. Posons $\check{B}_t = \bigcap_{s\in \mathbb{Q}, s>t} \check{A}_s$ si $t > 0$. On a $\check{B}_t \in \check{\underline{\underline{F}}}_t$ et il existe une variable $\check{T}$ sur $\check{\Omega}$ telle que $\{\check{T} \leq t\} = \check{B}_t$ pour tout $t > 0$, donc $\check{T} \in \underline{\underline{T}}(\check{\underline{\underline{F}}})$. D'autre part

$$\varphi^{-1}(\{\check{T} \leq t\}) = \varphi^{-1}(\check{B}_t) = \bigcap_{s\in \mathbb{Q}, s>t} \varphi^{-1}(\check{A}_s)$$
$$= \bigcap_{s\in \mathbb{Q}, s>t} \{T < s\} = \{T \leq t\},$$

donc $T = \check{T}\circ\varphi$.

Les parties (c) et (d) découlent de (a), et de (1.7) et (1.8). Enfin (b) découle de (d). ∎

(10.36) LEMME: <u>On a</u> $\varphi^{-1}(\check{\underline{\underline{F}}}^{\check{P}}) \subset \underline{\underline{F}}^P$ <u>et</u> $\varphi^{-1}(\check{\underline{\underline{F}}}_t^{\check{P}}) \subset \underline{\underline{F}}_t^P$.

On remarquera que même lorsque $\varphi^{-1}(\check{\underline{\underline{F}}}) = \underline{\underline{F}}$, et sauf si φ est injective, ces inclusions sont strictes (cf. exercice 10.15).

<u>Démonstration</u>. Soit $\underline{\underline{N}} = \{A \in \underline{\underline{F}}^P : P(A) = 0\}$ et $\check{\underline{\underline{N}}} = \{\check{A} \in \check{\underline{\underline{F}}}^{\check{P}} : \check{P}(\check{A}) = 0\}$. Tout $\check{A} \in \check{\underline{\underline{F}}}^{\check{P}}$ (resp. $\check{\underline{\underline{F}}}_t^{\check{P}}$) s'écrit $\check{A} = \check{B}\Delta\check{C}$ avec $\check{B} \in \check{\underline{\underline{F}}}$ (resp. $\check{\underline{\underline{F}}}_t$) et $\check{C} \in \check{\underline{\underline{N}}}$ (où $\check{B}\Delta\check{C}$ désigne la différence symétrique de $\check{B}$ et $\check{C}$), tandis que $\varphi^{-1}(\check{A}) = \varphi^{-1}(\check{B})\Delta\varphi^{-1}(\check{C})$: il suffit donc de montrer que $\varphi^{-1}(\check{C}) \in \underline{\underline{N}}$. Mais il existe $\check{C}' \in \check{\underline{\underline{F}}}$ tel que $\check{C} \subset \check{C}'$ et $\check{P}(\check{C}') = 0$. Par hypothèse $\varphi^{-1}(\check{C}') \in \underline{\underline{F}}$ et $P(\varphi^{-1}(\check{C}')) = \check{P}(\check{C}') = 0$, tandis que $\varphi^{-1}(\check{C}) \subset \varphi^{-1}(\check{C}')$, ce qui entraine bien que $\varphi^{-1}(\check{C}) \in \underline{\underline{N}}$. ∎

Dans la suite, si $\underline{\underline{C}}$ désigne l'une des classes usuelles de processus, on notera simplement $\underline{\underline{C}}(\Omega)$ et $\underline{\underline{C}}(\check{\Omega})$, respectivement, les classes $\underline{\underline{C}}(\Omega, \underline{\underline{F}}^P, \underline{\underline{F}}^P, P)$ et $\underline{\underline{C}}(\check{\Omega}, \check{\underline{\underline{F}}}^{\check{P}}, \check{\underline{\underline{F}}}^{\check{P}}, \check{P})$.

(10.37) THEOREME: <u>Soit</u> $\check{X}$ <u>un processus sur</u> $\check{\Omega}$. <u>Lorsque</u> $\underline{\underline{C}}$ <u>est l'une des classes</u> $\underline{\underline{A}}, \underline{\underline{A}}_{loc}, \underline{\underline{V}}, \underline{\underline{S}}, \underline{\underline{S}}_p, \underline{\underline{M}}, \underline{\underline{M}}_{loc}, \underline{\underline{H}}^q, \underline{\underline{H}}^q_{loc}, \underline{\underline{L}}, \underline{\underline{L}}^c, \underline{\underline{L}}^d, \ldots$, <u>il y a équivalence entre:</u>

(i) $\check{X} \in \underline{\underline{C}}(\check{\Omega})$;

(ii) $\check{X}\circ\varphi \in \underline{\underline{C}}(\Omega)$ <u>et</u> $\check{X}$ <u>est</u> <u>$\check{P}$-indistinguable d'un processus $\check{\underline{\underline{F}}}^{\check{P}}$-optionnel</u>.

La seconde partie de la condition (ii) est indispensable pour obtenir l'équivalence, pour la raison suivante: si $A = \varphi^{-1}(\check{A})$ est un élément P-négligeable de $\underline{\underline{F}}_0^P$, on n'a pas nécessairement $\check{A} \in \check{\underline{\underline{F}}}_0^{\check{P}}$ (voir exercice 10.17); le processus constant $\check{X} = I_{\check{A}}$ n'est pas alors dans $\underline{\underline{C}}(\check{\Omega})$, alors que $\check{X}\circ\varphi = I_A \in \underline{\underline{C}}(\Omega)$, et ceci pour n'importe laquelle des classes de l'énoncé !

<u>Démonstration</u>. (a) Sous (i), $\check{X}$ est $\check{P}$-indistinguable d'un processus $\check{\underline{\underline{F}}}^{\check{P}}$-optionnel $\check{X}'$. D'après (10.35) et (10.36), $\check{X}'\circ\varphi$ est alors P-indistinguable du processus $\underline{\underline{F}}^P$-optionnel $\check{X}\circ\varphi$. Quitte à remplacer $\check{X}$ par $\check{X}'$ on

pourra donc toujours supposer que $\check{X}$ est lui-même $\underline{\check{F}}^{\check{P}}$-optionnel, donc que $X=\check{X}\circ\varphi$ est $\underline{F}^P$-optionnel.

(b) Etant donné (10.35,a), il est clair que l'équivalence des conditions (i) et (ii) pour la classe $\underline{\underline{C}}$ entraine l'équivalence pour la classe $\underline{\underline{C}}_{loc}$.

(c) Soit $\check{Y}$ une variable $\underline{\underline{\check{F}}}^{\check{P}}$-mesurable. Comme $\check{P}=P\circ\varphi^{-1}$, on a l'équivalence: $\check{Y}$ est $\check{P}$-intégrable $\Longleftrightarrow$ $\check{Y}\circ\varphi$ est P-intégrable.

(d) Montrons le résultat pour la classe $\underline{\underline{V}}$. On note $\check{A}$ l'ensemble des points $\check{\omega}$ tels que $\check{X}_{\cdot}(\check{\omega})$ ne soit pas continu à droite et à variation finie sur tout compact, et $A=\varphi^{-1}(\check{A})$. Si $\check{X}\in\underline{\underline{V}}(\check{\Omega})$ on a $\check{A}\in\underline{\underline{\check{F}}}^{\check{P}}$ et $\check{P}(\check{A})=0$, donc $P(A)=0$ d'après (10.36), et $X\in\underline{\underline{V}}(\Omega)$. Supposons inversement que $X\in\underline{\underline{V}}(\Omega)$, ce qui entraine $P(A)=0$. Malheureusement on ne sait pas a-priori, dans ce cas, que $\check{A}\in\underline{\underline{\check{F}}}^{\check{P}}$, ce qui ne permet pas de conclure que $\check{P}(\check{A})=0$.

Notons D l'ensemble des dyadiques de $\mathbb{R}_+$, et posons

$$\check{Y}_t = \sup_{(n)} \sum_{1\le k\le t2^n} |\check{X}_{k2^{-n}} - \check{X}_{(k-1)2^{-n}}| \qquad \text{si } t\in D$$

$$\check{B} = \bigcap_{t\in D} \{\check{Y}_t<\infty\}$$

$$\check{X}'_t = \begin{cases} \lim_{s\in D,\, s>t,\, s\downarrow t} \check{X}_s & \text{sur } \check{B} \\ 0 & \text{sur } \check{B}^c . \end{cases}$$

La dernière formule définit un processus continu à droite et à variation finie sur tout compact. De plus $\check{Y}_t\in\underline{\underline{\check{F}}}^{\check{P}}_t$, donc $\check{B}\in\underline{\underline{\check{F}}}^{\check{P}}$ et comme $\check{B}^c\subset\check{A}$ on a $\varphi^{-1}(\check{B}^c)\subset A$, donc $\check{P}(\check{B}^c)=P(\varphi^{-1}(\check{B}))=0$. Par suite on a $\check{B}\in\underline{\underline{\check{F}}}^{\check{P}}_0$ et on en déduit que $\check{X}'$ est $\underline{\check{F}}^{\check{P}}$-adapté (donc optionnel). Soit alors $\check{T}\in\underline{\underline{T}}(\underline{\check{F}})$ tel que $[\![\check{T}]\!]\subset\{\check{X}\neq\check{X}'\}$, donc $[\![\check{T}\circ\varphi]\!]\subset\{X\neq\check{X}'\circ\varphi\}$; mais X et $\check{X}'\circ\varphi$ coïncident en dehors de A, donc $\{\check{T}\circ\varphi<\infty\}\subset A$, donc $\check{P}(\check{T}<\infty)=P(\check{T}\circ\varphi<\infty)=0$. Le théorème de section optionnel entraine alors que $\check{X}$ et $\check{X}'$ sont $\check{P}$-indistinguables, et comme $\check{X}'\in\underline{\underline{V}}(\check{\Omega})$ on a aussi $\check{X}\in\underline{\underline{V}}(\check{\Omega})$.

(e) En utilisant (d) et l'équivalence (c) pour la variable $\check{Y}=\sup_{t\in D}\check{Y}_t$ on obtient le résultat pour la classe $\underline{\underline{A}}$, donc aussi pour $\underline{\underline{A}}_{loc}$.

(f) Montrons le résultat pour la classe $\underline{\underline{M}}$. Posons $\check{X}_\infty = \lim\sup_{t\in D,t\uparrow\infty}\check{X}_t$ et $X_\infty=\check{X}_\infty\circ\varphi$. D'après (c), les variables $\check{X}_\infty$ et X_∞ sont simultanément $\check{P}$- et P-intégrables. Dire que $X\in\underline{\underline{M}}(\Omega)$ (resp. $\check{X}\in\underline{\underline{M}}(\check{\Omega})$) équivaut à dire que X (resp. $\check{X}$) est la projection $\underline{F}^P$- (resp. $\underline{\check{F}}^{\check{P}}$-) optionnelle du processus constant $Z_t=X_\infty$ (resp. $\check{Z}_t=\check{X}_\infty$), la régularité des trajectoires étant assurée par (1.27). Mais (10.35,a) entraine que $X={}^{o,P}(Z)$ si et seulement si $\check{X}={}^{o,\check{P}}(\check{Z})$, puisque X et $\check{X}$ sont optionnels par hypothèse. On obtient donc l'équivalence cherchée.

(g) En utilisant (c) avec $\check{Y} = (\check{X}^*_\infty)^q$ on en déduit le résultat pour $\underline{\underline{C}} = \underline{\underline{H}}^q$, puis pour $\underline{\underline{H}}^q_{loc}$ et $\underline{\underline{M}}_{loc}$. En combinant ceci avec (d) et (e) on obtient le résultat pour $\underline{\underline{S}}$ et $\underline{\underline{S}}_p$, en utilisant la caractérisation (2.14,d). On a clairement: $X_0 = 0$ P-p.s. $\Longleftrightarrow$ $\check{X}_0 = 0$ $\check{P}$-p.s., d'où le résultat pour $\underline{\underline{L}}$. En appliquant le théorème de section optionnelle aux ensembles $\{\Delta X \neq 0\}$ et $\{\Delta\check{X} \neq 0\}$, (10.35) permet d'obtenir le résultat pour $\underline{\underline{L}}^c$.

(h) Il reste à étudier le cas de $\underline{\underline{L}}^d$. On rappelle que $\underline{\underline{L}}^d$ est l'ensemble des éléments de $\underline{\underline{L}}$ orthogonaux à $\underline{\underline{L}}^c$. En utilisant (g), on en déduit immédiatement l'implication: (ii) $\Longrightarrow$ (i). Pour l'implication inverse, par localisation et arrêt il suffit de montrer que si $\check{X} \in \underline{\underline{M}}^d_0(\check{\Omega})$ et $Z \in \underline{\underline{H}}^{\infty,c}_0(\Omega)$, alors $E(X_\infty Z_\infty) = 0$. On sait que $Z_\infty \in \underline{\underline{F}}^P_\infty$, donc quitte à remplacer Z_∞ par une variable qui lui est P-p.s. égale, on peut d'après (10.34,a) supposer que $Z_\infty = \check{Z}_\infty \circ \varphi$, où $\check{Z}_\infty \in \check{\underline{F}}$. Soit $\check{Z}$ la $\check{P}$-martingale de variable terminale $\check{Z}_\infty$. Le même raisonnement qu'en (f) montre que Z est P-indistinguable de $\check{Z}\circ\varphi$, donc $\check{Z} \in \underline{\underline{H}}^{\infty,c}_0(\check{\Omega})$ et comme $\check{X}$ est une $\check{P}$-somme compensée de sauts, il vient $E(X_\infty Z_\infty) = E(\check{X}_\infty \check{Z}_\infty) = 0$. ∎

Si $\check{X}\circ\varphi \in \underline{\underline{C}}(\Omega)$ on ne sait pas que $\check{X} \in \underline{\underline{C}}(\check{\Omega})$, mais $\check{X}\circ\varphi$ est P-indistinguable d'un processus $\underline{F}$-optionnel. Il existe alors un processus $\check{\underline{F}}^P$-optionnel $\check{X}'$, qui n'est peut-être pas $\check{P}$-indistinguable de $\check{X}$, mais tel que $\check{X}\circ\varphi$ et $\check{X}'\circ\varphi$ soient P-indistinguables. Compte tenu de (10.37), les résultats ci-dessous sont alors pratiquement évidents:

(10.38) PROPOSITION: (a) <u>Si</u> $\check{\mathcal{X}} \subset \underline{\underline{M}}_{loc}(\check{\Omega})$ <u>et</u> $\mathcal{L}^q(\check{\mathcal{X}}) = \underline{\underline{H}}^q(\check{\Omega})$, <u>on a</u> $\underline{\underline{H}}^q(\Omega) = \mathcal{L}^q(\{\check{X}\circ\varphi : \check{X} \in \check{\mathcal{X}}\})$.

(b) <u>Soit</u> $\check{X} \in \underline{\underline{S}}(\check{\Omega})$ <u>et</u> $X = \check{X}\circ\varphi$. <u>On a</u> $X^c = \check{X}^c\circ\varphi$, $[X,X] = [\check{X},\check{X}]\circ\varphi$, $L(X) = \{\check{H}\circ\varphi : \check{H} \in L(\check{X})\}$ <u>et</u> $(\check{H}\circ\varphi)\cdot X = (\check{H}\cdot\check{X})\circ\varphi$.

(c) <u>Soit</u> $\check{X} \in \underline{\underline{S}}_p(\check{\Omega})$ <u>de décomposition canonique</u> $\check{X} = \check{M} + \check{A}$. <u>Alors</u> $\check{X}\circ\varphi$ <u>admet la décomposition canonique</u> $\check{X}\circ\varphi = \check{M}\circ\varphi + \check{A}\circ\varphi$ <u>sur</u> Ω.

Enfin, on démontre de la même manière les résultats suivants sur les mesures aléatoires, avec des notations explicites par elles-même.

(10.39) PROPOSITION: (a) <u>Soit</u> $\check{\mu}$ <u>une mesure aléatoire sur</u> $\check{\Omega}$ <u>et</u> $\mu = \check{\mu}\circ\varphi$. <u>Si</u> $\tilde{\underline{\underline{C}}}$ <u>est l'une des classes</u> $\tilde{\underline{\underline{A}}}$, $\tilde{\underline{\underline{A}}}_\sigma$, $\tilde{\underline{\underline{V}}}$, $\tilde{\underline{\underline{A}}}^1_\sigma$, <u>on a</u> $\check{\mu} \in \tilde{\underline{\underline{C}}}(\check{\Omega}, \check{\underline{F}}^P, \check{\underline{F}}^P, \check{P})$ <u>si et seulement si</u> $\mu \in \tilde{\underline{\underline{C}}}(\Omega, \underline{F}^P, \underline{F}^P, P)$ <u>et si</u> $\check{\mu}$ <u>est</u> $\check{P}$-<u>p.s. égale à une mesure aléatoire</u> $\check{\underline{F}}^P$<u>-optionnelle</u>.

(b) <u>Soit</u> $\check{\mu} \in \tilde{\underline{\underline{A}}}_\sigma(\check{\Omega})$ <u>et</u> $\mu = \check{\mu}\circ\varphi$. <u>On a</u> $\mu^p = (\check{\mu}^p)\circ\varphi$ <u>et</u> $(\check{W}*\check{\mu})\circ\varphi = (\check{W}\circ\varphi)*\mu$. <u>Si de plus</u> $\check{\mu} \in \tilde{\underline{\underline{A}}}^1_\sigma(\check{\Omega})$ <u>on a</u> $G^q(\mu) = \{\check{W}\circ\varphi : \check{W} \in G^q(\check{\mu})\}$, <u>et</u> $(\check{W}\circ\varphi)*(\mu - \mu^p) = [\check{W}*(\check{\mu} - \check{\mu}^p)]\circ\varphi$ <u>si</u> $\check{W} \in G^q(\check{\mu})$.

(10.40) Remarque: Bien souvent l'hypothèse (10.34,a) est remplacée par l'hypothèse plus faible

(a') $\varphi^{-1}(\check{\underline{\underline{F}}}_t) \subset \underline{\underline{F}}_t$ pour tout $t \in \mathbb{R}_+$.

Dans ce cas, posons $\underline{\underline{F}}'_t = \varphi^{-1}(\check{\underline{\underline{F}}}_t)$. La famille $\underline{F}' = (\underline{\underline{F}}'_t)_{t\geq 0}$ est une sous-filtration de $\underline{F}$, vérifiant (10.34,a). En utilisant ce qui précède et les résultats du chapitre IX sur les changements de filtration, on peut obtenir une série de résultats, dont voici un échantillon: soit $\check{X}$ un processus $\check{\underline{F}}^P$-optionnel; alors

$\check{X} \in \underline{\underline{C}}(\check{\Omega}) \Longleftrightarrow \check{X}\circ\varphi \in \underline{\underline{C}}(\Omega)$ si $\underline{\underline{C}} = \underline{\underline{A}}, \underline{\underline{V}}$ (utiliser (9.13))

$\check{X} \in \underline{\underline{C}}(\check{\Omega}) \Longrightarrow \check{X}\circ\varphi \in \underline{\underline{C}}(\Omega)$ si $\underline{\underline{C}} = \underline{\underline{A}}_{loc}$

$\check{X} \in \underline{\underline{C}}(\check{\Omega}) \Longleftarrow \check{X}\circ\varphi \in \underline{\underline{C}}(\Omega)$ si $C = \underline{\underline{M}}, \underline{\underline{H}}^q, \underline{\underline{S}}, \underline{\underline{L}}^c$, ou $\underline{\underline{C}} = \underline{\underline{L}}^d$ si $|\Delta\check{X}| \leq b$ (utiliser (9.16), (9.18), (9.19)),

et des énoncés du même type pour les autres classes de processus... ■

§b - Espaces produit. Considérons deux espaces filtrés $(\Omega,\underline{\underline{F}},\underline{F})$ et $(\Omega',\underline{\underline{F}}',\underline{F}')$ et posons

(10.41) $\check{\Omega} = \Omega\times\Omega'$, $\check{\underline{\underline{F}}} = \underline{\underline{F}}\otimes\underline{\underline{F}}'$, $\check{\underline{\underline{F}}}_t = \bigcap_{s>t}(\underline{\underline{F}}_s\otimes\underline{\underline{F}}'_s)$.

Comme la famille $(\underline{\underline{F}}_s\otimes\underline{\underline{F}}'_s)_{s\geq 0}$ est croissante (non continue à droite en général), la famille $\check{\underline{F}} = (\check{\underline{\underline{F}}}_t)_{t\geq 0}$ est une filtration.

Considérons également l'application $\varphi: \check{\Omega} \to \Omega$ définie par $\varphi(\omega,\omega') = \omega$. On note $\check{\underline{G}}$ la sous-filtration de $\check{\underline{F}}$ définie par $\check{\underline{\underline{G}}}_t = \varphi^{-1}(\underline{\underline{F}}_t)$, et $\check{\underline{\underline{G}}} = \varphi^{-1}(\underline{\underline{F}})$.

(10.42) LEMME: (a) Une variable $\check{Y}$ sur $\check{\Omega}$ est $\check{\underline{\underline{G}}}$-mesurable si et seulement si elle est $\check{\underline{\underline{F}}}$-mesurable et si $\check{Y}(\omega,\omega')$ ne dépend pas de ω'.

(b) On a $\check{\underline{\underline{G}}}_t = \check{\underline{\underline{F}}}_t \cap \check{\underline{\underline{G}}}$.

Ainsi, un processus sur $\check{\Omega}$ est $\check{\underline{G}}$-adapté si et seulement s'il est $\check{\underline{F}}$-adapté et s'il ne dépend que de la première des deux variables (ω,ω').

Démonstration. (a) La condition nécessaire est évidente. Inversement, si on note $Y(\omega)$ la valeur commune des $\check{Y}(\omega,\omega')$ lorsque $\omega' \in \Omega'$, on a $Y \in \underline{\underline{F}}$ d'après le théorème de Fubini, et $\check{Y} = Y\circ\varphi$, de sorte que $\check{Y} \in \check{\underline{\underline{G}}}$ par définition même de la tribu $\check{\underline{\underline{G}}}$.

(b) L'inclusion $\check{\underline{\underline{G}}}_t \subset \check{\underline{\underline{F}}}_t \cap \check{\underline{\underline{G}}}$ est évidente. Soit inversement $\check{Y} \in \check{\underline{\underline{F}}}_t \cap \check{\underline{\underline{G}}}$. Si $s > t$ on a $\check{Y} \in \underline{\underline{F}}_s\otimes\underline{\underline{F}}'_s$, donc le même raisonnement qu'en (a) et le fait que $Y(\omega,\omega')$ ne dépende que de ω (d'après (a)) montrent que $\check{Y} \in \check{\underline{\underline{G}}}_s$.

Ceci étant vrai pour tout $s>t$, on en déduit par continuité à droite que $\check{Y}\in\check{\underline{\underline{G}}}_t$. ■

Nous introduisons maintenant des probabilités, qui satisfont à:

(10.43) Hypothèse: (i) P est une probabilité sur $(\Omega,\underline{\underline{F}})$.

(ii) $P'(\omega,d\omega')$ est une probabilité de transition de $(\Omega,\underline{\underline{F}}^P)$ dans $(\Omega',\underline{\underline{F}}')$, telle que $P'(.,A)\in\underline{\underline{F}}_t^P$ pour tout $A\in\underline{\underline{F}}_t'$.

La formule $\check{P}(d\check{\omega},d\omega')=P(d\omega)P'(\omega,d\omega')$ définit une probabilité $\check{P}$ sur $(\check{\Omega},\check{\underline{\underline{F}}})$, et on a:

(10.44) LEMME: (a) $P=\check{P}\circ\varphi^{-1}$.

(b) Si $\check{Y}\in b\check{\underline{\underline{G}}}$ on a $\check{E}(\check{Y}|\check{\underline{\underline{F}}}_t)=\check{E}(\check{Y}|\check{\underline{\underline{G}}}_t)$.

Démonstration. La partie (a) est évidente. Soit $\check{Y}\in b\check{\underline{\underline{G}}}$, qui s'écrit $\check{Y}=Y\circ\varphi$ avec $Y\in b\underline{\underline{F}}$. Si $A\in\underline{\underline{F}}_t$ et $A'\in\underline{\underline{F}}_t'$, il vient

$$\check{E}(I_{A\times A'}\check{Y}) = \int P(d\omega)I_A(\omega)P'(\omega,A')Y(\omega) = \int P(d\omega)I_A(\omega)P'(\omega,A)E(Y|\underline{\underline{F}}_t)(\omega)$$
$$= \check{E}(I_{A\times A'}\, E(Y|\underline{\underline{F}}_t)\circ\varphi),$$

et par ailleurs il est facile de vérifier que $\check{E}(\check{Y}|\check{\underline{\underline{G}}}_t)=E(Y|\underline{\underline{F}}_t)\circ\varphi$. On en déduit que $\check{E}(\check{Y}|\check{\underline{\underline{G}}}_t)=\check{E}(\check{Y}|\underline{\underline{F}}_t\otimes\underline{\underline{F}}_t')$. Par continuité à droite, on obtient:

$$\check{E}(\check{Y}|\check{\underline{\underline{G}}}_s)=\lim_{t\downarrow s}\check{E}(\check{Y}|\check{\underline{\underline{G}}}_t) = \lim_{t\downarrow s}\check{E}(\check{Y}|\underline{\underline{F}}_t\otimes\underline{\underline{F}}_t') = \check{E}(\check{Y}|\textstyle\bigcap_{t>s}\underline{\underline{F}}_t\otimes\underline{\underline{F}}_t')=\check{E}(\check{Y}|\check{\underline{\underline{F}}}_s). \blacksquare$$

D'après (9.29) on en déduit le

(10.45) COROLLAIRE: On a $\underline{\underline{M}}(\check{\Omega},\check{\underline{\underline{G}}}^{\check{P}})\subset\underline{\underline{M}}(\check{\Omega},\check{\underline{\underline{F}}}^{\check{P}})$.

Ainsi, les espaces $(\check{\Omega},\check{\underline{\underline{F}}},\check{\underline{\underline{G}}},\check{P})$ et $(\Omega,\underline{\underline{F}},\underline{F},P)$ vérifient (10.34), en inversant les rôles de Ω et de $\check{\Omega}$, tandis que $(\check{\Omega},\check{\underline{\underline{F}}},\check{\underline{F}},\check{P})$ et $(\Omega,\underline{\underline{F}},\underline{F},P)$ vérifient les hypothèses de la remarque (10.40), avec en plus la propriété (10.45). En combinant cette dernière propriété avec les résultats du §a, on obtient:

(10.46) PROPOSITION: (a) Si $X\in\underline{\underline{C}}(\Omega,\underline{\underline{F}}^P,\underline{F}^P,P)$, on a $X\circ\varphi\in\underline{\underline{C}}(\check{\Omega},\check{\underline{\underline{F}}}^{\check{P}},\check{\underline{F}}^{\check{P}},\check{P})$ lorsque $\underline{\underline{C}}$ est l'une des classes $\underline{\underline{A}}$, $\underline{\underline{A}}_{loc}$, $\underline{\underline{V}}$, $\underline{\underline{S}}$, $\underline{\underline{S}}_p$, $\underline{\underline{M}}$, $\underline{\underline{M}}_{loc}$, $\underline{\underline{H}}^q$, $\underline{\underline{H}}^q_{loc}$, $\underline{\underline{L}}$, $\underline{\underline{L}}^c$, $\underline{\underline{L}}^d$.

(b) Soit $X\in\underline{\underline{S}}(\Omega,\underline{\underline{F}}^P,\underline{F}^P,P)$ et $\check{X}=X\circ\varphi$. On a $\check{X}^c=X^c\circ\varphi$, $[\check{X},\check{X}]=[X,X]\circ\varphi$; si $H\in L(\Omega,X)$ on a $H\circ\varphi\in L(\check{\Omega},\check{X})$ et $(H\circ\varphi)\bullet\check{X}=(H\bullet X)\circ\varphi$ sur $(\check{\Omega},\check{\underline{\underline{F}}}^{\check{P}},\check{\underline{F}}^{\check{P}},\check{P})$.

(c) Soit $X\in\underline{\underline{S}}_p(\Omega,\underline{\underline{F}}^P,\underline{F}^P,P)$ de décomposition canonique $X=M+A$. Alors la décomposition canonique de $X\circ\varphi$ est $X\circ\varphi=M\circ\varphi+A\circ\varphi$ sur $(\check{\Omega},\check{\underline{\underline{F}}}^{\check{P}},\check{\underline{F}}^{\check{P}},\check{P})$.

Démonstration. (a) Le résultat découlerait de (10.37) si $\check{\Omega}$ était muni de la filtration $\check{\underline{G}}$ au lieu de $\check{\underline{F}}$. Pour passer à la filtration $\check{\underline{F}}$ il suffit d'appliquer (9.13), (10.45) et (9.28). De même (b) et (c) découlent de (10.38), et de (9.28) et (9.26). ∎

Enfin, en utilisant (10.39) il vient:

(10.47) PROPOSITION: (a) Soit μ une mesure aléatoire sur Ω. Si $\tilde{\underline{\underline{C}}}$ est l'une des classes $\tilde{\underline{\underline{A}}}$, $\tilde{\underline{\underline{A}}}_\sigma$, $\tilde{\underline{\underline{V}}}$, $\tilde{\underline{\underline{A}}}^1_\sigma$ et si $\mu\in\tilde{\underline{\underline{C}}}(\Omega,\underline{F}^P,\underline{F}^P,P)$, alors $\mu\circ\varphi\in\tilde{\underline{\underline{C}}}(\check{\Omega},\check{\underline{F}}^{\check{P}},\check{\underline{F}}^{\check{P}},\check{P})$.

(b) Soit $\mu\in\tilde{\underline{\underline{A}}}_\sigma(\Omega,\underline{F}^P,\underline{F}^P,P)$ et $\check{\mu}=\mu\circ\varphi$. On a $\check{\mu}^p=(\mu^p)\circ\varphi$ sur $(\check{\Omega},\check{\underline{F}}^{\check{P}},\check{\underline{F}}^{\check{P}},\check{P})$; si de plus μ est à valeurs entières et si $W\in G^q(\mu)$, on a $W\circ\varphi\in G^q(\check{\mu})$ et $(W\circ\varphi)*(\check{\mu}-\check{\mu}^p)=[W*(\mu-\mu^p)]\circ\varphi$.

Démonstration. (a) découle des assertions (10.46,a) relatives à $\underline{\underline{A}}$ et à $\underline{\underline{V}}$, du fait que $W\circ\varphi\in\underline{\underline{P}}(\check{\underline{F}}^{\check{P}})\otimes\underline{\underline{E}}$ si $W\in\underline{\underline{P}}(\underline{F}^P)\otimes\underline{\underline{E}}$, et du fait que $(W\circ\varphi)*(\mu\circ\varphi)=(W*\mu)\circ\varphi$ de manière évidente.

(b) On peut se ramener au cas où μ est intégrable. $\mu^p\circ\varphi$ est une mesure $\check{\underline{\underline{G}}}^{\check{P}}$-prévisible, donc $\check{\underline{F}}^{\check{P}}$-prévisible. Pour tout $W\in b\underline{\underline{P}}(\underline{F}^P)\otimes\underline{\underline{E}}$ on sait que $W*\mu-W*\mu^p\in\underline{\underline{H}}_o(\Omega)$. Par suite $(W\circ\varphi)*\check{\mu}-(W\circ\varphi)*(\mu^p\circ\varphi)=(W*\mu-W*\mu^p)\circ\varphi$ est dans $\underline{\underline{H}}_o(\check{\Omega})$ d'après (10.45), ce qui entraine par définition même que $\mu^p\circ\varphi$ est la projection prévisible duale de $\check{\mu}$ sur l'espace $(\check{\Omega},\check{\underline{F}}^{\check{P}},\check{\underline{F}}^{\check{P}},\check{P})$.

Supposons enfin que μ soit à valeurs entières et que $W\in G^q(\mu)$. Dans ce cas $M=W*(\mu-\mu^p)$ est dans $\underline{\underline{H}}_o^{q,d}(\Omega)$, donc $M\circ\varphi\in\underline{\underline{H}}_o^{q,d}(\check{\Omega})$. Il suffit alors de calculer $\Delta(M\circ\varphi)=(\Delta M)\circ\varphi$ pour s'apercevoir que $W\circ\varphi\in G^q(\check{\mu})$ et que $M\circ\varphi=(W\circ\varphi)*(\check{\mu}-\check{\mu}^p)$. ∎

§c - Une application. Comme promis, nous allons maintenant donner un sens au terme "presque" du commentaire suivant l'énoncé de (10.32). Comme cette question n'a rien à voir avec les changements de temps, nous précisons à nouveau les hypothèses, en changeant les notations.

Soit donc X un élément de $\underline{\underline{L}}^c(\Omega,\underline{F},\underline{F},P)$ tel que $\langle X,X\rangle_t=t\wedge T$, où T est un temps d'arrêt.

Soit par ailleurs $(\Omega',\underline{F}',\underline{F}',P')$ un espace probabilisé filtré auxiliaire, muni d'un mouvement brownien X'. On définit $\check{\Omega}$, $\check{\underline{\underline{F}}}$ et $\check{\underline{F}}$ par (10.41), et $\check{P}=P\otimes P'$, donc l'hypothèse (10.43) est satisfaite. Soit enfin

$$\check{X}_t(\omega,\omega')=\begin{cases}X_t(\omega) & \text{si } t<T(\omega)\\ X_T(\omega)+X'_t(\omega')-X'_{T(\omega)}(\omega') & \text{si } t\geq T(\omega).\end{cases}$$

X est alors un "mouvement brownien arrêté en T" au sens suivant:

(10.48) PROPOSITION: $\check{X}$ <u>est un mouvement brownien sur</u> $(\check{\Omega},\check{\underline{\underline{F}}},\check{\underline{F}},\check{P})$, <u>et on a</u> $X_{.}(\omega)=\check{X}_{.}^{T(\omega)}(\omega,\omega')$ $\check{P}$-<u>p.s. en</u> (ω,ω') (ou, avec les notations du §b, les processus $X\circ\varphi$ et $\check{X}^{T\circ\varphi}$ sont $\check{P}$-indistinguables).

<u>Démonstration</u>. On utilise les notations du §b. Les espaces Ω et Ω' jouent le même rôle ici, puisque $\check{P}=P\otimes P'$; par suite les résultats du §b sont également vrais pour Ω' et l'application $\varphi':\check{\Omega}\longrightarrow\Omega'$ définie par $\varphi'(\omega,\omega')=\omega'$. D'après (10.46) on a alors $X\circ\varphi\in\underline{\underline{L}}^c(\check{\Omega})$, $X'\circ\varphi'\in\underline{\underline{L}}^c(\check{\Omega})$, $<X\circ\varphi,X\circ\varphi>_t=t\wedge(T\circ\varphi)$ et $<X'\circ\varphi',X'\circ\varphi'>_t=t$ sur $(\check{\Omega},\check{\underline{\underline{F}}}^{\check{P}},\check{\underline{F}}^{\check{P}},\check{P})$. Si $\check{T}=T\circ\varphi$ on a par construction $\check{X}=(X\circ\varphi)^{\check{T}}+X'\circ\varphi'-(X'\circ\varphi')^{\check{T}}$, de sorte que $\check{X}\in\underline{\underline{L}}^c(\check{\Omega})$ et que $<\check{X},\check{X}>_t=t\wedge\check{T}+t-t\wedge\check{T}=t$, d'où la première assertion. Enfin $X=X^T$ P-p.s., donc $X\circ\varphi=(X\circ\varphi)^{\check{T}}$ $\check{P}$-p.s., donc $X\circ\varphi$ et $\check{X}^{\check{T}}$ sont $\check{P}$-indistinguables.∎

(10.49) <u>Remarque</u>: On ne peut pas en général construire un mouvement brownien Y sur l'espace originel $(\Omega,\underline{\underline{F}},\underline{F},P)$, qui vérifie $Y=X^T$.∎

<u>EXERCICES</u>

10.15 - Soit $\Omega=\{\omega_1,\omega_2,\omega_3\}$ et $\check{\Omega}=\{\check{\omega}_1,\check{\omega}_2\}$, muni des tribus $\underline{\underline{F}}$ et $\check{\underline{\underline{F}}}$ de leurs parties. Soit $\varphi:\Omega\longrightarrow\check{\Omega}$ définie par $\varphi(\omega_1)=\check{\omega}_1$, $\varphi(\omega_2)=\varphi(\omega_3)=\check{\omega}_2$. Soit $P=\varepsilon_{\omega_1}$ et $\check{P}=P\circ\varphi^{-1}=\varepsilon_{\check{\omega}_1}$. Montrer que $\underline{\underline{F}}^P\neq\varphi^{-1}(\check{\underline{\underline{F}}}^{\check{P}})$.

10.16 - Sous les hypothèses (10.34), montrer que la $\check{P}$-probabilité extérieure de l'image $\varphi(\Omega)$ égale 1.

10.17 - Soit $(\check{\Omega},\check{\underline{\underline{F}}})$ un espace mesurable et Ω une partie de $\check{\Omega}$ qui ne soit pas universellement mesurable. Soit $\check{P}$ une probabilité sur $(\check{\Omega},\check{\underline{\underline{F}}})$ telle que $\check{P}^*(\Omega)=1$ et $\check{P}^*(\Omega^c)>0$ ($\check{P}^*$ = probabilité extérieure). On note $\underline{\underline{F}}$ la tribu trace de $\check{\underline{\underline{F}}}$ sur Ω et φ l'application identique: $\Omega\longrightarrow\check{\Omega}$.

a) Montrer que φ est mesurable de $(\Omega,\underline{\underline{F}})$ dans $(\check{\Omega},\check{\underline{\underline{F}}})$ et que $\underline{\underline{F}}=\varphi^{-1}(\check{\underline{\underline{F}}})$.

b) Montrer que si $\check{A},\check{A}'\in\check{\underline{\underline{F}}}$ et si $\varphi^{-1}(\check{A})=\varphi^{-1}(\check{A}')$, alors $\check{P}(\check{A})=\check{P}(\check{A}')$. En déduire que $P(\varphi^{-1}(\check{A}))=\check{P}(\check{A})$ définit une probabilité P sur $(\Omega,\underline{\underline{F}})$ et que $\check{P}=P\circ\varphi^{-1}$.

c) Soit $A=\check{\Omega}\setminus\Omega$. Montrer que $\check{A}$ n'est pas dans $\check{\underline{\underline{F}}}^{\check{P}}$ et que $P(\varphi^{-1}(\check{A}))=0$.

d) Soit alors $\check{X}_t=I_{\check{A}}$. Montrer que, quelle que soit la filtration $\check{\underline{F}}$ sur $(\check{\Omega},\check{\underline{\underline{F}}})$ et $\underline{\underline{F}}_t=\varphi^{-1}(\check{\underline{\underline{F}}}_t)$, et quelle que soit la classe $\underline{\underline{C}}$ décrite dans (10.39), on a $\check{X}\circ\varphi\in\underline{\underline{C}}(\Omega)$ et $\check{X}\notin\underline{\underline{C}}(\check{\Omega})$.

10.18 - (cf. exercice 10.14). Soit N un processus de comptage sur $(\Omega,\underline{\underline{F}},\underline{F},P)$ tel que $(N^p)_t=t\wedge T$, où $T\in\underline{\underline{T}}(\underline{F})$. Construire de manière analogue à

(10.48) un espace $(\check{\Omega},\check{\underline{\underline{F}}},\check{\underline{F}},\check{P})$ et un processus de Poisson sur cet espace, noté $\check{N}$, tel que $\check{\Omega}$ soit de la forme $\check{\Omega}=\Omega\times\Omega'$ et que $N_{\cdot}(\omega)=\check{N}_{\cdot}^{T(\omega)}(\omega,\omega')$ $\check{P}$-p.s. en (ω,ω').

COMMENTAIRES

Les changements de temps sont utilisés depuis très longtemps en relation avec les processus stochastiques, notamment les processus de Markov (voir par exemple le livre [1] de Blumenthal et Getoor), mais la plupart du temps il s'agit de changements de temps associés par (10.2) à des processus C qui sont continus, nuls en 0, et souvent strictement croissants. Pour un processus C croissant quelconque, on trouve beaucoup de résultats épars dans la littérature, mais les seuls exposés systématiques sont dûs à El Karoui et Meyer [1], et El Karoui et Weidenfeld [1]. En fait, ces articles traitent en détail des problèmes de mesurabilité et de projections et projections duales, prévisibles et optionnelles, et les exercices 10.5 à 10.8 n'en constituent qu'une toute petite partie. Par ailleurs on trouvera dans Gravereaux et Jacod [1] une approche assez différente de la notion de changement de temps.

L'article fondamental sur les propriétés des martingales locales soumises à un changement de temps est celui de Kazamaki [1]. C'est lui qui a démontré l'essentiel des théorèmes (10.9), (10.10), (10.11), (10.17) et (10.18), et qui a dégagé l'importance de la notion de processus adapté à un changement de temps. A part le théorème (10.19) dans le cas où X est continu, qui a été montré par Yor [7], la fin du §1-b et le §1-c sont nouveaux. Par contre le §1-d présente des résultats assez anciens: le théorème (10.31) est dû à Knight [1] (avec des raffinements), et le théorème (10.32) à Meyer [4], Papangelou [1], et bien d'autres auteurs de manière indépendante.

Enfin, nous ne donnons pas de référence pour la partie 2: il s'agit en effet de résultats élémentaires, que chaque auteur a en général redémontré pour son compte en fonction de ses besoins.

CHAPITRE XI

SOLUTIONS EXTREMALES D'UN PREMIER PROBLEME DE MARTINGALES

Nous abordons dans ce chapitre un nouveau sujet: celui des "problèmes de martingales". Nous étudions ces problèmes de manière approfondie sous un seul aspect, celui de la caractérisation des solutions extrémales, en laissant le plus souvent de côté le problème de l'existence de telles solutions. En effet, la question de l'existence d'une solution n'admet pas de réponse générale, et les cas particuliers pour lesquels on connait la réponse sont en général des problèmes associés à des équations différentielles stochastiques, abordées au chapitre XIV, mais dont l'étude systématique va largement au delà de nos objectifs.

Ci-dessous nous étudions le problème le plus simple, et aussi le plus général. Les problèmes plus directement liés aux applications sont laissés pour les chapitres suivants.

L'intérêt de ce chapitre suit une courbe décroissante: le théorème principal est énoncé et démontré dans les trois premières pages, dont le lecteur peut se contenter sans inconvénient pour la suite. Un lecteur un peu plus courageux pourra lire le §1-a et survoler les §1-b,c, puis les §2-a,b consacrés à quelques applications. Les §2-c,d,e sont plus difficiles, et sans doute d'un intérêt moindre.

1 - CARACTERISATION DES SOLUTIONS EXTREMALES

§a - Le théorème principal. L'espace filtré $(\Omega,\underline{\underline{F}},\underline{F})$ est fixé dans tout ce chapitre, et nous faisons en outre l'hypothèse: $\underline{\underline{F}}=\underline{\underline{F}}_{\infty}$.

On considère diverses probabilités, mais on privilégie sur le plan des notations celle notée P, ce qui signifie que les notions qui dépendent de la probabilité (espérance, crochets de martingales, sous-espaces stables, etc...), mais qui sont écrites sans mention de probabilité, sont relatives à P.

Sous sa forme la plus simple, un problème de martingales se présente ainsi:

(11.1) DEFINITION: Soit $\mathfrak{X}$ une famille de processus. On appelle solution du problème de martingales associé à $\mathfrak{X}$ (ou simplement: du problème $\mathfrak{X}$) toute probabilité P sur $(\Omega,\underline{\underline{F}})$ telle que chaque $X\in\mathfrak{X}$ appartienne à $\underline{\underline{M}}_{loc}(P)$.

On note $M(\mathfrak{X})$ l'ensemble des solutions du problème $\mathfrak{X}$. Remarquons qu'aucune hypothèse n'est faite sur les éléments de $\mathfrak{X}$, mais bien-sûr chaque $X\in\mathfrak{X}$ est P-indistinguable d'un processus $\underline{\underline{F}}^P$-optionnel, continu à droite et limité à gauche, pour toute solution P.

Bien que le premier problème qui se pose naturellement soit de savoir si $M(\mathfrak{X})$ est un ensemble convexe, nous repoussons l'étude de cette question après la caractérisation des éléments extrémaux de $M(\mathfrak{X})$.

Si M est un ensemble (pas nécessairement convexe) de probabilités sur $(\Omega,\underline{\underline{F}})$, on rappelle que $P\in M$ est extrémal dans M si P n'est pas combinaison convexe stricte de deux éléments distincts de M (en d'autres termes, si $P=aQ+(1-a)Q'$, avec $a\in]0,1[$, $Q,Q'\in M$, alors $Q=Q'=P$). On note M_e l'ensemble des points extrémaux de M.

(11.2) THEOREME: Si $P\in M(\mathfrak{X})$, il y a équivalence entre:

(i) $P\in M_e(\mathfrak{X})$;

(ii) $\underline{\underline{H}}^1(P)=\mathcal{L}^1(\mathfrak{X}\cup\{1\})$ et $\underline{\underline{F}}_0$ est P-triviale;

(iii) toute $N\in\underline{\underline{H}}_0^{\infty}(P)$ (ou $N\in\underline{\underline{H}}_{0,loc}^{\infty}(P)$, par localisation) orthogonale à $\mathfrak{X}$ est nulle, et $\underline{\underline{F}}_0$ est P-triviale.

Rappelons qu'il est équivalent d'écrire $\underline{\underline{H}}^1(P)=\mathcal{L}^1(\mathfrak{X}\cup\{1\})$, ou $\underline{\underline{H}}_0^1(P)\subset\mathcal{L}^1(\mathfrak{X})$.

Démonstration. (a) Pour que $N\in\underline{\underline{M}}_{loc}(P)$ soit orthogonale à la martingale constante 1, il faut et il suffit que $N_0=0$; par suite dire que toute $N\in\underline{\underline{H}}_0^{\infty}(P)$ orthogonale à $\mathfrak{X}$ est nulle, équivaut à dire que toute $N\in\underline{\underline{H}}^{\infty}(P)$ orthogonale à $\mathfrak{X}\cup\{1\}$ est nulle. L'équivalence: (ii)$\Longleftrightarrow$(iii) découle alors de (4.12).

(b) Supposons qu'on ait (i). Soit $Y\in b\underline{\underline{F}}_0$, $Y'=Y-E(Y)$, et $N\in\underline{\underline{H}}_0^{\infty}(P)$ orthogonale à $\mathfrak{X}$. Le processus $N'=Y'+N$ est un élément de $\underline{\underline{H}}^{\infty}(P)$, de norme $a=\|N'\|_{H^\infty}$ finie, et telle que $E(N'_\infty)=E(N'_0)=E(Y')=0$. Donc les processus $Z=1+N'/2a$ et $Z'=1-N'/2a$ sont des martingales bornées vérifiant $Z\geq 1/2$, $Z'\geq 1/2$ et $E(Z_\infty)=E(Z'_\infty)=1$. On peut définir les probabilités $Q=Z_\infty\bullet P$ et $Q'=Z'_\infty\bullet P$, qui admettent respectivement Z et Z' pour processus densité par rapport à P.

Soit $X\in\mathfrak{X}$. Comme $Y'\in b\underline{\underline{F}}_0$ on a $Y'X\in\underline{\underline{M}}_{loc}(P)$, tandis que $NX\in\underline{\underline{L}}(P)$ par hypothèse. On en déduit que $ZX\in\underline{\underline{M}}_{loc}(P)$, donc $X\in\underline{\underline{M}}_{loc}(Q)$ d'après

(7.23): on a $Q \ll P$, donc dans l'application de (7.23) on prend $T=\infty$, et il n'y a pas lieu de se préoccuper des problèmes de mesurabilité. Par suite $Q \in M(\mathcal{X})$, et on obtient de même $Q' \in M(\mathcal{X})$. Mais on a aussi $P = (Q+Q')/2$ par construction, donc (i) implique que $Q = Q' = P$, soit $Z = 1$, soit $Y' = 0$ et $N' = 0$, ce qui prouve l'implication: (i) $\Longrightarrow$ (iii).

(c) Supposons enfin qu'on ait (iii). Soit $P = aQ + (1-a)Q'$ avec $a \in]0,1[$, $Q, Q' \in M(\mathcal{X})$. La probabilité Q est majorée par P/a, donc le processus densité Z de Q par rapport à P est une martingale positive majorée par $1/a$, c'est-à-dire un élément de $\underline{\underline{H}}^{\infty}(P)$. Pour tout $X \in \mathcal{X}$ on a d'autre part $X \in \underline{\underline{M}}_{loc}(P)$, et $X \in \underline{\underline{M}}_{loc}(Q)$, ce qui entraine $XZ \in \underline{\underline{M}}_{loc}(P)$ d'après (7.23). Comme $\underline{\underline{F}}_0$ est P-triviale, il vient $Z_0 = E(Z_0) = 1$, si bien que $X(Z-1) \in \underline{\underline{L}}(P)$. Donc $Z-1$ est un élément de $\underline{\underline{H}}_0^{\infty}(P)$ orthogonal à $\mathcal{X}$, donc nul d'après (iii). Par suite $Z = 1$, et en particulier $Z_{\infty} = 1$. Comme $\underline{\underline{F}} = \underline{\underline{F}}_{\infty}$ il s'ensuit que $Q = P$, donc aussi $Q' = P$ et on en déduit que P est extrémal dans $M(\mathcal{X})$. ∎

Nous avons souligné au chapitre IV l'intérêt de la condition dont l'énoncé est similaire à celui de (iii), à ceci près qu'on y remplace "$N \in \underline{\underline{H}}_0^{\infty}(P)$" par "$N \in \underline{\underline{H}}_0^{1}(P)$". Voici un énoncé où cette condition apparait.

(11.3) THEOREME: <u>Soit</u> $P \in M(\mathcal{X})$. <u>Soit les conditions de (11.2) et:</u>

(iii') <u>toute</u> $N \in \underline{\underline{H}}_0^1(P)$ (ou $N \in \underline{\underline{L}}(P)$, par localisation) <u>orthogonale à</u> $\mathcal{X}$ <u>est nulle, et</u> $\underline{\underline{F}}_0$ <u>est</u> P-<u>triviale</u>;

(iv) $Q \in M(\mathcal{X})$ <u>et</u> $Q \sim P \Longrightarrow Q = P$;

(v) $Q \in M(\mathcal{X})$ <u>et</u> $Q \ll P \Longrightarrow Q = P$;

(v') <u>si on a</u> $Q \in M(\mathcal{X})$ <u>telle que</u> $Q \overset{loc}{\ll} P$, <u>et si tout</u> $X \in \mathcal{X}$ <u>est</u> π-<u>indistinguable d'un processus</u> $\underline{\underline{F}}^{\pi}$-<u>optionnel</u> (avec $\pi = (P+Q)/2$), <u>alors</u> $Q = P$.

<u>On a les implications</u>: (iii') $\Longrightarrow$ (v') $\Longrightarrow$ (v) $\Longrightarrow$ (iv) $\Longrightarrow$ (iii) $\Longleftrightarrow$ (ii) $\Longleftrightarrow$ (i).

<u>Démonstration</u>. Supposons d'abord qu'on ait (iii'). Soit $Q \in M(\mathcal{X})$ vérifiant les hypothèses de la condition (v'), et Z le processus densité de Q par rapport à P. D'abord $Z_0 = E(Z_0) = 1$ à cause de la P-trivialité de $\underline{\underline{F}}_0$. Ensuite tout $X \in \mathcal{X}$ vérifie $X \in \underline{\underline{M}}_{loc}(P)$ et $X \in \underline{\underline{M}}_{loc}(Q)$, donc $XZ \in \underline{\underline{M}}_{loc}(P)$ d'après (7.23) (avec $T = \infty$; les conditions de mesurabilité sont satisfaites grâce aux hypothèses). Par suite $X(Z-1) \in \underline{\underline{L}}(P)$, donc $Z-1$ est un élément de $\underline{\underline{L}}(P)$ orthogonal à $\mathcal{X}$, donc nul d'après (iii'). Par suite $Z = 1$ et comme $\underline{\underline{F}} = \underline{\underline{F}}_{\infty}$ on en déduit que $Q = P$, d'où (v').

Les implications: (v') $\Longrightarrow$ (v) $\Longrightarrow$ (iv) sont évidentes. Supposons qu'on ait (iv), et reprenons mot à mot la preuve de l'implication: (i) $\Longrightarrow$ (iii) de (11.2); on y construit $Q \in M(\mathcal{X})$ équivalente à P, donc (iv) entraine que $Q = P$ et on termine comme en (11.2) pour obtenir la condition (iii). Compte tenu des équivalences prouvées en (11.2), on a achevé la preuve.∎

La condition (iii) (resp. (iii')) correspond à la condition C_∞ (resp. C_1) introduite en (4.9), plus la P-trivialité de $\underline{\underline{F}}_0$; l'implication (iii') $\Longrightarrow$ (iii) n'est donc pas en général une équivalence. On a cependant l'équivalence dans certains cas:

(11.4) COROLLAIRE: Soit $P \in M(\mathcal{X})$. On suppose que les éléments de $\mathcal{X}$ sont, ou bien en nombre fini, ou bien tous P-p.s. continus. Les conditions (i), (ii), (iii), (iii'), (iv), (v) et (v') sont équivalentes.

Démonstration. Il suffit de montrer l'implication: (iii) $\Longrightarrow$ (iii') , qui découle immédiatement de (4.67) ou de (4.13) selon l'hypothèse.∎

Sous les mêmes hypothèses, il découle aussi de (4.10) et (4.11) que les conditions précédentes équivalents, lorsque $\mathcal{X} \subset \underline{\underline{H}}^q_{loc}(P)$, à:

(ii$_q$) $\underline{\underline{H}}^q(P) = \mathcal{I}^q(\mathcal{X} \cup \{1\})$ et $\underline{\underline{F}}_0$ est P-triviale.

§b - Une autre démonstration du théorème principal. Etant donnée l'identification des espaces $\underline{\underline{M}}(P)$ et $L^1(P)$, via les variables terminales (on rappelle que $\underline{\underline{F}} = \underline{\underline{F}}_\infty$), on peut s'attendre à ce que le théorème (11.2) ait un équivalent en termes d'espaces $L^1(P)$. C'est ce que nous allons voir dans ce paragraphe, dont le contenu ne sera pas utilisé plus loin.

Oublions pour le moment la filtration $\underline{F}$. Soit $\mathcal{Y}$ une famille quelconque d'application: $\Omega \longrightarrow \overline{\mathbb{R}}$, et f une fonction définie sur $\mathcal{Y}$. On note $S(\mathcal{Y},f)$ l'ensemble des probabilités P sur $(\Omega,\underline{\underline{F}})$ telles que

(11.5) $\forall Y \in \mathcal{Y}$ on a $Y \in L^1(P)$ et $E(Y) = f(Y)$.

Remarquons que les $Y \in \mathcal{Y}$ ne sont pas supposés $\underline{\underline{F}}$-mesurables, mais ils sont $\underline{\underline{F}}^P$-mesurables pour toute solution P . Si tous les Y sont $\underline{\underline{F}}$-mesurables il est facile de voir que $S(\mathcal{Y},f)$ est convexe.

(11.6) THEOREME: Soit $P \in S(\mathcal{Y},f)$. Il y a équivalence entre:

(i) $P \in S_e(\mathcal{Y},f)$;

(ii) l'ensemble $\mathcal{Y} \cup \{1\}$ est total dans $L^1(P)$;

(iii) si $Z \in L^\infty(P)$ vérifie $E(Z) = 0$ et $E(ZY) = 0$ pour tout $Y \in \mathcal{Y}$, on a $Z = 0$.

Comme d'habitude, $L^q(P)$ est un ensemble de classes d'équivalence de variables aléatoires, pour l'égalité P-presque sûre.

On pourrait imposer que la fonction 1 appartienne à $\mathcal{Y}$, ce qui donnerait un énoncé légèrement plus simple (dans ce cas il faut que $f(1)=1$, sinon $S(\mathcal{Y},f)$ est vide !)

Démonstration. Supposons qu'on ait (i). Soit $Z\in L^{\infty}(P)$ vérifiant $E(Z)=0$ et $E(ZY)=0$ pour tout $Y\in\mathcal{Y}$. Si $a=\|Z\|_{\infty}$ on pose $Z'=1+Z/2a$, $Z''=1-Z/2a$, ce qui définit deux variables strictement positives et bornées, vérifiant $E(Z')=E(Z'')=1$. Soit les probabilités $Q'=Z'\cdot P$ et $Q''=Z''\cdot P$. D'abord $E_{Q'}(Y)=E(Z'Y)=E(Y)+E(ZY)/2a=f(Y)$ si $Y\in\mathcal{Y}$, donc $Q'\in S(\mathcal{Y},f)$; de même $Q''\in S(\mathcal{Y},f)$. Ensuite $P=(Q'+Q'')/2$ par construction, donc (i) implique $Q'=Q''=P$, donc $Z=0$ et on a (iii).

Supposons qu'on ait (iii). Soit $Q',Q''\in S(\mathcal{Y},f)$, $a\in]0,1[$ et supposons que $P=aQ'+(1-a)Q''$. On a $Q'\leq P/a$, donc Q' admet une densité Z' par rapport à P, qui est majorée par $1/a$. Soit $Z=Z'-E(Z')=Z'-1$. La variable Z est bornée et vérifie $E(Z)=0$ et

$$E(ZY) = E(Z'Y) - E(Y) = E_{Q'}(Y) - E(Y) = f(Y) - f(Y) = 0$$

pour tout $Y\in\mathcal{Y}$. (iii) entraine alors que $Z=0$, soit $Q'=P$. On a de même $Q''=P$, d'où (i).

Il reste à montrer l'équivalence: (ii)$\Longleftrightarrow$(iii). D'après le théorème de Hahn-Banach on a (ii) si et seulement si toute forme linéaire continue sur $L^1(P)$ et nulle sur $\mathcal{Y}\cup\{1\}$ égale la forme nulle. Soit c une forme linéaire continue sur $L^1(P)$, qu'on sait pouvoir associer à un élément Z de $L^{\infty}(P)$ par la formule $c(U)=E(UZ)$. Dire que c est nulle sur $\mathcal{Y}\cup\{1\}$ revient à dire que $E(Z)=0$ et $E(ZY)=0$ pour tout $Y\in\mathcal{Y}$; dire que c est la forme nulle revient à dire que $Z=0$: on en déduit immédiatement l'équivalence cherchée.∎

Remarquons que la démonstration ci-dessus est partiellement la même que celle de (11.2), via (4.12), mais elle est un peu plus facile car la structure de $L^1(P)$ est plus simple que celle de $\underline{\underline{H}}^1(P)$. Mais il y a plus: (11.6) est un cas particulier de (11.2), et inversement (11.2) découle de (11.6), par la démonstration suivante (nous nous contentons de montrer la partie essentielle de (11.2), sous des hypothèses de régularité sur $\mathcal{X}$).

(11.7) Démonstration de l'équivalence: (11.2,i)$\Longleftrightarrow$(11.2,ii) lorsque chaque $X\in\mathcal{X}$ est $\underline{F}$-adapté, continu à droite et limité à gauche. Soit $P\in M(\mathcal{X})$. Pour chaque $X\in\mathcal{X}$ on considère une suite localisante $(T_n(X))$ de $\underline{F}$-temps d'arrêt, telle que $X^{T_n(X)}\in\underline{\underline{H}}^1(P)$. Posons $\mathcal{X}'=\{X^{T_n(X)}-X_0 : X\in\mathcal{X}, n\in\mathbb{N}\}$, $\mathcal{Y}=\{I_A(X_t-X_s) : s\leq t, A\in\underline{\underline{F}}_s, X\in\mathcal{X}'\}$ et $\mathcal{Y}'=\mathcal{Y}\cup\{I_A : A\in\underline{\underline{F}}_0\}$. On a $P\in S(\mathcal{Y},0)\cap M(\mathcal{X}')$ et comme chaque élément de $\mathcal{X}$, donc de $\mathcal{X}'$, est $\underline{\underline{F}}$-adapté, continu à droite et limité à gauche, il est clair que $S(\mathcal{Y},0) \subset M(\mathcal{X}')$.

On a $\mathcal{Z}^1(\mathcal{X} \cup \{1\}) = \mathcal{Z}^1(\mathcal{X}' \cup \{1\})$ pour la probabilité P ; le théorème (4.18) entraine que $\mathcal{Z}^1(\mathcal{X}' \cup \{1\}) = \underline{\underline{H}}^1(P)$ si et seulement si $\mathcal{Y}'$ est total dans $L^1(P)$; enfin $\mathcal{Y} \cup \{1\}$ est total dans $L^1(P)$ si et seulement si $\mathcal{Y}'$ est total dans $L^1(P)$ et si $\underline{\underline{F}}_0$ est P-triviale. Etant donné (11.6) on en déduit que P vérifie (11.2,ii) si et seulement si $P \in S_e(\mathcal{Y},0)$, et il reste à montrer que cette condition équivaut à (11.2,i).

Soit $P = aQ + (1-a)Q'$ avec $a \in]0,1[$, ce qui entraine d'abord que $\lim_{(n)} \uparrow T_n(X) = \infty$ Q-p.s., que $X_0 \in L^1(Q)$ si $X \in \mathcal{X}$, et que $X^*_\infty \in L^1(Q)$ si $X \in \mathcal{X}'$: comme $S(\mathcal{Y},0) \subset M(\mathcal{X}')$ on en déduit que si $Q \in S(\mathcal{Y},0)$ on a $Q \in M(\mathcal{X})$; inversement si $Q \in M(\mathcal{X})$ chaque $X \in \mathcal{X}'$ est une Q-martingale locale avec $X^*_\infty \in L^1(Q)$, donc $X \in \underline{\underline{M}}(Q)$ et on en déduit que $Q \in S(\mathcal{Y},0)$. Par suite on a l'équivalence: $Q \in S(\mathcal{Y},0) \Longleftrightarrow Q \in M(\mathcal{X})$, et une équivalence analogue pour Q'. Il est facile d'en déduire l'équivalence: $P \in S_e(\mathcal{Y},0) \Longleftrightarrow P \in M_e(\mathcal{X})$. ∎

(11.8) Remarque: Indiquons sommairement comment on peut déduire (11.6) de (11.2) (voir l'exercice 11.3). On considère la filtration $\underline{\underline{F}}_t = \{\emptyset,\Omega\}$ si $t<1$ et $\underline{\underline{F}}_t = \underline{\underline{F}}$ si $t \geq 1$. Si P est une probabilité on a alors $\underline{\underline{M}}_{loc}(P) = \underline{\underline{M}}(P) = \underline{\underline{H}}^1(P)$, $\underline{\underline{BMO}}(P) = \underline{\underline{H}}^\infty(P)$. Si $q \in [1,\infty]$ on identifie $L^q(P)$ et $\underline{\underline{H}}^q(P)$ en associant à $Y \in L^q(P)$ la martingale N^Y de variable terminale $N^Y_\infty = Y$, et qui est donnée par

$$N^Y_t = \begin{cases} E(Y) & \text{si } t<1 \\ Y & \text{si } t \geq 1. \end{cases}$$

Soit alors $\mathcal{Y}$ une famille de variables, f une fonction sur $\mathcal{Y}$, et $\mathcal{N}^{\mathcal{Y}}$ la famille des processus $N(Y)_t = f(Y)$ si $t<1$ et $N(Y)_t = Y$ si $t \geq 1$, lorsque Y parcourt $\mathcal{Y}$. On a alors $S(\mathcal{Y},f) = M(\mathcal{N}^{\mathcal{Y}})$. Comme $N^X \perp N^Y$ si et seulement si $E(XY) = 0$, les conditions (11.2,iii) et (11.6,iii) sont identiques. Enfin il n'est pas difficile de vérifier que les conditions (11.2,ii) et (11.6,ii) sont également identiques, ce qui montre bien que (11.6) est un cas particulier de (11.2). ∎

§c - Convexité de l'ensemble $M(\mathcal{X})$. L'étude de la convexité de $M(\mathcal{X})$ est basée sur le lemme suivant, que nous énonçons pour des sousmartingales.

(11.9) LEMME: Soit Q, $\tilde{Q}$ deux probabilités, $a \in]0,1[$, $P = aQ + (1-a)\tilde{Q}$.

<u>Soit</u> X <u>un processus</u> $\underline{\underline{F}}^P$<u>-optionnel</u>, Q (<u>resp.</u> $\tilde{Q}$) <u>-indistinguable d'une sousmartingale sur</u> $(\Omega,\underline{\underline{F}}^Q,\underline{\underline{F}}^Q,Q)$ (<u>resp.</u> $(\Omega,\underline{\underline{F}}^{\tilde{Q}},\underline{\underline{F}}^{\tilde{Q}},\tilde{Q})$). X <u>est alors</u> P-<u>indistinguable d'une sousmartingale sur</u> $(\Omega,\underline{\underline{F}}^P,\underline{\underline{F}}^P,P)$.

<u>Démonstration</u>. D'abord il est clair que chaque X_t est P-intégrable, et que si $s\leq t$ et $Y\in b\underline{\underline{F}}_s$ on a

$$E(YX_t) = aE_Q(YX_t) + (1-a)E_{\tilde{Q}}(YX_t) \geq aE_Q(YX_s) + (1-a)E_{\tilde{Q}}(YX_s) = E(YX_s),$$

donc $X_s \leq E(X_t|\underline{\underline{F}}_s)$.

Il reste à montrer que X est P-indistinguable d'un processus (nécessairement $\underline{\underline{F}}^P$-adapté, car X est $\underline{\underline{F}}^P$-adapté) dont toutes les trajectoires sont continues à droite et limitées à gauche. Soit Z et $\tilde{Z}$ les processus densité de Q et $\tilde{Q}$ par rapport à P, et $R=\inf(t: Z_t=0)$, $\tilde{R}=\inf(t:\tilde{Z}_t=0)$. Comme $P=aQ+(1-a)\tilde{Q}$ on a $Q\ll P$, $\tilde{Q}\ll P$, donc $Q(Z_\infty<\infty)=\tilde{Q}(\tilde{Z}_\infty<\infty)=1$, et $aZ+(1-a)\tilde{Z}=1$ P-p.s.; par suite $R\vee\tilde{R}=\infty$ P-p.s. X est Q-p.s. continu à droite et limité à gauche, donc $XI_{[\![0,R[\![}$ est P-indistinguable d'un processus continu à droite et limité à gauche d'après (7.16), dans lequel on a $R'=\infty$; il en est de même de $XI_{[\![0,\tilde{R}[\![}$, donc de X puisque $R\vee\tilde{R}=\infty$ P-p.s., ce qui achève la démonstration. ∎

La complication de l'énoncé précédent est due au fait qu'on manie en général des classes d'équivalence de processus pour l'indistinguabilité, alors qu'une sousmartingale est d'après (0.35) un processus adapté dont <u>toutes</u> les trajectoires sont continues à droite et limitées à gauche.

Voici, avec des notations plus habituelles, une forme équivalente de cet énoncé (dans le cas des martingales seulement).

(11.10) COROLLAIRE: <u>Soit</u> $Q,\tilde{Q}$ <u>deux probabilités,</u> $a\in]0,1[$, $P=aQ+(1-a)\tilde{Q}$. <u>Soit</u> $q\in[1,\infty]$. <u>Soit</u> X <u>un processus</u> $\underline{F}^P$<u>-optionnel appartenant à</u> $\underline{\underline{M}}(Q)$ (<u>resp.</u> $\underline{\underline{H}}^q(Q)$) <u>et à</u> $\underline{\underline{M}}(\tilde{Q})$ (<u>resp.</u> $\underline{\underline{H}}^q(\tilde{Q})$). <u>Alors</u> $X\in\underline{\underline{M}}(P)$ (<u>resp.</u> $\underline{\underline{H}}^q(P)$).

<u>Démonstration</u>. Etant donné le lemme, la seule chose à remarquer est qu'une famille quelconque de variables aléatoires uniformément intégrable (resp. la variable $(X^*_\infty)^q$ intégrable, resp. la variable X^*_∞ p.s. bornée) pour Q et $\tilde{Q}$ est encore uniformément intégrable (resp. intégrable, resp. p.s. bornée) pour P. ∎

Par contre, avec les mêmes hypothèses sur $P,Q,\tilde{Q}$, un processus $\underline{F}^P$-optionnel appartenant à $\underline{\underline{H}}^q_{loc}(Q)$ et à $\underline{\underline{H}}^q_{loc}(\tilde{Q})$ n'est pas en général dans $\underline{\underline{H}}^q_{loc}(P)$. Il s'ensuit qu'en général $M(\mathscr{H})$ <u>n'est pas convexe</u>, même lorsque chaque élément de $\mathscr{H}$ est $\underline{F}$-optionnel (voir un contre-exemple dans l'exercice 11.9).

(11.11) <u>Remarque</u>: Le lecteur auré noté l'analogie de ces résultats avec ceux des deux chapitres précédents. Rappelons par exemple que dans le chapitre IX on a montré que si X est un processus adapté à une sous-filtration $\underline{\underline{G}}$ de $\underline{\underline{F}}$, alors:

(a) si X est une $\underline{\underline{F}}$-(sous)martingale (resp. $X \in \underline{\underline{Q}}(\underline{\underline{F}})$, resp. $X \in \underline{\underline{M}}(\underline{\underline{F}})$, resp. $X \in \underline{\underline{H}}^q(\underline{\underline{F}})$, resp. $X \in \underline{\underline{S}}(\underline{\underline{F}})$), alors X est une $\underline{\underline{G}}$-(sous)martingale (resp. $X \in \underline{\underline{Q}}(\underline{\underline{G}})$, resp. $X \in \underline{\underline{M}}(\underline{\underline{G}})$, resp. $X \in \underline{\underline{H}}^q(\underline{\underline{G}})$, resp. $X \in \underline{\underline{S}}(\underline{\underline{G}})$).

(b) si $X \in \underline{\underline{H}}^q_{loc}(\underline{\underline{F}})$ (resp. $\underline{\underline{S}}_p(\underline{\underline{F}})$) on n'a pas nécessairement $X \in \underline{\underline{H}}^q_{loc}(\underline{\underline{G}})$ (resp. $X \in \underline{\underline{S}}_p(\underline{\underline{G}})$).

De la même manière si X est $\underline{\underline{F}}$-optionnel, l'ensemble des probabilités qui font de X um élément d'une des classes de processus désignées en (a) est convexe (on l'a montré pour $\underline{\underline{M}}$ et $\underline{\underline{H}}^q$ en (11.10), pour $\underline{\underline{S}}$ en (7.42), et on le laisse en exercice pour $\underline{\underline{Q}}$); par contre l'ensemble des probabilités qui font de X un élément de $\underline{\underline{H}}^q_{loc}$ ou de $\underline{\underline{S}}_p$ n'est pas en général convexe. On a le même type de résultats pour les changements de temps (chapitre X).

Cela tient à la localisation: dans le cas de la restriction de la filtration, la suite $\underline{\underline{F}}$-localisante n'est pas nécessairement $\underline{\underline{G}}$-localisante; dans le cas de la convexité, si $P = aQ + (1-a)\tilde{Q}$ on dispose d'une suite localisante (T_n) pour Q, et d'une autre suite localisante $(\tilde{T}_n)$ pour $\tilde{Q}$, mais il n'y a pas de raison pour que $T_n \wedge \tilde{T}_n$ croisse P-p.s. vers $+\infty$.

Pour compléter l'analogie, on peut donner une démonstration du théorème (7.42) analogue à celle du théorème (9.19): voir l'exercice 11.6. ∎

L'ensemble $M(\mathfrak{X})$ est cependant convexe dans certains cas particuliers. La proposition suivante est à comparer à (9.18).

(11.12) PROPOSITION: <u>Supposons que chaque</u> $X \in \mathfrak{X}$ <u>vérifie</u>

(i) X <u>est</u> $\underline{\underline{F}}$-<u>optionnel</u>,

(ii) <u>si</u> $T_n = \inf(t: X^*_t \geq n)$, <u>alors</u> X^{T_n} <u>est borné</u>.

<u>Dans ce cas</u> $M(\mathfrak{X})$ <u>est convexe</u>.

On a déjà rencontré la condition (i) dans (7.42). La condition (ii) est satisfaite si X est continu, ou simplement si X est continu à droite, limité à gauche, et à sauts bornés.

<u>Démomstration</u>. Soit $Q, Q' \in M(\mathfrak{X})$, $a \in]0,1[$, $P = aQ + (1-a)Q'$. Soit $X \in \mathfrak{X}$. Par hypothèse $X^{T_n} \in \underline{\underline{M}}(Q)$ et $X^{T_n} \in \underline{\underline{M}}(Q')$, tandis que $T_n \in \underline{\underline{T}}(\underline{\underline{F}}^P)$, donc X^{T_n} est $\underline{\underline{F}}^P$-optionnel (c'est là qu'intervient (i)). Par suite $X^{T_n} \in \underline{\underline{M}}(P)$ d'après (11.10). De plus $A_t = \bigcap_{(n)} \{T_n \leq t\}$ est un ensemble $\underline{\underline{F}}^P_t$-mesurable qui est Q et Q'-négligeable, donc aussi P-négligeable; par suite

$\lim_{(n)}\uparrow T_n = \infty$ P-p.s., donc $X \in \underline{\underline{M}}_{loc}(P)$ et $P \in M(\mathscr{X})$. ∎

Dans certains cas (notamment si on tient à la convexité) on peut être amené à étudier une partie S de $M(\mathscr{X})$, et à chercher notamment une caractérisation des éléments extrémaux de S. Voici quelques parties S usuelles:

$$(11.13)\quad \begin{cases} \widetilde{M}(\mathscr{X}) = \{P \in M(\mathscr{X}) : \text{ chaque } X \in \mathscr{X} \text{ est dans } \underline{\underline{M}}(P)\} \\ \widetilde{H}^q(\mathscr{X}) = \{P \in M(\mathscr{X}) : \text{ chaque } X \in \mathscr{X} \text{ est dans } \underline{\underline{H}}^q(P)\} \\ H^q(\mathscr{X}) = \{P \in M(\mathscr{X}) : X^t \in \underline{\underline{H}}^q(P) \text{ pour tous } X \in \mathscr{X},\ t \in \mathbb{R}_+\}. \end{cases}$$

(11.14) PROPOSITION: <u>Soit</u> $q \in [1,\infty]$.

(a) <u>On a</u> $\widetilde{M}_e(\mathscr{X}) = \widetilde{M}(\mathscr{X}) \cap M_e(\mathscr{X})$, $\widetilde{H}^q_e(\mathscr{X}) = \widetilde{H}^q(\mathscr{X}) \cap M_e(\mathscr{X})$, $H^q_e(\mathscr{X}) = H^q(\mathscr{X}) \cap M_e(\mathscr{X})$.

(b) <u>Si chaque élément de</u> $\mathscr{X}$ <u>est</u> $\underline{F}$<u>-optionnel, les ensembles</u> $\widetilde{M}(\mathscr{X})$, $\widetilde{H}^q(\mathscr{X})$ <u>et</u> $H^q(\mathscr{X})$ <u>sont convexes</u>.

<u>Démonstration</u>. Si $\mathscr{X}' = \{X^t : X \in \mathscr{X}, t \in \mathbb{R}_+\}$, on a $H^q(\mathscr{X}) = \widetilde{H}^q(\mathscr{X}')$ et $M(\mathscr{X}) = M(\mathscr{X}')$. Il suffit donc de montrer le résultat pour $\widetilde{M}(\mathscr{X})$ et $\widetilde{H}^q(\mathscr{X})$. D'abord, (b) suit immédiatement de (11.10). Comme $\widetilde{M}(\mathscr{X})$ et $\widetilde{H}^q(\mathscr{X})$ sont dans $M(\mathscr{X})$, on a les inclusions: $M_e(\mathscr{X}) \cap \widetilde{M}(\mathscr{X}) \subset \widetilde{M}_e(\mathscr{X})$, et $M_e(\mathscr{X}) \cap \widetilde{H}^q(\mathscr{X}) \subset \widetilde{H}^q_e(\mathscr{X})$.

Soit $P \in \widetilde{M}_e(\mathscr{X})$ (resp. $\widetilde{H}^q_e(\mathscr{X})$). Supposons que P soit combinaison convexe stricte $P = aQ' + (1-a)Q''$ de deux éléments Q' et Q'' de $M(\mathscr{X})$. Comme $Q' \leq P/a$ il est facile de voir que la famille $(X_t)_{t \geq 0}$ est Q'-uniformément intégrable (resp. $X^*_\infty \in L^q(Q')$) pour chaque $X \in \mathscr{X}$, donc $Q' \in \widetilde{M}(\mathscr{X})$ (resp. $\widetilde{H}^q(\mathscr{X})$); on a de même $Q'' \in \widetilde{M}(\mathscr{X})$ (resp. $\widetilde{H}^q(\mathscr{X})$). Mais alors l'extrémalité de P dans $\widetilde{M}(\mathscr{X})$ (resp. $\widetilde{H}^q(\mathscr{X})$) entraine que $Q' = Q'' = P$, entrainant aussi l'extrémalité de P dans $M(\mathscr{X})$. ∎

<u>EXERCICES</u>

11.1 - Avec les hypothèses de (11.2), montrer que si la P-borne supérieure essentielle des ensembles $\{X_0 \neq 0\}$ lorsque X parcourt $\mathscr{X}$ égale Ω, les conditions du théorème sont équivalentes à: $\underline{\underline{H}}^1 = \mathscr{L}^1(\mathscr{X})$ et $\underline{\underline{F}}_0$ est P-triviale.

11.2 - Montrer que les conditions du théorème (11.2) sont équivalentes à:

(iv') $Q \in M(\mathscr{X})$ et $Q \leq aP$ avec $a \in \mathbb{R}_+ \Longrightarrow Q = P$.

11.3 - (remplissage des trous de la remarque (11.8)). On se place dans la situation décrite dans cette remarque.

a) Montrer que $\underline{\underline{M}}_{loc}(P) = \underline{\underline{M}}(P) = \underline{\underline{H}}^1(P)$ et $\underline{\underline{H}}^q(P) = \underline{\underline{H}}^q_{loc}(P)$.

b) Montrer que $\underline{\underline{H}}^{\infty}(P) = \underline{\underline{BMO}}(P)$.

c) Montrer que si $\mathcal{Y} \subset L^1(P)$, alors $\mathcal{Z}^1(\mathcal{N}^{\mathcal{Y}})$ est l'ensemble des N^Z, où Z parcourt l'espace vectoriel fermé engendré par $\mathcal{Y}$ dans $L^1(P)$.

d) Montrer l'équivalence de (11.2,ii) et de (11.6,ii).

11.4 - En utilisant la remarque (11.8), montrer le résultat suivant: soit $q \in]1,\infty]$, $q' \in [1,\infty[$, $1/q + 1/q' = 1$; soit $\mathcal{Y} \in L^q(P)$; on a équivalence entre:

(i) $\mathcal{Y} \cup \{1\}$ est total dans $L^q(P)$;

(ii) si $Z \in L^{q'}(P)$, $E(Z) = 0$ et $E(ZY) = 0$ pour tout $Y \in \mathcal{Y}$, alors $Z = 0$.

11.5 - Soit $P \in S(\mathcal{Y},f)$. Montrer que si P vérifie la condition:

(C) $Q \in S(\mathcal{Y},f)$, $Q \sim P \Longrightarrow Q = P$,

alors $P \in S_e(\mathcal{Y},f)$.

11.6 - Montrer (7.42) en utilisant (9.3).

11.7 - Soit $P = aQ + (1-a)\tilde{Q}$, avec $a \in]0,1[$. Montrer que si X est un processus $\underline{F}^P$-optionnel appartenant à $\underline{\underline{Q}}(Q)$ et à $\underline{\underline{Q}}(\tilde{Q})$, alors $X \in \underline{\underline{Q}}(P)$.

11.8 - Soit $P = aQ + (1-a)\tilde{Q}$, avec $a \in]0,1[$, et X un processus $\underline{F}^P$-optionnel appartenant à $\underline{\underline{H}}^q_{loc}(Q)$ et à $\underline{\underline{H}}^q_{loc}(\tilde{Q})$. Montrer que $X \in \underline{\underline{H}}^q_{loc}(P)$ si et seulement si $X^* \in \underline{\underline{A}}_{loc}(P)$.

11.9 - Soit $\Omega =]0,\infty[$, $T(\omega) = \omega$, $\underline{F}$ la plus petite filtration telle que $T \in \underline{\underline{T}}(\underline{F})$ et $\underline{\underline{F}} = \underline{\underline{F}}_{\infty}$. Soit P la probabilité qui fait de T une variable exponentielle de paramètre 1.

a) Montrer que si $S \in \underline{\underline{T}}(\underline{F})$ il existe $s \in \mathbb{R}_+$ tel que $S = s$ sur $\{S < T\}$ (cf. (3.40)).

b) On considère les probabilités $Q' = (eI_{\{T > 1\}}) \cdot P$ et $Q'' = (\frac{e}{e-1} I_{\{T \leq 1\}}) \cdot P$, donc $P = \frac{1}{e}Q' + \frac{e-1}{e}Q''$. Montrer que les processus densité Z' et Z" de Q' et Q" par rapport à P sont $Z'_t = e^{t \wedge 1} I_{\{t \wedge 1 < T\}}$ et et $Z'' = \frac{e - Z'}{e-1}$.

c) Pour chaque $n \geq 1$ on considère une fonction mesurable positive f_n nulle en dehors de $]1-1/n, 1-1/(n+1)]$, telle que $u_n = E(f_n(T))$ soit fini. Posons $A(n) = f_n(T) I_{[\![T_n,\infty[\![}$, $A = \sum_{(n)} A(n)$, $S_n = (1-1/n)_{\{T > 1-1/n\}}$. Montrer que:

(i) $A = 0$ Q'-p.s., donc $A \in \underline{\underline{A}}_{loc}(Q')$.

(ii) $A^{S_n} \in \underline{\underline{A}}(Q'')$ et $\lim_{(n)} \uparrow S_n = \infty$ Q"-p.s., donc $A \in \underline{\underline{A}}_{loc}(Q'')$.

(iii) si $\sum u_n = \infty$, alors $A \notin \underline{\underline{A}}_{loc}(P)$ (utiliser (a)).

d) Soit $X(n) = A(n) - A(n)^p$. Montrer que $X(m)^{S_n} = 0$ si $m > n$, ce qui permet de définir:

$$X = \begin{cases} \sum_{m\leq n} X(m) & \text{sur } [\![0,S_n]\!] \\ 0 & \text{sur } (\bigcup_{(n)} [\![0,S_n]\!])^c . \end{cases}$$

Montrer que:

(i) $X=0$ Q'-p.s., donc $X \in \underline{\underline{L}}(Q')$.

(ii) $Z''I_{[\![0,S_n]\!]}$ est prévisible, $Z''X^{S_n} \in \underline{\underline{L}}(P)$, $X^{S_n} \in \underline{\underline{L}}(Q'')$ et $X \in \underline{\underline{L}}(Q'')$.

(iii) on a $([X,X]^{S_n})^{1/2} = A^{S_n}$.

(iv) Si $\sum u_n = \infty$, alors $X \notin \underline{\underline{L}}(P)$.

2 - APPLICATIONS ET EXTENSIONS

§a - La propriété de représentation prévisible: deux exemples. Le théorème (11.2) peut servir à étudier les points extrémaux de $M(\mathscr{X})$; il peut aussi servir à obtenir la propriété de représentation prévisible $\underline{\underline{H}}^1 = \mathscr{L}^1(\mathscr{X} \cup \{1\})$, notamment lorsqu'on sait que le problème admet une seule solution (forcément extrémale !)

Nous verrons de nombreuses applications de cette idée. En voici deux, relatives aux processus ponctuels et au mouvement brownien.

(11.15) THEOREME: Soit N un processus de comptage (§III-2-b) et $\underline{G}$ la plus petite filtration le rendant optionnel. Si $N \in \underline{\underline{A}}_{loc}(P)$ et si $\underline{F}^P = \underline{G}^P$, on a $\underline{\underline{H}}^1_0(P) = \mathscr{L}^1(X) = \{H \bullet X : H \in L^1(X)\}$, où $X = N - N^p$.

On verra plus loin un résultat analogue pour les processus ponctuels multivariés et pour les processus de comptage ne vérifiant pas $N \in \underline{\underline{A}}_{loc}(P)$, dans le cas où, au lieu de $\underline{F}^P = \underline{G}^P$, on a seulement $\underline{\underline{F}}^P_t = \underline{\underline{F}}^P_0 \vee \underline{\underline{G}}_t$.

Démonstration. Ce n'est pas une restriction que de supposer que $\underline{F} = \underline{G}$ et que N^p est $\underline{F}$-prévisible. On a $P \in M(X)$. Si $Q \in M(X)$ on a $X \in \underline{\underline{L}}(Q)$, ce qui signifie qu'avec les notations du §III-2-b et un ensemble E réduit à un point, la mesure aléatoire $\nu(dt) = dN^p_t$ est la projection prévisible duale pour Q de la mesure aléatoire $\mu(dt) = dN_t$. (3.42) implique alors que $Q = P$ sur $\underline{\underline{F}}_\infty = \underline{F}$ (car ici, $\underline{\underline{G}}_0$ est la tribu triviale). Par suite P est solution unique, donc extrémale, du problème $M(X)$ et (11.2) entraine que $\underline{\underline{H}}^1(P) = \mathscr{L}^1(\{X,1\})$. Le résultat découle alors de ce que $X_0 = 0$, et de (4.6) pour la seconde égalité de l'énoncé.∎

(11.16) THEOREME: Soit X un mouvement brownien sur $(\Omega, \underline{\underline{F}}, \underline{F}, P)$ et $\underline{G}$ la plus petite filtration le rendant optionnel. Si $\underline{F}^P = \underline{G}^P$, la tribu $\underline{\underline{F}}^P_0$ est P-triviale et $\underline{\underline{H}}^1_0(P) = \mathscr{L}^1(X) = \{H \bullet X : H \in L^1(X)\}$.

Démonstration. On peut toujours supposer que toutes les trajectoires de X sont continues et nulles en 0, et que $\underline{F} = \underline{G}$. Soit $\mathcal{X}$ la famille constituée des processus X et $Y_t = X_t^2 - t$. On a $P \in M(\mathcal{X})$, et si $Q \in M(\mathcal{X})$ il vient $X \in \underline{\underline{L}}^c(Q)$ et $\langle X,X\rangle_t^Q = t$ puisque $Y \in \underline{\underline{L}}^c(Q)$. D'après (2.75), X est alors un mouvement brownien pour Q également. On en déduit que Q et P coïncident sur $\underline{\underline{G}}_\infty = \sigma(X_s : s \in \mathbb{R}_+)$ (utiliser (3.60) par exemple), donc $Q = P$. Par suite P est solution unique, donc extrémale, du problème $\mathcal{X}$ et (11.2) entraine que $\underline{\underline{F}}_0$ (donc $\underline{\underline{F}}_0^P$) est P-triviale et que $\underline{\underline{H}}^1(P) = \mathcal{L}^1(\mathcal{X} \cup \{1\})$, ce qui entraine $\underline{\underline{H}}_0^1(P) = \mathcal{L}^1(\mathcal{X})$. Enfin, la formule d'intégration par partie donne $Y = 2X \bullet X$, donc $Y \in \mathcal{L}^1(X)$ et $\mathcal{L}^1(\mathcal{X}) = \mathcal{L}^1(X)$, ce qui, compte tenu de (4.6), achève de prouver le résultat. ∎

(11.17) Remarque: Dans tout ce chapitre nous avons fait l'hypothèse $\underline{\underline{F}} = \underline{\underline{F}}_\infty$. Cette hypothèse est nécessaire pour la validité de (11.2), mais pas pour les deux théorèmes précédents; en effet, dans ces théorèmes, le résultat ne dépend que de la filtration $\underline{F}$, et pas de la tribu $\underline{\underline{F}}$. ∎

(11.18) COROLLAIRE: Sous les hypothèses de (11.16), si H est un élément de $L_{loc}^1(X)$ ne s'annulant jamais et si $Y = H \bullet X$, on a $\underline{\underline{H}}_0^1(P) = \mathcal{L}^1(Y)$.

Démonstration. Comme H ne s'annule pas, on a

$$(1/H)^2 \bullet \langle Y,Y\rangle = (1/H)^2 \bullet (H^2 \bullet \langle X,X\rangle) = \langle X,X\rangle,$$

donc $1/H \in L_{loc}^1(Y)$. Si $Z = (1/H) \bullet Y$ il vient alors $Z = (1/H) \bullet (H \bullet X) = X$, donc $X \in \mathcal{L}_{loc}^1(Y)$ et le résultat découle de (11.16). ∎

(11.19) Remarques: 1) En fait, on montre dans ce corollaire que si X est une martingale locale quelconque et si $H \in L_{loc}^1(X)$ ne s'annule jamais, alors $\mathcal{L}^1(X) = \mathcal{L}^1(H \bullet X)$.

2) Malgré son aspect un peu trivial, ce corollaire se révèle utile. Par exemple, en anticipant un peu sur les chapitres ultérieurs, considérons "l'équation différentielle stochastique" symbolisée par

(11.20) $$dX = b(X)dW,$$

où W est un mouvement brownien et b une fonction borélienne sur $\mathbb{R}$. Trouver une solution forte à cette équation revient à partir d'un mouvement brownien W sur $(\Omega, \underline{\underline{F}}, \underline{F}, P)$, puis à trouver une semimartingale (ici, ce sera une martingale locale continue) sur cet espace qui vérifie:

$$X = x + b(X) \bullet W$$

(la valeur initiale x étant donnée). Nous ne précisons pas ici les propriétés de la fonction b qui assurent l'existence d'une solution. Mais, si b ne s'annule pas, si $\underline{F}$ est la plus petite filtration rendant W optionnel, et si X est solution, (11.18) entraine que $\underline{\underline{H}}_0^1(P) = \mathcal{X}^1(X - X_0)$. ∎

§b - Propriété de représentation prévisible et changements de temps. Ce paragraphe est une application de (11.16) et du chapitre X, et se trouve un peu en marge des "problèmes de martingales". La probabilité P est fixée, et ne figurera pas en général dans les notations; par contre on reprend les notations du chapitre X, en faisant figurer les filtrations.

Tout au long du paragraphe, nous faisons les hypothèses suivantes:

- $X \in \underline{L}^c(\underline{F})$ vérifie $\langle X,X\rangle_\infty = \infty$,
- on choisit une version $\underline{F}^P$-optionnelle de X, et une version $\underline{F}^P$-optionnelle de $\langle X,X\rangle$ vérifiant identiquement $\langle X,X\rangle_t < \infty$ si $t \in \mathbb{R}_+$.

Soit alors τ le changement de temps sur $(\Omega, \underline{F}^P, F^P, P)$ associé à $C = \langle X,X\rangle$ par (10.2), et $\underline{G} = \tau \underline{F}^P$ la filtration changée de temps. Soit également $\underline{H}$ la plus petite filtration rendant le processus $Y = \tau X$ optionnel, et qui vérifie $\underline{H} = \underline{H}^P$: ainsi, les deux filtrations $\underline{G}$ et $\underline{H}$ sont P-complètes. On a vu en (10.31) que Y est un mouvement brownien relativement à $\underline{G}$.

(11.21) PROPOSITION: Si $\underline{H} = \underline{G}$ on a $\underline{\underline{H}}_0^1(\underline{F}) = \mathcal{X}^1(X,\underline{F})$ et $\underline{F}_0$ est P-triviale.

Démonstration. On peut appliquer (11.16) au processus Y et à la filtration $\underline{H}$, ce qui entraine la P-trivialité de $\underline{H}_0$, et $\underline{\underline{H}}_0^1(\underline{H}) = \mathcal{X}^1(Y,\underline{H})$. Si $\underline{G} = \underline{H}$, (10.20) entraine que $\underline{\underline{H}}_0^1(\underline{F})$ est engendré par X et par les M^{τ_0}, lorsque M parcourt $\underline{\underline{H}}_0^1(\underline{F})$. Mais $\underline{F}^P_{\tau(0)} = \underline{G}_0$ est P-triviale, donc $M_{t\wedge\tau(0)} = E(M_{t\wedge\tau(0)}) = 0$, donc $M^{\tau_0} = 0$ et on a le résultat. ∎

Nous proposons en exercices des contre-exemples montrant que la condition $\underline{H} = \underline{G}$ n'est pas nécessaire pour obtenir $\underline{\underline{H}}_0^1(\underline{F}) = \mathcal{X}^1(X,\underline{F})$: exercices 11.12, et 11.13 dans lequel $\underline{F}$ est la plus petite filtration rendant X optionnel.

(11.22) PROPOSITION: Considérons les conditions: (i) $\underline{H} = \underline{G}$;

(ii) $\underline{\underline{G}}_\infty = \underline{\underline{H}}_\infty$;

(iii) $\langle X,X\rangle_t$ est $\underline{\underline{H}}_\infty$-mesurable pour tout $t \in \mathbb{R}_+$;

(iv) τ_t est $\underline{\underline{H}}_\infty$-mesurable pour tout $t \in \mathbb{R}_+$.

On a alors les implications: (i)$\Longleftrightarrow$(ii) $\Longrightarrow$(iii)$\Longleftrightarrow$(iv). Si de plus $\underline{\underline{F}}^P_\infty = \sigma(X_t:\ t \in \mathbb{R}_+)^P$, ces quatre conditions sont équivalentes.

Remarquons que, comme $\tau_\infty = \infty$ P-p.s., on a $\underline{\underline{G}}_\infty = \underline{\underline{F}}^P_\infty$.

Démonstration. L'équivalence: (iii)$\Longleftrightarrow$(iv) provient immédiatement de (10.3). Les implications: (i)$\Longrightarrow$(ii)$\Longrightarrow$(iii) sont immédiates. On a

$X_t = Y_{C_t}$ P-p.s. (vérification immédiate), donc sous (iii) X_t est $\underline{\underline{H}}_\infty$-mesurable; si $\underline{\underline{F}}^P_\infty = \underline{\underline{G}}_\infty$ égale $\sigma(X_t : t \in \mathbb{R}_+)^P$, on en déduit l'implication: (iii) $\Longrightarrow$ (ii).

D'après (11.16) on a $\underline{H}^1(\underline{H}) = \mathcal{X}^1(\{Y,1\},\underline{H})$, alors que Y et 1 sont des $\underline{G}$-martingales locales; comme $\underline{H} \subset \underline{G}$, (9.30) entraine que $\underline{\underline{M}}(\underline{H}) \subset \underline{\underline{M}}(\underline{G})$, donc d'après (9.29) on a $\underline{\underline{H}}_t = \underline{\underline{G}}_t \cap \underline{\underline{H}}_\infty$ pour tout $t \in \mathbb{R}_+$, et on en déduit alors l'implication: (ii) $\Longrightarrow$ (i).∎

Voici un exemple d'application.

(11.23) COROLLAIRE: <u>Soit</u> $X \in \underline{\underline{L}}^c(\underline{F},P)$ <u>tel que</u> $\langle X,X\rangle_\infty = \infty$ <u>et que</u> $\langle X,X\rangle_t = \int^t b(X_s)\,ds$, <u>où</u> b <u>est une fonction borélienne strictement positive. Si</u> $\underline{\underline{F}}^P_\infty = \sigma(X_t : t \in \mathbb{R}_+)^P$, <u>on a</u> $\underline{\underline{H}}^1_0(\underline{F}) = \mathcal{X}^1(X,\underline{F})$ <u>et</u> $\underline{\underline{F}}_0$ <u>est</u> P-<u>triviale</u>.

<u>Démonstration</u>. Comme C et τ sont continus et strictement croissants, il est facile de vérifier que $\tau_t = \int^t (1/b(Y_s))\,ds$, donc la condition (11.22,iv) est satisfaite.∎

(11.24) <u>Remarque</u>: Posons $H = b(X)$. On a $(1/H)^2 \cdot \langle X,X\rangle_t = t$, de sorte qu'on peut poser $W = (1/H)\cdot X$ et que W est alors un mouvement brownien relativement à $\underline{F}$. De plus on a aussi $X = H \cdot W$. Il est donc naturel de comparer le résultat précédent à (11.18), et notamment à l'exemple donné dans la remarque (11.19,2).

D'un coté, on impose ici que $\langle X,X\rangle_\infty = \infty$, ce qui n'était pas imposé en (11.19,2). A l'inverse, on n'impose pas ici que $\underline{F}^P$ soit la plus petite filtration P-complète rendant W optionnel, et il se peut que cette dernière filtration soit strictement contenue dans $\underline{F}^P$ (exercice 11.12).

Le processus X est ici encore solution de l'équation (11.20). Mais c'est une solution de nature un peu différente, car le mouvement brownien n'est pas imposé a-priori: au contraire, ici la manière "naturelle" de poser le problème est de se donner le processus X sur $(\Omega,\underline{\underline{F}},\underline{F})$ et la fonction b, puis de chercher une probabilité P pour laquelle il existe un mouvement brownien satisfaisant (11.20). Une telle "solution" s'appelle <u>solution faible</u>. De manière équivalente, P est solution du problème de martingales $\mathcal{X}$ constitué des processus X et $Y_t = X_t^2 - \int^t b(X_s)\,ds$.∎

Pour terminer, nous allons "remonter en arrière" en montrant que ce corollaire permet, à son tour, de montrer l'extrémalité, et même l'unicité, du problème de martingale $M(\mathcal{X})$ introduit dans la remarque ci-dessus.

(11.25) PROPOSITION: <u>Soit</u> $X \in \underline{\underline{L}}^c(P,\underline{F}^P)$ <u>tel que</u> $\langle X,X\rangle_t = \int^t b(X_s)\,ds$, <u>où</u> b

<u>est une fonction borélienne vérifiant</u> $\inf_{x\in\mathbb{R}} b(x) > 0$. <u>On suppose que</u> $\underline{F}$ <u>est la plus petite filtration rendant</u> X <u>optionnel. Si</u> Q <u>est une autre probabilité pour laquelle</u> $X \in L^c(Q,\underline{F}^Q)$ <u>et</u> ${}^Q\langle X,X\rangle_t = \int^t b(X_s)ds$, <u>on a</u> $Q = P$.

<u>Démonstration</u>. On peut supposer que $X_0 = 0$ identiquement. On considère la famille $\mathcal{X}$ constituée des processus X et $Y_t = X_t^2 - \int^t b(X_s)ds$, qui sont tous deux $\underline{F}$-optionnels. On a P , $Q \in M(\mathcal{X})$. Comme b est bornée inférieurement par une constante strictement positive, tout élément $\tilde{P}$ de $M(\mathcal{X})$ vérifie toutes les conditions de (11.23), de sorte que $\underline{\underline{F}}_0$ est $\tilde{P}$-triviale et $\underline{\underline{H}}_0^1(\tilde{P}) = \mathcal{L}^1(X;\tilde{P},\underline{F})$, donc a-fortiori $\underline{\underline{H}}^1(\tilde{P}) = \mathcal{L}^1(\mathcal{X}\cup\{1\};\tilde{P},\underline{F})$. D'après (11.2) on en déduit que $\tilde{P} \in M_e(\mathcal{X})$. Mais alors l'ensemble $M(\mathcal{X})$, qui est convexe d'après (11.12), ne contient que des points extrémaux, ce qui n'est possible que s'il ne contient q'un seul point, d'où $Q = P$. ∎

§c - <u>Le cas où $\mathcal{X}$ n'a qu'un seul élément</u>. Une partie non négligeable du chapitre IV a été consacrée à l'étude de la condition $\underline{\underline{H}}_0^1(P) \subset \mathcal{L}^1(\mathcal{X})$, qui équivaut à $\underline{\underline{H}}^1(P) = \mathcal{L}^1(\mathcal{X}\cup\{1\})$. En particulier lorsque $\mathcal{X}$ est constitué d'un nombre fini d'éléments on a le théorème (4.82), qui donne une sorte de condition "explicite" concernant la structure de $\mathcal{X}$.

Dans (4.82) figure la condition $L_c \cap L_d = \{0\}$, qui par certains aspects est difficile à réaliser, sauf dans le cas où $\mathcal{X}$ ne contient qu'un seul élément: en effet L_c et L_d étant alors des sous-espaces vectoriels de $\mathbb{R}$, leur intersection est $\{0\}$ si et seulement si l'un des deux au moins est "l'espace" $\{0\}$.

Nous allons donc partir d'un processus X , et donner une nouvelle condition équivalente à : $P \in M_e(X)$. Ce paragraphe, qui aurait aussi bien eu sa place à la fin du chapitre IV, va servir d'élément de comparaison avec les deux paragraphes suivants, dans lesquels on étudie les ensembles de probabilités faisant de X une sousmartingale (§d), puis une martingale locale de crochet $\langle X,X\rangle$ donné (§e).

Commençons par un lemme, analogue à (4.63), de factorisation "minimale" pour une mesure aléatoire prévisible sur E. La probabilité P est fixée.

(11.26) LEMME: <u>Soit</u> ν <u>un élément prévisible de</u> $\underline{\underline{\tilde{A}}}_\sigma^+$. <u>Il existe un</u> $B \in \underline{\underline{P}} \cap \underline{\underline{A}}^+$ <u>et une mesure de transition positive</u> $G_{\omega,t}(dx)$ <u>de</u> $(\Omega\times\mathbb{R}_+,\underline{\underline{P}})$ <u>dans</u> $(E,\underline{\underline{E}})$ <u>tels que</u>

$$\nu(\omega;dt,dx) = dB_t(\omega)G_{\omega,t}(dx)$$

$$I_A \cdot B = 0 ,\ \text{où}\quad A = \{(\omega,t) : G_{\omega,t}(E) = 0\}.$$

<u>De plus si</u> (B',G') <u>est un autre couple vérifiant les mêmes conditions,</u> <u>on a</u> $dB_t \sim dB'_t$ <u>P-p.s.</u>

Le processus B est "minimal", dans le sens où pour toute autre factorisation prévisible $\nu(\omega;dt,dx) = d\tilde{B}_t(\omega)\tilde{G}_{\omega,t}(dx)$ on a $dB_t \ll d\tilde{B}_t$ P-p.s.

<u>Démonstration</u>. (a) Soit $(C(n))$ une partition $\tilde{\underline{\underline{P}}}$-mesurable de $\tilde{\Omega}$ telle que $M_\nu^P(C(n)) = a_n < \infty$. D'après la partie (a) de la preuve de (3.11) il existe une factorisation prévisible

$$(I_{C(n)} \cdot \nu)(\omega;dt,dx) \;=\; dB_t^n(\omega)\; G_{\omega,t}^n(dx)\,,$$

avec $B^n \in \underline{\underline{P}} \cap \underline{\underline{A}}^+$. Soit (b_n) une suite de réels strictement positifs telle que $\sum a_n b_n < \infty$. On pose

$$\tilde{B} = \sum_{(n)} b_n B^n, \quad G_{\omega,t}(dx) = \sum_{(n)} \frac{1}{b_n} G_{\omega,t}^n(dx) I_{C(n)}(\omega,t,x)\,.$$

Il est évident que $\tilde{B} \in \underline{\underline{P}} \cap \underline{\underline{A}}^+$ et que $(\tilde{B},G)$ est une factorisation prévisible de ν. Si $A = \{(\omega,t) : G_{\omega,t}(E) = 0\}$ on pose $B = I_{A^c} \cdot \tilde{B}$, et le couple (B,G) vérifie les conditions requises.

(b) Soit (B',G') un autre couple vérifiant les mêmes conditions. Soit $F \in \underline{\underline{P}}$ avec $I_F \cdot B' = 0$. On a $M_\nu^P(F \times E) = M_{B'}^P(I_F G'_\cdot(E)) = 0$. Par ailleurs $M_\nu^P(F \times E) = M_B^P(I_F G_\cdot(E))$ ne peut être nul que si $I_{F \cap A} \cdot B = 0$ P-p.s. d'après la définition de A ; comme $I_{A^c} \cdot B = 0$ on a donc $I_F \cdot B = 0$ P-p.s., ce qui d'après (1.36) implique que $dB_t \ll dB'_t$ P-p.s. En intervertissant les rôles de B et B', on obtient le résultat. ∎

Le lemme sera appliqué à la situation suivante: Y est un processus P-indistinguable d'un processus $\underline{F}^P$-optionnel continu à droite et limité à gauche; la formule (3.22) permet de définir (à un ensemble P-négligeable près) la mesure $\mu = \mu^Y$, et on prend $\nu = \mu^p$. Si W est un élément <u>strictement</u> positif de $\tilde{\underline{\underline{P}}}^+$ tel que $W * \mu \in \underline{\underline{A}}_{loc}$, alors on a $dB_t \sim d(W*\nu)_t = d[(W*\mu)^p]_t$, P-p.s. En particulier si la mesure $\eta(dt) = \sum_{s>0} I_{\{\Delta Y_s \neq 0\}} \varepsilon_s(dt)$ admet une projection prévisible duale η^p, c'est-à-dire quand la mesure M_η^P est $\underline{\underline{P}}$-$\sigma$-finie, on a $d\eta^p \sim dB$. Dans le cas où $Y \in \underline{\underline{H}}^2_{o,loc}$, on a $dB \sim d\langle Y^d, Y^d\rangle$ (prendre $W(\omega,t,x) = I_{\{x=0\}} + x^2$ ci-dessus).

Voici maintenant le théorème d'équivalence. Son énoncé est plutôt long, mais il s'agit en réalité d'un corollaire simple de (11.2) et (4.82).

(11.27) THEOREME: <u>Soit</u> $P \in M(X)$. <u>Soit</u> (B,G) <u>une factorisation de</u> $(\mu^X)^p$ <u>de type (11.26). Il y a équivalence entre</u>:

(i) $P \in M_e(X)$;

(ii) $\underline{\underline{H}}_o^1(P) \subset \mathcal{Z}^1(X)$ <u>et</u> $\underline{\underline{F}}_0$ <u>est</u> P-<u>triviale</u>;

(iii) $\underline{\underline{H}}_0^{1,c}(P)=\chi^1(X^c)$, $\underline{\underline{H}}_0^{1,d}(P)=\underline{\underline{K}}^{1,1}(\mu^X)$, il existe deux processus prévisibles α et α' tels que ΔX égale α ou α', les mesures dB_t et $d\langle X^c,X^c\rangle_t$ sont P-p.s. étrangères, et enfin $\underline{\underline{F}}_0$ est P-triviale;

Dans ces conditions, on peut choisir α et α' de sorte que $\{\Delta B=0\}\subset\{\alpha=0\}$ et que le support de $G_{\omega,t}(.)$ soit $\{\alpha(\omega,t),\alpha'(\omega,t)\}\setminus\{0\}$.

Démonstration. L'équivalence: (i)$\Longleftrightarrow$(ii) a été montrée en (11.2). Si on examine les conditions (ii) et (iii) ci-dessus d'une part, les théorèmes (4.80) et (4.82) d'autre part, on voit que la seule chose à montrer est, avec les notations de (4.82), l'équivalence: " dB et $d\langle X^c,X^c\rangle$ sont P-p.s. étrangères" $\Longleftrightarrow$ " $L_c\cap L_d=\{0\}$ M_C^P-p.s. ".

Il est facile de voir que, pour C , on peut prendre le processus $C=\langle X^c,X^c\rangle+B$, de sorte que $\langle X^c,X^c\rangle=H\bullet C$ et $B=H'\bullet C$ pour des processus prévisibles positifs H et H' convenables. Si $A=\{(\omega,t):G_{\omega,t}(E)=0\}$ on sait que $I_A\bullet B=0$, donc on peut choisir H' tel que $H'I_A=0$.

D'une part on a l'équivalence: $L_c(\omega,t)=\mathbb{R}\Longleftrightarrow H_t(\omega)>0$. D'autre part dans la factorisation (4.63) il vient $F_{\omega,t}=H'_t(\omega)G_{\omega,t}$, donc comme $H'I_A=0$ on a aussi l'équivalence: $L_d(\omega,t)=\mathbb{R}\Longleftrightarrow F_{\omega,t}(E)>0\Longleftrightarrow H'_t(\omega)>0$. Par suite $L_c\cap L_d=\{0\}$ M_C^P-p.s. si et seulement si $HH'=0$ M_C^P-p.s., ce qui revient à dire que $d\langle X^c,X^c\rangle=H\bullet dC$ et $dB=H'\bullet dC$ sont P-p.s. étrangères.∎

(11.28) Remarque: On peut montrer que si $\Delta X\in\{\alpha,\alpha'\}$, où α et α' sont deux processus prévisibles, la mesure aléatoire $\eta(dt)=\sum_{s>0}I_{\{\Delta X_s\neq 0\}}\varepsilon_s(dt)$ dont il a été question avant l'énoncé admet une projection prévisible duale η^p. On peut donc remplacer ci-dessus dB_t par $\eta^p(dt)$.∎

§d - Un problème de sousmartingales.

X étant toujours un processus donné, on note $Ss(X)$ l'ensemble des probabilités P sur $(\Omega,\underline{\underline{F}})$ telles que X soit P-indistinguable d'une sousmartingale locale sur $(\Omega,\underline{\underline{F}}^P,\underline{\underline{F}}^P,P)$.

On peut caractériser les éléments de $Ss_e(X)$ de la manière suivante.

(11.29) THEOREME: Soit $P\in Ss(X)$. Soit $X=M+C$ la décomposition canonique de X pour P. Soit (B,G) (resp. (B',G')) une factorisation de $(\mu^X)^p$ (resp. de $(\mu^M)^p$) de type (11.26). Soit enfin K l'ensemble des (ω,t) tels que $\Delta B_t(\omega)G_{\omega,t}(E)=1$ et $G_{\omega,t}(.)$ ne charge qu'un seul point. Il y a équivalence entre:

(i) $P\in Ss_e(X)$;

(ii) $\underline{\underline{H}}_o^1(P) = \mathcal{Z}^1(M)$, <u>les mesures</u> dC_t <u>et</u> $d\langle M^c,M^c\rangle_t + dB'_t$ <u>sont</u> P-<u>p.s. étrangères, et</u> $\underline{\underline{F}}_0$ <u>est</u> P-<u>triviale</u>;
(iii) $\underline{\underline{H}}_o^{1,c}(P) = \mathcal{Z}^1(M^c)$, $\underline{\underline{H}}_o^{1,d}(P) = \underline{\underline{K}}^{1,1}(\mu^M)$, <u>il existe deux processus prévisibles</u> α <u>et</u> α' <u>tel que</u> ΔM <u>égale</u> α <u>ou</u> α', <u>les trois mesures</u> dC_t, $d\langle M^c,M^c\rangle_t$ <u>et</u> dB'_t <u>sont</u> P-<u>p.s. étrangères, et enfin</u> $\underline{\underline{F}}_0$ <u>est</u> P-<u>triviale</u>;
(iv) $\underline{\underline{H}}_o^{1,c}(P) = \mathcal{Z}^1(X^c)$, $\underline{\underline{H}}_o^{1,d}(P) = \underline{\underline{K}}^{1,1}(\mu^X)$, <u>il existe deux processus prévisibles</u> β <u>et</u> β' <u>tels que</u> ΔX <u>égale</u> β <u>ou</u> β', <u>les trois mesures</u> dC_t, $d\langle X^c,X^c\rangle_t$ <u>et</u> $I_{K^c}\cdot dB_t$ <u>sont</u> P-<u>p.s. étrangères, et enfin</u> $\underline{\underline{F}}_0$ <u>est</u> P-<u>triviale</u>.

Les conditions (iii) et (iv) sont très voisines: on a évidemment $M^c = X^c$, et si $\beta = \alpha + \Delta C$ et $\beta' = \alpha' + \Delta C$ on a l'équivalence: $\Delta M \in \{\alpha,\alpha'\} \Longleftrightarrow \Delta X \in \{\beta,\beta'\}$. Pour tout $P \in Ss(X)$ les mesures dB' et $I_{K^c}\cdot dB$ sont équivalentes, comme le montre le lemme suivant, et bien que la décomposition canonique $X = M + C$ dépende a-priori de P. Par contre on n'a pas nécessairement l'égalité $\underline{\underline{K}}^{1,1}(\mu^M) = \underline{\underline{K}}^{1,1}(\mu^X)$, mais seulement l'inclusion $\underline{\underline{K}}^{1,1}(\mu^M) \subset \underline{\underline{K}}^{1,1}(\mu^X)$.

(11.30) LEMME: <u>Les mesures</u> dB'_t <u>et</u> $I_{K^c}\cdot dB_t$ <u>sont</u> P-<u>p.s. équivalentes</u>.

<u>Démonstration</u>. Commençons par une remarque. Si $F \in \underline{\underline{P}}$ on a les équivalences: $I_F\cdot B \stackrel{\cdot}{=} 0 \Longleftrightarrow M^P_{(\mu X)p}(F\times E) = 0$ (car $I_A\cdot B = 0$, avec les notations de (11.25)) $\Longleftrightarrow M^P_{\mu X}(F\times E) = 0 \Longleftrightarrow F \stackrel{\cdot}{\subset} \{\Delta X = 0\}$. De même $I_F\cdot B' \stackrel{\cdot}{=} 0 \Longleftrightarrow F \stackrel{\cdot}{\subset} \{\Delta M = 0\}$. Pour montrer que $dB' \sim I_{K^c}\cdot dB$ P-p.s., il suffit donc de montrer que pour tout $F \in \underline{\underline{P}}$ on a l'équivalence: $F \stackrel{\cdot}{\subset} K \cup \{\Delta X = 0\} \Longleftrightarrow F \stackrel{\cdot}{\subset} \{\Delta M = 0\}$.

Supposons que $F \stackrel{\cdot}{\subset} \{\Delta M = 0\}$. On a alors $\Delta X = \Delta C$ sur F, ce qui d'après la définition de μ^X et le fait que C et F sont prévisibles entraine que la mesure aléatoire $I_F\cdot\mu^X$ est elle-même prévisible. Donc $I_F\cdot\mu^X = (I_F\cdot\mu^X)^p = I_F\cdot(\mu^X)^p$, ce qui implique que $F \stackrel{\cdot}{\subset} K \cup \{\Delta X = 0\}$ d'après la définition de K.

Supposons inversement que $F \stackrel{\cdot}{\subset} K \cup \{\Delta X = 0\}$. Par définition de K, la mesure aléatoire $I_K\cdot(\mu^X)^p$, qui est la projection prévisible duale de la mesure aléatoire à valeurs entières $I_K\cdot\mu^X$, est elle-même à valeurs entières; ceci n'est possible que si ces deux mesures aléatoires sont égales, ce qui montre que sur K, le processus ΔX égale un processus prévisible γ. Donc $[{}^p(\Delta X)]I_K = ({}^p\gamma)I_K = \gamma I_K = \Delta X\, I_K$, soit $\Delta M = \Delta X - {}^p(\Delta X) = 0$ sur K. Par ailleurs sur $F \cap K^c$ on a aussi $\Delta X \stackrel{\cdot}{=} 0$, donc ${}^p(\Delta X) \stackrel{\cdot}{=} 0$, donc $\Delta M \stackrel{\cdot}{=} 0$. On en déduit que $F \stackrel{\cdot}{\subset} \{\Delta M = 0\}$. ∎

<u>Démonstration de (11.29)</u>. (a) Comme $\Delta X = \Delta M + \Delta C$ et comme ΔC est prévi-

sible, on a $\underline{\underline{P}}(\underline{\underline{F}}^P)\vee\sigma(\Delta M) = \underline{\underline{P}}(\underline{\underline{F}}^P)\vee\sigma(\Delta X)$; par suite (4.52) entraine l'équivalence: $\underline{\underline{H}}_o^{1,d}(P) = \underline{\underline{K}}^{1,1}(\mu^X) \Longleftrightarrow \underline{\underline{H}}_o^{1,d}(P) = \underline{\underline{K}}^{1,1}(\mu^M)$. Compte tenu des remarques qui précèdent le lemme (11.30), et du lemme lui-même, on a donc l'équivalence: (iii) $\Longleftrightarrow$ (iv).

(b) L'équivalence: (ii) $\Longleftrightarrow$ (iii) découle de (11.27). Noter qu'ici $M_0 = 0$, donc $\mathcal{Z}^1(M) \subset \underline{\underline{H}}_o^1(P)$.

(c) Nous allons montrer l'implication: (i) $\Longrightarrow$ (iii). On a $P \in M(M)$. Supposons que $P = aQ' + (1-a)Q''$ avec $a \in]0,1[$, $Q', Q'' \in M(M)$. Comme $Q' \leq P/a$ il est facile de voir que $C \in \underline{\underline{A}}_{loc}^+(Q')$ et comme $M \in \underline{\underline{L}}(Q')$ par hypothèse, on en déduit que $Q' \in Ss(X)$. On a de même $Q'' \in Ss(X)$, donc (i) entraine que $Q' = Q'' = P$. Par suite $P \in M_e(M)$ et (11.27) entraine qu'on a la condition (iii), à l'exception peut-être du fait que dC et $d\langle M^c,M^c\rangle + dB'$ sont P-p.s. orthogonales; (11.27) entraine aussi qu'on peut choisir α et α' de sorte que $\{\alpha,\alpha'\} \setminus \{0\}$ soit exactement le support de $G(.)$. Par suite si $F(b) = \{0 < |\alpha| + |\alpha'| \leq b\}$ et $F = \bigcup_{0<b<\infty} F(b)$, on a $B' = I_F \bullet B'$ et $I_F \bullet \langle M^c,M^c\rangle = 0$. Soit $M(b) = M^c + I_{F(b)} \bullet M^d$: on a $|\Delta M(b)| \leq b$, et $\tilde{B}(b) = \langle M(b),M(b)\rangle$ vérifie $d\tilde{B}(b) \sim d\langle M^c,M^c\rangle + I_{F(b)} \bullet dB'$.

Nous allons raisonner par l'absurde. Si les mesures dC et $d\langle M^c,M^c\rangle + dB'$ ne sont pas étrangères, il existe $b \in]0,\infty[$ tel que dC et $d\tilde{B}(b)$ ne sont pas non plus P-p.s. étrangères. Il doit donc exister un processus prévisible H tel que $0 \leq H \leq 1/b$, que $H \bullet \tilde{B}(b)$ ne soit pas P-p.s. nul, et que les deux processus $C + H \bullet \tilde{B}(b)$ et $C - H \bullet \tilde{B}(b)$ soient dans $\underline{\underline{A}}_{loc}^+(P)$.

Soit $N = (H/4) \bullet M(b)$, $T = \inf(t: |N_t| \geq 1/2)$, $Z' = 1 + N^T$ et $Z'' = 1 - N^T$; Z' et Z" sont deux martingales bornées vérifiant $Z' \geq 1/4$, $Z'' \geq 1/4$, $E(Z'_\infty) = E(Z''_\infty) = 1$ et on peut définir les probabilités $P' = Z'_\infty \bullet P$ et $P'' = Z''_\infty \bullet P$. D'une part $P' \leq 4P$, donc les processus $C \pm H \bullet \tilde{B}(b)$ sont dans $\underline{\underline{A}}_{loc}^+(P')$. D'autre part $\langle Z',M\rangle = \langle Z',M(b)\rangle = (H/4) \bullet \tilde{B}(b)^T$; comme $Z' \leq 1/4$, on a $1/Z' \leq 4$ et le processus $C' = C + (1/Z')_- \bullet \langle Z',M\rangle$ est encore dans $\underline{\underline{A}}_{loc}^+(P')$, tandis que $M' = M - (1/Z')_- \bullet \langle Z',M\rangle$ est dans $\underline{\underline{L}}(P')$ d'après (7.24): par suite $X = M' + C'$ est une P'-sousmartingale locale, et $P' \in Ss(X)$. On montre de même que $P'' \in Ss(X)$. Mais par construction $P = (P' + P'')/2$, donc (i) entraine que $P' = P'' = P$, donc $Z' = Z'' = 1$, dont $T = \infty$ et $N = 0$, donc $H^2 \bullet \tilde{B}(b) = \langle N,N\rangle = 0$, ce qui contredit le fait que $H \bullet \tilde{B}(b)$ n'est pas P-p.s. nul.

(d) Nous allons montrer enfin l'implication: (ii) $\Longrightarrow$ (i). Supposons que $P = aQ' + (1-a)Q''$, avec $a \in]0,1[$, $Q', Q'' \in Ss(X)$. On note Z' et Z" les processus densité de Q' et Q" par rapport à P : on peut en choisir des versions vérifiant identiquement $aZ'+(1-a)Z''=1$, donc si $R'=\inf(t: Z'_t=0)$ et $R''=\inf(t: Z''_t=0)$, les deux processus Z' et Z'' sont arrêtés en $R=R'\wedge R''$. D'après (ii) on a $Z'_0=E(Z'_0)=1$, de même $Z''_0=1$, et il existe $H\in L^1(M)$ tel que si $N=H\bullet M$ on ait $Z'=1+(1-a)N$ et $Z''=1-aN$. Enfin on a $N=N^R$.

Comme Z', donc N, sont bornés, le processus $\tilde{B}=\langle N,M\rangle$ existe. De plus les commentaires qui suivent (11.26) montrent que $d\tilde{B}_t \ll d\langle M^c,M^c\rangle_t + dB'_t$, donc les mesures $d\tilde{B}_t$ et dC_t sont P-p.s. étrangères. D'après (7.24), $M'=M-(1/Z')_-(1-a)\bullet\tilde{B}$ est dans $\underline{L}(Q')$ et comme X est une Q'-sousmartingale locale il faut que le processus prévisible $C+(1/Z')_-(1-a)\bullet\tilde{B}$ soit Q'-p.s. croissant, donc P-p.s. croissant sur $[\![0,R'[\![$; ceci n'est possible que si $\tilde{B}$ est P-p.s. croissant sur $[\![0,R'[\![$. En utilisant Q'' on vérifie de même que $-\tilde{B}$ est P-p.s. croissant sur $[\![0,R''[\![$, donc finalement $\tilde{B}=0$ sur $[\![0,R[\![$.

Soit $T=\inf(t: \tilde{B}_t\neq 0)$. Comme $\tilde{B}=0$ sur $[\![0,R[\![$ et $\tilde{B}=\tilde{B}^R$, on a $[\![T]\!]\subset\{\tilde{B}\neq 0\}$, donc $T\in\underline{\underline{T}}_p(\underline{\underline{F}}^P)$, $T\geq R$ et $\{T>R\}=\{T=\infty\}$. La martingale $N'=I_{[\![0,T[\![}\bullet N$ vérifie donc $\langle N',M\rangle=I_{[\![0,T[\![}\bullet\tilde{B}=0$, donc $N'\perp M$ et d'après (4.13) on a $N'=0$. On en déduit que $N=0$ sur $[\![0,T[\![$, d'où $Z'=Z''=1$ sur $[\![0,T[\![$, ce qui entraine $T=R$. De plus, étant donnée la définition de R et le fait que $aZ'+(1-a)Z''=1$, si on pose $F'=\{R'=T<R''=\infty\}$ et $F''=\{R''=T<R'=\infty\}$ on a $F'\cup F''=\{T<\infty\}$, $\Delta N_T=H_T\Delta M_T<0$ sur F' et $\Delta N_T=H_T\Delta M_T>0$ sur F'' ; par suite $Y=E(\Delta M_T^2|\underline{\underline{F}}^P_{T-})$ est strictement positif sur $\{T<\infty\}$. De plus $\Delta\tilde{B}_T<0$ (resp. >0) sur F' (resp. F'') car $\tilde{B}$ est croissant sur $[\![0,R'[\![$ et décroissant sur $[\![0,R''[\![$. Enfin, comme $\tilde{B}=\langle N,M\rangle$ on doit avoir $\Delta\tilde{B}_T=H_TY$ sur $\{T<\infty\}$: on en déduit alors que $F'=\{H_T<0,T<\infty\}\in\underline{\underline{F}}^P_{T-}$, et de même $F''\in\underline{\underline{F}}^P_{T-}$. Il vient alors:

$$E(\Delta N_T I_{F'}|\underline{\underline{F}}^P_{T-}) = I_{F'}E(\Delta N_T|\underline{\underline{F}}^P_{T-}) = 0 \text{ sur } \{T<\infty\}$$

et comme $\Delta N_T<0$ sur $\{T<\infty\}\cap F'$, on en déduit que $P(F'\cap\{T<\infty\})=0$. On a de même $P(F''\cap\{T<\infty\})=0$, soit finalement $P(T<\infty)=0$. Donc $R=\infty$ P-p.s., donc $Z'=Z''=1$, donc $Q'=Q''=P$, ce qui montre bien que P est extrémal dans $Ss(X)$.∎

Pour terminer, on peut donner un résultat similaire à (11.14). Voici plusieurs parties de $Ss(X)$, qu'on rencontre naturellement:

$$(11.31)\quad \begin{cases} \tilde{S}s(X) = \{P\in Ss(X) : X \text{ est une P-sousmartingale}\} \\ SsD(X) = \{P\in Ss(X) : X \text{ est de classe (D)}\} \\ \tilde{S}s^q(X) = \{P\in Ss(X) : X^*_\infty\in L^q(P)\} \\ Ss^q(X) = \{P\in Ss(X) : X^*_t\in L^q(P) \text{ pour tout } t\in\mathbb{R}_+\}. \end{cases}$$

(11.32) PROPOSITION: Soit S l'un quelconque des ensembles définis en (11.30).

(a) On a $S_e = S \cap Ss_e(X)$.

(b) Si X est optionnel, S est convexe.

Démonstration. Il suffit d'utiliser (11.9), et de recopier les démonstrations de (11.10) et (11.14).∎

§e - Martingale locale de crochet donné. On se donne maintenant deux processus X et C, et on note $M^2(X;C)$ l'ensemble des probabilités P sur $(\Omega,\underline{\underline{F}})$ telles que:

(11.33) $$X \in \underline{\underline{H}}^2_{loc}(P), \quad \langle X,X\rangle = C.$$

On ne sait rien sur la famille $M^2(X;C)$ dans le cas général, et nous nous limiterons au cas où C est un processus croissant continu.

Voici d'abord, sous les hypothèses usuelles de mesurabilité, un résultat de convexité.

(11.34) PROPOSITION: Supposons que X et C soient $\underline{F}$-optionnels (donc C est aussi $\underline{F}$-prévisible). Alors $M^2(X;C)$ est convexe.

Démonstration. Soit $P = aQ + (1-a)Q'$, avec $a \in]0,1[$, $Q,Q' \in M^2(X;C)$. Soit $T_n = \inf(t: C_t = n)$. On a $C_{T_n} = {}^Q\langle X,X\rangle_{T_n} = {}^{Q'}\langle X,X\rangle_{T_n} \leq n$, donc les processus $\underline{F}^P$-optionnels X^{T_n} et $(X^{T_n})^2 - C^{T_n}$ sont dans $\underline{\underline{M}}(Q)$ et dans $\underline{\underline{M}}(Q')$ d'après (2.27). On a donc $X^{T_n} \in \underline{\underline{M}}(P)$ et $(X^{T_n})^2 - C^{T_n} \in \underline{\underline{M}}(P)$ d'après (11.10). De plus $X_0 = C_0$ Q-p.s. et Q'-p.s., donc P-p.s., et la suite de $\underline{F}^P$-temps d'arrêt (T_n) croît Q-p.s. et Q'-p.s., donc P-p.s., vers $+\infty$. Par suite $X^2 - C \in \underline{\underline{L}}(P)$ et $X \in \underline{\underline{M}}_{loc}(P)$, ce qui implique que $X \in \underline{\underline{H}}^2_{loc}(P)$ et que $\langle X,X\rangle = C$.∎

Voici maintenant la structure des solutions extrémales.

(11.35) THEOREME: Soit C un processus croissant continu. Soit $P \in M^2(X;C)$. Il y a équivalence entre:

(i) $P \in M^2_e(X;C)$;

(ii) $\underline{\underline{H}}^1_o(P) \subset \mathcal{Z}^1(X, X^2 - C)$ et $\underline{\underline{F}}_0$ est P-triviale;

(iii) $\underline{\underline{H}}^{1,c}_o(P) = \mathcal{Z}^1(X^c)$, $\underline{\underline{H}}^{1,d}_o(P) = \underline{\underline{K}}^{1,1}(\mu^X)$, il existe deux processus prévisibles α et α' tels que ΔX égale 0, α ou α' et tels que si $K = \{\alpha \neq 0, \alpha' \neq 0, \alpha \neq \alpha'\}$ on ait $I_K \cdot \langle X^c, X^c\rangle = 0$, et enfin $\underline{\underline{F}}_0$ est P-triviale.

Remarquons qu'ici ΔX peut prendre trois valeurs: 0, α et α'; de même si (B,G) est une factorisation (11.26) de $(\mu^X)^P$, on peut choisir α et α' de sorte que le support de $G(.)$ soit $\{\alpha,\alpha'\} \setminus \{0\}$, mais les mesures dB et $d\langle X^c,X^c\rangle$ ne sont pas en général P-p.s. étrangères (par contre $I_K\cdot dB$ et $d\langle X^c,X^c\rangle$ sont P-p.s. étrangères): le fait qu'on ait diminué le nombre de solutions en passant de $M(X)$ à $M^2(X;C)$ revient à "ajouter un degré de liberté" pour les solutions extrémales.

Remarquons aussi qu'on peut écrire $\langle X^c,X^c\rangle = H\cdot C$ et $\langle X^d,X^d\rangle = H'\cdot C$, avec $H+H'=1$: on a exactement $K \doteq \{H'=1\} \doteq \{H=0\}$.

<u>Démonstration</u>. Soit $\underline{X}$ le processus bi-dimensionnel de composantes X et $Y = X^2 - C$.

(a) Il est clair que $M^2(X;C) = \{P\in M(\underline{X}) : P(Y_0 \neq 0) = 0\}$, et il s'ensuit immédiatement que $M_e^2(X;C) = \{P\in M_e(\underline{X}) : P(Y_0\neq 0) = 0\}$. L'équivalence: (i)$\Longleftrightarrow$(ii) découle alors de (11.2).

(b) On va appliquer le théorème (4.82) au processus $\underline{X}$, pour établir l'équivalence: (ii)$\Longleftrightarrow$(iii). On utilisera sans explication les notations de (4.80) et (4.82), après avoir remarqué que le processus C intervenant dans le problème $M^2(X;C)$ est l'un des choix possibles pour le processus C intervenant en (4.82): en effet $C = [X,X]^p$ par hypothèse, et $d\langle Y,Y\rangle_t \ll d\langle X,X\rangle_t$.

D'abord $Y^c = 2X_-\cdot X^c \in \mathcal{L}^1_{loc}(X^c)$, donc $\underline{\underline{H}}_o^{1,c}(P) = \mathcal{L}^1(\underline{X}^c) \Longleftrightarrow \underline{\underline{H}}_o^{1,c}(P) = \mathcal{L}^1(X^c)$. Ensuite $\Delta Y = 2X_-\Delta X + \Delta X^2$, donc $\underline{\underline{P}}(\underline{F}^P)\vee\sigma(\Delta X) = \underline{\underline{P}}(\underline{F}^P)\vee\sigma(\Delta\underline{X})$ et d'après (4.52) on a: $\underline{\underline{H}}_o^{1,d}(P) = \underline{\underline{K}}^{1,1}(\mu^X) \Longleftrightarrow \underline{\underline{H}}_o^{1,d}(P) = \underline{\underline{K}}^{1,1}(\mu^{\underline{X}})$. Si H est un processus prévisible tel que $\langle X^c,X^c\rangle = H\cdot C$, le processus matriciel $\underline{\underline{n}}$ de (4.82) est

$$\underline{\underline{n}} = H\begin{pmatrix} 1 & 2X_- \\ 2X_- & 4X_-^2 \end{pmatrix}$$

et en calculant les valeurs propres il est facile de voir que L_c est l'espace vectoriel de $\mathbb{R}^2$ engendré par le vecteur de composantes $(H,2X_-H)$. Par ailleurs si on considère la factorisation (4.63) de $(\mu^X)^p$, tout point $\underline{\alpha}$ du support de $F(.)$ admet pour composantes $(\alpha, 2X_-\alpha+\alpha^2)$ puisque $\Delta Y = 2X_-\Delta X + \Delta X^2$ (relation qui "passe" aisément de μ^X à $(\mu^X)^p$), donc L_d est de dimension 0 (resp. 1, resp. 2) si le support de $F(.)$ est vide (resp. contient un point, resp. contient au moins deux points distincts); de plus si $\underline{\alpha}$ est l'unique point du support de $F(.)$, les vecteurs $(H,2X_-H)$ et $(\alpha, 2X_-\alpha+\alpha^2)$ engendrent des espaces différents, donc $L_c\cap L_d = \{0\}$. Par suite si $\widetilde{K}$ désigne l'ensemble des (ω,t) tels que $F_{\omega,t}(.)$ admette au moins deux points distincts dans son support, on a $L_c\cap L_d = 0$ M_C^P-p.s. si et seulement si $I_K\cdot\langle X^c,X^c\rangle = 0$.

Enfin, on remarque que le support prévisible J de $D = \{\Delta\underline{X}\neq 0\}\cap]\!]0,\infty[\![$

est vide, car X est quasi-continu à gauche, donc Y aussi. D'après ce qui a été dit sur les points du support de $F(.)$, deux points distincts de ce support constituent avec 0 un ensemble de trois points affinement indépendants; dire que le support de $F(.)$ contient au plus deux points revient enfin à dire qu'il existe deux processus prévisibles α et α' tels que $\Delta X \in \{0,\alpha,\alpha'\}$, ce qui équivaut aussi au fait que $\underline{X}$ vérifie la condition (4.80,ii) et, si cette condition est satisfaite, on a $K = \tilde{K}$.

Il suffit alors de rassembler tous ces résultats, pour obtenir, grâce à (4.82), l'équivalence cherchée.∎

EXERCICES

11.10 - Soit N un processus de Poisson et W un mouvement brownien sur $(\Omega,\underline{\underline{F}},\underline{F},P)$.

a) Montrer que le couple (N,W) est un PAIS à deux composantes. En déduire que N et W sont indépendants.

b) On suppose que, $\underline{G}$ étant la plus petite filtration renadnt N et W optionnels, on a $\underline{F}^P = \underline{G}^P$. Montrer que $\underline{\underline{H}}^1_o(P) = \mathcal{X}^1(W, N_t - t)$.

11.11 - Etablir l'assertion énoncée dans la remarque (11.17).

11.12 - Soit W un mouvement brownien sur $(\Omega,\underline{\underline{F}},\underline{G},P)$, $\underline{G}$ étant la plus petite filtration rendant W optionnel et telle que $\underline{G}^P = \underline{G}$. Soit $M_t = W_t^2 - t$ et $|W| = N + A$ la décomposition canonique de $|W|$. On rappelle (cf. exercices 2.14 et 2.15) que $N = sig(W)\cdot W = (1/2|W|)\cdot M$ et que $W = (1/2W)\cdot M$. Soit $\underline{H}$ et $\underline{H}'$ les plus petites filtrations rendant N et W optionnels, et telles que $\underline{H} = \underline{H}^P$ et $\underline{H}' = \underline{H}'^P$.

a) Montrer que $\underline{H}'$ est la plus petite filtration rendant M optionnel et P-complète. Montrer que $\underline{H} \subset \underline{H}'$ (en fait, on a même $\underline{H} = \underline{H}'$). En déduire que l'inclusion $\underline{H} \subset \underline{G}$ est stricte.

b) Montrer que N est un mouvement brownien relativement à $\underline{H}$ et à $\underline{G}$, que $W = sig(W)\cdot N$, que $\underline{\underline{H}}^1_o(\underline{G}) = \mathcal{X}^1(N,\underline{G})$ et $\underline{\underline{H}}^1_o(\underline{H}) = \mathcal{X}^1(N,\underline{H})$.

c) En déduire que la condition $\underline{H} = \underline{G}$ n'est pas une condition nécessaire dans (11.21) (prendre $\tau_t = t$, $X = N$, $\underline{F} = \underline{G}$).

11.13 - (suite). Soit le processus $\tau_t = \int^t (2 + \frac{W_s}{1+|W_s|})ds$ et son inverse à droite $C = (C_t)_{t \geq 0}$.

a) Montrer que $\underline{G}$ est la plus petite filtration P-complète rendant τ optionnel (on pourra utiliser la relation $W = (\tau' - 2)/(1 - |\tau' - 2|)$, si τ' désigne la dérivée de la fonction $\tau_{.}$.

b) Montrer que C est un changement de temps sur $(\Omega,\underline{\underline{F}},\underline{\underline{G}})$. Soit $X = CN$ et $\underline{\underline{F}} = C\underline{\underline{G}}$ (i.e. $X_t = N_{C(t)}$ et $\underline{\underline{F}}_t = \underline{\underline{G}}_{C(t)}$). Montrer que $X \in \underline{\underline{L}}^c(\underline{\underline{F}})$, que $\langle X,X\rangle = C$, et que $\underline{\underline{G}}_\infty = \underline{\underline{F}}_\infty$.

c) On appelle $\underline{\underline{F}}'$ la plus petite filtration P-complète rendant X optionnel. Montrer que $\underline{\underline{F}}' \subset \underline{\underline{F}}$, que C est $\underline{\underline{F}}'$-optionnel (utiliser le §V-4), et donc que $\sigma(C_s : s \in \mathbb{R}_+) = \sigma(\tau_t : t \in \mathbb{R}_+) \subset \underline{\underline{F}}'_\infty$. En déduire que $\underline{\underline{G}}_\infty = \underline{\underline{F}}'_\infty$.

d) Montrer que τ est un changement de temps sur $(\Omega,\underline{\underline{F}},\underline{\underline{F}})$ et sur $(\Omega,\underline{\underline{F}},\underline{\underline{F}}')$, puis que $N = \tau X$ est $\underline{\underline{F}}'$-optionnel, puis que $\underline{\underline{H}}^1_0(\underline{\underline{F}}') = \mathcal{X}^1(N, \underline{\underline{F}}')$ (utiliser l'exercice 11.12). En déduire que $\underline{\underline{H}}^1_0(\underline{\underline{F}}') = \mathcal{X}^1(X,\underline{\underline{F}}')$ (on pourra utiliser (10.20)), puis que $\underline{\underline{F}}' = \underline{\underline{F}}$ (on pourra utiliser (9.29) et (9.30)).

e) Montrer enfin que $\underline{\underline{H}}^1_0(\underline{\underline{F}}) = \mathcal{X}^1(X,\underline{\underline{F}})$: la condition $\underline{\underline{H}} = \underline{\underline{G}}$ n'est donc pas nécessaire dans (11.21), même lorsque $\underline{\underline{F}}$ est la plus petite filtration P-complète rendant X optionnel.

11.14 - a) Montrer que le théorème (11.16) reste valide si $X = (X^i)_{i \leq d}$ est une martingale locale continue d-dimensionnelle, telle que $X_0 = 0$ et $\langle X^i,X^j\rangle_t = b^{ij}(t)$, où $\underline{\underline{b}} = (b^{ij})_{i,j \leq d}$ est une fonction (déterministe) à valeurs matricielles.

b) En utilisant cette généralisation, réécrire dans ce cadre les résultats du §b. En particulier, pour quel type de fonction matricielle $\underline{\underline{b}}$ le corollaire (11.23) est-il valable ?

11.15 - Montrer que dans (11.23), $\underline{\underline{F}}^P$ est la plus petite filtration P-complète rendant X optionnel (on pourra s'inspirer de la preuve de (11.22)).

11.16 - Montrer que (11.34) reste valable si on remplace: "C est continu $\underline{\underline{F}}$-adapté" par "$C$ est à sauts bornés $\underline{\underline{F}}$-prévisible".

11.17 - Montrer que, pour la validité de (11.34) et (11.35), on pourrait remplacer: "C est croissant continu" par "C est à variation finie sur tout compact et continu".

11.18 - Parmi les $P \in M^2(X;C)$, quelles sont les probabilités qui font de X

a) un PAI,

b) un PAIS,

c) un PAIS, lorsque $P \in M^2_e(X;C)$.

COMMENTAIRES

A l'exception des §1-b et 2-a,b, ce chapitre reprend une partie de l'article [1] de Jacod et Yor (voir aussi Yor [1]), avec quelques améliorations de détail, et en prime la correction de quelques erreurs. Quant au contenu du §1-b, le théorème (11.6) est dû à Douglas [1], et ses relations avec le théorème (11.2) ont été élucidées par Yor [4].

L'intérêt du théorème de caractérisation (11.2) nous semble double: d'une part il résoud dans un cadre très général le problème de la caractérisation des solutions extrémales, posé et partiellement résolu par Dubins et Schwarz [1] dans le cas d'une seule martingale à temps discret. D'autre part, et peut-être surtout, il permet d'obtenir la propriété de représentation prévisible, tel qu'il est dit au §2-a: cette méthode d'obtention de la propriété de représentation prévisible a été introduite indépendamment par Dellacherie [3] pour le mouvement brownien (théorème (11.16)) et la martingale de Poisson (cas particulier de (11.15)), et par Jacod [1] pour les processus ponctuels multivariés (dont (11.15) est un cas particulier), et a été systématisée par Jacod [3] pour les problèmes de martingales étudiés dans les chapitres suivants.

Cependant il existe bien d'autres démonstrations des résultats du §2-a: (11.16), et (11.15) pour la martingale de Poisson, sont dûs à Kunita et Watanabe [1], Meyer [4] et Kabanov [1], et (11.15) a été démontré aussi par Boël, Varayia et Wong [1] dans un cas particulier, et par Chou et Meyer [1]. Le §2-b et les exercices 11.12 et 11.13 sont dûs à Yor [7]; la proposition (11.25) est nouvelle et nous semble intéressante par le fait que la fonction b(x) est seulement supposée borélienne, et aussi que sa démonstration est fort simple, mais malheureusement spécifique aux processus uni-dimensionnels (il s'agit d'un cas particulier du "problème des diffusions" étudié au chapitre XIII).

Signalons enfin que le problème étudié au §2-e a été posé par M. Sharpe, et que la condition (11.3,iv) a été introduite par Yen et Yoeurp [1] en relation avec un problème de représentation optionnelle.

CHAPITRE XII

UN SECOND PROBLEME DE MARTINGALES

Nous poursuivons ci-dessous l'étude des problèmes de martingales, en faisant intervenir explicitement les sauts des processus de base: l'exemple essentiel est celui de l'ensemble des probabilités qui font d'un processus donné une semimartingale de caractéristiques locales données. Ce chapitre est d'une part indépendant du précédent (à l'exception du §2-c, qui ne sert pas dans la suite), et d'autre part pratiquement dépourvu d'applications et d'exemples: ceux-ci font l'objet du chapitre XIII, qui peut être lu en parallèle avec celui-ci.

La partie 1 sert d'introduction. Les solutions extrémales sont caractérisées dans la partie 2. Enfin les parties 3 et 4, qui peuvent être omises (sauf le §4-a), constituent un prolongement et une illustration du chapitre VIII: dans le cas des semimartingales cité plus haut, on considère deux probabilités P et Q faisant du même processus une semimartingale de caractéristiques locales $\mathcal{C}$ (resp. $\mathcal{C}'$); on cherche alors des conditions sur $\mathcal{C}$ et $\mathcal{C}'$ pour que $Q \ll P$, $Q \overset{loc}{\ll} P$, etc...

1 - POSITION DU PROBLEME

§a - Enoncé du problème. Dans tout le chapitre, l'espace filtré $(\Omega, \underline{\underline{F}}, \underline{F})$ est fixé, et on suppose que $\underline{\underline{F}} = \underline{\underline{F}}_{\infty}$.

Nous allons nous placer dans le cadre le plus général possible, compatible avec l'obtention d'une caractérisation des solutions extrémales: cela conduit à un problème dont l'énoncé est compliqué, mais qui est cependant susceptible d'applications bien plus nombreuses que le problème (11.1).

(12.1) DEFINITION: Ce problème consiste en

(a) des données de base:

- une sous-tribu $\underline{\underline{F}}^o$ de $\underline{\underline{F}}_0$,
- une famille $\mathcal{X} = (X^i)_{i \in I}$ de processus, indicée par un ensemble I quelconque,
- une mesure aléatoire à valeurs entières μ, sur un espace lusinien E.

(b) <u>des caractéristiques</u>:

- une probabilité P^o sur $(\Omega,\underline{\underline{F}}^o)$,
- une famille $\mathcal{B} = (B^i)_{i\in I}$ de processus,
- une famille $\mathcal{C} = (C^{ij})_{i,j\in I}$ de processus,
- une famille $\mathcal{W} = (W^i)_{i\in I}$ de fonctions sur $\tilde{\Omega} = \Omega\times\mathbb{R}_+\times E$,
- une mesure aléatoire positive ν sur E.

<u>Une solution de ce problème est une probabilité</u> P <u>sur</u> $(\Omega,\underline{\underline{F}})$, <u>qui vérifie</u>:
(i) <u>la restriction de</u> P <u>à</u> $(\Omega,\underline{\underline{F}}^o)$ <u>égale</u> P^o;
(ii) $\mu\in\tilde{\underline{\underline{A}}}^1_\sigma(P)$ <u>et</u> $\nu = \mu^P$;
(iii) <u>pour tout</u> $i\in I$ <u>on a</u>: $B^i\in \underline{\underline{V}}_0(P)$, $W^i\in G^1_{loc}(\mu,P)$, <u>et</u> $M^i = X^i - B^i - W^i*(\mu-\nu)$ <u>est dans</u> $\underline{\underline{L}}^c(P)$;
(iv) <u>pour tous</u> $i,j\in I$ <u>on a</u>: $C^{ij} = \langle M^i,M^j\rangle$.

La condition (iii) entraine que $X^i\in\underline{\underline{S}}_{p,o}(P)$, que la décomposition canonique de X^i est $X^i = [M^i + W^i*(\mu-\nu)] + B^i$, et que $M^i = (X^i)^c$.

Sur la plan des notations, on notera avec le même symbole, à savoir $S^I(\underline{\underline{F}}^o;\mathcal{X},\mu|P^o;\mathcal{B},\mathcal{C},\mathcal{W},\nu)$, l'ensemble des solutions du problème précédent, et également le problème lui-même (" S^I ", car on introduira ci-dessous un second problème noté " S^{II} ").

(12.2) <u>Remarques</u>: 1) Ce problème ne se ramène pas en général à un problème de martingales de type (11.1); cependant nous verrons plus loin (ce n'est pas évident) qu'il existe une famille $\mathcal{Y}$ de processus telle que, du moins si $\underline{\underline{F}}^o$ est la tribu triviale, et si $S = S^I(\underline{\underline{F}}^o;\mathcal{X},\mu|P^o;\mathcal{B},\mathcal{C},\mathcal{W},\nu)$, on a $S\subset M(\mathcal{Y})$ et $S_e = M_e(\mathcal{Y})\cap S$.

2) La probabilité P^o (et parfois le couple $(\underline{\underline{F}}^o,P^o)$) s'appelle la <u>condition initiale</u>. On rencontre principalement trois possibilités (non exclusives):

- $\underline{\underline{F}}^o = \underline{\underline{F}}_0$.
- $\underline{\underline{F}}^o$ est la tribu engendrée par une variable $\underline{\underline{F}}_0$-mesurable Y: P^o est alors la <u>loi</u> de Y.
- $\underline{\underline{F}}^o = \{\Omega,\emptyset\}$: la condition initiale est donc la probabilité triviale, ce qui revient à dire qu'on ne considère pas de condition initiale du tout !

3) On pourrait supposer que $\underline{\underline{F}}^o$ est une tribu quelconque, non contenue nécessairement dans $\underline{\underline{F}}_0$, et ajouter dans (i) la condition: $\underline{\underline{F}}^o\subset(\underline{\underline{F}}_0)^P$. Cela compliquerait certains points de l'exposé, sans gain important de généralité.

4) A certains égards, il serait plus naturel de poser un problème plus général: dans (a) on partirait d'une famille $(\mu^i)_{i\in I}$ de

mesures aléatoires à valeurs entières, dans (b) d'une famille $(\nu^i)_{i\in I}$ de mesures aléatoires positives, et dans (iii) on aurait $W^i \in G^1_{loc}(\mu^i,P)$ et $M^i = X^i - B^i - W^i*(\mu^i - \nu^i)$, et aussi $\nu^i = (\mu^i)^p$ dans (ii). Nous laissons au lecteur le soin d'étudier ces problèmes, mais il ne semble pas possible d'obtenir pour eux une bonne caractérisation des solutions extrémales. ∎

Le principal exemple est l'ensemble des probabilités qui font d'un processus m-dimensionnel donné, une semimartingale de caractéristiques locales données: nous verrons ceci au §b. Lorsque I est vide, l'ensemble des solutions est l'ensemble des probabilités pour lesquelles la mesure aléatoire à valeurs entières μ admet une projection prévisible duale ν donnée; nous en avons rencontré des exemples au §III-2: mesures aléatoires de Poisson, et processus ponctuels multivariés.

(12.3) DEFINITION: (a) <u>Le problème (12.1) est</u> $\underline{F}$<u>-adapté si les</u> X^i <u>et</u> μ <u>sont</u> $\underline{F}$<u>-optionnels, si les</u> B^i, C^{ij} <u>et</u> ν <u>sont</u> $\underline{F}$<u>-prévisibles, et si les</u> W^i <u>sont</u> $\tilde{\underline{P}}(\underline{F})$<u>-mesurables</u>.

(b) <u>Les problèmes</u> $S^I(\underline{F}^o;\mathcal{X},\mu|P^o;\mathcal{B},\mathcal{C},\mathcal{W},\nu)$ <u>et</u> $S^I(\underline{F}^o;\mathcal{X}',\mu'|P^o;\mathcal{B}',\mathcal{C}',\mathcal{W}',\nu')$ <u>sont dits</u> P-<u>équivalents si les processus</u> X^i (<u>resp</u>. B^i, <u>resp</u>. C^{ij}) <u>et</u> X'^i (<u>resp</u>. B'^i, <u>resp</u>. C'^{ij}) <u>sont</u> P-<u>indistinguables, et si les mesures aléatoires</u> μ (<u>resp</u>. ν, <u>resp</u>. $W^i.(\mu-\nu)$) <u>et</u> μ' (<u>resp</u>. ν', <u>resp</u>. $W'^i.(\mu'-\nu')$) <u>sont</u> P-<u>p.s. égales</u>.

Dans (b), P n'est pas nécessairement solution. Si $W^i \in G^1_{loc}(\mu,P)$, si $W'^i \in G^1_{loc}(\mu',P)$, et si μ (resp. ν) est P-p.s. égale à μ' (resp. ν'), les mesures aléatoires $W^i.(\mu-\nu)$ et $W'^i.(\mu'-\nu')$ sont P-p.s. égales si et seulement si les processus $W^i*(\mu-\nu)$ et $W'^i*(\mu'-\nu')$ sont P-indistinguables, comme le lecteur s'en convaincra aisément à partir de la définition des intégrales stochastiques.

Voici quelques propriétés immédiates. Si P est solution d'un problème, c'est aussi une solution de tout autre problème P-équivalent. Inversement si P est solution du problème (12.1) et également solution d'un autre problème de mêmes données de base et de même condition initiale P^o, alors les deux problèmes sont P-équivalents (utiliser l'unicité de la décomposition canonique et de la "partie martingale continue" d'une semimartingale spéciale, et l'unicité de la projection prévisible duale d'une mesure aléatoire).

(12.4) PROPOSITION: <u>Soit</u> P <u>une solution de</u> $\tilde{S} = S^I(\underline{F}^o;\tilde{\mathcal{X}},\tilde{\mu}|P^o;\tilde{\mathcal{B}},\tilde{\mathcal{C}},\tilde{\mathcal{W}},\tilde{\nu})$.

(a) <u>Il existe un problème</u> $S = S^I(\underline{F}^o;\mathcal{X},\mu|P^o;\mathcal{B},\mathcal{C},\mathcal{W},\nu)$ <u>qui est</u> $\underline{F}$<u>-adapté</u>

<u>et P-équivalent à</u> S (donc $P\in S$).

(b) <u>On peut de plus choisir</u> S <u>de sorte que</u> $\nu(\{t\}\times E)\leq 1$.

(c) <u>Si</u> $I=\{1,2,..,m\}$ <u>on peut de plus choisir</u> S <u>de sorte que</u>

$$(12.5)\quad\begin{cases} C_t^{ij}=\begin{cases} c^{ij}\bullet C_t & \text{si } \sum_{i,j\leq m}|c^{ij}|\bullet C_t<\infty \\ +\infty & \text{sinon,}\end{cases} \\ C \text{ processus croissant continu } \underline{F}\text{-prévisible, } \underline{\underline{c}}=(c^{ij})_{i,j\leq m} \text{ processus } \underline{F}\text{-prévisible à valeurs matricielles symétriques nonnégatives.}\end{cases}$$

<u>Démonstration</u>. On sait qu'il existe des processus $\underline{F}$-optionnels X^i qui sont P-indistinguables des $\tilde{X}^i$. De même il existe des processus $\underline{F}$-prévisibles B^i (resp. C^{ij}), P-indistinguables des $\tilde{B}^i$ (resp. $\tilde{C}^{ij}$). D'après (7.19) il existe également une mesure aléatoire μ (resp. ν) qui est $\underline{F}$-optionnelle (resp. $\underline{F}$-prévisible) et P-p.s. égale à $\tilde{\mu}$ (resp. $\tilde{\nu}$) et d'après (3.23) on peut choisir ν de sorte que le processus $a_t=\nu(\{t\}\times E)$ vérifie identiquement $a\leq 1$, ce qui prouve (b).

On a $M_{\tilde{\mu}}^P(\{|\tilde{W}^i|=\infty\})=M_{\tilde{\nu}}^P(\{|\tilde{W}^i|=\infty\})=0$, puisque $\tilde{W}^i\in G_{loc}^1(\tilde{\mu},P)$: on en déduit que la mesure $\tilde{\eta}^i=W^i\bullet\tilde{\nu}$ est dans $\underline{\tilde{A}}_\sigma(P)$. D'après (7.19) il existe une mesure aléatoire $\underline{F}$-prévisible η^i égale P-p.s. à $\tilde{\eta}^i$, et on a clairement $M_{\eta^i}^P\ll M_\nu^P$. D'après (3.14) il existe alors $W^i\in\underline{\underline{\tilde{P}}}(\underline{F})$ avec $\eta^i=W^i\bullet\nu$. Il vient $M_\mu^P(\{W^i\neq\tilde{W}^i\})=M_\nu^P(\{W^i\neq\tilde{W}^i\})=0$, donc les mesures $W^i\bullet\mu$ et $\tilde{W}^i\bullet\tilde{\mu}$ sont P-p.s. égales, et il en est de même des mesures $W^i\bullet(\mu-\nu)$ et $\tilde{W}^i\bullet(\tilde{\mu}-\tilde{\nu})$. On a ainsi achevé de prouver (a).

Montrons enfin (c). D'après (7.18) et (4.32) on peut trouver un processus $\underline{F}$-prévisible croissant C et un processus $\underline{F}$-prévisible $\underline{\underline{c}}$ à valeurs matricielles symétriques nonnégatives, tels que $\tilde{C}^{ij}=c^{ij}\bullet C$ à un ensemble P-évanescent près. De plus $T=\inf(t:\sum_{i,j\leq m}|c^{ij}|\bullet C_t=\infty)$ est dans $\underline{\underline{T}}(\underline{F})$ et vérifie $P(T<\infty)=0$, donc si C^{ij} est défini par (12.5) on a $C^{ij}=\tilde{C}^{ij}$ à un ensemble P-évanescent près, d'où le résultat.∎

(12.6) <u>Remarques</u>: 1) La formule (12.5) peut paraître compliquée: pourquoi ne pas écrire simplement $C^{ij}=c^{ij}\bullet C$? parce que le processus $c^{ij}\bullet C$ risque de ne pas être défini partout, alors que dans l'énoncé des problèmes (12.1) les divers processus doivent être définis <u>partout</u>. Nous retrouverons cette complication plusieurs fois par la suite.

2) On pourrait affiner encore la structure du problème S: on peut trouver une version telle que les processus X^i soient continus à droite et limités à gauche, sauf au plus en un temps d'arrêt T (égal P-p.s. à $+\infty$), et de même pour les B^i. Par contre on ne peut pas en général choisir S de sorte que les X^i soient continus à droite et limités

à gauche partout, et les B^i à variation finie sur tout compact, si on veut en plus que S soit $\underline{F}$-adapté (c'est possible, par contre, si on veut seulement que S soit $\underline{F}^P$-adapté: cf. la remarque (7.17)).∎

Terminons enfin par un résultat de convexité.

(12.7) THEOREME: L'ensemble des solutions d'un problème (12.1) $\underline{F}$-adapté est convexe.

La condition d'adaptation a été rencontrée plusieurs fois dans le même contexte (voir exercice 12.1). Nous allons en fait démontrer un lemme, qui implique immédiatement le théorème, et qui présente un intérêt en lui-même.

(12.8) LEMME: Soit $a \in]0,1[$, et $P = aQ + (1-a)Q'$, où Q et Q' sont deux solutions du problème $S = S^I(\underline{F}^o; \mathfrak{X}, \mu | P^o; \mathcal{B}, \mathcal{C}, \mathcal{W}, \nu)$. Si ce problème est P-équivalent à un problème $\underline{F}^P$-adapté, on a $P \in S$.

Démonstration. Comme $Q \ll P$ et $Q' \ll P$, le problème S est Q- et Q'-équivalent à un même problème $\underline{F}^P$-adapté. Quitte à remplacer le problème initial par ce problème $\underline{F}^P$-adapté, on peut supposer que S lui-même est $\underline{F}^P$-adapté.

Il est évident que P vérifie (12.1,i). On a $M^P_\mu = aM^Q_\mu + (1-a)M^{Q'}_\mu$, et une relation analogue pour ν ; on en déduit que M^P_μ est σ-finie, et coïncide avec M^P_ν, sur $(\tilde{\Omega}, \underline{\tilde{P}}(\underline{F}^P))$, donc P vérifie (12.1,ii).

Soit $i \in I$. Le processus B^i est un élément $\underline{F}^P$-prévisible de $\underline{\underline{V}}_o(Q)$ et de $\underline{\underline{V}}_o(Q')$, donc il appartient à $\underline{\underline{V}}_o(P)$. De même le processus $\underline{F}^P$-prévisible $C^1(W^i, \nu)$ défini par (3.70) est dans $\underline{\underline{V}}_o(Q)$ et $\underline{\underline{V}}_o(Q')$, donc dans $\underline{\underline{A}}_{loc}(P)$ et on obtient alors $W^i \in G^1_{loc}(\mu, P)$. De plus (7.41) implique que l'intégrale stochastique $W^i \overset{P}{*} (\mu - \nu)$ est une version des intégrales stochastiques $W^i \overset{Q}{*} (\mu - \nu)$ et $W^i \overset{Q'}{*} (\mu - \nu)$, donc le processus $M^i = X^i - B^i - W^i \overset{P}{*} (\mu - \nu)$ est un élément $\underline{F}^P$-optionnel de $\underline{\underline{L}}^c(Q)$ et de $\underline{\underline{L}}^c(Q')$. D'après (11.12) on a alors $M^i \in \underline{\underline{L}}^c(P)$.

Enfin, $M^iM^j - C^{ij}$ est un élément $\underline{F}^P$-optionnel de $\underline{\underline{L}}^c(Q)$ et de $\underline{\underline{L}}^c(Q')$, donc il appartient à $\underline{\underline{L}}^c(P)$, donc P vérifie (12.1,iv).∎

§b - Caractéristiques locales de semimartingales et problèmes de martingales.

Nous rappelons que les caractéristiques locales d'une semimartingale vectorielle ont été définies au §III-2-c.

(12.9) PROBLEME: <u>Ce problème consiste en</u>:

(a) <u>des données de base</u>

- une sous-tribu $\underline{\underline{F}}^o$ de $\underline{\underline{F}}_0$,
- un processus m-dimensionnel $X = (X^i)_{i\leq m}$;

(b) <u>des caractéristiques</u>

- une probabilité P^o sur $(\Omega,\underline{\underline{F}}^o)$,
- un processus m-dimensionnel $B = (B^i)_{i\leq m}$,
- un processus matriciel $C = (C^{ij})_{i,j\leq m}$,
- une mesure aléatoire positive ν sur $E = \mathbb{R}^m$.

<u>Une solution de ce problème est une probabilité</u> P <u>sur</u> $(\Omega,\underline{\underline{F}})$ <u>qui vérifie</u>:
(i) <u>la restriction de</u> P <u>à</u> $(\Omega,\underline{\underline{F}}^o)$ <u>égale</u> P^o;
(ii) X <u>est une semimartingale pour</u> P, <u>de caractéristiques locales</u> (B,C,ν).

On note $S^{II}(\underline{\underline{F}}^o;X|P^o;B,C,\nu)$ l'ensemble des solutions de ce problème. La proposition suivante montre que le problème (12.9) est un cas particulier des problème (12.1), mais leur introduction est néanmoins justifiée par leur intérêt pratique.

(12.10) PROPOSITION: <u>Soit</u> $S = S^{II}(\underline{\underline{F}}^o;X|P^o;B,C,\nu)$. <u>On pose</u> $E = \mathbb{R}^m$, $I = \{1,2,..,m\}$, <u>et</u>

$T = \inf(t:\ X_.$ est continu à droite et limité à gauche dans $\mathbb{R}$, sur $[0,t])$

$$\mu(.) = \sum_{0<s\leq T} I_{\{\Delta X_s \neq 0\}}\,\varepsilon_{(s,\Delta X_s)}(.)$$

$$\check{X}^i = \begin{cases} X^i - X^i_0 - S(\Delta X^i I_{]0,\infty[} I_{\{|\Delta X|>1\}}) & \text{sur } [\![0,T[\![\\ \infty & \text{sur } [\![T,\infty[\![\end{cases}$$

$$W = (W^i)_{i\leq m} \quad \text{avec} \quad W(\omega,t,x) = x I_{\{|x|\leq 1\}} \quad \text{si } x\in E.$$

<u>Si</u> $S' = S^I(\underline{\underline{F}}^o;\check{X} = (\check{X}^i)_{i\leq m},\mu|P^o;B,C,W,\nu)$, <u>on a alors</u> $S = S'$.

Bien entendu, pour toute solution P on a $P(T<\infty) = 0$, mais la définition compliquée de μ et $\check{X}$ est justifiée par la remarque (12.6,1).

<u>Démonstration</u>. Si $P\in S$ ou si $P\in S'$ on a $P(T<\infty) = 0$, donc μ est P-p.s. égale à la mesure μ^X. (3.78) entraine alors l'inclusion $S\subset S'$. Inversement soit $P\in S'$. On a $X^i_0\in\mathbb{R}$ P-p.s., et $A^i = S(\Delta X^i I_{]0,\infty[} I_{\{|\Delta X|>1\}})$ est P-p.s. à valeurs dans $\mathbb{R}$, ce qui entraine $A^i\in \underline{\underline{V}}_0(P)$; donc $X^i = \check{X}^i + X^i_0 + A^i$ est dans $\underline{\underline{S}}(P)$. L'appartenance de P à S est alors évidente.∎

A l'instar de (12.3), on pose:

(12.11) DEFINITION: (a) <u>Le problème (12.9) est</u> <u>F-adapté si</u> X <u>est</u> <u>F-option-</u>

<u>nel, et si</u> B , C , ν <u>sont</u> $\underline{F}$-<u>prévisibles</u>.

(b) <u>Les problèmes</u> $S^{II}(\underline{F}^o;X|P^o;B,C,\nu)$ <u>et</u> $S^{II}(\underline{F}^o;X'|P^o;B',C',\nu')$ <u>sont</u> <u>P-équivalents si les processus</u> X (<u>resp</u>. B , <u>resp</u>. C) <u>et</u> X' (<u>resp</u>. B' , <u>resp</u>. C') <u>sont</u> <u>P-indistinguables, et si les mesures</u> ν <u>et</u> ν' <u>sont</u> P-<u>p.s.</u> <u>égales</u>.

Les commentaires qui précèdent (12.4) sont valides dans le contexte des problèmes (12.9). De même la proposition (12.4) est valide, avec les changements de notation évidents.

Remarquons que si le problème (12.9) est $\underline{F}$-adapté, le problème (12.1) qui lui est associé par (12.10) n'est pas en général $\underline{F}$-adapté, mais seulement $\underline{F}^P$-adapté pour <u>toute</u> probabilité P , puisque T est un $\underline{F}^P$-temps d'arrêt pour toute probabilité P. En utilisant cette remarque et le lemme (12.8), on obtient:

(12.12) PROPOSITION: <u>L'ensemble des solutions d'un problème (12.9)</u> $\underline{F}$-<u>adapté</u> <u>est convexe</u>.

On peut évidemment faire une démonstration directe de ce résultat. On peut montrer que cet ensemble est même <u>dénombrablement</u> convexe (cf. (7.42) et exercice 12.4).

§c - <u>Changement absolument continu de probabilité</u>. Dans ce paragraphe, on considère deux probabilités P et Q , mais sur le plan des notations on privilégie P , comme dans les chapitres précédents.

<u>On suppose que</u> $Q \overset{loc}{\ll} P$, et on adopte les notations du chapitre VII: Z désigne le <u>processus densité</u> de Q par rapport à P , et

$$R_n = \inf(t\colon Z_t \leq 1/n), \quad R = \inf(t\colon Z_t = 0), \quad A = \bigcup_{(n)} [\![0,R_n]\!].$$

Remarquons que l'hypothèse (7.20) est satisfaite avec $T = \infty$. Pour des questions de mesurabilité, on est amené à utiliser la condition suivante, où S désigne un problème (12.1) ou (12.9).

(12.13) <u>Condition</u>: Le triplet (P,Q,S) est tel que, si $\Pi = (P+Q)/2$, le problème S soit Π-équivalent à un problème $\underline{F}^{\Pi}$-adapté.

Cette condition est notamment satisfaite si:

(12.14) $\begin{cases} \text{- le problème S est } \underline{F}\text{-adapté;} \\ \text{- sans condition d'adaptation, si } P \in S \text{ et } Q \ll P \text{ (utiliser (12.4))} \end{cases}$

Si (P,Q,S) vérifie la condition (12.13) et si $P \in S$, on peut faire un peu mieux:

(12.15) LEMME: <u>Si</u> $P \in S$ <u>et si</u> (P,Q,S) <u>satisfait (12.13), le problème</u> S <u>est Π-équivalent à un problème $\underline{F}$-adapté, vérifiant en outre les propriétés (12.4,b,c)</u>.

<u>Démonstration</u>. Il existe un problème S', $\underline{F}^{\Pi}$-adapté et Π-équivalent à S. D'après (12.4) il existe un problème $\tilde{S}'$, $\underline{F}$-adapté, P-équivalent à S, et vérifiant les propriétés (12.4,b,c). Comme les problèmes S' et $\tilde{S}'$ sont P-équivalents et $\underline{F}^{\Pi}$-adaptés, et comme $Q \overset{loc}{\ll} P$, ils sont aussi Q-équivalents, dont Π-équivalents, d'où le résultat. ∎

(12.16) THEOREME: <u>On suppose que</u> $P \in S = S^I(\underline{\underline{F}}^o;\mathcal{X},\mu|P^o;\mathcal{B},\mathcal{C},\mathcal{W},\nu)$, <u>que</u> $Q \overset{loc}{\ll} P$ <u>et que</u> (P,Q,S) <u>vérifie (12.13). Pour qu'il existe un problème</u> $S' = S^I(\underline{\underline{F}}^o;\mathcal{X},\mu|P^o;\mathcal{B}',\mathcal{C}',\mathcal{W}',\nu')$ <u>de mêmes données de base que</u> S, <u>et dont</u> Q <u>soit solution, il faut et il suffit que</u> $[Z,W^i*(\mu-\nu)] \in \underline{\underline{A}}^A_{loc}(P)$ <u>pour tout</u> $i \in I$.

<u>Démonstration</u>. Quitte à remplacer S par un problème $\underline{F}^{\Pi}$-adapté qui lui est Π-équivalent, on peut supposer que S lui-même est $\underline{F}^{\Pi}$-adapté. On pourra alors appliquer les résultats du §VII-2 sans se préocupper de la mesurabilité. On pose $M^i = (X^i)^c$, $N^i = W^i*(\mu-\nu)$, de sorte que $X^i = M^i + N^i + B^i$. Dire que Q est solution d'un problème S' de mêmes données de base que S revient à dire que $\mu \in \tilde{\underline{\underline{A}}}^1_{\sigma}(Q)$, que $X^i \in \underline{\underline{S}}_{p,o}(Q)$, et que si ν' est une version de $\mu^{P,Q}$, alors la décomposition canonique de X^i pour Q est:

$$X^i = M'^i + N'^i + B'^i : \ M'^i \in \underline{\underline{L}}^c(Q),\ N'^i = W'^i \overset{Q}{*} (\mu-\nu'),\ B'^i \in \underline{\underline{P}} \cap \underline{\underline{V}}_o(Q).$$

Mais (7.37) entraine que $\mu \in \tilde{\underline{\underline{A}}}^1_{\sigma}(Q)$. D'après (7.24) on a $B^i \in \underline{\underline{P}} \cap \underline{\underline{V}}_o(Q)$ et M^i est un élément continu de $\underline{\underline{S}}_{p,o}(Q)$. On a donc $X^i \in \underline{\underline{S}}_{p,o}(Q)$ si et seulement si $N^i \in \underline{\underline{S}}_{p,o}(Q)$, donc si et seulement si $[Z,N^i] \in \underline{\underline{A}}^A_{loc}(P)$ d'après (7.29), pour tout $i \in I$. Dans ce cas, (7.40) entraine que $W^i \in G^1_{loc}(\mu,Q)$ et que si $N'^i = W^i \overset{Q}{*} (\mu-\nu')$ on a $N^i - N'^i \in \underline{\underline{P}} \cap \underline{\underline{V}}_o(Q)$, ce qui achève de prouver le résultat (pour appliquer (7.40), on peut localiser aux R_n, puis utiliser le fait que $\lim_{(n)} \uparrow R_n = \infty$ Q-p.s.). ∎

(12.17) COROLLAIRE: <u>On suppose que</u> $P \in S = S^{II}(\underline{\underline{F}}^o;X|P^o;B,C,\nu)$, <u>que</u> $Q \overset{loc}{\ll} P$ <u>et que</u> (P,Q,S) <u>vérifie (12.13). Il existe toujours un problème</u> $S^{II}(\underline{\underline{F}}^o;X|P^o,B',C',\nu')$ <u>de mêmes données de base que</u> S, <u>et dont</u> Q <u>soit solution</u>.

<u>Démonstration</u>. D'après (12.10), S est aussi un problème de type (12.1), avec $W = xI_{\{|x|\le 1\}}$. Comme W est borné, les $W^i*(\mu-\nu)$ sont dans $\underline{\underline{H}}^{\infty}_{o,loc}(P)$ et la condition de (12.16) est automatiquement satisfaite.

(On pourrait aussi utiliser (7.24,c), puisque Q est solution d'un problème (12.9) de base $(\underline{\underline{F}}^o,X)$ si et seulement si chaque X^i est dans $\underline{\underline{S}}(Q)$). ∎

Dans la suite, on ne traitera explicitement que le cas des problèmes (12.1), les problèmes (12.9) s'y ramenant à condition de prendre $W(\omega,t,x) = x I_{\{|x|\le 1\}}$ et μ donnée par (12.10).

Dans le théorème (12.16), les problèmes S et S' sont liés au processus densité Z par les relations suivantes:

(12.18) PROPOSITION: Soit $P \in S = S^I(\underline{\underline{F}}^o;\mathscr{X},\mu|P^o;\mathcal{B},\mathcal{C},\mathcal{W},\nu)$ et $Q \in S' = S^I(\underline{\underline{F}}^o;\mathscr{X},\mu|P^o;\mathcal{B}',\mathcal{C}',\mathcal{W}',\nu')$. On suppose que $Q \overset{loc}{\ll} P$ et que S et S' sont $\underline{\underline{F}}^{\pi}$-adaptés. Alors

(i) il existe $Y \in \tilde{\underline{\underline{P}}}(\underline{\underline{F}})^+$ vérifiant les conditions équivalentes suivantes:

- $\nu' = Y\cdot\nu$ Q-p.s.,
- $M^P_{\mu}(Z|\tilde{\underline{\underline{P}}}) = (Z_0 I_{[\![0]\!]} + Z_-)Y$;

(ii) $P'^o = E(Z_0|\underline{\underline{F}}^o)\cdot P^o$;

(iii) $C'^{ij} = C^{ij}$ à un ensemble Q-évanescent près;

(iv) $W'^i = W^i \; M^Q_{\mu-\nu'}$-p.s.;

(v) $B'^i = B^i + (1/Z)_-\cdot\langle Z^c,(X^i)^c\rangle + [W^i(Y-1)]*\nu$ à un ensemble Q-évanescent près.

Remarquons que si P et Q satisfont les hypothèses de (12.16), on peut toujours trouver des problèmes $\tilde{S}$ et $\tilde{S}'$, respectivement π-équivalent à S et Q-équivalent à S', et $\underline{F}^{\pi}$-adaptés (ou même, $\underline{F}$-adaptés, d'après (12.4) et (12.15)).

Démonstration. La partie (i) n'est autre que (7.31,b), compte tenu de (7.27). La partie (ii) est évidente. La partie (iii) découle de (7.25).

Reprenons la preuve de (12.16), avec les mêmes notations: on a vu que $N'^i = W^i \overset{Q}{*}(\mu-\nu')$ et d'après (7.40) il vient même $N^i = N'^i + [W^i(Y-1)]*\nu$ Q-p.s.; l'unicité de la décomposition canonique de X^i pour Q entraine alors (v). Enfin on doit avoir $W^i \overset{Q}{*}(\mu-\nu') = W'^i \overset{Q}{*}(\mu-\nu')$, d'où (iv).■

(12.19) COROLLAIRE: On suppose que $P \in S = S^I(\underline{\underline{F}}^o;\mathscr{X},\mu|P^o;\mathcal{B},\mathcal{C},\mathcal{W},\nu)$, que $Q \overset{loc}{\ll} P$ et que (P,Q,S) vérifie (12.13). Pour que $Q \in S$ il faut et il suffit que

(i) $E(Z_0|\underline{\underline{F}}^o) = 1$,

(ii) $M^P_{\mu}(Z|\tilde{\underline{\underline{P}}}) = Z_0 I_{[\![0]\!]} + Z_-$,

(iii) $\langle Z^c,(X^i)^c\rangle = 0$ pour tout $i \in I$.

Démonstration. On sait que si Q est solution d'un problème, Q est aussi solution de tous les problèmes Q-équivalents. La condition suffisante découle alors immédiatement de (12.18), ainsi que pour la condition nécessaire, les parties (i) et (ii) et le fait que $(1/Z)_-\cdot\langle Z^c,(X^i)^c\rangle = 0$ Q-p.s. pour tout $i \in I$. Mais ceci entraine que $\langle Z^c,(X^i)^c\rangle = 0$ P-p.s. sur

$[\![0,R[\![$, donc partout puisque ce processus est continu et arrêté en R : on a donc (iii). ∎

Comme on l'a vu dans ce corollaire, la proposition (12.18) remplit deux objectifs: d'une part si on connait S', on en déduit des relations que Z doit satisfaire; d'autre part si on connait Z on peut en déduire S' ; plus précisément dans ce dernier cas il faut que les caractéristiques de S' soient définies <u>partout</u>, et on peut alors poser:

$$
(12.20)\quad \begin{cases} \nu' = Y.\nu\ , \quad \mathcal{C}' = \mathcal{C}, \quad \mathcal{W}' = \mathcal{W} \\ T^i = \inf(t:\ |W^i(Y-1)|*\nu_t + \int_0^t (1/Z)_{s-}\,|d\langle Z^c,(X^i)^c\rangle_s| = \infty) \\ B'^i = \begin{cases} B^i + [W^i(Y-1)]*\nu + (1/Z)_-\cdot\langle Z^c,(X^i)^c\rangle & \text{sur } [\![0,T^i[\![\\ +\infty & \text{sur } [\![T^i,\infty[\![. \end{cases} \end{cases}
$$

EXERCICES

12.1 - Montrer par des contre-exemples que si l'une quelconque des hypothèses d'adaptation à $\underline{F}$ n'est pas satisfaite, la conclusion du théorème (12.7) peut être fausse (on pourra se reporter à l'exercice 7.15).

12.2 - Ecrire les propositions (12.4), (12.7), (12.16) et (12.17) dans le cas où on ne suppose pas que $\underline{\underline{F}}^o \subset \underline{\underline{F}}_0$ dans la définition (12.1). Montrer en particulier que la "bonne" notion d'adaptation à $\underline{F}$ consiste alors à rajouter l'hypothèse $\underline{\underline{F}}^o \subset \underline{\underline{F}}_0$.

12.3 - Ecrire les propositions (12.4), (12.7), (12.16) et (12.17) dans le cas des problèmes définis dans la remarque (12.2,4).

12.4 - On considère un problème défini dans la remarque (12.2,4), et on suppose que I est fini ou dénombrable. Montrer qu'il existe un problème (12.1) dont l'ensemble des solutions égale l'ensemble des solutions du problème initial (on pourra prendre une mesure aléatoire μ sur l'espace $E' = E^I$, qui est encore lusinien).

12.5 - Montrer que l'ensemble des solutions d'un problème (12.9), $\underline{F}$-adapté, est dénombrablement convexe (on pourra s'inspirer de la preuve de (7.42)).

2 - LES SOLUTIONS EXTREMALES

§a - Caractérisation des solutions extrémales. Voici une caractérisation qui, dans le cadre des problèmes étudiés dans ce chapitre, allie les deux théorèmes (11.2) et (11.3).

(12.21) THEOREME: Soit P un élément de $S = S^{I}(\underline{\underline{F}}^{o};\mathcal{X},\mu|P^{o};\mathcal{B},\mathcal{C},\mathcal{W},\nu)$. Il y a équivalence entre

(i) $P \in S_e$;

(ii) $\underline{\underline{H}}_o^{1,c}(P) = \mathcal{L}^1((X^i)^c : i \in I)$, $\underline{\underline{H}}_o^{1,d}(P) = \underline{\underline{K}}^{1,1}(\mu,P)$, et $(\underline{\underline{F}}^o)^P = \underline{\underline{F}}_0^P$;

(iii$_q$) toute $N \in \underline{\underline{H}}_o^q(P)$ (ou, par localisation, $\underline{\underline{H}}_{o,loc}^q(P)$) orthogonale aux $(X^i)^c$ et à $\underline{\underline{K}}^{1,1}(\mu,P)$ est nulle, et $(\underline{\underline{F}}^o)^P = \underline{\underline{F}}_0^P$ (q quelconque dans $[1,\infty]$);

(iii'$_q$) toute $N \in \underline{\underline{H}}_o^q(P)$ (ou, par localisation, $\underline{\underline{H}}_{o,loc}^q(P)$) vérifiant $\langle N^c,(X^i)^c\rangle = 0$ pour tout $i \in I$ et $M_\mu^P(\Delta N|\tilde{\underline{\underline{P}}}) = 0$ est nulle, et $(\underline{\underline{F}}^o)^P = \underline{\underline{F}}_0^P$ (q quelconque dans $[1,\infty]$).

(iv) $Q \in S$ et $Q \sim P \Longrightarrow Q = P$;

(v) $Q \in S$ et $Q \ll P \Longrightarrow Q = P$;

(vi) $Q \in S$, $Q \overset{loc}{\ll} P$ et (P,Q,S) vérifie (12.13) $\Longrightarrow Q = P$.

D'après (12.10), le même théorème s'applique à un problème de type (12.9), soit $S = S^{II}(\underline{\underline{F}}^o;X|P^o;B,C,\nu)$, à condition d'associer μ à X par (3.22), ce qui définit μ à un ensemble P-négligeable près, et de remplacer l'ensemble I par $\{1,2,..,m\}$.

Démonstration. Les implications: (v') $\Longrightarrow$ (v) $\Longrightarrow$ (iv) sont immédiates. Lorsque $q,q' \in [1,\infty]$, les équivalences: (ii) $\Longleftrightarrow$ (iii$_q$) $\Longleftrightarrow$ (iii'$_{q'}$) découlent de (4.14) et (4.53). Nous allons montrer successivement les implications: (i) $\Longrightarrow$ (iii'$_\infty$) et (iv) $\Longrightarrow$ (iii'$_\infty$), puis (iii'$_1$) $\Longrightarrow$ (v'), et enfin (v) $\longrightarrow$ (i), ce qui prouvera le théorème.

(a) Soit $U \in b\underline{\underline{F}}_0$ et $U' = U - E(U|\underline{\underline{F}}^o)$; soit $N \in \underline{\underline{H}}_o^\infty(P)$ vérifiant $\langle N^c,(X^i)^c\rangle = 0$ pour tout $i \in I$ et $M_\mu^P(\Delta N|\tilde{\underline{\underline{P}}}) = 0$. Le processus $N' = U' + N$ est un élément de $\underline{\underline{H}}^\infty(P)$, de norme $a = \|N'\|_{H^\infty}$ finie et telle que $E(N'_\infty) = E(N'_0) = E(U') = 0$. Donc les processus $Z = 1 + N'/2a$ et $Z' = 1 - N'/2a$ sont des martingales bornées vérifiant $Z \geq 1/2$, $Z' \geq 1/2$, $E(Z_\infty) = E(Z'_\infty) = 1$. On peut définir les probabilités $Q = Z_\infty \cdot P$ et $Q' = Z'_\infty \cdot P$, qui admettent respectivement Z et Z' pour processus densité par rapport à P, et qui vérifient $Q \sim Q' \sim P$ et $P = (Q+Q')/2$.

Par construction $E(Z_0|\underline{\underline{F}}^o) = 1$, $\langle Z^c,(X^i)^c\rangle = 0$ pour tout $i \in I$, et $M_\mu^P(Z|\tilde{\underline{\underline{P}}}) = Z_0 I_{[\![0]\!]} + Z_-$. De plus $Q \sim P$, donc (P,Q,S) vérifie (12.13) d' après (12.14). On déduit alors de (12.17) que $Q \in S$. On montre de même que $Q' \in S$. Sous chacune des hypothèses (i) ou (iv) il faut alors que $Q = Q' = P$, donc $Z = Z' = 1$, donc $U' = 0$ et $N = 0$, ce qui implique (iii$'_\infty$).

(b) Supposons qu'on ait (iii$'_1$), et soit $Q \in S$ telle que $Q \overset{loc}{\ll} P$ et que (P,Q,S) vérifie (12.13). Soit Z le processus densité de Q par rapport à P. (12.19) entraine que $E(Z_0|\underline{\underline{F}}^o) = 1$, donc $Z_0 = 1$ d'après (iii$'_1$); ensuite $<Z^c,(X^i)^c> = 0$ pour tout $i \in I$, et enfin $M^P_\mu(Z|\tilde{\underline{\underline{P}}}) = Z_0 I_{[\![0]\!]} + Z_-$, donc $M^P_\mu(\Delta(Z - Z_0)|\tilde{\underline{\underline{P}}}) = 0$. Par suite $Z - Z_0 = 0$ d'après (iii$'_1$) encore: on en déduit que $Z = 1$, d'où $Q = P$ puisque $\underline{\underline{F}} = \underline{\underline{F}}_\infty$ par hypothèse.

(c) Supposons enfin qu'on ait (v), et soit $P = aQ + (1-a)Q'$ avec $a \in]0,1[$, $Q,Q' \in S$. Comme $Q \ll P$ et $Q' \ll P$, il faut que $Q = Q' = P$, d'où (i).∎

La propriété d'extrémalité se conserve par changement absolument continu de probabilité, dans le sens suivant:

(12.22) THEOREME: <u>Soit</u> $P \in S = S^I(\underline{\underline{F}}^o;\mathfrak{X},\mu|P^o;\mathcal{B},\mathcal{C},\mathcal{W},\nu)$ <u>et</u> $Q \in S' = S^I(\underline{\underline{F}}^o;\mathfrak{X},\mu|P'^o;\mathcal{B}',\mathcal{C}',\mathcal{W}',\nu')$. <u>On suppose que</u> $Q \overset{loc}{\ll} P$ <u>et que</u> (P,Q,S) <u>vérifie (12.13). Si</u> $P \in S_e$ <u>on a alors</u> $Q \in S'_e$.

Dans cet énoncé, les problèmes S et S' ont mêmes données de base: la condition du théorème (12.16) est satisfaite.

<u>Démonstration</u>. Comme d'habitude, Z désigne le processus densité de Q par rapport à P. Soit $Q = aQ' + (1-a)Q''$, avec $a \in]0,1[$, $Q',Q'' \in S'$.

Commençons par examiner les questions de mesurabilité. Soit $\Pi = (P+Q)/2$. Soit $\tilde{S} = S^I(\underline{\underline{F}}^o;\tilde{\mathfrak{X}},\tilde{\mu}|P^o;\tilde{\mathcal{B}},\tilde{\mathcal{C}},\tilde{\mathcal{W}},\tilde{\nu})$ un problème Π-équivalent à S et adapté à $\underline{\underline{F}}^\Pi$. Soit $Z^o = E(Z_0|\underline{\underline{F}}^o)$, $Y \in \tilde{\underline{\underline{P}}}(\underline{\underline{F}})^+$ tel que $M^P_\mu(Z|\tilde{\underline{\underline{P}}}) = (Z_0 I_{[\![0]\!]} + Z_-)Y$, et $\tilde{S}' = S^I(\underline{\underline{F}}^o;\tilde{\mathfrak{X}},\tilde{\mu}|Z^o{\cdot}P^o;\tilde{\mathcal{B}}',\tilde{\mathcal{C}},\tilde{\mathcal{W}},Y{\cdot}\tilde{\nu})$ où $\tilde{\mathcal{B}}'$ est défini à l'aide de $\tilde{\mathfrak{X}}$, $\tilde{\mathcal{B}}$, $\tilde{\mu}$ et $\tilde{\nu}$ par (12.20). On sait que $P \in \tilde{S}$ et que $Q \in \tilde{S}'$, donc S' et $\tilde{S}'$ sont Q-équivalents. Comme $Q' \ll Q$ et $Q'' \ll Q$, les problèmes S' et $\tilde{S}'$ sont également Q'- et Q''-équivalents, donc $Q',Q'' \in \tilde{S}'$. Quitte à remplacer S et S' par $\tilde{S}$ et $\tilde{S}'$, on peut donc supposer que S est $\underline{\underline{F}}^\Pi$-adapté, et que $S' = S^I(\underline{\underline{F}}^o;\mathfrak{X},\mu|Z^o{\cdot}P^o;\mathcal{B}',\mathcal{C},\mathcal{W},Y{\cdot}\nu)$, où $\mathcal{B}'$ est donné par (12.20). En particulier, (P,Q',S) et (P,Q'',S) vérifient (12.13).

On a $Q' \overset{loc}{\ll} P$. Soit Z' le processus densité de Q' par rapport à P. Le fait que $Q' \in S'$ implique que $E(Z'_0|\underline{\underline{F}}^o) = Z^o$; comme $\underline{\underline{F}}^o$ et $\underline{\underline{F}}^P_0$ coïncident aux ensembles P-négligeables près, on a $Z'_0 = Z^o = Z_0$. Ensuite $\mu^{P,Q'} = Y{\cdot}\nu$, donc (12.18) entraine que $M^P_\mu(Z'|\tilde{\underline{\underline{P}}}) = (Z'_0 I_{[\![0]\!]} + Z'_-)Y$; mais alors (12.18) appliqué à (P,Q',Z') d'une part, et à (P,Q,Z) d'autre part, et le fait que $Q,Q' \in S'$, entrainent que les processus

$(1/Z')_-\bullet\langle Z'^c,(X^i)^c\rangle$ et $(1/Z)_-\bullet\langle Z^c,(X^i)^c\rangle$ sont Q'-indistinguables, puisque $Q'\ll Q$.

Posons $T_n = \inf(t: Z_t\leq 1/n$ ou $Z'_t\leq 1/n)$ et $N^n = (1/Z')_-\bullet Z'^{T_n} - (1/Z)_-\bullet Z^{T_n}$. On a

$$M^P_\mu(\Delta N^n|\tilde{\underline{P}}) = [(1/Z')_- M^P_\mu(\Delta Z'|\tilde{\underline{P}}) - (1/Z)_- M^P_\mu(\Delta Z|\tilde{\underline{P}})] I_{[\![0,T_n]\!]} = 0$$

puisque $M^P_\mu(\Delta Z'|\tilde{\underline{P}}) = Z'_-(Y-1)$ et $M^P_\mu(\Delta Z|\tilde{\underline{P}}) = Z_-(Y-1)$ sur $]\!]0,\infty[\![$. De même

$$\langle(N^n)^c,(X^i)^c\rangle = (1/Z')_-\bullet\langle Z'^c,(X^i)^c\rangle^{T_n} - (1/Z)_-\bullet\langle Z^c,(X^i)^c\rangle^{T_n} = 0$$

Q'-p.s., donc P-p.s. sur $[\![0,R'[\![$ si $R' = \inf(t: Z'_t = 0)$. Comme ce processus est continu et arrêté en $R' = \lim_{(n)}\uparrow T_n$, on a $\langle(N^n)^c,(X^i)^c\rangle = 0$. On déduit alors de (12.21) que si $P\in S_e$, alors $N^n = 0$, donc $(1/Z)_-\bullet Z^{T_n} = (1/Z')_-\bullet Z'^{T_n}$. Mais si on appelle $\tilde{N}^n$ cette martingale locale, on a $Z'^{T_n} = Z'_0\,\mathcal{E}(\tilde{N}^n)$ et $Z^{T_n} = Z_0\,\mathcal{E}(\tilde{N}^n)$. On a vu que $Z'_0 = Z_0$, d'où $Z'^{T_n} = Z^{T_n}$. Etant donnée la définition de T_n, ceci n'est possible que si $Z' = Z$, donc $Q' = Q$ puisque $\underline{F} = \underline{F}_\infty$. On montre de même que l'hypothèse $P\in S_e$ implique $Q'' = Q$, ce qui prouve qu'alors $Q\in S'_e$. ∎

§b - La propriété de représentation prévisible; exemple: les PAI. Ainsi qu'on l'a vu au §XI-2-a, (12.21) peut servir à obtenir dans certains cas une propriété de représentation prévisible pour les martingales. En effet, la condition (ii) de (12.21) fournit une "représentation des martingales" en fonction des données de base, dans le sens où toute $M\in\underline{M}_{loc}(P)$ s'écrit

$$M = M_0 + M^c + W*(\mu-\nu),$$

où $M_0\in(\underline{F}^0)^P$, $W\in G^1_{loc}(\mu,P)$ et $M^c\in\mathcal{L}^1_{loc}((X^i)^c : i\in I)$.

Voici d'abord deux exemples, qui généralisent (considérablement, pour le second) les théorèmes (11.15) et (11.16).

(12.23) THEOREME: Soit μ un processus ponctuel multivarié, et $\underline{G}$ la plus petite filtration le rendant optionnel. Si $\underline{F}^P_t = \underline{F}^P_0\vee\underline{G}_t$ pour tout $t\in\mathbb{R}_+$, on a $\underline{H}^1(P) = \underline{K}^{1,1}(\mu,P)$.

Démonstration. On peut toujours supposer que $\underline{F}_t = \underline{F}_0\vee\underline{G}_t$ pour tout $t\in\mathbb{R}_+$. Soit P^0 la restriction de P à $\underline{F}_0$, et $\nu = \mu^{p,P}$. Si S est le problème de type (12.1) associé à l'ensemble $I=\emptyset$, aux données de base $\underline{F}_0$ et μ ($\mathcal{X}$ n'intervient pas si $I=\emptyset$), et aux caractéristiques P^0 et ν ($\mathcal{B}$, $\mathcal{C}$ et $\mathcal{W}$ n'interviennent pas non plus), toute $Q\in S$ vérifie les propriétés: $\underline{F}^Q_t = \underline{F}^Q_0\vee\underline{G}_t$, Q et P coïncident sur $(\Omega,\underline{F}_0)$, et μ admet même projection prévisible duale ν pour Q et P. D'après (3.42) on en déduit que

P est l'unique élément de S, donc $P\in S_e$ et le résultat découle de (12.21).

(12.24) THEOREME: Soit X un PAI-semimartingale à valeurs dans $\mathbb{R}^m$. On suppose que $\underline{F}^P$ est la plus petite filtration P-complète rendant X optionnelle et telle que $\underline{F}_0^P$ contienne une tribu donnée $\underline{G}$. On a alors $\underline{F}_0^P = \underline{G}^P$, $\underline{H}_0^{1,c}(P) = \mathcal{L}^1(X^c)$ et $\underline{H}_0^{1,d}(P) = \underline{K}^{1,1}(\mu,P)$, où $\mu = \mu^X$ et X^c est la partie martingale continue (vectorielle) de X.

Démonstration. Soit $\underline{H}$ la plus petite filtration rendant X optionnel. Quitte à modifier $\underline{F}$ sans changer sa complétée $\underline{F}^P$, on peut supposer que $\underline{F}$ est la plus petite filtration contenant $\underline{H}$ et telle que $\underline{G}\subset\underline{F}_0$. Soit P^o la restriction de P à $\underline{G}$, et (B,C,ν) les caractéristiques locales de X, qui sont données par (3.51). On considère le problème $S = S^{II}(\underline{G};X|P^o;B,C,\nu)$. D'après (3.60), S admet P pour unique élément, donc $P\in S_e$ et le résultat découle de (12.21), via (12.10).∎

Remarque: Conformément aux hypothèses de ce chapitre, nous avons supposé ci-dessus que $\underline{F} = \underline{F}_\infty$, et cette propriété est utilisée explicitement. Mais, à l'instar de la remarque (11.17), les propriétés de représentation restent évidemment valides dans ces résultats (et plus généralement dans l'implication: (i) $\Longrightarrow$ (ii) de (12.21)), même lorsque l'inclusion $\underline{F}_\infty \subset \underline{F}$ est stricte.∎

Comme on le voit dans ces théorèmes, et aussi dans la condition (12.21, ii), la propriété de représentation prévisible dont il est question ici se présente comme suit: on a d'une part une mesure $\mu\in\tilde{\underline{A}}_\sigma^1(P)$, d'autre part une partie $\mathcal{M}\subset\underline{L}^c(P)$, et la propriété s'écrit alors: $\underline{H}_0^{1,c}(P) = \mathcal{L}^1(\mathcal{M})$ et $\underline{H}_0^{1,d}(P) = \underline{K}^{1,1}(\mu)$.

Une telle propriété, étant liée au caractère extrémal de P dans l'ensemble des solutions d'un certain problème (12.1), se conserve par changement absolument continu de probabilité d'après (12.22). Plus précisément, on a:

(12.25) THEOREME: Soit $Q \overset{loc}{\ll} P$, $\pi = (P+Q)/2$ et Z le processus densité de Q par rapport à P. Soit μ une version $\underline{F}^\pi$-optionnelle d'un élément de $\tilde{\underline{A}}_\sigma^1(P)$. Soit $\mathcal{M}\subset\underline{L}^c(P)$ et $\mathcal{M}' = \{M - (1/Z)_-\cdot\langle Z,M\rangle : M\in\mathcal{M}\}$, où pour chaque processus on choisit une version $\underline{F}^\pi$-optionnelle. On a alors l'implication:

$$\underline{H}_0^{1,c}(P) = \mathcal{L}^1(\mathcal{M},P) \text{ et } \underline{H}_0^{1,d}(P) = \underline{K}^{1,1}(\mu,P)$$
$$\Longrightarrow \quad \underline{H}_0^{1,c}(Q) = \mathcal{L}^1(\mathcal{M}',Q) \text{ et } \underline{H}_0^{1,d}(Q) = \underline{K}^{1,1}(\mu,Q).$$

Cet énoncé a bien un sens: si on prend soin de choisir des versions $\underline{F}^\pi$-

optionnelles, on sait que $\mu \in \tilde{\underline{\underline{A}}}^1_\sigma(Q)$ et que $\mathcal{M}' \subset \underline{\underline{L}}^c(Q)$, puisque la condition (7.20) est satisfaite avec $T = \infty$.

<u>Démonstration</u>. Soit P^o et P'^o les restrictions de P et Q à $\underline{\underline{F}}_0$. Soit $\mathcal{X} = \mathcal{M}$, $\nu = \mu^{p,P}$ et $\nu' = \mu^{p,Q}$ (on choisit des versions $\underline{F}^\pi$-prévisibles pour ν et ν'). Soit I un ensemble indexant la famille $\mathcal{M}$, de sorte qu'on puisse écrire $\mathcal{M} = (M^i)_{i\in I}$. Soit $\mathcal{B} = (B^i)_{i\in I}$ avec $B^i = 0$, $\mathcal{W} = \mathcal{W}' = (W^i)_{i\in I}$ avec $W^i = 0$, $\mathcal{B}' = (B'^i)_{i\in I}$ avec

$$B'^i_t = \begin{cases} \int^t (1/Z)_{s-} \; d\langle Z,M^i\rangle_s & \text{si cette expression a un sens,} \\ +\infty & \text{sinon,} \end{cases}$$

et $\mathcal{C} = \mathcal{C}' = (C^{ij})_{i,j\in I}$ avec pour C^{ij} une version $\underline{F}^\pi$-prévisible de $\langle M^i,M^j\rangle$. Soit enfin $S = S^I(\underline{\underline{F}}_0;\mathcal{X},\mu|P^o;\mathcal{B},\mathcal{C},\mathcal{W},\nu)$ et $S' = S^I(\underline{\underline{F}}_0;\mathcal{X},\mu|P'^o;\mathcal{B}',\mathcal{C}',\mathcal{W}',\nu')$.

On a $P\in S$ et, d'après (7.25), $Q \in S'$. Supposons que $\underline{\underline{H}}^{1,c}_o(P) = \mathcal{L}^1(\mathcal{M},P)$ et que $\underline{\underline{H}}^{1,d}_o(P) = \underline{\underline{K}}^{1,1}(\mu,P)$: la probabilité P vérifie la condition (12.21,ii), donc $P \in S_e$, donc $Q\in S'_e$ d'après (12.22), et le résultat découle alors de (12.21), puisque d'après (7.25) encore on a $(M^i)^{c,Q} = M^i - B'^i$ à un ensemble Q-évanescent près. ∎

Ce théorème a une grande importance, car il permet d'obtenir la propriété de représentation prévisible dans de nombreux cas. Par exemple, en utilisant (12.24), on obtient:

(12.26) COROLLAIRE: <u>Soit</u> $\underline{F}$ <u>la plus petite filtration de tribu initiale</u> $\underline{\underline{F}}_0$ <u>donnée</u> (mais quelconque) <u>et rendant optionnel un processus</u> m-<u>dimensionnel</u> X. <u>S'il existe une probabilité</u> P' <u>pour laquelle</u> X <u>est un PAI-semimartingale et telle que</u> $P \overset{loc}{\ll} P'$, <u>on a</u> $\underline{\underline{H}}^{1,c}_o(P) = \mathcal{L}^1(X^c)$ <u>et</u> $\underline{\underline{H}}^{1,d}_o(P) = \underline{\underline{K}}^{1,1}(\mu,P)$, <u>où</u> $\mu = \mu^X$ <u>et</u> X^c <u>est la partie martingale continue</u> (vectorielle) <u>de</u> X <u>pour</u> P.

On notera que la combinaison de (12.23) et (12.25) ne donne aucun résultat nouveau: si μ est un processus ponctuel multivarié pour P, c'en est un également pour toute probabilité Q telle que μ soit $\underline{F}^Q$-optionnel et que $Q \overset{loc}{\ll} P$.

(12.27) <u>Remarque</u>: Pour obtenir les conclusions de (12.22) ou (12.25), très souvent on tire parti du fait que P est l'unique élément de S. Mais il ne faudrait pas en conclure que dans ce cas, Q est l'unique élément de S' : on sait seulement que Q est l'unique élémemt de S' qui vérifie $Q \overset{loc}{\ll} P$ et tel que (P,Q,S) vérifie (12.13), mais S' peut fort bien contenir d'autre probabilités. ∎

§c - Une autre démonstration de (12.21). Le titre de ce paragraphe est un peu trompeur, dans la mesure où nous proposons une nouvelle démonstration de la principale équivalence de (12.21) seulement, à savoir: (i)$\longleftrightarrow$(ii), et ceci dans le seul cas où la tribu $\underline{\underline{F}}^o$ est la tribu triviale (mais le lecteur se convaincra aisément que cette dernière restriction est mineure).

Soit $S = S^I(\underline{\underline{F}}^o;\mathcal{X},\mu|P^o;\mathcal{B},\mathcal{C},\mathcal{W},\nu)$. Nous supposons que $\underline{\underline{F}}^o = \{\emptyset,\Omega\}$. Nous allons commencer par nous ramener à un problème de type (11.1). Pour cela, on note $\tilde{\underline{\underline{P}}}_o$ l'ensemble des $A\in\tilde{\underline{\underline{P}}}$ tels que $I_A*\mu_\infty \leq 1$ identiquement. Si $A\in\tilde{\underline{\underline{P}}}_o$, le processus $I_A*\mu - I_A*\nu$ est donc bien défini, et prend ses valeurs dans $[-\infty,1]$.

On note $\mathcal{Y}$ la famille constituée des processus $Y(A) = I_A*\mu - I_A*\nu$ $(A\in\tilde{\underline{\underline{P}}}_o)$ et $Y(i) = X^i - B^i$ $(i\in I)$.

(12.28) LEMME: <u>On a</u> $S\subset M(\mathcal{Y})$ <u>et</u> $S_e = M_e(\mathcal{Y})\cap S$.

<u>Démonstration</u>. L'inclusion $S\subset M(\mathcal{Y})$ est immédiate, et elle entraine l'inclusion $M_e(\mathcal{Y})\cap S\subset S_e$.

Soit $P\in S_e$ telle que $P = aQ + (1-a)Q'$, avec $a\in]0,1[$, $Q,Q'\in M(\mathcal{Y})$. Il existe une partition $\tilde{\underline{\underline{P}}}$-mesurable $(C(n))$ de $\tilde{\Omega}$ telle que $M^P_\mu(C(n))<\infty$, et on appelle $T(n,m)$ le $m^{\text{ième}}$ temps de saut (avec $T(n,0) = 0$) du processus $I_{C(n)}*\mu$. On a $\lim_{(m)}\uparrow T(n,m) = \infty$ P-p.s., et $D(n,m) = C(n)\cap(]\!]T(n,m-1),T(n,m)]\!]\times E)$ pour $m\geq 1$, $D(n,0) = C(n)\cap([\![0]\!]\times E)$ appartiennent à $\tilde{\underline{\underline{P}}}_o$. Quitte à changer la numérotation des $D(n,m)$, on a construit une suite $(D(n))$ d'éléments deux-à-deux disjoints de $\tilde{\underline{\underline{P}}}_o$, telle que $\tilde{\Omega}' = \tilde{\Omega}\setminus\bigcup_{(n)}D(n)$ vérifie $M^P_\mu(\tilde{\Omega}') = M^P_\nu(\tilde{\Omega}') = 0$. Comme $Q\leq P/a$ on a aussi $M^Q_\mu(\tilde{\Omega}') = M^Q_\nu(\tilde{\Omega}') = 0$.

Soit alors $A\in\tilde{\underline{\underline{P}}}$. Les mesures aléatoires μ et ν coïncident P-p.s. sur $\{0\}\times E$ puisque $\nu = \mu^{p,P}$; elles coïncident donc également Q-p.s. sur $\{0\}\times E$, donc $M^Q_\mu(A') = M^Q_\nu(A')$ si $A' = A\cap([\![0]\!]\times E)$. Par ailleurs si $A'' = A\setminus A'$ on a $A''\cap D(n)\in\tilde{\underline{\underline{P}}}_o$, donc $N = I_{A''\cap D(n)}*\mu - I_{A''\cap D(n)}*\nu$ est un processus nul en 0 par construction, donc dans $\underline{\underline{L}}(Q)$ puisque $Q\in M(\mathcal{Y})$. Soit (T_n) une suite localisante pour N, telle que $N^{T_n}\in\underline{\underline{M}}_o(Q)$. Il vient

$$E(I_{A''\cap D(n)}*\mu_{T_m}) = E(I_{A''\cap D(n)}*\nu_{T_m}),$$

ce qui veut dire que les mesures M^Q_μ et M^Q_ν prennent la même valeur sur l'ensemble $A''\cap D(n)\cap([\![0,T_m]\!]\times E)$; comme $\lim_{(m)}\uparrow T_m = \infty$ Q-p.s., on en déduit que $M^Q_\mu(A''\cap D(n)) = M^Q_\nu(A''\cap D(n))$. Il vient alors

$$\begin{aligned} M^Q_\mu(A'') = M^Q_\mu(A''\cap(\tilde{\Omega}\setminus\tilde{\Omega}')) &= \textstyle\sum_{(n)}M^Q_\mu(A''\cap D(n)) \\ &= \textstyle\sum_{(n)}M^Q_\nu(A''\cap D(n)) = M^Q_\nu(A''\cap(\tilde{\Omega}\setminus\tilde{\Omega}')) = M^Q_\nu(A''), \end{aligned}$$

et finalement $M_\mu^Q(A) = M_\nu^Q(A)$, ce qui implique $\nu = \mu^{P,Q}$.

Comme $Q \in P/a$, on a $B^i \in \underline{\underline{P}} \cap \underline{\underline{V}}_o(Q)$; on peut appliquer (7.40) avec la fonction Y égale à 1, puisque $\mu^{P,Q} = \mu^{P,P}$: par suite $W^i \in G^1_{loc}(\mu,Q)$ et $W^i \overset{P}{*} (\mu-\nu)$ est aussi une version de $W^i \overset{Q}{*} (\mu-\nu)$. On a $X^i - B^i \in \underline{\underline{L}}(Q)$ par hypothèse et $X_0^i = B_0^i = 0$ P-p.s., donc Q-p.s.; on en déduit que $M^i = X^i - B^i - W^i*(\mu-\nu)$ est dans $\underline{\underline{L}}^c(Q)$. Enfin d'après (7.25) C^{ij} est une version de ${}^Q\langle M^i,M^j\rangle$. La tribu $\underline{\underline{F}}^o$ étant triviale, on voit que les conditions (i) à (iv) de (12.1) sont satisfaite par Q, donc $Q \in S$. On montre de même que $Q' \in S$, donc $Q = Q' = P$ si $P \in S_e$: cela implique que $P \in M_e(\mathcal{Y})$, et la preuve est achevée.∎

(12.29) <u>Démonstration de l'équivalence: (i)$\Longleftrightarrow$(ii) de (12.21)</u>. Etant donné (12.28), la seule chose qui reste à montrer est l'équivalence des conditions: $\underline{\underline{H}}^1_o(P) = \mathcal{Z}^1(\mathcal{Y}) \Longleftrightarrow \underline{\underline{H}}^{1,c}_o(P) = \mathcal{Z}^1((X^i)^c : i \in I)$ et $\underline{\underline{H}}^{1,d}_o(P) = \underline{\underline{K}}^{1,1}(\mu)$, lorsqu'on sait que $P \in S$, donc $\mathcal{Y} \subset \underline{\underline{L}}(P)$.

Supposons d'abord que $\underline{\underline{H}}^1_o(P) = \mathcal{Z}^1(\mathcal{Y})$. Remarquons que $Y(A)^c = 0$ si $A \in \underline{\underline{\tilde{P}}}_o$, et que $Y(i) = M^i = (X^i)^c$ si $i \in I$. Il est alors immédiat que $\underline{\underline{H}}^{1,c}_o(P) = \mathcal{Z}^1((X^i)^c : i \in I)$. Par ailleurs l'ensemble $\underline{\underline{K}}^{1,1}(\mu)$ est un sous-espace stable de $\underline{\underline{H}}^1(P)$, contenu dans $\underline{\underline{H}}^{1,d}_o(P)$ et contenant les $Y(A) = I_A*(\mu-\nu)$ pour $A \in \underline{\underline{\tilde{P}}}_o$, ainsi que les $Y(i)^d = 0$; par suite $\underline{\underline{K}}^{1,1}(\mu)$ contient $\mathcal{Z}^1(Y^d : Y \in \mathcal{Y})$, c'est-à-dire égale $\underline{\underline{H}}^{1,d}_o(P)$.

Supposons inversement que $\underline{\underline{H}}^{1,c}_o(P) = \mathcal{Z}^1((X^i)^c : i \in I)$ et que $\underline{\underline{H}}^{1,d}_o(P) = \underline{\underline{K}}^{1,1}(\mu)$. Comme $Y(i) = (X^i)^c$ si $i \in I$ on en déduit que $\underline{\underline{H}}^{1,c}_o(P) \subset \mathcal{Z}^1(\mathcal{Y})$. Soit $(D(n))$ la suite d'éléments de $\underline{\underline{\tilde{P}}}_o$ construite dans la preuve de (12.28). Si $M = W*(\mu-\nu) \in \underline{\underline{K}}^{1,1}(\mu)$ et si $M(n) = I_{D(n)}W*(\mu-\nu)$ il est facile de voir que $\sum_{m\leq n} M(m)$ converge dans $\underline{\underline{H}}^1(P)$ vers M ; par ailleurs si W est l'indicatrice de l'ensemble A, on a $A \cap D(n) \in \underline{\underline{\tilde{P}}}_o$, donc $M(n) = Y(A \cap D(n)) \in \mathcal{Z}^1(\mathcal{Y})$; on en déduit que $M(n) \in \mathcal{Z}^1(\mathcal{Y})$ lorsque W est étagé, puis lorsque W est quelconque dans $G^1_{loc}(\mu,P)$. Par suite on a aussi $M \in \mathcal{Z}^1(\mathcal{Y})$, soit $\underline{\underline{K}}^{1,1}(\mu) \subset \mathcal{Z}^1(\mathcal{Y})$. Etant donnée l'hypothèse, on a donc $\underline{\underline{H}}^1_o(P) \subset \mathcal{Z}^1(\mu)$, et cette inclusion est bien-sûr une égalité.∎

<u>EXERCICES</u>

12.6 - Soit S un problème (12.1) et $\mathcal{Y}$ une famille quelconque d'applications: $\Omega \longrightarrow \overline{\mathbb{R}}$. On note $S(\mathcal{Y})$ l'ensemble des $P \in S$ tels que $P(|Y| < \infty) = 1$ pour tout $Y \in \mathcal{Y}$.

a) Montrer que si S est convexe, $S(\mathcal{Y})$ est convexe dès que chaque $Y \in \mathcal{Y}$ est $\underline{\underline{F}}$-mesurable.

b) Montrer que le théorème (12.21) est valide pour le problème $S(\mathcal{Y})$.

12.7 - Soit S un problème (12.1) avec $I=\emptyset$ (donc $\varkappa, \mathcal{B}, \mathcal{C}, \mathcal{W}$ n'interviennent pas). Montrer que l'ensemble des solutions $P\in S$ pour lesquelles μ est un processus ponctuel multivarié est un problème $S(\mathcal{Y})$ au sens de l'exercice précédent, avec une famille $\mathcal{Y}$ convenable.

3 - CONDITIONS D'ABSOLUE CONTINUITE

§a - Position du problème. Dans cette partie, on va appliquer les résultats du chapitre VIII aux problèmes de martingales (12.1) et (12.9), en tirant parti du §1-c.

Décrivons d'abord nos objectifs. Nous considérons

$$(12.30)\quad \begin{cases} \text{- un problème } S=S^I(\underline{\underline{F}}^o;\varkappa,\mu|P^o;\mathcal{B},\mathcal{C},\mathcal{W},\nu) \text{ et une solution } P\in S; \\ \text{- un problème } S'=S^I(\underline{\underline{F}}^o;\varkappa,\mu|P'^o;\mathcal{B}',\mathcal{C}',\mathcal{W}',\nu'), \text{ de mêmes données} \\ \text{de base que } S. \end{cases}$$

Nous nous proposons de:

(i) construire une solution Q de S', vérifiant $Q\ll P$;

(ii) partant de $Q\in S'$, trouver des conditions pour que $Q\ll P$, $Q\overset{loc}{\ll}P$, $P\ll Q$, $P\overset{loc}{\ll}Q$;

(iii) partant de $Q\in S'$ tel que $Q\overset{loc}{\ll}P$, exprimer le processus densité de Q par rapport à P, en fonction des caractéristiques de S et S'.

Les problèmes généraux ainsi posés semblent fort difficiles à résoudre. Aussi, allons-nous faire quelques hypothèses supplémentaires:

(12.31) Hypothèses: (a) I est fini ou vide (si I est fini, on l'écrit $I=\{1,2,..,m\}$), et chaque W^i est borné.

(b) S est $\underline{F}$-adapté, $a_t=\nu(\{t\}\times E)$ vérifie $a\leq 1$, et $\mathcal{C}=(C^{ij})_{i,j\leq m}$ vérifie (12.5).

(c) Il existe

- $z\in(\underline{\underline{F}}^o)^+$
- $Y\in\tilde{\underline{\underline{P}}}(\underline{F})^+$ fini, avec $Y(\omega,0,x)=1$, $\hat{Y}\leq 1$ et $\{a=1\}\subset\{\hat{Y}=1\}$ si $\hat{Y}_t=\int_E Y(t,x)\nu(\{t\}\times dx)$,
- un processus $\underline{F}$-prévisible $\underline{K}=(K^i)_{i\leq m}$,

tels que les caractéristiques de S' vérifient:

$$(12.32)\begin{cases} P'^o = Z.P^o, & \nu' = Y.\nu, \quad \mathcal{C}' = \mathcal{C}, \quad \mathcal{W}' = \mathcal{W}, \\ B'^i = B^i + [W^i(Y-1)]*\nu + (\sum_{j\le m} K^j c^{ji}).C & \text{sur } [\![0,T^i[\![, \\ \text{où } T^i = \inf(t: |W^i(Y-1)*\nu|_t + |\sum_{j\le m} K^j c^{ji}|.C_t = \infty). \end{cases}$$

La série d'hypothèse (12.31) est supposée vérifiée dans toute cette partie. De plus, la probabilité P est privilégiée sur le plan des notations, et on utilise relativement à μ et ν les notations du chapitre III: (3.18), (3.24), (3.25), etc... Enfin on note $\underline{M}$ la P-martingale locale continue m-dimensionnelle de composantes $M^i = (X^i)^c$.

(12.33) Remarque: Nous ne considérons pas explicitement les problèmes de type (12.9), puisque d'après (12.10) un tel problème est aussi un problème (12.1), avec $|W^i| \le 1$. Une difficulté semble toutefois surgir, au sujet de l'adaptation; en effet si $S = S^{II}(\underline{\underline{F}}^o;X|P^o;B,C,\nu)$ est $\underline{F}$-adapté, le problème S de type (12.1) qui lui est associé n'est pas nécessairement $\underline{F}$-adapté, car μ n'est pas $\underline{F}$-optionnelle en général, sauf si X est partout continu à droite. Cependant μ est alors $\underline{F}^\Pi$-optionnelle pour toute probabilité Π, donc on peut sans rien perdre remplacer $\underline{F}$ par la filtration $\underline{F}'$, qui est la plus petite filtration rendant μ optionnelle et contenant $\underline{F}$, et dans ce cas S est $\underline{F}'$-adapté.∎

Terminons ce paragraphe en tentant de justifier ces hypothèses. D'abord, (a) est une restriction, mais qui couvre toutes les applications que nous avons en vue: semimartingales vectorielles, et mesures aléatoires si $I = \emptyset$.

En second lieu, on ne peut espérer comparer les caractéristiques relatives à $P \in S$ et $Q \in S'$, lorsque $Q \overset{loc}{\ll} P$, que dans le cas où le triplet (P,Q,S) vérifie (12.13), donc d'après (12.4) et (12.15), (b) n'est pas réellement une restriction.

Enfin, (c) est (à peu près) justifiée par la:

(12.34) PROPOSITION: On suppose satisfaites les hypothèses (12.30) et (12.31,a,b). Si $Q \in S'$ vérifie $Q \overset{loc}{\ll} P$, il existe un problème $\tilde{S}'$ de mêmes données de base que S, vérifiant (13.31,c), et Q-équivalent à S'.

Démonstration. Soit Z le processus densité de Q par rapport à P. D'après (7.31) et (7.38) il existe une fonction $\underline{\underline{\tilde{P}}}(\underline{\underline{F}})$-mesurable, positive, finie Y telle que $M^P_\mu(Z|\underline{\underline{\tilde{P}}}) = (Z_0 I_{[\![0]\!]} + Z_-)Y$, que $\hat{Y} \le 1$ et que $\{a=1\} \subset \{\hat{Y}=1\}$, et il est clair qu'on peut la choisir telle que $Y(\omega,0,x) = 1$. Pour z on prend une version $\underline{\underline{F}}^o$-mesurable de $E(Z_0|\underline{\underline{F}}^o)$. Enfin d'après (4.27) on peut écrire $Z^c = Z' + Z''$ avec $Z' \in \mathcal{L}^2_{loc}(\underline{M})$ et $Z'' \perp \underline{M}$; d'après (4.35) il existe

$\underline{H}=(H^i)_{i\leq m}$ dans $L^2_{loc}(\underline{M})$ tel que $Z'={}^t\underline{H}\cdot\underline{M}$. On a alors $\langle Z^c,M^i\rangle=(\sum_{j\leq m}H^jc^{ji})\cdot C$ puisque $\langle\underline{M},{}^t\underline{M}\rangle=\underline{\underline{c}}\cdot C$ par hypothèse. Si on pose $\underline{K}=\underline{H}(1/Z)_-I_{\{Z_->0\}}$, le problème $\tilde{S}'$ défini par (12.32) à l'aide de z, Y, et $\underline{K}$ (en posant, de manière arbitraire, $\tilde{B}'^i=\infty$ sur $[\![T^i,\infty[\![$, puisque $Q(T^i<\infty)=0$) est Q-équivalent à S' d'après (12.18) et (12.20).∎

§b - Quelques conditions nécessaires. Les termes qui serviront à comparer P et $Q\in S'$ sont les suivants:

(12.35)
$$\begin{cases} B=({}^t\underline{K}\,\underline{\underline{c}}\,\underline{K})\cdot C+(1-\sqrt{Y})^2*\nu+S[(\sqrt{1-a}-\sqrt{1-\hat{Y}})^2] \\ T=\inf(t:B_t=\infty),\quad T_n=\inf(t:B_t\geq n),\quad A=\{B<\infty\} \\ \Gamma=\{\omega: z(\omega)=0,\ \text{ou}\ I_{\{Y=0\}}*\nu_\infty(\omega)>0,\ \text{ou}\ a_t(\omega)<\hat{Y}_t(\omega)=1 \\ \quad\text{pour un}\ t\in\mathbb{R}_+\}. \end{cases}$$

Le lemme suivant rassemble les propriétés utiles du processus B.

(12.36) LEMME: (a) B *est un processus* $\underline{F}$*-prévisible, dont les trajectoires sont croissantes, nulles en* 0, *continues à droite sauf en* T *sur l'ensemble* $\bigcup_{(n)}\{T_n=T<\infty\}$ (ensemble noté aussi $\{T\in A\}$).

(b) *On a* $B_{T_n}\leq n+2$.

(c) *On a* $T_n\in\underline{\underline{T}}(\underline{F})$ *et* $T_n\in\underline{\underline{T}}_p(\underline{F}^\Pi)$ *pour toute probabilité* Π.

(d) *On a* $A\in\underline{\underline{P}}(\underline{F})$, $A=\bigcup_{(n)}[\![0,T_n]\!]$ *et* $\lim_{(n)}\uparrow T_n=T$.

Démonstration. Il est évident que B est $\underline{F}$-prévisible, à trajectoires croissantes, nulles en 0, continues à droite en dehors de T, et également en T sur l'ensemble $\bigcap_{(n)}\{T_n<T<\infty\}$, car alors $B_{T-}=\infty$. Le processus ΔB, défini sur A par $\Delta B_t=B_t-B_{t-}$, vaut

$$B=\widehat{(1-\sqrt{Y})^2}+(\sqrt{1-a}-\sqrt{1-\hat{Y}})^2=a+\hat{Y}-2\widehat{\sqrt{Y}}+1-a+1-\hat{Y}-2\sqrt{(1-a)(1-\hat{Y})},$$

qui est majoré par 2. On en déduit (b), ainsi que la propriété: $B_T<\infty$ sur l'ensemble $\{T\in A\}=\bigcup_{(n)}\{T_n=T<\infty\}$, donc B n'est pas continu à droite en T sur cet ensemble.

Comme $\{T_n\leq t\}=\{B_t\geq n\}$, on a $T_n\in\underline{\underline{T}}(\underline{F})$. De plus T_n est le début de l'ensemble $\underline{F}$-prévisible $\{B\geq n\}$, et $[\![T_n]\!]\subset\{B\geq n\}$, donc la fin de (c) découle de (1.15). Enfin, (d) découle de (a) et (b).∎

On notera que $T\in\underline{\underline{T}}(\underline{F})$, mais que T n'est pas nécessairement $\underline{F}^\Pi$-prévisible pour toute probabilité Π.

(12.37) Remarque: Dans le chapitre VIII on a vu apparaitre, pour chaque énoncé, plusieurs processus qui jouent exactement le même rôle. Ici aussi, on pourrait remplacer la définition (12.35) de B par l'une des deux définitions suivantes (mais qui sont plus compliquées à écrire !)

$$B = ({}^t\underline{K}\,\underline{\underline{c}}\,\underline{K})\cdot C + [(Y-1)^2 I_{\{|Y-1|\leq b\}} + |Y-1| I_{\{|Y-1|>b\}}]*\nu$$

$$+ S[(1-a)((\frac{\hat{Y}-a}{1-a})^2 I_{\{|\hat{Y}-a|/(1-a)\leq b\}} + |\frac{\hat{Y}-a}{1-a}| I_{\{|\hat{Y}-a|/(1-a)>b\}})]$$

avec $b\in]0,\infty[$, ou

$$B = ({}^t\underline{K}\,\underline{\underline{c}}\,\underline{K})\cdot C + \frac{(Y-1)^2}{1+|Y-1|}*\nu + S(\frac{(\hat{Y}-a)^2}{1-a+|\hat{Y}-a|}) . \blacksquare$$

L'hypothèse (12.31) n'est pas symétrique en S et S', sauf dans le cas suivant.

(12.38) LEMME: <u>Supposons que</u> $\Gamma=\emptyset$. <u>Le couple</u> (S',S) <u>vérifie, dans cet ordre, l'hypothèse (12.31); si on associe à ce couple les termes</u> $(\tilde{B},\tilde{\Gamma})$ <u>par (12.35), on a</u> $\tilde{B}=B$ <u>et</u> $\tilde{\Gamma}=\emptyset$.

<u>Démonstration</u>. Posons $\underline{K}'=-\underline{K}$, $z'=1/z$ et $Y'=\frac{1}{Y}I_{\{Y>0\}}$. Comme $\Gamma=\emptyset$ on a $z>0$, donc z' est bien défini et $P^o=z'\cdot P'^o$. On a aussi $I_{\{Y=0\}}\cdot\nu=0$, donc $\nu=Y'\cdot\nu'$. Les mesures $(Y-1)\cdot\nu$ et $-(Y'-1)\cdot\nu'$ sont égales, donc B^1 vérifie (12.32) si on remplace $Y,\nu,\underline{K}$ par Y',ν', $\underline{K}'$. Enfin quand on passe de (S,S') à (S',S) il convient de remplacer a par $\hat{Y}$ et $\hat{Y}$ par $\int Y'(t,x)\nu'(\{t\},dx)$, qui vaut a_t : comme $\Gamma=\emptyset$, on a $\{\hat{Y}=1\}\subset\{a=1\}$ (inclusion qui est en fait une égalité). On a finalement montré que le couple (S',S) vérifie (12.31).

Associons $\tilde{B}$ et $\tilde{\Gamma}$ à (S',S) par (12.35), en remplaçant $\underline{K},Y,\nu,a,\hat{Y},z$ par $\underline{K}',Y',\nu',\hat{Y},a,z'$. On a $z'>0$, $I_{\{Y'=0\}}\cdot\nu'=0$, $\{\hat{Y}<a=1\}=\emptyset$, donc $\tilde{\Gamma}=\emptyset$. Enfin, un calcul élémentaire montre que $\tilde{B}=B$. ∎

(12.39) THEOREME: <u>Si</u> $Q\in S'$ <u>on a les implications</u>:

(a) $Q\overset{loc}{\ll}P \Longrightarrow Q(T<\infty)=0$.

(b) $Q\ll P \longrightarrow Q(B_\infty=\infty)=0$.

(c) $P\overset{loc}{\ll}Q \longrightarrow P(\Gamma)=P(T<\infty)=0$.

(d) $P\ll Q \Longrightarrow P(\Gamma)=P(B_\infty=\infty)=0$.

<u>Démonstration</u>. (a) et (b): On suppose que $Q\overset{loc}{\ll}P$ et on note Z le processus densité de Q par rapport à P. Si on compare (12.18) et (12.32), on voit que $M^P_\mu(Z|\tilde{\underline{P}})=(Z_0 I_{[\![0]\!]}+Z_-)Y$ et que $(1/Z)_-\cdot\langle Z^c,M^i\rangle = (\sum_{j\leq m}K^j c^{ji})\cdot C$ Q-p.s. Comme $Q(Z_\infty>0)=1$ il s'ensuit que, si on pose $\underline{H}=\underline{K}Z_-$, on a $\langle Z^c,\underline{M}\rangle=({}^t\underline{H}\underline{\underline{c}})\cdot C$ Q-p.s., donc si $R=\inf(t: Z_t=0)$ les processus m-dimensionnels $\langle Z^c,\underline{M}\rangle$ et $({}^t\underline{H}\underline{\underline{c}})\cdot C$ sont P-p.s. égaux sur $[\![0,R[\![$, donc partout puisqu'ils sont continus et arrêtés en R.

On vient de montrer que Y et $\underline{H}$ vérifient les conditions de (8.21,a).

Puisque $\underline{H} = \underline{K}Z_-$ et puisque $\{Z_- = 0\}$ est Q-évanescent, on en déduit que le processus $\tilde{B}(3)$ défini dans (8.21,b) est Q-indistinguable de B . L'assertion (b) découle alors du théorème (8.21).

On sait que $E(Z_t) = 1$ pour tout $t \in \mathbb{R}_+$. La probabilité $Q_t = Z_t \cdot P$ admet Z^t pour processus densité par rapport à P, et le processus $\tilde{B}(3)$ associé à Z^t est évidemment Q-indistinguable de B^t. Comme $Q_t \ll P$ on en déduit que $Q(B_t = \infty) = Q_t(B_t = \infty) = 0$ pour tout $t \in \mathbb{R}_+$, d'où (a).

(c) et (d): On suppose que $P \overset{loc}{\ll} Q$. On a $Q(z=0) = 0$, donc $P(z=0) = 0$; on a $M^Q_\mu(Y=0) = M^Q_{\nu'}(Y=0) = 0$, donc $M^P_\nu(Y=0) = M^P_\mu(Y=0) = 0$ et $I_{\{Y=0\}} * \nu_\infty = 0$ P-p.s.; enfin si $T \in \underline{\underline{T}}_p$ vérifie $[\![T]\!] \subset \{\hat{Y} = 1\}$ on a $[\![T]\!] \subset D$ à un ensemble Q-évanescent près, donc à un ensemble P-évanescent près, donc $[\![T]\!] \subset \{a = 1\}$ à un ensemble P-évanescent près: le théorème de section prévisible entraine alors que $\{a < 1 = \hat{Y}\}$ est P-évanescent. On a donc montré que $P(\Gamma) = 0$.

Nous allons utiliser une méthode analogue à celle du lemme (12.38), qui ne s'applique pas ici car on a seulement $P(\Gamma) = 0$. Soit $Y' = \frac{1}{Y} I_{\{Y>0\}}$ et $\underline{K}' = -\underline{K}$. Comme $I_{\{Y=0\}} * \nu_\infty = 0$ P-p.s., on a $Y' \cdot \nu' = \nu$ P-p.s. et $(Y-1) \cdot \nu = -(Y'-1) \cdot \nu'$ P-p.s. On peut alors reprendre la première partie de la démonstration, en intervertissant les rôles de P et Q, car (12.32) est vraie P-p.s. en permutant $(\nu, Y, \underline{K}, \mathcal{B}; \nu', \mathcal{B}')$ et $(\nu', Y', \underline{K}', \mathcal{B}'; \nu, \mathcal{B})$: il suffit de remarquer que le processus $\tilde{B}$ défini par (12.35) après cette permutation vaut

$$\tilde{B} = ({}^t\underline{K} \underline{\underline{c}} \underline{K}) \cdot C + (1 - \sqrt{Y})^2 I_{\{Y>0\}} * \nu + S[(\sqrt{1-\hat{Y}} - \sqrt{1 - \widehat{I_{\{Y>0\}}}})^2],$$

qui est P-indistinguable de B , puis d'appliquer (a) et (b), pour obtenir le résultat.∎

Les paragraphes suivants sont consacrés à montrer que les implications de ce théorème sont, dans certains cas, des équivalences.

§c - Le processus densité. Nous allons d'abord construire un processus qui a vocation à être le processus densité de $Q \in S'$ par rapport à P, et qui s'exprime en fonction de S et S'. Cela permettra d'appliquer les résultats des §VIII-1-b,c.

Commençons par poser

(12.40) $$U = Y - 1 + \frac{\hat{Y} - a}{1 - a} \qquad (\text{avec } \tfrac{0}{0} = 0).$$

Un calcul simple montre que

(12.41) $$(1 - \sqrt{1 + U - \hat{U}})^2 * \nu + S[(1-a)(1 - \sqrt{1-\hat{U}})^2] = (1 - \sqrt{Y})^2 * \nu + S[(\sqrt{1-a} - \sqrt{1-\hat{Y}})^2],$$

de sorte que d'après (3.68) on a $UI_{[0,T_n]}\times E \in G^1_{loc}(\mu,P)$ pour tout n, puisque $E(B_{T_n})<\infty$. Pour la même raison on a $\underline{K}I_{[0,T_n]} \in L^2_{loc}(\underline{M},P)$, ce qui permet de poser

$$(12.42)\quad \begin{cases} N^{T_n} = {}^t(\underline{K}\, I_{[0,T_n]})\cdot \underline{M} + (UI_{[0,T_n]}\times E) * (\mu-\nu) \\ Z = \begin{cases} z\, \mathcal{E}(N^{T_n}) & \text{sur } [0,T_n] \\ \liminf_{(n)} Z_{T_n} & \text{sur } A^c. \end{cases} \end{cases}$$

Pour éviter des problèmes de mesurabilité, on choisira une <u>version F-optionnelle pour</u> Z. Avec les notations du §V-1, on a $N\in \underline{\underline{L}}^A(P)$, $Z = z\,\mathcal{E}(N)$ sur A, et $Z=\tilde{Z}$ dans la formule (5.7).

Commençons par une série de lemmes.

(12.43) LEMME: Z <u>est une</u> P-<u>martingale locale positive et</u> $E(Z_0)=1$.

<u>Démonstration</u>. On a $Z_0=z$ et $E(z)=1$ par hypothèse. On a $\hat{U}=\frac{\hat{Y}-a}{1-a}$ et $U-\hat{U}=Y-1$; comme $Y\geq 0$ et $\hat{Y}\leq 1$, on a $U-\hat{U}\geq -1$ et $-\hat{U}\geq -1$, donc $\Delta N\geq -1$ sur A. Par suite Z est un élément positif de $\underline{\underline{M}}^A_{loc}(P)$ et (5.17) entraine que Z est P-indistinguable d'une P-surmartingale positive dont on note $Z=z+\tilde{M}-\tilde{B}$ la décomposition canonique: $\tilde{M}\in\underline{\underline{L}}(P)$, $\tilde{B}\in\underline{\underline{P}}\cap\underline{\underline{V}}^+_0(P)$.

Comme $Z^{T_n}\in\underline{\underline{M}}_{loc}(P)$ on a $\tilde{B}^{T_n}=0$. Comme $Z=Z^T$ on a $\tilde{B}=\tilde{B}^T$. Le temps d'arrêt $\tilde{T}=T_{\{T\notin A\}}$ valant T sur $\{T\notin A\}=(\bigcap_{(n)}\{T_n<T\})\bigcup\{T=\infty\}$ et $+\infty$ sur $\{T\in A\}$ est prévisible, car il est annoncé par la suite $(T_n)_{\{T_n<T\}}$; d'après ce qui précède, $\tilde{B}$ est de la forme $\tilde{B}=\Delta\tilde{B}_{\tilde{T}}I_{[\tilde{T},\infty[}$, tandis que $\Delta\tilde{B}=-{}^p(\Delta Z I_{]0,\infty[})$, et $\Delta Z_{\tilde{T}}=0$ sur $\{\tilde{T}<\infty\}$ par construction; on en déduit que $\Delta\tilde{B}_{\tilde{T}}=-E(\Delta Z_{\tilde{T}}|\underline{\underline{F}}_{\tilde{T}-})=0$ sur $\{\tilde{T}<\infty\}$. Par suite $\tilde{B}=0$, et $Z=z+\tilde{M}$ est dans $\underline{\underline{M}}_{loc}(P)$.∎

Associons à Z les processus $C(i)$ définis par (8.3), et leurs projections prévisibles duales $C(i)^p$ pour P. On obtient

(12.44) LEMME: <u>On a</u> $C(3)^p=Z^2_-\cdot B$.

<u>Démonstration</u>. Avec des notations évidentes, on a $Z=z+Z^c+(Z_-U)*(\mu-\nu)$ sur A, et $\langle Z^c,Z^c\rangle=[Z^2_-({}^t\underline{K}\,\underline{c}\,\underline{K})]\cdot C$ sur A. En utilisant (12.41) et (8.8) on voit que $C(3)^p=Z^2_-\cdot B$ sur A.

On a $Z=Z^T$, donc $C(3)=C(3)^T$, donc $C(3)^p=[C(3)^p]^T$. Si $\tilde{T}=T_{\{T\notin A\}}$ est le temps prévisible introduit dans la preuve de (12.43), on a même $\Delta Z_{\tilde{T}}=0$, donc $\Delta C(3)_{\tilde{T}}=0$, donc $\Delta C(3)^p_{\tilde{T}}=0$, et aussi $B_{\tilde{T}}=B_{\tilde{T}-}=\infty$, sur l'ensemble $\{\tilde{T}<\infty\}$. Les processus $C(3)^p$ et $Z^2_-\cdot B$, coïncidant sur A, coïncident donc partout.∎

(12.45) LEMME: <u>On a l'équivalence</u>: $P(Z_\infty = 0) = 0 \Longleftrightarrow P(\Gamma) = P(B_\infty = \infty) = 0$.

<u>Démonstration</u>. Soit $R = \inf(t: Z_t = 0)$ et $T' = \inf(t : \Delta N_t = -1)$. D'après (12.44) on a $(1/Z)^2_-\cdot C(3)^P_\infty = B_\infty$ sur l'ensemble $\{R = \infty\}$, donc le théorème (8.10) appliqué à $Z \in \underline{\underline{M}}_{loc}(P)$ montre que $\{Z_\infty > 0\} \doteq \{R = \infty, B_\infty < \infty\}$. Par ailleurs (6.5) entraine que $\{T' \in A\} \bigcup \{z = 0\} \dot{\subset} \{R < \infty\}$ et que $\{T' \notin A\} \bigcap \{z > 0\} \dot{\subset} \{R \notin A\}$. Donc sur l'ensemble $\{T' \notin A\} \bigcap \{z > 0\}$, si $T = \infty$ ou si $T \in A$ on a $R \doteq \infty$ (car $Z = Z^T$), tandis que si $T \notin A$ et $T < \infty$ on a $B_\infty = \infty$ par définition de T et A. En rassemblant ces résultats, on voit finalement que $\{Z_\infty = 0\} \doteq \{z = 0\} \bigcup \{T' \in A\} \bigcup \{B_\infty = \infty\}$.

Revenons à (12.42). On a

$$\Delta N_t \doteq [Y(t, \beta_t) - 1] I_D(t) - \frac{\hat{Y}_t - a_t}{1 - a_t} I_{D^c}(t) \quad \text{sur } A,$$

et on sait que $\{a = 1\} \dot{\subset} D$. On a $P(T' \in A) = 0$ si et seulement si $A \bigcap \{\Delta N = -1\} \doteq \emptyset$, ce qui équivaut à $I_{\{Y = 0\}} I_A * \mu_\infty \doteq 0$ et $A \bigcap D^c \bigcap \{a < 1 = \hat{Y}\} \doteq \emptyset$. La première de ces conditions équivaut trivialement à: $I_{\{Y = 0\}} I_A * \nu_\infty \doteq 0$, et la seconde à: $A \bigcap \{a < 1 = \hat{Y}\} \doteq \emptyset$ puisque $\{a = 1\} \dot{\subset} D$. Par suite on a les équivalences:

$$P(Z_\infty = 0) = 0 \Longleftrightarrow P(z = 0) = P(T' \in A) = P(B_\infty = \infty) = 0$$

$$\Longleftrightarrow P(z = 0) = P(B_\infty = \infty) = 0,\ P(I_{\{Y = 0\}} I_A * \nu_\infty > 0) = 0,\ A \bigcap \{a < 1 = \hat{Y}\} \doteq \emptyset.$$

Mais si $P(B_\infty = \infty) = 0$ on a $T \doteq \infty$, donc $A \doteq \Omega \times \mathbb{R}_+$, et il est alors immédiat que ces conditions sont encore équivalentes à $P(\Gamma) = P(B_\infty = \infty) = 0$. ∎

(12.46) LEMME: <u>Pour tout entier</u> n <u>on a</u> $Z^{T_n} \in \underline{\underline{M}}(P)$.

<u>Démonstration</u>. La formule (5.15) permet d'associer à la martingale locale N^{T_n} le processus $B(3, N^{T_n})^P$, qui égale B^{T_n} d'après (12.41). Comme $B_{T_n} \leq n + 2$, le corollaire (8.30) entraine que $\mathcal{E}(N^{T_n}) \in \underline{\underline{M}}(P)$, et il est facile d'en déduire le résultat. ∎

Revenons maintenant aux problèmes S et S'. Le théorème suivant constitue une réponse à la question (i) posée au §a.

(12.47) THEOREME: <u>On suppose que</u> $E(Z_\infty) = 1$ (ce qui équivaut à : $Z \in \underline{\underline{M}}(P)$) <u>et que</u> $E(Z_\infty I_{\{T < \infty\}}) = 0$. <u>La probabilité</u> $Q = Z_\infty \cdot P$ <u>est solution de</u> S' <u>et admet</u> Z <u>pour processus densité par rapport à</u> P.

C'est dans ce théorème, qui sera utilisé plusieurs fois dans la suite, que la seconde partie de l'hypothèse (12.31,a) est utilisée.

<u>Démonstration</u>. La dernière assertion est évidente. Comme les W^i sont bornés, $W^i * (\mu - \nu) \in \underline{\underline{H}}^\infty_{o,loc}(P)$ et $[Z, W^i * (\mu - \nu)] \in \underline{\underline{A}}_{loc}(P)$. Le théorème (12.16) entraine alors que Q est solution d'un problème de mêmes données

de base que S. Par construction on a

$$Z^{T_n} = z + ({}^t\underline{K}Z)_-\cdot\underline{M}^{T_n} + (Z\_U)I_{[\![0,T_n]\!]}*(\mu-\nu)$$

pour chaque n. On en déduit que $M^P_\mu(Z|\tilde{\underline{\underline{P}}}) = (Z_0 I_{[\![0]\!]} + Z_-)Y$ M^P_μ-p.s. sur A ; si $\tilde{\mu} = I_A\cdot\mu$ on a donc $M^P_{\tilde{\mu}}(Z|\tilde{\underline{\underline{P}}}) = (Z_0 I_{[\![0]\!]} + Z_-)Y$ et d'après (7.31), la Q-projection prévisible duale de $\tilde{\mu}$ égale $YI_A\cdot\nu$. Mais par hypothèse $Q(T<\infty) = E(Z_\infty I_{\{T<\infty\}}) = 0$, donc $\Omega\times\mathbb{R}_+\setminus A$ est Q-évanescent et $\nu' = Y\cdot\nu$ est donc la Q-projection prévisible duale de μ. En utilisant encore le fait que $T = \lim_{(n)}\uparrow T_n = \infty$ Q-p.s., il suffit alors de comparer (12.18) et (12.32) pour obtenir que $Q\in S'$.■

A l'inverse, si $Q\in S'$ vérifie $Q \overset{loc}{\ll} P$, on sait dans certains cas que le processus densité de Q par rapport à P est nécessairement le processus Z défini par (12.42), et dans ce cas les conditions nécessaires de (12.39) sont aussi des conditions suffisantes. De façon plus précise, on a:

(12.48) THEOREME: Soit $Q\in S'$ tel que $Q \overset{loc}{\ll} P$.

(a) Si $P\in S_e$ (ou: P vérifie l'une des conditions équivalentes de (12.21)), le processus densité de Q par rapport à P est le processus Z défini par (12.42).

(b) Si le processus densité de Q par rapport à P est le processus Z défini par (12.42), on a les équivalences:

(i) $Q\ll P \Longleftrightarrow Q(B_\infty = \infty) = 0$;

(ii) $P \overset{loc}{\ll} Q \Longleftrightarrow P(\Gamma) = P(T<\infty) = 0$;

(iii) $P\ll Q \Longleftrightarrow P(\Gamma) = P(B_\infty = \infty) = 0$;

(iv) P et Q sont étrangères $\Longleftrightarrow Q(B_\infty = \infty) = 1$.

Démonstration. (a) On suppose que $P\in S_e$. Notons $\tilde{Z}$ le processus densité de Q par rapport à P. On va utiliser la propriété (12.21,ii) de représentation des martingales.

D'après (12.18) on a $E(\tilde{Z}_0|\underline{F}^0) = z$. Comme $\underline{\underline{F}}^P_0 = (\underline{F}^0)^P$ on en déduit que $\tilde{Z}_0 = z$ P-p.s. D'après (12.18) on a $M^P_\mu(\Delta\tilde{Z}\, I_{]\!]0,\infty[\![}|\tilde{\underline{\underline{P}}}) = \tilde{Z}_-(Y-1)$. Comme $\underline{\underline{H}}^{1,d}_0(P) = \underline{K}^{1,1}(\mu,P)$, le théorème (3.75) entraine que, U étant défini par (12.40), on a $\tilde{Z}\_U\in G^1_{loc}(\mu,P)$ et $\tilde{Z} = \tilde{Z}_0 + \tilde{Z}^c + (\tilde{Z}\_U)*(\mu-\nu)$. D'après (12.18) encore, on a $(1/\tilde{Z})_-\cdot\langle\tilde{Z}^c,M^i\rangle = (\sum_{j\leq m} K^j c^{ji})\cdot C$ Q-p.s.; comme $\{\tilde{Z}_- = 0\}$ est Q-évanescent, on a aussi $\langle\tilde{Z}^c,M^i\rangle = (\tilde{Z}_-\sum_{j\leq m} K^j c^{ji})\cdot C$ Q-p.s., donc P-p.s. sur $[\![0,R[\![$ si $R = \inf(t: \tilde{Z}_t = 0)$, donc P-p.s. partout car ces deux processus sont continus et arrêtés en R. Comme $\underline{\underline{H}}^{1,c}_0(P) = \mathcal{L}^1(\underline{M},P)$ il existe d'après (4.35) un $\underline{H}\in L^1_{loc}(\underline{M},P)$ tel que $\tilde{Z}^c = {}^t\underline{H}\cdot\underline{M}$, donc $\langle\tilde{Z}^c,M^i\rangle = (\sum_{j\leq m} H^j c^{ji})\cdot C$. Si on reprend le début de la preuve de (8.21,a), on voit que ceci entraine: $\underline{K}\tilde{Z}_-\in L^1_{loc}(\underline{M},P)$ et $\tilde{Z}^c = {}^t(\underline{K}\tilde{Z}_-)\cdot\underline{M}$.

Finalement, on a montré que $\tilde{Z} = z + {}^t(\underline{K}\tilde{Z}_-)\cdot\underline{M} + (\tilde{Z}_-U)*(\mu - \nu)$. D'après la définition (12.42) il s'ensuit que $\tilde{Z} = z + \tilde{Z}_-\cdot N$ sur A, donc $\tilde{Z} = Z$ sur A. On a $Q(T<\infty) = 0$ d'après (12.39), donc il vient $P(T<\infty, \tilde{Z}_T > 0) = Q(T<\infty) = 0$, de sorte que $\tilde{Z} = \tilde{Z}^T$ et $\tilde{Z}_T = 0$ P-p.s. sur $\{T<\infty\}$. On sait aussi que $Z = Z^T$. Enfin le temps d'arrêt $\tilde{T} = T_{\{T \notin A\}}$ est prévisible (cf. la preuve de (12.43)) et comme ${}^p\tilde{Z} = \tilde{Z}_-$ sur $]\!]0,\infty[\![$ et $\tilde{Z}_{\tilde{T}} = 0$ sur $\{\tilde{T}<\infty\}$ d'après ce qui précède, il vient $\tilde{Z}_{\tilde{T}-} = 0$ P-p.s. sur $\{\tilde{T}<\infty\}$, donc aussi $Z_{\tilde{T}-} = 0$ P-p.s. sur $\{\tilde{T}<\infty\}$. Il est alors facile de déduire de ces propriétés que les processus $\tilde{Z}$ et Z sont P-indistinguables, donc également Q-indistinguables puisqu'ils sont $\underline{F}^{\pi}$-optionnels et que $Q \overset{loc}{\ll} P$. Par suite Z est le processus densité de Q par rapport à P.

(b) Comme l'ensemble $\{Z_- = 0\} \cap]\!]0,\infty[\![$ est Q-évanescent on a $(1/Z)^2\cdot C(3)^p = B$ à un ensemble Q-évanescent près d'après (12.44). (i) et (iv) découlent alors de (8.19), puisque $\underline{\underline{F}} = \underline{\underline{F}}_{\infty}$.

Les implications $\Longrightarrow$ de (ii) et (iii) ont été montrées dans (12.39). Si $P(\Gamma) = P(B_\infty = \infty) = 0$, on a $P(Z_\infty = 0) = 0$ d'après (12.45), donc $P \ll Q$. Le même raisonnement appliqué à Z^t pour tout $t \in \mathbb{R}_+$, au lieu de Z, permet d'obtenir l'implication: $P(\Gamma) = P(T<\infty) = 0 \Longrightarrow P \overset{loc}{\ll} Q$. ∎

Le résultat précédent n'est pas tout-à-fait satisfaisant, dans la mesure où il suppose connu a-priori que $Q \overset{loc}{\ll} P$. C'est pourquoi dans les paragraphes qui suivent nous allons introduire des hypothèses sur S ou S', qui permettent d'obtenir une véritable réciproque au théorème (12.39).

§d - Utilisation de l'unicité. Nous allons commencer par un cas très particulier, puisque nous allons supposer que B_∞ est p.s. borné; cependant ce cas se rencontre parfois, et surtout il est très simple et nous servira d'introduction au paragraphe suivant.

(12.49) THEOREME: On suppose que Q est l'unique solution de S'. Si B_∞ est P-p.s. borné, on a:

(a) $Q \ll P$ et le processus densité de Q par rapport à P est le processus Z défini par (12.42).

(b) $Q \sim P \Longleftrightarrow P(\Gamma) = 0$.

Démonstration. Comme B_∞ est P-p.s. borné, il existe un $n \in \mathbb{N}$ tel que $T_n = \infty$ P-p.s., donc $Z = Z^{T_n} \in \underline{\underline{M}}(P)$ d'après (12.46). Comme $T = \infty$ P-p.s., les hypothèses de (12.47) sont satisfaites, donc la probabilité $Z_\infty\cdot P$ est dans S', donc $Q = Z_\infty\cdot P$ à cause de l'unicité pour S': on a donc (a). Enfin $Q \sim P$ si et seulement si $P \ll Q$, de sorte que (b) découle de (12.48,b,iii). ∎

On remarquera qu'on a fait l'hypothèse d'unicité pour S'. Si à l'inverse on fait l'hypothèse d'unicité sur S, on aura un résultat analogue que sous des hypothèses beaucoup plus fortes:

(12.50) THEOREME: <u>On suppose que</u> P <u>est l'unique solution de</u> S <u>et que</u> $Q \in S'$. <u>Si</u> $\Gamma = \emptyset$ <u>et si</u> B_∞ <u>est</u> Q<u>-p.s. borné, on a</u> $Q \sim P$ <u>et le processus densité de</u> Q <u>par rapport à</u> P <u>est le processus</u> Z <u>défini par (12.42)</u>.

Ce résultat serait en général faux si on supposait simplement que $P(\Gamma) = 0$, ou si B_∞ était P-p.s. borné.

<u>Démonstration</u>. Pour obtenir que $Q \sim P$ il suffit d'appliquer (12.38) et (12.49,b). L'assertion concernant Z vient de (12.48,a).∎

Enfin le corollaire suivant (d'intérêt surtout pédagogique) permet de passer de l'unicité pour S à l'unicité pour S', et vice-versa. A l'encontre de la règle générale de cette partie, nous ne supposons pas a-priori l'existence de $P \in S$.

(12.51) COROLLAIRE: <u>Supposons que</u> $\Gamma = \emptyset$ <u>et que</u> B_∞ <u>soit borné. On a existence (resp. existence et unicité) d'une solution pour</u> S <u>si et seulement si on a existence (resp. existence et unicité) d'une solution pour</u> S'.

<u>Démonstration</u>. D'après (12.38) il suffit de montrer la condition nécessaire. Si $P \in S$ on a construit $Q \in S'$ dans (12.49). S'il n'y a en plus unicité pour S, (12.50) entraine que toute $Q \in S'$ vérifie $Q \sim P$ et que son processus densité par rapport à P est donné par (12.42), ce qui implique évidemment l'unicité pour S'.∎

§e - <u>Utilisation de l'unicité locale</u>. Demander que B_∞ soit borné est évidemment un peu fort ! par contre on sait que $B_{T_n} \leq n+2$, et que $\lim_{(n)} \uparrow T_n = \infty$ P-p.s. ou Q-p.s. dans (12.39), selon les cas. Il est donc naturel d'appliquer les résultats du §d aux problèmes S et S' "arrêtés en T_n", ce qui conduit naturellement à une notion d'unicité locale.

Commençons par des définitions, dans lesquelles le problème S est quelconque.

(12.52) DEFINITION: <u>Si</u> V <u>est une application</u>: $\Omega \longrightarrow \overline{\mathbb{R}}_+$, <u>on appelle problème arrêté en</u> V, <u>et on note</u> S^V, <u>le problème</u> $S^I(\underline{\underline{F}}^0; \mathscr{X}^V, \mu^V | P^0; \mathscr{B}^V, \mathscr{C}^V, \kappa, \nu^V)$ <u>construit ainsi à partir de</u> S :

$$\begin{cases} \mathscr{X}^V = ((X^i)^V)_{i \in I}, & \mathscr{B}^V = ((B^i)^V)_{i \in I}, \quad \mathscr{C}^V = ((C^{ij})^V)_{i,j \in I} \\ \mu^V = I_{[\![0,V]\!] \times E} \cdot \mu, & \nu^V = I_{[\![0,V]\!] \times E} \cdot \nu . \end{cases}$$

Voici une série de propriétés immédiates:

- si $V \in \underline{\underline{T}}(\underline{F})$ et si S est $\underline{F}$-adapté, alors S^V est $\underline{F}$-adapté;
- si le couple (S,S') vérifie (12.31) et si $V \in \underline{\underline{T}}(\underline{F})$, le couple (S^V,S'^V) vérifie (12.31) avec les mêmes termes z, Y, $\underline{K}$; le processus associé à (S^V,S'^V) par (12.35) est B^V;
- si $P \in S$ et $V \in \underline{\underline{T}}(\underline{F}^P)$ on a $P \in S^V$;
- si $V \in \underline{\underline{T}}(\underline{F})$, si P et P' coïncident sur $(\Omega,\underline{\underline{F}}_V)$ et si $P \in S^V$, on a $P' \in S^V$.

(12.53) DEFINITION: (a) Soit $V \in \underline{\underline{T}}(\underline{F})$. On dit qu'il y a V-unicité pour le problème S si les restrictions à $(\Omega,\underline{\underline{F}}_{V-})$ de toutes les solutions de S^V coïncident.

(b) On dit qu'il y a unicité locale pour le problème S s'il y a V-unicité pour tout $V \in \underline{\underline{T}}_p(\underline{F})$.

(12.54) Remarques: 1) Cette définition est évidemment une définition ad-hoc, permettant d'une part d'obtenir le résultat cherché, et telle d'autre part qu'on ait unicité locale pour une classe suffisamment vaste de problèmes usuels. En particulier dans (a) il serait plus naturel a-priori d'imposer que les restrictions des solutions de S^V à $(\Omega,\underline{\underline{F}}_V)$ coïncident: ce serait une condition inutilement forte pour nos objectifs, et qui ne serait vérifiée par presque aucun problème usuel.

2) L'unicité locale entraine l'unicité (prendre $V=\infty$), mais la réciproque n'est pas vraie (cf. exercice 12.14). Nous verrons au §4-b une classe de problèmes pour laquelle unicité et unicité locale sont équivalentes. C'est évidemment une propriété agréable car, si l'unicité a été abondamment étudiée et est connue pour un grand nombre de problèmes, il n'en est pas de même pour l'unicité locale.∎

Revenons maintenant aux hypothèses (12.30) et (12.31).

(12.55) THEOREME: On suppose qu'il y a unicité locale pour S'. Si $Q \in S'$ on a les équivalences:

(a) $Q \overset{loc}{\ll} P \iff Q(T<\infty)=0$.

(b) $Q \ll P \iff Q(B_\infty=\infty)=0$.

(c) $P \overset{loc}{\ll} Q \iff P(\Gamma)=P(T<\infty)=0$.

(d) $P \ll Q \iff P(\Gamma)=P(B_\infty=\infty)=0$.

(e) $Q \overset{loc}{\perp} P$, P et Q sont étrangères $\iff Q(T<\infty)=Q(B_\infty<\infty)=0$.

De plus, dans les cas (a),(b),(e), le processus densité de Q par rapport à P est le processus Z défini par (12.42).

<u>Démonstration</u>. Soit $\Pi = (P+Q)/2$. Comme $T_n \in \underline{\underline{T}}_p(\underline{\underline{F}}^\Pi)$ d'après (12.36), on peut remplacer T_n par un élément T'_n de $\underline{\underline{T}}_p(\underline{\underline{F}})$ qui lui est Π-p.s. égal. Dans (12.46) on peut aussi remplacer T_n par T'_n, et en appliquant (12.47) aux processus arrêtés en T'_n on obtient que $Q_n = Z_{T'_n} \cdot P$ est solution de $S'^{T'_n}$. L'unicité locale pour S' entraine que Q_n et Q coïncident sur $(\Omega, \underline{\underline{F}}_{(T'_n)-})$. Soit $t \in \mathbb{R}_+$ et $F \in \underline{\underline{F}}_t$. Comme $\lim_{(n)} \uparrow T'_n = T$ P-p.s. et Q-p.s., comme $Q_n \ll P$, comme $Z^{T'_n}$ est le processus densité de Q_n par rapport à P, et comme enfin $F \cap \{t < T'_n\} \in \underline{\underline{F}}_{(T'_n)-}$, il vient

$$\begin{aligned} Q(F \cap \{t<T\}) &= \lim_{(n)}\uparrow Q(F\cap\{t<T'_n\}) = \lim_{(n)}\uparrow Q_n(F\cap\{t<T'_n\}) \\ &= \lim_{(n)}\uparrow E(I_F I_{\{t<T'_n\}} Z_t) = E(I_F I_{\{t<T\}} Z_t). \end{aligned} \tag{12.56}$$

Ces préliminaires faits, passons à la démonstration proprement dite.

(a) L'implication $\Longrightarrow$ découle de (12.39). Inversement supposons que $Q(T<\infty) = 0$. D'après (12.56) on a $Q(F) = E(I_F I_{\{t<T\}} Z_t)$ pour tout $F \in \underline{\underline{F}}_t$. En prenant $F = \Omega$, on voit que $E(Z_t I_{\{t<T\}}) = 1$, et comme $E(Z_t) \leq 1$ il faut que $E(Z_t) = 1$, que $Z_t = 0$ P-p.s. sur $\{T \geq t\}$, et que $Q(F) = E(I_F Z_t)$. Donc $Q \ll P$ en restriction à $(\Omega, \underline{\underline{F}}_t)$ et $Z_t = \frac{dQ}{dP}\Big|_{\underline{\underline{F}}_t}$, ce qui entraine $Q \overset{loc}{\ll} P$, et Z est le processus densité de Q par rapport à P.

(b) et (e) découlent de (a) et de (12.48,b)-(i),(iv).

(c): L'implication $\Longrightarrow$ découle de (12.39). Inversement supposons que $P(\Gamma) = P(T<\infty) = 0$. On a alors $A = \Omega \times \mathbb{R}_+$ à un ensemble P-évanescent près, donc $Z = z\mathcal{E}(N)$ partout. Appliquons (12.45) aux processus arrêtés en $t \in \mathbb{R}_+$, donc à B^t ; on a $P(\Gamma) = P(B^t_\infty = \infty) = 0$, donc $P(Z_t = 0) = 0$. Mais alors (12.56) s'écrit $E(I_F Z_t) = Q(F \cap \{t<T\})$ et si $Q(F) = 0$ on a $P(F) = 0$. Donc $P \overset{loc}{\ll} Q$.

(d): L'implication $\Longrightarrow$ découle de (12.39). Inversement supposons que $P(\Gamma) = P(B_\infty = \infty) = 0$. Si $F \in \underline{\underline{F}}$ on a $F \cap \{T'_n = \infty\} \in \underline{\underline{F}}_{(T'_n)-}$, tandis que $\bigcup_{(n)} \{T'_n = \infty\} = \Omega$ P-p.s. par hypothèse. Il vient alors

$$\begin{aligned} E(I_F Z_\infty) &= \lim_{(n)}\uparrow E(I_F I_{\{T'_n=\infty\}} Z_\infty) = \lim_{(n)}\uparrow Q_n(F\cap\{T'_n=\infty\}) \\ &= \lim_{(n)}\uparrow Q(F\cap\{T'_n=\infty\}). \end{aligned}$$

Si $Q(F) = 0$ on a alors $E(I_F Z_\infty) = 0$, donc $P(F) = 0$ puisque $Z_\infty > 0$ d'après (12.45), et par suite $P \ll Q$. ∎

De même que dans le §d, on a un résultat du même type sous l'unicité locale pour S, à condition d'imposer en plus que $\Gamma = \emptyset$.

(12.57) THEOREME: <u>On suppose qu'il y a unicité locale pour</u> S, <u>et que</u> $\Gamma = \emptyset$. <u>Si</u> $Q \in S'$ <u>on a les équivalences:</u>

(a) $Q \overset{loc}{\ll} P \Longleftrightarrow Q(T<\infty)=0$.

(b) $Q \ll P \longleftrightarrow Q(B_\infty=\infty)=0$.

(c) $P \overset{loc}{\ll} Q \longleftrightarrow P(T<\infty)=0$.

(d) $P \ll Q \longleftrightarrow P(B_\infty=\infty)=0$.

(e) $P \overset{loc}{\perp} Q$, P <u>et</u> Q <u>sont étrangères</u> $\Longleftrightarrow P(T<\infty)=P(B_\infty<\infty)=0$.

<u>De plus dans les cas (a) et (b), le processus densité de</u> Q <u>par rapport à</u> P <u>est le processus</u> Z <u>défini par (12.42)</u>.

<u>Démonstration</u>. L'unicité locale entraine l'unicité, donc a-fortiori $P \in S_e$; si $Q \overset{loc}{\ll} P$, le processus densité de Q par rapport à P est alors Z d'après (12.48).

D'après (12.38), le couple (S', S) vérifie (12.31), et les termes $\tilde{B}$ et $\tilde{\Gamma}$ associés à ce couple par (12.35) sont $\tilde{B}=B$ et $\tilde{\Gamma}=\emptyset$. Il suffit donc d'appliquer (12.55) en intervertissant les rôles de P et Q. ∎

(12.58) <u>Remarque</u>: Dans les démonstrations précédentes on n'utilise pas l'unicité locale dans toute sa force, mais seulement la T'_n-unicité. Plus généralement, on pourrait remplacer la condition d'unicité locale pour S (resp. pour S') dans (12.55) (resp. dans (12.57)) par:

(*) il existe une suite (T'_n) d'éléments de $\underline{\underline{T}}(\underline{F})$ croissant P-p.s. et Q-p.s. vers T, telle que $B_{T'_n}$ soit borné, et telle qu'on ait T'_n-unicité pour le problème S' (resp. S), pour chaque n.

Nous avons toutefois préféré énoncer le théorème avec la condition d'unicité locale, car celle-ci a l'avantage de ne porter que sur le problème S' (resp. S), tandis que (*) fait intervenir les <u>deux</u> problèmes simultanément, de manière plutôt compliquée, ainsi qu'en plus les deux probabilités P et Q.

La condition (*) est plus faible que la condition d'unicité locale, et n'est pas comparable à l'unicité: on peut avoir (*) sans unicité, et unicité sans (*). ∎

Enfin, nous allons terminer par un résultat du même type que (12.51), pour lequel nous ne supposons pas a-priori l'existence de $P \in S$.

(12.59) COROLLAIRE: <u>Supposons que</u> $\Gamma=\emptyset$ <u>et que</u> $T=\infty$ <u>identiquement. On a unicité locale pour</u> S <u>si et seulement si on a unicité locale pour</u> S'.

Pour la démonstration, nous aurons besoin de la proposition suivante, qui est intéressante par elle-même.

(12.60) PROPOSITION: <u>Soit</u> $V \in \underline{\underline{T}}_p(\underline{F})$ <u>et</u> $P \in S^V$. <u>S'il y a V-unicité, on a:</u>

(i) $\underline{\underline{F}}_0^P = (\underline{\underline{F}}^0)^P$;

(ii) <u>si</u> $N \in \underline{\underline{L}}(P)$ <u>on a</u> $I_{[\![0,V[\![}\bullet N^c \in \mathcal{X}^1_{loc}([(X^i)^V]^c, P)$ <u>et</u> $I_{[\![0,V[\![}\bullet N^d \in \underline{\underline{K}}^{1,1}(I_{[\![0,V[\![}\bullet\mu, P)$.

Si dans (12.53,a) on avait imposé la coïncidence sur $(\Omega, \underline{\underline{F}}_V)$, ces propriétés seraient vraies en remplaçant $I_{[\![0,V[\![}\bullet N$ par N^V et $I_{[\![0,V[\![}\bullet\mu$ par μ^V, et pour tout $V \in \underline{\underline{T}}(\underline{F})$.

<u>Démonstration</u>. La démonstration est exactement du même type que celle de (12.21). Soit $U \in b\underline{\underline{F}}_0$ et $U' = U - E(U|\underline{\underline{F}}^0)$. Soit $N \in \underline{\underline{H}}_0^\infty(P)$ telle que $\langle N^c, [(X^i)^V]^c\rangle = 0$ et que $M^P_{\mu^V}(\Delta N|\tilde{\underline{\underline{P}}}) = 0$. Soit $Z = 1 + b(U'+N)$, où b est une constante choisie telle que $Z \geq 0$. On a $Z \in \underline{\underline{M}}(P)$ et on pose $Q = Z_\infty \bullet P$. On a $E(Z_0|\underline{\underline{F}}^0) = 1$, $\langle Z^c, [(X^i)^V]^c\rangle = 0$ et $M^P_{\mu^V}(Z|\tilde{\underline{\underline{P}}}) = Z_0 I_{[\![0]\!]} + Z_-$ par construction, donc (12.19) entraine que $P' \in S^V$. Par hypothèse on a $P = P'$ sur $\underline{\underline{F}}_{V-}$, et comme V est prévisible cela entraine que $Z = 1$ sur $[\![0,V[\![$. Mais $Z = Z_0 + I_{]\!]0,V[\![}\bullet Z$, et on en déduit que $Z = 1$ partout, donc $U' = 0$ et $N = 0$. On en déduit (i) et la propriété

(iii) Si $N \in \underline{\underline{H}}_0^\infty(P)$ vérifie $N = I_{[\![0,V[\![}\bullet N$ et si $\langle N^c, [(X^i)^V]^c\rangle = 0$ et $M^P_{\mu^V}(\Delta N|\tilde{\underline{\underline{P}}}) = 0$, on a $N = 0$.

Mais il suffit de reprendre les démonstrations de (4.14) et de (4.53) en remplaçant partout les processus (disons X) et mesures aléatoires (disons μ) par $I_{[\![0,V[\![}\bullet X$ et $I_{[\![0,V[\![}\bullet\mu$, pour voir que (ii) $\Longleftrightarrow$ (iii).■

<u>Démonstration de (12.59)</u>. Etant donné (12.38) il suffit de montrer la condition suffisante. Soit $V \in \underline{\underline{T}}_p(\underline{F})$ et $P, P' \in S^V$. Il existe $T'_n \in \underline{\underline{T}}_p(\underline{F})$ tel que $T'_n = T_n$ P-p.s. et P'-p.s., et on pose $V_n = T'_n \wedge V \wedge n$.

Relativement à P, on peut définir le processus Z^{V_n} par (12.42), en arrêtant tous les processus en V_n, et on a $Z^{V_n} \in \underline{\underline{M}}(P)$ d'après (12.46). Soit alors $Q_n = Z_\infty^{V_n}\bullet P$, qui d'après (12.47) est dans S'^{V_n}. On sait aussi que $Z_\infty^{V_n} > 0$ P-p.s. d'après (12.45), donc $Q_n \sim P$. Le processus densité de P par rapport à Q_n sera noté $\tilde{Z}$. De la même manière, on définit Z'^{V_n} relativement à P' par (12.42), puis on pose $Q'_n = Z'^{V_n}_\infty \bullet P'$; on a $Q'_n \in S'^{V_n}$ et $Q'_n \sim P'$, et enfin on note $\tilde{Z}'$ le processus densité de P' par rapport à Q'_n.

L'unicité locale pour S' entraine que $Q_n = Q'_n$ sur $\underline{\underline{F}}_{V_n -}$. Soit (R_m) une suite de temps d'arrêt annonçant V_n pour Q_n et Q'_n simultanément. On a alors $Q_n = Q'_n$ sur chaque $\underline{\underline{F}}_{R_m}$.

Reprenons la preuve de (12.48,a) en remplaçant P par Q_n, en arrêtant les processus en R_m et en utilisant (12.60) au lieu de l'extrémalité de P : on voit que $\tilde{Z}^{R_m}$ est donné par la formule (12.42), en remplaçant z,

$(X^i)^c = M^i$, ν , $\underline{K}$, Y par $\frac{1}{z}$, $[(X^i)^V]^{c,Q_n}$, ν' , $-\underline{K}$, $\frac{1}{Y}I_{\{Y>0\}}$, les intégrales stochastiques étant prises relativement à Q_n . Mais on a aussi $P'\in S^{R_m}$, $P'\ll Q_n$ sur $(\Omega,\underline{\underline{F}}_{R_m})$ et le processus densité de P' par rapport à Q_n égale $\tilde{Z}'^{R_m}$ sur $[\![0,R_m]\!]$, puisque $Q'_n = Q_n$ sur $\underline{\underline{F}}_{R_m}$: on en déduit que $\tilde{Z}'^{R_m}$ est aussi donné par (12.42), c'est-à-dire que $\tilde{Z}'^{R_m} = \tilde{Z}^{R_m}$. Il s'ensuit que $P' = P$ sur $\underline{\underline{F}}_{R_m}$ pour chaque m , donc sur $\bigvee_{(m)}\underline{\underline{F}}_{R_m}$. Comme $\lim_{(m)}\uparrow R_m$ est égal Q_n-p.s. et Q'_n-p.s., donc P-p.s. et P'-p.s., à V_n , on en déduit que $P' = P$ sur $\underline{\underline{F}}_{V_n-}$.

Enfin on fait tendre n vers $+\infty$: $P = P'$ sur $\bigvee_{(n)}\underline{\underline{F}}_{V_n-}$. Comme $\lim_{(n)}\uparrow V_n$ égale P-p.s. et P'-p.s. V , on en déduit que $P' = P$ sur $\underline{\underline{F}}_{V-}$, ce qui montre la V-unicité pour le problème S , pour tout $V\in \underline{\underline{T}}_p(\underline{\underline{F}})$.∎

(12.61) <u>Exemple: les processus ponctuels multivariés</u>. Reprenons le contenu du §VIII-2-b. P et Q sont solutions des problèmes S et S' , dans lesquels $\underline{\underline{F}}^o = \underline{\underline{F}}_0$, $I = \emptyset$, et μ vérifie $I_{[\![T_\infty,\infty[\![}\cdot\mu = 0$ si $T_\infty = \inf(t : 1*\mu_t = \infty)$. Le théorème (8.32) est alors un cas particulier de (12.34) et (12.39), et (8.35) un cas particulier de (12.55), le terme noté ici B étant noté C dans (8.32), et une fois remarqué que $P(\Gamma) = 0$ si et seulement si le temps d'arrêt T de (8.32) vérifie $P(T<\infty) = 0$.

Le lecteur pourra vérifier que la démonstration de (8.35) est exactement la même que celle de (12.55); l'unicité locale provient de (3.42) appliqué aux processus ponctuels multivariés arrêtés μ^V (on rencontre ici l'un des rares cas où toutes les solutions de S^V coïncident sur $(\Omega,\underline{\underline{F}}_V)$).∎

<u>EXERCICES</u>

12.8 - Montrer que si $Q\in S'$, $Q\overset{loc}{\ll} P$ et si $\tilde{Z}$ est le processus densité de Q par rapport à P, alors $\tilde{Z} = Z$ si et seulement si $\tilde{Z}_0 = z$, $\tilde{Z}^c\in \mathcal{L}^1_{loc}(\underline{M},P)$ et $\tilde{Z}^d - z\in \underline{\underline{K}}^{1,1}(\mu,P)$.

12.9 - Posons $z' = \frac{1}{z}I_{\{z>0\}}$, $u = \widehat{I_{\{Y>0\}}}$, $N = \{u<1=\hat{Y}\}$, $Y' = I_N + (\frac{1}{Y}I_{\{Y>0\}} + I_{\{Y=0\}})I_{N^c}$, $\underline{K}' = -\underline{K}$. Posons $\tilde{\nu} = Y'.\nu'$. Définissons enfin $\tilde{B}^i$ par (12.32) en intervertissant $(\nu,\underline{K},Y,B^i)$ et $(\nu',\underline{K}',Y',B'^i)$, et en affectant une valeur arbitraire sur $[\![\tilde{T}^i,\infty[\![$. Soit $\tilde{S} = S^I(\underline{\underline{F}}^o;\mathcal{X},\mu|P^o;\tilde{\mathcal{B}},\mathcal{C},\mathcal{W},\tilde{\nu})$

a) Montrer que si $P^o(z=0) = 0$, le couple $(S',\tilde{S})$ vérifie, dans cet ordre, l'hypothèse (12.31).

b) On suppose que $P(\Gamma) = 0$. Montrer que $\tilde{S}$ est P-équivalent à S .

c) Montrer que le couple $(\tilde{B},\tilde{\Gamma})$ associé par (12.35) à $(S',\tilde{S})$ vérifie $\tilde{\Gamma} = \emptyset$, $\tilde{B}\leq B$, et $\tilde{B} = B$ à un ensemble P-évanescent près si $P(\Gamma) = 0$.

12.10 - Démontrer le contenu de la remarque (12.58).

12.11 - Montrer que si $P \in S$ et si on a S_n-unicité pour le problème S, pour une suite (S_n) d'éléments de $\underline{\underline{T}}_p(\underline{F})$ croissant P-p.s. vers $+\infty$, alors $P \in S_e$ (on pourra utiliser (12.60)).

12.12 - On ne suppose plus que les W^i soient bornés. Montrer que le théorème (12.47) reste vrai, à condition de rajouter l'hypothèse: $E(Z_\infty I_{\{T^i<\infty\}}) = 0$ pour tout $i \leq m$, ou, de manière équivalente, $E(Z_\infty I_{\{\hat{T}<\infty\}}) = 0$ si $\hat{T} = \inf(t: \sum_{i\leq m} |W^i(Y-1)| * \nu_t = \infty)$. On pourra calculer le processus $[Z, W^i*(\mu-\nu)]$ et utiliser le lemme (3.67).

12.13 - Modifier, en s'inspirant de l'exercice précédent, tous les énoncés de cette partie de façon à les rendre justes lorsqu'on ne suppose pas les W^i bornés.

12.14 - Montrer que le corollaire (12.59) reste valide si on remplace l'unicité locale par la condition (*) de (12.58), à condition de prendre $\lim_{(n)}\uparrow T'_n = \infty$ identiquement et $T'_n \in \underline{\underline{T}}_p(\underline{F})$ dans cette condition.

12.15 - Soit Ω l'espace constitué des deux points ω et ω', $\underline{\underline{F}}^o$ la tribu triviale, $\underline{\underline{F}}_t = \underline{\underline{F}}$ la tribu des parties. Soit (α_n) une suite strictement croissante de réels positifs tendant vers 1. Soit (b_n) et (b'_n) deux suites différentes de réels. Soit μ et ν les mesures aléatoires sur $E = \mathbb{R}$ définies par

$$\mu(\omega;.) = \sum_{(n)} \varepsilon_{(\alpha_n, b_n)}(.), \quad \nu(\omega;.) = \mu(\omega;.)$$

$$\mu(\omega';.) = \sum_{(n)} \varepsilon_{(\alpha_n, b'_n)}(.), \quad \nu(\omega';.) = \mu(\omega';.) + \varepsilon_{(2,1)}(.).$$

a) Montrer qu'il y a une solution et une seule au problème $S = S^I(\underline{\underline{F}}^o; \mu | P^o; \nu)$ avec $I = \emptyset$ et P^o = probabilité triviale.

b) Soit $V = 1$. Montrer que toute probabilité est solution du problème arrêté S^V: l'unicité n'entraine pas l'unicité locale.

4 - PROBLEMES DE MARTINGALES ET ESPACES CANONIQUES

Dans cette partie nous proposons essentiellement des compléments permettant de faire le lien entre les applications du chapitre suivant, et les parties 2 et 3. Seul le §a est réellement important.

§a - Image d'un problème sur l'espace canonique. On ne va étudier que les problèmes (12.9). Pour éviter des complications, on suppose que l'espace filtré $(\Omega,\underline{\underline{F}},\underline{F})$ est muni de données de base $(\underline{\underline{F}}^o,X)$ vérifiant

(12.62) Hypothèse: (a) X est continu à droite et limité à gauche.
(b) $\underline{F}$ est la plus petite filtration rendant X optionnel.
(c) $\underline{\underline{F}}^o = \sigma(X_0)$.

Si λ est une probabilité sur $E=\mathbb{R}^m$ on note de la même lettre λ son image réciproque sur $(\Omega,\underline{\underline{F}}^o)$ par l'application X_0 : $\lambda(X_0^{-1}(A))=\lambda(A)$; en général λ sera la mesure de Dirac ε_x en un point $x\in E$. On notera toujours μ la mesure aléatoire μ^X associée à X par (3.22).

Nous considérons également l'espace suivant:

(12.63) $\check{\Omega}=D([0,\infty[;E)$, espace des fonctions continues à droite et limitées à gauche: $[0,\infty[\longrightarrow E$.

On note $\check{X}$ le processus canonique défini par $\check{X}_t(\check{\omega})=\check{\omega}(t)$ si $\check{\omega}\in\check{\Omega}$. Soit $\check{\underline{\underline{F}}}{}^o_t=\sigma(\check{X}_s : s\leq t)$, $\check{\underline{F}}=(\check{\underline{\underline{F}}}_t)_{t\geq 0}$ la plus petite filtration rendant $\check{X}$ optionnel (c'est la filtration canonique), et $\check{\underline{\underline{F}}}=\bigvee_{(t)}\check{\underline{\underline{F}}}{}^o_t=\check{\underline{\underline{F}}}_\infty$. On a $\check{\underline{\underline{F}}}_t=\bigcap_{s>t}\check{\underline{\underline{F}}}{}^o_s$. Enfin on écrit $\check{\underline{\underline{F}}}{}^o$ au lieu de $\check{\underline{\underline{F}}}{}^o_0$, par analogie avec la notation (12.62,c), et on note toujours par la même lettre une probabilité sur E et son image réciproque sur $(\check{\Omega},\check{\underline{\underline{F}}}{}^o)$ par l'application $\check{X}_0$.

Il existe une application naturelle: $\Omega\xrightarrow{\varphi}\check{\Omega}$ définie par

(12.64) $\varphi(\omega)$ = trajectoire de $X_.(\omega)$ (ou: $X=\check{X}\circ\varphi$)

et les relations (10.34,a,b) sont satisfaites par construction.

Soit $S=S^{II}(\underline{\underline{F}}^o;X|\lambda;B,C,\nu)$ un problème $\underline{F}$-adapté sur $(\Omega,\underline{\underline{F}},\underline{F})$, de données de base $(\underline{\underline{F}}^o,X)$.

(12.65) DEFINITION: On appelle image du problème S sur l'espace canonique $\check{\Omega}$ tout problème $\check{S}=S^{II}(\check{\underline{\underline{F}}}{}^o;\check{X}|\lambda;\check{B},\check{C},\check{\nu})$ sur $(\check{\Omega},\check{\underline{\underline{F}}},\check{\underline{F}})$ qui est $\check{\underline{F}}$-adapté et qui vérifie: $\check{B}=B\circ\varphi$, $\check{C}=C\circ\varphi$, $\check{\nu}=\nu\circ\varphi$.

D'après (10.35), l'adaptation de S à $\underline{F}$ entraine l'existence d'un problème image $\check{S}$ au moins: c'est évident pour l'existence de $\check{B}$ et $\check{C}$. Pour $\check{\nu}$ on se ramène d'abord au cas où ν est de masse totale finie; ensuite, pour chaque $A\in\underline{\underline{E}}$ il existe un processus $\check{\underline{F}}$-prévisible $\rho(A)$ tel que $I_A*\nu=\rho(A)\circ\varphi$; enfin, $(E,\underline{\underline{E}})$ étant un espace lusinien, on peut choisir les $\rho(A)$ de sorte que $\rho(A)=I_A*\check{\nu}$, où $\check{\nu}$ est une mesure aléatoire sur $\check{\Omega}$, nécessairement $\check{\underline{F}}$-prévisible.

(12.66) PROPOSITION: (a) Si P est une probabilité sur $(\Omega,\underline{\underline{F}})$, on a l'équivalence: $P\in S \Longleftrightarrow P\circ\varphi^{-1}\in \check{S}$, et l'implication: $P\circ\varphi^{-1}\in\check{S}_e \Longrightarrow P\in S_e$.

(b) L'unicité (resp. l'unicité locale) pour $\check{S}$ entraine l'unicité (resp. l'unicité locale) pour S.

Démonstration. (a) On a $X=\check{X}\circ\varphi$ et $\mu=\check{\mu}\circ\varphi$, si $\check{\mu}$ est la mesure associée à $\check{X}$ par (3.22). L'équivalence découle alors immédiatement de (10.38) et (10.39).

Supposons maintenant que $Q,Q'\in S$ et $a\in]0,1[$, avec $P=aQ+(1-a)Q'$. On vient de voir que $Q\circ\varphi^{-1}$ et $Q'\circ\varphi^{-1}$ sont dans $\check{S}$, et on a $P\circ\varphi^{-1}= a(Q\circ\varphi^{-1})+(1-a)(Q'\circ\varphi^{-1})$. Si $P\circ\varphi^{-1}\in\check{S}_e$ on doit alors avoir $Q\circ\varphi^{-1}= Q'\circ\varphi^{-1}=P\circ\varphi^{-1}$, ce qui implique $Q=Q'=P$ puisque $\underline{\underline{F}}=\varphi^{-1}(\check{\underline{\underline{F}}})$.

(b) L'assertion concernant l'unicité est évidente à partir de (a) et du fait que $\underline{\underline{F}}=\varphi^{-1}(\check{\underline{\underline{F}}})$.

Soit $V\in\underline{\underline{T}}(\underline{\underline{F}})$. D'après (10.35,a) il existe $\check{V}\in\underline{\underline{T}}(\check{\underline{\underline{F}}})$ tel que $V=\check{V}\circ\varphi$. Il est évident que le problème $\check{S}^{\check{V}}$ est image sur l'espace canonique du problème S^V. Si P et Q sont deux solutions de S^V, (a) entraine que $\check{P}=P\circ\varphi^{-1}$ et $\check{Q}=Q\circ\varphi^{-1}$ sont dans $\check{S}^{\check{V}}$. Par hypothèse $\check{P}$ et $\check{Q}$ coïncident sur $(\check{\Omega},\check{\underline{\underline{F}}}_{\check{V}-})$ et comme $\underline{\underline{F}}_{V-}=\varphi^{-1}(\check{\underline{\underline{F}}}_{\check{V}-})$ (vérification immédiate à l'aide de (10.35) et (1.4)), les restrictions de P et Q à $(\Omega,\underline{\underline{F}}_{V-})$ coïncident: on obtient ainsi l'assertion concernant l'unicité locale. ∎

(12.67) Remarques: 1) Il peut exister plusieurs problèmes image distincts (cf. exercice 12.16).

2) Cette proposition signifie, entre autres, que S n'admet par "davantage" de solutions que $\check{S}$, puisque si $P\neq Q$ on a $P\circ\varphi^{-1}\neq Q\circ\varphi^{-1}$. Il peut y en avoir strictement moins: en effet si $\check{P}\in\check{S}$, il peut fort bien n'exister aucune probabilité P sur $(\Omega,\underline{\underline{F}})$ telle que $\check{P}=P\circ\varphi^{-1}$ (cf. exercice 12.16).

3) Dans (b) nous n'affirmons pas l'existence de solutions. L'existence de solutions pour S dépend bien-sûr des rapports entre X et (B,C,ν), rapports qui sont reproduits entre $\check{X}$ et $(\check{B},\check{C},\check{\nu})$; mais elle dépend aussi de la "richesse" de l'espace $(\Omega,\underline{\underline{F}})$: s'il existe une solution de $\check{S}$ et si l'espace $(\Omega,\underline{\underline{F}})$ est assez riche (c'est-à-dire, assez proche de $(\check{\Omega},\check{\underline{\underline{F}}})$) il existe aussi une solution pour S.

On utilise donc la proposition précédente ainsi: supposons qu'on connaisse une solution $P\in S$. On choisit un problème image $\check{S}$ (en général, un seul problème image $\check{S}$ s'impose immédiatement); si on a unicité ou unicité locale pour S (les résultats d'unicité pour les problèmes sur l'espace canonique abondent dans la littérature), on a aussi unicité ou unicité locale pour S, sans se préoccuper de la structure plus ou moins compliquée de l'espace $(\Omega,\underline{\underline{F}})$. ∎

(12.68) Remarque: d'autres espaces canoniques. 1) Supposons que $\nu = 0$: X est alors P-p.s. à trajectoires continues pour toute solution $P \in S$. On peut alors considérer un problème image sur l'espace canonique $\check{\Omega}' = C([0,\infty[;E)$ des fonctions continues: $[0,\infty[\longrightarrow E$, qu'on munit du processus canonique $\check{X}'$ et de la filtration canonique $\underline{\check{F}}'$ à la manière de $\check{\Omega}$.

En effet, soit Ω' l'ensemble des ω tels que $X_.(\omega)$ soit continu. On appelle $\underline{\underline{F}}'$ et $\underline{\underline{F}}'_t$ les tribus trace sur Ω' de $\underline{\underline{F}}$ et $\underline{\underline{F}}_t$. Si on note par la même lettre un processus sur Ω et sa restriction à Ω', il y a donc correspondance bi-univoque entre S et le problème $S' = S^{II}(\underline{\underline{F}}'^{o};X|\lambda;B,C,\nu)$ sur $(\Omega',\underline{\underline{F}}',\underline{F}')$. La formule (12.64) définit une application: $\Omega' \xrightarrow{\varphi} \check{\Omega}'$ et on peut recopier tout ce qui précède dans ce cadre.

2) On considère parfois l'espace canonique des processus avec temps de mort. Plus précisément, soit Δ un point extérieur à E, puis $E_\Delta = E \cup \{\Delta\}$ et

$D_\Delta([0,\infty[;E)$ = espace des applications $\omega: [0,\infty[\longrightarrow E_\Delta$ telles que $\omega(t) = \Delta$ pour $t \geq \zeta(\omega) = \inf(s:\omega(s) = \Delta)$, et qui sont continues à droite et limitées à gauche sur $[0,\zeta(\omega)[$.

Désignons par $\check{\Omega}''$ cet espace, muni comme ci-dessus du processus canonique $\check{X}''$ et de la filtration canonique $\underline{\check{F}}''$. Remarquons que $\check{\Omega}$ est une partie de $\check{\Omega}''$, que $\check{X}$ est la restriction de $\check{X}''$ à $\check{\Omega}$, et que $\underline{\underline{\check{F}}}_t$ est la trace de $\underline{\underline{\check{F}}}''_t$ sur $\check{\Omega}$. Il est alors évident qu'on peut recopier tout ce qui précède dans le cadre de $\check{\Omega}''$. ∎

§b - Un critère d'unicité locale. Là encore on ne s'intéresse qu'aux problèmes (12.9) vérifiant (12.62). Etant donné (12.66), ce n'est pas une restriction que de se placer sur l'espace canonique (12.63), espace que nous notons ci-dessous Ω, avec le processus canonique X, la filtration canonique $\underline{F}$, et la famille croissante de tribus $(\underline{\underline{F}}^o_t)_{t\geq 0}$.

On munit l'espace Ω du semigroupe $(\theta_t)_{t\geq 0}$ des translations, qui sont les applications $\theta_t: \Omega \longrightarrow \Omega$ définies par

(12.69) $$X_s(\theta_t(\omega)) = X_{t+s}(\omega) \qquad \forall s \in \mathbb{R}_+.$$

Par ailleurs, si ρ est une mesure aléatoire sur E, sa translatée $\tau_t\rho$ est la mesure aléatoire définie par

(12.70) $\quad (\tau_t\rho)(\omega;A) \;=\; \int\rho(\omega;ds,dx)I_A(s-t,x)1_{\{t<s\}}$.

On se donne un triplet de caractéristiques (B,C,ν) et on va considérer le problème $S=S^{II}(\underline{\underline{F}}^o;X|\lambda;B,C,\nu)$. Pour simplifier, on supposera que:

(12.71)
- S est $\underline{F}$-adapté;
- chaque composante de B et de C est continue à droite (continue pour C), à variation finie sur tout compact, nulle en 0, et $|\Delta B|\leq 1$
- $\nu(\{0\}\times E)=\nu(]0,\infty[\times\{0\})=0$, $\int\nu([0,t],dx)(1\wedge|x|^2)<\infty$ et $\nu(\{t\}\times E)\leq 1$ pour tout $t\in\mathbb{R}_+$,

ce qui, compte tenu de (3.47), est une restriction "faible". On suppose en outre satisfaite l'hypothèse (terriblement forte !) suivante:

(12.72) Hypothèse: Pour chaque $t\in\mathbb{R}_+$ il existe un triplet $(p_tB,p_tC,p_t\nu)$ de caractéristiques tel que
(i) chaque triplet vérifie (12.71);
(ii) on a identiquement

$$(p_tB^i)_s(\theta_t\omega) \;=\; B^i_{t+s}(\omega)-B^i_t(\omega)$$
$$(p_tC^{ij})_s(\theta_t\omega) \;=\; C^{ij}_{t+s}(\omega)-C^{ij}_t(\omega)$$
$$(p_t\nu)(\theta_t\omega;.) \;=\; \tau_t\nu(\omega;.)\,;$$

(iii) pour tous $s\in\mathbb{R}_+$, $A\in\underline{\underline{B}}(\mathbb{R}_+\times E)$ les applications: $(\omega,t)\rightsquigarrow(p_tB)_s(\omega)$, $(p_tC)_s(\omega)$, $(p_t\nu)(\omega;A)$ sont $\underline{\underline{F}}\otimes\underline{\underline{B}}(\mathbb{R}_+)$-mesurables;
(iv) il existe une probabilité de transition $P_{x,t}(d\omega)$ de $(E\times\mathbb{R}_+,\underline{\underline{B}}(E\times\mathbb{R}_+))$ dans $(\Omega,\underline{\underline{F}})$, telle que $P_{x,t}\in S_{x,t}=S^{II}(\underline{\underline{F}}^o;X|\varepsilon_x;p_tB,p_tC,p_t\nu)$ pour tout $(x,t)\in E\times\mathbb{R}_+$.

Nous verrons dans le chapitre suivant plusieurs exemples vérifiant cette hypothèse: ce sera notamment le cas des triplets associés aux PAI-semimartingales. Plus généralement, cette hypothèse est adaptée au cas des processus markoviens (homogènes ou non) qui sont des semimartingales.

Remarquons que d'après (ii), on a $(p_0B,p_0C,p_0\nu)=(B,C,\nu)$. L'hypothèse (i) n'est pas absolument indispensable, mais elle simplifie notablement les démonstrations.

Notre objectif est de prouver le théorème suivant.

(12.73) THEOREME: On suppose que les caractéristiques de S satisfont (12.71) et (12.72). Dans ce cas, l'unicité entraine l'unicité locale pour S.

On remarquera qu'on demande l'unicité pour S, mais pas pour les $S_{x,t}$. Cependant, sous l'hypothèse (12.72) il est assez facile de voir que l'unicité pour S entraine l'unicité pour les $S_{x,t}$, dès que les trajectoires de X "remplissent" P-p.s. l'espace E entier.

Nous allons décomposer la démonstration en plusieurs lemmes, qu'en aucun cas nous ne conseillons de lire: on utilise en effet une technique fastidieuse de "recollement" de processus en des temps d'arrêt.

Bien que la famille $\underline{F}^o = (\underline{\underline{F}}_t^o)_{t\geq 0}$ ne soit pas une filtration, on appelle $\underline{F}^o$-temps d'arrêt toute variable $T: \Omega \longrightarrow \overline{\mathbb{R}}_+$ qui vérifie $\{T\leq t\}\in \underline{\underline{F}}_t^o$ pour tout $t\in\mathbb{R}_+$. Dans ce cas, on note $\underline{\underline{F}}_T^o$ la tribu constituée des $A\in\underline{\underline{F}}$ vérifiant $A\cap\{T\leq t\}\in \underline{\underline{F}}_t^o$ pour tout t. Si $\underline{\underline{T}}(\underline{F}^o)$ désigne l'ensemble des $\underline{F}^o$-temps d'arrêt, les propriétés (1.2) et (1.4) sont valides pour $\underline{\underline{T}}(\underline{F}^o)$ comme pour $\underline{\underline{T}}(\underline{F})$. Rappelons également le résultat suivant, sans démonstration:

(12.74) LEMME: (a) Pour que $T\in\underline{\underline{T}}(\underline{F}^o)$ il faut et il suffit que T soit $\underline{\underline{F}}$-mesurable et que pour tout $t\in\mathbb{R}_+$ on ait l'implication:
$T(\omega)\leq t,\ X_s(\omega)=X_s(\omega')$ si $s\leq t \Longrightarrow T(\omega)=T(\omega')$.

(b) Soit $T\in\underline{\underline{T}}(\underline{F}^o)$. Pour qu'une variable $\underline{\underline{F}}$-mesurable Y soit $\underline{\underline{F}}_T^o$-mesurable, il faut et il suffit qu'on ait les implications:
$T(\omega)=T(\omega'),\ X_s(\omega)=X_s(\omega')$ si $s\leq T(\omega) \Longrightarrow Y(\omega)=Y(\omega')$.

(c) Soit $S,T\in\underline{\underline{T}}(\underline{F}^o)$ tels que $S\leq T$. Il existe une fonction $\underline{\underline{F}}_S^o\otimes\underline{\underline{F}}$-mesurable $U: \Omega\times\Omega\longrightarrow\overline{\mathbb{R}}_+$ telle que $U(\omega,.)\in\underline{\underline{T}}(\underline{F}^o)$ pour tout ω, et que $T(\omega)=S(\omega)+U(\omega,\theta_S(\omega))$ si $S(\omega)<\infty$.

Dans (c), l'application θ_S est définie sur l'ensemble $\{S<\infty\}$ par: $\omega \rightsquigarrow \theta_{S(\omega)}(\omega)$. Ces résultats sont démontrés par exemple dans Dellacherie et Meyer [1], pp. 234 (T 100) et 237 (T 103). Plus exactement, ils sont démontrés pour l'espace canonique $D_\Delta([0,\infty[;E)$ introduit dans (12.68,2), mais le lecteur pourra vérifier qu'ils s'appliquent également dans le cas de l'espace $D([0,\infty[;E)$ (car les "opérateurs de meurtre" de Dellacherie et Meyer n'interviennent pas dans cette question). En réalité, pourvu que X soit continu à droite et que $\underline{\underline{F}}_t^o=\sigma(X_s: s\leq t)$, l'espace Ω peut être quelconque, d'après l'article [1] de Courrège et Priouret.

Pour des raisons purement techniques, nous aurons besoin de la classe $\tilde{\underline{\underline{T}}}$ des applications $T: \Omega\longrightarrow\overline{\mathbb{R}}_+$ qui vérifient $\{T\leq t\}\in\underline{\underline{F}}_t^o$ pour tout $t\in]0,\infty[$ et $\{T=0\}\in\underline{\underline{F}}_0$. Si $T\in\tilde{\underline{\underline{T}}}$ on note $\tilde{\underline{\underline{F}}}_T$ la tribu constituée des $A\in\underline{\underline{F}}$ vérifiant $A\cap\{T\leq t\}\in\underline{\underline{F}}_t^o$ si $t>0$ et $A\cap\{T=0\}\in\underline{\underline{F}}_0$. On a clairement les inclusions $\underline{\underline{T}}(\underline{F}^o)\subset\tilde{\underline{\underline{T}}}\subset\underline{\underline{T}}(\underline{F})$; tout élément strictement positif de $\tilde{\underline{\underline{T}}}$ est dans $\underline{\underline{T}}(\underline{F}^o)$; les propriétés (1.2) et (1.4) sont valides pour $\tilde{\underline{\underline{T}}}$.

(12.75) LEMME: Si $T\in\underline{\underline{T}}_p(\underline{F})$ on a $T\in\tilde{\underline{\underline{T}}}$ et $\underline{\underline{F}}_{T-}\subset\tilde{\underline{\underline{F}}}_T$.

Démonstration. On sait que $\{T=0\}\in \underline{\underline{F}}_0$. Si $t>0$ on a $\{T\leq t\}\in \underline{\underline{F}}_{t-}$ d'après (1.2), et $\underline{\underline{F}}_{t-}\subset \underline{\underline{F}}_t^o$ (vérification immédiate): donc $T\in \tilde{\underline{\underline{T}}}$.

La tribu $\underline{\underline{F}}_{T-}$ est engendrée par $\underline{\underline{F}}_0$, qui est contenue dans $\tilde{\underline{\underline{F}}}_T$, et par les $A\cap\{s<T\}$ où $A\in\underline{\underline{F}}_s$. Mais alors $A\cap\{s<T\}\cap\{T\leq t\}$ est clairement dans $\underline{\underline{F}}_t^o$ si $t>s$, et aussi si $t\leq s$ car alors cet ensemble est vide: on en déduit que $A\cap\{s<T\}\in\tilde{\underline{\underline{F}}}_T$. ∎

Dans la suite, V désigne un élément donné de $\tilde{\underline{\underline{T}}}$. Par abus de notation on écrit $\{V<\infty\}\cap\theta_V^{-1}(\underline{\underline{F}})$ pour la tribu de $\{V<\infty\}$ constituée des $\{V<\infty\}\cap\theta_V^{-1}(B)=\{\omega: V(\omega)<\infty, \theta_V(\omega)\in B\}$, quand $B\in\underline{\underline{F}}$.

(12.76) LEMME: (a) <u>Pour tout</u> $t>0$, $V(t)=V_{\{t\leq V\}}$ <u>est dans</u> $\underline{\underline{T}}(\underline{\underline{F}}^o)$ <u>et</u> $\tilde{\underline{\underline{F}}}_V\cap\{t\leq V\}=\underline{\underline{F}}^o_{V(t)}\cap\{t\leq V\}$.

(b) <u>La tribu trace</u> $\{V<\infty\}\cap\underline{\underline{F}}$ <u>est engendrée par les tribus</u> $\{V<\infty\}\cap\tilde{\underline{\underline{F}}}_V$ <u>et</u> $\{V<\infty\}\cap\theta_V^{-1}(\underline{\underline{F}})$.

(c) <u>Si</u> $A\in\tilde{\underline{\underline{F}}}_V$ <u>et</u> $B\in\underline{\underline{F}}$ <u>vérifient</u> $\{V<\infty\}\cap A\cap\theta_V^{-1}(B)=\emptyset$, <u>on a</u> $\{X_V(\omega): \omega\in A, V(\omega)<\infty\}\cap\{X_0(\omega):\omega\in B\}=\emptyset$.

Démonstration. (a) Comme $V(t)$ est un élément strictement positif de $\tilde{\underline{\underline{T}}}$, il est dans $\underline{\underline{T}}(\underline{\underline{F}}^o)$. Sur $\{t\leq V\}$ on a $V(t)=V$, donc la fin est évidente.

(b) Comme $\{V<\infty\}\cap\theta_V^{-1}(\{X_t\in A\})=\{V<\infty, X_{V+t}\in A\}\in\underline{\underline{F}}$, on a l'inclusion $\{V<\infty\}\cap\theta_V^{-1}(\underline{\underline{F}})\subset\{V<\infty\}\cap\underline{\underline{F}}$, et l'inclusion $\tilde{\underline{\underline{F}}}_V\subset\underline{\underline{F}}$ est évidente. Il est également évident que $\{0=V\}\cap\underline{\underline{F}}=\{0=V\}\cap\theta_V^{-1}(\underline{\underline{F}})$. Il reste donc à montrer que pour tous $0<s\leq t<\infty$ et tout $C\in\underline{\underline{F}}_t^o$, l'ensemble $C'=C\cap\{s\leq V\leq t\}$ est contenu dans la tribu sur $\{V<\infty\}$ engendrée par $\{s\leq V\leq t\}\cap\underline{\underline{F}}^o_{V(s)}$ et $\{s\leq V\leq t\}\cap\theta_V^{-1}(\underline{\underline{F}})$. Appliquons (12.74,c) à $S=V(s)$ et $T=t_{C'}$, qui vérifient $S\leq T$: on a $t_{C'}=V(s)+U(.,\theta_{V(s)})I_{\{V(s)<\infty\}}$, donc $C'=\{t_{C'}<\infty\}=\{\omega: U(\omega,\theta_{V(s)}(\omega))<\infty, V(s)(\omega)<\infty\}$, et le résultat découle de la $\underline{\underline{F}}^o_{V(s)}\otimes\underline{\underline{F}}$-mesurabilité de U.

(c) Il suffit de montrer le résultat séparément lorsque $A\subset\{V=0\}$ (auquel cas c'est évident) et lorsque $A\subset\{V>0\}$. Dans ce cas, supposons qu'il existe $\omega\in A$ et $\omega'\in B$ tels que $V(\omega)<\infty$ et $X_V(\omega)=X_0(\omega')$. Soit $\tilde{\omega}$ le point de Ω défini par $X_t(\tilde{\omega})=X_t(\omega)$ si $t\leq V(\omega)$ et $X_t(\tilde{\omega})=X_{t-V(\omega)}(\omega')$ si $t\geq V(\omega)$. Soit aussi $s>0$ tel que $s\leq V(\omega)$, de sorte que $V(\omega)=V(s)(\omega)$. D'après (12.74,a) on a $V(s)(\tilde{\omega})=V(s)(\omega)$, donc $V(\tilde{\omega})=V(\omega)$; comme $A\cap\{V(s)<\infty\}\in\underline{\underline{F}}^o_{V(s)}$, (12.74,b) entraine aussi que $\tilde{\omega}\in A$; enfin $\omega'=\theta_V(\tilde{\omega})$ par construction, puisque $V(\tilde{\omega})=V(\omega)$: par suite le point $\tilde{\omega}$ appartient à $\{V<\infty\}\cap A\cap\theta_V^{-1}(B)$. ∎

Si maintenant P est une probabilité sur $(\Omega,\underline{\underline{F}})$, étant donné (12.72,iv) on peut poser

$$(12.77)\quad \begin{cases} Q(A\cap\{V=\infty\}) = P(A\cap\{V=\infty\}) & \text{si } A\in\underline{\underline{F}} \\ Q(A\cap\{V<\infty\}\cap\theta_V^{-1}(B)) = E(I_A I_{\{V<\infty\}} P_{X_V,V}(B)) & \text{si } A\in\underline{\underline{\tilde F}}_V,\ B\in\underline{\underline{F}}. \end{cases}$$

(12.78) LEMME: __La formule (12.77) définit une probabilité__ Q __sur__ $(\Omega,\underline{\underline{F}})$.

__Démonstration__. La première chose à montrer, et compte tenu de (12.76,b) la seule qui n'est pas évidente, est que (12.77) définit Q sans ambiguité: c'est-à-dire si $A,A'\in\underline{\underline{\tilde F}}_V$ et $B,B'\in\underline{\underline{F}}$ vérifient $A\cap\{V<\infty\}\cap\theta_V^{-1}(B) = A'\cap\{V<\infty\}\cap\theta_V^{-1}(B')$, alors

$$E(I_A I_{\{V<\infty\}} P_{X_V,V}(B)) = E(I_{A'} I_{\{V<\infty\}} P_{X_V,V}(B')).$$

Quitte à remplacer A' et B' par $A\cap A'$ et $B\cap B'$, on peut supposer que $A'\subset A$ et $B'\subset B$. Dans ce cas, la différence entre le premier et le second membre ci-dessus égale

$$E(I_{A\setminus A'} I_{\{V<\infty\}} P_{X_V,V}(B')) + E(I_A I_{\{V<\infty\}} P_{X_V,V}(B\setminus B')),$$

tandis que $(A\setminus A')\cap\{V<\infty\}\cap\theta_V^{-1}(B') = A\cap\{V<\infty\}\cap\theta_V^{-1}(B\setminus B') = \emptyset$.

Tout revient donc à montrer que si $A\cap\{V<\infty\}\cap\theta_V^{-1}(B)=\emptyset$, alors $E(I_A I_{\{V<\infty\}} P_{X_V,V}(B)) = 0$. Posons $\hat A = \{X_V(\omega) : V(\omega)<\infty, \omega\in A\}$ et $\hat B = \{X_0(\omega) : \omega\in B\}$. On a $\{x : P_{x,t}(B)>0\}\subset\hat B$ puisque $P_{x,t}(X_0=x)=1$, et $E(I_A I_{\{V<\infty\}} I_{\hat A^c}(X_V)) = 0$ par définition de $\hat A$: comme $\hat B\subset\hat A^c$ d'après (12.76,c), on obtient le résultat. ∎

Pour le lemme suivant, on considère des processus N et p_tN (pour $t\in\mathbb{R}_+$) qui sont continus à droite, limités à gauche, nuls en 0, $\underline{\underline{F}}$-adaptés, et qui vérifient en outre les conditions de régularité suivantes:

- $N_V I_{\{V<\infty\}}\in\underline{\underline{\tilde F}}_V$
- il existe une suite (R_n) d'éléments de $\underline{\underline{T}}(\underline{\underline{F}}^o)$ croissant vers $+\infty$ et telle que $|N^{R_n}|\leq n$,
- il existe une suite $(R(n,t))$ d'éléments de $\underline{\underline{T}}(\underline{\underline{F}}^o)$ croissant vers $+\infty$ et telle que $|(p_tN)^{R(n,t)}|\leq n$,
- pour tout $s\in\mathbb{R}_+$, $(\omega,t)\rightsquigarrow(p_tN)_s(\omega)$ est $\underline{\underline{F}}\otimes\underline{\underline{B}}(\mathbb{R}_+)$-mesurable.

(12.79) LEMME: __Si__ $N\in\underline{\underline{L}}(P)$ __et__ $p_tN\in\underline{\underline{L}}(P_{x,t})$ __pour tout__ (x,t), __la formule__

$$\tilde N_t(\omega) = \begin{cases} N_t(\omega) & \text{si } t<V(\omega) \\ N_V(\omega) + (p_{V(\omega)}N)_{t-V(\omega)}(\theta_V(\omega)) & \text{si } t\geq V(\omega) \end{cases}$$

__définit un élément de__ $\underline{\underline{L}}(Q)$.

__Démonstration__. Par construction on a $\tilde N_0 = 0$, $\tilde N_V = N_V$ sur $\{V<\infty\}$, et $\tilde N$ est continu à droite et limité à gauche. Il est facile de vérifier qu'en outre $\tilde N$ est $\underline{\underline{F}}$-adapté, en utilisant par exemple (12.74,b) avec les temps d'arrêt constants $T\equiv t$.

De même, en utilisant (12.74,a) on vérifie aisément que

$$\tilde{R}_n(\omega) = \begin{cases} R_n(\omega) & \text{si } R_n(\omega) \leq V(\omega) \\ V(\omega) + R(n,V(\omega))(\theta_V(\omega)) & \text{sinon} \end{cases}$$

est dans $\underline{\underline{T}}(\underline{F}^o)$, tandis qu'à l'évidence $|\tilde{N}^{\tilde{R}n}| \leq 2n$.

Soit T un $\underline{F}^o$-temps d'arrêt fini. On a par construction

$$E_Q(\tilde{N}_T^{\tilde{R}n}) = E_Q(N_{T\wedge V}^{R_n}) + E_Q(I_{\{V=0\}}(p_0N)_T^{R(n,0)}) + \lim_{t\downarrow 0} E_Q(I_{\{t\leq V\leq T\}}(p_VN)_{T-V}^{R(n,V)(\theta_V)}(\theta_V)).$$

On a $N_V I_{\{V<\infty\}} \in \tilde{\underline{F}}_V$, donc $E_Q(N_{T\wedge V}^{R_n}) = E(N_{T\wedge V}^{R_n})$, qui est nul puisque $N^{R_n} \in \underline{\underline{M}}_o(P)$. De même

$$E_Q(I_{\{V=0\}}(p_0N)_T^{R(n,0)}) = E(I_{\{V=0\}}E_{X_0,0}((p_0N)_T^{R(n,0)})) = 0,$$

en notant $E_{x,t}$ l'espérance mathématique par rapport à la probabilité $P_{x,t}$. Enfin d'après (12.74,c) on peut écrire $T\vee V(t) = V(t) + U(.,\theta_{V(t)})$ sur $\{V(t)<\infty\}$, pour une fonction $U \in \underline{F}^o_{V(t)}\otimes\underline{F}$ telle que $U(\omega,.) \in \underline{\underline{T}}(\underline{F}^o)$. On a $\{t\leq V\leq T\} \in \tilde{\underline{F}}_V$ et $T<\infty$, donc les diverses conditions de mesurabilité sur p_tN et $P_{x,t}$ permettent d'écrire

$$E_Q(I_{\{t\leq V\leq T\}}(p_VN)_{T-V}^{R(n,V)(\theta_V)}(\theta_V)) = \int P(d\omega)I_{\{t\leq V(\omega)\leq T(\omega)\}}E_{X_V(\omega),V(\omega)}((p_{V(\omega)}N)_{U(\omega,.)}^{R(n,V(\omega))}),$$

qui est nul puisque $(p_tN)^{R(n,t)} \in \underline{\underline{M}}_o(P_{x,t})$.

On a donc montré que $E_Q(\tilde{N}_T^{\tilde{R}n}) = 0$ pour tout élément fini T de $\underline{\underline{T}}(\underline{F}^o)$. Si maintenant T est un élément fini de $\underline{\underline{T}}(\underline{F})$, comme $\tilde{N}^{\tilde{R}n}$ est borné on a $E_Q(\tilde{N}_T^{\tilde{R}n}) = \lim_{(m)} E_Q(\tilde{N}_{T+1/m}^{\tilde{R}n})$ et $T+1/m$ est un élément strictement positif et fini de $\underline{\underline{T}}_p(\underline{F})$, donc de $\underline{\underline{T}}(\underline{F}^o)$ d'après (12.75). Par suite $E(\tilde{N}_T^{\tilde{R}n}) = 0$ pour tout $T \in \underline{\underline{T}}(\underline{F})$ fini: on en déduit que chaque $\tilde{N}^{\tilde{R}n\wedge m}$ est dans $\underline{\underline{M}}_o(Q)$, donc aussi $\tilde{N}^{\tilde{R}n}$.

On termine en remarquant que $P(\lim_{(n)}\uparrow R_n = \infty) = P_{x,t}(\lim_{(n)}\uparrow R(n,t) = \infty) = 1$, d'où $Q(\lim_{(n)}\uparrow \tilde{R}_n = \infty) = 1$ d'après (12.77).∎

<u>Démonstration de (12.73)</u>. (i) Soit $V \in \underline{\underline{T}}_p(\underline{F})$. On a vu que $V \in \tilde{\underline{\underline{T}}}$ et que $\underline{F}_{V-} \subset \tilde{\underline{F}}_V$. Soit $P, P' \in S^V$, auxquels on associe Q et Q' par les formules (12.77). On va montrer que Q et Q' sont solutions de S ; l'unicité entrainera alors que Q = Q', donc d'après (12.77) P et P' coïncident sur $(\Omega, \tilde{\underline{F}}_V)$, donc a-fortiori sur $(\Omega, \underline{F}_{V-})$ et on aura montré ainsi la V-unicité pour S, d'où finalement l'unicité locale.

(ii) Il s'agit donc de montrer que si $P \in S^V$, la probabilité Q définie par (12.77) est dans S. D'abord, la restriction de Q à $(\Omega, \underline{F}^o)$ égale celle de P, c'est-à-dire λ.

(iii) Posons $\overline{X} = X - S(\Delta X I_{\{|\Delta X|>1\}} I_{]0,\infty[}) - X_0$ et $M^i = \overline{X}^i - B^i$. Nous allons appliquer (12.79) à $N = (M^i)^V$ et aux $p_t N = \overline{X}^i - p_t B^i$, qui sont par hypothèse continus à droite, limités à gauche, nuls en 0, $\underline{F}$-adaptés. Comme $P \in S^V$ on a $N \in \underline{\underline{L}}(P)$; comme $P_{x,t} \in S_{x,t}$ on a $p_t N \in \underline{\underline{L}}(P_{x,t})$. En utilisant (12.74,b) pour chaque $V(t)$, on vérifie aisément que $\overline{X}^i_V I_{\{V<\infty\}} \in \tilde{\underline{\underline{F}}}_V$, et $B^i_V I_{\{V<\infty\}} \in \underline{\underline{F}}_{V-} \subset \tilde{\underline{\underline{F}}}_V$ puisque B^i est $\underline{F}$-prévisible, donc $N_V I_{\{V<\infty\}} \in \tilde{\underline{\underline{F}}}_V$.

Soit $S_n = \inf(t : |\overline{X}^i_t| \geq n)$ et $T_n = \inf(t : \int^t |dB^i_s| \geq n)$: on a $\lim_{(n)}\uparrow T_n = \lim_{(n)}\uparrow S_n = \infty$; en utilisant (12.74,a) on vérifie que $S_n \in \underline{\underline{T}}(\underline{F}^o)$; en utilisant (12.74,a,b) et le fait que $\int^t |dB^i_s| \in \underline{\underline{F}}^o_t$ (puisque B^i est $\underline{F}$-prévisible) on vérifie également que $T_n \in \underline{\underline{T}}(\underline{F}^o)$; comme $|\Delta\overline{X}^i| \leq 1$ par construction et $|\Delta B^i| \leq 1$ par hypothèse, on en déduit que $|N^{T_n \wedge S_n}| \leq 2n+2$ et il est alors évident qu'on peut construire une suite (R_n) de $\underline{F}^o$-temps d'arrêt croissant vers $+\infty$ et telle que $|N^{R_n}| \leq n$. De la même manière on peut construire une suite $(R(n,t))$ de $\underline{F}^o$-temps d'arrêt croissant vers $+\infty$ et telle que $|(p_t N)^{R(n,t)}| \leq n$. Enfin la $\underline{\underline{F}} \otimes \underline{\underline{B}}(\mathbb{R}_+)$-mesurabilité de $(p_t N)_s(\omega)$ en (ω,t) découle de (12.72,iii).

Toutes les conditions requises pour appliquer (12.79) sont donc satisfaites, d'où $\tilde{N} \in \underline{\underline{L}}(Q)$. Mais $\overline{X}_{t+s} = \overline{X}_t + \overline{X}_s \circ \theta_t$ (vérification facile) et $(p_t B^i)_s \circ \theta_t = B^i_{t+s} - B^i_t$ par hypothèse; un calcul élémentaire montre alors que $\tilde{N} = M^i$, de sorte qu'on a montré que $M^i \in \underline{\underline{L}}(Q)$. On en déduit en particulier que $\overline{X}^i \in \underline{\underline{S}}_p(Q)$, donc $X^i \in \underline{\underline{S}}(Q)$.

(iv) Soit A un borélien de E situé à une distance strictement positive de l'origine. D'après (12.71) et (12.72,i) les processus $I_A * \nu$ et $I_A * (p_t \nu)$ sont nuls en 0, continus à droite, à variation finie sur tout compact et $\underline{F}$-prévisibles. Le processus $I_A * \mu$ vérifie les mêmes propriétés, sauf qu'il est seulement $\underline{F}$-optionnel. On pose $N = (I_A * \mu - I_A * \nu)^V$ et $p_t N = I_A * \mu - I_A * (p_t \nu)$. On vérifie exactement comme en (iii) qu'on peut appliquer (12.79), donc $\tilde{N} \in \underline{\underline{L}}(Q)$. Enfin un calcul simple utilisant (12.70) et (12.72,ii) montre que $\tilde{N} = I_A * \mu - I_A * \nu$.

Il s'ensuit que M^Q_μ et M^P_ν prennent la même valeur sur chaque ensemble $[\![0,T]\!] \times A$ ($T \in \underline{\underline{T}}(\underline{F})$, $A \in \underline{\underline{E}}$ avec $d(0,A) > 0$) ; comme μ et ν ne chargent pas $\{0\} \times E$, ni $]0,\infty[\times\{0\}$, on en déduit que M^Q_μ et M^Q_ν coïncident sur $\tilde{\underline{\underline{P}}}(\underline{F})$ par un argument de classe monotone, donc $\nu = \mu^{p,Q}$.

(v) Posons enfin $N = (M^i M^j - C^{ij} - S(\Delta M^i \Delta M^j))^V$, $p_t M^i = \overline{X}^i - p_t B^i$ et $p_t N = (p_t M^i)(p_t M^j) - p_t C^{ij} - S(\Delta(p_t M^i)\Delta(p_t M^j))$. On vérifie encore une fois comme en (iii) qu'on peut appliquer (12.79) à N et aux $p_t N$, donc $\tilde{N} \in \underline{\underline{L}}(Q)$. Par ailleurs un calcul simple montre que $\tilde{N} = M^i M^j - C^{ij} - S(\Delta M^i \Delta M^j)$, donc $M^iM^j - C^{ij} - S(\Delta M^i \Delta M^j) \in \underline{\underline{L}}(Q)$: comme C^{ij} est continu et à variation finie sur tout compact, on en déduit que $C^{ij} = {}^Q\langle (M^i)^{c,Q}, (M^j)^{c,Q} \rangle$.

En définitive on a montré que $X^i \in \underline{\underline{S}}(Q)$, que $\nu = \mu^{p,Q}$, que $\overline{X}^i - B^i \in \underline{\underline{L}}(Q)$ et que ${}^Q\langle (X^i)^{c,Q}, (X^j)^{c,Q} \rangle = C^{ij}$, donc $Q \in S$. ■

EXERCICE

12.16 - On suppose que Ω est réduit à un point et que $m = 1$. $X_t(\omega) = x(t)$ est une fonction "déterministe", de même que $B_t(\omega) = b(t)$, $C_t(\omega) = c(t)$ et $\nu(\omega; dt, dx) = F(dt, dx)$, dans le problème S du §a. Il existe une seule probabilité sur Ω, notée P.

a) Montrer que S admet P pour solution si et seulement si $x(t)$ est à variation finie sur tout compact, $b(t) = x(t) - x(0)$, $c(t) = 0$, $F(dt, dx) = \sum_{0<s} I_{\{\Delta x(s) \neq 0\}} \varepsilon_{(s, \Delta x(s))}(dt, dx)$ et $\lambda = \varepsilon_{x(0)}$.

b) Lorsque $\lambda = \varepsilon_{x(0)}$, construire un problème image $\check{S}$ sur l'espace canonique, qui admet toujours une solution, même si S n'en admet pas (on pourra prendre $\check{S}$ de sorte que X soit un PAI pour la solution).

c) Construire deux problèmes image $\check{S}$ et $\check{S}'$ différents.

COMMENTAIRES

Jusqu'à présent, les diverses applications des problèmes de martingales ont essentiellement concerné le "problème de semimartingales" (12.9) (pour l'étude des processus de diffusion par exemple) et le "problème de mesures aléatoires" obtenu dans (12.1) lorsqu'on prend pour ensemble d'indices I l'ensemble vide (par exemple: mesures de Poisson, systèmes de Lévy de processus de Markov, etc...). L'intérêt du problème général (12.1) est qu'il permet d'étudier simultanément, et sans complication notable, les deux problèmes évoqués ci-dessus.

A quelques modifications et améliorations près, la partie 1 et le théorème (12.21) suivent Jacod [3], et le §2-c suit Jacod et Yor [1]. Le théorème (12.22) est nouveau, mais son corollaire (12.25) est démontré partiellement par Grigelionis [4] et par Jacod et Mémin [1]. L'application (12.23) aux processus ponctuels multivariés est due à Boël, Varayia et Wong [1] dans un cas particulier, et à Davis [1] et Jacod [1] pour le cas général; voir également Elliott [1] pour une extension aux mesures aléatoires à valeurs entières, lorsque les coupes de l'ensemble D associé par (3.19) n'admettent pas de point d'accumulation à gauche. Le théorème de représentation (12.24) pour les PAI est dû à Grigelionis [4] (avec une méthode utilisant le §2-a du ch. XIII), Kabanov [2] et Galtchouk [2] (avec une méthode "hilbertienne"), Jacod et Mémin [1] (pour les PAIS uni-dimensionnels, avec la méthode utilisée ici).

La partie 3 contient deux types de résultats. Il y a d'abord le deuxième volet du théorème de Girsanov, qui est le théorème (12.47); dans le cas des processus continus, il est dû à Girsanov [1] pour le mouvement brownien, puis à bien d'autres auteurs: voir Stroock et Varadhan [1], et les bilbiographies de Orey [3] et Liptzer et Shiryaev [2]. Dans le cas discontinu, et pour le problème (12.9), on en trouvera une version dans Skorokhod [1] et Grigelionis [2],[3], le résultat général ayant été obtenu par Jacod et Mémin [1].

En second lieu, la partie 3 contient des conditions nécessaires et suffisantes d'absolue continuité. Les premiers résultats dans cette direction, pour des processus continus, sont dûs à Kailath [1], Kailath et Zakaï [1], Ershov [1], Liptzer et Shiryaev [1] (après de nombreux résultats pour les processus à temps discret); Liptzer et Shiryaev ont traité complètement le cas continu dans [2]. Dans le cas des semimartingales uni-dimensionnelles et quasi-continues à gauche, l'essentiel de la partie 3 est dû à Jacod et Mémin [1], avec la méthode utilisée ici (la notion d'unicité locale, notamment, est introduite dans cet article, dans lequel le processus B utilisé est le premier processus de la remarque (12.37)). Enfin, le cas général, toujours pour les problèmes (12.9), est dû à Kabanov, Liptzer et Shiryaev [3]: dans cet article, les résultats sont présentés de manière un peu différente, à savoir que l'hypothèse (12.31) n'est pas supposée satisfaite a-priori. Cependant on passe facilement des théorèmes de cet article aux théorèmes énoncés ici, par l'intermédiaire de la proposition (12.34).

Enfin le §4-a présente des résultats techniques très faciles, mais également très importants quand on veut appliquer les théorèmes de la partie 3. Le §4-b, recopié sur Jacod et Mémin [1], est d'un abord assez difficile, mais la technique utilisée est tout-à-fait classique en théorie des processus de Markov (voir par exemple Stroock [1] pour l'utilisation d'une méthode analogue), puisque le lemme fondamental (12.74) a précisément été établi par Courrège et Priouret [1] en vue des "recollements" de processus de Markov.

CHAPITRE XIII

PROBLEMES DE MARTINGALES : QUELQUES EXEMPLES

Nous allons considérer trois catégories d'exemples. Dans la partie 1 nous revenons, pour la dernière fois, sur les processus à accroissements indépendants: on énonce d'abord des conditions d'absolue continuité, bien classiques, et qui sont des corollaires faciles des résultats des chapitres VIII et XII. Ensuite, on donne une application aux "flots" de PAIS qui est un peu en dehors du sujet, mais qui nous semble intéressante.

Dans la partie 2 on étudie de manière élémentaire les liens qui existent entre les problèmes de martingales et les processus de Markov. Il est bien évident que, dans la mesure où nous ne voulons pas demander au lecteur de connaitre la théorie des processus de Markov dans tous ses développements, seuls quelques résultats simples sont démontrés. Signalons toutefois que presque tous les chapitres précédents ont des applications aux processus de Markov, et permettent parfois de simplifier notablement les théorèmes de cette théorie: il y faudrait un autre ouvrage.

Les processus de diffusions sont étudiés dans la partie 3. Là encore, on se contente des processus de diffusion à valeurs dans $\mathbb{R}^m$, en laissant de coté les diffusions sur un domaine de $\mathbb{R}^m$ (ou une variété), avec les problèmes de réflexion au bord que cela pose.

Signalons enfin qu'une quatrième série d'exemples, à savoir les solutions faibles d'équations différentielles stochastiques, sera traitée dans le chapitre suivant.

1 - PROCESSUS A ACCROISSEMENTS INDEPENDANTS

§a - Conditions d'absolue continuité. Soit $(\Omega,\underline{\underline{F}},\underline{F})$ un espace filtré muni d'un processus continu à droite et limité à gauche X, à valeurs dans $E=\mathbb{R}^m$. On suppose que $\underline{F}$ est la plus petite filtration rendant X optionnel, et que $\underline{\underline{F}}=\underline{\underline{F}}_\infty$. On pose $\underline{\underline{F}}^o=\sigma(X_0)$ et on désigne par la même lettre une probabilité sur $(E,\underline{\underline{E}})$ et son image réciproque sur $(\Omega,\underline{\underline{F}}^o)$ par X_0.

En fait, pour simplifier l'exposé on supposera que la loi initiale est $\lambda = \varepsilon_0$, donc $X_0 = 0$ P-p.s. pour toutes les probabilités P considérées. Enfin, μ désigne la mesure aléatoire associée à X par (3.22).

On se donne un triplet (B,C,ν) de caractéristiques locales donné par les formules (3.52), à partir de termes b, c, F vérifiant (3.53). Soit $S = S^{II}(\underline{\underline{F}}^o; X|\varepsilon_0; B,C,\nu)$. D'après (3.60) on sait que S contient au plus une probabilité P, et en contient exactement une sous les hypothèses canoniques, i.e. quand Ω est l'espace canonique défini par (12.63). On suppose bien entendu que S contient une probabilité P, qui d'après (3.51) <u>fait de</u> X <u>un PAI-semimartingale</u>.

Rappelons d'abord qu'on a d'après (12.24) la propriété suivante de représentation des martingales:

$$(13.1)\begin{cases} \forall M \in \underline{\underline{M}}_{loc}(P), & M = \alpha + W*(\mu - \nu) + {}^tH\cdot X^c \\ \text{où} \quad \alpha \in \mathbb{R}, & W \in G^1_{loc}(\mu), \quad H \in L^1_{loc}(X^c) \end{cases}$$

(en effet, on a $\underline{\underline{F}}^P_0 = (\underline{\underline{F}}^o)^P$ d'après (12.21), et ici $(\underline{\underline{F}}^o)^P$ est P-triviale puisque $P(X_0 = 0) = 1$, donc M_0 est P-p.s. constante).

(13.2) PROPOSITION: <u>Il y a unicité locale pour le problème</u> S .

<u>Démonstration</u>. Comme B, C, ν sont déterministes, le problème construit sur l'espace canonique $\check{\Omega}$ du §XII-4-a, avec les mêmes caractéristiques $\check{B} = B$, $\check{C} = C$, $\check{\nu} = \nu$, est trivialement un problème image de S. D'après (12.69) il suffit donc de montrer le résultat lorsque $\Omega = \check{\Omega}$ et $X = \check{X}$, ce que nous supposerons.

Posons $(p_tB)_s = B_{t+s} - B_t$, $(p_tC)_s = C_{t+s} - C_t$ et $p_t\nu = \tau_t\nu$. D'après le théorème (12.73) il suffit de prouver que l'hypothèse (12.72) est satisfaite. C'est évident pour (12.72,i,ii,iii). Comme le triplet $(p_tB, p_tC, p_t\nu)$ vérifie encore les formules (3.52) et (3.53), on sait que $S_{x,t}$ contient exactement une solution $P_{x,t}$. D'après (3.55) il existe une fonction borélienne $g_{r,s,u}(t)$ telle que $E_{x,t}(\exp i\langle u, X_s - X_r\rangle | \underline{\underline{F}}_r) = g_{r,s,u}(t)$, où $E_{x,t}$ est l'espérance mathématique par rapport à la probabilité $P_{x,t}$. Si $u_j \in \mathbb{R}^m$, $0 = s_0 < s_1 .. < s_n$ et $v_j = u_j + .. + u_n$, on a

$$E_{x,t}(\exp i \textstyle\sum_{1\leq j\leq n} \langle u_j, X_{s_j}\rangle) = e^{i\langle v_0, x\rangle} \prod_{1\leq j\leq n} g_{s_{j-1},s_j,v_j}(t),$$

expression qui est borélienne en (x,t). On en déduit par des arguments classiques, d'abord que $P_{x,t}(\bigcap_{1\leq j\leq n}\{X_{s_j} \in A_j\})$ est borélienne si les A_j sont des boréliens de E, puis que $P_{x,t}(A)$ est borélienne pour tout $A \in \underline{\underline{F}}$, d'où la condition (12.72,iv).∎

Soit maintenant un autre triplet (B',C',ν') donné par les formules

(3.52) à partir de termes b', c', F' vérifiant (3.53). Soit $Q \in S' = S^{II}(\underline{\underline{F}}^0; X|\varepsilon_0; B', C', \nu')$.

Soit aussi $\phi(t) = \sum_{j \leq m} c^{jj}(t)$, qui est une fonction croissante continue, nulle en 0. Il existe une fonction matricielle symétrique nonnégative $(\gamma^{ij}(t))_{i,j \leq m}$ telle que

$$(13.3) \qquad c^{ij}(t) = \int^t \gamma^{ij}(s)\, d\phi(s).$$

(13.4) THEOREME: (a) <u>Pour que</u> $Q \overset{loc}{\ll} P$ <u>il faut et il suffit que</u>:

- $c' = c$.
- $F(\{t\}\times E) = 1 \Longrightarrow F'(\{t\}\times E) = 1$.
- $F' = f\cdot F$, où f est une fonction borélienne sur $\mathbb{R}_+ \times E$ vérifiant $\int |x| I_{\{|x|\leq 1\}} I_{\{s \leq t\}} |f(s,x) - 1|\, F(ds,dx) < \infty$ pour tout $t<\infty$.
- il existe des fonctions boréliennes $\beta^j(s)$ vérifiant $\int^t |\sum_{j\leq m} \beta^j(s)\gamma^{ji}(s)|\, d\phi(s) < \infty$ pour tout $t<\infty$, et telles que

$$b'^i(t) = b^i(t) + \int^t (\sum_{j\leq m} \beta^j(s)\gamma^{ji}(s))\, d\phi(s) + \int x^i I_{\{|x|\leq 1\}} I_{\{s\leq t\}} (f(s,x) - 1) F(ds,dx)$$

- la fonction

$$\widetilde{B}(t) = \int^t (\sum_{i,j\leq m} \beta^i(s)\gamma^{ij}(s)\beta^j(s))\, d\phi(s) + \int I_{\{s\leq t\}} (1 - f(s,x))^2 F(ds,dx) + \sum_{s\leq t} (\sqrt{1 - F(\{s\}\times E)} - \sqrt{1 - F'(\{s\}\times E)})$$

est finie pour tout $t<\infty$.

<u>Dans ce cas, le processus densité</u> Z <u>de</u> Q <u>par rapport à</u> P <u>est donné par</u> $Z = \mathcal{E}(N)$, <u>où</u>

$$\begin{cases} N = {}^t\beta\cdot X^c + U*(\mu - \nu), & \text{avec} \\ \beta(\omega,s) = (\beta^j(s))_{j\leq m}, & U(\omega,s,x) = f(s,x) - 1 - \dfrac{F'(\{s\}\times E) - 1}{F(\{s\}\times E) - 1}. \end{cases}$$

(b) <u>Pour que</u> $Q \ll P$ <u>il faut et il suffit qu'en plus</u> $\lim_{t\uparrow\infty} \widetilde{B}(t) < \infty$.

(c) <u>Pour que</u> $Q \sim P$ <u>il faut et il suffit qu'en plus</u> $F' \sim F$, <u>que</u> $F(\{t\}\times E) = 1 \Longleftrightarrow F'(\{t\}\times E) = 1$, <u>et que</u> $\lim_{t\uparrow\infty} \widetilde{B}(t) < \infty$.

<u>Démonstration</u>. (a) Si $Q \overset{loc}{\ll} P$ il existe d'après (12.34) un problème $\widetilde{S}'$, Q-équivalent à S', et qui vérifie (12.31) relativement à S. Comme B, C, ν, B', C', ν' sont déterministes, il est facile de voir que cela entraine les quatre premières conditions de (a) (attention au changement de notations: les termes K^i, C^{ij} et C de (12.31) sont notés ici β^i, γ^{ij} et ϕ), et inversement ces quatre conditions entrainent (12.31). Le processus noté B en (12.35) se réduit alors à la fonction déterministe $\widetilde{B}(t)$ de l'énoncé, et le processus N a la même signification qu'en

(12.42). Comme il y a unicité locale pour S' d'après (13.2), le résultat découle du théorème (12.55).

(b) découle simplement de (12.55,b).

(c) Considérons l'ensemble Γ défini en (12.35). Comme les caractéristiques sont déterministes, on a $\Gamma = \emptyset$ si et seulement si $\int I_{\{f=0\}} dF = 0$ et si $F'(\{t\}\times E) = 1 \Longrightarrow F(\{t\}\times E) = 1$, tandis que $\Gamma = \Omega$ dans le cas contraire. Dire que $\int I_{\{f=0\}} dF = 0$ revient à dire que $F' \sim F$, si bien que le résultat découle de (12.55,d).∎

De la même manière, toujours en utilisant l'unicité locale pour S, on pourrait formuler des conditions pour que la ou les solutions d'un problème $S^{II}(\underline{F}^0;X|\varepsilon_0;\widetilde{B},\widetilde{C},\widetilde{\nu})$ quelconque soient (localement) absolument continues par rapport à P. Nous laissons cela au lecteur.

Par contre nous allons formuler explicitement le cas particulier de (13.4) concernant les PAIS. Supposons donc que $b(t) = bt$, $c(t) = ct$, $F(dt,dx) = dt\otimes F(dx)$, et de même $b'(t) = b't$, $c'(t) = c't$, $F'(dx,dt) = dt\otimes F'(dx)$. On rappelle que b et b' sont des vecteurs de $\mathbb{R}^m$, et $c = (c^{ij})_{i,j\leq m}$ et $c' = (c'^{ij})_{i,j\leq m}$ des matrices symétriques nonnégatives. Dans la formule (13.3) on peut alors prendre $\phi(t) = t$ et $\gamma^{ij}(s) = c^{ij}$. Il vient alors:

(13.5) COROLLAIRE: Soit P (resp. Q) une probabilité sur $(\Omega,\underline{F})$ qui fait de X un PAIS de vecteur de translation b (resp. b'), de matrice de diffusion c (resp. c'), et de mesure de Lévy F (resp. F'). Pour que $Q \overset{loc}{\ll} P$ il faut et il suffit que:

$$\begin{cases} - \ c' = c\,; \\ - \ F' = f\cdot F, \text{ où } f \text{ est une fonction borélienne sur } E \text{ vérifiant } \int(1-\sqrt{f})^2 dF < \infty \text{ et } \int |x| I_{\{|x|\leq 1\}} |f(x)-1| F(dx) < \infty\,; \\ - \ b'^i = b^i + \int x^i I_{\{|x|\leq 1\}}(f(x)-1)F(dx) + \sum_{j\leq m} \beta^j c^{ji}, \text{ où } \beta^j \in \mathbb{R}. \end{cases}$$

Dans ce cas, le processus densité Z de Q par rapport à P est donné par $Z = \mathcal{E}(N)$, où

$$N = \sum_{j\leq m} \beta^j (X^j)^c + (f-1)*(\mu-\nu).$$

Enfin, le résultat concernant l'absolue continuité mérite d'être cité à part.

(13.6) COROLLAIRE: Soit P et Q deux probabilités sur $(\Omega,\underline{F})$ qui font de X un PAIS. On a $Q \ll P$ si et seulement si $Q = P$.

Démonstration. La fonction $\widetilde{B}(t)$ de (13.4) vaut $\widetilde{B}(t) = \widetilde{B}t$, avec

$$\tilde{B} = \sum_{i,j\leq m} \beta^i c^{ij} \beta^j + \int (1-\sqrt{f})^2 dF ,$$

de sorte que si $\lim_{t\uparrow\infty} \tilde{B}(t) < \infty$ on a $\tilde{B}=0$. Mais alors $\sum_{i,j\leq m} \beta^i c^{ij} \beta^j = 0$, ce qui entraine $\sum_{j\leq m} \beta^j c^{ji} = 0$ pour tout i puisque la matrice c est symétrique nonnégative; par ailleurs il faut aussi que $(1-\sqrt{f})^2 = 0$ F-p.s., soit $f=1$ F-p.s., soit $F' = F$. Le résultat découle alors de (13.4,b) et (13.5), et du fait qu'il y a unicité pour S. ∎

(13.7) Remarque: On utilise l'unicité locale, ce qui est un peu lourd ! On pourrait faire une démonstration "directe" de (13.4), à la manière du §VIII-2-b pour les processus ponctuels multivariés: ce serait essentiellement la même démonstration qu'en passant par l'unicité locale, mais avec des détails techniques beaucoup plus aisés. ∎

§b - Une application de la propriété de représentation des martingales. Nous allons voir une application curieuse du théorème (12.24), selon laquelle deux PAIS engendrant la même filtration sont isomorphes.

On se donne deux processus X et X', qui sont continus à droite et limités à gauche, et à valeurs respectivement dans $\mathbb{R}^m$ et $\mathbb{R}^{m'}$. Soit également $\underline{\underline{H}}$ une tribu sur Ω. On note $\underline{\underline{F}}$ (resp. $\underline{\underline{F}}'$) la plus petite filtration rendant X (resp. X') optionnel, et telle que $\underline{\underline{H}} \subset \underline{\underline{F}}_0$ (resp. $\underline{\underline{H}} \subset \underline{\underline{F}}'_0$). Soit enfin $\underline{\underline{F}} = \underline{\underline{F}}_\infty \vee \underline{\underline{F}}'_\infty$.

Avec ces notations, on a:

(13.8) THEOREME: Soit P une probabilité sur $(\Omega, \underline{\underline{F}})$ telle que

(i) $\underline{\underline{F}}^P = \underline{\underline{F}}'^P$,

(ii) X et X' sont des PAIS sur $(\Omega, \underline{\underline{F}}^P, \underline{\underline{F}}^P, P)$, admettant respectivement b et b' pour vecteurs de translation, c et c' pour matrices de diffusion, F et F' pour mesures de Lévy.

On a alors les propriétés:

(a) les matrices c et c' ont même rang;

(b) les espaces mesurés $(\mathbb{R}^m, \underline{\underline{B}}(\mathbb{R}^m), F)$ et $(\mathbb{R}^{m'}, \underline{\underline{B}}(\mathbb{R}^{m'}), F')$ sont isomorphes.

Il convient peut-être de rappeler que deux espaces mesurés $(E, \underline{\underline{E}}, F)$ et $(E', \underline{\underline{E}}', F')$ sont isomorphes s'il existe un élément F-négligeable E_0 de $\underline{\underline{E}}$, un élément F'-négligeable E'_0 de $\underline{\underline{E}}'$, et une bijection bimesurable φ $E\setminus E_0 \longrightarrow E'\setminus E'_0$ telle que $F' = F\circ\varphi^{-1}$ (bien entendu, on désigne par la même lettre F la restriction de la mesure F à $E\setminus E_0$, et de même pour F').

Démonstration. Toutes les martingales sont prises relativement à la filtration $\underline{\underline{F}}^P = \underline{\underline{F}}'^P$. On pose $E = \mathbb{R}^m$ et $E' = \mathbb{R}^{m'}$. μ et μ' sont associées à X et X' par (3.22), et admettent les projections prévisibles duales $\nu(dt,dx) = dt\otimes F(dx)$ et $\nu'(dt,dx) = dt\otimes F'(dx)$. Nous sommes exactement dans les conditions d'application de (12.24) pour X <u>et</u> pour X' : on a $\underline{\underline{H}}_0^{2,c} = \mathcal{L}^2(X^c) = \mathcal{L}^2(X'^c)$ et $\underline{\underline{H}}_0^{1,d} = \underline{\underline{K}}^{1,1}(\mu) = \underline{\underline{K}}^{1,1}(\mu')$.

(a) La martingale locale m-dimensionnelle X^c est un 2-système générateur de $\underline{\underline{H}}_0^{2,c}$, donc d'après (4.43) la 2-dimension de $\underline{\underline{H}}_0^{2,c}$ égale le rang de la matrice c (ici, la matrice notée $\underline{\underline{c}}(\omega,t)$ en (4.43) est déterministe). En considérant maintenant X'^c, on voit que la 2-dimension de $\underline{\underline{H}}_0^{2,c}$ est aussi égale au rang de la matrice c', d'où le résultat.

(b) Pour tout $A \in \underline{\underline{E}}$ tel que $d(0,A) > 0$ on considère la martingale $M(A)_t = I_A*(\mu-\nu)_t = \mu([0,t]\times A) - tF(A)$. Comme $\underline{\underline{H}}_0^{1,d} = \underline{\underline{K}}^{1,1}(\mu')$, il existe $W'(A) \in G^1_{loc}(\mu')$ tel que $M(A) = W'(A)*(\mu'-\nu')$. Les sauts de $M(A)$ sont d'amplitude égale à 1, tandis que $\int W'(A)(t,x)\nu'(\{t\},dx) = 0$ pour tout t ; d'après (3.63) on peut donc supposer que $W'(A)$ ne prend que les valeurs 0 et 1. De plus $W'(A)$ est défini à un ensemble $M^P_{\mu'}$-négligeable près; comme $M^P_{\mu'}(\bigcup_{(n)} A_n) = \sum_{(n)} M^P_{\mu'}(A_n)$ si les (A_n) sont deux-à-deux disjoints, on en déduit que $W'(\bigcup_{(n)} A_n) = \sum_{(n)} W'(A_n)$ à un ensemble $M^P_{\mu'}$-négligeable près. Un raisonnement classique (exactement celui permettant de construire une probabilité conditionnelle régulière à partir des espérances conditionnelles, pour une variable à valeurs dans E) montre qu'on peut choisir des versions de $W'(A)$ telles que: $A \rightsquigarrow W'(A)(\omega,t,x)$ soit une mesure pour chaque (ω,t,x). Puisque $W'(A)$ ne prend que les valeurs 0 et 1, c'est même une mesure de Dirac ou la mesure nulle. Si $\underline{\underline{\tilde{P}}}' = \underline{\underline{P}}\otimes\underline{\underline{E}}'$, il existe donc une fonction $\underline{\underline{\tilde{P}}}'$-mesurable $f'(\omega,t,x)$ à valeurs dans E, qui vaut 0 si la mesure: $A \rightsquigarrow W'(A)(\omega,t,x)$ est la mesure nulle, et telle que $W'(A) = I_A(f')$ si $d(0,A) > 0$. On a alors $M(A) = I_A(f')*(\mu'-\nu')$.

Cette égalité est une égalité entre intégrales stochastiques. Mais on a aussi $M(A) \in \underline{\underline{V}}_0$, donc en considérant séparément le processus des sauts $S(\Delta M(A))$ et la "partie continue" $M(A) - S(\Delta M(A))$, on voit que

(13.9) $$I_A*\mu = I_A(f')*\mu', \qquad tF(A) = \int\int^t I_A(f'(s,x))dsF'(dx)$$

en dehors d'un ensemble P-évanescent. Cet ensemble P-évanescent dépend de A ; mais comme d'une part $\underline{\underline{E}}$ est séparable, d'autre part les membres des égalités (13.9), considérés comme fonctions de A, sont des mesures, on peut trouver un ensemble P-évanescent en dehors duquel (13.9) est vérifié pour tout $A \in \underline{\underline{E}}$ tel que $d(0,A) > 0$.

En inversant les rôles de X et X', on peut de même trouver une fonction $\underline{\underline{\tilde{P}}}$-mesurable (où $\underline{\underline{\tilde{P}}} = \underline{\underline{P}}\otimes\underline{\underline{E}}$) f à valeurs dans E', telle qu'en dehors d'un ensemble P-évanescent on ait pour tout $A' \in \underline{\underline{E}}'$ tel que $d(0,A')>0$:

(13.10) $$I_{A'} * \mu' = I_{A'}(f) * \mu \ , \quad tF'(A') = \int^t\!\!\int I_{A'}(f(s,x))ds F(dx) .$$

Il découle des premières égalités (13.9) et (13.10) qu'en dehors d'un ensemble P-évanescent,

$$\Delta X_t(\omega) I_{\{\Delta X_t(\omega) \neq 0\}} = f'(\omega,t,\Delta X'_t(\omega)) I_{\{\Delta X'_t(\omega) \neq 0\}}$$
$$\Delta X'_t(\omega) I_{\{\Delta X'_t(\omega) \neq 0\}} = f(\omega,t,\Delta X_t(\omega)) I_{\{\Delta X_t(\omega) \neq 0\}} ,$$

ce qui entraine

(13.11) $$\begin{array}{ll} x = f'(\omega,t,f(\omega,t,x)) & M^P_\mu\text{-p.s., donc } M^P_\nu\text{-p.s.} \\ x' = f(\omega,t,f'(\omega,t,x')) & M^P_{\mu'}\text{-p.s., donc } M^P_{\nu'}\text{-p.s.} \end{array}$$

puisque M^P_μ et $M^P_{\mu'}$ ne chargent pas $[\![0,\infty[\![\times\{0\}$.

Comme $M^P_\nu(d\omega,dt,dx) = P(d\omega)\otimes dt \otimes F(dx)$ et $M^P_{\nu'}(d\omega,dt,dx') = P(d\omega)\otimes dt\otimes F'(dx')$, on déduit de (13.11) et des secondes égalités (13.9) et (13.10) qu'on peut choisir un point (ω,t) (dans une partie de $\Omega\times\mathbb{R}_+$ dont le complémentaire est $P(d\omega)\otimes dt$-négligeable) tel que si $h(x) = f(\omega,t,x)$ et $h'(x') = f'(\omega,t,x')$, on ait

$$F' = F\circ h^{-1} , \quad F = F'\circ h'^{-1} , \quad h(h'(x')) = x' \quad F'\text{-p.s.}, \quad h'(h(x)) = x \quad F\text{-p.s.}$$

Comme les fonctions h et h' sont boréliennes, ces relations impliquent que les espaces mesurés $(E,\underline{\underline{E}},F)$ et $(E',\underline{\underline{E}}',F')$ sont isomorphes (voir par exemple le livre de Billingsley [1,pp.66-69]: ces deux espaces sont "conjugués" pour la relation: $A \longleftrightarrow A'$ si et seulement si $A = h^{-1}(A')$ F-p.s. et $A' = h'^{-1}(A)$ F'-p.s.), ce qui achève la démonstration.∎

§c - Isomorphisme des flots de PAIS. Nous allons maintenant donner une application du théorème (13.8) à une situation de théorie ergodique.

Il est habituel en théorie ergodique de considérer des processus qui sont indicés par $\mathbb{R}$, et non par $\mathbb{R}_+$. On notera Ω l'espace des applications: $\mathbb{R} \longrightarrow E = \mathbb{R}^m$ qui sont continues à droite, limitées à gauche, et nulles en 0 . Le processus canonique sera $Z_t(\omega) = \omega(t)$. Le groupe des translations $(\theta_t)_{t\in\mathbb{R}}$ sur Ω est défini par

$$Z_{t+s} - Z_t = Z_s\circ\theta_t \qquad \forall s,t\in\mathbb{R} .$$

Enfin on pose $\underline{\underline{F}}^o_t = \sigma(Z_u - Z_v : u,v\leq t)$, $\underline{\underline{F}}_t = \bigcap_{s>t}\underline{\underline{F}}^o_s$, $\underline{\underline{F}} = \underline{\underline{F}}_\infty$. La famille $\underline{F} = (\underline{\underline{F}}_t)_{t\in\mathbb{R}}$ est donc une filtration indicée par $\mathbb{R}$. On prendra garde que Z n'est pas $\underline{F}$-adapté, puisque $Z_t\in\underline{\underline{F}}_t$ seulement si $t\geq 0$. On remarque aussi que $\theta_t^{-1}(\underline{\underline{F}}) = \underline{\underline{F}}$ et que $\theta_s^{-1}(\underline{\underline{F}}_t) = \underline{\underline{F}}_{s+t}$ (vérification immédiate). Si P est une probabilité sur $(\Omega,\underline{\underline{F}})$ qui vérifie $P\circ\theta_t^{-1}=P$ pour tout $t\in\mathbb{R}$, on dit que $(\Omega,\underline{\underline{F}},\underline{F},(\theta_t),P)$ est un <u>flot filtré</u>: cf. Sam Lazaro et Meyer [1] et Benveniste [1], auxquels nous renvoyons pour tout ce qui concerne les flots filtrés.

(13.12) <u>Remarque</u>: Ce qu'on appelle le <u>flot</u> est le groupe $(\theta_t)_{t\geq\mathbb{R}}$; ici, il est "filtré" par la filtration $\underline{F}$. En réalité il n'est pas besoin de se placer sur l'espace canonique; il suffit que $(\theta_t)_{t\in\mathbb{R}}$ soit un groupe vérifiant $\theta_t^{-1}(\underline{\underline{F}})=\underline{\underline{F}}$ et $\theta_t^{-1}(\underline{\underline{F}}_s)=\underline{\underline{F}}_{t+s}$, et que $P=P\circ\theta_t^{-1}$. Mais nous ne voulons pas faire de théorie générale ici.∎

Le lemme suivant, très facile, illustre la manière dont on utilise (et dont on usera plusieurs fois dans la suite) la relation de stationnarité $P\circ\theta_t^{-1}=P$.

(13.13) LEMME: <u>Soit</u> P <u>une probabilité sur</u> $(\Omega,\underline{\underline{F}})$ <u>telle que</u> $P\circ\theta_t^{-1}=P$ <u>pour tout</u> $t\in\mathbb{R}$. <u>Pour que</u> $(Z_t)_{t\in\mathbb{R}}$ <u>soit un processus à accroissements indépendants pour</u> P, <u>il faut et il suffit que le processus</u> $(Z_t)_{t\geq 0}$ <u>soit un PAIS sur</u> $(\Omega,\underline{\underline{F}},(\underline{\underline{F}}_t)_{t\geq 0},P)$.

<u>Démonstration</u>. Comme $Z_{t+s}-Z_t=Z_s\circ\theta_t$, la loi de la variable $Z_{t+s}-Z_t$ ne dépend que de s, d'où la condition nécessaire.

Supposons inversement que $(Z_t)_{t\geq 0}$ soit un PAIS sur $(\Omega,\underline{\underline{F}},(\underline{\underline{F}}_t)_{t\geq 0},P)$. Soit $t\in\mathbb{R}$, $A\in\underline{\underline{F}}_t$, $s\geq 0$. On sait que $A'=\theta_{-t}^{-1}(A)$ est dans $\underline{\underline{F}}_0$, donc

$$E(I_A f(Z_{t+s}-Z_t)) = E(I_A\circ\theta_{-t}\, f(Z_{t+s}-Z_t)\circ\theta_{-t}) = E(I_{A'}f(Z_s)) = P(A')\,E(f(Z_s)),$$

$$P(A)E(f(Z_{t+s}-Z_t)) = E(I_A\circ\theta_{-t})E(f(Z_{t+s}-Z_t)\circ\theta_{-t}) = P(A')E(f(Z_s)).$$

Il en découle que $Z_{t+s}-Z_t$ est indépendant de $\underline{\underline{F}}_t$.∎

Il découle aussi de la démonstration précédente que si $P=P\circ\theta_t^{-1}$ pour tout $t\in\mathbb{R}$, il suffit de connaitre la "loi" de $(Z_t)_{t\geq 0}$ pour connaitre P.

Soit $b\in E$, c une matrice $m\times m$ symétrique nonnégative, et F une mesure positive sur E telle que $F(\{0\})=0$ et $\int 1\wedge|x|^2F(dx)<\infty$. En utilisant la formule du corollaire (3.57) et la remarque précédente, il est aisé de construire une probabilité P (unique) sur $(\Omega,\underline{\underline{F}})$, qui vérifie $P\circ\theta_t^{-1}=P$ pour tout $t\in\mathbb{R}$, et pour laquelle Z soit un processus à accroissements indépendants de caractéristiques (b,c,F). Par définition, $(\Omega,\underline{\underline{F}},\underline{F},(\theta_t),P)$ s'appelle <u>le flot canonique associé au PAIS de caractéristiques</u> (b,c,F).

Considérons par ailleurs l'espace Ω' des applications: $\mathbb{R}\longrightarrow E'=\mathbb{R}^{m'}$ qui sont continues à droite, limitées à gauche, nulles en 0. On munit

Ω' du processus canonique Z', du flot $(\theta'_t)_{t\in\mathbb{R}}$ et de la filtration $\underline{F}'$. On considère également $b'\in E'$, c' une matrice $m'\times m'$ symétrique nonnégative, et F' une mesure positive sur E' telle que $F'(\{0\})=0$ et $\int 1\wedge|x|^2 F'(dx)<\infty$. Enfin, soit P' la probabilité sur $(\Omega',\underline{\underline{F}}')$ qui fait de $(\Omega',\underline{\underline{F}}',\underline{F}',(\theta'_t),P')$ le flot canonique associé au PAIS de caractéristiques (b',c',F').

(13.14) DEFINITION: <u>Les flots filtrés</u> $(\Omega,\underline{\underline{F}},\underline{F},(\theta_t),P)$ <u>et</u> $(\Omega',\underline{\underline{F}}',\underline{F}',(\theta'_t),P')$ <u>sont dits isomorphes s'il existe</u>

(i) $N\in\underline{\underline{F}}^P$ <u>avec</u> $P(N)=0$ <u>et</u> $\theta_t^{-1}(N)=N$ <u>pour tout</u> $t\in\mathbb{R}$;

(ii) $N'\in\underline{\underline{F}}'^{P'}$ <u>avec</u> $P'(N')=0$ <u>et</u> $\theta_t'^{-1}(N')=N'$ <u>pour tout</u> $t\in\mathbb{R}$;

(iii) <u>une bijection</u> $\Phi:\Omega\setminus N\longrightarrow\Omega'\setminus N'$ <u>telle que</u> $\Phi\circ\theta_t=\theta'_t\circ\Phi$, $\Phi^{-1}(\underline{\underline{F}}_t'^{P'})=\underline{\underline{F}}_t^P$, $\Phi(\underline{\underline{F}}_t^P)=\underline{\underline{F}}_t'^{P'}$ <u>pour tout</u> $t\in\mathbb{R}$ (donc Φ est bimesurable) <u>et</u> $P'=P\circ\Phi^{-1}$

(on note par la même lettre la probabilité P (resp. la tribu complète $\underline{\underline{F}}_t^P$) sur Ω, et sa trace sur $\Omega\setminus N$, ce qui n'a pas d'importance puisque $P(N)=0$; de même pour Ω').

De même que dans la remarque (13.12), on voit qu'il s'agit là d'une définition générale, qui n'a rien à voir avec les espaces canoniques ou les flots de PAIS.

Nous allons montrer le théorème:

(13.15) THEOREME: <u>Les flots canoniques</u> $(\Omega,\underline{\underline{F}},\underline{F},(\theta_t),P)$ <u>et</u> $(\Omega',\underline{\underline{F}}',\underline{F}',(\theta'_t),P')$ <u>associés aux PAIS de caractéristiques respectives</u> (b,c,F) <u>et</u> (b',c',F') <u>sont isomorphes si et seulement si</u>:

(a) <u>les matrices</u> c <u>et</u> c' <u>ont même rang</u>,

(b) <u>les espaces mesurés</u> $(\mathbb{R}^m,\underline{\underline{B}}(\mathbb{R}^m),F)$ <u>et</u> $(\mathbb{R}^{m'},\underline{\underline{B}}(\mathbb{R}^{m'}),F')$ <u>sont isomorphes</u>.

<u>Démonstration de la condition nécessaire</u>. Soit (N,N',Φ) le triplet définissant l'isomorphisme entre les flots. Soit $X_t=Z_t$ pour $t\geq 0$: d'après (13.13), X est un PAIS sur $(\Omega,\underline{\underline{F}}^P,\underline{F}^P,P)$, de caractéristiques (b,c,F). Posons également pour $t\geq 0$:

$$X'_t(\omega)=\begin{cases}0 & \text{si } \omega\in N\\ Z'_t\circ\Phi^{-1}(\omega) & \text{si } \omega\notin N.\end{cases}$$

Comme $P(N)=0$, $P'=P\circ\Phi^{-1}$ et $\underline{\underline{F}}_t^P=\Phi^{-1}(\underline{\underline{F}}_t'^{P'})$, il est évident que X' est un PAIS sur $(\Omega,\underline{\underline{F}}^P,\underline{F}^P,P)$, de caractéristiques (b',c',F'). De plus si $\underline{\underline{H}}=\underline{\underline{F}}_0^P$ on a $\underline{\underline{H}}=\Phi^{-1}(\underline{\underline{F}}_0'^{P'})$, de sorte que $\underline{F}^P$ est la plus petite filtration P-complète telle que $\underline{\underline{H}}\subset\underline{\underline{F}}_0^P$, et rendant X (resp. X') optionnel. On est donc dans les conditions d'application du théorème (13.8).■

Pour la condition suffisante, nous aurons besoin de plusieurs lemmes. On suppose d'abord que c et c' ont même rang. Il existe donc une matrice $d = (d^{ij})_{i\leq m, j\leq m'}$ telle que $c = d\,c'\,({}^t d)$, $c' = {}^t d\, c\, d$, et ${}^t d\, d$ et $d\,{}^t d$ sont égales aux matrices identité $m'\times m'$ et $m\times m$.

On suppose aussi que $(E,\underline{\underline{E}},F)$ et $(E',\underline{\underline{E}}',F')$ sont isomorphes: il existe $E_o \in \underline{\underline{E}}$ tel que $F(E_o) = 0$, $E'_o \in \underline{\underline{E}}'$ tel que $F'(E'_o) = 0$, et une bijection bimesurable $\varphi: E\setminus E_o \longrightarrow E'\setminus E'_o$ telle que $F' = F\circ\varphi^{-1}$. On prolonge φ sur E en posant arbitrairement: $\psi = \varphi$ sur $E\setminus E_o$ et $\psi = 0$ sur E_o, de sorte qu'on a encore $F' = F\circ\psi^{-1}$. On pose aussi $\psi_1 = \psi I_{\{|\psi|>1\}}$ et $\psi_2 = \psi - \psi_1$, et on notera $\psi^i, \psi_1^i, \psi_2^i$ les coordonnées (pour $i\leq m$) de ψ, ψ_1 et ψ_2.

Enfin on note X la restriction de Z à $\mathbb{R}_+$, μ la mesure sur E associée à X par (3.22), $\nu(\omega;dt,dx) = dt\otimes F(dx)$ sa projection prévisible duale pour P, et X^c la partie martingale continue (vectorielle) de X pour P.

(13.16) LEMME: <u>Les formules</u>

$$\tilde{X}^i_t = b'^i t + \sum_{j\leq m} d^{ji}(X^j)^c_t + \psi^i_2 * (\mu-\nu)_t + S(\psi^i_1(\Delta X))_t$$

<u>définissent un PAIS</u> $\tilde{X} = (\tilde{X}^i)_{i\leq m'}$ <u>sur</u> $(\Omega,\underline{\underline{F}},\underline{F},P)$ <u>de caractéristiques</u> (b',c',F').

<u>Démonstration</u>. Il faut d'abord montrer que ces formules ont un sens. Comme $F' = F\circ\psi^{-1}$ on a

$$\int^t\!\!\int_E I_{\{\psi_1\neq 0\}}(x)\nu(ds,dx) = tF'(\{|x|>1\}) < \infty$$

$$\int^t\!\!\int_E |\psi_2(x)|^2\nu(ds,dx) = t\int |x|^2 I_{\{|x|\leq 1\}} F'(dx) < \infty .$$

On en déduit d'abord que $I_{\{\psi_1\neq 0\}} * \nu \in \underline{\underline{A}}_{loc}(P)$, donc $I_{\{\psi_1\neq 0\}} * \mu \in \underline{\underline{A}}_{loc}(P)$ et donc $S(\psi^i_1(\Delta X)) \in \underline{\underline{V}}_o(P)$. On en déduit ensuite que les fonctions: $(\omega,t,x) \rightsquigarrow \psi^i_2(x)$ sont dans $G^2_{loc}(\mu,P)$. Donc les formules de l'énoncé définissent des éléments de $\underline{\underline{S}}_o(P)$.

Par construction $(\tilde{X}^i)^c = \sum_{j\leq m} d^{ji}(X^j)^c$, donc $<(\tilde{X}^i)^c,(\tilde{X}^j)^c>_t = c'^{ij}t$ puisque $c' = {}^t d\,c\,d$. Comme $|\psi_2|\leq 1$ et $\{\psi_1\neq 0\} = \{|\psi_1|>1\}$, on a $S(\psi_1(\Delta X)) = S(\Delta\tilde{X}\, I_{\{|\Delta\tilde{X}|>1\}})$, de sorte que par construction encore, on a $\tilde{X}^i_t - b'^i t - S(\Delta\tilde{X}^i I_{\{|\Delta\tilde{X}|>1\}}) \in \underline{\underline{L}}(P)$.

On a $F(N) = 0$, donc l'ensemble $[\![0,\infty[\![\times N$ n'est pas chargé par M^P_ν, ni par M^P_μ. Par suite $\Delta\tilde{X} = \psi(\Delta X)$ à un ensemble P-évanescent près. Si $\tilde{\mu}$ est la mesure sur E' associée à $\tilde{X}$ par (3.22), on en déduit que $\tilde{\mu}([0,t]\times A) = \int^t\!\!\int_E I_A\circ\psi(x)\mu(ds,dx)$ à un ensemble P-évanescent près. La même relation est satisfaite par les projections prévisibles duales ν et $\tilde{\nu}$ de μ et $\tilde{\mu}$, et comme $F' = F\circ\psi^{-1}$ il s'ensuit que $\tilde{\nu}(dt,dx) = dt\otimes F'(dx)$.

Finalement, on a montré que les caractéristiques locales de $\tilde{X}$ sont $(b't, c't, dt\otimes F'(dx))$, d'où le résultat. ∎

(13.17) LEMME: <u>Il existe un processus</u> $\tilde{Z} = (\tilde{Z}_t)_{t\in\mathbb{R}}$ <u>vérifiant identiquement</u> $\tilde{Z}_{t+s} - \tilde{Z}_t = \tilde{Z}_s\circ\theta_t$, <u>qui est continu à droite et limité à gauche, à valeurs dans</u> E', <u>et qui coïncide avec</u> $\tilde{X}$ <u>sur</u> $\mathbb{R}_+$ <u>à un ensemble</u> P-<u>évanescent près</u>.

<u>Démonstration</u>. On sait que si $U(\omega,t,x) = xI_{\{|x|\leq 1\}}$ (pour $x\in E$), X s'écrit d'après (3.79):

$$X_t = bt + X_t^c + U*(\mu-\nu)_t + S(\Delta X\, I_{\{|\Delta X|>1\}})_t .$$

Si Y désigne l'un quelconque des termes de l'expression précédente, on a $Y_{t+s} - Y_t = Y_s\circ\theta_t$ P-p.s. pour tous $s,t\geq 0$: c'est évident pour X, pour bt, pour $S(\Delta X\, I_{\{|\Delta X|>1\}})$, pour $U*(\mu-\nu)$ (car $\mu\circ\theta_t = \tau_t\mu$ avec la notation (12.67)), donc par différence pour X^c. On en déduit immédiatement que $\tilde{X}$ vérifie également $\tilde{X}_{t+s} - \tilde{X}_t = \tilde{X}_s\circ\theta_t$ P-p.s. pour tous $s,t\geq 0$.

Posons alors $\tilde{X}'_t = \tilde{X}_t$ si $t\geq 0$ et $\tilde{X}'_t = -\tilde{X}_{-t}\circ\theta_t$ si $t<0$. Il est facile de vérifier que $\tilde{X}'_{t+s} - \tilde{X}'_t = \tilde{X}'_s\circ\theta_t$ P-p.s. pour tous $s,t\in\mathbb{R}$. On peut alors montrer (cf. Sam Lazaro et Meyer [1, p.40], nous ne voulons pas refaire cette démonstration un peu longue ici) qu'il existe un processus $\tilde{Z}$, qui est P-indistinguable de $\tilde{X}'$, qui est continu à droite et limité à gauche, et qui vérifie $\tilde{Z}_{t+s} - \tilde{Z}_t = \tilde{Z}_s\circ\theta_t$ identiquement. ∎

Remarquons qu'une démonstration analogue à celle de (13.13) permet de montrer que $\tilde{Z}$ est encore un PAIS sur $(\Omega, \underline{\underline{F}}^P, \underline{\underline{F}}^P, P)$, avec évidemment les mêmes caractéristiques (b', c', F') que $\tilde{X}$.

La formule suivante définit une application $\Psi: \Omega \longrightarrow \Omega'$

$$Z'\circ\Psi = \tilde{Z} .$$

De même que sur Ω, on note sur Ω' : X' la restriction de Z' à $\mathbb{R}_+$, μ' la mesure associée à X' par (3.22), $\nu'(\omega;dt,dx) = dt\otimes F'(dx)$ sa P'-projection prévisible duale, et X'^c la partie martingale continue de X' pour P'. On a:

(13.18) LEMME: (a) $\Psi\circ\theta_t = \theta'_t\circ\Psi$ <u>et</u> $\Psi^{-1}(\underline{\underline{F}}'^{P'}) \subset \underline{\underline{F}}_t^P$ <u>pour tout</u> $t\in\mathbb{R}_+$; $P' = P\circ\Psi^{-1}$.

(b) $X'^c\circ\Psi = \tilde{X}^c$ <u>et</u> $\Delta X'\circ\Psi = \Delta\tilde{X} = \psi(\Delta X)$ <u>à un ensemble</u> P-<u>évanescent près</u>.

<u>Démonstration</u>. (a) Comme $\tilde{Z}$ vérifie $\tilde{Z}_{t+s} - \tilde{Z}_t = \tilde{Z}_s\circ\theta_t$ identiquement, la formule $\Psi\circ\theta_t = \theta'_t\circ\Psi$ est évidente. Comme $\tilde{Z}_t \in \underline{\underline{F}}_t^P$ si $t\geq 0$, on a $\Psi^{-1}(\underline{\underline{F}}'_t)$

$\subset \underline{\underline{F}}_t^P$ pour $t \geq 0$. En particulier $\Psi^{-1}(\underline{\underline{F}}') \subset \underline{\underline{F}}^P$. Comme $\tilde{Z}$ est un PAIS de caractéristiques (b',c',F'), on a $P' = P \circ \Psi^{-1}$ par définition de P' ; on en déduit que $\Psi^{-1}(\underline{\underline{F}}_t'^{P'}) \subset \underline{\underline{F}}_t^P$ pour tout $t \geq 0$ (cf. (10.36)), donc pour tout $t \in \mathbb{R}$ à cause des relations $P \circ \theta_t^{-1} = P$, $P' \circ \theta_t'^{-1} = P'$, $\theta_t^{-1}(\underline{\underline{F}}_s^P) = \underline{\underline{F}}_{t+s}^P$, $\theta'^{-1}_t(\underline{\underline{F}}_s'^{P'}) = \underline{\underline{F}}_{t+s}'^{P'}$ et $\Psi \circ \theta_t = \theta_t' \circ \Psi$.

(b) On a $\Delta X' \circ \Psi = \Delta\tilde{X}$ par construction, et $\Delta\tilde{X} = \psi(\Delta X)$ à un ensemble P-évanescent près d'après la définition (13.16). Avec les notations $\tilde{\mu}$ et $\tilde{\nu}$ de la preuve de (13.16), et si $\tilde{U}(\omega,t,x) = x I_{\{|x| \leq 1\}}$ pour $x \in E'$ et $\omega \in \Omega$, on a vu que

$$\tilde{X}_t = b't + \tilde{X}_t^c + \tilde{U} * (\tilde{\mu} - \tilde{\nu})_t + S(\Delta\tilde{X} I_{\{|\Delta\tilde{X}| > 1\}})_t$$

tandis que par ailleurs, si $U'(\omega,t,x) = x I_{\{|x| \leq 1\}}$ pour $x \in E'$ et $\omega \in \Omega'$, on sait aussi que pour P' :

$$X_t' = b't + X_t'^c + U' * (\mu' - \nu')_t + S(\Delta X' I_{\{|\Delta X'| > 1\}})_t .$$

Comme $\Delta X' \circ \Psi = \Delta\tilde{X}$, ce qui entraine $\mu' \circ \Psi = \tilde{\mu}$, on en déduit aisément que $X'^c \circ \Psi = \tilde{X}^c$ (à un ensemble P-évanescent près, car ces formules font intervenir des intégrales stochatisques).■

<u>Démonstration de la condition suffisante de (13.15).</u> Echangeons les rôles de Ω et Ω' : on pose $\psi' = \varphi^{-1}$ sur $E' \setminus E_0'$ et $\psi' = 0$ sur E_0', de sorte que $F = F' \circ \psi'^{-1}$. On définit un PAIS $\tilde{Z}' = (\tilde{Z}_t')_{t \in \mathbb{R}}$ sur $(\Omega', \underline{\underline{F}}'^{P'}, \underline{F}'^{P'}, P')$, de caractéristiques (b,c,F), qui vérifie $\tilde{Z}_{t+s}' - \tilde{Z}_t' = \tilde{Z}_s' \circ \theta_t'$ et dont la restriction $\tilde{X}'$ à $\mathbb{R}_+$ est donnée par

$$\tilde{X}_t'^i = b^i t + \sum_{j \leq m'} d^{ij} (X'^j)_t^c + \psi_2'^i * (\mu' - \nu')_t + S(\psi_1'^i(\Delta X'))_t .$$

Enfin l'application $\Psi' : \Omega' \longrightarrow \Omega$ définie par $\tilde{Z}' = Z \circ \Psi'$ vérifie $\Psi' \circ \theta_t' = \theta_t \circ \Psi'$, $\Psi'^{-1}(\underline{\underline{F}}_t^P) \subset \underline{\underline{F}}_t'^{P'}$, $P = P' \circ \Psi'^{-1}$, $X^c \circ \Psi' = \tilde{X}'^c$ et $\Delta X \circ \Psi' = \Delta\tilde{X}' = \psi'(\Delta X')$ à un ensemble P'-évanescent près.

Posons $Y_t = Z_t \circ \Psi' \circ \Psi$ pour $t \geq 0$. Etant donné ce qui précède, et le lemme (13.18), on voit que Y est un PAIS sur $(\Omega, \underline{\underline{F}}^P, \underline{F}^P, P)$ de caractéristiques (b,c,F), et que $(Y^i)^c = \sum_{j \leq m', k \leq m} d^{ij} d^{kj} (X^k)^c$ et $\Delta Y = \psi' \circ \psi(\Delta X)$ à un ensemble P-évanescent près. Comme $\sum_{j \leq m'} d^{ij} d^{kj}$ égale 0 ou 1 selon que $k \neq i$ ou que $k = i$, on en déduit que $(Y^i)^c = (X^i)^c$ à un ensemble P-évanescent près. Enfin $\psi' \circ \psi(x) = x$ F-p.s., donc $\Delta Y = \Delta X$ à un ensemble P-évanescent près.

On a donc montré que X et Y sont deux PAIS sur $(\Omega, \underline{\underline{F}}^P, \underline{F}^P, P)$ de mêmes caractéristiques, et que les processus ΔX et ΔY d'une part, X^c et Y^c d'autre part, sont P-indistinguables. Il est alors immédiat que les processus X et Y eux-mêmes sont P-indistinguables. A cause de l'homogénéité, on en déduit aussi que les processus Z et $(Z_t\circ\Psi'\circ\Psi)_{t\in\mathbb{R}}$ sont P-indistinguables.

Soit alors $N=\{\omega:\exists t$ avec $Z_t(\omega)\neq Z_t\circ\Psi'\circ\Psi(\omega)\}$. On vient de voir que $P(N)=0$, et à cause de l'homogénéité on a $\theta_t^{-1}(N)=N$ pour tout $t\in\mathbb{R}$. De plus $\Psi'\circ\Psi$ en restriction à $\Omega\setminus N$ égale l'identité, donc Ψ est injective en restriction à $\Omega\setminus N$. Il suffit alors de poser $N'=\Psi(N)$ et d'écrire Φ pour la restriction de Ψ à $\Omega\setminus N$: étant donné (13.18,a) et les assertions analogues pour Ψ', on vérifie immédiatement que le triplet (N,N',Φ) définit un isomorphisme entre les deux flots de PAIS.∎

2 - PROCESSUS DE MARKOV ET PROBLEMES DE MARTINGALES

Dans cette partie l'espace filtré $(\Omega,\underline{\underline{F}},\underline{F})$ est muni du processus continu à droite X, à valeurs dans l'espace lusinien E muni de ses boréliens $\underline{\underline{E}}$. $\underline{F}$ est la plus petite filtration rendant X optionnel, $\underline{\underline{F}}^o=\sigma(X_0)$, et on note par la même lettre une probabilité sur $(E,\underline{\underline{E}})$ et son image réciproque sur $(\Omega,\underline{\underline{F}}^o)$ par l'application X_0.

On note C(E) l'ensemble des fonctions continues bornées sur E.

§a - Un théorème général de représentation des martingales. L'un des plus vieux et des plus célèbres résultats de représentation des martingales est dû à Kunita et Watanabe, et concerne les processus de Markov. Nous le démontrerons au §c, tandis que nous allons donner ici une version "générale" de ce théorème. Pour cela, nous suivons Grigelionis [4] de très près.

(13.19) DEFINITION: Un ensemble $\mathcal{C}$ de fonctions boréliennes bornées sur E est dit "déterminant" si la seule mesure finie λ sur $(E,\underline{\underline{E}})$ vérifiant $\int f(x)\lambda(dx)=0$ $\forall f\in\mathcal{C}$, est la mesure nulle.

Par exemple, grâce à un argument de classe monotone, toute algèbre de fonctions de $b\underline{\underline{E}}$ qui engendre la tribu borélienne est un ensemble déterminant.

Soit P une probabilité sur $(\Omega,\underline{\underline{F}})$. A tous $0\leq t_1 \ldots <t_n$, $f_i\in b\underline{\underline{E}}$, $\alpha>0$ on associe les processus suivants:

$$\text{(13.20)}\quad \begin{cases} Y_t = \prod_{i\leq n} f_i(X_{t_i+t}) , & Z_t^\alpha = \int_t^\infty ({}^oY)_s e^{-\alpha(s-t)}ds \\ M_t^\alpha = {}^o(Z^\alpha)_t - {}^o(Z^\alpha)_0 - \int_0^t [{}^o(Z^\alpha)_s - ({}^oY)_s]ds . \end{cases}$$

Ces formules ont un sens: en effet Y est un processus mesurable borné (non adapté en général), donc ${}^oY$ existe; comme ${}^oY$ est optionnel et borné, Z^α est bien défini, mesurable et borné; par suite ${}^o(Z^\alpha)$ existe et est borné; finalement, M^α est bien défini, nul en 0, et borné sur chaque intervalle $[0,t]$.

(13.21) LEMME: <u>On a</u> $M^\alpha \in \underline{\underline{L}}(P)$.

<u>Démonstration</u>. Par construction, Z^α est continu. D'après (1.27), ${}^o(Z^\alpha)$ est P-p.s. continu à droite et limité à gauche, donc M^α également. D'après (1.20) il suffit alors de montrer que $E(M^\alpha_T)=0$ pour tout $T\in \underline{\underline{T}}(\underline{\underline{F}})$ borné.

On remarque que, le processus $A_t = t$ étant prévisible, pour tout processus mesurable borné V et tous temps d'arrêt bornés S, S', on a $E(\int_S^{S'} V_s\,ds) = E(\int_S^{S'}({}^oV)_s ds)$ d'après (1.33,iii). En utilisant le fait que T est borné, il vient alors

$$E(M_T) = E({}^o(Z^\alpha)_T - {}^o(Z^\alpha)_0 - \int_0^T(\alpha\,{}^o(Z^\alpha)_s - ({}^oY)_s)ds)$$
$$= E(Z^\alpha_T - Z^\alpha_0 - \int_0^T \alpha Z^\alpha_s ds + \int_0^T ({}^oY)_s ds).$$

Un calcul élémentaire montre que

$$\int_0^T \alpha Z^\alpha_s ds = \int_0^T \alpha ds \int_s^\infty ({}^oY)_u e^{-\alpha(u-s)}du = \int_0^T ({}^oY)_u du + \int_T^\infty ({}^oY)_u e^{-\alpha(u-T)}du - \int_0^\infty ({}^oY)_u e^{-\alpha u}du.$$

Si on remplace Z^α par sa valeur en fonction de ${}^oY$ dans l'expression donnant $E(M^\alpha_T)$, on obtient alors que $E(M^\alpha_T)=0$. ∎

Ce lemme permet de donner un sens au théorème suivant.

(13.22) THEOREME: <u>Soit</u> $\mathcal{C}$ <u>un ensemble déterminant de fonctions sur</u> E (par exemple $\mathcal{C} = C(E)$). <u>Pour tout</u> $q\in[1,\infty[$, $\underline{\underline{H}}^q_0(P)$ <u>est égal au</u> q<u>-sous-espace stable engendré par les</u> M^α, <u>lorsque</u> α <u>parcourt</u> $]0,\infty[$, $n\in\mathbb{N}$, $f_i\in\mathcal{C}$, $0\leq t_1 \dots < t_n$ (on pourrait même se contenter de prendre les t_i rationnels, ou dyadiques).

<u>Démonstration</u>. (i) Posons

$$\tilde{M}^\alpha_t = e^{-\alpha t}M^\alpha_t + \alpha\int_0^t e^{-\alpha s}M^\alpha_s ds$$

et notons $\mathcal{M}$ la famille des processus $\tilde{M}^\alpha$, lorsque M^α parcourt la famille décrite dans l'énoncé. En remplaçant M^α par sa valeur, on obtient

$$\tilde{M}^\alpha_t = {}^o(Z^\alpha)_t e^{-\alpha t} - {}^o(Z^\alpha)_0 + \int_0^t ({}^oY)_s e^{-\alpha s}ds,$$

de sorte que $\tilde{M}^\alpha$ est borné. Par ailleurs si $A_t = e^{-\alpha t}$, on a $\tilde{M}^\alpha = A^\alpha M^\alpha -$

$M^{\alpha}_{-}\cdot A^{\alpha}$ par construction. La formule d'Ito entraine alors que $\tilde{M}^{\alpha} = A^{\alpha}\cdot M^{\alpha}$; on en déduit que $\mathcal{M}\subset \underline{\underline{H}}^{\infty}_{o}(P)$ et que $\tilde{M}^{\alpha}\in \mathcal{L}^{q}(M^{\alpha})$, donc il suffit de montrer que $\underline{\underline{H}}^{q}_{o}(P) = \mathcal{L}^{q}(\mathcal{M})$. D'après (4.8) et (4.11,b), il suffit même de montrer que tout élément de $\underline{\underline{H}}^{1}_{o}(P)$, orthogonal à $\mathcal{M}$, est nul.

(ii) Soit donc $N\in \underline{\underline{H}}^{1}_{o}(P)$, orthogonal à $\mathcal{M}$. Soit $t\in \mathbb{R}_{+}$ et $V\in b\underline{\underline{F}}_{t}$.

$$\tilde{M}^{\alpha}_{\infty} - \tilde{M}^{\alpha}_{t} = -{}^{o}(Z^{\alpha})_{t}e^{-\alpha t} + \int_{t}^{\infty}({}^{o}Y)_{s}e^{-\alpha s}ds$$

et $N\tilde{M}^{\alpha}\in \underline{\underline{H}}^{1}_{o}(P)$, donc

$$\begin{aligned} 0 &= E(V(N_{\infty}\tilde{M}^{\alpha}_{\infty} - N_{t}\tilde{M}^{\alpha}_{t})) = E(V(N_{\infty} - N_{t})(\tilde{M}^{\alpha}_{\infty} - \tilde{M}^{\alpha}_{t})) \\ &= -E(V(N_{\infty} - N_{t}){}^{o}(Z^{\alpha})_{t}e^{-\alpha t}) + E(VN_{\infty}\int_{t}^{\infty}({}^{o}Y)_{s}e^{-\alpha s}ds) \\ &\qquad - E(VN_{t}\int_{t}^{\infty}({}^{o}Y)_{s}e^{-\alpha s}ds) . \end{aligned}$$

Le premier terme ci-dessus est nul, car $N\in \underline{\underline{H}}^{1}_{o}(P)$. D'après (1.47) appliqué au processus prévisible $B_{u} = \int_{0}^{u}({}^{o}Y)_{s}I_{\{s>t\}}e^{-\alpha s}ds\, V$, le second terme ci-dessus vaut $E(V\int_{t}^{\infty}({}^{o}Y)_{s}N_{s}\, e^{-\alpha s}ds)$, de sorte que

$$0 = E(V\int_{t}^{\infty}(N_{s} - N_{t})({}^{o}Y)_{s}e^{-\alpha s}ds) = \int_{t}^{\infty}ds\, E(V(N_{s} - N_{t})({}^{o}Y)_{s})\, e^{-\alpha s}$$

$$= \int_{t}^{\infty}e^{-\alpha s}ds\, E(V(N_{s} - N_{t})\prod_{i\leq n} f_{i}(X_{t_{i}+s})) . \tag{13.23}$$

En la considérant comme fonction de f_{i} , pour un $i\leq n$ donné, l'expression (13.23) égale $\int f_{i}(x)\lambda(dx)$ pour une certaine mesure finie λ sur E . L'ensemble $\mathcal{Y}$ étant déterminant, il faut que cette mesure soit nulle, c'est-à-dire que l'expression (13.23) soit nulle lorsque f_{i} est quelconque dans $b\underline{\underline{E}}$. On peut répéter le même raisonnement pour chaque indice i , de sorte que (13.23) est nulle pour toutes $f_{i}\in b\underline{\underline{E}}$ $(1\leq i\leq n)$. En particulier si les f_{i} sont dans $C(E)$, l'intégrand dans (13.23) est continu à droite, et on en déduit par inversion de la transformée de Laplace que

$$E(V(N_{s} - N_{t})\prod_{i\leq n} f_{i}(X_{t_{i}+s})) = 0 \quad \forall 0\leq t\leq s ,\ f_{i}\in C(E) ,\ V\in b\underline{\underline{F}}_{t} .$$

(iii) Soit maintenant $0 = r_{0} < r_{1} < .. < r_{k} = t < r_{k+1} < .. < r_{n}$ et $f_{i}\in C(E)$. Il vient

$$E(N_{t}\prod_{1\leq i\leq n} f_{i}(X_{r_{i}})) = \sum_{i\leq k} E(\prod_{j\leq i-1} f_{j}(X_{r_{j}})(N_{r_{i}} - N_{r_{i-1}})\prod_{j=i}^{n} f_{j}(X_{r_{j}})).$$

Appliquons le résultat obtenu en (ii), avec $t = r_{i-1}$, $s = r_{i}$, $V = \prod_{j\leq i-1} f_{j}(X_{r_{j}})$: on obtient que l'expression précédente est nulle. Comme $\underline{\underline{F}} = \sigma(X_{s} : s\in \mathbb{R}_{+})$, un argument de classe monotone montre que $E(N_{t}U) = 0$ pour toute $U\in b\underline{\underline{F}}$, donc $N_{t} = 0$ P-p.s., d'où le résultat. ∎

§b - Rappels sur les processus de Markov. Pour la théorie des processus de Markov (homogènes), nous renvoyons aux livres de Dynkin [2] et de Blumenthal et Getoor [1]. Nous allons toutefois rappeler quelques propriétés, et surtout quelques définitions.

(13.24) DEFINITION: Soit $P_x(d\omega)$ une probabilité de transition de $(E,\underline{\underline{E}})$ dans $(\Omega,\underline{\underline{F}})$. On dit que le terme $(\Omega,\underline{\underline{F}},\underline{F},X,P_x)$ est un processus de Markov (resp. fortement markovien) si $P_x(X_0=x)=1$ et si

$$E_x(\prod_{i\leq n} f_i(X_{T+t_i})|\underline{\underline{F}}_T) = E_{X_T}(\prod_{i\leq n} f_i(X_{t_i})) \quad \underline{\text{sur}} \quad \{T<\infty\}$$

pour tous $t_i\geq 0$, $f_i\in b\underline{\underline{E}}$, et tout $T=t\in\mathbb{R}_+$ (resp. $T\in\underline{\underline{T}}(\underline{F})$), où E_x désigne l'espérance mathématique relativement à la probabilité P_x.

Si λ est une probabilité sur E, on note P_λ la probabilité $P_\lambda(.)=\int\lambda(dx)P_x(.)$. La relation précédente est alors également vérifiée pour chaque P_λ.

(13.25) Remarques: 1) La propriété $P_x(X_0=x)=1$ est imposée pour éviter des complications inintéressantes. Un processus de Markov vérifiant cette propriété est habituellement qualifié de "normal".

2) En général on n'utilise pas la filtration $\underline{F}$, mais la filtration $\underline{F}'=\bigcap_{(\lambda)}\underline{F}^{P_\lambda}$. Désignons par $\underline{\underline{E}}^*$ la tribu complétée universelle de $\underline{\underline{E}}$, c'est-à-dire $\underline{\underline{E}}=\bigcap_{(\lambda)}\underline{\underline{E}}^\lambda$. Les égalités (13.24) sont encore valides si les f_i sont seulement $\underline{\underline{E}}^*$-mesurables et si $T\in\underline{\underline{T}}(\underline{F}')$: dans ce cas, le second membre est seulement $\underline{\underline{F}}'_T$-mesurable, mais tout $T\in\underline{\underline{T}}(\underline{F}')$ est P_λ-p.s. égal à un $\tilde{T}\in\underline{\underline{T}}(\underline{F})$ (dépendant de λ) et tout élément de $\underline{\underline{F}}'_T$ est P_λ-p.s. égal à un élément de $\underline{\underline{F}}_T$.

3) Très souvent aussi, on suppose que $P_x(d\omega)$ est une transition de $(E,\underline{\underline{E}}^*)$ dans $(\Omega,\underline{\underline{F}})$. Disons que ce qui suit resterait vrai, modulo quelques précautions, avec cette définition plus générale. Mais pour plus de clarté, nous avons préféré ne pas entrer dans ces problèmes de mesurabilité. ∎

La formule: $P_t(x,A)=P_x(\{X_t\in A\})$, où $A\in\underline{\underline{E}}$, définit une probabilité de transition de $(E,\underline{\underline{E}})$ dans lui-même. La propriété de Markov entraine immédiatement que la famille $(P_t)_{t\geq 0}$ est un semi-groupe, appelé le semi-groupe de transition du processus de Markov, dans le sens où $P_{t+s}=P_tP_s$ (i.e. $P_{t+s}(x,A)=\int P_t(x,dy)P_s(y,A)$), P_0 étant l'identité: $P_0(x,.)=\varepsilon_x(.)$. On notera par le même symbole l'opérateur induit sur $b\underline{\underline{E}}$ par la probabilité de transition P_t, par la formule $P_tf(x)=\int P_t(x,dy)f(y)$.

Inversement, la donnée du semi-groupe de transition permet de calculer les lois fini-dimensionnelles de X pour chaque P_x, donc en définitive détermine la probabilité P_x.

De manière équivalente, on peut remplacer la donnée du semi-groupe de transition par deux autres notions, à savoir la résolvante et le générateur infinitésimal. La <u>résolvante</u> est la famille $(R^\alpha)_{\alpha>0}$ de mesures de transition finies positives de $(E,\underline{\underline{E}})$ dans lui-même, définies par

$$(13.26)\qquad R^\alpha(x,A) = \int_0^\infty e^{-\alpha t}\, P_t(x,A)\,dt$$

(cette formule a un sens: en effet $P_tf(x) = E_x(f(X_t))$ est continue à droite en t si $f\in C(E)$, donc borélienne en t pour toute $f\in b\underline{\underline{E}}$). Il est clair que, par inversion de la transformée de Laplace, la donnée de la résolvante détermine le semi-groupe de transition. On notera là encore R^α l'opérateur sur $b\underline{\underline{E}}$ associé à la mesure de transition $R^\alpha(x,dy)$. La résolvante vérifie l'équation suivante, dite "équation résolvante":

$$(13.27)\qquad (\alpha-\beta)R^\alpha R^\beta = R^\beta - R^\alpha \qquad (\alpha,\beta>0).$$

Cette équation implique notamment que les images $\{R^\alpha f : f\in b\underline{\underline{E}}\}$ ne dépendent pas de $\alpha>0$.

Quant au <u>générateur infinitésimal</u> (faible) du semi-groupe, c'est un opérateur linéaire $(\mathcal{A},\mathcal{D}_\mathcal{A})$ sur $b\underline{\underline{E}}$, de domaine $\mathcal{D}_\mathcal{A}$, défini par

$$(13.28)\qquad \begin{cases} f\in\mathcal{D}_\mathcal{A} \text{ et } \mathcal{A}f=g \text{ si } \frac{1}{t}(P_tf(x)-f(x)) \text{ tend vers } g(x) \text{ quand} \\ t\downarrow 0, \text{ en restant borné en } (t,x). \end{cases}$$

On désignera enfin par $b\underline{\underline{E}}_0$ l'ensemble des $f\in b\underline{\underline{E}}$ telles que $\lim_{t\downarrow 0} P_tf = f$. On a $C(E)\subset b\underline{\underline{E}}_0$. On sait que la donnée de $(\mathcal{A},\mathcal{D}_\mathcal{A})$ caractérise le semi-groupe $(P_t)_{t\geq 0}$, et on a le théorème suivant (cf. Dynkin [2]).

(13.29) THEOREME: <u>Pour tout</u> $\alpha>0$ <u>on a</u> $\mathcal{D}_\mathcal{A} = \{R^\alpha f : f\in b\underline{\underline{E}}_0\}$; <u>si</u> $f\in\mathcal{D}_\mathcal{A}$ <u>on a</u> $R^\alpha\mathcal{A}f = \alpha R^\alpha f - f$; <u>si</u> $f\in b\underline{\underline{E}}_0$ <u>on a</u> $\mathcal{A}R^\alpha f = R^\alpha f - f$.

§c - <u>Représentation des martingales pour les processus de Markov</u>. Nous supposons dans ce paragraphe que $(\Omega,\underline{\underline{F}},\underline{\underline{F}},X,P_x)$ est un <u>processus fortement markovien</u>, de semi-groupe $(P_t)_{t\geq 0}$, résolvante $(R^\alpha)_{\alpha>0}$ et générateur infinitésimal $(\mathcal{A},\mathcal{D}_\mathcal{A})$.

Pour toute $f\in\mathcal{D}_\mathcal{A}$ on pose

$$(13.30)\qquad C_t^f = f(X_t) - f(X_0) - \int_0^t \mathcal{A}f(X_s)\,ds$$

Pour tous $\alpha>0$ et $g\in b\underline{\underline{E}}$ on pose également

(13.31) $$\tilde{C}_t^{g,\alpha} = R^\alpha g(X_t) - R^\alpha g(X_0) - \int_0^t [\alpha R^\alpha g - g](X_s)ds .$$

D'après (13.29), toute $f \in \mathcal{D}_{\mathcal{A}}$ s'écrit $f = R^\alpha g$ avec $g \in b\underline{\underline{E}}_0$, et dans ce cas $C^f = \tilde{C}^{g,\alpha}$. Les processus (13.30) sont donc aussi du type (13.31), mais la réciproque n'est pas vraie puisqu'en général $b\underline{\underline{E}}_0 \neq b\underline{\underline{E}}$.

La formule (13.31) ressemble fort à la définition (13.20) de M^α, ce qui n'est pas un hasard:

(13.32) THEOREME: Soit λ une probabilité sur $(E,\underline{\underline{E}})$ et $q \in [1,\infty[$.

(a) On a $\underline{\underline{H}}_0^q(P_\lambda) = \mathcal{L}^q(\{C^f : f \in \mathcal{D}_{\mathcal{A}}\}, P_\lambda)$.

(b) Soit $\mathcal{E}$ un ensemble déterminant de fonctions sur E. On a $\underline{\underline{H}}_0^q(P_\lambda) = \mathcal{L}^q(\{\tilde{C}^{g,\alpha} : g \in \mathcal{E}\}, P_\lambda)$ pour tout $\alpha > 0$.

On remarquera qu'il en découle notamment que, pour toute $f \in b\underline{\underline{E}}$, le processus $R^\alpha f(X)$ est P_λ-p.s. continu à droite et limité à gauche.

Démonstration. (a) est une conséquence immédiate de (b); en effet $\{C^f : f \in \mathcal{D}_{\mathcal{A}}\} = \{\tilde{C}^{g,\alpha} : g \in b\underline{\underline{E}}_0\}$ d'après (13.29), et $b\underline{\underline{E}}_0$ contient l'ensemble déterminant $C(E)$.

Montrons donc (b). Soit $0 \leq t_1 < \ldots < t_n$, $f_i \in b\underline{\underline{E}}$ et $\alpha > 0$. On définit les processus Y, Z^α et M^α par (13.20). D'abord si
$$g(x) = \int P_{t_1}(x,dx_1)f_1(x_1)P_{t_2-t_1}(x_1,dx_2)f_2(x_2)\ldots P_{t_n-t_{n-1}}(x_{n-1},dx_n)f_n(x_n)$$
et si $T \in \underline{\underline{T}}(\underline{\underline{F}})$, la propriété forte de Markov appliquée successivement aux temps d'arrêt $T+t_{n-1}, T+t_{n-2},\ldots,T+t_1, T$, entraine que $g(X_T) = E_\lambda(Y_T|\underline{\underline{F}}_T)$ sur $\{T<\infty\}$. Comme $g \in b\underline{\underline{E}}$, $g(X)$ est optionnel et par suite ${}^oY = g(X)$.

Soit $T \in \underline{\underline{T}}(\underline{\underline{F}})$ et $V \in b\underline{\underline{F}}_T$ tel que $V=0$ sur $\{T=\infty\}$. Il vient
$$\begin{aligned} E_\lambda(VZ_T^\alpha) &= E_\lambda(V\int_T^\infty g(X_u)e^{-\alpha(u-T)}du) = E_\lambda(V\int_0^\infty g(X_{T+v})e^{-\alpha v}dv) \\ &= \int_0^\infty e^{-\alpha v}dv\, E_\lambda(Vg(X_{T+v})) = \int_0^\infty e^{-\alpha v}dv\, E_\lambda(VP_vg(X_T)) \\ &= E_\lambda(V\int_0^\infty e^{-\alpha v}P_vg(X_T)dv) = E_\lambda(VR^\alpha g(X_T)), \end{aligned}$$
d'où $R^\alpha g(X_T) = E_\lambda(Z_T^\alpha|\underline{\underline{F}}_T)$ sur $\{T<\infty\}$. Comme $R^\alpha g \in b\underline{\underline{E}}$, $R^\alpha g(X)$ est optionnel et $R^\alpha g(X) = {}^o(Z^\alpha)$. Il vient alors $M^\alpha = \tilde{C}^{g,\alpha}$.

Remarquons que pour tout $g \in bE$, $\tilde{C}^{g,\alpha}$ est un processus de la forme M^α (prendre ci-dessus $n=1$, $t_1=0$, $f_1=g$), donc $\tilde{C}^{g,\alpha} \in \underline{\underline{L}}(P_\lambda)$. A l'inverse, le théorème (13.22) appliqué avec l'ensemble $\mathcal{E} = b\underline{\underline{E}}_0$, qui est déterminant puisqu'il contient $C(E)$, montre que $\underline{\underline{H}}_0^q(P_\lambda) = \mathcal{L}^q(\{\tilde{C}^{g,\alpha} : g \in b\underline{\underline{E}}_0, \alpha>0\}, P_\lambda)$. Mais les ensembles $\{\tilde{C}^{g,\alpha} : g \in b\underline{\underline{E}}_0\}$ ne dépendent pas de $\alpha>0$, de sorte qu'on a aussi $\underline{\underline{H}}_0^q(P_\lambda) = \mathcal{L}^q(\{\tilde{C}^{g,\alpha} : g \in b\underline{\underline{E}}_0\}, P_\lambda)$.

Soit maintenant $\mathcal{E}$ un ensemble déterminant de fonctions, et $N \in \underline{\underline{H}}_0^1(P_\lambda)$

orthogonale aux $\{\tilde{C}^{g,\alpha} : g \in \mathcal{E}\}$. Soit $s \le t$, $V \in b\underline{\underline{F}}_s$. On a

$$E_\lambda[V(N_t - N_s)(\tilde{C}_t^{g,\alpha} - \tilde{C}_s^{g,\alpha})]$$
$$= E_\lambda[V(N_t - N_s)(R^\alpha g(X_t) - R^\alpha g(X_s) - \int_s^t (\alpha R^\alpha g - g)(X_u)du)]$$

et il est clair que, considérée comme fonction de g, cette expression égale $\int g(x)\nu(dx)$ pour une mesure finie ν sur E. Mais par hypothèse cette expression est nulle pour toute $g \in \mathcal{E}$, donc $\nu = 0$, donc cette expression est nulle pour toute $g \in b\underline{\underline{E}}_0$ et on en déduit que N est orthogonale à la famille $\{\tilde{C}^{g,\alpha} : g \in b\underline{\underline{E}}_0\}$, qui engendre $\underline{\underline{H}}_0^q(P_\lambda)$: par suite $N = 0$, ce qui d'après (4.8) et (4.11) entraine le résultat.■

(13.33) Remarque: Le même résultat n'est pas vrai en général si le processus est seulement markovien. On utilise en effet la propriété de Markov forte en deux endroits: d'abord pour prouver que $g(X) = {}^oY$, ce qui n'est pas vraiment indispensable (dans (13.20) en effet on peut remplacer ${}^oY$ par n'importe quel processus optionnel $\hat{Y}$ vérifiant $\hat{Y}_t = E(Y_t | \underline{\underline{F}}_t)$ pour tout $t \in \mathbb{R}_+$, donc on pourrait prendre $\hat{Y} = g(X)$ lorsque la simple propriété de Markov est satisfaite). Ensuite, pour prouver que $R^\alpha g(X) = {}^o(Z^\alpha)$: là, c'est indispensable, car on veut que $R^\alpha g(X)$ soit continu à droite et limité à gauche (sinon, $\tilde{C}^{g,\alpha}$ ne saurait être une martingale). Or, il est classique que pour un processus de Markov non fortement markovien, les $R^\alpha g(X)$ ne sont pas P_λ-p.s. continus à droite et limités à gauche pour toute $g \in b\underline{\underline{E}}$, ni même pour toute $g \in C(E)$, en général.■

§d - Un problème de martingales. Un des principaux problèmes de la théorie des processus de Markov consiste à reconnaitre si un opérateur $(\mathcal{K}, \mathcal{D}_\mathcal{K})$ de domaine $\mathcal{D}_\mathcal{K}$ sur $b\underline{\underline{E}}$ est un générateur infinitésimal ou, plus généralement, admet une extension qui est un générateur infinitésimal. Etant donné (13.32), l'une des manières d'aborder le problème est la suivante:

Pour toute $f \in \mathcal{D}_\mathcal{K}$ on pose

(13.34) $$C_t^f = f(X_t) - f(X_0) - \int_0^t \mathcal{K}f(X_s)\,ds .$$

(13.35) DEFINITION: On note $M(\mathcal{K}, \mathcal{D}_\mathcal{K}; \lambda)$ l'ensemble des probabilités P sur $(\Omega, \underline{\underline{F}})$ telles que

(i) $P(\{X_0 \in A\}) = \lambda(A)$ si $A \in \underline{\underline{E}}$,

(ii) $C^f \in \underline{\underline{L}}(P)$ pour toute $f \in \mathcal{D}_\mathcal{K}$.

On remarque que le problème $M(\mathcal{K}, \mathcal{D}_\mathcal{K}; \lambda)$ est analogue qu problème de type (11.1) $M(C^f : f \in \mathcal{D}_\mathcal{K})$, à ceci près qu'on ajoute une condition initiale λ sur $\underline{\underline{F}}^0 = \sigma(X_0)$. Le théorème suivant n'est donc pas surprenant.

(13.36) THEOREME: Soit $P \in M(\mathcal{X},\mathcal{D}_{\mathcal{X}};\lambda)$. Il y a équivalence entre

(i) $P \in M_e(\mathcal{X},\mathcal{D}_{\mathcal{X}};\lambda)$,

(ii) $\underline{\underline{H}}_0^q(P) = \mathcal{L}^q(C^f : f \in \mathcal{D}_{\mathcal{X}})$ et $\underline{\underline{F}}^P = (\underline{\underline{F}}^o)^P$ (où $q \in [1,\infty[$)

Remarquons que si $\lambda = \varepsilon_x$, dire que $\underline{\underline{F}}_0^P = (\underline{\underline{F}}^o)^P$ revient à dire que $\underline{\underline{F}}_0$ est P-triviale. Dans ce cas, (13.36) est un corollaire immédiat de (11.2).

Démonstration. On peut reprendre mot-à-mot la preuve de (11.2), avec les modifications suivantes: dans les conditions (11.2,ii,iii) on remplace: $\underline{\underline{F}}_0$ est P-triviale, par: $\underline{\underline{F}}_0^P = (\underline{\underline{F}}^o)^P$. Dans (b) on remplace: $Y' = Y - E(Y)$ par: $Y' = Y - E(Y|\underline{\underline{F}}^o)$. Enfin dans (c) on remarque que $E(Z_0|\underline{\underline{F}}^o) = 1$ puisque P et Q coïncident sur $(\Omega,\underline{\underline{F}}^o)$, donc comme $\underline{\underline{F}}_0^P = (\underline{\underline{F}}^o)^P$ on a aussi $Z_0 = 1$. ∎

Les processus C^f étant $\underline{\underline{F}}$-optionnels et bornés sur chaque intervalle $[0,t]$, la proposition (11.12) entraine que $M(\mathcal{X},\mathcal{D}_{\mathcal{X}};\lambda)$ est convexe. Le résultat suivant est aussi un résultat de convexité.

(13.37) PROPOSITION: Soit $P_x(d\omega)$ une probabilité de transition de $(E,\underline{\underline{E}})$ dans $(\Omega,\underline{\underline{F}})$, telle que $P_x \in M(\mathcal{X},\mathcal{D}_{\mathcal{X}};\varepsilon_x)$ pour tout $x \in E$. Si λ est une probabilité sur $(E,\underline{\underline{E}})$; alors $P_\lambda(.) = \int \lambda(dx)P_x(.)$ est solution de $M(\mathcal{X},\mathcal{D}_{\mathcal{X}};\lambda)$.

Démonstration. On a $P_\lambda(\{X_0 \in A\}) = \lambda(A)$ par construction. Soit $f \in \mathcal{D}_{\mathcal{X}}$. L'ensemble des ω tels que $C^f_.$ ne soit pas continu à droite et limité à gauche est P_x-négligeable pour tout $x \in E$, donc aussi P -négligeable. Enfin si $T \in \underline{\underline{T}}(\underline{\underline{F}})$ est borné, il vient

$$E_\lambda(C^f_T) = \int \lambda(dx)\, E_x(C^f_T) = 0 ,$$

d'où le résultat. ∎

Revenons maintenant aux processus de Markov, en commençant par un corollaire de (13.32).

(13.38) PROPOSITION: Si $(\Omega,\underline{\underline{F}},\underline{\underline{F}},X,P_x)$ est un processus fortement markovien de générateur infinitésimal $(\mathcal{A},\mathcal{D}_{\mathcal{A}})$, on a $P_\lambda \in M_e(\mathcal{A},\mathcal{D}_{\mathcal{A}};\lambda)$ pour toute probabilité λ sur E .

Démonstration. D'après (13.32) et (13.36), il suffit de montrer que $\underline{\underline{F}}_0^{P_\lambda} = (\underline{\underline{F}}^o)^{P_\lambda}$, propriété qui dans le cas où $\lambda = \varepsilon_x$ est connue sous le nom de "loi 0-1" de Blumenthal.

Comme $\underline{\underline{F}} = \sigma(X_s : s \in \mathbb{R}_+)$, un argument de classe monotone appliqué à l'éga lité (13.24) quand $T = 0$ montre que $E_\lambda(Z|\underline{\underline{F}}_0) = E_{X_0}(Z)$ si $Z \in b\underline{\underline{F}}$. Soit alors $A \in \underline{\underline{F}}_0$ et $B = \{x : P_x(A) = 1\}$. On a

$$P_x(A) = E_x[(I_A)^2] = E_x[I_A P(A|\underline{\underline{F}}_0)] = E_x[I_A P_x(A)] = P_x(A)^2 ,$$

de sorte que $P_x(A) = 0$ si $x \notin B$ (d'où le résultat si $\lambda = \varepsilon_x$). Par suite

$$P_\lambda(A \cap \{X_0 \in B\}) = E_\lambda[I_B(X_0) P_\lambda(A|\underline{\underline{F}}_0)] = E_\lambda[I_B(X_0) P_{X_0}(A)] = P_\lambda(\{X_0 \in B\}),$$

$$P_\lambda(A \cap \{X_0 \notin B\}) = E_\lambda[I_{B^c}(X_0) P_\lambda(A|\underline{\underline{F}}_0)] = E_\lambda[I_{B^c}(X_0) P_{X_0}(A)] = 0 ,$$

et on en déduit que $A = \{X_0 \in B\}$ à un ensemble P_λ-négligeable près, d'où le résultat.∎

(13.39) DEFINITION: <u>On appelle solution markovienne (resp. fortement markovienne) du problème associé à</u> $(\mathcal{K}, \mathcal{D}_\mathcal{K})$ <u>toute famille</u> $(P_x)_{x \in E}$ <u>telle que</u> $P_x \in M(\mathcal{K}, \mathcal{D}_\mathcal{K}; \varepsilon_x)$ <u>pour tout</u> $x \in E$ <u>et que</u> $(\Omega, \underline{\underline{F}}, \underline{F}, X, P_x)$ <u>soit un processus markovien (resp. fortement markovien)</u>.

(13.40) PROPOSITION: <u>Soit</u> $(P_x)_{x \in E}$ <u>une solution markovienne du problème associé à</u> $(\mathcal{K}, \mathcal{D}_\mathcal{K})$; <u>soit</u> $\mathcal{K}'$ <u>la restriction de</u> $\mathcal{K}$ <u>à l'ensemble</u> $\mathcal{D}_{\mathcal{K}'} = \{f \in \mathcal{D}_\mathcal{K} : t \rightsquigarrow E_x[\mathcal{K}f(X_t)]$ est continue à droite pour tout $x \in E\}$. <u>Le générateur infinitésimal du processus de Markov</u> $(\Omega, \underline{\underline{F}}, \underline{F}, X, P_x)$ <u>est alors une extension de</u> $(\mathcal{K}', \mathcal{D}_{\mathcal{K}'})$.

En général le générateur infinitésimal <u>n'est pas</u> une extension de $(\mathcal{K}, \mathcal{D}_\mathcal{K})$, car avec la notation $b\underline{\underline{E}}_0$ du §b l'image par le générateur de son domaine est contenu dans $b\underline{\underline{E}}_0$, tandis que le fait que $C^f \in \underline{\underline{L}}(P_x)$ si $f \in \mathcal{D}_\mathcal{K}$ n'entraine nullement que $\mathcal{K}f \in b\underline{\underline{E}}_0$.

<u>Démonstration</u>. Soit $f \in \mathcal{D}_{\mathcal{K}'}$. Comme C^f est une martingale nulle en 0 pour P_x, on a $E_x(C_t^f) = 0$, ce qui s'écrit aussi

$$P_t f(x) = f(x) + \int_0^t P_s \mathcal{K}f(x)\,ds ,$$

où (P_t) est le semi-groupe de transition du processus de Markov. Comme $s \rightsquigarrow P_s \mathcal{K}f(x)$ est bornée et continue à droite, $\frac{1}{t}\int_0^t P_s \mathcal{K}f(x)\,ds$ converge vers $\mathcal{K}f(x)$ en restant borné lorsque $t \downarrow 0$, donc le résultat découle de la définition (13.28) elle-même.∎

(13.41) <u>Remarques</u>: 1) Soit $(\mathcal{A}, \mathcal{D}_\mathcal{A})$ le générateur infinitésimal du processus fortement markovien $(\Omega, \underline{\underline{F}}, \underline{F}, X, P_x)$. On pourrait penser que P_x est l'unique solution de $M(\mathcal{A}, \mathcal{D}_\mathcal{A}; \varepsilon_x)$, ou au moins que $(P_x)_{x \in E}$ est l'unique solution markovienne (ou fortement markovienne) du problème associé à $(\mathcal{A}, \mathcal{D}_\mathcal{A})$ Mais nous ignorons si cette dernière propriété est vraie: en effet soit $(\tilde{P}_x)_{x \in E}$ une autre solution fortement markovienne, de générateur infinitésimal $(\tilde{\mathcal{A}}, \mathcal{D}_{\tilde{\mathcal{A}}})$; soit $b\tilde{\underline{\underline{E}}}_0 = \{f \in b\underline{\underline{E}} : \tilde{E}_x(f(X_t))$ est continue à droite en $t\}$. La proposition précédente permet seulement d'affirmer que l'ensemble $\mathcal{D}_{\mathcal{A}'} = \{f \in \mathcal{D}_\mathcal{A} : \mathcal{A}f \in b\tilde{\underline{\underline{E}}}_0\}$ est contenu dans $\mathcal{D}_{\tilde{\mathcal{A}}}$, et que $\mathcal{A}$ et $\tilde{\mathcal{A}}$ coïncident sur cet ensemble.

2) On peut montrer toutefois la propriété suivante: soit $(P_x)_{x\in E}$ une solution fortement markovienne du problème associé à $(\mathcal{K},\mathcal{D}_{\mathcal{K}})$. Si on n'a pas $P_x \in M_e(\mathcal{K},\mathcal{D}_{\mathcal{K}};\varepsilon_x)$ pour tout $x\in E$, alors il existe une infinité d'autres solutions fortement markoviennes distinctes.■

Dans certains cas on peut calculer le crochet $<C^f,C^g>$. Cela va nous permettre d'obtenir un résultat fort intéressant sur les crochets de martingales quelconques.

(13.42) PROPOSITION: <u>Soit</u> $P\in M(\mathcal{K},\mathcal{D}_{\mathcal{K}};\lambda)$. <u>Soit</u> $f,g\in\mathcal{D}_{\mathcal{K}}$ <u>telles que le produit</u> fg <u>appartienne aussi à</u> $\mathcal{D}_{\mathcal{K}}$. <u>Si</u> $\Gamma(f,g)=\mathcal{K}(fg)-f(\mathcal{K}g)-g(\mathcal{K}f)$, <u>on a</u>

$$<C^f,C^g>_t = \int_0^t \Gamma(f,g)(X_s)ds.$$

<u>Démonstration</u>. On note $f(X)=C^f+A$, $g(X)=C^g+A'$ et $fg(X)=C^{fg}+A''$ les décompositions canoniques des semimartingales spéciales $f(X)$, $g(X)$ et $fg(X)$. Comme $fg(X)=f(X)g(X)$, la formule d'intégration par parties entraine que

$$A'' = <C^f,C^g> + C^f_-\bullet A' + C^g_-\bullet A + A\bullet A' + A'_-\bullet A .$$

On peut alors remplacer A, A' et A'' par leurs valeurs, à savoir $A_t = f(X_0)+\int_0^t \mathcal{K}f(X_s)ds$ et des formules analogues pour A' et A''. On peut aussi remplacer C^f et C^g par $f(X)-A$ et $g(X)-A'$ dans la formule précédente, ce qui conduit à

$$\begin{aligned}<C^f,C^g>_t &= f(X_0)g(X_0)+\int_0^t\mathcal{K}(fg)(X_s)ds-\int_0^t[f(X_s)-f(X_0)]\mathcal{K}g(X_s)ds\\ &+\int_0^t\mathcal{K}g(X_s)ds\int_0^s\mathcal{K}f(X_u)du-\int_0^t[g(X_s)-g(X_0)]\mathcal{K}f(X_s)ds\\ &+\int_0^t\mathcal{K}f(X_s)ds\int_0^s\mathcal{K}g(X_u)du-f(X_0)g(X_0)-\int_0^t\mathcal{K}g(X_s)ds[f(X_0)+\int_0^s\mathcal{K}f(X_u)du]\\ &-\int_0^t\mathcal{K}f(X_s)ds[g(X_0)+\int_0^s\mathcal{K}g(X_u)du]\\ &= \int_0^t[\mathcal{K}(fg)-g\,(\mathcal{K}f)-f(\mathcal{K}g)](X_s)ds.\end{aligned}$$

(13.43) THEOREME: <u>Supposons que</u> $\mathcal{D}_{\mathcal{K}}$ <u>soit une algèbre. Soit</u> $P\in M_e(\mathcal{K},\mathcal{D}_{\mathcal{K}};\lambda)$. <u>Tout élément</u> M <u>de</u> $\underline{\underline{H}}^2_{o,loc}(P)$ <u>vérifie</u> $d<M,M>_t \ll dt$.

<u>Démonstration</u>. D'après (13.42), on a $d<C^f,C^f>_t\ll dt$ pour toute $f\in\mathcal{D}_{\mathcal{K}}$, puisqu'alors $f^2\in\mathcal{D}_{\mathcal{K}}$. Il est évident que si M appartient à l'ensemble $\mathcal{L}^{2,o}_{loc}(\{C^f: f\in\mathcal{D}_{\mathcal{K}}\})$ constitué des sommes finies $\sum_{i\le n} H^i\bullet C^{f_i}$, où $f_i\in\mathcal{D}_{\mathcal{K}}$ et $H^i\in L^2_{loc}(C^{f_i})$, on a aussi $d<M,M>_t\ll dt$. Soit alors $M\in\underline{\underline{H}}^2_o(P)$. D'après (13.36) on a $M\in\mathcal{L}^2(\{C^f: f\in\mathcal{D}_{\mathcal{K}}\})$, ensemble qui égale d'après (4.5) la fermeture dans $\underline{\underline{H}}^2(P)$ de $\mathcal{L}^{2,o}(\{C^f: f\in\mathcal{D}_{\mathcal{K}}\})$. Il existe donc une suite $(M(n))$ d'éléments de $\mathcal{L}^{2,o}(\{C^f: f\in\mathcal{D}_{\mathcal{K}}\})$ convergeant vers M dans $\underline{\underline{H}}^2(P)$.

Soit $A \in \underline{\underline{P}}$. On sait que $I_A \cdot \langle M,M\rangle_\infty$ est la limite dans $L^1(P)$ des $I_A \cdot \langle M(n),M(n)\rangle_\infty$. Si $E(\int I_A(s)ds) = 0$, on a $I_A \cdot \langle M(n),M(n)\rangle_\infty = 0$ P-p.s. d'après ce qui précède, donc $I_A \cdot \langle M,M\rangle_\infty = 0$ P-p.s.: on en déduit que $d\langle M,M\rangle_t \ll dt$. ∎

(13.44) COROLLAIRE: <u>Soit</u> $(\Omega,\underline{\underline{F}},\underline{\underline{F}},X,P_x)$ <u>un processus fortement markovien, de générateur infinitésimal</u> $(\mathcal{A},\mathcal{D}_\mathcal{A})$. <u>Si</u> $\mathcal{D}_\mathcal{A}$ <u>est une algèbre, pour toute probabilité</u> λ <u>sur</u> E <u>et toute</u> $M \in \underline{\underline{H}}^2_{o,loc}(P_\lambda)$, <u>on a</u> $d({}^{P_\lambda}\langle M,M\rangle_t) \ll dt$.

(13.45) <u>Remarque: le générateur infinitésimal étendu</u>. Soit $(\Omega,\underline{\underline{F}},\underline{\underline{F}},X,P_x)$ un processus fortement markovien de générateur infinitésimal $(\mathcal{A},\mathcal{D}_\mathcal{A})$. On définit sur $b\underline{\underline{E}}$ un opérateur $(\tilde{\mathcal{A}},\mathcal{D}_{\tilde{\mathcal{A}}})$ de la manière suivante:

$$\begin{cases} f \in \mathcal{D}_{\tilde{\mathcal{A}}} \text{ s'il existe une fonction de } b\underline{\underline{E}}, \text{ notée } \tilde{\mathcal{A}}f, \text{ telle que} \\ C^f_t = f(X_t) - f(X_0) - \int_0^t \tilde{\mathcal{A}}f(X_s)ds \text{ soit dans } \underline{\underline{L}}(P_x) \text{ pour tout } x \in E. \end{cases}$$

$(\tilde{\mathcal{A}},\mathcal{D}_{\tilde{\mathcal{A}}})$ est une extension de $(\mathcal{A},\mathcal{D}_\mathcal{A})$, extension stricte s'il existe des $f \in \mathcal{D}_{\tilde{\mathcal{A}}}$ telles que $\tilde{\mathcal{A}}f$ n'appartienne pas à l'ensemble $b\underline{\underline{E}}_0$ du §b. Remarquer qu'on pourrait modifier $\tilde{\mathcal{A}}f$ sur une partie A de E dite "de potentiel nul", c'est-à-dire telle que $P_x\{\int I_A(X_s)ds > 0\} = 0$ pour tout $x \in E$.

La famille $(P_x)_{x \in E}$ est une solution fortement markovienne du problème associé à $(\tilde{\mathcal{A}},\mathcal{D}_{\tilde{\mathcal{A}}})$ et $P_x \in \mathcal{M}_e(\mathcal{A},\mathcal{D}_\mathcal{A};\varepsilon_x)$, donc a-fortiori $P_x \in \mathcal{M}_e(\tilde{\mathcal{A}},\mathcal{D}_{\tilde{\mathcal{A}}};\varepsilon_x)$. Par suite la conclusion de (13.44) est valide lorsque $\mathcal{D}_{\tilde{\mathcal{A}}}$ est une algèbre. Signalons encore un résultat intéressant, vrai pour $(\tilde{\mathcal{A}},\mathcal{D}_{\tilde{\mathcal{A}}})$ mais en général faux pour $(\mathcal{A},\mathcal{D}_\mathcal{A})$: si $\mathcal{D}_{\tilde{\mathcal{A}}}$ est une algèbre et si F est une fonction de classe C^2 sur $\mathbb{R}^m$, alors si $f_i \in \mathcal{D}_{\tilde{\mathcal{A}}}$, la fonction $f(x) = F(f_1(x),..,f_m(x))$ est dans $\mathcal{D}_{\tilde{\mathcal{A}}}$ (voir l'exercice 13.4 pour un résultat du même type dans le cas où X est continu). ∎

(13.46) <u>Remarque: l'opérateur carré du champ</u>. Utilisons les mêmes notations et hypothèses qu'en (13.45). On dit qu'un opérateur Γ de domaine $\mathcal{D}_{\tilde{\mathcal{A}}} \times \mathcal{D}_{\tilde{\mathcal{A}}}$ est un "opérateur carré du champ" si pour tous $x \in E$, $f,g \in \mathcal{D}_{\tilde{\mathcal{A}}}$ on a

$${}^{(P_x)}\langle C^f,C^g\rangle_t = \int_0^t \Gamma(f,g)(X_s)ds .$$

Cette terminologie provient de ce que si $E = \mathbb{R}^m$ et si $\mathcal{A}$ est le laplacien opérant sur les fonctions bornées deux fois continûment dérivables et dont les dérivées premières et secondes sont bornées (ce qui correspond pour X à un mouvement brownien m-dimensionnel), alors $\Gamma(f,g) = 2(\operatorname{grad} f)\cdot(\operatorname{grad} g)$.

Pour qu'il existe un opérateur carré du champ, il faut et il suffit que pour tout $x \in E$ et toute $M \in \underline{\underline{H}}^2_0(P_x)$, on ait $d({}^{P_x}\langle M,M\rangle_t) \ll dt$: la nécessité est évidente (modulo la démonstration de (13.43)), et la condition suffisante provient de ce que C^f est une "fonctionnelle additive", donc

$<C^f,C^f>$ également, et dans ce cas $<C^f,C^f>$ s'écrit $<C^f,C^f>_t = \int^t h(X_s)ds$ pour une certaine fonction $h \in b\underline{\underline{E}}$ (pour plus de précisions sur ces notions, que nous ne définissons pas ici, voir Blumenthal et Getoor [1], et aussi les rappels faits dans les exercices).

Lorsque $\mathcal{D}_{\tilde{\mathcal{A}}}$ est une algèbre, l'opérateur carré du champ existe d'après (13.45), et il vaut d'ailleurs $\Gamma(f,g) = \tilde{\mathcal{A}}(fg) - f(\tilde{\mathcal{A}}g) - g(\tilde{\mathcal{A}}f)$. Mais il existe aussi dans beaucoup d'autres cas. Supposons par exemple (c'est une situation fréquente) que $\mathcal{D}_{\tilde{\mathcal{A}}}$ contienne une algèbre $\mathcal{D}_{\mathcal{K}}$, et que si $\mathcal{K}$ désigne la restriction de $\tilde{\mathcal{A}}$ à $\mathcal{D}_{\mathcal{K}}$, $P_x \in M_e(\mathcal{K},\mathcal{D}_{\mathcal{K}};\varepsilon_x)$ pour tout $x \in E$: dans ce cas, l'opérateur carré du champ existe.∎

Voici, pour terminer, deux résultats qui sont un peu dans la ligne du théorème (13.43), mais avec des hypothèses différentes.

(13.47) THEOREME: On suppose que X est limité à gauche et que $\mathcal{D}_{\mathcal{K}} \subset C(E)$. Si $P \in M_e(\mathcal{K},\mathcal{D}_{\mathcal{K}};\lambda)$ on a

(i) tout $T \in \underline{\underline{T}}_i(\underline{\underline{F}}^P)$ vérifie $[\![T]\!] \overset{\bullet}{\subset} \{X_- \neq X\} \cap]\!]0,\infty[\![$;

(ii) tout $T \in \underline{\underline{T}}(\underline{\underline{F}}^P)$ vérifie $\underline{\underline{F}}^P_T = \underline{\underline{F}}^P_{T-} \vee \sigma(X_T I_{\{T<\infty\}})$.

Démonstration. Soit μ la mesure aléatoire définie par (3.21), et associée à $D = \{X_- \neq X\} \cap]\!]0,\infty[\![$ et à $\beta = X$ sur D. D'après (4.52), les assertions (i) et (ii) sont équivalentes au fait que $\underline{\underline{K}}^{1,1}(\mu,P) = \underline{\underline{H}}_o^{1,d}(P)$.

Soit $f \in \mathcal{D}_{\mathcal{K}}$. Comme f est continue, on a $\Delta C^f = \Delta[f(X)] I_D$ et il découle de (3.77,b) que $(C^f)^d \in \underline{\underline{K}}^{1,1}(\mu,P)$. Mais $\mathcal{Z}^1(\{C^f : f \in \mathcal{D}_{\mathcal{K}}\}) = \underline{\underline{H}}_o^1(P)$ d'après (13.36), donc $\underline{\underline{H}}_o^{1,d}(P) = \mathcal{Z}^1(\{(C^f)^d : f \in \mathcal{D}_{\mathcal{K}}\})$, d'où le résultat.∎

(13.48) THEOREME: On suppose que X est limité à gauche et que $\mathcal{D}_{\mathcal{K}}$ est un ensemble déterminant de fonctions continues.

(a) Si $P \in M(\mathcal{K},\mathcal{D}_{\mathcal{K}};\lambda)$, pour tout $T \in \underline{\underline{T}}_p(\underline{\underline{F}}^P)$ on a $[\![T]\!] \cap \{X_- \neq X\} \cap]\!]0,\infty[\![\overset{\bullet}{=} \emptyset$.

(b) Si $P \in M_e(\mathcal{K},\mathcal{D}_{\mathcal{K}};\lambda)$ on a:

(i) $T \in \underline{\underline{T}}(\underline{\underline{F}}^P)$ est totalement inaccessible (resp. prévisible) si et seulement si $[\![T]\!] \overset{\bullet}{\subset} \{X_- \neq X\} \cap]\!]0,\infty[\![$ (resp. $[\![T]\!] \cap \{X_- \neq X\} \cap]\!]0,\infty[\![\overset{\bullet}{=} \emptyset$);

(ii) tout $T \in \underline{\underline{T}}(\underline{\underline{F}}^P)$ vérifie $\underline{\underline{F}}^P_T = \underline{\underline{F}}^P_{T-} \vee \sigma(X_T I_{\{T<\infty\}})$;

(iii) la filtration $\underline{\underline{F}}^P$ est quasi-continue à gauche.

Le lecteur connaissant la théorie des processus de Markov pourra comparer ces assertions, et notamment (i) et (iii), à ce qui se passe pour un processus de Hunt par exemple.

Démonstration. (a) Quitte à remplacer T par $(T \wedge n) \vee (1/n)$, puis faire tendre n vers ∞, on peut supposer T borné et strictement positif.

Soit $f \in \mathcal{D}_{\mathcal{K}}$. Comme T est borné, ΔC^f_T est intégrable et $E(\Delta C^f_T | \underline{\underline{F}}^P_{T-}) = 0$.

Mais $f \in C(E)$, donc $\Delta C_T^f = f(X_T) - f(X_{T-})$, donc $E(f(X_T)|\underline{\underline{F}}_{T-}^P) = E(f(X_{T-})|\underline{\underline{F}}_{T-}^P)$. Par suite pour toute $g \in b\underline{\underline{E}}$ il vient $E[g(X_{T-})f(X_T)] = E[g(X_{T-})f(X_{T-})]$. Chacun des deux membres de cette égalité, considéré comme fonction de f, est l'intégrale de f par rapport à une mesure; comme $\mathcal{D}_{\mathcal{H}}$ est déterminant, on en déduit que ces mesures sont égales, c'est-à-dire que l'égalité précédente est vraie pour toute $f \in b\underline{\underline{E}}$. Un argument de classe monotone entraine alors que $E[h(X_{T-},X_T)] = E[h(X_{T-},X_{T-})]$ pour toute $h \in b(\underline{\underline{E}} \otimes \underline{\underline{E}})$. En prenant $h(x,y) = I_{\{x \neq y\}}$ on en déduit que $P(X_{T-} \neq X_T) = 0$, d'où le résultat.

(b) La partie (i) découle de (a) et de (13.47,i), la partie (ii) n'est autre que (13.47,ii). Enfin si $T \in \underline{\underline{T}}_p(\underline{\underline{F}}^P)$, (i) et (ii) entrainent que $\underline{\underline{F}}_T^P = \underline{\underline{F}}_{T-}^P$, puisque $X_{T-}I_{\{T<\infty\}} \in \underline{\underline{F}}_{T-}^P$, d'où (iii).∎

EXERCICES

13.1 - Soit $\mathcal{E}$ un ensemble déterminant de fonctions sur E. Si P est une probabilité sur $(\Omega,\underline{\underline{F}})$, soit $\mathcal{M}$ l'ensemble des martingales uniformément intégrables de variables terminales $\prod_{i \leq n} f_i(X_{t_i})$, lorsque $n \in \mathbb{N}$, $f_i \in \mathcal{E}$, $t_i \in \mathbb{R}_+$ (ou, si on veut, $t_i \in \mathbb{Q}_+$). Montrer que pour tout $q \in [1,\infty[$ on a $\underline{\underline{H}}^q(P) = \mathcal{L}^q(\mathcal{M})$ (on pourra utiliser (4.15,a) et l'équivalence (ii)$\Longleftrightarrow$(iii) de (11.6) appliquée à l'ensemble $\mathcal{Y}$ des $\prod_{i \leq n} f_i(X_{t_i})$).

13.2 - Soit $(\Omega,\underline{\underline{F}},\underline{F},X,P_x)$ un processus de Markov fort de semi-groupe de transition $(P_t)_{t \geq 0}$. Si $f \in b\underline{\underline{E}}$ et $s > 0$, on pose

$$M_t^{f,s} = \begin{cases} P_{s-t}f(X_t) & \text{si } t < s \\ f(X_s) & \text{si } t \geq s. \end{cases}$$

Soit λ une probabilité sur E.

a) Montrer que $M^{f,s} \in \underline{\underline{H}}^\infty(P_\lambda)$: pour cela, on pourra montrer que $M^{f,s}$ est la projection optionnelle pour P_λ du processus $Y_t = f(X_s)$.

b) Montrer que si $Y = \prod_{i \leq n} f_i(X_{t_i})$ et si M est la P_λ-martingale uniformément intégrable de variable terminale Y, lorsque $f_i \in b\underline{\underline{E}}$, alors M appartient à l'espace $\mathcal{L}^q(M^{f,s} : s \in \mathbb{R}_+, f \in b\underline{\underline{E}})$.

c) En déduire, en utilisant l'exercice 13.1, que $\underline{\underline{H}}^q(P_\lambda) = \mathcal{L}^q(M^{f,s} : s \in \mathbb{R}, f \in b\underline{\underline{E}})$.

d) Si $\mathcal{E}$ est un ensemble déterminant de fonctions sur E, montrer qu'on a même $\underline{\underline{H}}^q(P_\lambda) = \mathcal{L}^q(M^{f,s} : s \in \mathbb{Q}_+, f \in \mathcal{E})$.

13.3 - Soit $(\Omega,\underline{\underline{F}},\underline{F},X,P_x)$ un processus de Markov fort, de générateur infinitésimal $(\mathcal{A},\mathcal{D}_{\mathcal{A}})$ et de résolvante $(R^\alpha)_{\alpha > 0}$. On suppose qu'il existe

$\alpha > 0$ et un ensemble déterminant $\mathcal{E}$ de fonctions de $C(E)$ tels que $\mathcal{E}' = \{R^\alpha g : g \in \mathcal{E}\}$ soit contenu dans $C(E)$.

a) Montrer que $\mathcal{A}f \in C(E)$ si $f \in \mathcal{E}$.

b) Montrer que $(P_x)_{x\in E}$ est l'unique solution markovienne du problème associé à $(\mathcal{A}, \mathcal{D}_{\mathcal{A}})$ (on pourra utiliser (13.40)).

13.4 - Soit $(\Omega, \underline{\underline{F}}, \underline{\underline{F}}, X, P_x)$ un processus de Markov fort à trajectoires continues. Soit $(\mathcal{K}, \mathcal{D}_{\mathcal{K}})$ l'opérateur défini par:

$$\begin{cases} f \in \mathcal{D}_{\mathcal{K}} \quad \text{si} \quad f \in C(E) \quad \text{et s'il existe une fonction de } b\underline{\underline{E}}, \text{ notée } \mathcal{K}f, \\ \text{telle que} \quad C_t^f = f(X_t) - f(X_0) - \int_0^t \mathcal{K}f(X_s)ds \in \underline{\underline{L}}(P_x) \quad \text{pour tout } x \in E. \end{cases}$$

On suppose que $\mathcal{D}_{\mathcal{K}}$ est une algèbre. Soit F une fonction de classe C^2 sur $\mathbb{R}^m$ et $f_i \in \mathcal{D}_{\mathcal{K}}$. Montrer que $f(x) = F(f_1(x),..,f_m(x))$ est dans $\mathcal{D}_{\mathcal{K}}$ et que

$$\mathcal{K}f(x) = \sum_{i\leq m} \frac{\partial F}{\partial x^i}(f_1(x),..,f_m(x))\mathcal{K}f_i(x) + \frac{1}{2}\sum_{i,j\leq m} \frac{\partial^2 F}{\partial x^i \partial x^j}(f_1(x),..,f_m(x))\, \Gamma(f_i,f_j)(x),$$

où $\Gamma(f_i,f_j) = \mathcal{K}(f_i f_j) - f_i(\mathcal{K}f_j) - f_j(\mathcal{K}f_i)$.

13.5 - Soit P une probabilité sur $(\Omega, \underline{\underline{F}})$. Soit $C \in \underline{\underline{P}} \cap \underline{\underline{V}}_0^+(P)$. On note $\underline{\underline{S}}_C$ l'ensemble des $X \in \underline{\underline{S}}(P)$ qui sont localement bornés et dont la décomposition canonique $X = M + A$ vérifie $I_{]0,\infty[} \bullet dA \ll dC$. Montrer que:

a) Si $X \in \underline{\underline{S}}_C$ admet la décomposition canonique $X = M + A$, alors $M \in \underline{\underline{H}}^\infty_{0,loc}$.

b) Soit $X \in \underline{\underline{S}}_C$ de décomposition canonique $X = M + A$. Alors $X^2 \in \underline{\underline{S}}_C$ $\Longleftrightarrow$ $d[M,M] \ll dC$.

c) $\underline{\underline{S}}_C$ est une algèbre $\Longleftrightarrow \forall M \in \underline{\underline{H}}_0^\infty$ on a $d[M,M] \ll dC \Longleftrightarrow \forall M \in \underline{\underline{H}}_0^2$ on a $d[M,M] \ll dC$.

d) Déduire de b) appliqué à $C_t = t$ une démonstration de (13.43) n'utilisant pas (13.42).

13.6 - (suite) Si $X \in \underline{\underline{S}}(P)$ on écrira $dX \overset{P}{\ll} dC$ si pour tout $H \in b\underline{\underline{P}}$ tel que $H \bullet C = 0$, on a $H \bullet X = 0$. Montrer que les conditions de l'exercice 13.5-c) équivalent à

(i) $\forall M \in \underline{\underline{H}}_0^2$ (ou $\underline{\underline{H}}_0^\infty$) on a $dM \overset{P}{\ll} dC$.

(ii) $\forall M \in \underline{\underline{L}}$ on a $d[M,M] \overset{P}{\ll} dC$.

(iii) $\forall X \in \underline{\underline{S}}_C$ on a $dX \overset{P}{\ll} dC$.

Soit enfin $\hat{\underline{\underline{S}}}_C$ l'ensemble des $X \in \underline{\underline{S}}$ tels que pour tout $H \in b\underline{\underline{P}}$ vérifiant $H \bullet C = 0$, on ait $H \bullet X \in \underline{\underline{M}}_{loc}$. Montrer que les conditions précédentes équivalent encore à:

(iv) $\hat{\underline{\underline{S}}}_C$ est une algèbre.

(v) $\forall X \in \hat{\underline{\underline{S}}}_C$, on a $d[X,X] \overset{P}{\ll} dC$.

(vi) $\forall X \in \hat{\underline{\underline{S}}}_C$ on a $dX \overset{P}{\ll} dC$.

<u>Note</u>: Pour les exercices suivants, le lecteur aura besoin des connaissances suivantes sur les processus de Markov.

On suppose que $(\theta_t)_{t\geq 0}$ est un semi-groupe de translations sur Ω, tel que $X_{t+s} = X_t \circ \theta_s$; dans (13.24) on aura $E_x(Z\circ\theta_T | \underline{\underline{F}}_T) = E_{X_T}(Z)$ pour tout $Z \in b\underline{\underline{F}}$.

Soit $(\Omega, \underline{\underline{F}}, \underline{F}, X, P_x)$ un processus de Markov fort. Une fonctionnelle additive est un processus A qui vérifie $A \in \underline{\underline{V}}_0(P_x)$ pour tout $x \in E$, et $A_{t+s} = A_t + A_s \circ \theta_t$ P_x-p.s. pour tout $x \in E$ (l'ensemble négligeable pouvant dépendre de t). On note $\underline{\underline{AF}}$ l'ensemble des fonctionnelles additives. On rappelle le <u>théorème de Motoo</u>: soit $A, B \in \underline{\underline{AF}}$ telles que $dA \ll dB$ P_x-p.s. pour tout $x \in E$. Si B est continue et si A et B sont $\underline{F}$-adaptées, il existe une fonction borélienne f telle que $A = f(X) \bullet B$ (si A et B sont seulement $\underline{F}'$-adapté: cf. remarque (13.25,2), il faut prendre f universellement mesurable).

13.7 - Soit $A \in \underline{\underline{AF}}$ telle que $A \in \underline{\underline{A}}_{loc}(P_x)$ pour tout $x \in E$. Montrer qu'il existe une fonctionnelle additive prévisible, notée A^p, qui est la P_x-projection prévisible duale de A pour chaque $x \in E$. Pour cela, on pourra;

a) montrer que si $Z \in b\underline{\underline{F}}$, il existe une version continue à droite et limitée à gauche $p_t Z$ de la martingale $E_x(Z | \underline{\underline{F}}_t)$, indépendante de x;

b) montrer qu'un processus croissant $\underline{F}$-prévisible B nul en 0 est une fonctionnelle additive si et seulement si pour tous $t \geq 0$, $x \in E$, $S, T \in \underline{\underline{T}}(\underline{F})$ bornés tels que $S \leq T$, alors

$$E_{X_t}(A_T - A_S) = E_x(A_{t+T\circ\theta_t} - A_{t+S\circ\theta_t} | \underline{\underline{F}}_t)$$

(on considère les deux processus croissants $A'_u = A_{t+u} - A_t$ et $A''_u = A_u \circ \theta_t$, qui sont $\underline{F}^t$-prévisibles si $\underline{\underline{F}}^t_u = \underline{\underline{F}}_{t+u}$, et on montre qu'ils ont même mesure de Doléans en utilisant (a) et la propriété de Markov).

c) En déduire le résultat cherché en considérant pour chaque $x \in E$ une version $A^{p,x}$ de la P_x-projection prévisible duale de A, et en posant $A^p = A^{p,x_0}$.

13.8 - (<u>Le système de Lévy</u>) On suppose que le processus est de Hunt (i.e. X est limité à gauche, P_x-quasi continu à gauche pour tout $x \in E$, et que $\underline{F}^{P_x}$ est quasi-continue à gauche; on admettra que les temps d'arrêt de $\underline{F}$ sont totalement inaccessibles, simultanément pour tout P_x, si et seulement si $X_T \neq X_{T-}$ sur $\{T < \infty\}$ P_x-p.s. pour tout $x \in E$). On note μ la mesure associée à X par (3.21). On veut montrer qu'il existe une fonctionnelle additive continue $\underline{F}$-adaptée A et une mesure de transition positive $N(x,dy)$ sur $(E, \underline{\underline{E}})$ telle que $N(x,\{x\}) = 0$ et que

$$\mu^{p,P_x}(dt,dx) = dt\ N(X_t,dx) \quad \forall x \in E .$$

a) Montrer que μ est P_x-quasi-continue à gauche pour tout $x \in E$.

b) Montrer que si $h_n(x,y) = I_{\{d(x,y) > 1/n\}}$, pour $f \in b\underline{\underline{E}}^+$ le processus

$$B^{n,f} = S[h_n(X_-,X)f(X)I_{]0,\infty[}]$$

est dans $\underline{\underline{FA}}$, croissant, $\underline{\underline{F}}$-adapté, à sauts bornés. Calculer $B^{n,f}$ en fonction de μ.

c) Montrer qu'il existe $B \in \underline{\underline{FA}}$, croissant, $\underline{\underline{F}}$-adapté, à sauts bornés, tel que $dB^{n,f} \ll dB$ pour tous $n \in \mathbb{N}$, $f \in b\underline{\underline{E}}^+$. Montrer qu'on peut choisir B quasi-continu à gauche.

d) Prendre $A = B^p$ (cf. exercice 13.7). Montrer en utilisant le théorème de Motoo qu'il existe une mesure de transition positive N sur $(E,\underline{\underline{E}})$ telle que

$$(B^{n,f})^p_t = \int^t dA_s\ N(X_{s-},dx)h_n(X_{s-},x)f(x) ,$$

et montrer que dans cette formule on peut remplacer X_{s-} par X_s.

e) En déduire le résultat.

3 - PROCESSUS DE DIFFUSION

§a - Processus de diffusion et problèmes de martingales. Dans cette partie, $(\Omega,\underline{\underline{F}},\underline{\underline{F}})$ est un espace filtré muni d'un processus X continu à droite et limité à gauche, à valeurs dans $\mathbb{R}^m$. On suppose que $\underline{\underline{F}}$ est la plus petite filtration rendant X optionnel, et que $\underline{\underline{F}} = \underline{\underline{F}}_\infty$. On pose $\underline{\underline{F}}^o = \sigma(X_0)$ et comme d'habitude on désigne par la même lettre une probabilité sur $E = \mathbb{R}^m$ et son image réciproque sur $(\Omega,\underline{\underline{F}}^o)$ par l'application X_0. Enfin, μ désigne la mesure associée à X par (3.22).

Lorsque Ω est l'espace canonique (12.63) et X le processus canonique, on dit simplement qu'on a les "hypothèses canoniques".

On désigne enfin par $C^2(E)$ l'ensemble des fonctions deux fois continûment dérivables sur E, qui sont bornées ainsi que leurs deux premières dérivées partielles.

La définition la plus générale des processus de diffusion fait intervenir la famille suivante $(\mathcal{K}_{\omega,t})_{\omega\in\Omega, t\in\mathbb{R}_+}$ d'opérateurs de $C^2(E)$ dans l'espace des fonctions boréliennes sur E :

$$\mathcal{K}_{\omega,t}f(x) = \sum_{i\le m}\beta^i(\omega,t,x)\frac{\partial f}{\partial x^i}(x) + \frac{1}{2}\sum_{i,j\le m}\gamma^{ij}(\omega,t,x)\frac{\partial^2 f}{\partial x^i\partial x^j}(x)$$
(13.49)
$$+\int K(\omega,t,x;dy)\left[f(x+y) - f(x) - \sum_{i\le m} y^i I_{\{|y|\le 1\}}\frac{\partial f}{\partial x^i}(x)\right],$$

où

- $\beta = (\beta^i)_{i\le m}$ est une application $\tilde{\underline{\underline{O}}}(\underline{\underline{F}})$-mesurable à valeurs dans E ;
- $\gamma = (\gamma^{ij})_{i,j\le m}$ est une application $\tilde{\underline{\underline{O}}}(\underline{\underline{F}})$-mesurable à valeurs dans l'espace des matrices symétriques nonnégatives;
- K est une mesure de transition positive de $(\tilde{\Omega},\tilde{\underline{\underline{O}}}(\underline{\underline{F}}))$ sur $(E,\underline{\underline{E}})$, qui vérifie $K(\omega,t,x;\{0\}) = 0$ et $\int K(\omega,t,x;dy)(1\wedge|y|^2) < \infty$.

Dans la plupart des applications, les termes β, γ et K ne dépendent que de (t,x) et non de ω, voire que de x : on écrira alors $\mathcal{K}_t f(x)$, ou $\mathcal{K}f(x)$. Dans le cas où la dépendance en ω effective, on écrira soigneusement $\mathcal{K}_{\omega,t}f(x)$.

Les conditions imposées sur $\mathcal{K}$ font que la formule (13.49) définit, pour toute $f\in C^2(E)$, une fonction $(\omega,t,x) \rightsquigarrow \mathcal{K}_{\omega,t}f(x)$ qui est à valeurs réelles et $\tilde{\underline{\underline{O}}}(\underline{\underline{F}})$-mesurable. Cependant, pour pouvoir aller plus loin, nous ferons aussi l'hypothèse suivante:

(13.50) <u>Hypothèse</u>: <u>Soit</u> $T_n = \inf(t : |X_t| \ge n)$. <u>Pour tout</u> n <u>on a</u>:

$$\begin{cases}\sup(|\beta^i(\omega,t,x)| : t<T_n(\omega),\ |x|\le n) < \infty\\ \sup(|\gamma^{ij}(\omega,t,x)| : t<T_n(\omega),\ |x|\le n) < \infty\\ \sup(\int K(\omega,t,x;dy)(1\wedge|y|^2) : t<T_n(\omega),\ |x|\le n) < \infty .\end{cases}$$

Dans ce cas, le processus: $(\omega,t) \rightsquigarrow \mathcal{K}_{\omega,t}f(X_t(\omega))$ est $\underline{F}$-optionnel et borné sur chaque intervalle $[\![0,T_n[\![$ et on peut poser

$$C_t^f(\omega) = f(X_t(\omega)) - f(X_0(\omega)) + \int_0^t \mathcal{K}_{\omega,s}f(X_s(\omega))ds . \tag{13.51}$$

Soit enfin λ une probabilité sur E.

(13.52) DEFINITION: <u>On note</u> $M(\mathcal{K}_{\omega,t},C^2(E);\lambda)$ <u>l'ensemble des probabilités</u> P <u>sur</u> $(\Omega,\underline{\underline{F}})$ <u>telles que</u>

(i) $P(\{X_0\in A\}) = \lambda(A)$ <u>si</u> $A\in\underline{\underline{E}}$,

(ii) $C^f\in\underline{\underline{L}}(P)$ <u>pour toute</u> $f\in C^2(E)$.

<u>On dit alors que</u> X <u>est un processus de diffusion sur</u> $(\Omega,\underline{\underline{F}},\underline{F},P)$, <u>d'opérateur</u> $\mathcal{K}_{\omega,t}$ <u>et de loi initiale</u> λ.

Lorsque $\mathcal{K}_{\omega,t}$ ne dépend pas de ω (resp. ni de ω, ni de t), on écrit $M(\mathcal{K}_t,C^2(E);\lambda)$ (resp. $M(\mathcal{K},C^2(E);\lambda)$). Dans ce dernier cas, on retrouve exactement le problème (13.35), le domaine $\mathcal{D}_{\mathcal{K}}$ égalant $C^2(E)$. Le processus β s'appelle le <u>vecteur de translation</u>, γ est la <u>matrice de diffusion</u>, K est le <u>noyau de Lévy</u>.

(13.53) Remarques: 1) Posons $\bar{\beta}(\omega,t)=\beta(\omega,t,X_t(\omega))$, $\bar{\gamma}(\omega,t)=\gamma(\omega,t,X_t(\omega))$ et $\bar{K}(\omega,t;.)=K(\omega,t,X_t(\omega);.)$. Considérons l'opérateur $\bar{\mathcal{K}}_{\omega,t}$ associé à ces nouveaux termes par (13.49): les fonctions $\bar{\mathcal{K}}_{\omega,t}f(x)$ ne dépendent pas de x. Cependant les processus associés par (13.51) à $\mathcal{K}_{\omega,t}$ et à $\bar{\mathcal{K}}_{\omega,t}$ coïncident, donc $M(\bar{\mathcal{K}}_{\omega,t},C^2(E);\lambda)=M(\mathcal{K}_{\omega,t},C^2(E);\lambda)$. Les conditions de $\underline{\underline{O}}(\underline{\underline{F}})$-mesurabilité sur β, γ, K sont simplement remplacées par la $\underline{\underline{F}}$-optionnalité de $\bar{\beta}$, $\bar{\gamma}$, $\bar{K}$. Contrairement aux habitudes, nous faisons aussi dépendre de x les coefficients, ce qui n'ajoute donc rien quant à la généralité, mais permet d'obtenir une homogénéité dans les notations: on passe ainsi naturellement de $\mathcal{K}_{\omega,t}$ à $\mathcal{K}_t$, puis à $\mathcal{K}$.

2) Question de terminologie. Il peut sembler un peu curieux au premier abord d'appeler le processus X un processus de diffusion relativement à $P\in M(\mathcal{K}_{\omega,t},C^2(E);\lambda)$. Le terme "processus de diffusion" se rapporte habituellement, en effet, à un processus continu et markovien. La terminologie utilisée ici a été introduite par Stroock [1]; dans le cas où $K=0$, Liptcer et Shiryaev [2] appellent ce processus (qui est alors continu: voir plus loin) un "processus de diffusion généralisé".

En outre, la définition (13.52) peut sembler particulièrement arbitraire, quoique elle trouve une justification dans son analogie avec (13.35), et nous en verrons ci-dessous une formulation équivalente, mais beaucoup plus parlante.

3) A l'inverse, on peut montrer la propriété suivante (cf. Roth [1], et également Kunita [1]): soit $\mathcal{K}$ un opérateur sur $b\underline{\underline{E}}$ dont le domaine contient l'ensemble des fonctions de classe C^∞ à support compact, et dont l'image est contenue dans $C(E)$. Dès que le problème $M(\mathcal{K},\mathcal{D}_K;\varepsilon_x)$ contient une solution markovienne, l'opérateur $\mathcal{K}$ est de la forme (13.49) avec des coefficients continus bornés (indépendants de ω et t). Les problèmes étudiés dans cette partie ne sont donc pas essentiellement moins généraux que ceux du §2-d. ∎

Posons maintenant

$$
(13.54)\quad \begin{cases} B_t^i(\omega) = \int^t \beta^i(\omega,s,X_s(\omega))ds, & C_t^{ij}(\omega) = \int^t \gamma^{ij}(\omega,s,X_s(\omega))ds, \\ \nu(\omega;dt,dx) = dt\,K(\omega,t,X_t(\omega);dx). \end{cases}
$$

Sous l'hypothèse (13.50), les processus $B=(B^i)_{i\leq m}$ et $C=(C^{ij})_{i,j\leq m}$ sont bien définis, et prévisibles puisqu'adaptés et continus. De même ν est une mesure aléatoire positive prévisible. Lorsque β, γ et K ne dépendent pas de ω, on écrit parfois

$$
B_t^i=\int^t \beta^i(s,X_{s-})ds,\quad C_t^{ij}=\int^t \gamma^{ij}(s,X_{s-})ds,\quad \nu(dt,dx)=dtK(t,X_{t-};dx)
$$

afin de faire ressortir la prévisibilité de B, C, ν; mais bien entendu ces formules ne diffèrent pas de (13.54), puisque l'ensemble $\{X \neq X_-\}$ est à coupes dénombrables.

(13.55) THEOREME: Sous l'hypothèse (13.50) on a $M(\mathcal{K}_{\omega,t}, C^2(E);\lambda) = S^{II}(\underline{\underline{F}}^o; X|\lambda; B,C,\nu)$.

Démonstration. Pour simplifier les notations, on écrira simplement S et S' pour $M(\mathcal{K}_{\omega,t}, C^2(E);\lambda)$ et pour $S^{II}(\underline{\underline{F}}^o;X|\lambda;B,C,\nu)$. On notera aussi $A(f)$ le processus $A(f)_t(\omega) = \int^t \mathcal{K}_{\omega,s} f(X_s(\omega))ds$.

(a) Supposons d'abord que $P \in S$. Soit $T_n = \inf(t : |X_t| \geq n)$ et f_n^i une fonction de $C^2(E)$ telle que $f_n^i(x) = x^i$ si $|x| \leq n$. On a $A(f_n^i) \in \underline{\underline{V}}_o(P)$ et $Cf_n^i \in \underline{\underline{L}}(P)$ par hypothèse, donc $f_n^i(X) \in \underline{\underline{S}}(P)$. Par suite le processus coïncide avec la P-semimartingale $f_n^i(X)$ sur $[\![0,T_n[\![$ et une application de (2.17) montre que X est une P-semimartingale vectorielle, dont on note $(\tilde{B},\tilde{C},\tilde{\nu})$ les caractéristiques locales.

Soit $u \in E$, $f_u(x) = e^{i<u,x>}$, $k_u(x) = f_u(x) - 1 - i<u,x>I_{\{|x|\leq 1\}}$, et

$$H(u) = i\sum_{j\leq m} u^j\tilde{B}^j - \frac{1}{2}\sum_{j,k\leq m} u^j u^k \tilde{C}^{jk} + k_u * \tilde{\nu}.$$

On a vu dans la partie (i) de la preuve de (3.51) que $H(u) \in \underline{\underline{P}} \cap \underline{\underline{A}}_{loc}(P)$ et que

$$f_u(X) - f_u(X_0) - f_u(X)_- \bullet H(u) \in \underline{\underline{L}}(P)$$

(c'est la formule (3.59); on rappelle la remarque (2.55)). Si on compare (13.51) à cette formule, l'unicité de la décomposition canonique d'une semimartingale spéciale entraine que $f_u(X)_- \bullet H(u) = A(f_u)$ P-p.s., soit $H(u) = (1/f_u(X))_- \bullet A(f_u)$ P-p.s.; par ailleurs il est aisé de calculer $\mathcal{K}_{\omega,t} f_u$, et tous calculs faits on obtient:

$$\begin{aligned} H(u)_t &= \int^t [i<u,\beta_s> - \frac{1}{2}<u,\gamma_s u> + \int_E K(s,X_s;dy)k_u(y)]ds \\ &= i<u,B_t> - \frac{1}{2}<u,C_t u> + \int_E \nu([0,t]\times dx)k_u(x) \end{aligned}$$

P-p.s. A cause de la continuité en t et en u, l'égalité précédente est vraie pour tous $t \in \mathbb{R}_+, u \in E$, en dehors d'un ensemble P-négligeable. Mais par définition même, $H(u)_t$ est donné par une formule analogue, où B,C,ν sont remplacés par $\tilde{B},\tilde{C},\tilde{\nu}$. D'après le lemme (3.50), on en déduit que $\tilde{B} = B$, $\tilde{C} = C$, $\tilde{\nu} = \nu$ P-p.s., ce qui montre que $P \in S'$.

(b) Supposons inversement que $P \in S'$. Pour obtenir que $P \in S$, nous allons simplement appliquer la formule d'Ito. Soit en effet $f \in C^2(E)$. Soit aussi

$$U(\omega,t,x) = \sum_{j\leq m} x^j \frac{\partial f}{\partial x^j}(X)_{t-}(\omega) I_{\{|x|>1\}}$$

$$V(\omega,t,x) = f(X_t(\omega)) - f(X_0(\omega)) - \sum_{j\leq m} x^j \frac{\partial f}{\partial x^j}(X)_{t-}(\omega) I_{\{|x|\leq 1\}}.$$

Si on utilise le fait que $X = X_0 + S(\Delta X\, I_{\{|\Delta X|>1\}}) + B + M$, où $M = (M^j)_{j\leq m}$ a ses composantes dans $\underline{\underline{L}}(P)$ avec $<(M^j)^c,(M^k)^c> = C^{jk}$, la formule d'Ito s'écrit

$$f(X) = f(X_0) + U*\mu + \sum_{j\leq m} \frac{\partial f}{\partial x^j}(X)_- \cdot B^j + \sum_{j\leq m} \frac{\partial f}{\partial x^j}(X)_- \cdot M^j$$
$$+ \frac{1}{2}\sum_{j,k\leq m} \frac{\partial^2 f}{\partial x^j \partial x^k}(X)_- \cdot C^{jk} + (V-U)*\mu.$$

Mais d'après (13.50) on a $V*\nu \in \underline{\underline{P}} \cap \underline{\underline{V}}_0(P)$, donc $V \in G^1_{loc}(\mu,P)$ d'après (3.71). Si on remarque que, par définition,

$$A(f) = \frac{1}{2}\sum_{j,k\leq m} \frac{\partial^2 f}{\partial x^j \partial x^k}(X)_- \cdot C^{jk} + \sum_{j\leq m} \frac{\partial f}{\partial x^j}(X)_- \cdot B^j + V*\nu,$$

la formule précédente s'écrit aussi

$$f(X) = f(X_0) + \sum_{j\leq m} \frac{\partial f}{\partial x^j}(X)_- \cdot M^j + V*(\mu-\nu) + A(f),$$

et il en découle que $C^f = f(X) - f(X_0) - A(f)$ est dans $\underline{\underline{L}}(P)$, d'où le résultat.∎

(13.56) Exemple Soit (b,c,F) le triplet des caractéristiques d'un PAI-semimartingale. Si les fonctions à variation finie $b^i(t)$, $c^{ij}(t)$ et $\int F([0,t]\times dx)(1\wedge|x|^2)$ sont absolument continues par rapport à la fonction t, et si on définit les termes β, γ et K (qui ne dépendent que de t, mais pas de ω ni de x) par les formules

$$b^i(t) = \int^t \beta^i(s)ds, \quad c^{ij}(t) = \int^t \gamma^{ij}(s)ds, \quad F([0,t]\times dx) = \int^t K(s;dx)ds,$$

le problème S du §1-a n'est autre que le problème $M(\mathcal{K}_t, C^2(E);\varepsilon_0)$ ci-dessus. On remarquera d'ailleurs que les preuves de (3.51) et de (13.55) sont fort semblables.

L'absolue continuité par rapport à la mesure de Lebesgue est indispensable pour obtenir un problème (13.52). Mais si dans la définition (13.51) des processus C^f, et corrélativement dans celle (13.54) du triplet (B,C,ν), on remplaçait la mesure de Lebesgue par n'importe quelle mesure positive ρ sur $\mathbb{R}_+$ telle que $\rho([0,t])<\infty$ pour tout $t<\infty$, le théorème (13.55) resterait valide (attention aux questions de mesurabilité; si la mesure ρ admet des atomes, il faut que β, γ et K soient prévisibles et pas seulement optionnels; cf. exercice 13.9).∎

§b - Unicité pour les diffusions. L'existence et l'unicité pour les problèmes $M(\mathcal{K}_{\omega,t}, C^2(E);\lambda)$, soit sous cette forme, soit sous la forme $S^{II}(\underline{\underline{F}}^o;X|\lambda;B,C,\nu)$, ont été étudiées par de nombreux auteurs, et les résultats sont divers. Il n'entre pas dans nos objectifs de démontrer l'un quelconque d' entre eux (voir cependant (11.25), correspondant à $m=1$, $\beta=0$, $K=0$ et $\gamma(\omega,t,x)=b^2(x)$), ni même de les citer tous. Nous allons toutefois, à titre d'exemple, énoncer l'un de ces résultats, pratiquement le plus général connu lorsque $\mathcal{K}_t$ ne dépend pas de ω.

(13.57) Hypothèse: Les termes β, γ et K ne dépendent que de (t,x) et vérifient

- β est borné et mesurable,
- γ est borné, continu en (t,x), et ses valeurs propres sont strictement positives pour tout (t,x),
- la fonction $\int_A K(t,x;dy)(1\wedge|y|^2)$ est bornée et continue en (t,x) pour tout $A\in\underline{\underline{E}}$.

Cette hypothèse entraine (13.50). Dans le théorème suivant, on parle de processus de Markov fort non-homogène: pour cela on renvoie au livre de Dynkin [1]. Si les opérateurs $\mathcal{K}_t$ sont définis à partir de β, γ et K par (13.49), on fait intervenir ci-dessous les familles $(\mathcal{K}_{s+t})_{t\geq 0}$ d'opérateurs (pour s fixé dans $\mathbb{R}_+$), qui sont également associés par (13.49) aux termes $\beta(s+.,x)$, $\gamma(s+.,x)$, $K(s+.,x;dy)$.

(13.58) THEOREME (Stroock [1], théorème (4.3)): Supposons qu'on ait les hypothèses canoniques et (13.57). Pour tout $(x,s)\in E\times\mathbb{R}_+$ il existe un élément et un seul $P_{x,s}$ dans $M((\mathcal{K}_{s+t})_{t\geq 0}, C^2(E);\varepsilon_x)$. De plus $P_{s,x}(d\omega)$ est une probabilité de transition de $(E\times\mathbb{R}_+,\underline{\underline{B}}(E\times\mathbb{R}_+))$ dans $(\Omega,\underline{\underline{F}})$, et $(\Omega,\underline{\underline{F}},\underline{F},X,P_{x,s})$ est un processus de Markov fort (non homogène).

Remarques: 1) Le coefficient de translation utilisé par Stroock, et noté b, n'est pas le même que le coefficient β, à causes des différentes versions possibles de la première caractéristique locale d'une semimartingale: voir le commentaire suivant la définition (3.46). On passe de β à b par la formule

$$\beta(s,x) = b(s,x) + \int K(s,x;dy)\, y\left[\frac{|y|^2}{1+|y|^2} - I_{\{|y|\leq 1\}}\right].$$

Mais, lorsque $\int K(s,x;dy)(1\wedge|y|^2)$ est borné, alors b est borné si et seulement si β est borné.

2) De même la troisième condition (13.57) est remplacée dans Stroock [1] par la même condition, mais portant sur la fonction $\int_A K(t,x;dy)|y|^2/(1+|y|^2)$ (en réalité, Stroock énonce le théorème avec la fonction $\int_A K(t,x;dy)\, y/(1+|y|^2)$, mais sa démonstration fait intervenir la fonction $\int_A K(t,x;dy)|y|^2/(1+|y|^2)$).■

Dans le corollaire suivant, les hypothèses canoniques ne sont pas satisfaites.

(13.59) COROLLAIRE: Sous l'hypothèse (13.57), il y a unicité locale pour chaque problème $M(\mathcal{X}_t, C^2(E); \varepsilon_x)$.

Cette assertion n'a évidemment de sens que parce qu'on a montré que $M(\mathcal{X}_t, C^2(E); \lambda) = S^{II}(\underline{\underline{F}}^o; X|\lambda; B, C, \nu)$.

Démonstration. Comme les termes β, γ, K sont déterministes, le problème construit sur l'espace canonique $\tilde{\Omega}$ du §XII-4-a avec les mêmes termes est trivialement un problème image du problème $M(\mathcal{X}_t, C^2(E); \varepsilon_x)$. D'après (12.66) il suffit donc de montrer le résultat sous les hypothèses canoniques.

Posons $(p_t B)_s = B_{t+s} - B_t$, $(p_t C)_s = C_{t+s} - C_t$, $p_t \nu = \tau_t \nu$. De la sorte, les termes $(p_t B, p_t C, p_t \nu)$ sont associés par (13.54) à la famille d'opérateurs $(\mathcal{X}_{t+s})_{s \geq 0}$. L'hypothèse (12.72) est satisfaite: c'est évident pour (i), (ii) et (iii), et cela découle de (13.58) pour (iv). Il suffit alors d'appliquer le théorème (12.73) et l'unicité du théorème précédent.■

Le résultat suivant n'est qu'une version des théorèmes (12.21) et (13.48).

(13.60) THEOREME: Soit $P \in M(\mathcal{X}_{\omega,t}, C^2(E); \lambda)$.

(a) Pour que $P \in M_e(\mathcal{X}_{\omega,t}, C^2(E); \lambda)$ il faut et il suffit que toute $M \in \underline{\underline{M}}_{loc}(P)$ s'écrive

$$M = f(X_0) + M^c + W*(\mu - \nu): \; f \in L^1(E, \underline{\underline{E}}, \lambda), \; M^c \in \mathcal{L}^1_{loc}(X^c, P), \; W \in G^1_{loc}(\mu, P).$$

(b) Dans ce cas, la filtration $\underline{\underline{F}}^P$ est quasi-continue à gauche; tout $T \in \underline{\underline{T}}(\underline{\underline{F}}^P)$ vérifie $\underline{\underline{F}}^P_T = \underline{\underline{F}}^P_{T-} \vee \sigma(X_T I_{\{T<\infty\}})$ et est totalement inaccessible (resp. prévisible) si et seulement si $[\![T]\!] \dot{\subset} \{\Delta X \neq 0\} \cap]\!]0,\infty[\![$ (resp. $[\![T]\!] \cap \{\Delta X \neq 0\} \cap]\!]0,\infty[\![\doteq \emptyset$).

Démonstration. Dire que M_0 est une fonction de X_0 pour toute $M \in \underline{\underline{M}}_{loc}(P)$ revient à dire que $\underline{\underline{F}}^P_0 = (\underline{\underline{F}}^o)^P$; (a) découle donc de (12.21). Quant à (b), il suffit de reprendre mot pour mot la preuve de (13.48), puisque $C^2(E)$ est un ensemble déterminant de fonctions.■

L'hypothèse (13.57) permet d'aller un peu plus loin que l'assertion (a) ci-dessus:

(13.61) COROLLAIRE: Soit l'hypothèse (13.57) et P l'unique élément de $M(\mathcal{X}_t, C^2(E); \varepsilon_x)$. Pour toute $M \in \underline{\underline{M}}_{loc}(P)$ il existe une fonction $\underline{\underline{P}}$-mesurable W vérifiant

$$\int^t ds \int K(s, X_s; dy)(W^2 \wedge |W|)(s,y) < \infty \quad P\text{-p.s. si } t<\infty \quad (\text{i.e. } W \in G^1_{loc}(\mu, P))$$

et m processus prévisibles H^i vérifiant

$$\int^t (H^i_s)^2 \gamma^{ii}(s,X_s)ds < \infty \quad \text{P-p.s. si } t<\infty \quad (\text{i.e. } H^i \in L^2_{loc}((X^i)^c,P))$$

et tels que

$$M = E(M_0) + \sum_{i\leq m} H^i\cdot(X^i)^c + W*(\mu - \nu).$$

La condition sur W signifie que $W \in G^1_{loc}(\mu,P)$, car on est dans le cas où μ est P-quasi-continue à gauche. Quant à l'assertion sur la structure de M^c, elle signifie exactement que $\mathcal{L}^2_{loc}(X^c,P) = \mathcal{L}^{2,o}_{loc}(X^c,P)$, avec les notations du chapitre IV. Enfin, M_0 est P-p.s. constant parce que $\underline{\underline{F}}_0$ est P-triviale (on est dans le cas où $P(\{X_0 = x\}) = 1$).

Démonstration. La seule chose à montrer est que $\mathcal{L}^2_{loc}(X^c,P) = \mathcal{L}^{2,o}_{loc}(X^c,P)$. Posons

$$\lambda(t,x) = \inf_{u\in E, |u|=1} \frac{\sum_{i,j\leq m} u^i\gamma^{ij}(t,x)u^j}{\sum_{i\leq m}\gamma^{ii}(t,x)}$$

qui d'après (13.57) est continu et strictement positif, donc borné inférieurement par un nombre strictement positif sur tout ensemble de la forme $[0,n]\times\{x : |x|\leq n\}$. Par suite si $T_n = \inf(t : \lambda(t,X_t)\leq 1/n)$ on a $\lim_{(n)}\uparrow T_n = \infty$. Si $H \in L^2_{loc}(X^c,P)$, on a

$$\int^t (H^i_s)^2\gamma^{ii}(s,X_s)ds \leq \int^t \frac{1}{\lambda(s,X_s)}({}^tH_s\gamma(s,X_s)H_s)ds,$$

qui est majoré par $n < {}^tH\cdot X^c, {}^tH\cdot X^c>_t$ si $t \leq T_n$, d'où le résultat. ∎

Enfin, on pourrait écrire les différents théorèmes du §XII-3-e dans le cadre des diffusions vérifiant (13.57) à cause de l'unicité locale. Nous laissons ceci en exercice.

§c - Exemples de non-unicité. Nous allons examiner maintenant deux exemples de non-unicité. On suppose que $m = 1$ et qu'on a les hypothèses canoniques. Dans les deux cas, l'opérateur $\mathcal{K}$ ne dépendra ni de ω, ni de t.

Considérons d'abord l'opérateur suivant:

$$\mathcal{K}f(x) = \frac{1}{2}\frac{|x|^{2\alpha}}{(1+|x|^\alpha)^2} f''(x) \qquad (0<\alpha<1/2). \tag{13.62}$$

C'est donc un opérateur de type (13.49), avec $\beta = 0$, $K = 0$ et $\gamma(x) = |x|^{2\alpha}/(1+|x|^\alpha)^2$. L'hypothèse (13.57) n'est pas satisfaite, car $\gamma(0) = 0$.

Nous allons utiliser, sans les démontrer, les résultats de Girsanov [2], qui a classé toutes les solutions fortement markoviennes du problème associé à $M(\mathcal{K}, C^2(E); \varepsilon_x)$ en trois catégories:

1) Il existe une solution fortement markovienne pour laquelle le point 0 est absorbant: autrement dit, si $T = \inf(t : X_t = 0)$, on a $X = X^T$ P_x-p.s. pour tout $x \in E$.

2) Soit $a \in]0,\infty[$. Il existe une solution fortement markovienne dont le générateur infinitésimal $(\mathcal{A},\mathcal{D}_{\mathcal{A}})$ est donné par:

$\mathcal{D}_{\mathcal{A}} = \{f \in b\underline{\underline{E}}$: de classe C^2 en dehors de 0, les dérivées à droite et à gauche f'_d et f'_g existent en $0\}$;

$$f \in \mathcal{D}_{\mathcal{A}} \Longrightarrow \mathcal{A}f(x) = \begin{cases} \mathcal{K}f(x) & \text{si } x \neq 0 \\ \frac{1}{a}(f'_d(0) - f'_g(0)) & \text{si } x = 0. \end{cases}$$

3) Il existe une solution fortement markovienne dont le générateur infinitésimal $(\mathcal{A},\mathcal{D}_{\mathcal{A}})$ est donné par:

$\mathcal{D}_{\mathcal{A}} = \{f \in b\underline{\underline{E}}$: de classe C^2 en dehors de 0, $\lim_{x\to 0}\gamma(x)f''(x)$ existe$\}$;

$$f \in \mathcal{D}_{\mathcal{A}} \Longrightarrow \mathcal{A}f(x) = \begin{cases} \mathcal{K}f(x) & \text{si } x \neq 0 \\ \lim_{x\to 0} \gamma(x)f''(x) & \text{si } x = 0. \end{cases}$$

Nous proposons dans l'exercice 13.13 une construction explicite du cas 1); il est aisé de vérifier que les processus fortement markoviens définis en 2) et 3) sont solutions, mais évidemment la partie difficile consiste à montrer qu'on épuise ainsi toutes les solutions fortement markoviennes.

En outre, Girsanov a montré que ces solutions sont même fellériennes, ce qui veut dire que si $(R^\beta)_{\beta>0}$ est la résolvante du semi-groupe de transition, alors $R^\beta f \in C(E)$ si $f \in C(E)$.

(13.63) PROPOSITION: <u>Soit</u> $(P_x)_{x\in E}$ <u>l'une des solutions fortement markovienne du problème associé à</u> $M(\mathcal{K},C^2(E);\varepsilon_x)$. <u>Pour tout</u> $x \in E$ <u>on a</u> $P_x \in M_e(\mathcal{K},C^2(E);\varepsilon_x)$.

<u>Démonstration</u>. D'après la loi 0-1 de Blumenthal (cf. la preuve de (13.38)) on sait que $\underline{\underline{F}}_0$ est P-triviale. D'après (13.60,a) il suffit alors de montrer que toute $M \in \underline{\underline{L}}(P_x)$ est une intégrale stochastique par rapport à X (ici, $\mu = 0$ et $X = X^c$). Etant donné (13.29), il suffit même de le montrer lorsque $M = \tilde{C}^{g,\beta}$ est défini par (13.28), avec $g \in C(E)$. Remarquons tout de suite que dans ce cas, $R^\beta g \in C(E)$, à cause du caractère fellérien du processus, donc $M \in \underline{\underline{L}}^c(P_x)$.

Etudions d'abord le cas 1). Soit $T_n = \inf(t\colon |X_t| \leq 1/n)$ et (γ_n) une suite de fonctions continues bornées strictement positives, telles que $\gamma_n(x) = \gamma(x)$ si $|x| \geq 1/n$. Soit $\mathcal{K}^n$ l'opérateur $\mathcal{K}^n f(x) = \gamma_n(x)f''(x)$. Cet opérateur vérifie l'hypothèse (13.57) et on note P^n_x l'unique solution de $M(\mathcal{K}^n,C^2(E);\varepsilon_x)$. De plus, il y a T_n-unicité pour ce dernier problème, donc P^n_x et P_x coïncident sur $\underline{\underline{F}}_{(T_n)-}$.

Comme M est continue, on en déduit que $M^{T_n} \in \underline{\underline{L}}(P^n_x)$ et d'après (13.60) il existe $H_n \in L^1_{loc}(X^{T_n},P_x) = L^1_{loc}(X^{T_n},P^n_x)$ tel que $M^{T_n} = H_n \cdot X^{T_n}$, l'intégrale stochastique étant prise indifféremment par rapport à P_x ou P^n_x. Par ailleurs si $T = \inf(t : X_t = 0)$ on a $X^T = X$ P_x-p.s., donc $R^\beta g(0) = 0$ et $M = \tilde{C}^{g,\beta}$ vérifie aussi $M = M^T$ P_x-p.s. Comme $\lim_{(n)} \uparrow T_n = T$ et comme M est continue, on voit qu'il suffit alors de poser $H = \sum_{(n)} H_n I_{]\!]T_{n-1},T_n]\!]}$ pour obtenir $H \in L^1_{loc}(X,P_x)$ et $M = H \cdot X$.

Passons maintenant au cas 2). La fonction $f = R^\beta g$ est dans $\mathcal{D}_{\mathcal{A}}$; on en déduit que la fonction $f''(x) I_{\{x \neq 0\}}$ est localement intégrable par rapport à dx, donc la dérivée seconde de f au sens des distributions est la mesure $\rho(dx) = f''(x) I_{\{x \neq 0\}} dx + (f'_d(0) + f'_g(0)) \varepsilon_0(dx)$. Par suite f est différence de deux fonctions convexes et si $f = (f'_d + f'_g)/2$, le théorème (5.52) entraine que $f(X) = f(X_0) + f'(X) I_{]0,\infty[\![} \cdot X + B$, avec $B \in \underline{\underline{P}} \cap \underline{\underline{V}}_0(P_x)$. En utilisant l'unicité de la décomposition canonique de la semimartingale $f(X)$ on en déduit que $C^f = \tilde{C}^{g,\beta} = f'(X) I_{]0,\infty[\![} \cdot X$, d'où le résultat.

Enfin, le cas 3) se traite de la même façon. En effet si $f \in \mathcal{D}_{\mathcal{A}} \cap C(E)$, il est facile de voir que $f''(x) I_{\{x \neq 0\}}$ est localement intégrable et que les dérivées à droite et à gauche en 0 existent (par exemple, $f'_g(0) = f'(-1) + \int_{-1}^0 f''(y)dy$), donc la dérivée seconde de f au sens des distributions est encore une mesure finie sur tout compact.∎

Passons à notre <u>second exemple</u>. Soit H une probabilité sur $]0,\infty[$ admettant la densité h par rapport à la mesure de Lebesgue. On considère l'opérateur

$$(13.64) \qquad f(x) = I_{\{x \neq 0\}} f'(s) + I_{\{x > 0\}} \frac{h(x)}{H([x,\infty[)} (f(0) - f(x)),$$

qui est un opérateur du type (13.49) avec $\gamma = 0$ et

$$(13.65) \qquad \begin{cases} K(x,dy) = I_{\{x>0\}} \dfrac{h(x)}{H([x,\infty[)} \varepsilon_{-x}(dy) \\ \beta(x) = I_{\{x \neq 0\}} - \dfrac{h(x)}{H([x,\infty[)} x I_{\{0<x\leq 1\}}. \end{cases}$$

Définissons par récurrence une double suite de temps d'arrêt: $S_1 = 0$, $T_n = \inf(t > S_n : X_t = 0)$, $S_{n+1} = \inf(t > T_n : X_t \neq 0)$. Soit $a > 0$. Pour tout $x \in E$ on considère la probabilité P^a_x sur $(\Omega, \underline{\underline{F}})$ définie par:

(i) les variables $(S_{n+1} - T_n, T_n - S_n : n \geq 1)$ sont indépendantes;
(ii) on a $X_t = t - S_n$ presque sûrement sur $\{S_n \leq t < T_n\}$;
(iii) si $a = 0$ on a $S_{n+1} = T_n$ presque sûrement;
(iv) si $a > 0$, $S_{n+1} - T_n$ suit une loi exponentielle de paramètre a ;
(v) si $n \geq 2$, $T_n - S_n$ suit la loi H ;
(vi) si $x \leq 0$ (resp. $x > 0$), $T_1 = T_1 - S_1$ suit la loi ε_0 (resp. $\dfrac{H(.-x)}{H([x,\infty[)}$).

On a $X=0$ sur $[\![T_n,S_{n+1}[\![$, donc la trajectoire de X est entièrement déterminée par la suite (T_n,S_n) sur l'intervalle $[\![0,T[\![$, où $T=\lim_{(n)}\uparrow T_n$; comme $P_x^a(T<\infty)=0$ par hypothèse, les conditions (i)-(vi) définissent donc bien une probabilité sur $(\Omega,\underline{\underline{F}})$.

(13.66) PROPOSITION: __Si__ $a=0$ __(resp.__ $a>0$), __la famille__ $(P_x^a)_{x\in E}$ __est une solution fortement markovienne (resp. markovienne, non fortement markovienne) du problème associé à__ $M(\mathcal{K},C^2(E);\varepsilon_x)$. __De plus pour tout__ $x\in E$, P_x^a __appartient (resp. n'appartient pas)) à__ $M_e(\mathcal{K},C^2(E);\varepsilon_x)$.

Nous laissons au lecteur le soin de montrer que $(P_x^a)_{x\in E}$ est une solution markovienne (fortement markovienne si $a=0$): cf. exercice 13.14. Examinons le cas $a>0$: d'abord, la propriété forte de Markov est en défaut aux temps d'arrêt S_n. Ensuite μ est une mesure aléatoire quasi-continue à gauche ne chargeant que les temps d'arrêt T_n (qui sont les temps de saut de X); or chaque S_n (pour $n\geq 2$) est un temps d'arrêt totalement inaccessible, donc il existe une martingale ayant un saut en S_n, et une telle martingale ne peut donc pas s'écrire sous la forme $W*(\mu-\nu)$. Par suite on n'a pas $\underline{\underline{H}}_0^{1,d}(P_x^a)=\underline{\underline{K}}^{1,1}(\mu,P_x^a)$, donc P_x^a n'est pas extrémal dans $M(\mathcal{K},C^2(E);\varepsilon_x)$.

EXERCICES

13.9 - Soit ρ une mesure positive sur $\mathbb{R}_+$ telle que $\rho([0,t])<\infty$ pour tout $t<\infty$. Avec les notations du §a on pose

$$C_t^f = f(X_t) - f(X_0) - \int_0^t \mathcal{K}_s f(X_s)\rho(ds)$$

$$B_t(\omega) = \int_0^t \beta(\omega,s,X_{s-}(\omega))\rho(ds), \quad C_t(\omega) = \int_0^t \gamma(\omega,s,X_{s-}(\omega))\rho(ds)$$

$$\nu(\omega;dt,dx) = \rho(dt)K(\omega,t,X_{t-}(\omega);dy).$$

Montrer que si B, C, ν sont $\underline{F}$-prévisibles(ce qui est le cas si β, γ, K le sont), le théorème (13.55) reste valide.

13.10 - Soit $(\mathcal{K}_{\omega,t})$ et $(\mathcal{K}'_{\omega,t})$ deux familles d'opérateurs associées aux termes respectifs β, γ, K et β', γ', K' par (13.49). Soit $P\in M(\mathcal{K}_{\omega,t},C^2(E);\lambda)$ et $Q\in M(\mathcal{K}'_{\omega,t},C^2(E);\lambda)$.

a) On suppose que $Q \overset{loc}{\ll} P$. Montrer qu'on peut remplacer β', γ', K' par des termes qu'on notera par les mêmes lettres, mais qui vérifient

$$(*)\begin{cases} \gamma' = \gamma \\ K'(.;dy) = k(.,y)K(.;dy) \\ \beta_t'^{\,i} = \beta_t^i + \int^t\!\!\int K(.;dy)(k(.,y)-1)y^i I_{\{|y|\leq 1\}} + \sum_{j\leq m} \delta^j\gamma^{ji} \end{cases}$$

où k est une fonction sur $\tilde{\Omega}\times E$ et δ^j une fonction sur $\tilde{\Omega}$.

b) S'il y a unicité pour $M(\mathcal{K}_{\omega,t},C^2(E);\lambda)$, donner le processus densité de Q par rapport à P, en fonction de k et δ^j.

13.11 - (suite) Avec les notations précédentes, on suppose que $(\mathcal{K}'_t)$ vérifie (13.57), qu'on a (*) et que les δ^j et $\int K(.,dy)(1-\sqrt{k(.,y)})^2$ sont bornées. Montrer que $Q \overset{loc}{\ll} P$. Si on suppose maintenant que $(\mathcal{K}_t)$ vérifie (13.57) tandis que $(\mathcal{K}'_{t,\omega})$ ne vérifie pas cette hypothèse, montrer qu'on aura aussi $Q \overset{loc}{\ll} P$ dès qu'on a (*) et $\int I_{\{k(.,y)=0\}}K(.;dy)=0$.

13.12 - On remplace l'hypothèse (13.57) par:

- β est borné sur chaque $[0,n]\times\{x : |x|\leq n\}$;
- γ est continu en (t,x), et ses valeurs propres sont strictement positives pour tout (t,x) ;
- la fonction $\int_A K(t,x;dy)(1\wedge|y|^2)$ est continue en (t,x) pour chaque $A\in\underline{\underline{E}}$.

a) Montrer qu'il existe une suite (t_n) de réels croissant vers $+\infty$ et une suite (β_m,γ_n,K_n) de termes qui vérifient (13.57) et qui coïncident avec (β,γ,K) sur $[0,t_m]\times\{x : |x|\leq n\}$.

b) En déduire l'unicité locale pour le problème $M(\mathcal{K}_t,C^2(E);\varepsilon_x)$ (remarquer qu'on ne demande pas de prouver l'existence d'une solution, même sous les hypothèses canoniques).

13.13 - Soit W un mouvement brownien sur $(\hat{\Omega},\underline{\underline{G}},\underline{G},P)$, $x\in\mathbb{R}\setminus\{0\}$, $T=\inf(t: W_t=-x)$ et $Y=x+W^T$. Posons $C_t=\int^{t\wedge T}\gamma(X_s)^{-1}ds$, où $\gamma(x)=|x|^{2\alpha}/(1+|x|^\alpha)^2$. On considère le changement de temps τ associé à C par (10.2), $\underline{H}=\tau\underline{G}$ et $X=\tau Y$.

a) Montrer que $\tau_t=\int^t\gamma(X_s)ds$ si $t<C_\infty$.

b) Montrer que Y est τ-adapté (au sens du chapitre X).

c) En déduire que $X=X^{C_\infty}\in\underline{\underline{H}}^c_{loc}(\underline{H},P)$, que $X^c=X-x$ et que $<X^c,X^c>_t=\int^t\gamma(X_s)ds$ (remarquer que $\gamma(X_{C_\infty})=0$).

d) On note P_x l'image de P sur $(\Omega,\underline{\underline{F}})$ par l'application: $\omega\rightsquigarrow X_.(\omega)$. Montrer que $P_x\in M(\mathcal{K},C^2(E);\varepsilon_x)$, où $\mathcal{K}$ est donné par (13.62). Montrer de plus que $(P_x)_{x\in E}$ est une solution fortement markovienne, si P_0 désigne la probabilité qui charge la trajectoire constante égale à 0 d'une masse unité.

13.14 - (Démonstration de (13.66)).

a) Montrer que $P^a_x(d\omega)$ est une probabilité de transition de $(E,\underline{\underline{E}})$ dans $(\Omega,\underline{\underline{F}})$.

b) Soit $\tilde{\mu}$ le processus ponctuel multivarié

$$\tilde{\mu}(dt,dx) = \sum_{(n)}[\varepsilon_{(T_n,-(T_n-S_n))}(dt,dx) + \varepsilon_{(S_n,0)}(dt,dx)].$$

Montrer que $\underline{F}^{P_x^a}$ a, relativement à $\tilde{\mu}$, la structure donnée par (3.39).

c) Montrer que la P_x^a-projection prévisible duale de $\tilde{\mu}$ est

$$\tilde{\nu}(dt,dx) = \sum_{(n)}[I_{]\!]T_n,S_{n+1}]\!]}(t)a\,dt\,\varepsilon_0(dx) + I_{]\!]S_n,T_n]\!]}(t)\frac{h(t-S_n)}{H([t-S_n,\infty[)}\times dt\,\varepsilon_{(S_n-t)}(dx)]$$

(on pourra utiliser (3.41)).

d) Montrer que $\mu(dt,dx) = I_{\{x<0\}}\tilde{\mu}(dt,dx)$.

e) Montrer que $X_t = S(\Delta X)_t + \int^t I_{\{X_s>0\}}ds$ P_x^a-p.s.; en déduire que $P_x^a \in M(\mathcal{K},C^2(E);\varepsilon_x)$.

f) Soit $T\in\underline{\underline{T}}(\underline{F})$ et $A\in\underline{F}_T$. Montrer que

$$E_x^a[I_A I_{\{T_{n-1}\le T<S_n\}} f(S_n-T)] = E_x^a[I_A I_{\{T_{n-1}\le T<S_n\}} E_0^a(f(S_2))]$$

$$E_x^a[I_A I_{\{S_n<T<T_n\}} f(T_n-T)] = E_x^a[I_A I_{\{S_n<T<T_n\}} E_{T-S_n}^a(f(T_1))].$$

En déduire que $(P_x^a)_{x\in E}$ est une solution markovienne (fortement markovienne si $a=0$).

13.15 - Soit $(\mathcal{K}_t)$ associé à des termes β,γ,K dépendant seulement de (t,x), avec $m=1$, $K=0$, β mesurable, γ mesurable et borné inférieurement par une constante strictement positive. On suppose enfin que β et γ sont bornés sur chaque $[0,n]\times\{x:|x|\le n\}$.

a) Montrer que $M(\mathcal{K}_t,C^2(E);\lambda)$ contient au plus une solution (on pourra d'abord généraliser (11.25) au cas où b dépend de (t,x), puis étudier le problème avec $\beta=0$, puis passer au cas général en utilisant les résultats du chapitre XII; voir aussi l'exercice 13.12).

b) En déduire que si $M\in\underline{\underline{M}}_{loc}(P)$ avec $P\in M(\mathcal{K}_t,C^2(E);\varepsilon_x)$, il existe un processus prévisible H tel que $\int^t H_s^2\gamma(s,X_s)ds<\infty$ P-p.s. pour tout $t<\infty$ et que $M=E(M_0)+H\cdot(X-B)$, si $B_t=\int^t\beta(s,X_s)ds$.

COMMENTAIRES

La condition d'absolue continuité locale pour deux PAI sans discontinuité fixe (donc (13.5) et (13.6)) est due à Skorokhod [1], par une autre méthode. A cause de la fin du théorème (3.51), les résultats classiques sur l'absolue continuité des lois de deux suites de variables indépendantes permettent d'en déduire facilement le résultat général (13.4). Toutefois, ce théorème n'a été énoncé que très récemment, par Kabanov, Liptzer et Shiryaev [3]. Les §1-b,c sont recopiés (avec une extension au cas multidimensionnel) sur Benveniste et Jacod [3], l'étude générale des flots filtrés à temps continu étant due à Sam Lazaro et Meyer [1] et Benveniste [1].

La notion d'ensemble déterminant de fonctions se trouve dans Meyer [6].

Le théorème (13.22) est dû à Grigelionis [4] et constitue une extension, au cadre de la théorie générale des processus, du célèbre théorème (13.32) de Kunita et Watanabe [1]. Le §2-b est une introduction très sommaire aux processus de Markov, au sujet desquels on pourra consulter Dynkin [2] et Blumenthal et Getoor [1]; nous conseillons également de se reporter à ce dernier livre avant la résolution des exercices 13.7 et 13.8, qui proposent des démonstrations dues à Benveniste et Jacod [1],[2] de résultats dûs à Getoor et Sharpe [1] pour 13.7, à Watanabe [1] (sous une hypothèse supplémentaire) pour 13.8.

Le §2-e et la partie 3, quoique non comparables sur le plan de la généralité, sont très proches l'un de l'autre. Etant donné un opérateur linéaire non continu, l'idée d'utiliser un problème de martingales pour vérifier si cet opérateur est la restriction du générateur infinitésimal d'un processus fortement markovien remonte à Skorokhod [1] (il utilise plus excatement la notion de solution faible d'équations différentielles stochastiques, dont on verra au chapitre suivant qu'elle équivaut à un problème de martingales), puis a été systématisée par Stroock et Varadhan [1]. C'est la proposition (13.40), d'ailleurs très simple, qui constitue la clef du passage entre processus de Markov et problèmes de martingales.

La notion de "générateur infinitésimal étendu" est classique (voir par exemple Meyer [4]). La proposition (13.42) dans le cas fortement markovien, et le corollaire (13.44), sont dûs à Meyer [6], ainsi que l'exercice 13.4 avec des hypothèses bien plus générales; voir aussi Kunita [1]. Les processus de Markov vérifiant la conclusion de (13.44) sont parfois appelés "processus avec semi-groupe de Lévy": voir Meyer [3]. La notion d'opérateur carré du champ a été introduite par Roth [1] dans un cadre analytique, mais dans (13.46) nous suivons Meyer [6]. Signalons qu'on trouve dans Yor [4] de très intéressants compléments au §2-e, avec notamment une démonstration de la remarque (13.41,2) et des exercices 13.2, 13.5, 13.6. Enfin les théorèmes (13.47) et (13.48), partiellement dans Yor [4], nous semblent très instructifs si on les compare aux propriétés similaires des processus de Markov.

Dans la partie 3, les théorèmes (13.55) (avec une démonstration bien plus compliquée) et (13.57) sont dûs à Stroock et Varadhan [1] dans le cas continu (i.e. $K=0$) et à Stroock [1] dans le cas général; voir également Komatsu [1] et Lepeltier et Marchal [1]. Il existe d'autres résultats d'existence et d'unicité, dans le cas où l'opérateur dépend de ω : on en verra avec des conditions très fortes au chapitre suivant, et on peut signaler un résultat raisonnablement général de Ershov [2] et Skorokhod [2] concernant le cas où $\beta=0, K=0$. Le théorème (13.60) est dû à Jacod [3], mais se trouve sous des formes affaiblies dans Fujisaki, Kallianpur et Kunita [1], Liptzer et Skiryaev [2], puis Liptzer [1] (toujours dans le cas continu). Les exemples de non-unicité sont repris de Jacod et Yor [1]: le premier est dû à Girsanov [2], et le second (avec l'exercice 13.14) est tiré de Jacod et Mémin [2].

Enfin nous avons fait une (entre autres !) omission importante, concernant l'absolue continuité pour les processus de Markov (les exercices 13.10 et 13.11) ne faisant que quelques suggestions), car l'étude de ces problèmes aurait nécessité l'usage de techniques assez difficiles de processus de Markov: le lecteur pourra consulter par exemple Orey [2], ou Kunita [1],[3].

CHAPITRE XIV

EQUATIONS DIFFERENTIELLES STOCHASTIQUES ET PROBLEMES DE MARTINGALES

Le prototype des équations différentielles stochastiques est symbolisé par l'écriture

$$(*) \qquad dX_t = u_t dt + v_t dW_t ,$$

où $W=(W_t)$ est un mouvement brownien, u et v étant les "coefficients" de l'équation, qui sont des processus dépendant de manière plus ou moins complexe du processus inconnu $X=(X_t)$.

Ce chapitre est constitué de deux sous-ensembles indépendants. Dans la partie 1, on étudie l'équation suivante, qui généralise considérablement (*):

$$(**) \qquad dX_t = dK_t + u_t dM_t + v_t(d\mu_t - d\nu_t) + w_t d\mu'_t ,$$

où K (un processus), M (une martingale locale continue), μ (une mesure aléatoire à valeurs entières de projection prévisible duale ν) et μ' (une mesure aléatoire) sont <u>donnés</u> sur un espace $(\Omega,\underline{\underline{F}},\underline{F},P)$. Sous des conditions restrictives, de type Lipschitz, on peut construire une solution, dite: <u>forte</u>, sur cet espace.

Le second sous-ensemble concerne l'équation

$$(***) \qquad dX_t = u_t dt + v_t dW_t + w_t I_{\{|w_t|\leq 1\}}(d\mathfrak{p}_t - dq_t) + w_t I_{\{|w_t|>1\}} d\mathfrak{p}_t ,$$

où W est un mouvement brownien et $\mathfrak{p}$ une mesure de Poisson de projection prévisible duale q. Cette équation contient (*), mais est moins générale que (**). Le mouvement brownien et la mesure de Poisson sont, d'une certaine manière, "intrinsèquement" définis sans mention d'espace de probabilité: cette remarque permet de définir divers concepts de solutions, et notamment les solutions dites: <u>faibles</u>.

L'étude de cette équation est préparée dans les parties 2,3,4, qui n'ont a-priori rien à voir avec les équations différentielles stochastiques, mais qui présentent des résultats intéressants par eux-mêmes. Enfin l'étude de (***) est abordée vraiment dans la partie 5, dont le résultat essentiel est l'équivalence des solutions faibles, et des solutions d'un problème de martingales associé (qui, sous des hypothèses bénignes, est exactement un problème de diffusion avec sauts du chapitre XIII).

Le lecteur qui n'est pas intéressé par les solutions fortes de (**) peut, sans aucun inconvénient, commencer par la partie 2.

1 - SOLUTIONS FORTES D'EQUATIONS DIFFERENTIELLES STOCHASTIQUES

§a - Introduction. Nous allons nous intéresser à l'équation symbolisée par la formule suivante (nous insistons sur le terme: "symbolisé", car l'équation ci-dessous n'a, littéralement, aucun sens):

$$(14.1) \qquad dX_t = dK_t + u_t dM_t + v_t(d\mu_t - d\nu_t) + w_t d\mu'_t ,$$

où l'inconnue est le processus X, où les coefficients sont les processus u, v, w, et où K, M, μ, ν, μ' sont des processus et mesures aléatoires donnés, qu'on appellera "processus directeurs". Nous verrons au §d que cette équation englobe une équation "aux semimartingales", qui a fait l'objet de nombreuses publications.

Dans ce paragraphe introductif, notre objectif est simplement de donner un sens à (14.1).

En premier lieu, on se donne une fois pour toutes un espace probabilisé filtré $(\Omega, \underline{\underline{F}}, \underline{F}, P)$, muni des processus directeurs suivants:

(14.2)
- $K = (K^i)_{i \leq m'}$, un processus $\underline{F}^P$-adapté, continu à droite et limité à gauche;
- $M = (M^i)_{i \leq m}$, une famille d'éléments de $\underline{\underline{L}}^c$;
- $\mu \in \tilde{\underline{\underline{A}}}^1_\sigma$, une mesure aléatoire sur un espace lusinien E, et $\nu = \mu^p$;
- μ', une mesure aléatoire $\underline{F}^P$-optionnelle sur un espace lusinien E'.

En second lieu, le processus solution sera un processus m'-dimensionnel $\underline{F}^P$-adapté, à trajectoires continues à droite et limitées à gauche. Aussi est-il naturel de considérer l'espace canonique (12.63): $\check{\Omega} = D([0,\infty[; \mathbb{R}^{m'})$, muni du processus canonique $\check{X}$, de la filtration canonique $\check{\underline{F}}$, et de la tribu $\check{\underline{\underline{F}}} = \check{\underline{\underline{F}}}_\infty$.

Enfin en ce qui concerne les coefficients, ce sont des processus de dimension convenable, $\underline{F}^P$-prévisibles pour pouvoir faire les intégrales stochastiques (voir cependant la remarque (14.8,2)); mais en outre, pour que (14.1) soit effectivement une "équation" en X, il faut supposer que ces coefficients dépendent de la trajectoire du processus solution. Une manière simple de décrire cette dépendance consiste à travailler sur l'espace produit

(14.3) $\Omega' = \Omega\times\check{\Omega}$, $\underline{\underline{F}}' = \underline{\underline{F}}^P\otimes\check{\underline{\underline{F}}}$, $\underline{\underline{F}}'_t = \bigcap_{s>t} \underline{\underline{F}}^P_s\otimes\check{\underline{\underline{F}}}_s$

(remarquer que la famille $(\underline{\underline{F}}^P_s\otimes\check{\underline{\underline{F}}}_s)_{s\geq 0}$ est croissante, donc $\underline{F}' = (\underline{\underline{F}}'_t)_{t\geq 0}$ est une filtration), et à se donner les coefficients sous la forme suivante:

(14.4) $\begin{cases} - \ \check{u} = (\check{u}^{ij})_{i\leq m', j\leq m} : \text{ un processus } \underline{F}'\text{-prévisible sur } \Omega' ; \\ - \ \check{v} = (\check{v}^i)_{i\leq m'} : \text{ une fonction } \underline{P}(\underline{F}')\otimes\underline{\underline{E}}\text{-mesurable sur } \Omega'\times\mathbb{R}_+\times E ; \\ - \ \check{w} = (\check{w}^i)_{i\leq m'} : \text{ une fonction } \underline{P}(\underline{F}')\otimes\underline{\underline{E}}'\text{-mesurable sur } \Omega'\times\mathbb{R}_+\times E' . \end{cases}$

Après avoir rappelé que pour tout $T\in\underline{\underline{T}}$ on note μ^T, ν^T, μ'^T les mesures aléatoires arrêtées $I_{[\![0,T]\!]}\cdot\mu$, $I_{[\![0,T]\!]}\cdot\nu$ et $I_{[\![0,T]\!]}\cdot\mu'$, nous sommes enfin prêts à donner la définition d'une solution.

(14.5) DEFINITION: (a) <u>Soit</u> $T\in\underline{T}(\underline{F}^P)$. <u>On appelle solution-processus</u> (ou: <u>solution forte</u>) <u>de l'équation (14.1) sur l'intervalle</u> $[\![0,T]\!]$, <u>tout processus</u> $X = (X^i)_{i\leq m'}$ <u>à valeurs dans</u> $\mathbb{R}^{m'}$, <u>continu à droite, limité à gauche,</u> $\underline{F}^P$<u>-adapté, tel que si</u>

$$\begin{cases} \psi : \ \Omega \longrightarrow \check{\Omega} \quad \text{défini par } \check{X}\circ\psi = X \\ u_t(\omega) = \check{u}_t(\omega,\psi(\omega)) , \ \ v(\omega,t,x) = \check{v}((\omega,\psi(\omega)),t,x) , \ \ w(\omega,t,x) = \check{w}((\omega,\psi(\omega)),t,x) \end{cases}$$

(on écrira simplement: $u = \check{u}\circ\psi$, $v = \check{v}\circ\psi$, $w = \check{w}\circ\psi$), <u>on ait pour tout</u> $i\leq m'$:

(14.6) $$u^{i\cdot}\in L^2_{loc}(M^T) , \quad v^i\in G^2_{loc}(\mu^T) , \quad w^i * \mu'^T\in \underline{V}_0$$

<u>et</u>

(14.7) $$X^i = (K^i)^T + u^{i\cdot}\cdot M^T + v^i*(\mu^T-\nu^T) + w^i*\mu'^T .$$

(b) <u>On appelle solution-processus de l'équation (14.1) toute solution-processus sur l'intervalle</u> $[\![0,\infty[\![$.

Cette définition appelle immédiatement un certain nombre de remarques et de commentaires.

(14.8) <u>Remarques</u>: 1) Comme X est $\underline{F}^P$-adapté, on a $\psi^{-1}(\check{\underline{\underline{F}}})\subset\underline{\underline{F}}^P$ et $\psi^{-1}(\check{\underline{\underline{F}}}_t)\subset\underline{\underline{F}}^P_t$; d'après (10.35,d) et la remarque (10.40), il en découle que u , v , w sont $\underline{F}^P$-prévisibles.

2) Le processus u est intégré par rapport à une martingale continue: il suffit donc de supposer qu'il est $\underline{F}^P$-optionnel, donc que $\check{u}$ est $\underline{F}'$-optionnel. Lorsque μ' est "continue", c'est-à-dire lorsque $\mu'(\{t\}\times E') = 0$ identiquement, la même remarque s'applique à w et $\check{w}$.

3) Dans (14.6) et (14.7), l'espace $L^2_{loc}(M^T)$ et le processus $u^{i\cdot}\cdot M^T$ sont à comprendre au sens du §IV-2-b, M^T étant une martingale locale continue m-dimensionnelle.

4) Dans (a) on a clairement $X = X^T$. On introduit le concept de solution sur un intervalle $[\![0,T]\!]$ car on verra qu'il existe dans certains cas un intervalle stochastique maximal de type $[\![0,.[\![$, strictement inclus dans $[\![0,\infty[\![$, sur lequel la solution peut être définie.

5) Dans le second membre de (14.7), le terme K^T joue le rôle de "condition initiale", et très souvent K est le processus constant égal à $x \in \mathbb{R}^{m'}$. Mais il n'est pas plus difficile de résoudre l'équation avec un processus K continu à droite et limité à gauche quelconque: on ne suppose même pas que K soit une semimartingale.

6) La terminologie "équation différentielle stochastique" pour désigner (14.1), quoique usuelle, est plutôt mal choisie: il serait plus judicieux de parler "d'équation intégrale stochastique". De même l'écriture: dK_t dans (14.1), pour un processus K par rapport auquel même la notion d'intégrale stochastique n'existe pas est aussi un peu exagérée, mais nous ne reculons devant aucun abus de langage ou de notation ! ∎

Terminons ce paragraphe par un lemme technique.

(14.9) LEMME: <u>Soit</u> $t > 0$ <u>et</u> $\check{\omega}, \check{\omega}'$ <u>tels que</u> $\check{X}_s(\check{\omega}) = \check{X}_s(\check{\omega}')$ <u>pour tout</u> $s < t$. <u>On a alors identiquement en</u> ω, x: $\check{u}_t(\omega,\check{\omega}) = \check{u}_t(\omega,\check{\omega}')$, $\check{v}(\omega,\check{\omega},t,x) = \check{v}(\omega,\check{\omega}',t,x)$ <u>et</u> $\check{w}(\omega,\check{\omega},t,x) = \check{w}(\omega,\check{\omega}',t,x)$.

<u>Démonstration</u>: Faisons la démonstration pour $\check{v}$ par exemple. La fonction $(\check{\omega},t) \rightsquigarrow \check{v}(\omega,\check{\omega},t,x)$ est $\underline{\underline{P}}(\check{\underline{\underline{F}}})$-mesurable pour tout $(\omega,x) \in \Omega \times E$. En utilisant un argument de classe monotone et l'assertion (1.8), il suffit de montrer que si $B = A \times \{0\}$ avec $A \in \check{\underline{\underline{F}}}_0$, ou si $B = A \times]r,r']$ avec $A \in \check{\underline{\underline{F}}}_{r-}$, on a l'implication:

$$\check{X}_s(\check{\omega}) = \check{X}_s(\check{\omega}') \quad \forall s < t \Longrightarrow I_B(\check{\omega},t) = I_B(\check{\omega}',t).$$

Soit $\check{\underline{\underline{F}}}^o_r = \sigma(\check{X}_{r'} : r' \leq r)$. Si $\check{X}_s(\check{\omega}) = \check{X}_s(\check{\omega}')$ pour tout $s < t$, il est évident que $\check{\omega}$ et $\check{\omega}'$ appartiennent au même atome de la tribu $\check{\underline{\underline{F}}}^o_r$, pour tout $r < t$. Comme $\check{\underline{\underline{F}}}_0 = \bigcap_{r>0} \check{\underline{\underline{F}}}^o_r$ et $\check{\underline{\underline{F}}}_{r-} \subset \check{\underline{\underline{F}}}^o_r$, le résultat est alors immédiat. ∎

On en déduit le corollaire suivant qui, contrairement aux apparences, n'est pas a-priori évident, puisque u, v, w dépendent de X.

(14.10) COROLLAIRE: <u>Si</u> X <u>est une solution-processus sur</u> $[\![0,T]\!]$ <u>et si</u> $S \leq T$ $S \in T(\underline{\underline{F}}^P)$, <u>alors</u> X^S <u>est une solution-processus sur</u> $[\![0,S]\!]$.

§b - <u>Un critère d'existence et d'unicité</u>. Considérons une équation différentielle non stochastique: il est bien connu que les critères généraux d'existence et d'unicité font intervenir des conditions de Lipschitz (parfois de Hölder) locales sur les coefficients; on obtient alors une solution "maximale", c'est-à-dire sur un intervalle de temps maximal $[0,t[$, la solution convergeant en norme vers $+\infty$ lorsque le temps tend vers t ; la méthode usuelle utilise des approximations successives et l'existence d'un point fixe; en outre si les coefficients ne sont pas "trop grands", on n'a pas d'explosion, c'est-à-dire que la solution maximale est définie sur $[0,\infty[$.

Nous allons reproduire ici la même démarche, en commençant par introduire une <u>condition de Lipschitz sur les coefficients</u>.

Le processus M est une martingale locale continue m-dimensionnelle, donc il existe un $C \in \underline{\underline{P}} \cap \underline{\underline{V}}_0^+$ continu, et un processus prévisible $c = (c^{ij})_{i\leq m, j\leq m}$ à valeurs matricielles symétriques nonnégatives, tels qu'on ait (4.32):

(14.11) $$\langle M^i, M^j\rangle = c^{ij} \bullet C .$$

On utilisera, relativement à ν, les notations (3.24) : a , J , $\widehat{W}$. Rappelons que si $V \in \underline{\underline{P}}(\underline{F}^P) \otimes \underline{\underline{E}}$ on a défini en (3.69) le processus croissant $C^{\infty}(V,\nu)$, qui vaut:

(14.12) $$C^{\infty}(V,\nu) = V^2 I_{J^c} * \nu + S[\widehat{V^2} - (\widehat{V})^2].$$

La mesure aléatoire valeur absolue $|\mu'|$ a été définie au début du §III-1-a. On rappelle que

$$\check{X}_t^*(\check{\omega}) = \sup_{s\leq t} |\check{X}_s(\check{\omega})|,$$

où $|x| = \sup_i |x^i|$. Pour tout couple $\check{\omega}, \check{\omega}'$ on définit la fonction croissante et continue à droite:

(14.13) $$\check{Z}_t(\check{\omega},\check{\omega}') = \sup_{s\leq t} |\check{X}_s(\check{\omega}) - \check{X}_s(\check{\omega}')| .$$

(14.14) <u>Hypothèse</u>: <u>Pour tout</u> $n \in \mathbb{N}$ <u>il existe</u> $F^n \in \underline{\underline{P}} \cap \underline{\underline{V}}_0^+$ <u>et</u> $G^n \in \underline{\underline{V}}_0^+$ <u>tels que, pour tous</u> $\check{\omega}, \check{\omega}' \in \check{\Omega}$ <u>vérifiant</u> $\check{X}_t^*(\check{\omega}) \leq n$ <u>et</u> $\check{X}_t^*(\check{\omega}') \leq n$, <u>on ait</u>:

(i) <u>si</u> $H_s(\omega) = |\sum_{k,l\leq m} [\check{u}_s^{ik}(\omega,\check{\omega}) c_s^{kl}(\omega) \check{u}_s^{il}(\omega,\check{\omega}) - \check{u}_s^{ik}(\omega,\check{\omega}') c_s^{kl}(\omega) \check{u}_s^{il}(\omega,\check{\omega}')]|$ <u>alors</u> $H \bullet C_t(\omega) \leq \int^t \check{Z}_{s-}^2(\check{\omega},\check{\omega}') dF_s^n(\omega)$;

(ii) <u>si</u> $H(\omega,s,x) = \check{v}^i(\omega,\check{\omega},s,x) - \check{v}^i(\omega,\check{\omega}',s,x)$, <u>alors</u> $C^{\infty}(H,\nu)_t(\omega) \leq \int^t \check{Z}_{s-}^2(\check{\omega},\check{\omega}') dF_s^n(\omega)$;

(iii) <u>si</u> $H(\omega,s,x) = \check{w}^i(\omega,\check{\omega},s,x) - \check{w}^i(\omega,\check{\omega}',s,x)$, <u>alors</u> $|H| * |\mu'|_t(\omega) \leq \int^t \check{Z}_{s-}(\check{\omega},\check{\omega}') dG_s^n(\omega)$.

Ces conditions sont des conditions de Lipschitz relativement à la variable $\check{\omega}\in\check{\Omega}$, lorsque $\check{\Omega}$ est muni de la topologie de la convergence uniforme sur tout compact ($\check{\omega}_n\longrightarrow\check{\omega}$ pour cette topologie si et seulement si $\check{Z}_t(\check{\omega}_n,\check{\omega})\longrightarrow 0$ pour tout t). Mais d'une part il s'agit de conditions <u>locales</u>, car les constantes de Lipschitz (qui sont, de manière peut-être pas tout-à-fait évidente, les processus croissants F^n et G^n) dépendent de t et de l'entier n majorant $\check{X}^*_t$; d'autre part ces constantes sont aléatoires (sur Ω); enfin les conditions portent, non sur les coefficients $\check{u},\check{v},\check{w}$ eux-mêmes, mais sur des intégrales de ces coefficients, ce qui est bien plus faible: par exemple si C (ou ν, ou μ') ne charge pas un ensemble, $\check{u}$ (ou $\check{v}$, ou $\check{w}$) peut être quelconque sur cet ensemble.

Souvent cependant il est plus naturel, et en tous cas plus parlant, d'exprimer des conditions sur les coefficients eux-mêmes. Par exemple:

(14.15) <u>Hypothèse: Pour tout</u> $n\in\mathbb{N}$ <u>il existe</u> $U^n\in\underline{\underline{O}}(\underline{F}^P)^+$ <u>avec</u> $U^n\bullet C\in\underline{\underline{V}}_o^+$, $V^n\in G^2_{loc}(\mu)$ <u>et</u> $W^n\in\underline{\underline{O}}(\underline{F}^P)\otimes\underline{\underline{E}}'$ <u>avec</u> $|W^n|*|\mu'|\in\underline{\underline{V}}_o$, <u>tels que si</u> $\check{X}^*_t(\check{\omega})\leq n$ <u>et</u> $\check{X}^*_t(\check{\omega}')\leq n$ <u>on ait</u>

(i) <u>si</u> H <u>est défini par (14.14,i), alors</u> $H_t(\omega)\leq U^n_t(\omega)\check{Z}^2_t(\check{\omega},\check{\omega}')$;

(ii) <u>si</u> H <u>est défini par (14.14,ii), alors</u>

$$|H(\omega,t,x)|\leq|V^n(\omega,t,x)|\,\check{Z}_t(\check{\omega},\check{\omega}')\qquad \text{si}\ (\omega,t)\notin J$$

$$[\widehat{H^2}-\hat{H}^2]_t(\omega)\leq[\widehat{(V^n)^2}-(\widehat{V^n})^2]_t(\omega)\check{Z}^2_t(\check{\omega},\check{\omega}')\qquad \text{si}\ (\omega,t)\in J;$$

(iii) <u>si</u> H <u>est défini par (14.14,iii), alors</u> $|H(\omega,t,x)|\leq |W^n(\omega,t,x)|\check{Z}_t(\check{\omega},\check{\omega}')$.

Si on se reporte à (14.12) et si on utilise le fait que $C^\infty(V,\nu)\in\underline{\underline{V}}_o$ si $V\in G^2_{loc}(\mu)$ d'après (3.71), il est très facile de voir que (14.15) entraine (14.14): prendre $F^n=U^n\bullet C+C^\infty(V^n,\nu)$ et $G^n=|W^n|*|\mu'|$, et remarquer que d'après (14.9) on peut, dans les conditions de (14.15), faire figurer aussi bien $\check{Z}_{t-}$ que $\check{Z}_t$.

La différence entre ces deux hypothèses est du type suivant, pour la condition (i) par exemple: (14.14) signifie que $H\bullet C\leq\check{Z}^2_-\bullet F^n$, tandis que (14.15) signifie que $\check{Z}^2_-\bullet F^n-H\bullet C$ est un processus croissant, ce qui est bien plus fort.

(14.16) LEMME: <u>Sous les hypothèses précédentes, les conditions (i),(ii),(iii) sont encore vraies si on suppose seulement</u> $\check{X}^*_{t-}(\check{\omega})\leq n$ <u>et</u> $\check{X}^*_{t-}(\check{\omega}')\leq n$.

<u>Démonstration</u>. Il existe $\check{\omega}_o\in\check{\Omega}$ tel que $\check{X}_s(\check{\omega})=\check{X}_s(\check{\omega}_o)$ pour tout $s<t$ et $\check{X}_t(\check{\omega}_o)=\check{X}_{t-}(\check{\omega}_o)$; on peut de même associer $\check{\omega}'_o$ à $\check{\omega}'$. D'après (14.9)

les diverses fonctions H apparaissant dans (14.14) prennent la même valeur pour le couple $(\check{\omega},\check{\omega}')$ et pour le couple $(\check{\omega}_o,\check{\omega}'_o)$, et il en est de même de $\check{Z}_-$, pour tout $s\leq t$. Si $\check{X}^*_{t-}(\check{\omega})\leq n$ et $\check{X}^*_{t-}(\check{\omega}')\leq n$, on a $\check{X}^*_t(\check{\omega}_o)\leq n$ et $\check{X}^*_t(\check{\omega}'_o)\leq n$, d'où le résultat.∎

(14.17) LEMME: <u>Soit</u> ψ, ψ' <u>deux applications</u>: $\Omega \longrightarrow \check{\Omega}$; <u>soit</u> $u=\check{u}\circ\psi$, $v=\check{v}\circ\psi$, $w=\check{w}\circ\psi$, $u'=\check{u}\circ\psi'$, $v'=\check{v}\circ\psi'$, $w'=\check{w}\circ\psi'$; <u>soit</u> $Z_t(\omega)=\check{Z}_t(\psi(\omega),\psi'(\omega))$ <u>et</u> $S\in \underline{\underline{T}}(\underline{F}^P)$ <u>tel que</u> $(\check{X}\circ\psi)^*_{S-}\leq n$ <u>et</u> $(\check{X}\circ\psi')^*_{S-}\leq n$. <u>L'hypothèse (14.14) entraine</u>:

(a) $(u-u')^{i.}\in L^2_{loc}(M^S)$ <u>et</u> $E[\{(u-u')^{i.}\cdot M^S\}^{*2}_\infty]\leq 4E(Z^2_-\cdot F^n_S)$;

(b) $(v-v')^i\in G^2_{loc}(\mu^S)$ <u>et</u> $E[\{(v-v')^i*(\mu^S-\nu^S)\}^{*2}_\infty]\leq 4E(Z^2_-\cdot F^n_S)$:

(c) $(w-w')^i*\mu'^S\in \underline{\underline{V}}_o$ <u>et</u> $E[\{(w-w')^i*\mu'^S\}^{*2}_{S-}]\leq E[G^n_{S-}(Z^2_-\cdot G^n)_{S-}]$.

<u>Démonstration</u>. (a) La condition (14.14,i) et le lemme précédent impliquent que pour tout $i\leq m$ on a, en notation matricielle:

$$[(u-u')c\,{}^t(u-u')]^{ii}\cdot C_S \leq Z^2_-\cdot F^n_S .$$

Le processus $Z^2_-\cdot F^n$ est dans $\underline{\underline{V}}_o$, donc $(u-u')^{i.}\in L^2_{loc}(M^S)$. Par ailleurs l'inégalité de Doob (2.5) et (2.27) entrainent que si $N=(u-u')^{i.}\cdot M^S$ on a $E(N^2_\infty)\leq 4E(\langle N,N\rangle_S)$, tandis que d'après (4.37) on a $\langle N,N\rangle=[(u-u')c\,{}^t(u-u')]^{ii}\cdot C^S$, d'où le résultat.

(b) La démonstration est exactement la même, en remarquant que $C^\infty(v^i-v'^i,\nu^S)\leq Z^2_-\cdot F^n$ et en utilisant le fait que, d'après (3.71), si $V\in \underline{\underline{P}}(\underline{F}^P)\otimes\underline{\underline{E}}$ et si $C^\infty(V,\nu)\in\underline{\underline{V}}_o$ on a $V\in G^2_{loc}(\mu)$ et $\langle V*(\mu-\nu),V*(\mu-\nu)\rangle = C^\infty(V,\nu)$.

(c) Si $H=(w-w')^i$ on a $|H|*|\mu'|^S\leq Z_-\cdot G^n$ d'après (14.14,iii) et le lemme (14.16). On en déduit que $H*\mu'^S\in\underline{\underline{V}}_o$ et que $\{H*\mu'\}^{*2}_{S-}\leq (Z_-\cdot G^n)^2_{S-}$. Mais l'inégalité de Hölder (appliquée pour chaque ω) entraine que $(Z_-\cdot G^n)^2_{S-}\leq G^n_{S-}(Z^2_-\cdot G^n)_{S-}$, d'où le résultat.∎

Voici maintenant le <u>théorème d'unicité</u>.

(14.18) THEOREME: <u>Soit</u> $T\in\underline{\underline{T}}(\underline{F}^P)$. <u>Sous l'hypothèse (14.14), toutes les solutions-processus sur l'intervalle</u> $[\![0,T]\!]$ <u>sont deux-à-deux</u> P-<u>indistinguables</u>.

<u>Démonstration</u>. Quitte à arrêter les processus directeurs en T, on peut supposer que $T=\infty$, ce qui simplifie les notations. Soit X et X' deux solutions-processus, auxquelles on associe les applications ψ et ψ': $\Omega\longrightarrow\check{\Omega}$, définies par $\check{X}\circ\psi=X$ et $\check{X}\circ\psi'=X'$. Soit $u=\check{u}\circ\psi$, $v=\check{v}\circ\psi$, $w=\check{w}\circ\psi$, $u'=\check{u}\circ\psi'$, $v'=\check{v}\circ\psi'$, $w'=\check{w}\circ\psi'$. Posons $Z=(X-X')^*$, qui vaut aussi $Z_t(\omega)=\check{Z}_t(\psi(\omega),\psi'(\omega))$ avec la notation (14.13). Soit $R_n=\inf(t: X^*_t\vee X'^*_t\geq n)$

et $R=\inf(t : Z_t=0)$. Il faut montrer que $P(R<\infty)=0$, et on va raisonner par l'absurde.

Supposons que $P(R<\infty)>0$. Il existe $n\in\mathbb{N}$ tel que $P(R<R_n)>0$. Fixons cet entier n, et donnons-nous un réel $b\in]0,1/9[$. Posons $S'=\inf(t : F^n_t - F^n_R \geq b)$ et $S''=\inf(t : G^n_t - G^n_R \geq \sqrt{b})$. Comme $F^n\in P\bigcap \underline{\underline{V}}^+_o$, le temps d'arrêt S' est prévisible, et il est annoncé par une suite (S_q).

Comme X et X' sont solutions, les processus

$$Y(1)=(u-u')\cdot M, \quad Y(2)=(v-v')*(\mu-\nu), \quad Y(3)=(w-w')*\mu'$$

(en notation matricielle) sont bien définis, et leur somme vaut $X-X'$. Par définition de S_q on a $F^n_{S_q}-F^n_R\leq b$; comme Z est croissant, et nul sur $[\![0,R[\![$, (14.17,a,b) entraine que pour tout $U\in\underline{T}$ on a

$$E(Y(i)^{*2}_{S_q\wedge R_n\wedge U}) \leq 4\,b\,E(Z^2_{(S_q\wedge R_n\wedge U)-}) \quad \text{si } i=1,2.$$

En faisant tendre q vers l'infini, on en déduit que

$$E(Y(i)^{*2}_{(S'\wedge R_n\wedge U)-}) \leq 4\,b\,E(Z^2_{(S'\wedge R_n\wedge U)-}) \quad \text{si } i=1,2.$$

Par ailleurs $G^n_{S''-}-G^n_R\leq\sqrt{b}$, donc (14.17,c) entraine que

$$E(Y(3)^{*2}_{(S''\wedge R_n\wedge U)-}) \leq b\,E(Z^2_{(S''\wedge R_n\wedge U)-}).$$

Si alors $S=S'\wedge S''\wedge R_n$, en utilisant le fait que $Y(i)^*$ et Z sont croissants et que $X-X'=Y(1)+Y(2)+Y(3)$, on en déduit que

$$E(Z^2_{S-}) \leq 9\,b\,E(Z^2_{S-}),$$

ce qui n'est possible que si $E(Z^2_{S-})=0$ (puisque $b<1/9$), donc si $S\leq R$ P-p.s. d'après la définition de R. Mais F^n et G^n étant continus à droite, on a $S'>R$ et $S''>R$ P-p.s. sur $\{R<\infty\}$, tandis que $P(R_n>R)>0$ par hypothèse, ce qui entraine que $P(S>R)>0$, d'où la contradiction cherchée. ∎

Pour le théorème d'existence, il faut une condition supplémentaire, qui elle aussi est classique dans la théorie des équations différentielles ordinaires.

(14.19) <u>Hypothèse</u>: <u>Il existe un point</u> $\check{\omega}_o$ <u>de</u> $\check{\Omega}$ <u>tel que</u>

- chaque processus: $(\omega,t)\rightsquigarrow \check{u}^{i\cdot}_t(\omega,\check{\omega}_o)$ est dans $L^2_{loc}(M)$;
- chaque fonction: $(\omega,t,x)\rightsquigarrow \check{v}^i(\omega,\check{\omega}_o,t,x)$ est dans $G^2_{loc}(\mu)$;
- chaque $H^i(\omega,t,x)=\check{w}^i(\omega,\check{\omega}_o,t,x)$ vérifie $H^i*\mu'\in\underline{\underline{V}}_o$.

Si on a en plus, (14.14), les conditions ci-dessus sont alors satisfaites <u>pour tout point</u> $\check{\omega}$ <u>de</u> $\check{\Omega}$: cela découle du lemme (14.17), avec les applications constantes $\psi(\omega)=\check{\omega}_o$ et $\psi'(\omega)=\check{\omega}$.

(14.20) LEMME: <u>Soit les hypothèses (14.14) et (14.19). Soit</u> $R \in \underline{\underline{T}}(\underline{F}^P)$ <u>et</u> Y <u>une solution sur</u> $[\![0,R]\!]$. <u>Pour tout</u> $\varepsilon > 0$ <u>il existe</u> $S \in \underline{\underline{T}}(F^P)$ <u>tel que</u> $S \geq R$, $P(S>R) \geq P(R<\infty) - \varepsilon$, <u>et qu'il existe une solution</u> X <u>sur</u> $[\![0,S]\!]$ (d'après (14.18), on aura $Y = X^R$).

<u>Démonstration</u>. (i) On considère les processus directeurs "après R": $\tilde{K} = K - K^R$, $\tilde{M} = M - M^R$, $\tilde{\mu} = \mu - \mu^R$, $\tilde{\nu} = \nu - \nu^R$ et $\tilde{\mu}' = \mu' - \mu'^R$. On va construire par récurrence une suite $(X(q))$ de processus $\underline{F}^P$-adaptés, continus à droite et limités à gauche, auxquels on associe les applications $\psi_q : \Omega \longrightarrow \check{\Omega}$ définies par $\check{X} \circ \psi_q = X(q)$ et les termes $u(q) = \check{u} \circ \psi_q$, $v(q) = \check{v} \circ \psi_q$, $w(q) = \check{w} \circ \psi_q$. On commence par poser $X(0) = 0$. Si on connait $X(q)$, donc ψ_q, on pose (en notation matricielle):

$$X(q+1) == Y + \tilde{K} + u(q) \cdot \tilde{M} + v(q) * (\tilde{\mu} - \tilde{\nu}) + w(q) * \tilde{\mu}' .$$

Cette formule a un sens: il suffit d'appliquer le lemme (14.17) avec $\psi = \psi_q$ et $\psi'(\omega) = \check{\omega}_o$ $\forall \omega$, où $\check{\omega}_o$ est le point intervenant dans (14.19), et de remarquer que $(\check{X} \circ \psi_q)^*_-$ et $(\check{X} \circ \psi')^*_-$ sont localement bornés.

(ii) Il existe $n \in \mathbb{N}$ tel que $P(R<\infty, Y^*_R \geq n) < \varepsilon$. On définit les temps d'arrêt S, S', S'' associés à R, n et $b \in]0,1/9[$ comme dans la preuve de (14.18). On a

$$X(q+1) - X(q) = (u(q) - u(q-1)) \cdot M + (v(q) - v(q-1)) * (\mu - \nu) + (w(q) - w(q-1)) * \mu'$$

(en enlevant les "~" sur les processus directeurs, car $u(q) = u(q-1)$, $v(q) = v(q-1)$ et $w(q) = w(q-1)$ sur $[\![0,R]\!]$ d'après (14.9) dès que $q \geq 2$). En appliquant le lemme (14.17) à ψ_q et ψ_{q-1} et en utilisant le fait que $X(q) = X(q-1) = Y$ sur $[\![0,R]\!]$ si $q \geq 2$, on obtient la même majoration que dans (14.18):

$$E([X(q+1) - X(q)]^{*2}_{S-}) \leq 9\,b\,E([X(q) - X(q-1)]^{*2}_{S-}),$$

et on a évidemment la même majoration encore, si on remplace S par $\tilde{S} = S \vee R$. Comme $b < 1/9$ on en déduit que $\sum_{(q)} E([X(q+1) - X(q)]^{*2}_{\tilde{S}-}) < \infty$, donc $\sum_{(q)} (X(q+1) - X(q))^{*2}_{\tilde{S}-} < \infty$ P-p.s.: cela entraine l'existence d'un processus $\underline{F}^P$-adapté, continu à droite et limité à gauche X' tel que $X(q)$ converge P-p.s. uniformément vers X' sur $[\![0,\tilde{S}[\![$.

(iii) Soit $\psi' : \Omega \rightarrow \check{\Omega}$ définie par $\check{X} \circ \psi' = X'$, et $u' = \check{u} \circ \psi'$, $v' = \check{v} \circ \psi'$, $w' = \check{w} \circ \psi'$. D'après (14.14,iii) il est clair que $w(q) * \mu'^{\tilde{S}}$ converge P-p.s. uniformément vers $w' * \mu'^{\tilde{S}}$. Il est facile de construire une suite (V_m) de temps d'arrêt croissant vers $+\infty$ et une suite a_m de réels, tels que $F^m_{V_m} \leq a_m$ et $(X' - X(q))^*_{(\tilde{S} \wedge V_m)-} \leq a_m$, tandis que $(X' - X(q))^*_{(\tilde{S} \wedge V_m)-}$ tend P-p.s. vers 0 quand $q \uparrow \infty$. En utilisant (14.14,i,ii) et en appliquant le théorème de Lebesgue, on en déduit que $u(q) \overset{i.}{\cdot} M^{\tilde{S} \wedge V_m}$ et

$v(q)^i*(\mu^{\tilde{S}\wedge V_m}-\nu^{\tilde{S}\wedge V_m})$ convergent respectivement vers $u'^i.M^{\tilde{S}\wedge V_m}$ et $v'^i*(\mu^{\tilde{S}\wedge V_m}-\nu^{\tilde{S}\wedge V_m})$ dans $\underline{\underline{H}}^2$: on en déduit que $u(q)^i.M^{\tilde{S}}$ et $v(q)^i*(\mu^{\tilde{S}}-\nu^{\tilde{S}})$ convergent respectivement vers $u'^i.M^{\tilde{S}}$ et $v'^i*(\mu^{\tilde{S}}-\nu^{\tilde{S}})$, en probabilité uniformément sur tout compact.

Il reste alors à poser

$$X = K^{\tilde{S}} + u'.M^{\tilde{S}} + v'*(\mu^{\tilde{S}}-\nu^{\tilde{S}}) + w'*\mu'^{\tilde{S}},$$

qui, d'après ce qui précède, coïncide avec X' sur $[\![0,\tilde{S}[\![$. Si $\psi:\Omega\to\check{\Omega}$ est défini par $\check{X}\circ\psi = X$ et si $u=\check{u}\circ\psi$, $v=\check{v}\circ\psi$, $w=\check{w}\circ\psi$, le lemme (14.9) entraine que $u=u'$, $v=v'$, $w=w'$ sur $[\![0,\tilde{S}]\!]$, donc dans la formule de définition de X ci-dessus on peut remplacer u', v', w' par u, v, w, de sorte que X est solution sur $[\![0,\tilde{S}]\!]$.

Enfin, revenons à la définition de $\tilde{S}$. On a $\tilde{S}\geq R$ par construction; on a $S'>R$, $S''>R$ sur $\{R<\infty\}$, et $S=S'\wedge S''\wedge R_n$ égale $\tilde{S}$ et est strictement plus grand que R sur l'ensemble $\{R<\infty, Y_R^*<n\}$; finalement, on a donc bien $P(\tilde{S}>R)\geq P(R<\infty)-\varepsilon$. ∎

(14.21) THEOREME: <u>Soit les hypothèses (14.14) et (14.19).</u>

(a) <u>Il existe</u> $T\in\underline{\underline{T}}_p(\underline{F}^P)$ <u>tel que pour tout</u> $S\in\underline{\underline{T}}(\underline{F}^P)$ <u>on ait l'équivalence</u>: $[\![0,S]\!]\dot{\subset}[\![0,T[\![\iff$ <u>il existe une solution sur</u> $[\![0,S]\!]$ (T est évidemment unique à un ensemble P-négligeable près).

(b) <u>Il existe un processus</u> X <u>tel que</u> X^S <u>soit solution sur</u> $[\![0,S]\!]$ <u>pour tout</u> $S\in\underline{\underline{T}}(\underline{F}^P)$ <u>tel que</u> $[\![0,S]\!]\dot{\subset}[\![0,T[\![$. <u>On a alors</u> $X^*_{T-}\doteq\infty$ <u>sur</u> $\{T<\infty\}$, <u>et</u> X <u>est déterminé sur l'ensemble</u> $[\![0,T[\![$ <u>à un ensemble</u> P-<u>évanescent près</u>.

Le processus X s'appelle la <u>solution maximale</u>, et T le <u>temps d'explosion</u>.

<u>Démonstration</u>. L'unicité dans (b) découlera immédiatement de (14.18), une fois prouvée l'existence. La famille $\mathcal{C}$ des $S\in\underline{\underline{T}}$ tels qu'il existe une solution sur $[\![0,S]\!]$ est stable par les opérations $(\wedge f, \vee f)$: pour $(\wedge f)$ cela découle de (14.10); pour $(\vee f)$ cela découle de ce que si Y et Y' sont solutions, respectivement sur $[\![0,S]\!]$ et $[\![0,S']\!]$, alors $Y^{S\wedge S'}=Y'^{S\wedge S'}$ d'après (14.10) et (14.18), donc $Y''=Y^S+Y'^{S'}-Y^{S\wedge S'}$ est solution sur $[\![0,S\vee S']\!]$ (en effet les coefficients u, u', u'' associés à Y, Y', Y'' vérifient $u''=u$ sur $[\![0,S]\!]$ et $u''=u'$ sur $[\![0,S']\!]$, et de même pour les autres coefficients).

Soit T la borne supérieure essentielle des éléments de $\mathcal{C}$. Il existe une suite (T_n) d'éléments de $\mathcal{C}$ croissant P-p.s. vers T, et à laquelle est associée une suite $(X(n))$ de solutions. On pose $X=X(n)$ sur

$[\![0,T_n]\!]$ et $X=0$ (par exemple) en dehors de $\bigcup_{(n)}[\![0,T_n]\!]$: le processus est ainsi défini sans ambiguité, grâce à (14.18) encore.

Soit $R_n = T \wedge \inf(t: X_t^* \geq n)$: chaque $X^{T_q \wedge R_n}$ est solution sur $[\![0,T_q \wedge R_n]\!]$ et reste borné par n sur $[\![0,T_q \wedge R_n[\![$. On peut alors passer à la limite en q, exactement comme dans la partie (iii) de la preuve de (14.20), pour obtenir que X^{R_n} est solution sur $[\![0,R_n]\!]$. Mais alors $P(R_n = T < \infty) > 0$ entrainerait l'existence d'un $S \in \mathcal{C}$ tel que $R_n \leq S$ et que $P(R_n = T < S) > 0$, contredisant ainsi la définition de T. Par suite on a $R_n \dot{<} T$ sur $\{T<\infty\}$, ce qui n'est possible que si $X_{T-}^* \doteq \infty$ sur $\{T<\infty\}$. On en déduit aussi que la suite (R_n) annonce T, qui est donc prévisible. Il est clair que $[\![0,S]\!] \dot{\subset} [\![0,T[\![$ pour tout $S \in \mathcal{C}$ (car $X_{T-}^* \doteq \infty$ si $T<\infty$). Enfin pour terminer il reste à montrer que si $S \in \underline{\underline{T}}$ vérifie $[\![0,S]\!] \dot{\subset} [\![0,T[\![$, alors X^S est solution sur $[\![0,S]\!]$: mais encore une fois il suffit de remarquer que $X^{S \wedge T_q}$ est solution sur $[\![0,S \wedge T_q]\!]$, et de passer à la limite en q comme dans la preuve de (14.20). ∎

§ c - <u>Un critère de non-explosion</u>. Là encore, nous allons trouver une condition qui ressemble aux critères de non-explosion pour les équations différentielles non stochastiques.

(14.22) <u>Hypothèse</u>: <u>Il existe</u>:

(i) $U \in \underline{\underline{O}}(\underline{\underline{F}}^P)^+$ <u>tel que</u> $U \bullet C \in \underline{\underline{V}}_o$ <u>et que</u>

$$\sum_{k,l \leq m} \check{u}_t^{ik}(\omega,\check{\omega}) c_t^{kl}(\omega) \check{u}_t^{il}(\omega,\check{\omega}) \leq U_t(\omega)(1+\check{X}_t^{*2}(\check{\omega}))\ ;$$

(ii) $V \in G^2_{loc}(\mu)$ <u>tel que si</u> $H_{\check{\omega}}(\omega,t,x) = \check{v}^i(\omega,\check{\omega},t,x)$ <u>on ait</u>

$$(H_{\check{\omega}})^2(\omega,t,x) \leq V^2(\omega,t,x)(1+\check{X}_t^{*2}(\check{\omega})) \qquad \underline{\text{si}}\quad (\omega,t) \notin J$$

$$[\widehat{H^2_{\check{\omega}}} - (\widehat{H_{\check{\omega}}})^2]_t(\omega) \leq [\widehat{V^2} - \widehat{V}^2]_t(\omega)(1+\check{X}_t^{*2}(\check{\omega})) \qquad \underline{\text{si}}\quad (\omega,t) \in J\ ;$$

(iii) $W \in (\underline{\underline{O}}(\underline{\underline{F}}^P) \otimes \underline{\underline{E}}')^+$ <u>tel que</u> $(W * |\mu'|)^2 \in \underline{\underline{A}}_{o,loc}$ <u>et que</u>

$$|\check{w}^i(\omega,\check{\omega},t,x)| \leq W(\omega,t,x)(1+X_t^{*2}(\check{\omega}))^{1/2}.$$

Le lemme (14.16) reste valable, si bien que partout ci-dessus on peut remplacer $\check{X}_t^*$ par $\check{X}_{t-}^*$, sans renforcer l'hypothèse. Cette hypothèse n'est pas du "type intégral" comme (14.14), mais du même type que (14.15).

(14.23) THEOREME: <u>Sous les hypothèses (14.14) et (14.22), et si le processus K est localement borné, il existe une solution-processus et une seule, à une P-indistinguabilité près</u>.

(rappelons que "solution-processus" signifie solution <u>sur</u> $[\![0,\infty[\![$, donc non-explosion).

Nous allons commencer par un lemme. D'abord, si $\check{\omega}_o$ est le point correspondant à la trajectoire nulle: $\check{X}_.(\check{\omega}_o) = 0$, (14.22) entraine que $\check{u}^{i.}(\check{\omega}_o) \in L^2_{loc}(M)$, $H_{\check{\omega}_o} \in G^2_{loc}(\mu)$ (car (ii) ci-dessus entraine que $C^{\infty}(H_{\check{\omega}_o},\nu) \leq C^{\infty}(V,\nu)$) et $\check{w}^i(\check{\omega}_o)*\mu' \in \underline{\underline{V}}_o$, donc $\check{\omega}_o$ satisfait les conditions de (14.19).

On est alors dans les conditions d'application du théorème (14.21): on note X le processus et T le temps d'arrêt construits dans ce théorème. Considérons aussi le processus B :

$$B = 4U\cdot C + 4C^{\infty}(V,\nu) + (W*|\mu'|)^2 ,$$

qui est dans $\underline{\underline{A}}^+_{o,loc}$ par hypothèse.

(14.24) LEMME: Soit $S,S' \in \underline{\underline{T}}$ tels que $S \leq S'$, que $[\![0,S']\!] \subset [\![0,T[\![$ et que $X^{*2}_- \leq b$ sur $]\!]S,S']\!]$. Si $Y = X - K$ on a alors:

$$E(Y^{*2}_{S'}) \leq E(Y^{*2}_S) + 3(1+b)\, E(B_{S'} - B_S) .$$

Démonstration. Soit $\psi : \Omega \to \check{\Omega}$ définie par $\check{X}\circ\psi = X^{S'}$ et $u = \check{u}\circ\psi$, $v = \check{v}\circ\psi$, $w = \check{w}\circ\psi$. On sait que

(14.25) $$Y^{S'} = u\cdot M^{S'} + v*(\mu^{S'} - \nu^{S'}) + w*\mu'^{S'} ,$$

tous les termes ci-dessus étant bien définis. D'après l'inégalité de Doob (cf. la preuve de (14.17)) on a

$$E(\{u^{i.}\cdot(M^{S'} - M^S)\}^{*2}_{S'}) \leq 4\,E((u\,c\,{}^t u)^{ii}\cdot C_{S'} - (u\,c\,{}^t c)^{ii}\cdot C_S) ,$$

et en utilisant (14.22),

$$E(\{u^{i.}\cdot(M^{S'} - M^S)\}^{*2}_{S'}) \leq 4\,E(\int_{]S,S']} U_s(1 + X^{*2}_{s-})dC_s) \leq 4\,(1+b)E(U\cdot C_{S'} - U\cdot C_S) .$$

On obtient de même, grâce à (3.71):

$$E(\{v^i*[(\mu^{S'} - \mu^S) - (\nu^{S'} - \nu^S)]\}^{*2}_{S'}) \leq 4\,E[\int_{]S,S']} (1 + X^{*2}_{s-})\, dC^{\infty}(V,\nu)_s]$$
$$\leq 4(1+b)E(C^{\infty}(V,\nu)_{S'} - C^{\infty}(V,\nu)_S) .$$

Enfin on a la majoration "par trajectoires":

$$\{w^i*(\mu'^{S'} - \mu'^S)\}^{*2}_{S'} \leq \{W(1 + X^{*2}_-)^{1/2}\, I_{]\!]S,S']\!]}*|\mu'|\}^{*2}_{\infty}$$
$$\leq [W(1 + X^{*2}_-)I_{]\!]S,S']\!]}*|\mu'|]_{\infty}\,[W I_{]\!]S,S']\!]}*|\mu'|]_{\infty} \leq (1+b)(W I_{]\!]S,S']\!]}*|\mu'|_{\infty})^2 ,$$

tandis que si $A = W*|\mu'|$, il vient $(A_{S'} - A_S)^2 \leq A^2_{S'} - A^2_S$.

En rassemblant ces résultats, et en utilisant la définition de B et (14.25), on voit que

$$E(\sup_{S<t\leq S'} |Y_t|^2) \leq (1+b)\, E(B_{S'} - B_S) .$$

et il suffit de remarquer que $Y^{*2}_{S'} \leq Y^{*2}_S + 3\sup_{S<t\leq S'} |Y_t|^2$. ∎

Démonstration de (14.23). Il faut montrer que $P(T<\infty)=0$. Quitte à localiser (indépendamment de la solution !) on peut supposer que $E(B_\infty)<\infty$ et que K est borné: soit $K^{*2}_\infty \leq \alpha$. Pour tout $n\in\mathbb{N}$ on note $\mathcal{C}_n$ la famille des $S\in \underline{\underline{T}}(\underline{F}^P)$ tels que

(14.26) $$S\leq n, \qquad E(Y^{*2}_S) \leq \beta E(B_S)\, e^{3nE(B_S)},$$

avec $\beta = 3(1+\alpha)$. La famille $\mathcal{C}_n$ n'est pas vide (car $0\in\mathcal{C}_n$). On identifie deux éléments P-p.s. égaux de $\mathcal{C}_n$. Parmi les familles totalement ordonnées (pour l'ordre usuel: $\leq$) d'éléments de $\mathcal{C}_n$, il en existe une (au moins) qui est maximale pour la relation d'inclusion, d'après le lemme de Zorn. Soit S la borne supérieure essentielle d'une telle partie maximale: S est aussi la limite croissante d'une suite (S_q) d'éléments de $\mathcal{C}_n$ appartenant à cette partie maximale, et d'après le théorème de convergence dominée appliqué à (14.26) on voit que $S\in\mathcal{C}_n$. Par définition même de S, on a $P(S'=S)=1$ si $S'\in\mathcal{C}_n$ et $S'\geq S$.

Comme $E(B_\infty)<\infty$, Y^{*2}_S est intégrable, tandis que $X^{*2}\leq Y^{*2}+\alpha$, donc $[\![0,S]\!]\subset[\![0,T[\![$. Soit $a=E(Y^{*2}_S)$ et $S'=n\wedge\inf(t>S: X^{*2}_t > na+\alpha)$: on a $S\leq S'\leq n$, $S<S'$ sur l'ensemble $\{S<n, Y^{*2}_S<na\}$, et $X^{*2}_-\leq na+\alpha$ sur $]\!]S,S']\!]$. D'après le lemme (14.24) il vient

$$E(Y^{*2}_{S'}) \leq E(Y^{*2}_S) + 3(1+na+\alpha)\, E(B_{S'}-B_S).$$

En remplaçant a par $E(Y^{*2}_S)$ et en appliquant (14.27), il vient

$$E(Y^{*2}_{S'}) \leq \beta\big[E(B_S)\, e^{3nE(B_S)} + (1+3nE(B_S))\, e^{3nE(B_S)} E(B_{S'}-B_S)\big].$$

Mais si $s\leq s'$, il est immédiat que

$$s e^{3ns} + (1+3nse^{3ns})(s'-s) \leq s' e^{3ns'}$$

et on en déduit que $E(Y^{*2}_{S'})$ est majoré par $E(B_{S'})\exp 3nE(B_{S'})$. Mais alors $S'\in\mathcal{C}_n$. Comme $S\leq S'$ il faut que $P(S=S')=1$, donc $P(S<n, Y^{*2}_S<na)=0$. Comme $a=E(Y^{*2}_S)$, ceci n'est possible qu'à condition que $P(S<n)\leq 1/n$. Comme $S\leq T$, on a aussi $P(T<n)\leq 1/n$. Comme enfin on peut faire le même raisonnement pour tout $n\in\mathbb{N}$, on a $P(T<\infty)=0$. ∎

§d - Application: une équation avec semimartingale directrice. Dans ce paragraphe on considère l'équation symbolisée par

(14.27) $$dX_t = dK_t + g_t\, dY_t$$

sur l'espace $(\Omega,\underline{F},\underline{\underline{F}},P)$, où

- le processus $K=(K^i)_{i\leq m'}$ est $\underline{F}^P$-adapté, continu à droite, limité à gauche;
- le processus $Y=(Y^i)_{i\leq m}$ est une semimartingale vectorielle;

- le coefficient $\check{g} = (\check{g}^{ij})_{i \leq m', j \leq m}$ est une fonction $\underline{\underline{P}}(\underline{F}')$-mesurable sur l'espace Ω' défini par (14.3).

(14.28) DEFINITION: On appelle solution-processus (ou: solution forte) de (14.27) tout processus $\underline{F}^P$-adapté continu à droite et limité à gauche $X = (X^i)_{i \leq m'}$ à valeurs dans $\mathbb{R}^{m'}$, tel que si

$\psi: \Omega \longrightarrow \check{\Omega}$ est défini par $\check{X} \circ \psi = X$

$g_t(\omega) = \check{g}_t(\omega, \psi(\omega))$,

on ait $g^{ij} \in L(Y^j)$ et

$$X^i = K^i + \sum_{j \leq m} g^{ij} \cdot Y^j .$$

Remarques: 1) Les diverses remarques (14.8) restent valables dans ce cadre.

2) Nous avons imposé $g^{ij} \in L(Y^j)$ pour tout $j \leq m$, faute d'une théorie de l'intégration stochastique par rapport à une famille finie de semimartingales, théorie qui serait facile à développer selon la ligne du chapitre IV.

3) Nous avons donné la définition d'une solution sur $[\![0,\infty[\![$, mais bien-sûr on peut définir les solutions sur $[\![0,T]\!]$, pour $T \in \underline{\underline{T}}$. ∎

Exemple: On a déjà rencontré des cas particuliers de cette équation: en effet l'équation (6.1) (resp. (6.7)) est du type précédent, avec $m = m' = 1$, $\check{g}_t(\omega, \check{\omega}) = \check{X}_{t-}(\check{\omega})$, et $K_t(\omega) = z(\omega)$ (resp. $K = H$). ∎

On note (B, C, ν) le triplet des caractéristiques locales de Y, et $\mu = \mu^Y$ la mesure qui lui est associée par (3.22). Posons aussi $U'(\omega,t,x) = x I_{\{|x| \leq 1\}}$ et $U''(\omega,t,x) = x I_{\{|x| > 1\}}$ si $x \in E = \mathbb{R}^m$. On rappelle la décomposition (3.78):

(14.29) $$U'^i \in G^2_{loc}(\mu), \qquad Y^i = Y^i_0 + (Y^i)^c + U'^i * (\mu - \nu) + U''^i * \mu + B^i .$$

On pourrait démontrer des résultats généraux du type (14.18), (14.21) et (14.23). Nous allons nous contenter d'un résultat plus particulier, mais simple à énoncer.

(14.30) THEOREME: Lorsque les conditions suivantes sont remplies, il y a existence et unicité (à un ensemble P-évanescent près) de la solution de l'équation (14.27):

(a) Le processus K est localement borné.

(b) Pour tout $n \in \mathbb{N}$ il existe un processus $\underline{F}^P$-optionnel $\alpha^n \geq 0$ tel que $\alpha^n \cdot C^{ii} \in \underline{\underline{V}}_o$, $\alpha^n \cdot C^{\infty}(U', \nu) \in \underline{\underline{V}}_o$, $\alpha^n \cdot B^i \in \underline{\underline{V}}_o$, et tel que si $\check{\omega}, \check{\omega}'$ vérifient $\check{X}^*_t(\check{\omega}) \leq n$ et $\check{X}^*_t(\check{\omega}') \leq n$ on ait:

(14.31) $$|\check{g}_t(\omega,\check{\omega}) - \check{g}_t(\omega,\check{\omega}')| \le \alpha^n_t(\omega)\check{Z}_t(\check{\omega},\check{\omega}') .$$

(c) <u>Il existe un processus $\underline{F}^P$-optionnel</u> $\beta \ge 0$ <u>tel que</u> $\beta \cdot C^{ii} \in \underline{\underline{V}}_o$, $\beta \cdot C^{\infty}(U',\nu) \in \underline{\underline{A}}_{loc}$, $(|U''|\sqrt{\beta} * \mu)^2 \in \underline{\underline{A}}_{loc}$, $(\sqrt{\beta} \cdot B^i)^2 \in \underline{\underline{A}}_{loc}$, <u>et que</u>

(14.32) $$|\check{g}_t(\omega,\check{\omega})|^2 \le \beta_t(\omega)(1 + \check{X}^{*2}_t(\check{\omega})) .$$

Rappelons encore que $C^{\infty}(U',\nu)$ est défini par (14.12) et $\check{Z}$ par (14.13), les termes B, C, ν, U', U'' étant définis avant l'énoncé.

<u>Remarque</u>: Si l'inégalité (14.31) est satisfaite avec un processus α^n qui est en fait une constante, alors la condition (b) est remplie car on sait que C^{ii}, $C^{\infty}(U',\nu)$ et B^i sont dans $\underline{\underline{V}}_o$. Par contre si l'inégalité (14.32) est satisfaite avec un processus β qui est en fait une constante, la condition (c) n'est pas automatiquement remplie; dans ce cas, il faut en plus supposer que $(|U''| * \mu)^2 \in \underline{\underline{A}}_{loc}$ (en effet, B^i étant à sauts bornés, on a $(B^i)^2 \in \underline{\underline{A}}_{loc}$). Comme on le vérifie facilement, cela revient aussi à supposer que <u>le processus</u> Y^{*2} <u>est dans</u> $\underline{\underline{A}}_{loc}$.

En particulier, (14.31) et (14.32) sont satisfaites avec $\alpha^n = \beta = 1$ pour les équations (6.1) et (6.7). Mais, sauf si K est localement borné et si $Y^{*2} \in \underline{\underline{A}}_{loc}$, les théorèmes d'existence et d'unicité (6.2) et (6.8) ne sont pas des cas particuliers de (14.30).∎

On va ramener l'équation (14.27) à une équation (14.1), ce qui permettra d'appliquer les théorèmes des §b,c.

D'abord on prend $M = Y^c$, $E = \mathbb{R}^m$ et $\mu = \mu^Y$. Ensuite on prend $E' = \{\bar{1},\bar{2},\dots,\bar{m}\} \cup \mathbb{R}^m$, où $\{\bar{1},\bar{2},..,\bar{m}\}$ représente un ensemble à m éléments, et on définit la mesure aléatoire μ' sur E' en posant:

$$\begin{cases} \mu'(\omega,dt,\{\bar{i}\}) = dB^i_t(\omega) & \text{si } \bar{i} \in \{\bar{1},..,\bar{m}\} \\ \mu'(\omega,dt,dx)I_{\mathbb{R}^m}(x) = \mu(\omega,dt,dx) . \end{cases}$$

Enfin les coefficients sont définis par:

$$\begin{cases} \check{u}_t(\omega,\check{\omega}) = \check{g}_t(\omega,\check{\omega}) \\ \check{v}^i_t(\omega,\check{\omega},t,x) = \sum_{j\le m} \check{g}^{ij}_t(\omega,\check{\omega})x^j I_{\{|x|\le 1\}} \\ \check{w}^i(\omega,\check{\omega},t,x) = \begin{cases} \check{g}^{ij}_t(\omega,\check{\omega}) & \text{si } x = \bar{j} \\ \sum_{j\le m} \check{g}^{ij}_t(\omega,\check{\omega})x^j I_{\{|x|>1\}} & \text{si } x \in \mathbb{R}^m . \end{cases} \end{cases}$$

(14.33) LEMME: <u>L'hypothèse (14.30)-(b) (resp. (c)) entraine que les coefficients</u> $\check{u}$, $\check{v}$, $\check{w}$ <u>ci-dessus vérifient (14.15) (resp. (14.22))</u>.

<u>Démonstration</u>. Il s'agit d'une vérification immédiate. Si on prend $U^n = \alpha^n$,

$V^n = \alpha^n U'$ et

$$W^n(\omega,t,x) = \begin{cases} \alpha^n_t(\omega) & \text{si } x = \bar{j} \\ \alpha^n_t(\omega) U''(\omega,t,x) & \text{si } x \in \mathbb{R}^m, \end{cases}$$

on obtient (14.15), tandis que (14.22) s'obtient avec $U = \beta$, $V = \beta U'$ et

$$W(\omega,t,x) = \begin{cases} \sqrt{\beta_t(\omega)} & \text{si } x = \bar{j} \\ \sqrt{\beta_t(\omega)}\, |U''(\omega,t,x)| & \text{si } x \in \mathbb{R}^m. \end{cases}$$ ∎

Démonstration de (14.29). D'après (14.23), l'équation (14.1) associée ci-dessus à (14.27) admet une solution et une seule X, à laquelle on associe $\psi : \Omega \longrightarrow \check{\Omega}$ par $\check{X}\circ\psi = X$, et $g = \check{g}\circ\psi$. D'après (c) il est facile de vérifier que $g^{ij} \in L(Y^j)$. D'après les valeurs des coefficients $\check{u}$, $\check{v}$, $\check{w}$ définis ci-dessus, (14.7) s'écrit

$$(14.33)\quad X^i = K^i + \sum_{j\leq m} [g^{ij}\cdot(Y^j)^c + (g^{ij}U'^i)*(\mu - \nu) + g^{ij}U''^j * \mu + g^{ij}\cdot B^j],$$

où toutes les intégrales stochastiques ont un sens; d'après (14.29), on déduit de cette formule que

$$X^i = K^i + \sum_{j\leq m} g^{ij}\cdot Y^j,$$

donc X est aussi solution de (14.27).

A l'inverse, si X est solution de (14.27), la condition (c) entraine que tous les termes intervenant dans (14.33) sont bien définis, et il est immédiat d'en déduire que X est aussi solution de (14.1). L'unicité de la solution de (14.27) en découle. ∎

EXERCICES

14.1 - Remplacer la condition (14.29,b) par une condition inspirée de (14.14).

14.2 - Donner un théorème d'existence et d'unicité pour (14.27), pour une solution maximale, inspiré de (14.21).

14.3 - Montrer (lorsque $m = m' = 1$) l'identité entre les solutions de (14.27) et les solutions de (14.1), lorsque: $M = Y^c$, $E = \mathbb{R}$, $\mu = \mu^Y$, $E' = \{\bar{1}\} \cup \mathbb{R}_1 \cup \mathbb{R}_2$ (où $\mathbb{R}_1$ et $\mathbb{R}_2$ sont deux copies de $\mathbb{R}$),

$$\mu'(dt,\{\bar{1}\}) = dB_t, \quad \mu'(dt,dx_1) = \mu(dt,dx_1), \quad \mu'(dt,dx_2) = \nu(dt,dx_2),$$
$$\check{u} = \check{g}, \qquad \check{v}(\omega,\check{\omega},t,x) = f'(x\check{g}_t(\omega,\check{\omega}))$$
$$\check{w}(\omega,\check{\omega},t,\bar{1}) = \check{g}_t(\omega,\check{\omega}), \qquad \check{w}(\omega,\check{\omega},t,x_1) = f''(x_2\check{g}_t(\omega,\check{\omega}))$$
$$\check{w}(\omega,\check{\omega},t,x_2) = -x_2 I_{\{|x_2|\leq 1\}}\check{g}_t(\omega,\check{\omega}) + f'(x_2\check{g}_t(\omega,\check{\omega})),$$

où f' et f'' sont des fonctions telles que $f'(x) + f''(x) = x$, $f'(x) = x$ si $|x| \leq 1$, $f'(x) = 0$ si $|x| \geq 2$, $|f'| \leq 2$ (on peut les choisir lipschitziennes si on veut).

2 - COMPLEMENTS SUR LES ESPACES CANONIQUES

Considérons maintenant l'équation (***) de l'introduction: nous y voyons intervenir, à titre de données, un mouvement brownien W éventuellement multi-dimensionnel, et une mesure aléatoire de Poisson $\mathfrak{p}$, données qu'on a appelées "processus directeurs" dans la partie 1. Ces données sont entièrement caractérisées, en un sens précisé plus loin, par la dimension de W et la mesure intensité de $\mathfrak{p}$.

C'est pourquoi nous fixons, dans toute la suite de ce chapitre, les caractéristiques suivantes:

(14.34)
- un entier $m \geq 1$;
- un espace lusinien E muni de ses boréliens $\underline{\underline{E}}$;
- une mesure positive σ-finie F sur $(E,\underline{\underline{E}})$.

Par définition, l'espace probabilisé filtré $(\Omega,\underline{\underline{F}},\underline{F},P)$ est dit muni des processus directeurs W et $\mathfrak{p}$ si

(14.35)
- $W=(W^i)_{i\leq m}$ est un mouvement brownien m-dimensionnel, i.e. $W^i \in \underline{\underline{L}}^c(P)$ et $\langle W^i,W^j\rangle_t = \delta^{ij}t$;
- $\mathfrak{p}$ est une mesure de Poisson sur E de mesure intensité $dt\otimes F(dx)$, i.e. sa projection prévisible duale est $\mathfrak{q}(\omega;dt,dx) = dt\otimes F(dx)$.

On dit aussi que $(\Omega,\underline{\underline{F}},\underline{F},P;W,\mathfrak{p})$ est un espace de processus directeurs. Dans ce cas on note $\underline{F}^W$ (resp. $\underline{F}^{\mathfrak{p}}$, resp. $\underline{F}^d$: "d" pour directeur) la plus petite filtration pour laquelle W (resp. $\mathfrak{p}$, resp. W et $\mathfrak{p}$) sont optionnels. On a $\underline{F}^d \subset \underline{F}^P$ par hypothèse.

Voici d'abord un résultat qui complète ceux du chapitre III sur les mesures de Poisson et les PAI.

(14.36) PROPOSITION: Les tribus $\underline{\underline{F}}^W_\infty$ et $\underline{\underline{F}}^{\mathfrak{p}}_\infty$ sont P-indépendantes (ce qui revient à dire que le processus W est indépendant de la mesure $\mathfrak{p}$).

Démonstration. Nous allons suivre de près les preuves de (3.34) et (3.51). Soit d'abord $A\in\underline{\underline{E}}$ tel que $F(A)<\infty$, $\theta\in\mathbb{R}^m$, $\eta\in\mathbb{R}$. Le processus $I_A*\mathfrak{p}_t = \mathfrak{p}(]0,t]\times A)$ est dans $\underline{\underline{A}}_{loc}(P)$, et on considère la semimartingale complexe

$$Y = \exp i(\eta I_A*\mathfrak{p} + \langle\theta,W\rangle).$$

La formule d'Ito appliquée à la fonction $F(x,y^1,..,y^m) = e^{i(\eta x + \langle\theta,y\rangle)}$ entraine que

$$Y_t = 1 + iY_-\bullet(I_A*\mathfrak{p}_t) + i\sum_{j\leq m}\theta^j Y_-\bullet W^j_t - \frac{|\theta|^2}{2}\int^t Y_{s-}ds + S[Y_-(e^{i\eta\Delta(I_A*\mathfrak{p})} - 1 - i\eta\Delta(I_A*\mathfrak{p}))]_t$$

$$= 1 + iY_-\bullet \langle\theta,W\rangle_t - \frac{|\theta|^2}{2}\int^t Y_{s-}\,ds + [Y_-(e^{i\eta x}-1)I_A(x)]*\mathfrak{r}_t\,.$$

Comme $F(A)<\infty$ on a $(e^{i\eta x}-1)I_A(x)\in G^1_{loc}(\mathfrak{r})$, de sorte que si M est la martingale locale complexe $i\langle\theta,W\rangle + (e^{i\eta x}-1)I_A(x)*(\mathfrak{r}-\mathfrak{q})$, il vient

$$Y_t = 1 + Y_-\bullet M_t + \int^t Y_s\Big[-\frac{|\theta|^2}{2} + \int_A (e^{i\eta x}-1)F(dx)\Big]\,ds\,.$$

En fait, les parties réelle et imaginaire de chaque processus arrêté M^t sont même dans $\underline{\underline{H}}^1_0(P)$, tandis que $|Y|=1$. Par suite $Y_-\bullet M$ est une martingale. Notons alors $y_{\eta,\theta}(t)$ l'espérance de Y_t, en marquant la dépendance en (η,θ), et $g(\eta,\theta) = -\frac{|\theta|^2}{2} + \int_A (e^{i\eta x}-1)F(dx)$. Si on prend l'espérance dans les deux membres de l'expression précédente, on arrive à

$$y_{\eta,\theta}(t) = 1 + \int^t y_{\eta,\theta}(s)g(\eta,\theta)ds\,,$$

si bien que $y_{\eta,\theta}(t) = \exp t\, g(\eta,\theta)$. On en déduit que $y_{\eta,\theta}(t) = y_{\eta,0}(t)y_{0,\theta}(t)$, ce qui s'écrit aussi

$$E[\exp i(\eta I_A*\mathfrak{r}_t + \langle\theta,W_t\rangle)] = E(\exp i\eta I_A*\mathfrak{r}_t)\,E(\exp i\langle\theta,W_t\rangle)\,,$$

et on en déduit que les variables $I_A*\mathfrak{r}_t$ et W_t sont indépendantes.

Par ailleurs on sait d'après les résultats des §III-2-a,d que le processus $W-W^t$ et la mesure aléatoire $I_{]\!]t,\infty[\![}\bullet\mathfrak{r}$ sont indépendants de $\underline{\underline{F}}^P_t$. Il est alors facile de vérifier que W_s-W_t et $\mathfrak{r}(]t,s]\times A)$ sont indépendantes. On en déduit ensuite que si $s_1<t_1\le s_2<\ldots\le s_n<t_n$, $A_i\in\underline{\underline{E}}$, $F(A_i)<\infty$, les variables $(W_{t_i}-W_{s_i})_{i\le n}$ et $(\mathfrak{r}(]s_i,t_i]\times A_i))_{i\le n}$ sont indépendantes, d'où le résultat.∎

(14.37) COROLLAIRE: __Si__ P' __est une autre probabilité sur__ $(\Omega,\underline{\underline{F}})$ __pour laquelle__ W __et__ $\mathfrak{r}$ __vérifient encore (14.35), les restrictions de__ P __et de__ P' __à__ $\underline{\underline{F}}^d_\infty$ __coïncident__.

__Démonstration__. Les probabilités P et P' coïncident sur $\underline{\underline{F}}^W_\infty$ d'après (3.60) et sur $\underline{\underline{F}}_\infty$ d'après (3.36). Comme $\underline{\underline{F}}^d_\infty = \underline{\underline{F}}^W_\infty\vee\underline{\underline{F}}^{\mathfrak{r}}_\infty$, le résultat découle de (14.36).∎

Passons maintenant à la construction de l'espace canonique des processus directeurs.

Soit d'une part $\check{\Omega}^1$ l'espace canonique $D([0,\infty[,\mathbb{R}^m)$ défini par (12.63) (on pourrait aussi prendre l'espace $C([0,\infty[,\mathbb{R}^m)$ défini en (12.68)). On munit $\check{\Omega}^1$ du processus canonique $\check{X}^1$, de la filtration canonique $\underline{\underline{\check{F}}}^1$, et de $\underline{\underline{\check{F}}}^1 = \underline{\underline{\check{F}}}^1_\infty$. Soit enfin $\check{P}^1$ l'unique probabilité sur $(\check{\Omega}^1,\underline{\underline{\check{F}}}^1)$ pour laquelle $(\check{X}^1)^i\in\underline{\underline{L}}^c(\check{P}^1)$ et $\langle(\check{X}^1)^i,(\check{X}^1)^j\rangle_t = \delta^{ij}t$. Cette probabilité existe et est unique d'après (3.57) et (3.60).

Soit d'autre part l'espace canonique des mesures aléatoires à valeurs entières sur E, qu'on peut définir ainsi:

$$(14.38)\begin{cases} - \dot{\Omega}^2 = \text{ensemble des suites } (t_n,y_n)_{n\in\mathbb{N}} \text{ à valeurs dans } \mathbb{R}_+\times E_\delta, \\ \quad\text{telles que: } t_n<\infty \iff y_n\in E \implies t_m\neq t_n \text{ si } m\neq n; \\ - \text{si } \dot{\omega}^2 = ((t_n,y_n)_{n\in\mathbb{N}}) \text{ on écrit } \dot{T}^2_n(\dot{\omega}^2)=t_n \text{ et } \dot{Y}^2_n(\dot{\omega}^2)=y_n; \\ - \text{la mesure aléatoire canonique est} \\ \quad \dot{\mu}^2(\dot{\omega}^2;.) = \sum_{n\in\mathbb{N}} I_{\{\dot{T}^2_n(\dot{\omega}^2)<\infty\}}\, \varepsilon_{(\dot{T}^2_n(\dot{\omega}^2),\dot{Y}^2_n(\dot{\omega}^2))}(.) \\ - \dot{\underline{\underline{G}}}^2_t = \sigma(\dot{\mu}^2(.;A) : A\in\underline{\underline{B}}([0,t]\times E)) ; \quad \dot{\underline{\underline{F}}}^2_t = \bigcap_{s>t}\dot{\underline{\underline{G}}}^2_s ; \quad \dot{\underline{\underline{F}}}^2 = \dot{\underline{\underline{F}}}^2_\infty . \end{cases}$$

La famille $(\dot{\underline{\underline{G}}}^2_t)_{t\geq 0}$ est croissante, et $\dot{\underline{F}}^2 = (\dot{\underline{\underline{F}}}^2_t)_{t\geq 0}$ est la plus petite filtration rendant $\dot{\mu}^2$ optionnel. On sait qu'on peut munir $(\dot{\Omega}^2,\dot{\underline{\underline{F}}}^2)$ d'une probabilité et d'une seule, notée $\dot{P}^2$, pour laquelle $\dot{\mu}^2$ est une mesure aléatoire de Poisson de mesure intensité $dt\otimes F(dx)$.

L'<u>espace canonique des processus directeurs</u> est alors défini ainsi:

$$(14.39)\begin{cases} \dot{\Omega} = \dot{\Omega}^1\times\dot{\Omega}^2, \quad \dot{\underline{\underline{F}}} = \dot{\underline{\underline{F}}}^1\otimes\dot{\underline{\underline{F}}}^2, \quad \dot{\underline{\underline{F}}}_t = \bigcap_{s>t}\dot{\underline{\underline{F}}}^1_s\otimes\dot{\underline{\underline{F}}}^2_s ; \\ \dot{P} = \dot{P}^1\otimes\dot{P}^2 ; \\ \dot{W}(\dot{\omega}^1,\dot{\omega}^2) = \dot{X}^1(\dot{\omega}^1), \quad \dot{\mu}(\dot{\omega}^1,\dot{\omega}^2;.) = \dot{\mu}^2(\dot{\omega}^2;.) . \end{cases}$$

$\dot{\underline{F}} = (\dot{\underline{\underline{F}}}_t)_{t\geq 0}$ est la plus petite filtration rendant $\dot{W}$ et $\dot{\mu}$ optionnels. Si on combine (14.36) ou (14.37) avec les propositions (10.46) et (10.47), on a:

(14.40) PROPOSITION: $\dot{P}$ <u>est l'unique probabilité sur</u> $(\dot{\Omega},\dot{\underline{\underline{F}}})$ <u>pour laquelle</u> $\dot{W}$ <u>et</u> $\dot{\mu}$ <u>vérifient (14.35) relativement à</u> $(\dot{\Omega},\dot{\underline{\underline{F}}},\dot{\underline{F}},\dot{P})$.

Pour terminer, revenons à un espace de processus directeurs quelconque $(\Omega,\underline{\underline{F}},\underline{F},P;W,\mu)$. Quitte à modifier W sur un ensemble P-évanescent, ce qui ne modifie ni (14.35) ni la filtration $(\underline{F}^d)^P$, on peut supposer que W est partout continu. Etant donnée la méthode de construction de $\dot{\Omega}$, on définit une application de Ω dans $\dot{\Omega}$ en posant:

(14.41) $\quad \dot{\varphi}:\Omega\longrightarrow\dot{\Omega}$ définie par $\dot{W}\circ\dot{\varphi} = W$ et $\dot{\mu}\circ\dot{\varphi} = \mu$.

On a alors la proposition suivante, dont la démonstration est le prototype de nombreuses démonstrations de ce chapitre.

(14.42) PROPOSITION: $\dot{\varphi}^{-1}(\dot{\underline{\underline{F}}}) = \underline{\underline{F}}^d_\infty$, $\dot{\varphi}^{-1}(\dot{\underline{\underline{F}}}_t) = \underline{\underline{F}}^d_t$ <u>pour tout</u> $t\in\mathbb{R}_+$, $\dot{P} = P\circ\dot{\varphi}^{-1}$.

<u>Démonstration</u>. Les relations concernant les tribus proviennent de la définition même de $\underline{F}^d$. Posons $\dot{P}' = P\circ\dot{\varphi}^{-1}$. On est dans les conditions d'application de la remarque (10.40), qu'on va appliquer à deux processus. D'abord $\dot{W}\circ\dot{\varphi} = W$ et $W^i\in\underline{\underline{L}}^c(\Omega,P)$, donc $\dot{W}^i\in\underline{\underline{L}}^c(\dot{\Omega},\dot{P}')$; ensuite $(\dot{W}^i_t\dot{W}^j_t - \delta^{ij}t)\circ\dot{\varphi} = W^i_tW^j_t - \delta^{ij}t$, qui est dans $\underline{\underline{L}}^c(\Omega,P)$, donc $\dot{W}^i_t\dot{W}^j_t - \delta^{ij}t\in\underline{\underline{L}}^c(\dot{\Omega},\dot{P}')$, ce qui

montre que $\dot{W}$ vérifie (14.35) sur $(\dot{\Omega},\dot{\underline{\underline{F}}},\dot{\underline{F}},\dot{P}')$. Enfin si $A\in\underline{\underline{E}}$ vérifie $F(A)<\infty$ on a $[I_A*\dot{\mu}_t - t\,F(A)]\circ\dot{\varphi} = I_A*\mu_t - t\,F(A)$, qui est un élément de $\underline{\underline{L}}(\Omega,P)$ à sauts d'amplitude unité; donc $I_A*\dot{\mu}_t - t\,F(A)$ est dans $\underline{\underline{L}}(\dot{\Omega},\dot{P}')$ et on en déduit que la $\dot{P}'$-projection prévisible duale de $\dot{\mu}$ égale la mesure $\dot{\nu}(\dot{\omega};dt,dx) = dt\otimes F(dx)$. En d'autres termes, on vient de montrer que $\dot{W}$ et $\dot{\mu}$ sont des processus directeurs sur $(\dot{\Omega},\dot{\underline{\underline{F}}},\dot{\underline{F}},\dot{P}')$, et (14.40) entraine que $\dot{P}'=\dot{P}$. ∎

3- MARTINGALES CONTINUES ET MOUVEMENT BROWNIEN

Soit $(\Omega,\underline{\underline{F}},\underline{F},P)$ un espace probabilisé filtré muni d'une famille $M=(M^i)_{i\leq m'}$ d'éléments de $\underline{\underline{L}}^c(P)$. On suppose qu'il existe un processus prévisible $c=(c^{ij})_{i,j\leq m'}$, à valeurs matricielles symétriques nonnégatives, tel qu'avec les notations du §IV-2-a on ait

(14.43) $$\langle M,{}^tM\rangle = c\cdot C\,, \quad \text{avec } C_t = t\,.$$

D'après (4.32) cette hypothèse revient à dire que $d\langle M^i,M^i\rangle_t \ll dt$ pour tout $i\leq m'$.

Nous nous proposons de montrer que, sous (14.43), on peut construire un mouvement brownien m-dimensionnel W tel que, en notation matricielle, $M=H\cdot W$ pour un processus $H=(H^{ij})_{i\leq m',j\leq m}$ convenable. D'une part ceci ne sera possible que si m majore la 2-dimension de $\mathcal{L}^2(M,P)$, c'est-à-dire majore $P(d\omega)\otimes dt$-p.s. le rang de la matrice $c(\omega,t)$. D'autre part, même dans ce cas, ce n'est pas toujours possible de construire W sur l'espace $(\Omega,\underline{\underline{F}},\underline{F},P)$ lui-même, comme le montre l'exemple extrême où $\underline{\underline{F}}_t$ est la tribu triviale pour tout $t\in\mathbb{R}_+$ et $M=0$.

Aussi introduisons-nous un espace auxiliaire $(\dot{\Omega},\dot{\underline{\underline{F}}},\dot{\underline{F}},\dot{P})$ qui est muni d'un mouvement brownien m-dimensionnel $\dot{W}$: on peut prendre l'espace (14.39), ou l'espace $(\dot{\Omega}^1,\dot{\underline{\underline{F}}}^1,\dot{\underline{F}}^1,\dot{P}^1)$ avec $\dot{X}^1$, ou tout autre espace, pourvu qu'il porte un mouvement brownien $\dot{W}$. Nous allons travailler sur l'espace produit:

(14.44) $$\begin{cases} \bar{\Omega}=\Omega\times\dot{\Omega}\,, \quad \bar{\underline{\underline{F}}} = \underline{\underline{F}}\otimes\dot{\underline{\underline{F}}}\,, \quad \bar{\underline{\underline{F}}}_t = \bigcap_{s>t} \underline{\underline{F}}_s\otimes\dot{\underline{\underline{F}}}_s \\ \varphi : \bar{\Omega}\longrightarrow\Omega \quad \text{définie par } \varphi(\omega,\dot{\omega}) = \omega \\ \bar{P} = P\otimes\dot{P}\,. \end{cases}$$

(14.45) THEOREME: (a) <u>Pour que</u> $2\text{-dim}\,\mathcal{L}^2(M,P)\leq m$ <u>il faut et il suffit qu'il existe un processus prévisible</u> $a=(a^{ij})_{i\leq m',j\leq m}$ <u>tel que</u> $c=a\,{}^ta$.

(b) <u>Dans ce cas on peut construire sur</u> $(\overline{\Omega},\overline{\underline{F}},\overline{\underline{F}},\overline{P})$ <u>un mouvement brownien m-dimensionnel</u> $\overline{W}$ <u>tel que</u> $a^{ij}\circ\varphi\in L^2_{loc}(\overline{W}^j,\overline{P})$ <u>et que</u> $M^i\circ\varphi = \sum_{j\leq m}(a^{ij}\circ\varphi)\bullet\overline{W}^j$.

On remarquera que (b) est valide pour tout processus prévisible a tel que $c = a\,{}^ta$. Ce théorème est essentiellement de même nature que (10.48).

Pour la démonstration on pourrait utiliser (4.43) et (4.44). Il est pratiquement aussi simple de repartir "de zéro". Commençons par un lemme, dans lequel γ représente la 2-dimension instantanée de $\mathcal{X}^2(M,P)$.

(14.46) LEMME: <u>Supposons qu'on ait</u> $c = a\,{}^ta$. <u>On peut trouver</u>

- un processus prévisible γ à valeurs dans $\{1,2,\dots,m\wedge m'\}$,
- un processus prévisible b à valeurs dans l'espace des matrices orthogonales $m\times m$,
- une martingale locale continue m-dimensionnelle $N = (N^i)_{i\leq m}$,

<u>tels que</u>

(i) $\langle N^i,N^j\rangle_t = \delta^{ij}\int^t I_{\{i\leq\gamma(s)\}}ds$

(ii) <u>les processus vectoriels</u> $(ab)^{i\cdot}$ <u>sont dans</u> $L^2_{loc}(N,P)$ et $M^i = (ab)^{i\cdot}\bullet N$.

(iii) <u>on ait</u> $(ab)^{ij} = 0$ <u>si</u> $\gamma < j \leq m$.

<u>Démonstration</u>. On note γ le rang de la matrice a (qui égale celui de la matrice c). Soit G_γ le sous-espace de $\mathbb{R}^m$ engendré par les γ premiers vecteurs de base, et I_γ la matrice $m\times m$ associée au projecteur orthogonal sur G_γ (on a $I_\gamma^{ij}=1$ si $i=j\leq\gamma$, $=0$ sinon). Comme γ est le rang de a, il existe un processus prévisible $b = (b^{ij})_{i,j\leq m}$ à valeurs dans l'espace des matrices orthogonales, tel que l'application linéaire associée à ab soit injective sur G_γ et nulle sur l'orthogonal de G_γ. Cela entraine d'une part que $ab = abI_\gamma$, d'où (iii), et d'autre part qu'il existe une application linéaire de $\mathbb{R}^{m'}$ dans $\mathbb{R}^m$ dont la matrice associée a' vérifie $a'ab = I_\gamma$.

On a $a'c\,{}^ta' = a'ab\,{}^tb\,{}^ta\,{}^ta' = I_\gamma$. D'après (4.31) chaque processus vectoriel $a'^{i\cdot}$ est dans $L^2_{loc}(M,P)$ et $N = a'\bullet M$ (en notation matricielle) vérifie $\langle N,{}^tN\rangle = a'c\,{}^ta'\bullet C = I_\gamma\bullet C$, c'est-à-dire (i), d'après (4.37).

Soit enfin $k = ab$. On a $kI_\gamma{}^tk = abI_\gamma{}^tb\,{}^ta = a\,{}^ta = c$, tandis que les composantes de $c\bullet C$ sont dans $\underline{\underline{V}}_o(P)$ par hypothèse. Donc chaque processus vectoriel $k^{i\cdot}$ est dans $L^2_{loc}(N,P)$ et si on pose $X = k\bullet N = (aba')\bullet M$ il vient

$$\langle X-M,{}^t(X-M)\rangle = (aba'c\,{}^ta'\,{}^tb\,{}^ta - aba'c - c\,{}^ta'\,{}^tb\,{}^ta + c)\bullet C,$$

qui est nul puisque $a'a = I_\gamma{}^tb$ et $c = a\,{}^ta = abI_\gamma{}^tb\,{}^ta$. Donc $X = M$ et on a (ii).∎

Démonstration de (14.45). (a) Si $c = a\,{}^t a$ le rang de c n'excède jamais m, d'où la condition suffisante. Inversement supposons que le rang de c n'excède pas m. Il existe un processus prévisible b' à valeurs dans l'espace des matrices orthogonales $m' \times m'$, tel que $d = {}^t b' c\, b'$ soit diagonale et vérifie $d^{ii} = 0$ si $i > m$. Il suffit de poser pour tout $i \leq m'$: $a^{ij} = b'^{ij}(d^{jj})^{-1/2}$ si $d^{jj} > 0$ (donc $j \leq m \wedge m'$) et $a^{ij} = 0$ sinon. La matrice ainsi définie $a = (a^{ij})_{i \leq m', j \leq m}$ vérifie $c = a\,{}^t a$.

(b) Posons $\overline{M} = M\circ\varphi$, $\overline{a} = a\circ\varphi$, $\overline{N} = N\circ\varphi$, $\overline{\gamma} = \gamma\circ\varphi$, $\overline{b} = b\circ\varphi$. D'après (10.46) et le lemme précédent on a $\overline{M}^i \in \underline{\underline{L}}^c(\overline{P})$, $\overline{N}^i \in \underline{\underline{L}}^c(\overline{P})$, $\langle \overline{N}^i, \overline{N}^j \rangle_t = \delta^{ij} \int_0^t I_{\{i \leq \overline{\gamma}(s)\}} ds$ et $\overline{M} = (ab) \cdot \overline{N}$ sur $(\overline{\Omega}, \underline{\underline{\overline{F}}}, \underline{\overline{F}}, \overline{P})$. Par ailleurs, toujours d'après (10.46), le processus $\overline{W}'$ défini par $\overline{W}'(\omega, \hat{\omega}) = \hat{W}(\hat{\omega})$ est un mouvement brownien m-dimensionnel sur $(\overline{\Omega}, \underline{\underline{\overline{F}}}, \underline{\overline{F}}, \overline{P})$, et il est indépendant de $\overline{N}$, donc $\langle \overline{N}^i, \overline{W}'^j \rangle = 0$. On définit ensuite $\overline{W}'' = (\overline{W}''^i)_{i \leq m}$ par $\overline{W}''^i = \overline{N}^i + I_{\{i > \overline{\gamma}\}} \cdot \overline{W}'^i$ puis, comme les composantes de $\overline{b}$ sont bornées, $\overline{W} = b \cdot \overline{W}''$ (en notation matricielle). Il est immédiat de vérifier que $\overline{W}''$, donc $\overline{W}$, sont encore des mouvements browniens m-dimensionnels sur $(\overline{\Omega}, \underline{\underline{\overline{F}}}, \underline{\overline{F}}, \overline{P})$. Enfin d'après (14.46,iii) il vient $\overline{a} \cdot \overline{W} = (\overline{a}\overline{b}) \cdot \overline{W}'' = (\overline{a}\overline{b}) \cdot \overline{N} = \overline{M}$. Pour achever la démonstration, il suffit de remarquer que d'après (4.36,1) on a $\overline{a}^{i\cdot} \in L^2_{loc}(\overline{W}, \overline{P})$ si et seulement si $\overline{a}^{ij} \in L^2_{loc}(\overline{W}^j, \overline{P})$ pour tout $j \leq m$. ∎

Dans certains cas, il n'y a pas besoin d'espace auxiliaire:

(14.47) COROLLAIRE: (a) <u>Pour qu'il existe un mouvement brownien</u> m-<u>dimensionnel sur</u> $(\Omega, \underline{\underline{F}}, \underline{F}, P)$, <u>il faut et il suffit qu'il existe une famille</u> $X = (X^i)_{i \leq m}$ <u>d'éléments de</u> $\underline{\underline{L}}^c(P)$ <u>telle que</u> $\langle X, {}^t X \rangle = c' \cdot C$ <u>et que le rang de la matrice</u> c' <u>égale identiquement</u> m (rappelons que $C_t = t$).

(b) <u>Dans ce cas on peut choisir un mouvement brownien</u> m-<u>dimensionnel</u> W <u>de sorte que, sous la condition (14.45,a), on ait</u> $a^{ij} \in L^2_{loc}(W^j, P)$ <u>et</u> $M^i = \sum_{j \leq m} a^{ij} \cdot W^j$.

Démonstration. (a) La condition nécessaire est évidente. Pour la condition suffisante on remarque que, d'après la preuve de (14.45,a), il existe un processus matriciel $a' = (a'^{ij})_{i,j \leq m}$ tel que $c' = a'\,{}^t a'$. Par hypothèse a' est identiquement de rang m, donc si on applique (14.46) à $M = X$ on a $\gamma = m$ identiquement, et le processus N est alors un mouvement brownien m-dimensionnel.

(b) Soit W' un mouvement brownien m-dimensionnel. En considérant les termes définis en (14.46), on pose $W''^i = N^i + I_{\{i > \gamma\}} \cdot W'^i$ et $W = b \cdot W''$, et on termine comme dans la preuve de (14.45). ∎

(14.48) Remarque. Supposons qu'on n'ait pas (14.43). On a néanmoins $\langle M, {}^t M \rangle$

$= c\cdot C$, mais maintenant C est un processus croissant (qu'on peut choisir strictement croissant), continu et prévisible. Soit τ le changement de temps associé à C par (10.2). Le processus changé de temps τM vérifie (14.43), et si pour simplifier on prend $m = m'$ on a:

Toute martingale locale continue m-dimensionnelle est la changée de temps d'une intégrale stochastique par rapport à un mouvement brownien m-dimensionnel, défini sur un espace éventuellement plus grand que Ω . ∎

4-MESURES ALEATOIRES A VALEURS ENTIERES ET MESURES DE POISSON

L'espace probabilisé filtré $(\Omega,\underline{\underline{F}},\underline{F},P)$ est maintenant muni d'une mesure $\mu\in\tilde{\underline{\underline{A}}}^1_\sigma(P)$ sur un espace lusinien $(E',\underline{\underline{E}}')$, de P-projection prévisible duale ν . On suppose que

$$(14.49)\begin{cases} \nu(\omega;dt,dx) = dt\, N(\omega,t;dx)\ , & \text{où } N \text{ est une transition positive de} \\ (\Omega\times\mathbb{R}_+,\underline{\underline{P}}(\underline{F}^P)) & \text{dans } (E',\underline{\underline{E}}')\ . \end{cases}$$

Nous nous proposons de montrer que, sous (14.49), on peut construire une mesure aléatoire de Poisson $\mathfrak{p}$ de mesure intensité $dt\otimes F(dx)$ donnée (voir (14.34)), telle que $\mu = \mathfrak{p}\circ h^{-1}$, où h est une application "prévisible": $\Omega\times\mathbb{R}_+\times E \longrightarrow E'_\delta$. En fait, à l'instar de ce qui se passe dans la partie 2, cela ne sera possible que si la mesure F est assez riche (ce qui correspond à : m assez grand), et même dans ce cas la construction ne sera possible qu'en agrandissant l'espace.

§a - Quelques résultats auxiliaires. Dans les lemmes suivants, $(A,\underline{\underline{A}})$ désigne un espace mesurable quelconque. On rappelle que δ est un point extérieur à E' et que $E'_\delta = E'\bigcup\{\delta\}$.

(14.50) LEMME: Soit N une mesure de transition positive de $(A,\underline{\underline{A}})$ dans $(E',\underline{\underline{E}}')$, telle qu'il existe une fonction $\underline{\underline{A}}\otimes\underline{\underline{E}}'$-mesurable strictement positive g vérifiant $\int N(a,dx)g(a,x) < \infty$. Si F est non-atomique et de masse infinie, il existe une application mesurable $h : (A\times E,\underline{\underline{A}}\otimes\underline{\underline{E}}) \longrightarrow (E'_\delta,\underline{\underline{E}}'_\delta)$ telle que

$$N(a,B) = \int F(dx) I_B[h(a,x)] \qquad \text{si } B\in\underline{\underline{E}}'$$

Démonstration. Par définition d'un espace lusinien il existe une bijection bimesurable $\varphi' : E' \longrightarrow C'$, où C' est un borélien de $]0,\infty[$; on peut considérer φ' comme une application borélienne: $E' \longrightarrow]0,\infty[$ et poser

$\tilde N(a,.) = N(a,.)\circ\varphi'^{-1}$, $\tilde g(a,y) = I_{C'}(y)g(a,\varphi'^{-1}(y)) + I_{C'^c}(y)$: $\tilde N$ est une transition positive de A dans $]0,\infty[$ et $\tilde g$ est une fonction strictement positive vérifiant $\int \tilde N(a,dy)\tilde g(a,y) < \infty$. De même il existe une bijection bi-mesurable $\varphi : E \longrightarrow C$, où $C \in \underline{\underline{B}}(]0,\infty[)$, et quitte à bien choisir et à utiliser le fait que F est σ-finie, on peut supposer que la mesure $\tilde F = F\circ\varphi^{-1}$ sur $]0,\infty[$ vérifie $\tilde F(]0,t]) < \infty$ pour tout $t < \infty$. Bien entendu, $\tilde F$ est non-atomique et de masse infinie.

On définit une partition $\underline{\underline{A}}\otimes\underline{\underline{B}}(]0,\infty[)$-mesurable $(B_n)_{n\geq 1}$ de $A\times]0,\infty[$ en posant $B_n = \{\tilde g \in [\frac{1}{n}, \frac{1}{n-1}[\}$ (avec $\frac{1}{0} = \infty$). Soit $\tilde N_n(a,dx) = \tilde N(a,dx)I_{B_n}(a,x)$ Soit également les fonctions $\underline{\underline{A}}$-mesurables $t_0(a) = 0$, $t_n(a) = \inf(t : \tilde F(]0,t]) \geq \sum_{m\geq n} \tilde N_n(a,]0,\infty[))$ et $t_\infty(a) = \lim_{(n)}\uparrow t_n(a)$. Comme $\tilde F$ est de masse infinie on a $t_n(a) < \infty$ pour tout $n < \infty$; comme $\tilde F$ est diffuse, si $B'_n(a) =]t_{n-1}(a), t_n(a)]$ on a $\tilde F(B'_n(a)) = \tilde N_n(a,]0,\infty[)$. Posons enfin

$$\tilde h(a,t) = \begin{cases} \inf(s > t_{n-1}(a) : \tilde N_n(a,]0,s]) \geq F(]t_{n-1}(a),t])) & \text{si } t \in B'_n(a) \\ +\infty & \text{si } t \geq t_\infty(a), \end{cases}$$

qui est $\underline{\underline{A}}\otimes\underline{\underline{B}}(]0,\infty[)$-mesurable. Si $t \in B'_n(a)$ on a: $h(a,t) \leq x \Longleftrightarrow \tilde N_n(a,]0,x]) \geq \tilde F(]t_{n-1}(a),t])$; comme $\tilde F$ est diffuse, il vient alors

$$\int \tilde F(dt) I_{B'_n(a)}(t) I_{\{h(a,t)\leq x\}} = \int \tilde F(dt) I_{B'_n(a)}(t) I_{\{\tilde F(]t_{n-1}(a),t]) \leq \tilde N_n(a,]0,x])\}} = \tilde N_n(a,]0,x]).$$

Par un argument de classe monotone, on en déduit que

$$\int \tilde F(dt) I_{B'_n(a)}(t) I_D[h(a,t)] = \tilde N_n(a,D) \quad \text{si } D \in \underline{\underline{B}}(]0,\infty[).$$

En sommant sur n il vient

$$\int \tilde F(dt) I_D[h(a,t)] = \tilde N(a,D) \quad \text{si } D \in \underline{\underline{B}}(]0,\infty[)$$

car $h(a,t) \notin D$ si $t \geq t_\infty(a)$.

Il reste maintenant à revenir aux espaces initiaux E et E'. On a $\tilde F(C^c) = 0$ et $\tilde N(a,C'^c) = 0$ par construction, donc $F = \tilde F\circ\varphi$ et $N(a,.) = \tilde N(a,.)\circ\varphi'$. Il suffit alors de poser

$$h(a,x) = \begin{cases} \varphi'[\tilde h(a,\varphi(x))] & \text{si } \varphi(x) < t_\infty(a) \\ \delta & \text{sinon.} \end{cases}$$ ∎

(14.51) LEMME: <u>Soit</u> h <u>une application mesurable</u>: $(A\times E, \underline{\underline{A}}\otimes\underline{\underline{E}}) \longrightarrow (E'_\delta, \underline{\underline{E}}'_\delta)$, <u>telle que</u> $N(a,B) = \int F(dx) I_B[h(a,x)]$ <u>si</u> $B \in \underline{\underline{E}}'$. <u>Il existe une probabilité de transition</u> θ <u>de</u> $(A\times E', \underline{\underline{A}}\otimes\underline{\underline{E}}')$ <u>dans</u> $(E,\underline{\underline{E}})$ <u>telle que</u>:
(i) $\int N(a,dx)\theta(a,x;C)I_B(x) = \int F(dy)I_C(y)I_B[h(a,y)]$ <u>si</u> $B \in \underline{\underline{E}}'$, $C \in \underline{\underline{E}}$;
(ii) $\int \theta(a,x;dy) I_B[(h(a,y)] = I_B(x)$ <u>si</u> $B \in \underline{\underline{E}}'$.

Démonstration. Le second membre de (i) définit la valeur $\bar{\theta}(a;B\times C)$ d'une mesure de transition positive de $(A,\underline{\underline{A}})$ dans $(E'\times E,\underline{\underline{E}}'\otimes\underline{\underline{E}})$. Par construction la mesure $\bar{\theta}(a;.)$ ne charge que l'ensemble $\{(x,y):x=h(a,y)\}$. Par ailleurs $\bar{\theta}(a;.\times E)=N(a,.)$. Enfin si f est une fonction strictement positive sur E, telle que $\int fdF<\infty$, la fonction $g(a,x)$ qui vaut $f[h(a,x)]$ si $h(a,x)\neq\delta$ et qui vaut 1 si $h(a,x)=\delta$, est strictement positive et vérifie $\int N(a,dx)g(a,x)=\int fdF<\infty$.

Comme E est un espace lusinien, il existe alors une probabilité de transition θ qui vérifie (ii), et telle que $\bar{\theta}$ se factorise en

$$\bar{\theta}(a;dx,dy) = N(a,dx)\,\theta(a,x;dy),$$

ce qui donne (i). ∎

§b - Transformation d'une mesure aléatoire à valeurs entières. Nous allons d'abord donner une condition sur μ (ou plutôt sur ν), qui équivaut à (14.49), mais qui se révèlera plus maniable.

(14.52) Hypothèse: Il existe une application mesurable $h:(\Omega\times\mathbb{R}_+\times E,\underline{\underline{P}}(\underline{F}^P)\otimes\underline{\underline{E}})\longrightarrow(E'_\delta,\underline{\underline{E}}'_\delta)$ telle que

$$\nu(\omega;A) = \int dt\,F(dy)\,I_A[t,h(\omega,t,y)] \quad \text{si} \quad A\in\underline{B}(\mathbb{R}_+\times E').$$

On a alors:

(14.53) THEOREME: L'hypothèse (14.52) entraine l'hypothèse (14.49), et elles sont équivalentes lorsque F est non-atomique, de masse infinie.

Démonstration. L'implication: (14.52) $\longrightarrow$ (14.49) est évidente, avec N défini par

(14.54) $$N(\omega,t;B) = \int F(dy)I_B[h(\omega,t,y)] \quad \text{si} \quad B\in\underline{\underline{E}}'.$$

Supposons qu'on ait (14.49), et que F soit non-atomique et de masse infinie. Comme M^P_ν est $\tilde{\underline{\underline{P}}}$-$\sigma$-finie il existe une fonction $\underline{\underline{P}}(\underline{F}^P)\otimes\underline{\underline{E}}'$-mesurable et strictement positive V telle que $M^P_\nu(V)<\infty$. L'ensemble prévisible $\Gamma=\{(\omega,t):\int N(\omega,t;dx)V(\omega,t,x)=\infty\}$ est $P(d\omega)\otimes dt$-négligeable. Donc, quitte à remplacer N par $I_{\Gamma^c}N$, ce qui ne change pas (14.49), on peut supposer que $\Gamma=\emptyset$. Il suffit alors d'appliquer (14.50) à $(A,\underline{\underline{A}})=(\Omega\times\mathbb{R}_+,\underline{\underline{P}}(\underline{F}^P))$ pour obtenir (14.54), donc (14.52). ∎

Pour construire une mesure de Poisson dont l'image prévisible soit μ, nous aurons besoin de deux espaces auxiliaires: d'abord l'espace filtré $(\dot{\Omega}^2,\dot{\underline{\underline{F}}}^2,\dot{\underline{F}}^2)$ défini par (14.38) ensuite un espace probabilisé filtré $(\acute{\Omega},\acute{\underline{\underline{F}}},\acute{\underline{F}},\acute{P})$ muni d'une mesure de Poisson $\acute{\mu}$ sur E, de mesure intensité

$dt\otimes F(dx)$: on peut prendre l'espace (14.39) ou l'espace $(\dot{\Omega}^2, \dot{\underline{\underline{F}}}^2, \dot{\underline{F}}^2, \dot{P}^2)$ avec $\dot{\mathfrak{p}}^2$, ou tout autre espace, pourvu qu'il porte une mesure de Poisson. Nous allons travailler sur l'espace produit:

$$(14.55)\quad \begin{cases} \overline{\Omega} = \Omega\times\dot{\Omega}^2\times\dot{\Omega}\ , \quad \overline{\underline{\underline{F}}} = \underline{\underline{F}}\otimes\dot{\underline{\underline{F}}}^2\otimes\dot{\underline{\underline{F}}}\ , \qquad \overline{\underline{\underline{F}}}_t = \bigcap_{s>t} \underline{\underline{F}}_s\otimes\dot{\underline{\underline{F}}}_s^2\otimes\dot{\underline{\underline{F}}}_s\ , \\ \varphi : \overline{\Omega} \longrightarrow \Omega \quad \text{définie par} \quad \varphi(\omega,\dot{\omega}^2,\dot{\omega}) = \omega , \end{cases}$$

et démontrer le théorème:

(14.56) THEOREME: <u>On suppose qu'on a (14.52). Il existe une probabilité de transition</u> $Q(\omega,d\dot{\omega}^2)$ <u>de</u> $(\Omega,\underline{\underline{F}}^P)$ <u>dans</u> $(\dot{\Omega}^2,\dot{\underline{\underline{F}}}^2)$ <u>et, si</u>

$$\overline{P}(d\omega,d\dot{\omega}^2,d\dot{\omega}) = P(d\omega)\ Q(\omega,d\dot{\omega}^2)\ \dot{P}(d\dot{\omega}) ,$$

<u>une mesure aléatoire de Poisson</u> $\overline{\mathfrak{p}}$ <u>sur l'espace</u> $(\overline{\Omega},\overline{\underline{\underline{F}}},\overline{\underline{F}},\overline{P})$, <u>de mesure intensité</u> $dt\otimes F(dx)$, <u>telle que pour $\overline{P}$-presque tout</u> $(\omega,\dot{\omega}^2,\dot{\omega})$ <u>on ait</u>

$$\mu(\omega;A) = \int\overline{\mathfrak{p}}((\omega,\dot{\omega}^2,\dot{\omega});dt,dx)I_A[t,h(\omega,t,x)] \qquad \underline{\text{si}}\ \ A\in\underline{\underline{B}}(\mathbb{R}_+\times E') .$$

En d'autres termes, $\mu\circ\varphi = \overline{\mathfrak{p}}\circ(h\circ\varphi)^{-1}$ $\overline{P}$-p.s., ou encore: pour $\overline{P}$-presque tout $(\omega,\dot{\omega}^2,\dot{\omega})$, la mesure $\mu(\omega;.)$ est la restriction à $\mathbb{R}_+\times E'$ de la mesure image (sur $\mathbb{R}_+\times E'_\delta$) de $\overline{\mathfrak{p}}((\omega,\dot{\omega}^2,\dot{\omega});.)$ par l'application: $(t,y) \rightsquigarrow (t,h(\omega,t,y))$.

(14.57) <u>Remarques</u>: 1) Il peut sembler curieux de ne pas prendre $E=E'$. Mais, outre le fait que choisir $E\neq E'$ n'entraine strictement aucune complication, ce théorème ne sera valide sous l'hypothèse (14.49), plus naturelle que (14.52), qu'à condition que F soit non-atomique et de masse infinie (sauf conditions très particulières sur N : voir l'exercice 14-6). Si E' est fini ou dénombrable, on ne peut donc pas prendre $E=E'$.

2) Sans aucune hypothèse, hormis que $\mu\in\tilde{\underline{\underline{A}}}_\sigma^1(P)$, on peut toujours trouver une factorisation

$$\nu(\omega;dt,dx) = dC_t(\omega)\ N(\omega,t;dx) ,$$

où C est un processus strictement croissant prévisible. De même que dans la remarque (14.48), on peut considérer le changement de temps τ associé à C par (10.2). Mais, comme C peut présenter des sauts, on n'a pas obligatoirement $C_{\tau_t}=t$ et la mesure changée de temps $\tau\mu$ ne vérifie pas nécessairement (14.49). Cependant:

a) Si C est continu ($\Longleftrightarrow$ μ est quasi-continue à gauche), alors $\tau\mu$ vérifie (14.49) et la mesure μ est la changée de temps de l'image, au sens de (14.56), d'une mesure de Poisson.

b) Si C est une fonction déterministe c(t) , et si h est la fonction vérifiant (14.54) (une telle fonction existe toujours si F est non-atomique et de masse infinie), on peut reprendre la démonstration du théorème avec une mesure aléatoire à valeurs entières $\bar{\mu}$ qui admet la projection prévisible duale déterministe $dc(t)\otimes F(dx)$. Lorsque $c(t)$ est discontinue, $\bar{\mu}$ n'est plus une mesure de Poisson (cf. la remarque qui suit (3.34)). Mais, lorsque $c(t)$ est discontinue, il faut voir les limites de cette généralisation, qui ne permet à μ de charger des temps prévisibles que si ce sont des temps de saut (déterministes !) de $c(t)$.

Bien entendu, les mêmes considérations sont valables si le processus changé de temps (C_{τ_t}) est déterministe.■

La démonstration de (14.56) va être décomposée en une série de lemmes, et en premier lieu il nous faut construire la transition Q. D'abord, on sait que N vérifie (14.54), et on considère la probabilité de transition $\theta(\omega,t,x;dy)$ de $(\Omega\times\mathbb{R}_+\times E',\underline{\underline{P}}(\underline{\underline{F}}^P)\otimes\underline{\underline{E}}')$ dans $(E,\underline{\underline{E}})$ associée à N par le lemme (14.51).

Soit (D,β) les termes associés à μ par (3.19) et $(T_n)_{n\in\mathbb{N}}$ une suite de $\underline{\underline{F}}^P$-temps d'arrêt de graphes deux-à-deux disjoints, tels que $D=\bigcup_{(n)}[\![T_n]\!]$. Etant donnée la définition (14.38) de $\dot{\Omega}^2$, pour tout $\omega\in\Omega$ la formule suivante définit une probabilité $Q(\omega,.)$ sur $(\dot{\Omega}^2,\dot{\underline{\underline{F}}}^2)$:

$$(14.58)\begin{cases} -\text{ les variables } (\dot{T}^2_n,\dot{Y}^2_n)_{n\in\mathbb{N}} \text{ sont indépendantes,}\\ -\ Q(\omega;\{(\dot{T}^2_n,\dot{Y}^2_n)\in A\}) = \\ \qquad I_{\{T_n(\omega)=\infty\}}I_A(\infty,\delta)+I_{\{T_n(\omega)<\infty\}}\int\theta(\omega,T_n(\omega),\beta_{T_n}(\omega);dy)I_A(T_n(\omega),y)\end{cases}$$

et on a:

(14.59) LEMME: (a) <u>Si</u> $A\in\underline{\underline{B}}(]t,\infty[\times E)$ <u>la variable</u> $\dot{\mu}^2(A)$ <u>est indépendante de</u> $\underline{\underline{F}}^2_t$ <u>pour la probabilité</u> $Q(\omega,.)$.

(b) Q <u>est une probabilité de transition de</u> $(\Omega,\underline{\underline{F}}^P)$ <u>dans</u> $(\dot{\Omega}^2,\dot{\underline{\underline{F}}}^2)$, <u>et</u> $Q(.,B)\in\underline{\underline{F}}^P_t$ <u>pour tout</u> $B\in\dot{\underline{\underline{F}}}^2_t$.

<u>Démonstration</u>. D'après (14.58) il est évident que $\dot{\mu}^2(A)$ est indépendant de $\dot{\underline{\underline{G}}}^2_t$ (définition en (14.38)), donc de $\dot{\underline{\underline{F}}}^2_t$, si $A\in\underline{\underline{B}}(]t,\infty[\times E)$.

De même, à cause de la continuité à droite, il suffit pour (b) de montrer que $Q(.,B)\in\underline{\underline{F}}^P_t$ si $B\in\dot{\underline{\underline{G}}}^2_t$ (en faisant $t=\infty$, on aura $Q(.,B)\in\underline{\underline{F}}^P$ si $B\in\dot{\underline{\underline{G}}}^2_\infty=\dot{\underline{\underline{F}}}^2$). Soit $A\in\underline{\underline{B}}(\mathbb{R}_+\times E)$ et

$$f_n(\omega) = I_{\{T_n(\omega)<\infty\}}\int\theta(\omega,T_n(\omega),\beta_{T_n}(\omega);dy)\ I_A(T_n(\omega),y),$$

qui est $\underline{\underline{F}}^P_t$-mesurable si $A\subset[0,t]\times E$ d'après (14.58). La définition de $\dot{\mu}^2$ entraine que

$$Q(\omega,\{\dot{\mu}^2(A)=k\}) = \sum_{J\in\mathbb{N},\mathrm{card}(J)=k}\prod_{n\in J}f_n(\omega)\prod_{n\notin J}(1-f_n(\omega)),$$

qui est aussi $\underline{\underline{F}}^P_t$-mesurable si $A\subset[0,t]\times E$. En utilisant l'assertion (a), un argument de classe monotone et un argument de linéarité (car $\dot{\mathfrak{p}}^2$ est une mesure), il est facile d'en déduire que $Q(.,B) \in \underline{\underline{F}}_t^P$ si $B \in \dot{\underline{\underline{G}}}_t^2$, d'où le résultat.■

Ce lemme permet de définir la probabilité $\overline{P}$ sur $(\overline{\Omega},\overline{\underline{F}})$ par la formule

(14.60) $$\overline{P}(d\omega,d\dot{\omega}^2,d\dot{\omega}) = P(d\omega)\, Q(\omega,d\dot{\omega}^2)\, \dot{P}(d\dot{\omega}).$$

Définissons également les applications

$$\begin{cases} \dot{\varphi}^2 : \overline{\Omega} \longrightarrow \dot{\Omega}^2 & \text{définie par } \dot{\varphi}^2(\omega,\dot{\omega}^2,\dot{\omega}) = \dot{\omega}^2, \\ \dot{\varphi} : \overline{\Omega} \longrightarrow \dot{\Omega} & \text{définie par } \dot{\varphi}(\omega,\dot{\omega}^2,\dot{\omega}) = \dot{\omega}. \end{cases}$$

(14.61) LEMME: <u>Sur l'espace</u> $(\overline{\Omega},\overline{\underline{F}},\overline{\underline{\underline{F}}},\overline{P})$, <u>la mesure aléatoire</u> $\overline{\eta} = \dot{\mathfrak{p}}^2 \circ \dot{\varphi}^2$ <u>est dans</u> $\tilde{\underline{\underline{A}}}_\sigma^1(\overline{P})$ <u>et sa projection prévisible duale égale la mesure</u> $\overline{q}' = I_{\{h\circ\varphi \neq \delta\}} \cdot \overline{q}$, <u>où</u> $\overline{q}(\overline{\omega};dt,dx) = dt \otimes F(dx)$.

<u>Démonstration</u>. D'après (14.52) on a $1 * \nu_0 = 0$ P-p.s., donc $1 * \mu_0 = 0$ P-p.s., donc $1 * \dot{\mathfrak{p}}_0^2 = 0$ $Q(\omega,.)$-p.s. pour P-presque tout ω. Par suite $1 * \overline{\eta}_0 = 0$ $\overline{P}$-p.s. Comme $\overline{q}$, donc $\overline{q}'$, sont à l'évidence dans $\tilde{\underline{\underline{A}}}_\sigma^1(\overline{P})$, il suffit d'après (1.8,iii) de montrer que

$$\overline{E}[I_{\overline{B}}\, \overline{\eta}(]s,t] \times A)] = \overline{E}[I_{\overline{B}}\, \overline{q}'(]s,t] \times A)]$$

pour tous $s < t$, $A \in \underline{\underline{E}}$, $\overline{B} \in \overline{\underline{\underline{F}}}_{s-}$. Comme $\overline{\underline{\underline{F}}}_{s-} \subset \underline{\underline{F}}_s \otimes \dot{\underline{\underline{F}}}_s^2 \otimes \dot{\underline{\underline{F}}}_s$ il sera a-fortiori suffisant de prouver l'égalité précédente pour $\overline{B} = B \times \dot{B}^2 \times \dot{B}$, où $B \in \underline{\underline{F}}_s$, $\dot{B}^2 \in \dot{\underline{\underline{F}}}_s^2$ et $\dot{B} \in \dot{\underline{\underline{F}}}_s$.

En utilisant (14.60), puis (14.59,a) et (14.58), puis les relations entre μ et (T_n,β), puis le fait que $\theta(.;A)$ est $\underline{\underline{P}}(\underline{\underline{F}}^P) \otimes \underline{\underline{E}}'$-mesurable et que $Q(.,\dot{B}^2) \in \underline{\underline{F}}_s^P$, puis (14.51), et enfin (14.60) à nouveau, on obtient la chaîne d'égalités

$$\begin{aligned} \overline{E}[I_{\overline{B}}\, \overline{\eta}(]s,t] \times A)] &= E[I_B \int Q(.,d\dot{\omega}^2) I_{\dot{B}^2}(\dot{\omega}^2) \dot{\mathfrak{p}}^2(\dot{\omega}^2;]s,t] \times A)]\, \dot{P}(\dot{B}) \\ &= E[I_B Q(.,\dot{B}^2) \textstyle\sum_{n \in \mathbb{N}} I_{]s,t]}(T_n) \theta(T_n,\beta_{T_n};A)]\, \dot{P}(\dot{B}) \\ &= E[I_B Q(.,\dot{B}^2) \int \mu(dr,dx) I_{]s,t]}(r) \theta(r,x;A)]\, \dot{P}(\dot{B}) \\ &= E[I_B Q(.,\dot{B}^2) \int \nu(dr,dx) I_{]s,t]}(r) \theta(r,x;A)]\, \dot{P}(\dot{B}) \\ &= E[I_B Q(.,\dot{B}^2) \int_s^t dr \int F(dy) I_A(y) I_{\{h(r,y) \neq \delta\}}]\, \dot{P}(\dot{B}) \\ &= \overline{E}[I_{\overline{B}}\, \overline{q}'(]s,t] \times A)]. \end{aligned}$$

(14.62) LEMME: <u>La mesure aléatoire</u> $\overline{\mathfrak{p}} = \dot{\mathfrak{p}}^2 \circ \dot{\varphi}^2 + I_{\{h\circ\varphi = \delta\}} \cdot (\dot{\mathfrak{p}} \circ \dot{\varphi})$ <u>est une mesure de Poisson sur</u> $(\overline{\Omega},\overline{F},\overline{\underline{F}},\overline{P})$, <u>de mesure intensité</u> $dt \otimes F(dx)$.

<u>Démonstration</u>. On a vu en (14.61) que la $\overline{P}$-projection prévisible duale de $\overline{\eta} = \dot{\mathfrak{p}}^2 \circ \dot{\varphi}^2$ vaut $I_{\{h\circ\varphi \neq \delta\}} \cdot \overline{q}$. Par suite $I_{\{h\circ\varphi = \delta\}} \cdot \overline{\eta}$ a une $\overline{P}$-projection

prévisible duale nulle, donc est $\overline{P}$-p.s. nulle, donc les supports des mesures $\overline{\eta}$ et $I_{\{h\circ\varphi=\delta\}}\cdot(\dot{\mathfrak{p}}\circ\dot{\varphi})$ sont $\overline{P}$-p.s. disjoints, et $\overline{\mathfrak{p}}$ est une mesure aléatoire à valeurs entières.

D'après (10.47) il est immédiat que $\dot{\mathfrak{p}}\circ\dot{\varphi}$ admet la $\overline{P}$-projection prévisible duale $\overline{q}$. Par suite d'après (3.16) la $\overline{P}$-projection prévisible duale de $\overline{\mathfrak{p}}$ est $\overline{q}' + I_{\{h\circ\varphi=\delta\}}\cdot\overline{q} = \overline{q}$, d'où le résultat. ∎

<u>Démonstration de (14.56)</u>. Avec les notations précédentes, on définit une mesure aléatoire à valeurs entières $\overline{\mu}$ sur $(\overline{\Omega},\overline{\underline{F}},\overline{\underline{F}},\overline{P})$ en posant

$$\overline{\mu}(A) = \int\overline{\mathfrak{p}}(dt,dx)I_A[t,h\circ\varphi(t,y)] \qquad \text{si} \quad A\in\underline{\underline{B}}(\mathbb{R}_+\times E'),$$

à laquelle on associe $\overline{D}$ et $\overline{\beta}$ par (3.19).

Remarquons que, d'après la définition de $\overline{\mathfrak{p}}$, on peut aussi bien remplacer $\overline{\mathfrak{p}}$ par $\overline{\eta}=\dot{\mathfrak{p}}^2\circ\dot{\varphi}^2$ dans la définition de $\overline{\mu}$. D'après (14.58) on a alors $\overline{D}=\bigcup_{(n)}[\![T_n\circ\varphi]\!]$ à un ensemble $\overline{P}$-évanescent près. D'après (14.58) encore et (14.51,ii) on a $h(\omega,T_n(\omega),\dot{Y}_n^2(\dot{\omega}^2))=\beta_{T_n}(\omega)$ $Q(\omega,.)$-p.s. en $\dot{\omega}^2$ pour tout $\omega\in\Omega$, donc $\overline{P}$-p.s. en $(\omega,\dot{\omega}^2,\dot{\omega})$, de sorte que $\overline{\beta}_{T_n\circ\varphi}=(\beta_{T_n})\circ\varphi$ $\overline{P}$-p.s. Cela revient à dire que les processus $\overline{\beta}$ et $\beta\circ\varphi$ sont $\overline{P}$-indistinguables, donc $\overline{\mu}=\mu\circ\varphi$ $\overline{P}$-p.s., et on a prouvé le théorème. ∎

Dans certains cas on peut construire la mesure de Poisson sur Ω lui-même. En voici un exemple (nous laissons au lecteur le soin de donner une condition nécessaire et suffisante, à la manière de (14.47)).

(14.63) COROLLAIRE: <u>On suppose qu'on a (14.52), que</u> h <u>prend ses valeurs dans</u> E', <u>et que pour</u> $P(d\omega)\otimes dt$-<u>presque tout</u> (ω,t) <u>il existe</u> $B_{\omega,t}\in\underline{\underline{E}}$ <u>tel que</u> $F(E\setminus B_{\omega,t})=0$ <u>et que</u> $h(\omega,t,.)$ <u>soit injective en restriction à</u> $B_{\omega,t}$. <u>Il existe alors une mesure de Poisson</u> $\mathfrak{p}$ <u>sur</u> $(\Omega,\underline{\underline{F}},\underline{\underline{F}},P)$ <u>de mesure intensité</u> $dt\otimes F(dx)$, <u>telle que pour</u> P-<u>presque tout</u> ω :

$$\mu(\omega;A) = \int\mathfrak{p}(\omega;dt,dx)I_A[t,h(\omega,t,x)] \qquad \underline{\text{si}} \quad A\in\underline{\underline{B}}(\mathbb{R}_+\times E').$$

<u>Démonstration</u>. L'hypothèse entraine que dans (14.58) et (14.51) on peut prendre pour $\theta(\omega,t,x;.)$ la mesure de Dirac en y si $h(\omega,t,y)=x$ et $y\in B_{\omega,t}$, car y est alors unique. Par ailleurs l'ensemble $C=\{(\omega,t,x):\ \forall y\in B_{\omega,t}$ on a $h(\omega,t,y)\neq x\}$ vérifie $M_\mu^P(C)=M_\nu^P(C)=0$ d'après (14.54) et le fait que $F(E\setminus B_{\omega,t})=0$. Dans ce cas, pour P-presque tout $\omega\in\Omega$ la probabilité $Q(\omega,.)$ est une mesure de Dirac et d'après (14.59,b) la mesure $\dot{\mathfrak{p}}^2\circ\dot{\varphi}^2$ est $\overline{P}$-p.s. égale à une mesure $\mathfrak{p}\circ\varphi$, où $\mathfrak{p}\in\underline{\underline{\tilde{A}}}^1_\sigma(P)$. La mesure aléatoire $\overline{\mathfrak{p}}$ définie en (14.62) égale aussi $\mathfrak{p}\circ\varphi$, puisque h ne prend pas la valeur δ. Il est facile de vérifier que $\mathfrak{p}$ est une mesure de Poisson sur $(\Omega,\underline{\underline{F}},\underline{\underline{F}},P)$, d'intensité $dt\otimes F(dx)$, d'où le résultat. ∎

Il peut être intéressant de noter que les hypothèses de ce corollaire sont satisfaites lorsqu'on a (14.49), que F est non-atomique et de masse infinie, et que chaque $N(\omega,t;.)$ est également non-atomique et de masse infinie: voir l'exercice 14.5.

§c - Application aux semimartingales. Soit $X = (X^i)_{i\leq m'}$ une semimartingale m'-dimensionnelle sur $(\Omega,\underline{\underline{F}},\underline{F},P)$, de caractéristiques locales (B,C,ν). On note X^c sa partie martinagle locale continue (vectorielle), $\mu=\mu^X$, donc $\nu=\mu^p$. Soit aussi $U(\omega,t,x)=x$ si $x\in E' = \mathbb{R}^{m'}$.

Soit par ailleurs f' et f'' deux fonctions: $\mathbb{R}^{m'} \longrightarrow \mathbb{R}^{m'}$ telles que:

$$(14.64)\quad \begin{cases} f'(x)+f''(x) = x, & f' \text{ est bornée, il existe } b',b'' \text{ avec} \\ 0<b'<b''\leq\infty, & f'(x)=x \text{ si } |x|\leq b', \quad f'(x)=0 \text{ si } |x|\geq b''. \end{cases}$$

La proposition suivante généralise (3.78), et se ramène à (3.78) si $f'(x) = x I_{\{|x|\leq 1\}}$.

(14.65) PROPOSITION: On a $f'^i(U)\in G^2_{loc}(\mu,P)$ et il existe une famille $\widetilde{B} = (\widetilde{B}^i)_{i\leq m'}$ d'éléments de $\underline{\underline{P}}\cap\underline{\underline{V}}_0$ telle que

$$X = X_0 + \widetilde{B} + X^c + f'(U)*(\mu-\nu) + f''(U)*\mu .$$

De plus on a $\widetilde{B} = B + [f'(U) - U I_{\{|U|\leq 1\}}]*\nu$.

Ainsi, le processus $\widetilde{B}$ est une "autre version" de la première caractéristique locale de X: voir après (3.46).

Démonstration: $\widetilde{X} = X - X_0 - f''(U)*\mu$ est une semimartingale vectorielle de sauts $\Delta\widetilde{X} = f'(\Delta X)$ bornés, donc elle est spéciale. La première partie de l'énoncé découle alors de (3.77,a). Si on compare à (3.78), on obtient:

$$[f'(U) - U I_{\{|U|\leq 1\}}]*(\mu-\nu) + [f''(U) - U I_{\{|U|>1\}}]*\mu + \widetilde{B} - B = 0 .$$

On a $[f''(U) - U I_{\{|U|>1\}}]*\mu\in\underline{\underline{V}}_0$. On en déduit que le premier terme ci-dessus est dans $\underline{\underline{V}}_0$ également, donc $[f'(U) - U I_{\{|U|\leq 1\}}]*\nu$ aussi. En utilisant le fait que $f'(x)+f''(x)=x$ et en simplifiant l'expression précédente, on obtient la seconde formule de l'énoncé.∎

Cette décomposition est absolument générale, mais dans un sens elle n'apporte pas grand chose, car B, X^c, μ et ν sont étroitement liés à X. Cependant, sous des hypothèses relativement faibles, on va appliquer les résultats du §3 et du §4-b pour montrer que X^c, $f'(U)*(\mu-\nu)$ et $f''(U)*\mu$ sont des intégrales par rapport à un mouvement brownien m-dimensionnel et une mesure de Poisson, ce qui leur donne un caractère plus "intrinsèque" et maniable.

(14.66) <u>Hypothèse</u>: (i) $d\langle (X^i)^c,(X^i)^c\rangle_t \ll dt$ ($\Longleftrightarrow dC_t^{ii} \ll dt$) <u>si</u> $i \leq m'$;
(ii) ν <u>vérifie (14.49)</u>.

Voici maintenant un autre jeu d'hypothèses, un peu plus fortes, et dans lesquelles les termes (m,E,F) vérifiant (14.34) sont donnés.

(14.67) <u>Hypothèse</u>: (i) <u>il existe un processus prévisible</u> $a=(a^{ij})_{i\leq m', j\leq m}$ <u>tel que</u> $C_t^{ij} = \int^t ({a}\,{}^t a)_s^{ij}\,ds$.

(ii) <u>il existe une application mesurable</u> $h: (\Omega\times\mathbb{R}_+\times E, \underline{\underline{P}}(\underline{\underline{F}}^P)\otimes\underline{\underline{E}}) \longrightarrow (E'_\delta, \underline{\underline{E}}'_\delta)$ <u>telle que</u> ν <u>vérifie (14.52)</u>.

Enfin, comme d'habitude, il faut introduire un espace auxiliaire: si $(\acute{\Omega},\acute{\underline{\underline{F}}},\acute{\underline{F}},\acute{P};\acute{W},\acute{\mathfrak{p}})$ désigne un espace de processus directeurs quelconque (par exemple l'espace canonique (14.39)), on travaillera sur l'espace filtré $(\overline{\Omega},\overline{\underline{\underline{F}}},\overline{\underline{F}},\overline{P})$ et on utilisera l'application φ, définis par (14.55).

(14.68) THEOREME: (a) <u>L'hypothèse (14.67) entraine l'hypothèse (14.66), et lui est équivalente si</u> $m'\leq m$ <u>et</u> F <u>est non-atomique, de masse infinie</u>.

(b) <u>Soit (14.67). Il existe une probabilité de transition</u> Q <u>de</u> $(\Omega,\underline{\underline{F}})$ <u>dans</u> $(\dot{\Omega}^2,\dot{\underline{\underline{F}}}^2)$ <u>et, si</u>

$$\overline{P}(d\omega,d\dot{\omega}^2,d\acute{\omega}) \;=\; P(d\omega)\;Q(\omega,d\dot{\omega}^2)\;\acute{P}(d\acute{\omega}),$$

<u>il existe des processus directeurs</u> $\overline{W}$ <u>et</u> $\overline{\mathfrak{p}}$ <u>sur</u> $(\overline{\Omega},\overline{\underline{\underline{F}}},\overline{\underline{F}},\overline{P})$, <u>tels que</u>

$$\begin{cases} - & a^{ij}\circ\varphi \in L^2_{loc}(\overline{W}^j,\overline{P}) \\ - & f'^i(h\circ\varphi) \in G^2_{loc}(\overline{\mathfrak{p}},\overline{P}) \\ - & f''^i(h\circ\varphi)*\overline{\mathfrak{p}} \in \underline{\underline{V}}_o(\overline{P}) \end{cases}$$

<u>et que pour</u> $\overline{P}$<u>-presque tout</u> $\overline{\omega}=(\omega,\dot{\omega}^2,\acute{\omega})$ <u>on ait</u>

$$X^i(\omega) = X^i_0(\omega) + \widetilde{B}^i(\omega) + \sum_{j\leq m}(a^{ij}\circ\varphi)\cdot\overline{W}^j(\overline{\omega}) + f'^i(h\circ\varphi)*(\overline{\mathfrak{p}}-\overline{\mathfrak{q}})(\overline{\omega}) + f''^i(h\circ\varphi)*\overline{\mathfrak{p}}(\overline{\omega})$$

$\overline{\mathfrak{q}}$ est bien-sûr la mesure $\overline{\mathfrak{q}}(\overline{\omega};dt,dx)=dt\otimes F(dx)$; et $\widetilde{B}$ est le processus intervenant dans (14.65). On voit que dans cette expression les divers intégrands ne dépendent que de ω.

(14.69) <u>Remarques</u>: 1) Si on remplace (14.65) par: X est quasi-continu à gauche, il existe $\widetilde{C}\in\underline{\underline{V}}_o^+$ continu tel que $dC_t^{ii}\ll d\widetilde{C}_t$ et que

$$\nu(\omega,dt,dx) \;=\; d\widetilde{C}_t(\omega)\;N(\omega,t;dx)$$

pour une mesure de transition convenable N. Soit τ le changement de temps associé à $\widetilde{C}$ par (10.2): d'après les remarques (14.48) et (14.57,2) le processus changé de temps τX vérifie (14.66), donc X est le changé de temps d'un processus admettant la décomposition ci-dessus.

2) Nous donnons dans l'énoncé une forme explicite pour

l'espace $(\overline{\Omega},\overline{\underline{\underline{F}}},\overline{\underline{F}},\overline{P})$, car cela ne coûte pas plus cher. Bien entendu, ce qui importe est l'existence d'un espace de processus directeurs $(\overline{\Omega},\overline{\underline{\underline{F}}},\overline{\underline{F}},\overline{P};\overline{W},\overline{\mathfrak{p}})$ et d'une application mesurable φ ; $\overline{\Omega} \longrightarrow \Omega$ telle que $P = \overline{P}\circ\varphi^{-1}$.

Démonstration. La partie (a) découle de (14.45,a) et de (14.53). Pour la partie (b) on remarque que, $(\dot{\Omega},\dot{\underline{\underline{F}}},\dot{\underline{F}},\dot{P};\dot{W},\dot{\mathfrak{p}})$ étant un espace de processus directeurs, on peut appliquer simultanément les théorèmes (14.45) à $M = X^c$ (qui vérifie la condition (14.45,a)), et (14.56) à μ. On utilise donc la probabilité de transition Q et la mesure de Poisson $\overline{\mathfrak{p}}$ du théorème (14.56), et le mouvement brownien $\overline{W}$ du théorème (14.45); pour ce dernier, le fait que $\overline{\Omega}$ soit le produit de trois espaces au lieu de deux seulement ne change rien à l'affaire: on peut en effet définir $\overline{W}'$ sur $\Omega\times\dot{\Omega}$, puis poser $\overline{W}(\omega,\dot{\omega}^2,\dot{\omega}) = \overline{W}'(\omega,\dot{\omega})$, et vérifier à l'aide de (10.46) que $\overline{W}$ est un mouvement brownien m-dimensionnel et que $M\circ\varphi = (a\circ\varphi)\cdot\overline{W}$.

Pour simplifier les notations, on pose $\overline{h} = h\circ\varphi$, $\overline{a} = a\circ\varphi$, $\overline{\mu} = \mu\circ\varphi$, $\overline{\nu} = \nu\circ\varphi$, $\overline{U} = U\circ\varphi$, et $\overline{M} = M\circ\varphi = X^c\circ\varphi$. D'après (10.46) et (10.47), la décomposition (14.65) se transporte sur l'espace $(\overline{\Omega},\overline{\underline{\underline{F}}},\overline{\underline{F}},\overline{P})$, pour donner

$$X\circ\varphi \;=\; X_0\circ\varphi + \widetilde{B} \;+ \overline{M} + f'(\overline{U})*(\overline{\mu} - \overline{\nu}) + f''(\overline{U})*\overline{\mu}.$$

Comme $\overline{U}(\omega,t,x) = x$, (14.56) entraine que $f''(\overline{U})*\overline{\mu} = f''(\overline{h})*\overline{\mathfrak{p}}$ à un ensemble $\overline{P}$-évanescent près. Enfin $\overline{N} = f'(\overline{U})*(\overline{\mu} - \overline{\nu})$ est un élément de $\underline{\underline{L}}^d(\overline{P})$ vérifiant à un ensemble $\overline{P}$-évanescent près:

$$\Delta\overline{N}_t \;=\; \int\overline{\mu}(\{t\},dx)\, f'(x) \;=\; \int\overline{\mathfrak{p}}(\{t\},dy)\, f'[\overline{h}(t,y)]$$

à cause encore de (14.56). D'après (3.62) et (3.63) on en déduit que $f'(\overline{h}) \in G^2_{loc}(\overline{\mathfrak{p}},\overline{P})$ et que $\overline{N} = f'(\overline{h})*(\overline{\mathfrak{p}} - \overline{\mathfrak{q}})$, ce qui achève de prouver l'assertion (b).∎

(14.70) COROLLAIRE: Dans (14.68,b), si de plus $X^i \in \underline{\underline{M}}_{loc}(P)$ pour tout $i \leq m'$, on a $h^i\circ\varphi \in G^1_{loc}(\overline{\mathfrak{p}},\overline{P})$, et pour $\overline{P}$-presque tout $\overline{\omega} = (\omega,\dot{\omega}^2,\dot{\omega})$ on a

$$X^i(\omega) \;=\; X^i_0(\omega) + \sum_{j\leq m} (a^{ij}\circ\varphi)\cdot\overline{W}^j(\overline{\omega}) + (h^i\circ\varphi)*(\overline{\mathfrak{p}} - \overline{\mathfrak{q}})(\overline{\omega}).$$

Démonstration. On pourrait adapter la démonstration précédente. On peut aussi remarquer que dans (14.65) on a $\widetilde{B} = -f''(U)*\nu$, et appliquer le résultat précédent en remarquant que d'après (14.67,ii) on a $\widetilde{B}\circ\varphi = -f''(h\circ\varphi)*\overline{\mathfrak{q}}$.∎

EXERCICES

14.4 - Montrer que (14.50) est valide si la partie non-atomique de F a une masse qui majore toutes les N(a,E').

14.5 - a) Dans (14.50) montrer que si chaque mesure $N(a,.)$ est non-atomique et vérifie $N(a,E') \leq F(E)$, F étant éventuellement finie mais toujours non-atomique, pour chaque $a \in A$ il existe $B_a \in \underline{\underline{E}}$ tel que $F(E \setminus B_a) = 0$ et que $h(a,.)$ soit injective en restriction à B_a.

b) En déduire le résultat énoncé après (14.63).

14.6 - (suite) Plus généralement, montrer que si

(i) $N(\omega,t;E')$ ne dépend pas de (ω,t),

(ii) pour chaque (ω,t) il existe une énumération $b_n(\omega,t)$ des atomes de $N(\omega,t;.)$, telle que $a_n = N(\omega,t;\{b_n(\omega,t)\})$ ne dépende pas de (ω,t),

(iii) F est de masse totale $F(E) = N(\omega,t;E')$, et admet les atomes b_n tels que $a_n = F(\{b_n\})$,

alors (14.49) entraine (14.52) et la validité du corollaire (14.63).

5 - SOLUTIONS FAIBLES ET PROBLEMES DE MARTINGALES

Dans cette partie nous abordons enfin véritablement l'équation (***). D'une certaine manière, les processus directeurs W et $\mathfrak{f}$ sont caractérisés indépendamment de l'espace de probabilité sur lequel ils sont réalisés. Dans la mesure où les coefficients u, v, w ne dépendent que de la trajectoire du processus solution, on a une équation dont toutes les données sont "indépendantes" de l'espace de probabilité, ce qui va nous permettre d'en faire une étude "intrinsèque".

C'est pourquoi dans toute cette partie nous supposons fixés:

a) les caractéristiques (14.34);

b) les coefficients, définis sur l'espace canonique $\check{\Omega} = D([0,\infty[;\mathbb{R}^{m'})$ par

$$(14.71)\quad \begin{cases} \text{- un processus prévisible } \check{u} = (\check{u}^i)_{i\leq m'} \text{ sur } \check{\Omega} \\ \text{- un processus prévisible } \check{v} = (\check{v}^{ij})_{i\leq m', j\leq m} \text{ sur } \check{\Omega} \\ \text{- une fonction } \underline{\underline{P}}(\check{\underline{\underline{F}}})\otimes\underline{\underline{E}}\text{-mesurable } \check{w} = (\check{w}^i)_{i\leq m'} \text{ sur } \check{\Omega}\times\mathbb{R}_+\times E\,; \end{cases}$$

c) une condition initiale, du type $X_0 = x$, où $x \in \mathbb{R}^{m'}$ est donné (nous la prenons "déterministe" pour simplifier);

d) un couple (f',f'') de fonctions vérifiant (14.64).

Nous allons étudier l'équation symbolisée par

$$(14.72)\qquad dX_t = u_t dt + v_t dW_t + f'(w_t)(d\mathfrak{f}_t - d\mathfrak{q}_t) + f''(w_t)d\mathfrak{f}_t\,,$$

qui contient (***) comme cas particulier (prendre $f'(x) = x\,I_{\{|x|\leq 1\}}$), du moins apparemment: voir la remarque (14.77,3). L'utilité d'introduire un couple (f',f'') quelconque provient de ce qu'on veut parfois que les coefficients de l'équation soient de Lipschitz; or, on peut choisir f' lipschitzienne, auquel cas $f'(w)$ est lipschitzienne lorsque w l'est, alors qu'en général $w I_{\{|w|\leq 1\}}$ ne l'est pas !

§a - Les divers types de solutions. En premier lieu, nous avons les solutions-processus de la partie 1. Pour ne pas obliger le lecteur à se reporter à cette partie, nous en donnons à nouveau la définition.

(14.73) DEFINITION: Soit $(\Omega,\underline{\underline{F}},\underline{F},P;W,\mathfrak{p})$ un espace de processus directeurs. On appelle solution-processus (ou: solution forte) de (14.72) sur cet espace, tout processus $X=(X^i)_{i\leq m'}$ à valeurs dans $\mathbb{R}^{m'}$, continu à droite, limité à gauche, $\underline{F}^P$-adapté, tel que si

$$(14.74)\quad \begin{cases} \psi:\ \Omega \longrightarrow \check{\Omega} \quad \text{est définie par} \quad \check{X}\circ\psi = X \\ u_t(\omega)=\check{u}_t(\psi(\omega)),\ \ v_t(\omega)=\check{v}_t(\psi(\omega)),\ \ w(\omega,t,x) = \check{w}(\psi(\omega),t,x) \end{cases}$$

on ait

$$(14.75)\quad \int^{\cdot} \{|u_s| + |v_s|^2 + \int_E F(dx)[|w|^2 I_{\{|w|\leq 1\}} + I_{\{|w|>1\}}]\}ds \in \underline{\underline{V}}_o(P)$$

et

$$(14.76)\quad X_t^i = x^i + \int^t u_s^i ds + \sum_{j\leq m} v^{ij}\cdot W_t^j + f'^i(w)*(\mathfrak{p}-q)_t + f''^i(w)*\mathfrak{p}_t .$$

(14.77) Remarques: 1) On sait (voir (14.8,1)) que u, v, w sont $\underline{F}^P$-prévisibles.

2) La condition (14.75) est exactement la condition sous laquelle tous les termes de (14.76) sont bien définis:

a) c'est évident pour le terme en u ;

b) d'après la remarque (4.36,1), le processus vectoriel $v^{i\cdot}$ est dans $L^2_{loc}(W,P)$ si et seulement si $v^{ij}\in L^2_{loc}(W^j,P)$, ce qui équivaut à ce que $\int^{\cdot}(v_s^{ij})^2 ds \in \underline{\underline{V}}_o(P)$;

c) d'après (3.68) on a $f'^i(w)\in G^1_{loc}(\mathfrak{p},P)$ (ou $G^2_{loc}(\mathfrak{p},P)$, c'est pareil car f' est borné) pour chaque $i\leq m'$ si et seulement si $|f'(w)|^2 * q \in \underline{\underline{V}}_o(P)$. Par ailleurs $f''^i(w)*\mathfrak{p}\in\underline{\underline{V}}_o(P)$ pour chaque $i\leq m'$ si et seulement si $I_{\{f''(w)\neq 0\}}*\mathfrak{p}\in\underline{\underline{V}}_o(P)$, ce qui équivaut à: $I_{\{f''(w)\neq 0\}}*q\in\underline{\underline{V}}_o(P)$. Etant donné (14.64), on en déduit que les deux derniers termes ont un sens si et seulement si w vérifie (14.75).

3) Soit $(\underline{f}',\underline{f}'')$ un autre couple vérifiant (14.64). Il est alors facile de vérifier, par une démonstration analogue à celle de (14.65), que X est solution-processus de (14.72) si et seulement si X

est solution-processus d'une autre équation du même type, avec le couple ($\underline{f}'$,$\underline{f}''$) et les coefficients $\underline{\check{u}}$, $\underline{\check{v}}$, $\underline{\check{w}}$ donnés par

$$\begin{cases} \underline{\check{u}}_t(\check{\omega}) = \check{u}_t(\check{\omega}) + \int \{\underline{f}'[\check{w}(\check{\omega},t,x)] - f'[\check{w}(\check{\omega},t,x)]\} F(dx) \\ \underline{\check{v}} = \check{v}, \qquad \underline{\check{w}} = \check{w}. \blacksquare \end{cases}$$

Si maintenant on cherche à s'affranchir de l'espace $(\Omega,\underline{\underline{F}},\underline{F},P;W,\mathfrak{p})$ sur lequel sont réalisés les processus directeurs, il est naturel de poser:

(14.78) DEFINITION: <u>On appelle solution de l'équation (14.72) la donnée:</u>
- <u>d'un espace de processus directeurs,</u>
- <u>d'une solution-processus sur cet espace.</u>

Ce type de solution est naturel lorsque X représente un phénomène suivant en principe l'équation d'évolution

$$dX_t = \check{u}_t(X_.)\, dt,$$

mais qui est perturbé par des "bruits" aléatoires représentés par W et $\mathfrak{p}$, et inobservables physiquement. L'espace de probabilité sous-jacent n'a donc pas d'importance. En poussant ce raisonnement à l'extrême, on ne s'intéresse en fait qu'à la "loi" du processus solution, ce qui conduit à:

(14.79) DEFINITION: (a) <u>On appelle solution faible</u> (ou: <u>solution-mesure</u>) <u>toute probabilité</u> $\check{P}$ <u>sur</u> $(\check{\Omega},\underline{\underline{\check{F}}})$ <u>associée à une solution du type (14.73) par la relation</u> $\check{P} = P\circ\psi^{-1}$.

(b) <u>Une solution faible</u> $\check{P}$ <u>est dite réalisable sur l'espace de processus directeurs</u> $(\Omega,\underline{\underline{F}},\underline{F},P;W,\mathfrak{p})$ <u>s'il existe une solution-processus</u> X <u>sur cet espace, telle que</u> $\check{P} = P\circ\psi^{-1}$. Dans ce cas, on dit que X <u>réalise</u> $\check{P}$.

Une solution faible est par définition réalisable sur au moins un (et en fait une infinité) espace de processus directeurs.

§b - <u>Solutions faibles et problèmes de martingales</u>. Voici maintenant le résultat essentiel de ce chapitre. Sa démonstration simple ne doit pas faire illusion: elle s'appuie sur les résultats (difficiles) des parties 3 et 4.

(14.80) THEOREME: <u>Une probabilité</u> $\check{P}$ <u>sur</u> $(\check{\Omega},\underline{\underline{\check{F}}})$ <u>est une solution faible de l'équation (14.72) si et seulement si c'est une solution du problème</u> $\check{S} = S^{II}(\sigma(\check{X}_0);\check{X}|\varepsilon_x;\check{B},\check{C},\check{\nu})$ <u>défini sur</u> $(\check{\Omega},\underline{\underline{\check{F}}},\underline{\check{F}})$ <u>par</u>:

$$\check{B}_t = \begin{cases} \int_0^t ds\{\check{u}_s + \int_E F(dx)[\check{w}(s,x)I_{\{|\check{w}(s,x)|\leq 1\}} - f'(\check{w}(s,x))]\} & \text{si cette expression a un sens,} \\ (\infty,\ldots,\infty) & \text{sinon;} \end{cases}$$

$$\check{C}_t = \begin{cases} \int^t (v\,{}^t v)_s\, ds & \text{si } \int^t |v_s|^2 ds < \infty \\ (\infty,..,\infty) & \text{sinon;} \end{cases}$$

$$\check{\nu}(\check{\omega},A) = \int dt\, F(dy) I_A[t,\check{w}(\check{\omega},t,y)] I_{\{\check{w}(\check{\omega},t,y)\neq 0\}} \quad \text{si } A\in \underline{\underline{B}}(\mathbb{R}_+\times\mathbb{R}^{m'}).$$

Démonstration. (a) Condition nécessaire. Supposons que la solution faible $\check{P}$ soit réalisée par une solution-processus X sur un espace de processus directeurs $(\Omega,\underline{\underline{F}},\underline{F},P;W,\mathfrak{p})$. On utilise les notations (14.74). Sur l'espace $(\Omega,\underline{\underline{F}},\underline{F},P)$, il est évident que X est une semimartingale, dont on notera (B,C,ν) les caractéristiques locales, et soit $\mu=\mu^X$.

D'après (14.76) il est clair que $X^c = \sum_{i\leq m} v^{\cdot i}\cdot W^i$, donc $C=\check{C}\circ\psi$ P-p.s. et comme $f'(x)+f''(x)=x$ on a P-p.s.:

$$\mu(A) = \int \mathfrak{p}(ds,dy) I_A[s,w(s,y)] I_{\{w(s,y)\neq 0\}} \quad \text{si } A\in \underline{\underline{B}}(\mathbb{R}_+\times\mathbb{R}^{m'}).$$

Si $V\in(\underline{\underline{P}}(\underline{F})\otimes\underline{\underline{B}}(\mathbb{R}^{m'}))^+$, la fonction $V'(\omega,s,y)=V(\omega,s,w(\omega,s,y))I_{\{w(\omega,s,y)\neq 0\}}$ est $\underline{\underline{P}}(\underline{F}^P)\otimes\underline{\underline{E}}$-mesurable et la formule précédente s'écrit $V\cdot\mu = V'\cdot\mathfrak{p}$. Donc si $E(V*\mu_\infty)<\infty$ on a $(V\cdot\mu)^p = (V'\cdot\mathfrak{p})^p = V'\cdot q$. Comme la mesure aléatoire $\check{\nu}\circ\psi$ est une mesure prévisible vérifiant $V\cdot(\check{\nu}\circ\psi)=V'\cdot q$ par construction, on a $\check{\nu}\circ\psi=\mu^p$. Enfin si $U(\omega,t,x)=x$ on a aussi

$$\int^t ds \int_E F(dx)[w(s,x)I_{\{|w(s,x)|\leq 1\}} - f'(w(s,x))] = [U\, I_{\{|U|\leq 1\}} - f'(U)]*(\check{\nu}\circ\psi)$$

et d'après (14.65) et (14.76) on en déduit que $B=\check{B}\circ\psi$ P-p.s. Finalement on a montré que le triplet $(\check{B}\circ\psi,\check{C}\circ\psi,\check{\nu}\circ\psi)$ constitue une version des caractéristiques locales de X sur $(\Omega,\underline{\underline{F}},\underline{F},P)$.

Soit $\underline{F}'$ la plus petite filtration rendant X optionnel. Les $\underline{F}$-caractéristiques locales $(\check{B}\circ\psi,\check{C}\circ\psi,\check{\nu}\circ\psi)$ sont $\underline{F}'$-prévisibles, donc (9.18) et (9.19) entrainent que X est encore une semimartingale admettant le triplet $(\check{B}\circ\psi,\check{C}\circ\psi,\check{\nu}\circ\psi)$ pour $\underline{F}'$-caractéristiques locales. En prenant le "problème image" sur l'espace canonique $\check{\Omega}$ par ψ, (12.66) entraine que $\check{P}\in\check{S}$.

(b) Condition suffisante. Soit $\check{P}\in\check{S}$. Le processus $\check{X}$ vérifie l'hypothèse (14.67) sur l'espace $(\check{\Omega},\check{\underline{\underline{F}}},\check{\underline{F}},\check{P})$ avec $a=\check{v}$ et $h=\check{w}$ (en prenant $E'=\mathbb{R}^{m'}\setminus\{0\}$ et en identifiant 0 et δ). On peut alors appliquer le théorème (14.68,b) en remplaçant $(\Omega,\underline{\underline{F}},\underline{F},P)$ par $(\check{\Omega},\check{\underline{\underline{F}}},\check{\underline{F}},\check{P})$: le processus $\check{X}\circ\varphi$ est solution-processus de (14.72) sur l'espace de processus directeurs $(\overline{\Omega},\overline{F},\overline{\underline{F}},\overline{P};\overline{W},\overline{\mathfrak{p}})$, puisque l'application $\psi:\overline{\Omega}\longrightarrow\check{\Omega}$ définie par $\check{X}\circ\psi=\check{X}\circ\varphi$ (où φ est donnée dans (14.68)) égale l'application φ elle-même. On a donc $\check{P}=\overline{P}\circ\psi^{-1}$, ce qui montre que $\check{P}$ est une solution faible réalisée sur cet espace par le processus $\check{X}\circ\varphi$. ∎

Il n'est pas sûr, en règle générale, qu'il soit plus facile de résoudre le problème S que l'équation (14.72). Cependant, ce théorème est intéressant pour les deux raisons suivantes:

1) Il permet de comparer, de manière relativement simple, les diverses solutions faibles. Par exemple, le problème $\check{S}$ étant à l'évidence $\underline{\check{F}}$-adapté, on déduit de (12.12) le corollaire:

(14.81) COROLLAIRE: <u>L'ensemble des solutions faibles de (14.72) est convexe.</u>

Or, comme deux solutions faibles peuvent être réalisées sur deux espaces différents ou, sur le même espace, avec des processus directeurs différents, ce résultat n'est pas du tout évident si on ne dispose que de la définition (14.79) des solutions faibles.

Dans le même ordre d'idées, les résultats du chapitre XII permettent de donner des conditions d'absolue continuité relative des solutions faibles de (14.72) et des solutions d'une équation du même type, mais avec des coefficients différents. Dans certains cas également, on peut déduire l'existence et l'unicité de la solution faible de (14.72) à partir de l'existence et de l'unicité pour une équation voisine.

Pour ne donner qu'un résultat simple, on a par exemple:

(14.82) COROLLAIRE: <u>Supposons que</u> $f'(x) = x\, I_{\{|x|\leq 1\}}$. <u>Supposons que (14.72) admette une solution faible et une seule. Considérons l'équation (14.72') de mêmes caractéristiques (14.34), même condition initiale</u> $x \in \mathbb{R}^{m'}$, <u>même couple</u> (f', f''), <u>et de coefficients</u> $\check{u}', \check{v}', \check{w}'$ <u>tels qu'il existe un processus</u> $\underline{\check{F}}$<u>-prévisible</u> $\check{\alpha} = (\check{\alpha}^i)_{i\leq m'}$ <u>et une fonction</u> $\underline{\underline{P}}(\underline{\check{F}})\otimes\underline{\underline{B}}(\mathbb{R}^{m'})$<u>-mesurable</u> $\check{Y}$ <u>vérifiant</u>:

$$
(14.83)\begin{cases}
- \quad \check{v}' = \check{v} \\
- \quad \int F(dy) I_A[\check{w}'(t,y)] = \int F(dy) I_A[\check{w}(t,y)]\, \check{Y}(t,\check{w}(t,y)) \qquad \text{si } A \in \underline{\underline{B}}(\mathbb{R}^{m'}\setminus\{0\}) \\
- \quad \check{u}'^i_t = \check{u}^i_t + \sum_{j\leq m', k\leq m} \check{\alpha}^j_t \check{v}^{ik}_t \check{v}^{jk}_t \\
\qquad\qquad + \int F(dy)\, \check{w}^i(t,y)[\check{Y}(t,\check{w}(t,y)) - 1]\, I_{\{|\check{w}(t,y)|\leq 1\}} \\
\quad \text{là où le second membre est bien défini;} \\
- \text{ il existe une constante fini majorant la variable} \\
\int^{\infty} dt \left[\sum_{(i,j,k)} \check{\alpha}^i_t \check{v}^{ik}_t \check{v}^{jk}_t \check{\alpha}^j_t + \int F(dy)\left(1 - \sqrt{\check{Y}(t,\check{w}(t,y))}\right)^2 I_{\{\check{w}(t,y)\neq 0\}}\right.
\end{cases}
$$

<u>L'équation (14.72') admet alors une solution faible et seule, et cette solution faible est équivalente à la solution faible de (14.72)</u>.

<u>Démonstration</u>. Le problème $\check{S}$ vérifie (12.31,a,b), avec $\check{W}^i(\check{\omega},t,x) = x^i I_{\{|x|\leq 1\}}$, $P^0 = \varepsilon_x$, $\check{C}_t = t$ et $\check{c} = \check{v}\,{}^t\check{v}$. Soit $\check{S}'$ le problème associé à

l'équation (14.72') par (14.80). La seconde relation (14.83) signifie que $\check{\nu}' = \check{Y}.\check{\nu}$, et la troisième relation signifie que $\check{B}^i$ et $\check{B}'^i$ vérifient (12.32) avec $\underline{K} = \check{\alpha}$. Comme $\check{\nu}(\{t\}\times\mathbb{R}^{m'}) = 0$ et comme la loi initiale pour $\check{S}'$ est également ε_x, le couple $(\check{S},\check{S}')$ vérifie (12.31). De plus si on associe à ce couple les termes B et Γ par (12.35), on a $\Gamma = \emptyset$ par construction et la quatrième relation (14.83) signifie que B_∞ est borné. Il suffit alors d'appliquer (12.51).∎

(14.84) __Remarque__: La formule (14.83) est compliquée. Mais on arrive à une forme simple lorsque $F = 0$ (ou $\check{w} = 0$; donc le processus solution est continu) et si $m' = m = 1$. Dans ce cas en effet (14.83) équivaut à:

$$\check{v}' = \check{v}, \quad \check{u}' = \check{u} + \check{\alpha}(\check{v})^2, \quad \sup_{\check{\omega}} \int^\infty [\check{\alpha}_s(\check{\omega})\check{v}_s(\check{\omega})]^2 ds < \infty . \blacksquare$$

2) En second lieu, le théorème (14.80) permet de remplacer un bon nombre de problèmes de martingales du type (12.9) par une équation différentielle stochastique (12.72) on peut alors réaliser la solution du problème de martingales par une solution-processus sur un espace de processus directeurs et on se ramène ainsi à un mouvement brownien et une mesure de Poisson, a-priori plus faciles à manipuler que les semimartingales quelconques.

Illustrons ces commentaires en examinant les processus de diffusion avec sauts définis en (13.52). Pour simplifier, on suppose que $f'(x) = x I_{\{|x|\leq 1\}}$.

(a) __Partons de (14.72)__ et posons

$$\begin{cases} \beta(\check{\omega},s,x) &= \check{u}_s(\check{\omega}) \\ \gamma(\check{\omega},s,x) &= (\check{v}\,{}^t\check{v})_s(\check{\omega}) \\ K(\check{\omega},s,x;A) &= \int F(dy) I_A[\check{w}(\check{\omega},s,y)] I_{\{\check{w}(\check{\omega},s,y)\neq 0\}} . \end{cases}$$

Dès que les termes ainsi définis sur $\check{\Omega}$ vérifient l'hypothèse (13.50), on a identité entre les solutions faibles de (14.72) et les probabilités sur $(\check{\Omega},\underline{\underline{\check{F}}})$ faisant de $\check{X}$ un processus de diffusion d'opérateur $\mathcal{K}_{\check{\omega},t}$ (défini par (13.49)) et de loi initiale ε_x.

(b) __Partons d'un opérateur__ $\mathcal{K}_{\check{\omega},t}$, défini par (13.49) sur l'__espace canonique__ $\check{\Omega}$, et posons

$$\begin{cases} - \ \check{u}_s(\check{\omega}) = \beta(\check{\omega},s,\check{X}_{s-}(\check{\omega})) \\ - \ \check{v} \text{ processus matriciel } m\times m,\ \underline{\check{F}}\text{-prévisible, tel que } (\check{v}\,{}^t\check{v})_s(\check{\omega}) = \gamma(\check{\omega},s,\check{X}_{s-}(\check{\omega})) \\ - \ \check{w} \text{ fonction } \underline{\underline{P}}(\underline{\check{F}})\otimes\underline{\underline{E}}\text{-mesurable, à valeurs dans } \mathbb{R}^m, \text{ telle que} \\ \qquad K(\check{\omega},t,\check{X}_{t-}(\check{\omega});A) = \int F(dy) I_A[\check{w}(\check{\omega},t,y)] I_{\{\check{w}(\check{\omega},t,y)\neq 0\}} . \end{cases}$$

L'existence de $\check{V}$ est assurée par (14.45,a), celle de $\check{w}$ par (14.53) dès que F satisfait de bonnes propriétés. Là encore il y a identité entre les solutions faibles de l'équation (14.72) avec des coefficients ainsi définis, et les probabilités faisant de $\check{X}$ un processus de diffusion d'opérateur $\mathcal{H}_{\check{\omega},t}$ et de loi initiale ε_x.

§c - Réalisation d'une solution faible; solutions fortes-mesure. Nous allons d'abord construire un espace sur lequel toute solution faible est réalisable. $(\dot{\Omega},\dot{\underline{\underline{F}}},\dot{\underline{\underline{F}}},\dot{P};\dot{W},\dot{\mu})$ désigne l'espace canonique des processus directeurs (14.39). Posons

$$
(14.85)\quad \begin{cases} \Omega' = \dot{\Omega}\times\check{\Omega}, \quad \underline{\underline{F}}' = \dot{\underline{\underline{F}}}\otimes\check{\underline{\underline{F}}}, \quad \underline{\underline{F}}'_t = \bigcap_{s>t} \dot{\underline{\underline{F}}}_s\otimes\check{\underline{\underline{F}}}_s \\ \dot{\psi} : \Omega' \longrightarrow \dot{\Omega} \quad \text{définie par} \quad \dot{\psi}(\dot{\omega},\check{\omega}) = \dot{\omega} \\ \check{\psi} : \Omega' \longrightarrow \check{\Omega} \quad \text{définie par} \quad \check{\psi}(\dot{\omega},\check{\omega}) = \check{\omega} \\ X' = \check{X}\circ\check{\psi}, \quad W' = \dot{W}\circ\dot{\psi}, \quad \mu' = \dot{\mu}\circ\dot{\psi}. \end{cases}
$$

(14.86) LEMME: Soit P' une probabilité sur $(\Omega',\underline{\underline{F}}')$ telle que W' et μ' soient des processus directeurs sur $(\Omega',\underline{\underline{F}}',\underline{\underline{F}}',P')$.

(a) On a $\dot{P} = P'\circ\dot{\psi}^{-1}$.

(b) Il existe une factorisation $P'(d\dot{\omega},d\check{\omega}) = \dot{P}(d\dot{\omega})P(\dot{\omega},d\check{\omega})$, où P est une probabilité de transition de $(\dot{\Omega},\dot{\underline{\underline{F}}})$ dans $(\check{\Omega},\check{\underline{\underline{F}}})$ telle que $P(.,\check{A})$ soit $\dot{\underline{\underline{F}}}^{\dot{P}}_t$-mesurable pour tout $\check{A}\in\check{\underline{\underline{F}}}_t$.

Démonstration. (a) L'application $\dot{\varphi}$ définie par (14.41) égale $\dot{\psi}$ lorsque $\Omega=\Omega'$, $W=W'$ et $\mu=\mu'$, de sorte que le résultat découle de (14.42).

(b) On a $\check{\underline{\underline{F}}} = \sigma(\check{X}_s : s\in\mathbb{Q}_+)$ et $\underline{\underline{F}}' = \dot{\underline{\underline{F}}}\otimes\check{\underline{\underline{F}}}$, tandis que $\dot{P} = P'\circ\dot{\psi}^{-1}$. On sait alors qu'il existe une probabilité de transition P de $(\dot{\Omega},\dot{\underline{\underline{F}}})$ dans $(\check{\Omega},\check{\underline{\underline{F}}})$ telle que $P'(d\dot{\omega},d\check{\omega}) = \dot{P}(d\dot{\omega})P(\dot{\omega},d\check{\omega})$.

Soit $\check{A}\in\check{\underline{\underline{F}}}_t$ et $\dot{Z}(\dot{\omega}) = P(\dot{\omega},\check{A})$. Il nous faut montrer que $\dot{E}(\dot{Z}|\dot{\underline{\underline{F}}}_t) = \dot{Z}$. Posons $\dot{\underline{\underline{G}}} = \sigma(\dot{W}_s - \dot{W}_t, \dot{\mu}(]t,s]\times A) : A\in\underline{\underline{E}}, s\geq t)$. On a $\dot{\underline{\underline{F}}} = \dot{\underline{\underline{F}}}_t\vee\dot{\underline{\underline{G}}}$ et, comme W' et μ' sont des processus directeurs sur $(\Omega',\underline{\underline{F}}',\underline{\underline{F}}',P')$, les tribus $\underline{\underline{F}}'_t$ et $\dot{\psi}^{-1}(\dot{\underline{\underline{G}}})$ sont P'-indépendantes. Soit alors $\dot{B}\in\dot{\underline{\underline{F}}}_t$ et $\dot{C}\in\dot{\underline{\underline{G}}}$. On a

$$
\begin{aligned}
\dot{E}(\dot{Z}I_{\dot{B}\cap\dot{C}}) &= E'[(I_{\dot{B}\cap\dot{C}}\circ\dot{\psi})(I_{\check{A}}\circ\check{\psi})] = E'[(I_{\dot{B}}\circ\dot{\psi})(I_{\check{A}}\circ\check{\psi})]\dot{P}(\dot{C}) \\
&= \dot{E}(\dot{Z}I_{\dot{B}})\dot{P}(\dot{C}) = \dot{E}[I_{\dot{B}}\,\dot{E}(\dot{Z}|\dot{\underline{\underline{F}}}_t)]\,\dot{P}(\dot{C}) = \dot{E}(I_{\dot{B}\cap\dot{C}}\,\dot{E}(\dot{Z}|\dot{\underline{\underline{F}}}_t)),
\end{aligned}
$$

où on utilise la P'-indépendance de $\underline{\underline{F}}'_t$ et $\dot{\psi}^{-1}(\dot{\underline{\underline{G}}})$ pour la seconde égalité, et la $\dot{P}$-indépendance de $\dot{\underline{\underline{F}}}_t$ et $\dot{\underline{\underline{G}}}$ pour la dernière égalité. Comme $\dot{\underline{\underline{F}}} = \dot{\underline{\underline{F}}}_t\vee\dot{\underline{\underline{G}}}$, on en déduit que $\dot{Z} = \dot{E}(\dot{Z}|\dot{\underline{\underline{F}}}_t)$, d'où le résultat.∎

(14.87) THEOREME: Soit $\check{P}$ une solution faible. Il existe une probabilité P'

<u>sur</u> $(\Omega',\underline{\underline{F}}')$ <u>telle que</u> $(\Omega',\underline{\underline{F}}',\underline{F}',P';W',\mathfrak{p}')$ <u>soit un espace de processus directeurs sur lequel le processus</u> X' <u>réalise</u> $\check{P}$.

On a donc $\check{P} = P'\circ\check{\psi}^{-1}$ et $\dot{P} = P'\circ\dot{\psi}^{-1}$. On remarquera que la probabilité P' ci-dessus n'est en général pas unique: voir l'exercice 14.9.

<u>Démonstration</u>. Il existe un processus X, sur un certain espace de processus directeurs $(\Omega,\underline{\underline{F}},\underline{F},P;W,\mathfrak{p})$, qui réalise P. Relativement à cet espace, on utilise les notations (14.74). Etant donnée la définition de Ω', les formules suivantes définissent une application φ: $\Omega \longrightarrow \Omega'$:

$$X'\circ\varphi = X , \quad W'\circ\varphi = W , \quad \mathfrak{p}'\circ\varphi = \mathfrak{p} ,$$

et on a $\psi = \check{\psi}\circ\varphi$ par construction. Comme X, W, $\mathfrak{p}$ sont $\underline{F}^P$-optionnels, on a $\varphi^{-1}(\underline{\underline{F}}'_t) \subset \underline{\underline{F}}^P_t$, et on peut poser $P' = P\circ\varphi^{-1}$.

On montre que W' et $\mathfrak{p}'$ sont des processus directeurs sur l'espace $(\Omega',\underline{\underline{F}}',\underline{F}',P')$ en reprenant mot pour mot la preuve de (14.42).

Sur Ω' on définit les coefficients $u' = \check{u}\circ\check{\psi}$, $v' = \check{v}\circ\check{\psi}$ et $w' = \check{w}\circ\check{\psi}$, de sorte que $u = u'\circ\varphi$, $v = v'\circ\varphi$ et $w = w'\circ\varphi$ et on en déduit que u', v' et w' vérifient la condition (14.75) sur $(\Omega',\underline{\underline{F}}',\underline{F}',P')$. Sur l'espace $(\Omega,\underline{\underline{F}},P)$ la relation (14.76) est satisfaite si les intégrales stochastiques sont prises relativement à la filtration $\underline{F}^P$, mais aussi si elles sont prises relativement à la sous-filtration $\underline{\tilde{F}} = \varphi^{-1}(\underline{F}')$, d'après les résultats du chapitre IX, et puisque X, W et $\mathfrak{p}$ sont $\underline{\tilde{F}}$-optionnels tandis que les divers intégrands sont $\underline{\tilde{F}}$-prévisibles. Il suffit alors d'appliquer (10.38), (10.39) et (10.40) pour obtenir que la relation (14.76) est satisfaite sur $(\Omega',\underline{\underline{F}}',\underline{F}',P')$ si on remplace $(X,W,\mathfrak{p},u,v,w)$ par $(X',W',\mathfrak{p}',u',v',w')$. Enfin $\psi = \check{\psi}\circ\varphi$, donc $P'\circ\check{\psi}^{-1} = P\circ\psi^{-1}$, d'où le résultat. ∎

(14.88) <u>Remarque</u>: Si on ne tient pas à obtenir l'espace "minimal" sur lequel on peut réaliser toutes les solutions faibles de toutes les équations (14.72) de mêmes caractéristiques (14.34) et de même dimension m', on peut utiliser l'espace $\bar{\Omega} = \check{\Omega}\times\dot{\Omega}^2\times\hat{\Omega}$ défini par (14.55): il suffit alors de recopier la preuve de la condition suffisante de (14.80). Toutefois, le théorème précédent est élémentaire, tandis que (14.80) utilise les résultats assez difficiles de la partie 4. ∎

La notion suivante est également intéressante:

(14.89) DEFINITION: <u>On appelle solution forte-mesure toute solution faible réalisable sur l'espace canonique des processus directeurs</u>.

(12.90) THEOREME: <u>Soit</u> $\check{P}$ <u>une solution faible</u>.

(a) Pour que $\check{P}$ soit une solution forte-mesure, il faut et il suffit qu'il existe un espace de processus directeurs $(\Omega,\underline{\underline{F}},\underline{F},P;W,\mu)$ sur lequel $\check{P}$ soit réalisable par un processus $(\underline{F}^d)^P$-adapté (la filtration $\underline{F}^d$ est définie après (14.35)).

(b) Dans ce cas, $\check{P}$ est réalisable sur n'importe quel espace de processus directeurs $(\Omega,\underline{\underline{F}},\underline{F},P;W,\mu)$, par un processus X qu'on peut choisir $(\underline{F}^d)^P$-adapté.

Démonstration. (a) La condition nécessaire découle de la définition (14.89) puisque $\dot{\underline{F}}^d = \dot{\underline{F}}$ sur $\dot{\Omega}$. Supposons inversement que $\check{P}$ soit réalisé sur $(\Omega,\underline{\underline{F}},\underline{F},P;W,\mu)$ par le processus X, et que X soit $(\underline{F}^d)^P$-adapté. Soit l'application $\dot{\varphi}: \Omega \longrightarrow \dot{\Omega}$ définie par (14.41). On sait que $\underline{\underline{F}}_t^d = \dot{\varphi}^{-1}(\dot{\underline{\underline{F}}}_t)$. Quitte à perdre la propriété que toutes les trajectoires de X soient continues à droite et limitées à gauche, on va remplacer X par un processus $\underline{F}^d$-optionnel, qui lui est P-indistinguable. Ce nouveau processus sera encore noté X, et il est P-p.s. continu à droite et limité à gauche. D'après (10.35,c) il existe un processus $\dot{X}$ sur $\dot{\Omega}$, $\dot{\underline{F}}$-optionnel, tel que $X = \dot{X}\circ\dot{\varphi}$. On sait que X est une $(\underline{F}^d,P)$-semimartingale, donc $\dot{X} \in \underline{S}(\dot{P})$ d'après (10.37) et le fait que $\dot{P} = P\circ\dot{\varphi}^{-1}$, selon (14.42). Cela entraine en particulier que $\dot{X}$ est $\dot{P}$-indistinguable d'un processus $\dot{\underline{F}}^{\dot{P}}$-adapté $\dot{X}'$, partout continu à droite et limité à gauche. Dans ce cas, $\dot{X}'\circ\dot{\varphi}$ est aussi P-indistinguable de X, et quitte à remplacer $\dot{X}$ et X par $\dot{X}'$ et $\dot{X}'\circ\dot{\varphi}$, on peut supposer maintenant que le processus original X est $(\underline{F}^d)^P$-adapté, continu à droite et limité à gauche, et de la forme $X = \dot{X}\circ\dot{\varphi}$ où $\dot{X}$ est lui-même $\dot{\underline{F}}^{\dot{P}}$-adapté, continu à droite et limité à gauche.

Passons maintenant à la démonstration proprement dite de la condition suffisante. On peut recopier la fin de la preuve de (14.87), en remplaçant (Ω,Ω',φ) par $(\Omega,\dot{\Omega},\dot{\varphi})$, ce qui permet de montrer que $\dot{X}$ est solution-processus sur l'espace canonique $(\dot{\Omega},\dot{\underline{\underline{F}}},\dot{\underline{F}},\dot{P};\dot{W},\dot{\mu})$. Soit alors $\psi: \Omega \longrightarrow \check{\Omega}$ défini par $\check{X}\circ\psi = X$, et $\psi': \dot{\Omega} \longrightarrow \check{\Omega}$ défini par $\check{X}\circ\psi' = \dot{X}$. On a $\psi = \psi'\circ\dot{\varphi}$ par construction, $\check{P} = P\circ\psi^{-1}$ par hypothèse, et $\dot{P} = P\circ\dot{\varphi}^{-1}$ d'après (14.42), donc $\check{P} = \dot{P}\circ\psi'^{-1}$ et on a le résultat.

(b) Soit $(\Omega,\underline{\underline{F}},\underline{F},P;W,\mu)$ un espace de processus directeur et $\dot{\varphi}$ l'application définie par (14.41). Soit $\dot{X}$ une solution-processus sur l'espace canonique $(\dot{\Omega},\dot{\underline{\underline{F}}},\dot{\underline{F}},\dot{P};\dot{W},\dot{\mu})$, réalisant la solution forte-mesure $\check{P}$. Le processus $X = \dot{X}\circ\dot{\varphi}$ est $(\underline{F}^d)^P$-adapté sur Ω puisque $\underline{\underline{F}}_t^d = \dot{\varphi}^{-1}(\dot{\underline{\underline{F}}}_t)$, donc $\dot{\varphi}^{-1}(\dot{\underline{\underline{F}}}_t^{\dot{P}}) \subset (\underline{\underline{F}}_t^d)^P$. D'après (10.37), (10.38) et (10.39) il est facile de vérifier que X est solution-processus sur l'espace $(\Omega,\underline{\underline{F}},\underline{F}^d,P;W,\mu)$. Comme W et μ sont $\underline{F}^d$-optionnels, comme d'autre part les coefficients v et w définis par (14.74) sont $\underline{F}^d$-prévisibles, il découle des résultats du chapitre IX que les intégrales stochastiques de (14.76) peuvent être prises indifféremment par rapport à la filtration $(\underline{F}^d)^P$ ou à la filtration $\underline{F}^P$, ce qui entraine que X est solution-processus sur $(\Omega,\underline{\underline{F}},\underline{F},P;W,\mu)$. Enfin si ψ et ψ' sont définis comme dans la partie (a), on a encore $\psi = \psi'\circ\dot{\varphi}$, $\dot{P} = P\circ\dot{\varphi}^{-1}$ et $\check{P} = \dot{P}\circ\psi'^{-1}$, donc $\acute{P} = P\circ\psi^{-1}$, ce qui achève la démonstration.∎

Il ne faudrait pas croire que toute solution faible est solution forte-mesure. Nous donnons un contre-exemple très simple dans l'exercice 14.10. Voici un autre <u>contre-exemple</u>, moins trivial dans la mesure où il fait intervenir le mouvement brownien W, alors que dans l'exercice 14.10 on a en réalité une équation déterministe. Ce contre-exemple est dû à Tsirelson [1].

On suppose que $m' = m = 1$, $x = 0$ (condition initiale), $F = 0$ (donc μ n'intervient pas), $\check{v} = 1$, $\check{w} = 0$, et

$$(14.91)\qquad \check{u}_t(\check{\omega}) = \begin{cases} f[(\check{X}_{t_k}(\check{\omega}) - \check{X}_{t_{k+1}}(\check{\omega}))/(t_k - t_{k+1})] & \text{si } t \in]t_k,t_{k-1}] \\ 0 & \text{si } t = 0 \text{ ou } t > 1, \end{cases}$$

où (t_k) est une suite de réels décroissant strictement vers 0, avec $t_0 = 1$, et où $f(y)$ désigne la partie fractionnaire de y $(= y - n$ si $n \leq y < n+1$, $n \in \mathbb{Z})$. On remarque que $\check{v}$ est prévisible, puisqu'il est constant et $\check{\underline{\underline{F}}}_{t_k}$-mesurable sur chaque $]\!]t_k,t_{k-1}]\!]$.

(14.92) PROPOSITION: <u>Avec les caractéristiques et les coefficients ci-dessus l'équation (14.72) admet une solution faible et une seule, et cette solution n'est pas une solution forte-mesure.</u>

<u>Démonstration</u>. (a) Considérons l'équation (14.72') avec les mêmes caractéristiques, et les coefficients $\check{u}' = 0$, $\check{v}' = 1$, $\check{w}' = 0$, ce qui d'après (14.80) correspond au problème de martingales $S^{II}(\sigma(\check{X}_0);\check{X}|\varepsilon_0;0,t,0)$. On sait bien que ce problème admet une solution et une seule, celle qui fait de X un mouvement brownien. Par ailleurs si $\check{\alpha} = -\check{u}$, les relations de la remarque (14.84) sont satisfaites (car $|\check{\alpha}| \leq 1$ et $\check{\alpha} = 0$ sur $]\!]1,\infty[\![$). Le corollaire (14.82), où on inverse les rôles de (14.72) et (14.72') montre que l'équation (14.72) admet une solution faible et une seule.

(b) Supposons maintenant que X soit une solution-processus sur l'espace de processus directeurs $(\Omega,\underline{\underline{F}},\underline{F},P;W,\mu)$ et que X soit $(\underline{F}^d)^P$-adapté: on va arriver à une contradiction, ce qui montrera qu'il n'existe pas de solution forte-mesure.

Posons $Y_k = (X_{t_k} - X_{t_{k+1}})/(t_k - t_{k+1})$ et $Z_k = (W_{t_k} - W_{t_{k+1}})/(t_k - t_{k+1})$. Si $t \in]t_k,t_{k-1}]$ on a

$$X_t - X_{t_k} = \int^t f(Y_k)ds + W_t - W_{t_k},$$

ce qui montre que $Y_{k-1} = f(Y_k) + Z_{k-1}$. W est un mouvement brownien et $Y_k \in \underline{\underline{F}}_{t_k}$, donc Z_{k-1} est indépendant de Y_k et $\alpha_k = E(-2\pi^2/(t_{k-1} - t_k))$ vaut

$$\alpha_{k-1} = E(\exp 2i\pi f(Y_k))\, E(\exp 2i\pi Z_{k-1}) = \alpha_k \exp -2\pi^2/(t_{k-1} - t_k)$$

puisque $e^{2i\pi x} = e^{2i\pi f(x)}$. On en déduit que

$$\alpha_{k-1} = \alpha_{k+n} \exp(-2\pi^2 \sum_{k\leq i\leq k+n} \frac{1}{t_{i-1} - t_i})$$

et comme la série $\sum(t_{i-1} - t_i)^{-1}$ diverge, tandis que $|\alpha_k| \leq 1$, on en déduit que $\alpha_k = 0$ pour tout $k \in \mathbb{N}$. Il vient alors

$$E(e^{2i\pi Y_k}|\underline{\underline{F}}^d_{t_k}) = E[E(e^{2i\pi Y_{k+n}} e^{2i\pi(Z_k + .. + Z_{k+n-1})}|\sigma(Z_k,..,Z_{k+n-1}))|\underline{\underline{F}}^d_{t_k}]$$

$$= E(\alpha_{k+n} e^{2i\pi(Z_k + ..+ Z_{k+n-1})}|\underline{\underline{F}}^d_{t_k}) = 0$$

puisque Y_{k+n} est $\underline{\underline{F}}_{tk+n}$-mesurable, donc indépendant de $(Z_k,..,Z_{k+n-1})$. Mais par hypothèse Y_k est $\underline{\underline{F}}^d_{t_k}$-mesurable, donc $E(\exp 2i\pi Y_k|\underline{\underline{F}}^d_{t_k}) = \exp 2i\pi Y_k$, qui ne saurait être nul, ce qui constitue la contradiction cherchée.∎

§d - L'unicité trajectorielle. La notion d'unicité pour la solution faible ne pose pas de problème. Par contre, la notion "d'unicité de la solution" au sens de (14.75) n'a pas de sens, puisque s'il existe une solution, il existe une infinité de solutions-processus définis sur des espaces différents. Aussi pose-t-on:

(14.93) DEFINITION: On dit qu'il y a unicité trajectorielle si, sur tout espace de processus directeurs, il existe au plus une solution-processus (à une indistinguabilité près).

Ainsi, l'unicité trajectorielle est-elle donc l'unicité de la solution forte au sens de la partie 1.

(14.94) THEOREME: Supposons qu'il existe une solution faible. S'il y a unicité trajectorielle, cette solution faible est unique, et c'est une solution forte-mesure.

Démonstration. On considère les termes définis par (14.85). Soit $\check{P}$ et $\check{Q}$ deux solutions faibles, auxquelles on associe deux probabilités P' et Q' sur $(\Omega',\underline{\underline{F}}')$ vérifiant les propriétés de (14.87) relativement à $\check{P}$ et $\check{Q}$ respectivement. D'après (14.84,b) il existe des factorisations

$$P'(d\mathring{\omega},d\check{\omega}) = \mathring{P}(d\mathring{\omega})\, P(\mathring{\omega},d\check{\omega}), \quad Q'(d\mathring{\omega},d\check{\omega}) = \mathring{P}(d\mathring{\omega})\, Q(\mathring{\omega},d\check{\omega})$$

qui vérifient $P(.,\check{A}) \in \underline{\underline{F}}_t^{\dot{P}}$ et $Q(.,\check{A}) \in \underline{\underline{F}}_t^{\dot{P}}$ si $\check{A} \in \underline{\underline{\check{F}}}_t$.

Posons alors

$$\Omega = \dot{\Omega} \times \check{\Omega} \times \check{\Omega}, \quad \underline{\underline{F}} = \underline{\underline{\dot{F}}} \otimes \underline{\underline{\check{F}}} \otimes \underline{\underline{\check{F}}}, \quad \underline{\underline{F}}_t = \bigcap_{s>t} \underline{\underline{\dot{F}}}_s \otimes \underline{\underline{\check{F}}}_s \otimes \underline{\underline{\check{F}}}_s$$

$$\tilde{P}(d\dot{\omega}, d\check{\omega}_1, d\check{\omega}_2) = \dot{P}(d\dot{\omega})\, P(\dot{\omega}, d\check{\omega}_1)\, Q(\dot{\omega}, d\check{\omega}_2).$$

On peut considérer que $\Omega = \Omega' \times \check{\Omega}$, en associant à $(\dot{\omega},\check{\omega}_1) \in \Omega'$ et $\check{\omega}_2 \in \check{\Omega}$ le point $(\dot{\omega},\check{\omega}_1,\check{\omega}_2)$ de Ω, et on a alors $\tilde{P}(d\dot{\omega}, d\check{\omega}_1, d\check{\omega}_2) = P'(d\dot{\omega}, d\check{\omega}_1) Q(\dot{\omega}, d\check{\omega}_2)$. Si $\varphi_1 : \Omega \longrightarrow \Omega'$ est définie par $\varphi_1(\dot{\omega},\check{\omega}_1,\check{\omega}_2) = (\dot{\omega},\check{\omega}_1)$, en utilisant (10.46) et (10.47) on vérifie que le processus $X' \circ \varphi_1$ est solution de l'équation sur l'espace de processus directeurs $(\Omega, \underline{\underline{F}}, \underline{F}, \tilde{P}; W' \circ \varphi_1, \mu' \circ \varphi_1)$.

On peut aussi considérer que $\Omega = \Omega' \times \check{\Omega}$ en associant à $(\dot{\omega},\check{\omega}_2) \in \Omega'$ et $\check{\omega}_1 \in \check{\Omega}$ le point $(\dot{\omega},\check{\omega}_1,\check{\omega}_2)$ de Ω; si alors $\varphi_2 : \Omega \longrightarrow \Omega'$ est définie par $\varphi_2(\dot{\omega},\check{\omega}_1,\check{\omega}_2) = (\dot{\omega},\check{\omega}_2)$ on voit de la même manière que $X' \circ \varphi_2$ est solution-processus sur l'espace $(\Omega, \underline{\underline{F}}, \underline{F}, \tilde{P}; W' \circ \varphi_2, \mu' \circ \varphi_2)$.

On a $W' \circ \varphi_1 = W' \circ \varphi_2$ et $\mu' \circ \varphi_1 = \mu' \circ \varphi_2$ par définition de W' et de μ'. L'unicité trajectorielle entraine alors que $X' \circ \varphi_1$ et $X' \circ \varphi_2$ sont P-indistinguables. Mais $X' \circ \varphi_1(\dot{\omega},\check{\omega}_1,\check{\omega}_2) = \check{X}(\check{\omega}_1)$ et $X' \circ \varphi_2(\dot{\omega},\check{\omega}_1,\check{\omega}_2) = \check{X}(\check{\omega}_2)$. La P-indistinguabilité de $X' \circ \varphi_1$ et $X' \circ \varphi_2$ entraine que si $\Gamma = \{(\check{\omega}_1,\check{\omega}_2) : \check{\omega}_1 \neq \check{\omega}_2\}$ est le complémentaire de la diagonale dans $\check{\Omega} \times \check{\Omega}$, on a $\tilde{P}(\dot{\Omega} \times \Gamma) = 0$. Etant donnée la structure de $\tilde{P}$, cela n'est possible que s'il existe une application mesurable $\dot{\Phi} : (\dot{\Omega}, \underline{\underline{\dot{F}}}^{\dot{P}}) \longrightarrow (\check{\Omega}, \underline{\underline{\check{F}}})$ telle qu'en dehors d'un ensemble $\dot{P}$-négligeable, $P(\dot{\omega},.) = Q(\dot{\omega},.) = \varepsilon_{\dot{\Phi}(\dot{\omega})}(.)$. Cela entraine d'abord que $P' = Q'$ et comme $\check{P} = P' \circ \check{\psi}^{-1}$ et $\check{Q} = Q' \circ \check{\psi}^{-1}$ on en déduit que $\check{P} = \check{Q}$, d'où l'unicité de la solution faible.

Posons enfin $\dot{X} = \check{X} \circ \dot{\Phi}$, ce qui définit un processus sur $(\dot{\Omega}, \underline{\underline{\dot{F}}}, \underline{\dot{F}}, \dot{P})$, qui d'après (14.36,b) est $\underline{\dot{F}}^{\dot{P}}$-adapté. Comme $P(\dot{\omega},.) = \varepsilon_{\dot{\Phi}(\dot{\omega})}(.)$ $\dot{P}$-p.s. en $\dot{\omega}$, les processus $X' \circ \varphi_1$ et $(\dot{\omega},\check{\omega}_1,\check{\omega}_2) \rightsquigarrow \dot{X}(\dot{\omega})$ sont $\tilde{P}$-indistinguables. Par suite le processus: $(\dot{\omega},\check{\omega}_1,\check{\omega}_2) \rightsquigarrow \dot{X}(\dot{\omega})$ est solution-processus sur l'espace de processus directeurs $(\dot{\Omega}, \underline{\underline{\dot{F}}}, \underline{\dot{F}}, \dot{P}; \dot{W}, \dot{\mu})$. La solution faible que $\dot{X}$ réalise sur cet espace, qui est aussi l'unique solution faible (et qui vaut $\dot{P} \circ \dot{\Phi}^{-1}$) est donc une solution forte-mesure. ∎

Il nous reste maintenant à appliquer les résultats de la partie 1, qui donnent des conditions d'existence et d'unicité pour la solution forte. Pour cela, il faut transformer l'équation (14.72) en une équation (14.1), en prenant les processus directeurs suivants:

- $K = x$ (la condition initiale);

- $M = W$
- $\mu = \mathfrak{p}$, $\nu = \mathfrak{q}$
- $E' = \{\bar{1}\} \cup E$, $\mu'(dt,\{\bar{1}\}) = dt$, $\mu'(dt,dx)I_E(x) = \mathfrak{p}(dt,dx)$.

Les coefficients de l'équation (14.1) seront soulignés, pour éviter des confusions de notations. Ils sont définis par:

$$\underline{\check{u}} = \check{v}, \quad \underline{\check{v}} = f'(\check{w}),$$
$$\underline{\check{w}}(\omega,\check{\omega},t,\bar{1}) = \check{u}_t(\check{\omega}), \quad \underline{\check{w}}(\omega,\check{\omega},t,x) = f''(\check{w}(\check{\omega},t,x)) \quad \text{si} \quad x \in E.$$

Il est alors immédiat que, quel que soit l'espace de processus directeurs $(\Omega,\underline{F},\underline{F},P;W,\mathfrak{p})$, l'ensemble des solutions-processus sur cet espace est le même pour l'équation (14.72), et pour l'équation (14.1) qui lui est associée. De plus, comme les coefficients ne dépendent que de $\check{\omega}$, les hypothèses (14.14), (14.15) et (14.22) seront satisfaites simultanément sur tous les espaces de processus directeurs.

Dans le théorème suivant, on rappelle que $\check{Z}$ est défini par (14.13). Les conditions ci-dessous entrainent de manière presque triviale que les hypothèses (14.15) et (14.22) sont satisfaites par les coefficients de l'équation (14.1) associée, de sorte que c'est un simple corollaire de (14.23). Nous en laissons la démonstration au lecteur, qui pourra aussi voir ce qui se passe quand on ne suppose plus f' lipschitzienne. Nous laissons aussi au lecteur le soin de comparer ce résultat d'existence et d'unicité à celui qu'on obtient (pour les solutions faibles seulement) via le théorème (13.58) sur les diffusions.

(14.95) THEOREME: Supposons f' lipschitzienne. Supposons qu'il existe des fonctions positives $\alpha^n, \alpha, \gamma^n, \gamma$ sur $\mathbb{R}_+$ et β^n, β sur $\mathbb{R}_+ \times E$ telles que $\int^t \alpha^n(s)ds$, $\int^t \alpha(s)ds$, $\int^t \gamma^n(s)ds$, $\int^t \gamma(s)ds$, $\int^t\int F(dx)\beta^n(s,x)ds$ et $\int^t ds\int F(dx)\beta(s,x)$ soient finis pour tout $t<\infty$, et que:

(i) si $\check{X}^*_t(\check{\omega}) \leq n$, $\check{X}^*_t(\check{\omega}') \leq n$, alors

$$|\check{u}_t(\check{\omega}) - \check{u}_t(\check{\omega}')| \leq \alpha^n(t)\check{Z}_t(\check{\omega},\check{\omega}')$$
$$|\check{v}_t(\check{\omega}) - \check{v}_t(\check{\omega}')| \leq \gamma^n(t)\check{Z}^2_t(\check{\omega},\check{\omega}')$$
$$|\check{w}(\check{\omega},t,x) - \check{w}(\check{\omega}',t,x)| \leq \beta^n(t,x)\check{Z}^2_t(\check{\omega},\check{\omega}');$$

(ii) pour tout $\check{\omega}$:

$$|\check{u}_t(\check{\omega})| \leq \alpha(t)(1 + \check{X}^{*2}_t(\check{\omega}))^{1/2}$$
$$|\check{v}_t(\check{\omega})|^2 \leq \gamma(t)(1 + \check{X}^{*2}_t(\check{\omega}))$$
$$|\check{w}(\check{\omega},t,x)|^2 \leq \beta(t,x)(1 + \check{X}^{*2}_t(\check{\omega})).$$

Dans ce cas:

(a) Il existe une solution-processus et une seule sur chaque espace de processus directeurs (il y a donc unicité trajectorielle).

(b) Il existe une solution faible et une seule, qui est une solution-forte mesure.

EXERCICES

14.7 - Soit X une solution-processus sur $(\Omega,\underline{\underline{F}},\underline{F},P;W,\mu)$ et $(\Omega',\underline{\underline{F}}',\underline{F}',P')$ un autre espace. Soit $\Omega''=\Omega\times\Omega'$, $\underline{\underline{F}}''=\underline{\underline{F}}\otimes\underline{\underline{F}}'$, $\underline{\underline{F}}''_t=\bigcap_{s>t}\underline{\underline{F}}_s\otimes\underline{\underline{F}}'_s$, $P''=P\otimes P'$ et $\varphi:\Omega''\to\Omega$ définie par $\varphi(\omega,\omega')=\omega$. Montrer que $X\circ\varphi$ est une solution-processus sur $(\Omega'',\underline{\underline{F}}'',\underline{F}'',P'';W\circ\varphi,\mu\circ\varphi)$ réalisant la même solution faible que X.

14.8 - Montrer que l'unicité trajectorielle entraine qu'il y a une seule probabilité P' sur l'espace $(\Omega',\underline{\underline{F}}')$ défini en (14.85), telle que X' soit solution-processus sur l'espace $(\Omega',\underline{\underline{F}}',\underline{F}',P';W',\mu')$.

14.9 - Soit α une fonction sur $\mathbb{R}$ telle que l'équation en β :

$$\beta(t) = x + \int_0^t \alpha(\beta(s))\,ds$$

admette au moins deux solutions β_1 et β_2. On considère l'équation (14.72) avec $m=m'=1$, $\check{v}=0$, $\check{w}=0$, $\check{u}_t(\check{\omega})=\alpha[X_{t-}(\check{\omega})]$, et la valeur initiale $x\in\mathbb{R}$.

a) Montrer que pour tout $a\in]0,1[$, la probabilité $P=a\varepsilon_{\beta_1}+(1-a)\varepsilon_{\beta_2}$ sur $(\check{\Omega},\check{\underline{\underline{F}}})$ est une solution faible, qu'on pourra réaliser sur l'espace $(\Omega',\underline{\underline{F}}')$ avec la probabilité $P'=\dot{P}\otimes\check{P}$.

b) Soit $A\in\dot{\underline{\underline{F}}}_t$ tel que $\dot{P}(\dot{A})=a$. Montrer que la probabilité $\check{P}$ ci-dessus est réalisée sur $(\Omega',\underline{\underline{F}}')$ par la probabilité

$$P'(d\dot{\omega},d\check{\omega}) = \dot{P}(d\dot{\omega})[I_A(\dot{\omega})\varepsilon_{\beta_1}(d\check{\omega}) + I_{A^c}(\dot{\omega})\varepsilon_{\beta_2}(d\check{\omega})],$$

dès que $\beta_1(s)=\beta_2(s)$ pour $s\in[0,t]$.

c) En déduire que dans ce cas, les probabilités $\check{P}$ ci-dessus sont des solutions fortes-mesure.

14.10 - Avec les hypothèses de l'exercice précédent, on suppose que $\inf(s>0:\beta_1(s)\neq\beta_2(s))=0$. Soit $\check{P}=\frac{1}{2}(\varepsilon_{\beta_1}+\varepsilon_{\beta_2})$. Montrer que $\check{P}$ n'est pas une solution forte-mesure, alors que c'est une solution faible (on pourra montrer que si $\check{P}$ était réalisé sur l'espace canonique $(\acute{\Omega},\acute{\underline{\underline{F}}},\acute{\underline{F}},\acute{P};\acute{W},\acute{\mu})$ par un processus $\acute{X}$, l'ensemble $\{\acute{\omega}:\acute{X}_s(\acute{\omega})=\beta_1(s)$ pour tout $s\}$ serait dans $\acute{\underline{\underline{F}}}{}_0^{\acute{P}}$ et de probabilité $1/2$, contredisant ainsi la $\acute{P}$-trivialité de la tribu $\acute{\underline{\underline{F}}}_0$).

14.11 - Soit $\check{P}$ une solution forte-mesure. Montrer que dans (14.87) on peut choisir une probabilité P' se factorisant en $P'(d\hat{\omega},d\check{\omega}) = \acute{P}(d\hat{\omega})\varepsilon_{\dot{X}(\hat{\omega})}(d\check{\omega})$, où $\dot{X}$ est une solution-processus réalisant $\dot{P}$ sur l'espace canonique.

14.12 - <u>Une généralisation de la notion de processus directeurs</u>. On se donne un problème de martingales $\acute{S} = S^I(\dot{\underline{F}}_0;\dot{W},\dot{f}|P^o;0,\acute{C},0,\acute{q})$ sur l'espace canonique $(\dot{\Omega},\dot{\underline{F}},\dot{\underline{F}})$ défini par (14.39), où $I = \{1,..,m\}$, $\dot{C} = (\dot{C}^{ij})_{i,j\leq m}$, $\acute{q}$ et P^o sont donnés. L'espace $(\Omega,\underline{F},\underline{F},P)$ est dit muni des processus directeurs W et f si W est un processus m-dimensionnel $\underline{F}^P$-adapté continu, si $f \in \tilde{\underline{\underline{A}}}^1_\sigma(P)$, et si, $\acute{\varphi}$ étant défini par (14.41), on a:

$$\begin{cases} W^i \in \underline{\underline{L}}^c(P), \ \langle W^i,W^j\rangle = \acute{C}^{ij}\circ\acute{\varphi}, \\ \acute{q}\circ\acute{\varphi} \text{ est la projection prévisible duale de } f. \end{cases}$$

On suppose que $\acute{S}$ contient au moins une solution.

a) Montrer que dans (14.42) il faut remplacer $P\circ\acute{\varphi}^{-1} = \acute{P}$ par: $P\circ\acute{\varphi}^{-1} \in \acute{S}$.

b) Montrer que les définitions (14.73), (14.78) et (14.79) ont encore un sens.

c) Montrer que dans (14.86) il faut remplacer (a) par: $P'\circ\acute{\varphi}^{-1} \in \acute{S}$, et que (b) est valide (mais plus difficile !). Montrer que (14.87) est aussi valide.

d) Dans (14.89) on associe à chaque $\acute{P} \in \acute{S}$ une notion de solution forte-mesure, réalisable sur l'espace canonique muni de la probabilité $\acute{P}$. Montrer que (14.90) est valable, à condition de fixer une fois pour toutes la solution $\acute{P} \in \acute{S}$.

e) Montrer de même que (14.94) est vrai, à condition de fixer $\acute{P} \in \acute{S}$ et de préciser: solution faible associée à des processus directeurs de loi $\acute{P}$.

COMMENTAIRES

C'est Ito [1] qui a introduit les équations différentielles stochastiques, en étudiant (*) lorsque les coefficients ne dépendent que de la valeur de la solution au point t. L'équation (***) a été introduite par Skorokhod [1]. Le lecteur pourra consulter Liptzer et Shiryaev [2], et le livre [1] de Gihman et Skorokhod pour un panorama complet du sujet, dont nous n'abordons qu'une petite partie.

L'étude des solutions fortes a connu récemment un regain de faveur, depuis l'intérêt porté à l'équation (14.27): on peut citer les articles de Kazamaki [2], Protter [1],[2], Doléans-Dade [4] (voir aussi Doléans-Dade et Meyer [2]) et enfin Métivier et Pellaumail [3]. Tous ces auteurs, sauf les derniers, supposent que les coefficients ne dépendent de $\check{\omega}$ que par l'intermédiaire de $\check{X}_{t-}(\check{\omega})$, et qu'ils sont continus à gauche. Au contraire, Métivier et Pellaumail abordent le cas général, et démontrent le théorème (14.30) à quelques détails près (par exemple: ils supposent en plus que les processus α^n et β sont croissants; par contre leurs semimartingales peuvent être infini-dimensionnelles).

L'équation (14.1) a été introduite, sous une forme un peu moins générale, par Galtchouk [3], qui démontre le théorème (14.21) dans le cas où les coefficients ne dépendent encore de $\check{\omega}$ que par la valeur de $\check{X}_{t-}(\check{\omega})$. La formulation générale donnée ici est nouvelle. Il faut bien souligner cependant que la méthode utilisée est toujours la même: c'est celle utilisée pour les équations différentielles ordinaires. Le problème essentiel est le "contrôle des sauts", qui est rendu assez simple lorsque les coefficients ne dépendent que de $\check{X}_{t-}$; dans le cas général, Métivier et Pellaumail [3] utilisent un processus "majorant" la semimartingale, tandis qu'ici la difficulté est moindre du fait de l'usage des mesures aléatoires (qui, c'en est un nouvel exemple, permettent de controler "prévisiblement" les sauts).

La partie 2 est classique (pour (14.36), les références sont les mêmes que pour (3.34) et (3.51)). Il en est de même de la partie 3 (voir par exemple El Karoui et Reinhard [1]).

Le lemme (14.50) est dû à Skorokhod [1], mais nous suivons la démonstration de El Karoui et Lepeltier [1]. Le théorème (14.56) est dû essentiellement à Grigelionis [1], avec la démonstration donnée ici, et il a été redémontré indépendamment par El Karoui et Lepeltier [1], dans un article qui contient aussi le corollaire (14.70). Le théorème (14.68) est nouveau.

Le concept de solution faible se trouve dans l'article [1] de Girsanov, et son intérêt s'est manifesté au fil de très nombreux articles. Outre l'article fondamental de Stroock et Varadhan [1], on pourra consulter les articles suivants, qui font un peu le point de la situation dans le cas continu avec coefficients ne dépendant que de $\check{X}_{t-}$ (et aussi la bibliographie de ces articles): Yamada et Watanabe [1] (ou est introduite la notion d'unicité trajectorielle), Priouret [1] et Zvonkin et Krylov [1]. Le cas discontinu, toujours avec des coefficients ne dépendant que de $\check{X}_{t-}$, est traité par Lepeltier et Marchal [1]. Le cas général exposé ici est nouveau, mais les méthodes sont reprises des articles précédents.

CHAPITRE XV

REPRESENTATION INTEGRALE DES SOLUTIONS DE PROBLEMES DE MARTINGALES

Pour bon nombre de problèmes de martingales, l'ensemble des solutions est convexe; nous avons par ailleurs consacré une grande partie des chapitres XI et XII à diverses caractérisations des points extrémaux de cet ensemble de solutions. La question de savoir si on peut représenter toute solution comme le barycentre d'une probabilité portée par les solutions extrémales se pose donc naturellement.

Nous verrons que la réponse est positive sous des hypothèses relativement générales, et qui sans doute couvrent la plupart des situations effectivement rencontrées: c'est l'objet de la partie 1. Dans la partie 2 nous verrons que cette représentation n'est en général pas unique.

1 - EXISTENCE DES REPRESENTATIONS INTEGRALES

§a - Enoncé des résultats principaux. Dans ce chapitre on se donne un espace filtré $(\Omega,\underline{\underline{F}},\underline{F})$ tel que $\underline{\underline{F}}=\underline{\underline{F}}_{\infty}$. On note Π l'ensemble des probabilités sur $(\Omega,\underline{\underline{F}})$.

Nous voulons montrer que, sous des hypothèses raisonnables, l'ensemble des solutions de nombreux problèmes de martingales vérifie la propriété suivante:

(15.1) Propriété de représentation intégrale. - Une partie S de Π vérifie cette propriété si elle est convexe, et s'il existe une tribu $\underline{\underline{\Pi}}$ sur Π telle que les fonctions: $Q \rightsquigarrow Q(A)$ soient $\underline{\underline{\Pi}}$-mesurables quand $A\in\underline{\underline{F}}$ et que pour toute $P\in S$ on puisse trouver une probabilité λ sur $(\Pi,\underline{\underline{\Pi}})$ avec:

(i) l'ensemble S_e des points extrémaux de S vérifie $S_e\in\underline{\underline{\Pi}}^{\lambda}$ et $\lambda(S_e)=1$;

(ii) pour tout $A\in\underline{\underline{F}}$ on a: $P(A)=\int\lambda(dQ)Q(A)$.

On remarquera que la tribu $\underline{\underline{\Pi}}$ peut dépendre de S, mais elle ne dépend pas de la probabilité P choisie dans S. La propriété (ii) signifie que

P est le barycentre d'une probabilité λ, portée par S_e d'après (i) (la définition du barycentre d'une probabilité est rappelée au §c).

Nous énoncerons ci-après le "théorème fondamental". Toutefois, ce théorème étant quelque peu compliqué, nous donnons sans attendre deux de ses corollaires, d'énoncés très simples.

(15.2) THEOREME: Soit $\mathcal{X}$ une famille finie ou dénombrable de processus et $\underline{\underline{G}}$ une tribu séparable sur Ω. On suppose que $\underline{\underline{F}}$ est la plus petite filtration rendant optionnels les éléments de $\mathcal{X}$ et telle que $\underline{\underline{G}} \subset \underline{\underline{F}}_0$. Les ensembles S suivant vérifient alors la propriété (15.1):

(a) $S = H^q(\mathcal{X})$ et $S = \tilde{H}^q(\mathcal{X})$, pour $q \in [1,\infty[$ (notation (11.13)).

(b) $S = M(\mathcal{X})$, lorsque pour chaque $X \in \mathcal{X}$ il existe une suite $(T(n,X))$ de $\underline{\underline{F}}$-temps d'arrêt telle que $\sup_{(n)} T(n,X) = \infty$ et que chaque $X^{T(n,X)}$ soit borné.

(c) $S = \bigcap_{X \in \mathcal{X}} Ss^q(X)$ et $S = \bigcap_{X \in \mathcal{X}} \tilde{S}s^q(X)$, pour $q \in [1,\infty[$ (notation (11.31)).

(15.3) THEOREME: Soit $X = (X^i)_{i \le m}$ un processus m-dimensionnel et $\underline{\underline{F}}^o$ une tribu séparable sur Ω. On suppose que $\underline{\underline{F}}$ est la plus petite filtration rendant X optionnel et telle que $\underline{\underline{F}}^o \subset \underline{\underline{F}}_0$. Alors l'ensemble $S = S^{II}(\underline{\underline{F}}^o; X | P^o; B, C, \nu)$ de n'importe quel problème $\underline{\underline{F}}$-adapté de type (12.9), de base $(\underline{\underline{F}}^o, X)$, vérifie la propriété (15.1).

Nous verrons que la démonstration de ces théorèmes fait intervenir de manière fondamentale les propriétés de l'ensemble Π, lesquelles sont évidemment liées à la structure de l'espace mesurable $(\Omega, \underline{\underline{F}})$. Une "bonne" structure pour cet espace est obtenue sous l'hypothèse suivante:

(15.4) Hypothèse: Soit

- une tribu séparable $\underline{\underline{G}}$ sur Ω ;
- un processus Y sur Ω, à valeurs dans un espace polonais E (i.e. métrisable complet séparable), muni de ses boréliens $\underline{\underline{E}}$.

On suppose que $\underline{\underline{F}}$ est la plus petite filtration rendant Y optionnel et telle que $\underline{\underline{G}} \subset \underline{\underline{F}}_0$. On rappelle que $\underline{\underline{F}} = \underline{\underline{F}}_\infty$.

Nous n'imposons a-priori aucune condition sur Y, mais si

(15.5) $\Omega_o = \{\omega : Y_.(\omega)$ est continu à droite et limité à gauche$\}$,

nous ne considérerons que des parties S de Π dont tous les éléments $P \in S$ vérifient $P(\Omega_o) = 1$. Il est alors naturel de considérer l'espace canonique:

$$(15.6)\begin{cases} \check{\Omega} = D([0,\infty[;E) = \text{ensemble des fonctions continues à droite et limitées} \\ \text{à gauche } \check{\omega} : [0,\infty[\longrightarrow E \\ \check{Y}_t(\check{\omega}) = \check{\omega}(t), \ \check{\underline{\underline{F}}} = \text{plus petite filtration rendant } \check{Y} \text{ optionnel}, \ \check{\underline{\underline{F}}} = \check{\underline{\underline{F}}}_{\infty} \end{cases}$$

et l'application

$$(15.7) \qquad \varphi : \Omega_0 \longrightarrow \check{\Omega} \quad , \text{ définie par } \check{Y}\circ\varphi = Y .$$

Lorsque tout $P\in S$ vérifie $P(\Omega_0)=1$, on peut considérer l'ensemble des $(P\circ\varphi^{-1})_{P\in S}$ et donc "transporter" le problème sur l'espace canonique $\check{\Omega}$. Ce qu'on a gagné, par rapport à l'espace "abstrait" Ω, c'est la possibilité de munir $\check{\Omega}$ d'une topologie, appelée la topologie de Skorokhod, qui en fait <u>un espace polonais dont la tribu borélienne est</u> $\check{\underline{\underline{F}}}$. En ce qui concerne cette topologie, nous renvoyons au livre [2] de Billingsley, en rappelant simplement que la suite $(\check{\omega}_n)$ converge vers la limite $\check{\omega}$ pour cette topologie si et seulement si

$$(15.8)\begin{cases} \text{(i) - } t=0 \text{ ou } \check{\omega}(t-)=\check{\omega}(t) \Longrightarrow \check{\omega}_n(t)\longrightarrow\check{\omega}(t) \\ \text{(ii) - } t>0 \text{ et } \check{\omega}(t-)\neq\check{\omega}(t) \Longrightarrow \exists t_n \text{ tels que } t_n\longrightarrow t, \\ \qquad \check{\omega}_n(t_n)\longrightarrow\check{\omega}(t) \text{ et } \check{\omega}_n(t_n-)\longrightarrow\check{\omega}(t-). \end{cases}$$

<u>Remarque</u>: Dans [2], Billingsley définit la topologie de Skorokhod sur l'espace $D([0,1];\mathbb{R})$, donc de manière équivalente sur les $D([0,n];\mathbb{R})$ pour $n\in\mathbb{N}$. D'abord, l'espace polonais E étant isomorphe à un G_δ de $\mathbb{R}$, tous les résultats de [2] restent valables pour $D([0,n];E)$. Ensuite on peut définir la topologie induite sur $D([0,n[;E)$ par la projection de $D([0,n];E)$ sur $D([0,n[;E)$, ce qui a pour but de ne plus faire intervenir la variable "terminale" $\check{\omega}(n)$ qui joue un rôle particulier dans $D([0,n];E)$. Enfin on définit l'espace topologique $D([0,\infty[;E)$ comme la limite inductive des espaces polonais $D([0,n[;E)$. ∎

(15.9) DEFINITION: <u>Un processus</u> X <u>sur</u> Ω (à valeurs dans un espace topologique quelconque) <u>est dit universellement presque continu par rapport à</u> Y <u>si pour toute</u> $P\in\mathcal{P}$ <u>telle que</u> $P(\Omega_0)=1$ <u>il existe une partie dénombrable</u> Γ <u>de</u> $]0,\infty[$ <u>telle que</u>

$$\begin{cases} \forall t\in[0,\infty[\setminus\Gamma \ , \exists\Omega^t\in\underline{\underline{F}}^P \text{ avec } P(\Omega^t)=1 , \ \forall\omega\in\Omega^t\cap\Omega_0 , \ \forall\omega_n\in\Omega_0 \text{ tel} \\ \text{que } Y_\cdot(\omega_n) \text{ converge vers } Y_\cdot(\omega) \text{ pour la topologie de Skorokhod,} \\ \text{alors } X_t(\omega_n) \text{ tend vers } X_t(\omega). \end{cases}$$

(15.10) <u>Remarque</u>: Lorsque $\underline{\underline{G}}$ est triviale, il existe d'après (10.35) un processus $\check{X}$ sur $\check{\Omega}$ tel que $\check{X}\circ\varphi=X$ sur Ω_0. Dire que X est universellement presque continu par rapport à Y revient alors à dire que $\check{X}$ est <u>universellement presque continu sur</u> $\check{\Omega}$, relativement au processus $\check{Y}$.

On peut exprimer cette propriété de manière légèrement plus simple que dans (15.9) en disant: pour toute probabilité $\check{P}$ sur $(\check{\Omega},\check{\underline{\underline{F}}})$ il existe une partie dénombrable Γ de $]0,\infty[$ telle que si $t\in[0,\infty[\setminus\Gamma$ l'application: $\check{\omega} \rightsquigarrow \check{X}_t(\check{\omega})$ est $\check{P}$-p.s. continue sur $\check{\Omega}$, muni de la topologie de Skorokhod.∎

Voici un exemple de processus ayant cette propriété.

(15.11) LEMME: <u>Le processus</u> Y <u>est universellement presque continu par rapport à lui-même</u>.

<u>Démonstration</u>. Soit $P\in\Pi$ telle que $P(\Omega_o)=1$. Soit $\Gamma=\{t>0: P(\Omega_o\cap\{Y_{t-}\neq Y_t\})>0\}$ l'ensemble des temps de discontinuité fixes de Y pour P. D'après une extension immédiate de (3.48) l'ensemble Γ est au plus dénombrable, et d'après (15.8,i) on voit que pour tout $t\notin\Gamma$ et P-presque tout ω dans Ω_o (plus précisément, pour tout $\omega\in\Omega_o$ tel que $Y_{t-}(\omega)=Y_t(\omega)$) on a $\lim_{(n)} Y_t(\omega_n)=Y_t(\omega)$ lorsque $Y_.(\omega_n)$ tend vers $Y_.(\omega)$ pour la topologie de Skorokhod.∎

Nous avons maintenant tous les éléments permettant d'énoncer le <u>théorème fondamental</u>.

(15.12) THEOREME: <u>Soit l'hypothèse (15.4)</u>, $\underline{\underline{F}}^o$ <u>une sous-tribu séparable de</u> $\underline{\underline{F}}_o$, <u>et</u> P^o <u>une probabilité sur</u> $(\Omega,\underline{\underline{F}}^o)$. <u>Soit</u> $\mathfrak{X}$ <u>une famille finie ou dénombrable de processus</u> $\underline{\underline{F}}$-<u>optionnels et universellement presque continus relativement à</u> Y. <u>Soit</u> S <u>l'ensemble des</u> $P\in\Pi$ <u>qui vérifient</u>

(i) $\Omega_o\in\underline{\underline{F}}^P$ <u>et</u> $P(\Omega_o)=1$;

(ii) <u>pour tous</u> $t\in\mathbb{R}_+$, $\varepsilon>0$, <u>il existe un compact</u> K <u>de</u> E <u>tel que</u>

$$P(\textstyle\bigcap_{s<t}\{Y_s\in K\})\geq 1-\varepsilon ;$$

(iii) $P=P^o$ <u>en restriction à</u> $(\Omega,\underline{\underline{F}}^o)$;

(iv) <u>chaque</u> $X\in\mathfrak{X}$ <u>est P-indistinguable d'une sousmartingale sur</u> $(\Omega,\underline{\underline{F}}^P,\underline{F}^P,P)$ <u>et vérifie</u> $E(X_t^*)<\infty$ <u>pour tout</u> $t\in\mathbb{R}_+$.

<u>Alors l'ensemble</u> S <u>vérifie la propriété (15.1)</u>.

Eatnt donné (i), les ensembles $\bigcap_{s<t}\{Y_s\in K\}$ et $\bigcap_{s<t,s\in\mathbb{Q}}\{Y_s\in K\}$ sont P-p.s. égaux, donc (ii) a un sens. S est l'ensemble des solutions d'un problème de sousmartingales, avec en plus une condition initiale et une condition sur Y. La formulation de (iv) est un peu compliquée parce que, rappelons-le, une sousmartingale est partout continue à droite et limitée à gauche, hypothèse que nous n'avons pas faite sur les $X\in\mathfrak{X}$.

L'énoncé de ce théorème semble ne présenter que peu d'intérêt, par rapport notamment à (15.2) et (15.3). Nous le qualifions cependant de "théorème fondamental" car il constitue un intermédiaire obligé dans la démonstration des diverses propriétés de représentation intégrale. Nous le démontrerons dans le §c, tandis que le §b est consacré à montrer comment on peut déduire de ce théorème et de quelques autres résultats généraux (et simples) des propriétés de représentation intégrale pour des ensembles S plus faciles à décrire, et notamment ceux de (15.2) et (15.3).

§b - Utilisation du théorème fondamental. Commençons par montrer deux résultats qui n'utilisent pas la structure de l'espace $(\Omega,\underline{\underline{F}})$.

(15.13) PROPOSITION: Soit $S\subset\Pi$ vérifiant (15.1); soit $\mathcal{Y}$ une famille finie ou dénombrable de variables aléatoires sur $(\Omega,\underline{\underline{F}})$. L'ensemble

$$S' = \{P\in S: E(|Y|)<\infty \quad \forall Y\in\mathcal{Y}\}$$

vérifie $S'_e = S_e\cap S'$ et la propriété (15.1) (avec la même tribu $\underline{\underline{\Pi}}$).

Démonstration. La convexité de S' est évidente. Comme $S'\subset S$ on a $S_e\cap S' \subset S'_e$. Inversement soit $P\in S'_e$ telle que $P=aQ+(1-a)Q'$, avec $a\in]0,1[$ et $Q,Q'\in S$. On a $E_Q(|Y|)\leq\frac{1}{a}E(|Y|)$, qui est fini par hypothèse pour tout $Y\in\mathcal{Y}$, donc $Q\in S'$ et on a de même $Q'\in S'$; comme $P\in S'_e$ on en déduit que $Q=Q'=P$, donc $P\in S_e$, d'où l'inclusion $S'_e\subset S_e\cap S'$.

Soit $P\in S'$ et λ la probabilité sur $(\Pi,\underline{\underline{\Pi}})$, portée par S_e, et qui lui est associée par (15.1). Pour tout $Y\in\mathcal{Y}$ on a aussi

$$E(|Y|) = \int\lambda(dQ)\, E_Q(|Y|),$$

tandis que l'ensemble $\{Q\in\Pi: E_Q(|Y|)<\infty \quad \forall Y\in\mathcal{Y}\}$ est dans $\underline{\underline{\Pi}}$ puisque $\mathcal{Y}$ est au plus dénombrable. On en déduit que λ ne charge que cet ensemble, donc finalement λ est portée par $S_e\cap S'=S'_e$, d'où le résultat.∎

En second lieu on va voir qu'on n'altère pas la validité de (15.1) si on ajoute à Ω ou si on enlève de Ω une partie qui n'est chargée par aucune des probabilités appartenant à S. Plus précisément soit $\Omega'\subset\Omega$ et

$$\tilde{\Pi} = \{P\in\Pi: P^*(\Omega')=1\},$$

où P^* désigne la probabilité extérieure associée à P. On munit Ω' de la tribu trace $\underline{\underline{F}}'=\underline{\underline{F}}\cap\Omega'$ et on note Π' l'ensemble des probabilités sur $(\Omega',\underline{\underline{F}}')$. Le lecteur vérifiera aisément qu'on définit une bijection de Π' sur $\tilde{\Pi}$ en posant

$\psi:\Pi'\longrightarrow\Pi$, définie par $\psi(P')(A) = P'(A\cap\Omega')$ si $A\in\underline{\underline{F}}$.

L'application ψ définit l'<u>extension</u> d'une probabilité P' sur $(\Omega',\underline{\underline{F}}')$ en une probabilité sur $(\Omega,\underline{\underline{F}})$ qui appartient nécessairement à $\tilde{\Pi}$; son inverse ψ^{-1} sur $\tilde{\Pi}$ définit la <u>restriction</u> de $P\in\tilde{\Pi}$ en une probabilité $P'\in\Pi'$ définie par $P'(A')=P^*(A')$ si $A'\in\underline{\underline{F}}'$, ou encore par $P'(A\cap\Omega') = P(A)$ si $A\in\underline{\underline{F}}$, car $P(A)=P(B)$ si $A,B\in\underline{\underline{F}}$ vérifient $A\cap\Omega'=B\cap\Omega'$ puisque $P^*(\Omega')=1$.

(15.14) PROPOSITION: <u>Soit l'une des hypothèses suivantes</u>:

(i) $S\subset\tilde{\Pi}$ <u>et</u> S' <u>est l'ensemble des restrictions à</u> $(\Omega',\underline{\underline{F}}')$ <u>des éléments de</u> S ;

(ii) $S'\subset\Pi'$ <u>et</u> S <u>est l'ensemble des extensions à</u> $(\Omega,\underline{\underline{F}})$ <u>des éléments de</u> S'.

<u>Pour que</u> S <u>vérifie (15.1) il faut et il suffit que</u> S' <u>vérifie</u> (15.1).

D'après ce qui précède, les deux hypothèses (i) et (ii) sont équivalentes. On remarquera qu'ici les tribus $\underline{\underline{\Pi}}$ et $\underline{\underline{\Pi}}'$ intervenant dans (15.1) n'ont rien à voir: pour commencer, elles ne sont pas définies sur le même espace.

<u>Démonstration</u>. On écrira $S=\psi(S')$ et $S'=\psi^{-1}(S)$. Il est très facile de vérifier que S est convexe si et seulement si S' est convexe, et que $S_e=\psi(S'_e)$ et $S'_e=\psi^{-1}(S_e)$.

Supposons d'abord que S vérifie (15.1). On munit donc Π d'une tribu $\underline{\underline{\Pi}}$ et on associe à $P\in S$ une probabilité λ sur $(\Pi,\underline{\underline{\Pi}})$ vérifiant (15.1)-(i),(ii). Notons $\tilde{\underline{\underline{\Pi}}}$ la tribu trace $\tilde{\underline{\underline{\Pi}}}=\underline{\underline{\Pi}}\cap\tilde{\Pi}$. On sait que $S_e\subset\underline{\underline{\Pi}}^\lambda$ et que $\lambda(S_e)=1$, et comme $S_e\subset\tilde{\Pi}$, on a $\lambda(\tilde{\Pi})=1$; on peut alors considérer la restriction $\tilde{\lambda}$ de λ à $(\tilde{\Pi},\tilde{\underline{\underline{\Pi}}})$ et cette probabilité vérifie encore (15.1)-(i),(ii). Comme ψ est une bijection de Π' sur $\tilde{\Pi}$, on peut définir la tribu $\underline{\underline{\Pi}}'=\psi^{-1}(\tilde{\underline{\underline{\Pi}}})$ et ψ est bi-mesurable de $(\Pi',\underline{\underline{\Pi}}')$ dans $(\tilde{\Pi},\tilde{\underline{\underline{\Pi}}})$, donc on peut aussi définir la probabilité $\lambda'=\tilde{\lambda}\circ\psi$ sur $(\Pi',\underline{\underline{\Pi}}')$. On a $\underline{\underline{\Pi}}'^{\lambda'}=\psi^{-1}(\tilde{\underline{\underline{\Pi}}}^{\tilde{\lambda}})$. Si $A\in\underline{\underline{F}}$ on a $\{Q'\in\Pi' : Q'(A)\leq a\} = \psi^{-1}\{Q\in\tilde{\Pi} : Q(A)\leq a\}\in\psi^{-1}(\tilde{\underline{\underline{\Pi}}})=\underline{\underline{\Pi}}'$, et de même $S'_e\in\psi^{-1}(\tilde{\underline{\underline{\Pi}}}^{\tilde{\lambda}})=\underline{\underline{\Pi}}'^{\lambda'}$. Enfin λ' vérifie (15.1,ii) relativement à $P'=\psi^{-1}(P)$. On a ainsi montré que S' vérifie (15.1).

Supposons inversement que S' vérifie (15.1). Toujours en utilisant le fait que ψ est une bijection de Π' sur $\tilde{\Pi}$, on effectue le chemin en sens inverse: si $\underline{\underline{\Pi}}'$ est la tribu de Π' associée à S' on pose $\tilde{\underline{\underline{\Pi}}} = \psi(\underline{\underline{\Pi}}')$ et on définit $\underline{\underline{\Pi}}$ comme la plus petite tribu de Π dont la trace sur $\tilde{\Pi}$ égale $\tilde{\underline{\underline{\Pi}}}$. Si $P\in S$, soit $P'=\psi^{-1}(P)$, puis λ' la probabilité sur $(\Pi',\underline{\underline{\Pi}}')$ portée par S'_e et associée à P', puis $\lambda=\lambda'\circ\psi^{-1}$, et on vérifie que λ satisfait les conditions de (15.1) relativement à P et $(\Pi,\underline{\underline{\Pi}})$. ∎

Nous allons maintenant démontrer successivement les théorèmes (15.2) et (15.3).

Démonstration de (15.2). (i) Commençons par examiner le cas de $S = \bigcap_{X\in\mathcal{X}} Ss^1(X)$. Si Ω' est l'ensemble des ω pour lesquels chaque $X_{.}(\omega)$ est à valeurs réelles, continu à droite et limité à gauche, on a $P(\Omega')=1$ pour tout $P\in S$. D'après (15.14) on voit que ce n'est pas une restriction que de supposer que $\Omega=\Omega'$. Soit $\mathcal{X}=(X^i)_{i\in I}$ une énumération des éléments de $\mathcal{X}$, avec I fini ou dénombrable. Soit l'espace polonais $E=\mathbb{R}^I$ muni de la topologie produit. L'hypothèse (15.4) est satisfaite avec le processus $Y=(X^i)_{i\in I}$, et on a $\Omega_0=\Omega$. Chaque X^i est universellement presque continu par rapport à Y d'après (15.11).

Soit $P\in S$. On a $E((X^i)^*_t)<\infty$ si $i\in I, t<\infty$. Si $\varepsilon>0$ il existe alors des $\varepsilon_i>0$ tels que $\varepsilon=\sum_{i\in I}\varepsilon_i$ et des $a_i\in\mathbb{R}_+$ tels que $P((X^i)^*_t>a_i)\leq\varepsilon_i$ pour un $t\in\mathbb{R}_+$ donné. L'ensemble $K=\prod_{i\in I}[-a_i,a_i]$ est un compact de E, et $P(\bigcap_{s<t}\{Y_s\in K\})\geq 1-\varepsilon$. Par suite l'ensemble S est exactement l'ensemble décrit dans le théorème (15.12), avec $\underline{\underline{F}}^o$ triviale, et le résultat en découle.

(ii) On en déduit le résultat pour les autres ensembles S décrits en (15.2,c) en appliquant (15.13) aux familles $\mathcal{Y}=\{(X^*_n)^q : X\in\mathcal{X}, n\in\mathbb{N}\}$ et $\mathcal{Y}=\{(X^*_\infty)^q : X\in\mathcal{X}\}$. On obtient (a) en appliquant (c) à la famille $\mathcal{X}'=\{X,-X : X\in\mathcal{X}\}$, puisque X est une martingale si et seulement si X et $-X$ sont des sousmartingales. Enfin sous les hypothèses faites en (b), on a $M(\mathcal{X})=H^1(\mathcal{X}')$ en posant $\mathcal{X}'=\{X^{T(n,X)} : X\in\mathcal{X}, n\in\mathbb{N}\}$, d'où le résultat.∎

Démonstration de (15.3). Quitte à appliquer (15.14) à $\Omega'=\{\omega : X(\omega)$ est à valeurs réelles, continu à droite et limité à gauche$\}$, on peut se limiter au cas où $\Omega=\Omega'$. Soit alors $\mu=\mu^X$ la mesure aléatoire associée à X par (3.22).

Soit $\mathcal{A}$ un anneau dénombrable de parties de $\mathbb{R}^m$, engendrant les boréliens, et tous situés à une distance strictement positive de 0. On a donc $I_A*\mu_t<\infty$ si $t<\infty$ et $A\in\mathcal{A}$. On note $\mathcal{Z}$ l'ensemble des processus suivants

$$\begin{cases} Z(A) = I_A*\mu - I_A*\nu, & \text{si } A\in\mathcal{A} \\ M^i = X^i - B^i - S(\Delta X^i I_{\{|\Delta X|>1\}}), & \text{si } i\leq m \\ D^{ij} = M^iM^j - C^{ij} - S(\tilde U^i\tilde U^j), & \text{si } i,j\leq m \text{ et } \tilde U^i_t = \int x^i I_{\{|x|\leq 1\}}(\mu-\nu)(\{t\},dx) \end{cases}$$

en donnant arbitrairement la valeur $+\infty$ à ces processus, là où ils ne sont pas définis. D'après la définition même des caractéristiques locales de X, on a $P\in S$ si et seulement si:

(i) $P = P^o$ sur $\underline{\underline{F}}^o$ et $\mathcal{Z} \subset \underline{\underline{M}}_{loc}(P)$,
(ii) B^i, $C^{ij} \in \underline{\underline{V}}_o(P)$, et $\nu(\{0\}\times\mathbb{R}^m) = 0$ P-p.s.;

de plus, dans ce cas on a, à un ensemble P-évanescent près: $|\Delta Z| \leq 1$ si $Z \in \mathcal{Z}$, $|\Delta B^i| \leq 1$ si $i \leq m$, et $\Delta C^{ij} = 0$.

Quitte encore une fois à utiliser (15.14) en remplaçant Ω par une partie Ω' de Ω vérifiant $P(\Omega') = 1$ pour tout $P \in S$, on peut supposer qu'on a identiquement les propriétés suivantes:

- $\nu(\{0\}\times\mathbb{R}^m) = 0$;
- B^i et C^{ij} sont à variation finie sur tout compact, continus à droite, nuls en 0, et $|\Delta B^i| \leq 1$, $\Delta C^{ij} = 0$;
- les $Z \in \mathcal{Z}$ sont à valeurs réelles, continus à droite et limités à gauche, et $|\Delta Z| \leq 1$.

Dans ce cas, on voit que S est l'ensemble des $P \in \Pi$ vérifiant la condition (i) ci-dessus.

On va maintenant construire les termes permettant d'appliquer (15.12). D'abord on note $\mathcal{Z}'$ l'ensemble des processus de $\mathcal{Z}$, auxquels on adjoint les B^i $(i \leq m)$ et les $I_A * \mu$ $(A \in \mathcal{A})$. Soit $E = \mathbb{R}^{\mathbb{N}}$ muni de la topologie produit, et Y le processus à valeurs dans E, dont les composantes sont constituées d'une énumération des processus:

$$\{Z^{T_n} : T_n = \inf(t : |Z_t| \geq n),\ n \in \mathbb{N},\ Z \in \mathcal{Z}'\}.$$

Chaque $Z \in \mathcal{Z}'$ est continu à droite, limité à gauche, à valeurs finies, et vérifie $|\Delta Z| \leq 1$: par suite Y est continu à drite, limité à gauche, et chacune de ses composantes est bornée, donc Y est à valeurs dans un compact de E : par suite les conditions (i) et (ii) de (15.12) sont satisfaites par toute $P \in \Pi$.

Soit $\underline{F}'$ la plus petite filtration rendant Y optionnel et telle que $\underline{\underline{F}}^o \subset \underline{\underline{F}}'_0$. On a $\underline{F}' \subset \underline{F}$ à cause de l'adaptation à $\underline{F}$ du problème. Mais à l'inverse $\{\Delta X \in A\} = \{\Delta(I_A * \mu) = 1\}$, donc le processus ΔX est $\underline{F}'$-optionnel et comme

$$X^i = M^i + S(\Delta X^i I_{\{|\Delta X| > 1\}}) - B^i$$

on en déduit que X est également $\underline{F}'$-optionnel. Par suite $\underline{F} = \underline{F}'$ et l'hypothèse (15.4) est satisfaite avec $\underline{\underline{G}} = \underline{\underline{F}}^o$. Soit enfin

$$\mathcal{X} = \{Z^{T_n}, -Z^{T_n} : T_n = \inf(t : |Z_t| \geq n),\ n \in \mathbb{N}, Z \in \mathcal{Z}\}.$$

Si $X \in \mathcal{X}$, l'un des processus X ou $-X$ est une composante de Y, donc X est universellement presque continu par rapport à Y d'après (15.11), et est à valeurs bornées. Comme $\mathcal{Z} \subset \underline{\underline{M}}_{loc}(P)$ si et seulement si chaque élément de $\mathcal{X}$ est une sousmartingale, on voit que la condition (i) ci-dessus équivaut aux conditions (iii) et (iv) de (15.12), donc S est exactement la partie décrite dans ce théorème, et on a le résultat.∎

Remarque: Cette démonstration est un peu fastidieuse. On aurait une preuve beaucoup plus simple, en prenant $Y=X$, si on imposait que $E(|X|_t^*)<\infty$ pour tout $t\in\mathbb{R}_+$ et toute $P\in S$. Ci-dessus on doit introduire $\mathcal{Z}'$, et on ne peut se contenter de $\mathcal{Z}$, parce qu'on veut que $\underline{F}'=\underline{F}$.∎

En s'inspirant de la démonstration précédente on pourrait aussi montrer le théorème suivant, qui contient (15.3) comme cas particulier. Nous laissons la démonstration en exercice...

(15.15) THEOREME: Soit $\mathcal{X}$ une famille finie ou dénombrable de processus, μ une mesure aléatoire à valeurs entières, et $\underline{F}^o$ une tribu séparable sur Ω. On suppose que $\underline{F}$ est la plus petite filtration rendant optionnels μ et les éléments de $\mathcal{X}$, et telle que $\underline{F}^o\subset\underline{F}_0$. Soit $S'=S^I(\underline{F}^o;\mathcal{X},\mu|P^o;\mathcal{B},\mathcal{C},W,\nu)$ un problème $\underline{F}$-adapté de type (12.1), de base $(\underline{F}^o;\mathcal{X},\mu)$. Soit enfin $(A(n))_{n\in\mathbb{N}}$ une partition $\tilde{\underline{P}}(\underline{F})$-mesurable de $\tilde{\Omega}$. Alors l'ensemble

$$S=\{P\in S':\ I_{A(n)}*\mu\in\underline{V}_o(P)\ \text{pour tout}\ n\in\mathbb{N}\}$$

vérifie la condition (15.1).

§c - Démonstration du théorème fondamental. Nous allons d'abord faire quelques rappels. Si $(A,\underline{A})$ est un espace mesurable quelconque, on note $\mathcal{M}_b(A,\underline{A})$ l'espace vectoriel des mesures signées bornées sur $(A,\underline{A})$. On écrit $\mathcal{M}_b^+(A,\underline{A})$ pour le cône des mesures positives bornées, et $\mathcal{M}_1^+(A,\underline{A})$ pour l'ensemble des probabilités.

Rappelons d'abord la version du théorème de représentation intégrale de Choquet qui sera utilisée, et pour laquelle nous renvoyons au livre [1] de Meyer. Soit H un espace vectoriel topologique localement convexe, et K un compact convexe de H, métrisable pour la topologie induite. On note $\underline{K}$ la tribu borélienne de K. Si $\mu\in\mathcal{M}_b^+(K,\underline{K})$, on appelle résultante de l'unique point x de K tel que

$$f(x)\ =\ \int f(y)\mu(dy)$$

pour toute fonction f affine, homogène, continue, sur H. Quand $\mu\in\mathcal{M}_1^+(K,\underline{K})$, le point x s'appelle le barycentre de μ.

(15.16) THEOREME (Meyer [1,XI-T24,T25]): (a) L'ensemble K_e des points extrémaux de K est dans $\underline{K}$.

(b) Tout $x\in K$ est la résultante d'une mesure $\mu\in\mathcal{M}_b^+(K,\underline{K})$ portée par K_e.

Soit C un cône convexe de H, ne contenant aucune droite. On appelle chapeau de C toute partie compacte K de H, contenue dans C, de la forme $K=\{k\leq 1\}$ où k est une application: $C\longrightarrow[0,\infty]$ vérifiant

$$(15.17)\quad \begin{cases} k(0)=0 \\ k(x+y)=k(x)+k(y) & \text{si } x,y\in C \\ k(tx)=t\,k(x) & \text{si } x\in C,\ t\in\mathbb{R}_+ . \end{cases}$$

Comme $\{k\leq 1\}$ est fermé, une telle fonction est semi-continue inférieurement, tandis que (15.17) entraine que K est convexe.

(15.18) PROPOSITION (Meyer [1,XI-37]): Les points extrémaux de K sont le point 0 et les points de $\{k=1\}$ qui sont sur les génératrices extrémales du cône C.

Le jeu de ce paragraphe va consister à appliquer ces propositions à un certain cône de mesures positives bornées sur l'espace canonique $(\check\Omega,\check{\underline{\underline{F}}})$ défini par (15.6). Pour cela il faut munir $\mathcal{M}_b(\check\Omega,\check{\underline{\underline{F}}})$ d'une topologie métrisable. Or, pour la topologie de Skorokhod, $(\check\Omega,\check{\underline{\underline{F}}})$ est un espace polonais muni de ses boréliens, donc la topologie de la convergence étroite des mesures sur $(\check\Omega,\check{\underline{\underline{F}}})$ fait de $\mathcal{M}_b(\check\Omega,\check{\underline{\underline{F}}})$ un espace polonais. Dorénavant, l'espace $\mathcal{M}_b(\check\Omega,\check{\underline{\underline{F}}})$ sera muni de cette topologie.

Nous aurons besoin du critère de compacité suivant (voir par exemple Billingsley [2]; comme on remplace $\mathbb{R}$ par un espace polonais E, il convient de remplacer les fermés bornés de $\mathbb{R}$ par les compacts de E).

(15.19) THEOREME: Pour qu'une partie A de $\mathcal{M}_b^+(\check\Omega,\check{\underline{\underline{F}}})$ soit relativement compacte, il faut et il suffit que pour tous $\varepsilon>0$, $m\in\mathbb{N}$, $\eta>0$ il existe un compact K de E et des nombres $\beta>0$, $\gamma<m$, $\delta>0$ tels que

(i) $\inf_{\nu\in A}\nu(\bigcap_{s<m}\{\check Y_s\in K\})\geq 1-\varepsilon$

(ii) $\sup_{\nu\in A}\nu(\sup_{s,t<\beta} d(\check Y_s,\check Y_t)>\eta)\leq\varepsilon$

(iii) $\sup_{\nu\in A}\nu(\sup_{\gamma<s,t<m} d(\check Y_s,\check Y_t)>\eta)\leq\varepsilon$

(iv) $\sup_{\nu\in A}\nu(\sup_{t-\delta<t'<t<m}\ \sup_{t<s<t'}\ [d(Y_t,Y_s)\wedge d(Y_{t'},Y_s)]>\eta)\leq\varepsilon$

(v) $\sup_{\nu\in A}\nu(\check\Omega)<\infty$

(où d(.,.) désigne une distance sur E compatible avec la topologie).

Voici maintenant un lemme classique. Soit T un espace topologique sans point isolé et séparable; soit Z une application sur $\check\Omega\times T$, à valeurs dans un espace polonais E', qui vérifie les propriétés suivantes:

(i) Z est presque universellement continu, i.e. $\forall\mu\in\mathcal{M}_b^+(\check\Omega,\check{\underline{\underline{F}}})$, $\exists\, S\subset T$,

S dénombrable, tel que $\forall t \in T \setminus S$, l'application: $\check{\omega} \rightsquigarrow Z(\check{\omega},t)$ est μ-p.s. continue sur $\check{\Omega}$;

(ii) Z est <u>séparable</u>, i.e. pour toute partie dénombrable partout dense S de T, l'ensemble des valeurs d'adhérence de l'ensemble $\{Z(\check{\omega},t) : t \in T\}$ égale l'ensemble des valeurs d'adhérence de l'ensemble $\{Z(\check{\omega},t) : t \in S\}$.

(15.20) LEMME: (a) <u>Si</u> $E' = \mathbb{R}_+$, <u>la fonction</u>: $\mu \rightsquigarrow \mu(\sup_{t\in T} Z(.,t))$ <u>est semi-continue inférieurement sur</u> $\mathcal{M}_b^+(\check{\Omega},\check{\underline{\underline{F}}})$.

(b) <u>Si</u> K <u>est un compact de</u> E', <u>la fonction</u>: $\mu \rightsquigarrow \mu(\bigcup_{t\in T}\{Z(.,t)\notin K\})$ <u>est semi-continue inférieurement sur</u> $\mathcal{M}_b^+(\check{\Omega},\check{\underline{\underline{F}}})$.

<u>Démonstration</u>. Soit (μ_n) une suite d'éléments de $\mathcal{M}_b^+(\check{\Omega},\check{\underline{\underline{F}}})$ convergeant vers μ_∞. D'après (i) il existe une partie dénombrable partout dense S de T telle que pour tout $t \in S$ l'application: $\check{\omega} \rightsquigarrow Z(\check{\omega},t)$ soit μ_k-p.s. continue pour tout $k \leq \infty$. Soit (S_n) une suite croissante de parties finies de S, dont la réunion est S.

Dans le cas (a), $Z^* = \sup_{t\in T} Z(.,t)$ égale la limite croissante des $Z_n(\check{\omega}) = \sup_{t\in S_n} Z(\check{\omega},t)$ d'après (ii). D'une part: $\check{\omega} \rightsquigarrow Z_n(\check{\omega}) \wedge n$ est μ_k-p.s. continu pour tout $k \leq \infty$, donc $\lim_{(k)} \mu_k(Z_n \wedge n) = \mu_\infty(Z_n \wedge n)$; d'autre part $\lim_{(n)}\uparrow \mu_k(Z_n \wedge n) = \mu_k(Z^*)$ pour tout $k \leq \infty$, et il est facile d'en déduire que $\liminf_{(k)} \mu_k(Z^*) \geq \mu_\infty(Z^*)$, d'où le résultat.

Dans le cas (b), $A = \bigcup_{t\in T}\{\check{\omega} : Z(\check{\omega},t) \notin K\}$ égale la limite croissante des $A_n = \bigcup_{t\in S_n}\{\check{\omega} : Z(\check{\omega},t) \notin K\}$ d'après (ii) encore. Mais l'application: $\check{\omega} \rightsquigarrow (Z(\check{\omega},t))_{t\in S_n}$ est μ_k-p.s. continue de $\check{\Omega}$ dans le produit fini E'^{S_n} pour tout $k \leq \infty$, et K^{S_n} est un fermé de E'^{S_n}, donc $\liminf_{(k)} \mu_k(A_n) \geq \mu_\infty(A_n)$. Comme on a aussi $\lim_{(n)}\uparrow \mu_k(A_n) = \mu_k(A_n)$ pour tout $k \leq \infty$, on en déduit que $\liminf_{(k)} \mu_k(A) \geq \mu_\infty(A)$, d'où le résultat. ∎

Après ces longs préliminaires, nous allons pouvoir passer à la démonstration du théorème (15.12), qui sera encore divisée en plusieurs étapes. Nous allons d'abord démontrer ce théorème lorsque $\Omega = \check{\Omega}$. Considérons les données:

(15.21)
- $\check{\mathcal{X}} = (\check{X}^i)_{i\in I}$, famille finie ou dénombrable de processus $\check{\underline{F}}$-optionnels, continus à droite et limités à gauche, universellement presque continus (cf. la remarque (15.10));
- $\mathcal{F}$, famille de fonctions continues bornées sur E ;
- une application $a : \mathcal{F} \longrightarrow \mathbb{R}$.

A partir de ces données, on définit le problème de martingales suivant: on note $\check{S}$ l'ensemble des $\check{P} \in \mathcal{M}_1^+(\check{\Omega},\check{\underline{\underline{F}}})$ tels que

$$(15.22)\begin{cases}(i) & \check{E}[f(\check{Y}_0)] = a(f) \quad \text{si} \quad f\in\mathcal{F}\ ;\\ (ii) & \forall t\in\mathbb{R}_+,\ \forall\varepsilon>0\ , \text{ il existe un compact } K \text{ de } E \text{ tel que}\\ & \check{P}(\bigcap_{s<t}\{\check{Y}_s\in K\}) \geq 1-\varepsilon\ ;\\ (iii) & \check{E}((\check{X}^i)^*_t) < \infty \quad \text{si} \quad t\in\mathbb{R}_+,\ i\in I\ ;\\ (iv) & \text{chaque } \check{X}^i \text{ est une } \check{P}\text{-sousmartingale.}\end{cases}$$

Toutes ces propriétés sont conservées par combinaison convexe (la dernière à cause de (11.32)), de sorte que $\check{S}$ est un ensemble convexe. On note C le cône convexe de $\mathcal{M}_b(\check{\Omega},\check{\underline{\underline{F}}})$ dont la base est $\check{S}$, c'est-à-dire l'ensemble des mesures positives $t\check{P}$, où $t\in\mathbb{R}_+$, $\check{P}\in\check{S}$. Voici maintenant le résultat-clef.

(16.23) THEOREME: <u>Toute</u> $\check{P}\in\check{S}$ <u>est contenue dans un chapeau de</u> C.

(En d'autres termes: C est réunion de ses chapeaux).

<u>Démonstration</u>. Voici le schéma de la preuve: on construit une fonction $\tilde{k}:\mathcal{M}^+_b(\check{\Omega},\check{\underline{\underline{F}}})\longrightarrow[0,\infty]$ qui vérifie (15.17) et $\tilde{k}(\check{P})=1$, et qui est semi-continue inférieurement. On montre ensuite que l'ensemble fermé $\tilde{K}=\{\tilde{k}\leq 1\}$ est relativement compact, donc compact. On note k la restriction de $\tilde{k}$ à C, et $K=\{k\leq 1\}=\tilde{K}\cap C$. Il restera à montrer que K est fermé, donc compact: ce sera un chapeau de C, et comme $\check{P}\in\check{S}\subset C$ et $k(\check{P})=1$ on aura $\check{P}\in K$.

1) <u>Construction de</u> $\tilde{k}$. On a $\check{E}((\check{X}^i)^*_{m-})<\infty$ par hypothèse. Si μ^i_m désigne la loi sur $\mathbb{R}_+$ de la variable $(\check{X}^i)^*_{m-}$ pour la probabilité $\check{P}$, il existe donc une suite (α^i_m) de réels strictement positifs tels que

$$\sum_{i\in I,m\in\mathbb{N}}\alpha^i_m\int(1+x)\mu^i_m(dx) < \infty .$$

Soit η la mesure bornée sur $\mathbb{R}_+$ définie par $\eta=\sum_{i\in I,m\in\mathbb{N}}\alpha^i_m\mu^i_m$. On a $\int x\eta(dx)<\infty$, donc d'après le théorème de La Vallée-Poussin (Meyer [1,II-T22]) il existe une fonction $g:\mathbb{R}_+\longrightarrow\mathbb{R}_+$ continue, croissante, convexe, telle que $\lim_{t\uparrow\infty}\frac{g(t)}{t}=\infty$ et que $\int g d\eta<\infty$. Pour toute $\nu\in\mathcal{M}^+_b(\check{\Omega},\check{\underline{\underline{F}}})$ on pose alors

$$\tilde{r}(\nu) = \sum_{i\in I,m\in\mathbb{N}}\alpha^i_m\,\nu(1+g((\check{X}^i)^*_{m-})) .$$

On a $\tilde{r}(\check{P})<\infty$ et, comme les $\check{X}^i$ sont universellement presque continus et que $[g(|\check{X}^i|)]^*=g((\check{X}^i)^*)$, une application de (15.20,a) à $T=]0,m[$ et $Z=1+g(|\check{X}^i|)$ montre que $\tilde{r}$ est semi-continue inférieurement.

D'après (15.22,ii) il existe pour tous $n,m\in\mathbb{N}$ un compact $K_{n,m}$ de E tel que $\check{P}(\bigcup_{t<m}\{\check{Y}_t\notin K_{n,m}\})\leq 2^{-n}$. Pour toute $\nu\in\mathcal{M}^+_b(\check{\Omega},\check{\underline{\underline{F}}})$ on pose

$$\tilde{s}(\nu) = \sum_{m,n\in\mathbb{N}} 2^{-m}\,\nu(\bigcup_{t\leq m}\{\check{Y}_t\notin K_{n,m}\}) ,$$

qui vérifie $\tilde{s}(\check{P})<\infty$ et qui est semi-continue inférieurement d'après (15.20,b) appliqué à $Z=\check{Y}$ (cf. (15.11)) et aux $T=[0,m[$.

Soit d une distance bornée, compatible avec la topologie de E. En utilisant le fait que les trajectoires de $\check{Y}$ sont continues à droite et limitées à gauche, il est facile de voir qu'il existe une suite (ε_m) décroissant vers 0 et, pour chaque $m\in\mathbb{N}$, des suites (γ_n^m) et (δ_n^m) décroissant vers 0 quand $n\uparrow\infty$, telles que les fonctions sur $\mathcal{M}_b^+(\check{\Omega},\underline{\underline{\check{F}}})$:

$$\tilde{t}(\nu) = \sum_{m\in\mathbb{N}} m\,\nu(\sup_{s,t<\varepsilon_m} d(\check{Y}_s,\check{Y}_t))$$
$$\tilde{u}_m(\nu) = \sum_{n\in\mathbb{N}} n\,\nu(\sup_{m-\gamma_n^m\leq s,t<m} d(\check{Y}_s,\check{Y}_t))$$
$$\tilde{v}_m(\nu) = \sum_{n\in\mathbb{N}} n\,\nu(\sup_{t'-\delta_n^m<t<t'<m}\ \sup_{t<s<t'}[d(\check{Y}_s,\check{Y}_t)\wedge d(\check{Y}_s,\check{Y}_{t'})])$$

prennent des valeurs finies pour $\nu=\check{P}$. De plus si on applique (15.20,a) à $Z(s,t)=d(\check{Y}_s,\check{Y}_t)$ et $T=[0,\varepsilon_m[^2$, puis à $Z(s,t)=d(\check{Y}_s,\check{Y}_t)$ et $T=[m-\gamma_n^m,m[^2$, et enfin à $Z(s,t,t')=d(\check{Y}_s,\check{Y}_t)\wedge d(\check{Y}_s,\check{Y}_{t'})$ et $T=\{(s,t,t'):t'-\delta_n^m<t<s<t'<m\}$, on voit que les fonctions $\tilde{t}$, $\tilde{u}_m$, $\tilde{v}_m$ sont semi-continues inférieurement.

Il reste à remarquer que, comme toutes les fonctions précédemment définies prennent une valeur finie pour $\nu=\check{P}$, il existe des réels strictement positifs β_m tels que la fonction

$$\tilde{k} = \beta_0(\tilde{r}+\tilde{s}+\tilde{t}) + \sum_{m\geq 1}\beta_m(\tilde{u}_m+\tilde{v}_m)$$

vérifie $\tilde{k}(\check{P})=1$. La fonction $\tilde{k}$ est elle aussi semi-continue inférieurement, et elle vérifie de manière triviale les relations (15.17).

2) <u>L'ensemble</u> $\{\tilde{k}\leq 1\}$ <u>est relativement compact</u>. Il suffit d'appliquer le théorème (15.19). En effet les propriétés (i), (ii), (iii), (iv) et (v) de (15.19) découlent des inclusions respectives de $\{\tilde{k}\leq 1\}$ dans $\{\tilde{s}\leq\beta_0^{-1}\}$, $\{\tilde{t}\leq\beta_0^{-1}\}$, $\{\tilde{u}_m\leq\beta_m^{-1}\}$, $\{\tilde{v}_m\leq\beta_m^{-1}\}$ et $\{\tilde{r}\leq\beta_0^{-1}\}$.

3) <u>L'ensemble</u> $\{\tilde{k}\leq 1\}\cap C$ <u>est fermé</u>. Comme $\{\tilde{k}\leq 1\}$ est fermé, il suffit de montrer que si (μ_n) est une suite d'éléments de $C\cap\{\tilde{k}\leq 1\}$ convergeant vers $\mu_\infty\neq 0$, on a $\mu_\infty\in C$. On notera $\check{\mu}_\infty$ la probabilité $\mu_\infty(.)/\mu_\infty(1)$ et il faut montrer que $\check{\mu}_\infty$ vérifie (15.22). Comme $\tilde{k}(\mu_\infty)\leq 1$ on a $\tilde{r}(\check{\mu}_\infty)<\infty$ et $\tilde{s}(\check{\mu}_\infty)<\infty$, donc $\check{\mu}_\infty$ vérifie (15.22)-(ii),(iii). On sait que la fonction: $\check{\omega}\leadsto\check{Y}_0(\check{\omega})$ est μ_n-p.s. continue pour tout $n\leq\infty$, donc $\mu_\infty[f(\check{Y}_0)]=\lim_{(n)}\mu_n[f(\check{Y}_0)]=\lim_{(n)}a(f)/\mu_n(1)$ si $f\in\mathcal{F}$, et comme $\mu_\infty(1)=\lim_{(n)}\mu_n(1)$ on en déduit que $\check{\mu}_\infty[f(\check{Y}_0)]=a(f)$, d'où (15.22,i).

Il reste à montrer que $\check{\mu}_\infty$ vérifie (15.22,iv). Soit T l'ensemble des $t\in\mathbb{R}_+$ tels que les fonctions: $\check{\omega}\leadsto\check{Y}_t(\check{\omega})$ et: $\check{\omega}\leadsto\check{X}_t^i(\check{\omega})$ soient

μ_n-p.s. continues pour tout $n \leq \infty$. On considère la relation

(15.24) $$\mu_n[f(\check{Y}_{s_1},\ldots,\check{Y}_{s_m})\check{X}^i_t] \geq \mu_n[f(\check{Y}_{s_1},\ldots,\check{Y}_{s_m})\check{X}^i_s],$$

où $s_1 \leq \ldots \leq s_m = s \leq t$ et f est une fonction continue bornée sur E^m. Soit également (h_q) une suite de fonctions continues bornées sur $\mathbb{R}$, telles que $h_q(x) = x$ si $|x| \leq q$. D'après la définition de l'ensemble T, si $s_1,\ldots,s_m,t \in T$ on a pour tout q :

$$\lim_{(n)} \mu_n[f(\check{Y}_{s_1},\ldots,\check{Y}_{s_m})h_q(\check{X}^i_u)] = \mu_\infty[f(\check{Y}_{s_1},\ldots,\check{Y}_{s_m})h_q(\check{X}^i_u)]$$

si $u = s$ ou $u = t$. Par ailleurs $\sup_{(n)} \tilde{r}(\mu_n) < \infty$ et les propriétés de la fonction g qui permet de définir $\tilde{r}$ entrainent que pour tout $u \in \mathbb{R}$,

$$\lim_{(q)} \sup_{(n)} \mu_n(|\check{X}^i_u| I_{\{|\check{X}^i_u| > q\}}) = 0.$$

Il est facile de déduire des deux propriétés précédentes que si $u = s$ ou $u = t$, on a

$$\lim_{(n)} \mu_n[f(\check{Y}_{s_1},\ldots,\check{Y}_{s_m})\check{X}^i_u] = \mu_\infty[f(\check{Y}_{s_1},\ldots,\check{Y}_{s_m})\check{X}^i_u].$$

Comme μ_n vérifie (15.22,iv) pour tout $n < \infty$, on a (15.24) si $n < \infty$; ce qu'on vient de montrer permet d'en déduire que μ_∞ vérifie également (15.24) dès que $s_1,\ldots,s_m,t \in T$. En utilisant la continuité à droite de $\check{Y}$ et $\check{X}^i$ et les propriétés (15.21,ii,iii) pour $\check{\mu}_\infty$, on voit que (15.24) est satisfait pour toutes les valeurs des indices $s_1,\ldots,s_m,t$. Si $\check{\underline{\underline{G}}}_t = \sigma(\check{Y}_s : s \leq t)$ on en déduit que $\check{\mu}_\infty(\check{X}^i_t|\check{\underline{\underline{G}}}_s) \geq \check{X}^i_s$ quand $s \leq t$, et comme $\check{\underline{\underline{F}}}_t = \bigcap_{s>t} \check{\underline{\underline{G}}}_s$ il en découle que

$$\check{\mu}_\infty(\check{X}^i_t|\check{\underline{\underline{F}}}_s) = \lim_{r\downarrow s} \check{\mu}_\infty(\check{X}^i_t|\check{\underline{\underline{G}}}_r) \geq \lim_{r\downarrow s} \check{X}^i_r = \check{X}^i_s,$$

ce qui achève de prouver que $\check{\mu}_\infty$ vérifie (15.22,iv). ∎

(15.24) COROLLAIRE: <u>L'ensemble $\check{S}$ défini par (15.22) vérifie la propriété (15.1), avec la tribu borélienne $\underline{\underline{\check{\Pi}}}$ sur $\check{\Pi} = \mathcal{M}^+_1(\check{\Omega},\check{\underline{\underline{F}}})$.</u>

<u>Démonstration</u>. La tribu borélienne $\underline{\underline{H}}$ de $H = \mathcal{M}_b(\check{\Omega},\check{\underline{\underline{F}}})$ est la plus petite tribu rendant mesurables les applications: $\mu \rightsquigarrow \mu(Z)$, où Z est n'importe quelle fonction continue bornée sur $\check{\Omega}$. Comme $\check{\underline{\underline{F}}}$ est la tribu borélienne de $\check{\Omega}$, on en déduit que $\underline{\underline{H}}$ est aussi la plus petite tribu rendant mesurables les applications: $\mu \rightsquigarrow \mu(Z)$ pour $Z \in b\check{\underline{\underline{F}}}$. Par suite la tribu borélienne $\underline{\underline{\check{\Pi}}}$ de $\check{\Pi}$ est (par restriction à $\check{\Pi}$, qui est dans $\underline{\underline{H}}$), la plus petite tribu rendant mesurables les applications: $\check{P} \rightsquigarrow \check{E}(Z)$ si $Z \in b\check{\underline{\underline{F}}}$.

Soit $\check{P} \in \check{S}$ et K le chapeau de C qui lui est associé par (15.23). D'après (15.16), $\check{P}$ est le barycentre d'une mesure $\lambda \in \mathcal{M}^+_b(K,\underline{\underline{K}})$ portée par K_e, et $K_e \in \underline{\underline{K}}$. Si $Z : \check{\Omega} \longrightarrow \mathbb{R}$ est continue bornée, la fonction: $\mu \rightsquigarrow \mu(Z)$ est linéaire et continue, donc on a

$$\check{E}(Z) \;=\; \int \lambda(d\mu)\,\mu(Z)\;,$$

relation qui s'étend à tout $Z\in b\check{\underline{\underline{F}}}$ par un argument de classe monotone. Cette relation est encore vraie si on remplace λ par la mesure sur le cône $\mathcal{M}_b^+(\check{\Omega},\check{\underline{\underline{F}}})$ qui coïncide avec λ sur $K\setminus\{0\}$ et qui ne charge pas le complémentaire de $K\setminus\{0\}$; notons encore λ cette nouvelle mesure. On a $1=\check{E}(1)=\int\lambda(d\mu)\mu(1)$, donc la mesure $\lambda'(d\mu)=\mu(1)\cdot\lambda(d\mu)$ est une probabilité sur $\mathcal{M}_b^+(\check{\Omega},\check{\underline{\underline{F}}})$ qui ne charge que $K_e\setminus\{0\}$.

Soit l'application continue $\varphi\colon \mathcal{M}_b^+(\check{\Omega},\check{\underline{\underline{F}}})\setminus\{0\}\longrightarrow\Pi$ définie par $\varphi(\mu)(.)=\frac{\mu(.)}{\mu(1)}$. On note $\check{\lambda}$ l'image $\check{\lambda}=\lambda'\circ\varphi^{-1}$ de λ' par φ : c'est une probabilité sur $(\check{\Pi},\check{\underline{\underline{\Pi}}})$ qui ne charge que $\varphi(K_e\setminus\{0\})$. D'après (15.18), cet ensemble est contenu dans S_e : on en déduit que $S_e\in\check{\underline{\underline{\Pi}}}$ et que $\check{\lambda}(S_e)=1$. Enfin, le résultat découle du calcul suivant, où $Z\in b\check{\underline{\underline{F}}}$:

$$\check{E}(Z)=\int\lambda(d\mu)\mu(Z)=\int\lambda(d\mu)\mu(1)\varphi(\mu)(Z)=\int\lambda'(d\mu)\varphi(\mu)(Z)=\int\check{\lambda}(d\mu)\mu(Z)\;.\blacksquare$$

Nous arrivons enfin à la:

Démonstration de (15.12). En utilisant (15.14), et quitte à se restreindre à une partie Ω' de Ω telle que $P(\Omega')=1$ pour toute $P\in S$, on peut supposer que Y et les $X\in\mathcal{X}$ sont partout continus à droite et limités à gauche.

Notons $(A_n)_{n\in\mathbb{N}}$ les éléments d'une algèbre dénombrable engendrant $\underline{\underline{F}}^o$, et $(B_n)_{n\in\mathbb{N}}$ ceux d'une algèbre dénombrable engendrant $\underline{\underline{G}}$. Soit l'espace polonais $E'=E\times\mathbb{R}^{\mathbb{N}}\times\mathbb{R}^{\mathbb{N}}$, muni de la topologie produit, et Y' le processus à valeurs dans E' , dont les "coordonnées" sont

$$Y'_t(\omega)=(Y_t(\omega),(I_{A_n}(\omega))_{n\in\mathbb{N}},(I_{B_n}(\omega))_{n\in\mathbb{N}})\;.$$

Il est évident que $\underline{F}$ est la plus petite filtration rendant optionnel le processus Y' (sans condition initiale cette fois !). Y' est un processus continu à droite et limité à gauche, et dire que $Y_t\in K$ où K est un compact de E revient à dire que $Y'_t\in K'$, où $K'=K\times[0,1]^{\mathbb{N}}\times[0,1]^{\mathbb{N}}$ est un compact de E' . Chaque $X\in\mathcal{X}$ étant universellement presque continu relativement à Y , l'est a-fortiori par rapport à Y' . Enfin soit $\mathcal{F}$ la famille de fonctions continues bornées f_n définies sur E' par

$$f_n[(y,(z_m)_{m\in\mathbb{N}},(z'_m)_{m\in\mathbb{N}})]\;=\;z_n\;,$$

de sorte que si $a(f_n)=P^o(A_n)$, dire que $P=P^o$ en restriction à $\underline{\underline{F}}^o$ revient à dire que $E[f(Y'_0)]=a(f)$ pour toute $f\in\mathcal{F}$. Par suite S est l'ensemble des $P\in\Pi$ tels que

$$\begin{cases} -\ Y' \text{ vérifie la condition (15.12,ii)},\quad E(f(Y'_0))=a(f)\ \text{ si } f\in\mathcal{F}\,,\\ -\ \text{chaque } X\in\mathcal{X} \text{ est une P-sousmartingale et } E(X^*_t)<\infty \text{ si } t<\infty\,.\end{cases}$$

Appelons maintenant $\check{\Omega}$ l'espace canonique (15.6), mais avec l'espace E' au lieu de E, i.e. $\check{\Omega} = D([0,\infty[;E')$; $\check{Y}$ désigne toujours le processus canonique (à valeurs dans E'), etc... Soit φ l'application: $\Omega \longrightarrow \check{\Omega}$ définie par $\check{Y}\circ\varphi = Y'$. Comme $\underline{F}$ est la plus petite filtration rendant Y' optionnel, pour chaque $X \in \mathfrak{X}$ il existe d'après (10.35) un processus $\check{X}$ sur $\check{\Omega}$, $\check{\underline{F}}$-optionnel, continu à droite et limité à gauche, tel que $\check{X}\circ\varphi = X$; de plus $\check{X}$ est universellement presque continu sur $\check{\Omega}$ d'après (15.10). Considérons enfin l'ensemble $\check{S} \subset \check{\Pi}$ défini par (15.22).

D'après (12.66) adapté au cas qui nous occupe, l'application ψ: $P \rightsquigarrow P\circ\varphi^{-1}$ de Π dans $\check{\Pi}$ est une injection de S dans $\check{S}$ et vérifie $\psi^{-1}(\check{S}_e) \subset S_e$.

On va maintenant appliquer (15.24). Soit $\underline{\underline{\Pi}} = \psi^{-1}(\check{\underline{\underline{\Pi}}})$. Si $A \in \underline{\underline{F}}$ il existe $\check{A} \in \check{\underline{\underline{F}}}$ tel que $A = \varphi^{-1}(\check{A})$, donc l'application: $Q \rightsquigarrow Q(A) = \psi(Q)(\check{A})$ est $\underline{\underline{\Pi}}$-mesurable. Soit $P \in S$ et $\check{P} = \psi(P)$; soit $\check{\lambda}$ la probabilité sur $(\check{\Pi},\check{\underline{\underline{\Pi}}})$ qu'on peut associer à $\check{P}$ par (15.1), d'après (15.24). En posant $\lambda(\psi^{-1}(C)) = \check{\lambda}(C)$ pour $C \in \check{\underline{\underline{\Pi}}}$, on définit une probabilité sur $(\Pi,\underline{\underline{\Pi}})$ portée par $\psi^{-1}(\check{S}_e) = S_e$, ce qui signifie que $S_e \in \underline{\underline{\Pi}}^{\lambda}$ et que $\lambda(S_e) = 1$. Enfin si $A \in \underline{\underline{F}}$ et $A = \varphi^{-1}(\check{A})$, l'application: $Q \rightsquigarrow Q(A)$ est la composée de l'application: $\check{Q} \rightsquigarrow \check{Q}(\check{A})$ et de ψ. Par suite

$$P(A) = \check{P}(\check{A}) = \int \check{\lambda}(d\check{Q})\check{Q}(\check{A}) = \int \lambda(dQ)Q(A),$$

ce qui montre que λ est associée à $P \in S$ par (15.1), d'où le résultat.∎

2 - NON-UNICITE DES REPRESENTATIONS INTEGRALES

Nous montrons dans le §b que la représentation intégrale (15.1) obtenue pour l'ensemble des solutions des problèmes de martingales n'est en général pas unique. Ce résultat est un corollaire de l'étude, intéressante en elle-même, faite au §a et qui concerne le problème suivant: si $\mathfrak{X}$ est une famille quelconque de processus continus, quelle est la structure des combinaisons convexes de deux éléments de $M_e(\mathfrak{X})$?

§a - Structure des combinaisons convexes de deux éléments de $M_e(\mathfrak{X})$. Soit toujours un espace filtré $(\Omega,\underline{\underline{F}},\underline{F})$, muni de:

$$(15.25)\begin{cases} - \text{ une famille quelconque } \mathfrak{X} \text{ de processus continus, } \underline{F}\text{-adaptés;} \\ - \text{ deux éléments } P' \text{ et } P'' \text{ de } M_e(\mathfrak{X}) \text{ ;} \\ - \ P = a'P' + a''P'', \text{ où } a' + a'' = 1 \text{ et } a' \in]0,1[. \end{cases}$$

On sait d'après (11.12) que $M(\mathcal{X})$ est convexe, donc $P\in M(\mathcal{X})$. On note respectivement E, E', E'' les espérances mathématiques relatives à P, P', P''. On peut trouver des versions Z' et Z'' des processus densité de P' et P'' par rapport à P (cf. chapitre VII) qui vérifient identiquement $a'Z'+a''Z''=1$. On pose enfin

$$R' = \inf(t : Z'_t = 0) , \quad R'' = \inf(t : Z''_t = 0) , \quad R = R'\wedge R'' .$$

(15.26) PROPOSITION: $P(R>0)$ <u>ne peut prendre que les valeurs</u> 0 <u>et</u> 1.

<u>Démonstration</u>. Soit $Y\in b\underline{\underline{F}}_0$, $y'=E'(Y)=E(YZ'_0)$ et $y''=E''(Y)=E(YZ''_0)$. Comme d'après (11.2) la tribu $\underline{\underline{F}}_0$ est P'- et P''-triviale, on a $Y=y'$ P'-p.s. et $Y=y''$ P''-p.s., donc $Y=y'=y''$ P-p.s. sur $\{R>0\}$. Si on applique ceci à $Y=I_{\{R>0\}}$ on obtient que $P(R>0)=E(Y)$ ne peut prendre que les valeurs 0 et 1.∎

Le cas où $P(R>0)=0$ est tout-à-fait simple, et nous laissons au lecteur le soin de montrer le théorème suivant (dans lequel on utilise (11.2)).

(15.27) THEOREME: <u>Supposons que</u> $P(R>0)=0$. <u>Il existe</u> $A\in\underline{\underline{F}}_0$ <u>tel que</u> $P(A)=a'$, <u>que</u> $\underline{\underline{F}}_0^P=[\sigma(A)]^P$ ($\sigma(A)$ = tribu engendrée par A), <u>et que</u> $Z'_t=\frac{1}{a'}I_A$ <u>et</u> $Z''_t=\frac{1}{a''}I_{A^c}$ <u>P-p.s. pour tout</u> $t\geq 0$. <u>De plus on a</u> $\underline{\underline{H}}^1(P)=\mathcal{Z}^1(\mathcal{X}\cup\{1\})$.

On suppose maintenant que $P(R>0)=1$. Les ensembles

$$B' = \{R''<R'=\infty\} \qquad B'' = \{R'<R''=\infty\}$$

constituent une partition $\underline{\underline{F}}_R^P$-mesurable de $\{R<\infty\}$, et on définit la variable aléatoire $\underline{\underline{F}}_R^P$-mesurable:

$$Y = \frac{1}{a'}I_{B'} - \frac{1}{a''}I_{B''} .$$

(15.28) THEOREME: <u>Supposons que</u> $P(R>0)=1$.

(a) <u>On a</u> $R\in\underline{\underline{T}}_p(\underline{F}^P)$, $E(Y|\underline{\underline{F}}_{R-}^P)=0$ <u>sur</u> $\{R<\infty\}$, <u>et</u>

$$Z' = I_{[\![0,R[\![} + \frac{1}{a'}I_{B'}I_{[\![R,\infty[\![}$$

$$Z'' = I_{[\![0,R[\![} + \frac{1}{a''}I_{B''}I_{[\![R,\infty[\![} .$$

(b) <u>La tribu</u> $\underline{\underline{F}}_0$ <u>est</u> P-<u>triviale; on a</u> $\underline{\underline{H}}^{1,c}(P)=\mathcal{Z}^1(\mathcal{X}\cup\{1\})$ <u>et</u> $\underline{\underline{H}}_o^{1,d}(P)=\{UYI_{[\![R,\infty[\![}, \text{ où } U\in L^1(\Omega,\underline{\underline{F}}_{R-}^P,P)\}$.

<u>Démonstration</u>. (i) Soit $N\in\underline{\underline{L}}(P)$ vérifiant $NX\in\underline{\underline{L}}(P)$ pour tout $X\in\mathcal{X}$. Comme les éléments de $\mathcal{X}$ sont continus, on a alors $[N,X]=\langle N,X\rangle=0$. Par construction de R on a $Z'=Z'^R$, donc $Z'(N-N^R)\in\underline{\underline{L}}(P)$ et (7.23) entraine que $N-N^R\in\underline{\underline{L}}(P')$; (7.25,b) implique alors que ${}^{P'}[N-N^R,X]=$

${}^{P}[N-N^R,X]$, qui est nul, donc $X(N-N^R) \in \underline{\underline{L}}(P')$ pour tout $X \in \mathfrak{X}$. Comme $P' \in M_e(\mathfrak{X})$, (11.2) entraine que $N-N^R=0$ P'-p.s., et on montre de même que $N-N^R=0$ P"-p.s., donc finalement $N=N^R$ P-p.s.

Posons $C=a'\langle Z',N\rangle = -a''\langle Z'',N\rangle$ (on rappelle que Z' et Z'' sont bornés par $1/a'$ et $1/a''$ respectivement). Soit $N'=N-(1/a'Z')_- \bullet C$. (7.25) entraine que $N' \in \underline{\underline{L}}(P')$ et que ${}^{P'}\langle N',X\rangle = {}^{P}\langle N,X\rangle = 0$, donc $N'X \in \underline{\underline{L}}(P')$ pour tout $X \in \mathfrak{X}$, donc (11.2) entraine encore que $N'=0$ P'-p.s.; et les processus N et $A'=(1/a'Z')_- \bullet C$ coïncident P-p.s. sur $[\![0,R'[\![$. Par suite $\tilde{N}'=NI_{[\![0,R'[\![}$ est un élément de $\underline{\underline{V}}_o(P)$ (puisqu'il coïncide avec A' sur $[\![0,R'[\![$ et que $N_{R'-}$ est fini P-p.s. sur $\{R'<\infty\}$), qui est égal à $N^R - N_- \bullet I_{[\![R',\infty[\![}$. Les processus intégrales de Stieltjes $a'Z'_- \bullet \tilde{N}'$ et $a'Z'_- \bullet A'$ coïncident P-p.s. sur $[\![0,R'[\![$, et $a'Z'_- \bullet \tilde{N} = a'Z'_- \bullet N^R - a'Z'_- N_- \bullet I_{[\![R',\infty[\![}$, tandis que $a'Z'_- \bullet A' = C$ sur $[\![0,R'[\![$. Finalement, on obtient que

$$a'Z'_- \bullet N \;=\; C \qquad \text{P-p.s. sur } [\![0,R'[\![$$

et on montre de la même manière que

$$a''Z''_- \bullet N \;=\; -C \qquad \text{P-p.s. sur } [\![R''\ \infty[\![.$$

On déduit d'abord de ces deux relations que si $\hat{Y} = I_{B'}(1/a'Z'_{R-}) - I_{B''}(1/a''Z''_{R-})$, qui est bien défini car $Z'_{R-}>0$ sur B' et $Z''_{R-}>0$ sur B'', on a $\Delta N_R = \hat{Y}\Delta C_R$ P-p.s. sur $\{R<\infty\}$. En additionnant ces deux relations, on obtient également que $(a'Z'+a''Z'')_- \bullet N = N = 0$ P-p.s. sur $[\![0,R[\![$; comme $N=N^R$, il faut donc que N soit de la forme

(15.29) $$N \;=\; \hat{Y}\,U\,I_{[\![R,\infty[\![} \quad , \quad \text{où } U=\Delta C_R \in \underline{\underline{F}}^P_{R-} .$$

(ii) Ce qui précède s'applique en particulier aux martingales $Z'-Z'_0$ et $Z''-Z''_0$. En effet, pour Z' par exemple, (7.24) entraine que $(1/Z')_- \bullet \langle Z'-Z'_0,X\rangle = 0$ P'-p.s., donc $\langle Z'-Z'_0,X\rangle = 0$ P-p.s. sur $[\![0,R'[\![$ et comme $\langle Z'-Z'_0,X\rangle$ est continu et arrêté en R' on a $\langle Z'-Z'_0,X\rangle = 0$, d'où $(Z'-Z'_0)X \in \underline{\underline{L}}(P)$ pour tout $X \in \mathfrak{X}$.

Par conséquent il existe des variables $\underline{\underline{F}}^P_{R-}$-mesurables U' et U'', telles que $Z'=Z'_0+\hat{Y}U'I_{[\![R,\infty[\![}$ et $Z''=Z''_0+\hat{Y}U''I_{[\![R,\infty[\![}$. Par ailleurs $R>0$ P-p.s., donc $Z'_0>0$ P-p.s. et les restrictions de P et P' à $\underline{\underline{F}}_0$ sont équivalentes; comme $\underline{\underline{F}}_0$ est P'-triviale, elle est aussi P-triviale, ce qui implique notamment que $Z'_0=Z''_0=1$. Mais alors $Z'_{R-}=Z''_{R-}=1$, donc $\hat{Y}=Y$ et d'après la définition de R il n'est pas difficile de vérifier que Z' et Z'' ont la forme donnée dans l'énoncé, avec $U'=a''$ et $U''=a'$. De plus $\Delta Z'_R = a''Y$ sur $\{R<\infty\}$, donc d'après la forme de Z' et (1.45) on a $E(Y|\underline{\underline{F}}^P_{R-})=0$ sur $\{R<\infty\}$.

(iii) Si $A = I_{[\![R,\infty[\![}$ on peut appliquer la partie (i) à $N = A - A^p$, car alors $N \in \underline{\underline{L}}^d(P)$. Il existe donc $U \in \underline{\underline{F}}^P_{R-}$ tel que $\Delta N_R = 1 - \Delta A^p_R = YU$ sur $\{R<\infty\}$. Par suite $1 - \Delta A^p_R = E(\Delta N_R | \underline{\underline{F}}^P_{R-}) = U\, E(Y|\underline{\underline{F}}^P_{R-}) = 0$ sur $\{R<\infty\}$ et on en déduit que $E(A^p_\infty) = E(A_\infty) = P(R<\infty) = E(\Delta A^p_R I_{\{R<\infty\}})$, ce qui n'est possible que si $A^p_\infty = \Delta A^p_R I_{\{R<\infty\}}$ P-p.s., c'est-à-dire si $A^p = A$, ce qui prouve que R est prévisible.

(iv) Prouvons enfin (b). On a déjà vu que $\underline{\underline{F}}_0$ est P-triviale. On déduit de (i) que tout $N \in \underline{\underline{L}}^c(P)$ orthogonal à $\mathcal{X}$ est nul, donc $\mathcal{Z}^1(\mathcal{X} \cup \{1\}) = \underline{\underline{H}}^{1,c}(P)$ d'après (4.14). On a vu aussi que tout élément de $\underline{\underline{H}}^{1,d}_0(P)$ se met sous la forme (15.29), avec évidemment U intégrable. Inversement tout N de cette forme est dans $\underline{\underline{H}}^{1,d}_0(P)$ d'après (1.45), ce qui achève la démonstration. ∎

Il n'est pas difficile de déduire de ce théorème les résultats suivants (on pourrait aussi les montrer à l'aide de (4.52) ou de (4.80)):

- $\underline{\underline{F}}^P_R = \underline{\underline{F}}^P_{R-} \vee \sigma(Y) = \underline{\underline{F}}^P_{R-} \vee \sigma(B') = \underline{\underline{F}}^P_{R-} \vee \sigma(B'')$;
- $\underline{\underline{T}}_i(\underline{F}^P) = \emptyset$;
- tout $T \in \underline{\underline{T}}(\underline{F}^P)$ tel que $[\![T]\!] \cap [\![R]\!] \neq \emptyset$ est prévisible.

Enfin, on peut exprimer d'une autre manière la propriété de représentation des martingales (15.28,b):

(15.30) COROLLAIRE: <u>On suppose que</u> $P(R>0) = 1$. <u>Si</u> $\mathcal{Y}$ <u>est la famille de processus constituée de</u> $\mathcal{X}$ <u>et du processus</u> $YI_{[\![R,\infty[\![}$, <u>on a</u> $P \in M_e(\mathcal{Y})$.

On ajoute donc aux "martingales de base" $\mathcal{X}$ une seule martingale, très simple puisqu'elle n'a qu'un seul saut prévisible et que l'amplitude de ce saut ne peut prendre que deux valeurs (1/a' et -1/a"). De manière plus générale, si P était combinaison convexe de n éléments de $M_e(\mathcal{X})$, on pourrait montrer que $P \in M_e(\mathcal{Y})$ où $\mathcal{Y}$ est constituée de $\mathcal{X}$ et de $(n-1)$ martingales du type précédent.

§b - <u>Non-unicité de la représentation intégrale</u>. On suppose toujours fixées les données (15.25). On a alors:

(15.31) THEOREME: <u>Pour qu'il existe au moins une combinaison convexe</u> $P = \hat{a}'\hat{P}' + \hat{a}''\hat{P}''$ <u>différente de</u> $a'P' + a''P''$, <u>avec</u> $\hat{P}', \hat{P}'' \in M_e(\mathcal{X})$, <u>il faut et il suffit que</u>:

(i) $a' = a'' = 1/2$,

(ii) <u>il existe</u> $T \in \underline{\underline{T}}(\underline{F}^P)$ <u>tel que les restrictions de</u> P' <u>et</u> P'' <u>à</u> $\underline{\underline{F}}^P_{T-} \cap \{0<T<\infty\}$ <u>coïncident, et qu'il existe un</u> $C \in \underline{\underline{F}}^P_{T-} \cap \{0<T<\infty\}$ <u>avec</u>

$0 < P(C) < P(0 < T < \infty)$.

Ce théorème nous fournit un cas de non-unicité de la représentation intégrale (15.1), puisque les relations $P = a'P' + a''P''$ et $P = \hat{a}'\hat{P}' + \hat{a}''\hat{P}''$ sont des représentations de type (15.1). Donnons un exemple, montrant que les conditions (i) et (ii) ci-dessus peuvent être remplies.

Soit $\mathcal{X}$ réduite à un seul processus X, et $\underline{F}$ la plus petite filtration rendant X optionnel. Soit $P', P'' \in M_e(\mathcal{X})$ telles que:

- $X \in \underline{\underline{L}}(P')$ avec ${}^{P'}\langle X,X\rangle_t = t$: X est un mouvement brownien pour P' et on sait que $P' \in M_e(X)$;
- $X \in \underline{\underline{L}}(P'')$ avec ${}^{P''}\langle X,X\rangle_t = t\,I_{\{t<1\}} + (2t-1)I_{\{t\geq 1\}}$: P'' est l'unique probabilité faisant de X un PAI de caractéristiques $b(t) = 0$, $c(t) = t\,I_{\{t<1\}} + (2t-1)I_{\{t\geq 1\}}$ et $F = 0$ (cf. (3.51) et (3.60)); comme $X_t^2 - c(t)$ est à l'évidence dans $\mathcal{L}^1(X,P'')$ on a $\underline{\underline{H}}^1_0(P'') = \mathcal{L}^1(X,P'')$, tandis que $\underline{\underline{F}}_0$ est P''-triviale. Par suite on a $P'' \in M_e(X)$.

Si alors $P = (P' + P'')/2$, le temps d'arrêt $T = 1$ vérifie la condition (ii) ci-dessus, avec par exemple $C = \{X_1 > 0\}$ qui satisfait $P(C) = 1/2$.

<u>Démonstration</u>. (a) <u>Condition nécessaire</u>. Soit $P = \hat{a}'\hat{P}' + \hat{a}''\hat{P}''$ une autre combinaison convexe, avec $\hat{P}', \hat{P}'' \in M_e(\mathcal{X})$. Il est clair que $\hat{a}' \in]0,1[$. On définit $\hat{Z}', \hat{Z}'', \hat{B}', \hat{B}'', \hat{R}, \hat{Y}$ à partir de $\hat{P}'$ et $\hat{P}''$, comme au §a. D'après (15.27) et (15.28) on voit que les martingales $Z', Z'', \hat{Z}', \hat{Z}''$ sont dans $\underline{\underline{H}}^{1,d}(P)$ et d'après les propriétés de représentation des martingales énoncées dans ces théorèmes il est clair qu'on doit avoir $\hat{R} = R$. Si $P(\hat{R} = R = 0) = 1$ il est évident que l'ensemble $\hat{A}$ associé par (15.27) à $(\hat{P}', \hat{P}'')$ égale P-p.s. A ou A^c, si bien que $\hat{a}'\hat{P}' = a'P'$ ou $\hat{a}'\hat{P}' = a''P''$, contredisant ainsi le fait que les deux combinaisons convexes envisagées sont différentes. Par suite $P(\hat{R} > 0) = P(R > 0) = 1$.

D'après (15.28) on a d'une part $\hat{Z}' = 1 + \hat{a}''\hat{Y}I_{[\![R,\infty[\![}$, et d'autre part il existe $U \in \underline{\underline{F}}^P_{R-}$ avec $\hat{Z}' = 1 + UYI_{[\![R,\infty[\![}$. Donc $UY = \hat{a}''\hat{Y}$ P-p.s. sur $\{R<\infty\}$. Si $C = \{U > 0, R < \infty\}$ on a donc $C = (B' \cap \hat{B}') \cup (B'' \cap \hat{B}'')$ et

$$(15.32) \qquad \hat{B}' = (C \cap B') \cup (C^c \cap B''), \quad \hat{B}'' = (C^c \cap B') \cup (C \cap B'').$$

Mais $E(Y|\underline{\underline{F}}^P_{R-}) = 0$ et $P(B' \cup B''|\underline{\underline{F}}^P_{R-}) = 1$ sur $\{R<\infty\}$, donc

$$(15.33)\begin{cases} P(B'|\underline{\underline{F}}^P_{R-}) = a', \quad P(B''|\underline{\underline{F}}^P_{R-}) = a'' & \text{sur } \{R<\infty\} \\ 0 = E(Y|\underline{\underline{F}}^P_{R-}) = \left(\frac{a'}{\hat{a}'} - \frac{a''}{\hat{a}''}\right)I_C + \left(\frac{a''}{\hat{a}'} - \frac{a'}{\hat{a}''}\right)I_{C^c} & \text{sur } \{R<\infty\} \end{cases}$$

ce qui n'est possible que si $a'\hat{a}'' = a''\hat{a}'$ sur C et $a'\hat{a}'' = a''\hat{a}'$ sur C^c. Mais, les deux combinaisons convexes étant différentes, on a $0 < P(C) < P(0 < R = \infty) = P(R<\infty)$: les relations précédentes ne peuvent être vérifiées que si $a' = a'' = a' = a'' = 1/2$. Enfin $C \in \underline{\underline{F}}^P_{R-}$ et $Z' = Z'' = 1$ sur $[\![0,R[\![$, donc la condition (ii) est satisfaite avec $T=R$.

(b) Condition suffisante. Soit $a'=a''=1/2$, et T vérifiant la condition (ii) avec l'ensemble C. Comme $Z'=0$ ou $Z''=0$ sur $[\![R,\infty[\![$ on a $T\leq R$, donc $C\in \underline{\underline{F}}^P_{R-}$. Définissons $\hat{B}'$ et $\hat{B}''$ par (15.32), et $\hat{Z}'$ et $\hat{Z}''$ par les formules de (15.28,a) à l'aide de $\hat{B}'$ et $\hat{B}''$, et avec $\hat{a}'=\hat{a}''=1/2$. D'après (15.28,b), $\hat{Z}'$ et $\hat{Z}''$ sont des éléments positifs de $\underline{\underline{M}}(P)$ tels que $E(\hat{Z}'_\infty)=E(\hat{Z}''_\infty)=1$ et $(\hat{Z}'+\hat{Z}'')/2=1$. On pose $\hat{P}'=\hat{Z}'_\infty\cdot P$ et $\hat{P}''=\hat{Z}''_\infty\cdot P$, si bien que les combinaisons convexes $P=(\hat{P}'+\hat{P}'')/2$ et $P=(P'+P'')/2$ sont différentes. Il nous reste à montrer que $\hat{P}',\hat{P}''\in M_e(\mathfrak{X})$.

Comme $\hat{Z}'\in \underline{\underline{H}}^{1,d}(P)$ on a $X\hat{Z}'\in \underline{\underline{M}}_{loc}(P)$ pour tout $X\in\mathfrak{X}$ et (7.23) entraine que $\mathfrak{X}\subset \underline{\underline{M}}_{loc}(\hat{P}')$, donc $\hat{P}'\in M(\mathfrak{X})$. On a $\hat{Z}'_0=1$, donc $\underline{\underline{F}}_0$ est $\hat{P}'$-triviale. Soit $N\in \underline{\underline{L}}(\hat{P}')$ telle que $NX\in \underline{\underline{L}}(\hat{P}')$ pour tout $X\in\mathfrak{X}$. Si $\hat{R}'=\inf(t:\hat{Z}'_t=0)$ on a aussi $\hat{R}'=\inf(t:\hat{Z}'_t\leq 1/2)$ d'après la définition de $\hat{Z}'$, et (7.23) entraine alors que $M=N\hat{Z}'=(N\hat{Z}')^{\hat{R}'}$ et $MX=(NX\hat{Z}')^{\hat{R}'}$ sont dans $\underline{\underline{L}}(P)$. D'après (15.28,b) on a donc $M\in \underline{\underline{L}}^d(P)$ et il existe $U\in \underline{\underline{F}}^P_{R-}$ tel que $M=U\,I_{[\![R,\infty[\![}$.

Soit alors $A=\{U\neq 0, R<\infty\}\in \underline{\underline{F}}^P_{R-}$. D'après (15.32) et (15.33) on vérifie facilement que $P(\hat{B}'|\underline{\underline{F}}^P_{R-})=P(\hat{B}''|\underline{\underline{F}}^P_{R-})=1/2$ sur $\{R<\infty\}$, donc $P(\hat{B}'\cap A)=P(\hat{B}''\cap A)=P(A)/2$. Mais sur $\hat{B}''$ on a $\hat{Z}'_R=M_R=0$, donc $A\cap\hat{B}''=\emptyset$, donc $P(A)=0$, donc $U=0$ P-p.s. sur $\{R<\infty\}$, donc $M=0$. Ceci n'est possible que si $N=0$ $\hat{P}'$-p.s., et en appliquant (11.2) on en déduit que $\hat{P}'\in M_e(\mathfrak{X})$. On montre de manière analogue que $\hat{P}''\in M_e(\mathfrak{X})$. ∎

Pour terminer nous allons donner un théorème de représentation intégrale "élémentaire", dans le sens où il n'utilise pas le théorème de Choquet, pour l'ensemble

$$S = \{Q\in M(\mathfrak{X}) : Q\ll P\},$$

toujours avec les données (15.25). Bien-sûr l'ensemble S est "très petit" par rapport à $M(\mathfrak{X})$ en général. Par contre on ne fait pas intervenir d'hypothèse sur la filtration $\underline{F}$, ni sur le nombre d'éléments de $\mathfrak{X}$ (mais ceux-ci sont continus; par ailleurs $\underline{F}^{P'}$ et $\underline{F}^{P''}$ sont les P'- et P''-complétions de la plus petite filtration rendant les éléments de $\mathfrak{X}$ optionnels).

On considère également l'ensemble L^P des classes d'équivalence (pour la relation: égalité P-p.s.) de variables $\underline{\underline{F}}^P_{R-}$-mesurables U telles que $U=0$ sur $\{R=\infty\}$ et que $-a'\leq U\leq a''$; L^P est un ensemble convexe dont l'ensemble des points extrémaux L^P_e est l'ensemble des variables de L^P ne prenant que les valeurs $-a'$ et a'' sur $\{R<\infty\}$, de sorte que L^P_e peut s'identifier à l'ensemble des classes d'équivalence de parties $\underline{\underline{F}}^P_{R-}$-mesurables de $\{R<\infty\}$. Enfin, on suppose que $P(R>0)=1$.

(15.34) PROPOSITION: L'application: $U \rightsquigarrow P_U = (1+UY)\cdot P$ est une bijection de L^P sur S et de L^P_e sur S_e.

Démonstration. Si $U \in L^P$ la formule $Z = 1 + Y U I_{[\![R,\infty[\![}$ définit un élément positif (car $-a' \leq U \leq a''$) de $\underline{\underline{M}}(P)$, qui est le processus densité de P_U par rapport à P. On a $ZX \in \underline{\underline{M}}_{loc}(P)$ pour tout $X \in \mathcal{X}$, car Z est une somme compensée de sauts, donc $P_U \in M(\mathcal{X})$ d'après (7.23), donc $P_U \in S$. On a $P_U = P_{U'}$ si et seulement si $U = U'$ P-p.s., car $U = U' = 0$ sur $\{R=\infty\}$, donc l'application: $U \rightsquigarrow \varphi(U) = P_U$ est injective.

Si $Q \in S$, soit Z le processus densité de Q par rapport à P, et $T = \inf(t: Z_t = 0)$. Comme $Q \in M(\mathcal{X})$ on a $\langle Z, X-X_0\rangle = \langle Z, X-X_0\rangle^T = 0$, donc $ZX \in \underline{\underline{M}}_{loc}(P)$ pour tout $X \in \mathcal{X}$. (15.28) entraine alors que Z s'écrit $Z = 1 + Y U I_{[\![R,\infty[\![}$ avec $U \in \underline{\underline{F}}^P_{R-}$ et $U=0$ sur $\{R=\infty\}$. Comme $E(Y|\underline{\underline{F}}^P_{R-}) = 0$ et comme $Z \geq 0$, il faut que $-a' \leq U \leq a''$, donc $U \in L^P$ et $Q = \varphi(U)$.

Enfin $\varphi(aU + (1-a)U') = a\varphi(U) + (1-a)\varphi(U')$, donc $\varphi(L^P_e) = S_e$, ce qui achève la démonstration.∎

Or, on a une représentation intégrale évidente pour les éléments de L^P: si $U \in L^P$ et si

$$V(t) \;=\; a'' I_{\{a''-U \leq t\}} - a' I_{\{t < a''-U\}},$$

on a $V(t) \in L^P_e$ (rappelons que $0 \leq a''-U \leq 1$) et

$$U = \int_0^1 V(t)\,dt\,,$$

ce qui exprime que U est le barycentre de l'image sur L^P_e de la probabilité de Lebesgue sur $[0,1]$, par l'application: $t \rightsquigarrow V(t)$.

Si on munit L^P de ses boréliens pour la topologie induite par $L^1(\Omega,\underline{\underline{F}},P)$, pour laquelle L^P_e est fermé, en transportant cette structure sur S par la bijection de (15.34), on obtient:

(15.35) THEOREME: L'ensemble S vérifie la propriété (15.1).

EXERCICES

15.1 - Soit $(P_i)_{i\in I}$ une famille finie ou dénombrable d'éléments de $M_e(\mathcal{X})$ et $P = \sum a_i P_i$ une combinaison convexe stricte. Soit $Z(i)$ le processus densité de P_i par rapport à P, $R(i) = \inf(t: Z(i)_t = 0)$ et $R = \inf R(i)$.

a) Montrer que R vérifie (15.26).

b) Donner un énoncé similaire à (15.27).

15.2 - (suite) On suppose maintenant que $P(R>0)=1$. Soit $N\in \underline{\underline{L}}(P)$ orthogonale à $\mathcal{X}$.

a) Montrer que $N=N^R$.

b) Si $C(i)=\langle Z(i),N\rangle$, montrer que $Z(i)_{-}\bullet N=C(i)$ P-p.s. sur $[\![0,R(i)[\![$.

15.3 - (suite) En appliquant les résultats précédents aux $N=Z(j)-Z(j)_0$, en déduire que:

a) $Z(j)=1$ sur $[\![0,R[\![$;

b) $\bigcap_{i\in I}\{R<R(i)\}$ est P-négligeable;

c) $R\in \underline{\underline{T}}_p(\underline{F}^P)$;

d) $\underline{\underline{H}}^{1,c}(P)=\mathcal{Z}^1(\mathcal{X}\cup\{1\})$ et $\underline{\underline{H}}_0^{1,d}(P)=\{U\,Y\,I_{[\![R,\infty[\![}:\ U\in L^1(\Omega,\underline{\underline{F}}^P_{R-},P)\}$, où Y est une variable $\underline{\underline{F}}^P_{R-}$-mesurable qu'on construira, et qui ne prend qu'un nombre de valeurs égal à $\mathrm{card}(I)-1$ ($=\infty$ si $\mathrm{card}(I)=\infty$).

COMMENTAIRES

Le théorème (15.12) sur l'espace canonique (15.6), sans condition initiale et avec une famille $\mathcal{X}$ finie, se trouve dans Jacod et Yor [1], ainsi que le théorème (15.3) dans le cas des problèmes de diffusion (13.52) sur l'espace canonique (avec une propriété supplémentaire: l'ensemble des solutions est alors un convexe compact de $\mathcal{M}(\Omega,\underline{\underline{F}})$), et que l'intégralité de la partie 2. Les autres résultats présentés ici sont nouveaux, mais la méthode est la même. On trouve également une version du théorème (15.2) (dans un cas particulier: $\mathcal{X}$ fini, espace canonique), toujours avec la même méthode, dans Yor [1]. Enfin la méthode de normalisation du corollaire (15.24) est tirée de Dellacherie [1], qui a démontré des résultats analogues à ceux de la partie 1 pour les surmartingales à temps discret.

INDEX TERMINOLOGIQUE

4) <u>Symboles</u>

BIBLIOGRAPHIE

Nous utiliserons les abbréviations suivantes:

S.P.S.: Séminaire de Probabilités de Strasbourg

T.P.A.: Theory of Probability and Applications (en russe)

Z.W.: Zeitschrift für Wahrscheinlichkeitstheorie und verwandte Gebiete

J. AZEMA, M. YOR

1 Temps locaux (exposés au séminaire Azéma-Yor 76-77). Astérisque n° 52-53, Soc. Math. France, 1978.

M.T. BARLOW

1 Study of a filtration expanded to include an honest time. Z.W. 44, 307-324, 1978.

A. BENVENISTE

1 Processus stationnaires et mesure de Palm du flot spécial sous une fonction. S.P.S. IX, Lect. N. in Math. 465, 97-153. Springer Verlag: Berlin-Heidelberg-New York, 1975.

A. BENVENISTE, J. JACOD

1 Systèmes de Lévy des processus de Markov. Inv. Math. 21, 183-198, 1973.

2 Projection de fonctionnelles additives et représentation des potentiel d'un processus de Markov. Comptes rendus Acad. Sci. (A) 276, 1365-1368, 1973.

3 One application of the representation theorem for martingales: isomorphism for flows of processes with independent increments. Lit. Math. J. 18, 13-20, 1978.

A. BERNARD, B. MAISONNEUVE

1 Décomposition atomique des martingales de la classe $\mathcal{H}^1$. S.P.S. XI, Lect. N. in Math. 581, 303-323, Springer Verlag: Berlin-Heidelberg-New-York, 1977.

P. BILLINGSLEY

1 Ergodic theory and information. J. Wiley and Sons: New-York, 1965.

2 Convergence of probability measures. J. Wiley and Sons: New-York, 1968.

R.M. BLUMENTHAL, R.K. GETOOR

1 Markov processes and potential theory. Ac. Press: New-York, 1968.

R. BOEL, P. VARAIYA, E. WONG

1 Martingales on jump processes; I-representation results; II-applications. S.I.A.M. J. of Control, 13, 999-1021 et 1022-1061, 1975.

P. BREMAUD

1 A martingale approach to point processes. PhD Thesis, El. Res. Lab. Berkeley, M-345, 1972.

2 An extension of Watanabe's theorem of characterization of Poisson processes. J. Appl. Prob. 12, 396-399, 1975.

P. BREMAUD, J. JACOD

1 Processus ponctuels et martingales: résultats récents sur la modélisation et le filtrage. Adv. Appl. Proba. 9, 362-416, 1977.

P. BREMAUD, M. YOR

1 Changes of filtrations and of probability measures. Z.W. 45, 269-296, 1978.

D. BURKHOLDER, B. DAVIS, R. GUNDY

1 Integral inequalities for convex funstions of operators on martingales. Proc. 6th Berkeley Symp. Math. Statist. Proba., 2, 223-240, 1972.

C.S. CHOU

1 Les méthodes de Garsia en théorie des martingales. S.P.S. IX, Lect. N. in Math., 465, 213-225. Springer Verlag: Berlin-Heidelberg-New York, 1975.

2 Le processus des sauts d'une martingale locale. S.P.S. XI, Lect. N. in Math. 581, 356-361. Springer Verlag: Berlin-Heidelberg-New York, 1977.

C.S. CHOU, P.A. MEYER

1 La représentation des martingales relatives à un processus ponctuel discret. Comptes rendus Acad. Sci. (A) 278, 1561-1563, 1974.

P. COURREGE

1 Intégrale stochastique par rapport à une martingale de carré intégrable. Séminaire Brelot-Choquet-Deny (théorie du potentiel), 7, 1963.

P. COURREGE, P. PRIOURET

1 Temps d'arrêt d'une fonction aléatoire. Publ. Inst. Stat. Univ. Paris, 14, 245-274, 1965.

B. DAVIS

voir: BURKHOLDER

M.H.A. DAVIS

1 The representation of martingales of a jump process. S.I.A.M. J. of control, 14, 623-638, 1976.

M.H.A. DAVIS, P. VARAIYA

1 The multiplicity of an increasing family of σ-fields. Ann. Proba. 2, 958-963, 1974.

C. DELLACHERIE

1 Une représentation intégrale des surmartingales à temps discret. Publ. Inst. Stat. Univ. Paris, 2, 1-18, 1968.

2 Capacités et processus stochastiques. Springer Verlag: Berlin-Heidelberg-New York, 1972.

3 Intégrales stochastiques par rapport aux processus de Wiener et de Poisson. S.P.S. VIII; corrections, S.P.S. IX; Lect. N. in Math., 381,

25-26 et 465, p. 494. Springer Verlag: Berlin-Heidelberg-New York, 1974 et 1975.

4 Quelques applications du lemme de Borel-Cantelli à la théorie des semimartingales. S.P.S. XII, Lect. N. in Math. 649. Springer Verlag: Berlin-Heidelberg-New York, 1978.

5 Une caractérisation des semimartingales. A paraitre, 1978.

C. DELLACHERIE, P.A. MEYER

1 Probabilités et potentiel (2d édition). Hermann: Paris, 1976.

2 A propos du travail de Yor sur le grossissement des tribus. S.P.S. XII, Lect. N. in Math. 649, 70-77. Springer Verlag: Berlin-Heidelberg-New York, 1978.

C. DOLEANS-DADE

1 Intégrales stochastiques dépendant d'un paramètre. Publ. Inst. Stat. Univ. Paris, 16, 23-34, 1967.

2 Existence du processus croissant naturel associé à un potentiel de la classe (D). Z.W. 9, 309-314, 1969.

3 Quelques applications de la formule de changement de variable pour les semimartingales. Z.W. 16, 181-194, 1970.

4 On the existence and unicity of solution of stochastic integral equation. Z.W. 34, 93-101, 1976.

C. DOLEANS-DADE, P.A. MEYER

1 Intégrales stochastiques par rapport aux martingales locales. S.P.S. IV, Lect. N. in Math. 124, 77-107. Springer Verlag: Berlin-Heidelberg-New York, 1970.

2 Equations différentielles stochastiques. S.P.S. XI, Lect. N. in Math. 581, 376-382. Springer Verlag: Berlin-Heidelberg-New York, 1977.

3 Inégalités de normes avec poids. A paraitre au S.P.S. XIII.

J.L. DOOB

1 Stochastic processes. J. Wiley and Sons: New York, 1954.

R.G. DOUGLAS

1 On extremal measures and subspace density. Michigan Math. J. 11, 644-652, 1964.

L. DUBINS, G. SCHWARZ

1 On extremal martingale distributions. Proc 5th Berkeley Symp. Math. Stat. Proba., II, partie I, 295-299, 1967.

E.B. DYNKIN

1 Théorie des processus markoviens. Dunod: Paris, 1963.

2 Markov processes, t. I. Springer Verlag: Berlin-Heidelberg-New York, 1965.

N. EL KAROUI, J.P. LEPELTIER

1 Représentation des processus ponctuels multivariés à l'aide d'un processus de Poisson. Z.W. 39, 111-134, 1977.

N. EL KAROUI, P.A. MEYER

1 Les changements de temps en théorie générale des processus. S.P.S. XI, Lect. N. in Math. 581, 65-78. Springer Verlag: Berlin-Heidelberg-New York, 1977.

N. EL KAROUI, H. REINHARD

1 Sur les processus de diffusion dans $\mathbb{R}^n$. S.P.S. VII, Lect. N. in Math. 321, 95-117. Springer Verlag: Berlin-Heidelberg-New York, 1973.

N. EL KAROUI, G. WEIDENFELD

1 Théorie générale et changements de temps. S.P.S. XI, Lect. N. in Math. 581, 79-108. Springer Verlag: Berlin-Heidelberg-New York, 1977.

R. ELLIOTT

1 Stochastic integrals for martingales of a jump process with partially accessible jump times. Z.W. 36, 213-226, 1976.

H.J. ENGELBERT, A.N. SHIRYAEV

1 On absolute continuity and singularity of probability measures. Banach Center Publ. Varwaw, vol. 6: Mathematical Statistics. 1976.

M.P. ERSHOV

1 On the absolute continuity of measures corresponding to diffusion processes. T.P.A. 17, 173-178, 1972.

2 The existence of a martingale with a given diffusion functional. T.P.A. 19, 665-668, 1974.

D.L. FISK

1 Quasi-martingales. Trans. Amer. Math. Soc. 120, 369-389, 1965.

H. FOLLMER

1 The exit measure of a supermartingale. Z.W. 21, 154-166, 1972.

2 On the representation of semimartingales. Ann. Proba. 1, 580-589, 1973.

M. FUJISAKI, G. KALLIANPUR, H. KUNITA

1 Stochastic differential equations for the non-linear filtering problem. Osaka J. Math. 9, 19-40, 1972.

L. GALTCHOUK

1 The structure of a class of martingales. Proc. School-Seminar (Druskininkai), Vilnius, Ac. Sci. Lit. SSR, part I, 7-32, 1975.

2 Représentation des martingales engendrées par un processus à accroissements indépendants (cas des martingales de carré intégrable). Ann. Inst. H. Poincaré (B), 12, 199-211, 1976.

3 Existence et unicité pour des équations différentielle stochastiques par rapport à des martingales et des mesures aléatoires. 2d Vilnius Conf. Prob. Math. Stat., t.1, 88-91, 1977.

R.K. GETOOR

voir: BLUMENTHAL

R.K. GETOOR, M. SHARPE

1 Last exit decompositions and distributions. Indiana Univ. Math. J. 23, 1973.

I.I. GIHMAN, A.V. SKOROKHOD

1 Stochastic differential equations. Springer Verlag: Berlin-Heidelberg-New York, 1972.

I.V. GIRSANOV

1 On transforming a certain class of stochastic processes by absolutely continuous substitution of measures. T.P.A. 5, 285-301, 1960.

2 An exemple of non-uniqueness of a solution of Ito's stochastic equation. T.P.A. 7, 336-342, 1962.

J.B. GRAVEREAUX, J. JACOD

1 Processus continus invariants par changement de temps. Sém. Proba. Rennes (t.1) 77. 94-102, 1978.

B. GRIGELIONIS

1 On the representation of integer-valued random measures by means of stochastic integrals with respect to the Poisson measure. Lit. Math. J., 11, 93-108, 1971.

2 On the absolute continuity of measures corresponding to stochastic processes. Lit. Math. J., 11, 783-794, 1971.

3 On nonlinear filtering theory and absolute continuity of measures, corresponding to stochastic processes. Proc. 2d Japan-USSR Symp., Lect. N. in Math. 330, 80-94. Springer Verlag: Berlin-Heidelberg-New York, 1973.

4 On the stochastic integral representation of square integrable martingales. Lit. Math. J., 14, 53-69, 1975.

5 Stochastic point processes and martingales. Lit. Math. J., 15, 101-114, 1975.

6 The characterization of stochastic processes with conditionally independent increments. Lit. Math. J., 15, 53-60, 1975.

7 On the martingale characterization of stochastic processes with independent increments. Lit. Math. J., 17, 75-86, 1977.

R. GUNDY

voir: BURKHOLDER

K. ITO

1 On stochastic differential equations. Mem. Amer. Math. Soc. 4, 1951.

2 Poisson point prosses attached to Markov processes. Proc. 6th Berkeley Symp. Math. Stat. Proba., 3, 225-240, 1972.

3 Extension of stochastic integrals. Int. Symp. on Stoch. Diff. Equations, Kyoto, 1976.

K. ITO, S. WATANABE

1 Transformation of Markov processes by multiplicative functionals. Ann. Inst. Fourier, 15, 15-30, 1965.

J. JACOD

1 Multivariate point processes: predictable projection, Radon-Nikodym derivative, representation of martingales. Z.W. 31, 235-253, 1975.

2 Un théorème de représentation pour les martingales discontinues. Z.W. 35, 1-37, 1976.

3 A general theorem of representation for martingales. Proc. Symp. Pure Math. 31, 37-53, Amer. Math. Soc., 1977.

4 Sur la construction des intégrales stochastiques et les sous-espaces stables de martingales. S.P.S. XI, Lect. N. in Math. 581, 390-410. Springer Verlag: Berlin-Heidelberg-New York, 1977.

5 Projection prévisible et décomposition multiplicative d'une semimartingale positive. S.P.S. XII, Lect. N. in Math. 649, 22-34. Springer Verlag: Berlin-Heidelberg-New York, 1978.

6 Sous-espaces stables de martingales. Z.W. 44, 103-115, 1978.

voir aussi: BENVENISTE, GRAVEREAUX, BREMAUD

J. JACOD, J. MEMIN

1 Caractéristiques locales et conditions de continuité absolue pour les semimartingales. Z.W. 35, 1-37, 1976.

2 Un théorème de représentation des martingales pour les ensembles régénératifs. S.P.S. X, Lect. N. in Math. 511, 24-39. Springer Verlag: Berlin-Heidelberg-New York, 1976.

J. JACOD, M. YOR

1 Etude des solutions extrémales et représentation intégrale des solutions pour certains problèmes de martingales. Z.W. 38, 83-125, 1977.

T. JEULIN, M. YOR

1 Grossissement d'une filtration et semimartingales: formules explicites. S.P.S. XII, Lect. N. in Math. 649, 78-97. Springer Verlag: Berlin-Heidelberg-New York, 1978.

Y. KABANOV

1 Representation of functionals of Wiener and Poisson processes in the form of stochastic integrals. T.P.A. 18, 362-365, 1973.

2 Integral representation functionals of processes with independent increments. T.P.A. 19, 889-893, 1974.

Y. KABANOV, R.S. LIPTZER, A.N. SHIRYAEV

1 Martingale methods in the theory of point processes. Proc. School-Seminar (Druskininkai), Vilnius, Ac. Sci. Lit. SSR, part II, 269-354, 1975.

2 Sur la question de l'absolue continuité et de la singularité des probabilités. Math. Sb. 104, 227-247, 1977.

3 Absolue continuité et singularité de deux probabilités localement absolument continues; I : Math. Sb. 107, 364-415, 1978 ; II : à paraitre.

T. KAILATH

1 The structure of Radon-Nikodym derivatives with respect to Wiener and related measures. Ann. Math. Stat. 42, 1054-1067, 1971.

T. KAILATH, M. ZAKAI

1 Absolute continuity and Radon-Nikodym derivatives for certain measures relative to Wiener measure. Ann. Math. Stat. 42, 130-140, 1971.

G. KALLIANPUR

voir: FUJISAKI

N. KAZAMAKI

1 Change of time, stochastic integrals and weak martingales. Z.W. 22, 25-32, 1972.

2 On a stochastic integral equation with respect to a weak martingale. Tôhoku Math. J., 26, 53-63, 1974.

3 On a problem of Girsanov. Tôhoku Math. J., 29, 597-600, 1977.

4 A sufficient condition for the uniform integrability of exponential martingales. Toyama Math. Report (à paraitre), 1978.

J.F.C. KINGMAN

1 Completely random measures. Pacific J. Math. 21, 59-78, 1967.

J.B. KNIGHT

1 An infinitesimal decomposition for a class of Markov processes. Ann. Math. Stat. 41, 1970.

T. KOMATSU

1 Markov processes associated with certain integro-differentiel operators. Osaka J. Math. 10, 271-303, 1973.

N. V. KRYLOV

voir: ZVONKIN

H. KUNITA

1 Absolute continuity of Markov processes and generators. Nagoya Math. J. 36, 1-26, 1969.

2 Cours de 3ième cycle, Univ. Paris VI, 1974-75.

3 Absolute continuity of Markov processes. S.P.S. X, Lect. N. in Math. 511, 44-77. Springer Verlag: Berlin-Heidelberg-New York, 1976.

voir aussi: FUJISAKI

H. KUNITA, S. WATANABE

1 On square integrable martingales. Nagoya Math. J. 30, 209-245, 1967.

A.U. KUSSMAUL

1 Stochastic integration and generalized martingales. Pitman: Londres, 1977.

E. LENGLART

1 Transformation des martingales locales par changement absolument continu de probabilité. Z.W. 39, 65-70, 1977.

2 Sur la convergence presque sûre des martingales locales. Comptes rendus Acad. Sci. (A) 284, 1085-1088, 1977.

J.P. LEPELTIER

voir: EL KAROUI

J.P. LEPELTIER, B. MARCHAL

1 Problèmes de martingales et équations différentielles stochastiques associées à un opérateur intégro-différentiel. Ann. Inst. H. Poincaré (B) 12, 43-103, 1976.

D. LEPINGLE

1 La variation d'ordre p des semimartingales. Z.W. 36, 285-316, 1976.

2 Sur la représentation des sauts d'une martingale. S.P.S. XI, Lect. N. in Math. 581, 418-434. Springer Verlag: Berlin-Heidelberg-New York, 1977.

3 Une inégalité de martingales. S.P.S. XII, Lect. N. in Math. 649, 134-137. Springer Verlag: Berlin-Heidelberg-New York, 1978.

4 Sur le comportement asymptotique des martingales locales. S.P.S. XII, Lect. N. in Math. 649, 148-161. Springer Verlag: Berlin-Heidelberg-New York, 1978.

D. LEPINGLE, J. MEMIN

1 Sur l'intégrabilité uniforme des martingales exponentielles. Z.W. 42, 175-204, 1978.

2 Nouveaux critères d'intégrabilité uniforme des martingales exponentielle. A paraitre au S.P.S. XIII,

R.S. LIPTZER

1 On a representation of local martingales. T.P.A. 21, 718-726, 1976.

voir aussi: KABANOV

R.S. LIPTZER, A.N. SHIRYAEV

1 Sur l'absolue continuité des mesures, correspondant aux processus de type diffusion, par rapport à la mesure brownienne. Izv. Akad. Nauk SSSR, Ser. Math. 36, 847-889, 1972.

2 Statistics of stochastic processes. Springer Verlag: Berlin-Heidelberg-New York, 1977 (traduction française: Univ. Rennes, 1976).

B. MAISONNEUVE

1 Quelques martingales remarquables associées à une martingale continue. Publ. Inst. Stat. Univ. Paris, 3, 13-27, 1968.

2 Une mise au point sur les martingales locales continues définies sur un intervalle stochastique. S.P.S. XI, Lect. N. in Math. 581, 435-445. Springer Verlag: Berlin-Heidelberg-New York, 1977.

voir aussi: BERNARD

B. MARCHAL

voir: LEPELTIER

J. MEMIN

1 Décompositions multiplicatives de semimartingales exponentielles et applications. S.P.S. XII, Lect. N. in Math. 649, 35-46. Springer Verlag: Berlin-Heidelberg-New York, 1978.

2 Conditions d'optimalité pour un problème de controle portant sur une famille de probabilités dominée par une probabilité P . 4ième journées de Controle, Metz (76), 1-43, 1977.

voir aussi: JACOD, LEPINGLE

J. MEMIN, A.N. SHIRYAEV

1 Un critère prévisible pour l'intégrabilité uniforme des semimartingales exponentielles. A paraitre au S.P.S. XIII.

M. METIVIER, J. PELLAUMAIL

1 On Doléans-Föllmer's measure for quasi-martingales. Ill. J. Math., 77, 491-504, 1975.

2 Mesures stochastiques à valeurs dans les espaces L_0 . Z.W. 40, 101-114, 1977.

3 A basic course on stochastic integration. Sém. Proba Rennes 77, t.I, 1-56, 1978.

M. METIVIER, G. PISTONE

1 Une formule d'isométrie pour l'intégrale stochastique hilbertienne, et équations d'évolution stochastique. Z.W. 33, 1-18, 1975.

P.A. MEYER

1 Probabilités et potentiel (lère édition). Hermann: Paris, 1966.

2 Multiplicative decomposition of positive supermartingales. Dans: "Markoff processes and potential theory", ed. by J. Chover, Wiley and Sons: New York, 1967.

3 Intégrales stochastiques I-IV. S.P.S. I, Lect. N. in Math. 39, 72-162. Springer Verlag: Berlin-Heidelberg-New York, 1967.

4 Démonstration simplifiée d'un théorème de Knight. S.P.S. V, Lect. N. in Math. 191, 191-195. Springer Verlag: Berlin-Heidelberg-New York, 1969.

5 Un cours sur les intégrales stochastiques. S.P.S. X, Lect. N. in Math. 511, 245-400. Springer Verlag: Berlin-Heidelberg-New York, 1976.

6 Démonstration probabiliste de certaines inégalités de Littlewood-Paley, II- l'opérateur carré du champ. S.P.S. X, Lect. N. in Math. 511, 142-163. Springer Verlag: Berlin-Heidelberg-New York, 1976.

7 Intégrales hilbertiennes. S.P.S. XI, Lect. N. in Math. 581, 446-462. Springer Verlag: Berlin-Heidelberg-New York, 1977.

8 Le théorème fondamental sur les martingales locales. S.P.S. XI, Lect. N. in Math. 581, 463-464. Springer Verlag: Berlin-Heidelberg-New York, 1977.

9 Sur un théorème de Stricker. S.P.S. XI, Lect. N. in Math. 581, 482-489. Springer Verlag: Berlin-Heidelberg-New York, 1977.

10 Sur un théorème de J. Jacod. S.P.S. XII, Lect. N. in Math. 649, 57-60. Springer Verlag: Berlin-Heidelberg-New York, 1978.

voir aussi: DELLACHERIE, DOLEANS-DADE, EL KAROUI, SAM LAZARO, YOEURP

P.A. MEYER, R.T. SMYTHE, J.B. WALSH

1 Birth and death of Markov processes. Proc. 6th Berkeley Symp. Math. Stat. Proba., 3, 293-305, 1972.

P.W. MILLAR

1 Stochastic integrals and processes with stationary independent increments. Proc. 6th Berkeley Symp. Math. Stat. Proba., 3, 307-332, 1972.

A.A. NOVIKOV

1 On an identity for stochastic integrals. T.P.A. 17, 717-720, 1972.

2 On discontinuous martingales. T.P.A. 20, 11-26, 1975.

3 On conditions for uniform integrability of non-negative martingales. Int. Symp. on Stoch. Diff. Equa., Vilnius, 1978.

S. OREY

1 F-processes. Proc. 5th Berkeley Symp. Math. Stat. Proba. II, partie I, 301-314, 1967.

2 Conditions for the absolute continuity of two diffusions. Trans. Amer. Math. Soc. 193, 413-426, 1974.

3 Radon-Nikodym derivatives of probability measures: martingale methods. Dept. Found. Math. Sci., Tokyo Univ. Education. 1974.

F. PAPANGELOU

1 Integrability of expected increments of point processes and a related change of scale. Trans. Amer. Math. Soc. 165, 483-506, 1972.

J. PELLAUMAIL

1 Sur l'intégrale stochastique et la décomposition de Doob-Meyer. Astérisque n°9, Soc. Math. France, 1973.

voir aussi: METIVIER

G. PISTONE

voir: METIVIER

M. PRATELLI

1 Espaces fortement stables de martingales de carré intégrable. S.P.S. X, Lect. N. in Math. 511, 414-421. Springer Verlag: Berlin-Heidelberg-New York, 1976.

P. PRIOURET

1 Processus de diffusion et équations différentielles stochastiques. Ecole d'été de St Flour III, Lect. N. in Math. 390, 38-114. Springer Verlag: Berlin-Heidelberg-New York, 1974.

voir aussi: COURREGE

P. PROTTER

1 On the existence, uniqueness, convergence and explosions of solutions of systems of stochastic differential equations. Ann. Proba. 5, 243-261, 1977.

2 Right-continuous solutions of systems of stochastic integral equations. J. Multivariate analysis. 7, 204-214, 1977.

K.M. RAO

1 Quasi-martingales. Math. Scand. 24, 79-92, 1969.

H. REINHARD

voir: EL KAROUI

J.P. ROTH

1 Opérateurs dissipatifs et semi-groupes dans les espaces de fonctions continues. Ann. Inst. Fourier, 26, 1-97, 1976.

J. SAM LAZARO, P.A. MEYER

1 Questions de théorie des flots. S.P.S. IX, Lect. N. in Math. 465, 2-96. Springer Verlag: Berlin-Heidelberg-New York, 1975.

G. SCHWARZ

voir: DUBINS

T. SEKIGUCHI

1 On the Krickeberg decomposition of continuous martingales. S.P.S. X, Lect. N; in Math. 511, 209-215. Springer Verlag: Berlin-Heidelberg-New York, 1976.

M. SHARPE

voir: GETOOR

A.N. SHIRYAEV

voir: ENGELBERT, KABANOV, LIPTZER, MEMIN

A.V. SKOROKHOD

1 Studies in the theory of random processes. Addison Wesley: Reading, 1965.

2 A remark on square integrable martingales. T.P.A. 20, 199-202, 1975.

voir aussi: GIHMAN

R.T. SMYTHE

voir: MEYER

C. STRICKER

1 Quasimartingales, martingales locales, semimartingales et filtrations. Z.W. 39, 55-63, 1977.

C. STRICKER, M. YOR

1 Calcul stochastique dépendant d'un paramètre. Z.W. 45, 109-133, 1978.

D.W. STROOCK

1 Diffusion processes associated with Lévy generators. Z.W. 32, 209-244, 1975.

D.W. STROOCK, S.R.S. VARADHAN

1 Diffusion processes with continuous coefficients I, II. Comm. Pure Appl. Math. 22, 345-400 et 479-530, 1969.

B.S. TSIRELSON

1 An example of a stochastic differential equation not possessing a strong solution. T.P.A. 20, 427-430, 1975.

J.H. VAN SCHUPPEN, E. WONG

1 Transformation of local martingales under a change of law. Ann. Proba. 2, 879-888, 1974.

S.R.S. VARADHAN

voir: STROOCK

P. VARAIYA

voir: BOEL, DAVIS

J.B. WALSH

voir: MEYER

S. WATANABE

1 On discontinuous additive functionals and Lévy measures of a Markov process. Japan J. Math. 34, 53-79, 1964.

voir aussi: ITO, KUNITA, YAMADA

G. WEIDENFELD

voir: EL KAROUI

M. WEIL

1 Conditionnement par rapport au passé strict. S.P.S. V, Lect. N. in Math. 191, 362-372. Springer Verlag: Berlin-Heidelberg-New York, 1971.

E. WONG

voir: BOEL, VAN SCHUPPEN

T. YAMADA, S. WATANABE

1 On the uniqueness of solutions of stochastic differential equations. J. Math. Kyoto Univ. 11, 156-167; 1971.

K.A. YEN

1 Critère d'intégrabilité uniforme des martingales exponentielles. Acta Math. Sinica (à paraitre; avec résumé français), 1978.

K.A. YEN, C. YOEURP

1 Représentation des martingales comme intégrale stochastique de processus optionnels. S.P.S. X, Lect. N. in Math. 511, 422-431. Springer Verlag: Berlin-Heidelberg-New York, 1976.

C. YOEURP

1 Décomposition des martingales locales et formules exponentielles. S.P.S. X, Lect. N. in Math. 511, 432-480. Springer Verlag: Berlin-Heidelberg-New York, 1976.

voir aussi: YEN

C. YOEURP, P.A. MEYER

1 Sur la décomposition multiplicative des sousmartingales positives. S.P.S. X, Lect. N. in Math. 511, 501-504. Springer Verlag: Berlin-Heidelberg-New York, 1976.

C. YOEURP, M. YOR

1 Espace orthogonal à une semimartingale et applications. A paraitre.

M. YOR

1 Représentation intégrale des martingales, étude des distributions extrémales. Thèse, Paris VI, 1976.

2 Sur les intégrales stochastiques optionnelles et une suite remarquable de formules exponentielles. S.P.S. X, Lect. N. in Math. 511, 481-500. Springer Verlag: Berlin-Heidelberg-New York, 1976.

3 Grossissement d'une filtration et semimartingales: théorèmes généraux. S.P.S. XII, Lect. N. in Math. 649, 61-69. Springer Verlag: Berlin-Heidelberg-New York, 1978.

4 Sous-espaces denses dans L^1 ou H^1 et représentation des martingales. S.P.S. XII, Lect. N. in Math. 649, 265-309, Springer Verlag: Berlin-Heidelberg-New York, 1978.

5 Inégalités entre processus minces et applications. Comptes rendus Acad. Sci. (A) 286, 799-802, 1978.

6 En cherchant une définition naturelle des intégrales stochastiques optionnelles. A paraitre au S.P.S. XIII.

7 Sur les martingales continues extrémales. A paraitre dans "Stochastics".

voir aussi: BREMAUD, JACOD, JEULIN, STRICKER, YOEURP

K. YOSHIDA

1 Functional analysis. Springer Verlag: Berlin-Heidelberg-New York, 1966.

M. ZAKAI

voir: KAILATH

A.K. ZVONKIN, N.V. KRYLOV

1 On strong solutions of stochastic differential equations. School-Seminar (Druskininkai), Vilnius, Ac. Sci. Lit. SSR, part II, 9-88, 1975.

Vol. 551: Algebraic K-Theory, Evanston 1976. Proceedings. Edited by M. R. Stein. XI, 409 pages. 1976.

Vol. 552: C. G. Gibson, K. Wirthmüller, A. A. du Plessis and E. J. N. Looijenga. Topological Stability of Smooth Mappings. V, 155 pages. 1976.

Vol. 553: M. Petrich, Categories of Algebraic Systems. Vector and Projective Spaces, Semigroups, Rings and Lattices. VIII, 217 pages. 1976.

Vol. 554: J. D. H. Smith, Mal'cev Varieties. VIII, 158 pages. 1976.

Vol. 555: M. Ishida, The Genus Fields of Algebraic Number Fields. VII, 116 pages. 1976.

Vol. 556: Approximation Theory. Bonn 1976. Proceedings. Edited by R. Schaback and K. Scherer. VII, 466 pages. 1976.

Vol. 557: W. Iberkleid and T. Petrie, Smooth S^1 Manifolds. III, 163 pages. 1976.

Vol. 558: B. Weisfeiler, On Construction and Identification of Graphs. XIV, 237 pages. 1976.

Vol. 559: J.-P. Caubet, Le Mouvement Brownien Relativiste. IX, 212 pages. 1976.

Vol. 560: Combinatorial Mathematics, IV, Proceedings 1975. Edited by L. R. A. Casse and W. D. Wallis. VII, 249 pages. 1976.

Vol. 561: Function Theoretic Methods for Partial Differential Equations. Darmstadt 1976. Proceedings. Edited by V. E. Meister, N. Weck and W. L. Wendland. XVIII, 520 pages. 1976.

Vol. 562: R. W. Goodman, Nilpotent Lie Groups: Structure and Applications to Analysis. X, 210 pages. 1976.

Vol. 563: Séminaire de Théorie du Potentiel. Paris, No. 2. Proceedings 1975–1976. Edited by F. Hirsch and G. Mokobodzki. VI, 292 pages. 1976.

Vol. 564: Ordinary and Partial Differential Equations, Dundee 1976. Proceedings. Edited by W. N. Everitt and B. D. Sleeman. XVIII, 551 pages. 1976.

Vol. 565: Turbulence and Navier Stokes Equations. Proceedings 1975. Edited by R. Temam. IX, 194 pages. 1976.

Vol. 566: Empirical Distributions and Processes. Oberwolfach 1976. Proceedings. Edited by P. Gaenssler and P. Révész. VII, 146 pages. 1976.

Vol. 567: Séminaire Bourbaki vol. 1975/76. Exposés 471–488. IV, 303 pages. 1977.

Vol. 568: R. E. Gaines and J. L. Mawhin, Coincidence Degree, and Nonlinear Differential Equations. V, 262 pages. 1977.

Vol. 569: Cohomologie Etale SGA 4½. Séminaire de Géométrie Algébrique du Bois-Marie. Edité par P. Deligne. V, 312 pages. 1977.

Vol. 570: Differential Geometrical Methods in Mathematical Physics, Bonn 1975. Proceedings. Edited by K. Bleuler and A. Reetz. VIII, 576 pages. 1977.

Vol. 571: Constructive Theory of Functions of Several Variables, Oberwolfach 1976. Proceedings. Edited by W. Schempp and K. Zeller. VI. 290 pages. 1977

Vol. 572: Sparse Matrix Techniques, Copenhagen 1976. Edited by V. A. Barker. V, 184 pages. 1977.

Vol. 573: Group Theory, Canberra 1975. Proceedings. Edited by R. A. Bryce, J. Cossey and M. F. Newman. VII, 146 pages. 1977.

Vol. 574: J. Moldestad, Computations in Higher Types. IV, 203 pages. 1977.

Vol. 575: K-Theory and Operator Algebras, Athens, Georgia 1975. Edited by B. B. Morrel and I. M. Singer. VI, 191 pages. 1977.

Vol. 576: V. S. Varadarajan, Harmonic Analysis on Real Reductive Groups. VI, 521 pages. 1977.

Vol. 577: J. P. May, E_∞ Ring Spaces and E_∞ Ring Spectra. IV, 268 pages. 1977.

Vol. 578: Séminaire Pierre Lelong (Analyse) Année 1975/76. Edité par P. Lelong. VI, 327 pages. 1977.

Vol. 579: Combinatoire et Représentation du Groupe Symétrique, Strasbourg 1976. Proceedings 1976. Edité par D. Foata. IV, 339 pages. 1977.

Vol. 580: C. Castaing and M. Valadier, Convex Analysis and Measurable Multifunctions. VIII, 278 pages. 1977.

Vol. 581: Séminaire de Probabilités XI, Université de Strasbourg. Proceedings 1975/1976. Edité par C. Dellacherie, P. A. Meyer et M. Weil. VI, 574 pages. 1977.

Vol. 582: J. M. G. Fell, Induced Representations and Banach *-Algebraic Bundles. IV, 349 pages. 1977.

Vol. 583: W. Hirsch, C. C. Pugh and M. Shub, Invariant Manifolds. IV, 149 pages. 1977.

Vol. 584: C. Brezinski, Accélération de la Convergence en Analyse Numérique. IV, 313 pages. 1977.

Vol. 585: T. A. Springer, Invariant Theory. VI, 112 pages. 1977.

Vol. 586: Séminaire d'Algèbre Paul Dubreil, Paris 1975–1976 (29ème Année). Edited by M. P. Malliavin. VI, 188 pages. 1977.

Vol. 587: Non-Commutative Harmonic Analysis. Proceedings 1976. Edited by J. Carmona and M. Vergne. IV, 240 pages. 1977.

Vol. 588: P. Molino, Théorie des G-Structures: Le Problème d'Equivalence. VI, 163 pages. 1977.

Vol. 589: Cohomologie l-adique et Fonctions L. Séminaire de Géométrie Algébrique du Bois-Marie 1965–66, SGA 5. Edité par L. Illusie. XII, 484 pages. 1977.

Vol. 590: H. Matsumoto, Analyse Harmonique dans les Systèmes de Tits Bornologiques de Type Affine. IV, 219 pages. 1977.

Vol. 591: G. A. Anderson, Surgery with Coefficients. VIII, 157 pages. 1977.

Vol. 592: D. Voigt, Induzierte Darstellungen in der Theorie der endlichen, algebraischen Gruppen. V, 413 Seiten. 1977.

Vol. 593: K. Barbey and H. König, Abstract Analytic Function Theory and Hardy Algebras. VIII, 260 pages. 1977.

Vol. 594: Singular Perturbations and Boundary Layer Theory, Lyon 1976. Edited by C. M. Brauner, B. Gay, and J. Mathieu. VIII, 539 pages. 1977.

Vol. 595: W. Hazod, Stetige Faltungshalbgruppen von Wahrscheinlichkeitsmaßen und erzeugende Distributionen. XIII, 157 Seiten. 1977.

Vol. 596: K. Deimling, Ordinary Differential Equations in Banach Spaces. VI, 137 pages. 1977.

Vol. 597: Geometry and Topology, Rio de Janeiro, July 1976. Proceedings. Edited by J. Palis and M. do Carmo. VI, 866 pages. 1977.

Vol. 598: J. Hoffmann-Jørgensen, T. M. Liggett et J. Neveu, Ecole d'Eté de Probabilités de Saint-Flour VI – 1976. Edité par P.-L. Hennequin. XII, 447 pages. 1977.

Vol. 599: Complex Analysis, Kentucky 1976. Proceedings. Edited by J. D. Buckholtz and T. J. Suffridge. X, 159 pages. 1977.

Vol. 600: W. Stoll, Value Distribution on Parabolic Spaces. VIII, 216 pages. 1977.

Vol. 601: Modular Functions of one Variable V, Bonn 1976. Proceedings. Edited by J.-P. Serre and D. B. Zagier. VI, 294 pages. 1977.

Vol. 602: J. P. Brezin, Harmonic Analysis on Compact Solvmanifolds. VIII, 179 pages. 1977.

Vol. 603: B. Moishezon, Complex Surfaces and Connected Sums of Complex Projective Planes. IV, 234 pages. 1977.

Vol. 604: Banach Spaces of Analytic Functions, Kent, Ohio 1976. Proceedings. Edited by J. Baker, C. Cleaver and Joseph Diestel. VI, 141 pages. 1977.

Vol. 605: Sario et al., Classification Theory of Riemannian Manifolds. XX, 498 pages. 1977.

Vol. 606: Mathematical Aspects of Finite Element Methods. Proceedings 1975. Edited by I. Galligani and E. Magenes. VI, 362 pages. 1977.

Vol. 607: M. Métivier, Reelle und Vektorwertige Quasimartingale und die Theorie der Stochastischen Integration. X, 310 Seiten. 1977.

Vol. 608: Bigard et al., Groupes et Anneaux Réticulés. XIV, 334 pages. 1977.

Vol. 609: General Topology and Its Relations to Modern Analysis and Algebra IV. Proceedings 1976. Edited by J. Novák. XVIII, 225 pages. 1977.

Vol. 610: G. Jensen, Higher Order Contact of Submanifolds of Homogeneous Spaces. XII, 154 pages. 1977.

Vol. 611: M. Makkai and G. E. Reyes, First Order Categorical Logic. VIII, 301 pages. 1977.

Vol. 612: E. M. Kleinberg, Infinitary Combinatorics and the Axiom of Determinateness. VIII, 150 pages. 1977.

Vol. 613: E. Behrends et al., L^P-Structure in Real Banach Spaces. X, 108 pages. 1977.

Vol. 614: H. Yanagihara, Theory of Hopf Algebras Attached to Group Schemes. VIII, 308 pages. 1977.

Vol. 615: Turbulence Seminar, Proceedings 1976/77. Edited by P. Bernard and T. Ratiu. VI, 155 pages. 1977.

Vol. 616: Abelian Group Theory, 2nd New Mexico State University Conference, 1976. Proceedings. Edited by D. Arnold, R. Hunter and E. Walker. X, 423 pages. 1977.

Vol. 617: K. J. Devlin, The Axiom of Constructibility: A Guide for the Mathematician. VIII, 96 pages. 1977.

Vol. 618: I. I. Hirschman, Jr. and D. E. Hughes, Extreme Eigen Values of Toeplitz Operators. VI, 145 pages. 1977.

Vol. 619: Set Theory and Hierarchy Theory V, Bierutowice 1976. Edited by A. Lachlan, M. Srebrny, and A. Zarach. VIII, 358 pages. 1977.

Vol. 620: H. Popp, Moduli Theory and Classification Theory of Algebraic Varieties. VIII, 189 pages. 1977.

Vol. 621: Kauffman et al., The Deficiency Index Problem. VI, 112 pages. 1977.

Vol. 622: Combinatorial Mathematics V, Melbourne 1976. Proceedings. Edited by C. Little. VIII, 213 pages. 1977.

Vol. 623: I. Erdelyi and R. Lange, Spectral Decompositions on Banach Spaces. VIII, 122 pages. 1977.

Vol. 624: Y. Guivarc'h et al., Marches Aléatoires sur les Groupes de Lie. VIII, 292 pages. 1977.

Vol. 625: J. P. Alexander et al., Odd Order Group Actions and Witt Classification of Innerproducts. IV, 202 pages. 1977.

Vol. 626: Number Theory Day, New York 1976. Proceedings. Edited by M. B. Nathanson. VI, 241 pages. 1977.

Vol. 627: Modular Functions of One Variable VI, Bonn 1976. Proceedings. Edited by J.-P. Serre and D. B. Zagier. VI, 339 pages. 1977.

Vol. 628: H. J. Baues, Obstruction Theory on the Homotopy Classification of Maps. XII, 387 pages. 1977.

Vol. 629: W.A. Coppel, Dichotomies in Stability Theory. VI, 98 pages. 1978.

Vol. 630: Numerical Analysis, Proceedings, Biennial Conference, Dundee 1977. Edited by G. A. Watson. XII, 199 pages. 1978.

Vol. 631: Numerical Treatment of Differential Equations. Proceedings 1976. Edited by R. Bulirsch, R. D. Grigorieff, and J. Schröder. X, 219 pages. 1978.

Vol. 632: J.-F. Boutot, Schéma de Picard Local. X, 165 pages. 1978.

Vol. 633: N. R. Coleff and M. E. Herrera, Les Courants Résiduels Associés à une Forme Méromorphe. X, 211 pages. 1978.

Vol. 634: H. Kurke et al., Die Approximationseigenschaft lokaler Ringe. IV, 204 Seiten. 1978.

Vol. 635: T. Y. Lam, Serre's Conjecture. XVI, 227 pages. 1978.

Vol. 636: Journées de Statistique des Processus Stochastiques, Grenoble 1977, Proceedings. Edité par Didier Dacunha-Castelle et Bernard Van Cutsem. VII, 202 pages. 1978.

Vol. 637: W. B. Jurkat, Meromorphe Differentialgleichungen. VII, 194 Seiten. 1978.

Vol. 638: P. Shanahan, The Atiyah-Singer Index Theorem, An Introduction. V, 224 pages. 1978.

Vol. 639: N. Adasch et al., Topological Vector Spaces. V, 125 pages. 1978.

Vol. 640: J. L. Dupont, Curvature and Characteristic Classes. X, 175 pages. 1978.

Vol. 641: Séminaire d'Algèbre Paul Dubreil, Proceedings Paris 1976–1977. Edité par M. P. Malliavin. IV, 367 pages. 1978.

Vol. 642: Theory and Applications of Graphs, Proceedings, Michigan 1976. Edited by Y. Alavi and D. R. Lick. XIV, 635 pages. 1978.

Vol. 643: M. Davis, Multiaxial Actions on Manifolds. VI, 141 pages. 1978.

Vol. 644: Vector Space Measures and Applications I, Proceedings 1977. Edited by R. M. Aron and S. Dineen. VIII, 451 pages. 1978.

Vol. 645: Vector Space Measures and Applications II, Proceedings 1977. Edited by R. M. Aron and S. Dineen. VIII, 218 pages. 1978.

Vol. 646: O. Tammi, Extremum Problems for Bounded Univalent Functions. VIII, 313 pages. 1978.

Vol. 647: L. J. Ratliff, Jr., Chain Conjectures in Ring Theory. VIII, 133 pages. 1978.

Vol. 648: Nonlinear Partial Differential Equations and Applications, Proceedings, Indiana 1976–1977. Edited by J. M. Chadam. VI, 206 pages. 1978.

Vol. 649: Séminaire de Probabilités XII, Proceedings, Strasbourg, 1976–1977. Edité par C. Dellacherie, P. A. Meyer et M. Weil. VIII, 805 pages. 1978.

Vol. 650: C*-Algebras and Applications to Physics. Proceedings 1977. Edited by H. Araki and R. V. Kadison. V, 192 pages. 1978.

Vol. 651: P. W. Michor, Functors and Categories of Banach Spaces. VI, 99 pages. 1978.

Vol. 652: Differential Topology, Foliations and Gelfand-Fuks-Cohomology, Proceedings 1976. Edited by P. A. Schweitzer. XIV, 252 pages. 1978.

Vol. 653: Locally Interacting Systems and Their Application in Biology. Proceedings, 1976. Edited by R. L. Dobrushin, V. I. Kryukov and A. L. Toom. XI, 202 pages. 1978.

Vol. 654: J. P. Buhler, Icosahedral Golois Representations. III, 143 pages. 1978.

Vol. 655: R. Baeza, Quadratic Forms Over Semilocal Rings. VI, 199 pages. 1978.

Vol. 656: Probability Theory on Vector Spaces. Proceedings, 1977. Edited by A. Weron. VIII, 274 pages. 1978.

Vol. 657: Geometric Applications of Homotopy Theory I, Proceedings 1977. Edited by M. G. Barratt and M. E. Mahowald. VIII, 459 pages. 1978.

Vol. 658: Geometric Applications of Homotopy Theory II, Proceedings 1977. Edited by M. G. Barratt and M. E. Mahowald. VIII, 487 pages. 1978.

Vol. 659: Bruckner, Differentiation of Real Functions. X, 247 pages. 1978.

Vol. 660: Equations aux Dérivée Partielles. Proceedings, 1977. Edité par Pham The Lai. VI, 216 pages. 1978.

Vol. 661: P. T. Johnstone, R. Paré, R. D. Rosebrugh, D. Schumacher, R. J. Wood, and G. C. Wraith, Indexed Categories and Their Applications. VII, 260 pages. 1978.

Vol. 662: Akin, The Metric Theory of Banach Manifolds. XIX, 306 pages. 1978.

Vol. 663: J. F. Berglund, H. D. Junghenn, P. Milnes, Compact Right Topological Semigroups and Generalizations of Almost Periodicity. X, 243 pages. 1978.

Vol. 664: Algebraic and Geometric Topology, Proceedings, 1977. Edited by K. C. Millett. XI, 240 pages. 1978.

Vol. 665: Journées d'Analyse Non Linéaire. Proceedings, 1977. Edité par P. Bénilan et J. Robert. VIII, 256 pages. 1978.

Vol. 666: B. Beauzamy, Espaces d'Interpolation Réels: Topologie et Géometrie. X, 104 pages. 1978.

Vol. 667: J. Gilewicz, Approximants de Padé. XIV, 511 pages. 1978.

Vol. 668: The Structure of Attractors in Dynamical Systems. Proceedings, 1977. Edited by J. C. Martin, N. G. Markley and W. Perrizo. VI, 264 pages. 1978.

Vol. 669: Higher Set Theory. Proceedings, 1977. Edited by G. H. Müller and D. S. Scott. XII, 476 pages. 1978.